国家科技支撑计划项目2011BAC09B08-04、2006BAC01A01-03
国家自然科学基金项目40335046、40871047
联合资助

“十二五”国家重点图书出版规划项目

国家科学技术学术著作出版基金资助出版

典型生态脆弱区退化生态系统恢复技术与模式丛书

贵州喀斯特高原山区土地变化研究

蔡运龙 等 著

科学出版社

北 京

内 容 简 介

本书提供了一个生态脆弱区土地变化的综合研究案例。主要内容包括土地变化科学进展，贵州喀斯特高原山区自然地理和社会经济背景；贵州省域土地变化与大气—土壤—植被系统；乌江流域土地变化及其影响因素、生态效应和土地利用优化配置；乌江支流猫跳河流域土地变化过程、格局、驱动力、效应与情景模拟和土地利用结构优化；典型县域土地变化及其效应；典型小流域土地变化及其生态效应；最后论述退化土地生态重建的社会工程途径、工程技术途径和模式。

本书可供地理学、生态学、水土保持、土地管理、环境变化等领域的研究人员和高等院校教师、研究生阅读，也可供这些领域的管理人员参考。

图书在版编目(CIP)数据

贵州喀斯特高原山区土地变化研究／蔡运龙等著. —北京：科学出版社，2015. 6

（典型生态脆弱区退化生态系统恢复技术与模式丛书）

ISBN 978-7-03-038719-6

Ⅰ. 贵…　Ⅱ. 蔡…　Ⅲ. ①喀斯特地区-高原-土地退化-生态恢复-研究-贵州省②喀斯特地区-山区-土地退化-生态恢复-研究-贵州省
Ⅳ. X321. 273

中国版本图书馆 CIP 数据核字（2013）第 230006 号

责任编辑：李　敏　张　菊／责任校对：钟　洋
责任印制：肖　兴／封面设计：王　浩

科学出版社 出版
北京东黄城根北街 16 号
邮政编码：100717
http://www.sciencep.com

中国科学院印刷厂 印刷

科学出版社发行　各地新华书店经销

*

2015 年 6 月第　一　版　开本：787×1092 1/16
2015 年 6 月第一次印刷　印张：46 3/4　插页：2
字数：1 120 000

定价：398.00 元

如有印装质量问题，我社负责调换

《典型生态脆弱区退化生态系统恢复技术与模式丛书》

编　委　会

《贵州喀斯特高原山区土地变化研究》

撰 写 成 员

主　　　笔　蔡运龙

成　　　员　(以姓氏笔画为序)

万　军　王　尧　王　冰　王　荣
王　钧　王　磊　王红亚　田　雷
吕明辉　后立胜　许月卿　严　祥
杨志成　杨胜天　吴丹丹　吴秀芹
张惠远　陈睿山　周　敏　赵中秋
赵昕奕　高江波　黄秋昊　彭　建
路云阁

总　　序

我国是世界上生态环境比较脆弱的国家之一，由于气候、地貌等地理条件的影响，形成了西北干旱荒漠区、青藏高原高寒区、黄土高原区、西南岩溶区、西南山地区、西南干热河谷区、北方农牧交错区等不同类型的生态脆弱区。在长期高强度的人类活动影响下，这些区域的生态系统破坏和退化十分严重，导致水土流失、草地沙化、石漠化、泥石流等一系列生态问题，人与自然的矛盾非常突出，许多地区形成了生态退化与经济贫困化的恶性循环，严重制约了区域经济和社会发展，威胁国家生态安全与社会和谐发展。因此，在对我国生态脆弱区基本特征以及生态系统退化机理进行研究的基础上，系统研发生态脆弱区退化生态系统恢复与重建及生态综合治理技术和模式，不仅是我国目前正在实施的天然林保护、退耕还林还草、退牧还草、京津风沙源治理、三江源区综合整治以及石漠化地区综合整治等重大生态工程的需要，更是保障我国广大生态脆弱地区社会经济发展和全国生态安全的迫切需要。

面向国家重大战略需求，科学技术部自“十五”以来组织有关科研单位和高校科研人员，开展了我国典型生态脆弱区退化生态系统恢复重建及生态综合治理研究，开发了生态脆弱区退化生态系统恢复重建与生态综合治理的关键技术和模式，筛选集成了典型退化生态系统类型综合整治技术体系和生态系统可持续管理方法，建立了我国生态脆弱区退化生态系统综合整治的技术应用和推广机制，旨在为促进区域经济开发与生态环境保护的协调发展、提高退化生态系统综合整治成效、推进退化生态系统的恢复和生态脆弱区的生态综合治理提供系统的技术支撑和科学基础。

在过去 10 年中，参与项目的科研人员针对我国青藏高寒区、西南岩溶地区、黄土高原区、干旱荒漠区、干热河谷区、西南山地区、北方沙化草地区、典型海岸带区等生态脆弱区退化生态系统恢复和生态综合治理的关键技术、整治模式与产业化机制，开展试验示范，重点开展了以下三个方面的研究。

一是退化生态系统恢复的关键技术与示范。重点针对我国典型生态脆弱区的退化生态系统，开展退化生态系统恢复重建的关键技术研究。主要包括：耐寒/耐高温、耐旱、耐盐、耐瘠薄植物资源调查、引进、评价、培育和改良技术，极端环境条件下植被恢复关键技术，低效人工林改造技术、外来入侵物种防治技术、虫鼠害及毒杂草生物防治技术，多层次立体植被种植技术和林农果木等多形式配置经营模式、坡地农林复合经营技术，以及受损生态系统的自然修复和人工加速恢复技术。

二是典型生态脆弱区的生态综合治理集成技术与示范。在广泛收集现有生态综合治理技术、进行筛选评价的基础上，针对不同生态脆弱区退化生态系统特征和恢复重建目标以及存在的区域生态问题，研究典型脆弱区的生态综合治理技术集成与模式，并开展试验示范。主要包括：黄土高原地区水土流失防治集成技术，干旱半干旱地区沙漠化防治集成技术，石漠化综合治理集成技术，东北盐碱地综合改良技术，内陆河流域水资源调控机制和水资源高效综合利用技术等。

三是生态脆弱区生态系统管理模式与示范。生态环境脆弱、经济社会发展落后、管理方法不合理是造成我国生态脆弱区生态系统退化的根本原因，生态系统管理方法不当已经或正在导致脆弱生态系统的持续退化。根据生态系统演化规律，结合不同地区社会经济发展特点，开展了生态脆弱区典型生态系统综合管理模式研究与示范。主要包括：高寒草地和典型草原可持续管理模式，可持续农—林—牧系统调控模式，新农村建设与农村生态环境管理模式，生态重建与扶贫式开发模式，全民参与退化生态系统综合整治模式，生态移民与生态环境保护模式。

围绕上述研究目标与内容，在“十五”和“十一五”期间，典型生态脆弱区的生态综合治理和退化生态系统恢复重建研究项目分别设置了 11 个和 15 个研究课题，项目研究单位 81 个，参加研究人员 463 人。经过科研人员 10 年的努力，项目取得了一系列原创性成果：开发了一系列关键技术、技术体系和模式；揭示了我国生态脆弱区的空间格局与形成机制，完成了全国生态脆弱区区划，分析了不同生态脆弱区面临的生态环境问题，提出了生态恢复的目标与策略；评价了具有应用潜力的植物物种 500 多种，开发关键技术数百项，集成了生态恢复技术体系 100 多项，试验和示范了生态恢复模式近百个，建立了 39 个典型退化生态系统恢复与综合整治试验示范区。同时，通过本项目的实施，培养和锻炼了一大批生态环境治理的科技人员，建立了一批生态恢复研究试验示范基地。

为了系统总结项目研究成果，服务于国家与地方生态恢复技术需求，项目专家组组织编撰了《典型生态脆弱区退化生态系统恢复技术与模式丛书》。本丛书共 16 卷，包括《中国生态脆弱特征及生态恢复对策》、《中国生态区划研究》、《三江源区退化草地生态系统恢复与可持续管理》、《中国半干旱草原的恢复治理与可持续利用》、《半干旱黄土丘陵区退化生态系统恢复技术与模式》、《黄土丘陵沟壑区生态综合整治技术与模式》、《贵州喀斯特高原山区土地变化研究》、《喀斯特高原石漠化综合治理模式与技术集成》、《广西岩溶山区石漠化及其综合治理研究》、《重庆岩溶环境与石漠化综合治理研究》、《西南山地退化生态系统评估与恢复重建技术》、《干热河谷退化生态系统典型恢复模式的生态响应与评价》、《基于生态承载力的空间决策支持系统开发与应用：上海市崇明岛案例》、《黄河三角洲退化湿地生态恢复——理论、方法与实践》、《青藏高原土地退化整治技术与模式》、《世界自然遗产地——九寨与黄龙的生态环境与可持续发展》。内容涵盖了我国三江源地区、黄土高原区、青藏高寒区、西南岩溶石漠化区、内蒙古退化草原区、黄河河口退化湿地等典型生态脆弱区退化生态系统的特征、变化趋势、生态恢复目标、关键技术和模式。我们希望通过本丛书的出版全面反映我国在退化生态系统恢复与重建及生态综合治理技术和模式方面的最新成果与进展。

典型生态脆弱区的生态综合治理和典型脆弱区退化生态系统恢复重建研究得到“十五”和“十一五”国家科技支撑计划重点项目的支持。科学技术部中国21世纪议程管理中心负责项目的组织和管理，对本项目的顺利执行和一系列创新成果的取得发挥了重要作用。在项目组织和执行过程中，中国科学院资源环境科学与技术局、青海、新疆、宁夏、甘肃、四川、广西、贵州、云南、上海、重庆、山东、内蒙古、黑龙江、西藏等省、自治区和直辖市科技厅做了大量卓有成效的协调工作。在本丛书出版之际，一并表示衷心的感谢。

科学出版社李敏、张菊编辑在本丛书的组织、编辑等方面做了大量工作，对本丛书的顺利出版发挥了关键作用，借此表示衷心的感谢。

由于本丛书涉及范围广、专业技术领域多，难免存在问题和错误，希望读者不吝指教，以共同促进我国的生态恢复与科技创新。

丛书编委会

2011 年 5 月

前　　言

土地变化是全球变化研究计划（IGBP）和全球环境变化的人文维度①计划（IHDP）进入第二阶段后，整合第一阶段的土地利用/覆被变化（LUCC）和全球陆地生态系统变化（GCTE）两大核心项目而形成的新核心计划，并提出了一个新的科学范式——土地变化科学（land change science，LCS）。土地变化科学已成为当前重要的科学前沿之一，也是地理学尤其是自然地理学最重要的研究领域之一。

土地变化的全球方面受到国际学界的极大关注，因为诸如碳循环和全球变化模拟之类的研究需要输入这方面的数据。然而，土地变化的区域和地方尺度也具有极其重要的意义，不仅因为其响应和贡献于全球变化，更因为这是区域和地方可持续发展的一个关键要素，而且这种尺度的变化更能明确、深入地反映人类活动与环境变化的联系。于是，土地变化研究的空间尺度从全球深入到地方、时间尺度从远期细化到近期。

土地变化科学目前和今后一段时间将在以下 3 个论题领域开展研究。

1）土地系统动力学。努力探究的科学问题包括全球化和人口变化如何影响区域和地方的土地利用决策与实践？土地管理决策与实践的变化如何影响陆地和淡水生态系统的生物地球化学、生物多样性和生物物理性质与扰动范围？全球变化的大气圈、生物地球化学和生物物理方面如何影响生态系统的结构和功能？

2）土地系统变化的后果。其中的科学问题包括生态系统变化对地球人类-环境系统的关键负反馈是什么？生态系统结构和功能的变化如何影响生态系统服务的供给？如何将生态系统服务与人类福利联系起来？不同尺度和不同背景下的人们如何响应生态系统服务供给的变化？

3）土地可持续性的集成分析和模拟。着力回答的科学问题包括土地系统变化的关键路径是什么？土地系统对于灾变和干扰的脆弱性与恢复力如何响应于人类-环境相互作用的变化而变化？什么样的体制可增强土地系统可持续性的决策和统筹？

所有这些论题都在通过对土地变化案例的综合研究而展开，并聚焦热点地区和生态脆弱地区。案例比较研究是土地变化研究综合化的主要途径，在此基础上逐渐加以综合和概括。

---

① 中国内地学界多将这里的 human dimension 译为“人类因素”或“人文因素”，我们认为不够准确，建议表达为“人文维度”。

中国西南喀斯特地区是世界三大喀斯特集中分布带之一，而且是其中面积最大、喀斯特性状最典型、内部分异最复杂、人口压力最大、土地变化最显著者，主要趋向是土地退化，突出表现为石漠化，并成为贫困的主要原因，还直接危害到长江和珠江流域的生态安全和经济安全。中国政府和学术界高度重视西南喀斯特地区的石漠化问题，在《国家中长期科学和技术发展规划纲要（2006～2020年）》中，位列“生态脆弱区域生态系统功能的恢复重建”重点领域及其优先主题首位的就是西南喀斯特地区。国家要求“重点开发岩溶地区……等典型生态脆弱区生态系统的动态监测技术……退化生态系统恢复与重建技术……建立不同类型生态系统功能恢复和持续改善的技术支持模式，构建生态系统功能综合评估及技术评价体系”。土地变化研究可为满足这些国家需求提供重要的科学依据。贵州山地高原是西南喀斯特地区的主体和中心，其退化土地系统的修复是世界级难题，是中国科学家面临的严峻挑战，也是有望在世界地学领域作出独特贡献的“地利”条件。

国际学术界非常关注喀斯特生态脆弱区问题。例如，国际地质对比计划（IGCP）就设立了一系列喀斯特研究项目。IGCP 299 Geology，Climate，Hydrology and Karst Formation 项目和 IGCP 379 Karst Processes and the Carbon Cycle 项目，认识到需要把喀斯特研究扩展到生态系统的脆弱性方面，并认识到人类活动在其中有重要作用；而且不同的喀斯特区域有不同的生态特征，人类活动的差别也很显著。IGCP 448 World Correlation on Karst Geology and Its Relevant Ecosystem 项目旨在对比不同喀斯特生态系统，深入探究各种喀斯特生态系统的形成机制和演化过程，从而帮助推进喀斯特地区的生态治理和可持续发展。2005 年设立的 IGCP-513 项目主要关注岩溶含水层与水资源。这些都是跨学科的研究项目，需要地理学、地质学、生态学、生物学等学科的综合研究，并从不同喀斯特生态系统的典型地段上着手。土地变化研究是一个重要途径，也是地理学研究喀斯特脆弱生态系统的独特视角和作出贡献的重要途径。

国内近年来也加强了喀斯特地区的土地变化研究。例如，国家 973 计划资源环境领域已执行了“西南喀斯特山地石漠化与适应性生态系统调控”项目，国家科技支撑计划中也有一系列涉及喀斯特退化土地生态重建的项目正在开展。国家自然科学基金委员会也启动了“我国典型岩溶动力系统与环境的相互作用与演变”、“多重胁迫下西南岩溶生态系统脆弱性和生态恢复能力研究”、“西南喀斯特山区土地利用/覆被变化及其对土地资源利用可持续性的影响”等重点项目。

我们近年来完成了国家自然科学基金重点项目“西南喀斯特山区土地利用/覆被变化及其对土地资源利用可持续性的影响”（40335046）和面上项目“土地系统变化的尺度综合：贵州喀斯特高原案例研究”（40871047），国家科技支撑计划重大项目“典型脆弱生态系统重建技术及示范”中的“喀斯特地区生态系统综合整治模式与技术对策研究”（2006BAC01A01-03），以及“西南生态安全屏障构建技术与示范”中的“西南生态系统退化的社会经济因素与生态安全的社会经济对策”（2011BAC09B08-04）等，已在贵州省、乌江流域、猫跳河流域、若干县域和小流域等空间尺度上研究了土地变化的格局、过程及其驱动力和效应，取得了一系列研究结果。本书就是这些成果的总结。我们希望以此提供一个生态脆弱区土地变化的研究案例，推动土地变化科学的发展，并希望能为西南喀斯特地区生态系统功能的重建和恢复提供一些科学依据。

本书第一篇阐述研究的学术背景与区域背景，包括土地科学的概念、研究范式、研究途径和方法（第 1 章），土地变化科学中的尺度问题（第 2 章），聚焦生态脆弱区（第 3 章）；第二篇在贵州省域尺度上研究土地变化与大气-土壤-植被系统的互动，包括土地覆被变化（第 4 章），降雨对水土流失的影响（第 5 章），土壤水分与 NPP 的时空格局（第 6 章、第 7 章）；第三篇研究乌江流域土地变化及其效应，包括土地变化（第 8 章），土地变化的影响因素（第 9 章），土地变化的生态效应（第 10 章），土地利用优化配置（第 11 章）；第四篇是关于乌江支流猫跳河的流域土地变化及其效应研究，包括土地变化过程与格局（第 12 章），土地变化的驱动力与效应（第 13 章），土地变化情景模拟（第 14 章），土地利用综合分区与结构优化（第 15 章）；第五篇以几个县为例，研究县域土地变化及其效应，包括土地变化分析与情景模拟（第 16 章），土地变化的土壤侵蚀及净第一性生产力效应（第 17 章），土地变化的系统分析（第 18 章），景观变化及其驱动机制（第 19 章）；第六篇是小流域土地变化及其生态效应的案例研究，包括基于湖泊沉积物信息提取的研究方法（第 20 章），土地变化及其土壤侵蚀效应（第 21 章），土地变化及其生态环境效应的小流域对比（第 22 章），小流域土地利用对土壤质量的影响（第 23 章），土地变化对土壤水分性能及植物生态特征的影响（第 24 章）；第七篇以论述退化土地生态重建的社会工程途径、工程技术途径和模式作为全书的总结（第 25 章）。

由于不同部分采用了不同的方法，有些相关结果之间可能会存在一定的不协调之处。我们并不刻意追求所有结果的一致性，而是一一展示不同方法得出的结果，以便相互参照。我们相信，不同方法的应用，对于推进土地科学的发展都具有一定的启示。

本书主要是在我和我指导的博士后、博士生、硕士生们已发表的论文和已通过的学位论文的基础上集成的，各章节执笔如下：第 1 章，蔡运龙、高江波、陈睿山、路云阁；第 2 章，蔡运龙、陈睿山、严祥；第 3 章，蔡运龙、高江波、彭建、杨志成；第 4 章，王钧、黄秋昊、高江波、蔡运龙；第 5 章，赵昕奕、许月卿、蔡运龙；第 8 章，黄秋昊、蔡运龙、王尧；第 9 章，黄秋昊、蔡运龙；第 10 章，蔡运龙、黄秋昊、王尧、高江波；第 11 章，周敏、蔡运龙、黄秋昊；第 12 章，彭建、蔡运龙；第 13 章，彭建、许月卿、蔡运龙；第 14 章，王磊、彭建、蔡运龙；第 15 章，王磊、蔡运龙；第 16 章，万军、蔡运龙、王尧、黄秋昊；第 17 章，万军、蔡运龙；第 18 章，张惠远、蔡运龙；第 19 章，万军、蔡运龙；第 20 章，王红亚、蔡运龙、吕明辉、路云阁；第 21 章，吴秀芹、蔡运龙；第 22 章，路云阁、蔡运龙；第 23 章，后立胜、蔡运龙；第 24 章，赵中秋、蔡运龙；第 25 章，蔡运龙、吴丹丹、王荣；此外，北京师范大学杨胜天教授和他的学生田雷、王冰等完成了第 6 章、第 7 章。全书由蔡运龙统稿、定稿。

土地变化是一个非常复杂的系统过程，很多科学问题尚待认识和解决，喀斯特地区的土地变化研究可资借鉴的经验又较少，加之我们研究能力的局限，本书可能存在疏漏乃至谬误之处，敬请读者指正。

蔡运龙

2013 年 5 月

目　　录

第一篇　学术背景与区域背景

第二篇　贵州省土地变化与大气-土壤-植被系统

第三篇　乌江流域土地变化及其效应

第四篇　猫跳河流域土地变化及其效应

第五篇　县域土地变化及其效应

第六篇　小流域土地变化及其生态效应

第七篇　结　　论

第一篇　学术背景与区域背景

第1章　土地变化科学

土地变化科学是在全球环境变化引起全世界普遍关注的背景下产生的。土地变化是全球环境变化最重要的表现，直接冲击着人类发展的基础，因而成为全球变化研究中最重要的领域之一。本章概述土地变化科学的发展进程、学术范式、研究途径，为展开本书的后续内容提供一个学术背景。

1.1　从土地利用/覆被变化研究到土地变化科学

1.1.1　土地利用/覆被变化研究

国际社会特别是科学界已广泛认识到人类已面临着严峻的全球环境问题，全球变化研究轰轰烈烈地开展起来。国际科学联盟理事会（ICSU）于1984年7月在加拿大渥太华召开的第一次全球变化大会，组织了全球变化国际计划的可行性研究。之后全球变化科学（global change science）成为20世纪后期和21世纪最活跃、发展最快的新兴科学领域之一（Alcamo et al.，1998；IGBP et al.，2001）。

全球环境问题的产生是地球大气圈、水圈、生物圈、岩石圈与人类活动相互作用的结果，全球变化研究涉及自然和社会领域的各个方面，特别是它与社会、政治、经济和外交等多个社会领域的结合催生了一些跨学科研究热点（US-SGCR/ENR，1996；黄秉维，1996）。其中，土地利用变化作为全球变化在地球上留下的最直接、最重要的遗迹，是研究自然过程与人文过程相互作用的理想切入点，成为全球变化研究的热点领域（Turner Ⅱ，1991；李秀彬，1996a）。事实上，无论是系统性的全球变化（指全球尺度上的变化，如气候波动和碳循环等），还是累积性的全球变化（指区域性的变化，但其累积效果影响到全球性的环境变化，如植被破坏、生物多样性的损失及土壤侵蚀等），都与土地利用/覆被变化有关。土地利用/覆被变化对系统性全球环境变化影响的研究包括温室气体的净释放效应、大气下垫面反照率等，而对累积性变化影响的研究内容则包括土地退化、生物多样性、流域水平衡、水质和水环境、河流泥沙及海洋生态系统等方面（Houghton，1994）。

为深入研究土地利用/土地覆盖变化，ICSU发起的“国际地圈-生物圈计划（IGBP）”和国际社会科学联盟（ISSC）发起的“全球环境变化的人文维度（IHDP）”于1995年共同拟定了为期10年的“土地利用/覆被变化（Land Use/Cover Change，LUCC）”科学研究计划（IGBP/IHDP，1995），旨在深入了解土地利用/覆被之间在不同时间与空间尺度上的相互作用及其变化，包括土地利用/覆被变化的过程、机理及其对人类社会经济与环境所产生的一系列影响，力图通过对人类驱动力—土地利用/覆被—全球变化—环境反馈之间相互作用机制的认识，建立能够用来预测未来土地利用/覆被变化，评价其生态环境后果并提供支持决策的 LUCC 模型，进而为全球、国家和区域的可持续发展提供决策依据。

土地覆被是指存在于地表的植被（自然的或者是种植的）以及人工建筑，而水体、冰面、裸露的岩石、沙地也都可以认为是具体的土地覆被形式。这一定义将土地覆被限定在可见的事物上。土地利用则定义为同时包括改变土地生物物理属性的利用方式和产生这种利用方式的目的。林业、水土保持措施、畜牧业以及肥料使用都是土地利用的表现形式（Turner Ⅱ et al.，1995）。土地利用体现了人类改造自然的能动作用，土地覆被作为土地利用的结果在田块直至全球尺度上发生显著变化，进而对诸如土地退化（Imeson et al.，1998）、陆地生态系统生产力的变化（Vitousek et al.，1997）、温室气体的排放（Houghton et al.，1999）、生物多样性的减少（Sala et al.，2000）等全球环境变化问题作出贡献，这些攸关人类命运的环境变化以及由此产生的社会经济以及伦理等诸多问题，会对人类的土地利用决策和行为产生制约。土地利用和土地覆被之间复杂的作用机制、土地利用/覆被变化的长时效性及其存在于泛空间尺度上的普遍性、土地利用/覆被变化对地球表层系统影响的多维度特征以及土地变化科学领域研究对于多学科综合的必然要求，使土地利用/覆被变化成为全球变化研究的核心议题之一（Turner Ⅱ，1995；李秀彬，1996a；蔡运龙，2001a）。

土地利用/覆被变化研究探究的关键科学问题如下。

1）人类在过去的 300 年里如何改变了土地覆被？

2）在不同的地理和历史背景下，土地利用变化的主要人为因素是什么？

3）土地利用变化将如何影响未来 50～100 年的土地覆被？

4）人类和自然的动态变化将如何影响特定类别土地利用的可持续性？

5）气候和全球生物化学变化将如何影响土地利用和土地覆被？

针对上述关键问题，制定了 3 个研究主题。

1）土地利用变化动态研究。通过区域性案例的比较研究，分析土地利用管理方式变化的主要驱动因子，并建立区域性的土地利用和土地覆被变化的经验模型。

2）土地覆被变化监测研究。利用遥感技术监测土地覆被的空间变化过程，并将其与驱动因子相联系，建立解释土地覆被时空变化及预测未来可测性变化的经验诊断模型。

3）区域和全球模型。建立宏观尺度上的，包括与土地利用有关的各经济部门在内的土地利用与土地覆被变化动态机制模型（IGBP/IHDP，1995）。

我国的土地利用/覆被变化研究得到国家高度重视。中国科学院所辖所、中心（地理科学与资源研究所、植物研究所、生态环境研究中心等）、部委（国土资源部）、部分高等院校（北京大学、北京师范大学）等单位均加大了对土地利用与土地覆被变化方面的研究力度，有些甚至还增设了专门的研究机构。在中国科学院、国家自然科学基金委员会、科学技术部和教育部的资助下，以“土地利用/覆被变化”作为“中国全球变化研究方向”主题之一，“针对人类活动而引起的土地利用变化及其动力学机制”研究得到开展（陈宜瑜，1999）；“土地利用/覆被变化”这一研究主题也被列为地理科学“十五”重点资助领域及优先项目（冷疏影等，2000）。

我国学者把握国际研究前沿，及时介绍国外研究进展（李秀彬，1996a，1996b），并结合我国自然条件、社会经济结构的特殊性开展研究，取得了一大批具有中国特色的研究成果，扩大了中国在该研究领域的国际影响。研究领域几乎涉及 LUCC 执行战略所提及的所有部分。主要成果包括土地利用/覆被变化的过程、格局研究，土地利用/覆被变化的驱动机制研究，土地利用/覆被变化的效应研究，土地利用/覆被变化的研究模型和方法。总体来看，我国土地利用/覆盖变化研究具有以下几个特点。

1）研究区域多集中在“生态脆弱区”或“热点区”，特别关注土地退化问题和土地城市化问题。

2）将 LUCC 研究作为切入点，开展“陆地表层系统地理过程”研究。

3）研究涉及粮食安全、耕地保障等区域可持续发展问题。

1.1.2　全球土地计划与土地变化科学

2005 年 10 月在德国波恩召开 IHDP 的全球大会后，土地利用/覆被研究又转入了新的阶段，开展了“全球土地计划（Global Land Project，GLP）”。该计划综合了由 IGBP 制定的“全球变化与陆地生态系统（Global Change and Terrestrial Ecosystems，GCTE）”和 IGBP/IHDP 联合制定的 LUCC 计划（图 1-1），主要研究土地系统变化的原因和本质、土地系统变化的后果以及土地可持续性的综合分析和模拟，目的是判断土地上人类-环境系统的变化，以及局部、区域和全球尺度上该系统的承受限度（Ojima et al.，2005）。

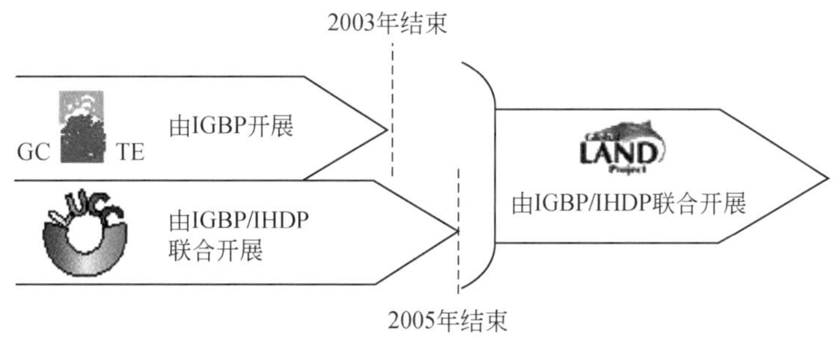

图 1-1　“全球土地计划”、“土地利用/覆被变化”和“全球变化与陆地生态系统”间的联系

GLP 关注土地系统动力学，将人与环境系统耦合，揭示“社会-生态系统”的相互作用机制；建立土地可持续性的综合分析与模拟体系（GLP，2005；史培军和叶涛，2006）。该研究框架将土地系统、生态系统和社会系统关联起来，如图 1-2 所示。

GLP 在以下 3 个论题领域开展研究（GLP，2005）。

1）土地系统动力学。努力探究的科学问题包括全球化和人口变化如何影响区域和地方的土地利用决策与实践？土地管理决策与实践的变化如何影响陆地和淡水生态系统的生物地球化学、生物多样性、生物物理性质和扰动范围？全球变化的大气圈、生物地球化学

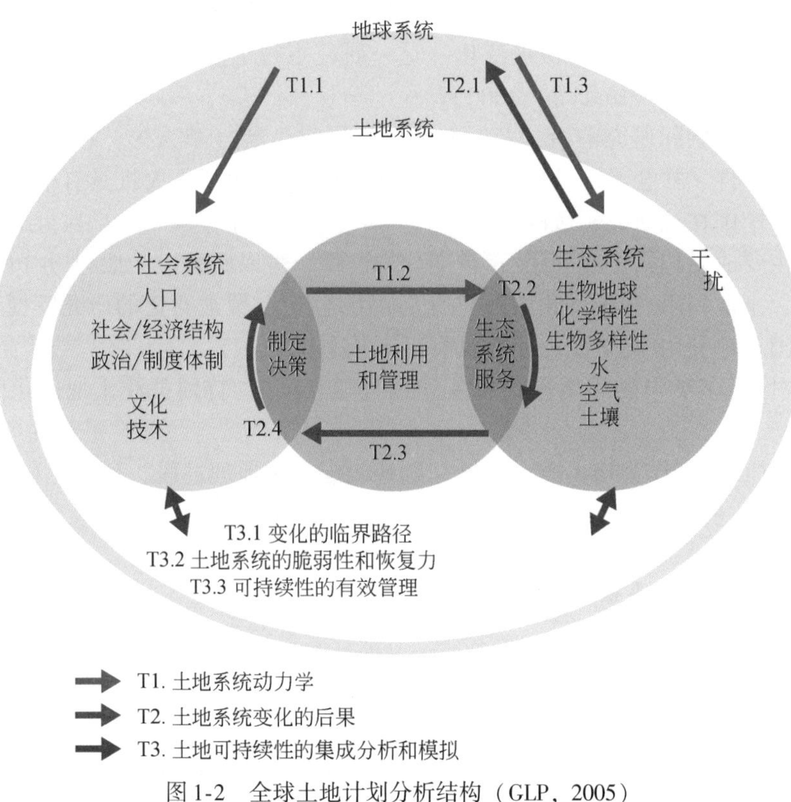

图 1-2　全球土地计划分析结构（GLP，2005）

和生物物理方面如何影响生态系统的结构和功能？

2）土地系统变化的后果。其中的科学问题包括生态系统变化对地球人类-环境系统的关键负反馈是什么？生态系统结构和功能的变化如何影响生态系统服务的供给？如何将生态系统服务与人类福利联系起来？不同尺度和不同背景下的人们如何响应生态系统服务供给的变化？

3）土地可持续性的集成分析和模拟。着力回答的科学问题包括土地系统变化的关键路径是什么？土地系统对于灾变和干扰的脆弱性与恢复力如何响应于人类-环境相互作用的变化而变化？什么样的体制可增强土地系统可持续性的决策和统筹？

GLP 报告指出，需要认识人类行为如何影响陆地自然生物圈的过程，以及在这些行为中主要的社会驱动者及其动态过程（GLP，2005）。我们需要评估不同土地系统中的此类改变（Kates et al.，2001）。地球上的每个土地系统都经历了一定的自然和社会动态过程，其中的决策者由于政治、社会经济和文化背景的不同，而有不同的决策方式，从而会改变土地利用的方式（图 1-3），在决策过程中也会碰到社会、生态系统的相关挑战。因此我们需要认识人类行为如何去影响陆地自然生物圈的过程，这将有助于评估社会及其环境所面临的风险和挑战，从而面对和处理（GLP，2005）。

2004 年 10 月，《美国科学院院刊》刊发《发展土地变化科学——挑战与方法问题》（Rindfuss et al.，2004），将 LUCC 这一研究主题提升为一个新的科学范式——土地变化科学（land change science，LCS）。2007 年 12 月，《美国科学院院刊》刊发由美国科学院院

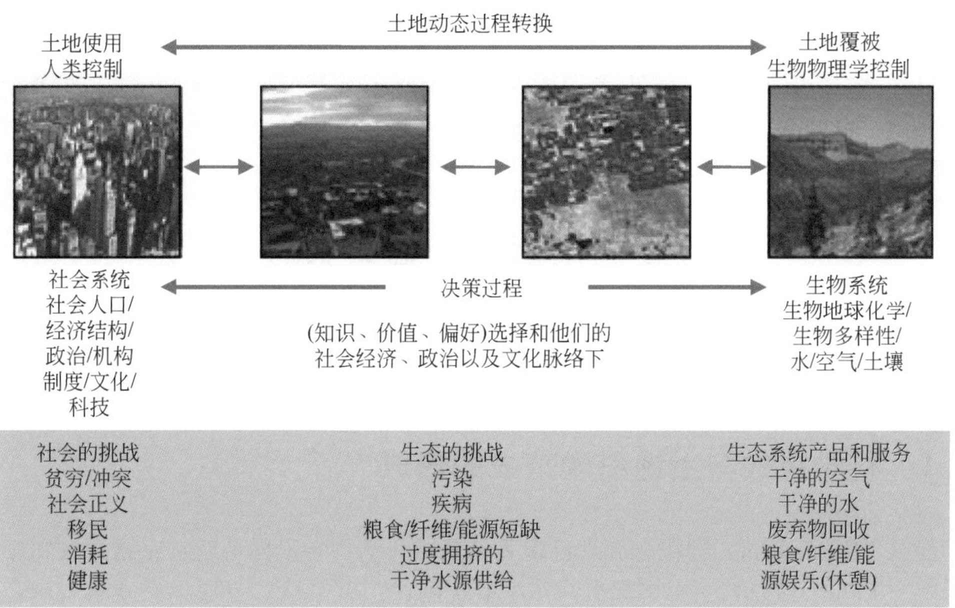

图 1-3　土地用途转换——社会和自然之间的相互动态作用（GLP，2005）

士、克拉克大学教授 Turner Ⅱ，以及原 LUCC 研究计划主席、比利时鲁汶大学教授 Lambin 和现 GLP 研究计划主席、哥本哈根大学教授 Reenberg 合著的《土地变化科学的出现与全球环境变化和可持续性》一文，进一步将土地变化这一研究主题和全球变化与可持续发展联系起来（Turner Ⅱ et al.，2007）。Turner Ⅱ还将土地变化科学与政治生态学联系起来（Turner Ⅱ and Robbins，2008），并提出了土地建筑学（land architecture）的概念和方法（Turner Ⅱ，2009）。

GLP 继承 LUCC 计划构建了一个能够更加透彻认识地球系统复杂性的平台，使人们认识到仅仅把研究对象限定在土地利用/覆被变化这一现象的发展变化规律上已经不再符合可持续性科学的要求（Kates *et al.*，2001），于是提出了“土地变化科学——新的科学范式”（Moran，2003），适应了这一要求，也是对 LUCC 计划的超越。这种超越体现在两方面。首先是研究对象和研究目标的重要改变，研究对象由“土地利用/覆被变化”上升到“陆地人类与环境系统”；研究目标由“了解土地利用/覆被变化的途径和规律”变为“减小人类与环境系统面对全球变化的脆弱性，实现可持续发展”。其次在方法论上，土地变化科学的本质是新的综合和深化。综合体现在以下几方面：视角的综合——在全球生态系统的视角下研究土地利用/覆被变化；研究领域和学科间的综合——LUCC 和 GCTE 的集成；方法的综合——LUCC 研究方法、生物地球化学研究方法、生态系统研究方法等。深化则体现在以下几方面：认识上的深化——对于人类活动改变地球系统以及这一过程中各种反馈的复杂作用的重视；方法的深化——重视机理研究、格局和过程耦合作用研究等（蔡运龙等，2004）。

2010 年美国科学院发布的《地理科学战略方向》，将理解与响应环境变化、提高可持续性、认识与应付经济和社会迅速的空间再组织、促使技术变化改善社会和环境列为未来地理学发展的关键主题，在此4个关键主题之下包括地球表层自然环境的变化，气候和其他环境变化对人类-环境耦合系统脆弱性的影响，地球上近100亿人口的生存和健康，人口、货物、思想移动对世界的改变，经济全球化对不平等的影响等11项战略研究问题（National Research Council，2010），而这些问题的最终切实解决都与土地变化研究有重要的联系。

1.2 土地变化科学范式

土地变化科学是当前重要的科学前沿之一，也是地理学尤其是自然地理学最重要的研究领域之一（McMahon et al.，2005），并成为一种新的科学范式（Moran，2003）。

1.2.1 科学范式与土地科学范式的形成

“范式”（paradigm）的概念和理论由著名美国科学哲学家托马斯·库恩在《科学革命的结构》（Kuhn，1962）一书中提出并作了系统阐述，后来被广泛应用于众多自然科学和人文社会科学的研究领域。作为科学哲学领域的历史主义者，库恩认为，科学其实无所谓真理，科学革命主要表现为范式的转变。当常规科学（normal science）在发展过程中遇到一系列无法得到解释或不能纳入现有理论体系中的异常时，其发展就面临危机，而只有通过传统范式的革命和转型才能解决危机。新范式取代旧范式的过程即为范式转变，它既是科学革命的动力，也是其必然产物。库恩指出，范式的有无是科学性质的标志。科学是从前科学演化而来的，前科学的特点是其工作者没有范式，表现为对他们所从事学科的基本原理甚至有关现象的看法不完全一致，经常争论。而科学具有范式，范式为科学共同体一致拥有，按照统一的范式从事科学研究活动。范式被普遍认为是一段时期内提供给一个实践者共同体关于典型问题和解决方案的科学成果。

库恩认为，科学并非一种死板的活动，每一代人并非墨守前人工作的成果，相反，科学是一个张力不断变化的过程，这个过程被一些导致学科动荡和不连贯的转换期分隔开来，期间会有相对平静的时期，此时就实现了知识的稳步累积。科学的发展要经历一系列阶段：①前范式阶段，特征是各种冲突都集中在个人而不是学术上。②职业化阶段，科学定义变得鲜明起来。③一系列范式阶段，每一范式阶段都有其占主导地位的思想学派。当问题不断累积以至于流行的范式不能解决问题时，革命就发生了，每一阶段都被这样的危机所分隔。因此，库恩将科学活动形象地描述为在广泛接受但又常常不确切的法则和惯例中寻求解决方案，这种难题破解（puzzle-solving）就是他所谓的“常规科学”特征。在范式阶段期间，科学家接受已建立的理论并将它们用作破解难题的框架，而不是频繁地努力推翻一种理论或建立一种新理论。库恩认为，证实一种理论的方式与其说是一个逻辑问题，不如说是一个信仰问题。证实和确认的过程就是科学共同体与流行范式相结合的全部规则。出现的任何异常都可能积累起来而形成下一危机阶段的基础，由此而出现的革命将造成下一范式阶段。

科学范式具有以下特点。

第一，具有以下两个特点的科学成就：①能够把一些坚定的拥护者吸引过来；②为一批组织起来的科学工作者留下各种有待解决的问题。

第二，范式具有相对稳定的“专业基质”。

第三，拥护者们掌握了共有的范式而形成科学共同体，共同体内部交流比较充分，有相同的探索目标，专业方面的看法也比较一致。

第四，范式包括范例（exemplar），即共同体的典型事例和具体的题解。

第五，范式不仅留下有待解决的问题，而且提供了解决这些问题的途径，提供了选择问题的标准。正因为有了这些标准，科学工作才能做得细致而深入，而不像前科学时期的工作杂乱无章、海阔天空，难以有扎实可靠的成果（Kuhn，1962）。

科学范式不仅使常规科学解疑难的活动得以完成，从而成为开启新学科的契机和手段，而且在应用模型和形而上学之间建立起一种新的相互关系，解决了从一般哲学理论转向实际科学理论的途径问题。因此，范式不仅有对具体研究过程的形式抽象，也有对形式抽象的哲学层面审视；既体现了某种方法论的研究倾向，在某种意义上也是对方法论本身的反思（李兵，2004）。

从土地利用/覆被变化到全球土地计划，土地变化研究由当初的特定研究主题演变成了独立的学科体系，初步具有了自身的理论、方法、研究对象和科学问题，在研究领域和研究目标等方面更加深入，在理论上也有显著的突破（路云阁等，2006）。根据范式的内涵和土地科学的研究内容，可以认为土地科学已形成研究范式。在土地科学研究的发展过程中，科学共同体已持有共同的信念，这种信念规定了他们共同的科学问题（如土地变化的驱动机制、变化过程、空间格局、生态环境效应以及人类响应等）、基本的研究方法（如地面调查、访谈、对地观测、数学模型等）和研究框架（如以尺度为中心，以区域和类型为对象，以改善人地关系和实现可持续发展为目标）。土地变化研究已形成基本确定和相对稳定的范式特征，如对一些问题的认识基本一致，具有相对确定的概念、独特的研究对象和领域、比较系统的逻辑体系等。但土地变化研究对象和问题的复杂性、动态性，以及研究过程不断遇到的新问题，要求我们要不断更新观念，反思研究思路、理论、逻辑、方法等，解剖成功案例。因此，与许多经过严格论证并得到广泛认可的自然科学范式不同，土地科学范式各组成部分的地位、作用与相互关系变化较快，土地科学的发展过程必然伴随着研究范式的转变。又由于研究对象和范畴的广泛性，研究问题和目标的多样性，不同等级层次的学科或同一层级的不同学科往往对应不同的研究范式，即存在“范式等级系统”（paradigm hierarchies）（邬建国，1996）。

1.2.2　实证主义范式

范式的基本特征是“镜像思维”（罗蒂，2003），“镜子”可以是主体也可以是客体，与之相对的一方是被镜子衡量的东西，镜子是标准和模式，决定着被照物的特性及运动方式和规律。一方面，由于“镜像思维”导致了衡量标准的多元化，因而可以认为范式理论的提出是科学发展的必然结果；另一方面，镜子与被照物的割裂使得人们习惯于一种还原式的思维，即以某一方为衡量另一方的镜子（赵卫国，2008），这就导致了科学主义与人文主义的分流以及理论间的不可通约性。一方偏向“经验自然”，把逻辑分析作为主要科学信念；而另一方注重“内心体验”，视非理性冲动为其精神本质。这两种研究取向同样反映了土地变化科学中的两大思潮和不同的科学观。

作为一般的科学研究范式，实证主义源于培根的经验哲学和牛顿-伽利略的自然科学方法。从孔德开始，经历了社会实证主义、经验评判主义、逻辑实证主义和逻辑经验主义等不同发展阶段，它是一种强调感觉经验、排斥形而上学的西方哲学派别。实证主义既是一种认识论，又是一种方法论，其基本观点如下：①一切关于事实的知识都以经验的实证材料为依据，有序的客观现实只有通过客观的知识来认识，即科学知识是通过实验观察和一些量化的测量手段而得到的，因为这样得到的知识可以证实，其价值具有永恒性；②在事实的领域之外，则是逻辑和纯数学知识，也就是关于观念关系或纯形式的科学（蔡运龙，1990）。实证主义把经验与逻辑分析作为“客观地”认识现实的基础（陈启伟，1994），着重科学理论结构的逻辑分析，并从经验主义出发解释科学的概念和理论。

实证主义范式认为，尽管土地变化是自然与人文因素交叉密切的复杂过程，但它在本质上同样“服从不变的规律”，如竞租曲线、转移边际点等，应寻求运用普遍规律（理论）来解释各地区的独特事件，同时应用实际数据对理论进行检验。土地变化的表现极其复杂，具有显著的区域差异和时间变异，其研究涉及自然科学和社会科学的众多领域。综合的科学特征呼唤综合的土地利用变化理论，但是，由于人地关系综合理论很难以抽象理论框架来加以概念化，因此综合的土地利用变化理论的建立仍面临重大挑战（蔡运龙，2001a）。

实证主义范式贯穿土地变化研究的不同阶段，主要聚焦因果关系。土地变化过程及空间格局与自然因素和人类活动相关。在多数情况下，自然因素发挥控制作用或制约作用，人类活动为直接驱动因素，即巴洛维提出的自然条件可能性、经济可行性与体制可容性的三重框架（巴洛维，1989）。土地变化的结果具有资源生态环境效应，并将影响人类的生存和发展。任何形式的土地利用活动都或多或少地对地表自然环境施加影响，并且这种影响往往表现为自然资源的衰竭和环境的退化（李秀彬，2002），进而威胁到人类福祉，而当这些问题足够严重时，人类社会就可能通过资源环境管理手段进行土地利用系统的调整。

实证主义范式认为任何现象都可以分解成不同的变量，通过变量就可以了解现象，主张在土地变化研究中运用自然科学的实证方法（如观察法、实验法等），以便用数学方法来建立系统知识，强调学科知识的客观性与精密性。量化研究的一般步骤如下：首先，借助空间对地观测技术、遥感解译技术、地理信息系统技术以及海量数据技术获得不同尺度上的土地变化数据；然后，运用数理统计方法分析所获取的数据，或采用数学模型进行模拟和预测，也就是使用某些经过检测的工具对变量之间的关系进行测量和分析，进而验证研究者的假设。然而，模型是对现实的抽象和简化，而这种抽象和简化必然受研究者的先验假设主导，已不是真实的现实，因而不具备“普适”性。实证主义忽视这种“先验假设”的作用，仅追求揭示土地变化与驱动因素及生态效应的外在联系，而非内在的、本质的关系。也就是说，实证主义方法只求知其然，而不问其所以然（杨耕，1994）。孔德也指出，“真正的实证精神是用对现象不变规律的研究来代替所谓原因；即用研究‘怎样’来代替‘为何’”（宋林飞，1997）。

1.2.3 科学人文主义范式

科学主义把科学片面地理解为实证自然科学，认为应把现象背后的本质、价值和目的论思辨排除出去。人文主义则认为研究主体与现象之间是不可分离的，只能在互动中把握。科学主义为“求科学”，强调研究应忽视主观性变量；人文主义则强调“求真”，认为应从人的主体性去理解现象。科学主义认为自然科学的实证方法是达至真理的唯一方法；人文主义则主张采用人文科学的方法对现象进行整体的、质性的把握。科学主义在很长一段时间内曾主宰着自然、社会科学的众多领域。然而，其负面效应也日益显现，遭到人文主义的批判。现代科学史奠基人萨顿认为，科学主义和人文主义的关系不协调甚至紧张的状况是“我们这个时代最可怕的冲突”（萨顿，1989）。他主张既要重视科学的物质价值，也应重视科学的精神价值，并提出了科学人文主义。科学人文主义是一种新的合理的人文价值观，它克服了科学主义的缺点，又超越了西方传统人文主义的狭隘性，代表了科学主义和人文主义之可通约的新主体性理论，体现了价值论与认识论的统一、人文精神与科学精神的统一、目的性与规律性的统一（黄瑞雄，2006）。

实证方法具有逻辑性、准确性和简约性等特点，在土地变化研究中具有重大价值，然而定量研究不应是土地变化研究的全部和最后归宿，它也不可能达到对现象的完整把握和准确理解。一方面，土地变化的动因与人类活动及自然条件相关，它的一个重要特点是既具有科学性（客观性、普遍性等），又具有人文性（主观性、价值性等）；另一方面，土地变化反映了人地关系，人的复杂性决定了一味强调自然科学的研究方法，必将失去主体意识与应有理性，而成为片面追求精确的学科。因此，土地变化研究应将土地利用变化视为一种理性选择，承认土地经营者既是“经济人”又是“社会人”，突出人的主体性，加强人文层面的研究。

人文主义对抗科学主义但并不摒弃科学，它重想象、重悟性，但并不否定逻辑思维的必然性与重要性。人文主义地理学的创始者段义孚（2006）也指出，人文主义并不是排斥和否定实证主义，而是对其方法的扬弃、补足和整合。事实上，人文思维逻辑与科学思维逻辑作为两种不同的思维工具，各有自己的用途与使用范围（扈中平，2003），不同的研究者对不同土地变化问题的研究可以有选择地取舍，但在土地变化研究的认识论和方法论上不应割裂二者之间的内在联系（樊杰等，2003）。在土地变化研究领域，科学主义与人文主义研究范式的对立已导致一系列问题，如理论琐碎，理论间难以沟通；视野狭窄，无法将各种土地变化事件相互联系；方法单一，各类方法难以相互补充等。为了更全面、合理地解决问题，土地变化研究需要这两种范式的共同支撑，相互补充。

人文主义强调主观性，重视论题所涉及的人的“内心体验”和研究者的“先验假设”，强调在理解过程之中而非从对象本身认识世界，相对忽视客观标准，因而有虚无主义和相对主义之嫌（王俊生，2007）。因此，土地变化研究中引入人文主义的同时必须结合科学主义，才能真正体现其价值。

土地变化研究的科学人文主义范式并不反对科学化，但反对在追求科学化的过程中无视土地变化现象的纷繁复杂以及多变量及其间的关系，如土地变化过程中的社会性、人的主观能动性、意志的不确定等。科学人文主义将实证方法与人文主义的理解、描述相结合，注重人文关怀，关注人在土地变化研究中的地位；认为应采用系统方法，倡导方法与对象的统一，鼓励方法的多样性，将实验、量化等科学研究得出的结论放到宏观的社会环境和文化历史氛围中加以理解和揭示，坚持质与量的分析相结合。科学人文主义范式强调研究中主体因素的介入，强调通过理解、参与、体验等途径整体地把握土地变化，无疑是对科学主义范式的一种补偏救弊。这正如“范式”理论本身也蕴含着“强”科学主义向人文主义或真理相对主义的回归，科学发现的主观性也可以从其语言表述和“事实呈现”的客观性底色中显现出来（石敏敏，2004）。

1.2.4 结构功能主义范式

美国著名社会学家帕森斯在20世纪四五十年代建立了结构功能主义的系统性理论。帕森斯在《社会体系》（Parsons，1951）一书中指出，社会是由具有不同基本功能、多层面的次级系统所构成的“总体社会系统”，其4个子系统（经济系统、政治系统、社会系统、文化系统）分别对应4项基本功能（适应功能、目标实现功能、整合功能、模式维持功能）。社会是整体的、均衡的、自我调解和相互支持的系统。构成社会的各个组成部分，以其有序的方式相互关联，并对社会整体发挥相应的功能，同时通过不断的分化与整合，维持整体的动态的均衡秩序。帕森斯非常强调秩序、行动和共同价值体系在社会结构中的作用。他始终认为，研究社会结构就是研究秩序问题，并且势必涉及秩序中的人的行为，而研究社会秩序和人的行为又脱离不了行动者的思想感情的规范问题。虽然结构功能主义因过于强调秩序、稳定和平衡，对极短事件缺乏解释力，而遭到冲突理论、理解理论、新马克思主义理论的批判，但结构功能主义为我们提供了一种可资参考的系统分析方法，其中的一些宏观层面的重要理论见解和研究方法，值得土地变化研究者关注和借鉴。

从系统的观点出发，土地是具有内在物质和能量转换的、比较复杂的、开放的实体系统。以揭示区域资源与环境的结构与功能为目的的土地类型研究是土地系统研究的一个重要方面。土地结构是土地系统内子系统（各土地类型）之间相互联系和相互作用的形式。土地功能是土地系统基于一定结构提供服务和产品的能力，是其组成部分和土地结构的存在理由和目的，与人类的福祉密切相关。结构由功能体现，功能以结构为基础。结构功能理论本质上赋予土地功能概念核心位置。土地系统功能可划分为一定数量的子系统功能，如农田的生产功能、建设用地的承载功能、湿地的水文调节功能等，不同的组合类型又使得土地系统表现出多功能性。多功能性是土地系统的重要属性，是土地利用变化的前提条件。

在较大尺度上，土地系统往往是动态的、均衡的。子系统之间通过物质流、能量流和信息流而关联，虽然某些组成部分会发生变化，但经过自我调节整合，仍会趋于新的平衡。因此，可以说秩序是大尺度土地结构的本质，土地结构变化的结果往往是形成人类定居和资源利用的更为合理的空间秩序。此外，土地结构又表现出一种互动关系，它是在行动者的互动过程中形成的，这些行动者拥有共同的价值观念（遵循最优利用原则）。根据新古典经济学的观点，土地经营者追求效用最大化，这个过程导致了土地结构的变化与新空间秩序的形成，即“土地资源趋向于向那些出价最高的经营者手中转移，趋向于向那些收益最大的用途转移”（巴洛维，1989）。因此，土地结构包含宏观土地系统及其子系统与微观行动者的相互关系。

土地利用/土地覆被是一种土地结构，其变化一直是土地变化科学研究的核心，近年来，在数学模拟和数据获取技术上取得了长足的进展。然而，由于长期以来对于土地功能及其与土地结构关系研究的忽视，土地变化的监测与模拟仍面临较高的不确定性，结果往往为模糊的行为预测。土地功能的变化不仅是土地覆被变化的结果，而且是未来土地覆被变化的驱动因素（Verburg et al.，2004）。通过功能分析来探悉土地利用行为对系统维持的效果，有助于提高模型的模拟预测能力。因此，结构功能主义可看作对上述实证主义范式下因果关系模型内在经验困境的一种回应。加之土地功能与人类福利的密切关系，今后土地变化研究应更多关注土地功能的变化。需要指出的是，尽管土地覆被是土地功能的重要影响因素，然而土地覆被与土地功能之间的关系是非常复杂的，土地覆被的变化并不意味着土地功能的改变（质量或许会变化），土地覆被状况的维持也并不意味着土地功能的保持。只有全面掌握土地系统的结构与功能的信息，才能结合具体的环境与社会经济情况以制定科学合理的土地利用规划与政策。显然，结构功能理论为土地变化研究提供了一种系统分析方法或视角。研究土地系统，首先应把它看作一个具有内在结构和自组织机制的有机整体，其子系统通过相互协调共同支撑土地系统的运行和发展。同时，各子系统也有相应的内在结构与功能，并且结构与功能之间具有复杂的相互作用关系。结构功能论者主张把微观个体行为放在系统中分析，但由于与宏观研究取向存在矛盾，它们之间的结合是一个巨大挑战（周怡，2000）。

1.2.5　复杂性范式

复杂性科学的兴起可追溯到贝塔朗菲创立的一般系统论。经历了“老三论”（系统论、信息论和控制论）和“新三论”（耗散结构论、协同论和超循环理论）的发展后，20世纪80年代圣塔菲研究所的成立使复杂性研究进入了新阶段，复杂性范式也得以初步形成（黄欣荣和吴彤，2005）。土地系统是复杂的动力系统，具有整体性（整体属性大于部分属性之和）、开放性（与环境的物质、能量和信息交换）、尺度性（某一尺度上的系统既是大尺度系统的子系统，又由小尺度子系统构成）等特征，其变化格局和过程、驱动机制及生态环境效应等均表现出高度的复杂性（彭建和蔡运龙，2005）。强调简单线性分析的还原论已不能满足研究复杂现象的需要，传统研究范式受到挑战。复杂性理论不仅能够解释事物机械的、还原式的、线性的存在和演化，而且能够解释传统研究范式所不能解释和说明的许多复杂现象和问题，因而它具有比科学人文主义范式更丰富的内容，可为土地变化研究提供一种新的科学世界观、认识论和方法论。利用复杂性理论研究具有非线性特征的复杂土地系统，是当前土地变化研究范式的一个重要转变。

土地系统是由众多子系统组成的有机复杂系统，其结构和功能都处在不断的演化和流动之中，且具有非线性、不确定性和不可逆性等特征。土地变化存在空间异质性和时间变异性，不同区域、不同时期的事件应该区别对待。土地利用/土地覆被具有时空多尺度性，不同尺度的问题是不同的，应明确界定研究的时空尺度，并且同一尺度的不同要素以及不同尺度之间通过物质、能量和信息交换而存在关联性和连通性。因而，土地系统在本质上是复杂的。而复杂性范式就是还复杂系统以本来的复杂面目，以复杂性方法来处理复杂事物（黄欣荣，2009），即将土地系统作为一个复杂系统或将土地利用/土地覆被类型作为复杂系统的组成部分进行研究。此外，静态的复杂性加上动态的不确定性，会进一步加剧复杂性程度。

复杂性理论力图揭示时间或空间上的复杂结构背后隐藏着的简单确定性规律（唐绍祥和汪浩瀚，2002），因而定义关键变量对土地系统的复杂性研究十分重要。土地利用变化的驱动因素涉及自然和人文科学的众多领域，它们之间存在的非线性相互作用导致了土地覆被的动态变化。研究者应借助等级缀块理论以及集成自下而上和自上而下的综合途径等尺度综合方法，识别尺度域内的主导因子，并应重视理解次一级尺度水平的机制（蔡运龙，2009）。由于土地系统的非线性特征，某些因素的微小变化可能导致土地覆被的剧烈变化，并呈现十分复杂紊乱的状态，土地结构的连续变化也可能会产生功能的突变。因而，根据历史发展的趋势推测未来和作出长期预测几乎是不可能的，即使作出也是不可靠的。但这并不意味着我们完全无法进行预测，复杂性理论告诉我们土地系统的短期行为还是可以预测的。此外，研究主体的思维能力、复杂历史文化背景和社会关系以及差异化性格和行为方式等，常导致研究结果具有不确定性，因而在土地变化研究中应重视主体的作用，将主体和客体联系起来。

研究对象的极端复杂性导致土地变化研究在方法论上莫衷一是，而且众多尝试都没有超出概念模型的范围。然而，正是这种复杂性，使得土地变化研究方法论可以借助复杂性科学来创新：不仅建立贴切的“物理”模型，而且找出相应算法，借助计算机求解；不仅在形态和过程研究中不断深入，而且重视机理研究（蔡运龙，2000）。复杂性范式要求应用复杂性科学（或非线性系统分析）的理论方法，主要包括如下几种：频域分析，它是非线性系统分析的基本工具，其中小波分析作为其延伸，在土地变化研究中是一个有效工具（李双成等，2006）；几何动力学，通过相图及相关图形描述和解释非线性系统的性质和行为，如符号动力学（李双成等，2008）、分形几何（朱晓华和蔡运龙，2005）等；分叉理论，它是非线性系统稳定性理论的主要部分，如突变论（高江波等，2008）等。土地变化研究的复杂性范式强调整体方法（仿真），坚持分析和综合以及定性和定量方法的结合，主张从自上而下的还原路径走向自下而上的整体路径，提倡多尺度和跨学科的综合研究，认为隐喻和类比等非传统科学方法在复杂适应系统研究中会起到关键作用。

1.2.6 格局–过程–尺度范式

格局、过程和尺度是地理学、生态学、景观生态学研究中的核心概念（李双成和蔡运龙，2005），在土地变化研究中占有极其重要的地位。土地变化研究的主要内容包括空间格局、变化过程、驱动机制、资源生态环境效应、人类响应等 5 个方面，从这些研究内容中可提炼出格局–过程–尺度研究范式。在自然因素（如土质、地形、气候等）和人为因素（如人口增长、经济发展、技术进步等）的共同驱动下，土地利用/覆被产生变化过程，形成不同的空间格局，而格局的变化又会影响土地变化过程。土地变化还对地表生物物理过程、生物化学过程、生态过程等产生深刻影响，从而导致多种生态环境效应。在此基础上，人类社会会发生不同程度和不同类型的响应与适应过程，并引起进一步的土地变化过程。由于研究对象的复杂性以及高度空间异质性和时间变异性，土地变化格局、过程及其相互作用均是尺度依存的，因而，只有在连续的尺度序列上把握土地变化格局和过程，才能科学地揭示其内在规律性，也才能满足可持续性决策多尺度协调的实际需求。

研究土地变化格局，主要以航片或卫星遥感影像为数据源，借助 GIS 和 RS 技术编制土地利用与土地覆被图。作为土地变化研究的基础工作，借助技术进步，准确获取土地利用与土地覆被格局或结构的信息是重要内容。近年来，土地变化相关过程的揭示开始受到更多的关注。土地变化空间格局的变化过程反映了驱动力综合影响下的土地变化趋势，此类研究又有助于预测未来变化情景。土地变化对地表过程的影响也已成为科学家关注的焦点，研究对象不仅包括土壤、气候、水文等单一生态系统要素，而且还涉及生态安全、生态系统服务功能、生态健康等系统效应。土地变化的生态环境效应对人类社会福祉的影响也促使人类通过制定相应的政策和战略、发展科学技术、优化土地格局等手段作出响应。但是，目前关于土地变化驱动力和生态效应的研究，大多依赖统计学方法来揭示不同因素之间的相关关系，深入的机制性研究尚附阙如，由此而产生的响应方式也尚可质疑。

随着数据源的扩展、研究手段的更新以及认识的深化，土地变化格局与过程研究的空间尺度从最初的全球发展到区域和地方，并进一步形成时空多尺度研究（Turner Ⅱ et al.，1995）。事实上，无论格局、过程、驱动力、效应，还是土地变化的体制因素，都表现出不同尺度间的相互影响、相互作用。然而，目前多尺度间的关联性研究尚显薄弱。基本思路是，根据小尺度研究成果和不同尺度间的作用关系，来对大尺度问题作出预测（傅伯杰等，2003）。但尺度之间的作用不仅是“小”对“大”，反之亦然。因此，不能仅凭地方尺度的案例研究就简单地得出关于区域尺度土地变化的一般性陈述，也很难通过某一时段的研究成果来推断更长历史时期的土地变化过程。尺度综合的理念为这一问题的解决提供了合适途径，即将多尺度的多个案例研究联结为一个可代表区域空间异质性和时间变异性的网络（蔡运龙，2001，2009）。当然，这不仅是土地变化科学本身的关键科学问题，实际上早已成为地理学、生态学和其他相关学科都认同并努力求解的一种重要研究途径。尽管土地变化格局与过程研究的尺度综合理论框架已基本构建，但具体的科学研究实践中依然存在诸多困难，如尺度域的选择、尺度综合的理论依据、尺度综合的途径等。因此，需要在案例比较研究的基础上逐渐加以综合和概括（Lambin and Geist，2001），需要耦合更多技术方法以发展能对客观现象进行地理学、生态学解释的分析工具；也需要借鉴实证主义范式、科学人文主义范式、结构功能主义范式、复杂性范式的理念和观点。这些范式及其转变主要在本体论、认识论和方法论 3 个层面表现出来。在本体论层面，土地变化范式要回答“土地系统的形式和本质是什么”；在认识论层面，则要探寻“在土地变化过程中所产生的各种关系”，而对这个问题的回答又受本体论的制约，即“是否存在关系主体彼此之间的相对分离”；在方法论层面，要阐明土地变化过程的逻辑。不同范式在这 3 个层面都表现出各自的特征（表1-1）。

表1-1　土地变化科学范式的特征

层面	实证主义范式	科学人文主义范式	结构功能主义范式	复杂性范式
本体论	决定论	决定论和非决定论共存	决定论	决定论和非决定论共存
	线性因果	有限的可预测性	自组织	非线性、自组织、不可逆
	可预测	整体性	整体性	整体性、多尺度连通性
	主客体相分	主客体相联系	主客体相联系	主客体相联系
认识论	客观知识	知识-价值相结合	过程与反馈	复杂的规律性
	普遍规律	有限的普遍性	普遍规律	有限的普遍性
	还原论	系统分析方法		整体论
方法论	定量方法	方法与对象统一	系统分析方法	仿真
	分析模型	定量与定性结合	定量与定性结合	定性与定量结合

任何一种单一的研究范式都不能在整体上为土地变化提供全面合理的解释，每种范式都有其价值性和局限性。土地变化研究的问题复杂性以及目的多样性，使得不同目的和不同问题需要不同的研究范式与之适应和匹配。目前看来，还不存在对一切问题皆有效的土地变化研究范式。这种缺乏统一范式的局面，不仅可能影响土地变化的研究方向，而且可能导致研究的现实意义大打折扣。由于复杂性范式拥有传统范式不可比拟的客观基础（土地变化中非线性现象普遍存在）（李双成等，2010），并且对事物的认识保留了其非线性的本质特征，因而，越来越多的学者开始致力于解读土地变化的复杂性，建构复杂性认识论和方法论。

土地变化研究的不同范式之间并不是简单的替代和否定关系，如科学人文主义范式并不否定科学主义或实证主义，它只是以强调人的主体性来修正科学主义或实证主义的片面性；复杂性范式也并不否定传统范式，它只是以新视角和新方法对外在复杂性和内禀复杂性进行简化描述，是保留事物真正非线性性质的简化思维，复杂性与简单性的动态相互关系在土地变化研究中应得到重视。

1.3　土地变化研究途径

1.3.1　走向综合的土地变化研究

（1）现象的复杂性敦促综合研究

土地变化是很复杂的现象，研究人员要避免“瞎子摸大象”那样的片面性，必须寻求新的综合研究途径。为此，不能简单地沿袭传统土地利用研究的思路和方法，需要不断提出新的研究论题；对土地利用变化驱动力必须有一种普遍的、综合的认识；需要将多个案例研究联结为一个可代表区域空间异质性的网络，需要进行多空间尺度的研究，从而将地方尺度和区域尺度的土地覆被动态联系起来；需要发展新的研究方法，并将从农户调查到遥感数据的各种信息综合起来；尤其需要形成关于土地变化的综合科学理论框架（蔡运龙，2001）。

土地变化科学综合研究的必然性来自于其理论、方法、研究对象的复杂和多样性。人类的土地利用方式多种多样，各种土地利用的作用积累起来就在全球尺度上改变了土地覆被，其结果不仅对土地覆被本身至关重要，而且对地方、区域和全球环境的很多方面都产生显著影响。土地变化现象也是形形色色的，可归纳为 3 种：一是土地类型的转换，二是土地的退化，三是土地的改良。土地变化既表现为各类型之内的功能复杂性（functional complexity），又表现为各类型之间的结构复杂性（structural complexity），两者都需要从空间格局和时间过程来分析。随着土地变化项目研究的深入，学术界对土地变化研究的认识已有了显著的发展（表 1-2）。

表 1-2　土地变化研究的认识进展

过去	现在
仅关注土地类型转换	也关注土地退化和土地改良
多关注热带雨林类型	关注所有的土地类型，包括草地、疏林、城郊、湿地等
认为变化历史简单	认识到变化受几千年人类的复杂活动影响
认为变化是单向连续的	认识到变化沿复杂且可逆的轨道，土地处于一种不断变迁的状态
根据同质空间来研究	认识到空间具有高度异质性，景观破碎化随处可见
多归因于人口增长	也归因于人们对经济机会和政策变化的响应，并伴随生物-自然和社会-经济的突发事件
多认为变化是地方性的	认识到变化可被遥远的城市中心影响，随强烈的本土化和全球化相互作用而被全球化增强或削弱
多归因于农业的扩展	认识到对压力和机会更为常见的响应是土地利用的集约化和多样化
多关注对碳循环的影响	也关注对生态系统服务、人类健康、生物多样性、日照反射率、水分循环、碳排放、甲烷排放、NO_x 等排放的影响
认为影响取决于生物-自然变化的大小	认识到影响更取决于人类自身和地方的响应能力
所关注的地区不甚集中	聚焦于变化的“热点”地区和生态脆弱区

资料来源：Lambin and Geist，2001

（2）驱动力的综合

土地覆被变化由土地利用引起，而后者则被人类活动所驱动。我们需要了解原因和表象之间的关系（cause-to-cover relationship），即土地利用的社会驱动力与土地属性变化之间的关系。从较大空间和较长时段来看，土地利用/覆被变化与人口增长、人均消费提高、经济结构变化乃至政治结构的变化都具有显著的联系；但在较小（时间和空间）尺度上的土地转换并不一定能显示同样的联系。国际上对土地利用变化驱动力的认识已走向深入。据对热带雨林地区 1850 ~ 1997 年森林减少原因的系统研究，仅考虑简单的因素（如人口增长）或对复杂性的简约化都不能提供准确的解释。152个区域案例研究的证据表明，基础设施（主要是公路）扩张、农业拓展、森林砍伐是晚近时期的主要原因，而这些原因又被若干深层因素的协同作用所驱动，其中起重要作用的有经济因素、人口增长、体制和政治因素、技术因素、文化影响；其他因素（包括背景环境特征、生物-自然动力、社会突发事件，以及表层原因对深层因素的反馈）的作用并不明显。上述重要因素中的每一个都有复杂的作用机制，需要进行深入的综合研究（Geist and Lambin，2001）。

（3）尺度的综合

在区域尺度上，土地变化格局具有高度的空间异质性。因此，我们不能仅凭地方的案例研究就简单地得出关于区域土地覆被变化的一般性陈述。相反，我们需要将多个案例研究联结为一个可代表区域空间异质性的网络，需要进行多空间尺度的研究，从而将地方尺度和区域尺度的土地覆被动态联系起来。为了判定和说明原因和表象之间关系中的变量，要求空间解析和时间解析都达到一定的详细程度，地方和区域尺度的案例研究可提供这样的解析水平。当研究范围聚焦到个别区域、研究时间缩短到一定时段，对原因和表象之间关系细节的认识就可大大深入和改善。对土地变化的关注曾经聚焦于全球尺度，因为碳循环和全球变化模拟需要输入这方面的数据。但现在也关注土地变化的区域和地方尺度及其意义，因为土地变化数据对地方决策极其有用，而且这种尺度的变化与人类活动的联系也易于分析。地理学家从区域的综合影响（impact）和响应（response）来研究全球环境变化，而且着重近现代的变化。因此土地变化科学必须重视区域综合研究，应该发展新的视角，清楚地界定区域和地方尺度上的科学问题，聚焦危急区、脆弱区或热点地区，正视多学科和多空间尺度的综合。

（4）方法的综合

我们应该清醒地认识到，土地变化的原因-驱动力在逻辑联系上有着显著的区域差异和时间变异，这就使土地变化的真实再现（模拟）面临重大挑战。目前看来，要生成土地变化的“普适”模型以及控制其变化的“普适”对策都还是不现实的。目前对复杂系统可建立“黑箱化”模型，但对土地变化的格局、过程及其驱动力的认识需要“白箱化”的机理探讨。发展土地利用变化的模型首先需要对在不同地理背景和历史背景下引起土地变化的主要人类因素有充分的了解；也需要对气候和全球生物地球化学变化如何影响土地利用和土地覆被，以及后者对前者的反馈关系有充分的了解。关于土地利用/覆被变化信息的获取，目前对遥感数据较为重视。遥感数据对分析变化的格局是十分有用的，但未必能全面显示过程，更不能仅据此分析驱动力。因此，要重视其他的信息来源和信息获取手段。将从农户调查到遥感数据的各种信息综合起来，是加深对土地利用动态认识的重要手段。

（5）理论的综合

理论可以解释经验并且作预测。土地变化研究必须根植于人地关系中，而此类关系是很难以抽象理论框架来加以概念化的。特定类型的关系及其中所涉及的过程已经得到充分重视，关于特定土地利用系统中某些组分的理论已经建立起来，如家庭经营经济学（household economics）、小业主和农民行为理论、土地配置理论、技术创新理论、关于人口再生产变化的理论、与土地资源管理有关的体制理论、国内市场和国际市场理论。但对这些理论需要加以重新审视，需要将它们联系起来、综合起来，需要在得到科学共同体认同的一系列框架中对其加以比较。目前的若干简单假说把土地变化归因于人口、经济结构、技术、政治结构和环境。当然，土地变化的这些驱动力和其他驱动力是永远存在的，但它们的相互作用却视时间动态和空间动态而大异其趣。对这些复杂相互作用的充分认识和完整模拟，是准确预测未来土地覆被变化的前提。因此，对土地变化来说，最重要的是要形成综合的科学理论框架。

1.3.2　土地变化研究的视角

（1）自然与人文

土地变化的驱动力和效应，不仅是自然科学的问题，也是人文-社会科学的问题。例如，当今我国农业土地利用中，农村受城市的影响，80 后、90 后青年一代已大多脱离农业，未来农业面临重大调整；耕地受到建设用地与生态用地的双重挤压，农民被迫离开土地成为农民工，使广大的农村民生凋敝；农产品低收购价，高物价、高房价；征地的矛盾、失地的担忧。另外，受资本与市场的作用，耕地向经济作物转移，土地被高强度利用，承受着高度的压力；而同时城市土地利用中，土地闲置、空城、重复建设等土地问题也屡见报端，诸如此类的土地变化迫切需要我们关注社会的公正。面对当今诸多与土地变化相关的社会问题，仅用自然科学的方法不能深入地理解土地变化；置诸多社会问题于不顾也会脱离现实，使学科失去发展的机会与动力。

土地包括垂直向上和向下的生物圈的全部合理稳定的或可预测的周期性属性，包括大气、土壤和下伏地质、生物圈的属性，以及过去和现在的人类活动的结果（FAO，1976）。土地是一个复杂的综合体，土地变化研究包括土地利用/覆被的变化和土地功能的变化，即各地理要素的变化及要素之间的相互关联。土地变化研究的角度是多样的，涉及经济的、社会的、生态的各个方面，是一个跨学科领域，从不同的角度允许有不同学科的方法，也导致了土地变化研究的复杂性。

土地变化研究聚焦于土地覆盖类型的转换导致的生态、环境问题，土地利用变化导致的经济与社会问题以及土地功能变化导致的生态系统提供产品和服务能力的变化；研究内容涉及数据的处理、格局和过程的刻画、驱动力的分析、生态环境效应与模型模拟和预测这几个方面（陈睿山和蔡运龙，2009）。研究中多以区域案例为主，关注危急区、脆弱区（如干旱区、喀斯特地区、高寒地区）或热点地区（如生态过渡带、城市区、城乡过渡带）（蔡运龙，2001）。在土地变化研究中，专业研究者进行研究工作的目的主要有 5 个方面：探索、阐述、描述、解释和预测（Kitchin and Tate，2000）。研究常开始于探索区域土地变化（空间上和时间上的）的现象，对其进行调查，分析、发现重要的因素或变量，并提出进一步研究的问题并对其聚焦；接着可能试图去描述这些现象（水、土、气、生、人等）及其相互之间的关系；继而寻找解释这些现象的原因（驱动力及驱动力间关系），并使用这些信息去预测未来的结果。

（2）结构与功能

土地系统的结构与功能是土地变化科学研究的重要内容。土地系统有两个重要方面：

系统的结构与功能。结构是系统与其构成元素的联系，而功能是系统与其所在环境的联系，结构与功能的统一才使系统有完备的规定性。Turner Ⅱ指出关于地理学的身份问题一直存在着空间-分布学与人类-环境学之争（Turner Ⅱ，2002），这两种身份也深刻地影响了土地变化科学的建构。在土地变化研究中，注重分析土地类型的空间分布与结构并对其进行预测，对应于此有土地覆盖与土地利用的分类，景观生态学的斑块、基质、廊道模式，各种景观指数分析方法以及空间预测模型等。

20 世纪 90 年代以来土地功能研究也受到广泛重视，人类活动对土地的环境效应和土地系统为人类提供的产品、服务的变化受到越来越多的关注，相关研究已在生态经济学、环境社会学、政治生态学等中初见端倪。土地功能是联结土地覆被与人类福祉的桥梁，土地功能的变化直接影响着人类的健康与可持续发展，在土地科学中受到越来越多的重视。在土地功能的研究中，能值、生态足迹、物质流、净初级生产力人类占用、生态系统服务等都是重要的方法。

能值（emergy）概念由美国生态学家奥德姆于 1986 年提出，1996 年创立了以能值为核心的系统分析方法（Odum，1996），把不同种类、不同质量、不可比较的能量转换成统一的太阳能值来进行比较。对土地系统的能值分析常以某一种土地利用方式（李双成和蔡运龙，2002）或某一区域（严茂超和 Odum，1998）为研究对象，考察土地的可持续性。生态足迹概念由加拿大生态经济学家 Rees（1992）提出，其博士生 Wackernagel（1994）在其博士论文中提出了完善的生态足迹方法模型①，将人类对自然资源的消耗与生态影响联系起来，用具有生态生产力的土地面积来度量满足一定人口需求的自然资源及废物消纳。物质流分析（MFA）概念于 1969 年提出，但 1992 年之后才引起广泛重视；指在一个指定的系统及确定的时空范围内，用物理单位（通常用 t）对物质从采掘、生产、转换、消费、循环使用直到最终处置等进行的流动及库存状况的系统评价（彭建等，2006）。净初级生产力人类占用表征人类社会对自然生态系统的占用程度，其概念于 1986 年提出（Vitousek et al.，1986），但 1997 年之后才开始受到较多的关注（Vitousek et al.，1997；Rojstaczer et al.，2001）。1997 年 Constanza 等提出了生态系统服务价值和自然资本概念，并估计了 16 个大生态区 17 种生态系统服务的价值（Constanza et al.，1997），2002 年 De Groot 和 Boumans 在此基础上建立了生态系统结构与过程、生态系统功能、生态系统产品与服务、生态价值、社会文化价值、经济价值以及决定政策选择和管理措施的决策制定过程之间关系的概念框架（De Groot and Boumans，2002），它也是千年生态系统评估的方法论框架（Alcamo and Bennett，2003）。2001 年经济合作与发展组织（OECD）在《多功能性：一个分析框架》中提出了农业土地多功能性的概念和分析框架（Maier and Shobayashi，2001），之后多功能土地利用的研究和实践发展迅速。2009 年，Verburg 等指出目前的土地变化研究已从土地覆被研究更多地向土地功能研究转变（Verburg et al.，2009）。

土地变化科学已走向自然与人文、结构与功能研究的融合。GLP 认为土地系统是理解人类与环境关系的关键，人类从陆地环境中获得大量产品和服务，因此严重改变了陆

---

① Wackernagel M. 1994. *Ecological footprint and appropriated carrying capacity: a tool for planning toward sustainability*. Unpublished PhD Thesis. Vancouver: School of Community and Regional Planning, University of British Columbia.

地环境。土地利用和管理的变化影响了生态系统的状态、性质和功能，反之，它们又影响人类生存、社会决策的制定。土地为人类提供产品和服务的能力（即土地功能）是联结土地利用、土地覆盖与政策、主体决策的桥梁。同时，土地系统是地球系统中与全球尺度的物理、化学和生物循环及能量流动相互作用的重要子系统，这些循环和流动提供了在地球上生存的必要条件，又影响地球系统内部变化的速率（Ojima et al.，2005）。GLP 自 2006 年 9 月起不定期发布简报介绍其研究概况与进展，内容关注土地变化研究的前沿领域与研究进展，如人类-环境耦合系统的决策制定、管理及可持续发展、旱地的发展、轮作农业及森林-农田边缘地带等；也推荐一些研究方法，如通过智能体为基础的土地市场模型将土地利用变化、土地经营习惯和生态变化联结起来，以及将遥感图像与地方的态度联系起来，并关注全球化对第三世界土地的掠夺（Lambin and Meyfroidt，2011）。

1.3.3　土地变化研究的途径

科学知识可分为 3 个不同的类型：经验-分析性学科、历史-解释性科学以及批判性学科（Habermas，1978）。目前在土地变化研究中，属经验-分析范畴的实证途径对土地变化的格局进行了较好的刻画，常通过统计学方法探索变量之间的关系，通过系统模型等试图建立规则；属历史-解释学范畴的人本主义方法在土地利用/覆被变化的机制、机理分析中具有重要的价值；批判性方法如政治生态学等在分析制度不平衡、社会不公平等导致的土地退化、环境变化方面具有优越性，这 3 类方法共同推进了土地变化科学的发展。特别引入历史-解释学方法和批判性方法后，土地变化研究取得了长足的进步，环境社会学、政治生态学、生态与社会研究方向异军突起，聚焦于土地变化中的制度作用与权力关系、土地变化的感知、女性在环境变化中的作用等问题（Rindfuss *et al.*，2007；Gilg，2009；Swanwick，2009）。经验-分析方法类型属于一种确证型的研究途径，而历史-解释学和批判性方法类型属于一种探索型的研究途径。目前我国土地变化研究中无论是对于土地结构的变化还是功能的变化都主要采用实证主义的方法，实证主义对分析已确定关系具有重要价值，但不能把握新的问题和要素，因此要形成完备的理解必须结合 3 种方法。

（1）经验-分析途径

经验-分析研究途径包括经验主义和实证主义方法。地理学中经验主义重视对区域差异的描述，实证主义重视地理学中空间法则的概括。实证主义地理学的基本途径是取法自然科学方法，着重理论、模型和计量化，推求因果关系，寻找普遍性抽象法则，追求地理学的“科学化”（蔡运龙，1990a）。一般采用控制实验、调查研究、内容分析等定量方法实现目的。

实证主义方法对土地格局的形成、分布以及驱动力的分析具有重要作用。土地变化科学中，实证主义方法具体表现在数学、统计学方法以及各类系统模型的运用。数学、统计学方法在土地变化研究中的使用方法，如图 1-4 所示。

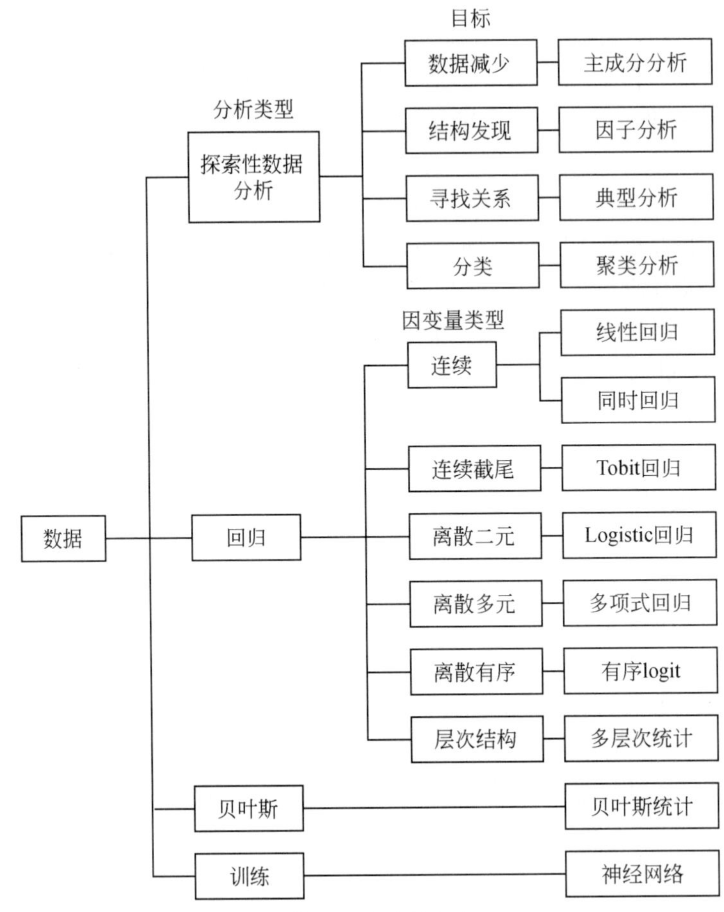

图 1-4　土地变化研究中的数学、统计学方法（Lesschen et al.，2005）

土地变化研究中也发展了各种模型来研究土地变化的过程，应用较多的如系统动力学模型、马尔可夫模型、元胞自动机（CA）模型、CLUE 及 CLUE-S 模型、土壤侵蚀模型以及 Multi-Agent 模型等。这些模型采取自上而下或者自下而上的方式，关注于土地格局的时空变化，目的在于预测未来土地变化的趋势。

实证主义追求精确性、可重复性和确定性，但土地变化的研究对象是区域或全球性的，决定其不可能像物理、化学那样在实验室条件下进行控制实验；另外，土地变化是人类、环境相互作用的产物，人类活动的主观性及相互作用的不确定性都是实证主义很难应付的。

土地的变化具有区域差异性，不同的区域具有不同的特征和属性，在具体的案例研究中会因区域的差异而重视不同的环境效应、不同的变化过程（时空剖面）等，因此即使有再多的案例也难以得到相互比照的结果（Rindfuss et al.，2007），实证主义难以形成适用于所有区域的理论和法则。

鉴于实证主义在土地变化研究中的以上问题，定量方法并不能解决所有的问题，而且会限制我们对问题的认识与思维，因此必须结合定性方法，对其进行多角度的探索。

（2）历史–解释学途径

历史–解释学途径主要关注人本主义方法。人本主义的基本特征是它们关注于作为一种有思想的生命、作为人类的人，而不是作为一种以有点机械的方式对刺激作出反应的非人性者；其一般通过深入访谈、参与观测、人种志、案例分析等方法来达到目的。

人本主义地理学以对人与环境关系的深入理解为终极目的而考察地理现象，探索的主要论题是人与环境的关系，以及人与人在其特定空间关联域内的相互关系。在土地变化驱动力的研究中，认识到人类活动是造成土地变化的重要原因，因此相应地比较重视制度、文化的作用，如土地变化研究的重要期刊 *Land Use Policy* 就更多地关注土地利用政策的影响。土地变化研究进入微观领域后，对土地变化起直接作用的使用者的决策受到重视，而决策与决策者对土地及其价值的感知有关（Keenleyside et al.，2009；Gilg，2009；Swanwick，2009）；在生态系统服务价值的评估中，也比较重视地方的知识系统和“尺度政治学”（Reid，2006）。Ostwald 等（2009）通过深度访谈、参与观测等对我国黄土高原农户尺度土地变化的驱动力进行了研究，得到了较为深入的信息。目前智能体模型受到国内外的特别青睐，而在智能体模型的设计及调查资料的收集过程中，需要详细的土地决策者对土地变化的感知与反应的信息。

目前我国的城市化进程中，耕地向非农用地转换，年青一代崇尚城市生活，刻意逃离土地，广大的农村已处于边缘化的困境，而农业用地在建设用地与生态用地的双重挤压下已步步紧缩；另外，国家的扶贫开发、农村政策多采取自上而下的措施，未能充分体现农民的诉求和发挥农民的积极性。诸如此类的社会问题以及其经济、环境效应，必须深入分析此中人与人、人与土地的关系，历史–解释学研究途径对分析此类问题有其独特的优势。

（3）社会批判途径

批判性类型包含了一种社会解放的认知旨趣，结构主义是其典范。结构主义认为对所观察现象的解释不能只通过对现象的经验研究得出，而必须在支持所有现象但又不能在其内部辨认的普遍结构中去寻找。结构主义地理学批判的焦点主要关注社会过程之结果的那些工作，以政治经济关系及由此产生的社会结构作为基本分析框架，从特定生产方式、权力结构、劳资关系、生产关系以及资源和财富的分配方式切入来分析问题（Kitchin and Tate，2000）。其中政治生态学是发展较早而且体系比较成熟的方法。政治生态学研究政治/经济和社会因素如何影响到环境问题，认为环境变化是由于不同“参与群体”之间不平等的“权力关系”所导致的（Bryant，1997，1998）；Blaikie 是以政治生态学理论研究土地问题的代表性学者，他在研究第三世界国家的土壤侵蚀时认为，比起侵蚀的物质环境，其社会经济背景更加重要，是社会生产关系决定了土地的利用（Blaikie，1985）；同时也揭示了土地退化与贫穷之间的关系，指出土地退化既是社会对其忽略的原因，也是结果（Blaikie and Brookfield，1987）。Reynolds 等（2007）在《全球荒漠化：干旱区发展科学的建立》中，选择荒漠化与牧场生态学、脆弱性、贫困缓解、社区驱动的发展等研究领域，关注于干旱区高变率、低肥力、低人口密度、距市场遥远及远离决策中心等症状，尝试建立了一种旱地发展范式，并提出了旱地发展的 5 个原则。在这种分析框架下可以识别一些特定的问题，并提供了解决问题的宽广视野，对土地退化研究具有重要的启示意义。

环境社会学是近年来发展较快的一门新学科，主要通过环境话语、权力关系、环境风险等，采用结构主义的视角研究社会与环境之间的关系，重视地方参与和科学家、媒体、非政府组织在环境问题中的作用（汉尼根，2009），也为土地变化研究提供了新的视角。站在生活者和使用者的角度，男性和女性对土地价值的感知不同，在使用土地中的作用不同，性别差异对土地利用的变化也有重要影响，女性主义地理学方法在土地变化中也受到了重视（Nightingale，2003；Rocheleau，1995）。

近年来国内由征地而引发的冲突屡见报端，究其原因，在于政府、开发商与农民在土地增值中的利益分配不公。分析政策、资本等在土地变化中的作用，结构主义方法论是一把利剑。在地区土地退化治理如石漠化、沙漠化整治中，国家、地方政府与研究单位之间存在着利益博弈，为追求政绩实行政策的一刀切，往往使治理工程治标而不治本。在地区资源开发中，国家拥有资源的所有权和开发权，当地百姓承载着资源开发带来的负面影响，却不能充分享受资源开发的利益，诸如此类的问题都需要批判性的分析方法，揭露问题的实质，才能使问题更加明了，从而寻求解决途径。

（4）土地变化科学面临的挑战

土地变化研究从一个研究计划被提升为一种科学范式，受到全世界众多研究者的广泛关注，目前基于实证主义的研究框架已成型，而其他研究途径还未得到广泛重视，学科发展受到以下挑战。

1）案例研究的问题。目前的研究大多集中于区域案例的分析，而案例研究无法普遍化并系统检验假说（Rindfuss et al.，2007），案例的特殊性也导致无法综合不同案例的研究结果而形成理论。因此土地变化研究中要将区域研究与系统研究结合起来。

2）耦合人类-自然系统的困难。21 世纪初大多学者试图联结人类和自然系统，通过遥感及地理信息系统将其综合起来以方便对人类-环境相互作用的分析和模拟，主要有社会化像元等方法。但是，一方面人类系统和自然系统作用的尺度有很大差异，人类系统相对灵活而自然系统相对稳定，另一方面也缺乏对本底资源和社会状况的详细调查，数据的协调受到很大的限制，致使好的模型如 Agent 等无法很好应用，对土地变化的模拟与预测难以深化。

3）综合与深入之间的权衡。土地变化是一门综合的学科，涉及自然与人文的很多方面，与其结合的专门方向都取得了深入的发展，土壤学、生态学被 *Nature* 杂志列为未来 10 年的研究热点（Holt et al.，2010），Ostrom 从公用地问题着手，对制度经济学作出巨大贡献而获得 2009 年诺贝尔经济学奖。土地变化研究在某一方面的深入便会走向具体学科，但仅用一些概念模型又无法推进综合方面进一步的研究，在综合与深入之间权衡也是目前面临的一大挑战。

4）机理研究不足。目前的研究多采取还原论的方法，采用自上而下的方式，重格局轻过程，对土地变化的机理方面认识不足。这种研究方法导致重视全局利益，而对微观利益重视不足，无法把握自下而上产生的涌现特征。

5）尺度的挑战。土地变化研究在区域的选择、数据的匹配、驱动力的分析、模型的应用一系列过程中都要涉及尺度问题，结论的外推往往会导致谬误。

6）模型精度的评价。遥感像元不是景观单元也不是社会单元，而图像处理软件（ERDAS 和 GIS）常以像元为基础进行分析，大多数模型又以图像处理软件的输出为依据，而通常用的估计精度的统计方法对此无能为力（Turner Ⅱ et al.，1995）。

这些问题都是实证主义方法论所带来的困境，目前要寻求正面突破都存在着很大的困难，必须寻求新的途径，引入新的方法论，正视社会面临的问题，从还原论范式走向复杂性范式，从实证主义走向方法论的多元化。

1.4　土地变化研究方法

1.4.1　土地变化监测技术

绝大部分有关土地覆被空间分布的数据依赖遥感手段获得。随着新一代遥感传感器的出现，全球各个尺度上的土地覆被数据都可以较为方便地得到，遥感结合地面调查，将能够提供更大的贡献。NOAA/AVHRR、MODIS 影像数据为大尺度上的土地变化研究提供了数据支持（Justice and Townshend，2002；Loveland et al.，1995；Lu et al.，2003）。区域尺度上的土地变化研究主要是利用 Landsat TM 数据开展的，有关这方面工作的文献很多。此外，更高分辨率的遥感影像，如 SPOT 数据、IKNOS 数据、QuickBird 数据，其空间分辨率大大提高，也已经逐渐应用到土地变化研究当中（Zanoni and Goward，2003；Ola et al.，2004）。

土地变化的监测分类是根据影像所具有的光谱特征，利用一定的数字图像处理方法并辅以经验性的知识达到对变化进行监测的目的。其方法可分为两类：光谱直接比较法和分类结果比较法。前者主要包括插值法、比值法、植被指数法、主成分分析法、变化向量法等，这种方法不能同时提供像元变化前后和未变化像元的土地覆被类型信息。分类结果比较法先对影像数据进行分类（或之前先进行光谱的直方图变换），然后对分类结果进行比较。这种方法目前应用非常广泛，但也存在限制因素，如无法探测某一土地覆被类型斑块内部的细微变化且分类精度无法得到足够的保证。目前这方面的进展主要是针对影像的光谱特征进行数字图像处理等一些新方法的探索（周斌，2000；潘耀忠等，2002）。

已建成或在建的基于 NOAA/AVHRR 数据的全球和大区域遥感影像数据库包括 GAC（Global Area Coverage）数据集和 GVI（Global Vegetation Index）数据集，基于 GAS 数据的改进 GIMMS（Global Inventory Modeling and Monitoring Study）数据集，中等分辨率和 1km 分辨率的 NOAA 数据集。我国土地利用/覆被数据库的数据源主要来自于 TM 影像，如以中国科学院为主要牵头单位负责建设的 1∶25 万全国和分省土地总面积的统计、全国 1∶200 万土地利用卫星影像图及 1∶5 万主要城市土地利用现状卫星影像图；原国家环境保护总局和国家测绘局联合建设的 20 世纪 80 年代中后期 TM 影像数据库以及对应的土地利用/覆被现状数据库、遥感解译标志数据库等。

1.4.2 驱动机制和生态环境效应研究方法

土地变化的驱动力主要来自于生物自然、气候、经济、社会、人口5个方面，也可在此基础上进一步抽象和细分。例如，IHDP将影响土地变化的社会经济因素分为直接因素和间接因素，直接因素包括对土地产品的需求、对土地的投入、城市化程度、土地利用的集约化程度、土地权属、土地利用政策以及对土地资源保护的态度等，间接因素包括人口变化、技术发展、经济增长、体制政策、富裕程度和价值取向（Turner，1993），间接因素通过直接因素作用于土地利用。Jeanne等（1995）则给出了直接因子和间接因子所包含的一些具体的驱动因子。

另外，由于土地变化研究格外重视空间尺度，因此土地变化驱动力的研究往往在某一个具体空间尺度上讨论驱动力的构成及权重大小（Anderson，1996；Reid et al.，2000；Mertens et al.，2000；蒙吉军和李正国，2003a；邹亚荣等，2003），或者在此基础上随着尺度的上推（up scaling），探索驱动力的变化情况（Veldkamp and Fresco，1996a，1997；Verburg et al.，2002）。然而，土地变化驱动力的研究也存在一些问题，正如Lambin等所指出的，“对于决定地方尺度土地利用变化的驱动力因子，来自于全球尺度上的驱动力要么对它们进行替换，要么使它们发生重组，从而在地方上产生新的、与全球上的某些原因相联系的土地利用/覆被变化格局”，而现有的一些工作“在对土地利用/覆被变化的原因进行解释时，往往基于一些过于简化的假设”，以至于得到的结果往往出现矛盾。他们认为对于土地变化驱动机制（驱动力）的认识要“始于简化，逐渐重视复杂性，最后达到普遍性”（Lambin et al.，2001）。

对于土地变化的效应研究，国内外众多学者从宏观和微观两个角度开展了广泛的研究。微观的土地变化效应研究主要是借助于化学和生物学的方法理论，研究土地变化对土壤质量、水文水资源、大气环境、生物多样性等造成的影响。宏观的土地变化效应研究则主要聚焦于对整个区域生态环境质量的影响，对于进行科学合理的土地利用决策具有更直接的现实意义。喀斯特地区是典型的生态环境脆弱区，同时也是国际土地变化区域案例研究的薄弱地区（蔡运龙，2000b）。不论是在理论上还是在现实中，对喀斯特地区土地利用/覆被变化所造成的生态环境效应应给予足够的重视。土地变化会显著影响区域生态系统的服务功能，喀斯特地区不同生态系统类型的生态系统服务功能研究主要集中在喀斯特森林方面。一般认为，森林的生态系统服务功能主要由生态效益（气候调节、干扰调节、水分调节、水分供给、侵蚀控制、土壤形成、营养循环、废物处理和生物控制）、经济效益（实物生产、原材料和基因源）和社会效益（娱乐和文化价值）等组成（谢高地等，2003）。

土地变化的生态环境效应研究得到了更大程度的关注，在全球和区域尺度上进行了卓有成效的工作。例如，Kalnay和Cai利用观测得到的美国大陆地表温度趋势和相应的从过去50年全球气温再分析重建得到的地表温度趋势（与地表观测值不相关）进行二者之间的差异比较，得到每一百年大约0.27℃的平均地表气温增温是由于土地利用变化引起的，这一数字两倍高于仅根据城市化研究得到的气温增值（Kalnay and Cai，2003）。尽管对于Kalnay等采用的方法和结论存在争议（Trenberth，2004；Vose et al.，2004），但由于其给出了土地利用变化导致气温增加的具体数值，所以这项工作具有非常重要的意义。Matson 等（1997）针对农业土地利用集约程度的增加对生态系统属性的影响进行了研究，认为农业面积扩张和集约程度的增强是 20 世纪显著的全球变化之一，土地转化和利用强度增加会改变生态系统生物相互作用和资源可得性的格局，导致负面的局地影响，如增加侵蚀、降低土壤肥力、降低生物多样性；负面的区域影响，如地表水污染和河流、湖泊的富营养化；负面的全球影响，如对大气组成及气候的影响等。Tilman 等（2001）也对农业引起的全球环境变化作了前瞻性的预测，认为到 2050 年全球共有 10 亿 hm^2 的生态系统转向从事农业生产，导致陆地、淡水和海岸带海洋生态系统富营养化的程度增大 2.4 ~2.7 倍，另外杀虫剂的使用也会相应增加，这将会造成无法估测的生态系统简单化、生态系统服务功能的缺失以及物种的灭绝。Sala 等（2000）和 Jenkins 等（2003）分别将土地利用作为一个因子，对未来生物多样性的影响作了预测。Trimble 和 Crosson（2000）根据美国的土地利用状况，利用水蚀模型 USLE 和风蚀模型 WEE 计算美国土壤流失速率，并与先前存在的土壤侵蚀结果和资料进行了对比，指出“了解侵蚀发展变化的情况有助于更好地管理国家土地资源和水资源”。Solomon 等（2000）探索了土地利用/覆被变化对土壤有机质的影响，Sliva 和 Williams（2001）研究了土地利用变化对河流水质的影响。

我国学者紧跟国际研究动态，对区域土地变化引起的生态环境变化也进行了广泛而较为深入的研究。例如，史培军等（2001）利用 SCS 洪水模型对深圳市部分流域进行了径流过程的模拟，分析了土地利用方式、土壤类型、土壤湿度等下垫面因素以及降雨因素对降雨-径流关系的影响。傅伯杰等（2002a）对黄土丘陵沟壑区土地利用结构与生态过程之间的作用关系进行了系统论述。陈利顶和莫兴国对黄土高原土地利用变化引起的水沙过程进行了较为细致的研究①。还有诸如探讨土地变化对区域气候及大气质量的影响（郭旭东等，1999），土地利用变化对生态系统碳储量的影响（杨景成等，2003）等的研究。

土地变化的环境效应方面绝大部分工作是针对土地变化对生态系统某一属性方面的效应来展开的。国际上更重视土地利用/覆被变化在全球尺度上的影响，而我国这方面的工作基本上聚焦于区域和地方尺度。为了实现土地利用/覆被变化与陆地生态系统的综合研究，需要从生态系统管理的角度探讨土地利用/覆被变化对生态系统全面综合的影响，包括景观格局的变化，生态系统内生物地球化学循环过程的变化、生态系统生产力的变化、生态系统生物多样性损失以及其他一些生态学过程。另外一个实现土地变化综合研究的途径就是要重视相同研究时期、不同案例区之间的对比研究。

1.4.3　土地变化建模

土地变化研究计划从一开始就十分强调建模的工作，这是在充分认识土地利用系统复杂性的基础上得到的共识（Turner Ⅱ et al.，1995；蔡运龙，2001a；Lambin and Geist，2001；Nunes and Augé，1999）。土地利用系统的属性和功能实现与生态系统具有相似的特

① 陈利顶，莫兴国．2003．中国科学院知识创新工程重要方向项目“土地利用/覆被变化现代过程及其环境效应”子课题“土地覆被变化对流域水沙过程的影响研究”验收报告．北京：中国科学院地理科学与资源研究所。

征（Conway，1987），因此土地利用系统复杂性的描述吸取了生态系统复杂性描述的两个关键概念：功能复杂性和结构复杂性（Allen and Starr，1982；Kolasa and Pickett，1992）。功能复杂性意味着土地利用系统要承受来自许多方面不同因素的影响，它表明完整而正确地分析土地利用系统需要多学科的综合；结构复杂性就是指系统内存在按照层次排列的等级结构，层次包括组织层次和观察层次，观察层次即尺度，结构复杂性说明针对土地利用系统的研究必须要考虑尺度因素。土地利用系统所具有的这两方面的复杂性需要从空间格局和时间过程来进行分析。

模型是用来理解土地利用系统动态性和复杂性的一个非常关键的工具。Lambin 等（2000）曾对土地利用/覆被变化建模工作作出过评述，指出未来土地利用/覆被变化建模需要重视的方面包括地理和社会经济背景下的特定研究；考虑空间明确、尺度及其对建模方法的影响；重视体现时间变化的动态模型；能够处理快速变化过程中的阈值和突发事件；考虑到系统内部的反馈；建模工作应该将提供情景分析作为一个有待实现的目标。他们还将目前应用在土地变化领域内的模型进行了简化分类。

1）经验统计模型，如多元回归模型；

2）随机模型，如马尔可夫链模型；

3）优化模型，如基于经济学理论的模型；

4）动态（基于过程的）模拟模型。

在上述分类的基础上，Lambin 等（2000）呼吁建立土地变化的综合建模方法，即在充分考虑土地变化复杂作用因素的基础上，综合不同模型具有的优势，构建土地变化的过程动态模型。致力于建立综合的土地利用/覆被变化模型，LUCC 系列报告的第 6 辑专门讨论了基于智能体的土地利用/覆被变化模型（agent-based models of land-use and land-cover，ABM/LUCC），其由两部分构成，分别是基于智能体的模型（ABM）和元胞自动机模型（CA）。智能体代表制定土地利用决策的土地管理者，而智能体模型根据输入的一系列规则来模拟土地管理者作出土地利用决策，元胞自动机模型用来实现将决策带来的后果反映到模拟的景观上（McConnell，2001）。

由于土地利用系统的复杂性，土地变化模型中通常要有所限定，如限定于单一过程（Lambin，1994）、单一领域（Bockstael，1996）或有限面积。大尺度的土地变化建模要同时整合数量庞大的作用因子，因此模型不得不过分简化土地利用系统（Zuidema et al.，1994）。这些限定将导致模拟结果的不确定性。CLUE 模型（Veldkamp and Fresco，1996a，1996b）着重探讨了尺度的重要性，其本质上属于统计模型，而"统计上的显著联系无法确保存在因果关系"（Lambin et al.，2000），另外模型不具有空间明确特征。ABM/LUCC 的 CA 模型具有空间明确和尺度特征，但是 ABM 模型是否能够正确模拟土地利用决策过程（包括根据反馈的结果调整土地利用决策）还有很大疑问。

同样因为土地利用系统的复杂性，构建真正意义上的综合土地利用/覆被变化模型还有相当长的路要走。目前的工作还是应该通过案例区的研究尽可能地发现土地利用/覆被变化的机理，然后完善现有模型；另外有待尝试的一点就是将复杂的土地利用变化过程分解成相对简单的子过程，利用现有模型对子过程分别建模，然后再实现模型的松散集成，如将 CLUE 模型与 ABM/LUCC 模型集成等。

第 2 章　土地变化科学中的尺度问题

“尺度”已成为一个出现频率渐增的科学关键词，也成为人们认识客观世界变化时空分布特征及格局、过程的一把关键“钥匙”。土地变化中的格局、过程、驱动力、效应与管理都具有尺度依赖性，土地变化的多尺度综合研究显得越来越迫切，只有多尺度的综合才能反映土地变化的实质，并预测土地变化的未来情景。因此，尺度综合成为土地变化科学发展中的重要问题。

2.1　尺度概念及其科学意义

2.1.1　尺度概念与尺度问题的根源

(1) 尺度概念

很多学科都普遍遭遇尺度问题，因而受到广泛关注，甚至有人认为多尺度现象将是21世纪科学家们面临的一大挑战，多尺度科学应作为一门独立的科学来对待（柴立和，2005）。目前与尺度相关的术语非常多，据 Gibson 等（2000）的总结，与尺度概念相关的术语至少有幅度、幅度、分辨率、层级、比例尺、本征尺度、表征尺度等。不同的术语表达的意思不一样，而且可能有矛盾。例如，对于地图来说，大比例尺对应的幅度小，小比例尺对应的幅度大，如果尺度一词不指明是取“比例尺”还是“幅度”含义，则会导致误会。因此，Dungan 等（2002）建议在使用“尺度”一词时，应指明其特定的含义，而且最好是使用“幅度”、“粒度”、“比例尺”这样具体的，而非“尺度”这样含义不明的术语。

各个学科对尺度概念的理解不同，大多数学科都将尺度理解为不同等级物质单元的大小和时间的长短；尺度也指一种层次、水平，是一个泛化的概念。在具体的操作中，较为明确的尺度对象是粒度和幅度，尺度研究大多在不同粒度或者不同幅度，或者粒度和幅度都变化的情况下探讨问题（申卫军等，2003a，2003b）。根据问题的层次、研究的目的和内容的不同，尺度还可以分为观测尺度、模型尺度和政策尺度。

与尺度相关的一些关键术语及其定义列举于表 2-1。

表 2-1　与尺度概念相关的关键术语及其定义

术语	定义
尺度	研究对象的范围大小和时间的长短，研究某一物体或现象时所采用的空间或时间单位
幅度	空间、时间量化和分析维的大小
粒度	测量的精度

续表

术语	定义
分辨率	衡量图像细节表现力或图像精细度的参数，多对数字地图而言
解析水平	研究事物时所采用的空间和/或时间的单位
比例尺	图上距离比实际距离缩小（或放大）的程度，多对纸质地图而言
组织/功能尺度	生态、社会等系统中组织层次的等级，如种群、家庭等
本征尺度	客观存在的，隐匿于实体单元、格局和过程中的真实尺度
表征尺度	研究中人为界定的，自然界中并不一定存在的尺度，包括研究（观测）尺度和操作尺度

与尺度有关的另外一个重要概念是 scaling，译法很多，如尺度推绎、尺度转换、尺度耦合等。实际上转换、推绎、耦合都指某一特定的而不是全部尺度处理方法，较准确的理解应该是“尺度综合”，尺度综合是集成在各尺度上所获得的信息和认识，并揭示其相互关系。

在地理学中，尺度是指研究对象或过程的时间或空间维、用于信息收集和处理的时间或空间单位（Farina，1998）、由时间或空间范围决定的一种格局变化（Peterson and Parker，1998）。在地理学中讨论空间现象或过程时必须明确空间尺度的定义。地理学家研究的世界覆盖很广的尺度，为了明确范围和界定对象，在研究过程中常常需要集中关注某些东西而忽略另一些东西。从空间尺度看，任何研究的解析水平都只能够代表我们对某一特定事物在某一特定尺度上的认识程度。但是，地理学家从来没有把自己限制在一种尺度上：一方面，为了更详细地了解某一系统运行的方式，他们可能会缩小自己的视野；另一方面，他们希望将自己在某一尺度的研究结果外推到更广阔的领域（Burt，2003）。

土地变化研究中的尺度涉及更多的是粒度和幅度。空间粒度指景观中最小可辨识单元所代表的特征长度、面积或体积（如样方、像元）；时间粒度指某一现象或事件发生的（或取样的）频率或时间间隔。幅度是指研究对象在空间上的持续范围或时间上的长度；具体地说，所研究区域的总面积决定该研究的空间幅度，而研究对象的发展时期则确定其时间幅度。

适宜尺度的选择依赖 3 个要素：期望从研究区得到的信息，信息提取和分析方法，以及研究区本身（Marceau and Hay，1999）。这就是说，不同的研究问题、不同的研究方法所对应的尺度是不一样的。因此，在选择适宜尺度前，应首先明确研究的是什么问题、采用的是什么方法。

（2）尺度问题的根源

土地变化科学中尺度问题之所以产生，是源于以下客观和主观事实。

1）地理现象的异质性。地理现象的异质性指某种地理变量在时间和空间分布上的变异性和复杂性。地理学着重描述和解释地球表面的地区差异，地球表层客观存在不同层次的变异性和复杂性，这种变异性与复杂性导致了地理现象的分异和区域特征，是产生尺度问题的重要原因。在土地变化研究中，异质性是格局分析的基础和最重要内容。空间异质性是空间斑块和空间梯度的综合反映，具有尺度（粒度和幅度）特征；粒度和幅度对于异质性的测量和理解有着重要的影响（邬建国，2007）。

2）地理综合体的等级性与层次性。自然地理综合体是具有等级性的系统，可分为“生态元素-生态立地-生态地段-生态区-生态区域-生态省-生态地带”和“相-限区-地方-景观-省-地区-地带”（伍光和和蔡运龙，2004）。行政体系则可划分为“家庭-村（街道）-乡（镇）-县（区）-市-省-国家-全球”。每一个等级或层次都可以作为一个单个的分析维（尺度），从而导致了尺度问题的普遍性。自然地理的系统等级与行政体系的等级体系形成两套数据处理系统，从而加剧了尺度问题的复杂性。

3）响应与反馈的非线性。地理综合体内的植被、水文、气候、地貌、人类活动等相互作用，任何地理过程（如水土流失、气候变化、土壤侵蚀、植被演替、土地利用变化等）都受到各种因子的综合作用，而这些因子作用方式各不相同。加之地理综合体各个等级之间也相互影响，导致整个系统的非线性变化，这种变化也具有尺度依赖性。

4）干扰因素的影响。景观生态学认为干扰是发生在一定地理位置上，对生态系统结构造成直接损伤的、非连续性的物理作用或事件（邬建国，2007）。这种干扰一般来自于系统外部，常常不可预测，某一尺度景观格局中的干扰只有在更大的尺度上才能分辨出来，这也反映了多尺度分析的必要性。

5）主观原因。上述情况客观存在，所产生的尺度问题可称为本征尺度（intrinsic scale）问题；此外，由于研究者主观上的原因而产生的尺度问题，可称为非本征尺度（non-intrinsic scale）问题（李双成和蔡运龙，2005），这是由于观测者的视角、研究的目的、认识的水平、研究的条件、运用的工具等方面的不同而导致的分析和操作上的尺度差异。

2.1.2　尺度问题的重要性

国外生态学、地理学从 20 世纪 60 年代起就对尺度问题给予特别关注，相关研究文章以大约每十年翻番的速度增加（Wu，2006）。国内也有越来越多的研究者注意到尺度问题的重要性，以国家自然科学基金所批项目为例，涉及尺度研究的项目 2006 年有 131 项，2007 年有 145 项，2008 年有 186 项，其中 2008 年地理学和景观生态学的项目有 57 项，关于土地利用、景观生态多尺度研究与尺度综合的有 12 项①。在土地变化科学中，尺度问题主要涉及以下几方面。

（1）土地变化科学对尺度问题的关注

2005 年出版的 LUCC 计划第七个报告专门阐述了土地变化研究中的尺度问题。报告通过大量实例，从尺度的概念、数据的获取和协调、数学统计方法的运用等多角度综述了土地变化研究中进行单一尺度和多尺度研究的方法（Lesschen et al.，2005）。同时发展了大量模型用于探讨多尺度土地变化，如 CLUE-S（the conversion of land use and its effects at small regional extent），ABM/LC（agent-based models of land change）。

在 GLP 中，集成和尺度综合被作为计划实施的重要目的，GLP 计划明确地指出，跨越不同学科和尺度的综合研究要求发展新的分析工具，不同区域土地动力学的比较需要在数

---

① 国家自然科学基金委员会科学基金网络信息系统．http://159.226.244.28/portal/proj_search.asp。

据方面作出重要努力。因此，如何分析不同尺度土地系统的“连通性”（connectivity）及其影响因素在内、外自然或社会经济变量压力下的脆弱性是目前面临的极大挑战。GLP 计划战略的目的是形成广泛尺度的模型，综合自然和社会动力学，对它们进行实验研究，并提出了主要的科学问题。

1）需要从目前土地系统科学群体的学科分裂走向更综合的途径；

2）需要努力从真正意义上进行科学的集成，以便应对发生在土地系统中的大尺度变化；

3）发展连接自然和观测系统、方法、案例、实验、模型的科学维的尺度综合方法；

4）发展整合历史角度与社会、环境变化的时间尺度的方法。

GLP 计划还认为要形成综合与深刻的认识，土地系统研究应该克服学科独立，着眼于尺度问题，进行例证对比，发展多角度综合分析的动态模型，根据过去预测未来变化，从而对未来土地系统变化进行可持续管理（GLP, 2005）。

与土地变化科学密切相关的千年生态系统评估（Millennium Ecosystem Assessment, MA）计划，是在全球范围内第一个针对生态系统服务与人类福祉之间的联系，通过整合各种资源，对各类生态系统进行全面、综合评估的重大项目。评估报告中将“处理与尺度有关的问题”作为一章专门列出，对评估尺度与边界的选取、空间尺度与时间尺度的匹配等进行了较为详细的讨论，并指出许多环境问题都是由于制定决策的尺度与有关生态过程的尺度不匹配引起的。开展生态系统评估时，很少存在一个理想的尺度能够同时满足多个评估目的的要求。因此，千年生态系统评估支持采用多尺度的途径开展生态系统评估。多尺度途径是利用更大尺度与更小尺度同时开展评估，它有助于找出系统中重要的变化动态，否则这些重要的变化动态就可能会被遗漏（Millennium Ecosystem Assessment Board, 2003）。

（2）土地变化研究对尺度综合的需求

1）综合集成的需要。传统地理学主要在区域尺度上进行研究，研究的重点是地区与地区之间的差异，研究地球表面不断变化的特征。到了 20 世纪 50 年代末，地理学家不再沉迷于区域的范式，地理研究的性质发生了重大变化，开始加强系统研究，试图建立规范、理论和模型，应用数学方法和统计手段去推动寻找一般性规律的过程，一个结果是小尺度的过程研究成为了焦点。近年来自然地理学家拓展了自己的视角，通过模型进行大尺度上的综合研究，以期对过程机制有根本性的了解。

在土地变化科学中，从 LUCC 计划启动至今，已经积累了从全球到地方的很多案例，为避免低层次的重复，需要将多个案例研究联结为一个可代表区域空间异质性的网络，将地方尺度和区域尺度的土地覆被动态联系起来，进行多空间尺度的研究（蔡运龙，2001）。GLP 的目标是量测、模拟和理解人类-环境耦合系统，为了实现这个目标，需要对人类和环境相互作用的变化、相互作用发生的方式、未来的趋势及地球系统的可持续性有充分的了解，需要认识发生于不同尺度的社会和环境动力学（GLP, 2005），因此多尺度土地系统变化及尺度综合研究是土地变化研究的关键内容之一。

2）数据处理的需要。随着遥感与地理信息系统的发展，处理数据的能力大大提高。但是，首先，面对日益增加的各种传感器来源的遥感数据，其分辨率大小不一，数据协调面临很大的困难；其次，遥感数据、社会统计数据、调查数据用于分析时，因为其采集的单元性质不同，必须解决数据匹配的问题；再次，处理海量的遥感数据必须有明确的尺度，以节省人力和物力。这些都是土地变化研究中亟待解决的问题，需要在尺度的框架下解决。

3）认识全球与地方关系的需要。地方的综合、地方之间的相互依赖性、尺度间的相互依赖性是地理学研究者观察世界的重要视角（Rediscovery Geography Committee，1997）。全球变化、区域响应（global change，regional response），全球着眼、地方着手（thinking globally，acting locally）是认识世界和环境变化的重要理念。地理学家从区域的综合影响和响应来研究全球环境变化，而且着重近现代的变化。全球变化研究成果应在决策中起作用，而决策者更关注的是直接与区域和地方相关的问题。这就需要更加深刻地研究从区域到全球的环境变化，进行多空间尺度的综合，认识地方与全球的耦合关系（蔡运龙，2006c）。

4）应用景观生态学范式的需要。土地变化研究涉及土地变化对生态系统的影响与反馈，与生态学有着密切的联系（肖笃宁，2006）。大多数研究将土地等同于景观，土地变化研究中引进了景观生态学方法，景观指数、景观结构、景观模型成为土地变化中研究格局、功能、过程的重要方式，而景观指数、结构、过程等都是具有尺度依赖性的，这也导致土地变化学中对尺度的重视。

2.2　土地变化科学中的尺度问题

2.2.1　土地变化研究中的尺度问题

（1）数据的协调、处理、表征与尺度

土地变化研究中对象和问题的尺度有别，需要采集和处理的数据也有不同尺度，数据的观测尺度与研究对象和问题的特征尺度有时一致，有时并不一致。例如，揭示地表自然分异的遥感等数据可以在 1m 或 10m 量级的分辨率上获取，而社会经济数据则往往只能在乡镇以上的行政单元上获取。两者之间既存在自然单元与行政单元的不一致，更有解析水平的差异。又如，社会、经济数据的时间序列较易获取，且较为规范（每年都有），便于进行不同时间尺度的研究和对比；而某些反映自然要素空间变化的数据，其时间序列很难完备（如遥感数据就很难按有规律的时间段和时相获取），时间尺度的对比存在很大困难。

因此，研究中不可避免遇到不同时空尺度数据的协调、处理与表征问题。首先要界定和选择一定的研究尺度，据此考虑数据的一致性，自然地理数据和社会经济等数据的涉及范围和解析水平要尽量协调。土地利用数据获取方面，易嫦等（2007）指出基于神经网络的多尺度元胞自动机模型可以提取超分辨率信息，魏文薪等（2006）指出不同数据源的数据（如遥感数据和地球化学数据）可以利用立方卷积法进行尺度转换和融合处理。在进行尺度转换时，各种地类都会存在相应精度损失（黄秋华，2007），张新长等（2007）发现运用亚像元面积比和基于结构的分析方法对尺度转换可以提高精度。地理制图中应该注意制图元素对比例尺的依赖性，王艳慧等（2006）从地理制图角度出发探讨了地理要素的多

尺度表达，取得了一些经验。

（2）格局、过程与尺度

地理学和生态学研究对象格局与过程的发生、时空分布、相互耦合等特性都是尺度依存的（李双成和蔡运龙，2005）。首先，尺度决定分类的水平（陈佑启和何英彬，2005）。例如，土地覆被分类在全球尺度分出植被带可能已满足需要，而在区域尺度需分出植被型，在地块尺度则要求分到植物种。其次，尺度决定斑块的分辨率和分布特征，大尺度上的“基质”在小尺度上可以分辨出更小的“斑块”。因此，格局的辨识受尺度的影响较大。土地变化学中格局是指景观组成单元的类型、数目以及空间分布与配置。景观结构的斑块特征、空间相关程度以及详细格局特征可通过一系列数量方法进行研究，如小波分析、自相关分析、景观指数、分形分析、图谱分析等。

景观格局指数是刻画景观格局的重要方法。景观格局指数对粒度和幅度都很敏感，不同指数对尺度响应特征不同，随景观尺度变化的规律也不一致。在对景观多样性指数的研究中，龚建周等（2006a）指出景观多样性在不同的研究幅度下都存在正的空间自相关性，并具有方向性。郭泺等（2006）指出在森林景观中，取样面积可以决定景观多样性和景观优势度，为森林分异多尺度格局提供了较强的综合解释能力。傅伯杰等（2006）提出的多尺度评价指数，为区域土地利用格局的优化设计和多尺度综合研究提供了新的方法。朱晓华等（2007）发现土地结构存在分形结构但不同土地类型之间的规律具有不确定性，分形在多尺度分析中有重要作用。杜华强等（2007）研究发现物种多样性与空间格局呈线性或幂函数关系。李双成等（2006）指出小波变换可用于揭示多尺度空间格局。景观指数法在多尺度分析中是最简单最常用的方法，但也常产生误导，因此有必要跟空间地统计学方法、分形分析法相比较综合运用，为尺度推绎提供依据（张娜，2006）。

过程强调事件或现象发生、发展的动态特征。过程往往与格局联系在一起，需要研究格局的过程或过程的格局。土地变化时空过程的分析方法有转移矩阵、动态度、CA 模型、马尔可夫过程等，而这些都依赖于特定的时间与空间尺度。在某一时间段内区域尺度可能没有发生变化，但是在村镇单元上可能有较大的变化。同样，在同一空间尺度下不同时间尺度的土地利用/覆被变化测量也会有不同。

（3）驱动力的尺度问题

土地变化的驱动因子复杂多样，并且具有动态性、综合性、多层次性、反馈作用和非线性特征，任一驱动因子对土地变化的影响必须放在大的区域背景和相互作用的动态过程中考虑。多项研究表明，在某一尺度下所作土地变化分析得出的概念和结论，并不一定符合另一尺度的情况（伍光和和蔡运龙，2004）。

驱动力的定量分析目前多用统计方法和模型方法。LUCC 系列报告 7 中系统总结了驱动力分析中的统计方法，如回归与相关分析（包括线性回归、Logistic 回归、多项式回归、多层次统计等）、多元统计分析（包括因子分析、主成分分析、典型相关分析、聚类分析等）、空间自相关、贝叶斯统计、人工神经网络等（Lesschen et al.，2005）。模型方法有系统动力学模型、CLUE 模型、ABM/LC 模型等。

目前利用多层次统计、Logistic 回归分析、空间自相关方法、CLUE 模型等研究驱动力在不同尺度上的作用，多通过变换栅格实现空间尺度转换（Hoshino，2001；Veldkamp and

Fresco, 1996a; Walsh et al., 1999; Walsh et al., 2001; Verburg and Chen, 2000)，这种方法容易操作，但仅凭对遥感数据的人为处理很难反映问题实质；另外驱动因子的滞后性等也给分析带来很大的不确定性。还可以通过某一驱动因子在不同尺度上对土地变化的作用来分析其影响，但往往很难找到贯穿所有尺度的驱动力（如GDP），需要对其进行分解和代替。基于CLUE模型改进的CLUE－S模型（Verburg et al., 2002）、ABM/LC模型（Ligtenber et al., 2001, 2004）方法在多尺度驱动力分析中，有一定的潜力，但还没有很成功的案例。

（4）模型的尺度问题

土地变化模型始终是土地变化科学研究的重点，但迄今的土地变化模型研究多以国家或区域单一尺度为主（表2-2），在多尺度上的工作较少。

表2-2　土地变化研究的模型类型

模型	尺度层次	案例研究区	格网分辨率
SE	不定	阿姆斯特丹Creater区	不定
SD (system dynamics)	不定	蒙哥马利郡	不定
CA (cellular automata)	区域	旧金山湾	30m×30m ~ 100m×100m
ABM	区域	多特蒙德	100m×100m
CLUE (conversion of land use and its effects) CLUE-S (the conversion of land use and its effects at small regional extent)	区–州	若干案例研究	7km×7km ~ 32km×32km 1km×1km
GEONAMICA	区域	若干案例研究	100m×100m ~ 500m×500m
IMAGE (the integrated model to assess the global environment)	全球	全球评价	50km×50km
ITE2M (integrated tool for ecological and economic modeling)	区域	德国Lahn-Dill区	25m×25m
LANDSHIFT	国家–全球	非洲和印度	9km×9km
PLM (patuxent landscape model)	区域	美国Patuxent流域	200m×200m ~ 1km×1km
SITE (simulation of terrestrial environments)	区域	印度尼西亚Salawesi	250m×250m ~ 500m×500m
SYPRIA (Southern Yucatán Peninsular Region integrated assessments)	区域	墨西哥南Yucatan	28m×28m

资料来源：Schaldach and Priess, 2008

这些模型各具不同的幅度和粒度，大部分适用范围有限，从单一空间尺度向多空间尺度转变，或尺度推绎，仍是模型研究中需要深入探讨的问题。唐华俊等（2009）在综述LUCC模型研究进展的基础上指出，多尺度、多层次的综合研究是LUCC模型的新要求，发展嵌套式模型是目前尺度综合研究中的重要内容，如CLUE-S与SD模型、ABM/LC模型的综合（蔡运龙，2009；罗格平等，2009）。

模型有助于深刻理解土地利用系统动态，但是模型不能解决所有问题，尤其不能使模型运用流于形式，成为一种游戏。要解决尺度综合的问题不能仅从数学模型着手，即使是模型方法，也要使用得当，要认识到概念模型、机理模型和统计模型在尺度转换时应当采取不同的策略（张新长等，2007）。

（5）环境效应的尺度问题

土地变化效应研究多聚焦于大气过程、水文过程、土壤侵蚀、污染物迁移、生物多样性及生态系统服务功能变化等方面。

土地变化对大气过程的影响方面，美国宇航局（NASA）通过美国地理学家联合会（AAG）支持的项目“全球变化在地方”（Global Change in Local Places）对尺度起作用的方式、全球对地方的影响及地方的响应等进行了详细的研究，并对联系区域到全球的研究关注点和政策行动进行了总结（Kates and Wilbanks，2003）。嵌套全球气候模式（GCM）的区域气候模式（如RegCM），基于土地利用的变化可以模拟对区域气候要素的影响，也被很多人利用以获得对区域气候变化更深刻的认识（周建玮和王咏青，2007）。

水文过程和土壤侵蚀方面，研究表明流域尺度越大，土地覆被越难以改变其水沙关系（郑明国等，2007）；要理解土地覆被与径流泥沙在不同时空尺度的相互作用，必须以等级生态系统的观点为基础，有效地结合生态水文与景观生态的理论，从地质-生态-水文构成的反馈调节入手，系统地理解植被变化与径流泥沙等水分养分之间的联系及反馈机制，建立尺度转换的依据和参数标准（张志强等，2006）。

土地变化的环境污染方面，王红和宫鹏指出流域监测尺度对土地利用面源污染产出浓度估算有较大影响。随着空间尺度增大，盐分分布空间相关性增强，并且当与地貌因素关系密切时该尺度的土壤盐分空间相关性就大（王红和宫鹏，2006）。

杜华强等（2007）研究指出物种多样性具有尺度依赖性，与空间格局存在线性或幂函数关系。在生态系统功能及其安全方面，研究表明生态系统服务功能的形成依赖于一定的空间和时间尺度上生态系统的结构与过程，只有在特定的时空尺度上才能表现其显著的作用（王广成和李中才，2007），生态安全水平在不同尺度上存在差异，环境因子在不同尺度上所占权重不同（刘世梁等，2007）。

（6）土地管理的尺度问题

土地变化的管理也具有多尺度性，土地利用决策直接或间接地导致土地利用/覆被变化，其影响会发生在局地、区域、国家、全球多种尺度上。不同尺度的生态系统服务功能对不同行政尺度上的利益相关方面具有不同的重要性（王广成和李中才，2007），各行政尺度所面临的问题和管理目标等都不尽相同，因此会产生不同的管理决策和措施。而不同尺度上管理决策的结果，不仅影响本尺度范围，也对其他尺度有影响。处理好土地利用管理决策与尺度的关系，对于土地可持续利用显得格外重要（陈佑启和何英彬，2005）。

2.2.2 土地变化多尺度研究现状

由于自然界客观存在的等级组织及其复杂性，土地系统具有高度空间异质性，土地变化的格局、过程、驱动力和效应都具有显著的多尺度特征，只有多尺度的综合才能反映土地变化的实质，并预测土地变化的未来情景（Turner et al.，1995；李秀彬，2002；Veldkamp and Lambin，2001）。例如，全球化对地方土地变化产生影响，反之亦然。即使是土地变化的体制因素，也存在各尺度之间的互动，地方对策受制于也响应于国家体制乃至国际体制。在国家尺度上，影响土地利用变化的制度权力无疑有全局性的影响。例如，中国在20世纪50年代的“大跃进”、20世纪80年代的土地承包政策等，都对全国土地利用产生了决定性的影响。在土地退化地区，土地利用者对土地覆被变化所产生的环境后果最清楚，他们本来可能作出适当的响应，但宏观体制和政策往往压倒地方的适应对策，虽然地方的对策也起作用。土地系统的管理和退化土地系统的生态重建也具有多尺度性质，一般而言，小尺度上主要涉及具体技术问题，中尺度上会涉及方式和布局问题，大尺度上则还需要考虑战略和政策问题，而所有这些问题又是互相影响的（蔡运龙，2001）。

如何处理土地变化的多尺度复杂性？目前的基本思路是，根据小尺度研究成果和不同尺度间的作用关系，来对大尺度问题作出预测（傅伯杰等，2003）。但尺度之间的作用不仅是“小”对“大”，反之亦然。因此，不能仅凭地方的案例研究就简单地得出关于区域土地变化的一般性陈述，而是需要将多尺度的多个案例研究联结为一个可代表区域空间异质性的网络，需要进行多空间尺度的综合研究（蔡运龙，2001）。这不仅是土地变化科学本身的关键科学问题，实际上早已成为地理学、生态学和其他相关学科都认同并努力求解的一种重要研究途径。

GLP 计划指出，跨越不同学科和尺度的综合研究要求发展新的分析工具，而不同区域土地动力学的比较需要在数据方面作出重要努力。严峻的挑战在于，如何分析不同尺度土地系统的“连通性”及其影响系统在内、外自然或社会经济变量压力下的脆弱性？然而，迄今对土地变化的“连通性”尚未有充分的认识（GLP，2005）。

目前，CLUE（conversion of land use and its effects）模型明确地考虑了土地变化的多尺度问题，成为土地变化尺度综合中用得较多的一个分析工具（Veldkamp and Fresco，1996，1997；Verburg et al.，1999）。模型在多种尺度上构建。例如，在国家尺度上计算各重土地利用需求，并自上而下地加以分解和落实。Verburg 等（2002）在 CLUE 模型基础上发展出区域尺度 CLUE-S 模型。CLUE 模型的主要局限是不能有效刻画土地变化的细节，无法在微观水平上解释土地利用变化。而可从微观水平上解释土地利用变化细节和机理的 ABM/LC 模型可弥补此不足（Ligtenberg et al.，2001，2004），从而被广泛应用。

国内对 scaling 的理解多为“尺度转换”或“尺度耦合”，而且多强调根据小尺度研究成果对大尺度问题作出预测。已尝试了许多方法，如图谱分析、回归分析、自相关分析、分形分析、小波分析等（陈利顶等，2006），CLUE 模型应用于我国也取得一些成果（张永明等，2003；彭建等，2007），但都未有实质性的突破，原因在于途径和方法还不是很明确（赵文武等，2002）。我们还尝试利用分形理论和方法（朱晓华和蔡运龙，2005；朱晓华，2007a；朱晓华等，2007b），结果发现分形方法对于尺度综合虽有一定的潜力，但主要还是揭示图形数据的几何关系，对客观现象的地学和生态学解释明显不足（何钢和蔡运龙，2006）。

综观国内尺度综合研究进展，我们认为亟待解决下列问题。

1）对 scaling 的理解不能局限于“尺度转换”或“尺度耦合”，尤其不能局限于“自下而上”的“转换”或“耦合”，而需要对不同尺度的多种复杂关系（“连通性”）有综合的认识。

2）对尺度综合的目标要有正确认识。尺度综合是为了更全面、深入地认识地理现象或土地系统及其动态的性质，为地域或土地系统可持续性管理提供科学依据，要根据此目标明确综合什么，如何综合，不能盲目进行尺度转换（李双成和蔡运龙，2005）。

3）解决尺度综合的方法不能仅从数学模型着手，正如系统论创立者贝塔朗菲所言，"数学模型的优点人所共知，明确、可作严密的演绎、可用以检验观测数据；但这并不意味着可以轻视或放弃用普通语言表述的模型。语言模型……比一个用数学表示但却是强加于现实和歪曲真相的模型好"（贝塔朗菲，1987）。即使是模型方法，也要使用得当，要认识到概念模型、机理模型和统计模型在尺度转换时应当采取不同的策略（李双成和蔡运龙，2005）。

2.3 剖析土地变化研究中的尺度问题：以驱动力为例

对土地变化研究中的上述尺度问题，需要进行进一步的剖析。土地变化及其驱动因素的作用过程具有明显的尺度相关性，某一尺度上揭示出的土地变化驱动力不能简单应用于其他尺度，尺度依赖被认为是未来区域土地变化驱动力研究的重要命题（邵景安等，2008）。土地变化驱动力研究对于揭示土地利用与土地覆被变化的原因、内部机制、基本过程，预测未来变化方向和后果，以及制定相应的对策都至关重要（摆万奇和赵士洞，2001）。但是尺度问题给土地变化驱动力研究带来了很多困难，不同尺度的研究成果不同，也难以相互转换，而土地变化是一个整体过程，不同尺度之间不应相互分裂。故此，特以土地变化的驱动力为例，剖析其中尺度问题的具体表现和问题实质，以供土地变化研究的其他方面借鉴。

2.3.1 统计方法的尺度问题

统计方法是土地变化驱动力研究中常用的方法，运用统计方法研究土地变化驱动力，也存在尺度问题，各尺度的驱动力不同，也难以相互转换。目前，应用于土地驱动力分析的统计方法主要有相关分析（张希彪等，2006）、主成分分析（高啸峰等，2009）、因子分析（郭杰等，2009）、多元线性回归分析（马礼等，2008）、多元 Logistic 回归分析（谢花林和李波，2008）和空间自回归模型（邱炳文等，2007）等。

相关分析、主成分分析、因子分析、多元线性回归分析的一般思路是，首先定性分析土地变化驱动力，然后从统计年鉴中获取历年某类土地面积数据和相应的土地变化驱动力指标（如 GDP、人口等）数据，在时间序列上将二者进行相关分析、主成分分析、因子分析、多元线性回归分析，得到土地变化驱动力分析结果。或是在遥感影像的基础上，人为通过聚合栅格产生 500m×500m、1km×1km、2km×2km 等以此类推的面积单元，构建土地变化与驱动因子的空间序列进行分析。这类方法只能分析某类土地面积总量的变化，不能分析土地变化的空间特征，而多元 Logistic 回归分析弥补了这一缺陷。

在多元回归分析中，因变量是二元变量时，需要使用 Logistic 回归。多元 Logistic 回归主要用于某类土地变为其他土地，或其他类土地变为某类土地的驱动力分析，其数据源为两期的遥感影像。以耕地转为其他用地的驱动力分析为例。首先按照土地分类标准解译遥感影像，两期影像中均为耕地的栅格，记属性值为 0，耕地转为其他用地的栅格，记属性值为 1。然后选取土地变化驱动因素，将各类驱动力指标栅格化处理，并将土地类型变化值（0 或 1）与驱动力指标进行 Logistic 回归，得到驱动力分析结果。为了避免空间自相关，一般随机选取一定数量的栅格进行 Logistic 回归分析。

上述方法都假定数据独立同分布，但是事实上空间数据往往具有空间自相关性。为此，Overmars 等（2003）提出用空间自回归模型（spatial autoregressive models）分析土地变化驱动力，该方法将土地变化的原因分为两部分：一是土地变化自身的空间自相关性，二是驱动因素的作用。以一个时间点的栅格数据为分析对象，通过 Moran's I 指数检验土地变化、驱动因素和回归残差的空间自相关性。

从对 3 类方法的描述可以看出，统计方法运用于土地变化驱动力分析所产生的尺度问题主要包括空间和时间两个方面（表 2-3）。空间上，包括幅度和粒度两方面，幅度指选择的研究区范围大小，粒度是指土地分类精度、人工聚合产生的面积单元大小、遥感影像的分辨率；时间上，幅度是指研究时间长度、Logistic 回归分析使用的两期遥感影像的时间跨度，粒度是指运用相关分析、主成分分析、因子分析和多元线性回归分析时的数据周期，目前大多以统计年鉴为数据源，数据周期为 1 年。

表 2-3　土地变化驱动力分析方法中的尺度问题

统计方法		多元线性回归分析、相关分析、主成分分析、因子分析	多元 Logistic 回归	空间自回归模型
空间上	幅度	研究区范围大小	研究区范围大小	研究区范围大小
	粒度	土地分类精度、面积单元大小	土地分类精度、分辨率	土地分类精度、栅格大小
时间上	幅度	统计数据的时间长度	两期遥感影像的时间跨度	—
	粒度	数据周期	—	—

可进一步归纳为以下 5 种尺度问题，如表 2-4 所示。其中，人工聚合产生的面积单元大小、遥感影像的分辨率统称为“栅格大小”；统计数据的时间长度和遥感影像的时间跨度统称为“时间幅度”。

表 2-4　统计方法运用于土地变化驱动力时需要考虑的 5 种尺度问题

方面	尺度问题
空间上	研究区空间幅度对分析结果的影响
	土地分类精度对分析结果的影响
	栅格大小对分析结果的影响
时间上	时间幅度对分析结果的影响
	数据的时间周期对分析结果的影响

(1) 研究区空间幅度对分析结果的影响

目前，已有许多针对不同幅度研究区进行土地驱动力研究的案例，涉及各级行政单位、各级流域，但是研究区幅度不同，土地变化驱动力则可能不同。例如，1996～2008年，贵阳市人口与耕地的相关系数为-0.632（通过0.05显著性检验），贵州省人口与耕地相关系数为-0.854（通过0.01显著性检验），而我国人口与耕地相关系数为-0.947（通过0.01显著性检验）。可见，不同幅度的研究区，人口与耕地的相关系数不同（严祥等，2010）。

（2）土地分类精度对分析结果的影响

不同的土地分类精度，得到的分析结果不一样，这点目前尚未引起重视。Conway（2009）在一项对美国新泽西州巴尼加特湾（Barnegat Bay）流域土地利用进行的研究中，使用3种不同精度的土地分类体系，运用逐步回归法，建立了土地利用变化驱动力模型；发现不同的土地分类精度，回归模型的参数不一样，模型的拟合精度不一样。土地变化研究中必须对此问题加以重视。

（3）栅格大小对分析结果的影响

利用栅格数据构建的空间序列进行土地驱动力分析，栅格大小不同，得到的结果也不同。例如，陈佑启和Verburg（2000）在1km×1km网格的基础上，通过平均值法建立了一种认为的面积规模序列，包括32km×32km、64km×64km、96km×96km、128km×128km、160km×160km、192km×192km共6个规模层次，并计算了耕地与总人口、农业劳动力、非农业人口、土地适宜性平均高程和最暖月气温等因素的相关系数，发现各个规模层次上相关系数不同。Overmars（2003）在一项针对厄瓜多尔土地利用的研究中，发现使用空间自回归模型时，不同大小的栅格图像对应的Moran's I指数的变化规律不同，得到的空间自回归模型也不相同。同理，以不同分辨率的遥感影像作为研究数据，得到的土地变化驱动力结果也会不同。

（4）时间幅度对分析结果的影响

目前关于土地变化驱动力的研究中，有的用10年的数据，有的用20年数据，有的用更长时间的数据。不同时间幅度或时间跨度，土地变化驱动力不同。例如，在研究贵州省人口与耕地变化相关关系时，若以1982年开始的土地包产到户的27年（1982～2008年）为对象，则人口与耕地的相关系数为-0.858（通过0.01的显著性检验）；而若以1949年以来的60年（1949～2008年）作为研究对象，则二者的相关系数为-0.752（通过0.01显著性检验）（严祥等，2010）。

（5）数据的时间周期对分析结果的影响

数据的周期问题，目前尚无文献探讨，因为相关分析、主成分分析、因子分析、多元线性回归分析所使用的统计年鉴均以1年为周期，而Logistic回归仅使用两期遥感影像，不涉及数据周期问题。但如同空间上粒度会导致尺度问题一样，时间上数据的周期也会影响土地变化驱动力分析结果。例如，贵州省1949～2008年，人口与耕地变化的相关系数是-0.752（通过0.01显著性检验），但如果考察每个五年计划（“十一五”称为“规划”）期间平均人口与平均土地面积的关系，则会发现两者相关系数为-0.962（通过0.01显著性检验）（严祥等，2010）。可见，数据的时间周期不同，土地驱动力变化分析结果也不一样。

上述分析大多以相关分析为例，因为相关分析是最为基本的驱动力统计方法。相关分析方法中需要处理的尺度问题在多元线性回归、多元Logistic回归、空间自回归等方法中同样存在。

2.3.2　问题的本质

详细考察上面所举土地变化驱动力分析中需要处理的 5 种尺度问题，发现都可以归纳为数据聚合对统计分析结果的影响。空间上，从乡镇到县、省、全国，不同行政单元聚合后会得到不同的分析结果；小流域到中流域、大流域，不同流域单元的聚合也会影响土地变化驱动分析结果。土地分类精度方面，从详细的土地分类聚合到粗略的土地分类，土地驱动力分析结果不同。使用栅格数据，从小的栅格聚合到大的栅格，结果也不一样。时间上，从短的时间幅度聚合到长的时间幅度，土地变化驱动力结果发生改变；数据的时间周期方面，若把以年为单位的数据聚合为一个平均数，得到的土地驱动力分析结果也不一样。

数据聚合对统计分析结果的影响在统计学、地理学、生态学等相关学科中已不是一个新鲜问题。邬建国（2000）、Marceau（1999）、Dark 和 Bram（2007）等都曾对此进行过很好的综述，但由于他们所针对的问题不同，所筛选的文献也不同。因此，有必要在这里对相关的研究再进行一个回顾。

Gehlke 和 Biehl（1934）是最早在正式文献中表述数据聚合对分析结果产生影响的学者，他们列举了几个例子说明数据聚合对相关系数的影响。例如，在一项针对美国克利夫兰的研究中，当数据资料在空间上连续聚合时，男性少年犯罪率与平均月收入的相关系数随之增加；在另一项农民数量与农产品产量关系的研究中，二者相关系数随数据聚合而增加。

第二个里程碑式的研究是 Robinson（1950）提出的生态学谬误（ecological fallacy），他探讨了肤色与文盲率的相关关系。如果针对 97 272 个个体进行相关分析，则“是黑人”和“是文盲”的相关系数为 0. 203，而若把这 97 272 个个体分为 9 个区，再进行相关分析，二者相关系数为 0. 946。Robinson 在文中详细讨论了生态学谬误产生的原因。同一年，Yule 和 Kendall（1950）也论述了这个问题。生态学谬误的一个典型例子是 Simpson 悖论（Simpson's paradox）。Simpson 悖论指在聚合水平上得到的结论与个体水平的结论完全相反。如图 2-1 所示，两组数据中 x 与 y 曾正相关，但是对两组数据进行组平均后，组平均水平上 x 与 y 负相关。

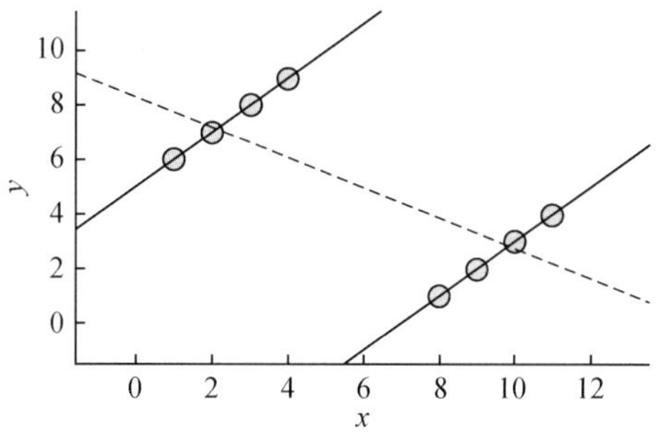

图 2-1　Simpson 悖论示意图

第三项重要的研究是 Openshaw 和 Taylor 提出并详细论述的可塑面积单元问题（the modifiable areal unit problem，MAUP）（Openshaw and Taylor，1981），围绕此问题还发表了一系列文献和著作（Openshaw，1977，1978，1979，1984）。之后许多相关研究的开展，使得对 MAUP 的认识逐渐清晰。MAUP 针对的是空间分析中存在的两方面问题，一个称为“尺度问题”（scale problem），另一个称为“划区问题”（zoning problem）。尺度问题是指空间数据经聚合而改变其粒度后，分析结果也随之改变，也称“尺度效应”（scale effect）。划区问题是指，同一粒度上或聚合水平上，由于聚合方式不同，分析结果也不同。Jelinski 和 Wu（1996）举例说明了尺度效应对单变量统计的影响。如图 2-2 所示，从 a 到 b 到 c，面积单元不断聚合，平均值没有变化，但是方差却逐渐减小至 0。

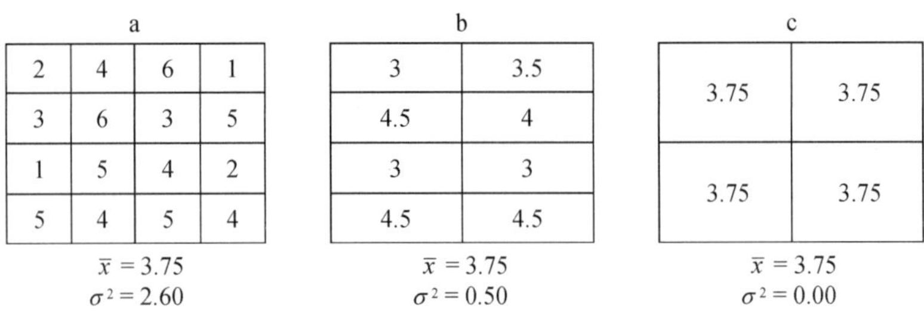

图 2-2　空间统计分析中的尺度效应示意图（Jelinski and Wu，1996）

可见，数据聚合对统计分析结果的影响早已被发现，只是不同学科对其引起重视的时间和程度不一样。统计学中 1934 年就已有讨论，遥感科学中 Marceau（1992）第一个详细论述了此问题，生态学中邬建国等详细讨论了这个问题（Jelinski and Wu，1996）。而目前在土地变化驱动力研究领域，此问题尚未得到应有的重视。

不同的数据聚合水平，得到的统计分析结果不一样。如果我们所取的数据聚合水平不正确，会有什么危险呢？至少有如下两个方面。

（1）产生无意义的统计分析结果

例如，若一个省多年的降雨总量并无大的波动，而耕地面积在减少，则以一个省多年的降雨量和耕地面积进行相关分析，结果是降雨量对耕地面积变化没有影响；但是虽然降雨总量没有变化，降雨分布却有改变，以往多雨的地方变为干旱，以往干旱的地方多雨洪涝，这两种情况可能都会影响耕地数量的变化，若用更小尺度（如乡镇这一尺度）的数据分析，可能发现耕地变化与降水变化有密切关系，那么之前用省这一尺度所作的相关分析得到的结果就没有意义。一些论文还根据相关分析结果筛选土地变化驱动力因子（郭杰等，2009），进而进行多元线性回归和 Logistic 回归。但是，如果相关分析的这一步没有意义，那么之后的回归分析结果也是没有意义的。

（2）如果根据这种无意义的统计分析结果制定对策，很可能出现错误

上面所讲的例子，如果使用省这一尺度的降雨量与耕地面积相关分析，结果认为降雨对耕地变化没有影响，因而不需要采取水利措施，那就大错特错了。经济发展、GDP 增长到底对耕地有何影响，在不同尺度上得到的结果可能不一致，这时应当如何制定土地政策呢？如果选用了错误的尺度进行分析，那很可能就是误国误民了。

尺度问题带来这样一个困境：目前使用统计方法进行土地变化驱动力分析，乍看起来有翔实的基础数据，统计方法有各种检验，统计分析结果也能进行解释，但是不同尺度上得到的结果不一致，不同尺度之间的分裂与土地变化的整体性发生冲突。正如《统计数字会撒谎》的作者 Darrell Huff 在书中表明的一样，日常生活中、科学技术中我们时常使用的统计数字很可能没有告诉我们真相，不同的统计处理方法会得到不同的结果，统计数字是可以撒谎的（Huff, 1973）。土地变化驱动力研究中若不能处理好尺度问题，我们得到的只不过是一些"撒谎"的统计数字。尺度是地理学固有的关键难题，但迄今尚无确切的解决办法。我们不能责怪我们的研究对象不好，而应当检视我们的研究方法是否正确，是否需要改进，否则，统计分析只会引领我们向错误的方向前进。

2.4　可能的解决途径

2.4.1　路径选择

尽管数据聚合对统计分析结果的影响已不是新鲜问题，但到目前为止，关于解决该问题的妥善方法尚未达成共识（Dark and Bram, 2007）。用于处理该问题的途径主要有如下几种。

（1）基于实体（basic entity）的途径

Openshaw 认为，如果对象为基本实体，那么就可以避免数据聚合带来的影响（Openshaw, 1979）。这方面，Hay 等（2001）首先发展了基于实体途径的具体研究方法。但是，土地变化研究中，界定基本实体存在诸多困难，土地变化涉及的因素很多，其相互关系错综复杂，难以定义出一个基本的实体。另外，即使基本实体可以明确定义，如作为土地使用者的个人，但是人数众多，搜集、整理相关信息和建模也存在极大的困难。以资料搜集为例，统计资料出于各种原因，也都仅给出各聚合水平（如县、市、省）上的信息，不可能公布每个被调查者的情况，这给分析个人尺度的土地利用带来了困难。

（2）敏感性分析（sensitivity analysis）或研究变量的变化速率

这两种方法不是去尝试解决数据聚合带来的问题，而是通过一系列研究来确定数据聚合对统计分析结果的影响范围和强度（Fotheringham, 1989）。这两种方法可以回答如下一些问题：哪些变量（或变量之间的相互关系）对尺度敏感？随尺度改变的变化速率如何？分析结果随尺度变化而产生的变化是否可以预测？多大程度上可以预测？例如，在土地变化驱动力分析中，可以研究驱动要素和土地变化之间的关系随尺度变化的敏感性如何？驱动要素和土地变化之间的回归系数、回归的拟合优度等随尺度变化而变化的速率如何？是否可以预测等。通过此类研究，掌握尺度对分析结果产生影响的规律。目前，在栅格数据的基础上，通过人为的栅格聚合得到一系列的空间面积单元进行土地驱动力分析（邱炳文, 2007；陈佑启和 Verburg, 2000），正是这种思路。

（3）"摒旧创新"

抛弃会产生尺度问题的研究方法，寻找或开创对尺度不敏感的分析方法。Tobler 认为，空间分析结果应该与数据的空间坐标无关，就像物理学中重力加速度的计算公式一样，放在地球上任何地方都能使用。因此，会产生尺度问题的方法不是正确的方法，应该被摒弃，应当发展对尺度不敏感的空间分析方法，他称之为“与框架无关的空间分析”（frame independent spatial analysis）（Tobler，1989）。

处理此问题的3种思路都可借鉴，但尚需进行进一步探讨。例如，关于寻找不会产生尺度问题的分析方法，Openshaw 和 Taylor（1981）、邬建国（2000）等都认为，离开尺度讨论地理学、生态学问题是有悖学科常识的。寻求一种“与框架无关的空间分析”对策，是不是有点像“鸵鸟对策”？

2.4.2 走向尺度综合

处理尺度问题的一般思路是，尺度选择—尺度分析—尺度综合。首先应该根据所研究的问题和数据掌握情况确定研究尺度，即在怎样的“粒度”和“幅度”上操作；其次通过系统地分析格局、过程等变量的尺度效应，掌握其随尺度变化的规律和对尺度的依赖性；最后，根据已获得的规律性认识，实现尺度综合。在此过程的所有环节，问题是关键，数据是基础，方法是工具。

（1）尺度选择及其分析方法

自然-生态系统和社会经济系统各有自己的等级和尺度序列，其中的对应关系大致可如图2-3所示。各尺度上取样与调查的粒度和幅度如表2-5所示。

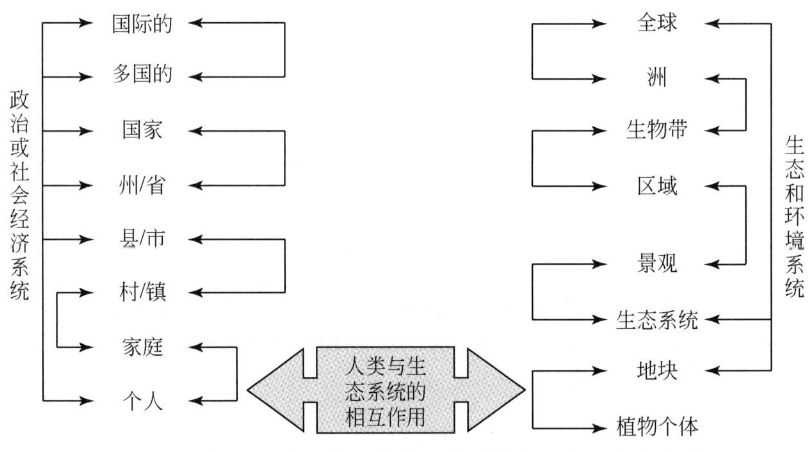

图2-3 自然-生态系统和社会经济系统的尺度及对应关系

（Millennium Ecosystem Assessment Board，2003）

表2-5 土地变化研究中取样与调查的空间幅度和粒度

功能/组织尺度	矢量基础的观测	像元基础的观测
个体	样地	1m
家庭	农田	10m
群落	农场	20m

续表

功能/组织尺度	矢量基础的观测	像元基础的观测
社区	流域	100m
生态系统	区	1km
景观	省	5km
区域	国家	10km

资料来源：Gibson et al.，2000

在这个序列中具体选择哪个或哪些尺度，取决于研究的问题、目的和研究者的背景，也要考虑数据的可得性的影响（Gibson et al.，2000）。

功能尺度有时不能直接跟分析的空间单元相关联。例如，一个家庭就可以对样地、农田、农场甚至流域层面产生影响。功能尺度与空间单元的不相匹配导致两种来源的数据组织起来非常困难，所以绝大多数研究仅仅选择在一个尺度进行分析。

小波分析在尺度分析中具有很大的潜力，有研究者尝试将小波分析运用于特征尺度的监测（张友静和樊恒通，2007）、多尺度空间格局分析（赵金等，2007）以及多尺度表达（谢江波等，2007）。同时还有研究尝试利用归一化尺度方差（赵金等，2007）和半方差函数（方彬等，2007）来进行尺度选择和尺度分析，也取得了一定的进展。

（2）尺度综合及其方法

指定尺度可能将研究局限在不适宜的区域。更重要的是，不同尺度的社会和环境动态具有许多联系。因此，在单个尺度上研究不能提供完整的认识和解决之道，考虑并区分不同空间尺度的相互作用至关重要。

方法运用上遥感技术和地理信息系统可以选取多个变量，并在多尺度同时进行。然而，这些仅仅是工具，其发展还没有跟多尺度相互作用的理论研究相衔接。

可以将尺度综合的途径分为尺度上推或尺度下推。张娜（2007）将尺度上推总结为4种途径：空间分析法（如分形分析法和小波分析法）、基于相似性的尺度上推方法、基于局域动态模型的尺度上推方法（如简单聚合法、有效值外推法、直接外推法、期望值外推法、显式积分法和空间相互作用模拟法等）、随机（模型）法。尺度的下推主要有CLUE模型及其与ABM/LC结合的模型（张娜，2006），另外，也有很多人将嵌套全球气候模式（GCM）的区域气候模式（RegCM）用于分析不同尺度土地利用对气候、生态、水文等的影响，已提供了一些研究案例，取得了一些经验（周建玮和王咏青，2007）。

但尺度之间的作用不能仅理解为“小”对“大”的“聚合”或“大”对“小”的“解聚”，不能仅凭地方的案例研究就简单地得出关于区域土地变化的一般性陈述，或者将区域的研究结果不加分析地外推到地方上，而是需要将跨越不同尺度的多个案例研究联结为一个可代表区域空间异质性的网络，寻找各尺度之间的“连通性”，进行多空间尺度的综合研究（蔡运龙，2001a）。尺度综合是为了更全面、深入地认识地理现象或土地系统动态的性质，为地域或土地系统可持续性管理提供科学依据，要根据此目标明确综合什么，如何综合，不能盲目进行尺度转换（李双成和蔡运龙，2005）。

尺度问题是地理学和生态学中的关键问题之一，作为当前地理学和生态学重要研究领域的土地变化科学，尺度问题受到广泛关注。土地变化是多尺度相互作用的结果，必须进行多尺度的综合研究，要挖掘从地块到地方到区域等多层次的数据，建立完备的空间数据库，解决好数据的协调工作，为格局、过程、效应研究奠定基础，进而为土地可持续利用提供决策支持。在驱动力研究中，除对遥感图像人为变换栅格大小从而探讨各种粒度下驱动力影响外，还应该水平关注某一影响因子在各尺度的表现及其对土地变化的影响，增强土地变化的解释水平。模型是土地变化研究的重要方法，要集成社会经济系统模型与自然-生态系统模型、微观模型与宏观模型，模型的嵌套是这种集成的有效途径之一，如CLUE-S与ABM/LC的嵌套。土地利用决策和管理也应该考虑不同尺度的问题与情况，以便有效地实施。

第3章　聚焦生态脆弱区

土地变化科学致力于研究如何“减小人类与环境系统面对全球变化的脆弱性，实现陆地人类与环境系统的可持续性”，研究论题涉及自然、经济、社会、政治等多个领域（GLP，2005）。所有这些论题都在通过对土地变化案例的综合研究而进行探讨，并聚焦热点地区和生态脆弱地区（Aspinall，2004；Steven，2008；史培军等，2000；傅伯杰等，2004；何春阳等，2004；彭建和蔡运龙，2007；许月卿等，2008）。生态脆弱区是中国土地变化最为显著的地区，土地退化是其突出表现之一，退化土地种类繁多，分布广泛。生态脆弱区也是贫困人口集中分布的地区，发展的可持续性面临极大挑战。

3.1　生态脆弱区的土地退化

我国生态脆弱区分布比较广泛，主要集中于长江和黄河上游地区、喀斯特地区、黄土丘陵区、干旱荒漠区、半干旱风沙和盐碱化地区、西南山地、干热河谷、典型海岸带等区域。由于人口快速增长和经济高速增长而导致高强度的人类活动干扰，脆弱的土地生态系统经受着巨大的压力，退化十分严重，并引起一系列资源环境问题。主要表现有水土流失，土地沙化，森林、草原退化，生物多样性减少，水源涵养能力下降，水资源短缺，石漠化不断扩展和加重，局部地区土壤盐渍化，生态屏障缺损，沙尘暴频发，海岸蚀退，近岸海域水质下降等，对国家生态安全和区域可持续发展构成严重威胁。

3.1.1　中国的土地退化

中国土地退化问题最突出、分布最广的是土壤侵蚀和沙漠化。此外，还表现为土地污染、盐碱化和潜育化、耕地生产力下降、采矿毁损等。

(1) 土壤侵蚀

中国土壤侵蚀类型复杂多样，以水力、风力和冻融侵蚀为主。

1）水蚀。中国水蚀面积164.88万km^2，占国土总面积的17.35%，是分布最广、危害最严重的水土流失类型（李智广等，2008）。水蚀面积较大（前10位）的省（自治区）是内蒙古、四川、云南、新疆、甘肃、陕西、山西、黑龙江、贵州和西藏。水蚀面积占本省（自治区、直辖市）土地面积比例较大（30%以上）的是山西、陕西、重庆、宁夏、贵州、云南、湖北、四川、辽宁和甘肃（表3-1）。

表 3-1　中国各省（自治区、直辖市）轻度以上土壤侵蚀面积

省(自治区、直辖市)	国土面积（km^2）	水蚀面积（km^2）	水蚀面积占国土面积比例（%）	占全国水蚀面积比例（%）	风蚀面积（km^2）	风蚀面积占国土面积比例（%）	占全国风蚀面积比例（%）	侵蚀总面积（km^2）
北京	16 386	4 383	26. 75	0. 27	0	0	0	4 383
天津	11 623	463	3. 98	0. 03	0	0	0	463
河北	187 869	54 662	29. 10	3. 32	8 295	4. 42	0. 44	62 957
山西	156 564	92 863	59. 31	5. 63	0	0	0	92 863
内蒙古	1 143 331	150 219	13. 14	9. 11	594 607	52. 01	31. 18	744 826
辽宁	146 275	48 221	32. 97	2. 92	2 333	1. 59	0. 12	50 554
吉林	191 094	19 296	10. 10	1. 17	14 278	7. 47	0. 75	33 574
黑龙江	452 563	86 539	19. 12	5. 25	8 907	1. 97	0. 47	95 446
上海	8 013	0	0	0	0	0	0	0
江苏	103 405	4 105	3. 97	0. 25	0	0	0	4 105
浙江	103 231	18 323	17. 75	1. 11	0	0	0	18 323
安徽	140 165	18 775	13. 39	1. 14	0	0	0	18 775
福建	122 466	14 832	12. 11	0. 90	87	0. 07	0	14 919
江西	166 960	35 106	21. 03	2. 13	0	0	0	35 106
山东	157 119	32 432	20. 64	1. 97	3 555	2. 26	0. 19	35 987
河南	165 620	30 073	18. 16	1. 82	0	0	0	30 073
湖北	185 951	60 843	32. 72	3. 69	0	0	0	60 843
湖南	211 816	40 393	19. 07	2. 45	0	0	0	40 393
广东	179 432	11 010	6. 14	0. 67	0	0	0	11 010
广西	236 545	10 369	4. 38	0. 63	4	0	0	10 373
海南	34 164	205	0. 60	0. 01	342	1	0. 02	547
四川	483 761	150 400	31. 09	9. 12	6 121	1. 27	0. 32	156 521
贵州	176 110	73 179	41. 55	4. 44	0	0	0	73 179
云南	383 102	142 562	37. 21	8. 65	0	0	0	142 562
西藏	1 201 653	62 744	5. 22	3. 81	49 893	4. 15	2. 62	112 637
重庆	82 383	52 040	63. 17	3. 16	0	0	0	52 040
陕西	205 733	118 096	57. 4	7. 16	10 708	5. 20	0. 56	128 804

续表

省(自治区、直辖市)	国土面积（km²）	水蚀面积（km²）	水蚀面积占国土面积比例（%）	占全国水蚀面积比例（%）	风蚀面积（km²）	风蚀面积占国土面积比例（%）	占全国风蚀面积比例（%）	侵蚀总面积（km²）
甘肃	404 627	119 370	29.5	7.24	141 969	35.09	7.45	261 339
青海	716 679	53 137	7.41	3.22	128 972	18.00	6.76	182 109
宁夏	51 783	20 907	40.37	1.27	15 943	30.79	0.84	36 850
新疆	1 640 011	115 425	7.04	7.00	920 726	56.14	48.29	1 036 151
台湾	36 280	7 844	21.62	0.48	0	0	0	7 844
全国合计	9 502 714	1 648 816	17.35	100	1 906 740	20.07	100	3 555 556

注：所有土壤侵蚀面积数据来源于2002年1月水利部发布、国务院批准的《全国水土流失公告》资料，其中境内面积及国土面积均指调查的面积，土壤侵蚀面积均不包括侵蚀程度可容许的微度侵蚀，缺香港、澳门数据

资料来源：许峰等，2003

2）风蚀。全国风蚀总面积190.67万km^2，占国土总面积的20.07%（李智广等，2008）。风蚀主要分布在新疆、内蒙古、青海、甘肃和西藏，面积合计183.62万km^2，占全国风蚀总面积的96.3%，其中，新疆和内蒙古的风蚀面积151.53万km^2，占全国风蚀总面积的79.5%（表3-1）。

3）冻融侵蚀。全国冻融侵蚀总面积127.82万km^2，占国土总面积的13.5%（李智广等，2008），其中轻度、中度和强度的冻融侵蚀面积分别为62.16万、30.50万和35.16万km^2，分别占冻融侵蚀总面积的48.6%、23.9%和27.5%。冻融侵蚀主要分布区按面积大小依次为西藏、青海、新疆、四川、内蒙古、黑龙江和甘肃等7个省（自治区）。其中，西藏自治区冻融侵蚀面积最大，为90.50万km^2，占全国冻融侵蚀总面积的70.8%。

在中国东部、中部、西部和东北4个大区中，西部地区水土流失面积最大，为296.65万km^2，占全国水土流失总面积的83.1%，占该区土地总面积的44.1%。水蚀、风蚀、冻融侵蚀严重的地区都主要集中在西部。例如，作为华夏文明摇篮的黄土高原，水土流失面积比例高达82%，泥沙涌入黄河，被形象地称为“中国主动脉大堵塞”；西南地区的喀斯特丘陵山地，水土流失造成的“石漠化”特别触目惊心（蔡运龙，1994a）。其他大区水土流失面积占本区土地总面积的比例，由大到小依次是中部地区、东北地区、东部地区，比例分别为27.6%、22.4%、11.8%（许峰等，2003）。

（2）沙漠化

根据2005年公布的第三次荒漠化监测报告，截至2004年，全国荒漠化土地总面积为263.62万km^2，占国土陆地总面积的27.46%。荒漠化土地主要分布在干旱与半干旱的新疆、内蒙古、西藏、甘肃、青海、陕西、宁夏、河北8个省（自治区），面积占全国荒漠化总面积的98.45%（国家林业局，2005）。荒漠化（desertification）是指“包括气候变异和人类活动在内的种种因素造成的干旱、半干旱和亚湿润干旱地区的土地退化”（联合国，2002）。

荒漠化土地中的沙质荒漠化称为沙漠化，土地面积为173.97万km^2，占国土陆地总面积的18.12%，占荒漠化土地面积的66%。其中，流动沙丘（地）面积为41.16万km^2，占沙漠化土地总面积的23.66%；半固定沙丘（地）为17.88万km^2，占10.28%；固定沙丘（地）为27.47万km^2，占15.79%；戈壁为66.23万km^2，占38.07%；风蚀劣地（残丘）为6.48万km^2，占3.73%；沙化耕地为4.63万km^2，占2.66%；裸露沙地10.11万km^2，占5.81%。沙漠化土地主要分布在新疆、内蒙古、西藏、青海、甘肃、河北、陕西、宁夏8省（自治区），占全国沙漠化土地总面积的96.28%（国家林业局，2005）。

我国北方沙漠化在20世纪50年代中期至70年代中期扩展速度平均为1560km^2/a，20世纪70年代中期至80年代中期平均为2100km^2/a，20世纪80年代中期至90年代初期平均为2460km^2/a（朱震达和陈广庭，1994），到了20世纪90年代末已发展到3436km^2/a（卢琦，2000）或3600km^2/a（王涛，2004a）。荒漠化的不断扩展对我国北方沙区乃至国家的生态安全、粮食安全和区域社会经济发展带来严重影响，每年因荒漠化造成的直接经济损失高达642亿元（卢琦和吴波，2002）。

（3）其他土地退化类型

土地污染：全国遭受不同程度污染的农田已达1000万hm^2，其中污水灌溉的农田333.3万hm^2，以酸雨和氟污染为主的大气污染农田533.3万hm^2，固体废弃物堆存侵占和垃圾污染的农田90万hm^2，因农田污染每年损失粮食120亿kg（国家计委国土开发与地区经济研究所和国家计委国土地区司，1996）。

盐碱化和潜育化：我国北方耕地盐碱化面积约666.7万hm^2，在干旱、半干旱区较为严重，主要由于不合理灌溉造成，如超灌、漫灌、有灌无排，东部沿海地区主要由于海水倒灌所致。我国南方水田土壤潜育化面积占20%～40%（国家计委国土开发与地区经济研究所和国家计委国土地区司，1996）。

耕地生产力下降：我国耕地的有机肥投入普遍不足，使耕地土壤有机质含量逐年减少；化肥结构不合理，氮、磷、钾失调。全国土壤有机质含量平均为1%～2%，耕地中有9%土壤有机质含量低于0.6%，59%缺磷，23%缺钾，14%磷钾俱缺（国家计委国土开发与地区经济研究所和国家计委国土地区司，1996）。同时大量施用化学肥料，导致土壤板结，生产力明显下降。

采矿毁损：矿产资源开发和工程建设过程中的剥离、塌陷及废弃矿石、废渣堆占等，使得表土毁坏。据估计，全国此类废弃土地已达1333.3万hm^2（国家计委国土开发与地区经济研究所和国家计委国土地区司，1996）。

（4）土地退化成因

表3-2简单归纳了中国土地退化的成因及退化土地的分布情况。在各土地退化类型中，分布最广、影响最大的是土地沙漠化和土壤侵蚀两类，它们都发生在贫困地区。《中国21世纪议程》（国家计划委员会和国家科学技术委员会，1994）指出：我国典型极贫困代表区域有两片，一片是“三西”（河西、定西、西海固）黄土高原干旱区，另一片是位于滇、桂、黔的喀斯特地貌区。前者是我国受沙漠化威胁最严重的地区，后者是土壤侵蚀导致石漠化最严重的地区。

表 3-2　中国土地退化及其成因

类型	成因	面积（万 hm^2）		分布	动态变化
		20 世纪 50 年代	20 世纪 80 年代		
土壤侵蚀	水蚀、风蚀	5 000	15 000	黄河流域，南方广大红黄壤丘陵地区，新开垦的东北黑土地	水土流失面积逐年增加，且有继续扩大的危险
土地沙漠化	森林砍伐、盲目开垦、过度放牧	1 370	1 760	北方农牧交错带及西北内陆干旱荒漠区	20 世纪 50～70 年代，每年增加 15.6 万 hm^2，进入 20 世纪 80 年代后，平均每年扩大 21 万 hm^2
盐渍化	不合理灌溉		3 330	黄淮海平原，黄河河套平原，西北内陆区	黄淮海地区基本得到控制，其他地区仍在继续发展
贫瘠化	强化利用，施肥量不足	中低产田比例		全国各地	个别地区肥力状况有所改善，但总体下降
		67%	73%		
土地污染	废气、废水、废渣的倾入，农药、化肥等的不合理施用	基本无	2 000	沿海各省份平原区，城郊高产农田区	发展迅速，强度大，且在继续扩大
土地损毁	矿产资源开发等		200	全国各地矿区，能源建材等大型工业基地	每年增加 2 万 hm^2，且有加重的趋势。20 世纪末，每年达到 3.3 万 hm^2

资料来源：刘慧，1995

造成土地退化的直接原因，一方面是退化土地生态系统本身比较脆弱，抗干扰能力、稳定性和自我调节能力差；另一方面是不合理的人类活动，如毁林开荒、陡坡开垦、过度放牧等。而人为因素往往起主导作用。黄土高原和西南喀斯特地区都曾是一片绿色世界，只是到了现代，除局部人类活动干扰较少的地段仍可见郁郁葱葱的森林景观外，大片地方因人口剧增，不断毁林开“荒”，已出现沟壑纵横和岩石裸露的景象。其他造成土地退化的原因，如不合理的灌溉，高强度利用，只用不养或施肥不足，化肥农药不合理的施用及采矿破坏等，都纯属人为因素。全国退化土地的大部分都主要是由于人为因素所造成的。

此外，政策导向作为土地退化的重要成因不可忽视。例如，1958 年“大炼钢铁”使成片的林木、幼树被毁；农村家庭联产承包责任制之初，由于一些配套政策和措施没有跟上，导致有些地方哄砍集体林木，强垦集体草山，加剧了水土流失。又如，长期以来，第一性生产产品较工业产品价格过低、生产资料价格上涨、比较利益悬殊、土地负担过重等导致对土地物化劳动的投入减少，农用地转换成非农用地，粗放经营，地力下降不可避免。再如，曾经实行以粮为纲的单一政策，必然导致牺牲林业、牧业来发展粮食生产，致使毁林开荒、草原垦殖、坡地开垦、围湖造田等大规模扩展。

3.1.2 西南喀斯特地区的土地退化

喀斯特地区作为地球表层一种具有独特生物地球化学特征的区域，生态环境变异敏感度高，灾变承受能力低，环境容量小，是典型的脆弱生态环境区域类型（杨明德，1900）。位于我国西南的喀斯特山区，是全球喀斯特集中分布的三大片区之一的东亚片区中心，可溶岩分布面积约54万km^2，占区域总面积的30%，且多为山区，是“世界上最大的喀斯特连续带”（Sweeting，1993）。这里喀斯特发育最为完全，地形破碎，土层瘠薄，土地石漠化现象严重，农业生产环境恶劣，水土流失严重，旱涝等灾害频繁，生态环境十分脆弱。

中国西南喀斯特分布涉及全国8个省（自治区、直辖市），以贵州、广西、云南分布面积最大，其次是重庆、湖北和湖南（图3-1）。该范围内居住着1亿多人口，包括壮、苗、布依、侗、瑶、彝等31个少数民族人口4000万以上（蔡运龙，1996）。近几十年的土地退化衍生出一系列生态环境问题，直接威胁到区域社会经济的持续发展和相邻地区的生态安全，使西南喀斯特山区陷入“生态脆弱—贫困—掠夺式土地利用—资源环境退化—进一步贫困”的恶性循环（蔡运龙，1994，1999a）。

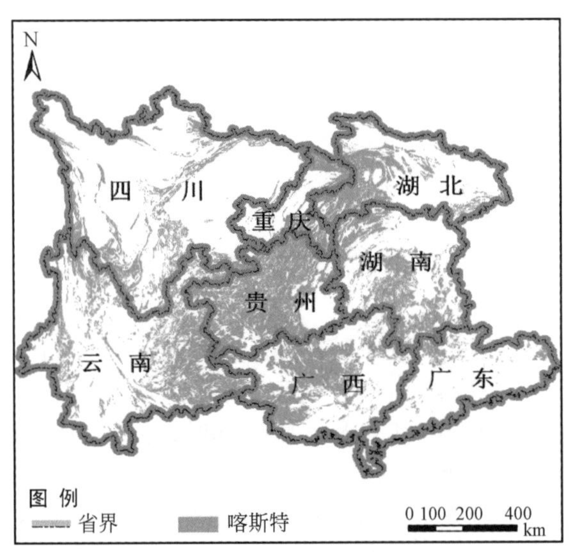

图3-1 中国西南喀斯特空间分布格局（白晓永等，2009）

（1）土地退化状况

中国西南喀斯特地区由于人口快速增长，对粮食和燃料等的需求大幅上升，导致毁林开垦、坡地耕作、采伐薪柴等，造成植被减少、水土流失、土地迅速退化。许多地方土壤冲刷殆尽，逐渐形成光秃秃的裸岩地，最严重的后果就是形成大面积的“石漠化”土地，与沙漠化同为土地退化的极端形式。石漠化是指在喀斯特的自然背景下，受人类活动干扰破坏造成土壤严重侵蚀、基岩大面积裸露、土地生产力下降、地表出现类似荒漠景观的土地退化过程（袁道先，1997a）。

迄2005年底，中国的石漠化土地总面积已达12.96万km^2，主要分布在贵州、广西、云南、重庆、湖北、湖南、四川、广东8省（自治区、直辖市）的451个县（市）。贵州石漠化土地面积达331.6万hm^2，占石漠化总面积的25.6%；其后依次为云南（288.1万hm^2）、广西（237.9万hm^2）、湖南（147.9万hm^2）、湖北（112.5万hm^2）、重庆（92.6万hm^2）、四川（77.5万hm^2）和广东（8.1万hm^2），分别占石漠化土地总面积的22.2%、18.4%、11.4%、8.7%、7.1%、6.0%和0.6%（表3-3）。部分地区的石漠化面积已接近或超过所在地区总面积的10%，如贵州六盘水（27.9%）、安顺（24.6%）、黔西南（23.4%）、毕节（16.1%）、黔南（14.6%）等。以云贵高原为中心的81个县，国土面积仅占监测区的27.1%，而石漠化面积却占石漠化总面积的53.4%（国家林业局，2006）。

表3-3　西南地区喀斯特和土地石漠化分布现状

地区	黔	滇	桂	湘西	鄂西	川、渝
喀斯特分布面积（万km^2）	13	11.21	9.5	5.7	4.1	8.2
占省份面积比例（%）	73	29	41	27.3	22	15
石漠化面积（万km^2）	3.32	2.88	2.38	1.48	1.12	1.71
占石漠化面积比例（%）	25.6	22.2	18.4	11.4	8.7	13.1

资料来源：国家林业局，2006

从流域上看，石漠化主要分布在长江流域和珠江流域，其中长江流域面积最大，为732.1万hm^2，占石漠化总面积的56.5%；珠江流域次之，为486.5万hm^2，占37.5%；其他依次为红河流域52.3万hm^2，占4.0%；怒江流域17.7万hm^2，占1.4%；澜沧江流域7.6万hm^2，占0.6%。石漠化主要发生在坡度较大的坡地上，16°以上坡地的石漠化面积达1100万hm^2，占石漠化土地总面积的84.9%。按石漠化程度分，轻度石漠化356.4万hm^2，占石漠化总面积的27.5%；中度石漠化591.8万hm^2，占45.7%；重度石漠化293.5万hm^2，占22.6%；极重度石漠化54.5万hm^2，占4.2%（国家林业局，2006）。

据国土资源调查资料，1987～1999年，西南喀斯特地区石漠化面积由6.59万km^2增加到8.80万km^2，净增2.2万km^2，平均每年增加1840km^2（童立强和丁富海，2003）。每年损失的土地面积相当于一个中等规模的县域，无论是扩展速度还是危害都不逊于中国北方的沙漠化。

进入21世纪，国家开始进行大规模生态建设，西南喀斯特地区开展了石漠化治理，重视森林植被的保护和恢复，林地面积开始回升。但林地面积的恢复并不代表森林生态功能的同步恢复，因为在目前的森林结构中，人工林比例超过70%，树龄小，植被盖度低，树种结构单一，抗干扰能力差，生态功能有限，遏制石漠化的道路还很漫长（万军，2003）。

喀斯特地区土地退化的成因可概括归纳为自然因素和人为因素。

（2）喀斯特地区土地退化的自然成因

1）碳酸盐岩地质背景。西南地区广泛出露多个地质时代的碳酸盐岩。以西南喀斯特地区的核心地带贵州省为例，其碳酸盐岩分布面积占全省土地面积的73%。这种地质背景对石漠化具有明显的控制作用（张殿发，2001a）。西南喀斯特地区溶蚀和侵蚀并存，河流上游土地退化以溶蚀作用为主，而河流下游以土壤侵蚀作用为主。碳酸盐岩抗侵蚀能力较强，母岩酸不溶物质含量较少（低于20%），所以溶蚀物质绝大部分随水流失，仅有5%的物质残留下来形成土壤（袁道先，1988）。碳酸盐岩风化成土速度慢，而水土流失又严重，极易形成石漠化。碳酸盐岩地区地表漏水严重，到达地面的降水多迅速渗入地下，能利用的很少，加剧了旱灾的频率和强度（林钧枢，1994）。植被多为岩生和旱生植被，顺向演替速度慢，森林物种多样性低，且系统结构简单，抗干扰性差，是典型的生态环境脆弱地区。

2）破碎多山的地貌。西南喀斯特地区地貌的显著特征是山地多。例如，贵州省山地和丘陵占全省总面积的92.5%，多为高山峡谷，地形陡峭。新生代以来，自西向东大面积、大幅度的掀斜上升使贵州高原处于我国第二梯级向第一梯级过渡的部位，使其表现为高原–峡谷型地貌结构，河流切割深，地面起伏大，地表破碎，地貌类型极其复杂。同时，受溶蚀作用的影响，喀斯特地区具有独特的地表、地下的二元地貌结构。大量分布的漏斗、洼地、谷地、溶洞、地下河使喀斯特地区往往缺乏完整系统的地表水网。发育于地下几十米或几百米的地下水网使地表具有独特的干旱现象。这种山多、坡陡、地表破碎和二元地貌结构特征使喀斯特地区具有很强的水土流失潜在趋势，是生态系统退化的重要因素。

3）高温多雨的气候条件。西南喀斯特地区多属于亚热带湿润季风地区，充沛的水热条件是喀斯特作用强烈的重要外部营力。例如，贵州高原，多数地区年降雨量在1000～1300mm，径流系数平均达0.54，雨季高强度的暴雨较多。在15°以上的裸露坡地和植被稀疏的坡耕地上，无论溅蚀、面蚀还是细沟侵蚀都很严重。

4）稀缺而结构不稳定的土壤资源。碳酸盐岩可溶蚀性强，但成土过程缓慢。一般来说，溶解$30m^3$的石灰岩才能发育$1m^3$的土壤，形成1cm厚的土壤需要4000～5000年，而砂页岩风化形成$1cm^3$厚土壤仅需用100～200年（袁道先，1988）。并且喀斯特地区土壤多为土质黏重的富含铁质的黏土，土层呈现上松下紧的物理性状。土壤剖面缺少母质层，土体B层直接覆盖于基岩上，形成软硬分明的土体界面，因此土壤易被侵蚀和产生土体整体滑移，导致土下溶蚀形态如石牙等出露（李阳兵，2002）。这种土壤结构在高温多雨的西南地区极易被侵蚀。在水利部1997年发布的《土壤侵蚀分类分级标准》中，全国土壤侵蚀类型区划有三大类型区，10个分区，其中西南喀斯特地区属于水力侵蚀为主的类型，其中的云贵高原属于二级类型区（辛树帜，1982）。加上成土过程缓慢，土地一旦退化，土壤的理化性质急剧下降（赵中秋，2008）。可以说，在人类历史尺度上，西南喀斯特地区的土壤资源具有不可再生性（蔡运龙，1999a）。

5）结构简单、系统脆弱的生物群落。喀斯特山区是一种典型的钙生性环境，缺少植物生长所需的N、P、K等元素。加之土层浅薄、岩体裂隙、漏斗发育，地表干旱严重。这种缺肥、缺水的严酷环境对植物的生长有极大的限制。许多喜酸、喜湿、需肥的高大乔木在这里难以生长，即便生长也多为长势不良的“小老头树”。主要生长耐瘠嗜钙的岩生性植物群落，其结构相对简单，生态系统稳定性差（苏维词等，2006）。同时，土壤的种子库匮乏，植被一旦遭到破坏很难自行恢复，只能演替成草坡或早期灌丛植被（刘济明，1997）。

（3）喀斯特地区土地退化的人为因素

1）严重超载的人口。西南喀斯特山区土地承载力较低，据相关研究，土地人口承载力在峰丛洼地地区为50人/km^2，在喀斯特高山盆地区为1～10人/km^2（杨汉奎，1994）。但人口相对多（超过1亿），少数民族集中（约4000万），农业人口比例大（平均在70%以上），人口增长快，对土地压力大（苏维词等，2006）。人口密度在桂林一带的喀斯特峰林平原地区为200～300人/km^2，滇东溶原及黔中丘原为150～200人/km^2，一些峰丛槽谷、小溶原其容量为100～150人/km^2，黔南桂北峰丛山地也达100人/km^2（杨汉奎，1994）。贵州省的人口密度由1949年的80人/km^2增加到1999年的209人/km^2（贵州五十年编委会，1999），超过全国平均水平68%，也远远超过当前生产力水平下的合理人口容量150人/km^2的限度（苏维词等，2006）。人口压力已严重超过喀斯特脆弱生态系统的承载能力。贵州省人均耕地面积由1949年的0.127hm^2锐减到1999年的0.051hm^2，且80%属于坡陡贫瘠的低产耕地。2000年人口已增长到3525万人，如果按人均粮食300kg计算，人口超载率达41%（张殿发等，2001b）。同时，由于社会整体经济情况比较落后，社会网络不发达，人群能力较低，人口素质提高速度落后于全国平均速度（蔡运龙，2002），喀斯特地区大量劳动力较难外出谋求生存和发展，而滞留在农村狭小的空间。加之落后的生产模式和生活方式，对喀斯特脆弱的生态环境施加了巨大的压力，使其陷入人口增长—过渡开垦—土地退化—石漠化扩展—经济贫困—人口增长的恶性循环之中。

2）不合理的土地利用方式。土地是农村人口最重要甚至唯一的生存基础。在土地承载力低下的情况下，众多人口为了生存，被迫毁林开荒，过度利用有限的自然资源，无力顾及生态环境保护和可持续发展，从而使喀斯特地区的土地利用方式呈现出严重的不合理性，大量理应属于林地或草地的土地被用作耕地。例如，贵州省81.02%的耕地分布在大于6°的坡地上，其中坡度大于25°的耕地占总耕地面积近19.8%。新开垦的坡地大多在3～5年内即丧失耕种价值，甚至变成裸岩荒坡（张殿发等，2002a）。这种人为因素对石漠化过程的促进作用在一些地区甚至强于地质、地貌等自然因素（李阳兵等，2007）。

3）相对落后的经济发展水平和产业结构。西南喀斯特地区在全国尺度上的产业分工和项目布局中始终处于弱势地位，其主导产业以能源原材料工业为主体，产业链短，附加值低，能源消耗大，环境破坏严重。在东部产业升级的过程中，一些落后的技术、工艺和污染行业逐步向西南转移，出现“污染西移”的现象。加之国家的补偿措施不力，区域发展模式不均衡，导致喀斯特地区环境破坏加剧。西南喀斯特山区产业结构一直以农业、牧业和林业为主，应该说是我国又一重要的农牧交错带（蔡运龙，1999a）。但农业生产方式却相对落后，山区居民普遍采用顺坡耕作、放火烧荒、移地耕作等生产方式，在地貌复杂、生态脆弱的喀斯特地区极易导致植被破坏和水土流失。同时，部分不合理的工业活动也促进了喀斯特地区的生态退化。例如，贵州省矿产资源丰富，但多零星分散，加之地表崎岖、交通不便，小规模的土法采矿、炼矿在喀斯特山区普遍分布，直接破坏地表覆被、浪费矿产资源、污染大气和水环境（万军，2003；张竹如等，2006）。

3.2 西南喀斯特地区土地变化研究进展

喀斯特地区的生态脆弱性已使之成为土地变化研究的热点地区，在全球变化背景下，运用土地变化研究的理论、方法研究喀斯特地区土地利用/覆被变化的格局与过程、生态环境效应以及土地资源的可持续利用等问题显得尤为迫切。

3.2.1 格局和过程

传统的土地利用研究主要侧重于格局探讨，而近年来更倾向于过程研究。在格局研究方面，主要是以航片或卫星遥感影像为数据源，借助于GIS和RS技术研究喀斯特地区当前或历史时期的土地利用结构及其变化。中国西南喀斯特地区土地变化格局研究主要集中在贵州、广西、云南、重庆等省（自治区、直辖市），研究的单元包括流域（杨成华和安和平，1996）、各种地貌单元（周忠发等，2001；李文辉和余德清，2002；张雅梅等，2003a）、行政区域（马祖陆等，1995；肖进原，1996a；蒋树芳等，2004）等，主要关注林地、耕地以及石漠化土地。

在过程研究方面，廖赤眉（2004）利用1977年的航片以及1988年和1999年的TM影像，在GIS和RS技术支持下，运用图谱理论，研究了广西都安县在这三个时期的土地利用/覆被格局及其时空变化，发现该地区近20多年来，多种土地利用类型不同程度地退化为裸岩地，生态环境整体恶化，喀斯特石漠化日趋严重。同样是以县域作为研究对象，万军等（2004）研究了贵州关岭县1987～1999年的土地利用/覆被变化，发现研究区的土地利用动态变化较大，草地和旱地之间相互转换的比例较高。为了深入揭示尺度在喀斯特土地利用变化中的作用，熊康宁等（2005）以贵州典型喀斯特地区贞丰县为例，分别研究了全县、北盘江镇和花江示范区（村级单元）三级行政单元尺度上，1997～2003年的土地利用变化过程和尺度差异。出于对流域土地利用/覆被变化及其生态环境效应的关注，路云阁等（2005）对黔中高原的喀斯特小流域1973～2000年的土地利用/覆被变化进行了研究。

此外，侯英雨和何延波（2001）运用GIS和RS技术，以贵阳为例，专门研究了喀斯特山区城市土地利用变化的过程，发现1991～1995年，贵阳市的建设用地明显增加，而耕地和林地则呈递减趋势。在贵州典型喀斯特环境退化和恢复速率研究中，杨胜天和朱启疆（2000）以贵州紫云县为例，研究了该地1973年、1990年、1995年3个年份的土地覆被，发现该地林地灌丛不断减少，耕地面积先增后减，灌丛草坡不断增加。

传统的喀斯特研究主要集中于水文地貌、植被退化、土壤侵蚀、水资源、旱涝灾害等方面。随着喀斯特地区生态环境不断恶化，石漠化的现状、危害和形成机理以及生态恢复与重建，区域经济的可持续发展等新领域得到了较多的关注。尽管喀斯特问题研究得到了极大的深化，但土地利用/覆被变化格局和过程的系统研究仍比较匮乏。土地变化过程存在较大的地域差异性，区域案例的对比研究尚有待深入。

3.2.2 驱动力

张惠远等（1999a）根据当地的统计年鉴，研究了位于贵州典型喀斯特地区的织金、普定、罗甸和独山等4县20世纪80年代中期到90年代中期10余年间的土地利用变化过程，发现除独山变化较小外，其余三县的耕地数量趋于减少。在驱动因素方面，认为主要是由于人口、粮食产量和收入状况等三大因素造成的。通过回归分析建立了研究区5个主要地类和八大主要影响因素之间的回归模型，认为人类因素对当地土地利用变化的贡献率在70%～90%。熊康宁等（2002）在关于贵州喀斯特石漠化的遥感研究中发现，石漠化土地的空间扩张除了地质地貌、气象气候等自然因素的影响外，人文因素的影响居于主导地位。其中，人口增加、收入、环境意识等是推动喀斯特石漠化扩张的主要因素。廖赤眉①在研究广西都安县土地石漠化的过程中，发现石漠化土地的扩张除了受自然因素如岩性、地貌、降水、土壤、植被等影响外，更多的是由社会经济因素引起的。借助于GIS等手段，通过空间相关分析，发现交通条件、人口密度、经济密度以及土地利用强度等因素对石漠化的形成有较大的影响。在贵州喀斯特小流域的案例研究中，路云阁等（2005）发现驱动当地土地变化的主要因素是人口增长和经济发展。居民点和建设用地不断扩张而挤占大量农田，农民为了生存，不得不毁草、砍林开荒，致使当地的林灌草大幅减少，生态环境恶化。

3.2.3 资源、生态、环境效应

土地利用/覆被变化的生态环境效应一直是土地变化研究的重要内容之一。喀斯特地区生态环境先天脆弱，研究者对这一区域不当的土地利用方式给资源、生态、环境造成的负面效应给予了较多的关注。其中，对区域水质，尤其是地下水水质的影响研究较多。

章程和袁道先（2004）研究了贵州普定后寨河喀斯特流域20余年的水化学资料，发现当地土地利用集约化程度提高（主要是化肥施用量增多）、土地利用结构改变以及农业灌溉系统的建立对后寨河流域地下水水质有明显影响。贾亚男等（2004）根据20世纪80年代的水质监测资料和自行野外测定获得的数据，研究了重庆市涪陵喀斯特地区土地利用集约化程度提高、土地利用结构改变和污水处理方式等对区域地下水水质的影响，发现研究区20年的地下水水质变化与土地利用有很大的相关性，集约化的农业耕作、炸石填土增加土地面积、利用落水洞排放污水和独特的微型稻田水位控制设施对喀斯特地下水水质有显著影响。蒋勇先等（2004）利用1982年和2003年的土地利用图和水质监测资料，研究了云南泸西县小江流域20余年来土地利用变化对地下水水质的影响，发现20年来，地下水水质的变化与土地利用变化表现出动态一致性，林地和未利用地转变为耕地后，地下水的总硬度、总碱度、pH、SO_4^{2-}、NO_3^-、Ca^{2+}等离子值明显升高，并形成明显的高值区；流域地下水水质的变化与流域森林质量下降以及耕地扩张带来的化肥污染息息相关。

① 廖赤眉．2004．广西喀斯特地区土地石漠化与生态重建模式研究．北京：中国科学院地理科学与资源研究所。

土地利用变化对土壤质量的影响也是喀斯特地区土地变化效应研究的重要内容之一。但由于缺乏连续的定点观测资料，直接研究同一地区土地利用/覆被变化后产生的生态环境效应比较困难。在研究中一般多采取“空间换时间”的方法，即研究不同土地利用方式或土地覆被类型下，土壤、水文、水质等资源环境指标的差异，以此来推断当土地利用方式改变后，可能引起的土壤质量变化。刘玉等（2004）研究了重庆市北碚地区不同土地利用方式对土壤机械组成、土壤容重、土壤孔隙度、土壤团聚体等物理性状的影响。发现当自然林地向草坡地、人工林地、耕地、菜地转换时，土壤中粉砂和砂的含量呈增加的趋势，而黏粒呈减少的趋势，其余的颗粒则或增或减变化不大，土壤存在明显的砂化趋势。总体上呈现土壤容重逐次增加，总孔隙度逐次减少的趋势。菜地和耕地撂荒后，容重甚至低于人工林地，免耕的水土保持效应可能还要低于退耕还林。当耕地和菜地撂荒后，土壤变黏、孔隙度增大，尤其是非毛管孔隙度增大十分明显，能在较大程度上减缓石漠化。李阳兵等（2001）在重庆北碚喀斯特地区的研究表明，土地利用方式对土壤的团粒结构有明显影响。大于0.25mm水稳定性团聚体的存在为草坡>林地>弃耕地>果园>耕地。林地、草坡的土壤表层和亚表层水稳定性团聚体以大于2mm为主；而果园、弃耕地、耕地土壤大于2mm的水稳定性团聚体较小。林地、草坡开垦后，土壤有机质分解加快或补充减少是土壤团聚体水稳定性下降及数量减少的主要原因，坡耕地退耕后，土壤团聚体可得到恢复。龙健等（2002a）研究了贵州紫云县林地、灌木林、灌丛、坡耕地、退耕3年的草地等不同土地利用方式对土壤质量演变的影响。发现林地转化为耕地，会导致土壤容重降低，土壤养分流失；与林地比较，灌木林和灌丛下的土壤没有明显退化，而草地和退耕3年的蒿草地土壤退化十分严重。

此外，土地利用/覆被变化对土壤侵蚀的研究也开始逐步展开。万军等（2004）以贵州省关岭县为例，利用1987年和1999年两个时段TM影像和相关资料，探讨了研究区12年间的土地利用/覆被变化及其土壤侵蚀风险。

3.3 贵州喀斯特高原山地区域背景

从图3-1可见，贵州省处于中国西南喀斯特地区的中心，生态脆弱性和土地变化都非常显著。本书以贵州喀斯特高原山地为对象，研究这里近几十年来不同尺度上的土地变化及其驱动力和效应，这些都是在一定自然地理和社会经济背景下发生的。

3.3.1 自然地理背景

贵州喀斯特高原地处云贵高原东部（图3-2），属于全国地势的第二级阶梯，位于珠江流域和长江流域的分水岭地带，是滇东高原向湘西丘陵过渡的中间地带。东毗湖南、南邻广西、西连云南、北接四川和重庆，地理坐标介于24°37′N～29°13′N、103°36′E～109°35′E，东西长约595km，南北相距约509km。全省面积17.61万km^2，占全国总面积的1.8%，辖6个地级市和3个自治州，共88个县级行政区划单位。

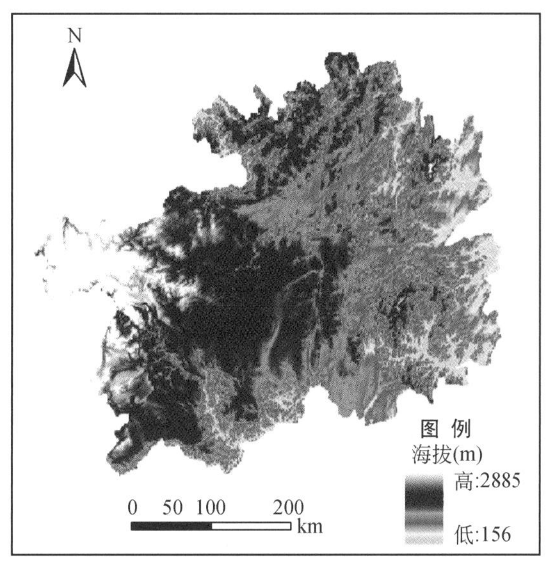

图 3-2　贵州喀斯特高原区位图

以地表和地下碳酸盐类岩为地质背景，在大气二氧化碳参与下，水与岩石之间发生的地球化学过程导致喀斯特地貌出露面积占到全省面积的 73%，属我国乃至世界亚热带锥状喀斯特分布面积最大、发育最强烈的一个高原山区（熊康宁等，2002；蓝安军等，2001）。喀斯特分布区的生境具有干旱、富钙、缺土和多石等特性，致使植物生长缓慢，植被覆盖状况一般较差。当脆弱的自然本底叠加不合理的人为活动时，就会发生植被退化—土壤侵蚀—贫困—生境进一步恶化的恶性循环，最终导致石漠化土地不断扩大，并成为当地严峻的生态环境和社会经济问题，阻碍区域可持续发展（中国科学院学部，2003）。

（1）地质基础

贵州地层发育齐全，海相层序连续，古生物化石丰富，自中元古宇至第四系均有出露，发育有形成于大洋地壳区、过渡地壳区和大陆地壳区的沉积岩、火成岩及变质岩等多种构造岩石组合，累计厚度近 40 000m。从喀斯特作用的角度出发，根据其在酸中的可溶性程度可分为可溶岩和非可溶岩，在可溶岩中又可根据化学成分和矿物成分分为碳酸盐类岩石、硫酸岩类岩石和卤岩类岩石。其中从震旦系到三叠系在该区沉积的巨厚碳酸盐岩地层厚度达 8500m，出露面积为 13 万 km^2，占全省总面积的 73%，是贵州沉积岩中发育最好的岩类。它们均以海相碳酸盐岩为主，多表现出种类齐全、富含生物成因、岩性岩相复杂、喀斯特岩组类型多样等特点，从而成为喀斯特发育的重要岩类（熊康宁和蓝安军，2003）。

我国西南部碳酸盐岩地层与非可溶岩层的组合情况有两种基本类型，即连续型和互层型。连续型分布在广西、湘南一带，厚达 3000m 的碳酸盐岩由中泥盆统到中三叠统呈连续分布。贵州省属于互层型，碳酸盐岩层总厚度可达 3000 ~ 10 000m，主要分布在寒武系—奥陶系及泥盆系—三叠系两个区间，但在这两个区间都常夹有非可溶岩层，如砂岩、页岩和玄武岩等。碳酸盐岩与非碳酸盐岩层组结构不均一性，导致碳酸盐岩产生的喀斯特现象具有明显的团块状和条带状特征，大面积喀斯特区域内镶嵌着非碳酸盐岩景观。碳酸盐岩与非可溶岩相对隔水层交替出现，喀斯特层组类型为间互状纯碳酸盐岩。以箱状褶皱束为特征，喀斯特地下水也呈多层状的，向斜及背斜型水文地质结构（李阳兵等，2004b）。

贵州喀斯特区基本上涵盖了碳酸盐岩成分分类中所有的岩类，其中分布最广的两类岩石是石灰岩和白云岩。除此之外还有一些混合岩类，如含泥质硅质灰岩、硅质泥质灰岩、硅质泥质白云岩、含泥质白云岩、含铁质泥质白云岩、泥灰岩等。岩性差异决定了石灰岩分布区与白云岩分布区在岩石裂隙发育程度、风化作用方式、岩溶形态、土层厚度及风化壳持水性等方面都有差异。贵州省石漠化与岩性分布的空间叠加分析表明（李瑞玲等，2003），连续性灰岩和连续型白云岩中度石漠化和强度石漠化比例都大于其他所有岩类，强度石漠化尤为明显，其中，尤以连续性灰岩更突出，强度石漠化所占比例居所有岩类之首。这是因为这些区域深（浅）切割的（低、中、高）丘陵均比较发育，轻微的人类活动均可能造成很大的干扰，为低覆盖度草地和灌木林地的主要分布区。但连续性灰岩、灰碎互层或夹层等区的山间盆地、高原台地或河谷地带，水热条件丰富，适宜于人类活动的拓展，耕地分布相对集中（邵景安等，2007）。

（2）地貌

贵州地处长江和珠江两大水系的分水岭地区，分别向北部四川盆地、东部湖南低山丘陵和南部广西盆地逐渐过渡，东西三级阶梯，南北两大斜坡，平均海拔 1100m，最大高差达 2763m。以挤压为主的中生代燕山构造运动使贵州省普遍发生褶皱作用，形成高低起伏的碳酸盐岩基岩面；以升降为主、叠加在此之上的新生代喜山构造运动塑造了现代陡峻而破碎的喀斯特高原地貌景观，由此产生较大的地表切割度和地面坡度（王金乐等，2006）。其主要特征表现为除威宁、赫章一带还保存部分原始高原面外，大部分地区崎岖破碎，在连绵起伏的山岭中或山岭之间，散布着高差 100～200m 的丘陵，镶嵌着大小不等而形态各异的峡谷、河谷盆地与喀斯特盆地，各种地貌类型交错分布，形成一个地势较高、内部分异较大、深受河流切割的亚热带喀斯特高原山区。其中，各种高原山地占全省总面积的 87%，丘陵占 10%，盆地（坝子）仅占 3%（蔡秋和陈梅琳，2001）。西部地面强烈抬升，地势最高，海拔多在 1000～2400m；中部地势较高，多为山原、盆地和丘陵，海拔在 1100～1400m，是贵州高原的主体部分；东部地势较低，多为 800m 以下的低山、谷地和丘陵。

灰岩、白云岩在岩溶过程中的差异性十分明显。在野外，白云岩的风化深度和程度都大大超过灰岩，因其表层和浅部易于风化而成粉粒，加之微细裂隙发育透水性较均一，故多形成圆锥状或舒缓的山丘。在灰岩分布区，其正负地形成塔状、锥状，在宏观空间尺度上形成强烈起伏的喀斯特地貌，在局域空间范围内，基岩面强烈起伏（翁金桃等，1986）。

地表切割密度，在西部乌江上游和红水河上游为 11～14km/100km^2，在东部、东北部沅江上游为 20～30km/100km^2，全省平均 17km/100km^2。垂直切割深度，在中部、东北部为 300～500m/100km^2，在西部、南部和北部一般为 500～700m/100km^2，个别可达到 1000m/100km^2。根据全省地面坡度分级统计，全省平均地表坡度角为 21.5°，小于等于 5°的土地面积仅占全省总面积的 5.86%；小于等于 8°的平缓坡地仅占全省土地面积的 8.6%；而 15°以上坡地达 69.4%；17～25°的坡地占全省总面积的 28.96%；大于等于 25°

的坡地达35%；甚至大于45°的极陡坡地也有1260.38km^2，占土地总面积的1%。尤其在峡谷区，新构造强烈抬升，河流深切，喀斯特垂向发育，地形起伏大，坡地广，坡度大，峰林、峰丛石山山坡常达42°~47°。大面积陡坡地的存在，给土壤侵蚀提供了有利条件。在贵州高原降水量较大、暴雨多的情况下产生的外动力作用，是水土流失的潜在动因。贵州喀斯特在特定的自然地理条件下，喀斯特地貌发育类型齐全，由分水岭到深切峡谷，呈现出峰林盆地→峰林谷地→峰丛洼地→峰丛峡谷的区带分布，新老地貌形态交错镶嵌（李阳兵等，2004b）。它们之间在形成过程中相互伴生，且有一定的成因联系，在空间分布上相互并存，且有一定的组合规律。这种成因联系和组合规律反映了不同成因、受不同构造控制和不同发育阶段上的地貌发育特征，奠定了环境地貌类型的划分基础（贵州省农业地貌区划编写组，1989）。

1）峰丛洼地喀斯特环境系列。锥峰与洼地、谷地或峡谷的组合，平面上正地形所占的面积大于负地形面积。锥峰（丘峰）基座相连，相对高度100~250m，峰顶参差不齐，向区域地形坡向倾斜。除茂兰自然保护区和云台山外，峰坡多呈石漠化严重的裸岩地或石旮旯地。地下以管道流为主，有时形成地下河。在峰丛洼地类型中，洼地深陷封闭，具有多边形特征，为圆筒状、漏斗状或盆状，大小不一。洼地底部高差悬殊，且向区域地形坡向逐级降低；洼底石漠化严重、岩石裸露；地下常发育有斗淋或落水洞。在峰丛谷地类型中，谷地窄而通畅，系洼地沿构造走向发育演化而来的喀斯特干谷，有些则为早期河网所在的古河道，谷底相对平坦，一般无现代地表河，大多岩石裸露，少数覆盖有残积物和坡积物，斗淋、落水洞发育。在峰丛峡谷类型中，峡谷是因高原轗近强烈抬升、主河迅速下切数百米形成的，谷窄水急，比降大，冲积物不发育，谷坡陡直，深切呈"V"形、箱形甚至裂谷形，周围的洼地因回春发育成岩石裸露的深洼，与峡谷相辉映。该系列生态环境特征为裸露型喀斯特，常绿阔叶落叶的喀斯特植被、石灰土为主，渗漏强、地下水深埋、地表缺水干旱、土层薄、分布不连续、多旱涝洼地。农业利用以旱地坡耕地为主，水利化程度低，水、土、肥不协调，空间变化大，农业结构单一，综合生产量低而不稳。峰丛峡谷或峰丛洼地区，土壤堆积较少且侵蚀严重，而且地下水因埋藏较深难以开采，致使水土资源匹配较差，这一格局控制着该区土地利用实践的展开及发展，人们也很少在这一区域施加满足自己生活需要的土地利用活动（邵景安和倪九派，2009）。但不同的基底环境，会自然演化为相异的景观格局（曹建华等，2001）。环境较好的森林区大多发展成为独具特色的二元结构，具有上层枯枝落叶和下层石质界面的耦合作用。环境较差的石质山区，水土资源极不均衡，旱涝高度叠加现象频发，但地表石生、旱生、喜钙的生态习性，又便于低等植物的殖居繁衍，如地衣、藻类和苔藓等，进而改变基底环境的持水性和孔隙度，有助于化学循环的增强和养分物质的富集，为未来高等植物的生存提供了环境积累，为该区生态环境的恢复与重建措施的构建也提供了可能。

2）峰林洼地喀斯特环境系列。锥峰与洼地或槽谷的组合，正地形所占的面积与负地形所占的大约相等，实际上这是一种峰丛洼地喀斯特与峰林溶原喀斯特过渡的系列。锥峰（丘峰）呈孤立状散布在洼地或谷地周围，相对高度100~200m不等，峰顶起伏小，没有明显倾向。峰坡多呈石漠化严重的稀疏灌丛、荒山草坡或石旮旯地，在村寨附近发育有较好的风水林地。在峰林洼地类型中，洼地呈大而浅的多边形特征，平坦开阔，覆盖有较薄的残积层，常有斗淋和落水洞发育。在峰林槽谷类型中，谷地纵向延伸，或系洼地沿构造走向合并而成的基面坡立谷，或是因河流横向展宽所致的现代河谷，或二者兼有。谷底接近基面，宽缓开畅，边缘井泉广布，河流冲积物发育，农田广布。该系列生态环境特征为半裸露型喀斯特，亚热带常绿阔叶林与石灰岩植被共存，黄壤、黄红壤与石灰土相间分布，谷地河流稀少，地下水埋藏中等，分布不均。农业利用以旱地为主，水旱兼作。坝田坝土比率增加。

3）峰林溶原喀斯特环境系列。锥峰与溶原、盆地或台地的组合，正地形的面积远远小于负地形的面积。锥峰（丘峰）呈孤立状点缀在平坦的碳酸盐岩面上，相对高度50～150m不等，峰顶等齐，没有明显的倾向。峰坡多呈石漠化较严重的稀疏林地、灌丛坡地或坡耕地，在村寨附近发育有较好的风水林地。石峰基部现代地下河式洞穴甚为发育。地下水系开始向地表转化。在峰林溶原类型中，溶原为切平构造的喀斯特准平原，平坦开阔，接近基面，河流明暗相间，潭湖众多，覆盖有较薄的残积层，农田坝地广泛分布。在峰林盆地类型中，盆地多系喀斯特准平原沿新构造断陷所致的构造坡立谷，有的则为向斜构造基础上发育起来的盆地，多具有封闭宽大、向心水系发育、沿构造走向延伸的特征，河湖相沉积物较厚，水田众多。在峰林台地类型中，台地系喀斯特准平原因新构造断块抬升或周围河流深切所致，台面平坦开阔，覆盖有较薄的残积层，许多新近的落水洞和斗淋沿断裂发育。该系列的生态环境特征为浅覆盖型喀斯特，以常绿阔叶林、黄壤为主，地表、地下水系都较发育，地下水埋藏浅，相对均一，存在相对地下水富水带，土层较厚、分布连片，保水保肥力强，水利化条件好。农业利用以水田为主，水旱兼作，水利化程度较高，复种指数较高，农业多种经营，综合产量较高（李阳兵等，2004b）。

（3）土壤

贵州喀斯特区成土过程慢、土层薄、土壤资源贫乏。该区岩石坚硬，抗风化能力较强，但均为可溶性岩石，易在含CO_2的水的作用下溶蚀，能风化淋滤留下来的土壤酸不溶物含量很低。一般来说，溶解$30m^3$石灰岩才能发育$1m^3$土壤，形成$1cm^3$的土壤需要4000～5000年。因此喀斯特环境的土壤主要是熟化程度不高的岩性土类——石灰土或黏性大的红、黄壤，土带分布不连续，且土体厚度一般小于30cm，峰丛顶部平均土厚10cm左右，中部30～40cm，仅在少数山麓地段及石隙、石缝中有超过80cm的较厚土体分布。这与非喀斯特山地的厚层黄壤、黄棕壤相比，其土体厚度大约为非喀斯特土体厚度的1/3～1/2，且缺乏半风化母质层（蔡秋和陈梅琳，2001）。石灰岩和白云岩的溶蚀残余物在地表具有不同的堆积和丢失方式。灰岩区土粒易聚集在掩体的裂隙和地下空隙系统中，白云岩中溶蚀残余物质能相对均匀地分布于地表，白云岩地区的土层厚度往往大于石灰岩区。

山地喀斯特地表形态特征是具有较大坡度的坡面，其地表物质具有较大的不稳定性，再加上该区土壤生态物理性状差，土石间存在明显的软硬界面，土石黏着力差，在自然和人为因素的影响下，容易产生水土流失和大量的块体滑移，进而导致喀斯特环境中，坡体上部的土源区内土层浅薄，土被不连续，并有大面积的基岩裸露的特点，在坡脚的土汇区内，土壤堆积，土壤较肥沃。所以在喀斯特山地垦殖的田土，容易发生水土流失，使基岩大量出露，土地逐渐石漠化，形成石山、半石山，恶化农业生态环境（蔡秋和陈梅琳，2001）。当然也应认识到，区域环境演化在很大程度上是一个长期地质过程，如果没有喀斯特石山上部的土粒侵蚀，也更难存在石山洼部的土层堆积，而正是峡谷低洼部位的残土堆积，才维系了喀斯特山区脆弱的生态系统繁衍（白占国和万国江，1998）。

总体上，贵州土壤大致有如下 3 个特点：①土壤类型繁多。自然土壤包括赤性红壤、红壤、黄壤、黄棕壤、山壤丛草甸土、石灰土和紫色土等。耕作土壤可分为两个方面，旱作土壤有红泥土、黄泥土、灰泡土、大土泥、紫泥土；水稻土壤有红泥田、黄泥田、胶泥田、大眼泥田、冷烂田、紫泥田等。②土壤呈地带性分布规律。水平地带性表现为从南向北呈赤红性土壤向红壤、黄壤的演替。从东到西则依次为黄红壤、黄壤和高原黄棕壤。垂直地带性表现为，由低到高依次为赤红性红壤、红壤、黄红壤、山地黄壤、山地黄棕壤、山地灌丛草甸土。③土壤分布空间变化显著。即使在同一土壤地带内，由于成土母质、地貌、水文和人类生产活动等条件的差异，也会呈现不同土类的地域变化。例如，黔西南河谷暖亚热带赤红性红壤地带内，低丘陵区的砂页岩风化物在河流两侧的冲击位置，发育成赤红性红壤、红壤、红泥土、红泥田，而低山丘陵区的石灰岩风化物，发育成红色石灰土、棕色石灰土、大土泥、大眼泥田（刘茜茜，2000）。

（4）水文

由于贵州省喀斯特化程度较高，基岩裸露，形态为漏斗、洼地、谷地的地貌较多，地表、地下双层结构的存在使喀斯特峰丛地区往往缺乏系统的地表水网，而发育着规模较大的地下水网（刘茜茜，2000）。大量流水漏失区不仅带走了很多土壤，而且也诱使降雨、地表汇流的漏失流损。该区地下水文网埋得很深，达几十米或上百米，再加上岩溶含水介质的极不均匀性，导致这些地区开发利用地下水资源十分困难，从而使喀斯特生态环境中有效水分大大减少，经常处于干旱状态。这也是我们通常所认识的西南喀斯特山区降雨量丰富，但农业及其他作物生长缺水依然严重的原因（何师意等，2001），尤其石漠化严重的区域更是如此，有水的地方绿油油一片，而没水的地方则一片荒芜，人畜生活都很困难（邵景安和倪九派，2009）。即使在局部喀斯特洼地，由于地表水较浅，降水时因渗漏不及时而形成暂时性积水，但降水一旦停止，积水很快渗漏，环境随即变得干燥。

灰岩和白云岩中节理发育的差异进一步导致了它们在岩溶过程中的分异，尤其在地下管道发育方面更为明显。例如，寒武系白云岩，经多次构造运动作用，节理裂隙密集且分布均匀，地下水类型多为基岩裂隙水，水量稳定，含水均匀丰富，是良好的含水层，成孔率极高，溶洞等较大规模的空间较少；灰岩受力后，往往发育大型张性节理裂隙，分布不均匀，加之溶蚀度高，地下管道、暗河发育，水量丰富，但分布极不均匀，在喀斯特山区往往造成“地下水滚滚流，地表水贵如油”的严重干旱局面（聂跃平，1994）。在喀斯特地区，岩性是影响中小流域枯水径流模数的重要因素之一，灰岩比例越高，枯水径流模数越小；白云岩比例越高，枯水径流模数则越大。以灰岩为主的流域，其枯水流量变差系数相对较大，说明这种环境下抗御大旱年的能力较低，相反以灰岩为主的流域常发育有一定规模的地下水系，对最大洪水具有一定的消减（梁虹和王剑，1991）。

喀斯特环境的干旱特征大大地限制了农业的发展，在多数坡陡土薄地段不宜垦殖；在部分土层稍厚地段，也只能以耐旱的旱地作物为主进行栽培；在少数谷地、洼地才有可能辟出水田。由于环境缺水，也造成植树、种草困难，树草种下后存活率低，植株生长缓慢，给林牧业的发展带来不利影响（蔡秋和陈梅琳，2001；李阳兵等，2004b）。

贵州全省平均径流系数达0.54，为水土流失提供了动力条件。尤其是在夏季（5～10月），全省范围内的大雨、短历时高强度的暴雨和连续暴雨都较多。因此，在15°～60°的裸露坡地和植被稀疏的坡耕地上，不论溅蚀、面蚀或细沟侵蚀都很严重。贵州高原河川都是山区雨源型，大致以苗岭为分水岭，分属长江流域和珠江流域；天然落差大，以贵州高原最大的河流乌江为例，全干流省内天然落差为2036m，其他山区性小河也多有落差大、水流急的特点。贵州高原河川径流的径流深与径流量均较大，年内分配不均，洪枯流量配比达数百至数千，汛期水土流力强劲（王金乐等，2006）。

（5）气候

贵州大部分地区年日照时数在1200～1600h。总的分布趋势为自西北向东南递减。北部大娄山两侧和东部清水江下游多在1100h。西部边缘个别县超过1600～1800h。全年日照率约为25%～35%，全年80%的日照数集中在4～11月。大于等于10℃的日照时数以南盘江、北盘江、红水河、赤水河下游为多。其中罗甸一带，全年大于等于10℃的日照天数达300天以上，大于等于10℃的日照时数达1200～1300h。全省太阳总辐射量在3349～3767MJ/（m^2·a）。但其特点是散射辐射占总辐射比例大，散射率约60%。在冬季其太阳辐射几乎全由散射量组成。贵州的日照条件正好适应喜温植物的生长。喜温植物的生物量积累和关键的生长发育期均在一年中的4～11月，贵州省的光照资源在这一时期正好能充分满足植物的各种需要，加上该省太阳总辐射量中散射光占的比例大，这更有利于植物对太阳能的利用，并为幼稚期的安全过夏提供了有利条件，特别是对C_3植物的生长具有充分保障。

贵州属亚热带高原季风湿润气候，南面省界与北部湾直线距离约400km，东南距珠江口约600km，水汽资源丰富，加上地势较高，易形成冷暖空气交锋，因而降水较充沛（刘茜茜，2000）。除西北部边缘的威宁、赫章等地年降水量不足1000mm外，多数地区年降水量为1100～1300mm，而且年降水量相对变率小，是中国年降水量最稳定的地区之一。降水量总的分布情况呈从南到北、从东往西的递减趋势。从降水总量测算，贵州大多数地区每10 000m^2地面上能从空中得到12 000m^3的降水。这个数值完全能够满足各种植物对水分的要求。从降水的月份配量分析：夏季（6～8月）降水占年降水量的47%，春季（3～5月）占26%，秋季（9～11月）占21%，冬季（12～翌年2月）占5%。雨热同季极有利于各种植物的生长发育。贵州各地全年降水日在170～200d，一般为4.6～7.9mm/d，有利于植物根系的生长和有效吸收水分（王孜昌和王宏艳，2002）。

贵州热量资源丰富，省内大部分地区年均温在14～17℃。另有3个高温区，东部边缘年均温17～18℃，西北角赤水河谷地带18℃，南部边缘17～20℃。这3个高温区具有过渡性热带气候特点。另有一个低温区在省的西部高海拔地区，年均温10～13℃。正是由于这种热量资源的多样性造就了贵州植物资源的多样性，为热带、亚热带乃至一些温带植物的生长和繁衍创造了各自的适生环境。贵州大部分地区全年大于等于10℃积温在4500℃以上，高温区可达5500～6400℃，低温区也在3000℃左右。大于等于0℃积温全省几乎都在5000℃以上。可见喜温植物和喜凉植物都有良好的生长条件。其特点是积温有效率高，活动积温持续期长。贵州无霜期短，省内大部分地区均在250～300d，两个高温区在320～350d。并且由于贵州冬季阴日多，夜间地面辐射不明显，故实际霜日更少，省内大部分地区全年霜日只有6～10d。贵州最冷月均气温大多数地区在3～6℃以上，极值最低温度一般在-6℃以上。由于有云贵高原作为屏障，北方冷空气入侵时南移过程中产生下沉增温，在省的南部边缘1月气温可达10℃，加上冬季贵州受来自孟加拉湾的西南暖湿气候影响，有较好的水热条件。这样的气候条件对南亚热带植物的生长与其他植物的生长和越冬极为有利。

贵州省总体气候特征可概括如下。

1）季风性明显，即一年中盛行风向的季节变化明显，并随着风向变换产生显著的季节气候差异，热量、降水集中于夏季，雨热同季。贵州省位于青藏高原隆起的东翼斜坡，太平洋季风和印度洋季风交汇影响的边缘地带，加之低纬度的区位和高海拔的地势，冷暖空气常在此交汇，形成静止锋（王金乐等，2006）。大气环流不仅决定贵州省阴湿多雨的气候特点，同时还决定各地气候随季节变化的规律性。冬季，中纬度地区上空的西风气流不断东移，引导地面冷空气南下，在贵州中部形成静止锋，从而造成持续低温阴雨天气。春季，由于北方冷空气在南移过程中不断变性，常取东北路径侵入贵州，受到地形阻挡而在湘西和贵州东北部形成冷气垫，给西南暖流的爬升提供了有利条件，常造成中部以东地区阴雨连绵和持续低温天气。夏季，当副热带高压开始北上西伸影响贵州时，如遇北方冷空气南侵，或受低层高空切变影响，气候耦合作用加强，易发生大到暴雨天气。秋季，来自北方的冷空气逐渐加强，南下次数增多，易造成本省连绵阴雨天气。

2）垂直差异显著。贵州高原由于高原的北、东、南面比高原面低，河流侵蚀与切割严重，因此全区构成了一个完整的垂直气候带系统，从四周低处向中心高处，依次为南亚热带（东南的罗甸、望溪一带）、准南亚热带（北面的赤水）、中亚热带、山地北亚热带、山地暖温带、山地温带（李阳兵等，2004b）。

3）山地气候不稳定，灾害性天气频繁（刘茜茜，2000）。

（6）植被

受喀斯特地质条件的制约，地表水大量漏失，坡地地下水位较深，石灰土具有富钙、易板结、持水力低、土层浅薄等特点，不利于作物和树木根系的伸展，加之缺乏半风化母质层，土壤涵水能力较低，适生植物具有嗜钙、耐旱和石生特点。由于大多数森林植物在此条件下生长缓慢，造成喀斯特地区植被覆盖率较低，尤其是森林植被缺乏，植物群落单调。贵州森林的分布还有地区分布的不均匀性这一特征。在边缘地区，黔东南州森林覆盖率为23.7%，赤水县森林覆盖率达44.2%，居全省第一，且为非喀斯特区。喀斯特区域的森林覆盖率却极低，如毕节地区和六盘水分别为8.5%和3.4%，仅为黔东南州的36%和15%，部分县（市），如水城、毕节、大方、织金、普定、镇宁、紫云等县森林覆盖率均在5%以下，最低的仅为2.2%，总体上表现为喀斯特区森林覆盖率极低，而非喀斯特区域相对较高。其余的喀斯特山地则多为次生性旱生植被类型——藤本刺灌丛及灌草丛，其中以含有旱生灌草丛及稀疏灌丛的喀斯特荒山面积最大，所占比例多在15%左右。在喀斯特地区广泛分布的各类喀斯特灌丛、灌草丛对防治或抑制喀斯特山地石漠化仍有重要作用。

贵州受生物气候条件的制约，地带性植被是中亚热带常绿阔叶林，在遭受破坏后则发育形成各种次生性植被：亚热带暖针叶林、针阔叶混交林、落叶阔叶林、灌丛和灌草丛等植被类型。各种植被由于其种类组成、结构的复杂程度不同，因而其改善和保护生态环境的效应也不一样。按其生态效应的大小不同，具有以下的排列顺序，即常绿阔叶林（常绿季风林、沟谷季雨林）→落叶阔叶林→针阔叶混交林→针叶林→灌丛→灌草丛。尽管不同植被类型的生态效应有一定差别，森林植被均具有较强的改善和保护环境的生态效应。由于喀斯特灌草丛群落的垂直结构水平比喀斯特森林简单，植被改善和保护环境的生态效益大大降低，新生树木难以存活，森林植被退化。贵州喀斯特大部分地区的自然环境缺乏森林植被的有效保护，生态功能减弱，生态环境日趋恶化（蔡秋和陈梅琳，2001；李阳兵等，2004b）。

贵州植被大致可归纳出如下 4 个特点。

1）植物区系多样。在世界种子植物的 15 个植物区系成分中就有 13 个在贵州同时具有。其中以科统计属于热带、亚热带性质成分占 72. 5%，温带性质成分占 25. 5%（王孜昌和王宏艳，2002）。

2）植物分布错综且有明显的过渡性。贵州植被有中亚热带地带性植被、山地季雨林植被、寒温性亚高山针叶林植被、暖温性山地针叶林植被等类型。它们的分布错综复杂，而且在地区的分布上具有明显的过渡性（李阳兵等，2004b）。有学者根据这一特点将贵州分成 3 个植被分布单元：南亚热带具热带成分的常绿阔叶林地带、贵州高原湿润性常绿阔叶林地带、云贵高原半湿润常绿阔叶林地带（王孜昌和王宏艳，2002）。

3）喀斯特植被类型多、分布广（贵州省植被区划编写组，1990）。这一特点是由贵州喀斯特地形充分发育所决定的。

4）植被垂直分布规律显著。表现为不同高度的山地上发育着不同类型的植被，如黔北梵净山形成由低而高的常绿阔叶林→常绿落叶阔叶混交林→亚高山针叶林→亚高山灌丛草甸等分布（刘茜茜，2000）。

（7）自然地域分异

在晚近期喜马拉雅造山运动强烈构造抬升、碳酸盐岩广泛分布以及热带亚热带湿润气候环境下河流侵蚀作用的影响下，贵州形成了独特的喀斯特高原–峡谷地域结构特征（熊康宁等，2002）。

高原区以剥夷面为核心组成，分布在各大河及主要支流的上游分水岭高原面上。起伏较小，相对高度一般在 200m 以下，呈一种宽缓的分水岭型高原区。由于地面相对平坦，大面积的锥状峰林与宽广的盆地、谷地、洼地构成一套峰林溶原、峰林盆地、峰林谷地和峰林洼地等峰林地貌景观，具浅覆盖型喀斯特的特性，即溶原面上缓丘高地上覆盖有数米至数十米厚的淋滤残余红黏土风化壳。

峡谷区以深切的河谷为主体构成，分布在各大河及主要支流中下游的高原边缘峡谷中。新构造运动强烈抬升，河床普遍下切300~700m，说明侵蚀作用强烈，是贵州喀斯特叠置发育区。地势虽低，海拔小于800~1400m，但起伏较大且陡峻，相对高度常达1000m左右，是一种相对狭窄的河谷深切区。由于地表破碎，崎岖不平，大面积的锥状峰丛与深切的谷地、洼地构成一套峰丛谷地、峰丛洼地、峰丛峡谷等典型的裸露型峰丛地貌景观。石漠化严重，土层极薄而零星，仅在一些洼地中有厚度不大的第四纪松散沉积，发育成年幼的石灰土。

气候、地貌、土壤等基底差异形成的高原和峡谷间，农业生产条件差异也较大。在喀斯特景观区域，峡谷区的流水作用发育，斑块结构破碎，土壤侵蚀严重，水资源很难保蓄利用，导致水低田高，田土分散，水利化程度低，仅有低覆盖草地或疏林地分布，甚至岩生、旱生等低等生物生存。该区以坡耕地、旱地为主，农业发展缓慢，生产结构单一，经营方式落后，经济贫穷，生活贫困，贵州的贫困县大多位于此类地貌区。高原面地形开阔且起伏小，地下水埋藏浅，分布相对均一，水利条件好，水土流失弱，农业生态环境较好，为人类活动的主要分布区。耕地、有林地等成为土地的主要利用方式，耕地以坝田、坝土为主，比较集中连片，土地垦殖指数较高，是贵州农业相对发达地区。

3.3.2 社会经济背景

(1) 人口状况

贵州省总人口在1949年为1.42×10^7人，1990年第四次人口普查时已达3.24×10^7人，2000年第五次人口普查时增长到3.53×10^7人，人口密度也从1949年的80.43人/km^2增加到2000年的200.3人/km^2，高于全国平均人口密度（贵州五十年编委会，1999）。2010年第六次人口普查结果显示，全省人口总数为3.47×10^7人，较2000年减少5.01×10^5人（贵州省人民政府，2010）。

贵州是全国唯一没有平原支撑的喀斯特山地省，它的宜农耕地资源有限，宜林、宜牧地广阔，许多地带地面切割破碎，地势高差悬殊，耕地分散，田地块窄小，且旱地多、水田少，人均耕地面积从1949年的0.13hm^2锐减到1999年的0.05hm^2，低于全国平均水平，且80%属于陡坡贫瘠的低产耕地，后备耕地资源不足（蔡秋和陈梅琳，2001）。对于相对脆弱的喀斯特生态环境而言，贵州省人口严重超过生态系统承载能力。随着人口剧增，人类活动日益频繁，对土地开发利用的广度和深度都在不断扩展（王金乐等，2006），带来人地关系失衡、生态环境日趋恶化、农业生态系统退化、土地质量下降等负面效应。

据第五次人口普查资料，贵州每10万人中具有大学文化程度的为1902人，具有高中文化程度的为5626人，具有初中文化程度的为20 480人，具有小学文化程度的为43 595人；15岁及以上文盲人数为489.49万（贵州五十年编委会，1999）。第六次人口普查资料显示，同第五次人口普查结果相比，贵州省每10万人中具有大学文化程度人口上升为5292人，具有高中文化程度的上升为7286人，具有初中文化程度的上升为29 789人，具有小学文化程度的则下降为39 373人；文盲人口减少1.85×10^6人，文盲率下降5.12%（贵州省人民政府，2010）。尽管由于大力发展高等教育、普及九年制义务教育，贵州人口文化素质有较大提高，但多项指标低于全国平均水平。

贵州共有48个少数民族，主要有苗族、布依族、侗族、土家族、彝族、仡佬族等。全省第五次人口普查显示汉族人口 2.2×10^7 人，占总人口比例的62.85%；少数民族 1.3×10^7 人，占总人口比例的37.15%（贵州五十年编委会，1999）。第六次人口普查数据显示，汉族人口增加 2.9×10^5 人，增长1.3%；各少数民族人口减少 7.9×10^5 人，下降6.1%（贵州省人民政府，2010）。少数民族聚居区数十年来固守“向山要粮，砍树卖钱，放羊吃肉”的旧习惯，教育程度低，思想观念守旧，减少了异地移民和就业的机会，从而给环境造成更大压力，经济落后的面貌难以在短期内缓解（李梦先，2006）。

（2）经济水平

据贵州年鉴统计，2009年与2005年相比，全省生产总值从1979.06亿元增加到3893.51亿元，增加0.97倍，年均增长速度11.7%；人均生产总值从5052元增加到10 258元，增加1.03倍；财政总收入从366.16亿元增加到779.58亿元，增加1.13倍；一般预算收入从182.5亿元增加到416.46亿元，增加1.28倍；一般预算支出从520.73亿元增加到1358.76亿元，增加1.61倍；全社会固定资产投资从1018.25亿元增加到2438.18亿元，增加1.39倍；社会消费品零售总额从615.75亿元增加到1247.25亿元，增加1.03倍；城镇居民人均可支配收入和农民人均纯收入分别从8147.13元、1876.96元增加到12 862.53元、3005.41元，分别增加0.58倍和0.6倍（贵州省人民政府，2006，2010）。贵州省经济近年来取得不断发展，但经济总量小，人均水平低。从主要经济指标总量看，贵州一般排在全国的25～27位，但人均指标几乎都排在全国末尾。贵州土地面积占全国的1.84%，人口占全国的2.9%，而生产总值仅为全国的1.1%，人均生产总值仅相当于全国平均水平的38.9%，人均生产总值与全国平均水平相比，从2001年的相差5622元拉大到2008年的13 874元。

经济发展水平的相对落后伴随着较低下的产业结构，尤其是广大农村地区，依然以农为主。这意味着人群的生存手段基本上只能依赖土地，人口的严重超载与贫困迫使当地农民在斜坡、陡坡地带乱砍滥伐、毁林开荒，导致山区有林地退化成灌丛草地、荒草坡、坡耕地（王金乐等，2006）。全省约81%的耕地分布在大于6°的坡地上，其中坡度大于25°的耕地约为69万 hm^2，占总耕地的近20%，而坡度在35°以上的耕地有28万 hm^2，占总耕地面积的约6%。新开垦的坡地，大多在3～5年内丧失耕种价值，甚至变为裸岩荒坡（张殿发等，2002b）。进一步的，会导致大量的水土流失，土层变薄，土地退化，基岩裸露，使原本就十分脆弱的喀斯特生态环境遭到严重破坏，部分地域形成石质荒漠化。土地的石漠化不仅使土地失去生产力，破坏生态环境，严重影响农业生产，而且导致人类丧失生存的基本条件，极大制约社会经济持续发展（蔡秋和陈梅琳，2001）。

3.3.3 研究的空间尺度

正如第2章论述的，土地变化的格局、过程、驱动力、效应与管理都表现出显著的空间尺度特征，只有多尺度的综合研究才能反映土地变化的实质、预测土地变化的未来情景、制定相应对策。本书选择贵州喀斯特高原山地作为中国西南喀斯特地区的典型代表，分别在贵州省域、乌江流域、猫跳河流域、县域、小流域等不同的空间尺度（图 3-3）上加以研究。

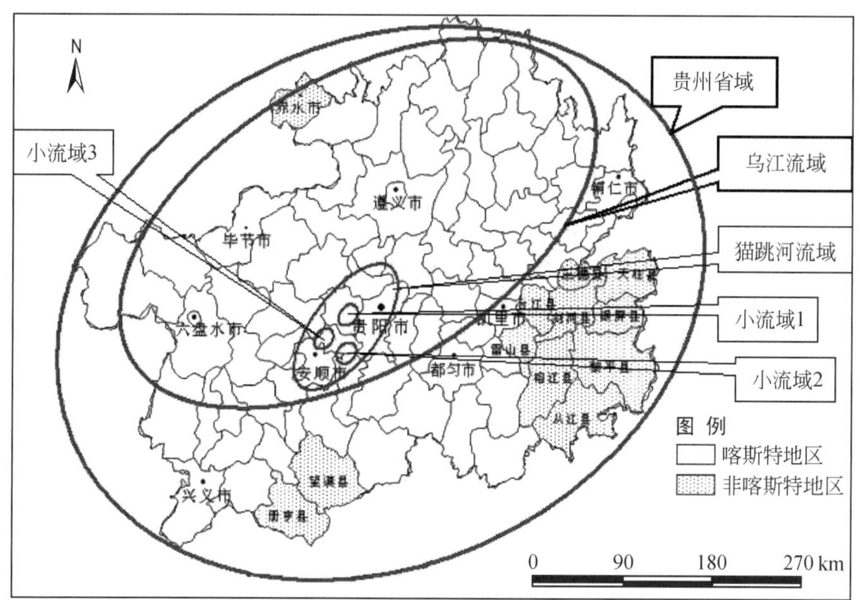

图 3-3　各尺度研究区之间的空间关系示意

第二篇　贵州省土地变化与大气-土壤-植被系统

第 4 章　贵州省土地覆被变化

植被是陆地生态系统的主体，也是土地覆被的主要组成部分。从省级尺度上看，土地覆被变化主要表现为植被变化，大尺度的植被变化反映了自然要素和人类活动对生态系统的影响。贵州省植被长期变化的一个最显著表现是大面积地表裸露，使石漠化成为这里特有的一种土地覆被变化现象。故此，本章主要从植被变化和石漠化的角度来研究贵州省的土地覆被变化，并探究其多尺度空间变异性。

4.1　植被变化及其对气候变化的响应

归一化植被指数（normalized difference vegetation index，NDVI）是地表绿色植被的重要指示因子，它是根据植被反射波段的特性计算出来的，可反映植被覆盖、生长、种类及其生物量等情况（Xiao and Moody，2004；Maselli and Chiesi，2006），是一个研究土地覆被和土地利用变化极其有用的指数（李克让等，2000）。区域 NDVI 空间格局及其动态变化过程一直是生态学和地理学的主要研究课题之一（方精云等，2003）。本节选用归一化植被指数和植被净初级生产力（net primary production，NPP，或称净第一性生产力）这两个指标，研究 20 世纪 80 年代初以来贵州省植被变化及其对气候变化的响应。NDVI 是植被分布密度和生长状态的指示因子，与植被覆盖度呈正相关（孙红雨等，1998）；NPP 是绿色植物通过光合作用从大气中固定 CO_2 的速率减去通过呼吸作用向大气中释放 CO_2 的速率，是绿色植物在单位时间、单位面积内固定的干物质总重量（Jiang et al.，1999）。NDVI 和 NPP 是反映植被生长状态的两个不同指标，可以相对完整地反映植被的生长状态。

4.1.1　数据来源及处理

本节使用的气象数据来源于国家气象局气象信息中心气候资料室。数据为全国 685 个标准站点的月均温和月降水量。AVHRR GIMMS NDVI 和 AVHRR GloPEM NPP 数据集来源于美国马里兰大学（University of Maryland，UMD）全球土地覆被数据库（Global Land Cover Facility，GLCF）。NDVI 和 NPP 的空间分辨率均为 8km×8km，其中 NDVI 的时间分辨率为 16 天，NPP 的时间分辨率为 1 年，单位为 gC/（m^2 · a）。基础地理数据来源于中国科学院资源与环境数据中心，数据的比例尺为 1∶400 万。

贵州省年降水量在 1000～1300mm，夏半年（4～9 月）集中了全年日照时数和太阳年辐射的 70%、年降水量的 73%（图 4-1）。全年冬暖夏凉，植被的生长季长。该区的地带性植被类型为亚热带常绿阔叶林，但大部分地区已不存在（图 4-2），主要土地覆被经历着常绿阔叶林、暖性针叶林、灌丛、草被、裸露荒山这样的逆向演替阶段（蔡运龙，1990b）。

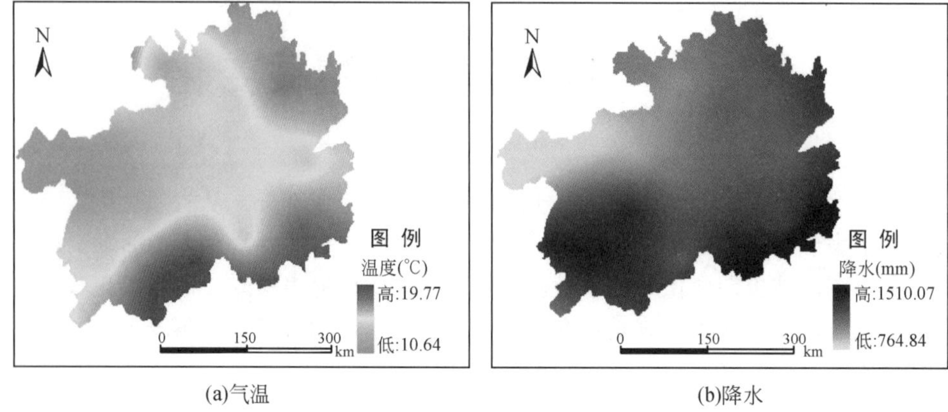

(a)气温　　(b)降水

图 4-1　1981～2003 年贵州省多年平均气候特征图

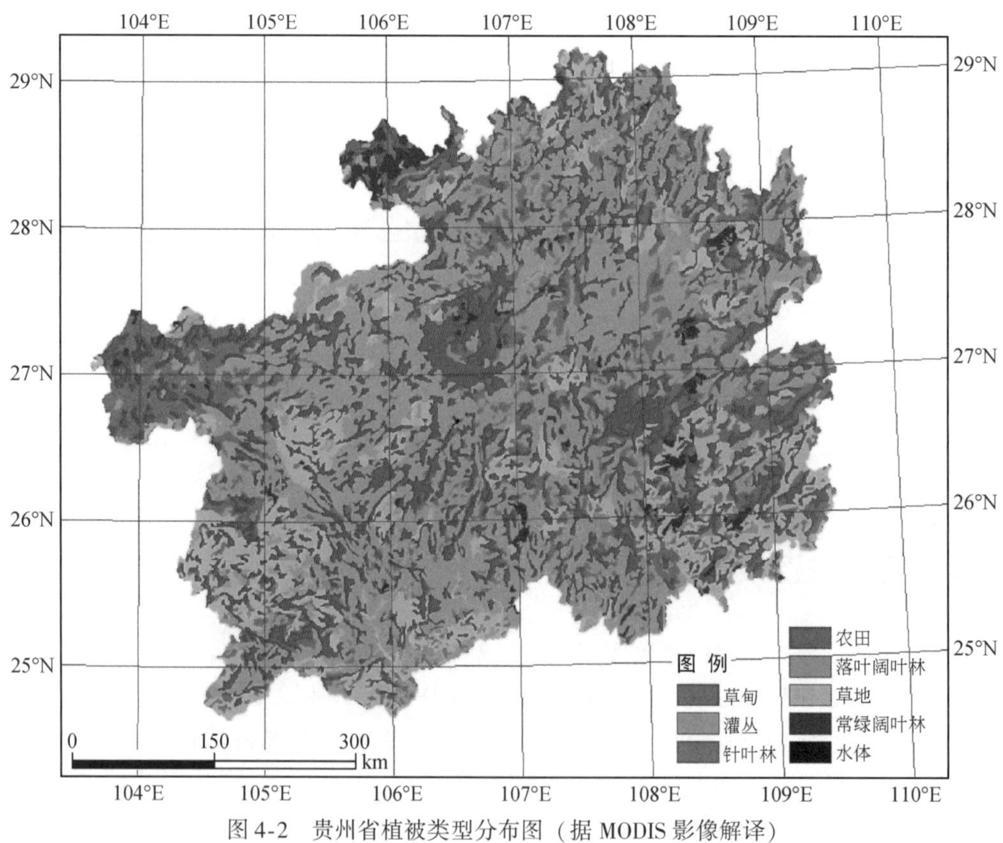

图 4-2　贵州省植被类型分布图（据 MODIS 影像解译）

NDVI 用最大值合成法处理，用一年内最大 NDVI 值作为该点的 NDVI 值。所有数据集的投影方式均调整为如下条件：Albers 等积圆锥投影；大地基准面为 Krasovsky_1940；双标准纬线为 25°N 和 47°N；中央经线为 105°E。

4.1.2　气候变化与植被变化的时空特征

(1) 气候变化的时空特征

通过对逐年均温和降水量数据层（1981～2003 年）的统计分析，得到了贵州省 1981～2003 年年均温和降水量变化的总体趋势（图 4-3）。在研究时段内，年均温呈增加的趋势，其增率约为 0.245 ℃/10a（r=0.42，n=22，P<0.05），1998 年年均温出现峰值；降水量年际变化也有增加的趋势，但不显著，其增率约为 39.555mm/10a（r=0.26，n=22，P=0.24）。

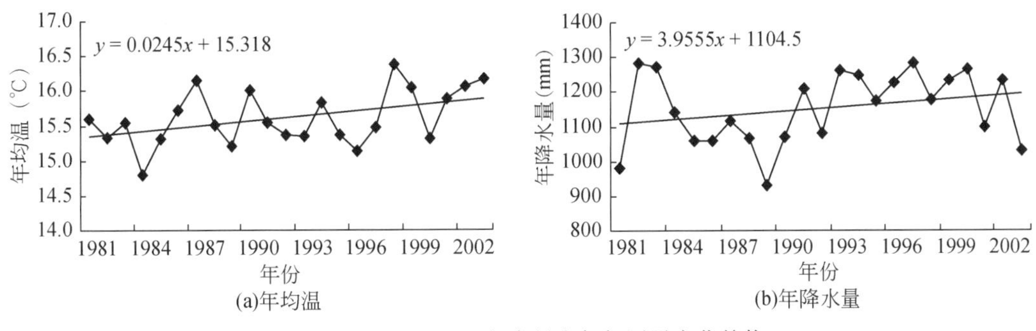

图 4-3　1981～2003 年贵州省气候因子变化趋势

通过对逐个像元年均温和年降水量变化率的计算，得到了贵州省气候变化的空间格局（图 4-4）。从图 4-4（a）可以看出，该区中部和东北部地区年均温有降低的趋势，其他大部分地区有增高的趋势；从图 4-4（b）看出，该区东部大部分地区年降水量为增加的趋势，西部地区为减少的趋势。

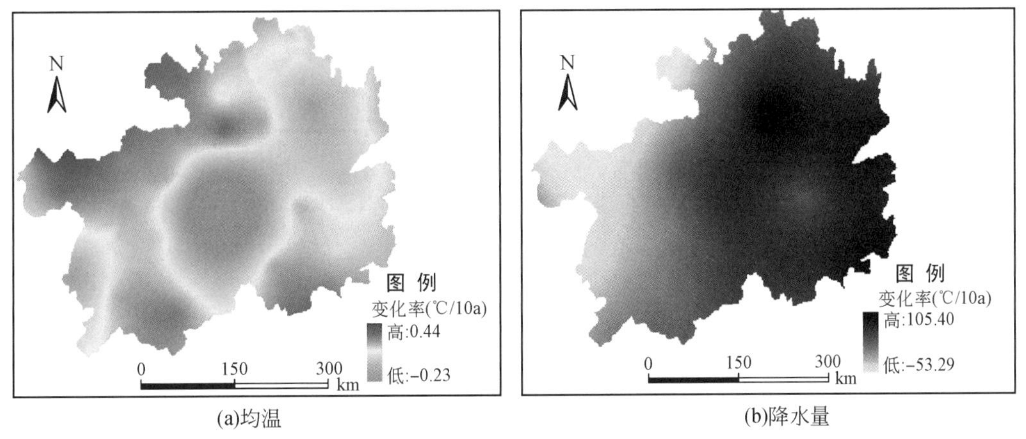

图 4-4　1981～2003 年贵州省气候因子年变化率空间格局

(2) 植被变化的时空特征

通过对逐年 NDVI 数据层（1982～2003 年）和 NPP 数据层（1981～2000 年）的统计分析，得到贵州省 NDVI 和 NPP 年际变化的总体趋势（图 4-5）。在研究时段内，植被覆盖度总体呈减少的趋势（$r=0.35$，$n=21$，$P=0.11$）；植被净初级生产力略有增加的趋势，但不显著（$r=0.14$，$n=19$，$P=0.57$），1998 年 NPP 出现峰值。

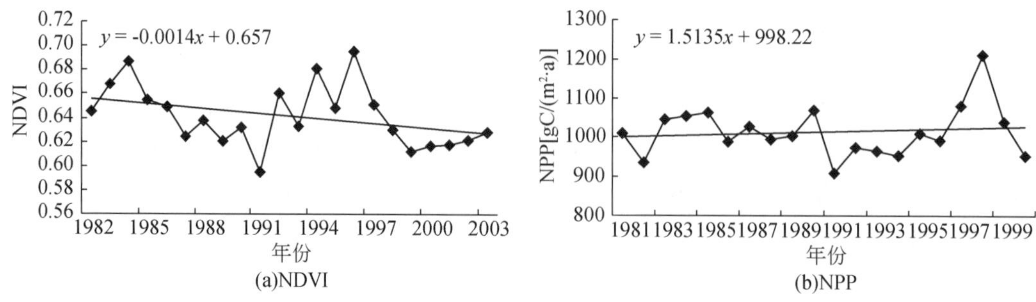

(a)NDVI (b)NPP

图 4-5　1981～2003 年贵州省 NDVI、NPP 年际变化趋势图

通过对逐个像元 NDVI 和 NPP 年际变化率的计算，得到了贵州省植被覆盖度和净初级生产力变化的空间格局（图 4-6）。从图 4-6（a）可以看出，1982～2003 年该区 NDVI 年际变化率西部大部分地区有增加的趋势，东部地区有减少的趋势，尤其是东南部地区，减少的趋势比较明显。从图 4-6（b）可见，1981～2000 年该区 NPP 年际变化率东南部和西北部地区有减少的趋势，西南部地区有明显增加的趋势。

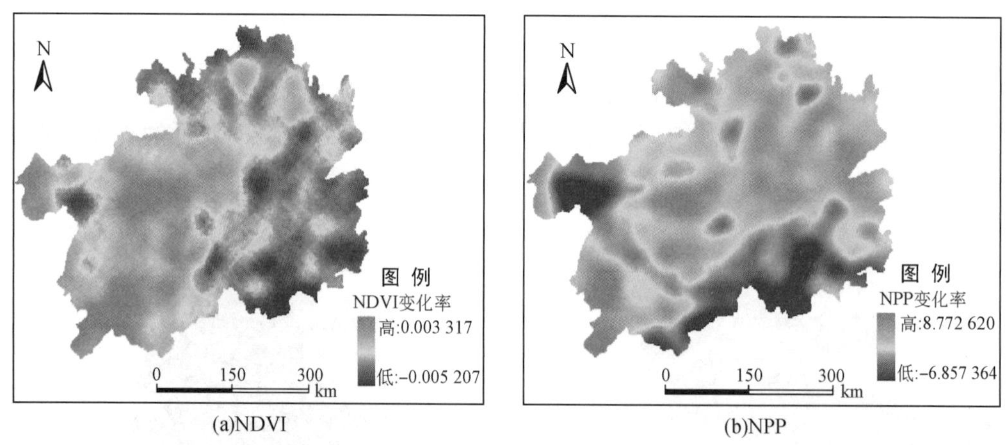

(a)NDVI (b)NPP

图 4-6　NDVI 年际变化率与 NPP 年际变化率空间分布图

4.1.3　植被变化与气候变化的相关性

（1）NDVI 年际变化与气候因子年际变化的相关性及其解释

通过计算逐个像元 NDVI 年际变化与气候因子年际（1982～2003 年）变化的相关系数，得到了 NDVI 年际变化与气候因子年际变化相关系数的空间分布格局（图 4-7）。从图 4-7（a）可以看出，NDVI 年际变化与气温年际变化的相关系数在贵州的东南部为负，其他大部分地区为正。在多年平均气温较高的地区，年均温的降低可以减少石灰岩地区的地面蒸发量，有利于植被生长，从而相关系数为负。在多年平均气温较低的地区，年均温的

升高可以减少温度对植被生长分布的限制，有利于植被生长，从而相关系数为正。但是，在年均温升高而 NDVI 减少的地区及年均温降低而 NDVI 增加的地区，相关系数也为负。这些地区 NDVI 的变化可能与人类的土地利用活动对土地覆被的改变有关。

从图 4-7（b）可以看出，NDVI 年际变化与降水量年际变化的相关系数在贵州的西北部地区、东南部地区为正，其他地区多为负。在降水量较少的地区，年降水量的增加有利于减少水分条件对植被生长的限制，有利于植被生长，从而相关系数为正。在降水量较多的地区，阴雨天的增加会减少太阳辐射量，限制植物进行光合作用，不利于植物生长，从而相关系数为负。其他情况下，NDVI 的变化及其造成的相关系数的变化可能与人类活动对土地覆盖的改变有关。

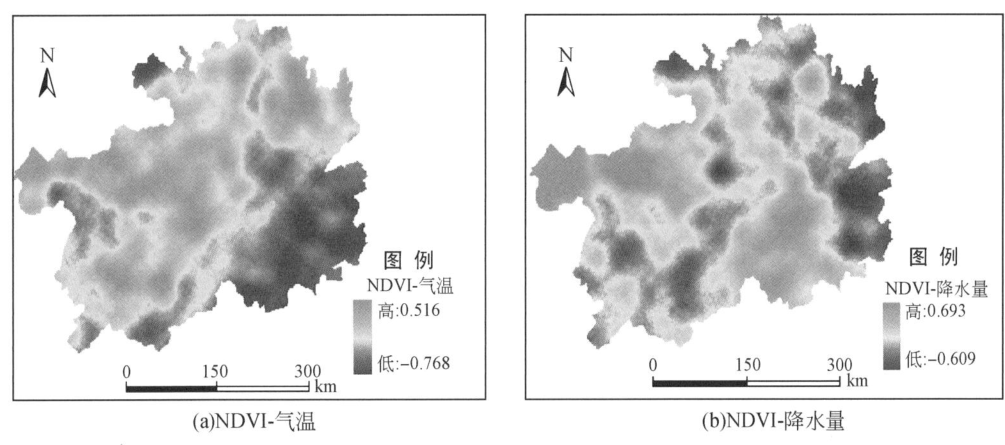

(a)NDVI-气温　　(b)NDVI-降水量

图 4-7　1982 ~ 2003 年贵州省 NDVI 年际变化与气温、降水量年际变化相关系数空间分布图

（2）植被 NPP 年际变化与气候因子年际变化的相关性及其解释

通过计算逐个像元 NPP 年际变化与气候因子年际变化的相关系数（1981 ~ 2000 年），得到了 NPP 年际变化与气候因子年际变化相关系数的空间分布格局（图 4-8）。从图 4-8（a）可以看出，NPP 年际变化与气温年际变化的相关系数在贵州东部大部分地区为正，西部地区

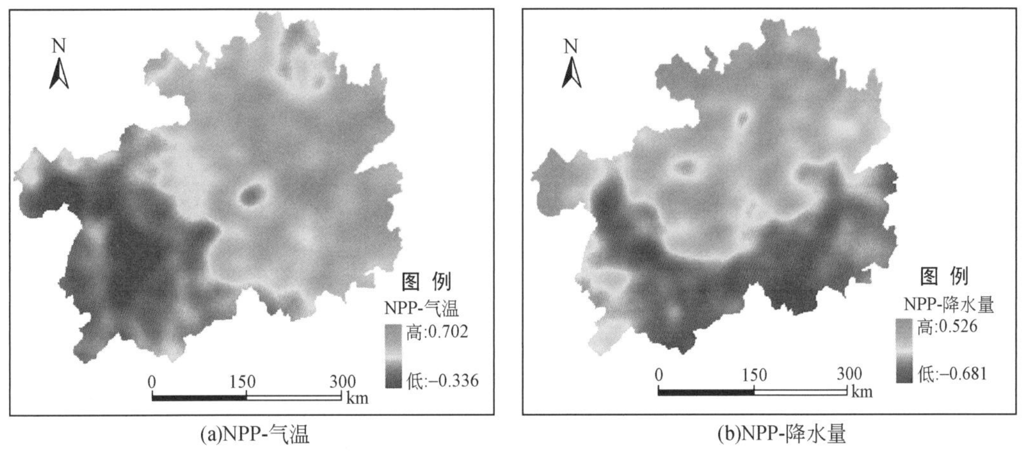

(a)NPP-气温　　(b)NPP-降水量

图 4-8　1981 ~ 2000 年贵州省 NPP 年际变化与气温、降水量年际变化相关系数空间分布图

为负。从图4-8（b）可见，NPP年际变化与降水量年际变化的相关系数在贵州北部地区多为正，南部地区为负。相关系数空间分布的解释大致与NDVI一致。此外，在一些多年平均气温较低的地区，年均温的升高也可以延长植被生长季节的长度，从而有利于生物量的累积。人类的土地利用活动也会对地表NPP产生强烈的作用。

（3）不同植被类型对气候变化的响应特征

通过提取不同植被类型的年均NDVI、NDVI年际变化与气候因子年际变化的相关系数（1982～2003年），计算了不同植被类型多年平均NDVI、NDVI变化趋势以及NDVI年际变化与气候因子年际变化相关系数的均值（表4-1）。从表4-1中可以看出，常绿针叶林的多年NDVI均值最高，农业植被多年NDVI均值最低。所有植被类型NDVI年际变化均有减少的趋势，NDVI年际变化与气温年际变化的相关系数均为负。该研究区气温年际变化对NDVI的影响要大于降水量年际变化对其的影响。

表4-1　各种植被类型NDVI年际变化及与气候因子年际变化的相关系数统计表（1982～2003年）

植被类型	多年NDVI均值	NDVI变化趋势	相关系数（NDVI-降水量）	相关系数（NDVI-气温）
常绿针叶林	0.6710	-0.0020	-0.0012	-0.3106
常绿与落叶阔叶混交林	0.6546	-0.0023	0.0367	-0.3102
常绿阔叶林	0.6688	-0.0020	0.0419	-0.3235
常绿与落叶阔叶混交灌丛	0.6382	-0.0013	0.0542	-0.2301
农业植被	0.6331	-0.0012	0.0357	-0.1985

通过提取不同植被类型的NPP以及NPP年际变化与气候因子年际变化的相关系数（1981～2000年），计算了不同植被类型多年平均NPP、NPP变化趋势以及NPP年际变化与气候因子年际变化相关系数的均值（表4-2）。从表4-2中可以看出，常绿阔叶林的多年NPP均值最高。所有植被类型NPP年际变化与降水量年际变化的相关系数均为负，NPP年际变化与气温年际变化的相关系数均为正。该研究区气温年际变化对NPP的影响要大于降水量年际变化对其的影响。

表4-2　各种植被类型NPP年际变化及与气候因子年际变化的相关系数统计表（1981～2000年）

植被类型	多年NPP均值[gC/(m^2·a)]	NPP变化趋势	相关系数（NPP-降水量）	相关系数（NPP-气温）
常绿针叶林	1067.9334	0.8264	-0.1673	0.3468
常绿与落叶阔叶混交林	1154.5555	0.0553	-0.1786	0.3592
常绿阔叶林	1976.1069	0.8425	-0.0688	0.3281
常绿与落叶阔叶混交灌丛	1005.7939	1.6060	-0.0592	0.2813
农业植被	1010.5880	1.9962	-0.0462	0.3263

（4）不同气候条件下植被变化与气候变化相关系数的分布规律

基于逐个像元多年平均气候因子与各种相关系数合并的属性表，分析了植被变化与气候因子变化的相关系数在不同气候条件下分布的规律性。

分析了NDVI年际变化与气候因子年际变化的相关系数在不同气候条件下分布的规律性（图4-9）。从图4-9（a）可以看出，NDVI年际变化与气温年际变化的相关系数随多年平均气温的增高而减小（$r=-0.22$，$n=2754$，$P<0.001$）。在该区多年平均气温较高的地区，年均温的升高并没有促进植被覆盖度的增加的趋势，这种相关系数多为负值。从图4-9（b）可见，NDVI年际变化与降水量年际变化的相关系数随多年平均降水量的增加有减小的趋势（$r=-0.28$，$n=2754$，$P<0.001$）。在该区多年平均降水量小于1000mm的地区，这种相关系数多为正值。

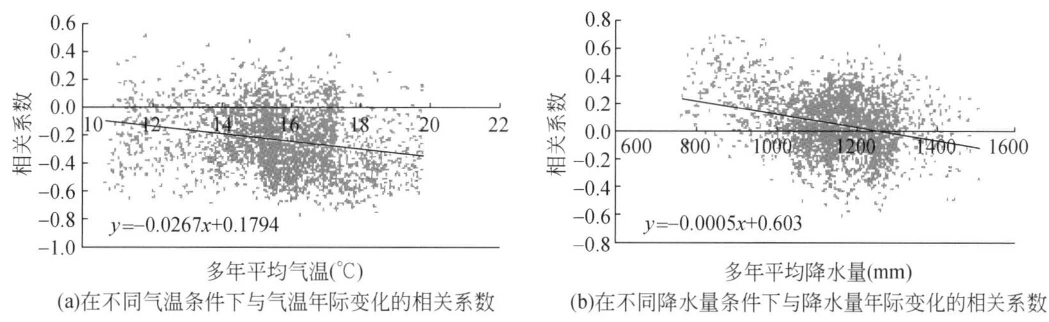

图4-9　NDVI年际变化与气候因子年际变化的相关系数在不同气候条件下的变化规律

分析了NPP年际变化与气候因子年际变化的相关系数在不同气候条件下分布的规律性（图4-10）。

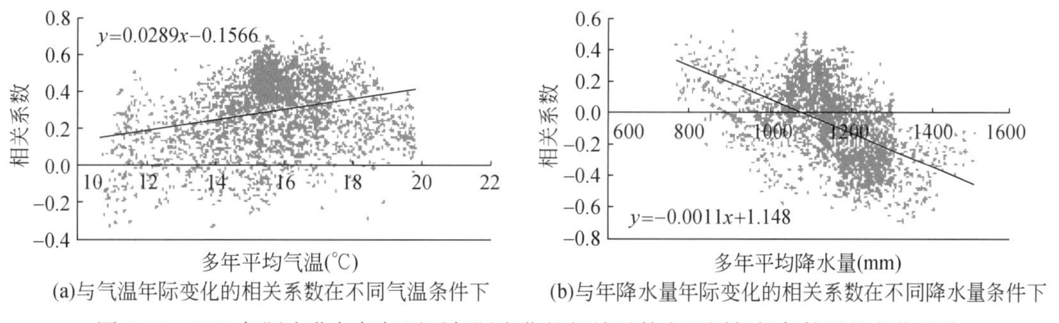

图4-10　NPP年际变化与气候因子年际变化的相关系数在不同气候条件下的变化规律

从图4-10（a）可以看出，NPP年际变化与气温年际变化的相关系数随多年平均气温的升高而增大（$r=0.28$，$n=2754$，$P<0.001$）。在多年平均气温较高的地区，NPP年际变化与气温年际变化的相关系数多为正值。从图4-10（b）可见，NPP年际变化与降水量年际变化的相关系数随多年平均降水量的增加而减小（$r=-0.53$，$n=12\ 405$，$P<0.001$）。在多年平均降水量大于1200mm的地区，这种相关系数多为负值。在这些地区可能降水量已经不是植被生产力累积的限制性因子，阴雨天气的增加反而会减少太阳辐射量，从而不利于植被生产量的累积。

4.1.4 结论与讨论

1）20 世纪 80 年代初以来，贵州省 1982 ~ 2003 年植被覆盖度总体呈减少的趋势；1981 ~ 2000 年植被净初级生产量总体呈增加的趋势，但不显著。NDVI 年际变化的区域差异比较明显，该区西部地区植被覆盖度年际变化有增加的趋势，东部地区有减少的趋势；NPP 年际变化东北部和西南部地区有增加的趋势，东南部和西北部地区有减少的趋势。

2）植被变化与气候变化的相关系数区域分异比较明显。本节从年均温和年降水量变化对植被生长的影响方面对这些区域差异做了初步的解释。不同植被类型对气候变化有不同的响应特征，在该区气温年际变化对植被的影响要大于降水量年际变化对其的影响。气候变化与植被变化的相关系数在不同的气候条件下分布的规律性比较明显。

3）本节对气候变化对植被生长正负效应的问题尚缺乏深入的研究，这涉及各种植被类型本身的生理特征及其对气候变化的反应。此外，目前由于数据的缺乏，本节未能从土地利用/覆被变化方面清晰地解释一些地区存在的气候变化与植被变化的相关系数正负问题，仅对存在的可能性做了一些假设。

4.2 植被覆盖的多尺度空间变异性

在区域尺度上，NDVI 具有高度的时间动态性和空间异质性，同时，由于影响因子的时空渐变性，地表植被覆盖也往往表现出显著的时间和空间自相关性（Myneni et al.，1997；Tucker et al.，2001）。植被状况在邻近范围内的变化往往表现出对空间位置的依赖关系（邬建国，2000）。例如，森林或草地分布区 NDVI 较为均一，而农牧交错带则表现出某种程度过渡性或渐变性。综合国内外相关工作来看，大多数空间特征研究都仅借助简单的统计参数描述 NDVI 和植被覆盖格局，而进一步定量测度 NDVI 空间异质性和空间自相关性的研究工作相对较少。应该将两者结合起来，才能获得更全面的认识，并为生态系统管理提供更为科学的依据。

大量研究证实，植被覆盖空间变异特征是尺度依存的（吕一河和傅伯杰，2001；李双成和蔡运龙，2005）。一般来说，较高分辨率的数据可包含更为详细的信息，但却常因过多的噪声而掩盖了空间分布规律；较大尺寸的栅格虽通过平滑作用消除了噪声，更清晰地揭示了空间格局，却不可避免地丢失了一定比例的信息。因此，需要探讨尺度间的关联性和变化性，确定特定研究目的下的分析尺度，以确保在保存充足信息的同时也能显示出规律性。基于此，本节将采用不同分辨率的 NDVI 遥感数据，借助 GIS、传统统计学和地统计学软件，揭示区域植被覆盖的空间格局，并分析其多尺度空间变异特征。

4.2.1 数据与方法

(1) 研究数据

地表植被覆盖对近红外波段吸收率低，对可见光红波段吸收率高，归一化植被指数

NDVI 被定义为近红外波段与可见光红波段反射率之差与之和的比值（Chen et al.，2003），以反映地表植被覆盖状况，它是应用最为广泛的植被指数之一（Herrmann et al.，2005）。

本节所采用的 NDVI 原始数据为 2000 年 1 月至 2005 年 12 月的 SPOT 逐旬数据，空间分辨率为 $1km^2$，共计 216 期。目前全球 1km 的逐旬 NDVI 数据可在网上免费下载（http://free.vgt.vito.be），这些数据已经过大气校正、辐射校正、几何校正等预处理。在旬数据的基础上，年 NDVI 数据采用最大合成法（maximum value composites，MVC）（Holben，1986）获得，并根据贵州喀斯特高原范围提取相应数据。最后计算得到研究区 2000～2005 年 NDVI 年最大值的平均值。此外，本研究还采用 2000～2005 年期间 15 天 AVHRR-NDVI 数据集，分辨率为 8km，并对其进行月和年最大值合成以及多年平均，以探讨不同传感器对 NDVI 空间格局及其变异特征的影响。

（2）研究方法

地统计学以区域化变量（regionalized variable）和空间自相关理论为基础，借助空间变异函数，揭示变量的空间异质性，在处理地球系统参数或变量时表现出了明显的优越性。

本节采用地统计学中能够表征随机变异比例的块金值/基台值［$C_0/(C_0+C)$］，表征空间单元属性值与邻近空间点相似程度的 Moran 系数（Moran's I），表示数据间存在相关性的距离上限的变程 a，以及描述数据结构复杂程度的分形维数（fractal dimension），度量 NDVI 数据序列的空间变异程度。各参数的具体含义及计算公式可以参考相关文献（Deutsch and Journel，1998；Kumar et al.，2007；Tarnavsky et al.，2008），本节不再赘述。如果我们只在单个方向上取值，那么可以对上述地统计学参数进行各向异性分析。本研究选择的地统计学软件为 GS^+7.0（Gamma Design Software，2004）。

（3）研究步骤

幅度是指空间维度的大小，粒度是指度量指标的精确程度（Verburg and Chen，2000）。对幅度和粒度的选择决定了生态过程、结构和功能的尺度缩小与放大。本节从两个角度探讨尺度对植被覆盖空间异质性的影响。首先，利用 ArcGIS 9.3（ESRI Inc.，1999～2008）的 Hawth's Analysis Tools（Beyer，2004）。然后，一方面，借助 ArcGIS 9.3 中的 ArcToolbox 对 1km 分辨率的 SPOT NDVI 数据取其平均值以重采样成 2～15km 分辨率（1km 间隔）的数据；另一方面，借助 Spatial Analyst 对 1km NDVI 进行平均值邻域统计（neighborhood statistics），相应地，邻域分别设成边长为 2～15km（1km 间隔）的正方形，邻域统计结果仍为 1km 分辨率的栅格（图 4-11）。进而，将重采样和邻域统计结果栅格数值赋给随机点，并利用 ArcGIS 9.3 地统计学模块和 GS^+7.0 软件计算多尺度序列上 NDVI 的空间变异特征值。

上述两种重采样方法（图 4-11）的不同之处在于：第一种重采样方法改变了原始数据的粒度，其所生成的新栅格之间，取平均值的过程是非交叠的（non-overlapping），它通过对数据的平滑显著地减小了栅格之间的数值差异；第二种邻域统计属于交叠式（overlapping）重采样方法，即相邻栅格的邻域在空间上有一定程度的重叠，此方法并未改变原始数据的粒度（即分辨率），但通过邻域的变化实现了对幅度的改变。通过对比两种重采样方法在多尺度上的地统计学结果，既可以考察和研究空间变异特征值的尺度依存性，以

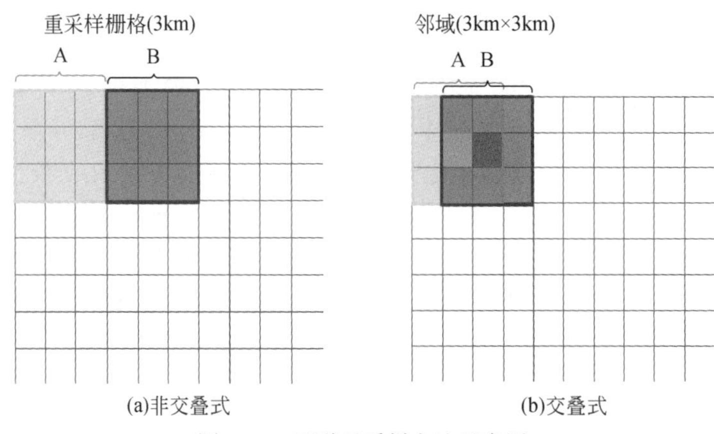

图 4-11 两种重采样方法示意图

确定操作尺度（operational scale），又可以对比两种重采样方法对结果的影响。此外，为揭示植被覆盖空间变异值对卫星传感器的敏感性，本研究还比较了 SPOT NDVI 和 GIMMS NDVI 的地统计学特征。

4.2.2 结果分析

（1）植被覆盖空间变异特征的尺度依存性

由于植被指数及其空间特征具有尺度依存性，因此选择适当的分析尺度是非常关键的，并且是客观揭示其空间变异特征的基础。一般来说，空间变异程度会随尺度的增加而降低，但它们之间的关系是难以确定的。本研究在连续的尺度序列上对区域植被覆盖的全局性和各向异性空间变异特征值进行考察，并据此确定其分析尺度。各向同性（isotropy）是指在不考虑方向性的前提下，NDVI 空间变异在区域范围内的全局特性；各向异性（anisotropy）是指 NDVI 空间变异随方向的不同而表现出一定的差异性。

a. 全局性空间变异特征的尺度依存性

首先借助 SPSS 15.0（SPSS Inc.，Chicago，IL，USA）对所有尺度上的变量应用 Kolomogorov-Smirnov（K–S）法进行正态性检验，结果表明变量均服从正态分布（检验概率 PK–S>0.05），数据适合于地统计学分析（顾世祥等，2007）。图 4-12 显示了块金值与基台值的比值［图 4-12（a）］、分形维数［图 4-12（b）］、空间自相关系数［图 4-12（c）］、空间自相关距离［图 4-12（d）］在多尺度上的计算结果及其变化趋势。其中，对于第一种重采样方法（图中称为非交叠式），横坐标代表重采样后的数据粒度或分辨率；对于邻域统计重采样方法（图中称为交叠式），横坐标代表邻域统计时所采用的邻域范围。纵坐标代表四个地统计学空间特征变量。

随着空间尺度的增加，两种重采样方法的平滑作用均有增强，表现为块金值与基台值的比值以及分形维数持续降低［图 4-12（a），图 4-12（b）］，随机因素所占比例减少，结构性变异增强，数据空间序列复杂性降低。与之对应的是，数据粗糙度的增加导致了其空间自相关系数的升高［图 4-12（c）］。交叠式重采样数据的空间自相关距离总体上表现为

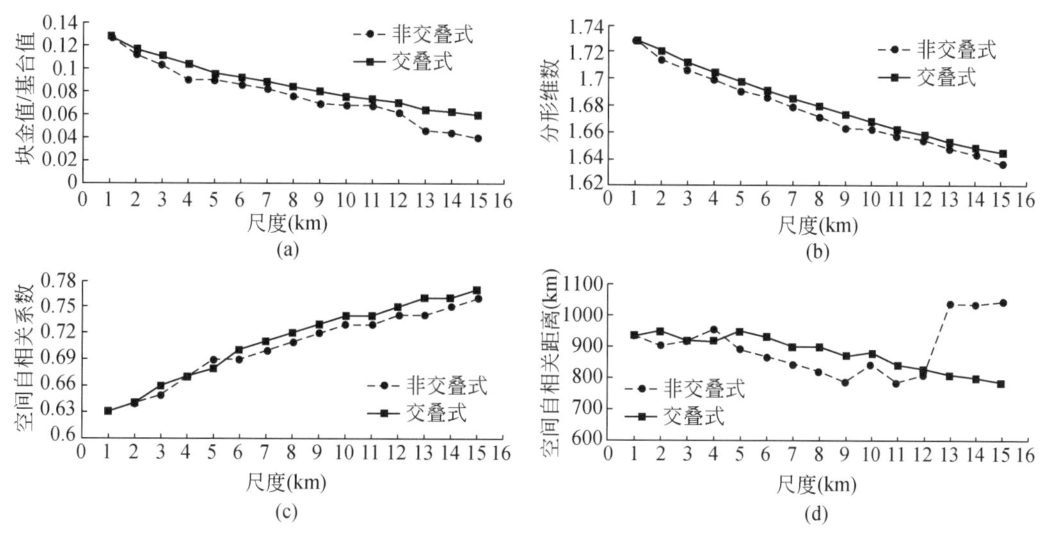

图4-12　不同研究尺度下的NDVI空间半变异函数特征值

随尺度的增加而减少的趋势［图4-12（d）］，这说明数据粗糙化在增强一定距离内空间自相关性的同时，也降低了远距离栅格间的自相关性。非交叠式空间自相关距离随尺度的变化表现出较大的不确定性。在栅格分辨率低于11km的尺度域内，变程表现为随尺度的增加而降低，但在高于11km的尺度上却表现出相反的规律。这可能是因为当重采样范围扩大到一定程度时，数据序列在局部尺度上已变得高度均质，远距离空间自相关性增强。该现象也可能与随机点数有关，因为在随机点数一定的情况下，随着栅格分辨率的增加，位于单个栅格单元内的数目就越多，当其数目增加到一定程度后，就可能对计算结果产生显著影响，当然这一结论仍需进一步的敏感性分析。

图4-12显示在该尺度域内，交叠式重采样数据的块金值与基台值的比值以及分形维数均高于非交叠式结果，说明非交叠式重采样方法对数据的平滑作用要比交叠式方法显著，所得数据序列随机性和复杂性明显降低。然而，空间自相关系数在绝大部分空间尺度上却表现为，交叠式重采样方法大于非交叠式重采样方法［图4-12（c）］，与其相对应的是，在多数空间尺度上，空间自相关距离也表现为交叠式重采样方法高于非交叠式重采样方法。这表明，两种重采样方法对原始数据的作用机制不同，非交叠式重采样能够更多地减少栅格数值间的差异性，而交叠式重采样可以更大程度地增强空间自相似性，同时也说明，不能简单地将数据序列复杂性和空间自相关性视为相反的两个方面。

此外，从图4-12来看，除非交叠式空间自相关距离外，大部分变化趋势都是线性的，说明平滑作用导致植被覆盖空间变异特征的变化非常剧烈，仅有交叠式重采样方法的块金值/基台值表现出一定的拐点特征，在7～8km（即7km×7km、8km×8km的邻域）的尺度上开始变得平稳，表明该特征尺度（characteristic scale）反映了植被覆盖空间变异特征的内在尺度（intrinsic scale）。因此，考虑到在本节还要比较SPOT NDVI与GIMMS NDVI的空间变异特征，我们选择8km作为揭示该区植被覆盖全局性和各向异性空间变异特征的分析尺度，进而可对该尺度上计算的空间变异特征值进行详细剖析。

b. 空间变异程度尺度依存特征的各向异性

图4-13显示了非交叠式和交叠式重采样数据分形维数在南-北向［图4-13（a)］、东北-西南向［图4-13（b)］、东-西向［图4-13（c)］、东南-西北向［图4-13（d)］四个方向上随尺度变化的特征。如图所示，虽然不同方向之间在细节上表现出一定程度的差异性，但各方向均表现出随尺度增加分形维数减少的总体趋势，且线性趋势都非常明显。

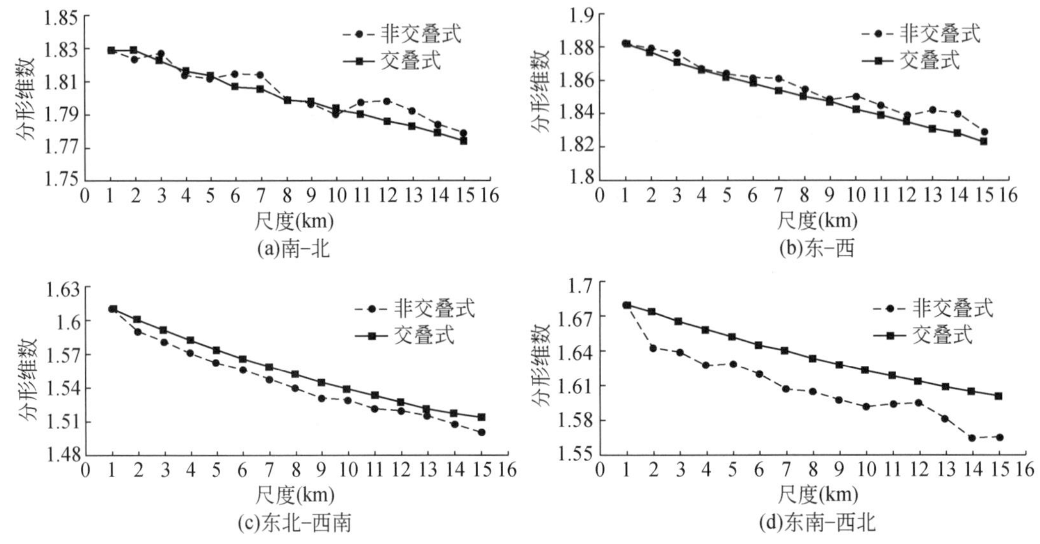

图4-13　不同研究尺度下NDVI分形维数的各向异性

尽管图4-13显示分形维数随尺度的变化趋势在各方向上具有相似性，但非交叠式重采样方法和交叠式重采样方法的分形维数值对比还是呈现明显的各向异性。在南-北向上，两组数据的对比没有明确的结论，在东北-西南方向上，所有的重采样尺度上均表现为非交叠式高于交叠式，东-西向以及东南-西北向则体现了相反的规律，即在重采样尺度上，交叠式高于非交叠式，而且，东-西方向和东南-西北方向与全局性分形维数的对比结果一致［图4-13（b)］。

(2) 植被覆盖全局性空间变异特征

a. 空间格局与统计特征

图4-14为SPOT NDVI和GIMMS NDVI的空间格局图，高值代表植被覆盖状况较好，低值代表植被覆盖较差。其中，［图4-14（a)］为基于非交叠式重采样方法的SPOT NDVI，其栅格尺寸为8km；［图4-14（b)］为基于交叠式重采样方法的SPOT NDVI，栅格尺寸为1km，邻域范围为8km×8km；［图4-14（c)］为GIMMS NDVI，空间分辨率为8km。从图中可看出，两种重采样方法所获得的SPOT NDVI空间格局非常相似，但它们与GIMMS NDVI空间格局差异明显；三幅图均显示出高值区与低值区分布错杂，同时又存在显著的区域分异。具体表现为，对两幅SPOT NDVI空间分布图而言，研究区东南部林地是高值集中分布区，而西北部、西南部和东北部喀斯特石漠化发生地区（熊康宁等，2002）普遍分布着低值；在GIMMS NDVI空间格局图中，高值主要分布于北部和东南部，低值主要分布于西南部和东北部。

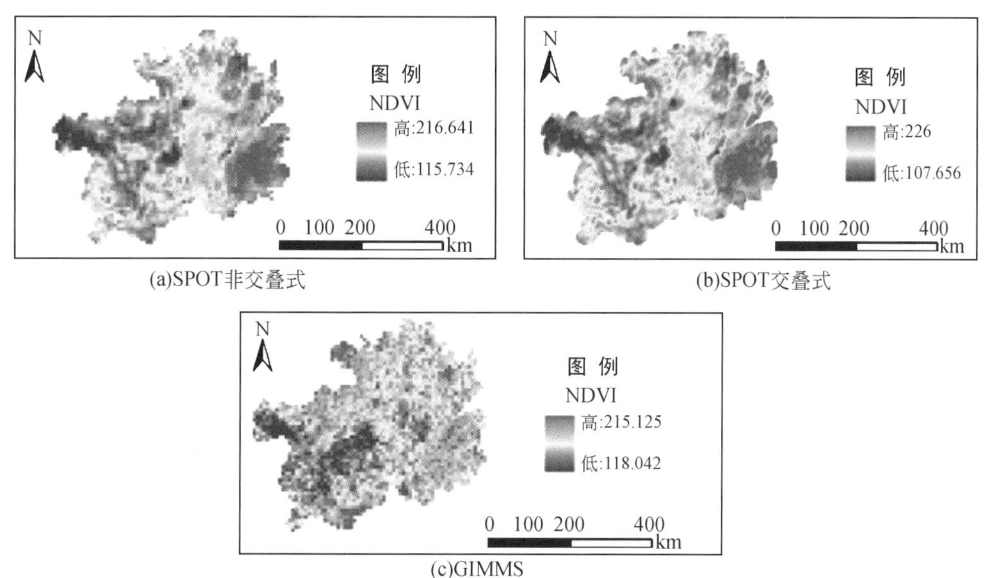

(a)SPOT非交叠式　(b)SPOT交叠式　(c)GIMMS

图 4-14　研究区 SPOT NDVI 和 GIMMS NDVI 空间分布格局

为进一步探索 NDVI 指数的空间分布特征，本节分别对图 4-14 所示的 3 组 NDVI 数据序列进行了局部空间聚集分析（local indicators of spatial association，简称 LISA），结果见图 4-15。从图中可看出，在具有显著聚集性的点对中，大部分高值点（植被覆盖状况较好）的周围为高值点（即高值–高值空间聚集类型），大部分低值点（植被覆盖状况较差）的周围为低值点（即低值–低值空间聚集类型），空间自相似性比较显著。此外，结果显示出明显的空间分布格局，并且与图 4-14 显示结果比较一致。

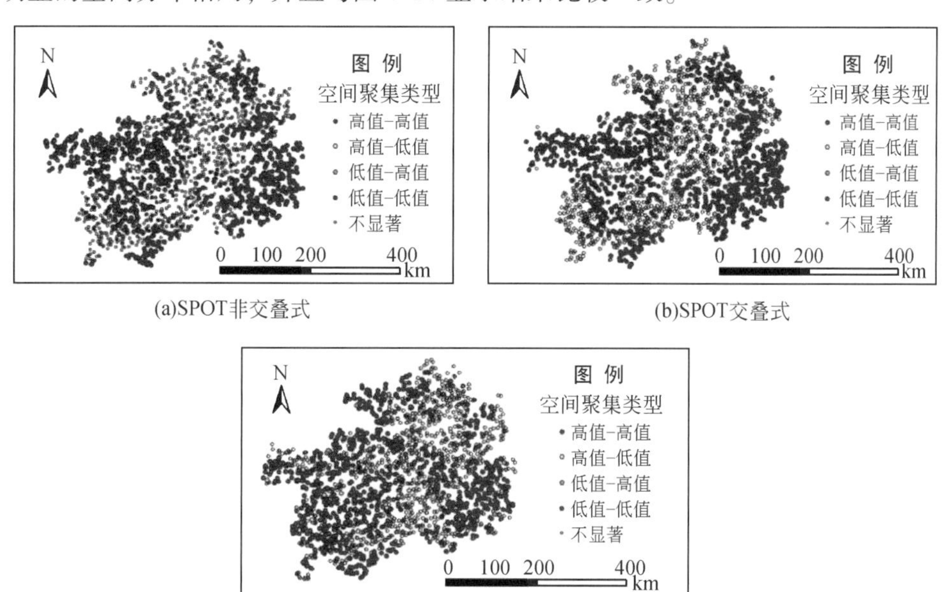

(a)SPOT非交叠式　(b)SPOT交叠式　(c)GIMMS

图 4-15　NDVI 空间聚集图

本研究采用经典统计方法，基于随机点值计算了 NDVI 的统计特征值。通过表 4-3 可看出，由于 GIMMS 数据在研究区北部显著大于 SPOT 数据，导致其平均值高于 SPOT 数据。在不考虑空间分布的情况下，GIMMS NDVI 数据序列的变异程度最低。事实上，从绝对值来看，三组 NDVI 数据序列的变异程度均很低，说明在研究区范围内，气候、地形等结构性因素主导了植被覆盖空间分布。两个 SPOT NDVI 数据序列的分布类型为正偏高峡峰，即在直方图中，较正态分布数据而言，大部分数据位于左边，数据分布高耸狭窄且集中于平均数附近，说明贵州喀斯特高原 NDVI 数据整体偏低，多数区域植被覆盖状况较差。GIMMS NDVI 数据呈负偏高峡峰，与 SPOT 数据的差别在于，相比正态分布数据，其大部分数据位于直方图的右边，NDVI 整体偏高，多数区域植被覆盖状况较好。

表 4-3　SPOT NDVI 和 GIMMS NDVI 的统计特征值

NDVI	最小值	最大值	均值	中值	标准差	变异系数	偏态值	峰度值
SPOT 非交叠式	119. 594	216. 641	171. 9826	170. 31	15. 9118	0. 093	0. 26	2. 97
SPOT 交叠式	114. 578	215. 344	172. 2047	170. 14	16. 1979	0. 094	0. 24	3. 02
GIMMS	118. 042	215. 125	176. 5364	177. 00	10. 6813	0. 061	−0. 19	3. 65

b. 全局性空间变异特征对比

基于 GS^+7. 0 和 ArcGIS 9. 3 计算的 SPOT NDVI 和 GIMMS NDVI 地统计学特征值可见表 4-4，NDVI 的三组数据序列与表 4-3 对应。与传统统计学方法的变异系数结果（表 4-3）不同的是，在考虑空间距离和空间位置时，GIMMS NDVI 的块金值/基台值和分形维数最大，空间自相关系数和空间自相关距离最小，说明其随机因素比例高，复杂程度高，空间变异性强，空间自相关性或自相似程度低。表中所有块金值与基台值的比例（7. 595%、8. 368%、32. 796%）均低于 50%，说明在全区范围内，地形、气候等结构性因素引起的空间变异起主要作用。分形维数结果表明，尽管结构性变异占主导地位，但由于地形复杂、气候多样以及人类活动区域差异明显等的影响，各数据序列在研究区内仍具有一定程度的空间异质性。较低的块金值/基台值和分形维数导致 SPOT NDVI 自相关性和自相关距离都较大，SPOT NDVI 在 800 ~ 900km，GIMMS NDVI 在 200km 左右，半变异函数值（即数值间的差异性）达到最大，自相关系数接近于 0，而此后半变异函数曲线趋于稳定，参数值的空间自相关系数在 0 附近波动，受随机因素影响，不再具有自相关性。

表 4-4　SPOT NDVI 和 GIMMS NDVI 的半变异函数模型及特征值

NDVI	块金值 C_0	基台值 C_0+C	$C_0/(C_0+C)$（%）	Fractal	Moran's I	变程 a（km）	R^2	RSS（残差平方和）	拟合模型
SPOT 非交叠式	0. 180	2. 370	7. 595	1. 671	0. 71	822	0. 974	0. 0697	球状模型
SPOT 交叠式	0. 202	2. 414	8. 368	1. 679	0. 72	889	0. 983	0. 0387	球状模型
GIMMS	0. 366	1. 116	32. 796	1. 859	0. 53	212	0. 828	0. 0711	球状模型

（3）植被覆盖空间变异特征的各向异性

通过比较不同方向之间基于非交叠式重采样方法的多尺度 NDVI 分形维数计算结果的差异性（图 4-16），可以发现，分形维数在各尺度上均表现为东北-西南向 > 南-北向 > 东南-西北向 > 东-西向，而且交叠式重采样方法也呈现相同规律（图 4-17）。与 SPOT NDVI 结果不同的是，GIMMS NDVI 分形维数的各向异性表现为东南-西北向 > 南-北向 > 东北-西南向 > 东-西向（表 4-5）。在各个方向上，SPOT NDVI 与 GIMMS NDVI 的比较结果为，GIMMS NDVI 的分形维数始终最大，复杂性最高，这与全局性结果一致。

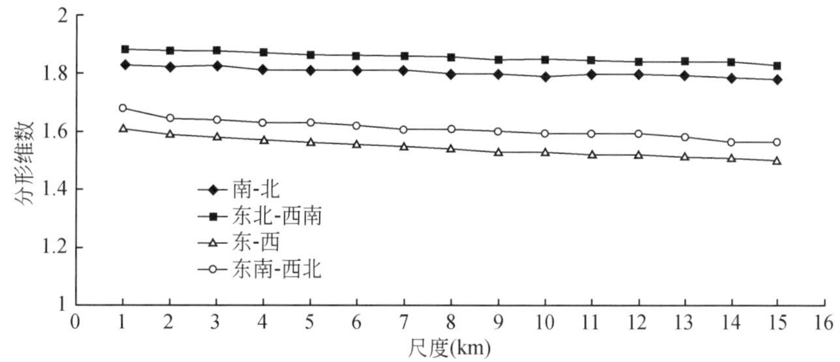

图 4-16　基于非交叠重采样方法的多尺度 NDVI 分形维数的各向异性

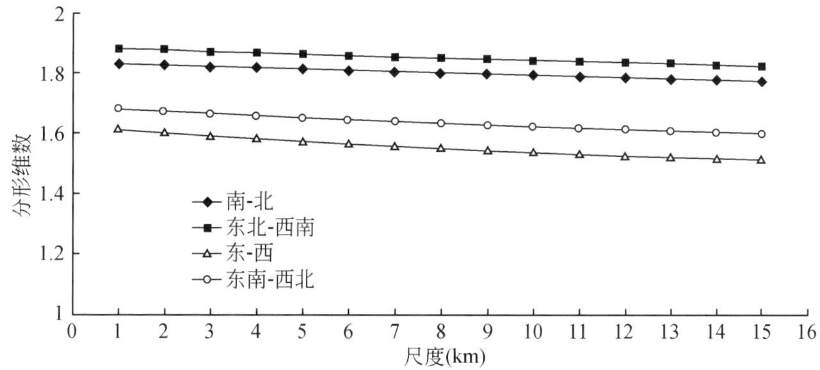

图 4-17　基于交叠重采样方法的多尺度 NDVI 分形维数的各向异性

表 4-5　SPOT NDVI 和 GIMMS NDVI 分形维数的各向异性

NDVI	项目	南-北	东北-西南	东-西	东南-西北
SPOT 非交叠式	分形维数	1.799	1.854	1.54	1.605
	R^2	0.325	0.135	0.144	0.199
	标准误差	0.793	0.959	0.935	0.891
SPOT 交叠式	分形维数	1.799	1.85	1.552	1.633
	R^2	0.297	0.143	0.139	0.162
	标准误差	0.821	0.954	0.94	0.927
GIMMS	分形维数	1.897	1.88	1.798	1.938
	R^2	0.487	0.376	0.184	1.26
	标准误差	0.65	0.758	0.923	0.228

借助 ArcGIS 9.3 的叠置功能可知，研究区 NDVI 空间分布特征受诸如降水、海拔等环境变量的深刻影响。为进一步证明此结论，本研究计算了 SPOT NDVI 和气候、地形因子的地统计学特征值，各变量的分辨率均为 1km，其中气候数据和地形数据分别由 WorldClim 数据集（Hijmans et al.，2005）和美国地质调查局 EROS 数据中心的 HYDRO1K 数据集（http：//eros.usgs.gov/#/Find_Data/Products_and_Data_Available/HYDRO1K）提供。

全局性空间变异特征的结果显示（表 4-6），NDVI 的块金值/基台值和分形维数大于生物温度、降水和海拔，小于坡度，NDVI 的空间自相关系数和空间自相关距离低于降水和海拔，高于生物温度和坡度。除东-西向外，其余三个方向也都表现出 NDVI 分形维数大于生物温度、降水和海拔，小于坡度（表 4-7）。这说明与结构性特征非常明显的降水和海拔相比，NDVI 数据序列仍显示出较高程度的空间变异性，也表明 NDVI 不仅受到具有显著空间特征环境变量的影响，还受到具有较高随机性的因素的影响。分形维数的各向异性计算结果还显示，海拔、降水和 NDVI 均表现为南-北向远高于东-西向，生物温度和 NDVI 均表现为东北-西南方向分形维数最大，说明海拔、降水以及生物温度对 NDVI 宏观空间分布与结构性变异具有控制作用，但由于 NDVI 受多种因素的综合影响，这种控制作用同时又表现出各向异性。

表 4-6　NDVI 和环境因子的半变异函数模型及特征值

变量	块金值 C_0	基台值 C_0+C	$C_0/(C_0+C)$（%）	Fractal	Moran's I	变程 a（km）	R^2	RSS（残差平方和）	拟合模型
NDVI	0.298	2.337	0.1275	1.729	0.63	934	0.979	0.0379	球状模型
生物温度	0.224	2.458	0.0911	1.688	0.60	928	0.992	0.018	球状模型
降水	0.001	3.012	0.0003	1.488	0.76	974	0.981	0.0785	球状模型
海拔	0.01	4.029	0.0024	1.528	0.69	1091	0.876	1.432	球状模型
坡度	0.186	1.039	0.1790	1.937	0.21	59	0.359	0.0728	球状模型

表 4-7　NDVI 和环境因子分形维数的各向异性

变量	南北	东北-西南	东-西	东南-西北
NDVI	1.829	1.882	1.611	1.68
生物温度	1.561	1.757	1.644	1.587
降水	1.758	1.65	1.353	1.235
海拔	1.827	1.617	1.43	1.527
坡度	1.904	1.93	1.952	1.97

4.2.3　结论与讨论

本研究借助 GS 和 ArcGIS 等软件，采用能够表征地表植被覆盖状况的 NDVI，有效揭示了贵州喀斯特高原植被覆盖的空间变异特征，并进行了空间变异与空间尺度的耦合研究。进一步地，研究结果可资相关研究参考，也可为喀斯特石漠化地区生态重建、生物多样性保护、区域土地利用管理以及区域景观规划和建设提供科学依据。主要结论如下。

SPOT NDVI 空间变异程度表现出明显的尺度依存性，即随着空间尺度的增加，随机因素所占比例减少，结构性变异增强，数据间的差异性减少，数据空间序列复杂性降低，自相似性或自相关性增强；空间自相关距离则表现出较大的不确定性。地统计学特征的多尺度变化趋势在各方向之间没有明显的差异性。在本研究所采用的尺度域内，交叠式重采样数据的块金值与基台值的比值以及分形维数均高于非交叠式结果，但空间自相关系数和变程在绝大部分空间尺度上表现为交叠式重采样方法大于非交叠式重采样方法，说明两种重采样方法对原始数据的作用机制不同。

两种重采样方法所获得的 SPOT NDVI 空间格局非常相似，但它们与 GIMMS NDVI 空间格局差异明显。三个 NDVI 数据序列的经典统计结果与地统计结果对比显示，由于研究区地形复杂、气候多样以及人类活动区域差异明显等，空间距离和空间位置对数据间的差异性统计影响显著。

两个重采样 NDVI 数据序列表现出相同的分形维数各向异性规律，且与 GIMMS NDVI 不同。研究区植被覆盖受到海拔、降水等对其宏观空间分布与结构性变异的控制作用，而且这种控制作用也表现出对方向的依赖性。

尽管本节获得了研究区植被覆盖的空间变异特征及其尺度依存性，然而相关研究仍可从以下几个方面进行加深：① 借助地统计学进行 NDVI 的不确定性分析，并对多源数据进行比较和衔接，相对于本节基于较短时间段和有限空间范围的研究而言，此类研究能为生态环境的保护提供更为科学的依据和细致可靠的指导；② 进一步探讨植被覆盖空间异质性与尺度的耦合机制，幅度和粒度是生态尺度问题研究的重点，本节在有限的尺度域内，通过变换粒度实现多尺度研究，今后还应扩大尺度范围，尤其是应当将本节的构造范式（即植被覆盖空间特征的多尺度地统计学分析构造范式）（高江波和蔡运龙，2011）应用到更多不同尺度的研究区域中，以综合分析尺度间的连通性；③ 植被覆盖动态的地统计学研究，即将空间维研究拓展为时间维和空间维相结合的多维研究；④ 应用 GS 方法比较不同植被指数之间的空间特征，揭示植被指数间空间分布的差异性；⑤ 由于 NDVI 和环境变量都具有明显的空间自相关性，因此，本节的地统计学研究结果可为各变量自回归模型的建立提供依据，并有助于降低或消除自相关对地理加权回归、一般线性回归等的影响。

4.3 石漠化的空间格局

石漠化（rocky desertification）是随着荒漠化出现的一个概念（Yuan，1997），主要应用于我国西南喀斯特地区。最初研究人员在沙页岩、红色岩系和石灰岩丘陵山地陡坡开垦所引起的水土流失研究中，提出“石化”、“石山荒漠化”、“石质荒漠化”等概念，并强调是喀斯特地区水土流失的一个突出特点（袁道先等，1988；屠玉麟，1996），是土壤侵蚀的结果（苏维词等，1995）。喀斯特地区基岩为厚层碳酸盐岩，抗物理风化，以溶蚀为主，酸不溶物比例低，成土速度慢，土壤侵蚀容限值低（袁道先和蔡桂鸿，1988），瘠薄的土壤被严重侵蚀而难以补偿，导致大面积发生石漠化。石漠化是土地荒漠化的主要类型之一，以脆弱的生态地质环境为基础，以强烈的人类活动为驱动力，以土地生产力退化为本质，以出现类似荒漠景观为标志（王世杰，2002）。

4.3.1 石漠化危险性评价

喀斯特石漠化危险性评价，是根据石漠化演变发展的相关要素，对一个地区内石漠化等级程度进行的评价。其意义在于反映一个地区的石漠化发展程度，并为政府部门合理有效地防治石漠化提供有力的科技支持。本节依据前人研究成果，选取影响喀斯特石漠化演化的相关指标，运用 GIS 技术提取各指标的数据，建立 RBFN 模型，通过对已有的、较为公认的 12 个不同石漠化危险程度市、县（自治州）相关数据的训练，确定网络模型各参数，进而对贵州省 82 个市、县（自治州）的喀斯特石漠化危险度进行评价。

（1）研究方法

a. RBFN 网络原理介绍

RBFN 网络（radial basis function network，径向基函数网络）是近年来被广泛应用于函数近似插值、分类研究的人工神经网络模型之一（Moody and Darken，1989；Park and Sandberg，1991）。它是由一个输入层、一个隐含层和一个输出层组成的三层前向式网络，各层有多个神经元，相邻两层单元之间单方向连接，是通过径向基算法来获得隐层权值、确定最终输出值的多层前向监督式网络（图 4-18）。

图 4-18 中，X_k 为输入层的输入（$k=1, 2, \cdots, N$），V_j 为隐含层的输入（$j=1, 2, \cdots, L$），O_i 为输出层的输出（$i=1, 2, \cdots, M$）。$C_{jk}=(C_{j1}, C_{j2}, \cdots, C_{jn})^T$、$\delta_j$ 分别表示隐含层单元基函数的中心和宽度，N、L、M 分别表示输入单元、隐含单元和输出单元的数量。N 和 M 同实际问题的输入维数和输出维数相一致，而 L 的选择，一般采用构造

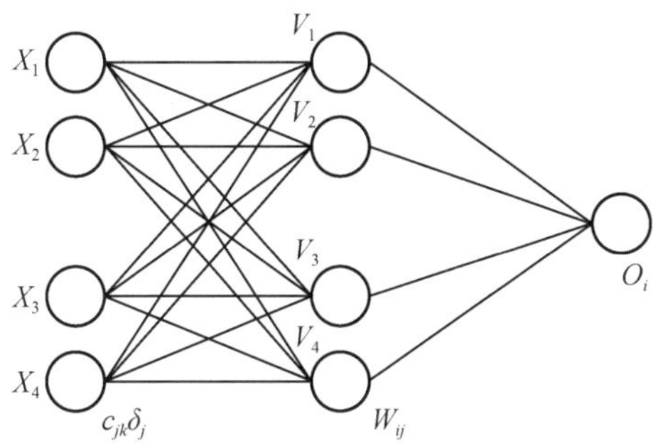

图 4-18　径向基函数网络模型结构图

一个人工神经网络结构或对一个网络结构进行修改，使之与一个具体问题相适应的方法来确定隐含单元数。

若给定的输入模型式为 X_k^u，$u=1, 2, \cdots, P$（P 为输入模式数），则有隐含层单元的输出

$$V_j^u = R_j^u / \sum_{k=1}^{L} R_j^u \tag{4-1}$$

其中

$$R_j^u = \exp\left[-0.5\sum_{k=1}^{N}\left(\frac{X_k^u - C_{jk}}{\delta_j}\right)^2\right] \tag{4-2}$$

输出层单元的输出：

$$O_i^u = \sum_{j=1}^{L} W_i^j V_j^u \tag{4-3}$$

式中，R_j^u、V_j^u 都是径向对称的非线性函数，称 R_j^u 为 Gauss 型径向基函数，V_j^u 为归一化的径向基函数。

b. RBFN 网络的训练算法

从式（4-1）、式（4-2）、式（4-3）可知，隐含层执行的是一种固定不变的非线性变换。C_{jk}、δ_j、W_{ij}需要通过学习和训练来确定，具体可分 3 步进行计算。

第一步：确定基函数的中心 C_{jk}，思路是利用一组输入来计算 $L\times N$ 个 C_{jk}，使 C_j尽可能均匀地对数据抽样，在数据密集点 C_j也密集，这种方法称为“K—均值聚类法”，是一种无监督学习法，具体过程如下。

1）基函数的中心 C_j初始化。将基函数中心的初值设为最初的 L 个训练样本的值。

2）将所有样本模式按最近的基函数中心 C_j分组。当每个基函数中心 C_j及所有样本模式 $X^u=(X_1^u, \cdots, X_n^u)^T$ 满足

$$\min\left[\sum_{k=1}^{N}(X_k^u - C_{jk})^2\right]$$

X^u 属于 C_j 的子样本集 θ_j。

3）重新计算 C_{jk}。

$$C_{jk} = \frac{1}{M_j}\sum_{u\in\theta_j} C_k^u \tag{4-4}$$

式中，M_j 是子样本集 θ_j 的样本模式数。

4）若基函数中心 C_{jk} 不再变化，则停止训练。基函数中心 C_j 的稳定值即为所求。否则转向 2），重新计算 C_{jk}，直到稳定为止。

第二步，确定基函数的宽度 δ_j。基函数中心 C_j 训练完成后，可以求出归一化参数，即基函数的宽度 δ_j，表示与每个中心相联系的子样本集中，样本散布的一个测度。最常用的是，令它们等于基函数中心与子样本集中样本模式之间的平均距离，即

$$\delta_j = \sqrt{\frac{1}{M}\sum_{\mu \in \theta_j}\sum_{k=1}^{N}(X_k^{\mu} - C_{jk})^2} \tag{4-5}$$

第三步，确定从隐含层单元到输出层单元的连接权值 W_{ij}。若设相应于 X_i^u 的期望输出值为 Y_i^u，则通常的误差测度标准是平方误差最小，即

$$\mathrm{ES} = 0.5\sum_{u=1}^{p}\sum_{i=1}^{M}(Y_i^M - O_i^M)^2 \tag{4-6}$$

在基函数确定后，式（4-6）中的 ES 是 W_{ij} 的函数，可用最小二乘法求解。

与传统的 BP 神经网络模型比较看来，RBFN 模型具有如下优点。

1）RBFN 隐含层为高斯函数，每一神经元都有一感受域，因而是进行局部调整；而 BP 网络的 S 转移函数是全局性的。

2）RBFN 学习速度快。BP 为梯度下降逼近学习，收敛速度较慢，有的时候甚至是发散的；而 RBFN 直接可以通过聚类确定函数中心，隐含层到输出层的连接权值可以直接计算出，避免反复迭代。

3）RBFN 可以避免局部最优的问题。

c. 评价指标的选取

在进行喀斯特石漠化的危险度评价时，遵循指标选取的系统性、代表性、简明性和可获得性原则的前提下，参照前人研究成果（熊康宁等，2002；李瑞玲和王世杰，2004），我们选取以下 8 个指标进行评价。

植被覆盖率（%）。从石漠化的科学内涵出发，石漠化最直观的表现就是植被覆盖率下降，岩石裸露。因此植被覆盖率是石漠化程度判别的关键指标。

地表起伏指数。喀斯特石漠化与地形也有较强联系。地形平坦地区，石漠化强度小，发布呈斑点状，而在地形崎岖破碎的区域则表现为多中度、强度且呈片状分布。地形与石漠化的分布关系，用地表起伏指数 RDLS（relief degree of land surface）来表示。计算公式为

$$\mathrm{RDLS} = \{[\max(h) - \min(h)]/[\max(H) - \min(H)]\} \times [1 - P(A)/A] \tag{4-7}$$

式中，h 为各县海拔高程；H 为全省海拔高程；A 为各县国土面积；P（A）为各县平地所占面积（刘燕华和王强，2001）。

大于等于 25°坡地面积百分比（%）。一般来说，坡度越大，地表物质的不稳定性就越强，土壤越容易遭受侵蚀而变薄，就越容易发生石漠化。贵州地表平均坡度为 21°，当坡度超过 25°时，水土流失强烈，因此选取大于等于 25°坡地面积百分比这一指标。

土壤侵蚀面积百分比（%）。土壤侵蚀是石漠化的最直接因素。脆弱的喀斯特区域，成土条件差，土层浅薄，抗蚀年限短，经过强烈的土壤侵蚀后，土被丧失，植被退化，石漠化形成，本节所统计的土壤侵蚀面积百分比为所在县（市）发生中度以上土壤侵蚀面积（周忠发和安裕伦，2000）占土地总面积的百分比。

多年平均降水（mm）。水作为喀斯特作用的溶液、溶剂，是喀斯特石漠化环境演化的基本营力，本指标的选取反映了全省降水量的空间差异。

夏季平均降水（mm）。喀斯特地区地面土壤的侵蚀程度与降水强度有很大关系，而土壤侵蚀也与石漠化的演化发展密切相关。故选取夏季（6～9月）平均降水这个指标，反映石漠化程度与降水强度之间的关系。

大于等于25°坡耕地面积百分比（%）。石漠化土地中相当一部分是由于人类过渡垦殖从坡耕地演化而来的。贵州耕地资源缺乏，全省各地区都有陡坡耕地分布。选取大于等于25°坡耕地面积百分比进行评价，陡坡耕地率越大，土地石漠化的危险性就越高。

人均耕地面积（亩①）。主要反映了人口对喀斯特地区土地资源的压力。

d. 研究技术路线

本节研究所采用的技术路线见图4-19。

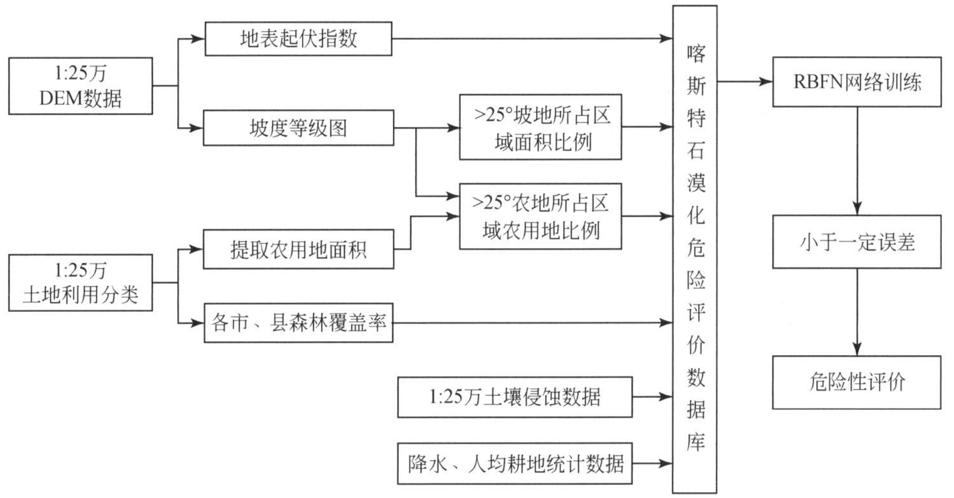

图4-19　基于RBFN网络模型的石漠化危险度评价流程图

（2）数据来源与处理

a. 数据来源

本研究采用的DEM数据为贵州省1∶25万的DEM；土地利用数据为2000年的1∶25万的贵州省土地利用分类（ArcInfo格式）；土壤侵蚀数据为2000年的贵州省1∶25万数据（ArcInfo格式）。降水资料及人均耕地面积等其他资料由中国科学院“中国自然资源数据库”提供，时间为2002年。

b. 数据处理

数据处理分为两部分。对于GIS数据，在统一投影、坐标和分辨率后，进行相关要素数据的提取。

在通过GIS软件和相关资料获取原始数据后，为避免量纲的影响，对全体指标进行了同一化处理，计算公式为

① 1亩≈666.7m^2。

$$x_i' = \frac{x_i - x_{\min}}{x_{\max} - x_{\min}} \tag{4-8}$$

标准化后的数据空间分布见图4-20。

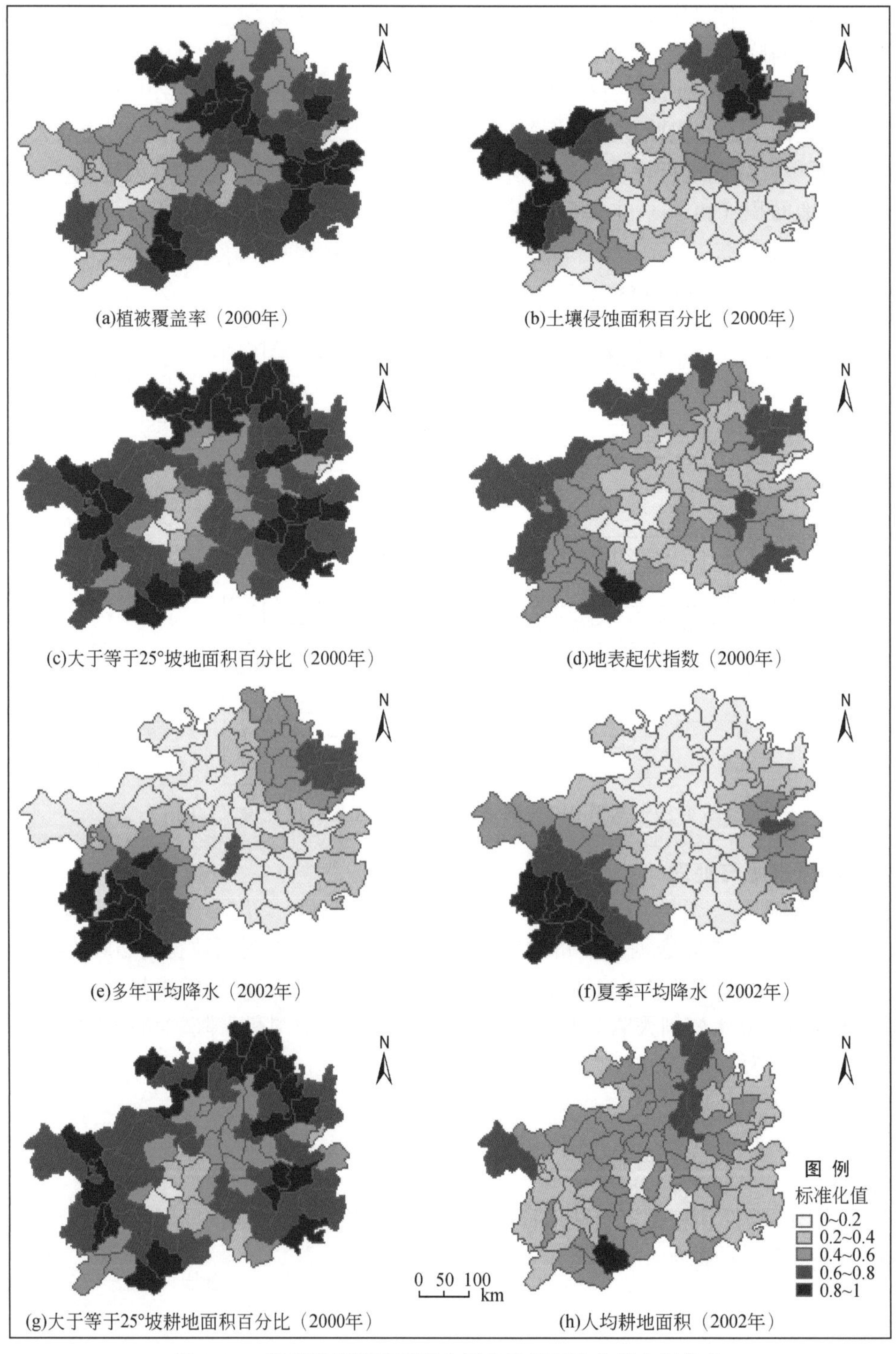

图4-20　贵州省喀斯特石漠化评价指标标准化值空间分布

c. 数据训练

在上一步的基础上，我们确定了喀斯特石漠化危险度的等级。据相关资料（熊康宁，2002；李瑞玲和王世杰，2004），将危险度的等级分为四类（表 4-8），并分别选取“轻度危险”（锦屏县、雷山县、赤水市）、“中度危险”（习水县、修文县、丹寨县）、“强度危险”（三都县、普安县、平塘县）、“极强危险”（贞丰县、关岭县、兴仁县）等 12 个县的相关数据进行训练（熊康宁，2002），设置的停止训练误差为 10^{-3}，当训练次数达到 11 次时，误差即小于 10^{-6}，训练停止。

表 4-8　贵州喀斯特石漠化危险度划分标准

危险度	植被覆盖率(%)	地表起伏指数	大于等于 25°坡地面积百分比(%)	土壤侵蚀面积百分比(%)	多年平均降水(mm)	夏季平均降水(mm)	大于等于 25°坡耕地面积百分比(%)	人均耕地面积(亩)
轻度危险	>50	<0.1	<40	<20	<1060	<480	<15	>0.9
中度危险	35 ~ 50	0.1 ~ 0.15	40 ~ 50	20 ~ 30	1060 ~ 1200	480 ~ 600	15 ~ 20	0.7 ~ 0.9
强度危险	20 ~ 35	0.15 ~ 0.2	50 ~ 60	30 ~ 40	1200 ~ 1300	600 ~ 700	20 ~ 25	0.6 ~ 0.7
极强危险	<20	>0.2	>60	>40	>1300	>700	>25	<0.6

注：选取标准参考熊康宁等（2002）、李瑞玲和王世杰（2004）

d. 计算工具

GIS 数据提取所采用软件为美国 ESRI 公司出品的 ArcGIS Desktop 8.3 版本，RBFN 模型运行所采用软件为美国 MathWorks 公司出品的 Matlab 6.5 版本。

(3) 评价结果

根据前文中构建的 RBFN 模型对贵州省 82 个市、县（州）的评价，其中属于喀斯特石漠化极强危险的有 12 个，强度危险的有 37 个，中度危险的有 16 个，轻度危险的有 17 个（图 4-21，表 4-9）。贵州省西南部的西南—东北沿线为喀斯特石漠化极强危险区，整个西南部为喀斯特石漠化发生的强度危险区，北部地区为喀斯特石漠化发生的中度危险区，东南部地区为喀斯特石漠化发生的轻度危险区。

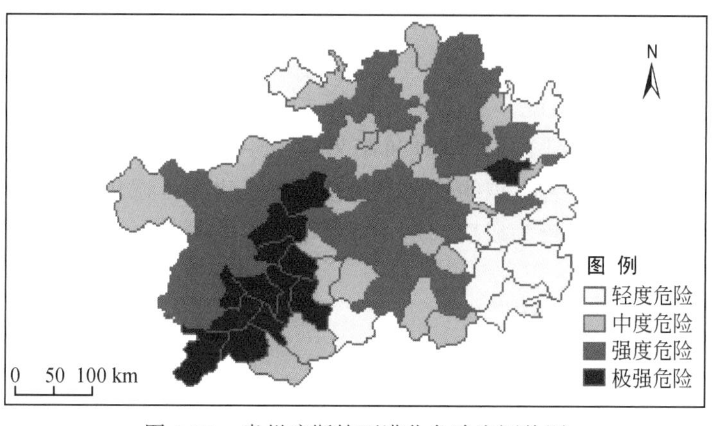

图 4-21　贵州喀斯特石漠化危险度评价图

表 4-9　贵州省喀斯特石漠化危险度分区

危险度	市、县（州）
轻度危险	赤水市、松桃县、铜仁市、镇远县、天柱县、剑河县、台江县、锦屏县、雷山县、黎平县、榕江县、从江县、罗甸县
中度危险	道真县、正安县、习水县、印江县、湄潭县、遵义县、遵义市、毕节市、余庆县、玉屏县、威宁县、施秉县、修文县、平坝县、麻江县、丹寨县、长顺县、惠水县、独山县、荔波县、望谟县、册亨县
强度危险	沿河县、务川县、桐梓县、德江县、绥阳县、凤冈县、仁怀市、惠南县、江口县、金沙县、石阡县、大方县、万山特区、瓮安县、赫章县、开阳县、息烽县、黄平县、纳雍县、三穗县、福泉市、贵阳市、水城县、清镇市、龙里县、贵定县、六盘水市、凯里市、六枝特区、都匀市、盘县、普安县、三都县、平塘县
极强危险	岑巩县、黔西县、织金县、普定县、安顺市、晴隆县、镇宁县、关岭县、紫云县、兴仁县、贞丰县、兴义市、安龙县

实际中，据李瑞玲等（2003）的相关研究，贵州石漠化强度危险的地区主要分布在两大地区。一是沿水城—安顺—惠水—平塘一线以南分布，另一是沿大江大河分布。我们可以看到（图 4-21），东北方向沿乌江流域石漠化危险度为强度，而西南部水城—安顺—惠水—平塘一线的石漠化危险度为强度和极强，这与本次危险评价的大致结果较为一致。李瑞玲等还得出“中度和轻度石漠化在毕节地区、黔中较为广泛，在黔东北和黔北地区的分布则为零星分布”、“黔东南的碎屑岩地区最易发生轻度石漠化”的结论，也与分布图较为吻合，从而证明了 RBFN 模型评价喀斯特石漠化危险性具有较高的准确性。

从实践意义来看，本节依据喀斯特石漠化研究的理论和前人成果，结合贵州省自然地理条件和经济社会发展情况等特点，建立了 RBFN 模型，对贵州省全省 82 个市、县（州）进行了喀斯特石漠化危险度评价的初步尝试，结果显示，贵州省西南部的西南—东北沿线为喀斯特石漠化极强危险区，整个西南部为喀斯特石漠化发生的强危险区，北部地区为喀斯特石漠化发生的中度危险区，东南部地区为喀斯特石漠化发生的轻度危险区。喀斯特石漠化危险度评价结果可为土地资源规划、石漠化土地治理、生态环境保护提供科学依据。这点在今后的石漠化治理和防灾减灾实践中应予以高度重视。

从 RBFN 模型来看，对于危险度的评价，通过设立评价指标的阈值，对已有目标进行训练后确定模型系数，进而评价整个研究对象，简单易行。从研究方法来看，利用 GIS 的空间信息分析和信息提取功能，从图中提取了危险度评价的相关数据，输入训练好的 RBFN 模型，较为准确地得到了危险度评价结果。GIS-RBFN 集成技术可有效地解决喀斯特石漠化危险度评价过程中各数据的管理、挖掘、数字化和可视化等问题，在喀斯特石漠化危险程度评价方面的应用较为成功，是一种科学有效的研究方法。

4.3.2　石漠化分形研究

(1) 研究方法

a. 分形的定义及特点

自 Mandelbrot（1967）于 20 世纪 70 年代中期创立分形理论以来，分形理论已在科学研究的众多领域取得了广泛的应用。在地理学中，或将分形理论应用于第四纪沉积环境研究（朱诚等，1996）、泥石流特征分析（易顺民和孙云志，1997）等自然地理研究，或应用于城市演化（李后强和艾南山，1996）、交通网络空间结构（刘继生和陈彦光，1999）等人文地理研究。用分形理论刻画这些不规则、不稳定和具有高度复杂结构的地理现象，收到了异乎寻常的效果。

对于分形，其创始者 Mandelbrot 认为是“一种部分以某种方式与其整体相似的形”。后来经过众多研究者的努力，给出了较为明确的分形定义，认为分形是具有下列性质的集。

1）具有任意小尺度下的比例细节，或者说它具有精细的结构；

2）其不规则性在整体和局部均不能用传统的几何语言加以描述；

3）具有某种自相似的形式，但不是完全数学意义上的自相似性，而是统计的自相似性，或是近似的自相似性；

4）一般分形集的“分形维数”，严格大于它相应的拓扑维数；

5）该集常可由极简单的方法来定义，可能由迭代产生；

6）其大小不能用通常的测度（如面积、长度、体积等）来量度。

此外，分形最大的一个特点就是由分形维数（又称分数维或分维）来描述。维数是几何学和空间理论的基本概念，通常点为零维，线为一维，平面为二维，立体空间为三维。传统数学理论对于自然界中连绵起伏的群山、奇形怪状的海岸线、蜿蜒曲折的江河等大量自然构型的描述无能为力，而分形论的产生则为研究这些复杂的对象找到了全新的方法和思路，分维也成为描述这些复杂事物特征的良好参数。分维可能是整数，这时它与欧几里得空间维数是等价的；但一般而言，分维不是一个整数，而是个分数。根据测算，自然界中大量的现象都是非整数维的，整数维只是其中的特殊现象。例如，对山地表面来说，其分维介于2.1～2.9；对山峰的轮廓线、湖岸线、海岸线等线型分形来说，分维介于1～2。

b. 计算方法

分形的主要计算方法有聚集维数（陈彦光，1995）、盒维数法（Grassberger，1983）、关联维数法（Mandelbrot and Van Ness，1968）和 R/S 分析法（刘式达，1993）等。下面主要介绍本节研究所采用的盒维数法。具体是使用不同长度的正方形网格去覆盖被测对象，当正方形网格长度 r 出现变化时，则覆盖有被测对象的网格数目 $N(r)$ 也必然会出现相应变化，根据分形理论有式（4-9）成立：

$$N(r) \propto r^{-D} \tag{4-9}$$

当正方形网格长度为 r_1，r_2，r_3，…，r_k 时，则覆盖有被测对象的正方形网格数目相应为 $N(r_1)$，$N(r_2)$，$N(r_3)$，…，$N(r_k)$，两边同取双对数可得式（4-10）：

$$\lg N(r) = -D\lg r + A \tag{4-10}$$

式中，A 为待定常数；D 为被测对象的维数，其值等于该式斜率值的绝对值。

（2）石漠化分维值的意义

从理论上讲，石漠化分维值变化于0～3，它反映了区域石漠化分布的均衡性。当 $D=0$ 时，表明石漠化发生在空间的某个点；当 $D=1$ 时，表明石漠化沿某一直线发展；当 $D=$

2 时，表明石漠化在平面内均匀分布；而当 $D\approx3$ 时，表明石漠化在平面内的分布极其复杂，接近向立体发展。

当 $0<D<1$ 时，D 越大，表明石漠化越呈现直线分布的特征；当 $1<D<2$ 时，D 越大，表明石漠化在平面内分布越均匀；当 $2<D<3$ 时，D 越大，表明石漠化的空间分布格局越复杂①。

从实践上来看，分维值的具体意义如下。

1）分维反映了喀斯特石漠化的空间分布特征。

喀斯特石漠化是在特殊自然环境下形成的自组织系统，其分布特征指的是在没有外界特定的干预下，石漠化系统所获得的空间上、时间上或功能上的结构特征。由于石漠化的分维值高低，同形成石漠化的自然地理背景条件及人文社会发展密切相关，故可以将分维作为描述石漠化分布的序参量。至于石漠化程度的分形结构，是在非平衡条件下经一定动力学过程形成的。分形结构的特征反映了形成过程的机制，分维是石漠化程度的综合反映。对石漠化来说，石漠化发育时间长，具有较广的分布范围，石漠化自组织程度就高，其分维值相对较大；而当石漠化发育时间较短，分布范围较小，其自组织程度就低，分维值也偏低；分维的变化体现了作为自组织系统的石漠化的复杂性特征。分维可作为描述石漠化空间分布的参数，体现了石漠化空间分布的差异，对于了解石漠化的分布特征和形成机制，具有重要的理论和实践意义。

2）分维反映了喀斯特地区石漠化的发育程度。

不同空间分布特征的石漠化，其分维值也不相同。因为石漠化的发生、发展过程实际上就是人为活动破坏生态平衡所导致的地表覆盖度降低的土壤侵蚀过程。表现为人为因素→林退、草毁→陡坡开荒→土壤侵蚀→耕地减少→石山、半石山裸露→土壤侵蚀→石漠的逆向发展模式（王世杰等，2003）。从某种程度上来说，喀斯特地区石漠化的分维值，反映了喀斯特地区石漠化的发育程度，客观上也体现了喀斯特地区地貌形态的差异性。石漠化发育程度越高，空间分布范围越广，分维值越大。因此，石漠化空间分布的分维值可作为石漠化发育程度的分类指标之一，具有直观明了和简便易用的优点。

3）分维反映了石漠化的危险程度。

喀斯特石漠化的形成与孕育过程，是一种有一定范围的相互作用系统朝着某种临界状态不断地自组织的结果。在临界状态下，一旦系统失稳，就会产生石漠化活动。对一个具体的喀斯特石漠化系统，按照耗散结构及系统论的观点，应属于一种开放系统。它在形成与发育过程中，必须不断地与系统以外的环境进行物质与能量的交换，在这个交换过程中，石漠化系统内的物质状况、能量状态及结构状态均要产生变化，使得它们之间趋于协调和平衡。石漠化多发生于坡度较陡、岩性为灰岩、人地矛盾较为突出的地区，由于石漠化的活动，导致流域内的地貌结构经常处于变化和发展状态中，侵蚀、搬运与堆积的改造作用，使石漠化的分布格局更加复杂。因此，石漠化分维的大小，是上述多种因素的综合体现，同石漠化危险度之间有必然的联系，分维能较好地体现石漠化危险度的不同。

---

① 朱晓华．2003．中国地理信息中的分形与分维．北京：北京大学。

(3) 数据来源与研究技术路线

本研究所采用的数据为 Arc/info 格式的 1∶10 万贵州省全省不同等级喀斯特石漠化分布图（熊康宁等，2002）。对于石漠化的严重程度分为6个等级，即非石漠化地区、无明显石漠化（含潜在）地区、石漠化轻度地区、石漠化中度地区、石漠化强度地区和石漠化极强度地区（图4-22）。研究所采用的技术路线如图4-23所示。

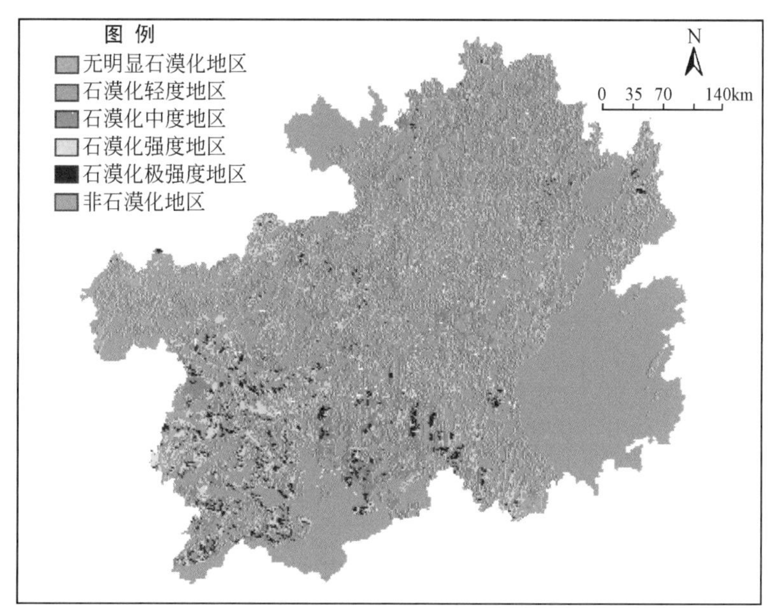

图4-22　贵州省不同等级石漠化分布图（熊康宁等，2002）

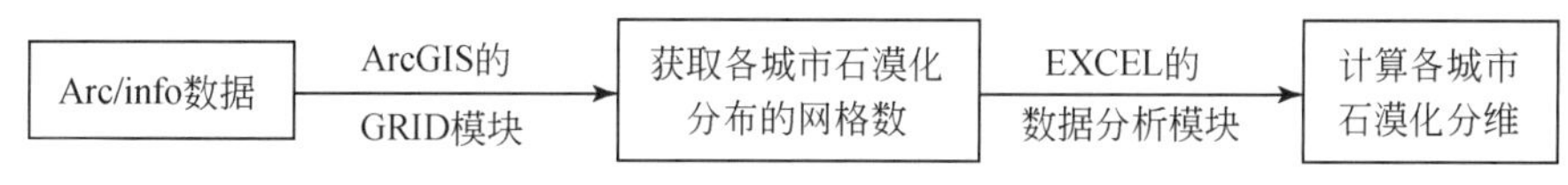

图4-23　石漠化分维研究的技术路线

(4) 计算结果

通过改变网格的测量标度（从边长为2.5m的正方形开始，每次递加2.5m），得出贵州省全省及9个地级市在不同网格变化下石漠化所占的格数（表4-10）。在此基础上，代入前面的式（4-10）中，即可获得各地区的石漠化分维值（表4-11）。

从表4-11的数据，我们可得出以下结论。

1）从区域尺度来看，贵州省的石漠化分布格局主要以平面均匀分布为主。其中，石漠化极强度地区的分维值较大，说明分布格局较其他类型的分布更为复杂、更为破碎；而其他各种类型分维值接近2，大致均匀分布。

2）从地区尺度来看，贵州省极强度石漠化分布地区的区域差异较大。其中，六盘水地区的分维值最大，达到2.18，在平面内分布的格局较复杂；而黔东南州地区的值最小，仅为0.87，说明该地区的极强度石漠化呈散点分布，接近直线分布。省内中度石漠化分布也存在一定的区域差异。其中，黔东南州地区的值最大，为2.20，而黔西南州地区的值最小，为1.93。省内无明显石漠化地区、石漠化轻度地区、石漠化强度地区和非石漠化地区的分维值差异不大，基本呈现均匀分布的格局。

表 4-10　贵州省喀斯特石漠化网格变化下的数量统计

项目	无明显石漠化地区								石漠化轻度地区							
标度 r(m)	2.5	5	7.5	10	12.5	15	17.5	20	2.5	5	7.5	10	12.5	15	17.5	20
贵州	29 687	7 391	3 280	1 865	1 177	799	605	467	34 538	8 595	3 857	2 158	1 360	1 000	697	550
贵阳	2 455	610	268	165	95	72	46	33	3 218	810	369	184	136	88	61	55
安顺	2 452	624	251	170	93	69	61	43	2 513	617	279	148	103	68	43	37
毕节	4 602	1 153	520	309	196	124	93	59	9 450	2 358	1 056	593	376	262	198	163
六盘山	2 248	561	240	136	81	65	48	41	2 129	524	231	137	73	57	45	33
黔东南州	2 698	663	314	159	107	74	61	46	2 045	508	224	135	83	59	39	28
黔南州	6 035	1 513	668	408	225	166	133	98	6 763	1 691	774	421	268	194	141	103
黔西南州	1 538	400	160	103	69	46	33	22	1 613	391	181	100	71	47	25	25
铜仁	2 954	718	346	181	115	71	56	50	6 548	1 633	709	411	272	207	143	103
遵义	9 511	2 365	1 044	577	404	240	180	136	10 093	2 514	1 138	633	384	291	198	170

项目	石漠化中度地区								石漠化强度地区							
标度 r(m)	2.5	5	7.5	10	12.5	15	17.5	20	2.5	5	7.5	10	12.5	15	17.5	20
贵州	18 315	4 647	2 054	1 148	736	487	378	265	11 178	2 772	1 252	675	477	309	231	170
贵阳	1 128	283	118	69	47	25	31	15	322	79	36	21	9	11	7	7
安顺	2 492	618	279	157	105	70	53	44	1 098	262	129	63	46	29	20	15
毕节	3 353	851	386	191	132	87	62	60	1 528	373	155	83	59	44	37	22
六盘山	1 726	449	213	118	78	52	35	25	2 157	525	242	126	96	54	45	29
黔东南州	1 113	287	123	63	43	27	18	9	462	119	49	33	20	18	8	7
黔南州	4 764	1 165	522	298	194	119	85	73	2 017	527	237	101	92	56	44	27
黔西南州	2 157	542	249	122	76	56	53	44	1 637	405	174	103	63	47	31	27
铜仁	2 562	653	270	152	97	61	52	39	1 108	268	125	81	48	33	18	22
遵义	3 139	819	346	208	123	95	69	35	1 318	324	147	84	53	36	33	22

项目	石漠化极强度地区								非石漠化地区							
标度 r(m)	2.5	5	7.5	10	12.5	15	17.5	20	2.5	5	7.5	10	12.5	15	17.5	20
贵州	2 720	691	287	174	108	77	49	31	53 397	13 373	5 910	3 315	2 130	1 497	1 099	848
贵阳	31	7	4	2	2	0	0	0	887	226	98	59	37	25	22	15
安顺	387	104	43	33	19	12	9	6	2 777	707	323	167	107	80	51	38
毕节	105	20	13	11	6	3	1	2	5 344	1 349	587	335	201	161	110	77
六盘山	560	140	54	37	24	14	8	5	1 079	275	119	63	41	34	23	22
黔东南州	7	2	1	1	1	1	1	1	23 972	6 008	2 648	1 489	958	665	491	381
黔南州	551	143	58	33	20	19	10	9	6 037	1 504	657	371	245	173	124	96
黔西南州	899	224	101	54	34	25	19	10	8 968	2 249	997	568	356	245	181	135
铜仁	73	20	13	7	3	2	2	1	4 753	1 199	530	290	184	135	97	69
遵义	39	15	2	3	1	3	2	1	6 622	1 637	742	412	268	186	138	108

表 4-11　贵州省喀斯特石漠化分维

地区	无明显石漠化地区	石漠化轻度地区	石漠化中度地区	石漠化强度地区	石漠化极强度地区	非石漠化地区
贵州省	2.00	1.98	2.02	1.99	2.08	1.99
贵阳	2.03	1.98	2.05	1.90	1.67	1.94
安顺	1.93	2.04	1.95	2.05	1.95	2.05
毕节	2.03	1.97	2.00	1.97	2.00	2.01
六盘山	1.95	2.01	2.00	2.03	2.18	1.92
黔东南州	1.96	2.02	2.20	1.98	0.87	1.99
黔南州	1.98	1.99	2.03	2.02	1.99	1.98
黔西南州	1.99	2.03	1.93	1.99	2.07	2.00
铜仁	2.01	1.96	2.03	1.96	2.14	2.01
遵义	2.03	1.98	2.05	1.94	1.64	1.98

3）从发育程度来看，贵州省石漠化极强度地区的发育程度较其他类型的石漠化地区和非石漠化地区要高。

本研究因数据等各方面限制，还存在一些不足，未来可在以下几方面开展工作。

1）在 GIS 技术的支持下，本研究仅使用了一期石漠化空间分布数据，如果有可能，还可使用多期数据进行对比研究，根据分维值的变化来推断石漠化发展速率、确定石漠化发展态势，进而为合理治理石漠化提供技术支持。

2）除了运用 GIS 技术计算石漠化空间分布的分维外，能否结合统计数据，计算时间序列的石漠化面积变化的分维。

3）本节未涉及研究区域的不同程度石漠化分维值之间的联系，若它们之间确实存在联系，如何定化二者关系等还有待进一步研究。

4）如何确定分维与危险度的数量联系等。

总之，分形理论是一个强大的研究工具，从一个新的视角和层次，揭示了一些富有启发性的新性质，为我们更清楚地认清自然的本质提供了新的思路和方法，无疑具有很重要的实用价值，值得借鉴使用。

第5章 贵州省降雨对水土流失的影响

贵州省处于世界喀斯特最复杂、类型最齐全、分布面积最大的东亚岩溶区域中心，山高坡陡、水土流失十分严重，成为土地变化的一个显著特征。关于贵州土壤侵蚀的形成机制、分布格局和生态恢复的研究较多，对影响水土流失的各个因素——气候、土壤母质、地形及人类的垦伐耕种等活动都进行了探究，但是对于造成水土流失的主要气候因子——降雨的系统研究还很少。降雨是导致土壤侵蚀的主要动力因素，研究降雨对土壤侵蚀的作用具有重要意义。

本章包括两个降雨对水土流失影响的研究案例，一是贵州省降雨侵蚀力时空分布规律分析，利用全省19个气象台站1951～2001年逐日降雨资料和日降雨侵蚀力模型，估算了贵州省降雨侵蚀力，分析了其时空分异规律；二是近50年贵州暴雨气候变化及其对水土流失的可能影响研究，选取等级降水（暴雨、大雨）的雨量和雨日、从一定程度上反映暴雨强度变化的日最大降水量，以及可能对水土流失造成影响的连续性降水作为研究对象，分别考察各特征参数的变化，最后综合各参数的变化对水土流失的可能影响作出评定。

5.1 降雨侵蚀力时空分布规律

降雨是导致土壤侵蚀的主要动力因素，降雨侵蚀力反映了降雨对土壤侵蚀的潜在能力，是通用土壤流失方程USLE或RUSLE中的一个最基本因子（章文波等，2003）。因此，准确评估降雨对土壤侵蚀的潜在作用，对定量预报土壤流失、制定水土保持规划等具有重要意义。由于次降雨量和雨强等过程资料难以获得，一般利用气象站常规统计降雨资料如日雨量、月雨量、年雨量或其他雨量参数来估算降雨侵蚀力（Renard and Freimund，1994）。而在不同类型统计降雨资料估算的降雨侵蚀力中，以日雨量计算多年平均侵蚀力的精度最高（章文波和付金生，2003）。针对上述研究和贵州省的实际情况，本章采用逐日雨量资料计算贵州省近50年来的降雨侵蚀力，评估降雨对土壤侵蚀的潜在作用能力，分析降雨侵蚀力的时空变化规律，为贵州省的水土流失治理和水土保持规划提供科学依据。

5.1.1 资料和方法

日雨量资料是目前气象站公开发布的最详细雨量整编资料，与月雨量和年雨量资料相比能提供更详细的降雨特征信息（章文波和付金生，2003）。整理搜集贵州省气象台站建站以来历年逐日降雨资料，最早年份为1951年，最近为2001年。对于个别缺测站点，利用临近台站空间插值，并用同一台站资料建立自回归模型（黄嘉佑，1995），将降雨序列补齐，最后获得19个有效测站（图5-1），得到完整的逐日降雨资料序列。

图5-1　贵州省19个主要气象站的地理位置示意图

降雨侵蚀力通常用降雨动能和某一时段（通常为30min）最大降雨强度的乘积表示，如EI_{30}等。但这种算法需要长期的且连续的自记雨量资料，使应用范围受到很大限制，许多学者提出了降雨侵蚀力的替代算法（卜兆宏等，1992；王万中等，1995；吴素业，1994）。根据对各种算法性能的比较以及气候资料状况，本研究选择基于日降雨的月降雨侵蚀力计算模型（Yu，1998；Yu and Rosewell，1996；宁丽丹和石辉，2003）：

$$E_j = \alpha[1 + \eta\cos(2\pi f_j + \omega)]\sum_{d=1}^{N} R_d^{\beta} \quad (R_d > R_0) \tag{5-1}$$

式中，E_j为月降雨侵蚀力［$MJ \cdot mm/(hm^2 \cdot h)$］；$R_d$是日降雨量；$R_0$是产生侵蚀的日降雨强度阈值，一般取值为12.7mm；N是某月中日降雨量超过R_0的天数；f_j为频率，$f_j = 1/12$；$\omega = 5\pi/6$；α、β、η为模型参数，通过下面的经验公式获得。研究（Yu and Rosewell，1996）表明，在年降雨量大于1050mm的地方，α、β的关系为式（5-2），在年雨量500～1050mm的地方，α、β关系为式（5-3），η和年均降雨量的关系为式（5-4）。

$$\log\alpha = 2.11 - 1.57\beta \tag{5-2}$$

$$\alpha = 0.395\{1 + 0.098^{[3.26(S/P)]}\} \tag{5-3}$$

$$\eta = 0.58 + 0.25P/1000 \tag{5-4}$$

式中，β取值范围在1.2～1.8；S为夏半年降雨量；P为年均降雨量。根据以往研究结果并结合贵州省实际情况，这里取β为1.5，利用式（5-1）、式（5-2）、式（5-4）计算各气象台站 1951 ~2001 年逐月降雨侵蚀力，经汇总后得到各气象台站的年降雨侵蚀力、多年平均降雨侵蚀力等。

5.1.2 结果与分析

(1) 降雨侵蚀力空间分布

在计算出各站点的多年平均降雨侵蚀力后，采用 Kriging 内插方法进行空间内插，得到贵州省多年平均降雨侵蚀力空间分布图（图 5-2）。可见，贵州省多年平均降雨侵蚀力由南向北递减，在贵州省西南部、东南部边缘和东北部边缘较大，在中部和西北部较低。由于降雨侵蚀力取决于降雨量和降雨强度两个方面，所以降雨侵蚀力和降雨量（图 5-3）在空间分布上有许多不同，主要表现在降雨侵蚀力从南向北递减的速度明显比雨量快，在相同区域内降雨量从 1220mm 减少到 1060mm，而降雨侵蚀力从 4770 MJ · mm/(hm^2 · h · a) 减小到 3700 MJ · mm/(hm^2 · h · a)。

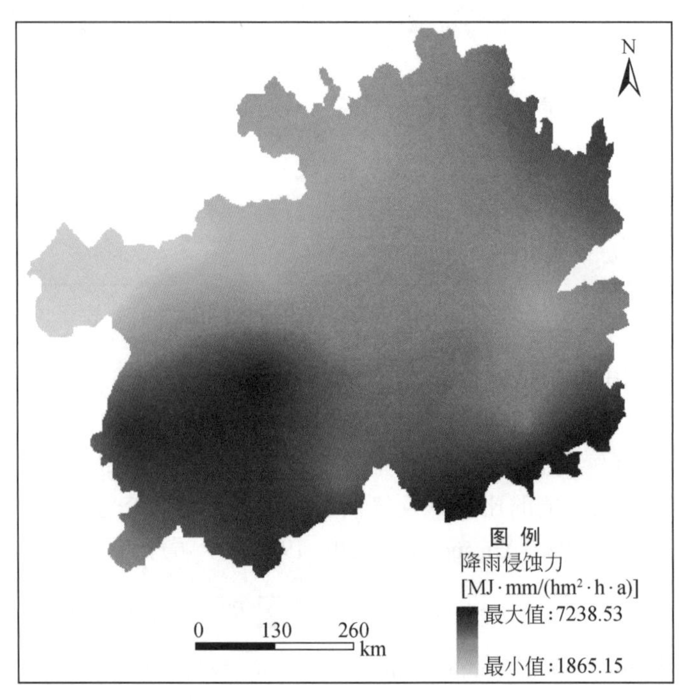

图 5-2 贵州省多年平均降雨侵蚀力空间分布

贵州省多年平均降雨侵蚀力变化范围在 1865. 15 ~7238. 53 MJ · mm/(hm^2 · h · a)，平均为 4383. 34 MJ · mm/(hm^2 · h · a)。降雨量变化范围在 705. 76 ~1592. 47mm，平均为 1143. 37mm。在东南边缘的从江、荔波、三江、融水等地以及西南部的南丹、盘县、关岭、普安、兴仁、晴龙等地形成降雨侵蚀力的高值中心，侵蚀力值一般在 5000 MJ · mm/(hm^2 · h · a) 以上，降雨量在 1300mm 以上。在西北部的昭通、鲁甸、威宁、赫章、会泽等地形成降雨侵蚀力的低值中心，侵蚀力值一般在 3000 MJ · mm/(hm^2 · h · a) 以下，降雨量在 800mm 以下。东北部边缘的囚阳、松桃、秀山等地降雨侵蚀力也较大，侵蚀力范围在4500～5000 MJ·mm/(hm^2·h·a)，降雨量在1 250～1300mm。贵州省中部和北部降雨侵蚀力在3000～4500 MJ·mm/(hm^2·h·a)，降雨量在800～1250mm，如息烽、开阳、金沙、桐梓、赤水等地。

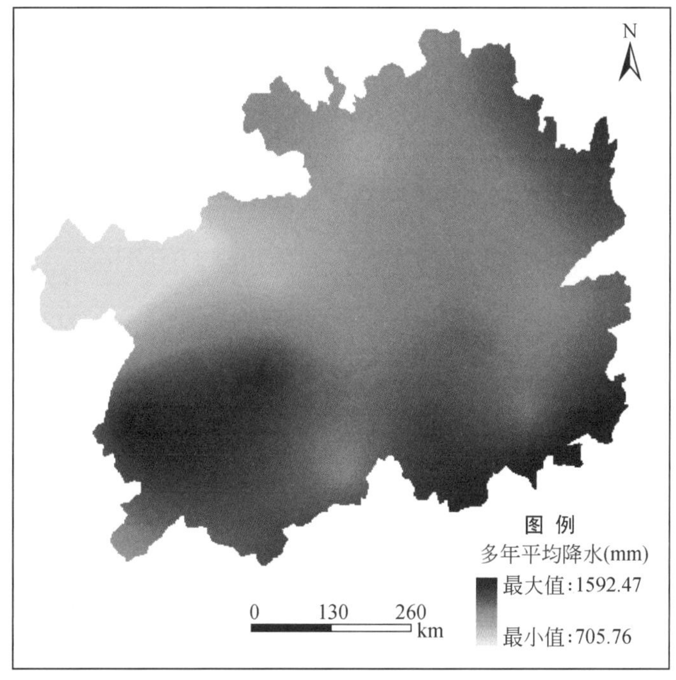

图5-3　贵州省多年平均降雨空间分布

(2) 降雨侵蚀力的季节变化

贵州省降雨季节变化十分明显，夏季（6～8月）降雨占年降雨的47.68%。冬季降雨最少，仅占全年降雨的5.42%（图5-4）。降雨侵蚀力是由侵蚀性降雨标准以上的降雨引起的（谢云等，2000）。所以，降雨侵蚀力主要集中在夏季6～8月，3个月的降雨侵蚀力占年均降雨侵蚀力的68.48%。春季（3～5月）降雨侵蚀力占年均侵蚀力的18.67%，秋季（9～11月）占12.71%。冬季（12～次年2月）降雨侵蚀力最小，仅占年均侵蚀力的0.14%。由于降雨侵蚀力取决于雨量和雨强两方面因素，所以研究区降雨侵蚀力的季节变化与降雨量的季节变化并不完全一致，降雨侵蚀力在各月间的差异明显大于降雨量的差异。降雨侵蚀力的分布为明显的单峰型，高峰值出现在6月，该月降雨侵蚀力占年均侵蚀力的27.06%。全年降雨侵蚀力集中分布在4～10月，其降雨侵蚀力占年降雨侵蚀力的累计百分比为98.6%。降雨量的季节分布也以6月最大，该月降雨量占年内降雨量的18.64%，4～10月的降雨量占年降雨量的87.14%，均低于同期降雨侵蚀力的百分比。

根据各台站多年平均降雨侵蚀力的季节变化特征，将贵州省各台站分为3种类型（表5-1）。表5-1中降雨侵蚀力标识是针对气象台站的降雨侵蚀力季节变化特征给出的一种定量化标度，将其作为气象台站的第三维属性，从而把降雨侵蚀力变化与其对应的空间分布联系起来。以各台站侵蚀力标识为原数据，采用Kriging插值方法，得到侵蚀力季节变化

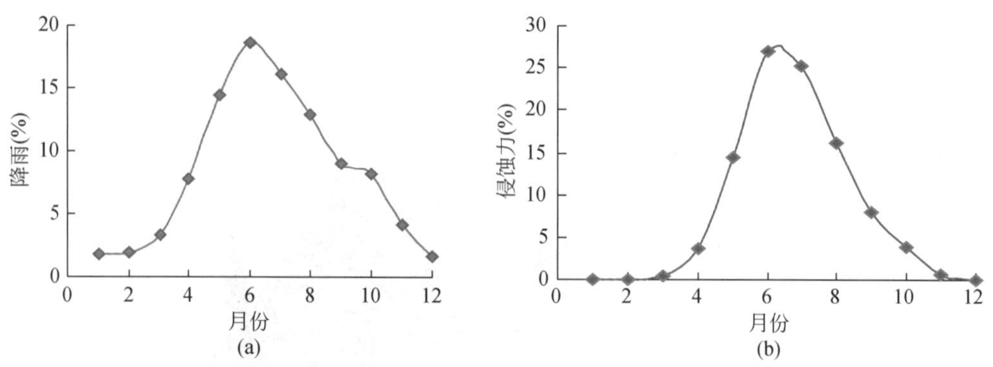

图 5-4 多年平均各月降雨及降雨侵蚀力百分比

的空间格局，并与侵蚀力标识相对应把贵州省划分为 3 个类型区（图 5-5）。

表 5-1 贵州省气象台站降雨侵蚀力分类

侵蚀力标识	气象台站	侵蚀力季节变化特征
1	三穗、罗甸、独山、铜仁、榕江	降雨侵蚀力季节分配集中度较低，夏季占全年 60% ~65%，最大降雨侵蚀力发生在 6 月和 7 月，占年降雨侵蚀力的 22% 左右
2	思南、凯里、湄潭、贵阳、桐梓、遵义、黔西	降雨侵蚀力季节分布较集中，夏季降雨侵蚀力占全年 65% ~70%，最大降雨侵蚀力发生在 6 月和 7 月，占年降雨侵蚀力的 25% 左右
3	望谟、兴义、习水、安顺、威宁、盘县、毕节	降雨侵蚀力季节分布集中，夏季降雨侵蚀力占全年 70% ~76%，最大降雨侵蚀力发生在 6 月，占年降雨侵蚀力的 30% 左右

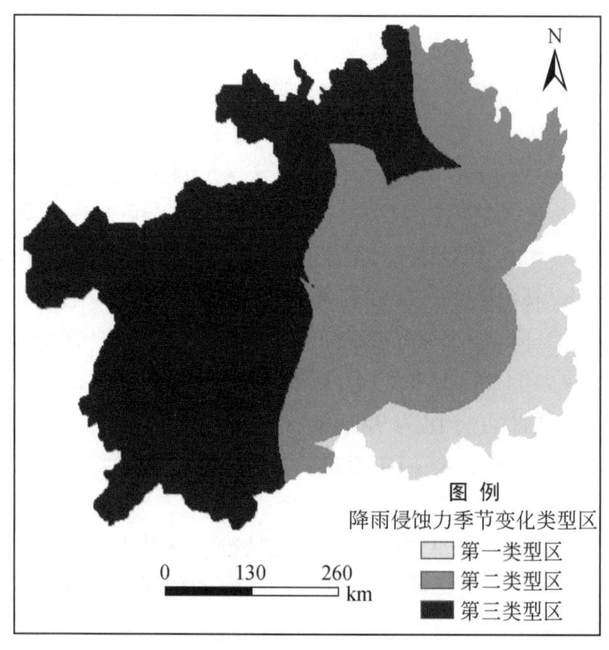

图 5-5 降雨侵蚀力季节变化类型分区

图5-5表现出贵州降雨侵蚀力沿经度分布的变化格局。从西到东随着经度的增加，降雨侵蚀力集中程度逐渐降低。第一类型区主要分布在贵州省东南边缘，包括从江、锦平、独山、黎平、天柱等地，占贵州省面积的10.67%，夏季降雨侵蚀力占到年降雨侵蚀力的60%～65%。第二类型区主要分布在中部，包括思南、都允、湄潭、凯里等地，占贵州省面积的39.01%，夏季降雨侵蚀力占到年降雨侵蚀力的65%～70%。第三类型区分布在贵州省西部，包括威宁、盘县、普安、毕节等地，占贵州省面积的50.32%，夏季降雨侵蚀力占到年降雨侵蚀力的70%～76%。

（3）降雨侵蚀力年际变化

气候要素的线性变化趋势常用倾向率表示，即该气候要素平均每10年的线性变化绝对量（林振耀和赵昕奕，1996）。降雨量及其侵蚀力的年际变化也以倾向率表示。贵州省多年平均降雨侵蚀力的倾向率为120.16MJ·mm/（hm^2·h·a）（图5-6）。各气象台站的降雨侵蚀力倾向率变化范围在-106～520MJ·mm/（hm^2·h·a），平均值207MJ·mm/（hm^2·h·a）。绝大多数台站的降雨侵蚀力倾向率为正，占总台站数的89.47%。这表明近50年来贵州降雨侵蚀力呈增加趋势，降雨引起的土壤侵蚀潜能在增加。贵州省降雨侵蚀力的变差系数cv为0.18，降雨的变差系数cv为0.21，可见，降雨侵蚀力的年际变化较小。

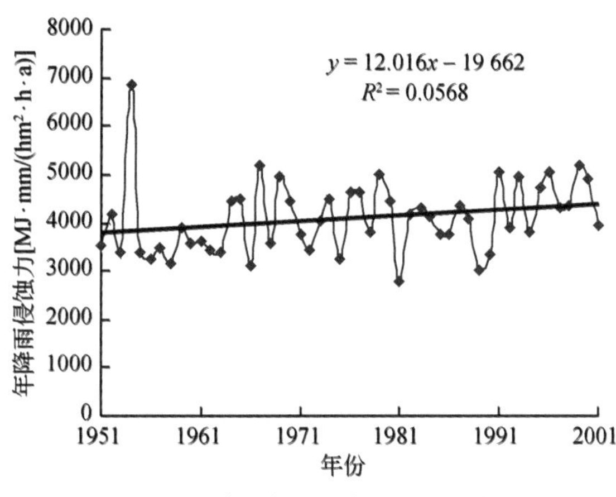

图5-6　降雨侵蚀力年际变化趋势

在空间分布上，西北部的赫章、毕节和北部的赤水等地降雨侵蚀力的倾向率为负值，说明该区域近50年降雨侵蚀力是在减小的，其余地区降雨侵蚀力倾向率均呈正值，表明贵州省绝大部分地区近50年降雨侵蚀力呈增加趋势。其中西南部的关岭、镇宁、贞丰等地和东南边缘的从江、黎平、融水等地形成降雨侵蚀力倾向率的正值中心，降雨侵蚀力倾向率范围在300～500MJ·mm/（hm^2·h·a）（图5-7）。

5.1.3　结论

降雨是引起土壤侵蚀的主要动力因素，降雨侵蚀力反映了降雨对土壤侵蚀的潜在能力。贵州省多年平均降雨侵蚀力在1865.15～7238.53MJ·mm/（hm^2·h·a），平均为

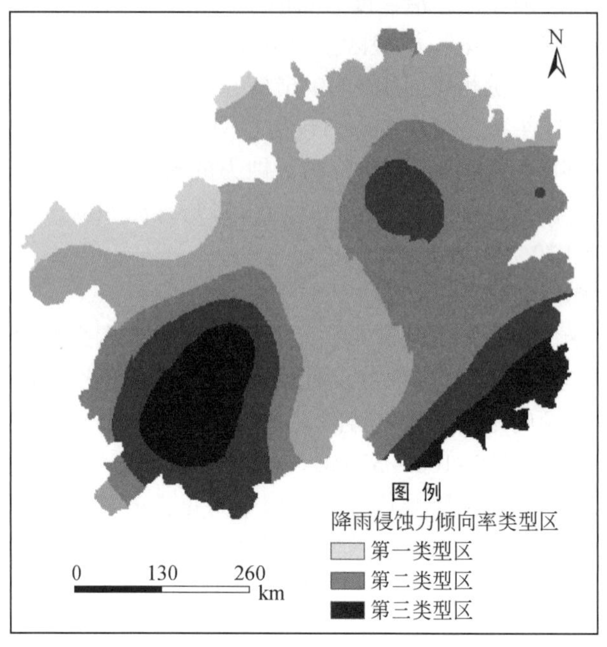

图 5-7　降雨侵蚀力倾向率类型区

4383.34MJ · mm/ (hm^2 · h · a)，其分布由南向北递减，在贵州省西南部、东南部边缘和东北部边缘较大，在中部和西北部较低，这和降雨空间分布特征类似。但是降雨侵蚀力取决于雨量和雨强两方面，因此降雨侵蚀力和降雨量的空间分布也有许多不同点。贵州省降雨侵蚀力季节分配集中度较高，最大月份降雨侵蚀力占年降雨侵蚀力的 27.06%，夏季降雨侵蚀力占年均降雨侵蚀力的 68.48%，降雨侵蚀力在各月间的差异明显大于降雨量的差异。根据降雨侵蚀力的季节变化特征，采用 Kriging 插值方法，将贵州省划分为三个类型区，从西到东随着经度的增加，降雨侵蚀力集中程度逐渐降低。近 50 年来，多数台站降雨侵蚀力倾向率为正，贵州省降雨侵蚀力呈增加趋势，降雨引起的土壤侵蚀潜能在增加。

5.2　暴雨动态及其对水土流失的可能影响

在降雨侵蚀力中，暴雨又是一个关键因素。本节进一步对贵州省近 50 年的暴雨气候特征进行全面的分析，并就其对水土流失的潜在影响作出评价。

暴雨是造成严重水土流失的直接动力（辛树帜和蒋德麒，1982）。暴雨是比较常见的气象灾害，大范围的暴雨往往引发洪涝和泥石流，给人们的经济生活和生命财产带来严重威胁。王占礼等（1998）对黄土高原土壤侵蚀的降雨因素的研究和李洪勋（2005）对云南坡地侵蚀的试验研究都表明，水土流失主要是由大雨、暴雨或大暴雨所引起的。一般说来，暴雨强度越大，侵蚀作用越强，水土流失量也越大。

在土壤侵蚀与水土保持研究领域，暴雨主要指的是短历时暴雨。但由于不同地区引起土壤侵蚀、水土流失的因素各异，对于引起侵蚀的判断标准也各不相同。鉴于本节研究的目的主要在于分析降水气候变化，同时探讨其对水土流失的可能影响，因此选取等级降水

（暴雨、大雨）的雨量和雨日、从一定程度上反映暴雨强度变化的日最大降水量，以及可能对水土流失造成影响的连续性降水作为研究对象，分别考察各特征参数的变化，最后综合各参数的变化对水土流失的可能影响作出评定。具体内容如下：分析近50年贵州降水变化特征及其空间分异；分析各站大雨（日降雨量≥25mm，包括暴雨）、暴雨（日降雨量≥50mm）雨日和雨量的年际变化、年代际变化趋势及区域变动规律和差异；计算逐年、各个站日降水量最大值及出现日期（月），并分析变化规律和区域差异；计算逐年、各个站日降水量连续3天、5天大于10mm、5mm的次数，并分析变化规律和区域差异；结合地形因素讨论暴雨气候变化对水土流失的可能影响。

5.2.1 资料来源和研究方法

（1）资料来源

本节分析所用资料为中国气象局整编的1951～2004年逐日降水资料，选取了贵州省19个主要站点的资料作为分析对象：威宁、盘县、桐梓、习水（记录始于1958年）、毕节、遵义、湄潭、思南、铜仁、黔西（始于1956年）、安顺、贵阳、凯里（始于1957年）、三穗（始于1957年）、兴仁、望谟、罗甸、独山和榕江（始于1953年）。台站地理位置分布（图5-1）较为均匀，基本可以代表全区的特征。

（2）研究方法

气候统计诊断方法是研究区域性和全球气候变化的主要方法之一。20世纪60年代以前，气候研究主要依赖于资料分析，利用历史演变图来制作长期天气预测。在计算机进入数理领域后，气候统计诊断方法也取得了长足的进展。60年代初，车贝雪夫多项式、波谱分析、逐步回归等方法的运用在当时产生了一定的影响。70年代中期以后，最大熵谱、正交函数分解、判别分析、聚类分析等方法被广泛应用到气候分析和预测中。灰色分析与模糊预测方法在我国逐渐渗透到大气科学的各个领域。近年来，与非线性理论结合而衍生出一些新的诊断方法受到普遍欢迎，如用于趋势分析的带通滤波和线性倾向、用于气候突变分析的统计检验、用于气候不同尺度特征分析的小波变换和奇异谱分析等。以经验正交函数（EOF）为基础的气象变量场分析方法也得到了飞速发展，扩展经验正交函数（EEOF）、旋转经验正交函数（REOF）和复经验正交函数（CEOF）的出现从不同角度满足了气候变量场特征分析的需要（魏凤英，2006；丁一汇和孙颖，2006）。

在降雨变化特征分析中，本节主要运用了气候倾向率、经验正交函数（EOF）、旋转经验正交函数（REOF）等方法。

a. 气候倾向率

气象要素的趋势变化一般用一次线性方程表示，即

$$\hat{x}_t = a_0 + a_1 t, \quad t = 1, 2, \cdots, n(\text{年})$$
$$\frac{d\hat{x}_t}{dt} = a_1 \tag{5-5}$$

$a_1 \times 10$ 称为气候倾向率，单位为某要素单位/10a。

a_1 可根据最小二乘法得出（施能等，1995）。

b. 经验正交函数

经验正交函数（EOF），它可以针对气象要素来进行，即将气象场看成时间和空间的函数，其基本原理是对包含 m 个空间点（变量）的场随时间变化进行分解。设样本容量为 n 的资料，X 中的第 j 列 $X_j=(X_{1j} \quad X_{2j} \quad \cdots \quad X_{mj})^T$ 就是第 j 个空间场。

$$X=(X_{ij})=\begin{pmatrix} X_{11} & X_{12} & \cdots & X_{1n} \\ X_{21} & X_{22} & \cdots & X_{2n} \\ \vdots & \vdots & & \vdots \\ X_{m1} & X_{m2} & \cdots & X_{mn} \end{pmatrix} \tag{5-6}$$

$$i=1,\ 2,\ \cdots,\ m;\ j=1,\ 2,\ \cdots,\ n$$

气象要素的自然展开，是将 X 分解为时间函数 Z 和空间函数 V 两部分，$X=VZ$，其中

$$V(v_1 \quad v_2 \quad \cdots \quad v_m)=\begin{pmatrix} v_{11} & v_{12} & \cdots & v_{m1} \\ v_{12} & v_{22} & \cdots & v_{m2} \\ \vdots & \vdots & & \vdots \\ v_{1m} & v_{2m} & \cdots & v_{mm} \end{pmatrix}$$

$$Z=\begin{pmatrix} z_{11} & z_{12} & \cdots & z_{1n} \\ z_{12} & z_{22} & \cdots & z_{2n} \\ \vdots & \vdots & & \vdots \\ z_{m1} & z_{m2} & \cdots & z_{mn} \end{pmatrix} \tag{5-7}$$

$V_j=(x_{1j} \quad x_{2j} \quad \cdots \quad x_{mj})^T$ 就是第 j 个典型场，它是空间的函数。

第 j 个空间场可表示为 $X_j=V_1Z_{1j}+V_2Z_{2j}+\cdots+V_mZ_{mj}$（$j=1,\ 2,\ \cdots,\ n$），第 j 个实际场 X_j 可表示为 m 个型场，按不同的权重叠加而成。它们的任务是将 X 分解为 V 和 Z（游泳等，2003）。

c. 旋转经验正交函数

旋转经验正交函数（REOF）是在传统经验正交函数（EOF）的基础上再做旋转。本节采用 Horel 使用的方差最大正交旋转法，这也是气候分析和诊断经常使用的方差最大正交旋转法。参加旋转的几个成分在旋转前后所表示出的场的方差之和保持不变，进而保留了传统 EOF 分析浓缩场主要信息的功能，同时，REOF 分析克服了传统 EOF 分析中每个因子都较均匀地描述整个场变率结构的缺陷，从而更具有描述场的局地特征的能力。REOF 不仅可以很好地反映不同地域的变化，而且可以反映不同地域的相关分布状况（周后福和陈晓红，2006）。

d. 专家打分法

在分析降雨气候变化对水土流失的可能影响时，参照一般的等级评定方法，选用专家打分法。通过对各降雨特征要素进行指标权重的赋值，计算“暴雨变化特征总综合影响指数”，并结合贵州省的坡度等级图，评估对贵州水土流失的可能影响。本节在设定权重指标时，根据降水特征的变化情况，一般设定三个级别，变化趋势为负或不太显著的赋值为 1，具有中等程度增加趋势的降雨气候特征赋值为 3，而增加趋势最显著的赋值为 5。级别越高，表明对水土流失的可能影响越大。

5.2.2　近50年暴雨气候变化特征

(1) 年降水量变化及空间分异

表5-2中列出了贵州省19个站1951～2004年的平均年降水量。可以看出，不同站点间雨量差异较大。以盘县降水量最多，达1377.2mm，安顺（1342.4mm）、独山（1318.1mm）、兴仁（1315.1mm）次之，毕节（915.4mm）、威宁（915.6mm）降雨量较少。雨量丰沛的站点集中分布在贵州省西南部、东南部和东部铜仁地区，而西部降水普遍偏少。

表5-2　贵州省各站1951～2004年平均降雨量

台站	威宁	盘县	桐梓	习水	毕节	遵义	湄潭	思南	铜仁	黔西
多年平均（mm）	915.6	1377.2	1039.7	1114.6	915.4	1083.7	1139.6	1152.8	1279.0	982.4
台站	安顺	贵阳	凯里	三穗	兴仁	望谟	罗甸	独山	榕江	
多年平均（mm）	1342.4	1132.9	1215.0	1119.8	1315.1	1234.6	1144.5	1318.1	1199.0	

利用经验正交函数法，对贵州省19个台站1961～2004年的年降雨量进行分解，得到了EOF展开的前5个特征向量的方差贡献，解释方差约为72.0%，基本上反映出了贵州省降水变化的空间差异。第一特征向量的方差贡献为35.6%，其后的特征向量的方差贡献都较小。在EOF分析的基础上，进一步做最大正交方差旋转，进行REOF展开。由表5-3可知，旋转后载荷的贡献比旋转前分布均匀。图5-8给出了旋转后第一特征向量对应的特征场，全区均为正值，表明贵州年降水的变化是一致的，即在具体的某一年份普遍多雨或普遍少雨。

表5-3　前5个EOF和REOF分析对总方差的贡献和累积贡献

EOF				REOF	
序号	解释方差	方差贡献（%）	累积方差贡献（%）	方差贡献（%）	累积方差贡献/%
1	6.766 5	35.613 1	35.613 1	17.944 4	17.944 4
2	2.867 61	15.092 7	50.705 8	15.304 5	33.248 9
3	1.735 29	9.133 12	59.839	13.375 6	46.624 5
4	1.262 71	6.645 83	66.484 8	13.022 3	59.646 8
5	1.047 03	5.510 68	71.995 5	12.348 7	71.995 5

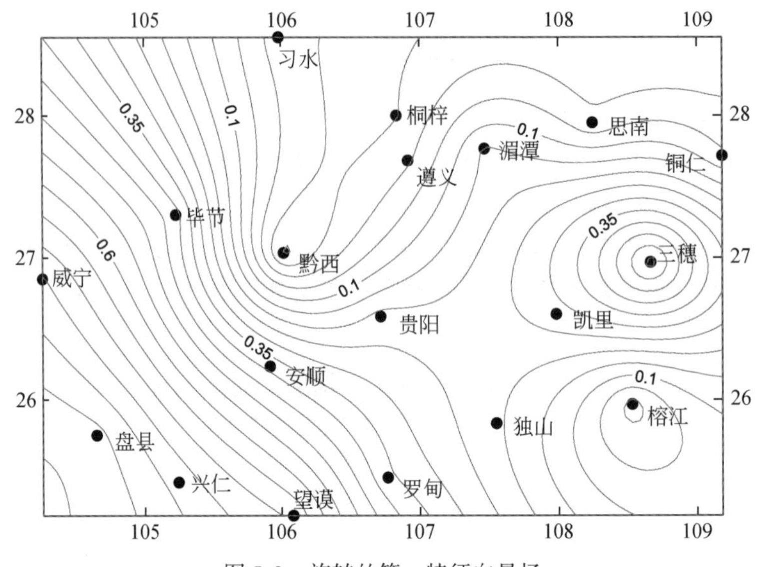

图 5-8　旋转的第一特征向量场

（2）大雨（≥25mm）、暴雨（≥50mm）的雨量和日数变化特征

a. 大雨雨量的变化特征

表 5-4 列出了贵州省 1961～2004 年 19 个站的多年平均大雨雨量和气候倾向率。可以看出，全省大雨雨量差异也较大，雨量较多的站点为安顺（659.8mm）、望谟（654.8mm）、盘县（628.3mm），最少的站点为威宁（274.6mm），与安顺相差近 400mm。在变化趋势上，也呈现出明显的差异，降水倾向率范围在 -15.8～36.3mm/10a，其中威宁、习水、毕节和黔西的倾向率为负值，表明近 50 年来大雨雨量有减少趋势；其他站点都为正值，表明有增加的趋势，湄潭变化幅度最大，也最为显著（在 99% 显著性水平下）。图 5-9 是倾向率的空间分布图，由此可知，东部大部分地区以增加趋势为主，中心在湄潭。黔西南也有明显的增加趋势，中心在兴仁、望谟一带。黔西以减少趋势为主，威宁的变化最明显。黔中地区变化比较平稳。

表 5-4　大雨雨量的多年平均值和倾向率

台站	威宁	盘县	桐梓	习水	毕节	遵义	湄潭	思南	铜仁	黔西
多年平均（mm）	274.6	628.3	388.4	402.9	306.9	424.8	468.5	506.8	582.1	383.5
倾向率（mm/10a）	-15.8	4.9	7.3	-1.1	-11.8	12.9	36.3**	20.2	7.9	-8.8
台站	安顺	贵阳	凯里	三穗	兴仁	望谟	罗甸	独山	榕江	
多年平均（mm）	659.8	503.9	535.5	397.7	603.7	654.8	543.2	596.6	543.5	
倾向率（mm/10a）	13.1	1.9	12.5	15.0	26.2	25.0	0.3	5.2	12.6	

** 表示通过 0.01 的信度检验

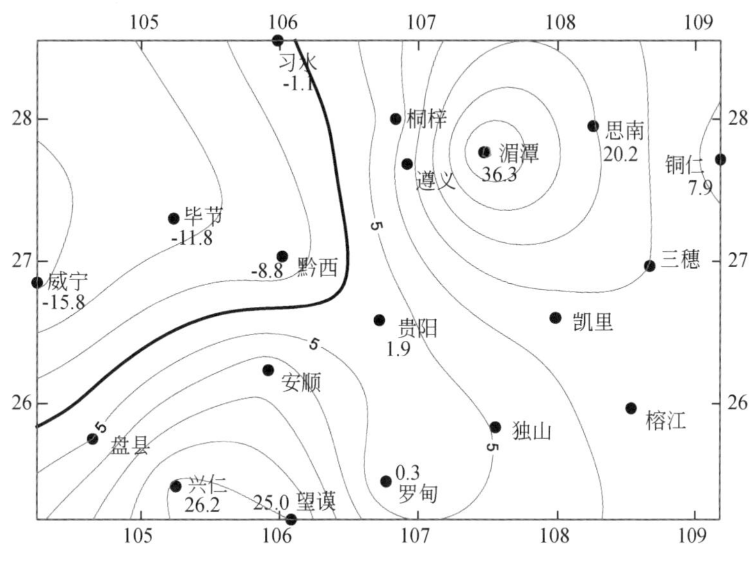

图 5-9　大雨雨量的倾向率（单位：mm/10a）

表 5-5 是 19 个站各年代的降水倾向率。结合各站逐年雨量值的 11 年滑动平均曲线（略），发现 20 世纪 50 年代前期雨量普遍偏多，贵阳一带和黔西南雨量最大，后期多呈明显的下降趋势，仅威宁、遵义、三穗、安顺增加趋势较明显。至 60 年代后期雨量又有所增多，毕节、湄潭、铜仁、凯里、三穗、兴仁、望谟、榕江等站较为显著，这种变化持续到 70 年代后期。进入 80 年代后大部分地区呈下降趋势，雨量普遍偏少，习水、铜仁、黔西、贵阳、榕江等站虽有增加趋势，但并未达到多年来的平均水平，仅罗甸在雨量上有微弱增多。进入 90 年代后，全省出现大范围增多的趋势，威宁、盘县、毕节等站下降趋势也减缓，铜仁和兴仁尽管下降趋势显著，但在雨量上仍处于平均水平之上，故在 90 年代贵州省雨量普遍偏多，贵阳一带年均大雨量达到 750mm 以上。2001～2004 年由于统计时间较短，各站点的大雨雨量波动幅度较大，但总体来看东部地区普遍偏多且增加趋势较显著。

表 5-5　各年代大雨雨量和雨日的倾向率

台站	雨量倾向率（mm/10a）						雨日倾向率（d/10a）					
	1951～1960 年	1961～1970 年	1971～1980 年	1981～1990 年	1991～2000 年	2001～2004 年	1951～1960 年	1961～1970 年	1971～1980 年	1981～1990 年	1991～2000 年	2001～2004 年
威宁	17.9	6.2	-13.9	-27.5	-7.3	-25.3	0.6	0.2	-0.2	-0.5	-0.2	-0.4
盘县	-3.1	-2.4	23.7	-23.2	-1.3	-61.7	-0.3	-0.2	0.2	-0.5	0.3	-1.0
桐梓	-9.1	1.5	0.4	-8.6	20.2	82.7	0.0	0.1	0.1	-0.2	0.3	1.8
习水	-1.6	8.2	-20.2	11.0	21.0	-11.9	-0.5	0.2	-0.5	0.2	0.6	-1.3
毕节	-26.4	7.1	-3.6	-13.3	-3.0	-9.0	-0.5	0.1	0.1	-0.4	-0.1	-0.7
遵义	16.0	9.1	-18.4	-7.9	13.4	-3.1	0.4	0.0	-0.4	-0.3	0.5	0.0

续表

台站	雨量倾向率（mm/10a）						雨日倾向率（d/10a）					
	1951～1960年	1961～1970年	1971～1980年	1981～1990年	1991～2000年	2001～2004年	1951～1960年	1961～1970年	1971～1980年	1981～1990年	1991～2000年	2001～2004年
湄潭	3.1	29.5	6.6	3.7	22.7	-47.8	-0.2	0.4	0.2	0.1	0.2	-0.7
思南	-33.5	12.3	9.9	-14.0	26.6	-31.8	-0.8	0.2	0.1	-0.3	0.5	0.0
铜仁	-40.3	17.1	35.1	8.1	-16.4	-64.7	-0.8	0.3	0.6	0.1	-0.4	-0.8
黔西	-26.6	-12.3	8.5	15.0	1.2	-37.5	-0.4	-0.3	0.0	0.2	9.4	-0.1
安顺	20.4	-7.7	60.2	0.1	-7.8	-99.2	0.1	-0.5	0.9	0.0	0.2	-1.8
贵阳	-12.2	11.1	-9.3	14.7	19.0	37.5	-0.4	0.0	-0.3	0.2	0.6	0.0
凯里	-54.6	33.0	-18.7	-10.5	19.0	179.5	-2.5	0.6	-0.4	-0.3	0.5	3.2
三穗	30.2	25.8	-3.1	-2.4	26.4	42.1	1.0	0.6	0.1	-0.2	0.8	0.4
兴仁	5.5	19.2	15.9	-29.7	-39.4	-65.2	-0.1	0.1	0.4	-0.6	-0.6	-1.4
望谟	-18.2	45.2	25.6	-2.7	5.1	0.5	-4.0	0.6	0.3	0.1	0.4	-0.6
罗甸	-49.0	2.4	22.5	25.0	2.7	26.4	-1.1	-0.1	0.2	0.3	0.3	-0.5
独山	-8.4	11.8	38.1	-7.4	28.3	25.7	-0.4	0.1	0.8	-0.2	0.7	-0.1
榕江	-44.5	32.5	13.4	13.3	8.3	57.2	-1.3	0.8	0.4	0.1	-0.4	0.9

b. 暴雨雨量的变化特征

表5-6中列出了19个站的多年平均暴雨雨量和气候倾向率。可以看出，各站平均暴雨量范围在87.0～335.0mm，气候倾向率范围在-12.6～35.1mm/10a。暴雨的雨量和变化趋势的空间分布与大雨的特征大体相同。雨量较多的仍为分布在黔西南和黔东南的望谟、安顺、兴仁、独山、榕江等站点，而黔西的站点威宁、毕节等较少。在变化趋势上，雨量减少的范围有所扩大，但仍集中在西部，位于黔南的罗甸也有较明显的下降趋势。东部大部分地区仍以增加趋势为主，中心在湄潭、安顺及黔东北一带，尤以湄潭增加幅度最显著（图5-10）。

表5-6　暴雨雨量的多年平均值和倾向率

台站	威宁	盘县	桐梓	习水	毕节	遵义	湄潭	思南	铜仁	黔西
多年平均（mm）	87.0	262.9	154.7	161.6	108.7	182.5	190.6	218.2	231.6	143.7
倾向率（mm/10a）	-12.6	-1.8	-4.6	-0.2	-5.5	7.1	35.1**	13.2	20.0	5.3
台站	安顺	贵阳	凯里	三穗	兴仁	望谟	罗甸	独山	榕江	
多年平均（mm）	311.1	193.0	227.4	131.1	260.8	335.0	240.0	256.2	197.6	
倾向率（mm/10a）	15.1	3.5	7.8	19.7	6.4	9.1	-4.6	1.4	15.5	

**表示通过0.01的信度检验

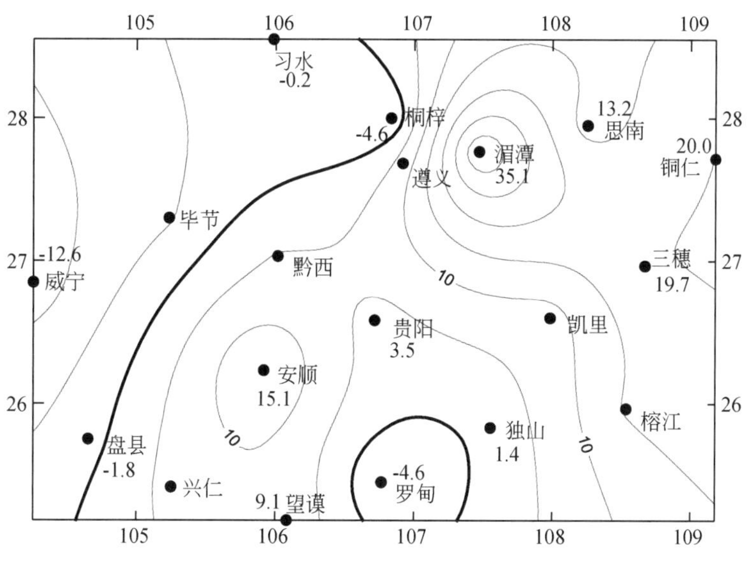

图 5-10　暴雨雨量的倾向率（单位：mm/10a）

表 5-7 是 19 个站各年代的暴雨量和雨日的倾向率。结合各站逐年雨量值的 11 年滑动平均曲线（略），发现不同年代间暴雨的变化趋势比大雨更为清晰，仅少数站点呈减少趋势外，大部分都呈增加趋势。具体变化特点：20 世纪 50 年代前期黔中、黔西南及黔东北地区暴雨量偏多，60 年代后期雨量有所减少，呈东南向西北递减分布，70 年代雨量回升，空间分布与 50 年代大致相同，90 年代雨量普遍偏多，2001 ~ 2004 年黔东南地区有明显增加趋势。

表 5-7　各年代暴雨雨量、雨日的倾向率

台站	雨量倾向率（mm/10a）						雨日倾向率（d/10a）					
	1951 ~ 1960 年	1961 ~ 1970 年	1971 ~ 1980 年	1981 ~ 1990 年	1991 ~ 2000 年	2001 ~ 2004 年	1951 ~ 1960 年	1961 ~ 1970 年	1971 ~ 1980 年	1981 ~ 1990 年	1991 ~ 2000 年	2001 ~ 2004 年
威宁	-4.5	0.8	-19.8	-17.4	2.4	-9.0	0.0	0.0	-0.3	-0.2	0.1	-0.2
盘县	3.9	4.0	10.6	3.4	-9.0	-41.2	0.0	0.0	0.5	-0.2	0.1	-0.6
桐梓	16.6	28.3	-0.7	5.8	21.1	-47.2	0.2	0.3	0.0	0.1	0.3	-0.9
习水	-15.5	-3.6	-4.4	0.0	20.4	30.8	-0.2	0.0	0.0	0.0	0.2	0.5
毕节	37.7	-3.7	-12.7	0.4	-3.4	63.3	0.5	-0.1	-0.2	-0.1	-0.1	0.9
遵义	-15.6	10.4	-5.5	6.9	-3.1	50.1	-0.2	0.1	-0.1	0.1	0.0	0.7
湄潭	13.5	7.3	-8.5	2.3	-1.6	38.2	0.2	0.1	-0.1	0.0	0.0	0.6
思南	-11.7	-2.3	11.8	-7.3	22.1	-78.8	-0.2	-0.1	0.1	-0.1	0.3	-1.2
铜仁	-28.5	5.0	21.7	3.8	-10.1	-70.5	-0.4	0.0	0.2	0.0	-0.2	-1.0

续表

台站	雨量倾向率（mm/10a）						雨日倾向率（d/10a）					
	1951～1960年	1961～1970年	1971～1980年	1981～1990年	1991～2000年	2001～2004年	1951～1960年	1961～1970年	1971～1980年	1981～1990年	1991～2000年	2001～2004年
黔西	8.5	1.7	8.9	12.5	5.2	-63.8	0.2	0.1	0.1	0.1	0.1	-0.7
安顺	28.2	9.2	41.1	1.4	-23.8	-71.5	0.3	0.0	0.4	0.0	-0.3	-0.7
贵阳	-5.4	22.4	-0.6	17.5	-6.9	62.4	-0.1	0.4	0.0	0.2	-0.2	0.8
凯里	24.3	22.1	-7.4	0.9	-2.5	118.6	0.0	0.2	-0.1	0.0	0.0	1.2
三穗	58.0	7.6	-2.6	8.9	3.1	46.4	0.0	0.1	0.0	0.1	0.1	0.7
兴仁	7.8	27.8	14.4	-13.5	-30.7	4.8	0.1	0.4	0.3	-0.2	-0.4	0.2
望谟	196.7	43.9	23.9	-16.8	-12.9	50.8	2.0	0.6	0.3	-0.3	-0.2	0.7
罗甸	-29.6	2.2	25.1	21.1	-15.1	64.3	-0.5	0.0	0.4	0.2	-0.2	1.0
独山	9.5	14.0	14.8	4.6	5.7	51.4	0.1	0.1	0.1	0.1	0.1	0.9
榕江	-4.8	8.0	1.2	17.9	28.2	61.2	0.0	0.1	0.0	0.3	0.3	0.6

c. 大雨雨日变化特征

由表5-8可知，日降雨量大于25mm的大雨平均日数在7～14d。经统计，大部分地区在日数最多的年份都可达20d以上，且雨日最多的年份集中出现在20世纪60年代和80年代。近50年来的变化幅度范围在-0.3～0.6d/10a，除西部的威宁、毕节和黔西地区下降趋势相对较为显著外，其他地区多呈平稳变化或有增加趋势，以东北部的湄潭和黔西南的望谟等上升趋势最为显著。由滑动平均曲线（略）和表5-8可知，在年代际变化上大雨雨日与大雨量的变化特点大体相同，在20世纪50年代、80年代和2001～2004年波动较大，其余年代大部分地区都有增多趋势。目前大部分地区呈平稳或下降趋势，仅东半部的部分地区如凯里、三穗、桐梓和榕江等有较明显的上升趋势（图5-11）。

表5-8　大雨雨日的多年平均值和倾向率

台站	威宁	盘县	桐梓	习水	毕节	遵义	湄潭	思南	铜仁	黔西
多年平均（d）	6.9	14.3	9.1	9.2	7.5	9.6	10.8	11.4	13.4	9.1
倾向率（d/10a）	-0.3	0.2	0.3	0.0	-0.2	0.2	0.6*	0.4	-0.1	-0.3
台站	安顺	贵阳	凯里	三穗	兴仁	望谟	罗甸	独山	榕江	
多年平均（d）	14.2	11.7	12.1	10.0	13.5	13.8	12.2	13.5	12.9	
倾向率（d/10a）	0.0	-0.1	0.2	0.3	0.6	0.6	0.1	0.1	0.0	

* 表示通过0.05的信度检验

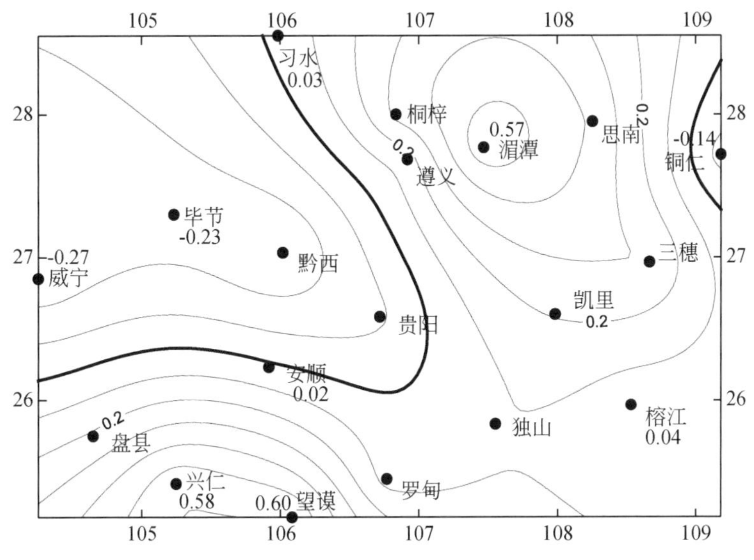

图 5-11　大雨雨日的倾向率（单位：d/10a）

d. 暴雨雨日变化特征

由表 5-9 可知，日降雨量大于 50mm 的暴雨平均日数在 1 ~ 4.5d，各站在日数最多的年份可达 5 ~ 8d。雨日最多的年份在各年代都有，但 20 世纪 90 年代明显增多。例如，1993 年兴仁、望谟、罗甸和 1999 年凯里、三穗的雨日都同时出现最大值或次大值。近 50 年来的变化幅度范围在-0.1 ~ 0.5d/10a，变动幅度较小，除湄潭有显著增加趋势外，其他地区变化均不显著。同样，在年代际变化上暴雨雨日与暴雨量的变化特点大体相同，在 20 世纪 50 年代、90 年代和 2001 ~ 2004 年变化幅度较大，其余年代大部分地区都有增多趋势。目前东部大部分地区有明显增加趋势（图 5-12）。

表 5-9　暴雨雨日的多年平均值和倾向率

台站	威宁	盘县	桐梓	习水	毕节	遵义	湄潭	思南	铜仁	黔西
多年平均（d）	1.2	3.7	2.2	2.1	1.7	2.5	2.6	2.9	3.1	2.1
倾向率（d/10a）	-0.10	-0.09	-0.04	0.03	-0.11	0.04	0.45 * *	0.19	0.19	0.0
台站	安顺	贵阳	凯里	三穗	兴仁	望谟	罗甸	独山	榕江	
多年平均（d）	4.0	2.8	3.1	2.0	3.6	4.5	3.3	3.7	2.9	
倾向率（d/10a）	0.1	0.0	0.1	0.4	0.0	0.1	-0.1	0.0	0.2	

* * 表示通过 0.01 的信度检验

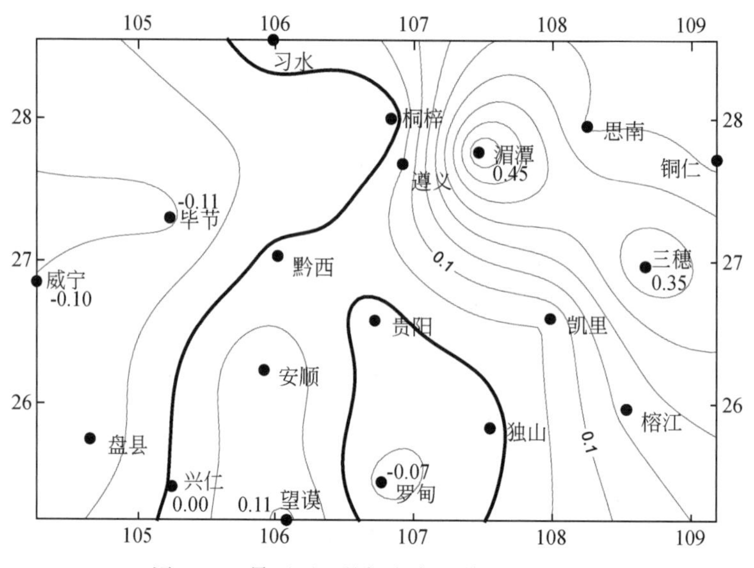

图 5-12 暴雨雨日的倾向率（单位：d/10a）

(3) 逐年各站日最大降雨量变化特征

各站平均日最大降雨量多年平均值变化范围在 63.5～102.0mm，空间分布仍呈现出西部少、东部多的特点，以黔西南地区最多，其中望谟为高值中心，此外黔东南凯里和三穗地区也是高值中心，而西部威宁–毕节一带最少。最大日雨量一般出现在 5～9 月，个别站点在 3 月、4 月、10 月、11 月也出现过。通过表 5-10 可以看出，在大部分年份里最大日雨量都集中在 6 月和 7 月，中部地区和黔南一些地区以 6 月出现的频率偏多，而西部和黔东北一些地区以 7 月出现频次居多。这种现象的出现可能与东亚季风的推移有关。

表 5-10 日最大降雨量的多年平均值、倾向率及 6 月、7 月出现频率

台站	威宁	盘县	桐梓	习水	毕节	遵义	湄潭	思南	铜仁	黔西
多年平均（mm）	63.5	91.3	77.4	85.8	64.9	83.9	84.6	93.6	87.9	77.2
倾向率（mm/10a）	-3.6	1.2	-2.3	0.3	0.3	3.5	4.7	3.5	5.4	3.0
6 月出现频率（%）	31	31	19	23	20	26	43	24	22	40
7 月出现频率（%）	35	31	39	36	35	26	24	24	30	17
台站	威宁	盘县	桐梓	习水	毕节	遵义	湄潭	思南	铜仁	黔西
多年平均（mm）	102.0	80.5	95.4	70.4	90.8	104.8	94.5	89.0	80.1	
倾向率（mm/10a）	2.4	3.2	4.9	0.8	3.3	3.7	-0.5	0.1	2.9	
6 月出现频率（%）	41	33	34	26	37	15	33	39	35	
7 月出现频率（%）	20	22	28	26	30	35	13	20	35	

日最大降雨量的倾向率在–3.6～5.4mm/10a，变化幅度较小。除西部威宁、黔南罗甸和黔北桐梓地区变幅有微弱减少趋势外，大部分地区都有正向增加趋势，以黔东北铜仁、湄潭（在 0.1 显著水平下）一带尤为显著（图 5-13）。

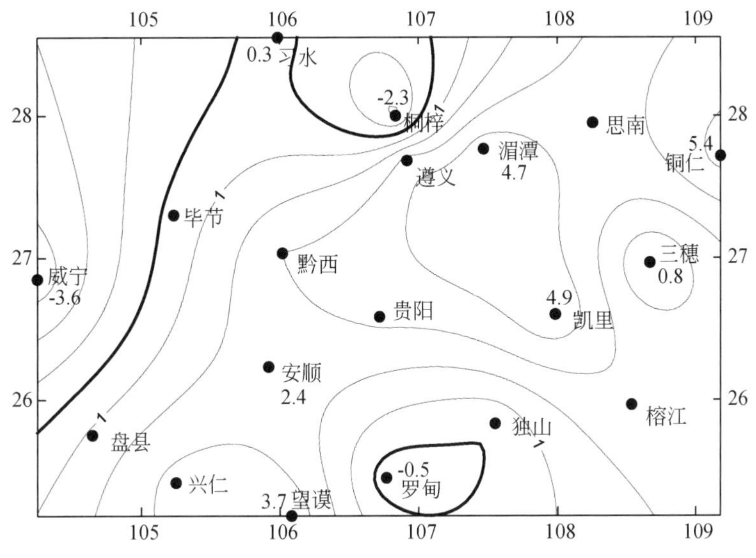

图 5-13　日最大降雨量的倾向率（单位：mm/10a）

年代际变化特点如下：20 世纪 50 年代普遍偏少，极端雨量较大的地区为中部贵阳、遵义，黔东南三穗地区和黔西南。60 年代、70 年代有所回升，雨量普遍偏多，80 年代普遍偏少，极端雨量增大的地区为黔南罗甸和中部遵义地区。90 年代普遍偏多，并呈现出由东南向西北递减的趋势，进入 21 世纪以来大致仍呈此趋势，同时东北部地区平均雨量偏多且呈增加趋势。

(4) 连续降水的变化特征

a. 连续 3 天降水大于 5mm

一年中全省连续 3 天降水大于 5mm 出现的次数除黔西南的盘县地区达到 10 次以上（最高为 14 次）外，其他地区均在 9 次以下。空间分布上以黔西南、黔东南独山—榕江一带、黔东北出现次数较多，而西部黔西—威宁一带、北部习水及东部凯里和黔南望谟相对较少。变化幅度范围为−0. 4 ~0 次/10a（表 5-11），普遍呈减少趋势，以黔东北湄潭—思南一带、黔东南独山和黔西毕节地区最为显著，年均次数最多的黔西南变化不明显（图 5-14）。在季节分配上多出现于夏季，春秋两季次之，冬季很少，仅东部地区在冬季有出现。

表 5-11　连续 3 天降水大于 5mm 的多年平均次数和倾向率

台站	威宁	盘县	桐梓	习水	毕节	遵义	湄潭	思南	铜仁	黔西
多年平均次数	3. 9	6. 0	3. 3	3. 0	3. 0	3. 5	4. 3	3. 6	4. 9	2. 6
倾向率（次/10a）	−0. 3	0. 0	−0. 3	0. 2	−0. 4	−0. 3	−0. 4	−0. 4	−0. 3	−0. 1
台站	安顺	贵阳	凯里	三穗	兴仁	望谟	罗甸	独山	榕江	
多年平均次数	4. 7	3. 6	3. 6	4. 3	4. 8	3. 4	3. 8	4. 6	4. 3	
倾向率（次/10a）	−0. 2	−0. 2	−0. 2	−0. 3	−0. 1	0. 0	−0. 3	−0. 3	−0. 3	

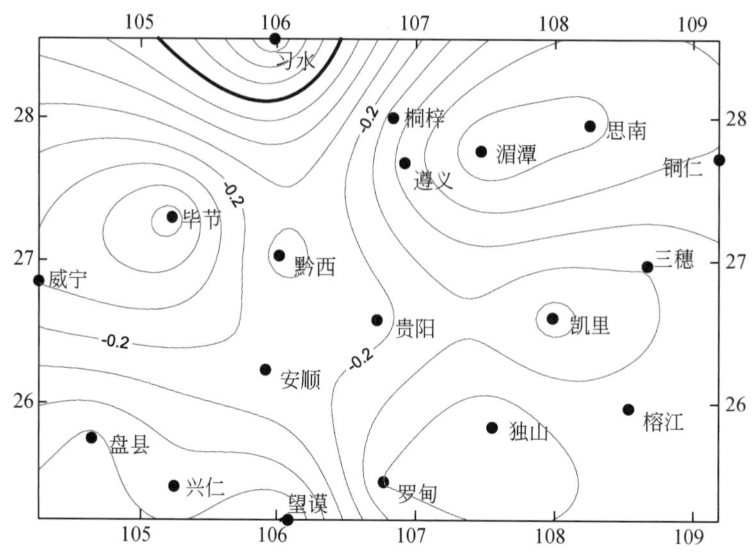

图 5-14　连续出现 3 天降水大于 5mm 的次数的倾向率（单位：次/10a）

b. 连续 3 天降水大于 10mm

一年中全省连续 3 天降水大于 10mm 出现的次数除盘县达到 7 次外，全省大部分地区出现次数为 5 次，空间分布上以西北部毕节和习水较少，最多出现次数为 3 次。近 50 年来变化幅度范围为-0.1～0.1 次/10a，大部分地区保持平稳变化，少数地区有增加趋势，西部有下降趋势，但由于变幅太小，以致变化都不显著（表 5-12）。

表 5-12　连续 3 天降水大于 10mm 的多年平均次数和倾向率

台站	威宁	盘县	桐梓	习水	毕节	遵义	湄潭	思南	铜仁	黔西
多年平均次数	1.3	2.6	1.0	0.8	0.9	1.2	1.3	1.4	1.8	0.9
倾向率（次/10a）	-0.1	0.0	0.1	0.1	-0.1	0.0	0.0	0.1	0.0	0.0
台站	安顺	贵阳	凯里	三穗	兴仁	望谟	罗甸	独山	榕江	
多年平均次数	2.0	1.4	1.4	1.3	1.8	1.5	1.6	1.9	1.7	
倾向率（次/10a）	0.1	0.1	0.0	0.0	0.1	0.0	0.1	0.0	0.1	

c. 连续 5 天降水大于 5mm

各站连续 5 天降水大于 5mm 的多年平均次数在 0.3～1.3 次，以盘县最多，一年中最多曾出现过 5 次，其他地区多在 2 次左右。变化幅度为-0.2～0.0 次/10a，除盘县、思南、铜仁下降幅度显著外，其他地区变化不大（表 5-13）。

表 5-13　连续 5 天降水大于 5mm 的多年平均次数和倾向率

台站	威宁	盘县	桐梓	习水	毕节	遵义	湄潭	思南	铜仁	黔西
多年平均次数	0.5	1.3	0.4	0.3	0.4	0.4	0.5	0.5	0.6	0.3
倾向率（次/10a）	0.0	-0.2	0.0	0.0	0.0	0.0	-0.1	-0.1	-0.1	0.0
台站	安顺	贵阳	凯里	三穗	兴仁	望谟	罗甸	独山	榕江	
多年平均次数	0.6	0.4	0.4	0.4	1.0	0.4	0.5	0.5	0.5	
倾向率（次/10a）	0.0	0.0	0.0	-0.1	0.1	-0.1	0.0	0.0	0.0	

5.2.3　暴雨气候对水土流失的可能影响

通过分析对比前文所述各降水参数的变化特征，运用专家打分法对能够反应各参量变化特点的倾向率进行赋值，划分级别标准见表 5-14。

表 5-14　各参量的倾向率赋值标准

气候倾向率	赋值为 1	赋值为 3	赋值为 5
大雨雨量（mm/10a）	<10	10～20	>20
暴雨雨量（mm/10a）	<7	7～15	>15
大雨日数（d/10a）	<0.2	0.2～0.4	>0.4
暴雨日数（d/10a）	<0.1	0.1～0.2	>0.2
日最大降雨量（mm/10a）	<2	2～4	>4
连续 3 天降水>5mm 的次数（次/10a）	<0.1	0.1～0.2	>0.2

由于在某些年份有的站点并无连续降水大于 10mm 的降水，故只选择基本每年都有出现的连续 3 天降水大于 5mm 作为分析参量，以增强评判依据和区域间的可比性。

根据分类标准对各参量的变化特征进行打分，结果如表 5-15 所示。

表 5-15　各参量的倾向率赋值

气候倾向率	威宁	盘县	桐梓	习水	毕节	遵义	湄潭	思南	铜仁	黔西
大雨雨量	1	1	1	1	1	3	5	5	1	1
暴雨雨量	1	1	1	1	1	3	5	3	5	1
大雨日数	1	3	3	1	1	1	5	3	1	1
暴雨日数	1	1	1	1	1	1	5	3	3	1
日最大降雨量	1	1	1	1	1	3	5	3	5	3
连续 3 天降水>5mm	1	1	1	3	1	1	1	1	1	1
综合	6	8	8	8	6	12	26	18	16	8

续表

气候倾向率	安顺	贵阳	凯里	三穗	兴仁	望谟	罗甸	独山	榕江	
大雨雨量	3	1	3	3	5	5	1	1	3	
暴雨雨量	5	1	3	5	1	3	3	3	5	
大雨日数	1	1	3	1	5	5	1	1	1	
暴雨日数	3	1	1	5	1	3	1	1	3	
日最大降雨量	3	3	5	1	3	3	1	1	3	
连续3天降水>5mm	1	1	1	1	1	1	1	1	1	
综合	16	8	16	16	16	20	8	8	16	

赋值结果显示，威宁、盘县、桐梓、习水、毕节、黔西、贵阳、罗甸和独山等站点的降雨综合变化幅度不是很大，遵义、铜仁、安顺、凯里、三穗、兴仁和榕江的综合降雨特征增加趋势较为明显，而湄潭、思南、望谟的降雨综合增加趋势更为明显。降雨综合特征变化的评分结果从一定程度上反映了对水土流失的潜在影响，即得分越高，降雨参量的总体变化呈增加趋势越显著，对土壤侵蚀的潜在作用力也越强，引起水土流失的可能性也越大。例如，湄潭极高的降雨综合值显示出了降雨显著增强的变化特点，对水土流失的可能影响也越大。

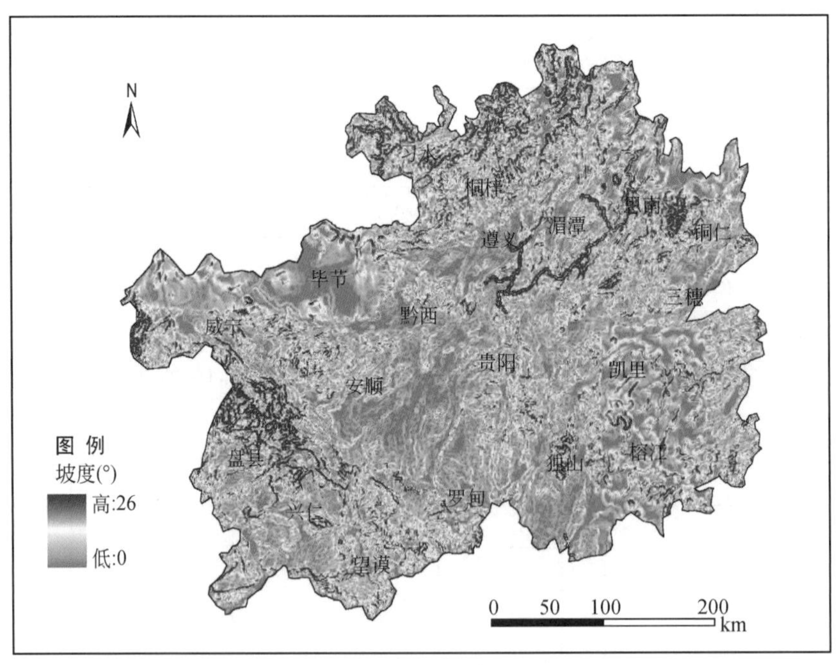

图 5-15　贵州省坡度等级图

水土流失主要是在坡地上发生的，一般地面坡度越大，对水力侵蚀作用的影响越大，即降雨对土壤侵蚀发挥的作用越强。图 5-15 是贵州省的坡度等级图，可以看出，不同区域间坡度的差别很大，以黔西南、黔西和黔东北部分地区坡度较大。将降雨的综合变化结果与坡度相叠加，暴雨气候对水土流失的可能影响就发生了一些变化。例如，铜仁、凯里、三穗、榕江和兴仁，尽管降雨综合变化不是最显著，但由于所处地区坡度较大，提升了降雨因素对水土流失的可能影响，降雨综合变化不太明显的盘县、贵阳、桐梓、习水一带也受坡度影响较大。而威宁、毕节、黔西、罗甸等降雨指标综合得分最低，受坡度的影响又不大，故认为在这些地方暴雨气候对水土流失的可能影响不大。至于湄潭、思南和望谟，所处地区降雨综合变化显著，坡度也相对较大，土壤侵蚀能力加强，对水土流失的潜在影响力也随之增强。根据上述分析结果，对 19 个站点所在区域暴雨气候对水土流失的影响程度进行分区，如表 5-16 所示。

表 5-16　暴雨气候对水土流失的影响程度

暴雨可能影响	区域范围	台站
易发区	黔西南、黔东南和黔东北	湄潭、思南、望谟、铜仁、凯里、三穗、榕江、兴仁
较易发区	贵州中部、北部，黔南部分地区和六盘水	贵阳、安顺、遵义、桐梓、习水、独山、盘县
少发区	毕节地区和黔南部分地区	威宁、毕节、黔西、罗甸

综上所述，贵州暴雨气候变化对黔西南、黔东南和铜仁地区水土流失的可能影响较大，对贵州中部、遵义地区和六盘水部分地区的影响次之，而对西部毕节地区和黔南部分地区的可能影响性较小。

5.2.4　结论

对贵州省近 50 年暴雨、大雨和极值降水的变化规律的研究得出以下主要结论。

1）在过去 50 年中，贵州省大部分地区日降水大于 25mm 以上的大雨雨量有增加趋势，位于黔东北的湄潭和黔西南的兴仁尤为显著，黔中地区变化趋势不太明显，黔西则呈减少趋势。大部分地区日降水大于 50mm 以上的暴雨雨量也呈增加趋势，空间分布特点与大雨基本相同，即东部以增加趋势为主，湄潭和黔西南较为显著，西部以减少趋势为主，黔南部分地区如罗甸也有微弱下降趋势。

2）贵州省大雨日数的变化幅度普遍较小，在过去的 50 年中最多增加了 3 天，在黔东北的湄潭和黔南的望谟、黔西南的兴仁一带这种增加趋势较明显，其他地区变化不显著。大部分地区暴雨日数的变化幅度不及大雨明显，增加最多的未达 3 天，空间分布特点与雨量变化大体相同，只是增加趋势较为明显的中心还有位于黔东南的三穗。

3）日最大降雨量的出现月份多集中于 5 ~ 9 月，总体来讲 6 月出现频次最多，7 月次之，其中东部地区以 6 月居多，西部以 7 月居多。50 年来变化普遍不太明显，贵州西部、黔南罗甸和黔北桐梓地区有下降趋势，湄潭和铜仁有显著增加趋势。

4）连续 3 天、5 天大于 5mm 降水次数变化幅度非常小，变化趋势大多表现为减少或无变化。连续 3 天大于 10mm 的降水次数在少部分地区有增加的变化趋势，但由于变化幅度太小，这种趋势并不显著。

5）通过将各个降水特征变量叠加在坡度等级图上，得出贵州省暴雨气候对水土流失的可能影响：潜在水土流失危险性最大的地区主要分布在黔西南、黔东南和铜仁地区，贵州中部、遵义地区和六盘水部分地区水土流失危险系数次之，西部毕节地区和黔南部分地区由降水引起的水土流失可能性较小，即危险系数最低。

第 6 章　贵州省土壤水分与 NPP 的时空格局：模型构建

地表植被盖度锐减是大多数生态脆弱区土地退化的主要直接原因，改善植被是防治土地退化的重要途径。不同植被类型在不同环境条件下的植被净第一性生产力（NPP）直接反映了它们对生态环境的适应性。因此，植被 NPP 的研究是植被建设和生态系统恢复的重要基础。植被建设必须与当地的水、土资源相协调，才能保证植被建设模式的可持续性，促进地区的生态恢复。弄清贵州喀斯特地区土壤水分时空变化特征，是该地区植被建设规划、实现植被最优配置和可持续发展的前提。在一定区域内研究不同植被类型下的土壤水分和植被生产力时空分布状况以及两者之者的相互关系，对区域水资源的有效利用和合理的植被建设具有重要的实践和理论价值。本章通过植被生产力模型和土壤水分模拟模型的耦合，建立起贵州省植被净第一性生产力模型；并用情景模拟的方法，研究土壤水分与植被净第一性生产力的关系。

6.1　土壤水分与植被 NPP 模型构建

6.1.1　土壤水分模型框架

土壤-植被-大气是一个连续的系统。土壤水分一方面通过根系进入植物体，通过气孔以蒸腾的形式释放到大气中，另一方面通过蒸发作用从地表散失。干旱、半干旱区年降雨量少，降雨强度高，且具有很大的可变性，潜在蒸发高，年径流量小，且都集中在汛期（Kemp et al.，1997；Mariano et al.，2000；杨文治和邵明安，2000），使得在干旱、半干旱地区，土壤水分成为植被净第一性生产力形成的主要限制因子（Reynolds et al.，2000；Noy，1973；崔骁勇等，2001）。西南喀斯特地区在气候上虽属湿润地区，但由于土壤层薄、土壤持水性差，一定程度上加剧了地表漏水，生态状况也常常类似干旱、半干旱地区。因此，精确预测土壤水分的变化对于模拟西南喀斯特地区植被净第一性生产力，预测喀斯特生态系统结构和功能对全球变化和局地变化等外部驱动力的响应和反馈至关重要。

土壤水分由于降雨、蒸发、蒸腾、径流和地下水等因素的影响，处于循环变化之中。土壤水分循环过程取决于气象、土壤、植被及其利用状况；充分考虑各种环境因素和土壤、植物自身的特性，以及土壤水分平衡过程中的各分量，才能较好地模拟土壤水分动态。目前，有许多模型可以用来模拟土壤水在时空上的变化规律，以此可以有效地进行水资源管理，优化水资源配置。从微观尺度上看，主要是以土壤水分运动物理机理为依据。

Richards 方程是模拟水运移过程最经常用的模型。应用 Richards 非饱和流基本方程，可通过数值模拟方法定量求解土壤水在时空上的分布状况。从宏观角度来看，主要是考虑水量平衡的土壤水均衡模型，了解土壤水分动态的变化规律。

本研究采用宏观角度的土壤水分均衡模型估算土壤水分含量，在宏观尺度下，该模型不需要太多太复杂的参数便能简便地估算出各层土壤水分含量，在一般情况下也能够达到一定的模拟精度。该模型描述了不同层次土体的土壤水分运动平衡的物理过程，包括降雨灌溉入渗、土层中再分配、实际蒸散发和整个土体的渗漏等过程，所有这些基于水量平衡的物理过程都被很好地描述出来。

若考虑模拟时段初期根系层土壤贮水量为 W_1，时段末期为 W_2，根系层内土壤贮水量的变化用下式表示：

$$W_2 - W_1 = (R + I) - (E_a + T + L) \tag{6-1}$$

式中，R 为期内降水量；I 为灌水量；E_a 为土壤棵间蒸发量；T 为作物蒸腾量；L 为根系层水分下渗量。

若将土壤根系影响区分为若干层次，则降水量（R）和灌水量（I）转变为各层水分增量 ΔD，无降水条件下，各层水分净上移量表示为 Δs_upperrop_loss，则分层土壤水分平衡方程表示如下。

降水条件下：

$$\begin{aligned} W_1^{j+1} &= W_1^j + \Delta D_1^j - E_a^j - S_1^j \quad \text{（表层，有棵间蒸发）} \\ W_i^{j+1} &= W_i^j + \Delta D_i^j - S_i^j (i \geqslant 2) \end{aligned} \tag{6-2}$$

非降水条件下：

$$W_1^{j+1} = W_1^j + \text{s\_ uppersop\_ loss}_2 - E_a^j - S_1^j \quad \text{（表层）}$$

$$W_i^{j+1} = W_i^j + \text{s\_ uppersop\_ loss}_i - S_i^j \qquad (i \geqslant 2)$$

$$\Delta \text{s\_ uppersop\_ loss}_i = \text{s\_ uppersop\_ loss}_{i+1} - \text{s\_ uppersop\_ loss}_{i-1} \qquad (i \geqslant 2) \tag{6-3}$$

式中，i 为土壤层次；j 为时间节点；E_a 为棵间蒸发量（发生在表层）；ΔD 为降水或灌水后第 i 层土壤水分增量；S_i 为第 i 层作物根系的吸水量；$\Delta \text{s\_uppersop\_loss}_i$ 为第 i 层净水分上移量。

土壤水分的散失主要是通过表层土壤的蒸发和各土层的蒸腾进行的。由蒸发导致的土壤水分散失遵循 Penman-Monteith 方程，地表接受的有效辐射决定蒸发量。蒸腾导致的每层中水分的散失由不同植被类型的根系在土层中的分布决定。

（1）潜在蒸散量

$$\text{ET}_p = K_c \times \text{ET}_0 \tag{6-4}$$

式中，ET_p 为潜在蒸散量；ET_0 为参考作物蒸散量；K_c 为作物系数。

Penman-Monteith 公式综合了能量平衡（热量平衡）方程和空气动力学方法，具有一定的物理学依据。很多学者采用此法进行了研究（孙睿和朱启疆，2000；李贵才，2004）。本章采用 1998 年 FAO 推荐的较新改进版本来计算每月的局地潜在蒸散（李贵才，2004）：

$$\text{ET}_0 = \frac{0.408\Delta(R_n - G) + \gamma \dfrac{900}{T + 273} U_2 (e_s - e_a)}{\Delta + \gamma(1 + 0.34 U_2)} \tag{6-5}$$

$$R_n = Q(1-\alpha) + \varepsilon_\alpha \sigma T_\alpha^4 - \varepsilon_s \sigma T_s^4 \tag{6-6}$$

式中，ET_0 为参考蒸散量（mm/d）；Δ 为气温 T 时的饱和水汽压曲线斜率（kPa/℃）；R_n 为净辐射［MJ/（m^2·d）］；G 为土壤热通量［MJ/（m^2·d）］，在本研究中忽略不计；γ 为干湿表常数（kPa/℃）；T 为月平均温度（℃）；U_2 为 2m 处风速（m/s）；e_s 为气温 T 下的饱和水汽压（kPa）；e_a 为实际水汽压（kPa）；Q 为太阳总辐射（监测数据已知）；α 为地表反照率（由遥感数据获得）；σ 为 Stefan-Boltzman 常量，其值为 4.903×10^{-9} MJ/（m^2·d）；ε_α 为空气比辐射率；T_α 为空气温度（K）；ε_s 为地表比辐射率；T_s 为地表面温度（K）。

1）饱和水汽压曲线斜率：

$$\Delta = \frac{4098\left[0.6108\exp\left(\frac{17.27T}{T+237.3}\right)\right]}{(T+237.3)^2} \tag{6-7}$$

式中，Δ 为气温 T 时的饱和水汽压曲线斜率（kPa/℃）；T 为月平均温度（℃）。

2）平均饱和水汽压：

$$e_s = 0.6108\exp\left(\frac{17.27T}{T+237.3}\right) \tag{6-8}$$

3）实际水汽压：

$$e_a = H \times e_s \tag{6-9}$$

式中，e_a 为实际水汽压（kPa）；H 为空气相对湿度（%），由实测气象站点数据获取。

4）干湿表常数：

$$\gamma \frac{C_p P}{\varepsilon\lambda} = 0.664 \times 10^{-3} P \tag{6-10}$$

式中，γ 为干湿表常数（kPa/℃）；C_p 为空气定压比热，指一定气压下，单位质量的空气温度升高 1℃所需的能量，为 1.013×10^{-3} MJ/（kg·℃）；P 为大气压（kPa）；λ 为蒸发潜热，取 2.45MJ/kg；ε 为水汽分子量与干空气分子量之比，为 0.622。

理想气体条件下，假设气温为 20℃，则大气压 P 为

$$P = 101.3\left(\frac{293-0.0065H}{293}\right)^{5.26} \tag{6-11}$$

式中，P 为气压（kPa）；H 为海拔（m），由 DEM 图获取。

5）风速：

$$U_2 = \frac{4.87}{\ln(67.8z-5.42)} U_z \tag{6-12}$$

式中，U_z 为 z 高度处观测到的风速（m/s）；U_2 为 2m 高度处的风速（m/s）。

则

$$U_2 \approx 0.748 U_{10} \tag{6-13}$$

（2）实际蒸散量

当水分供应不充足时，实际蒸散量（ET_a）取决于农田潜在蒸散量（ET_p）和制约蒸散过程的土壤水分胁迫系数（K_s），当水分供应充足时，实际蒸散量（ET_a）取决于潜在蒸散量（ET_p）。在水分充分和不充分之间，有一个临界水量。

$$\mathrm{ET_a} = K_s \times \mathrm{ET_p} \tag{6-14}$$

土壤水分胁迫系数 K_s 用下式表示：

$$K_s = \ln(\mathrm{AV} + 1)/\ln 101 \tag{6-15}$$

$$\mathrm{AV} = [(W - W_m)/(W_f - W_m)] \times 100 \tag{6-16}$$

式中，W 为根区实际水量；W_m 为凋萎含水量；W_f 为田间持水量；$W-W_m$ 为实际土壤有效水；W_f-W_m 为最大土壤有效水。对于 $\mathrm{ET_a}$：

$$\mathrm{ET_a} = E_a + T_a \tag{6-17}$$

$$E_a = K_s \times E_p \tag{6-18}$$

$$T_a = K_s \times T_p \tag{6-19}$$

式中，E_a 为土表实际棵间蒸发量；T_a 为作物实际蒸腾量。对于 K_s，与上面计算方法相同。土表潜在棵间蒸发量（E_p）由 Ritchie（1972）公式求得：

$$E_p = \frac{\Delta}{\Delta + \gamma} \times R_n \times e^{-0.398\mathrm{LAI}} \quad (\text{可以简化为 } E_p = \mathrm{ET_p} \times e^{-0.4\mathrm{LAI}}) \tag{6-20}$$

式中，Δ 为饱和水汽压与温度关系曲线斜率（kPa/℃）；γ 为干湿表常数（kPa/℃）；R_n 为净辐射通量（1mm/d，1mm/d = 2.45MJ/m^2 · d）；LAI 为作物叶面积指数。作物潜在蒸腾量（T_p）表示为

$$T_p = \mathrm{ET_p} - E_p \tag{6-21}$$

（3）根系吸水量

有关植被的根系吸水函数的研究很多，但许多模型的形式复杂，需要很多参数。研究中使用简单的 DeJong 吸水函数（DeJong and Cameron，1979）：

$$S_{mi} = \frac{T_p \times \mathrm{RD}_i}{\int^N \mathrm{RD}_i \mathrm{d}z} \tag{6-22}$$

$$S_i = K_{si} \times S_{mi} \tag{6-23}$$

式中，S_{mi} 为第 i 层内根系吸收的水分；RD_i 为根密度；N 为土壤层数。

由于贵州喀斯特地区，土层较薄，分成的各层土壤类型及特征相似，植被根系在土壤剖面里的分布相对较均匀，故在此模型里，使每层的根系吸水量都相等，每层质地类型所吸收的水分量是整个蒸腾量的平均值，根系吸水量（S）可简化为

$$S_i = \frac{1}{N} \times T_p \tag{6-24}$$

（4）降雨下渗量

降雨和灌水入渗是田间水循环的重要环节，与潜水蒸发一样，是水资源评价和水量调控的重要依据（张蔚榛等，1996）。

简化土壤入渗水再分配过程，不考虑分配时间，分配为依次使各层达到田间持水量后多余水量下渗，各层的水分最大增量 ΔD_{mi} 为

$$\Delta D_{mi} = (W_{fi} - W_i) \cdot L_i \tag{6-25}$$

式中，L_i 为第 i 层土层的厚度。当进入 i 层的剩余入渗量大于 ΔD_{mi} 时，降水或灌水后的第 i 层实际水分增量 ΔD_i（申双和和欧阳海，1992）为 ΔD_{mi}，否则 ΔD_i 等于剩余入渗水量。

$$F = P + I \tag{6-26}$$

$$G_d = \begin{cases} F - \sum_{i=1}^{N} \Delta D_{mi} & (F > \sum_{i=1}^{N} \Delta D_{mi}) \\ 0 & (\text{其他}) \end{cases} \tag{6-27}$$

式中，P 为降雨量；I 为灌水量；F 为降雨与灌溉的总水量；G_d 为剩余水量。

（5）根系补给量

在实际情况下，随着主要根系层内根系吸水，土层之间的水势梯度逐渐增加，下层土壤内的水分不断地向上补给，这部分水的损失与农田蒸散有关，据经验，由于上层根系吸水损失的水分可表示为

$$\text{suppersop\_loss}_i = K_{si} \cdot \text{ET}_p \cdot \frac{\text{number\_layer}-i}{100} \tag{6-28}$$

式中，K_{si}是第 i 层的土壤水分胁迫系数；number_layer 为总的土壤层数。

6.1.2　植被 NPP 模型框架

植被净第一性生产力（NPP）的研究方法大致可分为两类——测量法和模型法。测量法主要是通过对点上植被 NPP 测定结果的外推，来获得区域或全球 NPP 的分布。由于植被生产力受到包括气候、土壤、植物特性及其他许多自然和人为因素的影响，而测量法只能获取点上的数据，人们无法在大区域尺度上直接而全面地测量生态系统的生产力，因此，利用模型估算陆地植被生产力成为一种重要而广泛应用的研究方法。

有关植被净第一性生产力研究的模型很多，由于对不同调控因子的侧重点的差别，模型在方法和复杂度上也显著不同，其中光能利用率模型以相对简单的方法将所有 NPP 调控因子组合在一起，并且可以直接利用遥感数据，成为 NPP 模型的一个主要发展方向（孙睿和朱启疆，1999）。

光能利用率模型通过植物吸收的太阳辐射量和光能转化率估算净第一性生产力，植物净第一性生产力等于总第一性生产力减去植物呼吸作用消耗量，即

$$\text{NPP} = \text{GPP} - R_a \tag{6-29}$$

式中，NPP、GPP、R_a 分别表示净第一性生产力、总第一性生产力和呼吸消耗量（$gC/m^2 \cdot d$）。

（1）总第一性生产力

总第一性生产力（gross primary productivity，GPP）是指在单位时间和单位面积上，绿色植物通过光合作用所产生的全部有机物同化量，即光合总量（方精云等，2001）。GPP 中除了包括植物个体各部分的生产量外，还包括同期内植物群落为维持自身生存，通过呼吸所消耗的有机物，单位一般为 $gC/(m^2 \cdot a)$ 或 $tC/(hm^2 \cdot a)$。

本章在总第一性生产力中考虑了光照、温度和水分的影响，具体由植被所吸收的光合有效辐射及光能转化率来确定：

$$\text{GPP} = \text{APAR} \times \varepsilon \tag{6-30}$$

式中，APAR 为植被吸收的光合有效辐射［$MJ/(m^2 \cdot d)$］；ε 为光能转化率，本章中取 2.76gC/MJ。

a. 植物吸收的光合有效辐射

植物吸收的光合有效辐射 APAR 取决于太阳总辐射和植被对光合有效辐射的吸收分量（FPAR），用下列公式表示：

$$\mathrm{APAR} = \mathrm{PAR} \times \mathrm{FPAR} \tag{6-31}$$

式中，PAR 为入射光合有效辐射，由监测数据确定。

b. 光能转化率

光能转化率是模型中最关键的环节，它的多少直接影响到 NPP 的固定量。其含义为通过光合作用，植被吸收单位光合有效辐射所固定的干物质总值，它代表植被将吸收的光合有效辐射转化为有机碳的效率，即对能量的固定效率。现实条件下，光能转化率受温度和水分的影响，表达式如下：

$$\varepsilon = f_1(T) \times W_g \times \varepsilon^* \tag{6-32}$$

式中，f_1（T）为温度胁迫系数（孙睿和朱启疆，1998）；W_g 为水分胁迫系数；ε^* 为理想条件下的最大光能转化率。

$$f_1(T) = \frac{1}{(1 + \mathrm{e}^{4.5-T})(1 + \mathrm{e}^{T-37.5})} \tag{6-33}$$

式中，T 为气温（℃）。

c. 水分胁迫系数

水分胁迫系数 W_g 反映了植物所能利用的有效水分条件（主要指土壤水分）对光能转化率的影响。其取值范围为 0.5 ~ 1（朴世龙等，2001b；孙睿和朱启疆，1998；李贵才，2004），可以由下式计算：

$$W_g = 0.5 + 0.5\mathrm{EET/PET} \tag{6-34}$$

式中，PET 为可能蒸散量（mm）；EET 为估计蒸散量（mm）。

通过对土壤水分均衡模型中，估计蒸散量（EET）和可能蒸散量（PET）的公式换算，得到一种新的表达 EET/PET 的算法：

$$\mathrm{EET/PET} = \ln[100 \times (W - W_m)/(W_f - W_m) + 1]/\ln(101) \tag{6-35}$$

从而将计算 W_g 的公式进行修正得到如下算法：

$$W_g = 0.5 + 0.5 \times \ln[100 \times (W - W_m)/(W_f - W_m) + 1]/\ln(101) \tag{6-36}$$

式中（6-36）的一个突出优点在于可以更好地反映土壤水分与植被净第一性生产力 NPP 的关系，从而可以从这个角度上将土壤水分均衡模型和植被 NPP 光能利用率模型进行耦合。

（2）呼吸作用量

本章采用了 Goward 的经验模型

$$R_a = (7.825 + 1.145T)/100 \times \mathrm{GPP} \tag{6-37}$$

式中，R_a 为呼吸消耗量；GPP 为总第一性生产力；T 为气温。

6.1.3 模型的实施

在 Windows XP 系统下，用 IDL 程序语言对上述模型过程进行了编译和调试。表 6-1 给出了模型主要模块和涉及的函数名称及功能。

表 6-1　模型主要模块和相关子函数

模块	函数名	功能
土壤水分模块（Soil_equilibrium）	Penman_day	实际蒸散量的计算
	S	根部吸水量的计算
	AD	由于降雨导致的土壤水分增加量的计算
植被 NPP 模块（Vegetation NPP）	PAR	太阳光合有效辐射的计算
	APAR	植被吸收的光合有效辐射的计算
	Wg	水分胁迫系数的计算
	GPP	总第一性生产力的计算
	R_a	呼吸作用的计算

模型的输入主要包括气象数据、土壤参数和空间数据。在本研究中气象数据采用长序列的实地监测数据，主要包括日均温、日降雨量、气压、相对湿度、地表温度、风速、太阳总辐射 7 个要素。需要输入的土壤参数包括与土壤水分有关的基本数据、物理参数和初始数据，主要是土壤类型、田间持水量、凋萎湿度含水量以及初始土壤含水量。模型实施过程中所使用的空间数据主要包括反照率、植被指数（NDVI）、地表比辐射率和植被类型图。

模型的输出主要包括不同植被类型的净第一性生产力，两层土壤水分，蒸发蒸腾量。在该模型的运行过程中，要注意土壤水分子模型与植被 NPP 子模型结合过程中的时间尺度的转换。运行流程见图 6-1。

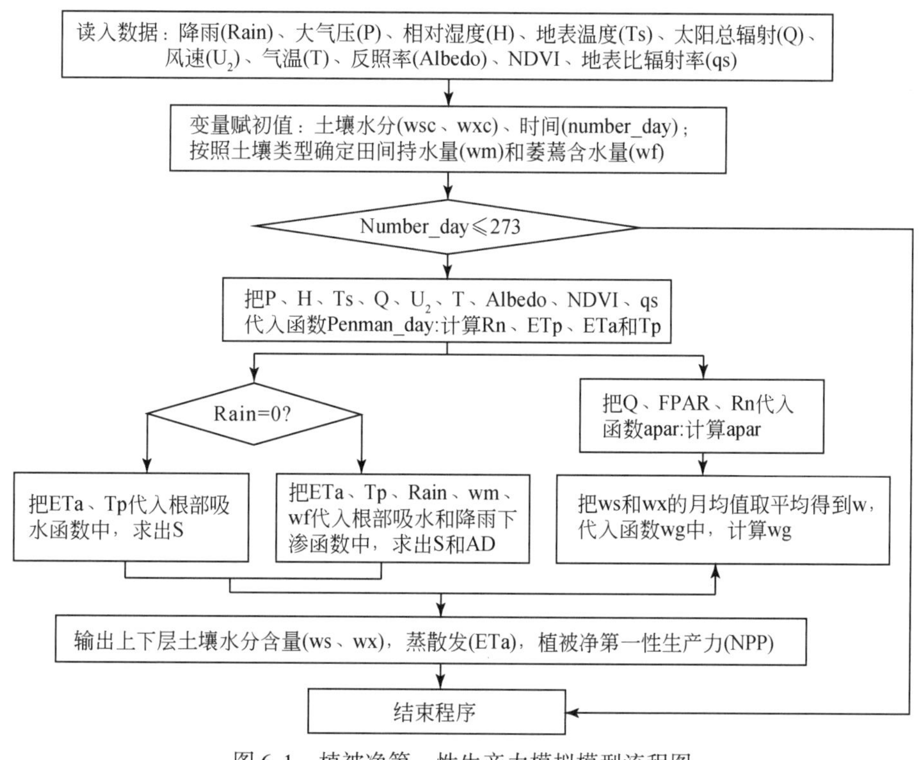

图 6-1　植被净第一性生产力模拟模型流程图

将该运算模型，利用 IDL 程序语言进行进一步开发，得到模型界面如下。

土壤水分子模块，包括蒸散发计算模块（ETCalculation）（图 6-2）和土壤水量平衡计算模块（Soil_equilibrium）。

图 6-2　蒸散发计算模块

在蒸散发计算模块中，输入数据包括气象数据、反照率、NDVI 和地表比辐射率，输出数据为潜在蒸发、蒸腾和实际蒸散量（图 6-3）。

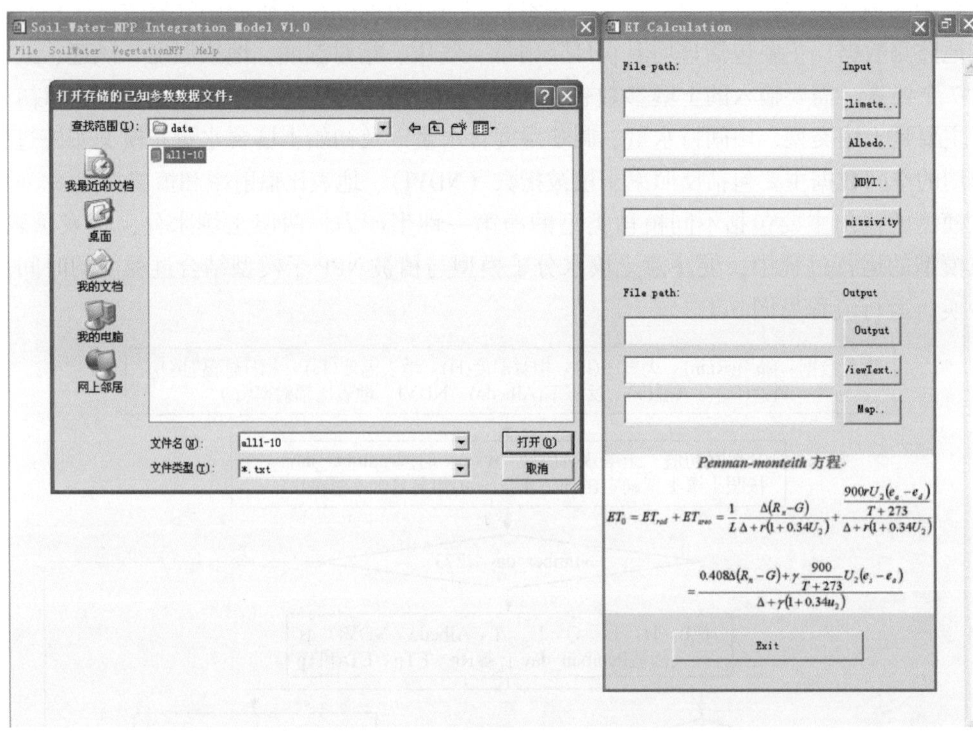

图 6-3　蒸散发运算

图 6-4 为土壤水量平衡计算模块，计算土壤水分含量。

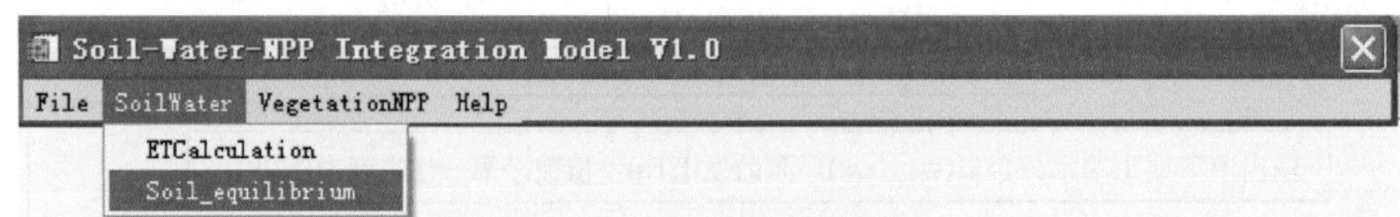

图 6-4　土壤水量平衡计算模块

在土壤水量平衡计算模块中，输入数据包括计算出来的潜在蒸散量等参数，输出两层土壤水分含量（图 6-5）。

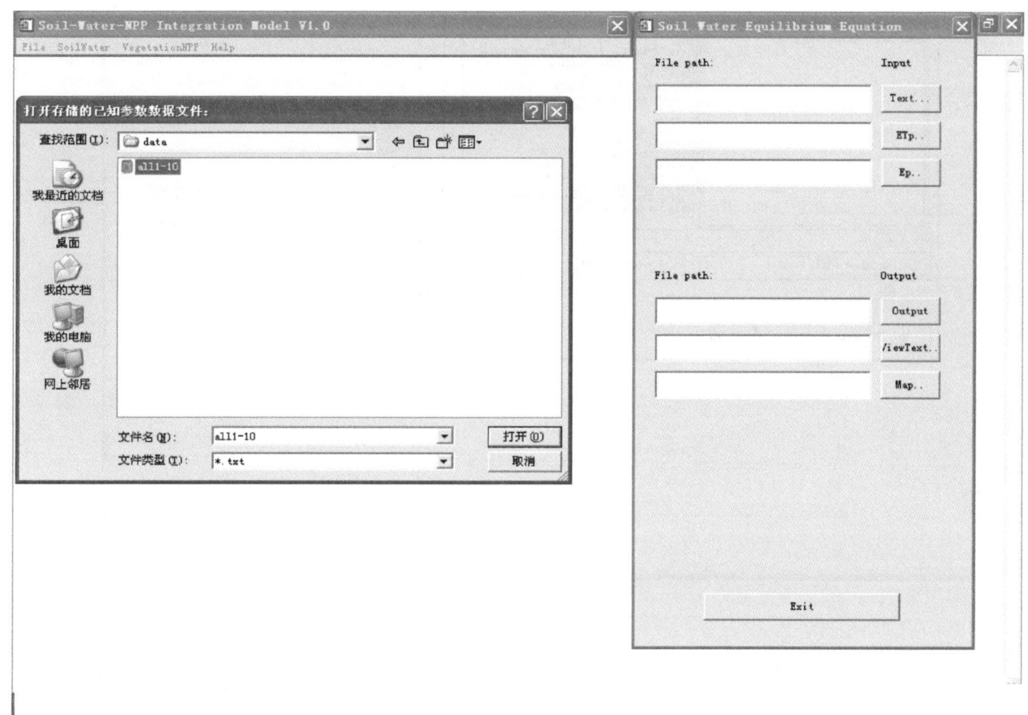

图 6-5　土壤水量平衡计算

图 6-6 为植被净第一性生产力子模块，包括 Apar、光能转化率 Lightpower 等计算模块（图 6-7），然后将计算出来的这些参数输入 NPP 子模块中，输出植被 NPP（图 6-8）。

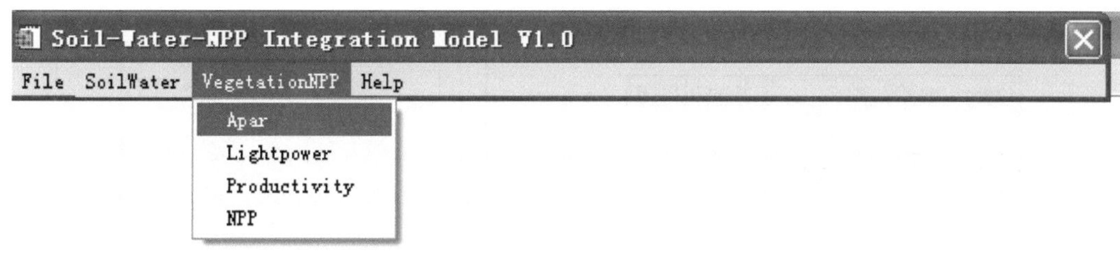

图 6-6　植被净第一性生产力子模块

植被净第一性生产力模型界面的开发，一方面大大提高了模型运算速度，提高了效率，另一方面为以后的研究提供了研究基础。整体界面的显示效果和 ENVI 的运行界面类似，简单明了，便于操作，针对性强，主要是针对蒸散发、土壤水分和植被净第一性生产力。基于这样的研究基础，计划将该领域比较成熟的一些模型增加到该界面内，以丰富它

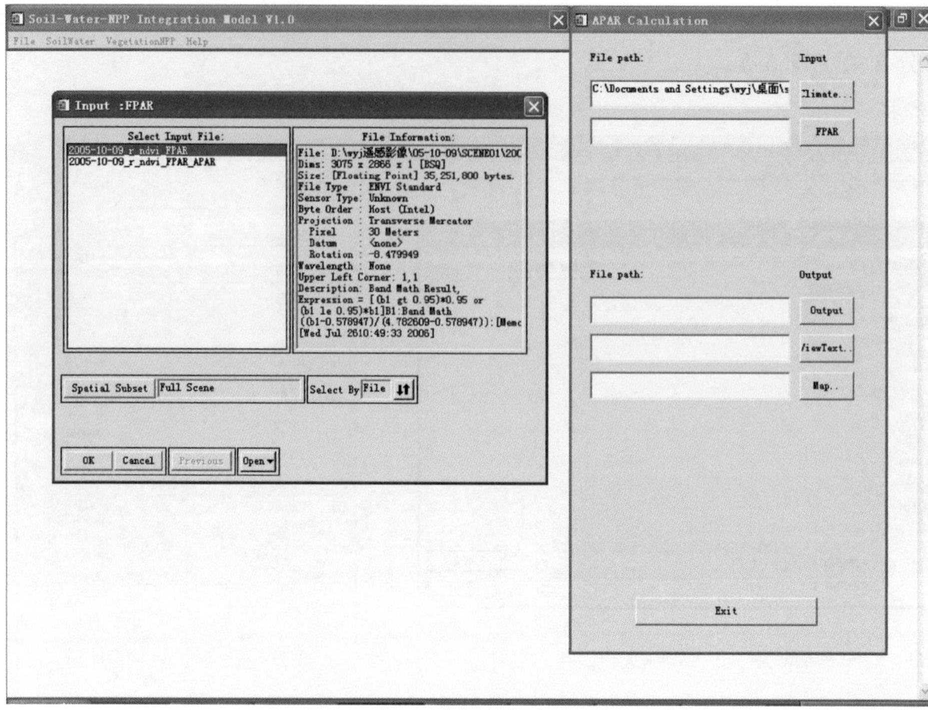

图 6-7 Apar 子模型

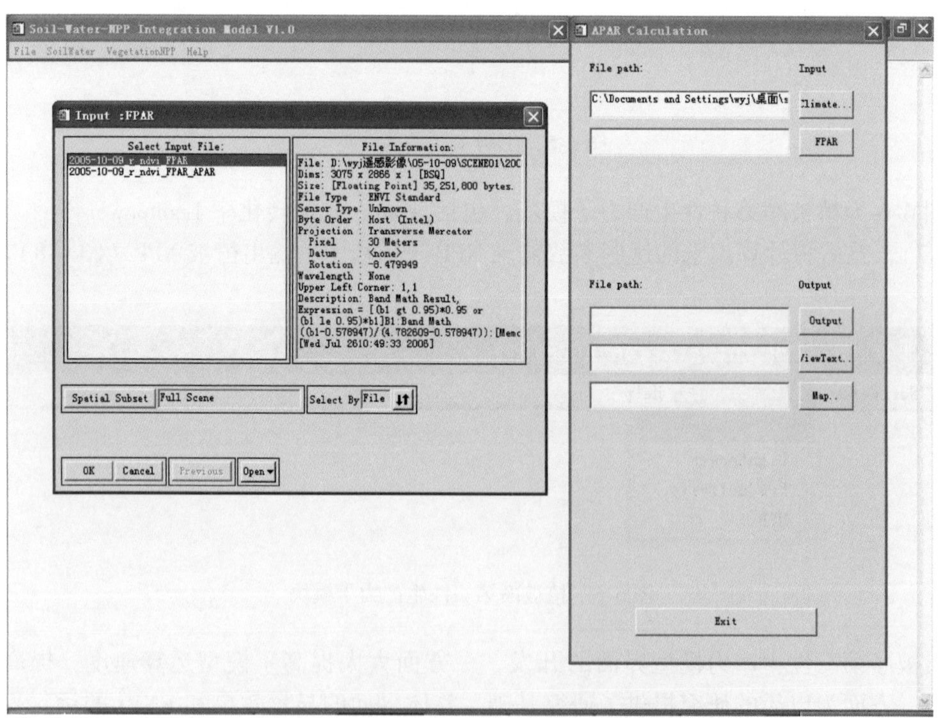

图 6-8 植被净第一性生产力的计算模块

的内容，以便可以在这方面进行更好的研究。

6.2　模型数据获取与模型验证

本研究包括两部分，一是利用MODIS数据模拟得到整个贵州省2000年4月、5月逐日单层土壤水分时空变化特征；二是利用MODIS数据模拟得到整个贵州省2001年12个月的月植被NPP的时空变化特征。

数据的处理与信息提取是整个研究工作的基础，其中包括监测数据、遥感和非遥感数据的选择、预处理、分析、提取，采用统计、插值等方法使各种数据在时空尺度上统一，做到多源数据的匹配、复合。在植被生长模拟方面国内外学者已经做了大量工作，单点植被模拟已经发展到较成熟的程度。随着遥感、GIS技术的发展，借助遥感影像的区域性和多时向性，GIS能够整合多源数据并具有强大的空间分析能力，植被生长模拟在大尺度研究上有了一定的发展。本章采用的数据资料包括遥感数据、气象数据、监测数据等，主要涉及各种数据在时间和空间尺度上的统一。

6.2.1　模型数据获取

(1) 气象数据获取及处理

利用全国气象站点数据进行空间插值得到贵州省土壤水分模型和植被NPP模型运算所需要的数据。

a. 气象数据插值范围

从中国气象局国家气象中心气象资料室获得中国地面气候资料日值数据集（数据集标识符：SURF_CLI_CHN_MUL_DAY），提取其中2000年的气压、气温、相对湿度、降水量、风速和日照时数等气象因子的数据。

在GIS空间插值中，常用的方法有距离平方反比法（inverse distance spuared，IDS）、克里格（Kriging）插值法等。Kriging插值法来源于地统计学，认为任何空间连续性变化的属性是随机的，可以半变异函数来分析、描述。通过确定空间搜索半径，计算这一空间范围所有样本点的自相关和协方差，进而进行插值预测和标准差分析，以达到较理想的空间插值的效果。Kriging插值法适合大样本均匀分布的情况。利用空间样本的关系来确定空间插值，通过误差等值线确定预测区的误差范围大小。缺点是所需要的空间数据点较多，从而增大调查成本。

研究中，共获得中国区域670个站点的气象数据，为了获得贵州省较为准确的空间栅格数据和适当的计算量，选取以贵州省为中心向外延伸300km的缓冲区范围内的气象站点为空间插值区域，样本分布基本均匀。插值范围共96个气象监测站点，包括贵州省内的19个气象站点，选用Kriging插值法进行贵州省及300km缓冲区域气象要素的空间插值。

气象数据选取流程如图6-9所示。

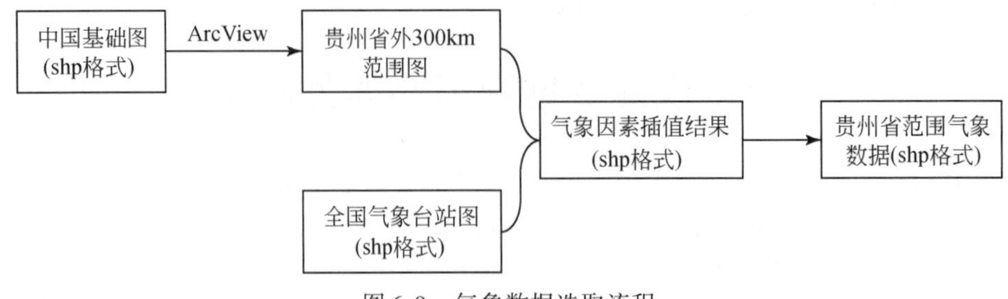

图 6-9　气象数据选取流程

b. 插值处理方法

模型中需要多个气象参数的输入，气象数据从国家气象中心获取。将站点数据经Kriging 插值变为空间栅格数据，然后赋予投影信息，进行投影转换。研究中共获得贵州省及其 300km 缓冲区内 96 个气象站点的气象数据，样本分布基本均匀。因此我们选用较为常用的 Kriging 插值法进行研究区域气象要素的空间插值。原始气象数据为 txt 文本文件格式，以天为单位存储。

实施步骤如下。

1）首先根据站点的数量进行感兴趣站点数据的筛选。

2）根据数据中所提供的站点经纬度信息，将各时相的数据转换为空间矢量数据，并赋予地理坐标信息。

3）将所需参数值作为属性字段添加到矢量数据中。

4）进行 Kriging 插值。

上述处理通过 IDL 语言、ARC 命令环境等实现。

技术处理流程如图 6-10 所示。

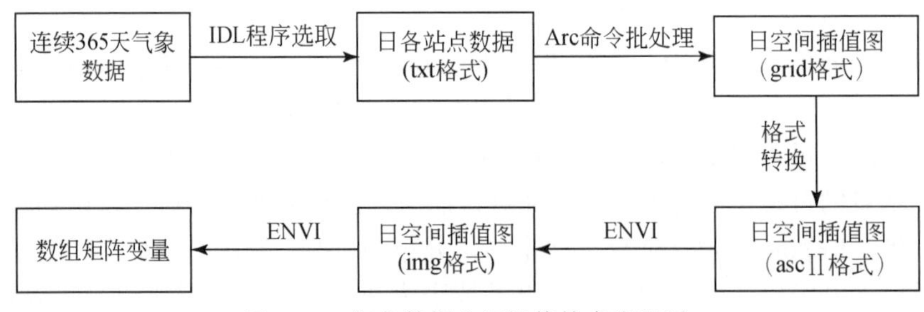

图 6-10　气象数据空间插值技术流程图

所得结果如下。

2000 年 4 ~ 5 月贵州及周边 300km 缓冲区域 96 台站逐日 10m 高平均风速（m/s）；

2000 年 4 ~ 5 月贵州及周边 300km 缓冲区域 96 台站逐日平均气温（℃）；

2000 年 4 ~ 5 月贵州及周边 300km 缓冲区域 96 台站逐日降水量（mm）；

2000 年 4 ~ 5 月贵州及周边 300km 缓冲区域 96 台站逐日气压（kPa）；

2000 年 4 ~ 5 月贵州及周边 300km 缓冲区域 96 台站逐日实际日照时数（h）；

2000 年 4 ~ 5 月贵州及周边 300km 缓冲区域 96 台站逐日平均相对湿度（%）；

2001 年中国区域 670 台站逐月降雨量（mm）；

2001 年中国区域 670 台站逐月平均气温（℃）；

2001 年中国区域 670 台站逐月平均相对湿度（%）；

2001 年中国区域 670 台站逐月平均日照百分率（%）；

2001 年中国区域 670 台站逐月 10m 高平均风速（m/s）。

（2）遥感数据的获取与处理

a. 贵州省土壤水分模拟 MODIS 遥感数据的获取

所需数据如下。

2000 年 4 月、5 月 MODIS/Terra_1km_8-DAY_Land Surface Temperature 地表温度数据；

2000 年 4 月、5 月 MODIS/Terra_1km_16-DAY_NDVI 归一化植被指数数据；

2000 年 4 月、5 月 MODIS/Terra_1km_16-DAY_NDVI 绑定的 red_reflectance & NIR_reflectance 可见光和近红外波段的反射率数据，用于计算研究区域的陆表反照度。陆表反照度采用 Valiente 研究中的方法计算。

利用 MODIS 网站提供的 MRT 投影工具软件，将获得的遥感数据进行格式转换，在 ENVI 遥感软件及 ArcGIS 9.0 的支持下，将原来用于全球的 GOOD 投影转换为我国常用的 Albers 等积圆锥投影。

经过处理得到贵州区域 4 月、5 月两个月的地表温度、植被指数和反照率栅格数据，如图 6-11 和图 6-12 所示。

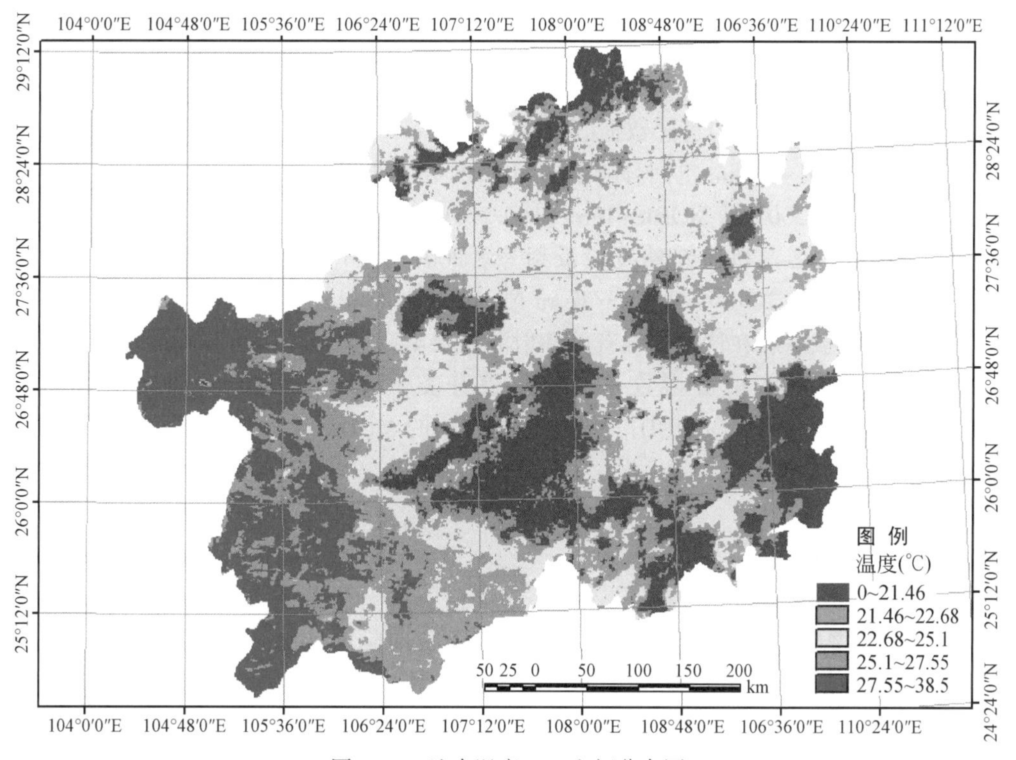

图 6-11　地表温度 LST 空间分布图

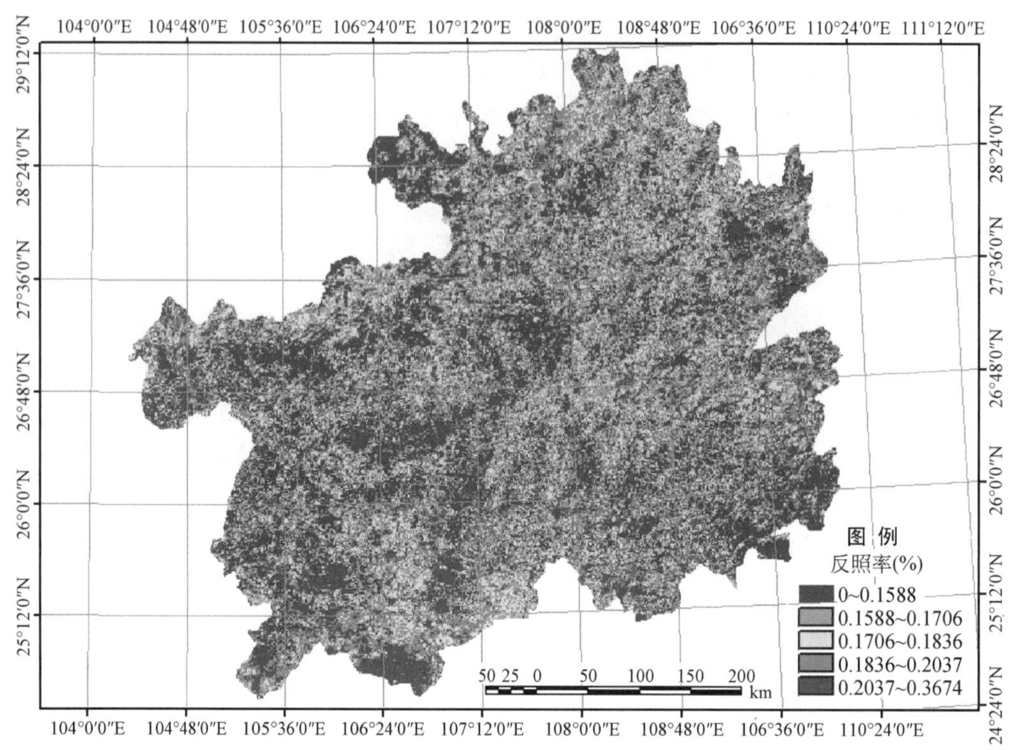

图 6-12 反照率 albedo 空间分布图

b. 贵州省植被 NPP 模拟遥感数据的获取

主要采用了 2001 年 1km 空间分辨率的 MODIS 数据产品，包括 2001 年 MODIS/Terra_1km_16DAY_FPAR，2001 年 MODIS/Terra_1km_16DAY_Vegetation Index，2001 年 MODIS/Terra_1km_16DAY 红光和近红外波段反射率，2001 年 MODIS/Terra_1km_16DAY Land Cover Type1 （IGBP)，2001 年 MODIS/Terra Net Primary Production Yearly。

FPAR 计量植被灌层在特定光合有效辐射波长 0.4 ~0.7 范围内可吸收的辐射比例，它基于7 个波段反射率、植被指数和地表覆被分类，综合了 MODIS 地表反射率产品（MOD09）和地表覆盖产品（MOD12)。本章所选用的 MODIS-FPAR 数据，与叶面积指数（LAI）呈现非线性相关。

6.2.2 模型的验证

目前区域模型研究方面的难点之一是对模型的全面验证（喻梅等，2001)。本章中模型的检验存在相同的问题。目前对于大尺度净第一性生产力模型的验证方法可以分为 4 类：①与短期资料相比较；②时空代替；③历史资料重建；④与其他相关模型的比较。本研究通过在贵州省选择实验点进行实地监测，将监测数据与通过模型计算出的土壤水分值和植被 NPP 值进行比较，检验模型的有效性。

(1) 实地监测数据获取及处理

a. 实验点概况

2005 年 8 月在贵州典型喀斯特地区——龙里生态园区布设实验点，贵州龙里生态园区以龙里羊鸡冲小流域为单元，总面积 $12km^2$，地貌类型为中低山丘陵地貌，土壤主要为黄壤土、石灰土和水稻土，植被属阔叶林和针叶林混交地带，但以阔叶林居多，现有的天然植被较少，多为人工种植。其主要树种有马尾松、杉树、梨、刺槐、栎树、毛栗等。年平均降雨量为 1158.5mm，最少年为 859.3mm，4～9 月是该区暴雨、洪水易发期，降雨量达 810mm，占全年降雨量 70%。本流域气候冬暖夏凉，年均气温 14.7℃，极端最高气温 35℃，极端最低气温-3℃，积温在 4274～4574.6℃。

本实验主要是对喀斯特地区的不同深度土壤层水分含量、各种环境气象数据（空气温湿度、地温、降水、风速风向、气压）、太阳光合有效辐射和太阳总辐射量进行定点观测实验。时间为 2005 年 8 月 26 日至 2007 年 8 月 30 日，预先设定观测密度为 0.5h，即每 0.5h 记录一次观测数据。根据植被覆盖和人为干扰程度的不同，将实验点选取在两处具有代表性的灌丛草坡类型区，实验点 1（荒山草坡）位于 26°27′8.1″N，107°01′09″E，海拔 1205m，植被为低矮草地；实验点 2（封山育林）位于 26°27′3.8″N，107°01′17.7″E，海拔 1184m，植被为灌丛，覆盖情况较实验点 1 好（图 6-13 和图 6-14）。

图 6-13　草地生态观测点下垫面

图 6-14　灌丛生态观测点下垫面

b. 监测项目

1）土壤水分监测。在两个实验样点，分别将土壤观测系统的各个传感器置于土壤中，并注意保持土壤原有的形态结构，避免人为干扰和破坏，确保数据能够反映出土壤的自然状态。特别是土壤水分传感器，根据土壤剖面，将两个传感器分别安装在不同的土层深度处，用于观测不同深度土壤水分的变化特征。土壤监测系统的观测要素主要包括双层土壤水分体积含量、土壤温度等。利用 HOBO 便携式小型自动气象站的土壤水分传感器对0～15cm 层和 15～40cm 层进行长时期的连续观测，其他土壤因子采用采样测定的方式来进行。

2）气象监测。本实验实现数据的自动记录，气象监测系统的观测要素主要包括辐射、空气温湿、风、压等。相应的实验设备分别为温度传感器、气压传感器、风速风向传感器、雨量筒、地温传感器等精密仪器。安装时，应注意辐射传感器应尽量朝南（接收辐射），温湿传感器应朝向当地风向，同时要注意风速传感器的安装指向等。

c. 监测设备及其安装

龙里生态园区实验数据采集涵盖了土壤、气象等诸多方面，实验选择多通道的数据采集器，将多个传感器及相应总线模块与数据采集器相结合，以实现多通道数据的自动获取。为了实现数据的自动记录和全面监测，购置并安装了两套 HOBO 便携式小型自动气象站，由数据采集器、传感器及相应总线模块及数据处理软件组成，一次可以接 15 个传感器，预先设定观测密度为 0.5h，即每 0.5h 记录一次观测数据。

(2) 模型有效性检验

a. 土壤水分模拟有效性检验

利用 IDL 程序语言，将实验点的上下层土壤水分模拟值统计出来，时段为 2005 年 9 月 1 日至 2006 年 5 月 30 日，并与实测值进行对比分析，得到其匹配图（图 6-15 和图 6-16），并选取典型时段 2005 年 11 月 15 ~ 30 日对上下两层土壤水分进行相对误差（相对误差 = |模拟值 - 实测值|/实测值）分析，见表 6-2 和表 6-3。

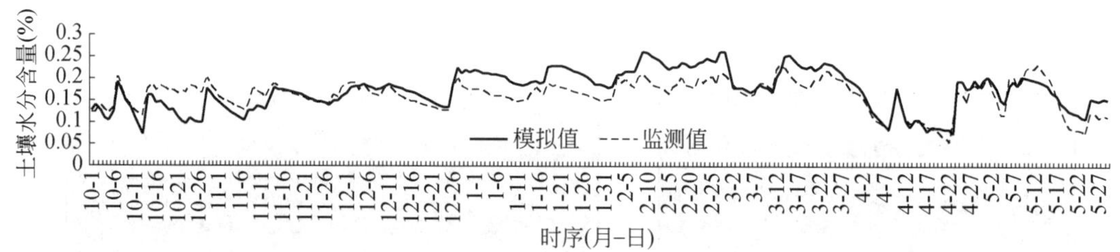

图 6-15　2005 年 10 月至 2006 年 5 月上层土壤水分模拟值与实测值对比图

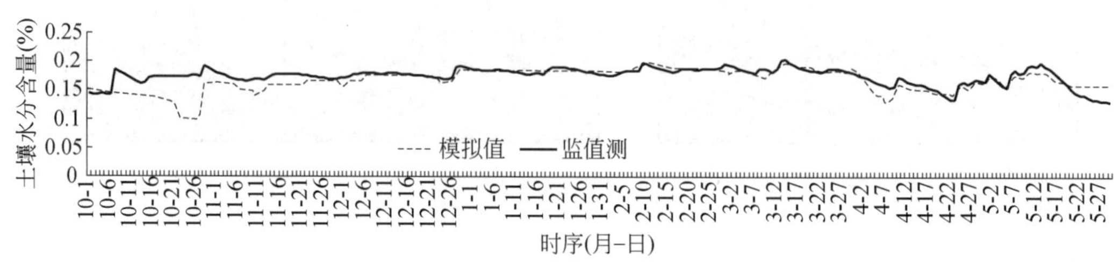

图 6-16　2005 年 10 月至 2006 年 5 月下层土壤水分模拟值与实测值对比图

表 6-2　上层土壤水分的相对误差分析

时间（月-日）	11-15	11-16	11-17	11-18	11-19	11-20	11-21	11-22
相对误差（%）	4.5	2.4	2.3	1.7	2.5	4.0	3.1	3.3
时间（月-日）	11-23	11-24	11-25	11-26	11-27	11-28	11-29	11-30
相对误差（%）	4.2	3.7	2.5	2.3	0.3	2.6	8.6	5.2

表 6-3　下层土壤水分的相对误差分析

时间（月-日）	11-15	11-16	11-17	11-18	11-19	11-20	11-21	11-22
相对误差（%）	3.0	5.0	5.0	4.9	4.7	4.4	4.2	3.9
时间（月-日）	11-23	11-24	11-25	11-26	11-27	11-28	11-29	11-30
相对误差（%）	3.2	3.9	2.5	2.0	1.6	1.2	1.3	1.5

图 6-15 和图 6-16 给出了模拟值与观测值之间的关系。从图中可以看出模拟值与监测值之间有较好的一致性。从表 6-2 和表 6-3 可以看出，11 月 15～30 日，实验点上下两层土壤水分实测值和模拟值的相对误差基本在 5% 以内，表现出较好的模拟效果。在数值大小上，有些偏差，主要原因如下：①模型本身进行了简化，忽略地表径流和侧流等因素，实际情况有偏差；②模型本身在参数选择方面（如作物系数、田间持水量和凋萎持水量等）采用统一的定值，与实际情况也有所差异。

通过土壤水分层均衡模型模拟出的土壤水分与实测值进行对比，从动态变化趋势上看，随着时间的延续土壤各层的模拟值基本上分布在实测数值曲线的周围；从动态趋向上看，喀斯特地区土壤水分层均衡模型应用研究节点随着土壤层次加深，大部分模拟值的动态趋势与实测值有着较高的吻合度；从相关性上可以看出，各层相关性基本在 65% 以上，有的达到 85%，说明大部分模拟值与实测值有着较高的一致性，可以用于喀斯特生态环境过程中土壤水分运动过程转化分析。

b. 植被净第一性生产力模拟有效性检验

对于植被净第一性生产力有效性的检验主要通过与观测值进行简单的对比来得出，由于缺乏研究区详细而全面的观测数据，而且由于净第一性生产力中凋落和凋落后分解的部分，以及被其他消费者消耗的部分很难估测，所以用一种典型植被类型的生物量的观测值来检验模型对净第一性生产力模拟的有效性。

观测点位于 26.454 89°N，107.025 48°E，高程 1190m，为弃耕 10 年的弃耕地，有少量的仙鹤草、地瓜榕等草本植物，周围群落为马尾松群落、灌木丛。从图 6-17 可以看出植被的垂直地带分布特征，弃耕地上方为灌丛和马尾松林。

(a)

(b)

图 6-17　生物量采集试验样地

生物量测定：在样地随机设置 1m×1m 的小样方 4 个，运用收获法测其地上地下总生物量。测得小样方平均的鲜重为 141.33g，烘干后的干重为 100.10g，即弃耕地内每平方米生物量为 100.10g。

通过模拟得到的相应位置不同年份相应月份的 NPP 模拟值为 130.51g/m^2，两者存在一定的差异，主要是由于模拟值为植被 NPP，而观测值为生物量，另外年份不一致，所以在一定程度上也加大了误差，但通过两者的对比还是可以看出本模型基本上能够反映植被 NPP 的绝对值的数量级时间空间变化范围。

第 7 章　贵州省土壤水分与 NPP 的时空格局：模拟结果

在第 6 章土壤水分模型和 NPP 模型基础上，本章利用 2000 年 4~5 月 1km 分辨率的 MODIS 资料和地面常规气象资料，对贵州省单层土壤水分分布规律进行估算；利用 2001 年 1 ~12 月 1km 分辨率的月 MODIS-FPAR 资料和地面常规气象资料，对贵州省植被净第一性生产力进行估算；并进一步分析土壤水分和净第一性生产力的时空格局及区域差异。

7.1　土壤水分模拟及结果分析

7.1.1　土壤水分模型的初始设置

贵州省喀斯特地区土层瘠薄，通常情况下土壤上层与下层之间的水分变化很不明显。所以，在模型从点到面的应用时，简化模型的结构，将整个土层作为一个整体考虑，只需考虑水分的蒸散发量和同时段的降水量变化值，而不必研究具体的地表蒸发和植被蒸腾的分量大小。

对于土壤水模型中的各参数的确定及各种假设如下。

1）对于土壤水分的实际计算，由于土壤水分含量一般情况下介于田间持水量和凋萎含水量之间，所以在具体计算时，假设若降雨过大，土壤水分处于饱和状态，则此时的土壤水分含量就为田间持水量，多余的降雨从该栅格中流失掉；若由于蒸散发量过大使像元中的土壤含水量小于凋萎含水量时，那么此时就认为该栅格中的土壤含水量为凋萎含水量。

2）在具体进行模型运算时，取 4 月的作物系数 $K_c=0.8$，5 月的作物系数 $K_c=0.85$，整个贵州省的土层厚度取平均值 30cm。

3）初始含水量取田间持水量 W_f和凋萎含水量 W_m的平均值，即（W_f+W_m）/2。

7.1.2　土壤水分的估算

（1）土壤水分时空分布格局

应用前面第 6 章介绍的模型构架，结合 2000 年 4 月、5 月 1km 分辨率的 MODIS 数据预处理得到的遥感影像数据、气象插值数据及其他相关数据，以贵州省范围为运算单元，综合运用 RS 和 GIS 软件计算 2000 年 4 月、5 月的土壤水分空间分布结果及频度分布图，如图 7-1、图 7-2 所示。

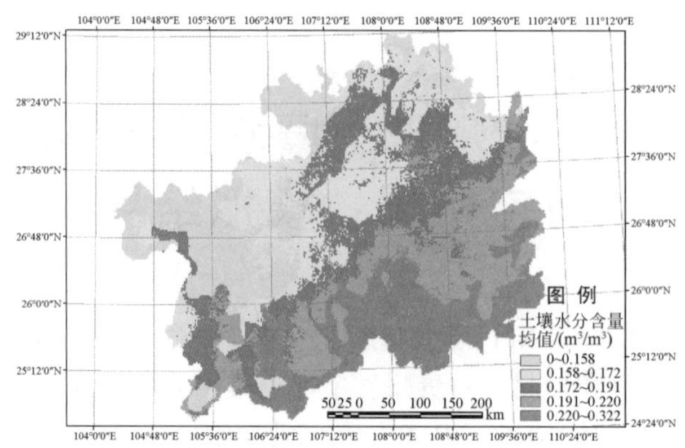

图 7-1 土壤水分含量均值空间分布图

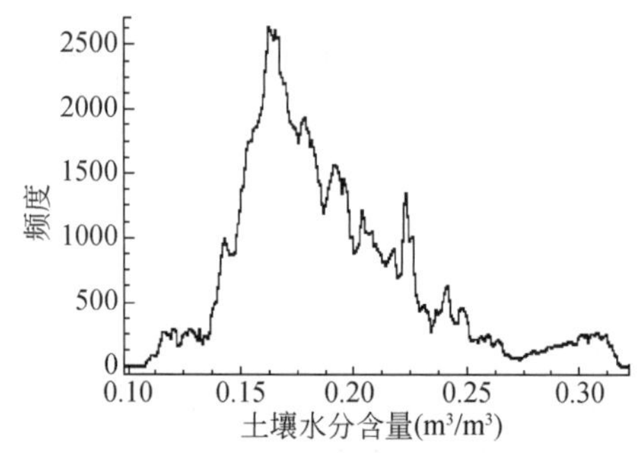

图 7-2 土壤水分含量频度分布图

贵州省土壤水分空间分布由于受纬度地带性、垂直地带性的综合影响，较为复杂。图 7-1 土壤水分空间分布图表明，2000 年 4 月、5 月贵州省土壤水分含量总体上呈现东南部、南部较高，而中部、北部、西部地区较低的分布特征。其中黔南都匀市除其北角的大部分地区、黔西南兴义市的东南部、黔东南东南角及铜仁市的零星地区土壤水分含量最高，基本在 0.22 ~ 0.32m^3/m^3；毕节市、遵义市西部及铜仁市的东北边缘地区水分含量最低，基本在 0 ~ 0.15m^3/m^3。从贵州省 4 月、5 月土壤水分含量频度分布图（图 7-2）上可以看出，2000 年 4 月、5 月贵州省土壤水分含量总体范围为 0 ~ 0.33m^3/m^3。频度分布呈现锯齿形减小，最高在 0.16m^3/m^3 左右。

图 7-3 是 2000 年 4 月、5 月平均降水量与平均实际蒸散发量的差值空间分布图，图上负值区是研究时段内的净耗水区，正值区是净产水区。该图表明，负值区主要分布在贵州西部及西北部海拔相对较高的地区，说明这些地区耗水量超过产水量。负值极值区在毕节市的西部边缘，日平均蒸散量超过降水量 2mm 左右，这些地区相对降水量很少。除了贵州省西部地区外，大部分地区差值为正值，说明这些地区是净产水区。其中，黔东南凯里市的东南部分和黔南都匀市东南部分差值相对较大，超过 2mm，以黔东南凯里市的东南边缘和黔南都匀市东南边缘为最大，超过 3.5mm。图 7-4 平均降水量与平均实际蒸散发量的差值频度图显示出差值集中分布范围在 0 ~ 1mm。

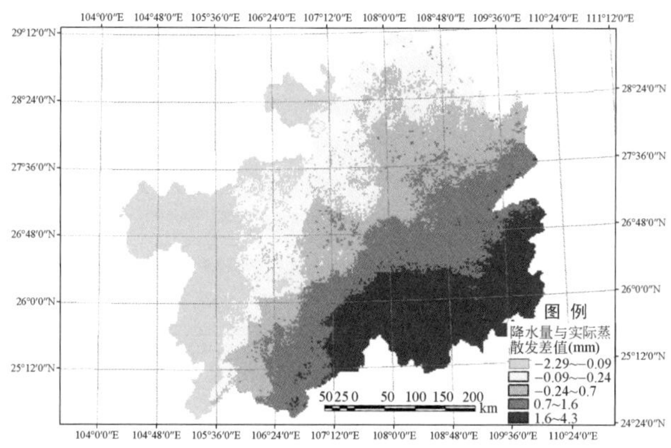

图 7-3　降水量与实际蒸散发差值空间分布图

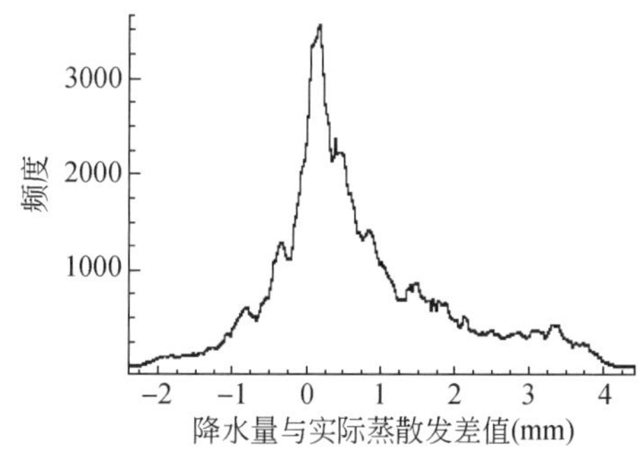

图 7-4　降水量与实际蒸散发差值频度图

结合气候条件、植被覆盖情况和 DEM 高程空间分布规律可以看出，黔东南、黔南地区海拔相对不高，在 1000m 左右，水热条件好，植被覆盖度较高，主要以亚热带常绿针、阔叶混交林和稀树草原等林地类型为主（黔东南为贵州省林地的主要分布区），全年植被覆盖时间较长。相对贵州其他地区土壤水分含量最大，在 0. 22m^3/m^3 以上。其中，贵州省的最南端部分区域的土壤水分含量最大，在 0. 30m^3/m^3 左右；贵州省的中部地区，是喀斯特石漠化较为严重的区域，海拔大约在 1300m，较贵州南部海拔高，该地区的土壤水分含量在 0. 15 ~ 0. 2m^3/m^3。此区域人口较多，植被受人类干扰较为严重，土地开垦率高，森林植被破坏较为严重，主要以农业植被为主，并夹杂一些稀疏灌丛、草地的分布，土壤水分含量相对较低；而在贵州省地势最高的西部地区，主要是毕节地区和六盘水市，海拔在 1800 ~ 2400m，其土壤水分含量在 0. 15m^3/m^3 以下。该地区相对于贵州省其他地区降水量最小、植被覆盖率最小，受海拔高程的影响日照百分率和净辐射量最大，实际蒸散发量最大，所以，该地区的土壤水分含量相对最小。

（2）土壤水分时序变化

对贵州省整体按照时序统计其各时间点平均值，如图 7-5 所示；土壤水分的日变化率（增长率或衰减率）如图 7-6 所示。

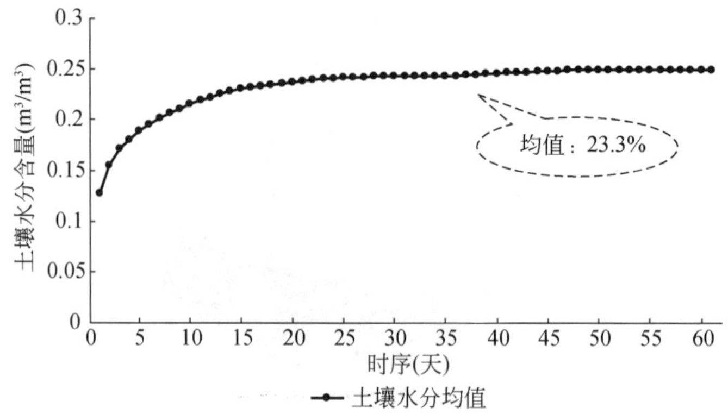

图 7-5　2000 年 4 月、5 月土壤水分均值时序变化图

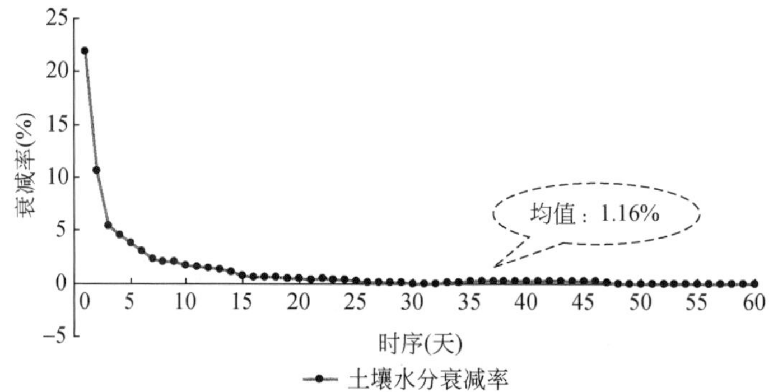

图 7-6　2000 年 4 月、5 月贵州省土壤水分变化率随时间变化图

从图 7-5 可知，4 月、5 月的土壤水分含量均值为 $0.23m^3/m^3$。由于 4 月、5 月为贵州省的雨季，降雨量较多，在设定初始土壤含水量之后的 10 ~ 15 天土壤水分即接近稳定状态。这也说明该地区每次降雨后，综合蒸散发和下渗两个因素后，土壤水分短时间达到饱和。

图 7-6 显示了土壤水分变化率时序变化情况，初始时间之后的 10 天左右，土壤水分的增长率基本上达到稳定状态，平均土壤水分变化率为 1.16%，基本接近模型时效验证的结果。

（3）土壤水分与蒸散发、降水量的关系

土壤水分均衡模型中，蒸散发量和降水量是模型的两个变化因子。在 ENVI 软件的支持下，利用 IDL 的编程环境，对研究区每个栅格建立土壤水分含量与蒸散发量和降水量的相关关系，公式与前面相同。

然后，利用土壤水分、实际蒸散发、降水量计算出来的相互相关关系结果数据，计算在蒸散发和降水量分别固定情况下，土壤水分含量与蒸散发量、降水量间的偏相关系数，公式如下：

$$PR_{12,3} = \frac{r_{12} - r_{13}r_{23}}{\sqrt{(1 - r_{13}^2)(1 - r_{23}^2)}} \tag{7-1}$$

式中，r_{12}、r_{13}和 r_{23}为变量 V_1与 V_2、V_1与 V_3、V_2与 V_3的相关系数；$PR_{12,3}$为变量 V_3固定后变量 V_1与 V_2间的偏相关系数。

a. 土壤水分与实际蒸散发的关系

对 2000 年 4 月、5 月的土壤水分含量和实际蒸散发数据对应栅格进行相关分析及偏相关分析，相关系数和偏相关系数空间分布图及其频度分布图如图 7-7 ~ 图 7-10 所示。

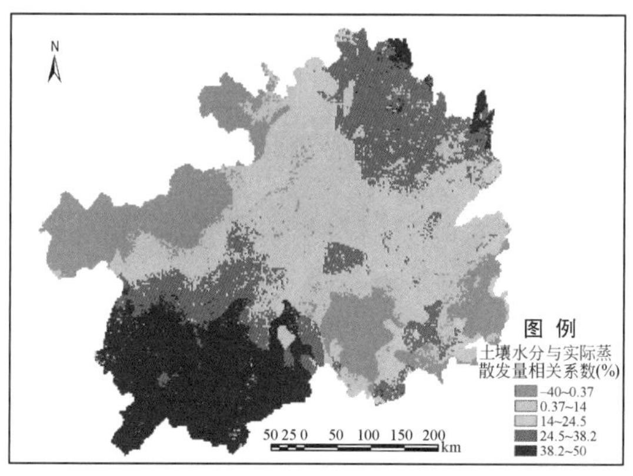

图 7-7　土壤水分与实际蒸散发量相关系数图

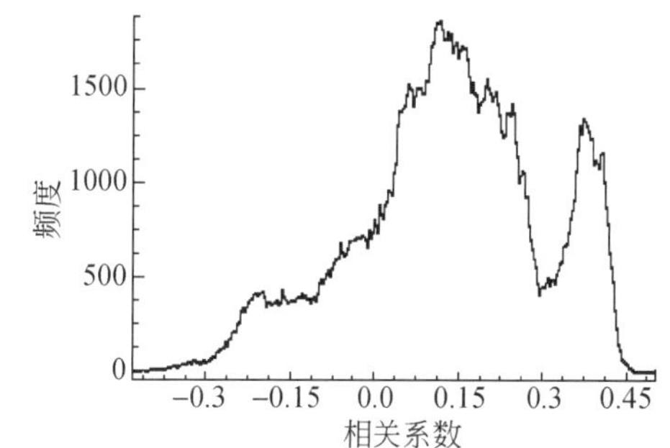

图 7-8　土壤水分与实际蒸散发量相关系数频度

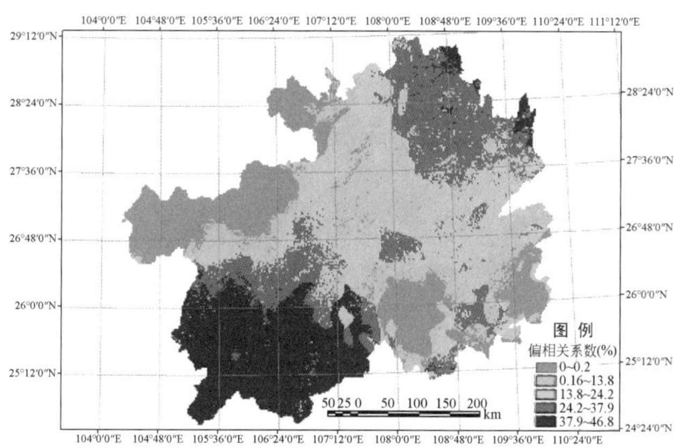

图 7-9　土壤水分与实际蒸散发量偏相关系数图

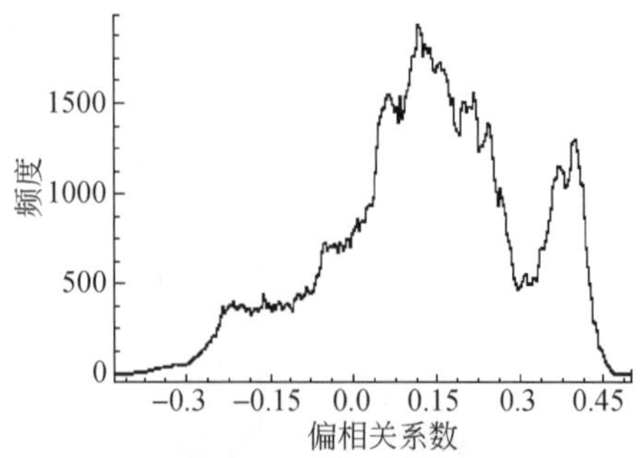

图 7-10 土壤水分与实际蒸散发量偏相关系数频度

图 7-7、图 7-8 土壤水分与实际蒸散发相关系数空间分布图及其频度图可以表明，2000 年 4 月、5 月贵州省土壤水分与实际蒸散发的相关系数在−40% ~50%。频度图显示频度分布呈现双峰型，前锋相对较高且跨度范围较大，相关系数分布的范围在 10% ~20%；后峰相对较小，且跨度范围也较小，在 35% ~40%。空间分布图显示，土壤水分与实际蒸散发相关系数较高的地区在黔西南地区，包括黔西南兴义市，六盘水市的南部，另外在贵州的东北边缘地带如铜仁市的东北边缘地带也零星分布相关系数较高的地区，在 37% ~47%，说明该地区土壤水分的变化与蒸散发的关系较为密切，相对于其他地域，蒸散发是影响土壤水分变化的一个主要的限制因子。

图 7-9、图 7-10 相对比后发现，偏相关系数的空间分布格局与相关系数的格局、对应的频度图分布大体一致，但是对应栅格的偏相关系数较相关系数普遍有所降低，即除去降水的影响后，贵州省大部分地区土壤水分与实际蒸散发的相关系数有所下降，说明变化区的土壤水分变化不仅与蒸散发相关，而且还与降水有关。黔东南兴义市、铜仁市东北边缘地带的偏相关系数较其他地区大，在 38% ~47%，说明该地区与其他地区相比，蒸散发这个参数在土壤水分变化过程中的贡献较大。

b. 土壤水分与降水量的关系

图 7-11、图 7-12 为土壤水分含量与降水量的相关系数和偏相关系数及其频度分布图。从图 7-11、图 7-12 可以看出，2000 年 4 月、5 月贵州省土壤水分与降水量的相关系数在−12% ~52%，频度图显示频度分布呈现锯齿形状，集中分布范围为 5% ~40%，跨度范围较大。空间分布图显示，土壤水分与实际蒸散发相关系数较高的地区在贵州的南部和西南部地区，包括黔西南兴义市、六盘水市的南部、黔南都匀市的南部和黔东南凯里市的东南角部分地区，相关系数在 31% ~52%，说明该地区土壤水分的变化与降水量的关系较为密切，相对于其他地域，降水量是影响土壤水分变化的一个主要的限制因子。

图 7-13、图 7-14 土壤水分与降水量的偏相关系数空间分布图及其频度图与其对应的相关系数空间分布图和频度图相对比后发现，偏相关系数的空间分布格局与相关系数的格局、对应的频度图分布大体一致，但是对应栅格的偏相关系数较相关系数普遍有所增加，即除去实际蒸散发的影响后，贵州省大部分地区土壤水分与降水量的相关系数有所增加。贵州的南部和西南部地区，包括黔西南兴义市、六盘水市的南部、黔南都匀市的南部和黔东南凯里市的东南角部分地区偏相关系数较其他地区大，在 40% ~62%，说明该地区与其他地区相比，降水这个参数在土壤水分变化过程中的贡献较大。

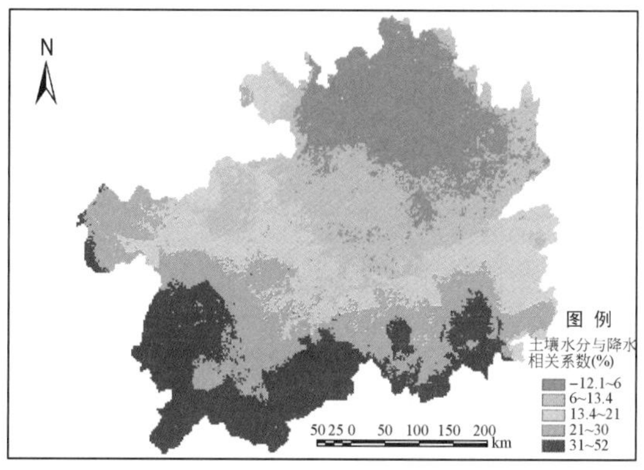

图 7-11　土壤水分与降水相关系数图

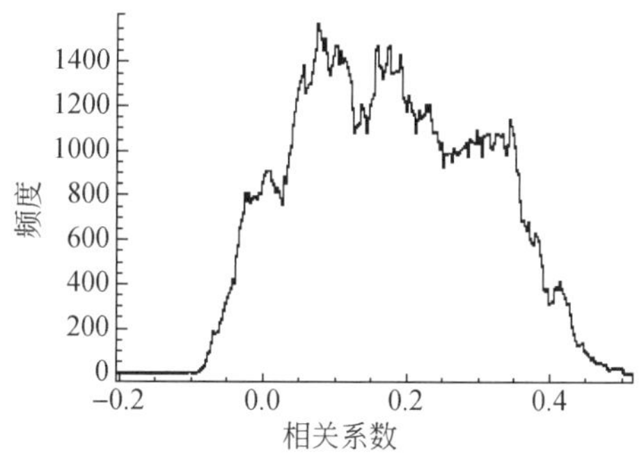

图 7-12　土壤水分与降水相关系数频度

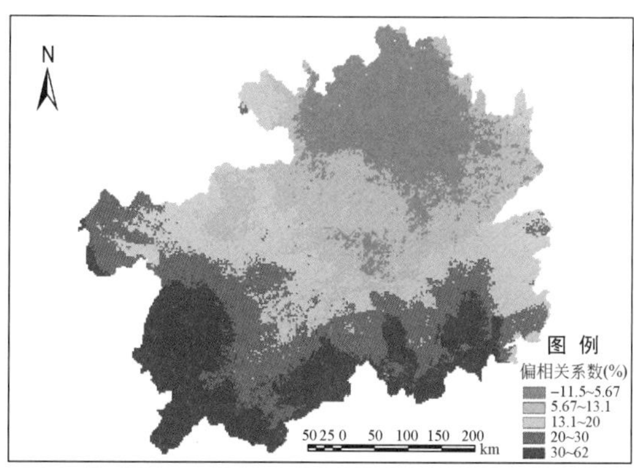

图 7-13　土壤水分与降水偏相关系数图

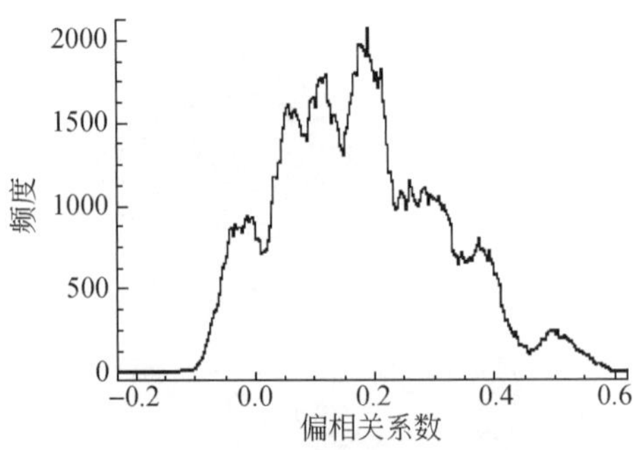

图 7-14　土壤水分与降水偏相关系数频度

c. 影响因子权重分析

前面分别对实际蒸散发量和降水量与土壤水分空间分布相关和偏相关关系进行了详细分析。对于实际蒸散发与土壤水分相关关系和偏相关关系，在除去降水量的影响后，实际蒸散发与土壤水分空间分布的偏相关系数比二者的相关系数普遍下降，这说明降水对土壤水分变化起到了限制作用。对于降水量与土壤水分相关系数和偏相关系数，在除去实际蒸散发量的影响后，降水量与土壤水分空间分布的偏相关系数比二者的相关系数普遍上升，这说明降水对土壤水分变化起到了主要贡献者作用，是 2000 年 4 月、5 月贵州省土壤水分变化的最主要的影响因子。

从前面的图 7-1 土壤水分空间分布图可以看出，经过土壤水分均衡模型计算后，土壤水分的空间分布格局明显倾向于降水量的空间分布格局。所以，从这个角度讲，降水量也是土壤水分的主要影响因子。4 月、5 月的贵州相对降雨较多，在该时间段内运行的均衡模型的诸多参数中，降水量参数是模型的主要影响因子。

7.1.3　小结

1）2000 年 4 月、5 月贵州省土壤水分空间分布总体上呈现东南部、南部较高，而中部、北部、西部地区较低的分布特征。黔南都匀市除其北角的大部分地区、黔西南兴义市的东南部、黔东南东南角及铜仁市的零星地区土壤水分含量最高，基本在 0.22 ~ 0.32m^3/m^3；毕节市、遵义市西部及铜仁市的东北边缘地区水分含量最低，基本在 0 ~ 0.15m^3/m^3，贵州省平均土壤含水量在 0.23m^3/m^3左右。

2）贵州按西部—中部—东部的顺序，海拔逐渐降低、植被覆盖率逐渐增加、日辐射量逐渐减少，这些因素促成贵州省土壤水分含量由西向东逐渐减少的趋势。

3）设定初始土壤含水量之后的 10 天左右，土壤含水量的变化较为剧烈，变化率相对较大，之后，土壤水分含量逐渐趋近于平衡，平均水分变化率（增加率）为 1.16% 左右。

4）通过研究土壤水分含量与蒸散发量、降水量的相关性得知，计算的土壤水分分布与降水量的相关性比其与蒸散发量的相关性大，土壤水分含量的空间分布也趋向于降水量的空间分布格局，这也印证了贵州 4 月、5 月降雨量较多的事实。

7.2　陆地植被净第一性生产力的时空格局

7.2.1　贵州省植被 NPP 的时空变化特征

（1）年 NPP 的空间变化

将贵州省 2001 年各月的植被 NPP 估算结果进行累加，得到贵州省年植被 NPP 的空间分布图（图 7-15）。

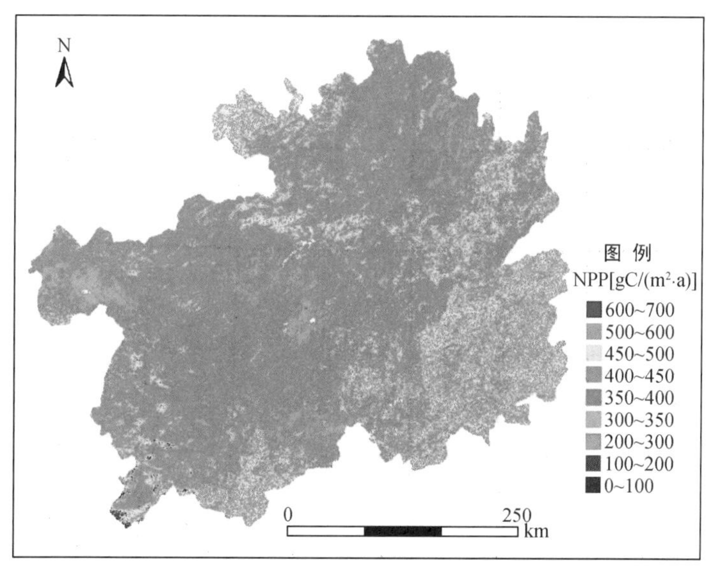

图 7-15　贵州省 2001 年植被 NPP 的空间分布图

2001 年贵州省植被 NPP 的平均值为 421.46gC/(m^2 · a)，总量为 7.41×10^7 tC，占全国 NPP 总量的 3% 左右。贵州省植被 NPP 由于受纬度地带性、垂直地带性等因素的综合影响，空间分布较为复杂，总体上呈现东南部、东部较高，中部、西部地区较低的分布特征。其中黔东南地区的 NPP 值较高且地区差异小，基本在 400 ~ 600gC/(m^2 · a)；遵义市（除赤水市）和六盘水市的 NPP 基本在 350 ~ 450gC/(m^2 · a)；铜仁地区 NPP 的地区差异较大，在 300 ~ 600gC/(m^2 · a) 不等；西部毕节地区和中部贵阳市的 NPP 最低，在 200 ~ 450gC/(m^2 · a)。

结合气候条件、植被类型和地势的分布规律可以看出，黔东南、黔西南地区海拔相对不高，在 1000m 左右，水热条件好，植被覆盖浓密，主要以亚热带常绿针、阔叶混交林和稀树草原为主，生长季长，NPP 在 400gC/(m^2 · a) 以上。其中，贵州省最南端区域的 NPP 最大，超过了 600gC/(m^2 · a)。黔东南和赤水市是贵州省林地的主要分布区，也是贵州省非喀斯特地貌的集中分布区，NPP 均在 450 ~ 600gC/(m^2 · a)，成为贵州省 NPP 的高值分布区。贵州省的中部地区，也是喀斯特石漠化较为严重的区域，海拔大约在 1300m，其省会贵阳市包括其中。该地区的 NPP 在 200 ~ 400gC/(m^2 · a)。此区域人口密度大，垦殖率高，森林植被破坏较为严重（熊康宁等，2002），主要以农业植被为主，并夹杂一些稀疏灌丛和草地的分布，植被 NPP 相对较低。

在贵州省地势最高的西部地区，主要指毕节地区和六盘水市，海拔在 1800～2400m，其 NPP 基本在 400gC/(m^2·a) 以下。该区域是全省气温最低的地区，且降雨量较少，植被的生长在一定程度上受到温度和水分的限制。其中，位于贵州省西部边缘的威宁县，其植被 NPP 大部分在 200～350gC/(m^2·a)，成为全省 NPP 最低的区域。

(2) 年 NPP 的地带性变化

贵州省属于亚热带季风气候区，气候温暖湿润。纬度跨度为 24°N～30°N，经度跨度为 103°E～110°E，地势跨度达 350～2750m。由于气候条件、植被类型、土壤质地的差异，植被 NPP 呈现一定的地带性规律，本研究根据贵州植被分布特点及区域对称性，分别选取了纬向 27°N、经向 107°E 两条剖面线，研究贵州省 NPP 的经纬度地带性变化模式（图 7-16～图 7-18）。

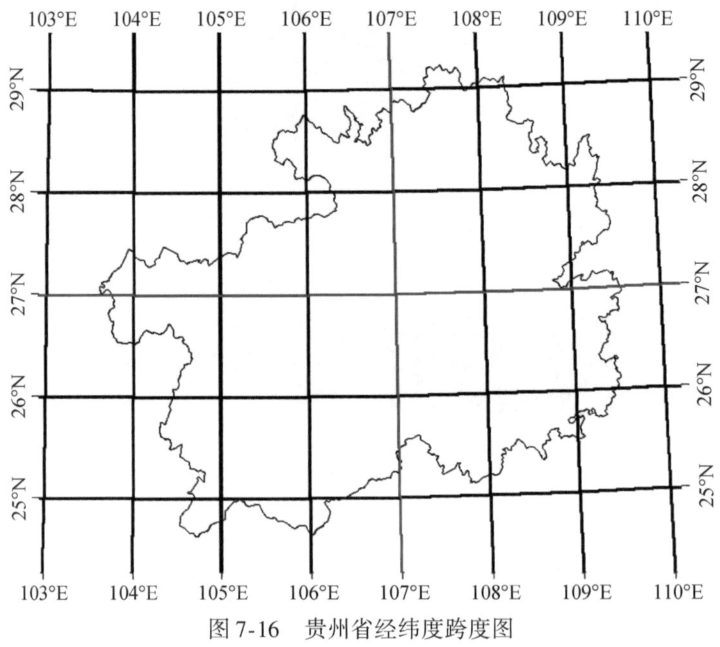

图 7-16 贵州省经纬度跨度图

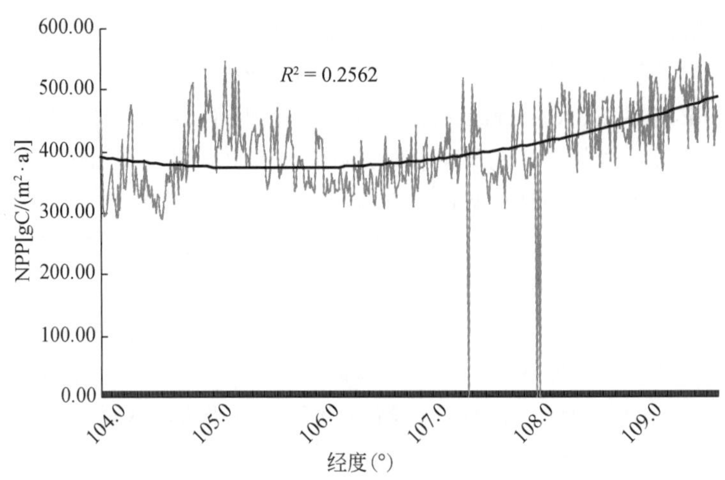

图 7-17 贵州 2001 年植被 NPP 的经向变化

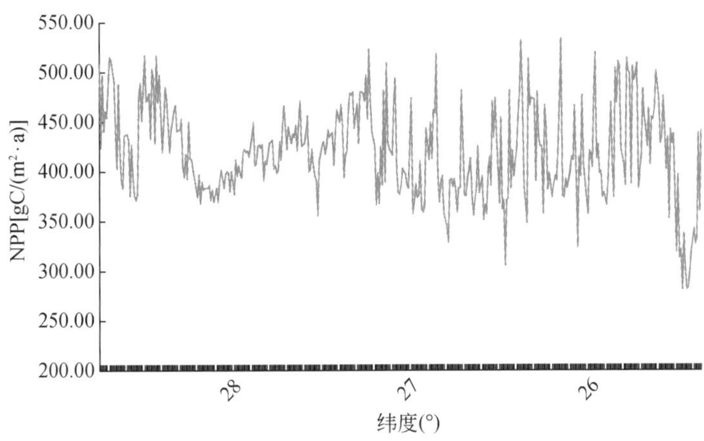

图 7-18　贵州 2001 年植被 NPP 的纬向变化

a. 经度地带性

从全省 NPP 的空间分布可以得出，贵州东部 NPP 比西部高。从经向分布来看，27°N 剖面线自西向东穿过的植被类型依次为农田、热带亚热带稀树草原、常绿针、阔叶混交林，NPP 随着经度的增加总体呈上升趋势。由于植被类型多样，整条剖面线上 NPP 的浮动较大，范围在 290～560gC/(m^2·a)，平均值约为 402gC/(m^2·a)。104°E～106°E 区间，NPP 的起落较明显，此范围农田分布广，包括水稻、小麦、玉米等作物，并与灌丛相间分布；在 105°E 附近 NPP 出现了一次高峰值，达 546.74gC/(m^2·a)，在 104.3°E 处，NPP 较周围偏低，呈现波谷形态，可能是因为这里海拔相对较高，水分条件不足，主要分布有稀疏的草地、灌丛等，植被生产能力较低；从 107.5°E 向东，逐渐进入了常绿针、阔叶混交林的分布区域，有较大面积的森林植被分布，随着水分条件的提高，林地密度的增加，NPP 呈现明显的上升趋势。水分条件的差异，影响植被的分布，从而影响 NPP 的分布，贵州省 NPP 的经度地带性分布特征一定程度上反映了水分条件对植被 NPP 分布的影响。

b. 纬度地带性

从纬向分布看，NPP 的总体变化趋势不明显，整条剖面线上 NPP 的浮动不大，范围在 330～540gC/(m^2·a)，平均值约为 419.70gC/(m^2·a)。28.5°N～27.5°N 区间，该区域农田分布面积集中，NPP 呈现一定的弧形分布特征，在 28°N 附近的 NPP 较周围偏低，位于波谷处，主要是由于此区域基本位于遵义市——贵州省光合有效辐射的低值中心之一，获得的太阳辐射热量少，植被产量相对较低。从 28.5°N 向南，耕地面积减少，热带、亚热带稀树草原、灌丛的分布范围扩大，该区域植被类型较为混杂，气候条件相差不大，因此 NPP 的变化不明显。

c. 垂直地带性

结合 DEM 图可以看出，贵州省植被 NPP 的分布具有一定的垂直地带性。贵州省的地势自西向东、北、南逐渐降低。贵州省东部、东北部和南部边缘地区的海拔在 350～1000m，该区域气候湿润，水热条件充足，NPP 较高，基本在 400gC/(m^2·a) 以上。贵州省中部和西部地区的海拔较高，均在1000m以上，植被NPP有所下降，低于400gC/(m^2·a)。向西随着地势的升高，温度降低、降水量减少，水热资源受到一定影响，NPP有所减小，到西部边缘的威宁县，其植被NPP为350gC/(m^2·a)，部分区域甚至刚超过200gC/(m^2·a)。

(3) NPP的季节变化

将各月的植被NPP分别进行空间平均值的统计，获得2001年贵州省植被NPP的时间变化曲线（图7-19）。

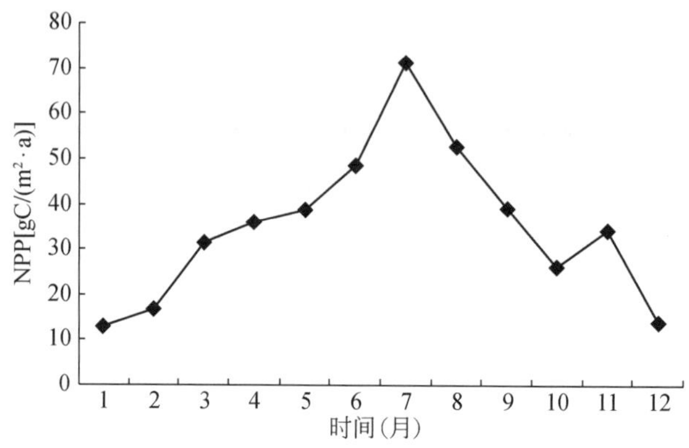

图7-19　贵州省植被净第一性生产力的月相变化曲线

贵州省植被NPP的季节变化与当地气温及地表太阳辐射的季节变化基本相同。在夏季6~8月气温及地表太阳辐射达到最大值，NPP也达到最大值，7月最高约为71.1gC/(m^2·a)；以后随着太阳直射点的南移，气温及地表太阳辐射减小，到冬季1月、2月、12月，气温及地表太阳辐射降到最低，NPP也下降到最小值，1月最低约为12.8gC/(m^2·a)；春季NPP的增长速率较为缓和，NPP总量大于秋季。

7.2.2　贵州省喀斯特地区与非喀斯特地区植被NPP的对比研究

(1) 喀斯特与非喀斯特分区

贵州省喀斯特发育的碳酸盐岩较集中地分布在中部、南部和西部地区。以县级行政单元计，喀斯特面积比例超过80%的县（市、区）有南明、息烽等28个，面积比例超过70%的有都匀、凯里等共42个，面积比例超过60%的有威宁、紫云等共59个，面积比例超过50%的有铜仁、印江等68个，共占全省县市个数的79%；榕江、雷山和赤水三县市基本上无喀斯特地貌；三穗、黎平、锦屏、从江、剑河的喀斯特面积比例均在3%以下。

根据贵州的地貌特征及相关文献（熊康宁等，2002），本研究将黔西南的册亨县、望谟县，遵义的赤水市，黔东南的三穗县、天柱县、台江县、剑河县、银屏县、雷山县、榕江县、黎平县和从江县12个县市作为非喀斯特地貌研究区，其他县市则作为喀斯特地貌研究区（图7-20）。然后，对喀斯特地区和非喀斯特地区的植被净第一性生产力进行较为系统的比较分析。

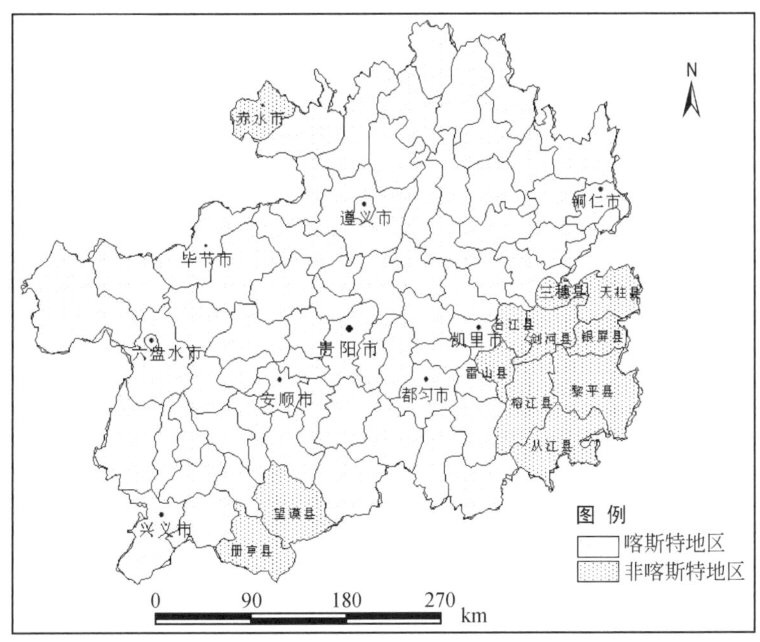

图7-20　贵州省喀斯特地区/非喀斯特地区分区图

（2）喀斯特地区与非喀斯特地区植被NPP的对比分析

a. 年NPP对比分析

由贵州省2001年植被NPP的空间分布图可以明显看出，非喀斯特地区的NPP要明显高于喀斯特地区，在400～600gC/(m^2·a)，而喀斯特地区的NPP基本在450gC/(m^2·a)以下。全年的NPP总量方面，喀斯特地区的植被NPP为407.18gC/(m^2·a)，而非喀斯特地区的植被NPP为461.53gC/(m^2·a)，高出喀斯特地区约13.3%。

对喀斯特地区和非喀斯特地区植被NPP的频度分布进行了研究，喀斯特地区与非喀斯特地区NPP的频度分布存在一定的差异（图7-21）。

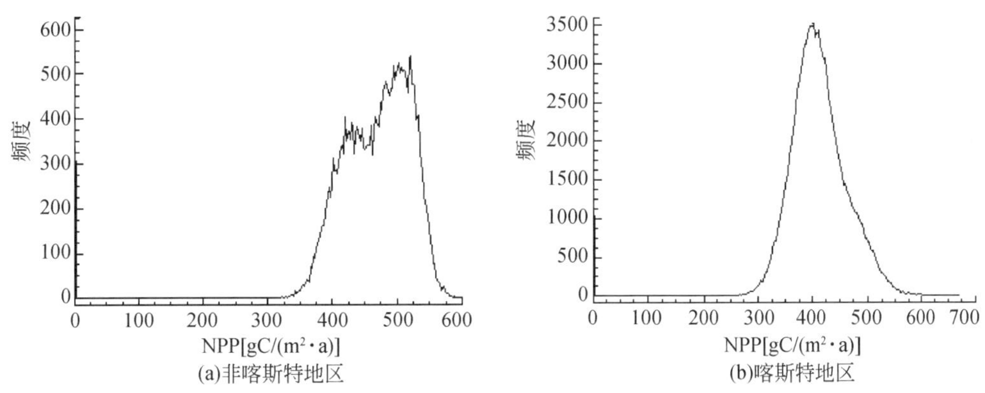

图7-21　贵州喀斯特地区/非喀斯特地区NPP的频度分布

1）非喀斯特地区植被 NPP 值的总体范围为 0～598.30gC/(m^2・a)，主要集中分布在 325～575gC/(m^2・a)。频度分布呈现似双峰型，前峰峰高相对较小，最高在 425gC/(m^2・a) 左右；后峰在 525gC/(m^2・a) 处达到最高点；两峰间波谷处的 NPP 约为 450gC/(m^2・a)。

2）与非喀斯特地区不同，喀斯特地区 NPP 值的频度分布似正态分布，呈现明显的单峰型，峰值出现在 400gC/(m^2・a) 处，然后以此为对称轴分别向两侧高值和低值方向递减，且递减速率较高。NPP 值主要分布在 275～600gC/(m^2・a)，其波动范围要比非喀斯特地区广。

b. NPP 时间变化对比分析

将各月 NPP 估算结果按区域分别进行统计，得到贵州省 2001 年喀斯特地区与非喀斯特地区 NPP 的时间变化曲线（图 7-22）。

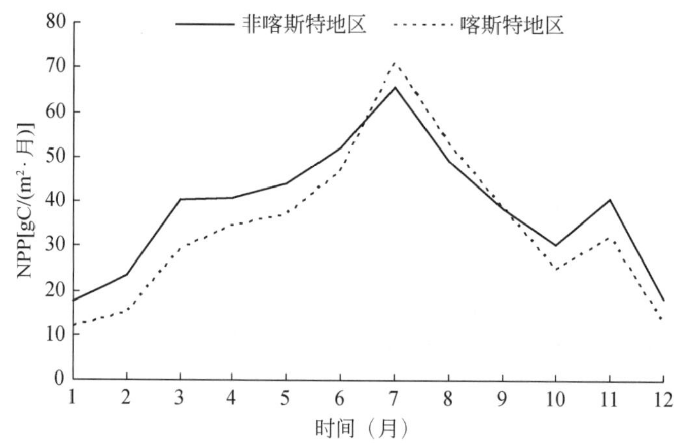

图 7-22　贵州喀斯特地区与非喀斯特地区 NPP 的时间变化曲线

1）喀斯特地区与非喀斯特地区 2001 年植被 NPP 的最高值均出现在 7 月，是植被生长最为旺盛的时节，NPP 值分别为 71.12gC/(m^2・月) 和 65.58gC/(m^2・月)，喀斯特地区要略高于非喀斯特地区。NPP 最低值出现在 1 月，为贵州省气温最低的月份，不利于植被的生长，喀斯特地区和非喀斯特地区分别为 11.66gC/(m^2・月) 和 17.48gC/(m^2・月)。

2）总体变化上，喀斯特地区要比非喀斯特地区的波动性大，喀斯特地区 NPP 最大值与最小值间的差值为 59.46gC/(m^2・月)，而非喀斯特地区为 48.10gC/(m^2・月)；1～6 月，非喀斯特地区的 NPP 均低于喀斯特地区，而到 7 月则超出非喀斯特地区 8.45%；之后，NPP 值开始下降，到 9 月喀斯特地区与非喀斯特地区基本持平，10～12 月则低于非喀斯特地区。主要是由于非喀斯特地区的植被类型多为常绿针、阔叶林，NPP 季节变化相对较小，而喀斯特地区多耕地、灌丛草坡，受气候条件的影响较大。

7.2.3　贵州省喀斯特地区植被 NPP 的时空变化特征

在 NPP 月值计算结果的基础上，通过掩模方式，获得贵州喀斯特地区 2001 年各月植被 NPP 的空间分布情况。贵州省位于亚热带气候区，月际间的空间差异不明显，本研究将进行季节间的 NPP 分析。根据本研究的实际条件，四季设定为冬季（1 月、2 月、12 月）、春季（3 ~ 5 月）、夏季（6 ~ 8 月）、秋季（9 ~ 11 月），结果如图 7-23 所示。

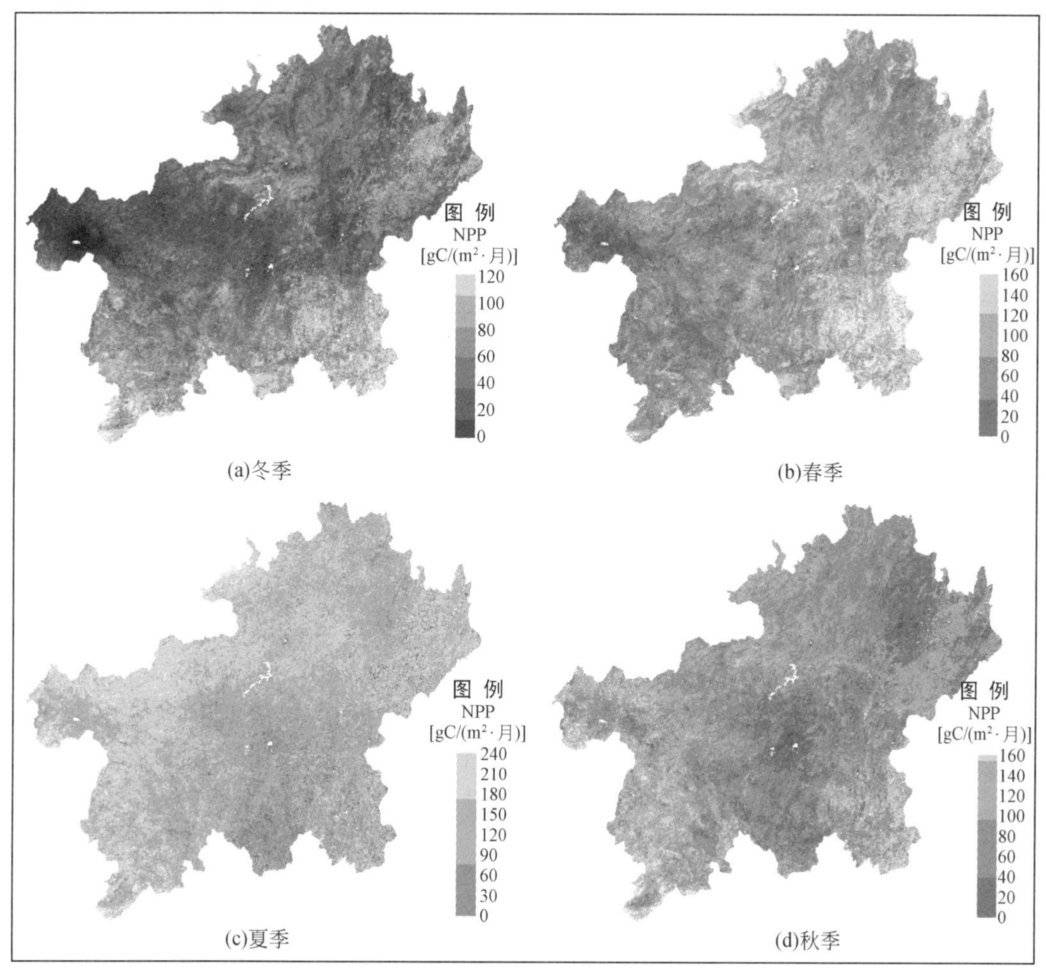

图 7-23　贵州喀斯特地区 2001 年各季节植被 NPP 的空间分布图

（1）喀斯特地区植被 NPP 的季相空间变化

从图 7-23 可见，贵州喀斯特地区植被净第一性生产力的季节变化与该区气温及太阳辐射的季节变化基本相同，夏季各地 NPP 达到年内最大值，冬季各地气温及地表太阳辐射降到最低，净第一性生产力也减少到最小值（图中白色为 NPP 的 0 值区域，属水域，其 FPAR 值为 0）。

a. 冬季

冬季［图 7-23（a）］是一年四季中 NPP 产量最低的季节，在冬季的 3 个月中，1 月是气温最低、太阳辐射量最少的季节，也是植被 NPP 最低的一个月。冬季喀斯特地区植被 NPP 的大体范围在 0 ~ 100gC/(m^2 · 月)，总体表现为由中西部向南北两侧增加的变化特征。中西部地区的 NPP 基本在 30gC/(m^2 · 月）以下，该区域人口密度大，垦殖率高，分布有大面积的农田，喀斯特地貌分布广泛，石漠化现象较为严重；位于西部边缘的威宁县和赫章县的部分区域，其 NPP 还不足 10gC/(m^2·月)，成为贵州喀斯特地区冬季植被 NPP 最低的区域，该区海拔高，气温低，降水少，植被覆盖状况相对较差，主要以农耕地为主，植被 NPP 相比于森林植被要小；同时，在威宁县的西南部，其 NPP 在 30～60gC/(m^2·月)，该区域喀斯特面积分布较少，并分布有一定面积的林地。北部喀斯特地貌分布面积少，NPP 较高，但在东北部遵义和铜仁的部分区域，其 NPP 也较低，在 70gC/(m^2·月) 以下。南部地区水热条件好，喀斯特地貌分布面积较中部少，有一定面积的林地、灌丛，其 NPP 相对较高，大于 40gC/(m^2·月)，特别是在边缘地带，达 70gC/(m^2·月) 以上，黔西南兴义市南端甚至出现了 100gC/(m^2·月) 以上的高值，成为研究区冬季 NPP 最高的地区，此区域也是兴义市喀斯特地貌分布较低的区域（熊康宁等，2002）。

b. 春季

从 2 月开始，随着气温的升高，各地的植被 NPP 也开始增加。春季［图 7-23（b）］贵州喀斯特地区植被 NPP 的总体分布特征为西部低，东部高，大体范围在 30～160gC/(m^2·月)。植被 NPP 的低值区仍然在西部的威宁和赫章两县，在 60gC/(m^2·月) 以下。以贵阳市为界，西部地区（除威宁和赫章外）的植被 NPP 在 60～120gC/(m^2·月)。北部习水河流域和东部边缘地区是喀斯特地区春季 NPP 的高值区，在 120gC/(m^2·月) 左右，研究区的东南部区域人口密度小，垦殖率低，植被覆盖较好，部分区域 NPP 高于 140gC/(m^2·月)。东北部的遵义市地区的植被 NPP 也较高，在 80～120gC/(m^2·月)。

c. 夏季

夏季［图 7-23（c）］是一年四季中植被 NPP 最大的季节，植被 NPP 相对于春季都有了大幅的增加，到 7 月，各地气温达到最大值，植被 NPP 也增加到最大值，总体表现为西部多、东南部少的分布特征，与春季的分布特征恰相反。此时期农作物接近收获季节，植被生长旺盛，NPP 基本在 120～220gC/(m^2·月)，地区差异较小。黔南地区的 NPP 大体都在 180gC/(m^2·月) 以下，部分区域出现了 100gC/(m^2·月) 以下的低值，成为研究区夏季 NPP 低值的分布区，相比于其他地区，该区域的 NPP 增长幅度也较小，这与该地的气候条件和植被类型有关。在研究区的西部边缘，NPP 较高，基本在 180～220gC/(m^2·月)，有些地区甚至超过了 220gC/(m^2·月)。

d. 秋季

随着气温的下降，NPP 也大幅减小。秋季［图 7-23（d）］喀斯特地区植被 NPP 的分布特征为中部、东北部低，东西两侧高，与冬季的分布特征相似，NPP 的范围在 50～160gC/(m^2·月)。中部和东北部的 NPP 基本在 100gC/(m^2·月) 以内，贵阳市区和铜仁地区的惠南县是 NPP 的两个低值区，均在 50～80gC/(m^2·月)。NPP 最高值出现在黔西南的兴义市南端，接近 160gC/(m^2·月)。

（2）喀斯特地区植被 NPP 季间差异的空间分布特征

通过夏季与冬季、春季与秋季间植被 NPP 的空间差值计算，分析贵州喀斯特地区植被 NPP 季节间差异的空间变化特征［图 7-24、图 7-25，单位为 gC/(m^2·月)］。

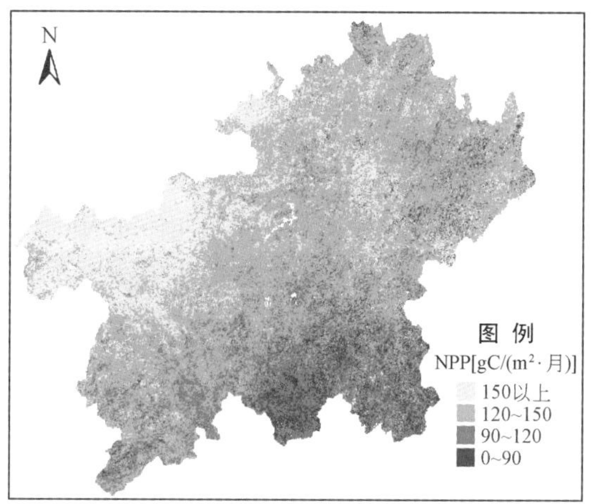

图 7-24　2001 年贵州喀斯特地区夏冬季间植被 NPP 的变化

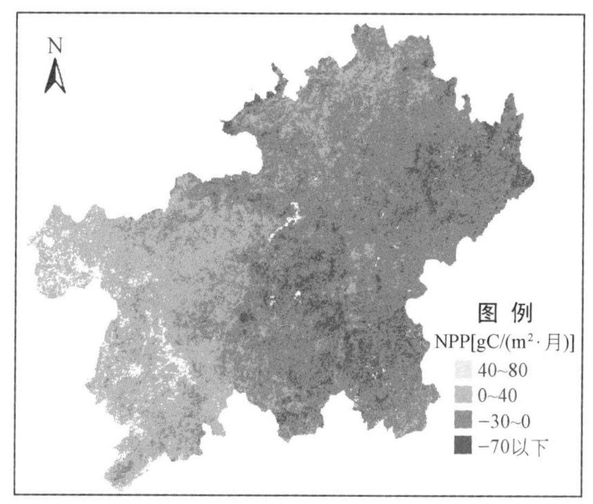

图 7-25　2001 年贵州喀斯特地区秋春季间植被 NPP 的变化

a. 夏季与冬季

夏季是各地 NPP 产量最高的季节，而冬季是各地 NPP 产量最低的季节，因此，两者的差值就可以反映出贵州喀斯特地区 2001 年内的总体变化特征。由图 7-24 可以看出，植被 NPP 年内变化值总体上呈现由西北部至东南部逐渐减小的特征。NPP 差值在 150gC/(m^2·月）以上的区域主要集中分布在西部毕节地区、六盘水市区和西北部遵义市的习水县。中部（包括贵阳、安顺）地区、北部（包括遵义、铜仁）地区的差值大体在 120～150gC/(m^2·月)。该区域森林覆盖率低，主要以农用地和灌丛为主，NPP 差值的变化受到农作物物候期的影响。120gC/(m^2·月）以下的区域主要分布在研究区的南部，其中，黔南的罗甸、平塘、独山和荔波四县的部分区域，NPP 的差值不足 90gC/(m^2·月)。黔南水热条件好，植被覆盖率高，生长周期长，因此，NPP 的季间变化较小。

b. 秋季与春季

图 7-25 显示，贵州喀斯特地区秋、春两季间植被 NPP 的差值分布，大于 0 和小于 0

的区域面积基本相当。以毕节和安顺地区的东边缘为分界线，秋季 NPP 大于春季 NPP 的区域主要分布在分界线以西地区，该区域也是农作物集中分布的地区；分界线以东地区则基本属于春季 NPP 较大的区域，分布有森林和大面积的稀树草原；而位于研究区北部边缘的遵义市部分县区，其 NPP 值秋季较大。

（3）喀斯特地区各季节植被 NPP 总量的比例差异

图 7-26 为喀斯特地区 2001 年各季节 NPP 总产量占全年 NPP 总产量的比例情况。由图可见，2001 年贵州喀斯特地区各季节植被 NPP 对年总植被 NPP 的贡献存在着较大差异，其中，夏季的 NPP 产量最高，约占到全年的 42%；冬季最低，不足 10%；春秋两季的比例基本相当，都在 24% 左右。冬夏 NPP 之和与春秋 NPP 之和各占全年的一半左右。

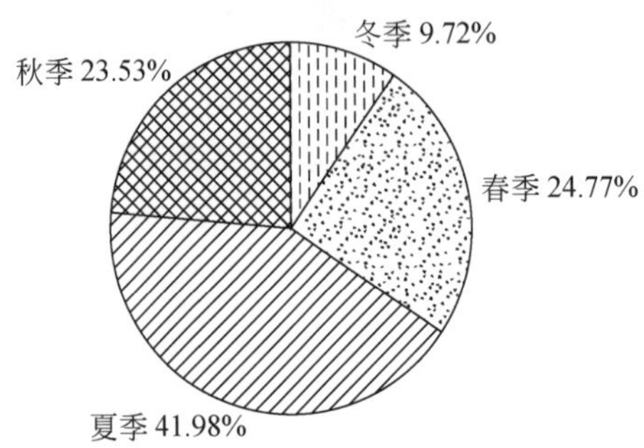

图 7-26　贵州喀斯特地区 2001 年各季节 NPP 占年总 NPP 的比例

7.2.4　贵州省植被 NPP 与气候因子的相关关系

植被 NPP 的形成和生物量的累积，与土壤、水分、养分循环以及气候条件有着重要的联系。NPP 与气候关系的模拟是产量生态学的重要内容，气候因子与生产力之间的数量关系一直受到各国学者们的关注。植物的生物学特性，空气中的 O_2、CO_2 和土壤肥力等都是比较固定的因子，而气候则随时空变化较大。因此，一个地区的植物产量主要决定于光、热、水（周广胜和张时新，1995）。

前面对 2001 年贵州植被 NPP 的研究证实，贵州植被 NPP 具有明显的季节变化，而且与大气、水分、光照等环境因子联系密切。正面通过对植被 NPP 与气候因子关系的研究，寻求贵州植被 NPP 季节变化的主要驱动因子，分析喀斯特地区与非喀斯特地区间的差异，以期为喀斯特地区的生态建设提供依据，并在此基础上，对未来气候情景下的 NPP 变化进行预测分析。

（1）植被 NPP 与气候因子的季节相关关系

在 ENVI 软件的支持下，利用 IDL 的编程环境，对研究区每个像元建立 NPP 与气候因子的线性关系模型，计算出单相关系数，从而研究 NPP 与气候因子的关系。

$$R_{xy} = \frac{\sum_{i=0}^{n-1}\left[(x_i - \bar{x})(y_i - \bar{y})\right]}{\sqrt{\sum_{i=0}^{n-1}(x_i - \bar{x})^2 \cdot \sum_{i=0}^{n-1}(y_i - \bar{y})^2}} \tag{7-2}$$

式中，R_{xy} 为变量 x、y 的相关系数；$\bar{x}$、$\bar{y}$ 分别为变量 x、y 的均值；n 为样本数。

然后，利用式（7-3），计算在降水和气温分别固定情况下，NPP与气温、NPP与降水间的偏相关系数。

$$\mathrm{PR}_{12,3} = \frac{r_{12} - r_{13}r_{23}}{\sqrt{(1 - r_{13}^2)(1 - r_{23}^2)}} \tag{7-3}$$

式中，r_{12}、r_{13} 和 r_{23} 分别为变量 V_1 与 V_2、V_1 与 V_3、V_2 与 V_3 的相关系数；$\mathrm{PR}_{12,3}$ 为变量 V_3 固定后变量 V_1 与 V_2 间的偏相关系数。

通过对2001年各月植被NPP与气温、降水数据逐像元的相关分析，得到贵州省植被NPP与气温、降水的相关系数空间分布图（图7-27、图7-28），图中的黑色区域为无值区。

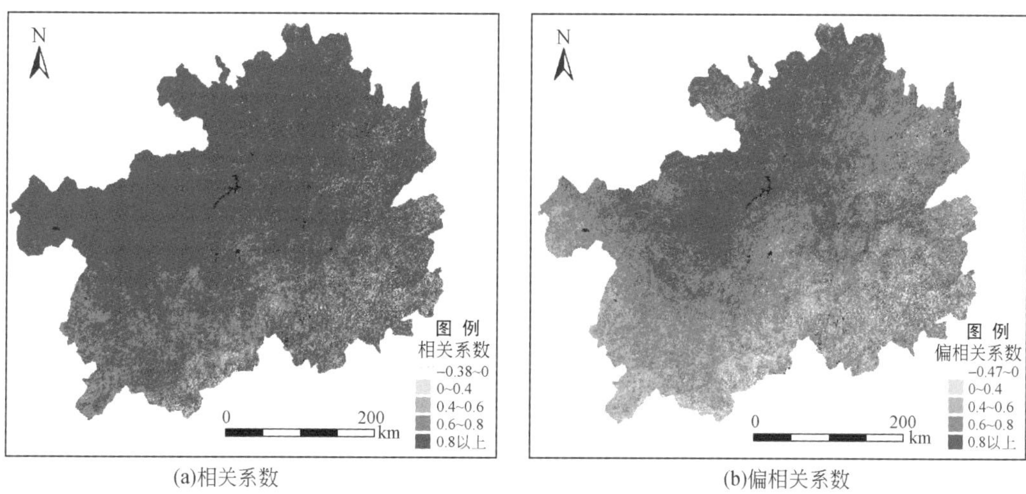

(a)相关系数　　(b)偏相关系数

图7-27　植被NPP与气温的季节相关性分布图

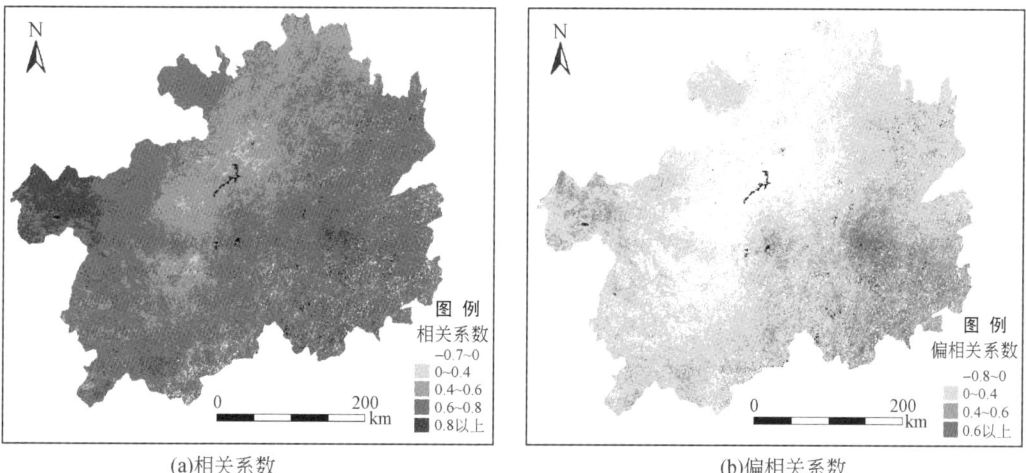

(a)相关系数　　(b)偏相关系数

图7-28　植被NPP与降水量的季节相关性分布图

a. NPP 与气温的季节相关分析

温度变化对光合作用的影响取决于植物最适温度区间与现实温度的对比以及温度变化的方向。植被 NPP 与气温的季节相关系数分布图显示，贵州省的单相关系数基本在 0.6 以上，说明植被 NPP 与气温之间具有很好的季节相关性；其中，贵州西北部、北部和中部地区都在 0.8 以上，南部的黔南、黔西南和黔东南的大部分区域，其相关系数在 0.6 ~ 0.8。相关系数在 0.4 以下的区域主要分布在贵州南部、东南部边缘地带，甚至出现零星的负值分布，可能是因为该区域一年四季气温都较高，季节变化不明显，植被生长较为稳定，温度基本上不是该区域植被生长的限制因子。

由图 7-27（a）和图 2-27（b）的对比发现，除去降水的影响后，贵州省大部分地区的植被 NPP 与温度的季节偏相关系数均有所下降，说明变化区的植被生长不仅受温度的影响，还与降水量有关。位于西北部的毕节地区东部和遵义市大部分地区，其偏相关系数仍保持在 0.8 以上，贵州省中部的安顺市、贵阳市和铜仁地区的偏相关系数也较高，在 0.6 ~ 0.8,表明这些地区的植物季节性生长主要受温度限制。而在南部和西南部的部分区域，其偏相关系数有所下降，但变化较小，仍然是 0.4 以下偏相关系数的分布区。

b. NPP 与降水的季节相关分析

植被 NPP 与降水量的季节相关系数图（图 7-28）显示，贵州省大部分地区的相关系数在 0.6 以上，说明植被 NPP 与降水量之间具有较好的季节相关性，但不及植被 NPP 与气温的相关程度；西部威宁、赫章两县的相关系数在 0.8 以上，该区域是省内海拔最高的地区，气温较低，降水较少，夏湿冬干，植被的生长对降水的依赖性强；北部的遵义市(除赤水市和习水县)、毕节地区东部、安顺市的相关系数在 0.4 ~ 0.6，表现出一定的相关性；相关系数在 0.4 以下的区域基本零星分布在贵州省的东部、东南部和南部边缘地带，并伴有负值的分布，可能是因为该区域一年四季降水量都较充足，季节变化不明显，植被生长基本不会受到降水量的限制。

由图 7-28（a）和图 7-28（b）的对比发现，除去温度的影响后，贵州省大部分地区的植被 NPP 与温度的季节偏相关系数均大幅下降，说明变化区的植被生长受到气温和降水的双重影响，这与前面对 NPP 与气温季节相关性分析的结果基本一致，但是其下降的幅度较前者大，大部分地区下降了两个级别，体现了降水对植被生长的限制性较气温弱。相关系数在 0.4 以上的区域主要分布在黔东南地区和西部的威宁、赫章两县；而单相关系数在 0.4 ~ 0.6 的地区，其偏相关系数下降到了 0 以下，甚至出现了–0.8 的低值，一定程度上表明该区域植被生长不受水分条件的限制，这可能是由于这些地区水热不同期造成的，夏旱时有发生，而秋季阴雨连绵，同时，阴雨天气也会增加光照的胁迫作用。

（2）植被 NPP 对未来气候变化的响应

近几十年来，随着世界经济的快速发展和人口的急剧增加，人类活动对生态环境造成了巨大的影响，致使 CO_2 等温室气体排放量急剧上升，从而引起了气温升高、降水分布改变等气候变化，全球变化研究受到世界各国的普遍关注。

植被 NPP 是表征植被活动的关键变量，也是全球碳循环的重要组成部分，必然会受到全球变化的影响。基于此，我国许多学者通过情景模拟的方法，研究了植被 NPP 对气候变化的响应。

在前人研究基础上，结合贵州实际，用以下假定情景研究贵州植被 NPP 对全球变化的响应。

1）在 CO_2 浓度增加、气候变暖的情况下，贵州地表植被的分布仍保持现状。

2）全省气温升高 2℃，降水量增加 6%。

3）太阳总辐射（光合有效辐射）的变化分两种情况：维持不变，增加 10%。

基于以上假定，由所建立的 NPP 模型及 MODIS 数据模拟未来全球变化情况下贵州省植被净第一性生产力的变化特征（图 7-29、图 7-30）。模拟结果表明，在气温升高 2℃，降水量增加 6%，太阳总辐射不变（情景 1）的情况下，贵州省的植被 NPP 有所减少，总量由 7.41×10^7tC 减少到 7.27×10^7tC，减少了约 2%；平均值由 421.46gC/(m^2·a) 减少到 413.40gC/(m^2·a)。而在太阳总辐射同时增加 10%（情景 2）时，植被 NPP 总量增加到 7.94×10^7tC，增加了约 7.2%，平均值则增加到 451.59gC/(m^2·a)。

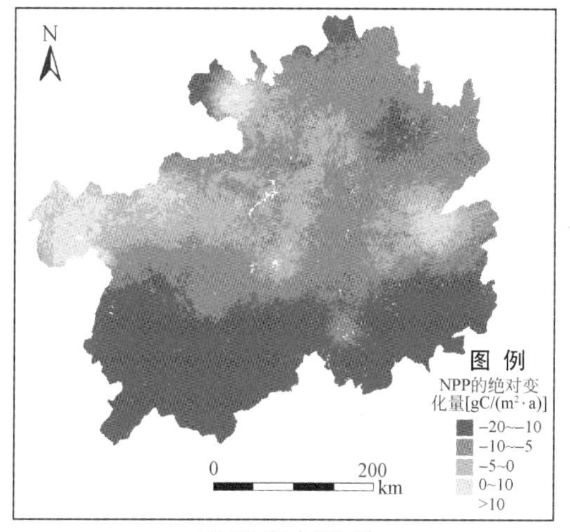

(a)NPP绝对变化量

(b)NPP相对变化率

图 7-29　情景 1 NPP 变化空间分布图

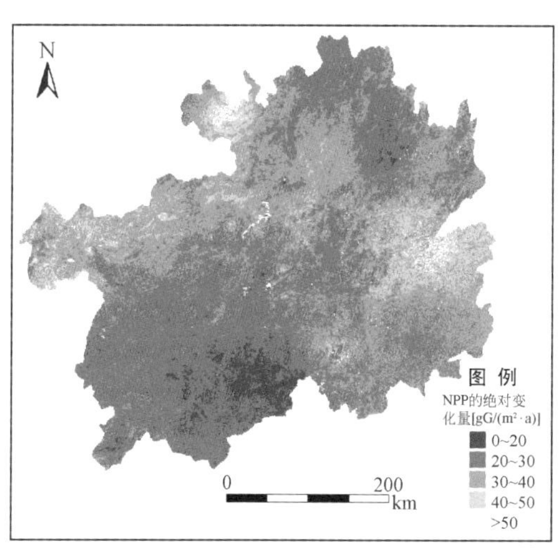

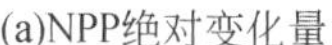

(a)NPP绝对变化量

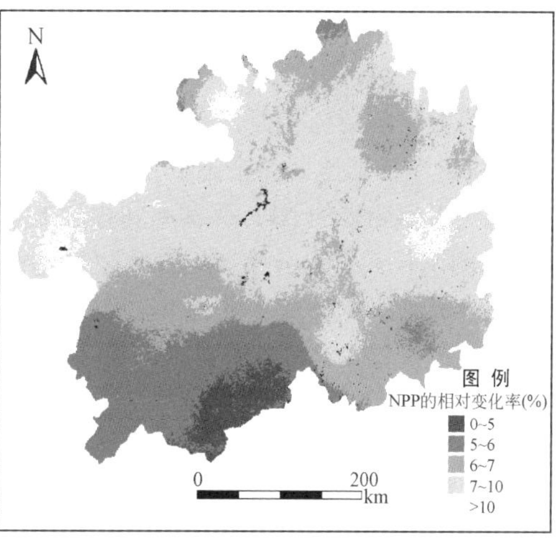

(b)NPP相对变化率

图 7-30　情景 2 NPP 变化空间分布图

a. 太阳总辐射不变时植被 NPP 的空间变化

气温升高 2℃，降水量增加 6%，太阳总辐射不变的情景下贵州植被 NPP 的空间变化见图 7-29。

1）绝对变化量。从图 7-29（a）植被 NPP 的绝对变化量来看，全省大部分地区为负值，NPP 有所减少，总体表现为南部、东北部的减少量较大，而中部、西北部地区 NPP 有所增加。黔西南布依族苗族自治州（简称黔西南州）全部、黔南布依族苗族自治州（简称黔南州）和黔东南苗族侗族自治州（简称黔东南州）的南部区域，其 NPP 的减少量达到 10～20gC/(m^2·a)，中部的安顺市、贵阳市、六盘水市，以及东北部的铜仁地区，其 NPP 稍有减少，减少范围在 0～10gC/(m^2·a)，其中铜仁地区的印江县，减少量在 10gC/(m^2·a) 以下。贵州省属于亚热带湿润季风气候，气温较高，降水较多，温度和水分条件基本上已能满足植被生长的需要，特别是在贵州省的南部地区，气温和降水的年内变化不大，由于阴雨天气经常发生，使光照胁迫作用增强，另外温度升高也会导致呼吸作用的增强，因此，NPP 的绝对变化量出现了负值。NPP 绝对变化量呈现正值的区域主要有 3 个中心，北部的习水县，西北部的威宁和赫章县，以及东北部的三穗县，其增加量基本在 0～10gC/(m^2·a)，10gC/(m^2·a) 以上增加值零星分布其中。这些区域位于贵州的中北部地区，气温较低，降水量少，时有旱情发生，其中，威宁和赫章县是全省温度最低、降水最少的地区。温度和水分对该区域植被 NPP 的限制相对较强，气温和降水的增加使该限制作用有所减弱，植被 NPP 得到增加，但在贵州所处气候区的大背景下，增加幅度并不大。

2）相对变化量。植被 NPP 的相对变化率是由 2001 年的 NPP 与绝对变化量来决定的，其总体空间分布特征与绝对变化量基本一致［图 7-29（b）］。大部分地区的相对变化率在 -1%～-3%；相对变化率在-3% 以下的区域主要分布在贵州省的南部边缘地带，包括黔西南州的大部；相对变化率在 0～3% 的区域主要分布在绝对变化量成正值的地区，即北部的习水县，西北部的威宁和赫章县，以及东北部的三穗县。

b. 太阳总辐射增加 10% 时植被 NPP 的空间分布

气温升高 2℃，降水增加 6%，太阳总辐射增加 10% 情景下贵州植被 NPP 的空间变化见图 7-30。

1）绝对变化量。从图 7-30（a）植被 NPP 的绝对变化量来看，整体分布特征与太阳总辐射不变时的情况相似，南部地区小于北部地区，只是 NPP 的增加幅度有所提高，情景 1 中变化量增加的地区是情景 2 中增加幅度较高的区域；但不同的是，在太阳总辐射增加 10% 后，贵州全省的 NPP 都有不同程度的增加。一定意义上说明，贵州省的光能资源对植被 NPP 的增长具有十分重要的作用。NPP 绝对变化范围大体在 0～50gC/(m^2·a)，黔南州的罗甸县成为增加量最小的地区，不足 20gC/(m^2·a)；贵州西南部的黔西南州、六盘水市和安顺市，以及北部部分县市的 NPP 将增加 20～30gC/(m^2·a)；西北部的毕节地区、遵义市的大部的 NPP 将增加 30gC/(m^2·a) 以上，部分区域甚至将超过 50gC/(m^2·a)；黔东南州内的 NPP 增加量有明显的区域差异，从 20gC/(m^2·a) 到 50gC/(m^2·a) 均有分布，其中三穗县将增加 50gC/(m^2·a) 以上。

2）相对变化量。太阳总辐射增加 10% 后，植被 NPP 的相对变化率的总体空间分布特征与绝对变化量相似［图 7-30（b）］，南部大于北部。全省有一半以上面积的相对变化率在7%～10%；5%以下的区域主要分布在贵州省南部边缘地带的册亨、望谟和罗甸三县，该区域海拔在600m以下，降水较多，终年温暖，是贵州省热量资源最丰富的地区，因而成为全省NPP相对增加率最小的区域；贵州南部的其他地区的相对增加率也较低，在5%～7%；相对变化率在10%以上的区域仍分布在北部的习水县，西北部的威宁和赫章县，以及东北部的三穗县。

7.2.5　小结

（1）全省年植被NPP的时空格局

2001年贵州省植被NPP的平均值为421.46gC/(m^2·a)，总量为7.41×10^7tC，约占全国NPP总量的3%。

从空间分布看，植被NPP分布的纬度地带性和垂直地带性规律较明显，总体上呈现东南部、南部较高，而中部、西部地区较低的分布特征。黔东南、黔西南地区水热条件好，NPP在400～600gC/(m^2·a)；中部（包括贵阳市）石漠化现象较为严重的地区，人口密度大，以农业植被为主，其NPP相对较低，在200～400gC/(m^2·a)；地势最高的西部地区的NPP基本在400gC/(m^2·a)以下，成为全省NPP最低的地区，植被的生长在一定程度上受到温度和水分的限制。

从时间分布看，贵州省植被NPP的季节变化与当地气温及地表太阳辐射的季节变化基本相同。7月最高约为71.1gC/(m^2·a)，1月最低约为12.8gC/(m^2·a)。

（2）喀斯特地区与非喀斯特地区植被NPP的对比

喀斯特地区与非喀斯特地区的NPP在时空分布上存在明显差异。在空间变化方面，喀斯特地区的植被净第一性生产力基本都在450gC/(m^2·a)以下，平均值为407.18gC/(m^2·a)；非喀斯特地区的植被净第一性生产力在400～600gC/(m^2·a)，平均值为461.53gC/(m^2·a)，高出喀斯特地区约13.3%。在NPP的频度分布方面，非喀斯特地区的NPP频度分布呈似双峰型，集中分布在325～575gC/(m^2·a)。而喀斯特地区的NPP值似正态分布，峰值出现在400gC/(m^2·a)处，以此为对称轴分别向两侧高值和低值方向递减，主要在275～600gC/(m^2·月)，其浮动范围要比非喀斯特地区广。在时间变化方面，喀斯特地区与非喀斯特地区2001年的植被净第一性生产力的最高值均出现在7月，分别为71.12gC/(m^2·月)和65.58gC/(m^2·月)，喀斯特地区要略高于非喀斯特地区。NPP最低值均出现在气温最低的1月，分别为11.66gC/(m^2·月)和17.48gC/(m^2·月)；喀斯特地区比非喀斯特地区的NPP整体波动性大。

（3）喀斯特地区植被NPP的季相空间变化特征

在空间变化方面，石漠化较为严重地区的植被NPP明显小于其他地区，特别在西部，如毕节地区，该区域海拔较高，陡坡开荒较为严重，土壤侵蚀强烈，成为贵州喀斯特地区NPP的低值中心。在季间变化方面，石漠化较为严重的地区，如六盘水市、安顺市、黔西南州、毕节地区和贵阳市，夏季与冬季的NPP差值基本在90gC/(m^2·月)以上，而且秋季植被NPP要高于春季，该区域人口密度大，土地垦殖率高，植被多以农作物和稀疏灌丛草坡为主，NPP季节的变化受到作物物候期的影响。位于东部和北部的黔南州的东部地区、铜仁地区大部和遵义市的南部地区，植被类型以常绿针、阔叶林、灌丛、稀树草原为主，植被生长期长，植被 NPP 相对较高，且年内季节间的变化较小，春季 NPP 高于秋季。

（4）贵州省植被 NPP 与气候因子的关系

a. 植被 NPP 与气候因子的相关分析

贵州省植被 NPP 与气候因子季节变化的相关性较强，且存在明显的空间差异。NPP 与气温的相关程度总体上北部高，南部低；喀斯特地区高，非喀斯特地区低。温度对于西北部地区的植被生长具有较强的制约性。贵州省位于亚热带气候区，整体上降水较多，受降水的影响相对较小，NPP 与降水的相关程度总体上贵州省东南部和西部相对较高；非喀斯特地区略高于喀斯特地区；西北部的遵义市（除赤水市和习水县）、毕节地区东部和安顺市，其植被生长基本上不受降水的制约，温度对该区域的制约性较强。

b. 气候变化对植被 NPP 的影响

在气温升高 2℃，降水增加 6%，太阳总辐射不变的情景下，NPP 年总量由 7.41×10^7 tC 减少到 7.27×10^7 tC，减少了约 2%；在太阳总辐射同时增加 10% 的情景下，植被 NPP 年总量增加到 7.94×10^7 tC，增加了约 7.2%。

光能资源是贵州植被 NPP 增加的一个重要限制因子。在太阳总辐射不变的情景下，全省大部分地区的植被 NPP 均有所减少；而当太阳总辐射同时增加 10% 后，全省的植被 NPP 都有较大的提高，NPP 绝对变化量值总体呈现南部小、北部大的特征。

区域差异方面，贵州省喀斯特地区与非喀斯特地区的 NPP 变化量也有明显的差别。非喀斯特地区的水热条件较好，已可满足当地的植被生长需要，植被 NPP 的增加量总体上较喀斯特地区小，在太阳总辐射不变的情况下甚至出现负值；石漠化较为严重的中西部喀斯特山区，成为贵州省植被 NPP 增加程度最为明显的区域。

第三篇　乌江流域土地变化及其效应

第 8 章　乌江流域土地变化

乌江流域主体处贵州境内，是典型喀斯特山区，近几十年来的土地变化及其生态效应显著。我们把贵州省内乌江流域作为一个次于省级尺度的地域单元来研究，以期获得中尺度空间上的认识。本章先分析土地变化，选取 20 世纪 80 年代末期、90 年代中期及末期 3 个时间段，研究乌江流域在近 10 年里的土地利用/覆被变化过程，揭示其变化的主要特征和规律。

8.1　研究区概况

8.1.1　范围

通常所说的乌江流域大致位于西南喀斯特山区核心部位，东经 103°38′ ~ 108°38′，北纬 25°59′ ~ 29°11′；西起云贵高原东部，东抵湘西山地丘陵，横贯贵州西部、中部和东北部及四川东部。其范围包括贵州、云南、四川、湖北 4 省 12 个地区，总面积为 8.79×10^4 km^2。而在贵州省域范围内的乌江流域，面积为 6.68×10^4 km^2，约占贵州总面积的 37.95%。本章的研究区范围，系在贵州省乌江流域边界基础上，由 ArcInfo 8.3 软件，据贵州省 90m 空间分辨率的 DEM 提取获得。因生成流域时，仅包含了流域边界内县、市的部分面积，这样计算的流域面积为 4.98×10^4 km^2，约占贵州总面积的 28.3%（图 8-1），与通常

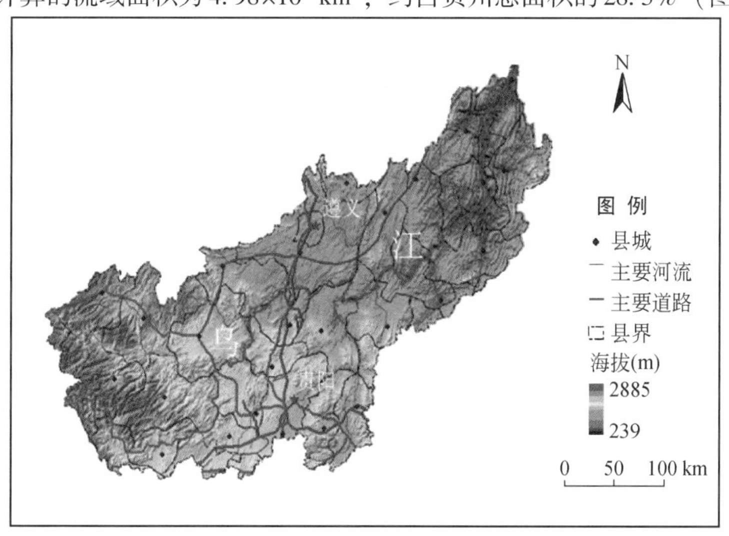

图 8-1　贵州省乌江流域范围地势图

所说的贵州境内乌江流域面积有所不同。研究区范围包括贵阳市、遵义市、安顺市、毕节地区、铜仁地区、黔南州等 8 个地区（市、自治州）（表 8-1，图 8-2）。

表 8-1　乌江流域涉及的地、市及县、区

地区（市、自治州）	区（县、市）
贵阳市	云岩区、南明区、白云区、乌当区、花溪区、清镇市、修文县、开阳县、息烽县
六盘水市	六枝特区（东北部小片地区）、水城县
遵义市	红花岗区、汇川区、遵义县、绥阳县（南部小片地区）、凤冈县、湄潭县、余庆县
安顺市	西秀区、平坝县、普定县、镇宁县
铜仁地区	石阡县、思南县、德江县、印江县、沿河县（南部小片地区）、务川县
毕节地区	毕节市、大方县、黔西县、金沙县、织金县、纳雍县、赫章县（东部小片地区）
黔东南州	黄平县（北部小片地区）、施秉县（北部小片地区）、镇远县（北部小片地区）
黔南州	福泉市（西北部地区）、贵定县、瓮安县、长顺县（北部小片地区）、龙里县、惠水县

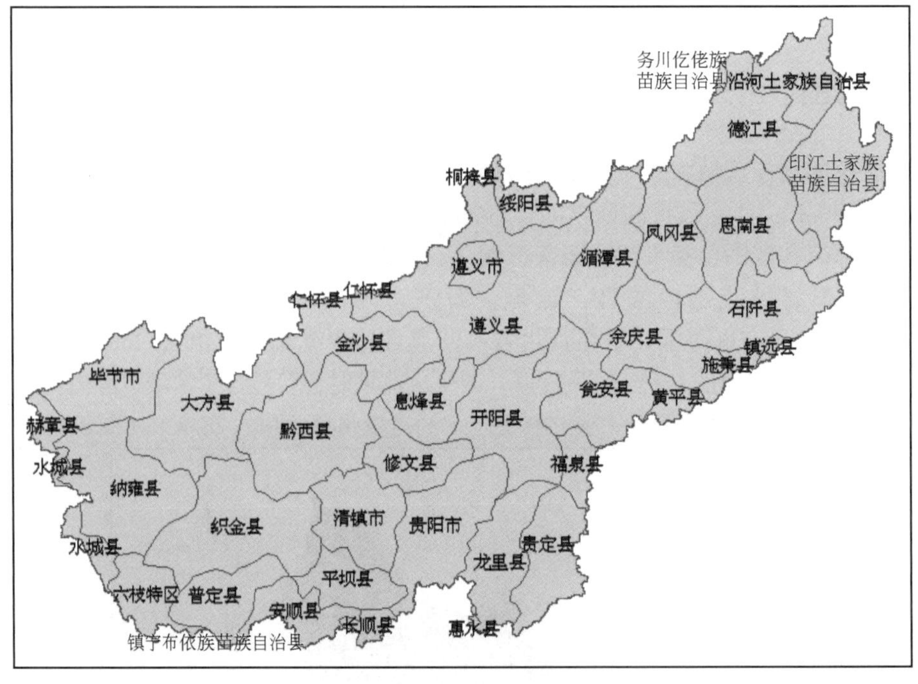

图 8-2　乌江流域市、县、区分布图

8.1.2　自然地理环境

（1）地貌

乌江流域地势西高东低，自中间向北、东、南三面倾斜，海拔自西向东由 2885m 降为 239m，西部毕节及纳雍县的一部分属云南高原的东部，海拔 2000m 以上，向东逐渐降低到黔中高原，海拔 1000～1450m，再向东逐渐过渡到海拔 500～800m 的低山丘陵，地势起伏大（图 8-1），地貌类型较复杂。全流域内除了西北部的赫章一带还保存有较为完整的高原面以外，大部分地区地面崎岖破碎，高原的面貌已不复存在。地貌形态总体表现出如下特征。

1）地形破碎。由于受到地质构造和河流强烈的侵蚀切割作用，乌江流域地势起伏大。除上游威宁 、赫章一带溯源侵蚀尚未波及，高原地面保存较好之外，乌江中下游地区大多河谷深切，山高谷深，地表起伏度最高可达 300m（图 8-3）。流域分水岭有许多著名的高大山脉：东北部属武陵山脉，北部有大娄山脉，西部是乌蒙山系，南面是苗岭山脉，自西向东延展，构成乌江水系与珠江水系的分水岭。在这连绵起伏的山岭中或山岭之间，散布着高差一二百米的丘陵，镶嵌着大小不等而形态各异的峡谷、河谷盆地与岩溶盆地。乌江流域在地貌上是一个山地为主，丘陵、峡谷与盆地交错分布的高原山区，山地性十分显著。

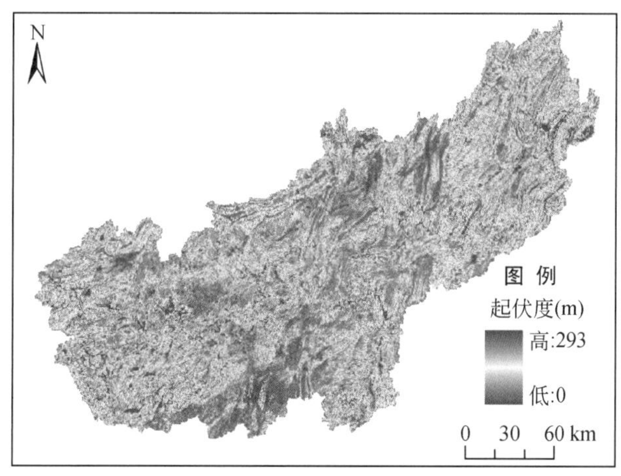

图 8-3　乌江流域地势起伏度分布图

2）地貌类型复杂。在新构造运动的影响下，乌江流域地表切割的相对深度最高可达 186 m（图 8-4），加之岩性和地质构造等因素的影响，乌江流域的地表更是起伏不平，地貌类型复杂，高原、山原、山地、丘陵、盆地、河谷阶地等均有分布。

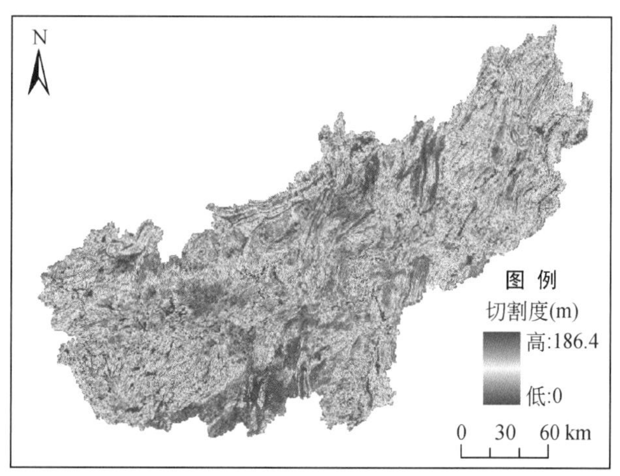

图 8-4　乌江流域地表切割度分布图

3）喀斯特地貌特征显著。全流域75.6%的地区均为碳酸质岩发育的岩溶喀斯特地貌（图8-5）。不仅个体形态如石芽、石沟、峰林、峰丛、溶蚀洼地、漏斗、落水洞、溶洞、暗河等到处可见，而且组合形态如丘陵洼地、峰林洼地、峰丛槽谷等分布也很普遍。喀斯特山区景观特征可以概括为“三少一多”，即“土少、林少、水少，光山秃岭多”，是生态恶化、水土流失严重的深刻写照。

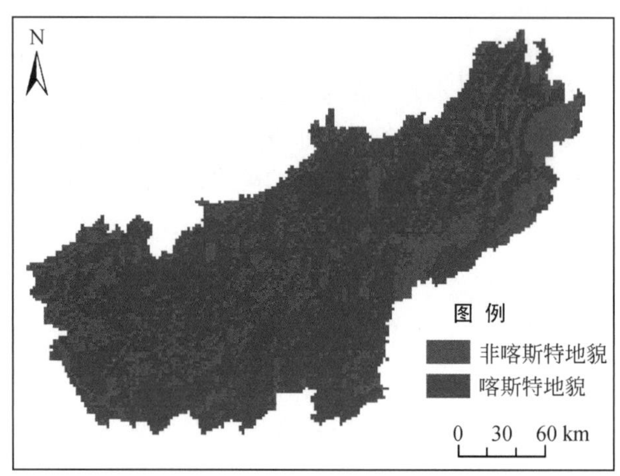

图8-5　乌江流域喀斯特地貌分布图

乌江流域的地貌在地质构造、岩性及外营力作用影响下，具有明显的区域差异。将形态上相似、成因上相关的地貌类型加以组合归并，大致可分为如下4个区。

1）黔东山地丘陵区。位于乌江流域的下游，政区上包括铜仁地区的东部各县。地貌总体特征是，地势西高东低，由中山向低山丘陵过渡，由于受构造与河流切割的影响，地势起伏很大；因广泛出露浅变质岩基底，外营力作用以流水的侵蚀、搬运和堆积为主，又因区内降水丰富，植被覆盖度较好，地表水系发达，河网密度大。

2）黔中丘原盆地区。位于乌江流域的中游，政区上包括遵义地区南部、贵阳市、安顺市及黔南州北部，毕节地区东部。地貌总体特征是，因处于贵州大斜坡的第二阶梯上，又经历了长期的剥蚀夷平作用过程，除部分地区尚有大娄山期高原面残存外，大部分为海拔1000～1450m的山盆期高原面，地势起伏不大，高原丘陵广布；由于乌江干流从区内中部斜穿而过，因受下游侵蚀基面下降的影响，干馏切割很深，相对高差达500～700m，出现十分醒目的高原峡谷地貌景观。

3）黔北山地区。乌江干流斜贯本区南部，政区上包括遵义地区北部各县市及铜仁地区西部县市。地貌总体特征是，支干流下蚀强烈，地势起伏，岭谷相间，山高坡陡，多峡谷嶂谷。区内早古生代碳酸盐地层分布广，在有利的水文地质条件下喀斯特较发育。

4）黔西高原山地区。位于贵州西部，包括毕节地区西部各县及六盘水市大部分地区。本区地貌总体特征是，以高原中山山地为主，即著名的乌蒙山地。地势高，一般海拔在1800～2600m，由于高原地面新构造上升幅度大，高原边坡河流的溯源侵蚀和切割十分强烈，相对高差达500m以上，河谷幽深，高原地面逐渐遭受破坏；由于碳酸盐地层分布广，在不同高度面上喀斯特均很发育，尤其在断层地带，地下水富集，甚至出现峰林地貌，如水城盆地。

（2）气候

乌江流域地处青藏高原东南侧斜坡的特殊地理位置，属于亚热带高原季风湿润气候，四季分明，冬暖夏凉，光热水同季，多阴雨、少日照。此外，由于流域内山岭纵横，地形破碎，地势高差悬殊，不同地区的气温差异较大。大部分地区年均温在 8 ~ 22℃（图 8-6）。最冷 1 月均温在 2 ~ 8℃，极端最低气温（赫章县）多在 -4 ~ -12℃。最热 7 月均温在 22 ~ 26℃，极端最热气温（沿河县）多在 34 ~ 38℃。

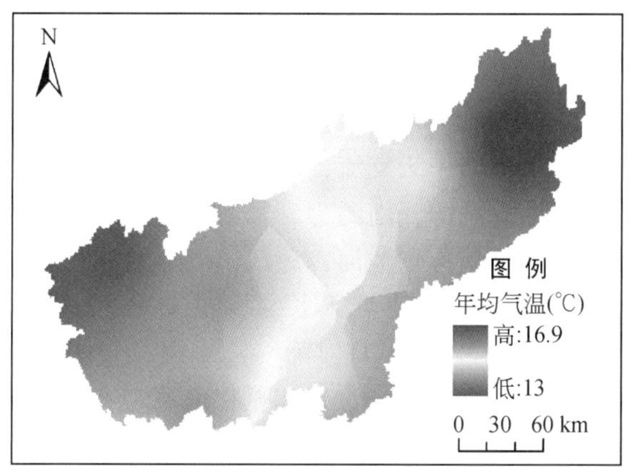

图 8-6　乌江流域年均气温分布图

流域内大部分地区年降水量为 1100 ~ 1300mm（图 8-7），是国内降水量比较丰富的地区。降水空间分布总体上是南部多于北部，东部多于西部。流域内有两个降水较多的地区，一是乌江中游的安顺、平坝清镇一带，二是乌江下游的务川、德江、凤冈一带。两地年均降水量约为 1300mm。但在乌江上游的赫章—毕节这一狭长少雨带，年降水量为 900mm 左右，其中赫章仅 854.1mm，该县也是贵州省降水量最少的地区。流域的降水量受季节影响明显，夏季风盛行的夏半年降水较多，而冬季风盛行的冬半年则降水量较少（图 8-8）。

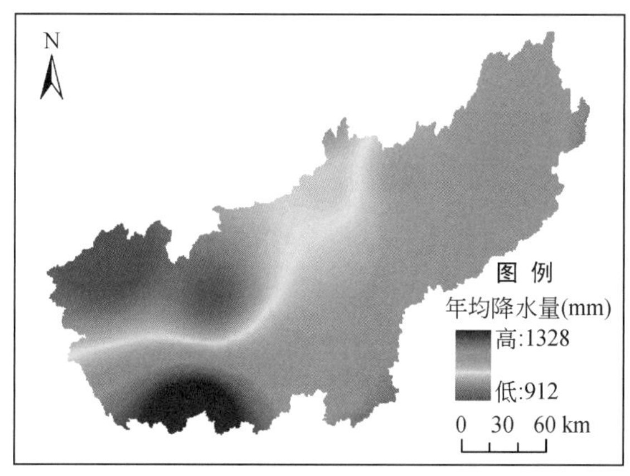

图 8-7　乌江流域年均降水分布图

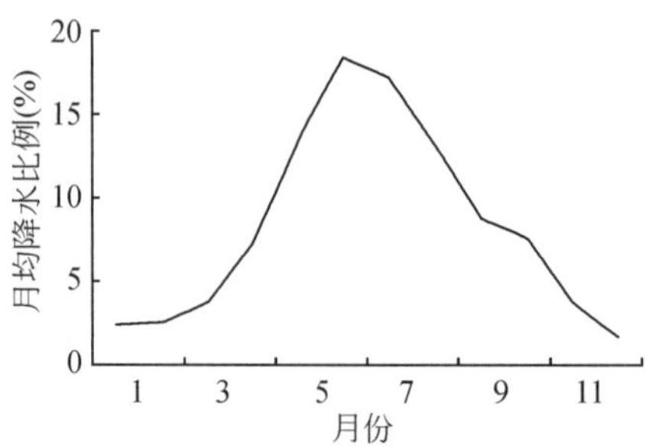

图 8-8　乌江流域多年平均各月降水比例

（3）水文

乌江作为长江上游南岸最大的一级支流，同时也是贵州省最大的水系。它发源于贵州高原西部乌蒙山东麓，分南、北两源，南源为三叉河，北源为六冲河，南、北两源在黔西县化屋基汇合。从化屋基到乌江镇称鸭池河，乌江镇以下始称乌江。横穿贵州省中部、东北部，经沿河县境流入四川，至涪陵汇入长江。在贵州境内河长 802km，天然落差 2036m。其主要支流有六冲河、猫跳河、乌渡河、清水河、余庆河、芙蓉江等。河流上游以断尾状水系为主，中下游地区则以格状水系和弧状水系为主（图 8-9）。

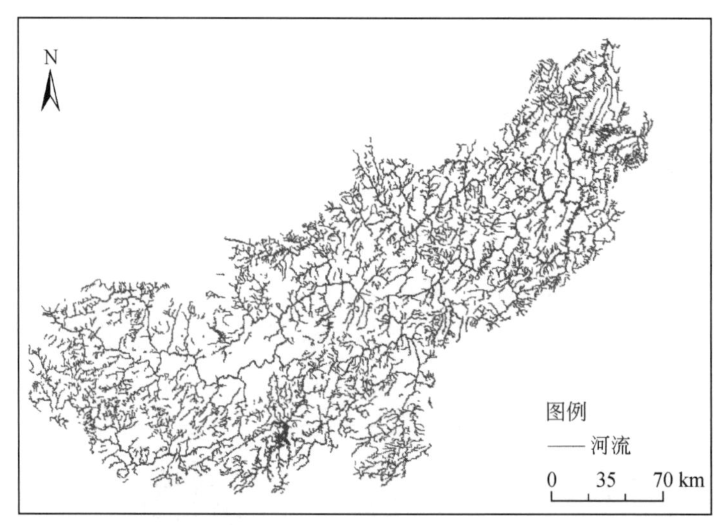

图 8-9　乌江流域水系图

从年内径流分配看，乌江的夏季流量占全年的 45% ~54%；秋季占 25% ~26%；春季占 13% ~19%；冬季占 7% ~11%。汛期（5 ~10 月）流量约占全年的 73% ~82%。从年际变化看，乌江水系的年径流变差系数（cv）为 0. 24 ~0. 30，变化较为缓和。河流的含沙量为 0. 8 ~2. 61 kg/m^3；年输沙量为 1. 99×107t，侵蚀模数为 $391t/km^2$。

（4）土壤类型

乌江流域在阴湿、暖热的中亚热带高原气候下，形成的地带性土壤以黄壤为主。但由于碳酸盐岩出露面积大，石灰土的分布也很广泛。此外，垂直带谱上部发育了山地黄棕壤和山地灌丛草甸土，紫色砂页岩出露地区形成紫色土，长期水耕熟化又造就了水稻土（图8-10）。

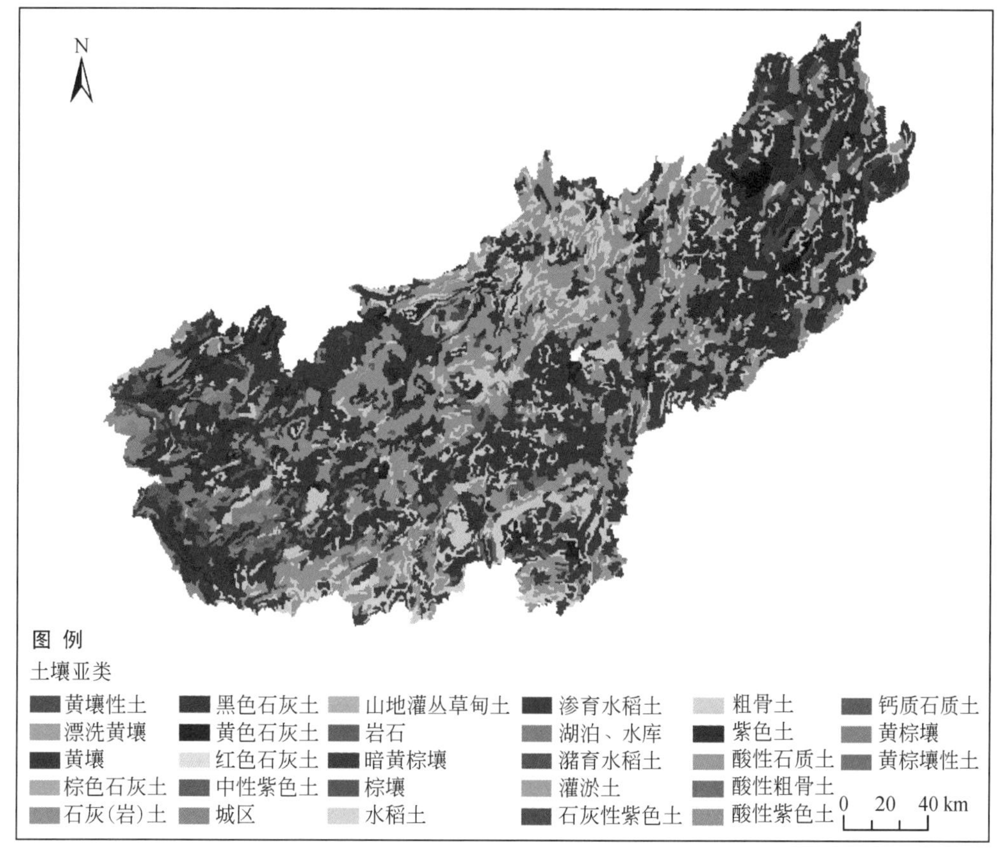

图 8-10 乌江流域土壤类型图

1）黄壤。成土母质为砂页岩风化物，第四纪红色黏土、石灰岩、紫色砂页岩、玄武岩风化物，以发育在砂页岩和第四纪红色黏土母质上者较为常见。主要分布在黔中山原、黔北山地和黔东北、西南山原山地。

2）石灰土。石灰岩白云岩等风化物上发育的一种岩性土。主要分布于铜仁、镇远、凯里、三都一线以西的广大石灰岩地区，尤以黔中、黔北的石灰岩地区分布面积较大。

3）黄棕壤。成土母质以砂页岩风化物和第四纪红色黏土为主，此外，尚有玄武岩、变质岩等的风化物。主要集中于西部海拔 1800m 以上的高原丘陵和山原山地。中部和东部的大娄山、梵净山的垂直地带谱也有分布。

4）紫色土。紫红色岩层风化物上发育的一种岩性土。所处地貌以丘陵为主，次为低山低中山。主要分布于沿河、黔西、大方、威宁、贵阳、六枝、水城等县市。

5）水稻土。各种自然土壤或旱作土壤经过水耕熟化而成的土壤。广泛分布于东部 1300m 以下和西部海拔 1900m 以下水热条件宜于栽培水稻的地区。其中以河谷盆地、岩溶槽谷及洼地最为集中。

6）山地灌丛草甸土。成土母质主要为轻变质岩的残积——堆积物。分布区气候寒冷湿润，霜雪多，日照少，风力较大。所处地貌多为开阔的山顶或平缓的分水岭。主要分布于黔东北海拔2200m以上、黔西北海拔2700m以上的山顶和山脊。

（5）植被

乌江流域地处西南高原山地温暖湿润的亚热带季风气候带，受亚热带季风气候和复杂的自然环境的影响，植被分布特点之一是具有较为明显的过渡性，表现为地带性植被由东部湿润常绿阔叶林向西部半湿润常绿阔叶林过渡，针叶林由东部的马尾松向西部的云南松林过渡；植被的垂直分布规律明显。乌江流域山地海拔高，相对高差较大，随着地势的升高，热量与水分重新分配，因而从山麓到山顶形成不同的气候、土壤环境，使不同高度的山地发育着不同类型的植被。例如，处于流域下游、相对高度较大的梵净山，垂直带谱由4个植被带组成：海拔1300m以下为常绿阔叶林；1300～2100m为常绿落叶阔叶林；2100～2350m为亚高山针叶林带；2350～2572m为亚高山灌丛草甸带。

8.1.3 社会经济背景

（1）人口

乌江流域由于地处西南边陲，交通不便，开发较晚。明代以前，人口极少，发展极慢，几乎是停滞状态。据明代嘉靖《贵州通志·户口》载，流域所在的贵州省有148 957户，共512 289人；到了道光十九年（1839年），人口增加到530多万人；而到1949年底，人口进一步增加到1416.4万人。新中国成立后，由于社会主义制度的建立，政治安定，经济迅速恢复和发展，为贵州人口迅速增长提供了条件。据全国第二次人口普查（1964年）数据统计，乌江流域总人口为989.2万人，至“三普”（1982年）时，人口已为1656万，“四普”（1992年）时为1917万人，而“五普”时（2000年）为2195万人。人口增长速度很快，近40年，人口数量翻了一番。乌江流域平均每平方千米就有350人，人口密度不仅高于西北地区，而且高于全国人口平均密度。人口分布多集中在交通沿线和工矿区，向铁路沿线的集聚更为明显。

乌江流域的民族以汉族居多，少数民族占总人口的15%，主要有苗、布依、土家、侗、彝、回、壮、瑶、满、仡佬、白和土家族等。在少数民族聚居的地区先后建立了民族区域自治机构，如镇宁布依族苗族自治县，印江土家族苗族自治县，沿河土家族自治县等。

（2）经济发展

乌江流域特殊的地理环境、丰富的自然资源、相对落后的社会文化水平是乌江流域经济发展的基本决定因素。乌江流域拥有丰富的自然矿产资源和水力资源。尤其是作为我国水能资源的“富矿”区，地处喀斯特山区，库区淹没损失小，移民安置相对容易；又因距华中和两广（特别是广东）较近，地理位置优越，进行水能梯级开发，实现西电东送（华中）和南下（广东），可最大限度地减少电能在输送途中的损耗，综合效益显著，是我国水能资源开发力度最大的地区之一。

改革开放前，乌江流域农业生产较为落后，农村产业结构单一。工业发展则主要依靠由沿海地区搬迁的大军工企业所形成的一批航空、航天、电子等生产能力。改革开放后，乌江流域产业结构初步形成第一产业以农业生态环境、畜牧、林产业为主，第二产业以酒精、饮料（含酒类）、医药、煤炭、电力、电子及通信为主，第三产业以旅游、金融保险、房地产、教育等行业为主的主导产业，与其他产业如优势产业、特色产业共同发展的格局。

流域大部分县市人均 GDP 低于全国人均 GDP。尽管各级政府采取了很多努力，但由于始终有相当一部分农村人口增长快、山地多、平地少、耕地缺乏、缺粮严重，导致盲目扩大耕地、陡坡开垦、砍伐森林、过度樵采、放牧等不良人类活动，客观上对生态环境破坏严重，加剧了石漠化和水土流失的进程。

8.2　土地覆被分类

8.2.1　分类系统

（1）分类系统的确立

土地覆被分类采用中国科学院资源环境信息数据库的土地利用/覆被六大类分类法，把研究区的土地覆被分为耕地、林地、草地、水域、建设用地以及未利用地等 6 个一级地类。然后结合乌江流域的地面特征和影像分辨率，进而分出 11 个二级地类，见表 8-2。

表 8-2　乌江流域土地覆被分类系统

一级地类		二级地类		特征
编号	名称	编号	名称	
1	耕地	11	水田	主要指用于种植水稻的耕地
		12	旱地	指水田以外的一切耕地
2	林地	21	有林地	指郁闭度大于 30% 的天然林和人工林等成片的林地
		22	灌木林	指郁闭度大于 40%，高度在 2m 以下的矮林地和灌丛林地
		23	其他林地	主要是面积比较集中连片的茶园
3	草地	30	草地	指以生长草本植物为主，覆盖度在 50% 以上的各类草地，包括以木为主的灌丛草地和郁闭度在 10% 以下的疏林草地
4	水域	40	水域	指天然陆地水域（湖泊和水库）用地
5	建设用地	51	城镇用地	指大、中、小城市及县镇以上建成区用地
		52	农村居民点	指农村居民点，主要是一些较大的村寨和农村集镇
		53	交通工矿建设用地	指独立于城镇以外的厂矿、大型工业区、采石场等用地、交通道路、机场及特殊用地
6	未利用地	60	裸岩地	指地表为岩石，其覆盖面积大于 50% 以上的土地，其上生长有稀疏的灌草

(2) 数据预处理和分类流程

以中国科学院资源环境科学数据中心提供的乌江流域20世纪80年代末期全部、90年代中期绝大部分和90年代末期大部分土地利用数据为基础，在缺失相应时间段数据的地区选用90年代中期、后期遥感影像（1995年，P127R41；1999年，P126R41、P127R42和P128R42），另外自行解译4块Landsat TM/ETM+影像所对应的位置，图像的几何纠正（image to image registration，纠正后的误差控制在0.5个像元）、图像接边、镶嵌处理（mosaic）、从镶嵌图像中剪切对应的乌江流域的部分等工作，在ERDAS软件支持下完成。

图像分类工作采用野外调查与室内解译相结合的方法，处理和分类流程图见图8-11。通过野外实地考察，运用GPS定位技术，对土地利用现状和各种土地利用类型进行踩点记录，然后在室内应用ERDAS图像处理软件对上述两个时段的TM影像数据进行监督分类，得到研究区二期土地利用图。其具体步骤如下：先将预处理后的全波段数据的第1~5波段和第7波段复合，生成共6个波段的影像；然后，应用ERDAS的Classifier模块，通过非监督分类方法（ISODATA clustering procedure）分类，产生22个土地覆盖类型；再根据野外考察中，由GPS定点获得的实地数据以及相关资料，选取训练区，针对非监督分类结果的22个类别进行最大似然法（maximum likelihood）监督分类，获得表8-2中的11个小类，最后合成六大地类。

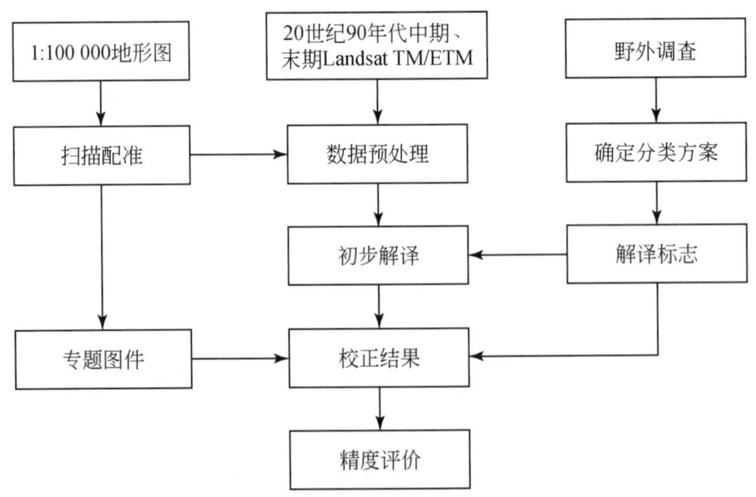

图8-11 乌江流域土地利用/覆被分类流程

8.2.2 精度评价与分类结果

(1) 精度评价

精度分析是遥感数据分类过程中一项不可缺少的工作。通过精度分析，分类者能够确定分类模式的有效性，改进分类模型，使用者能够根据分类结果的精度，正确有效地获取分类结果中的信息。在精度分析过程中，不可能选择所有像元来进行检验，而是通过抽样的方法，抽取一定数量的样本来进行检验。精度分析涉及精度的表示和计算、样本的大小、抽样方式以及检验方法等。分类结果的类型精度可以用抽样像元中分类正确的像元数和分类错误的像元数来表示，或用实际类型与分类类型的二维表（即分类精度矩阵）来表示（陈四清，2002），还可以用 Kappa 系数（Pontius et al.，2001a）来表示，本章以后者表示。

Kappa 系数是在综合了用户精度和制图精度两个参数上提出的一个最终指标，用来评价分类图像的精度问题，在遥感里主要使用在精确性评价（accuracy assessment）和图像的一致性判断。取值范围介于 0（完全不一致）和 1（完全一致）。Kappa 系数 K 计算公式如下：

$$K = \frac{P_o - P_c}{P_p - P_c} \tag{8-1}$$

式中，P_o是两期图件中分类一致部分的百分比，即观测值；P_c是由于随机概率而造成的两图件中分类一致部分的百分比；P_p则是两图件中分类一致部分的最大百分比，一般为100%。因此上式也可简化为

$$K = \frac{P_o - P_c}{1 - P_c} \tag{8-2}$$

根据 Pontius 等（2001a）的研究，当 Kappa 大于 0.5 时，两图件一致性较高。当 Kappa 值大于 0.75 时，两图件一致性相当高；介于 0.4 和 0.75 时，两者一致性较好；但当 Kappa 值小于 0.4 时，两者一致性差。

利用 Kappa 指数来检验两组数据的可靠性：一是遥感数据的解译精度。表 8-3 是 4 幅遥感影像的 Kappa 系数，因乌江流域地形起伏、地面破碎等影响分类精度的实际问题，使得 Kappa 系数总体值偏小，但总体都基本合格。二是应用野外实地考察获取的土地利用数据，对中国科学院资源环境科学数据中心提供的 20 世纪 90 年代末期的土地利用数据进行检验。在检验时，考虑到野外考察时间为 2006 年夏季，距被检验的土地利用数据收集时间已过了 5～6 年，因此我们在已有的 GPS 样点中选择一些较为偏僻、土地利用变化不大的地区进行验证。Kappa 值为 0.65，数据较可靠。

表 8-3　乌江流域土地覆被分类精度评价

数据来源	P127r041（1995 年）	P126r041（1999 年）	P127r042（1999 年）	P128r042（1999 年）	中国科学院土地利用数据（20 世纪 90 年代末期）
Kappa	0.71	0.68	0.70	0.63	0.65

（2）分类结果

图 8-12、图 8-13 及图 8-14 分别是贵州省乌江流域 20 世纪 80 年代末期、90 年代中期及末期的土地覆被图。

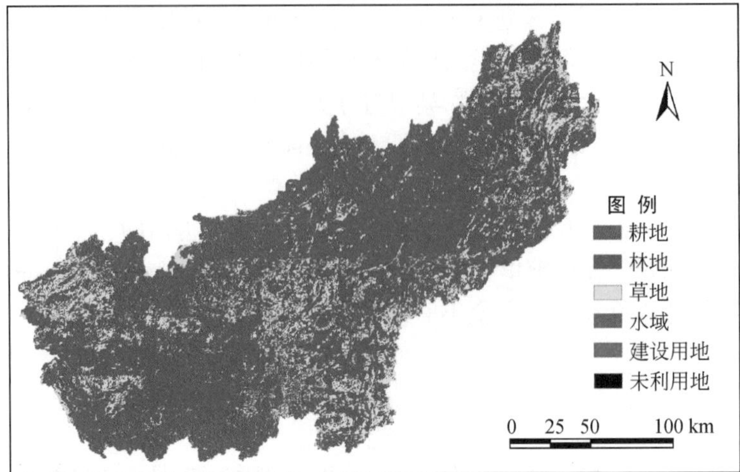

图 8-12　乌江流域 20 世纪 80 年代末期土地覆被图

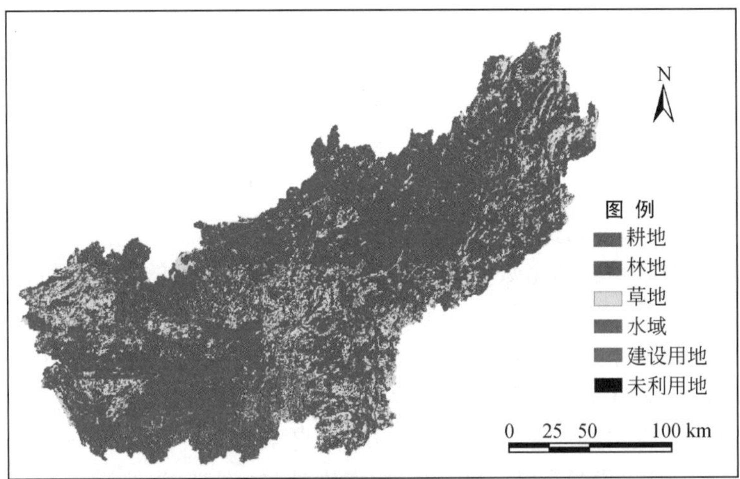

图 8-13　乌江流域 20 世纪 90 年代中期土地覆被图

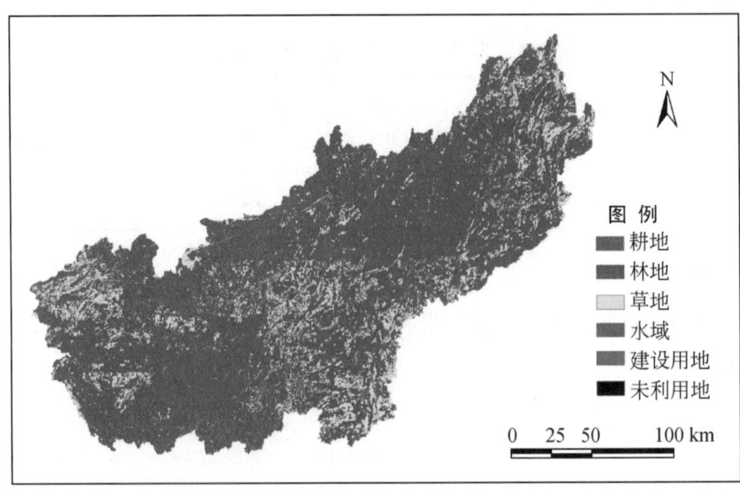

图 8-14　乌江流域 20 世纪 90 年代末期土地覆被图

8.3　土地变化的结构与类型转移分析

8.3.1　土地变化结构分析

由20世纪80年代末期至90年代末期乌江流域不同土地利用数量和景观指数变化对比统计数据（表8-4）可知：乌江流域的土地利用结构以林地、耕地和林地为主。其中，林地占整个流域面积的50%以上，耕地约占32%，草地约占13%；水域、建设用地和未利用地所占比例很小，三者之和还不足2%。进而作图得到图8-15。

表8-4　乌江流域20世纪80年代末期、90年代中期及末期土地利用结构及景观指数对比

时期	土地利用类型	面积（km^2）	占总面积比例（%）	斑块数（个）	斑块平均面积（km^2/个）	斑块平均周长（km）
20世纪80年代末期	耕地	16 142	32.42	23 035	0.70	6.03
	林地	26 708	53.64	9 258	2.88	13.31
	草地	6 428	12.91	7 174	0.90	6.54
	水域	223	0.45	455	0.49	5.01
	建设用地	283	0.57	1 064	0.27	2.48
	未利用地	10	0.02	44	0.20	2.48
20世纪90年代中期	耕地	15 791	31.71	22 832	0.69	5.99
	林地	26 942	54.11	9 051	2.98	13.54
	草地	6 477	13.01	6 999	0.93	6.37
	水域	225	0.45	427	0.53	5.27
	建设用地	347	0.70	1 050	0.34	2.60
	未利用地	12	0.02	44	0.27	2.48
20世纪90年代末期	耕地	16 135	32.40	23 099	0.70	6.03
	林地	26 429	53.08	9 097	2.91	13.48
	草地	6 574	13.20	6 500	1.01	7.17
	水域	232	0.47	429	0.54	5.36
	建设用地	405	0.81	1 070	0.38	2.57
	未利用地	19	0.04	44	0.43	2.48

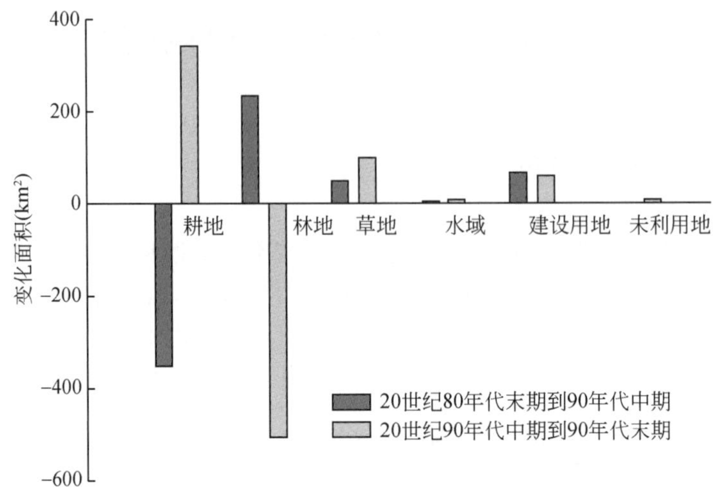

图 8-15　乌江流域 20 世纪 80 年代末期至 90 年代末期各地类面积变化

在研究时段内，各地类的数量变化具体如下。

耕地面积先减后增，总体基本保持不变。耕地面积先由 20 世纪 80 年代末期的16 142km^{2}减少到 90 年代中期的 15 791km^2，总面积减少 351km^2，年均减少面积约为 60km^2；自 90 年代中期后，又以年均 85 km^{2}的速度快速增加至 16 135km^2；整个研究期内，耕地共减少约 7 km^2。

林地面积先增后减，总体数量减少。在前半期，林地面积先增加了 234 km^2，而在后半期，林地面积却锐减了约 500km^2。整个研究期内，林地共减少约 279 km^2。

草地面积持续增长。草地面积不断增加，增长速度和增长量仅次于建设用地，10 来年内共增加了 146km^2。

水域面积小幅增加。10 年内，水域面积由最初的 223 km^{2}增加为 232 km^2，增长幅度不大。

建设用地面积持续增加。乌江流域的建设用地变化是各类土地里增加比例最大的，近 10 来年内持续增长了 122 km^2，增加了近 43% 的面积。

未利用地面积小幅增长。与水域面积变化类似，10 来年间未利用地面积增加了约 10km^2，变化幅度非常小。

斑块平均面积和斑块平均周长可以说明景观的完整性或破碎化程度。3 个时间段上的景观指数对比显示：林地历年的斑块平均面积和斑块平均周长都是最大，说明林地的分布较其他地类更完整；而建设用地和未利用地的斑块平均面积和斑块平均周长这两个指标最低，说明在乌江流域，这两类土地类型的破碎化程度最高。进而对各地类进行分析，耕地的斑块数、斑块平均面积和斑块周长比在 3 个时期内先降后升，这与耕地面积的变化正好相对应；林地的斑块数先降后升，斑块平均面积和斑块周长比却先升后降，表明林地在第一阶段时，林地破碎化减少，而在第二阶段破碎化增大；草地的景观结构斑块数的持续减少（特别是后期较大的减少数量）和斑块平均面积的持续增加，都充分说明了草地在研究期内呈集聚扩展态势；水域斑块数的减小和斑块平均面积的增大，显示水域的景观破碎度呈减小趋势；建设用地的斑块平均面积变化，先由 0. 27 km^2/个增至 0. 34km^2/个，再增加至 0. 38 km^2/个，说明了建设用地的总体规模在不断扩大。

8.3.2 土地变化类型转移分析

(1) 研究方法

土地利用/覆被类型转换矩阵研究方法源于系统分析中，对系统状态与状态转移的定量描述。对任意两个时期土地利用类型图 $A_{i\times j}^{k}$ 和 $A_{i\times j}^{k+1}$ ，采用式（8-3）的地图代数方法进行分析

$$C_{i\times j}=A_{i\times j}^{k}\times 10+A_{i\times j}^{k+1}(\text{土地利用类型}<10\text{时适用}) \tag{8-3}$$

式中，$C_{i\times j}$为 k 时期到 k+1 时期的土地利用变化图。转移矩阵将土地利用变化的类型转移面积按矩阵或表格的形式加以列出，可作为结构分析与变化方向分析的基础，可全面而又具体刻画区域土地利用变化的结构特征和各用地类型变化的方向。不仅可以反映研究初期、末期的土地利用类型结构，同时还可以反映研究时段内各土地利用类型的转移变化情况，便于了解研究初期各类型土地的流失去向以及研究末期各土地利用类型的来源与构成（朱会义和李秀彬，2003）。

(2) 结果分析

a. 20 世纪 80 年代末期到 90 年代中期土地利用类型转移分析

表 8-5 是乌江流域 20 世纪 80 年代末期至 90 年代中期土地利用类型转移矩阵。该表显示，各地类向其他地类转化面积比例都在原地类面积的 10% 以内，变化程度不大；不同地类间的相互转移主要发生在耕地、林地和草地之间，而水域、建设用地和未利用地与其他地类转换的数量较小。

表 8-5 乌江流域 20 世纪 80 年代末期至 90 年代中期土地利用类型转移矩阵

（单位：km²）

20 世纪 80 年代中期	20 世纪 90 年代中期					
	耕地	林地	草地	水域	建设用地	未利用地
耕地	14 876.16	944.97	292.09	9.12	18.62	0.56
林地	681.43	25 618.53	338.73	10.23	57.93	0.96
草地	212.24	362.61	5 840.96	2.48	9.07	0.91
水域	9.01	9.34	1.28	203.52	0.14	0.01
建设用地	11.57	6.53	3.90	0.12	261.35	0.00
未利用地	0.13	0.47	0.02	0.01	0.00	9.20

在研究时段内，从 20 世纪 80 年代末期各土地利用类型转化为其他地类的转化方向看：①耕地主要转化为林地和草地，其中，约 6%（945 km²）的耕地转化为了林地（主要是旱地转化为有林地和灌木林）；不足 2%（约 292 km²）的耕地（旱地为主）转化为低覆盖度草地。此外，虽然约 92% 的耕地一级地类性质没有发生变化，但实际二级分类的统计结果显示，有相当数量的水田与旱地之间存在互相转化。②林地转化主要发生在耕地（约 681 km²）和草地（约 339 km²）这两个地类上，少量林地转化为了建设用地（约 58

km²)。③91%的草地面积未发生变化，而转化为耕地和林地的面积分别约占林地面积的3%和5.6%。④水域向耕地（主要为水田）和林地转化的面积相当，都约为9 km²。⑤建设用地分别向耕地和林地转化了约12 km²和6.5 km²。⑥未利用地主要向林地和耕地转化，但转化比例很小，约93%的面积未发生变化。

从20世纪90年代中期各土地利用类型的转化来源看：①新增的耕地主要由林地和草地转换而来，比例分别占90年代中期耕地面积的4.3%和1.3%，多为有林地、灌木林和其他林地（茶园为主）及高覆盖度的草地转化为旱地。②新增的林地中约占总面积3.5%（约945 km²）来自耕地，1.3%（约362.6 km²）来自草地。③新增草地面积的46%（约292 km²）来自耕地，53%（约339 km²）来自林地。④水域新增面积主要来源于耕地（约9 km²）和林地（约10 km²），少量来源于草地。⑤向建设用地转移的地类主要为林地、耕地及草地，分别约为57.9 km²、18.6 km²和9.1 km²。⑥新增未利用地类中，约2.5 km²来自耕地、林地和草地。

以上结果表明，从20世纪80年代末期至90年代中期，虽然耕地大幅减少（主要是转化为林地和草地），但林地、草地向耕地转化的量也较大；林地与草地间的相互转化较为活跃；建设用地增加的主要来源依次为林地和耕地。

b. 20世纪90年代中期到末期土地利用类型转移分析

表8-6是乌江流域20世纪90年代中期至末期土地利用类型转移矩阵。该表显示，在研究时段内，从90年代中期各土地利用类型转化为其他地类的转化方向看：①耕地转化为林地和草地的面积分别约为158 km²和56 km²。②林地转化主要发生在耕地（约434 km²）和草地（约321 km²）这两个地类上。③95.6%的草地面积未发生变化，而转化为耕地和林地的面积分别约占林地面积的2%和1.56%，此外，还要少量草地转化为了建设用地（约42.6 km²）。④水域向耕地（主要为水田）和林地转化的面积相当，都约为1.5 km²。⑤建设用地向耕地、林地和草地转化的面积分别约为3.5 km²、3.5 km²和5 km²。⑥极少量未利用地向林地和耕地发生了转化。

表8-6　乌江流域20世纪90年代中期至末期土地利用类型转移矩阵（单位：km²）

20世纪90年代中期	20世纪90年代末期					
	耕地	林地	草地	水域	建设用地	未利用地
耕地	15 557.50	158.40	55.80	5.46	11.97	1.73
林地	434.39	26 163.58	321.27	4.43	15.67	2.45
草地	137.96	101.45	6 191.88	0.32	42.61	3.13
水域	1.53	1.61	0.37	221.92	0.04	0.01
建设用地	3.49	3.49	5.03	0.03	335.11	0.00
未利用地	0.04	0.06	0.00	0.00	0.00	11.73

从20世纪90年代中期各土地利用类型的新增面积的转化来源看：①新增的耕地由林地和草地转换而来比例，分别约占耕地总面积的2.6%（约434 km²）和0.9%（约138 km²），增加的耕地绝大多数为旱地。②新增的林地中约有158 km²来自耕地，101 km²

来自草地。③新增的草地由耕地和林地转化的面积分别约为 56 km^{2}和 321 km^2，其中由有林地转化为高覆盖度草地的比例较高。④新增的水域面积主要由耕地和林地转化而来。⑤绝大多数的新增建设用地由草地转化而来（约 43 km^2），其余依次为林地（约 16 km^2）和耕地（约 12 km^2）。⑥新增的未利用地由草地、林地和耕地转换的面积依次为 3.13 km^2、2.45 km^{2}和 1.73 km^2。

以上结果表明，在 20 世纪 90 年代中期至末期，耕地、林地和草地间相互转化仍较频繁；耕地和草地的增长主要来自林地的减少；绝大多数的新增建设用地由草地转化而来，其余依次为林地和耕地。

8.4　土地变化的空间与区域差异分析

8.4.1　土地变化空间分析

土地利用动态变化的空间分析是土地利用动态变化的一个重要方面，是表征土地利用变化剧烈程度的重要指标。受自然条件和社会经济条件及人为因素的制约，流域内土地利用变化动态程度在不同时段内不同。

（1）分析方法

目前通用的土地利用类型动态分析方法有单一土地利用类型动态度分析（王秀兰和包玉海，1999）、综合土地利用动态度分析（刘纪远，1996）和空间分析测算方法（刘盛和和何书金，2002）。

以图 8-16 为例，第 i 类土地利用类型从研究初期 $t1$（$LA_{(i,\ t1)}$）到研究末期 $t2$（$LA_{(i,\ t2)}$）的空间格局变化，可划分为 3 种类型：①未变化的部分（ULA_i），其土地利用类型与空间区位在研究期内未发生变化；②转移部分（$LA_{(i,\ t1)}-ULA_i$），第 i 类土地利用类型转变为其他非 i 类土地利用类型；③新增部分（$LA_{(i,\ t2)}-ULA_i$），其他非 i 类土地利用类型转变为第 i 类土地利用类型。

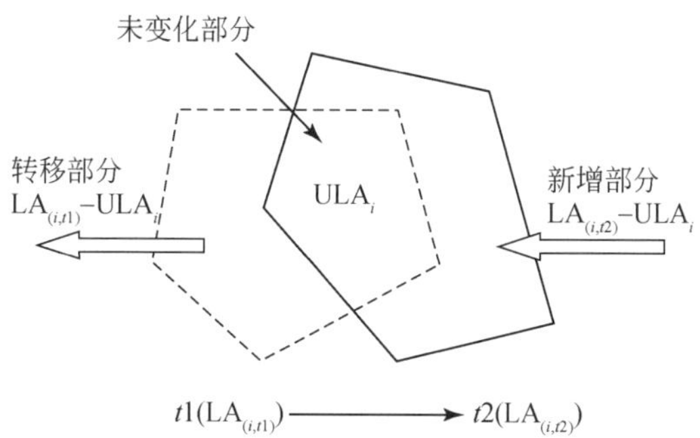

图 8-16　土地利用动态变化的空间分析涵义（刘盛和和何书金，2002）

对上述的土地利用动态变化分析，据单一土地利用类型动态度分析方法（王秀兰等，1999），其表达式为

$$K_i = \frac{\mathrm{LA}_{(i,\ t2)} - \mathrm{LA}_{(i,\ t1)}}{\mathrm{LA}_{(i,\ t1)}} \times \frac{1}{t2 - t1} \times 100\% \tag{8-4}$$

式中，K_i为研究时段内某一土地类型年均变化速率；$\mathrm{LA}_{(i,\ t1)}$ 和 $\mathrm{LA}_{(i,\ t2)}$ 分别是该种土地利用类型在研究时段初、末期的面积。这种方法可以直观地反映类型变化的幅度和速度，也易于通过类型间的比较来反映其间的差异，但忽略了土地利用空间区位的固定性与独特性，不能反映土地利用动态变化的空间过程及相关属性，图 8-16 就是一例。

据综合土地利用动态度分析（刘纪远，1996），其年变化率表达式为

$$S_i = \frac{\mathrm{LA}_{(i,\ t1)} - \mathrm{ULA}_i}{\mathrm{LA}_{(i,\ t1)}} \times \frac{1}{t2 - t1} \times 100\% \tag{8-5}$$

式中，$\mathrm{LA}_{(i,\ t1)} - \mathrm{ULA}_i$ 为研究期转移部分的面积，即第 i 类土地利用类型转变为其他非 i 类土地利用类型的面积总和；$\mathrm{LA}_{(i,\ t1)}$ 为研究期始第 i 类土地利用类型的面积；ULA_i为研究期内第 i 类土地利用类型未变化的部分。并可在此基础上，得出计算区域综合土地利用动态度的表达式

$$S = \frac{\sum_{i=1}^{n} \{\mathrm{LA}_{(i,\ t1)} - \mathrm{ULA}_i\}}{\sum_{i=1}^{n} \mathrm{LA}_{(i,\ t1)}} \times \frac{1}{t2 - t1} \times 100\% \tag{8-6}$$

该方法较单一土地利用类型动态度有很大改进，考虑到了第 i 类土地利用类型转变为其他非 i 类土地利用类型这部分变化，但是存在不足是，没有考虑其他非 i 类土地利用类型转变为第 i 类土地利用类型的那部分面积，导致低估了动态度数值。

本章采用刘盛和和何书金（2002）提出的空间方法，即

$$V1_i = \frac{\mathrm{LA}_{(i,\ t1)} - \mathrm{ULA}_i}{\mathrm{LA}_{(i,\ t1)}} \times \frac{1}{t2 - t1} \times 100\% \tag{8-7}$$

$$V2_i = \frac{\mathrm{LA}_{(i,\ t2)} - \mathrm{ULA}_i}{\mathrm{LA}_{(i,\ t1)}} \times \frac{1}{t2 - t1} \times 100\% \tag{8-8}$$

$$V3_i = \frac{(\mathrm{LA}_{(i,\ t1)} - \mathrm{ULA}_i) + (\mathrm{LA}_{(i,\ t2)} - \mathrm{ULA}_i)}{\mathrm{LA}_{(i,\ t1)}} \times \frac{1}{t2 - t1} \times 100\% = V1_i + V2_i \tag{8-9}$$

式中，$V1_i$ 是在研究期内（$t1$ 至 $t2$）第 i 类土地利用类型转变为其他非 i 类土地利用类型的转移速率；$V2_i$ 是其他非 i 类土地利用类型转变为第 i 类土地利用类型的转移速率；$V3_i$ 是该土地利用类型的年综合变化速率。对于区域综合土地利用年变化率的计算，在综合考虑两种不同的土地利用转移类型前提下，定义为

$$V = \left[\sum_{i}^{n} \frac{(\mathrm{LA}_{(i,\ t1)} - \mathrm{ULA}_i) + (\mathrm{LA}_{(i,\ t2)} - \mathrm{ULA}_i)}{\mathrm{LA}_{(i,\ t1)}}\right] \times \frac{1}{t2 - t1} \times 100\% \tag{8-10}$$

从上式可以看出，土地利用动态度考虑了转移出和新增这一对方向相反的变化过程，其物理意义为计算第 i 类土地利用的移出变化率和移入变化率。

由式（8-4）计算所得的动态度为数量动态度，式（8-5）和式（8-9）所得的分别为移出动态度和空间动态度，这 3 个指标都可用来理解分析某一土地类型动态变化，属单一动态分析指标，式（8-10）则是表征区域各土地类型综合动态变化的，为综合动态分析指标。

(2) 土地利用单一动态分析

表 8-7 是乌江流域 20 世纪 80 年代末期至 90 年代末期不同计算公式下的土地利用单一动态度值。对比这 3 个指标可知，在 80 年代末期至 90 年代中期这一阶段，耕地、林地、草地和水域的数量动态度值普遍比移出动态度值低，由于移出动态度实际反映的是移出量占原面积的比例，这说明这一阶段这几个地类的土地利用变化，虽然总量变化不大，但是实际中有较多的地类在空间位置发生变化，存在较多的移出和移入，相互转移较频繁。特别是林地和草地，虽然数量动态度值都是 0.1%，变化率近似，但是空间动态度值则反映出，草地的动态变化率是林地变化的近两倍。这说明了草地的转移（移入、移出）远较林地活跃。建设用地和未利用地的数量动态度比移出动态度值大，对此我们认为是这两个地类与其他地类间的相互转化较少，主要由其他地类转化而成。

表 8-7　乌江流域 20 世纪 80 年代末期至 90 年代末期土地利用单一动态度（单位：%）

土地利用类型	20 世纪 80 年代末期至 90 年代中期			20 世纪 90 年代中期至末期		
	数量动态度	移出动态度	空间动态度	数量动态度	移出动态度	空间动态度
耕地	-0.4	1.3	2.3	0.5	0.4	1.3
林地	0.1	0.7	1.5	-0.5	0.7	1.0
草地	0.1	1.5	3.2	0.4	1.1	2.6
水域	0.2	1.5	3.1	0.7	0.4	1.5
建设用地	3.7	1.3	6.3	4.2	0.9	5.9
未利用地	3.1	1.1	5.2	15.3	0.2	15.7

在 20 世纪 90 年代中期至 90 年代末期这一阶段，林地、草地、建设用地和未利用地的数量动态度值与移出动态度值的大小关系与前一时期一致，但是耕地和水域却情况相反，数量动态度值比移出动态度值大，表明这期间，耕地和水域面积变化多由其他地类转化增加而来，与其他地类间的相互转化较少。

结合指标对比两个时期的土地利用变化发现，耕地、林地、草地、水域和建设用地等 5 类土地的数量动态度值的绝对值都在增加，但是空间动态度值却又都出现不同程度的降低，这说明这些土地在后一阶段数量发生变化的同时，同类土地间的相互转出、转入量较前一阶段减少。

(3) 土地利用综合动态分析

图 8-17 是贵州省乌江流域 20 世纪 80 年代末期至 90 年代末期土地利用综合动态度的空间分布格局。从图中可知，在第一阶段，毕节市、安顺县以及长顺县的北部地区、黔西县、金沙县的土地利用综合动态变化较大；在第二阶段，普定县、平坝县及沿河县的土地利用综合动态变化较大。而黄平县北部地区的土地利用在两个阶段的变化都较大。纳雍县、清镇市、息烽县和开阳县在研究期内，其土地利用的综合动态变化都有较为明显的减小。

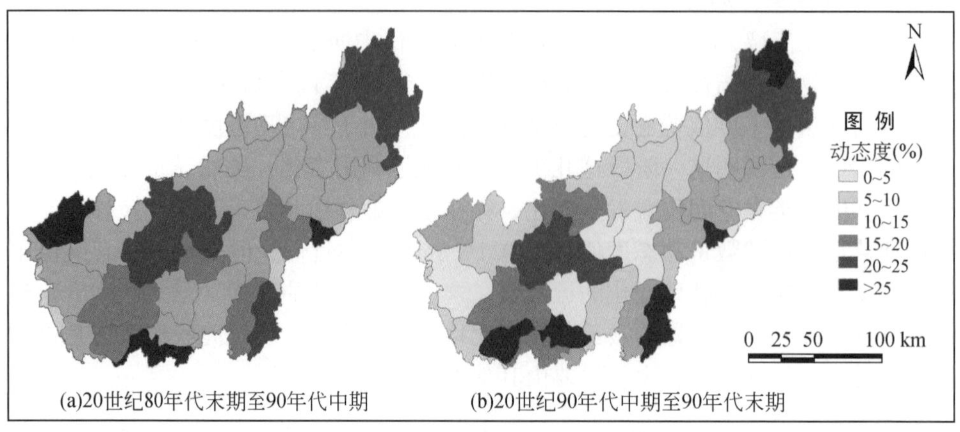

图 8-17　乌江流域 20 世纪 80 年代末期至 90 年代末期土地利用综合动态度

8.4.2　土地变化区域差异分析

（1）研究方法

土地利用变化存在着显著的地区差异，区域土地利用变化的区域差异，可由两种不同的土地利用变化区域差异模型（区域变化率）来反映，本章采用的是朱会义等（2003）提出的计算方法来计算区域变化率 R

$$R = \frac{|K_b - K_a| \times C_a}{K_a \times |C_b - C_a|} \tag{8-11}$$

式中，K_a为某区域某一特定土地利用类型研究初期的面积；K_b为该区域该类特定土地利用类型研究末期的面积；C_a为全研究区该类土地利用类型研究初期的面积；C_b为全研究区该类土地利用类型研究末期的面积。如果该区域某种土地利用类型的区域变化率 R 大于 1，则表示该区域该类土地利用类型变化较全区域大。如果该区域某种土地利用类型的区域变化率 R 小于 1，则表示该区域该类土地利用类型变化较全区域小。

以贵州乌江流域所流经的（部分）县域为区域统计单元进行计算，通过 GIS 将区域变化率予以区域化表示。

（2）结果与分析

a. 20 世纪 80 年代末期至 90 年代中期的差异分析

图 8-18 是贵州乌江流域各县（市）20 世纪 80 年代末期至 90 年代中期各县域不同土地利用类型的区域变化率。

耕地变化的区域差异：耕地区域变化较全区平均变化大的县域主要集中在乌江流域中、下游的一些支流，如偏岩河、猫跳河、清水江、瓮安河、余庆河、石阡河、印江河、独水河等流经的县域，特别是位于东北角的德江县、沿河县、印江县，位于中部的余庆县和修文县，区域变化率相当大，研究期内这 5 个县共减少了耕地约 109 km^2。大片西部县域的耕地变化率相对较小，安顺县和清镇市的耕地区域变化率为整个流域最小，仅为 0.03，反映了该地区的耕地变化比例很小。

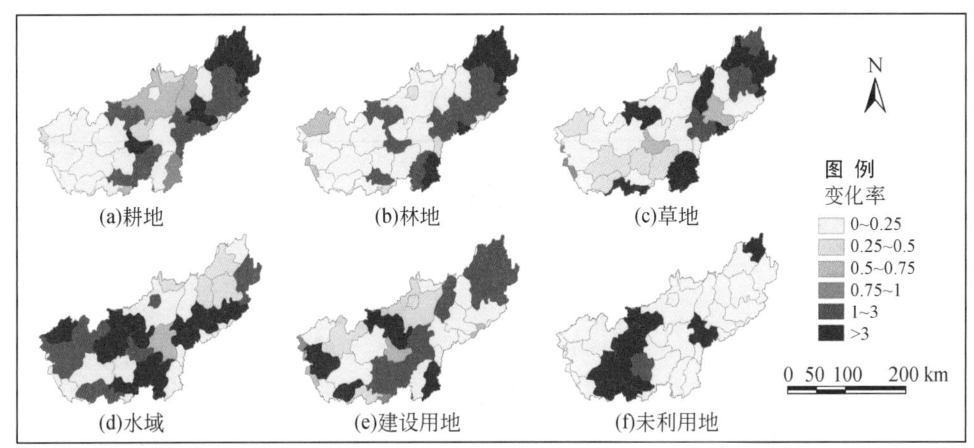

图 8-18 乌江流域各县 20 世纪 80 年代末期至 90 年代中期土地利用类型区域变化率

林地变化的区域差异：林地区域变化较全区平均变化大的县域多集中在乌江流域中、下游的一些支流，如偏岩河、猫跳河、清水江、瓮安河、余庆河、石阡河、印江河等流经的县域。其中，六池河流经的贵定县林地区域变化率最大，达 10.18。上述林地变化率大的县域和耕地区域变化率的分布有较多的重合，如德江县、沿河县等。相关统计数据也显示，这些县是林地和农地转换较频繁的地区。

草地变化的区域差异：草地区域变化较大的地区主要分布在乌江流域中游独水河流经的贵定县和龙里县，下游湄江流经的湄潭县以及东北角的德江县、印江县、沿河县等地区。其中，印江县的草地区域变化率为 3.84（草地面积实际减少近 5000 hm^2），是乌江流域各县中草地面积变化最大的县。

水域变化的区域差异：水域区域变化较大的地区较分散，主要分布在乌江上游支流六冲河流经的毕节市、纳雍县、大方县、黔西县，中游清水江流经的贵阳市、龙里县及下游的瓮安县、余庆县和石阡县等地区。其中石阡县的水域面积变化相对最大，区域变化率达 24.1。

建设用地变化的区域差异：建设用地区域变化率较大的地区主要是乌江上游的纳雍县、普定县，中游的金沙县、息烽县、开阳县、贵阳市和贵定县以及下游的德江县、印江县等地区。其中贵定县的建设用地区域变化程度最大（变化率值为 7.05，实际增加面积为 243 hm^2），而贵阳市虽然新增面积达 792 hm^2，但因其研究初期面积就大，使得变化率值偏低（为 1.2）。

未利用地变化的区域差异：未利用地区域变化较全区平均变化大的地区分布较集中，主要在乌江上游的三岔河、鸭池河、六冲河、猫跳河、野济河等流经的几个县（包括金沙县、黔西县、织金县、普定县等），中游的瓮安县和下游的沿河县。由于研究期内整个乌江流域的未利用地增加量很小（仅为 200 hm^2），所以上述县虽然有较高的区域变化率，但实际增加的未利用地总量却很小。其他各县域的区域变化率则基本为零，反映了在这些地区未利用地的变化很小。

b. 20 世纪 90 年代中期至末期

图 8-19 是贵州乌江流域各县（市）20 世纪 90 年代中期至 90 年代末期各县域不同土地利用类型的区域变化率。

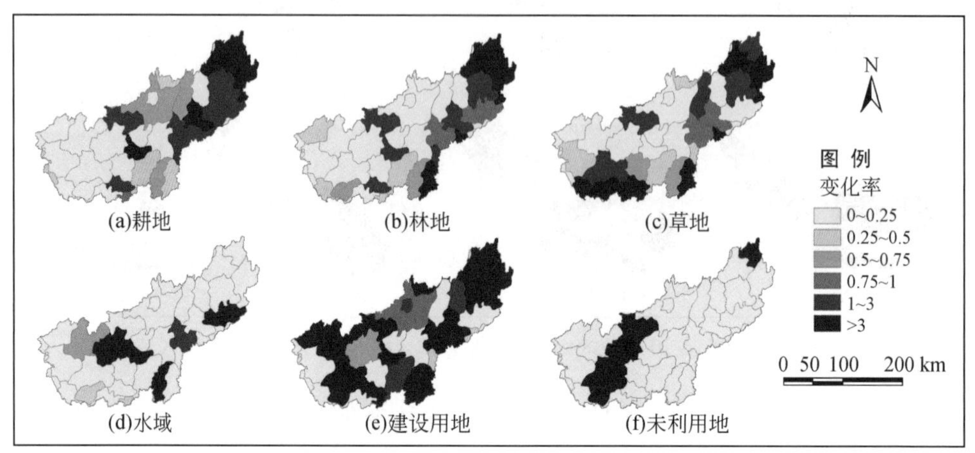

图 8-19　乌江流域各县（市）20 世纪 90 年代中期至末期土地利用类型区域变化率

耕地变化的区域差异：这一时期耕地区域变化的格局与前一时期变化不大，变化率较全区平均大的县域仍主要集中在流域东部地区和中部的个别县域，如位于东北角的德江县、沿河县、印江县，位于中部的余庆县和修文县等，而大片西部县域的耕地变化率依旧相对较小。与前一时期变化状况不同的是贵阳市和贵定县，在这一时期，两者的区域变化程度有显著的缩小。

林地变化的区域差异：林地的区域差异格局与前一时期类似，区域变化率较大的县域仍多分布在东北部和中部地区，如德江县、沿河县和贵定县等。所不同的是，在前一时期，这些地区的林地面积是一定程度的增加，但是在这一阶段，这些县的林地却出现大幅度的减少。其中，沿河县共减少约 4000 hm^2的林地，列区域变化程度之首（其区域变化率为 5.8）。

草地变化的区域差异：草地的区域变化格局与前一时期相比，主要体现在乌江流域上游县市的林地变化程度加剧，而中下游地区则出现不同程度的减小。其中，六枝特区、普定县和安顺县的草地面积减少较多，在这一研究期内共减少约 1280 hm^2。而草地增加的地区则主要分布在贵定县（增加约 1450 hm^2）、德江县（增加约 640 hm^2）等县。

水域变化的区域差异：这一时期的水域变化区域差异，较前一阶段小。绝大部分县域单元的水域面积变化不大。水域区域变化率较大的县为乌江中上游的黔西县、修文县、龙里县和下游的石阡县。其中，黔西县水域新增面积约为 540 hm^2，其区域变化率达 12.1，是变化程度最大的一个县。

建设用地变化的区域差异：这一时期的建设用地区域变化率较大的地区分布，与前一时期的地区分布相比更分散。乌江上游的毕节市、大方县、织金县，中游的金沙县、修文县及贵阳市，下游的瓮安县、余庆县及德江县、印江县等地区，都是建设用地区域变化率较大的区域。其中毕节市的建设用地区域变化程度最大（变化率值为 8.3，实际增加面积为324 hm^2），而贵阳市虽新增面积达1260 hm^2，但与前期同样情况，因其研究初期面积较大，使得增长变化率值偏低（为1.3）。

未利用地变化的区域差异：未利用地区域变化较全区平均变化大的县域，与前一时间段相比，分布更集中。主要分布在乌江上游流经的金沙县、黔西县、织金县、普定县等4个县和下游的沿河县。而其他各县域的区域变化率则基本为零，说明在这些地区未利用地变化很小。研究期内新增的近700 hm^2未利用地，金沙县新增了约300 hm^2（区域变化率为6.2），是区域变化最大的地区。

第 9 章　乌江流域土地变化的影响因素

土地变化是复杂的过程，同时受自然、社会、经济等众多因素的影响，各要素在不同空间尺度起不同的作用。本章通过变换各土地类型和各定量化自然、社会经济要素的空间尺度，应用 GIS 技术和多元数理统计方法，研究乌江流域不同空间尺度土地变化的影响因素，并运用多元回归模型定量研究各地类与其驱动因素的数量关系。进而分析流域内人口、经济、土地利用政策等因素对土地变化的影响。

9.1　不同空间尺度的土地利用变化影响因子

土地利用在不同的空间尺度上具有不同的特征、不同的影响因素、不同的演变机理与过程（Holling，1992）。某个研究尺度上的影响因子可能在其他尺度上并不发生作用，因为影响因子具有尺度效应。对于土地利用变化驱动力的研究，学界提出要加强驱动力的综合和尺度的综合（蔡运龙，2001a）。这里遇到两个困难。一个困难是在时间尺度上，不能把自然要素（如地形、海拔、坡度、与交通干线的距离）等空间数据定量地加入土地利用变化模型中。出现这一情况的原因是来自不同时间序列的社会、经济统计数据获取较为方便，便于进行不同时间尺度的对比；而自然要素等空间数据的变化难以在同尺度的时间序列上得到体现，难以定量研究。所以，在土地利用变化模型中自然要素难以得到体现。尽管如此，大家还是充分认识到，土地利用变化受自然、人文要素双重影响，而且在不同阶段，自然要素对土地利用变化所起的作用也不同。另外一个困难就是在空间尺度上，不能把社会经济要素驱动力很好地结合进土地利用变化模型中。目前对于社会经济要素在不同的空间尺度上分布处理就是“区域内部均一化”，理想地认为在一定区域内各点的值统一。其实，在一定的区域内，社会经济发展必然不均一，科学的方法应该是计算不同区域的密度（如人口密度、经济密度）。虽然也有学者提出要进行实地问卷，获得社会、经济数据，但是具体如何落实到不同空间尺度上，国内相关研究还不多。

空间尺度的综合研究不仅包括不同研究范围的变化与转化，还包括研究地域空间分辨率的变化。本章研究指的尺度变化，是空间分辨率（粒度）的变化。

9.1.1　研究数据和方法

（1）研究数据

a. 土地利用数据

采用 20 世纪 90 年代中期、90 年代末期两期土地利用数据。乌江流域主要的土地利用类型为耕地、林地、草地及建设用地，下面相关影响因子的选取也侧重考虑这些地类。

b. 影响因子的选取与数据预处理

土地利用是社会经济与自然环境交互作用的结果，选择影响因子的依据是在尽可能综合考虑各种自然环境与社会经济因子的基础上，兼顾数据的可获取性以及满足定量化、空间化的需求，具体包括以下几个方面：地形因子（包括海拔高程和坡度等变量）；水资源因子（即距离最近主要河流的距离）；可达性因子（包括距最近主要道路的距离和距最近中心城镇的距离等）；社会经济因子（人口密度、人均 GDP 和非农人口比例）。

1）海拔：海拔是乌江流域影响耕地、林地和草地分布主要因素，它决定着植被生长的水热条件。该地区海拔每升高 100m，气温下降 0.5 ~ 0.6℃，大于等于 10℃ 积温减少 210 ~ 250℃，大于等于 10℃ 持续期缩短 5.2 ~ 11.9 天，降水量增加 92mm。将这些指标纳入回归方程，能较准确地掌握海拔与地类变化之间的关系。

2）坡度：该指标由 DEM 生成。在贵州高原，坡度是影响植被的一个重要因素。贵州地表平均坡度为 21.15°，大于 18°的坡地占全省土地总面积 64%。耕地比例中，15°以上的耕地占 49.82%，其中超过 25°的耕地占 19.85%。

3）距县城中心距离：以乌江流域所在的 34 个市（县）主城区为点状扩展中心，以 1km 为单位，向外扩展缓冲带，缓冲区覆盖整个流域。

4）距最近道路的距离：以乌江流域内的国家公路和铁路为线状扩展中心，以 1km 为单位生成缓冲带，缓冲区覆盖整个流域。

5）距最近河流的距离：以乌江流域内国家 5 级以上的河流为线状扩展中心，以 1km 为单位生成缓冲带，缓冲区覆盖整个流域。

6）人口密度：人口密度反映了人口密集地区人口与耕地资源的关系。这种关系是双向的，人口密度较大的地区可能由于城市化的发展，耕地分布较少；也可能由于人口对耕地的需要，耕地反而分布更多。

7）人均 GDP：人均 GDP 是一个反映区域经济实力的指标，在以农业为主要产业的乌江流域，土地类型与区域经济的联系较密切，此指标能反映对各土地类型与区域经济的联系。

8）非农人口比例：该指标与耕地、建设用地的变化有较密切的关系。因目前仅有 1986 年、1990 年及 2000 年的贵州省各县非农人口比例值，本章采用一元线性回归方程，获取 1995 年的贵州省各县的非农人口比例值。

上述各变量的描述见表 9-1，空间分布见图 9-1。

表 9-1　研究所用的各变量描述

变量名称	变量类型	数值或单位	获取空间尺度
因变量			
各土地类型	二元变量	0 或 1	像元
自变量			
海拔	连续变量	hm	像元
坡度			像元
与中心城镇的距离	连续变量	km	局地
与最近道路的距离	连续变量	km	局地
与最近河流距离	连续变量	km	局地
人均 GDP（1995 年、2000 年）	连续变量	10^3 元/人	区域
人口密度（1995 年、2000 年）	连续变量	10^2 人/ km^2	区域
非农人口比例（1995 年、2000 年）	连续变量	%	区域

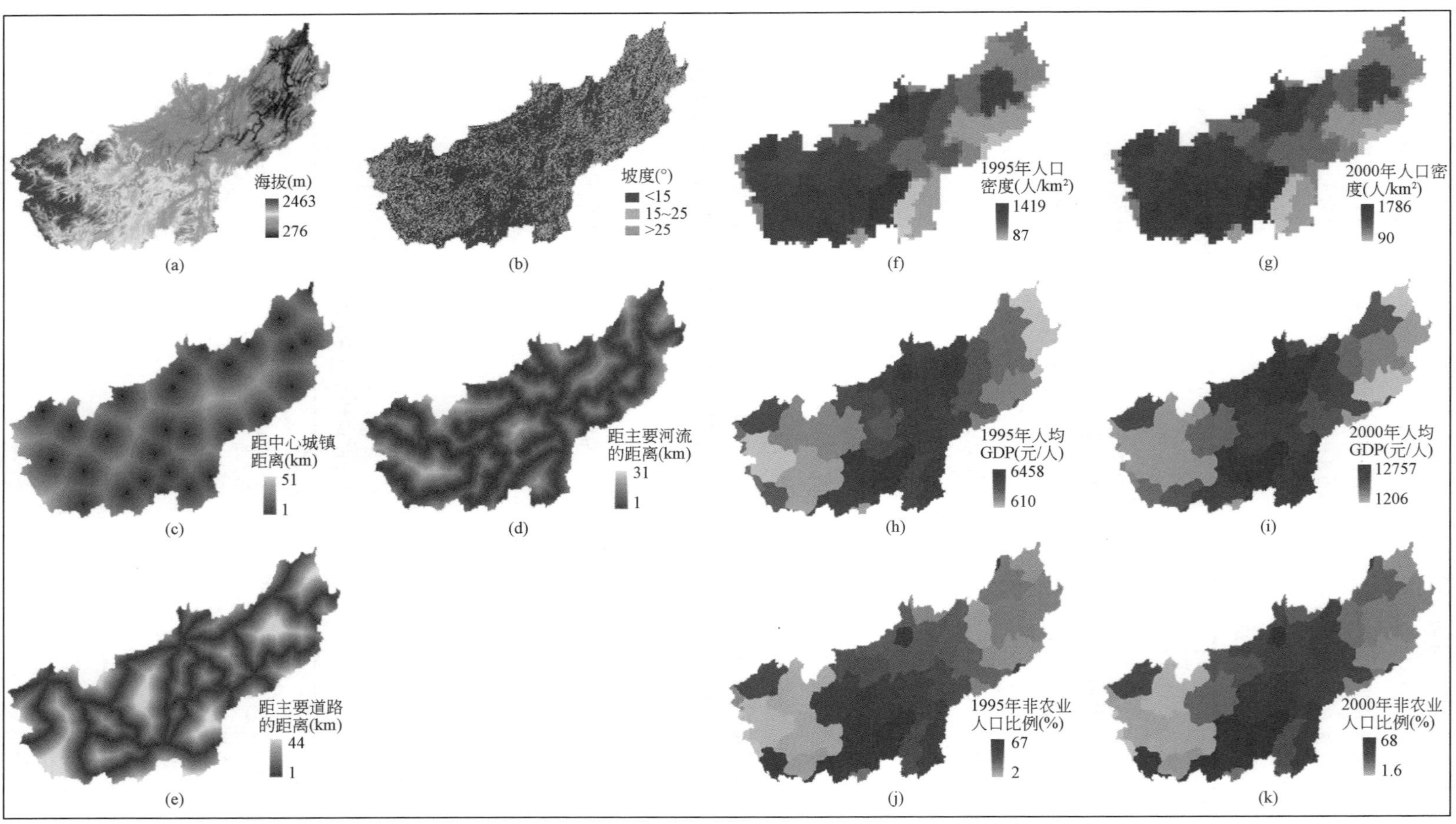

图9-1 乌江流域土地利用空间分布影响因子分布图

（2）研究方法

a. 空间多尺度的构建

空间多尺度的构建是在GIS技术支持下，采用变换空间分辨率的方式实现。因为土地利用变化各驱动要素作用的空间尺度不同（图9-2），如道路等基础设施的建设、与中心城镇距离等因素在局地尺度发生作用，导致的土地利用变化可直接观察得到；而为满足人口增长而对粮食需求增加进行的耕地面积扩张，调整产业结构进行的土地利用调整等驱动因素则在区域尺度或者更大的尺度发生作用，无法通过观察直观获取。采用该方法能对在不同尺度下获取的各类数据进行处理，探究不同空间尺度下的主导驱动要素，揭示驱动机制的本质。

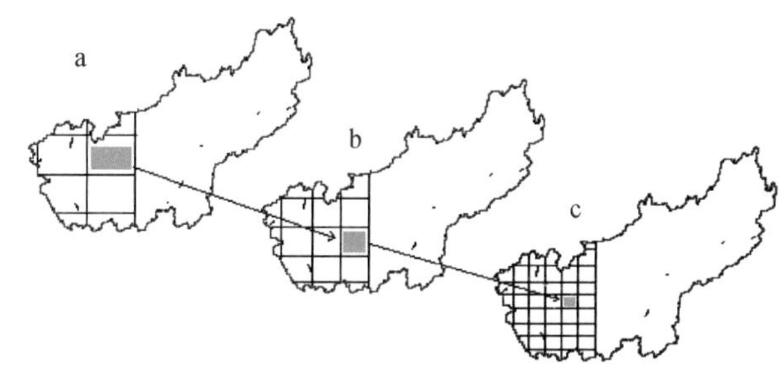

图9-2　不同空间尺度下的土地利用变化的驱动要素

a为区域因素，如经济政策、气候等；b为局地因素，如与中心城镇的距离、与最近道路距离等；c为地点因素，如坡度、海拔等

该方法最先见于Veldkamp和Fresco（1997）用于哥斯达黎加的土地利用驱动机制和尺度联系研究。随后Walsh等（1999，2001）运用该方法在越南北部的Nang Rong地区开展了基于NDVI的人地系统尺度联系研究；Mertens等（2002）则在巴西亚马孙流域研究森林砍伐的社会驱动。Verburg和Chen（2000）以中国大陆地区为例，以32km为基础分辨率，在此基础上依次调整至64km、96km、128km、160km、192km等共6个尺度进行研究中国大陆地区土地利用的多尺度空间分布特征（图9-3）。以上研究表明，可通过变换栅格实现空间尺度转化来探究不同空间尺度下的土地利用变化的主导驱动力。本章考虑到研究区的实际范围，采用30m、120m、480m、720m和960m共5个研究尺度进行分析。

b. 影响因子的多元共线性检验

在进行多元Logistic回归分析前，一般要进行多元共线性（multicollinearity）检验。因为在Logistic回归分析中存在多元共线性是一个非常普遍的现象，自变量之间的任何相关都标志着多元共线性的存在。

当多元共线性不太严重时，其回归系数估计基本是无偏且有效，所以几乎可以忽略其影响。但是当变量之间的相关程度提高时，系数估计的标准误差将会急剧增加（当相关程度小于0.50时，影响依然很小，且只是涉及相关的那些变量的标准误差有所提高，而模型中其他的变量的标准误差并不变化）。

本章依次计算5个不同尺度下，各空间变量之间的相关系数，查看是否大于0.5这个阈值（如有大于0.5的，则要考虑是否去除这些变量后再进行回归分析）。具体做法是在

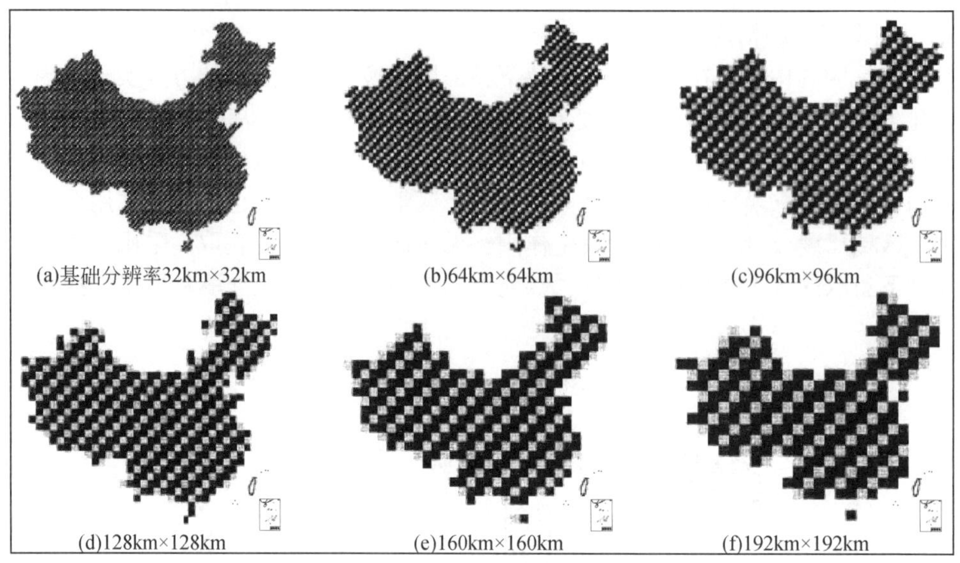

图 9-3　中国大陆地区多空间分辨率变化示意图（Verburg and Chen，2000）

ARC Workstation 8.3 下，先建立 stack，将各变量添加入 stack 后，再运行 STACKSTATS< stack>#｜ DETAIL 这一指令，生成各变量的相关系数表。

c. 各地类与影响因子的 Logistic 回归模型

Logistic 回归方程（Logistic regression model，LRM）是用来计算以二元变量（“0”或“1”，“是”或“否”）为因变量，连续变量（如 1、2、3 等）为自变量的方程模型（王济川和郭志刚，2001），已被成功应用于野生动物栖息地研究（Pereira and Itami，1991；Narumalani et al.，1997；Bian and West，1997）、土地退化（Ludeke et al.，1990；Mertens and Lambin，2000）以及森林火灾预测（Vega et al.，1995）等方面。它通过对一定序列的数据的计算，给出每个自变量的系数。这些系数是每个自变量不发生变化的概率权重。

多元 Logistic 回归方程形式为

$$\log \mathrm{it}(p) = \log\left[\frac{p}{1-p}\right] = \alpha + \beta_1 X_1 + \beta_2 X_2 + \cdots + \beta_n X_n$$

d. 计算过程

在具体采样时，我们以分辨率为 960m 时的土地利用图为基础，生成以该栅格为中心的矢量点（1995 年为 54 031 个点，1999 年为 54 028 个点），再以此矢量依次生成 720m、480m、120m 及 30m 的栅格采样点。最后，在 ArcWorkstation 8.3 下，运行 sample 命令，即生成对应于各土地类别（耕地、林地等），含海拔、坡度等 7 个因子，并可直接进行 Logistic 回归的原始数据（.xls 格式）。最后运用该数据，在统计软件 SAS 里，运行 Logistic regression，选择逐步选择法（stepwise selection）进行回归运算。整个研究流程见图 9-4。

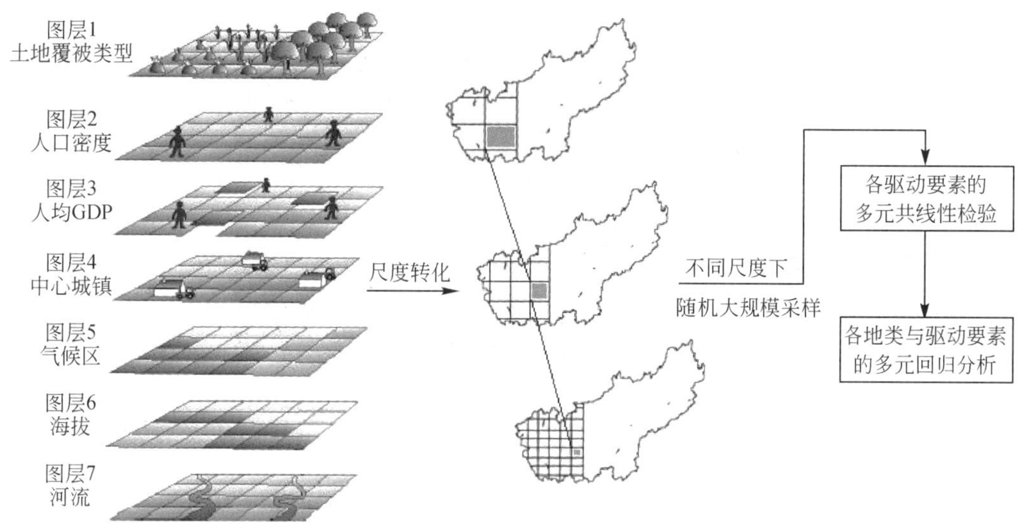

图 9-4 多尺度变化研究流程简图

9.1.2 影响因子的多尺度与共线性分析

(1) 尺度变化对土地利用数据的影响

表 9-2 是乌江流域 20 世纪 90 年代中期、末期不同空间尺度下各土地利用所占比例。从表中可以看出，随着尺度的变化，两个时期内各土地类别面积比例变化不大。各地类未出现明显的随尺度变化一直增加或减小的现象。图 9-5 则是以流域内的贵阳地区为例，说明随数据空间分辨率的变化，各土地类别面积变化情况的示意图。从图中可以看出，随着像元增大，较为细致的局部特征消失，取而代之的是较为宏观的整体格局，各地类的面积也随着发生一定的变化。

表 9-2 乌江流域 20 世纪 90 年代中期、末期不同空间尺度下各土地利用所占比例

时期	分辨率 (m)	耕地 (%)	林地 (%)	草地 (%)	水域 (%)	建设用地 (%)	未利用地 (%)
20 世纪 90 年代中期	30	31.71	54.11	13.01	0.45	0.7	0.02
	120	31.73	54.7	12.5	0.45	0.7	0.02
	480	31.69	54.72	12.5	0.45	0.72	0.02
	720	31.85	54.65	12.42	0.47	0.59	0.02
	960	31.72	54.73	12.46	0.46	0.6	0.03
20 世纪 90 年代末期	30	32.40	53.08	13.20	0.47	0.81	0.04
	120	32.42	53.27	13.10	0.47	0.72	0.02
	480	32.38	53.49	13.03	0.46	0.62	0.02
	720	32.52	53.46	12.92	0.48	0.6	0.02
	960	32.43	53.49	12.96	0.46	0.63	0.03

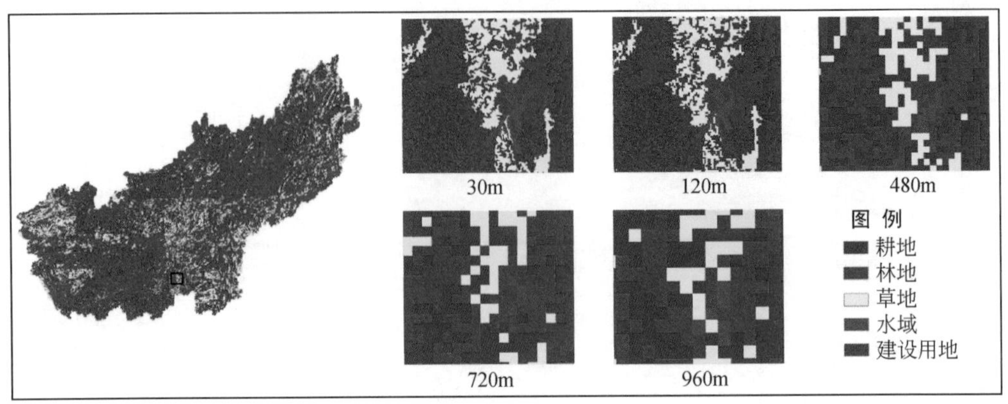

图 9-5　贵阳地区 1999 年不同空间尺度下的土地利用格局

注：由于分辨率限制，未利用地不显示

（2）各影响因子的共线性分析

在进行各影响因子的共线性分析时，我们依次在 2 个时段、5 个不同尺度下进行计算，共生成 10 张系数表。由于篇幅所限，这里仅以 20 世纪 90 年代中期，在 480m 分辨率下各影响因子的相关系数为例进行分析。表 9-3 是这 8 个影响因子的空间相关系数，其中非农人口比例与人均 GDP 和人口密度的相关系数分别为 0.83 和 0.66，相关程度较高。而人均 GDP 和人口密度的相关系数略超出 0.5 这个阈值。综合考虑人均 GDP、人口密度和非农业人口比例这 3 个因子的相互影响及作用后，删除非农人口比例这一变量，最终纳入 Logistic 回归方程的 7 个影响因子变量相关系数见表 9-4，各变量之间的相关程度较低，可以认为这些因子间的相互作用不影响 Logistic 回归方程。

表 9-3　乌江流域 20 世纪 90 年代中期土地利用空间分布 8 个影响因子的相关系数

（分辨率：480m×480m）

因子	海拔	坡度	与中心城镇的距离	与最近道路的距离	与最近河流距离	人均 GDP	人口密度	非农人口比例
海拔	1.00							
坡度	0.00	1.00						
与中心城镇的距离	0.09	0.11	1.00					
与最近道路的距离	0.13	0.08	0.43	1.00				
与最近河流距离	0.27	0.00	-0.04	0.04	1.00			
人均 GDP	-0.07	-0.17	-0.18	-0.16	-0.22	1.00		
人口密度	0.16	-0.12	-0.16	-0.14	-0.09	0.52	1.00	
非农人口比例	0.05	-0.16	-0.17	-0.08	-0.16	0.83	0.66	1.00

表 9-4　乌江流域 20 世纪 90 年代中期土地利用空间分布 7 个影响因子的相关系数　（分辨率：480m×480m）

因子	海拔	坡度	与中心城镇的距离	与最近道路的距离	与最近河流距离	人均 GDP	人口密度
海拔	1.00						
坡度	0.00	1.00					
与中心城镇的距离	0.09	0.11	1.00				
与最近道路的距离	0.13	0.08	0.43	1.00			
与最近河流距离	0.27	0.00	-0.04	0.04	1.00		
人均 GDP	-0.07	-0.17	-0.18	-0.16	-0.22	1.00	
人口密度	0.16	-0.12	-0.16	-0.14	-0.09	0.52	1.00

9.1.3　20 世纪 90 年代中期不同空间尺度土地变化的影响因子

（1）耕地

在 5 个不同研究尺度下的 20 世纪 90 年代中期影响耕地空间分布的因子基本未变，都是海拔、坡度、与中心城镇的距离、与最近河流的距离、人均 GDP 及人口密度这 6 个指标，仅海拔在 720m×720m 尺度进行回归分析时，未被 Logistic 方程纳入（表 9-5）。在 30m×30m 尺度下，海拔、坡度、与中心城镇的距离、与最近河流的距离和人均 GDP 这 5 个因子的回归系数都是负值，表明这些因子数值越大，所对应的土地类别是耕地的可能性就越小。这说明了 90 年代中期乌江流域的耕地多分布在海拔和坡度较低、距离城镇和河流较近及人均 GDP 较低的地区。而人口密度这一因子是正值，表明了耕地分布与人口密度呈正相关，人口密度越大的地区，土地类别为耕地的可能性就越大。在这 6 个因子中，“坡度”和“与最近河流距离”的回归系数较大，说明耕地分布受这 2 个因子的影响较大。“与最近道路的距离”未在方程内，表明其对耕地的影响不大。这可能的原因是，本章所采用的道路底图是国家级公路及铁路，而乌江流域内的耕地多连接的是较低等级的乡村公路。在将尺度变换为 120m×120m、480m×480m、720m×720m 和 960m×960m 这 4 个尺度后，各因子对耕地分布的影响大致同 30m×30m。上述研究表明，影响耕地空间分布的各因子尺度效应不明显。

表 9-5　乌江流域 20 世纪 90 年代中期土地利用空间分布与影响因子多尺度 Logistic 回归参数

类别	因子	尺度 1 (30m×30m)	尺度 2 (120m×120m)	尺度 3 (480m×480m)	尺度 4 (720m×720m)	尺度 5 (960m×960m)
耕地	海拔	-0.0002***	-0.0002***	-0.0001***		-0.0002***
	坡度	-0.0668***	-0.0547***	-0.051***	-0.0422***	-0.0516***
	与中心城镇的距离	-0.0078***	-0.0099***	-0.0069***	-0.0071***	-0.0086***
	与最近道路的距离					
	与最近河流距离	-0.0179***	-0.0166***	-0.0149***	-0.0138***	-0.0167***
	人均 GDP	-0.0002***	-0.0002***	-0.0002***	-0.0001***	-0.0002***
	人口密度	0.0005***	0.0003***	0.0003***	0.0003***	0.0004***
林地	海拔	-0.0001***	-0.0001***	-0.0002***	-0.0002***	-0.0002***
	坡度	0.051***	0.0427***	0.042***	0.0359***	0.0394***
	与中心城镇的距离	0.0176***	0.0187***	0.018***	0.0198***	0.0181***
	与最近道路的距离				-0.0034*	
	与最近河流距离	0.0224***	0.0213***	0.0192***	0.0187***	0.0215***
	人均 GDP	0.0001***	0.0001***	0.0001***	0.0002***	0.0001***
	人口密度					
草地	海拔	0.0008***	0.0008***	0.0008***	0.0007***	0.0008***
	坡度	0.012***	0.0092***	0.0099***	0.0092***	0.0116***
	与中心城镇的距离	-0.0185***	-0.0147***	-0.0183***	-0.0172***	-0.0182***
	与最近道路的距离		-0.0053*			
	与最近河流距离	-0.0084***	-0.0079**	-0.0065**		-0.0087***
	人均 GDP					
	人口密度		-0.0013***	-0.0013***	-0.0012***	-0.0013***
水域	海拔	-0.0018***	-0.0015***	-0.0008***	-0.0008***	-0.0016***
	坡度	-0.0915***	-0.0492***	-0.0617***	-0.0612***	-0.0654***
	与中心城镇的距离	-0.0251**	-0.0265**	-0.0221**		
	与最近道路的距离	0.0311**	0.0241*			
	与最近河流距离	-0.2809***	-0.2523***	-0.2377***	-0.2477***	-0.2746***
	人均 GDP					
	人口密度	0.0012***	0.0013***	0.0011***	0.0011***	0.0014***

续表

类别	因子	尺度 1（30m×30m）	尺度 2（120m×120m）	尺度 3（480m×480m）	尺度 4（720m×720m）	尺度 5（960m×960m）
建设用地	海拔				0.0005 *	
	坡度	−0.1783 ***	−0.135 ***	−0.1445 ***	−0.1231 ***	−0.1642 ***
	与中心城镇的距离	−0.099 ***	−0.1047 ***	−0.0988 ***	−0.1171 ***	−0.1052 ***
	与最近道路的距离					
	与最近河流距离	−0.066 ***	−0.0687 ***	−0.0552 ***	−0.0652 ***	−0.0544 ***
	人均 GDP	0.0003 ***	0.0003 ***	0.0003 ***	0.0003 ***	0.0003 ***
	人口密度	0.0017 ***	0.0017 ***	0.0014 ***	0.0017 ***	0.0015 ***
未利用地	海拔	0.0033 ***	0.0039 ***	0.0032 **	0.0036 *	0.0032 ***
	坡度					
	与中心城镇的距离	−0.2432 **		−0.0938 *	−0.1503 *	
	与最近道路的距离		−0.2107 *			−0.2718 **
	与最近河流距离					
	人均 GDP	0.0005 **	0.0006 **	0.0006 **	0.0006 *	0.0005 **
	人口密度					

* 显著性为 0.05；** 显著性为 0.01；*** 显著性为 0.001

（2）林地

不同尺度变化下的 20 世纪 90 年代中期影响林地空间分布的因子，集中在海拔、坡度、与中心城镇的距离、与最近河流的距离及人均 GDP 这 5 个因子上。在 30m×30m 尺度下，坡度、与中心城镇的距离、与最近河流的距离和人均 GDP 这 4 个因子的回归系数都是正值，表明该时期乌江流域的林地分布在坡度较高、距离城镇和河流较远及人均 GDP 较高的地区可能性较大。而海拔这一因子是负值，表明海拔越高的地方，是林地的可能性就越小。与耕地类似的，在这 5 个因子中，“坡度” 和 “与最近河流距离” 的回归系数较大，说明林地分布受这两个因子的影响较大。“与最近道路的距离” 和 “人口密度” 这两个因子未出现在方程内（“与最近道路的距离” 仅出现在 720m×720m 尺度的回归方程里），表明它们对林地分布并无太大影响。在将尺度变换为 120m×120m、480m×480m、720m×720m 和 960m×960m 这 4 个尺度后，各因子对耕地分布的影响大致同 30m×30m。上述研究表明，影响林地空间分布的各因子尺度效应不明显。

（3）草地

不同空间尺度下 20 世纪 90 年代中期的草地分布影响因子略有不同。在 30m×30m 这一局地尺度，受海拔、坡度、与中心城镇的距离、与最近河流的距离这 4 个以自然条件和可达性为主的因子影响较大。随着研究尺度的加大，反映经济社会情况的人口密度因子也被纳入了回归方程。尽管不同尺度下各因子的系数不同，但是，对于草地分布的作用方向未变。海拔和坡度与草地分布呈正相关，即随着海拔或坡度的增大，草地的分布可能性就增大（这两个影响因子都为正值）；而距离中心城镇或河流的距离越近、人口密度越大，则草地的分布可能性则越小（这 3 个影响因子所对应的系数都为负值）。

（4）水域

尺度变化下 20 世纪 90 年代中期乌江流域水域分布的影响因子呈现一定的规律性。在 30m×30m 尺度，与水域分布统计显著的影响因子较多，随着尺度的增大，可达性类因子逐渐减少，而其余各因子继续发生作用。其中，海拔、坡度、与中心城镇的距离及与最近河流距离这 4 个因子的系数都为负，表明随着海拔、坡度、与中心城镇的距离及与最近河流距离数值的增大，水域分布的可能性减少；与最近道路的距离和人口密度因子的系数为正，表明这两个因子与水域的空间分布呈正相关。在上述 6 个因子中，与最近河流的距离和坡度是与水域分布相关性最大的两个因子。随着尺度的变化，这一特点也未发生变化。当研究尺度变为 960m×960m 时，与水域分布统计显著的因子减少为 4 个，即海拔、坡度、与最近河流的距离和人口密度。与中心城镇的距离和与最近道路的距离这 2 个代表可达性情况的因子未在方程内，说明水域的分布与自然环境有较大相关性。

（5）建设用地

不同尺度下影响建设用地分布的各相关因子基本不变（仅在 720m×720m 尺度时，海拔对建设用地分布有影响）。在 30m×30m 尺度下，人均 GDP 和人口密度这两个因子的系数都为正值，即人均 GDP 越高、人口密度越大，则建设用地分布的可能性越高。而与坡度、与中心城镇的距离和与最近河流的距离为负值，表明坡度越大、与中心城镇和最近河流距离越远，则建设用地分布的可能性越低。在这上述因子中，以坡度和与中心城镇的距离的系数绝对值最大，说明建设用地的空间分布受这两个因子的影响最大。

（6）未利用地

在不同的尺度变化下，海拔和人均 GDP 这两个因素始终对未利用地的空间分布有显著性影响，未利用地的分布可能性随海拔与人均 GDP 的增长而增长，其中海拔因素的系数在不同尺度下均较人均 GDP 因素大，说明海拔因素对未利用地的影响比人均 GDP 大；坡度、与最近河流的距离和人口密度这 3 个因素则始终未通过方程检验，显示该 3 个因素对未利用地的分布影响很小；与中心城镇的距离和与道路的距离则随研究尺度的增加而相互交替作用，且这 2 个因素的系数都为负值，说明距中心城镇和道路距离越大，未利用地分布的可能性越小。因距中心城镇距离和距道路距离都是反映人类空间活动的指标，且它们的回归系数绝对值始终较前面的海拔大，因此我们认为，在乌江流域未利用地的分布主要受人类活动影响较大，其次受自然因素中海拔影响。尺度变化的影响仅体现在距中心城镇距离和距道路距离对未利用地的空间分布上。

9.1.4　20 世纪 90 年代末期不同空间尺度土地变化的影响因子

（1）耕地

在 5 个不同空间尺度下的 20 世纪 90 年代末期影响耕地空间分布的因子大体与 90 年代中期的因子类似，仍是海拔、坡度、与中心城镇的距离、与最近河流的距离、人均 GDP 及人口密度这 6 个指标（表 9-6）；但不同尺度下各自对应的系数发生了细微变化，因此各指标的相对重要性地位也略有变化。例如，90 年代中期的海拔其重要性普遍比人口密度低（人口密度所对应系数的绝对值较海拔大），但是到了 90 年代末期，在 30m×30m 尺度上，海拔的重要性比人口密度大，而在 120m×120m 和 480m×480m 尺度上，两者的重要尺度也相当；在 90 年代中期，人均 GDP 的重要性与海拔一致或稍高，但是到了 90 年代末期，则出现了海拔的重要性普遍比人均 GDP 高的情况。因此，我们可以认为，自 90 年代中期至末期这几年里，影响耕地空间分布格局的因子发生了细微变化，逐渐由社会经济因子决定向自然环境因子决定转移。此外，与 90 年代中期比较，90 年代末期影响耕地空间分布格局的主要因子还是依次为坡度、与最近河流距离及与中心城镇距离。同时，影响耕地空间分布的各因子尺度效应也不明显。

表 9-6　乌江流域 20 世纪 90 年代末期土地利用空间分布与影响因子多尺度 Logistic 回归参数

类别	因子	尺度 1（30m×30m）	尺度 2（120m×120m）	尺度 3（480m×480m）	尺度 4（720m×720m）	尺度 5（960m×960m）
耕地	海拔	-0.0003***	-0.0003***	-0.0002***		-0.0002***
	坡度	-0.0649***	-0.061***	-0.0502***	-0.0411***	-0.0506***
	与中心城镇的距离	-0.0076***	-0.0073***	-0.0062***	-0.0065***	-0.0083***
	与最近道路的距离					
	与最近河流距离	-0.0155***	-0.0146***	-0.0136***	-0.0132***	-0.0139***
	人均 GDP	-0.0001***	-0.0001***	-0.0001***	-0.0001***	-0.0001***
	人口密度	0.0002***	0.0003***	0.0002***	0.0002**	0.0003***
林地	海拔				-0.0001*	
	坡度	0.0492***	0.0492***	0.0412***	0.0347***	0.0385***
	与中心城镇的距离	0.0193***	0.0185***	0.0199***	0.0206***	0.0186***
	与最近道路的距离	-0.0033*		-0.0042**	-0.0053***	
	与最近河流距离	0.0213***	0.0215***	0.0188***	0.0185***	0.0192***
	人均 GDP	0.0001***	0.0001***			0.0001***
	人口密度				—	
草地	海拔	0.0006***	0.0007***	0.0007***	0.0005***	0.0006***
	坡度	0.0133***	0.009***	0.0109***	0.01***	0.0121***
	与中心城镇的距离	-0.0199***	-0.0198***	-0.0202***	-0.021***	-0.0198***
	与最近道路的距离				0.005**	
	与最近河流距离	-0.0103***	-0.012***	-0.0091***	-0.0053**	-0.0109***
	人均 GDP					
	人口密度	-0.0012***	-0.0012***	-0.0012***	-0.0012***	-0.0012***

续表

类别	因子	尺度1（30m×30m）	尺度2（120m×120m）	尺度3（480m×480m）	尺度4（720m×720m）	尺度5（960m×960m）
水域	海拔	-0.0018***	-0.0013***	-0.0007***	-0.0007***	-0.0014***
	坡度	-0.0773***	-0.0699***	-0.0612***	-0.0559***	-0.06***
	与中心城镇的距离		-0.0166*	-0.0227**		
	与最近道路的距离					
	与最近河流距离	-0.2845***	-0.2619***	-0.2336***	-0.2437***	-0.2749***
	人均GDP					
	人口密度	0.0009***	0.0008***	0.0007***	0.0008***	0.001***
建设用地	海拔				0.0007**	
	坡度	-0.198***	-0.2003***	-0.1562***	-0.1344***	-0.1695***
	与中心城镇的距离	-0.1098***	-0.125***	-0.1083***	-0.1246***	-0.1143***
	与最近道路的距离					
	与最近河流距离	-0.0544***	-0.0448***	0.0464***	-0.0596***	-0.0487***
	人均GDP	0.0002***	0.0002***	0.0002***	0.0002***	0.0002***
	人口密度	0.0011***	0.0013***	0.0009***	0.0012***	0.0011***
未利用地	海拔	0.0029**	0.0023*	0.0028**	0.0022*	0.0029**
	坡度					
	与中心城镇的距离			-0.0974*	-0.154**	
	与最近道路的距离	-0.2552**				-0.2768**
	与最近河流距离					
	人均GDP	0.0002*	0.0003*	0.0002*		0.0002*
	人口密度					

* 显著性为0.05；** 显著性为0.01；*** 显著性为0.001

（2）林地

在5个不同空间尺度下的20世纪90年代末期影响耕地空间分布的因子与90年代中期的因子差别较大。有些因子在一些尺度上的影响逐渐消失，如海拔因子，在90年代中期不同尺度下都影响林地空间分布，到了90年代末期，仅720m×720m继续有影响，在其余空间尺度下，对林地的分布影响几乎为零。又如人均GDP因子，在90年代中期的480m×480m和720m×720m起影响作用，到了90年代末期这两个尺度则影响为零。也有的因子在一些尺度上的影响有增加，如与最近道路的距离这个因子，在90年代中期仅在720m×720m有影响，但是到了90年代末期则分别在30m×30m、480m×480m和720m×720m这3个尺度起作用。与90年代中期比较，90年代末期影响林地空间分布格局的主要因子还是依次为坡度、与最近河流距离及与中心城镇距离。影响林地空间分布的各因子其重要性随尺度的变化而交替，尺度效应不明显。

（3）草地

在空间尺度变化下 20 世纪 90 年代末期草地空间分布的影响因子与 90 年代中期的因子存在一定差别。个别因子作用的尺度上发生转换，如与最近道路的距离在 90 年代中期的 120m×120m 上起作用，但是到了 90 年代末期，其作用尺度就在 720m×720m 了。而少数因子在部分尺度的作用也得到增加，如人口密度在 30m×30m、与最近河流距离在 720m×720m等在 90 年代中期没有影响作用的尺度。而各尺度下，在 90 年代末期影响草地分布的主要因子则基本与 1995 年的影响因子相同，主要因子仍然为与中心城镇的距离、坡度和与最近河流的距离。其中与中心城镇的距离、与最近河流的距离和人口密度所对应的系数为负值，说明这几个因子的值越大，则草地发布的可能性越小；坡度和海拔所对应的系数为正值，表明随着海拔或坡度的增大，草地的分布可能性就增大。

（4）水域

20 世纪 90 年代末期水域空间分布影响因子与 90 年代中期相比，与最近道路的距离这一因子未纳入回归方程，表明水域的分布在这一阶段与道路的联系不大。不同尺度下，与最近河流的距离、坡度、海拔和人口密度始终影响的乌江流域水域分布。与中心城镇的距离仅在 120m×120m 和 480m×480m 这两个尺度上发生作用。在影响水域分布的各因子中，与最近河流距离的系数为正值，且其绝对值相对最大，说明该因子对水域空间分布的影响最大，水域的空间分布概率随距河流距离的增长而减小。人口密度所对应的系数较小，且为负值，表明随人口密度的增加，水域的空间分布可能性增大。这一阶段水域空间分布影响因子的尺度效应不显著。

（5）建设用地

尺度变化下 20 世纪 90 年代末期影响建设用地分布的各相关因子与 90 年代中期相比，因子数量和其影响方向维持不变。以 30m×30m 尺度为例，人均 GDP 和人口密度这两个因子的系数仍为正值，即人均 GDP 越高、人口密度越大，则建设用地分布的可能性越高。而与坡度、与中心城镇的距离和与最近河流的距离仍为负值，表明坡度越大、与中心城镇和最近河流距离越远，则建设用地分布的可能性越低。在这上述因子中，仍以坡度和与中心城镇的距离这两个的系数绝对值最大，说明建设用地的空间分布受这两个因子的影响最大。在这一时期各因子对建设用地的空间分布影响未随尺度的变化有明显的变化。

（6）未利用地

不同的尺度变化下 20 世纪 90 年代末期，影响未利用地空间分布的因子个数变化较大。其中，海拔与未利用地联系很稳定，在每个尺度都有影响。人均 GDP 的作用也较为稳定，仅在 720m×720m 这一尺度没有作用。上述 2 个因子所对应的系数都为正，表明在这一时期，未利用地的分布可能性随海拔和人均 GDP 的增长而增大。此外，海拔因素的系数在不同尺度下均较人均 GDP 因素大（除 720m×720m 尺度外），说明海拔因素对未利用地的影响比人均 GDP 大。与 90 年代中期相仿，坡度、与最近河流距离和人口密度这 3 个因子所对应系数仍未通过方程检验，说明这 3 个因素对未利用地的分布影响很小。与 90 年代中期略有不同的是，与中心城镇的距离在中尺度（480m×480m、720m×720m）、与最近道路的距离在小（30m×30m）、大尺度（960m×960m）上分别对未利用地有影响；且这 2 个因素的系数都为负值，说明距中心城镇和道路距离越大，未利用地分布的可能性越小。因距中心城镇距离和距道路距离都是反映人类空间活动的指标，且它们的回归系数绝对值始终较前面的海拔大，因此我们得出了与 90 年代中期较为相似的结论：90 年代末期乌江流域未利用地的分布主要受人类活动影响较大，其次受自然因素中海拔影响。尺度变化的影响仅体现在距中心城镇距离和距最近道路距离对未利用地的空间分布上。

9.2 土地变化的人文驱动因素

土地变化由土地利用引起，而后者则是各种人文因素作用的结果。人文因素包括人口增长、人均消费提高、经济结构变化、技术发展、政策变化等。就乌江流域的情况，本章针对人口、经济、城镇化、基础设施建设、政策法规五大人文因素，分析其对土地变化的影响。

9.2.1 人口因素

人口作为一个独特的因素，对土地利用/土地覆盖变化的影响，是人类社会经济因素中最主要的因素，也是最具活力的土地利用/土地覆盖变化的驱动力之一。人类通过改变土地利用/土地覆盖的类型与结构，增强对土地这个自然综合体的干预程度，来满足人类对生存环境的需求（王秀兰，2000）。人口数量、人口质量、人口分布、人口就业结构等都会对土地利用变化产生影响。人口的增长及其所产生的物质需求，一般会导致对耕地需求的不断增加；但是由于技术进步和贸易等的作用，区域内的人口增长与耕地面积的扩大会呈现出非同步增长的现象，在一些经济发达的地区，甚至出现人口增长而耕地却减少的情况。同时随着人们生活水平的提高，食物结构的变化成为引起土地利用方式转换的新动力，耕地、林地等向牧草地和水域的转化，适应以粮食为主向肉蛋奶并重的食物消费结构转换的消费需要；我国果林面积在过去 20 年中增加了 4 倍，也成为我国人民生活水平逐步现代化的标志之一（樊杰等，2003）。

人口总数的增加是乌江流域耕地和建设用地增加的主要原因。据乌江流域 1995 ~ 2000 年总人口变动数据（图 9-6），乌江流域人口总量呈稳定递增趋势，从 1995 年底的 1170 万人，到 2000 年底的 1270 万人，5 年间净增 100 万人。人口的自然增长成为乌江流域土地利用的一种持续外界压力，人口增加造成对耕地总需求不断增加、人均占有耕地面积相应减少，导致了土地不合理开发利用，超负载生产，加剧了人地关系和土地供求关系矛盾的尖锐化。

就业人口在三产业间的分布结构变化也造成了耕地向建设用地的转移。由乌江流域 1995 ~ 2000 年按三次产业划分的从业人员结构图（图 9-7）可知，乌江流域的第一产业劳动力所占比例由 1995 年的 71.7% 下降为 2000 年的 64.3%，而第二产业劳动力从 1995 年的 11.9% 上升为 13.3%，第三产业劳动力所占比例由 1995 年的 16.4% 上升为 2000 年的 22.4%。乌江流域大量从事第一产业的劳动力向第二、第三产业的转移，也加剧了对建设用地的需求，客观要求上耕地转化为建设用地，以提供更多的第二、第三产业生产空间。

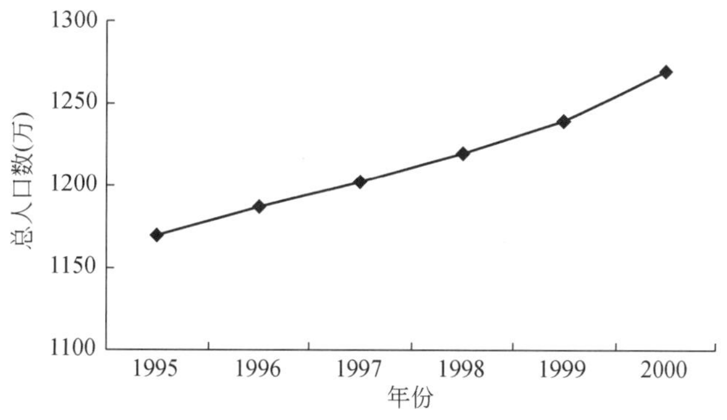

图 9-6　乌江流域 1995～2000 年总人口变动图

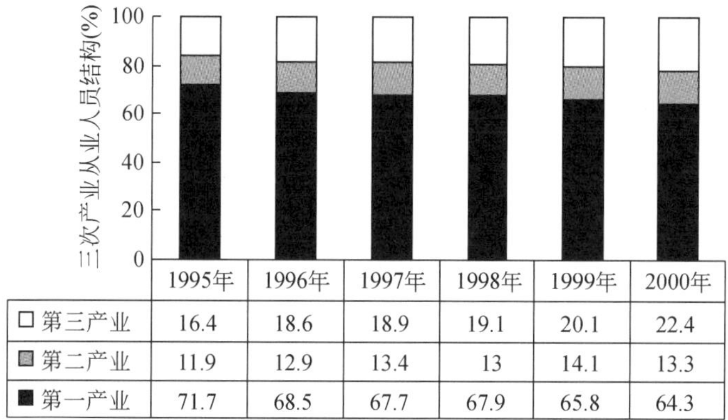

	1995年	1996年	1997年	1998年	1999年	2000年
□ 第三产业	16.4	18.6	18.9	19.1	20.1	22.4
■ 第二产业	11.9	12.9	13.4	13	14.1	13.3
■ 第一产业	71.7	68.5	67.7	67.9	65.8	64.3

图 9-7　乌江流域 1995～2000 年按三次产业划分的从业人员结构

9.2.2　经济发展因素

土地利用作为一种人类的社会与经济活动，是在特定的经济关系和政策影响下形成的。经济因素对土地利用有明显的导向作用，土地利用变化也必然会受经济规律的制约。产业结构发生变化，土地利用结构也有了明显变化。经济增长会拉动消费需求，刺激人们对现有土地利用结构进行调整，进行集约化经营。

区域经济系统产业结构的演进会引起土地资源在不同产业部门间的重新分配，从而导致区域土地利用结构的变化。由于在不同的工业化发展阶段，产业结构存在着明显的差异，各产业部门的土地生产率、利用率不同，而且不同产业发展对于土地占用的比例不一样，从而使得产业发展与该产业的土地占用并不是呈现同比例变化速率，导致了土地利用结构的重组。

在国民经济处于以第一产业为主的工业化初期，土地利用注重的是直接取得产品，所以土地利用以农业用地为主，城镇和工矿交通用地占地比重很小且分布分散，土地利用类型在耕地、园地、林地、牧草地、水域和未利用地之间竞争和转化，不同土地用途效益的存在，致使土地类型不断进行转换，构成了土地利用变化的利益驱动机制。

随着第一产业产值在国民生产总值中比例的下降和第二、第三产业比例的上升，经济发展到工业化的中期阶段。工业化使社会产业结构中工业部门所占比重日趋上升，工业企业数量不断增加，工矿用地逐渐扩大，随着第二、第三产业的发展，建设用地规模将进一步加大。在第二、第三产业内部存在着比较效益的同时还存在着与第一产业的竞争，且第三产业用地效益大于第二产业，第二、第三产业也远远大于第一产业的用地效益，这样第一产业的用地就有可能进入第二、第三产业，使第一产业比值下降，土地利用类型向工业用地转换，形成了独立工矿或城镇建设用地。此时的竞争既存在于第二、第三产业内部用地竞争，也存在于第一产业用地之间的竞争，表现为农用地的减少和建设用地的迅速增加。在农用地内部，耕地由种植粮食作物快速转移为种植收益高的经济作物。而由于第二、第三产业用地要求相对较好的基础设施条件，所以在城乡结合地的耕地更容易转化为建设用地，耕地大量减少和第二、第三产业用地增加是这个阶段的鲜明特征。

在工业化的第三阶段，第一产业比重迅速降低，并且保持在一个很低水平；同时，在第二、第三产业比例中，第三产业的比例增加迅速。在这个阶段，工业用地的增长将趋于稳定，但交通、居住和旅游用地的比重还会继续增加，第一、第二产业用地都有转化为第三产业用地的可能性。这个阶段的土地利用变化的特点就表现为耕地的快速减少和建设用地的快速增加。

在 1989 ~ 2000 年这 10 多年里，乌江流域的经济取得了飞速的发展。1995 年乌江流域国内生产总值约为 201 亿元，2000 年则为 331. 8 亿元（图 9-8），年均增长率达 13%。

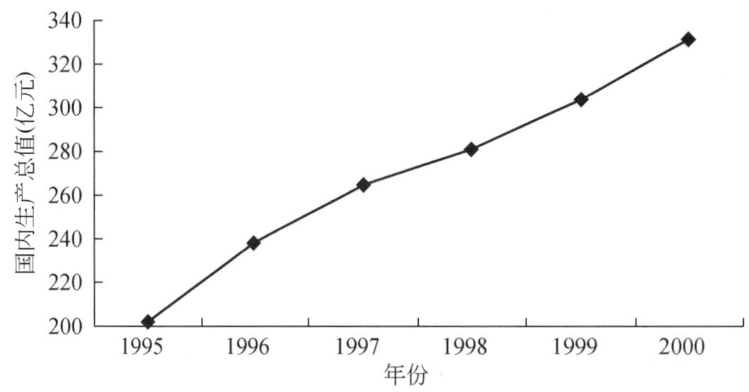

图 9-8　乌江流域 1995 ~ 2000 年国内生产总值增长图

乌江流域 1995 ~ 2000 年三次产业的国内生产总值间的结构（图 9-9）显示，第一产业所占的国内生产总值比例出现明显的下降，而第二、第三产业所占的比例整体呈逐年增长趋势；受市场经济规律的作用，土地利用不断地由低值向高值转移，以实现土地利用的高产出率与高效益，低价值的农用土地在不断地向高价值的非农建设用地转移，最终导致不同利用类型之间发生转化，而随着利益变化的土地利用方式也会因新的土地利用效益的改变而发生其他的转化。因此，受市场价格导向与比较利益的驱动，农业用地向非农用地大量转移。

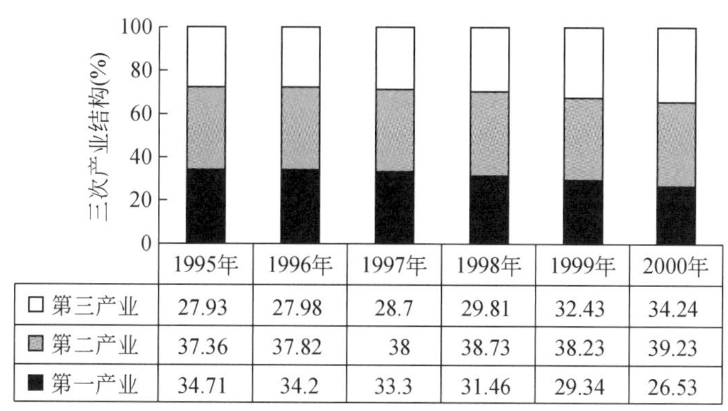

	1995年	1996年	1997年	1998年	1999年	2000年
□ 第三产业	27.93	27.98	28.7	29.81	32.43	34.24
▨ 第二产业	37.36	37.82	38	38.73	38.23	39.23
■ 第一产业	34.71	34.2	33.3	31.46	29.34	26.53

图 9-9　乌江流域 1995～2000 年国内生产总值的三次产业比例

经济高速发展带来的人均收入的增长，并形成的住宅消费需求改善，是城镇用地扩展的重要驱动因素。1995 年乌江流域的城镇和农村人均收入分别为 4324 元和 1154 元，2000 年则增长为 5634 元和 1456 元（图 9-10）。城乡居民人均收入的增加、生活条件的改善，使对居民用地的潜在需求转为了有效需求，并且对生活配套设施用地、基础设施和承载能力都提出了新的要求，推动着建设用地的不断增加。

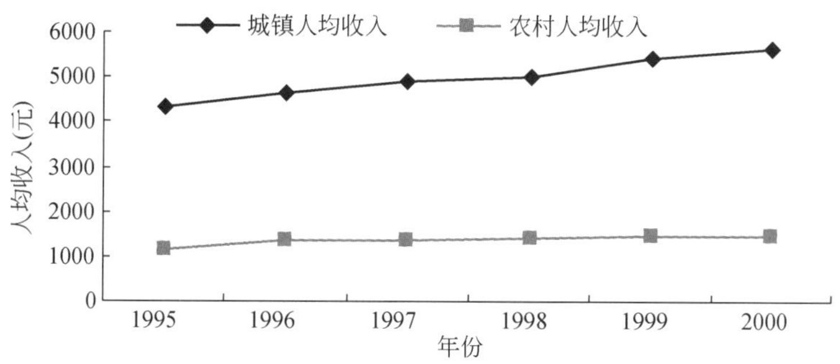

图 9-10　乌江流域 1995～2000 年城镇及乡村人均收入

9.2.3　城镇化因素

城镇化也是近年来乌江流域土地利用结构发生改变的重要原因。城镇化是指由于社会生产力的发展而引起的城镇数量增加及其规模扩大，人口和劳动力向城镇集中或转移的过程。这一过程会伴随着生产、生活方式及行为方式和思想观念的变化，从而引起土地利用结构的变化。它们不仅通过人口、产业集中、地域扩散占用土地，使土地利用非农化，而且通过生活方式和价值观念的扩散，改变原来的土地利用结构。

城镇化对土地利用的影响主要在以下几方面。

1）促使建设用地增加。随着城市扩张，由于大量非农人口涌入城市，出于满足相应的住房需要以及改善城市居住环境质量，城镇建设用地随之不断扩大，建成区面积在空间上向四周的扩张。

2）导致耕地减少。一方面，城镇用地扩张所占用的土地往往是城镇周边耕地；另一方面，城镇吸纳大量的农村劳动力后，农村就业压力减小，富余的耕地会因之而发生转移，随弃耕时间长短不同而变为灌草地或灌木林；给以农业生产为基础的一些地区的传统种植业乃至农副产品的生产形成冲击，导致这些区土地利用结构和布局的剧烈调整。

3）促使林地增加和裸岩地减少，随着城市建设水平的提高，人们对城市周边地区的生态环境状况会予以越来越多的关注，一系列生态改良措施会相继得以实施，其中包括严格的森林保护和植树造林等。在很多地区，城市化的发展往往伴随着森林面积的增加。

4）土地利用集约度增加。城镇化发展使得农村人口和农用土地都减少，而同时需要农村提供粮食、蔬菜等供给的城市需求又增大，因此必然促进农业集约化的发展，要求农业的效率提高。农业集约化水平的提高要求农业内部产业结构进行调整（特别是城郊区域），使得土地利用集约度增加。

乌江流域的城镇化进程始自20世纪抗日战争时期，直至1958年，一直呈现快速发展趋势；1959～1978年，由于历史原因呈停滞甚至倒退状态。十一届三中全会以后，乌江流域的城镇化发展先后经历了改革开放初期（1979～1986年）的恢复阶段、80年代中末期至90年代中期的相对快速发展阶段及1995年后的快速发展阶段。其中，改革开放后国家制定的“城镇化”相关政策，如1978年国务院第3次城市工作会议提出的“控制大城市规模，多搞小城镇”方针；1982年，《中华人民共和国国民经济和社会发展第六个五年计划》提出的“认真执行控制大城市规模，合理发展中等城市，积极发展小城市”方针；“七五”期间贯彻执行的“控制大城市规模，合理发展中等城市，积极发展小城市”方针；“九五”计划提出“逐步形成大中小城市和城镇规模适度，布局和结构合理的城镇体系”方针等，有力地推动了乌江流域的城镇化进程。以贵州省为单元的统计数据显示，贵州建制镇从1979年的88个上升到2002年的697个，年均增长率为30%（李德和王厚俊，2006）。我们通过1992～2000年的恒定灯光（非定标辐射）影像夜间灯光数据（图9-11）反映城镇面积变化，也说明了乌江流域城镇化的快速发展。

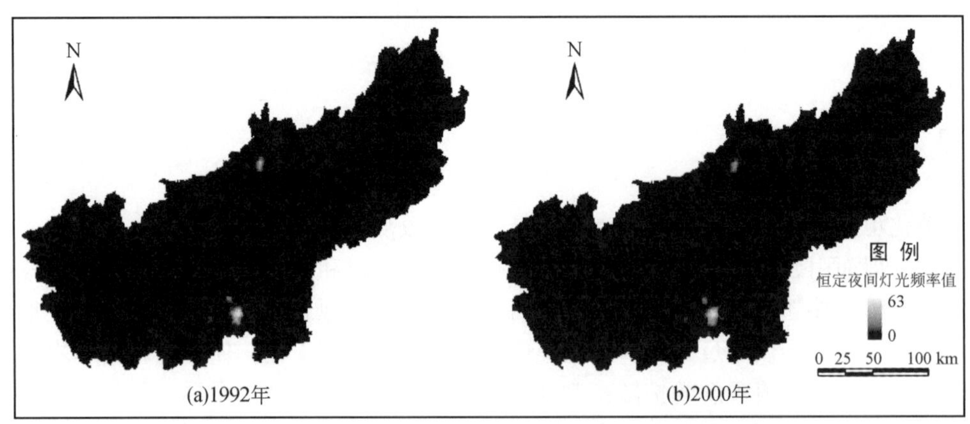

图9-11　乌江流域1992年、2000年恒定夜间灯光频率值

而地方政府为了解决农村劳动力富余的问题，吸纳农村剩余劳动力到城市就业、生活，着力建设发展小城镇，更不断扩大了乌江流域的城镇化水平，体现城镇化水平的“非

农人口占总人口比例”这一指标也不断增大，其中乌江流域“非农人口占总人口比例”由 1995 年的 28.3% 上升至 2000 年的 35.7%。人口的“非农化”客观上要求城镇范围扩大、城镇基础设施的增加，致使流域城镇用地面积急剧上升。图 9-12 显示：乌江流域 1995 年房地产开发房屋施工面积为 170 万 m^2，竣工面积为 35 万 m^2；而 2000 年施工面积则为 340 万 m^2，竣工面积为 110 万平方米，年均增长比分别达 20% 和 42%。

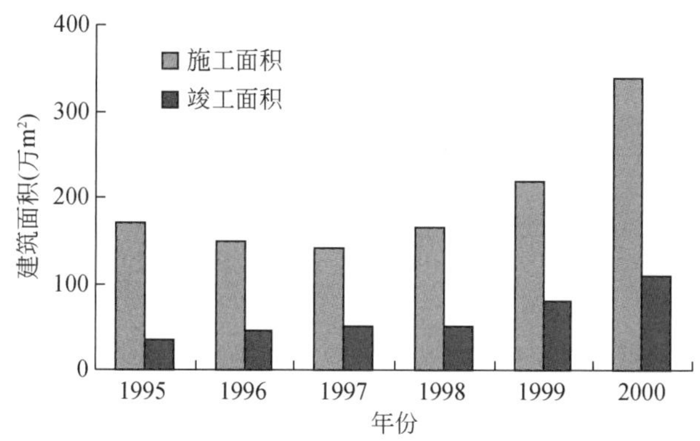

图 9-12　乌江流域 1995 ~ 2000 年房地产开发房屋建筑面积变化

9.2.4　基础设施建设因素

乌江流域内的大型水电站及交通线路等基础设施建设是近年来推动土地利用变化的重要因素。

乌江流域水力资源丰富，作为我国水能资源的“富矿”区，且距华中和两广（特别是广东）较近，实现西电东送（华中）和南下（广东），可最大限度地减少电能在输送途中的损耗，是我国水能资源开发力度最大的地区之一。早在 20 世纪 60 年代初期国家就在乌江流域的支流猫跳河上陆续开发了 7 个梯级电站，并成为国内首条完成全流域梯级开发最好的河流（戴绍良，1999）。1978 年后，水电“流域、梯级、滚动、综合”开发的方针得到国家认可和支持，并率先在乌江试行和推广。从“六五”开始，在流域内规划修建 11 个梯级电站（其中 9 个分布在贵州境内），现已建成 6 个（普定、洪家渡、引子渡、东风、索风营、乌江渡水电站），构皮滩、思林和沙沱水电站也出于加紧在（筹）建设中。

乌江流域的交通道路建设自 1990 年 12 月建成乌江流域第一条高等级公路——贵阳至黄果树公路以来，截至 2000 年底取得了长足变化。乌江流域在贵州省“二横二纵四联线”的公路主骨架建设规划下，以贵阳为中心，相继建成了贵阳至花溪、贵阳西南环线、贵阳东出口线、贵阳至遵义、贵阳东北绕城线、贵阳至新寨、贵阳至毕节等高等级公路。据乌江流域的公路建设数据，1995 ~ 2000 年共新建公路里程约 700 km（图 9-13）。上述基础设施建设用地的增加，多由流域内的林地、草地转化而来，深刻地改变着乌江流域的土地利用结构。

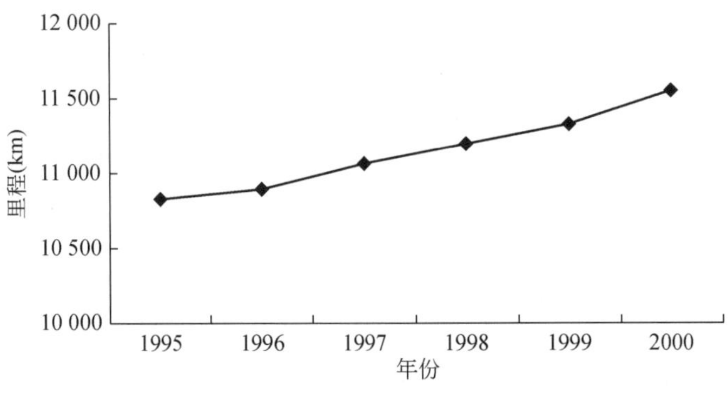

图 9-13　乌江流域 1995 ~ 2000 年公路总里程

9.2.5　政策法规因素

土地利用的实践表明，政策法规对土地利用的影响非常显著。政策法规通过行政干预、地权制度、经济补偿机制等引导着社会的生产经济活动，进而影响土地利用及其结构的形式。对乌江流域土地利用影响较大的，主要是土地利用相关政策、产业（农业生产）政策及生态建设政策等。

（1）土地制度

新中国成立以来，土地制度经历了三次大的变迁。第一次是 1950 ~ 1952 年的土地改革；第二次是 20 世纪 50 年代末到 70 年代末的人民公社化运动；第三次是 20 世纪 80 年代初的家庭联产承包责任制。到 90 年代末，再次延长了土地承包期。土地制度的改革会在很大程度上影响到农民的生产积极性，并进而影响到农民对耕地、园地等农用地以及林地、灌草地的利用方式和程度。例如，人民公社初期，由于实行军队上大兵团集体作战的生产方式，出现了大规模集体开荒，导致耕地数量剧增，而林地和草地则锐减。

20 世纪 80 年代后期，经济过热引起耕地大量减少，乱占耕地、滥用土地甚至违法占地现象时有发生，给乌江流域的农业发展造成很大压力。1988 年全国人大颁布了土地管理法，制定了“十分珍惜和合理利用土地的方针”，实行国有土地有偿使用的制度。1996 年国家实行强有力的耕地总量动态平衡的宏观调控政策，遏制了耕地减少现象的蔓延，耕地数量仍有减少，但减少幅度下降。为了农业的可持续发展和生态环境的改善，国家及各省市近年在粮食储备充足的情况下出台了退耕还林还草的政策，使乌江流域的一部分次耕地、坡耕地等转变为林地和草地。

（2）政治经济政策

市场经济环境下，受比较经济利益的影响，乌江流域的农民认识到，种植经济作物和果树比农作物的经济效益高，畜牧业和水产养殖业的经济效益又比种植业高，必然导致产业结构向高效益的方向发展，从而使得该区土地利用/覆被发生变化。同时由于该区域山多地少的原因，林地和草地有向鱼池养殖转化的趋势，土地利用结构的调整变化较为突出。

（3）农业生产政策

新中国成立以来乌江流域耕地总面积变化经历了快速增加—缓慢减少—快速减少—平稳减少—缓慢增加5个过程，每个发展过程几乎都是由国家政策所主导（赵翠薇和濮励杰，2005）。第一阶段是1949～1958年，这一时期处于经济恢复阶段，农业发展力度大，在“以粮为纲”的农业政策指引下，大量开垦荒地，耕地面积持续上升，同时基本建设尚未大规模开展，耕地占用不多。第二阶段1959～1965年，这一阶段基建规模的扩大造成耕地面积下降。第三阶段1965～1970年，是乌江流域耕地流失最快的时期，一方面由于大搞农田基本建设、兴修水利，另一方面从1966年国家开始“三线建设”，军工企业按“山、散、洞”的布局方针落户贵州，这也是贵州工矿业形成的主要时期。第四阶段1970～1995年，耕地呈波状缓慢下降，其间有3次小幅度上升，导致这一时期耕地面积减少的原因主要是20世纪80年代中期乡镇企业的发展和90年代开发区的建设，但乌江流域开发建设主要在贵阳和遵义地区，整个流域的速度较慢，耕地的占用幅度并不大。同时国家1987年1月实施土地管理法以后，耕地转化为非农业用地的势头得到遏止。第五阶段1995年至今，其中1996～1997年是耕地急剧减少到平稳增加的转变点，主要是国家退耕还林、还草政策所致，1996年以后耕地有所增加，主要来源于新开垦土地。

（4）开发区建设政策

政府制定的开发区建设政策对于土地利用方式的改变有很大的影响。1984年初，为进一步扩大对外开放，中国政府决定运用经济特区成功经验建立沿海城市经济技术开发区。1984～1988年，国务院对14个沿海开放中的12个市先后批准举办了广州等14个经济技术开发区；1992～1993年，为落实邓小平南方讲话，国务院第二批批准了杭州等18个经济技术开发区（徐小黎等，2003）。在此背景下，乌江流域所在县市也纷纷建立各类工业园区、小商品城、商贸区等。仅1992年，就先后成立了贵阳白云经济技术开发区、遵义经济技术开发区及安顺经济技术开发区这3个省级经济技术开发区（王庆，2007），1993年依托原隶属于贵阳市花溪区的小河镇，成立了贵阳经济技术开发区（国家级），其规划范围先后由最初的9.55 km^2扩大到38.25 km^2，再扩大至63.13 km^2（戴建伟和欧东衡，2004）；截至1995年，乌江流域就已有6个省级经济技术开发区（全省为9个）。这些还未包括由各级人民政府自行兴办设立的市、县级各类开发区，与这些开发区的飞速建设相应的是耕地的急剧减少。针对此情况，贵州省政府于1992年专就经济开发区的土地利用与建设问题，颁布了《贵州省经济开发区土地管理办法》以加强对耕地资源的保护。

（5）生态保护政策

历史上乌江流域大部分地区植被茂密，但由于长期受封建统治，多年战乱，以及人口增加、土地垦殖、毁林开荒、乱砍滥伐和森林火灾等影响，贵州森林开始由多变少，由好变差（张百平，2003）。至20世纪80年代，贵州省森林覆盖率由解放初期的30%下降到12.6%。20世纪80年代末期，贵州省委、省政府作出《十年基本绿化贵州的决定》，1991年又开始大规模地实施“坡改梯”工程建设，累计完成坡改梯面积47万多公顷，为逐步建成旱涝保收、稳产高产的基本农田，实施退耕还林（草）奠定了基础（熊康宁等，2002）；速丰林基地建设、“3146”、“3356”、“长江防护林工程”、“珠江防护林工程”、“世防林”、农业综合开发以及天然林保护等一批重点工程的相继实施，使贵州省造林面积、森林蓄积和森林覆盖率都有了大幅度的提高（周红，1996）。2000 年，贵州省又转发国家关于“退耕还林、还草及退牧还草、封山育草”等一系列有利于生态环境改善的法规政策，促使乌江流域林地和草地面积增加较多。

第 10 章　乌江流域土地变化的生态效应

土地变化导致地表生物地球化学循环、水文过程和景观结构的快速变化，进而影响生态系统的状态、特性和功能。开展土地变化的生态效应研究，可以为采取相应的对策提供科学依据，具有极其重要的理论意义和应用价值。本章主要从植被覆盖变化、土壤侵蚀和景观破碎化几个方面研究乌江流域土地变化的生态效应。

10.1　植被覆盖指数变化

植被是联结土壤、大气和水分的自然“纽带”，在生态系统中起到“指示器”的作用。植被覆盖变化是生态环境变化的结果，很大程度上代表了生态环境总体状况。本节研究了乌江流域 1998 ~ 2006 年植被覆盖指数变化的总体特征、空间格局的变化趋势，从一个侧面揭示了土地变化的生态效应。

10.1.1　数据与方法

(1) 数据

1) NDVI 数据。选用了两套 NDVI 数据。前期是由美国 EROS（地球资源观测系统）数据中心探路者数据库提供的 1992 年、1993 年和 1995 年 3 年的植被生长季（4 月 1 日至 9 月 31 日）逐旬最大化合成 NDVI，空间分辨率为 1km；后期是由比利时佛莱芒技术研究所（Flemish Institute for Technological Research）提供的 1998 ~ 2006 年的植被生长季（4 月 1 日至 9 月 31 日）逐旬最大化合成 NDVI，空间分辨率为 1km。上述各期 NDVI 数据均通过进一步消除云、大气、太阳高度角等干扰的最大合成（maximum-value composite，MVC）法获得。这种方法的原理是，选择每个像元在合成期内的最大反射率，用以反映出每个像元的植被在合成期内的最大的光合作用。先将逐旬的 NDVI 数据经过平滑处理后，再分别进行月最大化合成和年最大化合成。前者得到月最大化 NDVI（monthly maximal NDVI，MMNDVI），后者得到年最大化 NDVI（annual maximal NDVI，AMNDVI）。每个像元的 NDVI 均按式（10-1）、式（10-2）进行最大化合成运算。

$$\mathrm{MMNDVI}_i = \mathop{\mathrm{Max}}_{j=1}^{3} \mathrm{NDVI}_{ij} \tag{10-1}$$

$$\mathrm{AMNDVI} = \mathop{\mathrm{Max}}_{i=1}^{6} \mathrm{MMNDVI}_i \tag{10-2}$$

式中，MMNDVI_i 为第 i 个月的最大化 NDVI，由该月内三旬影像合成获得，反映每个像元在该月内最好天气情况下的植被覆盖状况；AMNDVI 则是某年 4 ~ 9 月共 6 个月的 $MMNDVI_i$ 最大化合成获得，反映该年内每个像元植被最旺盛时期的 NDVI 值。

2）植被覆盖数据。由全球土地覆盖数据库（GLCF）中提取。全球土地覆盖数据库是以 1992 年、1993 年两期的 AVHRR 数据为基础合成的，用该植被覆盖数据进行乌江流域 1992 ~ 2006 年不同植被的 NDVI 相关统计分析。虽然这期间土地覆被类型可能发生变化，但是如果植被指数增加，就认为是原植被覆盖得到改善；如果植被指数减少，就认为该植被覆盖退化或减少。乌江流域的土地覆盖主要类型被分为常绿针叶林、常绿/落叶阔叶林、常绿/落叶灌木林、草地、耕地、水域、建设用地和未利用地。

（2）研究方法

通过计算与植被覆盖变化相关的 3 个指数来进行分析。第一个指数是 NDVI 空间栅格逐年变化的斜率 Slope，通过 1992 ~ 2006 年（不含 1994 年、1996 年和 1997 年）12 年的 NDVI 空间栅格数据，计算各栅格的 NDVI 发展趋势，进而判别植被覆盖变化情况。

$$\text{Slope} = \frac{n \times \sum_{i=1}^{n} i \times \text{INDVI}_i - \sum_{i=1}^{n} i \sum_{i=1}^{n} \text{INDVI}_i}{n \times \sum_{i=1}^{n} i^2 - (\sum_{i=1}^{n} i)^2} \tag{10-3}$$

式中，INDVI_i 是第 i 年的 NDVI；n 则是实际计算的总年数（$n=12$）。

第二个指数是 1992 ~ 2006 年（不含 1994 年、1996 年和 1997 年）后一年与前一年变化的 INDVI 空间变化比例的累积总和百分比 Perchange。它反映了 INDVI 空间变化的多少程度。其中，INDVI_i是前一年，INDVI_{i+1}是后一年。由于（$\text{INDVI}_{i+1} - \text{INDVI}_i$）的差值未取绝对值，因此，如果某栅格的 Perchange 是负值，则说明该栅格内的植被覆盖多年总体是减少的。第 1、2 个指数通过的空间格局分布图，从变化速度、变化程度两个不同方面揭示了植被覆盖变化的特征。

$$\text{Perchange} = \frac{\sum_{i=1}^{n-1} \left(\frac{\text{INDVI}_{i+1} - \text{INDVI}_i}{\text{INDVI}_i} \right)}{(n-1)} \times 100\% \tag{10-4}$$

最后一个指数是不同植被覆盖类型图层与前两个指数生成的栅格图层的空间关联度 c。该指数的取值范围介于-1 ~ 1。如果两个图层呈高度正相关，则 c 为 1；如果相互独立，则 c 为 0；如果呈高度负相关，则 c 为-1。式（10-5）中，n 是图层的总栅格数；i 是第 1 个栅格图层的单元格；j 是第 2 个栅格图层的单元格；Z_i是单元格 i 的属性值；Z_j是单元格 j 的属性值；$\overline{Z_i}$ 是第 1 个栅格属性值的平均值；$\overline{Z_j}$ 是第 2 个栅格属性值的平均值；c_{ij}是 i 和 j 的属性值相似度（$Z_i - \overline{Z_i}$）*（$Z_j - \overline{Z_j}$），上述所有的计算都在 Arcinfo Workstation GRID 9.0 中实现。

$$c = \sum_{k}^{n} c_{ij} / \left(\text{sqrt}\left(\sum_{k}^{n} (Z_i - \overline{Z_i})^2 \right) \times \text{sqrt}\left(\sum_{k}^{n} (Z_j - \overline{Z_j})^2 \right) \right) \tag{10-5}$$

10.1.2 植被覆盖指数变化分析

图 10-1 是 1992 ~ 1993 年、1998 ~ 2005 年相邻两个年份 NDVI 平均值合成图。从图中

可直观看出，乌江流域的植被覆盖除局部地区有退化或减少的变化外，整体呈不断改善的趋势。图 10-2 则是 1992～2006 年平均 NDVI 值（iNDVI）的一元线性回归拟合（不包括 1994 年、1996 年和 1997 年）。拟合图表明，流域内的植被覆盖指数呈无显著波动的缓慢增长，年均增长率约为 0.008/a（$R^2=0.950$，$n=12$，$p<0.005$）。

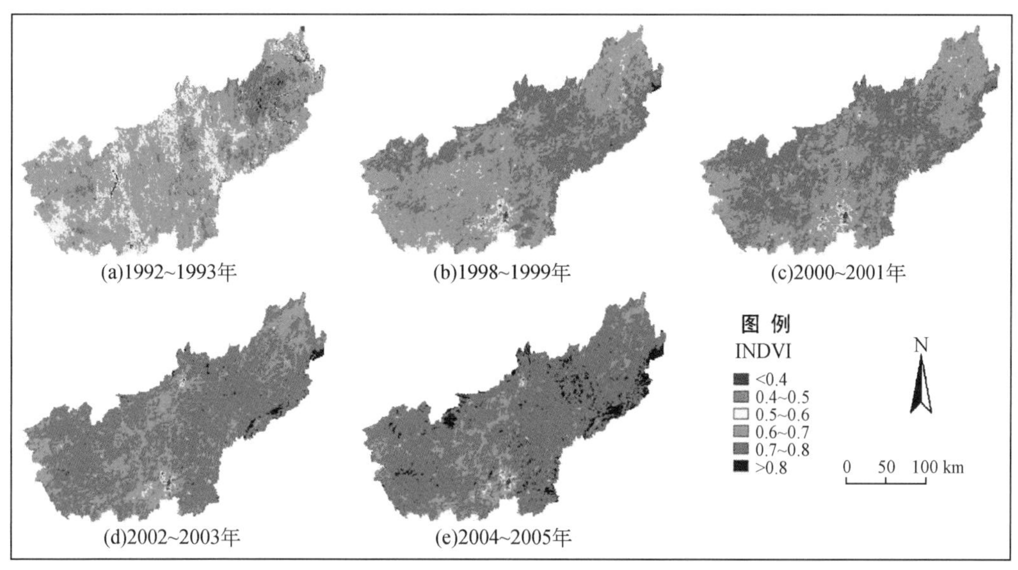

图 10-1　乌江流域 1992～1993 年、1998～2005 年相邻年份 NDVI 平均值合成图

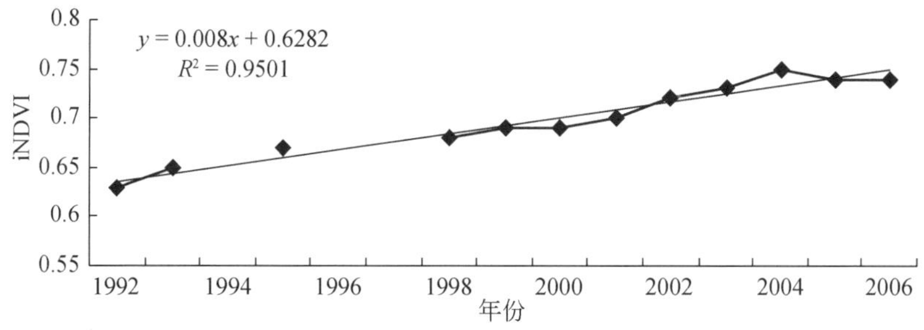

图 10-2　1992～2006 年乌江流域植被覆盖增长/减少趋势的空间格局

(1) 植被覆盖变化趋势的空间格局分析

图 10-3 是 1992～2006 年以来植被覆盖变化趋势的空间格局图（图中括号内是各级别所占的乌江流域的面积比例）。它从空间角度定量描述了植被增加/减少的速率。从图中可以看出，大部分地区的植被呈增加趋势（增长率为 0 ～ 0.002 的地区总面积约占整个流域的 91%），其中增长特别快的地区（增长率大于 0.002）主要集中在乌江流域的下游地区。而植被呈现减少趋势的地区主要是流域内的东北部地区、遵义市和贵阳市周边附近。

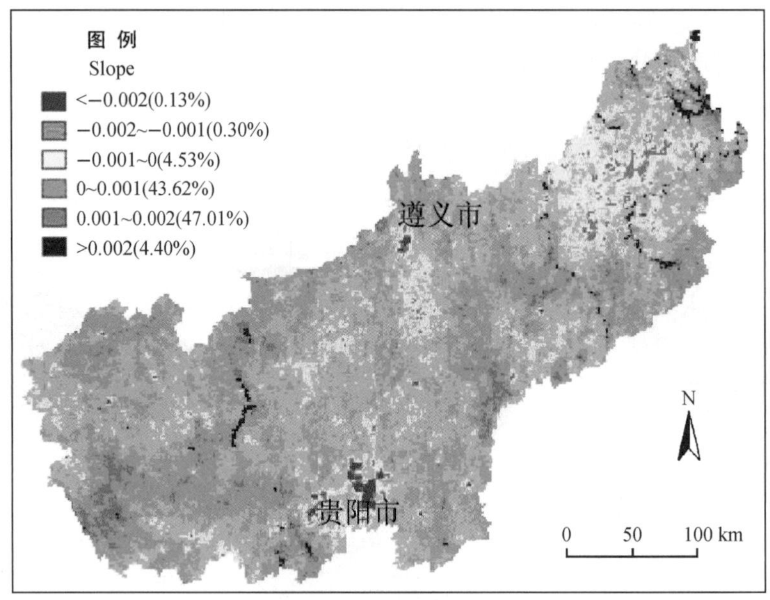

图 10-3　1992 ~ 2006 年乌江流域植被覆盖增长/减少趋势的空间格局

(2) 植被覆盖变化程度的空间格局分析

图 10-4 是 1992 ~ 2006 年后一年与前一年变化的 INDVI 空间变化比例的累积总和百分比（即 Perchange，图中括号内的是各级别所占的乌江流域的面积比例）。从图中可知，约占 96% 的地区累积总和是增长的（Perchange>0），揭示该部分地区植被覆盖总量是增加的。其中累积增加比重较大的地区（Perchange>3）则没有明显的分布规律。与前面的变化趋势同样的是，乌江流域的东北部和贵阳市、遵义市呈现异常，累积总和百分比为负值，说明该地区的植被覆盖总量上是减少的。

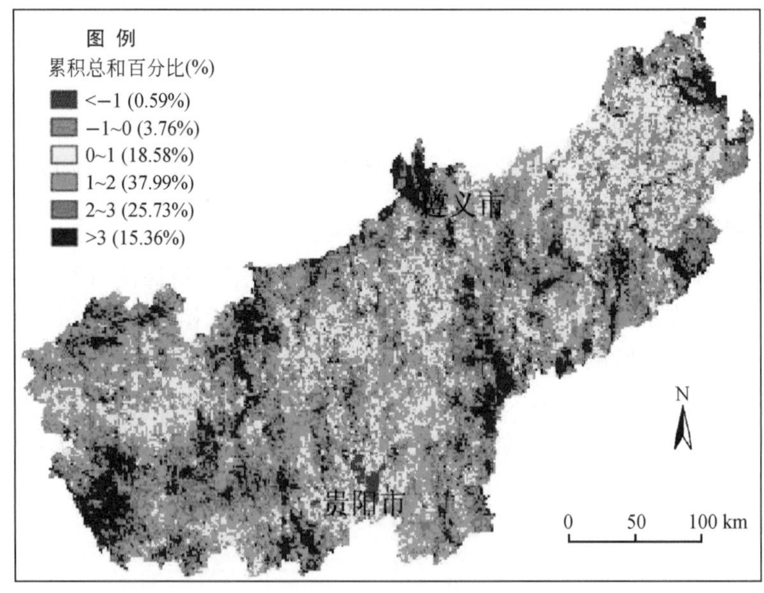

图 10-4　1992 ~ 2006 年乌江流域植被覆盖增长/减少程度的空间格局

(3) 不同植被覆盖的 NDVI 统计分析

表 10-1 是 1992 ~ 2006 年（不含 1994 年、1996 年和 1997 年）不同植被覆盖的 NDVI 均值、标准差及变化斜率统计数据。

表 10-1　乌江流域不同植被覆盖类型的 NDVI 统计表

植被覆盖类型	年均 NDVI 值	标准差	变化趋势	与 Slope 的空间关联程度	与 Perchange 的空间关联程度
常绿针叶林	0.7379	0.0560	0.0118	0.038	0.016
常绿/落叶阔叶林	0.7283	0.0521	0.0111	0.030	0.010
常绿/落叶灌木林	0.7109	0.0435	0.0092	0.152	0.055
草地	0.6856	0.0332	0.0066	-0.097	-0.034
耕地	0.6992	0.0367	0.0076	-0.064	-0.023
上述 5 类植被	0.6992	0.0380	0.0080	N/A	N/A

表中，常绿针叶林、常绿/落叶阔叶林和常绿/落叶灌木林这 3 类植被的均值、标准差及变化斜率均高于 5 类植被覆盖的平均值，而草地和耕地相对应的值则全低于 5 类植被覆盖的平均值。表中不同植被覆盖间的主要差异在于草地和耕地的 NDVI 值与空间变化斜率（Slope）和空间变化累积百分比（Perchange）呈负相关联系；而常绿针叶林、常绿/落叶阔叶林和常绿/落叶灌木林的 NDVI 值则与这两个指标呈正相关联系。这说明乌江流域的草地和耕地无论是变化趋势，还是累积变化都是呈现退化或减少的迹象。而其他 3 类植被覆盖类型却显示出优化或增加的迹象。

10.1.3　植被覆盖指数变化与自然因素

影响植被覆盖指数变化的因素可分为自然因素和人文因素。自然因素主要包括气温、降水、地貌及土壤等因子，人文因素则主要包括人口变化、农业活动及城市扩张等过程。本节主要分析乌江流域植被覆盖指数变化的驱动因素。因气象数据资料所限，在分析植被覆盖与气候变化时，选取 2 个典型区展开分析：植被覆盖指数退化典型区以遵义市为例，而植被覆盖指数增长典型区则以思南县为例。

(1) 数据与方法

气象数据：以遵义市和思南县 1998 ~ 2004 年生长季（4 月初至 9 月末）逐日的气温、降水值数据为基础，将各年度生长季的逐日气温值平均后，得出当年生长季气温平均值；将各年度生长季的逐日降水值汇总后，得出当年生长季降水总量。

植被覆盖平均值：年均 NDVI 数据。

方法：首先在遵义市和思南县周边随机选择 25 个点（图 10-5），因 SPOT/NDVI 空间分辨率为 1km，故每个点面积为 $1km^2$。然后将各点逐年 NDVI 值提取出来，建立回归方程。因一般气温、降水数据在 8km×8 km 的面积内保持一致，所以保证了所选取的研究区内气温、降水条件基本一致，便于讨论植被覆盖指数变化与气候因素的关系。如果各点的植被变化趋势和气象因素变化基本一致，就认为该地区植被覆盖变化受气象因素变化影响较大；反之，则认为受除气候因素以外的因素影响较大。

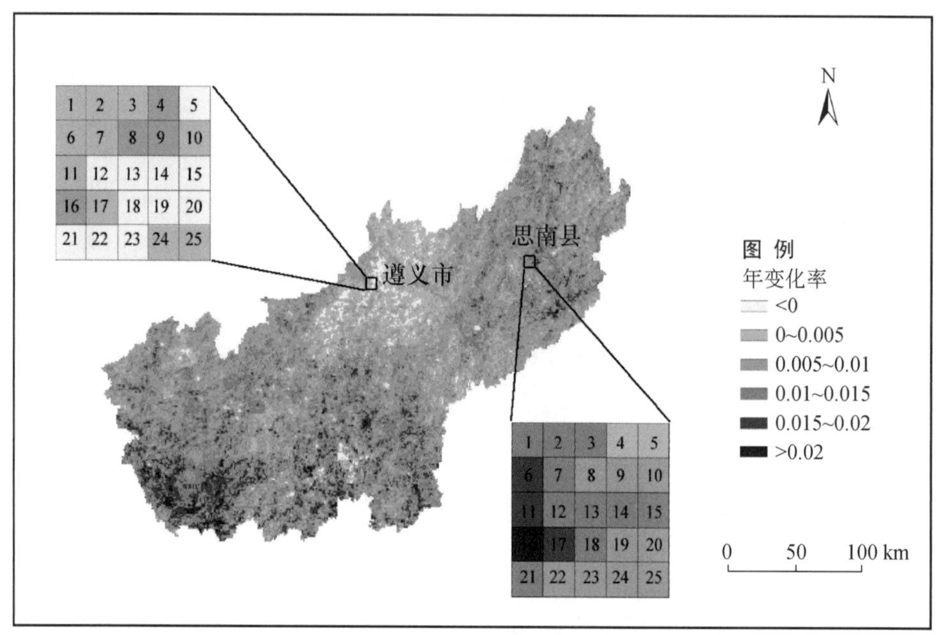

图 10-5　遵义市、思南县 1998 ~ 2006 年年均 NDVI 变化率值提取示意图

（2）植被覆盖指数变化与气候因素：植被覆盖退化典型区——遵义市

图 10-6 是从遵义市 1998 ~ 2006 年年均 NDVI 值所提取的 25 个点数据建立的回归变化趋势，图 10-7 中的红色点线则是遵义市年生长季降水总量和年均气温的回归变化趋势。虽然前者数据集比后者多 2 年数据，但是不影响分析所对应年份的相关变化。

a. 植被覆盖与降水变化的相关关系

从图 10-7（a）中可以看出，遵义市年生长季降水总量的两个高峰值出现在 2000 年和 2002 年，低谷值出现在 1998 年和 2001 年。而在图 10-6 的 25 个小图中，却无法找到任何一个和遵义市降水峰值变化趋势类似（或相反）的地区。其次，图 10-6 中 2002 ~ 2004 年的 NDVI 变化趋势，除第 25 号栅格外，其余的 24 个栅格都呈现不同程度的逐年增加趋势，这也与图 10-7（a）中 2002 ~ 2004 年降水量先降后升的趋势不符；最后，我们注意到在 1998 ~ 2000 年年均降水量持续增加的情况下，有一小部分地区的植被覆盖呈现持续降低的趋势（第 18、19、20、24 和 25 号栅格），而其余所有栅格的植被覆盖都呈现先增加后减少的趋势。

综合上述 3 个观察，都显示植被覆盖与降水变化之间没有明显规律，我们认为遵义市的植被覆盖变化与降水变化可能存在间接关联，但至少没有可观察到的直接联系。

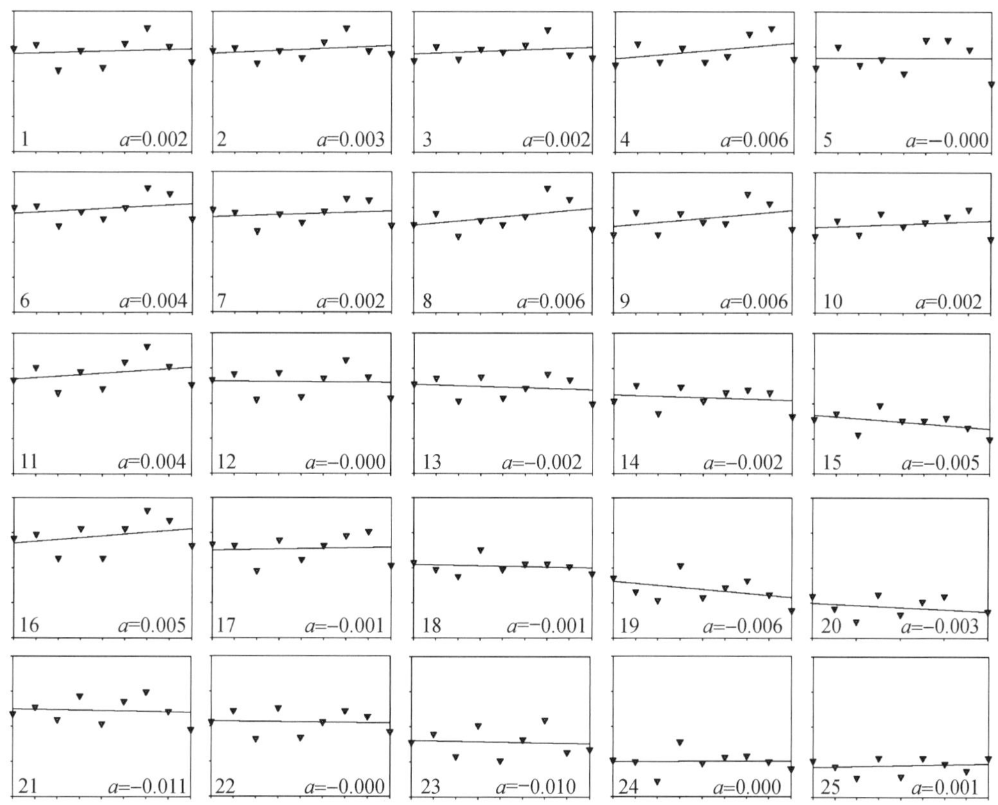

图 10-6　遵义市 1998 ~ 2006 年 25 个样点 NDVI 值及变化斜率

x 轴年份值阈为 1998 ~ 2006 年，y 轴 NDVI 值阈为 0.4 ~ 0.8，a 为趋势线斜率

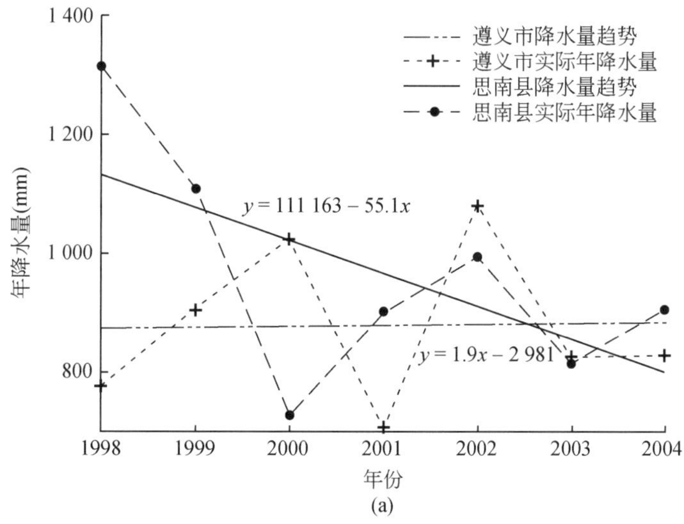

(a)

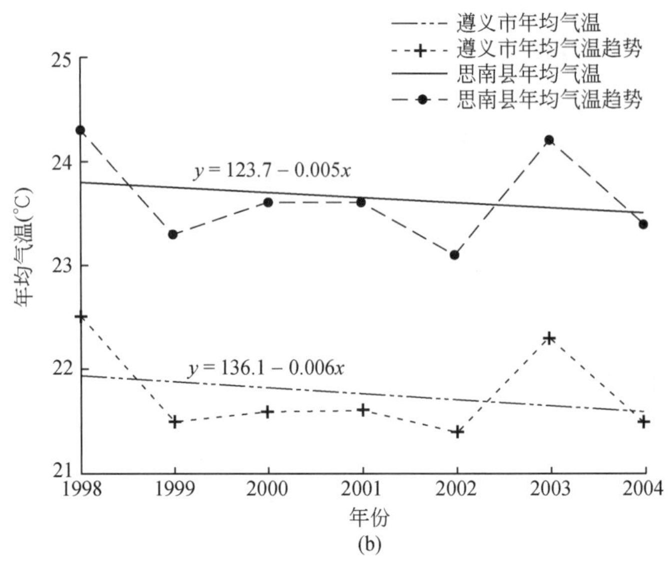

图 10-7　遵义市和思南县 1998～2004 年年降水量（a）和年均气温趋势（b）

b. 植被覆盖与气温变化的相关关系

从图 10-7（b）可以看出，遵义市年均气温的两个峰值分别出现在 1998 年和 2003 年，而其余各年份的气温则变化平稳，没有很大差异。而考察图 10-6 的 25 幅小图，均无与该气温趋势类似的地区。进一步研究发现，2002～2004 年年均气温呈先升后降变化，但是图 10-7 中仅第 25 号栅格的变化趋势类似，其余的栅格在 2002～2004 年都呈不断增长的变化趋势。另外，图 10-7（b）中 1999～2002 年变化平缓，但是在图 10-6 中，各小图变化差异都相当大。因此和上面一部分结论类似，我们认为遵义市的植被覆盖变化与年均气温变化也无明显相关联系。从上述两段的分析可以看出，气象（降水和气温）变化和波动因素不是驱动遵义市植被覆盖减少或增加的主要因素。

（3）植被覆盖指数变化与气候因素：植被覆盖增长典型区——思南县

图 10-8 是从思南县 1998～2006 年均 NDVI 值所提取的 25 个点数据建立的回归变化趋势，图 10-7 中的黑色点线则是思南县年生长季降水总量和年均气温的回归变化趋势。同分析遵义市一样，NDVI 数据集也比后者多 2 年数据。

a. 植被覆盖与降水变化的相关关系

从图 10-7（a）整个趋势来看，思南县 1998～2004 年生长季降水总量呈减少趋势，对应时期内的植被覆盖也呈现较为一致的增长趋势；但图 10-7（a）中 2000～2002 年的年均降水总量变化呈持续增加趋势，而对应期内的植被覆盖或呈先降后升趋势（第 1、2、3、4、5、7、8 和 9 号），或持续增长趋势（除前面列的以外的所有栅格）。因此这两个时间段内的植被覆盖和年均降水量的变化趋势就相互不符。此外，从具体时间段来看，思南县年生长季降水总量的 2 个高峰值分别出现在 1998 年和 2002 年，低谷值出现在 2000 年和 2003 年。同样的，在图 10-8 的 25 个小图中，也无法找到任何一个和思南县降水峰值变化趋势类似（或相反）的地区。综合上述 3 个观察，都显示植被覆盖与降水总量变化之间没

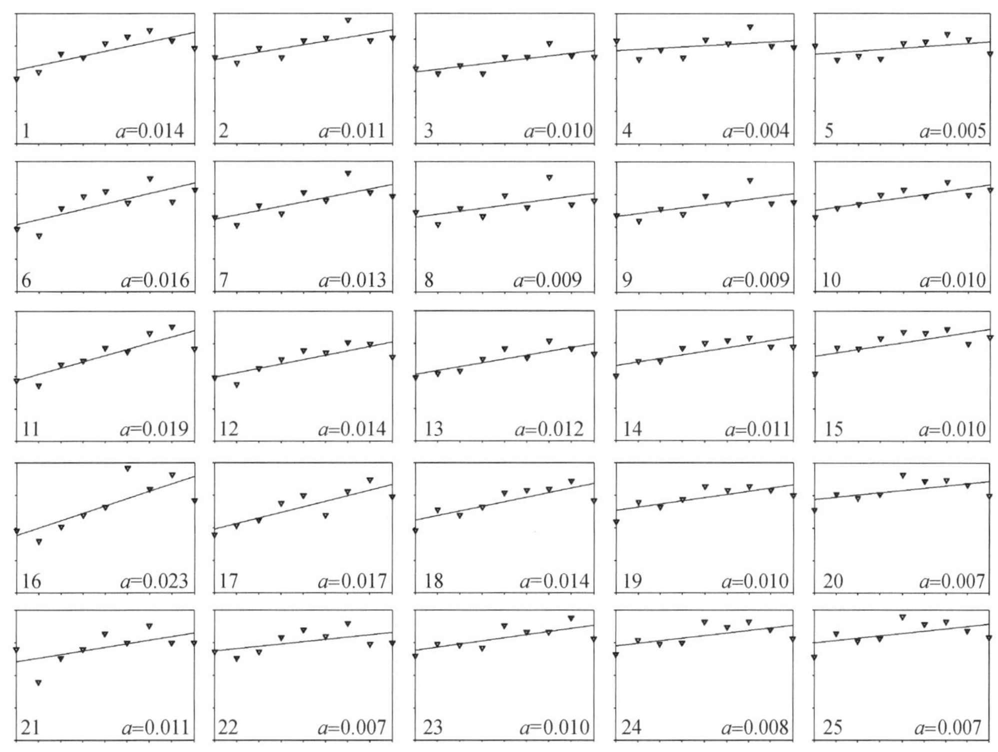

图 10-8　思南县 1998 ~2006 年 25 个样点 NDVI 值及变化斜率

x 轴年份值阈为 1998 ~2006 年，y 轴 NDVI 值阈为 0.4 ~0.8，a 为趋势线斜率

有明显直接联系。

b. 植被覆盖与气温变化的相关关系

从图 10-7（b）中可以看出，思南县年均气温的 2 个高峰值分别出现在 1998 年和 2003 年，而其余各年份（1999 ~2002 年，2004 年）年均气温变化平稳，没有很大差异。而考察图 10-7 中的 25 幅小图，既没有与该气温高峰值发展趋势类似的小图，也没有发现 1999 ~2002 年、2004 年植被覆盖变化平稳的小图。因此和上面一部分结论类似，我们认为遵义市的植被覆盖变化与年均气温变化也无明显相关联系。

从上述两段的分析可以看出，气象（降水和气温）变化和波动因素也不是驱动思南县植被覆盖增加的主要因素。

根据乌江流域内植被覆盖增加和减少典型区与气候因素变化的相关分析，可见研究区内气候变动不是植被覆盖变化的主要驱动因素。

（4）植被覆盖指数变化与地貌、土壤因素

流域内山地、河谷自身的走向、海拔控制着不同垂直自然带层的分异，在各带层内又因地形、坡向、土壤、植被和土地利用方式的差异，又对土地覆盖的变化产生一定的影响。图 10-9 是乌江流域土地覆盖在时间和空间变化尺度下的进化性或退化性演替序列。以位于流域西部的黔西高原山区的乌蒙山地为例，土地类型通过进化性演替，逐步适合阔叶林、旱地农作物等植被生长；通过退化性演替，则逐步发展为适合针叶林、灌草丛、草甸等植被生长。

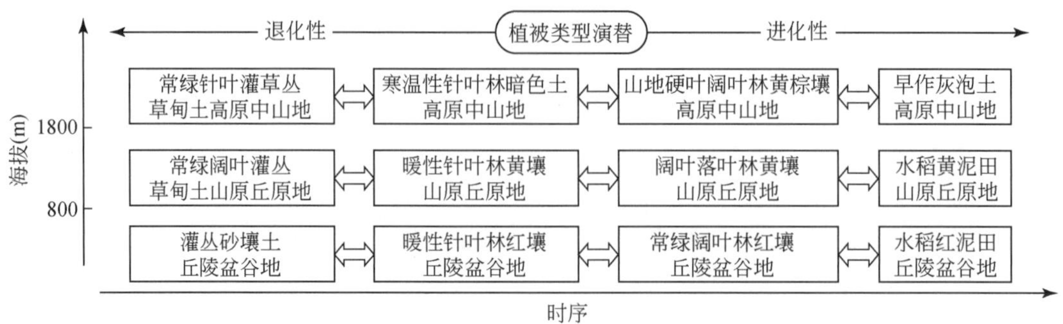

图 10-9　地貌、土壤影响下的乌江流域土地覆盖演化图

10.1.4　植被覆盖指数变化与人文因素

（1）人口因素

人口密度数据取自哥伦比亚大学国际地球科学信息网络中心（Columbia University, CIESIN）制作的 1995 年和 2005 年 2 期全球尺度的人口密度数据中裁取。该数据的空间分辨率约为 4km²，虽然与植被覆盖指数 1km²的空间分辨率不匹配，但在近 5 万 km²的乌江流域研究区内，还是能定性的说明人口密度的变化与植被覆盖指数变化的空间相关关系。

图 10-10 显示的是乌江流域 1995 年和 2005 年的两期人口密度空间分布。图中，遵义市和贵阳市为该流域内人口密度最大的两个区域。除西南地区的小部分地区人口密度在 300 ~ 450 人/km²，其余大部分地区的人口密度均在 300 人/km²以下。

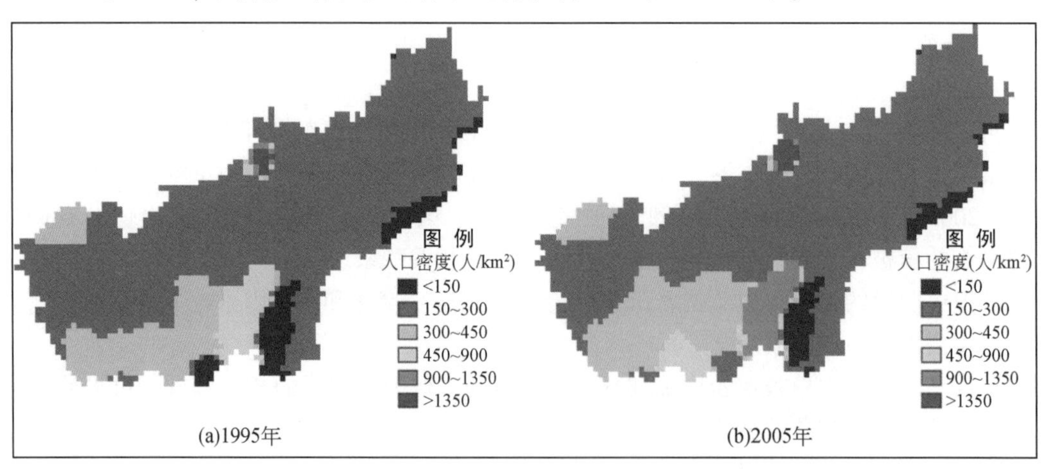

图 10-10　乌江流域 1995 年和 2005 年人口密度空间分布图

图 10-11 为两期人口密度数据对比结果，图 10-11（a）为乌江流域新增人口密度数量变化分布（PD2005 ~ PD1995），图 10-11（b）为乌江流域新增人口密度比例变化分布[（PD2005 ~ PD1995）/PD1995]。我们通过图中的几个典型区，试图说明植被覆盖变化与人口变化之间的联系。从图中发现，在 10 年内，遵义市区的人口密度值增加到约 600 人/km²，

增加比例超过 50%；贵阳市区增加的人口密度值介于 300～600 人/km^2，增加比例也在 30%～50%。这两个地区，无论是增加量，还是增加比例都相当大。而据前一部分的结果，遵义市和贵阳市周边地区，植被覆盖呈现减少或退化趋势，基本印证了人口的快速增长对植被覆盖的影响。近 10 多年来，贵阳和遵义地区受不断增加的人口压力，城市化进程快速发展，城市周边的林、草地被发展为建设用地，大量植被受到破坏。而在流域西南地区，与人口呈现负增长相对应的是，植被覆盖也呈现显著增长趋势，这也说明了人口变化与植被覆盖变化的联系。

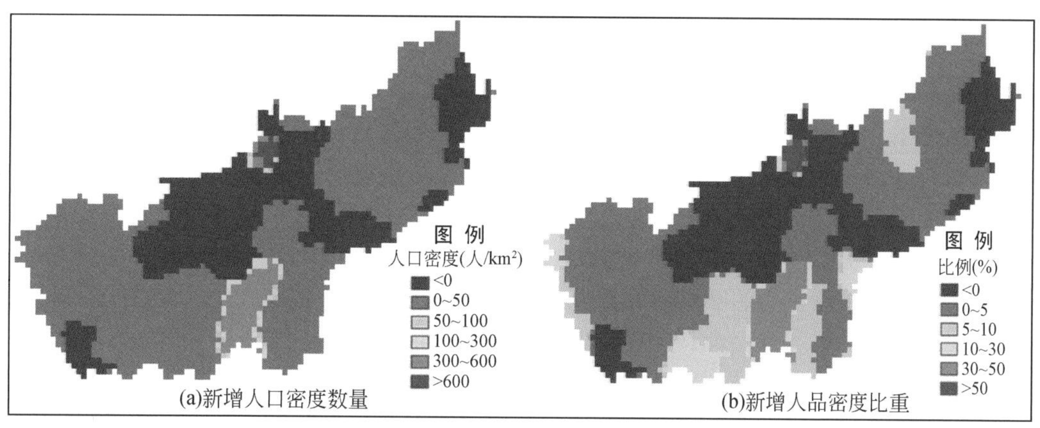

图 10-11　乌江流域 1995～2005 年人口密度变化分布

在遵义市外围的人口密度呈现负增长的地区，植被生长也呈现退化趋势。这与遵义地区是传统的农业生产地区有关。在城市扩张过程中，周边大量的林地、草地被开发为耕地。由于在喀斯特山区，耕地涵养水土的能力较森林和草地弱，且表层土较为单薄，受不合理的人类大规模农业活动影响，一旦表层土流失，水土流失就进一步加剧，导致了“恶性循环”，进而促使了植被覆盖退化和减少。加剧了植被的退化。此外，耕地对于植被的恢复退化能力不如森林和草地也是一个原因。因此，虽然该地区人口密度下降，但由于仍是人类从事农业活动的主要地区，植被覆盖仍呈现退化趋势。

广大地区虽然人口略有增加，但是相对应的植被覆盖却未有明显减少，这从一定程度上说明了植被覆盖变化对于人口变化影响的适应性。

（2）生态建设因素

自 1998 年国家实施西部大开发战略，把生态建设作为根本点和切入点，作为我国西部大开发的重点地区，贵州省相继启动实施了天然林资源保护、退耕还林、珠江防护林体系建设、石漠化治理、野生动植物保护与自然保护区建设和以速生丰产材林为主的林业产业基地建设等 6 大工程。以长江、珠江中上游防护林体系建设为重点，以生态脆弱区综合治理为难点，开展了喀斯特高原生态综合治理、乌江流域岩溶石质山地植被恢复等方面工作。

贵州省全省 1991 年开始大规模地实施“坡改梯”工程建设，累计完成坡改梯面积 47 万多公顷，为逐步建成旱涝保收、稳产高产的基本农田，实施退耕还林（草）奠定了基础；速丰林基地建设、“3146”、“3356”、“长防林”、“珠防林”、“世防林”、农业综合开发以及天然林保护等工程的相继实施，使贵州省造林面积、森林蓄积和森林覆盖率都有了大幅度的提高，生态环境也得到了较大的改善，极大地推动了贵州林业生态体系建设的步伐。据统计，到 1999 年，全省有林地达 367 万 hm^2，森林覆盖率达 25.83%，每年新增人工林面积约 26.7 万 hm^2。因此初步认为，乌江流域植被覆盖指数总体处于上升趋势与贵州省近几十年来的生态保护和建设分不开。这一结论与王冰等（2006）的观点基本一致。

10.2 土壤侵蚀效应

土壤侵蚀作为土地变化引起的主要环境效应之一，是自然因素和人为因素叠加的结果。土地变化与土壤侵蚀关系的研究已逐渐成为土地变化科学和土壤侵蚀研究的一项新的重要课题（吴秀芹和蔡运龙，2003）。研究表明，土地利用是人类作用于喀斯特环境的最主要表现方式，不合理的土地利用方是造成喀斯特山区土壤侵蚀和环境退化的主要人文因素（苏维词，2001；李阳兵等，2003a），但对此类因素的作用过程和机理尚待研究。因此，迫切需要将侧重格局的宏观研究与侧重过程的微观研究结合起来，认识这个特殊地域内土地利用变化的动态过程及其环境效应，从而制定合乎自然生态规律并有益于人类的生态建设和管理措施，为这一区域脆弱生态系统的综合整治和可持续发展提供决策依据。为此，本节探讨乌江流域土地利用变化与土壤侵蚀之间关系。

10.2.1 针对土壤侵蚀研究的土地利用分类及其变化

（1）土地利用分类

本节采用的土地利用数据主要来源于美国地质调查局（USGS）共享的 20 世纪 80 年代初和 2000 年左右的覆盖乌江流域的不同时相的共 15 幅 Landsat MSS/ETM 遥感影像数据，80 年代初的 MSS 影像的分辨率为 80 m，2000 年左右的 ETM 影像分辨率是 30 m。

土地覆被分类采用中科院资源环境信息数据库的土地利用/覆被六大类分类法，结合乌江流域的地面特征、Landsat MSS/ETM 影像分辨率和乌江流域生态重建工程实施状况，把研究区的土地覆被分为水田、旱地、有林地、疏林地、灌木林地、其他林地、高覆盖度草地、中覆盖度草地、低覆盖度草地、水域、建设用地和裸岩石砾地等 12 种土地覆被类型（表 10-2）。

表 10-2 乌江利用土地利用分类系统

一级地类	二级地类	含义
耕地	水田	有水源保证和灌溉设施，在一般年景能正常灌溉，用以种植水稻、莲藕等水生农作物的耕地，包括实行水稻和旱地作物轮种的耕地
	旱地	无灌溉水源及设施，靠天然降水生长作物的耕地；有水源和浇灌设施，在一般年景下能正常灌溉的旱作物耕地；以种菜为主的耕地，正常轮作的休闲地和轮歇地

续表

一级地类	二级地类	含义
林地	有林地	生长乔木、灌木、竹类以及沿海红树林地等林业用地
	灌木林	郁闭度大于40%、高度在2m以下的矮林地和灌丛林地
	疏林地	疏林地（郁闭度为10%～30%）
	其他林地	未成林造林地、迹地、苗圃及各类园地（果园、桑园、茶园、热作林园地等）
草地	高覆盖度草地	覆盖度在大于50%的天然草地、改良草地和割草地。此类草地一般水分条件较好，草被生长茂密
	中覆盖度草地	覆盖度在20%～50%的天然草地和改良草地，此类草地一般水分不足，草被较稀疏
	低覆盖度草地	覆盖度在5%～20%的天然草地。此类草地水分缺乏，草被稀疏，牧业利用条件差
水域	水域	天然陆地水域和水利设施用地
建设用地	建设用地	包括大、中、小城市及县镇以上建成区用地，农村居民点，独立于城镇以外的厂矿、大型工业区、油田、盐场、采石场等用地，交通道路、机场及特殊用地
未利用地	裸岩石砾地	地表为岩石或石砾，其覆盖面积5%以下的土地

参照流域1：10 000地形图数据，在ERDAS IMAGINE下，将15幅遥感影像数据进行几何校正和重采样，误差控制在0.5个像元内。通过野外实地考察，运用GPS定位技术，对土地利用现状和各种土地利用类型进行踩点记录，建立遥感解译标志，在室内基于ERDAS平台，对流域多期遥感影像数据进行人工目视解译，得到流域多个时相的15幅土地覆被图，再合并得到流域两期土地覆被类型图。最后，通过随机抽取地面点，对两期土地覆被数据解译结果进行评价。1980年和2000年的Kappa指数分别为0.81和0.78，解译精度符合要求，最终完成研究区1980年和2000年土地利用数据解译与数据库的构建。乌江流域1980年和2000年的土地利用格局见图10-12、图10-13。

（2）土地利用变化分析

运用GIS的空间叠置分析功能，同时结合流域实测资料，将1980年与2000年土地利用矢量图叠置，统计乌江流域20年间土地类型变化情况如图10-14和表10-3所示。

从表10-3、图10-12和图10-13可以看出：流域土地利用类型以耕地、林地和草地为主，其中林地约占总面积的50%左右，是流域最主要的土地覆被类型。旱地主要分布在流域上游，中游林地分布面积最大，草地集中分布在流域上游和下游。水田在猫跳河流域分布较广。1980～2000年，水田、旱地均在减少，其中减少幅度最大的是旱地，减少了1.34%（664 km^2）。裸岩地和未利用地基本维持不变。林地、草地和城镇用地均有不同程度的增加，其中林地增加幅度最大，增加625 km^2。1980～2000年20年间，流域内土地利用/土地覆被总体变化明显。这主要是由于80年代初期由于大规模的农业开发及经济发展，加之政府及民众环保意识薄弱引起环境保护措施不力，水土流失情况最为严重，土地覆被状况极差。上游六冲河流域的七星关水文站80年代初期侵蚀模数达到1050 t/(km^2·a)，土壤侵蚀厚度达到78 mm/a。90年代由于生态保护意识的加强及各试验区的建设，相继实施多项重点农业综合开发以及天然林保护等水土保持工程和措施，如1989年在水土

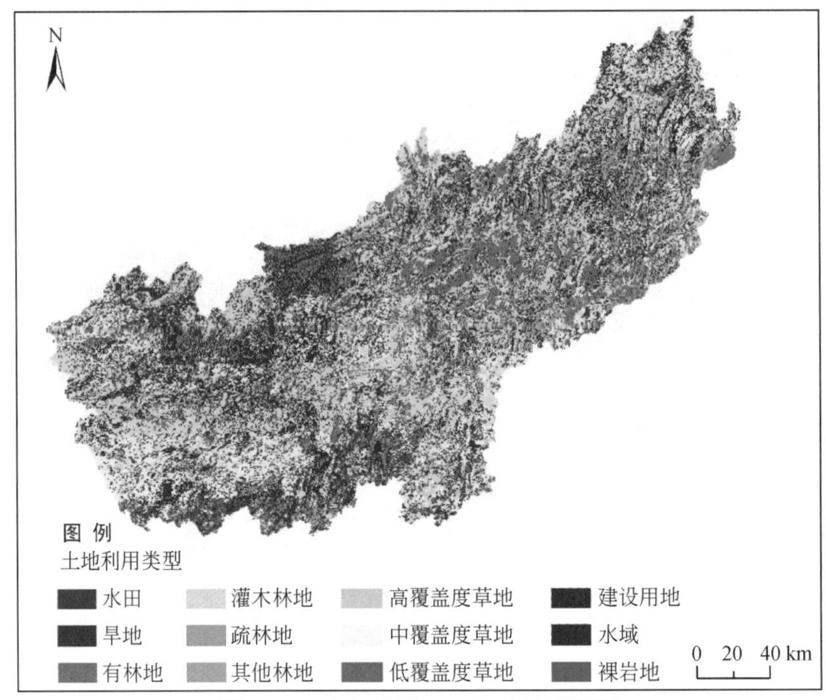

图 10-12 乌江流域 1980 年土地覆被图

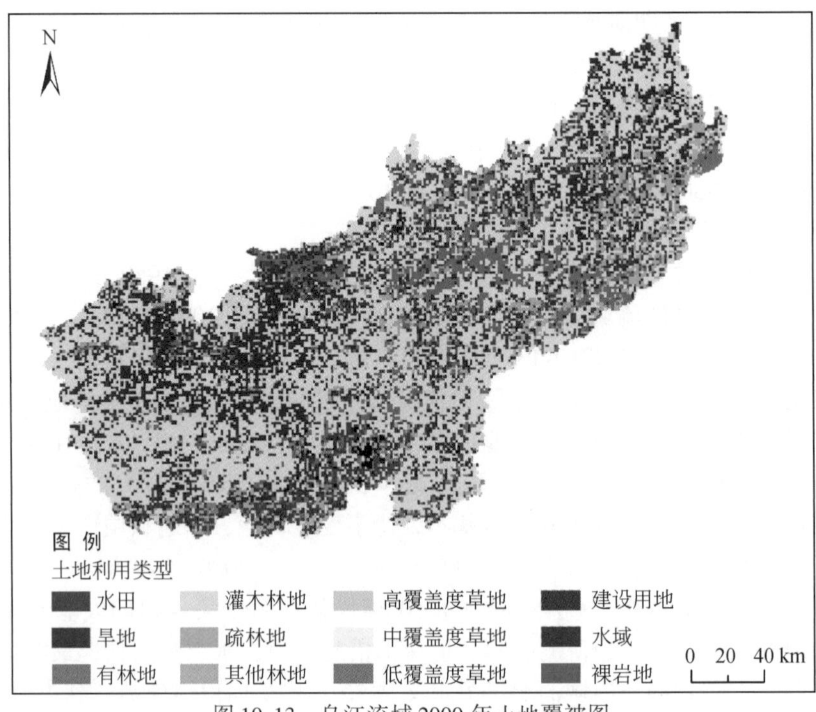

图 10-13 乌江流域 2000 年土地覆被图

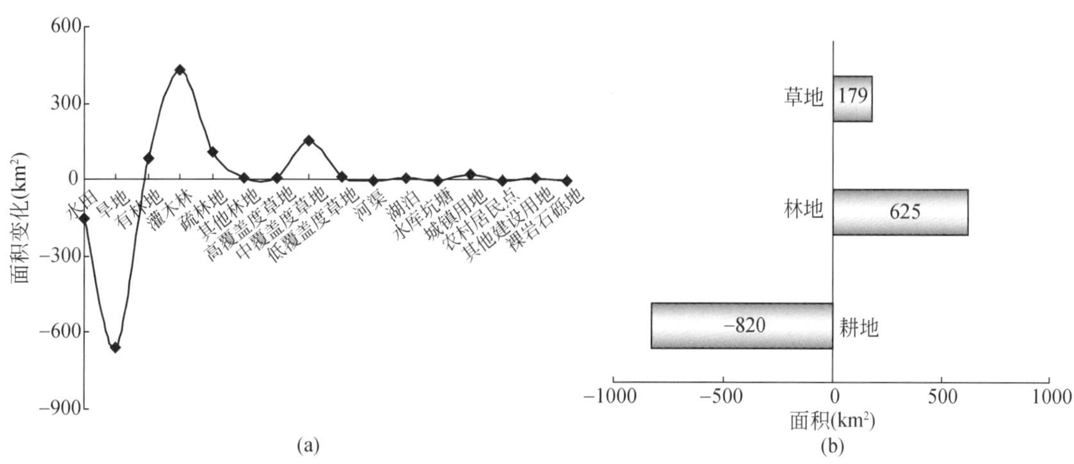

图 10-14　乌江流域 1980～2000 年各土地利用类型面积变化

表 10-3　乌江流域 1980～2000 年各土地利用类型面积变化

地类	1980 年		2000 年		1980～2000 年	
	面积（km^2）	比例（%）	面积（km^2）	比例（%）	面积（km^2）	比例（%）
水田	3 904	7.88	3 748	7.56	-156	-0.32
旱地	12 202	24.63	11 538	23.29	-664	-1.34
有林地	5 198	10.49	5 274	10.64	76	0.15
灌木林	15 167	30.61	15 600	31.49	433	0.88
疏林地	3 720	7.51	3 832	7.73	112	0.22
其他林地	139	0.28	143	0.29	4	0.01
高覆盖度草地	455	0.92	463	0.93	8	0.01
中覆盖度草地	7 702	15.54	7 859	15.86	157	0.32
低覆盖度草地	544	1.10	558	1.13	14	0.03
水域	223	0.45	223	0.45	0	0
建设用地	283	0.57	303	0.61	20	0.04
裸岩石砾地	10	0.02	4	0.01	-6	-0.01

流失严重的毕节地区开始实施的“长治”工程、1991 年开始实施的大规模“坡改梯”工程、速丰林基地建设、“3146”、“3356”、“珠江防护林工程”和“世防林”等，以及引水渠堤、谷坊、拦沙坝、沉沙池、蓄水池、拦山沟、排水沟、河堤等配套蓄水工程，流域总体土壤侵蚀得到控制，土地覆被状况转好。2000 年和 1980 年相比，耕地面积减少了 820 km^2，草地增加了 179 km^2，林地增加了 625 km^2（图 10-14）。总体来看 1980～2000 年流域土地覆被状况呈转好趋势，流域 20 年间年均输沙模数相应地呈减少趋势（图 10-15）。

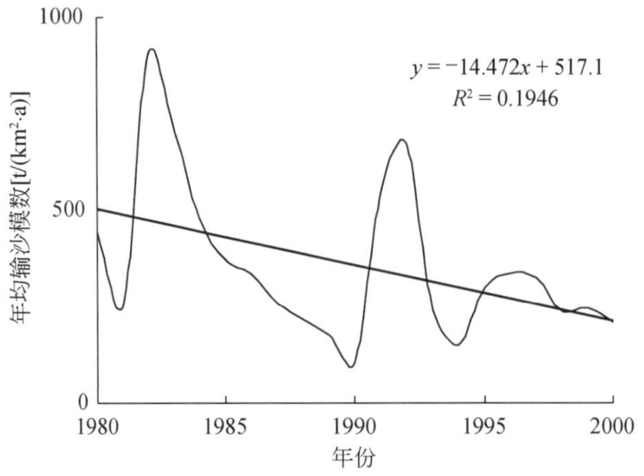

图 10-15　乌江流域 20 年间年均输沙模数变化

10.2.2　土壤侵蚀与土地利用的关系

(1) 土壤侵蚀与土地利用类型

利用乌江流域 2000 年土地利用数据和土壤侵蚀数据，在 GIS 技术支持下，研究了该地区土壤侵蚀强度与土地利用类型之间的关系。

图 10-16 和图 10-17 分别表示乌江流域 2000 年土壤侵蚀强度空间分布和各土壤侵蚀类型面积比例。土壤侵蚀强度分布图来自贵州省 2000 年遥感影像调查结果。

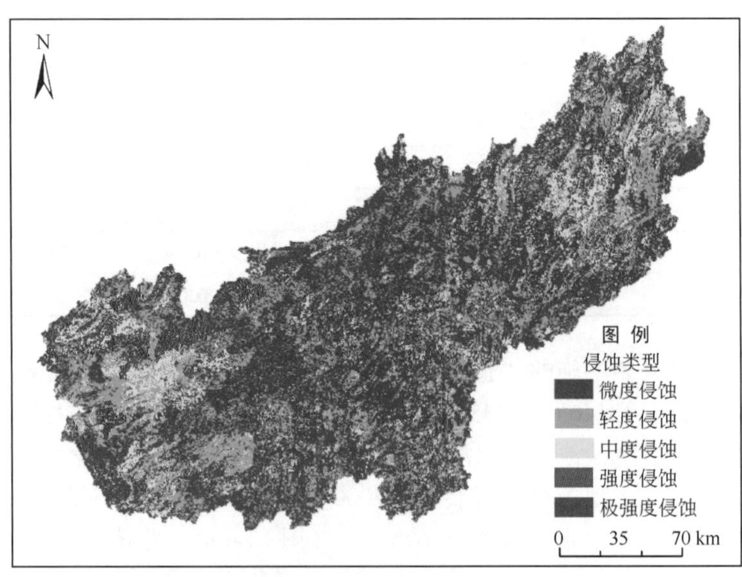

图 10-16　乌江流域 2000 年土壤侵蚀强度分布图

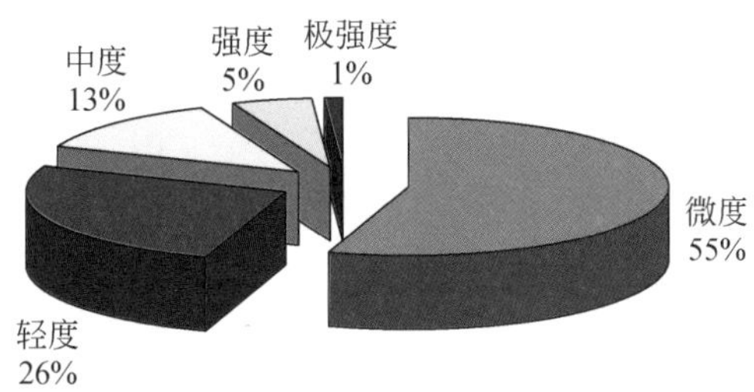

图 10-17　乌江流域 2000 年各土壤侵蚀类型面积比例

为了更好地表征不同土地利用类型的土壤侵蚀强度，采用土壤侵蚀强度指数，按下式计算：

$$E_j = 100 \times \sum_{i=1}^{n} C_i \times A_i / S_j \tag{10-6}$$

式中，E_j代表第 j 种土地利用类型的土壤侵蚀强度指数；C_i代表第 j 种土地利用类型第 i 类土壤侵蚀强度分级值；A_i为第 j 种土地利用类型第 i 类土壤侵蚀所占的面积；S_j为第 j 种土地利用类型所占的土地面积；n 为第 j 种土地利用类型土壤侵蚀的类型总数，为了方便统计分析，将其扩大 100 倍。乌江流域土壤侵蚀强度分为 5 级，微度、轻度、中度、强度和极强度，分级值分别为 1、2、3、4 和 5。分级值越大，表明土壤侵蚀越严重。这样就可以根据土壤侵蚀强度指数定量地分析土壤侵蚀对土地利用方式的响应关系。

将乌江流域 2000 年土地利用图和土壤侵蚀图在 ArcGIS 中进行叠加、统计等空间分析，获得不同土地利用类型上不同土壤侵蚀强度的面积、比例和土壤侵蚀强度指数（表 10-4、图 10-18、表 10-5）及土壤侵蚀等级面积（表 10-6）。

表 10-4　不同土地利用类型上土壤侵蚀强度分布

土地利用类型	侵蚀面积（km^2）	比例（%）	土壤侵蚀强度指数
低覆盖度草地	511	1.04	161
高覆盖度草地	450	0.92	176
灌木林地	15 402	31.34	166
旱地	11 490	23.38	182
建设用地	290	0.59	142
裸岩石砾地	6	0.01	133
其他林地	132	0.27	140
水田	3 731	7.59	158
水域	248	0.5	155
疏林地	3 800	7.73	179
有林地	5 279	10.74	152
中覆盖度草地	7 800	15.87	181

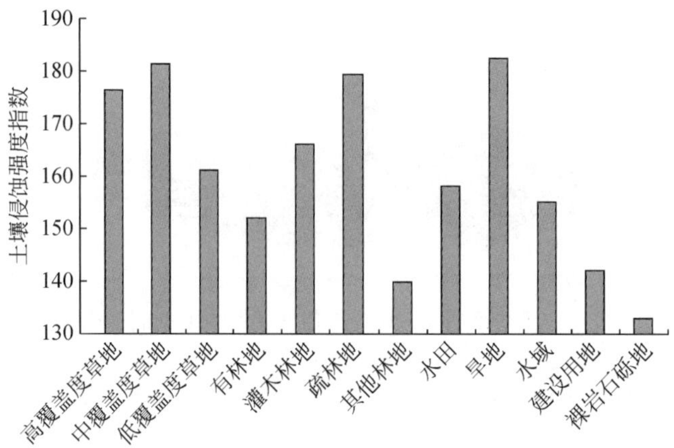

图 10-18 乌江流域各土地利用类型土壤侵蚀强度指数

表 10-5 乌江流域三种主要土地利用类型土壤侵蚀强度指数

土地利用类型	侵蚀面积（km^2）	比例（%）	土壤侵蚀强度指数
草地	8 761	17.83	180
林地	20 929	42.59	162
旱地	11 490	23.38	182

表 10-6 不同土地利用类型的土壤侵蚀等级面积

土地利用类型		微度	轻度	中度	强度	极强度	合计
低覆盖度草地	面积（km^2）	293	134	75	7	2	511
	比例	0.57	0.26	0.15	0.01	0	1
高覆盖度草地	面积（km^2）	248	113	45	39	5	450
	比例	0.55	0.25	0.1	0.09	0.01	1
灌木林地	面积（km^2）	8 879	3 845	1 838	681	159	15 402
	比例	0.58	0.25	0.12	0.04	0.58	1
旱地	面积（km^2）	5 591	3 308	1 797	668	126	11 490
	比例	0.49	0.29	0.16	0.06	0.01	1
建设用地	面积（km^2）	196	70	21	3	0	290
	比例	0.68	0.24	0.07	0.01	0	1
裸岩石砾地	面积（km^2）	5	0	1	0	0	6
	比例	0.83	0	0.17	0	0	1
其他林地	面积（km^2）	89	35	6	2	0	132
	比例	0.67	0.27	0.05	0.02	0.67	1
水田	面积（km^2）	2 212	965	462	82	10	3 731
	比例	0.59	0.26	0.12	0.02	0	1
水域	面积（km^2）	153	61	27	7	0	248
	比例	0.62	0.25	0.11	0.03	0	1
疏林地	面积（km^2）	1 898	1 066	584	242	10	3 800
	比例	0.5	0.28	0.15	0.06	0	1

续表

土地利用类型		微度	轻度	中度	强度	极强度	合计
有林地	面积（km^2）	3 399	1 191	528	147	14	5 279
	比例	0.64	0.23	0.1	0.03	0	1
中覆盖度草地	面积（km^2）	3 839	2 214	1 172	513	62	7 800
	比例	0.49	0.28	0.15	0.07	0.01	1

从土壤侵蚀强度指数可看出，不同土地利用类型下的土壤侵蚀程度为裸岩石砾地<其他林地<建设用地<有林地<水域<水田<低覆盖度草地<灌木林地<高覆盖度草地<疏林地<中覆盖度草地<旱地。旱地、中覆盖度草地和疏林地上土壤侵蚀严重。林地、草地和旱地土壤侵蚀强度指数分别为 162、180 和 182。旱地引发的土壤侵蚀强度最大，草地次之，林地最小，这与非喀斯特地区规律基本相同。

林地侵蚀以微度侵蚀为主，其面积占林地总面积 58%，其中轻度、中度、强度和极强度侵蚀分别占林地总面积 25%、12%、4% 和 1%。根据土壤和气候的不同，林地又分为有林地、灌木林地、疏林地和其他林地等，土壤侵蚀强度也不同。有林地、灌木林地和其他林地都以微度侵蚀为主，占各自总面积比例分别为 64%、58% 和 67%。疏林地发生的中度以上侵蚀和微度侵蚀面积相当，均占其总面积的 50%。从土壤侵蚀强度指数来看，侵蚀强度大小依次为其他林地<有林地<灌木林地<疏林地。

草地中高盖度草地以微度侵蚀为主，占其总面积的 55%。中盖度草地微度侵蚀和轻度以上侵蚀面积相当，各占 50%。低覆盖度草地以微度侵蚀为主，轻度以上侵蚀面积占其面积 43%。从土壤侵蚀强度指数来看，侵蚀强度大小依次为低覆盖度草地<高覆盖度草地<中覆盖度草地。与非喀斯特地区随着植被盖度降低，侵蚀强度逐渐增大的规律不同。喀斯特地区土壤是侵蚀物质的直接来源，土层厚度是决定土壤侵蚀发生及强弱的关键，植被覆盖度低的地方，岩层大多石质坚硬、成土过程缓慢、土层浅薄，所以土壤侵蚀强度反而小。因此草地植被覆盖度存在一个临界值，低于此临界值，土壤侵蚀的发生和土壤侵蚀强度皆因侵蚀源的影响而降低。

乌江流域耕地土壤侵蚀中水田由于地形地貌条件影响较少，侵蚀也以微度侵蚀为主，微度侵蚀占总侵蚀面积的 59.3%；旱地则以轻度水蚀以上为主，轻度以上侵蚀面积占其总面积 51.34%。主要原因是流域内相当一部分旱地未采取水保措施，且分布在陡坡，垦殖活动多，土壤结构被破坏，易造成水土流失。从土壤侵蚀强度指数也可以看出，旱地侵蚀是各种土地利用类型中最高的。减小陡坡旱地面积，是进行水土流失治理的有效措施。

建设用地虽然所占面积比重小，但由于人类活动剧烈，也造成了水土流失。裸岩石砾地由于缺乏土壤，土壤侵蚀强度指数最小，侵蚀程度最低。

以上分析说明，不同土地利用类型通过对土壤生态系统平衡、土壤渗透性、地表径流、植被覆盖等的作用，对土壤侵蚀的发育有不同的影响。此外，土壤侵蚀在植被覆盖度大的地区低于植被稀疏的地区。

（2）土壤侵蚀与植被覆盖

在高覆盖度、中覆盖度和低覆盖度 3 种类型草地中，中覆盖度草地的土壤侵蚀强度最大，与非喀斯特地区侵蚀强度随着植被盖度降低逐渐增大的规律不同。这与喀斯特地区土壤侵蚀发生及强弱受限与土层厚度有关，草地植被覆盖度存在一个临界值，低于此临界值，土壤侵蚀的发生和土壤侵蚀强度皆因侵蚀源的影响而降低。为明确临界植被覆盖度的范围大小，下文进一步分析喀斯特地区土壤侵蚀与植被覆盖度之间的关系。

所需数据为2000年的GIMMS/AVHRR NDVI数据。GIMMS/AVHRR NDVI数据（时间分辨率为15d，空间分辨率为8km×8km）源于NASA全球监测与模型研究组（Global Inventor Modeling and Mapping Studies，GIMMS）发布的GIMMS/ AVHRR NDVI数据集。

NDVI数据生成植被覆盖度，按照10%的植被覆盖度间距，将乌江流域2000年植被覆盖度划分成9个等级见图10-19。将植被覆盖度等级图与土壤侵蚀空间分布图进行叠加计算与统计分析，得到乌江流域土壤侵蚀强度与植被覆盖度的关联（图10-20），以及各侵蚀类型内部不同植被覆盖度等级所占面积比例的统计（表10-7）。

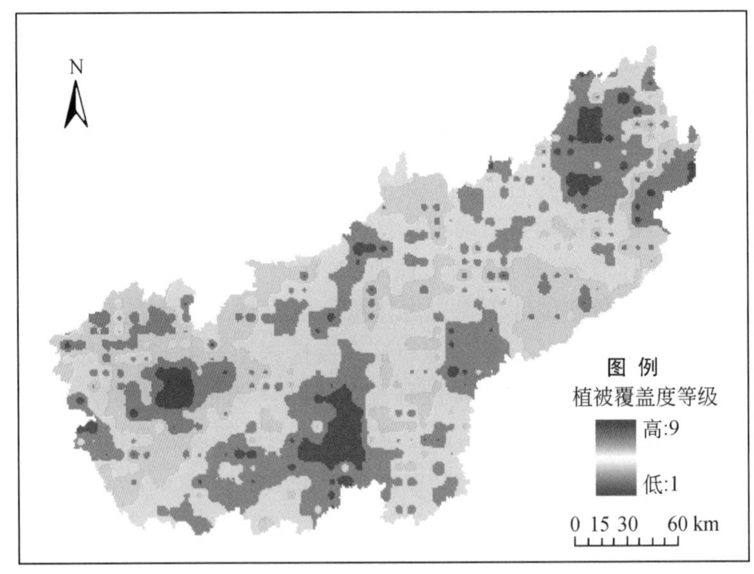

图10-19 乌江植被覆盖度等级图

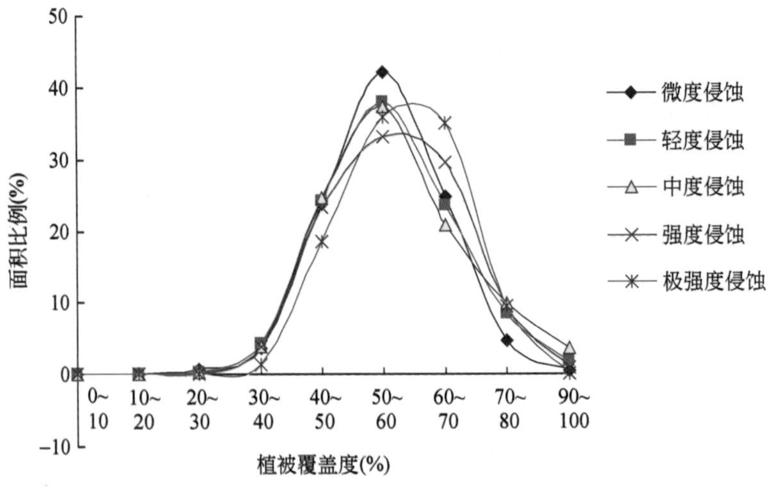

图10-20 乌江流域土壤侵蚀强度与植被覆盖度的关联

表 10-7　研究区各侵蚀类型内部不同植被覆盖度等级所占的比例

植被覆盖度（%）	微度侵蚀		轻度侵蚀		中度侵蚀		强度侵蚀		极强度侵蚀	
	面积（km^2）	比例（%）	面积（km^2）	比例（%）	面积（km^2）	比例（%）	面积（km^2）	比例（%）	面积（km^2）	比例（%）
0 ~ 10	8	0.03	3	0.02	1	0.01	0	0	0	0
10 ~ 20	13	0.05	5	0.04	4	0.06	0	0	0	0
20 ~ 30	159	0.59	40	0.31	16	0.24	0	0.02	0	0
30 ~ 40	990	3.68	541	4.16	247	3.75	93	3.89	5	1.34
40 ~ 50	6 393	23.76	3 129	24.07	1 608	24.44	555	23.25	69	18.51
50 ~ 60	11 309	42.03	4 930	37.92	2 454	37.29	789	33.08	134	35.74
60 ~ 70	6 657	24.74	3 037	23.36	1 367	20.78	703	29.45	131	34.87
70 ~ 80	1 262	4.69	1 083	8.33	644	9.78	225	9.41	36	9.5
90 ~ 100	110	0.41	233	1.79	240	3.65	21	0.9	0	0.03
合计	26 901	100	13 001	100	6 580	100	2 386	100	375	100

可见，各强度类型侵蚀都集中分布在植被覆盖度 50% ~ 60% 的地区，侵蚀存在 50% ~ 60% 的植被覆盖度临界值。与非喀斯特地区侵蚀强度随着植被盖度降低而逐渐增大的规律不同，形成岩溶地区独特的土壤侵蚀强度小但有植被覆盖区侵蚀强度大的特点。

（3）不同土壤侵蚀强度下的土地利用类型面积比例

乌江流域不同土壤侵蚀强度下土地利用类型的面积比例见图 10-21 和表 10-8。

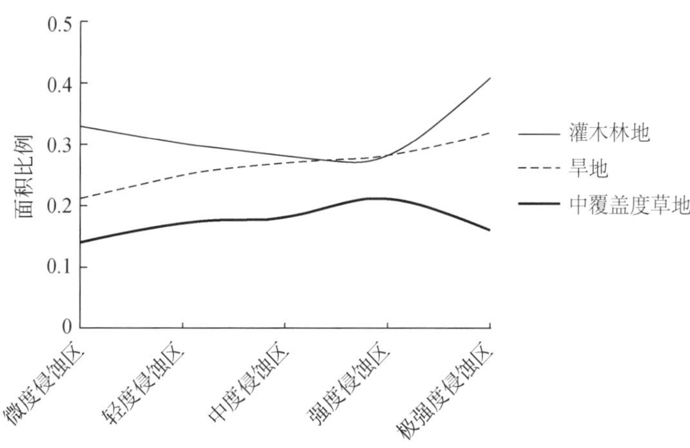

图 10-21　乌江流域不同土壤侵蚀强度下灌木林地、旱地和中覆盖度草地面积比例

从图 10-21 和表 10-8 可知，各类型侵蚀区均以灌木林地、旱地和中覆盖度草地为主，灌木林地所占比例均最大，旱地次之。灌木林地在极强度侵蚀区分布面积占到 41%，旱地达到 32%。中覆盖度草地在各类型区所占面积比例仅次于灌木林地和旱地，最高在强度侵蚀区占 21%。随着侵蚀强度增大，旱地侵蚀所占面积比例呈上升趋势，中覆盖度草地是先增加后降低，而灌木林地是先减小后增大。

表 10-8 乌江流域不同土壤侵蚀强度下土地利用类型比例

土地利用类型	微度侵蚀区	轻度侵蚀区	中度侵蚀区	强度侵蚀区	极强度侵蚀区
低覆盖度草地	0.01	0.01	0.01	0	0.01
高覆盖度草地	0.01	0.01	0.01	0.02	0.01
灌木林地	0.33	0.3	0.28	0.28	0.41
旱地	0.21	0.25	0.27	0.28	0.32
建设用地	0.01	0.01	0	0	0
裸岩石砾地	0	0	0	0	0
其他林地	0	0	0	0	0
水田	0.08	0.07	0.07	0.03	0.03
水域	0.01	0	0	0	0
疏林地	0.07	0.08	0.09	0.1	0.03
有林地	0.13	0.09	0.08	0.06	0.04
中覆盖度草地	0.14	0.17	0.18	0.21	0.16
合计	1	1	1	1	1

(4) 小结

从上述分析得知，土壤侵蚀与土地利用有很大的相关性，土地利用直接影响土壤侵蚀的强度。总体上，乌江流域土壤侵蚀以微度为主，轻度和中强度次之。耕地中旱地土壤侵蚀强度最大，中覆盖度草地次之，疏林地位居第三。林地在流域中游丘陵盆地区广泛分布，土壤侵蚀轻。林地随着植被覆盖度的降低，侵蚀强度逐渐增大，依次为其他林地<有林地<灌木林地<疏林地。草地侵蚀存在植被覆盖度临界值，由高覆盖度草地到中覆盖度草地，土壤侵蚀强度上升，而植被覆盖度低于临界值后由中覆盖度草地到低覆盖度草地土壤侵蚀强度反而降低。在三类主要土地覆被类型中，发生的土壤侵蚀强度大小为林地<草地<旱地。从土壤侵蚀区域分布来看，各强度土壤侵蚀区对应的土地利用类型均以灌木林地、旱地和中覆盖度草地为主。随着侵蚀强度的增加，中覆盖度草地所占比例递增，而灌木林地是先下降后上升，旱地是先上升后下降，强度侵蚀区是拐点。

10.3 景观破碎化的多尺度空间变异

在区域尺度上，土地利用具有高度的动态性和空间异质性，从景观生态学的角度来看，不同土地利用方式的组合形成了不同的景观和景观结构（梁美霞，2007），并表现出空间自相关性。因而，基于景观生态学原理，借助景观格局分析软件和地统计学软件，可揭示区域土地利用的景观格局，并分析其空间变异特征，进而为生物多样性保护、区域土地利用管理以及区域景观规划和建设提供科学依据。大量研究证实，景观格局指数及其空间变异特征是尺度依存的，因此有必要在连续的尺度序列上对其加以考察和探讨（李双成和蔡运龙，2005），以把握尺度间的“连通性”，进而明确它们的分析尺度（scale of analysis）。

人类活动下的土地变化一般都导致景观破碎化，降低斑块间的连通性以及斑块形状的复杂性，增加了边缘栖息地的数量（Saunders et al.，2002），这对生态环境的影响可分为两个方面（Li et al.，2009）：①生物效应，如生境的丧失和破碎化导致生物多样性的降低；②非生物（物理）效应，如“边缘效应”导致的局部非生物因素（如小气候）的改变。

我国西南喀斯特地区土地变化表现出典型的破碎化景观特征，并不同程度地影响该区景观的结构、功能及生态过程，进而影响区域农业生产和可持续发展（何念鹏等，2003）。本节选择乌江流域作为研究区，基于土地利用分类解译结果，探讨景观破碎化的空间格局、变异特征及其尺度依存性，以反映土地变化对景观稳定性的影响，并对人类干扰程度进行适当的评价（王宪礼等，1996）。

10.3.1　数据与方法

（1）研究数据

本研究以 1999 年土地利用数据（第 8 章图 8-14）为基础，利用 Kappa 指数进行解译结果的可靠性检验，Kappa 值为 0.65，数据较为可靠。根据结果可知，乌江流域的土地利用结构以林地为主，其面积占整个流域面积的 50% 以上，并且林地的分布格局和数量与姚永慧等（2003）基于 2000 年森林资源清查数据而提取的结果比较一致。

由于数据量太大，为适应软件运行要求，本研究借助 ArcGIS9.3（ESRI Inc.，1999 ~ 2008）中的 ArcToolbox，将解译结果（分辨率为 30 m）按照“多数原则”（the majority rule）重采样成 90 m 分辨率。

（2）景观破碎化指数

本研究采用有效粒度尺寸（effective mesh size）度量景观破碎化程度。它是以景观中任意两点位于同一非破碎斑块（即未被河流、山脉、交通设施等分隔开）中的概率为基础的景观破碎化指标（Jaeger，2000）。该指标明确将生态过程（动物迁移）纳入其定义之中，因而又可以解释为在景观中随机分布的动物进行迁移而不受阻隔的区域的平均面积。

有效粒度尺寸能够反映生态过程以及景观组分与空间格局，从而可以更为综合、客观地表征景观破碎化状况。一般来说，景观中的阻隔物越多，任意两点之间无障碍连接的概率越小，有效粒度尺寸越小，破碎化程度越高（Givertz et al.，2008）。计算公式如下：

$$m_{\text{efff}}(j) = A_j \cdot \sum_{i=1}^{n} \left(\frac{A_{ij}}{A_j}\right)^2 = \frac{1}{A_j}\sum_{i=1}^{n} A_{ij}^2 \tag{10-7}$$

式中，$m_{\text{eff}}(j)$ 表示景观 j 的有效粒度尺寸；n 为景观 j 中非破碎斑块的数量；A_{ij} 表示景观 j 中斑块 i 的面积大小；A_j 为景观 j 的面积大小。该指数值的变幅：最小值为栅格大小，此时相邻栅格之间的类型均不相同；最大值为景观面积，此时该景观具有唯一的类型。本研究借助景观格局分析软件 Fragstats（McGarigal and Marks，1995）中的“滑窗”（moving window）计算有效粒度尺寸，并通过改变“滑窗”（即研究幅度）大小而实现多尺度研究。

（3）地统计学

地统计学以区域化变量（regionalized variable）和空间自相关理论为基础（刘付程等，2003），借助空间变异函数，揭示变量的空间异质性（Deutsch and Journel，1998），在处理地球系统参数或变量时表现出了明显的优越性（Kumar et al.，2007）。地统计学分析

(geostatistical analysis) 中的首要步骤是半变异函数分析，它可以测度变量的空间异质性和空间自相关，计算公式如下：

$$\hat{\gamma}(h) = \frac{1}{2N(h)} \sum_{a=1}^{N(h)} [z(u_a) - z(u_a + h)]^2 \tag{10-8}$$

式中，$\hat{\gamma}(h)$ 表示样本距为 h 的半方差；$N(h)$ 为间距为 h 的样本对的总个数；$z(u_a)$ 为位置 u_a 处的样本值；$z(u_a+h)$ 为与 u_a 相距 h 处的样本值。进而，采用加权最小二乘法拟合变异函数曲线，结果中有 3 个重要的特征变量——基台值（sill）C_0+C、块金值（nugget）C_0 和变程（range）a，其意义可参考相关文献（Tarnavsky et al.，2008；戴尔阜等，2006；杨帆等，2009）。

空间自相关可表征空间单元属性值与邻近空间点的相似程度。Moran 系数（Moran's I）是度量空间自相关的指标之一，计算公式为

$$I = \frac{n \sum_{i=1}^{n} \sum_{j=1}^{n} \omega_{ij}(Z_i - \bar{Z})(Z_j - \bar{Z})}{\left(\sum_{i=1}^{n} \sum_{j=1}^{n} \omega_{ij}\right) \sum_{i=1}^{n} (Z_i - \bar{Z})^2} \tag{10-9}$$

式中，Z_i、Z_j 分别为变量在空间位置 i 和 j 的样本值；$\bar{Z}$ 为均值；ω_{ij} 为权重；n 为空间单元数。该指数的取值范围为 $-1 \leqslant I \leqslant 1$，其中正相关表示相似，负相关表示差异（杨劲松和姚荣江，2007）。

变异函数随距离增长的范围（即自相关的范围），是由各种尺度上参数的分形结构自相似性所决定的（Bokviken et al.，1992）。因此，可将研究对象视为一分形体，并用分形维数（fractal dimension）D 描述其结构复杂程度，计算公式为

$$D = 2 - (1/2)m \tag{10-10}$$

式中，m 为双对数变异函数［$\log\gamma(h)$ $-\log h$］的斜率。分形维数 D 越大，参数值的空间差异越大。此外，如果我们只在单个方向上取值，那么可以进行各向异性分析。

景观格局最大特征之一就是空间自相关性，景观特征或变量在邻近范围内的变化往往表现出对空间位置的依赖关系（邬建国，2000）。本研究采用具有一定尺寸且以栅格单元为中心的“滑窗”计算景观破碎化指数，结果为空间连续性数据。一般来说，距离较近的栅格单元其“滑窗”所涵盖的相同区域（或栅格）就越多，破碎化程度就越相似，即自相关程度就越高。基于此，借助地统计学软件分析景观破碎化的空间变异及空间自相关。

(4) 研究步骤

幅度是指空间维度的大小，精度是指度量指标的精确程度（Verburg and Chen，2000）。对幅度和粒度的选择决定了生态过程、结构和功能的尺度缩小与放大。首先，借助景观分析软件 Fragstats 3.3，在固定粒度（即分辨率）不变的前提下，设置一系列不同的研究幅度，并计算各幅度下景观破碎化指数的空间格局；然后，利用 ArcGIS9.3 中的 Hawth's Analysis Tools① 扩展模块生成 5000 个随机点，并借助 ArcGIS9.3（ESRI Inc.，

---

① http://www.spatialecology.com/htool。

1999-2008）中的 ArcToolbox 将栅格单元上的景观破碎化指数值赋给随机点；进而，利用地统计学软件 $GS^{+}7.0$（Gamma Design Software，2004）计算该连续尺度序列上景观破碎化指数的空间变异特征值，并考察和研究这些空间变异特征值的尺度依存性；最后，确定景观破碎化的分析尺度，并研究基于分析尺度的景观破碎化空间变异特征。

10. 3. 2　结果与分析

（1）景观破碎化空间变异特征的尺度依存性

由于景观指数及其空间特征具有尺度依存性，因此确定景观破碎化的分析尺度是非常关键的，并且是客观揭示其空间变异特征的基础。一般来说，空间变异性会随尺度的增加而降低，但它们之间的关系是难以确定的。本研究在连续的尺度序列上对区域景观破碎化的空间变异特征值进行考察（图 10-22），并据此确定景观破碎化的分析尺度。

首先借助 SPSS 15. 0 对所有尺度上的变量应用 Kolomogorov-Smirnov（K-S）法进行正态性检验，结果表明变量均服从正态分布（检验概率 $P_{K-S}>0.05$），原始数据适合于地统计学分析。各尺度上空间变异特征值的计算结果如上图，其中，横坐标代表景观格局分析软件 Fragstats 中有效粒度尺寸的计算幅度，纵坐标代表地统计学中表征变量空间变异程度的块金值 C_o与基台值（C_o+C）的比值，该值越高，空间变异程度越高，该值越小，空间自相关越明显。从图中可看出，景观破碎化空间变异程度随幅度的增加而减小，并且与幅度呈现非常明显的幂率关系（$Y=0.8312\ X^{-0.164}$，$R^2=0.9636$）。在整个研究区范围内，景观破碎化的空间变异特征值在 4500 m 左右的空间尺度上开始变得平稳，表明该特征尺度（characteristic scale）反映了景观破碎化空间变异特征的内在尺度（intrinsic scale）。因此，考虑到 Fragstats 软件对于尺度设置的要求，即“滑窗”应以对象栅格为中心，我们选择 4590 m 作为该区景观破碎化的分析尺度，进而可对该尺度上计算的景观破碎化指数进行空间变异分析。

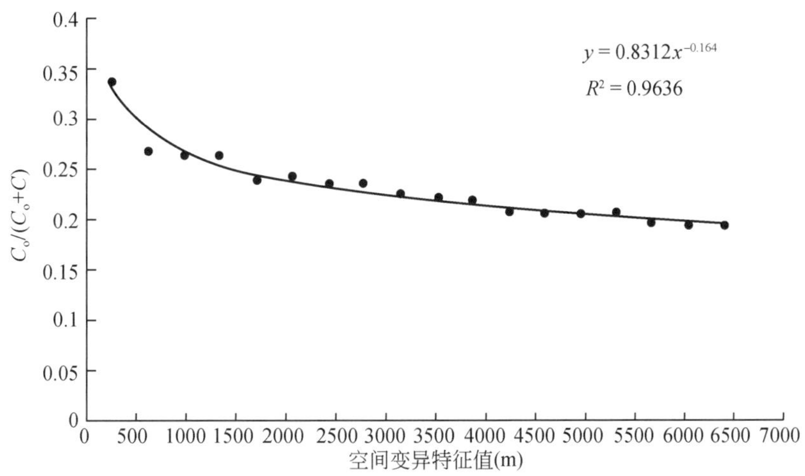

图 10-22　不同研究幅度下的景观破碎化空间变异特征值及其变化趋势

(2) 景观破碎化的空间变异特征

a. 景观破碎化指数的空间格局与统计特征

图 10-23 是“滑窗”大小为 4590 m 下有效粒度尺寸的空间结构图，高值代表破碎化程度低，景观范围内土地利用方式单一、分布连续，低值代表破碎化程度高，土地利用空间变化剧烈、离散程度高。

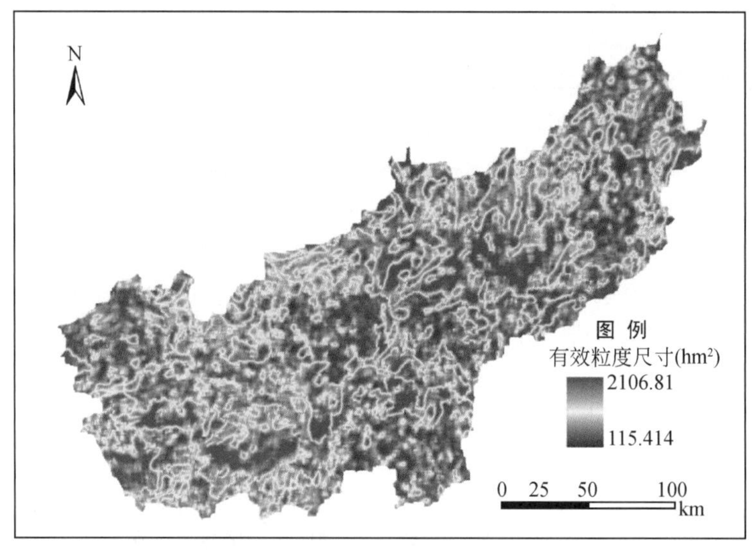

图 10-23 景观破碎化的空间格局

从图中可看出，高值区与低值区分布错杂，但低值区明显多于高值区。借助 ArcGIS 的叠置分析功能可知，大部分土地利用类型交错分布区的破碎化程度较高，土地利用呈现明显的空间离散，而破碎化程度较低的区域大多位于林地集中分布区，其中，破碎化指数在平均值和中值以上的栅格，分别有近 68% 和 66% 位于林地景观。流域东北部山地丘陵区普遍分布着低值区，这主要是由于该区地势西高东低，自西向东由中山向低山丘陵过渡，并且地表水系发达，河网密度大，因而受构造与河流切割的影响，地势起伏很高。流域中部丘原盆地区的东部分布着较多的高值区，这主要是因为该区地势起伏不大，高原丘陵广布，而低值区则是因为位于贵州大斜坡上，相对高差较大，河流切割较深。流域西部高原山地区中的高值区主要分布在其南部较平坦的高原面上，而低值区位于北部切割强烈的山地分布区。此外，本研究采用经典统计方法，计算了景观破碎化指数的统计特征值(表 10-9)，研究区的有效数据为 5 621 227 个像元。通过表 10-9 可看出，最大值为“滑窗”大小（4590 m×4590 m），此时景观内的土地利用类型是单一的，并且大多位于林地分布区，最小值和均值仅占景观大小的 5. 5% 和 36. 4%，说明地形及人为影响导致景观范围内土地利用方式的空间离散程度较高。变异系数超过 50%，说明在流域范围内，地形等因素的强烈变化导致了景观破碎化空间差异较大。该数据的分布类型为正偏高峡峰，即在直方图中，较正态分布数据而言，大部分数据位于左边，数据分布高耸狭窄且集中于平均数附近，说明乌江流域地形切割度大，多数区域景观破碎化程度高。

表 10-9　景观破碎化指数的统计特征值

景观破碎化指标	最小值（hm^2）	最大值（hm^2）	均值（hm^2）	中值（hm^2）	标准差	变异系数	偏态值	峰度值
有效粒度尺寸	115.41	2106.81	767.78	689.55	372.68	0.54	0.73	2.86

b. 景观破碎化指数的空间变异特征

本研究借助 GS⁺7.0 和 ArcGIS9.3 对研究区景观破碎化进行各向同性（isotropy）和各向异性（anisotropy）空间变异特征分析，结果见表 10-10、表 10-11 以及图 10-24、图 10-25。各向同性是指在不考虑方向性的前提下，破碎化空间变异在区域范围内的全局特性；各向异性是指破碎化空间变异随方向的不同而表现出一定的差异性。

表 10-10　景观破碎化指数的半变异函数模型及特征值

景观破碎化指标	块金值 C_o	基台值 C_o+C	$C_o/(C_o+C)$（%）	Fractal	Moran's I	变程 a（km）	R^2	RSS（残差平方和）	拟合模型
有效粒度尺寸	0.231	0.997	23.170	1.991	0.65	33	0.459	3.801×10^8	球状模型

表 10-11　景观破碎化指数不同方向分形维数

方向	分形维数	R^2	标准误差
南-北（S-N）	1.809	0.331	0.973
东-西（E-W）	1.951	0.652	0.539
东北-西南（NE-SW）	1.990	0.020	5.253
东南-西北（SE-NW）	1.760	0.429	0.829

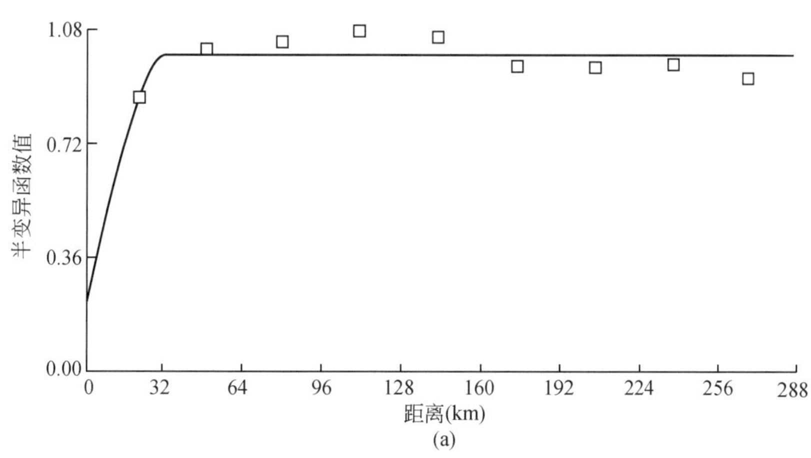

(a)

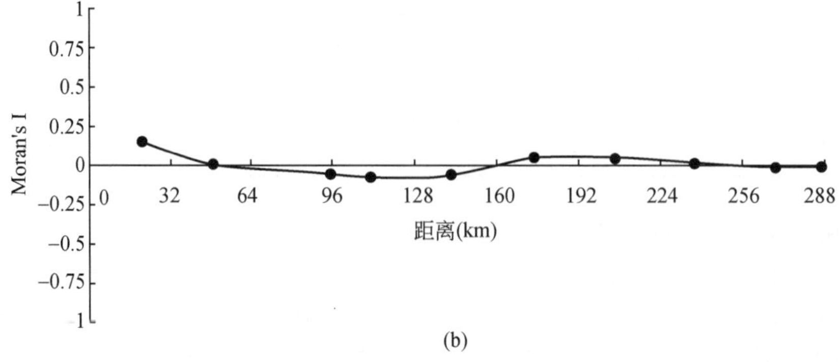

图 10-24 景观破碎化指数的半变异函数（a）及空间自相关系数（b）变化曲线

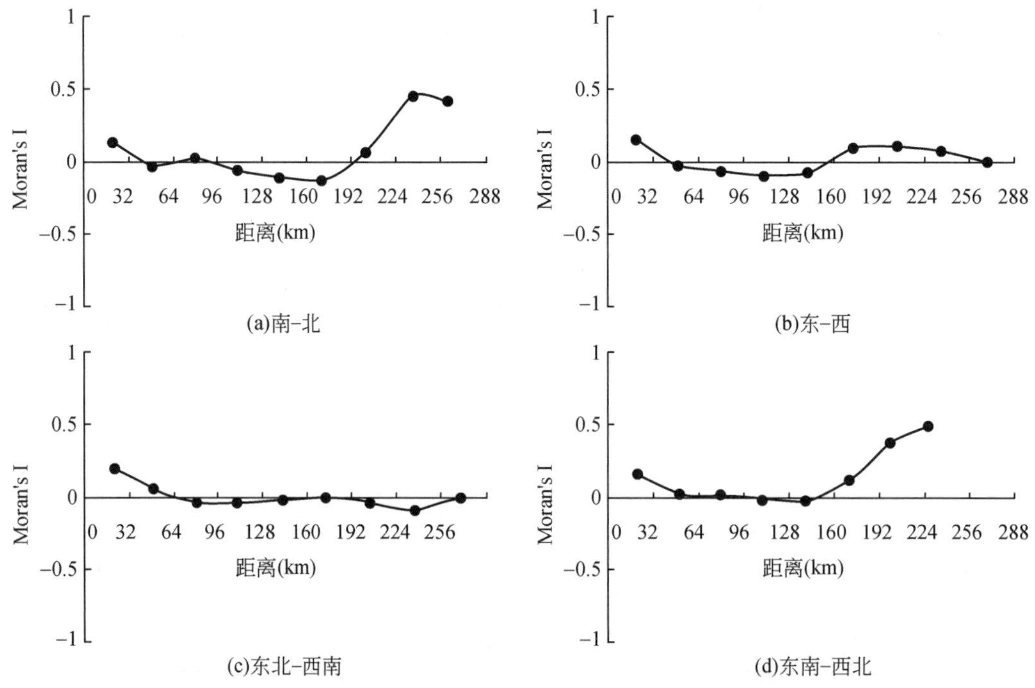

图 10-25 景观破碎化指数在不同方向上空间自相关系数变化曲线

1）各向同性空间变异特征。由表 10-10 和图 10-24 可知，地形等结构性因素引起的空间变异起主要作用［$C_o/(C_o+C)$ = 23.17%］，数据序列较复杂（Fractal = 1.991）。显然，由乌江流域地形地貌特点引起的复杂小气候，以及人类活动的区域差异等，导致了景观破碎化指数在流域范围内复杂性程度较高。景观破碎化呈现明显的空间自相关性（Moran's I = 0.65，$P<0.001$），即距离越近的景观，其土地利用类型的离散或变化程度越相似。空间自相关距离为 33 km，在此范围内，景观破碎化具有自相关性，但随距离的增加，自相关程度逐渐降低至 0 附近，此后半变异函数曲线趋于稳定，受随机因素影响，不再具有自相关性。地形、气候以及人类因素的影响导致了景观破碎化的自相关距离相对较小。

为进一步探索指数的空间相关特征，进行了局部空间自相关分析（local indicators of spatial association，LISA），并以 2000 个随机点为研究对象（图 10-26）。从图中可看出，在具有显著聚集性的点对中，大部分高值点（破碎化程度较低）的周围为高值点（即高值-高值空间聚集类型），大部分低值点（破碎化程度较高）的周围为低值点（即低值-低值空间聚集类型）。此外，结果显示出比较明显的空间格局，高值-高值类型主要分布于中部偏东和西南部，低值-低值类型主要分布于东北部、西北部及中部。

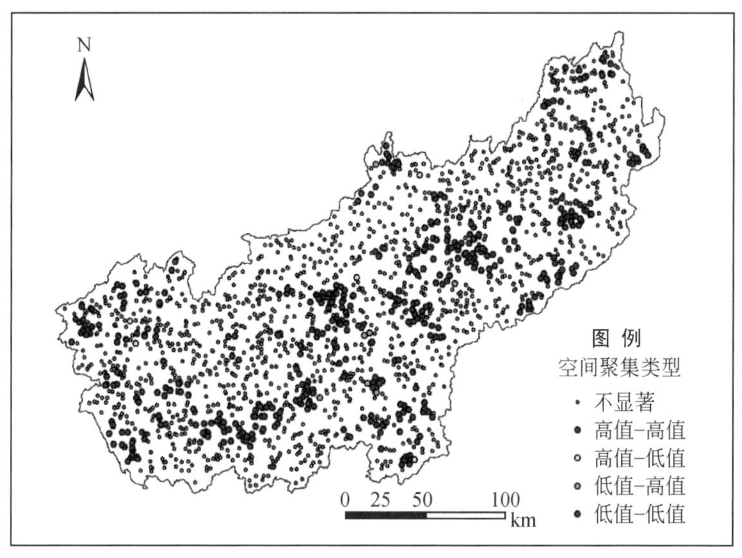

图 10-26　景观破碎化的空间聚集图

2）各向异性空间变异特征。进一步研究破碎化空间变异的各向异性对于科学、合理利用区域土地资源具有重要意义。本研究分别计算了南-北、东-西、东北-西南和东南-西北方向上景观破碎化的分形维数（表 10-11）以及空间自相关系数变化曲线（图 10-24）。由结果可知，景观破碎化空间变异在不同空间方向上呈现出差异性，并表现出与地形的相关性。东北-西南和东-西方向上的分形维数较大，空间自相关距离较短，说明数值空间变异程度较高，空间分布较复杂。这主要是由于在此方向上，随着海拔、地势起伏等地形因素的变化，土地利用方式空间变化的区域差异较大，从而导致景观破碎化程度的空间差异较大（图 8-14、图 10-23），如在地势起伏较高的流域东北部山地丘陵区和中部丘原盆地区的西部，土地利用方式变化较强烈，破碎化程度较高，而在较平坦的中部丘原盆地区的东部和流域西部的高原面上，土地利用类型比较单一，破碎化程度较低。在南-北和东南-西北方向上分形维数较小，空间自相关距离较长，说明参数空间变异程度较低，空间自相关程度较高。这主要是由于在地形因素的影响下，除了流域西部因山地和高原面的作用而导致南北差异较明显外，土地利用方式在此方向上空间变化的区域差异普遍较小，从而导致破碎化程度的空间差异较小（图 8-14、图 10-23）。

(3) 结论与讨论

a. 结论

1）景观破碎化空间变异与研究幅度呈现非常明显的幂率关系，4590 m 为该曲线的特征尺度，它反映了景观破碎化空间变异特征的内在尺度。将其作为景观破碎化的计算尺度（分析尺度），既可以避免土地利用的“噪声”数据，又可确保计算过程中包含足够的必要信息。

2）有效粒度尺寸可表征在景观中各土地利用类型连续分布面积的平均值，该值越高，景观破碎化程度越低，局部土地利用方式的空间离散程度越低。对比土地利用类型空间分布图可知，大部分土地利用类型交错分布区的破碎化程度较高，而破碎化程度较低的区域大多位于林地景观。地形切割强烈的流域东北部山地丘陵区、中部丘原盆地区的西部以及西部高原山地区的北部破碎化程度较高，土地利用呈现空间离散，地势较平坦的流域中部丘原盆地区的东部以及西部高原山地区的南部破碎化程度较低，土地利用方式较单一。经典统计方法的计算结果显示数值间变异程度较大，数据分布类型为正偏高峡峰。

3）在不考方向性的前提下，基于土地利用方式的景观破碎化空间变异在流域范围内的全局特性表现为地形等结构性因素起主要作用；地形、气候以及人类活动等导致了流域范围内景观破碎化指数值的空间分布较复杂；在 33 km 范围内，距离越近，景观破碎化程度越相似。在具有显著聚集性（或局部自相关性）的点对中，大部分高值点的周围为高值点，大部分低值点的周围为低值点。高值–高值类型主要分布于中部偏东和西南部的林地景观，低值–低值类型主要分布于东北部、西北部及中部的林地、草地与耕地的交错分布区。

4）各向异性空间变异特征研究结果显示东北–西南方向上的分形维数最大，空间自相关距离最短，其次为东–西方向、南–北和东南–西北方向。研究区景观破碎化的各向同性和各向异性空间变异特征与该区自然地理特征较吻合。因地形破碎、河流切割等的影响，参数在整个区域内空间变异程度较高，自相关程度较低、尺度较小；南–北方向的空间自相关程度远远高于东–西走向，说明了大的地形特征对土地利用与土地覆被的制约。

景观生态学研究强调空间异质性、生态学过程和尺度的关系，弥补了生态学研究的不足。本研究将异质性与尺度关联起来并进行了区域实证，研究结果可资相关研究参考也可为生物多样性保护、区域土地利用管理以及区域景观规划和建设提供科学依据。

b. 讨论

尽管获得了研究区景观破碎化的空间变异特征及其尺度依存性，然而研究中仍然存在一些问题。首先，在景观指数的算法上需要进一步改进，如边界效应的消除，“滑窗”类型的选择等；其次，多尺度研究内容需进一步拓展，如尺度范围的延长，数据源的扩展等。此外，今后对区域景观破碎化的研究应从以下几个方面进行加深。

1）基于类型的景观破碎化研究，相对于基于景观的研究而言，此类研究能为生态环境的保护提供更为细致可靠的指导；

2）景观破碎空间特征对生物多样性影响的定量研究；

3）景观破碎化的动态研究，即将空间维研究拓展为时间维和空间维相结合的多维研究；

4）景观格局空间异质性与尺度的耦合机制，幅度和粒度是生态尺度问题研究的重点，在固定粒度的前提下，通过变换幅度实现多尺度研究，今后还应分析粒度与异质性的耦合。

第 11 章　乌江流域土地利用优化配置

土地利用优化配置是在一定土地范围内，通过调整各种利用类型的数量结构和空间配置，充分发挥各种类型土地的资源优势，实现区域土地利用经济、环境、生态和社会等综合效益最大。土地利用优化配置是主动调控未来土地变化的主要途径。本章在研究乌江流域土地变化及其驱动因素和生态效应的基础上，进一步研究该流域的土地利用优化配置；提出一种新的土地利用优化配置数量优化模型——不确定条件下土地利用优化配置模型，并将此模型与 GIS 耦合，形成一个数量优化与空间优化混合的模型，并将之应用于乌江流域土地利用优化配置。结果显示，模型产生了优化的数量利用结构和空间优化布局。同时，由于模型考虑了环境和生态因素，可以分析土地利用、经济发展、环境保护和生态平衡几者之间的定量关系，可为制定相关土地利用和环境保护政策提供依据。

11.1　土地利用优化配置研究方法

11.1.1　相关进展

目前土地利用优化配置的方法一般分为两类：一类是数量结构的优化，另一类是空间配置的优化。

土地利用数量结构优化方法始于对线性规划模型的应用。Mendoza（1987）提出第一个农业土地利用结构优化配置的数学模型，即一个简单的线性规划模型，目标函数是土地利用优化方案选择最优，约束条件包括劳动力、经济投入和产出、农产品产量、林地最小面积等。自此，数学模型被广泛应用于土地利用优化配置。常用的数学模型包括线性规划、多目标规划、目标规划、灰色线性规划、模糊线性规划、0 ~ 1 规划（主要用于土地选址问题）等。例如，严海涛（2009）利用灰色线性规划对兰州土地利用进行了优化配置；龚建周等（2010）利用多目标线性规划模型对广州土地利用进行优化配置。

土地利用空间配置优化方法始于地理信息系统（GIS）的开发和应用。GIS 特有的空间分析功能能很好地支持土地系统的展示、分析和优化。例如，主要得益于 GIS 的叠置分析以及距离分析工具，基于 GIS 的土地适宜性评价能很好地在空间上确定各类适宜土地的位置、面积和范围（Wandahwa and Ranst，1996）。这种方法主要基于以下几个步骤：首先输入土地的遥感影像，利用遥感的解译功能对目前土地利用现状进行表述，得到目前各土地利用类型的空间分布并在 GIS 中展示。其次分析影响土地适宜性的各种因素，如农业用地主要考虑土壤类型（质量）、渗水性、距离水源的远近、高程、牲畜集聚度等。建设用地主要考虑坡度、人口密度、劳动力数量、距离交通要道的远近、距离城中心的远近、距离电厂远近等，根据实地情况确定几个主要的影响因素，然后根据实际情况分别赋权。再次，确定好影响因素和权重以后，分别在 GIS 中制作各要素的分值图，并利用叠置分析和距离分析工具最终得到土地适宜图。最后根据土地适宜性评价结果和结构优化的结果进行总体优化。应用这类方法的研究很多。例如，郑晗和许锡文（2009）利用 GIS 对赣南种植用地的适宜性进行了评价，所选取的影响因子包括离水源的距离、土层厚度、土壤有机质、土壤孔隙度、土壤质地、坡度等；陈颖等（2010）利用 GIS 对四川省马尔康县土地适宜性进行了评价，选取的影响因子包括水源、有机质量、盐碱度、土壤质地、土层厚度等。

土地利用空间优化配置并非仅限于土地适宜性评价。近几年来，在有关土地利用空间配置的研究中，出现了很多基于模拟退火、遗传算法等优化计算方法及细胞自动机、多智能体等技术的现代土地利用优化配置模型。Matthews（1999）提出了两种遗传算法应用于土地利用规划，并集成到土地利用配置决策支持系统中。其中一种基因编码直接表示土地利用类型，一个基因位代表一个土地对象。Aerts 等（2002）采用基于模拟退火的优化过程来解土地利用规划模型，把土地利用规划的开发费用作为能量函数，同样也以土地利用单元为模型的基本对象；元胞自动机模型是一种很好的空间模拟技术，通过构建基于约束的土地利用空间布局优化，利用元胞自动机的空间模拟能力来实现土地利用空间布局的优化是一种比较自然的方法，关键是元胞自动机的元胞局域转换规则集的确定和元胞自动机约束体系的建立，Engelen 等（1995）通过集成 GIS 和元胞自动机模型，产生土地利用配置方案。这些方法的共同特点是结合 GIS 的运用，GIS 一方面为模型提供数据信息，另一方面用于表达模型运算结果，即计算结果可以直接反映在电子地图上。

11.1.2　区间线性规划

（1）基本定义

Huang（1996）提出一个区间线性规划（interval linear programming，ILP）模型。这个模型能处理表现为区间值的不确定性。其定义如下。

定义 1：区间数是位于一个闭区间内的“灰色”实数，由于区间数是不确定的，所以称为灰色数字，若区间数被确定，则变为白色数字，即普通实数。

$$x^{\pm}=[x^{-},\ x^{+}]=\{t\in x/x^{-}\leqslant t\leqslant x^{+}\}$$

定义 2：区间数的正负由区间数上下界确定。

$$x^{\pm}\geqslant 0\quad \text{if}\quad x^{-}\geqslant 0\quad \text{and}\quad x^{+}\geqslant 0$$

$$x^{\pm}\leqslant 0\quad \text{if}\quad x^{-}\leqslant 0\quad \text{and}\quad x^{+}\leqslant 0$$

定义 3：两个区间数的大小比较规则。

$$x^{\pm}\leqslant y^{\pm}\quad \text{if}\quad x^{-}\leqslant y^{-}\quad \text{and}\quad x^{+}\leqslant y^{+}$$

$$x^{\pm}<y^{\pm}\quad \text{if}\quad x^{-}<y^{-}\quad \text{and}\quad x^{+}<y^{+}$$

定义4：区间数的符号函数定义如下。

$$\text{Sign}(x^{\pm}) = \begin{cases} 1 & \text{if} \quad x^{\pm} \geqslant 0 \\ -1 & \text{if} \quad x^{\pm} \leqslant 0 \end{cases}$$

定义5：区间数的绝对值定义如下。

$$|x^{\pm}| = \begin{cases} x^{\pm} & \text{if} \quad x^{\pm} \geqslant 0 \\ -x^{\pm} & \text{if} \quad x^{\pm} < 0 \end{cases}$$

$$|x|^{-} = \begin{cases} x^{-} & x^{-} \geqslant 0 \\ -x^{-} & x^{-} < 0 \end{cases}$$

$$|x|^{+} = \begin{cases} x^{+} & x^{+} \geqslant 0 \\ -x^{+} & x^{+} < 0 \end{cases}$$

定义6：区间向量和区间矩阵分别定义如下。

$$\text{区间向量 } X^{\pm} = \{x_i^{\pm} = [x_i^{-}, x_i^{+}] / \forall i\} \quad X^{\pm} \in \{\delta^{\pm}\}^{1\times n}$$

$$\text{区间矩阵 } X^{\pm} = \{x_{ij}^{\pm} = [x_{ij}^{-}, x_{ij}^{+}] / \forall i, j\} \quad X^{\pm} \in \{\delta^{\pm}\}^{m\times n}$$

定义7：区间矩阵的符号判别规则定义如下。

$$X^{\pm} \geqslant 0 \quad \text{if} \quad x_{ij}^{+} \geqslant 0 \quad \forall i, j \quad X^{\pm} \in \{\delta^{\pm}\}^{m\times n}, \ m \geqslant 1 \quad \text{且} \quad m \text{ 为整数;}$$

$$X^{\pm} \leqslant 0 \quad \text{if} \quad x_{ij}^{+} \leqslant 0 \quad \forall i, j \quad X^{\pm} \in \{\delta^{\pm}\}^{m\times n}, \ m \geqslant 1 \quad \text{且} \quad m \text{ 为整数;}$$

定义8：区间数的四则运算法则如下。

$$x^{\pm} * y^{\pm} = [\min\{x * y\}, \max\{x * y\}] \quad x^{-} \leqslant x \leqslant x^{+}, \ y^{-} \leqslant y \leqslant y^{+}$$

$$x^{\pm} + y^{\pm} = [x^{-} + y^{-}, x^{+} + y^{+}]$$

$$x^{\pm} - y^{\pm} = [x^{-} - y^{+}, x^{+} - y^{-}]$$

$$x^{\pm} \times y^{\pm} = [\min\{x \times y\}, \max\{x \times y\}] \quad x^{-} \leqslant x \leqslant x^{+}, \ y^{-} \leqslant y \leqslant y^{+}$$

$$x^{\pm} \div y^{\pm} = [\min\{x \div y\}, \max\{x \div y\}] \quad x^{-} \leqslant x \leqslant x^{+}, \ y^{-} \leqslant y \leqslant y^{+}$$

定义9：一个区间线性优化模型定义如下。

$$\max f^{\pm} = C^{\pm} X^{\pm} \tag{11-1a}$$

约束于

$$A^{\pm} X^{\pm} \leqslant B^{\pm} \tag{11-1b}$$

$$X^{\pm} \geqslant 0 \tag{11-1c}$$

式中，$A^{\pm} \in \{\delta^{\pm}\}^{m\times n}$；$B^{\pm} \in \{\delta^{\pm}\}^{m\times 1}$；$C^{\pm} \in \{\delta^{\pm}\}^{1\times n}$；$X^{\pm} \in \{\delta^{\pm}\}^{n\times 1}$。

(2) 区间线性优化模型的求解方法

根据 Huang（1996）开发的交互式算法，通过分析参数和变量、目标函数和约束的相互关系，上述区间线性优化模型可以转换为两个线性子模型，这两个子模型分别对应于目标函数最优解的上界和下界。下界子模型（对应于f^{-}）可以表示为

$$\text{Max } f^{-} = \sum_{j=1}^{k_1} c_j^{-} x_j^{-} + \sum_{j=k_1+1}^{n} c_j^{-} x_j^{+} \tag{11-2a}$$

约束于

$$\sum_{j=1}^{k_1} |a_{ij}|^{+} \text{Sign}(a_{ij}^{+}) x_j^{-} + \sum_{j=k_1+1}^{n} |a_{ij}|^{-} \text{Sign}(a_{ij}^{+}) x_j^{+} \leqslant b_i^{\pm}, \ \forall i \tag{11-2b}$$

$$x_j^{\pm} \geqslant 0, \quad \forall i \tag{11-2c}$$

式中，$x_j^{\pm}$（$j=1, 2, 3, \cdots, k_1$）表示目标函数中系数为正值的变量；$x_j^{\pm}$（$j=k_1+1, k_1+2, k_1+3, \cdots, n$）表示目标函数中系数为负值的变量。下界子模型（对应于f^+）可以表示为

$$\text{Max } f^+ = \sum_{j=1}^{k_1} c_j^+ x_j^+ + \sum_{j=k_1+1}^{n} c_j^+ x_j^- \tag{11-3a}$$

约束于

$$\sum_{j=1}^{k_1} |a_{ij}|^- \text{Sign}(a_{ij}^-) x_j^+ + \sum_{j=k_1+1}^{n} |a_{ij}|^+ \text{Sign}(a_{ij}^+) x_j^- \leqslant b_i^{\pm}, \quad \forall i \tag{11-3b}$$

$$x_j^{\pm} \geqslant 0, \quad \forall j \tag{11-3c}$$

根据 Huang 等（1992，1995）人的研究，如果 $b_i^{\pm} \geqslant 0$ 且 $f^{\pm} \geqslant 0$，模型（11-2）可以转化为两个完全确定的线性子模型。因此，模型（11-2）可以转化为如下确定性模型：

$$\text{Max } f^- = \sum_{j=1}^{k_1} c_j^- x_j^- + \sum_{j=k_1+1}^{n} c_j^- x_j^+ \tag{11-4a}$$

约束于

$$\sum_{j=1}^{k_1} |a_{ij}|^+ \text{Sign}(a_{ij}^+) x_j^- / b_i^- + \sum_{j=k_1+1}^{n} |a_{ij}|^- \text{Sign}(a_{ij}^-) x_j^+ / b_i^+ \leqslant 1, \quad \forall i \tag{11-4b}$$

$$x_j^{\pm} \geqslant 0, \quad \forall j \tag{11-4c}$$

利用 lingo 软件计算模型（11-4），可以得到其最优解 x_{opt}^-（$j=1, 2, 3, \cdots, k_1$），x_{opt}^+（$j=k_1+1, k_1+2, k_1+3, \cdots, n$），以及目标函数的最优值 f_{opt}^-。同样地，模型（11-3）也能转换为如下确定性模型：

$$\text{Max } f^+ = \sum_{j=1}^{k_1} c_j^+ x_j^+ + \sum_{j=k_1+1}^{n} c_j^+ x_j^- \tag{11-5a}$$

约束于

$$\sum_{j=1}^{k_1} |a_{ij}|^- \text{Sign}(a_{ij}^-) x_j^+ / b_i^+ + \sum_{j=k_1+1}^{n} |a_{ij}|^+ \text{Sign}(a_{ij}^+) x_j^- / b_i^- \leqslant 1, \quad \forall i \tag{11-5b}$$

$$x_j^{\pm} \geqslant 0, \quad \forall j \tag{11-5c}$$

利用 lingo 软件模型（11-5）可得到最优解 x_{opt}^+（$j=1, 2, 3, \cdots, k_1$），x_{opt}^-（$j= k_1+1, k_1+2, k_1+3, \cdots, n$），以及目标函数的最优值 f_{opt}^+。综合模型（11-4）和模型（11-5）的解，我们可以得到模型（11-1）的最优解：

$$x_{j\text{opt}}^{\pm} = [x_{j\text{opt}}^-, x_{j\text{opt}}^+], \quad \forall j \tag{11-6a}$$

$$f_{\text{opt}}^{\pm} = [f_{\text{opt}}^-, f_{\text{opt}}^+] \tag{11-6b}$$

从以上模型的解法过程来看，区间线性优化模型能够有效处理模型中表现为区间数的不确定性。

11.1.3　区间概率规划

概率规划是一种主要的随机规划方法，其能够有效处理土地优化决策中表现为概率分布的不确定性（Huang，1998）。一个典型的概率规划模型可表示如下：

$$\text{Max} f = C(t)X \tag{11-7a}$$

约束于

$$A(t)X \leqslant B(t) \tag{11-7b}$$

$$x_j \geqslant 0,\ x_j \in X,\ j = 1,\ 2,\ \cdots,\ n \tag{11-7c}$$

式中，X 是决策变量；$A\ (t)$、$B\ (t)$ 和 $C\ (t)$ 是概率空间 T（$t \in T$）里的随机集合。模型（11-7）可以通过将其转化为一个等价的确定性模型来解之。首先对每个约束条件，指定一个违反概率 $p_i \in [0,\ 1]$，即这些约束条件在 $1-p_i$ 的概率下是肯定成立的。根据 b_i 的随机分布函数，可分别得到不同 p_i 对应下的 b_i 值。这样模型可转化为一组线性规划模型：

$$\text{Max} f = CX \tag{11-8a}$$

约束于

$$A_i X \leqslant B\ (t)^P \tag{11-8b}$$

$$x_j \geqslant 0,\ x_j \in X,\ j = 1,\ 2,\ \cdots,\ n \tag{11-8c}$$

式中，$B\ (t)^P = \{b_i\ (t)^{(p_i)}\ |\ i = 1,\ 2,\ \cdots,\ m\}$；$p$ 代表违反概率。

概率规划能反映模型满足约束条件的可靠性。当满足概率为 1 的时候，模型（11-7）即为一个线性规划模型。可是概率规划仅能反映模型约束条件方程不等号（或等号）右边常量的概率不确定性，约束条件方程不等号（或等号）左边变量的参数的不确定性以及目标函数里变量参数的不确定性却难以以概率形式表示。这是因为决策变量的参数在实际中往往是定值或者位于一个区间的区间值，并没有相关的概率信息。当决策变量的参数也具有不确定性，且可以获取其区间值，且约束条件方程不等号（或等号）右边的常数能够获取到概率分部信息的情况下，我们可以建立一个基于区间规划和概率规划的区间概率规划模型（Li et al.，2007）：

$$\text{Max} f^{\pm} = C^{\pm} X^{\pm} \tag{11-9a}$$

约束于

$$A_i^{\pm} X^{\pm} \leqslant B_i\ (t)^{(P)},\ A_i^{\pm} \in A^{\pm},\ i = 1,\ 2,\ \cdots,\ m \tag{11-9b}$$

$$B\ (t)^{(P)} = \{b_i\ (t)^{(p_i)}\ |\ i = 1,\ 2,\ \cdots,\ m\} \tag{11-9c}$$

式中，上标‘-’和‘+’表示区间参数值的上界和下界。模型（11-9）可以通过交互式算法分解成两个子模型来解。当目标函数取区间上界值的时候，对应于 f^+ 的子模型可以先分解出来，通过这个子模型的解，可以得到目标函数取区间下界值时的子模型。设 $x_j^{\pm}$（$j = 1,\ 2,\ \cdots,\ k_1$）为目标函数中决策变量参数为正值时决策变量的值，$x_j^{\pm}$（$j = k_1 + 1,\ k_1 + 2,\ \cdots,\ n$）为决策变量参数为负值时的决策变量值，则模型（11-9）可以分解为

$$\text{Max} f^{+} = \sum_{j=1}^{k_1} c_j^{+} x_j^{+} + \sum_{j=k_1+1}^{n} c_j^{+} x_j^{-} \tag{11-10a}$$

约束于

$$\sum_{j=1}^{k_1} |a_{ij}|^- \mathrm{Sign}(a_{ij}^-)x_j^+ + \sum_{j=k_1+1}^{n} |a_{ij}|^+ \mathrm{Sign}(a_{ij}^+)x_j^- \leqslant b_i^p, \ \forall i \tag{11-10b}$$

$$x_j^- \geqslant 0, \quad j = 1, 2, \cdots, k_1 \tag{11-10c}$$

$$x_j^+ \geqslant 0, \ j = k_1 + 1, k_1 + 2, \cdots, n \tag{11-10d}$$

在子模型（11-10）中，提供了不确定条件下f^+的解。设x_{jopt}^+ ($j = 1, 2, \cdots, k_1$) 和 x_{jopt}^- ($j = k_1+1, k_1+2, \cdots, n$) 为模型（11-10）的解，则对应于$f^-$的子模型可以表示如下：

$$\mathrm{Max}\, f^- = \sum_{j=1}^{k_1} c_j^- x_j^- + \sum_{j=k_1+1}^{n} c_j^- x_j^+ \tag{11-11a}$$

约束于

$$\sum_{j=1}^{k_1} |a_{ij}|^+ \mathrm{Sign}(a_{ij}^+)x_j^- + \sum_{j=k_1+1}^{n} |a_{ij}|^- \mathrm{Sign}(a_{ij}^-)x_j^+ \leqslant b_i^p, \ \forall i \tag{11-11b}$$

$$x_{jopt}^+ \geqslant x_j^- \geqslant 0, \ j = 1, 2, \cdots, k_1 \tag{11-11c}$$

$$x_j^+ \geqslant x_{jopt}^-, \ j = k_1 + 1, k_1 + 2, \cdots, n \tag{11-11d}$$

设x_{jopt}^- ($j = 1, 2, \cdots, k_1$) 和 x_{jopt}^+ ($j = k_1+1, k_1+2, \cdots, n$) 为子模型（11-11）的解，则模型（11-9）的解可以表示如下：

$$f_{opt}^{\pm} = [f_{opt}^-, f_{opt}^+] \tag{11-12a}$$

$$x_{jopt}^{\pm} = [x_{jopt}^-, x_{jopt}^+], \ \forall j \tag{11-12b}$$

模型（11-9）允许约束条件在一定的容量下可以被违反，从而可以很好反映目标函数和系统目标函数之间的折中关系。例如，若系统目标函数为经济效益，而约束条件为环境容量约束，那么模型（11-8）能很好反映经济效益和环境效益之间定量的折中关系。换句话说，要想经济效益越大，显然环境约束更宽松，环境允许容量越大，环境效益越低；反之，要想经济效益越小，环境约束则更严格，环境允许容量越小，则环境效益越高。在如下的章节里，我们将建立不确定条件下区间概率土地利用优化模型，其算法正是基于以上描述。

11.2　乌江流域土地利用数量结构优化

11.2.1　模型

（1）变量设置

通过对乌江流域土地利用–环境系统进行分析，确定决策变量为各类土地利用面积（表 11-1）。

表 11-1　模型变量设置

变量	x_1	x_2	x_3	x_4	x_5	x_6
土地类型	耕地	林地	草地	建设用地	水域	未利用地

(2) 目标函数

乌江流域土地利用优化配置的目的在取得最佳的经济、环境、生态和社会效益。我们将经济效益最大化作为目标函数，而环境、生态和社会效益均作为约束条件。

目标函数确定为

$$\begin{aligned}\text{Max NEB}^{\pm}= & \sum_{i=1}^{I}\sum_{t=1}^{T}\text{PLA}_{i,\ j=1,\ t}^{\pm}\times x_{i,\ j=1,\ t}^{\pm}+\sum_{i=1}^{I}\sum_{t=1}^{T}\text{PLA}_{i,\ j=2,\ t}^{\pm}\times x_{i,\ j=2,\ t}^{\pm} \\ & +\sum_{i=1}^{I}\sum_{t=1}^{T}\text{PLA}_{i,\ j=3,\ t}^{\pm}\times x_{i,\ j=3,\ t}^{\pm}+\sum_{i=1}^{I}\sum_{t=1}^{T}\text{PLA}_{i,\ j=4,\ t}^{\pm}\times x_{i,\ j=4,\ t}^{\pm} \\ & -\sum_{i=1}^{I}\sum_{j=1}^{4}\sum_{t=1}^{T}(\text{WHC}_{i,\ j,\ t}^{\pm}+\text{SHC}_{i,\ j,\ t}^{\pm})\times x_{i,\ j,\ t}^{\pm} \\ & -\sum_{i=1}^{I}\sum_{t=1}^{T}\text{FMC}_{i,\ j=2,\ t}^{\pm}\times x_{i,\ j=2,\ t}^{\pm}-\sum_{i=1}^{I}\sum_{t=1}^{T}\text{GMC}_{i,\ j=3,\ t}^{\pm}\times x_{i,\ j=3,\ t}^{\pm}\end{aligned} \tag{11-13a}$$

式中，“±”代表区间值；NEB 代表系统总的纯经济效益；i 代表区域，在本研究里，将乌江流域作为一个区来研究，因此 $i=1$ 代表乌江流域；j 代表土地利用类型，$j=1$ 代表耕地，$j=2$ 代表林地，$j=3$ 代表草地，$j=4$ 代表水域，$j=5$ 代表建设用地，$j=6$ 代表未利用地；t 代表规划期，$t=1$ 代表“十二五”期间，即 2011 ~ 2015 年，$t=2$ 代表“十三五”期间，即 2016 ~ 2020 年，$t=3$ 代表“十四五”期间，即 2020 ~ 2025 年；PLA 代表各土地利用类型的利益系数，即在研究区域和规划期内，单位面积土地的经济效益，单位为元/km^2；WHC 代表水污染系数，即在研究区域和规划期内，单位面积耕地、林地、草地和建设用地产生的污水重量，单位为 t/km^2；SHC 代表固体废弃物污染系数，即在研究区域和规划期内，单位面积耕地、林地、草地和建设用地产生的固体废弃物重量，单位为 t/km^2；FMC 代表林地维护费用系数，即在研究区域和规划期内，单位面积林地的维护费用，单位为元/km^2；GMC 代表草地维护费用系数，即在研究区域和规划期内，单位面积草地的维护费用，单位为元/km^2。

(3) 约束条件

1) 投资约束。

$$\begin{aligned}& \sum_{i=1}^{I}\sum_{j=1}^{4}\sum_{t=1}^{T}(\text{WHC}_{i,\ j,\ t}^{\pm}+\text{SHC}_{i,\ j,\ t}^{\pm})\times x_{i,\ j,\ t}^{\pm}+\sum_{i=1}^{I}\sum_{t=1}^{T}\text{FMC}_{i,\ j=2,\ t}^{\pm}\times x_{i,\ j=2,\ t}^{\pm} \\ & \qquad +\sum_{i=1}^{I}\sum_{t=1}^{T}\text{GMC}_{i,\ j=3,\ t}^{\pm}\times x_{i,\ j=3,\ t}^{\pm}\leqslant \text{PFI}_{i,\ t}^{\pm}\end{aligned} \tag{11-13b}$$

式中，PFI 代表规划期内投入到乌江流域土地利用优化配置系统的最大资金量。

2) 土地总面积约束。

$$\sum_{i=1}^{I}\sum_{j=1}^{J}\sum_{t=1}^{T}x_{i,\ j,\ t}^{\pm}=\text{TLA}_{i,\ j,\ t}^{\pm} \tag{11-13c}$$

式中，TLA 代表乌江流域土地总面积。

3) 人均土地面积约束。

$$\sum_{i=1}^{I}\sum_{t=1}^{T}x_{i,\ j=1,\ t}^{\pm}/P_{i,\ t}^{\pm}\geqslant \text{MCL}^{\pm} \tag{11-13d}$$

$$\sum_{i=1}^{I}\sum_{t=1}^{T} x_{i,\ j=2,\ t}^{\pm}/P_{i,\ t}^{\pm} \geqslant \mathrm{MFL}^{\pm} \tag{11-13e}$$

$$\sum_{i=1}^{I}\sum_{t=1}^{T} x_{i,\ j=3,\ t}^{\pm}/P_{i,\ t}^{\pm} \geqslant \mathrm{MGL}^{\pm} \tag{11-13f}$$

式中，P 代表乌江流域规划期间预测人口；MCL 代表乌江流域规划期间人均最小耕地面积；MFL 代表乌江流域规划期间人均最小林地面积；MGL 代表乌江流域规划期间人均最小草地面积。

4）土地适宜性约束。

$$\sum_{i=1}^{I}\sum_{t=1}^{T} x_{i,\ j=1,\ t}^{\pm} \geqslant \mathrm{CL}^{\pm} \tag{11-13g}$$

$$\sum_{i=1}^{I}\sum_{t=1}^{T} x_{i,\ j=2,\ t}^{\pm} \geqslant \mathrm{FL}^{\pm} \tag{11-13h}$$

$$\sum_{i=1}^{I}\sum_{t=1}^{T} x_{i,\ j=3,\ t}^{\pm} \geqslant \mathrm{GL}^{\pm} \tag{11-13i}$$

$$\sum_{i=1}^{I}\sum_{t=1}^{T} x_{i,\ j=4,\ t}^{\pm} \geqslant \mathrm{BL}^{\pm} \tag{11-13j}$$

式中，CL 代表乌江流域规划期间最小耕地面积；FL 代表乌江流域规划期间最小林地面积；GL 代表乌江流域规划期间最小草地面积；BL 代表乌江流域规划期间最小建设用地面积。

5）环境约束。

$$\sum_{i=1}^{I}\sum_{t=1}^{T} \mathrm{SWG}_{i,\ j=1,\ t}^{\pm} \times x_{i,\ j=1,\ t}^{\pm} + \sum_{i=1}^{I}\sum_{t=1}^{T} \mathrm{IWG}_{i,\ j=2,\ t}^{\pm} \times x_{i,\ j=2,\ t}^{\pm} + \sum_{i=1}^{I}\sum_{t=1}^{T} \mathrm{CWG}_{i,\ j=3,\ t}^{\pm} \times x_{i,\ j=3,\ t}^{\pm} + \sum_{i=1}^{I}\sum_{t=1}^{T} \mathrm{AWG}_{i,\ j=4,\ t}^{\pm} \times x_{i,\ j=4,\ t}^{\pm} \leqslant \mathrm{OWG}_{i,\ t}^{\pm} \tag{11-13k}$$

$$\sum_{i=1}^{I}\sum_{t=1}^{T} \mathrm{SSG}_{i,\ j=1,\ t}^{\pm} \times x_{i,\ j=1,\ t}^{\pm} + \sum_{i=1}^{I}\sum_{t=1}^{T} \mathrm{ISG}_{i,\ j=2,\ t}^{\pm} \times x_{i,\ j=2,\ t}^{\pm} + \sum_{i=1}^{I}\sum_{t=1}^{T} \mathrm{CSG}_{i,\ j=3,\ t}^{\pm} x_{i,\ j=3,\ t}^{\pm} + \sum_{i=1}^{I}\sum_{t=1}^{T} \mathrm{ASG}_{i,\ j=4,\ t}^{\pm} x_{i,\ j=4,\ t}^{\pm} \leqslant \mathrm{OSC}_{i,\ t}^{\pm} \tag{11-13l}$$

式中，SWG 代表耕地水污染系数，即乌江流域规划期间单位面积耕地排放的污水重量；同理，IWG、CWG、AWG 分别代表林地、草地和建设用地的水污染系数；OWG 代表乌江流域规划期间的水环境容量；SSG 代表耕地固体废弃物污染系数，即乌江流域规划期间单位面积排放的固体废弃物重量；同理，ISG、CSG、ASG 分别代表林地、草地和建设用地的固体废弃物污染系数；OSC 代表乌江流域规划期间允许排放的最大废弃物重量。

6）技术约束。

$$x_{i,\ j,\ t}^{\pm} \geqslant 0 \tag{11-13m}$$

图 11-1 是模型的乌江流域土地利用优化配置（数量优化）的框架图。

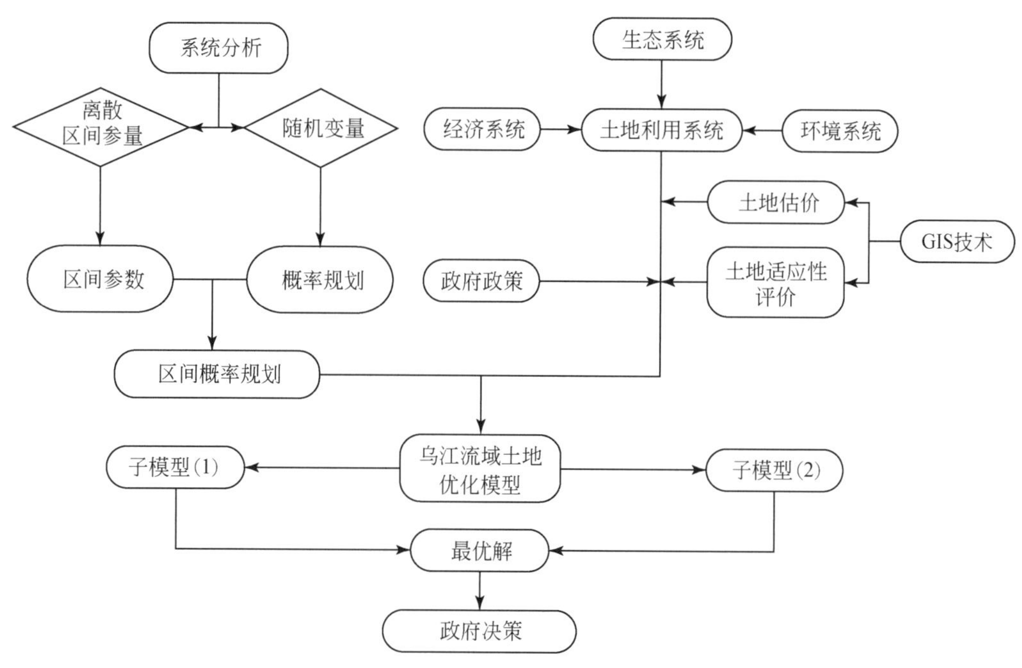

图 11-1　乌江流域土地优化模型框架图

(4) 模型求解

根据前文提到的区间线性规划的解法，模型（11-13）可以通过拆解为两个子模型来解，这两个子模型分别对应于目标函数值的上界和下界。

子模型（一）：

$$\begin{aligned}\mathrm{MaxNEB}^{+} = & \sum_{i=1}^{I}\sum_{t=1}^{T}\mathrm{PLA}_{i,\,j=1,\,t}^{+}\times x_{i,\,j=1,\,t}^{+} + \sum_{i=1}^{I}\sum_{t=1}^{T}\mathrm{PLA}_{i,\,j=2,\,t}^{+}\times x_{i,\,j=2,\,t}^{+} \\ & + \sum_{i=1}^{I}\sum_{t=1}^{T}\mathrm{PLA}_{i,\,j=3,\,t}^{+}\times x_{i,\,j=3,\,t}^{+} + \sum_{i=1}^{I}\sum_{t=1}^{T}\mathrm{PLA}_{i,\,j=4,\,t}^{+}\times x_{i,\,j=4,\,t}^{+} \\ & - \sum_{i=1}^{I}\sum_{j=1}^{4}\sum_{t=1}^{T}(\mathrm{WHC}_{i,\,j,\,t}^{-} + \mathrm{SHC}_{i,\,j,\,t}^{-})\times x_{i,\,j,\,t}^{+} \\ & - \sum_{i=1}^{I}\sum_{t=1}^{T}\mathrm{FMC}_{i,\,j=2,\,t}^{-}\times x_{i,\,j=2,\,t}^{+} - \sum_{i=1}^{I}\sum_{t=1}^{T}\mathrm{GMC}_{i,\,j=3,\,t}^{-}\times x_{i,\,j=3,\,t}^{+}\end{aligned} \tag{11-14a}$$

约束于

$$\begin{aligned}& \sum_{i=1}^{I}\sum_{j=1}^{4}\sum_{t=1}^{T}(\mathrm{WHC}_{i,\,j,\,t}^{-} + \mathrm{SHC}_{i,\,j,\,t}^{-})\times x_{i,\,j,\,t}^{+} + \sum_{i=1}^{I}\sum_{t=1}^{T}\mathrm{FMC}_{i,\,j=2,\,t}^{-}\times x_{i,\,j=2,\,t}^{+} \\ & \quad + \sum_{i=1}^{I}\sum_{t=1}^{T}\mathrm{GMC}_{i,\,j=3,\,t}^{-}\times x_{i,\,j=3,\,t}^{+} \leqslant PFI_{i,\,t}^{+}\end{aligned} \tag{11-14b}$$

$$\sum_{i=1}^{I}\sum_{t=1}^{T}x_{i,\,j=1,\,t}^{+} + \sum_{i=1}^{I}\sum_{t=1}^{T}x_{i,\,j=2,\,t}^{+} + \sum_{i=1}^{I}\sum_{t=1}^{T}x_{i,\,j=3,\,t}^{+}$$

$$+\sum_{i=1}^{I}\sum_{t=1}^{T}x_{i,j=4,t}^{+}+\sum_{i=1}^{I}\sum_{t=1}^{T}x_{i,j=5,t}^{-}+\sum_{i=1}^{I}\sum_{t=1}^{T}x_{i,j=6,t}^{-}=\mathrm{TLA}_{i,j,t}^{+} \quad (11\text{-}14c)$$

$$\sum_{i=1}^{I}\sum_{t=1}^{T}x_{i,j=1,t}^{+}/P_{i,t}^{-}\geqslant \mathrm{MCL}^{-} \quad (11\text{-}14d)$$

$$\sum_{i=1}^{I}\sum_{t=1}^{T}x_{i,j=2,t}^{+}/P_{i,t}^{-}\geqslant \mathrm{MFL}^{-} \quad (11\text{-}14e)$$

$$\sum_{i=1}^{I}\sum_{t=1}^{T}x_{i,j=3,t}^{+}/P_{i,t}^{-}\geqslant \mathrm{MGL}^{-} \quad (11\text{-}14f)$$

$$\sum_{i=1}^{I}\sum_{t=1}^{T}x_{i,j=1,t}^{+}\geqslant \mathrm{CL}^{-} \quad (11\text{-}14g)$$

$$\sum_{i=1}^{I}\sum_{t=1}^{T}x_{i,j=2,t}^{+}\geqslant \mathrm{FL}^{-} \quad (11\text{-}14h)$$

$$\sum_{i=1}^{I}\sum_{t=1}^{T}x_{i,j=3,t}^{+}\geqslant \mathrm{GL}^{-} \quad (11\text{-}14i)$$

$$\sum_{i=1}^{I}\sum_{t=1}^{T}x_{i,j=4,t}^{+}\geqslant \mathrm{BL}^{-} \quad (11\text{-}14j)$$

$$\sum_{i=1}^{I}\sum_{t=1}^{T}\mathrm{SWG}_{i,j=1,t}^{-}\times x_{i,j=1,t}^{+}+\sum_{i=1}^{I}\sum_{t=1}^{T}\mathrm{IWG}_{i,j=2,t}^{-}\times x_{i,j=2,t}^{+}$$
$$+\sum_{i=1}^{I}\sum_{t=1}^{T}\mathrm{CWG}_{i,j=3,t}^{-}\times x_{i,j=3,t}^{+}+\sum_{i=1}^{I}\sum_{t=1}^{T}\mathrm{AWG}_{i,j=4,t}^{-}\times x_{i,j=4,t}^{+}\leqslant \mathrm{OWG}_{i,t}^{-} \quad (11\text{-}14k)$$

$$\sum_{i=1}^{I}\sum_{t=1}^{T}\mathrm{SSG}_{i,j=1,t}^{-}\times x_{i,j=1,t}^{+}+\sum_{i=1}^{I}\sum_{t=1}^{T}\mathrm{ISG}_{i,j=2,t}^{-}\times x_{i,j=2,t}^{+}+\sum_{i=1}^{I}\sum_{t=1}^{T}\mathrm{CSG}_{i,j=3,t}^{-}x_{i,j=3,t}^{+}$$
$$+\sum_{i=1}^{I}\sum_{t=1}^{T}\mathrm{ASG}_{i,j=4,t}^{-}x_{i,j=4,t}^{+}\leqslant \mathrm{OSC}_{i,t}^{-} \quad (11\text{-}14l)$$

$$x_{i,j,t}^{-}\geqslant 0,\ \forall i,\ t;\ j=5,\ 6 \quad (11\text{-}14m)$$

$$x_{i,j,t}^{+}\geqslant 0,\ \forall i,\ t;\ j=1,\ 2,\ 3,\ 4 \quad (11\text{-}14n)$$

子模型（二）：

$$\mathrm{Max\ NEB}^{-}=\sum_{i=1}^{I}\sum_{t=1}^{T}\mathrm{PLA}_{i,j=1,t}^{-}\times x_{i,j=1,t}^{-}+\sum_{i=1}^{I}\sum_{t=1}^{T}\mathrm{PLA}_{i,j=2,t}^{-}\times x_{i,j=2,t}^{-}$$
$$+\sum_{i=1}^{I}\sum_{t=1}^{T}\mathrm{PLA}_{i,j=3,t}^{-}\times x_{i,j=3,t}^{-}+\sum_{i=1}^{I}\sum_{t=1}^{T}\mathrm{PLA}_{i,j=4,t}^{-}\times x_{i,j=4,t}^{-}$$
$$-\sum_{i=1}^{I}\sum_{j=1}^{4}\sum_{t=1}^{T}(\mathrm{WHC}_{i,j,t}^{+}+\mathrm{SHC}_{i,j,t}^{+})\times x_{i,j,t}^{-}$$
$$-\sum_{i=1}^{I}\sum_{t=1}^{T}\mathrm{FMC}_{i,j=2,t}^{+}\times x_{i,j=2,t}^{-}-\sum_{i=1}^{I}\sum_{t=1}^{T}\mathrm{GMC}_{i,j=3,t}^{+}\times x_{i,j=3,t}^{-} \quad (11\text{-}15a)$$

约束于

$$\sum_{i=1}^{I}\sum_{j=1}^{4}\sum_{t=1}^{T}(\mathrm{WHC}_{i,j,t}^{+}+\mathrm{SHC}_{i,j,t}^{+})\times x_{i,j,t}^{-}+\sum_{i=1}^{I}\sum_{t=1}^{T}\mathrm{FMC}_{i,j=2,t}^{+}\times x_{i,j=2,t}^{-}$$

$$+\sum_{i=1}^{I}\sum_{t=1}^{T}\mathrm{GMC}_{i,\ j=3,\ t}^{+}\times x_{i,\ j=3,\ t}^{-}\leqslant PFI_{i,\ t}^{-} \tag{11-15b}$$

$$\sum_{i=1}^{I}\sum_{t=1}^{T}x_{i,\ j=1,\ t}^{-}+\sum_{i=1}^{I}\sum_{t=1}^{T}x_{i,\ j=2,\ t}^{-}+\sum_{i=1}^{I}\sum_{t=1}^{T}x_{i,\ j=3,\ t}^{-}$$

$$+\sum_{i=1}^{I}\sum_{t=1}^{T}x_{i,\ j=4,\ t}^{-}+\sum_{i=1}^{I}\sum_{t=1}^{T}x_{i,\ j=5,\ t}^{+}+\sum_{i=1}^{I}\sum_{t=1}^{T}x_{i,\ j=6,\ t}^{+}=\mathrm{TLA}_{i,\ j,\ t}^{-} \tag{11-15c}$$

$$\sum_{i=1}^{I}\sum_{t=1}^{T}x_{i,\ j=1,\ t}^{-}/P_{i,\ t}^{+}\geqslant \mathrm{MCL}^{+} \tag{11-15d}$$

$$\sum_{i=1}^{I}\sum_{t=1}^{T}x_{i,\ j=2,\ t}^{-}/P_{i,\ t}^{+}\geqslant \mathrm{MFL}^{+} \tag{11-15e}$$

$$\sum_{i=1}^{I}\sum_{t=1}^{T}x_{i,\ j=3,\ t}^{-}/P_{i,\ t}^{+}\geqslant \mathrm{MGL}^{+} \tag{11-15f}$$

$$\sum_{i=1}^{I}\sum_{t=1}^{T}x_{i,\ j=1,\ t}^{-}\geqslant \mathrm{CL}^{+} \tag{11-15g}$$

$$\sum_{i=1}^{I}\sum_{t=1}^{T}x_{i,\ j=2,\ t}^{-}\geqslant \mathrm{FL}^{+} \tag{11-15h}$$

$$\sum_{i=1}^{I}\sum_{t=1}^{T}x_{i,\ j=3,\ t}^{-}\geqslant \mathrm{GL}^{+} \tag{11-15i}$$

$$\sum_{i=1}^{I}\sum_{t=1}^{T}x_{i,\ j=4,\ t}^{-}\geqslant \mathrm{BL}^{+} \tag{11-15j}$$

$$\sum_{i=1}^{I}\sum_{t=1}^{T}\mathrm{SWG}_{i,\ j=1,\ t}^{+}\times x_{i,\ j=1,\ t}^{-}+\sum_{i=1}^{I}\sum_{t=1}^{T}\mathrm{IWG}_{i,\ j=2,\ t}^{+}\times x_{i,\ j=2,\ t}^{-}$$

$$+\sum_{i=1}^{I}\sum_{t=1}^{T}\mathrm{CWG}_{i,\ j=3,\ t}^{+}\times x_{i,\ j=3,\ t}^{-}+\sum_{i=1}^{I}\sum_{t=1}^{T}\mathrm{AWG}_{i,\ j=4,\ t}^{+}\times x_{i,\ j=4,\ t}^{-}\leqslant \mathrm{OWG}_{i,\ t}^{+} \tag{11-15k}$$

$$\sum_{i=1}^{I}\sum_{t=1}^{T}\mathrm{SSG}_{i,\ j=1,\ t}^{+}\times x_{i,\ j=1,\ t}^{-}+\sum_{i=1}^{I}\sum_{t=1}^{T}\mathrm{ISG}_{i,\ j=2,\ t}^{+}\times x_{i,\ j=2,\ t}^{-}+\sum_{i=1}^{I}\sum_{t=1}^{T}\mathrm{CSG}_{i,\ j=3,\ t}^{+}x_{i,\ j=3,\ t}^{-}$$

$$+\sum_{i=1}^{I}\sum_{t=1}^{T}\mathrm{ASG}_{i,\ j=4,\ t}^{+}x_{i,\ j=4,\ t}^{-}\leqslant \mathrm{OSC}_{i,\ t}^{+} \tag{11-15l}$$

$$x_{i,\ j,\ t}^{+}\geqslant 0,\ \forall i,\ t;\ j=5,\ 6 \tag{11-15m}$$

$$x_{i,\ j,\ t}^{-}\geqslant 0,\ \forall i,\ t;\ j=1,\ 2,\ 3,\ 4 \tag{11-15n}$$

模型（11-13）的解是模型（11-14）和模型（11-15）的综合：

$$f_{\mathrm{opt}}^{\pm}=[f_{opt}^{-},\ f_{\mathrm{opt}}^{+}] \tag{11-16a}$$

$$x_{i,\ j,\ \mathrm{topt}}^{\pm}=[x_{i,\ j,\ \mathrm{topt}}^{-},\ x_{i,\ j,\ \mathrm{topt}}^{+}],\ \forall i,\ j,\ t \tag{11-16b}$$

（5）参数估计

模型中主要包含三类系数。

1）土地的利益系数。

土地的利益系数是指单位面积的各土地类型所产生的经济效益。这个参数可以根据历年的经济数据进行指数预测（表11-2）。

表 11-2　各土地类型的利益系数　　（单位：万元/ km²）

利益系数	规划期		
	$t=1$	$t=2$	$t=3$
$PLA_{j=1}$	[9.5，9.7]	[9.9，9.2]	[9.9，9.1]
$PLA_{j=2}$	[4.4，4.6]	[4.6，4.8]	[5.8，6.0]
$PLA_{j=3}$	[3.2，3.3]	[3.3，3.4]	[3.4，3.5]
$PLA_{j=4}$	[25.1，25.4]	[26.5，26.8]	[28.3，28.4]

2）土地的消耗系数。

土地的消耗系数是指单位面积的各土地类型所产生的经济费用。这个参数也可以根据历年的经济数据进行指数预测（表 11-3）。

表 11-3　各土地类型的消耗系数　　（单位：元/ km²）

消耗系数	规划期		
	$t=1$	$t=2$	$t=3$
$WHC_{i=1,j=2}$	[613.8，678.4]	[766.2，816.3]	[874.6，902.4]
$WHC_{i=2,j=2}$	[587.5，673.3]	[729.6，784.3]	[830.6，942.0]
$WHC_{i=3,j=2}$	[449.8，489.7]	[562.6，618.3]	[716.3，752.2]
$SHC_{i=1,j=2}$	[5.2，6.2]	[7.3，7.9]	[8.6，9.4]
$SHC_{i=2,j=2}$	[4.8，5.3]	[6.7，7.0]	[8.4，9.0]
$SHC_{i=3,j=2}$	[4.4，4.6]	[5.7，6.0]	[7.2，8.0]
$WHC_{i=1,j=3}$	[779.4，842.7]	[862.9，941.3]	[942.0，1068.3]
$WHC_{i=2,j=3}$	[763.3，854.1]	[838.0，859.6]	[930.3，998.4]
$WHC_{i=3,j=3}$	[716.4，778.7]	[782.3，856.2]	[909.8，984.3]
$SHC_{i=1,j=3}$	[7.1，7.5]	[8.8，9.6]	[9.6，10.3]
$SHC_{i=2,j=3}$	[6.7，6.9]	[8.6，9.0]	[10.0，10.3]
$SHC_{i=3,j=3}$	[6.2，6.5]	[7.6，8.1]	[9.3，11.3]
$WHC_{i=1,j=6}$	[5.1，7.6]	[6.2，8.6]	[8.4，9.7]
$WHC_{i=2,j=6}$	[4.7，5.3]	[6.0，6.4]	[8.1，8.6]
$WHC_{i=3,j=6}$	[4.3，6.5]	[5.6，6.9]	[7.6，8.3]
$SHC_{i=1,j=6}$	[640.2，689.3]	[695.9，784.3]	[854.1，894.6]
$SHC_{i=2,j=6}$	[609.4，684.3]	[656.3，753.5]	[794.0，847.3]
$SHC_{i=3,j=6}$	[581.6，642.2]	[608.0，679.4]	[745.7，825.6]
$GHC_{i=1,j=4}$	[4.0，4.3]	[5.1，5.4]	[6.2，6.9]
$GHC_{i=2,j=4}$	[3.7，4.0]	[4.7，5.0]	[5.9，6.5]
$GHC_{i=3,j=4}$	[3.4，4.0]	[4.5，4.9]	[5.6，6.0]
$PHC_{i=1,j=5}$	[8.5，9.0]	[9.8，12.5]	[10.8，14.7]
$PHC_{i=2,j=5}$	[7.9，8.3]	[9.1，9.6]	[10.3，13.7]
$PHC_{i=3,j=5}$	[7.6，8.1]	[7.0，8.8]	[10.1，13.7]

3）其他经济和环境数据。

其他经济数据和环境数据包括政府投资、土地总面积、人口、环境容量等。这些参数亦可以通过各种线性或者非线性方法预测得到（表 11-4）。

表 11-4　其他经济和环境参数

经济/环境参数	规划期		
	$t=1$	$t=2$	$t=3$
PFI_i（10^6元）	[456.4，892.5]	[1032.6，1372.5]	[1638.3，2347.6]
TLA_i（$10^3 km^2$）	[68.4，69.2]	[69.2，71.5]	[71.5，73.4]
P_t（10^7人）	[2.68，2.70]	[2.78，2.80]	[3.22，3.24]
MRL（$10^3/km^2$）	[12.3，12.7]	[12.7，13.4]	[13.4，14.1]
MGL（km^2/人）	[13，15]	[16，18]	[20，22]
MPL（km^2/人）	[23，25]	[26，28]	[31，33]
MAL（$10^3/km^2$）	[1.10，1.20]	[1.05，1.15]	[0.90，1.00]
OWG_i（10^3/t）	127.6	127.9	128.1
LHC_i（10^3/t）	[0.7，1.2]	[0.8，1.6]	[0.9，2.0]
OSC_i（10^6/t）	1.239	1.241	1.272

11.2.2　结果及分析

（1）结果

将参数代入区间概率优化模型［即模型（11-13）］中，然后根据前文提到的解法先将模型（11-13）分解为子模型（11-14）和子模型（11-15），再分别在 lingo 软件中解这两个模型，得到表 11-5 的结果。

表 11-5　模型计算结果　（单位：km^2）

优化结果	规划期		
	$t=1$	$t=2$	$t=3$
x_1	[16 717，16 802]	[16 813，16 836]	[16 912，17 019]
x_2	[26 138，26 194]	[26 259，26 307]	[26 887，26 983]
x_3	[6 601，6 654]	[6 687，6 784]	[6 902，7 021]
x_4	[457，468]	[689，705]	[883，905]
x_5	[234，236]	[239，242]	[245，251]
x_6	[17，18]	[19，20]	[21，23]

（2）结果分析

1）耕地。

耕地在未来 3 个规划期内会呈现递增的趋势，耕地的规划结果如图 11-2 所示。

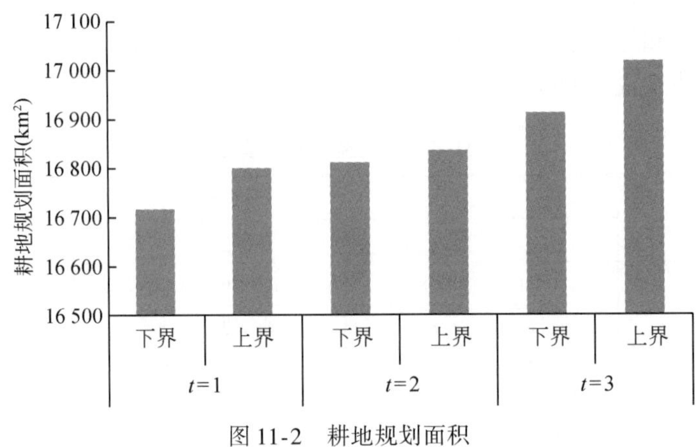

图 11-2　耕地规划面积

2）林地。

林地在未来 3 个规划期内也会呈现递增的趋势，林地的规划结果如图 11-3 所示。

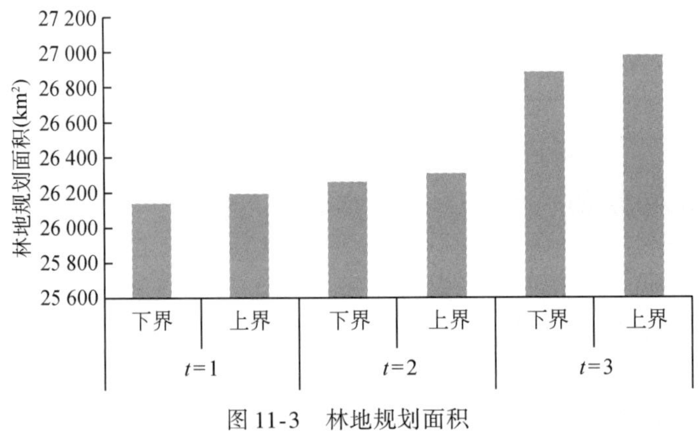

图 11-3　林地规划面积

3）草地。

草地在未来 3 个规划期内也会呈现递增的趋势，草地的规划结果如图 11-4 所示。

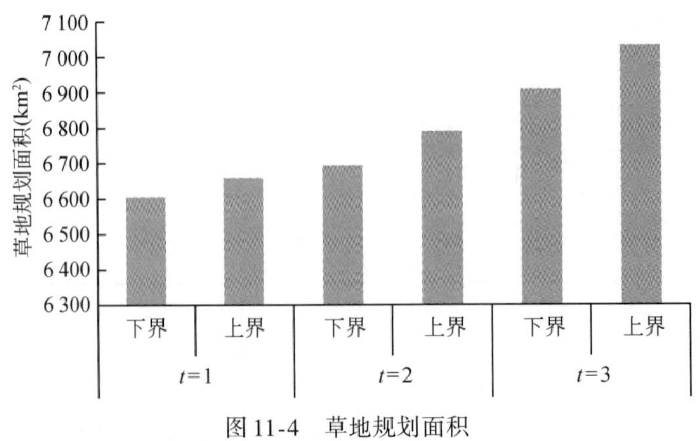

图 11-4　草地规划面积

4）建设用地。

建设地在未来 3 个规划期内也会呈现递增的趋势，而且增幅较大，建设用地的规划结果如图 11-5 所示。

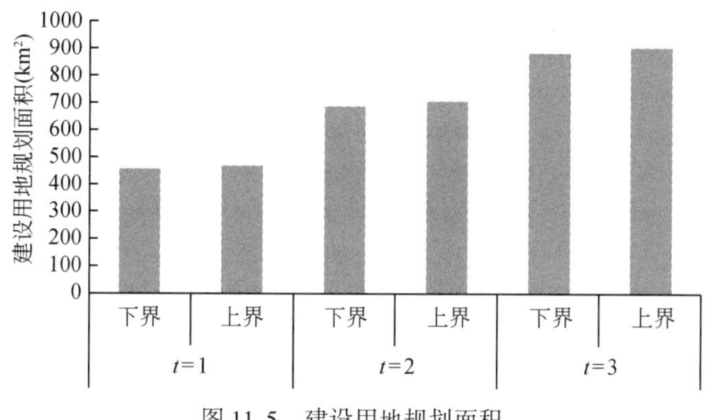

图 11-5　建设用地规划面积

5）水域。

水域在未来 3 个规划期内基本保持不变，水域的规划结果如图 11-6 所示。

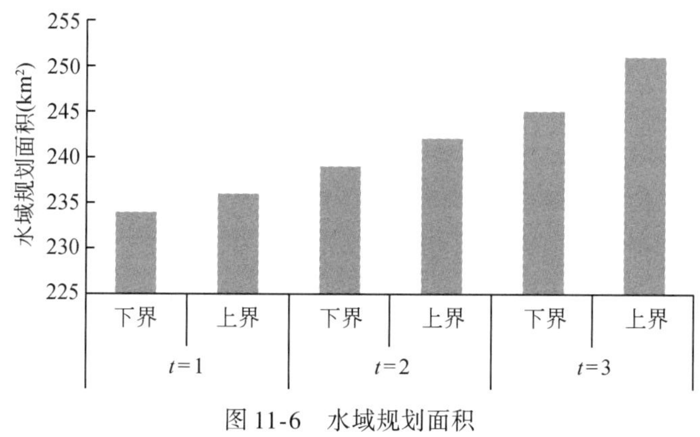

图 11-6　水域规划面积

6）未利用地。

未利用地未来 3 个规划期内也基本保持不变，未利用地的规划结果如图 11-7 所示。

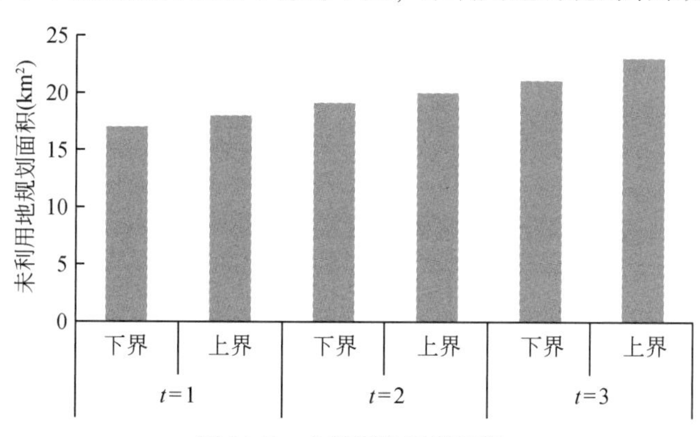

图 11-7　未利用地规划面积

7）综合分析。

总体来看，各类型土地面积都有增长，只是增长幅度和区间不同。耕地、林地、草地都有小幅增长，目的是为了保护该流域的生态环境，减少污染。建设用地在未来3个规划期内有大幅增长，但是相对耕地、林地、草地，纯数量增长并不多，这是因为建设用地面积原本的基数较小。在保护生态环境的前提下，发展经济是目前流域的首要任务，建设用地的大规模增长并不意味着污染的大幅度增加，由于流域总面积不断扩大，生态用地面积也在扩大，所以适量增大建设用地面积是必要的，且不会使污染超过环境容量。另外，水域面积和未利用地面积基本保持不变。未来的任务是保持水域面积不变，逐步开发未利用地，“十分珍惜、保护和利用每一寸土地”，使得当地经济效益、环境效益和生态效益达到最大。

11.3 乌江流域土地利用空间配置优化

11.3.1 乌江流域土地利用空间配置

土地面积的数量优化能够定量地给出各类型土地优化面积。但是在实际操作中，土地利用涉及很多空间方面的问题。空间优化对于乌江流域的土地可持续利用具有重要意义。地理信息系统（GIS）作为一个空间分析、模拟和计算工具已经广泛被用于土地利用空间优化配置。在这部分，我们将利用GIS的相关技术对乌江流域的土地利用空间配置进行优化，并提供有效的空间土地利用策略。

空间优化的目标依然是获得最大的经济和环境效益，在空间上，土地究竟最终适合与那种土地类型，或者说，土地将在何处转化为优化的土地类型，这些问题可以用GIS进行如下分析：首先根据土地利用现状分析一些前提转换规则，为以后土地类型转化和优化提供基础；然后利用GIS进行土地适宜性评价，在这一步，必须先找出影响土地适宜性的因素，然后对各因素进行评价、赋权，最后利用GIS的叠置分析功能进行最终的土地适宜性评价，得出评价图；最后根据适宜性评价结果和数量优化的结果指定土地转化的规则。

(1) 乌江流域空间优化的前提规则

从系统论的观点来看，土地利用系统中，旧的土地类型被转换为新的土地类型时，最好与其临近的土地类型保持一致。例如，增加的建设用地最好与原来已存在的建设用地毗邻。乌江流域农业用地面积比较大，而建设用地面积非常小。所以在15年的规划期内，不太可能减少建设用地的面积。这是第一条前提规则。另外，根据国家的耕地保护原则，耕地在15年规划期内也不可能减少。这是第二条前提规则。

(2) 土地适宜性评价因子的选择

土地适宜性评价的目的是分析土地的物理化学特性、方位等特点，然后确定其最适宜的土地利用类型。基于土地适宜性评价，在利用土地时能获得最佳的经济效益和最小的土地退化和污染。

土地适宜性评价因子一般包括地理的因素（如方位），经济的因素（如土地开发的费用及土地产出利润）等。对于不同的土地类型，会涉及不同的因素，且各对各因素的侧重不同。例如，对于农用地而言，土地适宜性评价往往选取类似于坡度、距离水源的距离、土壤类型、土壤的化学沉淀特性以及温度等因素。而对于建设用地而言，往往选取类似于距离中心商务区（CBD）的距离，土地开发费用及利润等因素（Wang，et al.，2004）。如何选取这些影响因素是土地适宜性评价的主要内容之一。根据乌江流域的实际情况，本研究选取两个因素作为建设用地土地适宜性评价影响因素：土地坡度以及距离城镇中心的距离。首先，我们在 ArcGIS 里，利用其坡度计算模块建立一个坡度估算函数，将乌江流域土地利用规划图分辨率调整为 200m×200m 的栅格图，然后计算每个栅格的坡度，由此得到乌江流域的坡度图（图 11-8）。

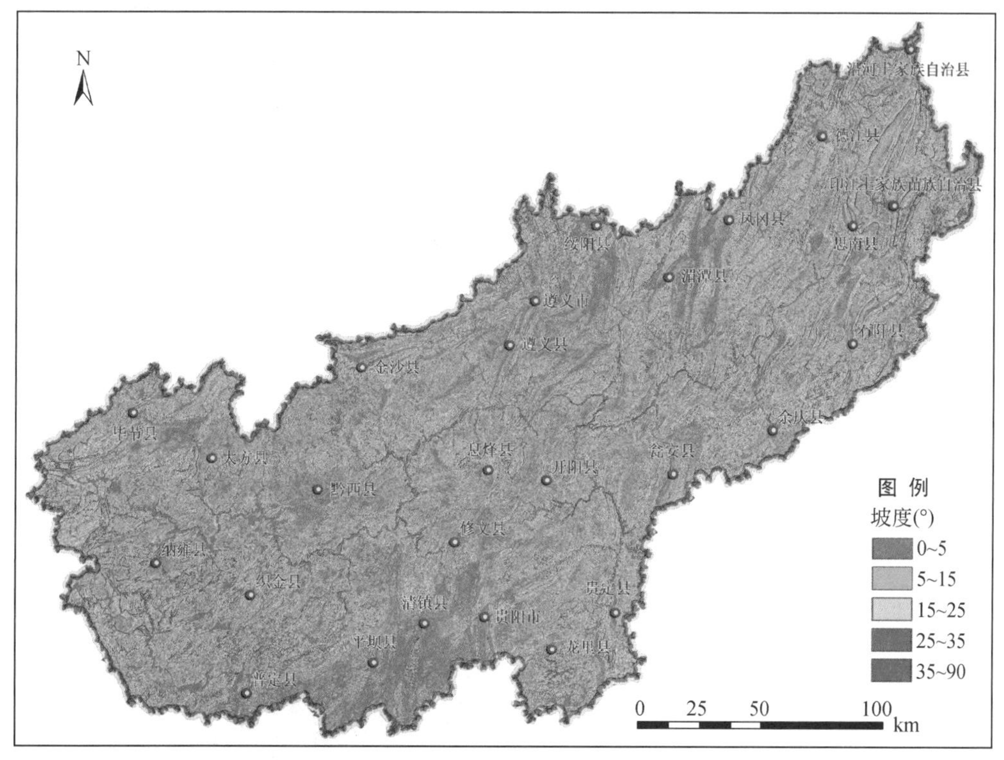

图 11-8　乌江流域坡度图

其次，利用 ArcGIS 里的距离计算函数计算每个栅格距离城镇中心的距离，得到距离城镇中心距离图（图 11-9）。

(3) 因素赋权及叠置分析

对选取的因素进行赋权，目的是对各因素的重要程度进行评估。将各因素赋权之后然后将各因素图进行叠置，再利用如下公式，可以计算各土地类型的土地适宜性：

$$S = \sum_{n}^{2} W_n S_n \tag{11-17}$$

式中，S 代表适宜性分值（0～100）；W_n（0～1）代表各因素的权重（$n=1$ 代表坡度因素，$n=2$ 代表距离城镇中心距离因素）；S_n 代表因素 n 的分值。图 11-10 是最终的建设用地土地适宜性评价结果。其他的土地类型的土地适宜性评价可照此方法依次进行。

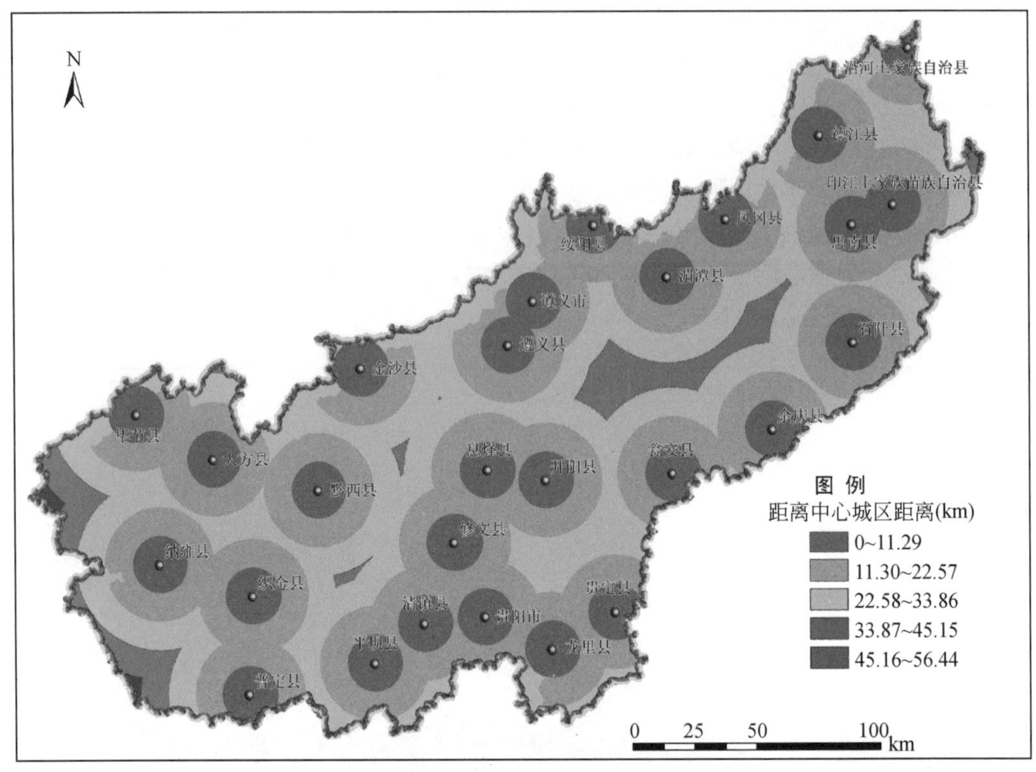

图 11-9 乌江流域距离中心城区距离图

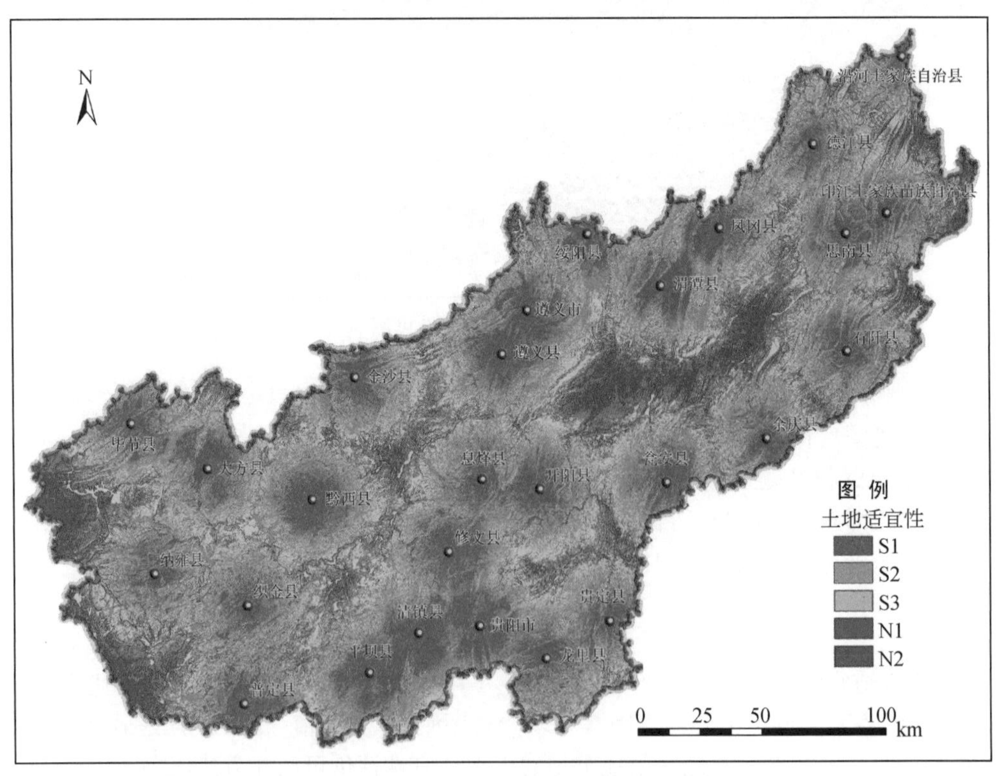

图 11-10 乌江流域建设用地土地适宜性评价结果

(4) 土地类型转换规则

在本研究中，提出乌江流域土地类型3条转换规则。

规则1：空间转换必须基于土地利用现状图；

规则2：空间转换基于土地适宜性评价结果；

规则3：若土地适宜性分值相近，优先考虑环境保护，对于林地、草地等环保土地类型予以转换优先权。

乌江流域空间优化正是基于以上3条规则，然后在数量优化的基础上进行的。

11.3.2　乌江流域土地利用分区导向

(1) 土地利用分区

分区的目的是为了充分揭示乌江流域土地利用的地域分异规律，提出不同区域土地利用的正确方向，指导土地利用的合理安排和科学管理。依据贵州省国民经济和社会发展“十一五”计划纲要、贵州省土地利用总体规划（1997~2010年）、贵州省农村经济区划、贵州省农业地貌区划、贵州省林业区划、第8、9、10章中涉及的土地变化及其驱动力和生态效应分析。

乌江流域土地利用分区采用两级划分：分区的基本单元采用县级行政单位，但市辖区不单独列出。划分采用由下而上为主，并结合由上而下的分类法。其中二级区采用经过由下而上组合的办法完成，一级区采用由下而上与由上而下两种相结合的方式完成。

一级区划分主要是地域分区，主要考虑以下方面：①乌江流域大尺度的自然地理单元（地貌、气候和植被等）界线。②乌江流域土地资源开发利用的重大区域性问题。③乌江流域土地资源开发利用的重大区域性发展战略。通过上述3方面的分析，将大地貌组合类型相同、土地利用主导方向一致和地理位置连接成片的地区划分在同一区内。二级区主要反映一级区内土地利用的结构差异。通过土地利用区域差异、植被覆盖指数年变化率、人均耕地、农用地比例、土地利用率等多指标组合，产生二级区。将具有相同或相似的土地利用问题、相近的土地生产潜力或生产效益的地区划分在同一区内。

根据上述分区原则、依据和方法，乌江流域土地利用分区划分为3个一级区，9个二级区（图11-11）。

(2) 土地利用优化分区导向

Ⅰ乌江流域西部中山丘原区

本区处于云贵高原一级阶梯向黔中丘原二级阶梯的过渡地带，西高东低，海拔多在1600~2200m，地势起伏大，地面呈现山高、谷深、坡陡的特点，该区域近年的植被覆盖呈现增加趋势，因此继续保持植被生长、预防水土流失对该地区显得特别重要。

本区属亚热带季风气候常绿阔叶和落叶林黄壤、黄棕壤中山区，年均温12~15℃，最热月均温18℃左右，最冷月均温2~6℃，气温日较差9.6~12.8℃，≥10℃积温3000~4000℃，年日照时数1300~1700h，年雨量1000~1200mm，是乌江流域热量偏低、雨量偏少的地区。因气温日较差大，太阳辐射强，有利于光合作用产物积累。马铃薯、甜菜、苹果、梨品质良好。

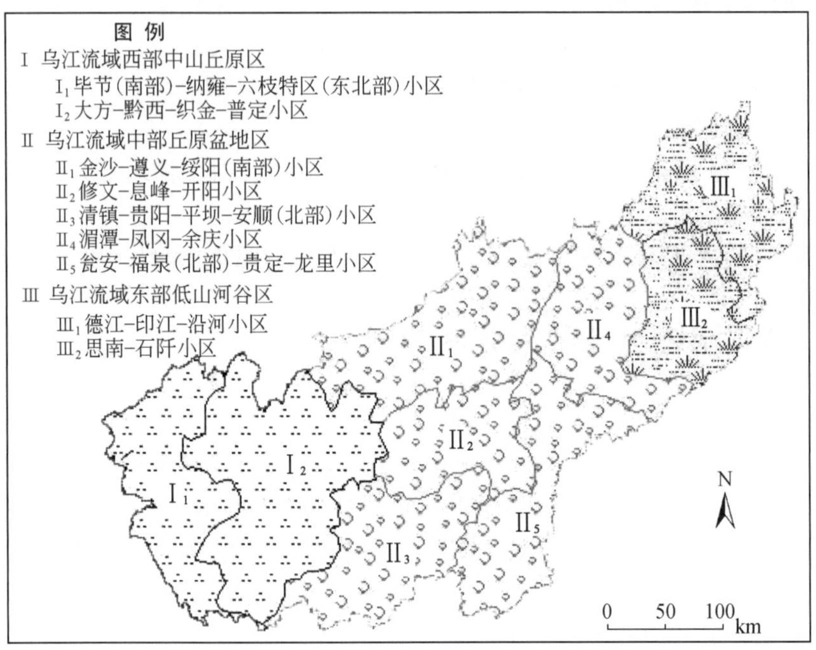

图 11-11　乌江流域土地利用分区

I$_1$毕节（南部）-纳雍-六枝特区（东北部）小区

本小区除包括毕节（南部）、纳雍、六枝特区（东北部）外，还有赫章东面小部分地区。小区的宜耕地不多，宜林宜牧地广阔，草场枯草期短，牧草生长良好。毕节市是全国重点烤烟基地，本区还盛产大豆、辣椒、生漆、油桐、核桃、药材及马匹等农林牧产品，皆为大宗产品和重要外贸商品。煤矿储量令人瞩目，为贵州省最大的煤田——织（金）纳（雍）煤田的中心，也是六盘水煤矿的主要组成部分；磷矿储量占全省一半，重稀土元素含量、储量在国内仅次于白云鄂博；重晶石储量居贵州省第二，水能蕴藏也很丰富。土地利用主要存在的问题是北部毕节、大方地区由于毁林开荒、森林覆盖率低，水土流失严重；而南部六枝特区等地，因人口出现负增长，耕地资源开发不足。

土地利用的开发导向如下。

1）北部地区加速陡坡退耕还林还草，大力植树造林和封山育林，控制水土流失；

2）南部地区适当扩大林、草用地比重，积极调整农业结构，保护生态环境；

3）充分利用草山草坡发展畜牧业，改良草山草场，扩大食草牲畜生产；

4）建设以毕节-纳雍为主体的烤烟生产基地，建立和扩大粮、油、药材生产基地；

5）本小区矿产资源丰富，随着煤矿基地的建设和发展，建设用地面积将有所增加，要在保证基础设施建设的前提下严格控制。

I$_2$大方-黔西-织金-普定小区

本小区包括大方、黔西、织金以及普定县大部分。小区内的水热条件可满足作物一年二熟要求，也十分有利于林、草生长。小区盛产药材、茶叶、油桐、蜂蜜等，是省内重要的粮油基地和全国烤烟基地。矿产方面，无烟煤和大理石藏量大、质量好，可大规模开采；重晶石、钼矿、铁矿、硫铁矿亦有省级开发意义，可供中型规模开发。区内有旅游价值的溶洞有 30 多个，其中织金洞国内外闻名，人称“全国第一的地下艺术宝库，举世无双的岩溶洞穴博物馆”；地表景观亦美，织金县城有“小桂林”之称。土地利用主要存在的问题是中部地区（黔西县）陡坡开垦严重，又处于暴雨中心，故水土流失严重；荒山草场未很好利用；农业结构与土地结构失调，林牧业用地优势未能发挥。

土地利用的开发导向如下。

1）中部地区以改造坡耕地为中心，开展小流域和山系综合治理，恢复和扩大林草植被，控制水土流失；

2）以天然草地为主，巩固和发展高寒畜牧业基地；

3）北部地区保障矿产建设用地需要；并发展旅游用地；

4）改造中低产田，提高耕地利用率和生产率。

Ⅱ乌江流域中部丘原盆地区

本区位于贵州省中部，约大娄山以南，苗岭以北，武陵山脉以西，乌蒙山脉以东，贵州高原的第二个梯级面上。区内地势西高东低，南高北低，海拔多在 800 ~ 1400m，西、南部海拔大多在 1200 ~ 1400m，东北部多在 800 ~ 1000m。地势较平缓，高原面保存较完整，除乌江横贯形成峡谷外，其余较大河流（如猫跳河、清水河、涟江等）只在下游深切为 100 ~ 300m 的峡谷。高原上丘陵起伏，坝子连片，且规模较大，数量多，因而是贵州农田大范围集中分布的地区。该大区也是土地利用变化较为活跃区域，由 NDVI 所反映出的贵阳、遵义地区的土地利用变化的生态负效应明显。

本区是典型的湿润中亚热带常绿阔叶林黄壤高原丘盆区，年均温 14 ~ 15℃，最热月均温 23 ~ 25℃，最冷月均温 4 ~ 6℃，≥10℃积温 4000 ~ 5000℃，年日照时数 1100 ~ 1300h，年雨量 1100 ~ 1300mm，是典型的“冬无严寒，夏无酷暑”地区。水热条件适合农作物一年二熟，因该区日照少、云雾多，特别有利于茶叶生长。

Ⅱ_1金沙-遵义-绥阳（南部）小区

本小区包括金沙县大部分地区、遵义市、遵义县和绥阳县南部地区，是贵州省内资源开发程度较高的小区之一。区内水热充足，作物一年二熟有余，若采取套作、间作，还可以三熟。盛产高质量的粮油、烤烟、花生，出产全国名酒“董酒”。有“黔北粮仓”之谓，也是贵州省重要的生猪产区。矿产丰富，其中的磷、铝、锰、硫铁、煤。陶土、硅在国内都有重要地位。土地利用主要存在的问题是因人均耕地少，农业用地结构单一，中低产田比重仍大，森林面积大量减少，植被大量退化。

土地利用的开发导向如下。

1）保持和进一步发展粮、油、烟等农业种植生产优势；

2）建立和完善基本农田保护区，改造中低产田，扩大稳产高产田比重；

3）保障矿产等工业设施建设和重点城镇发展用地；

4）恢复和扩大遵义地区林草植被，控制植被退化。

Ⅱ_2修文-息烽-开阳小区

本小区包括修文县、息烽县和开阳县的全部地区。区内农业以粮食生产为主，经济作物以烤烟著名，茶叶、木材等产量较大，经济林和果木林种类多，以油桐、桃、李产量大。矿产资源以磷和铝著名，开阳磷矿是我国三大磷矿产区之一；贵州铝土矿藏量居全国第三，绝大部分集中在本小区；水力资源丰富，属乌江流域水能富矿段。土地利用主要存在的问题是因土地利用方式粗放，农业用地结构单一，中低产田比重大，复种指数较低，森林过伐，水土流失严重。

土地利用的开发导向如下。

1）改造中低产田，提高稳产高产田比重，提高复种指数；

2）调整农业种植结构，扩大烤烟、油菜等生产面积；

3）保护天然林资源，加强植树造林和封山育林，停止森林砍伐，营造水土保持林，恢复和扩大林草植被；

4）保障能源、矿产建设用地需求。

II_3清镇–贵阳–平坝–安顺（北部）小区

本小区地处贵州省中央，是川黔、贵昆、黔桂、湘黔 4 条铁路的辐射中心。区内包括清镇、贵阳、平坝、安顺市北部地区和长顺北部地区，其中贵阳和安顺市是贵州省最重要的综合性产业中心。蔬菜终年可以生长，温带水果可获早熟，耐寒能力较强的中亚热带水果能安全越冬。省内若干重要风景点皆位于此区，如“高原明珠”红枫湖、“十里花溪”等。土地利用存在的主要问题是，部分土地资源没有合理充分使用；植被破坏严重，水土流失加剧。

土地利用的开发导向如下。

1）扩大森林覆盖率，改善农业种植结构，保护生态环境；

2）保护耕地，建立稳产高产农田，发展粮食生产基地；

3）努力提高城乡居民点土地利用率，保障重点城镇地区发展用地，严格控制建设用地占用耕地；

4）合理控制贵阳、安顺等地区城镇地区建设用地的规模和布局，发展旅游用地。

II_4湄潭–凤冈–余庆小区

本小区包括湄潭县、凤冈县、余庆县和施秉县北部小片地区。区内气候温暖湿润，作物一年二熟，有利于茶叶、柑橘生长，部分河谷地区还可种甘蔗。以盛产粮食、油菜、烤烟、茶叶、中药材、水果出名，也是省内重要的生猪、水牛、麻鸭生产基地。矿产资源较少，但水能丰富，装机容量200 万 kW 的乌江构皮滩水电站即在区内修建。土地利用主要存在的问题是农业结构单一，种植业占绝对优势，中低产田比重大，宜林宜牧荒地利用开发不足。

土地利用的开发导向如下。

1）积极调整农业结构，狠抓中低产田改造；巩固和加强粮、油、茶、药材生产基地；

2）以经济林为中心，大力开发林业；

3）合理利用草地资源，建设人工草场，发展食草牲畜生产基地；

4）充分利用荒地植树种草，积极开展土地整理复垦。

II_5瓮安–福泉（北部）–贵定–龙里小区

本小区包括瓮安、福泉北部、贵定、龙里以及黄平北部小片地区。区内水热条件对作物一年二熟而言，河谷坝子地区有余，山地上部则显不足。本小区是贵州重要的烤烟生产基地，亦盛产油菜、油桐、油茶、天麻等，“都匀毛尖”也产于此。瓮（安）福（泉）磷矿是贵州省最大的磷矿，在国内亦有重要地位。土地利用主要存在的问题是中低产耕地有待构造，大量非耕地也待充分利用。

土地利用的开发导向如下。

1）改造中低产耕地，提高耕地利用率和集约化程度；

2）统一规划、科学论证、适度开发山区宜林宜牧荒地；

3）增大烤烟、油菜等经济作物和蔬菜、水果在农业中的比重；

4）保证能矿产、能源等基础设施建设用地。

Ⅲ乌江流域东部低山河谷区

本区为贵州高原向四川盆地过渡的斜坡地带，地势西高东低、南高北低，乌江由此向北汇入长江。区内海拔多在 800m 以下，地貌以低山丘陵、河谷盆地为主。

本区气候温和湿润，年均温 16 ~ 17℃，最热月均温 26 ~ 28℃，最冷月均温 5 ~ 6℃，≥10℃积温 4500 ~ 5900℃，年日照时数 1100 ~ 1300h，年雨量 1100 ~ 1300mm，适合作物一年二熟，有些地区甚至可以一年三熟。该地区宜耕地分布面积有限，但宜林宜牧地很多，是贵州省用材林基地。

$Ⅲ_1$德江–印江–沿河小区

本区包括德江县大部分地区、沿河县南部地区和印江县。区内水热条件优裕，河段作物可一年三熟，是全国柑橘区划种最适宜区之一。药材资源种类丰富，如天麻、杜仲、厚朴、黄连等，经果林品种多，此外，还盛产黔北猪、沿河白山羊、印江埃山鸭等地方优良牲畜品。土地利用主要存在的问题是土地利用结构单一，林草地资源未得到充分开发利用。

土地利用的开发导向如下。

1）逐步调整土地利用结构，增加经果林地面积，耕地面积除生态退耕外保持稳定，适当增加牧草地；

2）充分利用草地资源发展畜牧业，建立猪、羊、鸭食草牲畜基地；

3）逐步稳妥地开发宜林宜牧荒地；

4）以小流域为治理单元，综合运用工程、生物和耕作措施治理水土流失。

$Ⅲ_2$思南–石阡小区

该小区包括思南县、石阡县和镇远县北部小片地区。区内水热条件有利于林草生长，河谷地段作物可一年三熟，中亚热带积极植物生长良好，主产烤烟、油菜、中药材、油桐、生漆。矿产资源主要有煤、硫黄、硫铁等。土地利用主要存在的问题是耕地资源开发不足，森林面积减少较多，种植业生产水平较低。

土地利用的开发导向如下。

1）以林业为主，林牧业农业协调发展；

2）大力植树造林和封山育林，建立乌江沿岸防护林体系；

3）迁村并点，增加有效耕地面积；

4）加强改造中低产田，提高耕地利用率和生产率。

（3）土地利用优化的政策建议

1）进一步加强乌江流域土地资源调查评价工作。

结合国家开展的国土资源大调查工作，进一步扩大乌江流域土地调查评价范围，并同土地利用变更调查、城镇地籍调查结合起来，进一步查清坡耕地和各类后备资源的数量、质量、分布、权属和适宜性，确定农用地的质量等级，全面掌握城市土地集约利用潜力等，对土地退化进行动态监测，为土地资源的合理开发提供现势性强的基础数据和科学依据。

2）调整用地结构，改造中、低产农田，合理开发宜林宜草荒地土地。

乌江流域地形切割度大，地面崎岖破碎，用地结构不合理。集中成片的耕地很少，多为坡耕地、梯田。既容易发生水土流失，土地生产力也不高。而流域内宜林宜草荒地土地辽阔，发展林、牧业潜力巨大，是该地区土地资源的优势所在。建议进行农田基本设施建设，改造中、低产农田，改善土壤理化性能，合理开发宜林宜草荒地土地，加强用材林、经济林基地和珍贵树种、药材生产基地建设，合理利用草山草坡发展畜牧业。

3）进一步落实土地资源开发利用的优惠和鼓励政策。

将国土资源部拟定的西部大开发中土地资源有关优惠和鼓励政策进一步落实：有计划、有步骤地对坡耕地退耕还林还草，鼓励利用宜林宜草荒山荒地造林种草，实行谁退耕、谁造林种草、谁经营、谁依法拥有土地使用权和林草所有权的政策；西部地区上缴中央的新增建设用地土地有偿使用费，原则上通过安排土地开发整理项目全额下拨；把未利用地开发为草地、园地，经政府有关主管部门认定能调整为耕地的，可折抵耕地指标，按耕地加以保护和管理等（潘文灿和殷卫平，2003）。

4）多渠道筹集资金，增加对土地资源开发利用的投入。

充分发挥国家、地方、部门、集体和个人等各方面的积极性，积极引导国内外投资者，多渠道、多层次、多方式投资乌江流域土地资源的开发利用，形成多元化的投资机制。进一步加大对乌江流域生态退耕、名特优生产基地建设、中低产田改造、荒山荒沙开发、土地污染治理、土地整理复垦等项目的投入，建立相应的发展基金和专项预算基金，以保证土地投入力度。

5）推广先进科学技术，提高土地资源开发利用的科技含量。

大力推广应用先进科学技术，充分利用“3S”技术等现代技术手段在土地资源调查评价中的应用；积极推广水土流失、石漠化及坡耕地综合治理、土地复垦和生态重建等实用技术，推进土地资源信息化管理，促进土地资源有效保护和合理开发利用。

第四篇　猫跳河流域土地变化及其效应

第 12 章　猫跳河流域土地变化

猫跳河是乌江的一级支流，猫跳河流域位于黔中高原中部，处乌江流域的中南部，总面积约 3116km^2，在政区上涉及 9 个县、市、区，共 46 个乡镇（图 12-1）。

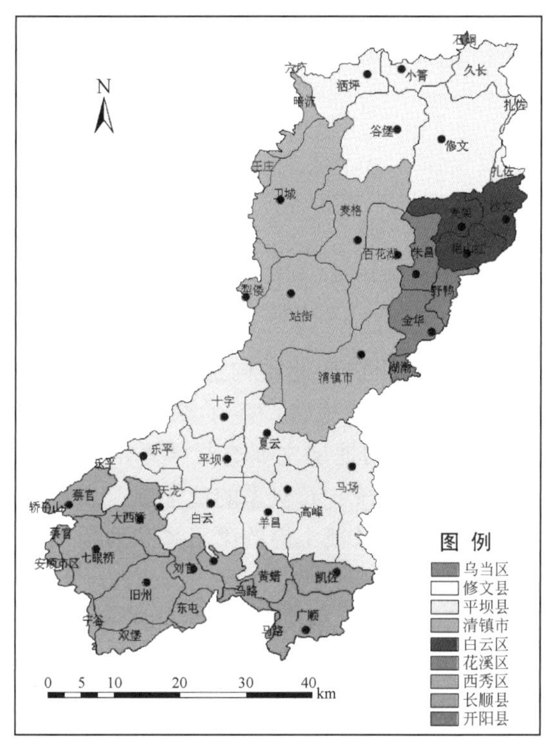

图 12-1　猫跳河流域政区图

此流域可作为介于乌江流域和小流域之间空间尺度的一个代表。本章主要研究这个尺度上的土地变化过程和空间分异。

12.1　地 理 背 景

12.1.1　自然地理背景

(1) 气象气候

猫跳河流域属于典型的亚热带高原季风气候区，冬无严寒，夏无酷暑，四季分明（表

12-1)。受西南季风和东南季风的共同影响，其气候较单纯的东南季风控制区和西南季风控制区更加复杂。就多年平均状况而言，猫跳河流域多年平均气温相对稳定，一般在 14 ~ 15°C，最冷月 1 月平均气温一般在 3 ~ 5°C，最热月 7 月平均气温 22 ~ 24°C。降水量一般介于 1100 ~ 1400mm，变幅较小，相对稳定。受季风气候影响，降水主要集中在 5 ~ 10 月，一般占全年降水量的 80% 以上，雨热同期。

表 12-1　猫跳河流域多年气候要素平均状况统计表

气象指标	清镇	平坝	乌当	修文
年降水量（mm）	1353. 1	1237. 3	1210. 1	1165. 1
5 ~ 10 月降水量占全年的比例（%）	82. 6	82. 7	79. 5	79. 9
年平均气温（℃）	14. 3	14. 2	14. 8	—
1 月平均气温（℃）	3. 2	4. 1	4. 3	—
7 月平均气温（℃）	22. 4	22. 0	23. 2	—

注：根据相应县、市提供的气象统计资料统计，统计时段为 1990 ~ 2000 年

（2）地质基础

猫跳河流域经历了始于元古代的长期地质构造运动，褶皱、节理和大型断层较为显著，地质结构复杂多变，对当地的地形地貌产生了深刻的影响。根据贵州地矿局提供的 1∶20 000地质图，猫跳河流域出露的地层主要有板溪系的上亚群（属于元古界）、震旦系、寒武系、泥盆系的独山统和茅寨统、石炭系的威宁统、二叠系的乐平统和阳新统、三叠系的嘉陵江统和夜郎统、侏罗系以及新生界的第三系和第四系。猫跳河流域的地质构造和岩性具有几个特点。

1）所有出露的地层均为沉积岩，区内没有火成岩和变质岩。

2）受太平洋板块和亚欧板块的长期挤压，流域内北东——南西和南北向构造发育（图 12-2），这在很大程度上决定了流域山脉和水系的基本走向。

3）由于长期处于海相沉积环境，流域内的地层多为以石灰岩或白云岩为主的碳酸盐岩地层为主，并通常与其他地层构成夹层或互层。调查表明，包括单独的碳酸盐岩构成的喀斯特地区和夹层或互层构成的半喀斯特地区共计约占流域面积的 80% 以上（图 12-3）。因此，猫跳河流域实际上是一个典型的喀斯特流域，这从本质上决定了流域生态环境脆弱的本底特征。

4）上游地区以相对年轻的二叠系和三叠系地层为主，下游地区则主要以寒武系等较古老的地层为主，局部地区还有元古界的板溪系地层。

5）红枫湖以上的上游地区地层相对完整，断裂较少；流域中下游地区大型断层密布，与崎岖地形有一定的内在联系。

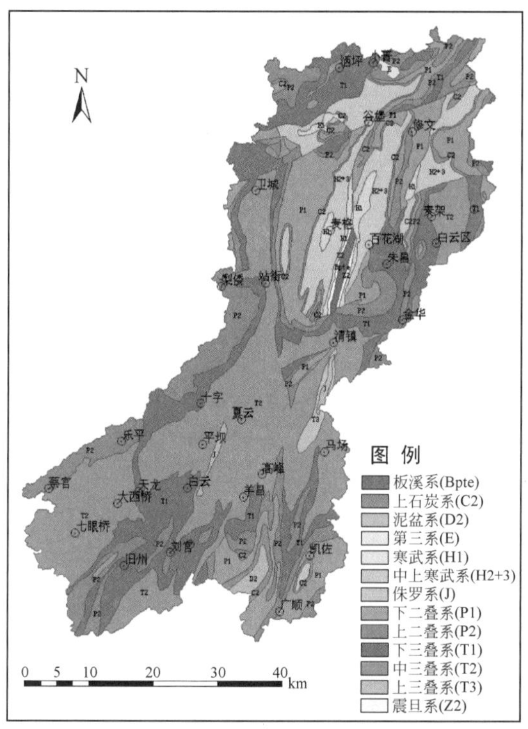

图 12-2 猫跳河流域岩组图（据贵州地矿局 1：20 万地质图转绘）

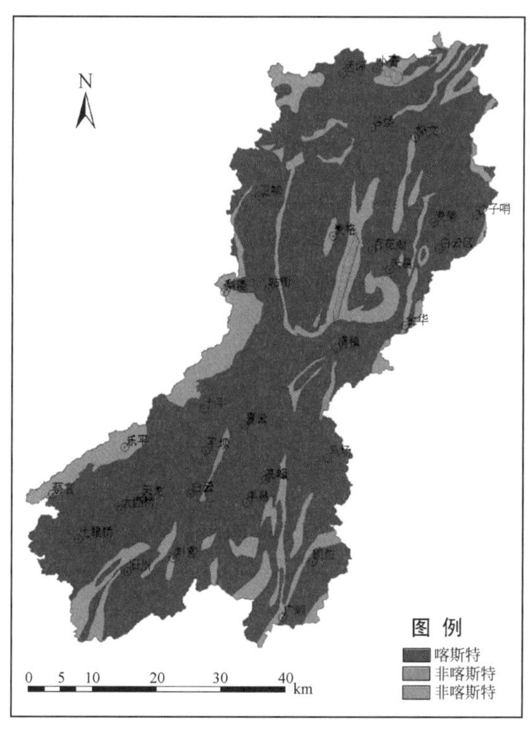

图 12-3 猫跳河流域喀斯特分布图

(3) 地貌结构

受新构造运动以来的地壳抬升和河流下切影响，贵州省大部分地区在地貌上表现为丘原—峡谷的二元结构。位于黔中地区的猫跳河流域也表现出类似特点，整个流域也由两大部分构成，红枫湖以上的丘原区和以下的猫跳河两侧一定范围内的峡谷区构成。在地方尺度上对流域的地貌形态划分，可以发现，整个流域的地貌类型可以分为如图 12-4 所示的几种。

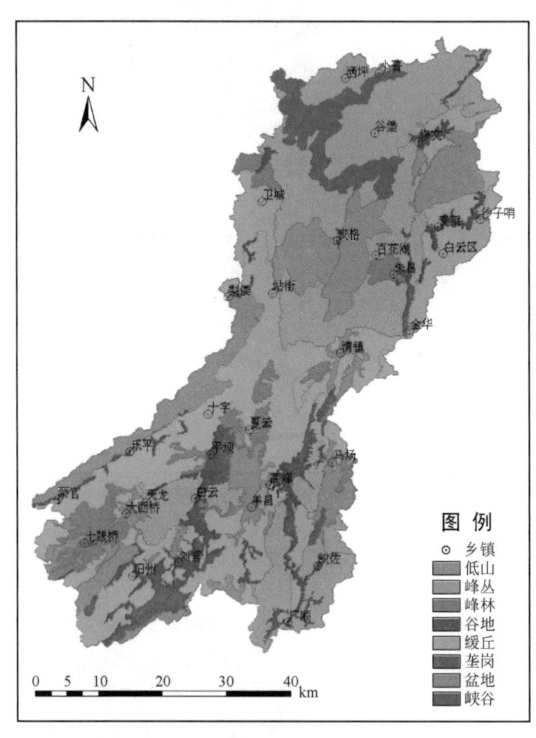

图 12-4 猫跳河流域地貌结构图

丘原区地貌形态主要由宽缓的喀斯特盆地或谷地、峰林、峰丛、缓丘、垄岗以及低山等组成，地形起伏总体相对和缓，大部分地区的海拔介于 1200 ~ 1400m，位于西南侧的五蟒岭是猫跳河流域海拔最高的地方，海拔 1700 多米。峡谷区地形明显崎岖破碎，地势高差最大可达 800m 左右，主要由峡谷和峰丛组成。范围上包括修文全部、清镇部分以及白云和乌当区的小部分地区。

1）峰丛：主要由富含 CO_2 的侵蚀性水流沿石灰岩棋盘状的节理长期的溶蚀而成，圆锥状的石灰岩山峰呈丛聚状分布在高原面上，峰和峰之间有基座相连。峰体相对高度一般在 100 ~ 200m，边坡较陡，多在 45°左右。峰丛之间多为深度不大的锅状或堞状洼地（深度一般在 50m 以内）以及相对平坦的小型盆地，构成峰丛洼地和峰丛盆地地形。流域内典型的峰丛地貌主要分布在中下游的清镇市和修文县内，在上游的平坝和西秀区也有少许分布，但成因有所不同。上游的峰丛是流域在正向演化过程中的产物，而下游的峰丛则主要是由猫跳河快速下切后，丘原面回春发育而成。由于石灰岩较纯，加之边坡陡峭，山峰表土瘠薄，多为灌草或灌丛覆盖。在植被破坏严重的地区，峰丛往往成为高度石漠化的裸岩地区，是典型的难利用地。

2）峰林：是喀斯特流域演化到中晚期的产物和标志性的地貌形态，并常和盆地或谷地一起构成复合的峰林谷地、峰林盆地地貌。其成因、形状、高度、植被覆盖和峰丛接近，所不同的是，原本连接峰和峰之间的基座因长期的溶蚀降低而基本消失殆尽，峰林所在地地形一般较平坦，是农田的主要分布区。流域的峰林地貌是集中分布在上游的西秀区和平坝县境内。覆盖植被主要是灌草地，在村寨附近，常常为灌木林或有林地覆盖。

3）缓丘：主要由岩性不纯的碳酸盐岩经长期溶蚀而成，边坡一般在30°以下，相对高度多在100m 以下。波状连绵起伏的缓丘分布区往往成为贵州高原的地形地面。缓丘主要分布在流域上游的平坝和西秀区一带，并往下游延伸至卫城、站街以及白云区和修文城关镇。缓丘分布区的土层一般较厚，是流域内农业发展条件较好的地区。

4）垄岗：由条带状出露的、质地较坚硬的碳酸盐岩地层，经过长期的溶蚀、侵蚀作用而成。相对高度一般在 200m 以下，顶部一般较平坦，两侧边坡相对较缓。但在条带状石灰岩分布区，则显得顶部较尖锐挺拔，两侧边坡也较陡峭。受构造控制，垄岗多沿北东——南西向延伸，岗轴长度一般在 10km 以内。最长不超过 20km。垄岗地主要分布在流域上游的旧州、广顺、红枫湖附近以及中游的白云区和乌当区，植被多为灌木林和灌草地。

5）盆地：主要由岩溶洼地经过长期溶蚀扩大而成，盆地是流域内最为平坦的地形之一，海拔一般在 1200 ~ 1300m，盆地四周或内部往往有峰林分布。内部常有河流蜿蜒流淌，加之土层深厚，盆地区成为流域内最重要的农业耕作区，也是流域内大大小小居民点的重要分布区。

6）谷地：主要是由于猫跳河及其支流在长期的侧向摆动中夷平两侧地面而形成的平坦地面，集中分布在河流两岸，在空间上呈条带状分布。平均海拔一般在 1200 ~ 1300m，两侧多为峰林、峰丛或垄岗地。由于靠近河流，因而成为流域水田的集中分布区。

7）低山：主要是由非喀斯特或半喀斯特的条状或块状构造隆起，经过长期的溶蚀、侵蚀作用塑造而成，相对高度一般 300m 左右。低山往往是流域内海拔最高的地方，山顶高度一般在 1700m 以上。流域内的低山主要有 4 片，即西秀区和平坝县西北侧的五蟒岭、旧州和夏官之间的老落坡、修文东南部的斗篷山，以及红枫湖和百花湖之间的九龙山。低山也是流域内灌木林和有林地主要分布区之一。

8）峡谷：由猫跳河下游深切而成。随着青藏高原的整体抬升，云贵高原也发生掀斜抬升。作为乌江的支流，猫跳河下游也发生迅速下切，塑造出深达 300 ~ 500m 的“V”形峡谷，深度从下游往上游以及从主流到支流递减。峡谷两侧边坡陡峻（一般在 40°以上），峰丛高耸，水流湍急。峡谷末端可上溯到百花湖附近。由于地形陡峭，峡谷两侧主要为灌草地覆盖。

（4）河流水系

根据猫跳河沿程水文地貌条件的差异，可把猫跳河分为上、中、下游 3 部分。上游位于红枫湖大坝以上，地形起伏相对和缓，河网密布，水流缓慢；中游为从红枫湖大坝到百花湖大坝的河段，地形起伏明显加大，水流速度加快；下游为百花湖大坝至出口处，沿程经过深切的猫跳河峡谷，水流湍急。猫跳河自下而上，共有猫洞河、修文河、李官河、麦翁河、岩孔河、麻线河以及跳登河等7条主要支流，其中跳登河在暗流乡以伏流形式潜入地下，故又称暗流河。猫跳河是一条支流极其发育的河流（图12-5），大大小小的各级支流共同组成了一个复杂的树枝状水系。新中国成立后，为了开发猫跳河蕴藏的水能资源，国家先后修建了红枫湖电站、百花湖电站、李官电站、修文电站、窄口巷电站、红林电站以及红岩电站等6个梯级电站。并因此而形成了红枫湖、百花湖两大人工湖泊，其中红枫湖是国家重点风景名胜区。除了复杂的水网以外，流域内还散布着许多大大小小的水库，这些水库主要分布在红枫湖以上的上游地区。

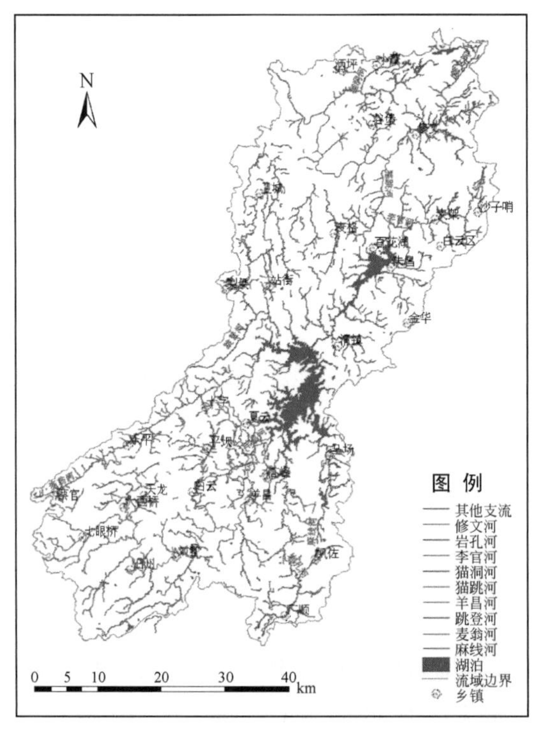

图 12-5　猫跳河流域水系结构图

（5）土壤、植被

猫跳河流域的地带性土壤为黄壤，由于流域内碳酸盐岩大面积出露，黄壤不是最主要的土壤类型，地形起伏相对和缓的缓丘地区和非喀斯特山地是黄壤的主要分布区，其性状接近黄色石灰土。流域内的主流土壤类型是发育在碳酸盐岩上的各种石灰土类，主要是黑色石灰土和褐色石灰土。黑色石灰土多分布在峰林、峰丛表面的溶沟之中，土层浅薄，保水能力很低。

猫跳河流域的地带性植被为亚热带常绿阔叶林，由于长期人类干扰和破坏，流域内的原生植被早已破坏殆尽，仅在平坝西北的五蟒岭山脉尚有少量残存。现在流域内的森林绝大部分为次生林地，树种极为单一，几乎均为由马尾松和油杉组成的针叶林。根据遥感调查，猫跳河流域 1973 年的森林覆盖率为 24. 4%，1990 年减少至 8. 4%，2002 年增加至 22. 3%。灌草地也是经历了类似的过程，2002 年，猫跳河流域的灌草覆盖率为 29. 7%。

12. 1. 2　社会经济概况

(1) 人口增长

新中国成立以前，人口表现出高出生率、高死亡率，自然增长率并不高。新中国成立后，随着政治经济条件的稳定和医疗条件的改善，猫跳河流域的人口进入了高出生率、低死亡率的高速增长阶段。以清镇为例，民国初年，全市人口 6. 7 万，到 1949 年，增加到 15. 8 万人，近 40 年间共增加约 9 万人，年平均增速为 0. 24 万人。清镇 1949 ~ 1958 年人口平稳增加，9 年间全市净增人口 40 645 人，年平均增长率为 28. 42‰。1958 ~ 1961年为 3 年困难时期，人口自然增长率下降为 9. 5‰。1962 年后，农村经济形势好转，人口出生率以 47‰的速度直线上升，1965 年的出生率更是高达 52. 07‰。一直到 1977 年的 15 年间，人口呈无计划增长状态，加上“三线”建设上马，外来人口增多，总人口大幅增加，人口自然增长率平均约 31‰。1978 年后，随着计划生育政策的实施，人口快速增长的势头得到控制，人口自然增长率大幅下降，清镇市 1988 年的人口增速仅为 6. 25‰（贵州省清镇县地方志编撰委员会，1991）。尽管如此，猫跳河流域自 1973 年以来的人口增长仍然比较快。1973 年，全流域人口不足 65 万，到 2002 年，增加到 112 万，不到 30 年增长了 47 万人，给流域的资源、环境、生态造成了较大的压力。受自然条件影响，猫跳河流域的人口主要分布在地势比较平坦的河谷盆地和高原缓丘地区，而在交通相对较差的山区，人口比较稀少，2002 年，全流域平均人口密度约 374 人/km^2。

(2) 经济发展

改革开放以前，猫跳河流域经济结构单一，农业在国民经济中占据了绝对优势，但发展速度比较缓慢。十一届三中全会以后，经济发展速度明显加快，由单一的农业经济发展成为农、工、商、建、运、服等各业综合发展的经济结构。农业在国民生产总值中的比例逐渐下降，工业和第三产业稳步上升。农业以种植业和畜牧业为主，其次为林业和渔业。2002 年，粮食总产量 19. 76 万 t，农业总产值 5. 76 亿元，人均农业产值约 1389 元。由于流域内蕴藏着丰富的矿产资源，采掘业在工业结构中具有重要地位，尤其是清镇和修文两县市的铝土矿开采规模较大，并在一定程度上影响到流域土地利用/覆被状况。由于地处黔中高原，且临近贵阳、安顺等主要城市，交通系统较为发达。20 世纪 70 年代以来，交通条件得到了较大的改善，已形成了较为完善的、覆盖面较广的公路运输网络（图 12-6）。

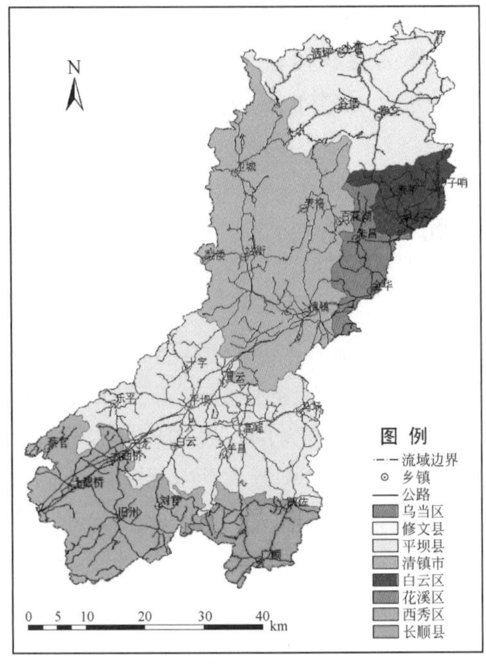

图 12-6　猫跳河流域公路交通图

12.1.3　空间分异

猫跳河流域从上游至下游，地形地貌从比较平缓的丘原面逐渐变为起伏较大的深切河谷。这种变化进而导致流域在土壤、植被、水文水资源、气象气候方面也存在比较明显的空间分异。综合流域在空间上的地理差异，可分为丘原区和峡谷区两大单元（图 12-7）。

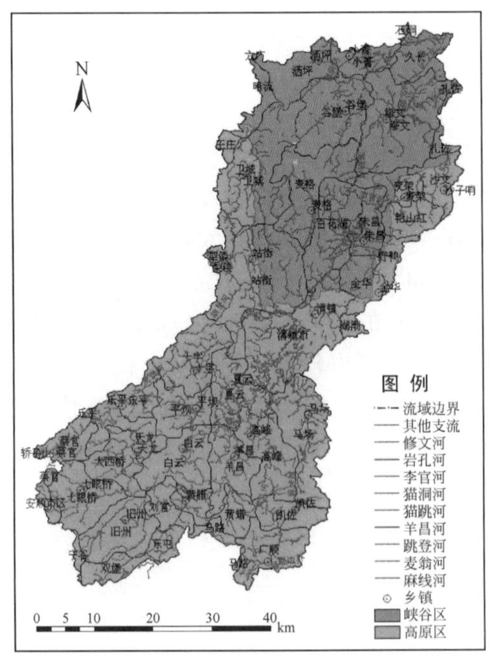

图 12-7　猫跳河流域丘原峡谷分异图

（1）丘原区

丘原区主要包括红枫湖大坝以上的广大地区，并呈开口状分别沿站街和、卫城以及乌当、白云方向延伸。丘原区面积 1 994.504km^2，地形相对平坦，平均海拔 1200 ~ 1300m，主要地貌类型为峰林、缓丘、河谷盆地等（图 12-8）。在丘原区的西北边缘为北东——南西向的低山，地势相对较高，是猫跳河与斯拉河的分水岭。土壤主要为黄壤、黄色石灰土、黑色石灰土、山地黄壤以及熟化程度较高的水稻土。由于地形地貌比较平坦，工农业生产条件较好，交通便捷，丘原区是流域内社会经济较为发达的地区，耕地在土地覆被结构中具有重要地位，同时也是流域内水田的主要分布区。受次一级地域分异因素的影响，丘原区内部也存在较为明显的差异，这种差异既有自然的，也有社会经济方面的，并最终导致其土地利用/覆被格局和变化过程也存在不同。

图 12-8　猫跳河流域上游丘陵高原景观

（2）峡谷区

红枫湖大坝以下的猫跳河中下游地区为峡谷区，面积约 1 122.31km^2。峡谷区在地形地貌上主要以峡谷和峰丛洼地为主，局部地区有小的河谷分布，地势上从四周向峡谷倾斜，地形起伏较大（图 12-9）。峡谷区缺乏标志地带性特征的黄壤，而以山地黄壤和其他的石灰土为主，在局部河谷盆地分布区或土山地区，有水稻土分布。由于地形比较崎岖，远离城镇，人口相对稀少，人口密度明显低于丘原区。峡谷区的土地覆被主要以灌草地和旱地为主，水田分布十分有限，主要分布在一些小型的河谷中。农业是峡谷地区主要的产业，工业极不发达，主要以采掘业（铝土矿）为主，工业企业的数量和规模远不如丘原区。工业在土地变化中的作用不甚明显。

图 12-9　猫跳河流域下游峡谷景观

12.2　土地变化过程

12.2.1　数据与方法

（1）数据

采用1973年的MSS影像、1990年和2002年的TM影像来分别获取这3个时期的土地覆被信息。根据猫跳河流域地物的光谱特征，采用4、3、2波段合成假彩色影像能较好地区分不同的土地覆被类型。遥感解译之前，先对影像进行了光谱增强、几何纠正等处理。以事先经过地理配准的1∶5万地形图为参照，进而对2002年的TM影像进行几何精纠正。具体是在Erdas平台下，以多项式变换为几何校正计算模型，投影和参考地形图一致，为Gauss Kruger投影，在地形图上选取足够数量的控制点，误差控制在0.5个像元以内，然后通过最邻近点插值法对原始图像进行重采样，最终实现影像的几何精纠正。然后，以经过几何精纠正的2002年影像为基础，对1990年的影像进行精确的几何匹配，RMS控制在0.5以内。由于1973年的MSS数据分辨率为57m，为了提高其与另外两期影像的匹配效果，先将其重采样到25m分辨率，然后再在此基础上用同样方法进行几何精纠正。

此外，为了尽可能提高MSS影像的解译精度，在解译中，运用研究区1973年航摄，1975年调绘的1∶5万地形图辅助解译1973年的MSS影像。

（2）方法

a. 土地覆被分类

土地覆被分类采用中国科学院资源环境信息数据库的土地利用/覆被六大类分类法，分为耕地、有林地、灌草地、水域、建设用地以及难利用地等6个一级地类。然后，结合猫跳河流域的地面特征和影像分辨率，进而分出11个二级地类（表12-2）。

表12-2　猫跳河流域土地覆被分类系统

一级地类		二级地类		特征
编号	名称	编号	名称	
1	耕地	11	水田	主要指用于种植水稻的耕地
		12	旱地	指水田以外的一切耕地
2	林地	21	有林地	指郁闭度大于30%的天然林和人工林等成片的林地
		22	灌木林	指郁闭度大于40%，高度在2m以下的矮林地和灌丛林地
		24	其他林地	主要是面积比较集中连片的茶园
3	草地	30	草地	指以生长草本植物为主，覆盖度在50%以上的各类草地，包括以木为主的灌丛草地和郁闭度在10%以下的疏林草地
4	水域	40	水域	指天然陆地水域（湖泊和水库）用地

续表

一级地类		二级地类		特征
编号	名称	编号	名称	
5	城乡、工矿、居民用地	51	城镇用地	指大、中、小城市及县镇以上建成区用地
		52	农村居民点	指农村居民点，主要是一些较大的村寨和农村集镇
		53	交通工矿建设用地	指独立于城镇以外的厂矿、大型工业区、采石场等用地、交通道路、机场及特殊用地
6	未利用地	60	裸岩地	指地表为岩石，其覆盖面积 50% 以上的土地，其上生长有稀疏的灌草

b. 影像处理与土地覆被解译

采用 3S 集成技术获取土地覆被信息。

首先，在 Erdas 环境下，对影像进行预处理，包括多波段合成以及几何精纠正。

其次，到研究区进行实地考察，运用 GPS 地位并建立遥感解译标志。考察路线的选择覆盖了流域上游、中游和下游，主要沿公路延伸，共建立 148 个解译标志点，基本摸清了猫跳河流域主要地类的光谱特征。

再次，以 ArcGIS 8. 3 为支撑，对猫跳河流域不同时期的遥感影像进行了人工目视解译，分别得到 3 个时期的土地覆被图。先对 2002 年的影像进行解译，然后将解译结果与 1990 年的影像叠加，提取并修改变化图斑。

最后，在 Erdas 平台下，运用其精度评估模块，通过随机抽取 250 个地面点，分别对这三个时期的土地覆被数据解译结果进行评价，1973 年、1990 年和 2002 年的 Kappa 指数分别为 0. 81、0. 86、0. 88，解译精度符合要求。为了使不同时期的遥感影像解译结果在时间上具有可比性，在目视解译中将比例尺统一定为 1 ∶ 100 000，该比例尺下面积小于 2mm×2mm 的地类拼块忽略不计。

c. 土地覆被转移矩阵

获得三期土地覆被图后，在 ArcGIS 平台下，运用地图代数的方法，提取研究区从 1973 ~ 1990 年以及 1990 ~ 2002 年两个时期的土地覆被转移矩阵。具体原理是，将 k 时期的土地覆被图中的像元值乘以一个整数减去 k+1 时期中的对应像元值，即可得到同一像元在两个时期之间的土地覆被变化情况。一般来说，当地类数少于 10 时，乘以 10 即可以区分所有不同地类之间的转移情况，本研究中土地覆被为 11 类，要使地图代数计算后的新像元值能完全区分不同地类之间的转移情况，乘以 20 即可。具体公式如下：

$$C_{ij} = M_{ij}^{k} \times 20 - M_{ij}^{k+1} \qquad (12\text{-}1)$$

式中，C_{ij}为 k 时期到 k+1 时期的土地覆被变化图中第 i 行 j 列新像元的值；M_{ij}^{k}为 k 时期的土地覆被图中第 i 行 j 列的像元值；M_{ij}^{k+1} 为 k+1 时期的土地覆被图第 i 行 j 列的像元值。

d. 土地变化度量

1）单一类型土地变化率。

主要用来描述研究区某一土地类型在某一时期内的变化速率，数学计算公式如下（王秀兰，1999）：

$$U = \frac{U_b - U_a}{U_a} \times \frac{1}{T} \times 100\% \tag{12-2}$$

式中，U 为某一土地类型在时间 T 内的变化速率；U_b、U_a 分别为研究期初期及末期某种土地类型的面积；T 为研究时段长。当 T 设定为年时，U 为研究时段内某一土地类的年变化率。

2）单一类型土地转出率和转入率。

某一土地类型数量的变化是在研究期内转入和转出综合作用的结果，单一类型土地变化率仅能反映该土地类型在研究初期和末期的数量变化，不能揭示期间土地转入和转出的情况。考虑到这种转入和转出的变化是土地变化研究需要重点关注的内容，引入单一类型土地转出率和转入率来描述这种变化。单一类型土地转出率主要反映某一土地类型在某一时期内转化为其他地类的幅度，计算公式如下：

$$T_i = \frac{\sum_{j=1}^{n-1} T_{ij}}{L_{t0}} \times 100\% \tag{12-3}$$

式中，T_i 为地类 i 在 t_0 到 t_k 时期内的土地转出率；T_{ij}为在 t_0 到 t_k 时期内地类 i 转化为地类 j 的面积；L_{t0}是地类 i 在 t_0 时刻的面积；n 为研究区土地类型数量。

单一类型土地转入率主要反映某一土地类型在某一时期内由其他地类转化而来的幅度，计算公式如下：

$$M_i = \frac{\sum_{j=1}^{n-1} M_{ji}}{L_{tk}} \times 100\% \tag{12-4}$$

式中，M_i 为地类 i 在 t_0 到 t_k 时期内的土地转出率；M_{ji}为在 t_0 到 t_k 时期内由地类 j 转化为地类 i 的面积；L_{tk}是地类 i 在 t_k 时刻的面积；n 为研究区土地类型数量。

3）综合土地利用动态度。

主要用以反映某一研究时段内，研究区的各种地类动态变化的总体情况，该值越大，说明研究区土地动态变化越剧烈，反之，越弱。计算公式如下（刘纪远等，2000）：

$$\mathrm{LC} = \left[\frac{\sum_{i=1}^{n} \Delta \mathrm{LU}_{ij}}{\sum_{i=1}^{n} \Delta \mathrm{LU}_{i}}\right] \times \frac{1}{T} \times 100\% \tag{12-5}$$

式中，LU_i为监测起始时间第 i 类土地类型面积；$\Delta\mathrm{LU}_{ij}$为监测时段第 i 类土地类型转为非 i 类土地类型面积的绝对值；T 为监测时段长度，当 T 设定为年时，LC 的值就是该研究区土地的年平均变化率。

4）土地利用度。

主要用以反映研究区人类开发利用土地的强度。其基本思想是把研究区的各种土地利用类型按照利用程度分为 4 级（表 12-3）。通过每级土地利用类型在研究区中所占的百分比乘以其分级指数进行加权求和，最后得到研究区的土地利用度。计算公式如下（刘纪远等，2000）：

$$\mathrm{LUD} = \sum_{i=1}^{n} L_i \times A_i \tag{12-6}$$

式中，LUD 是研究区的土地利用度；L_i 是区域内第 i 类土地利用类型的土地利用强度分级指数；A_i 是第 i 类土地利用类型在区域内的百分比。

表 12-3　土地利用强度分级表

级别	未利用地级	林、草、水用地级	农业用地级	城镇聚落用地级
土地利用类型	未利用地或难利用地	林、灌、草、水域	水田、旱地	城镇、农村居民点、交通、工矿用地
利用强度指数	1	2	3	4

资料来源：刘纪远，1996

5）土地覆被分布空间变化指数。

土地覆被分布高程变化指数：用以描述在研究时段内，某一土地覆被类型平均分布高程的变化幅度。该指数若为正值，说明某一地类的平均分布高程增加。计算公式如下：

$$\Delta H_i = H_{itk} - H_{it0} \tag{12-7}$$

式中，ΔH_i 是第 i 种地类在研究时期内的平均海拔高程变化值；H_{it0} 是第 i 种地类在研究时段初期（t_0）的平均海拔分布高程；H_{itk} 是第 i 种地类在研究时段末期（t_k）的平均海拔分布高程。该指数计算的关键是先要求出在研究时段初期和末期的土地覆被平均分布高程，可通过 ArcGIS 中的区块统计（zonal statistic）分析功能计算。

土地覆被分布坡度变化指数：用以描述在研究时段内，某一土地覆被类型平均分布坡度的变化幅度。该指数若为正值，说明某一地类的平均分布坡度增加。计算公式如下：

$$\Delta S_i = S_{itk} - S_{it0} \tag{12-8}$$

式中，ΔS_i 是第 i 种地类在研究时期内的平均坡度变化值；S_{it0} 是第 i 种地类在研究时段初期（t_0）的平均海拔分布坡度；S_{itk} 是第 i 种地类在研究时段末期（t_k）的平均海拔分布坡度。该指数的获取过程类似于土地覆被分布高程变化指数。

12.2.2　土地覆被解译结果

按照上述方法，分别获得猫跳河流域在 1973 年、1990 年以及 2002 年等 3 个不同年份的土地覆被图（图 12-10 ~ 图 12-12）和相应的数量结构特征（表 12-4），此为分析 1973 ~ 1990 年以及 1990 ~ 2002 年两个时段内流域土地变化过程及其转移矩阵的基础。

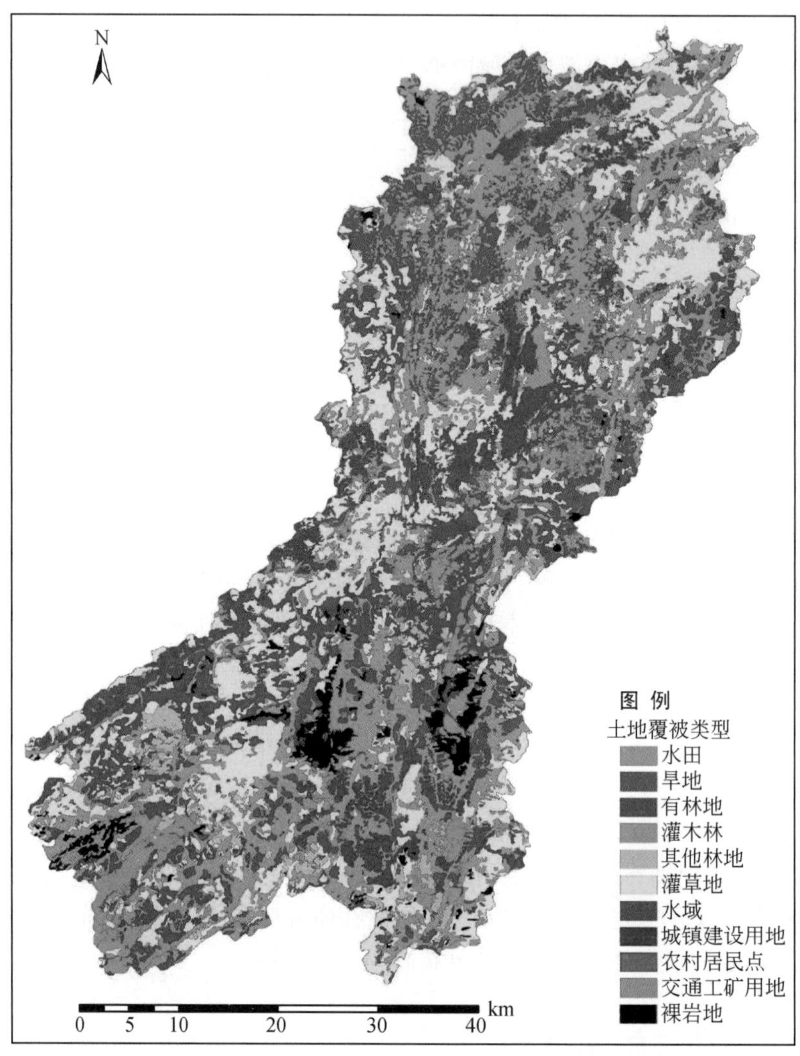

图 12-10 猫跳河流域 1973 年土地覆被图

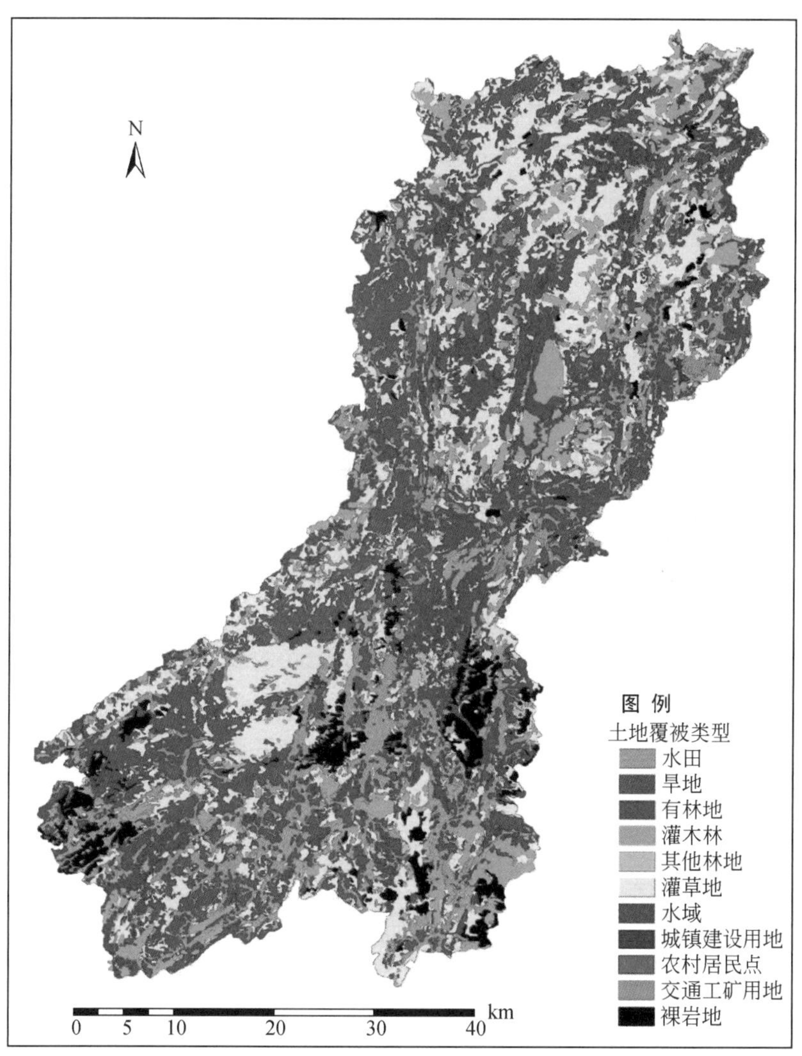

图 12-11　猫跳河流域 1990 年土地覆被图

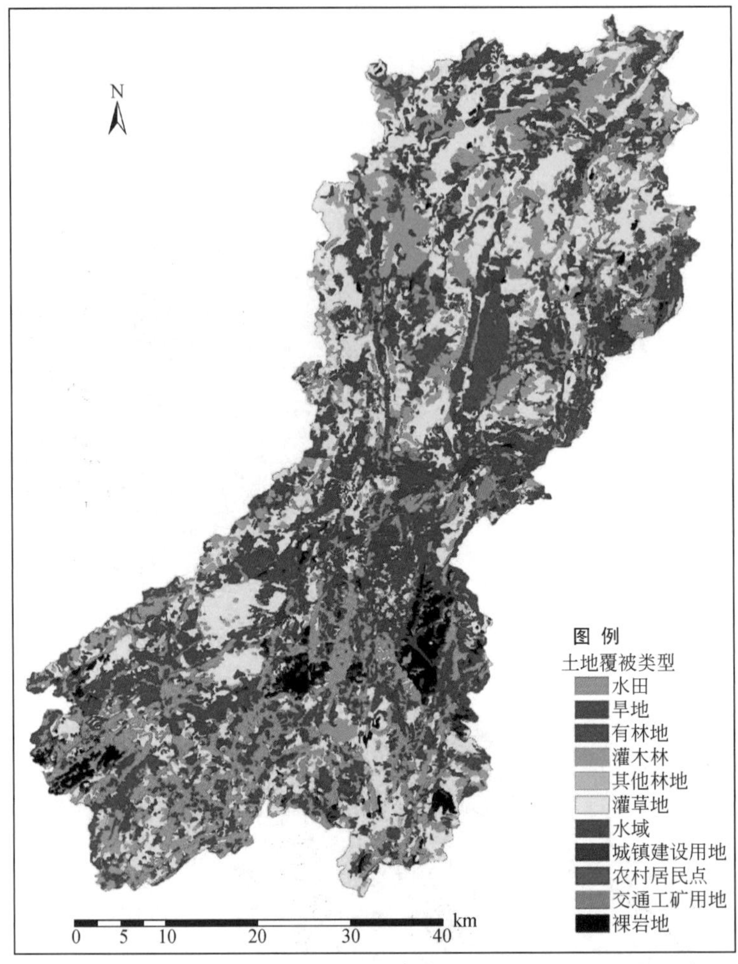

图 12-12 猫跳河流域 2002 年土地覆被图

表 12-4 猫跳河流域不同年份土地覆被结构

地类	1973 年		1990 年		2002 年	
	面积（hm^2）	比例（%）	面积（hm^2）	比例（%）	面积（hm^2）	比例（%）
水田	57 772. 20	18. 54	46 801. 15	15. 02	52 988. 22	17. 00
旱地	69 811. 68	22. 41	96 692. 60	31. 02	66 163. 07	21. 23
有林地	22 897. 92	7. 35	26 214. 54	8. 41	36 124. 34	11. 59
灌木林	53 165. 84	17. 07	31 190. 1	10. 01	33 471. 79	10. 74
其他林地	7 468. 39	2. 40	1 492. 42	0. 48	1 489. 26	0. 48
灌草地	83 955. 38	26. 95	82 101. 85	26. 34	92 464. 24	29. 67
水域	6 361. 65	2. 04	6 685. 21	2. 14	8 158. 06	2. 62
城镇用地	296. 46	0. 10	485. 73	0. 16	1 350. 16	0. 43
农村居民点	1 312. 12	0. 42	3 128. 06	1. 00	5 770. 14	1. 85

续表

地类	1973 年		1990 年		2002 年	
	面积（hm^2）	比例（%）	面积（hm^2）	比例（%）	面积（hm^2）	比例（%）
交通工矿用地	579.24	0.19	2 231.17	0.72	3 721.34	1.19
裸岩地	7 915.92	2.54	14 513.97	4.66	9 991.84	3.21
合计	311 536.80*	100.00	311 692.50	100.00	311 692.50	100.00

*1973 年的总面积和 1990 年及 2002 年的不一致主要是由于矢量转栅格中重采样引起，但对结果分析影响不大

12.2.3　1973～1990 年土地变化分析

猫跳河流域 1973～1990 年土地覆被变化的空间格局见图 12-15，土地覆被变化转移矩阵见表 12-5。

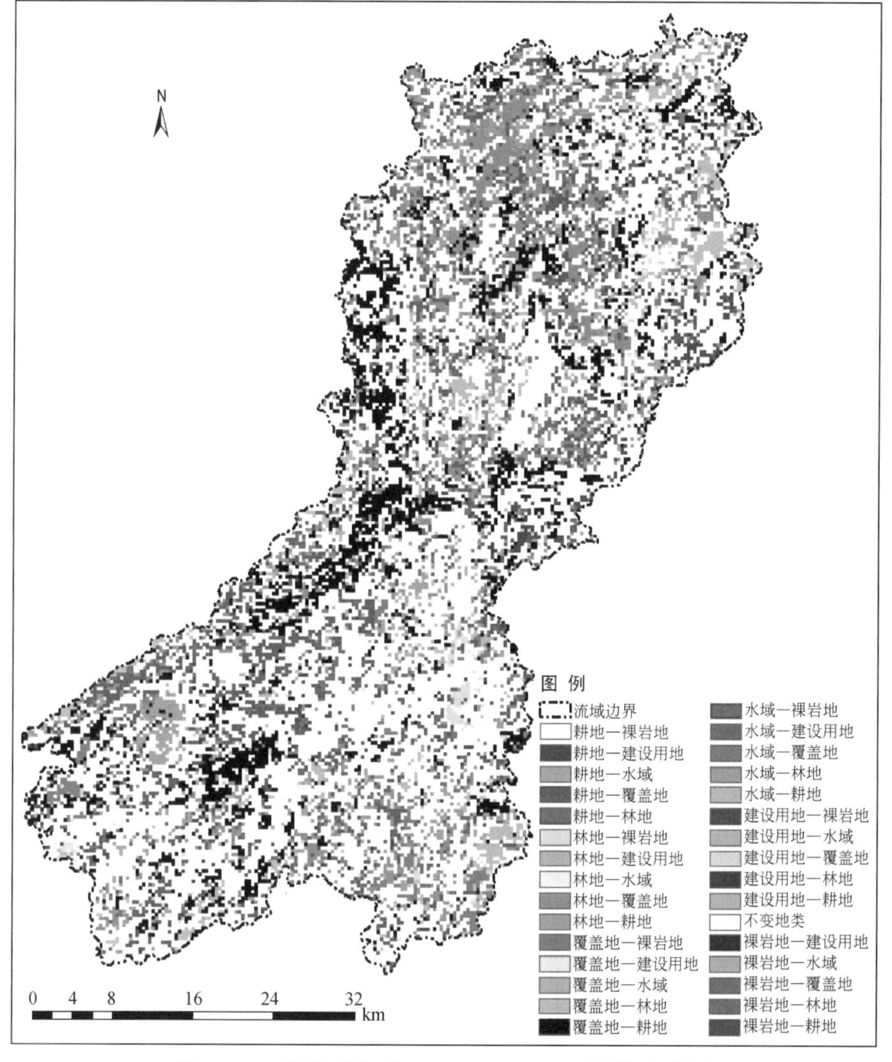

图 12-13　猫跳河流域 1973～1990 年土地覆被变化图

表 12-5　猫跳河流域 1973～1990 年土地覆被变化转移矩阵（面积单位：hm^2）

项目	水田	旱地	有林地	灌木林	其他林地	灌草地	水域	城镇用地	农村居民点	交通工矿用地	裸岩地	1990 年合计
水田	30 318.64	9 100.59	659.62	945.35	342.40	4 534.61	301.26	44.35	187.09	25.54	341.70	46 801.15
转出率（%）	52.48	13.04	2.88	1.78	4.58	5.40	4.74	14.96	0.14	4.41	4.32	—
转入率（%）	64.78	19.45	1.41	2.02	0.73	9.69	0.64	0.09	0.40	0.05	0.73	100
旱地	16 736.80	35 141.35	2 811.03	7 666.93	3 177.55	29 707.45	410.56	5.09	253.30	22.00	760.54	96 692.60
转出率（%）	28.97	50.34	12.28	14.42	42.55	35.38	6.45	1.72	19.30	3.80	9.61	—
转入率（%）	17.31	36.34	2.91	7.93	3.29	30.72	0.42	0.01	0.26	0.02	0.79	100
有林地	811.95	1 754.76	8 783.00	9 479.16	360.73	5 003.63	16.25	—	3.07	—	1.99	26 214.54
转出率（%）	1.41	2.51	38.36	17.83	4.83	5.96	0.26	—	0.23	—	0.03	—
转入率（%）	3.10	6.69	33.50	36.16	1.38	19.09	0.06	—	0.01	—	0.01	100
灌木林	1 200.52	2 448.75	4 841.09	13 760.99	1 036.17	7 387.92	94.35	—	39.76	1.29	379.26	31 190.10
转出率（%）	2.08	3.51	21.14	25.88	13.87	8.80	1.48	—	3.03	0.22	4.79	—
转入率（%）	3.85	7.85	15.52	44.12	3.32	23.69	0.30	—	0.13	—	1.22	100
其他林地	95.03	249.39	84.13	69.96	782.65	195.40	7.62	—	5.56	2.68	—	1 492.42
转出率（%）	0.16	0.36	0.37	0.13	10.48	0.23	0.12	—	0.42	0.46	—	—
转入率（%）	6.37	16.71	5.64	4.69	52.44	13.09	0.51	—	0.37	0.18	—	100
灌草地	6 431.51	17 593.18	5 422.25	18 680.78	1 576.47	30 006.19	458.10	3.90	201.78	76.04	1 651.65	82 101.85
转出率（%）	11.13	25.20	23.68	35.14	21.11	35.74	7.20	1.32	15.38	13.13	20.86	—
转入率（%）	7.83	21.43	6.60	22.75	1.92	36.55	0.56	—	0.25	0.09	2.01	100
水域	285.63	305.76	98.14	313.86	107.45	501.86	5 063.48	—	2.25	—	6.78	6 685.21
转出率（%）	0.49	0.44	0.43	0.59	1.44	0.60	79.59	—	0.17	—	0.09	—
转入率（%）	4.27	4.57	1.47	4.69	1.61	7.51	75.74	—	0.03	—	0.10	100
城镇用地	57.59	183.17	—	2.63	1.36	12.08	—	225.88	3.02	—	—	485.73
转出率（%）	0.10	0.26	—	—	0.02	0.01	—	76.19	0.23	—	—	—
转入率（%）	11.86	37.71	—	0.54	0.28	2.49	—	46.50	0.62	—	—	100
农村居民点	741.70	1 046.96	41.97	111.57	43.79	508.75	1.11	—	565.32	17.87	49.02	3 128.06
转出率（%）	1.28	1.50	0.18	0.21	0.59	0.61	0.02	—	43.08	3.09	0.62	—
转入率（%）	23.71	33.47	1.34	3.57	1.40	16.26	0.04	—	18.07	0.57	1.57	100
交通工矿用地	292.67	638.01	15.25	154.94	4.35	628.59	0.90	17.24	32.60	424.19	22.43	2 231.17
转出率（%）	0.51	0.91	0.07	0.29	0.06	0.75	0.01	5.82	2.48	73.23	0.28	—
转入率（%）	13.12	28.60	0.68	6.94	0.19	28.17	0.04	0.77	1.46	19.01	1.01	100
裸岩地	800.16	1 349.76	141.44	1 979.67	35.47	5 468.90	8.02	—	18.37	9.63	4 702.55	14 513.97
转出率（%）	1.39	1.93	0.62	3.72	0.47	6.51	0.13	—	1.40	1.66	59.41	—
转入率（%）	5.51	9.30	0.97	13.64	0.24	37.68	0.06	—	0.13	0.07	32.40	100
1973 年合计	57 772.20	69 811.68	22 897.92	53 165.84	7 468.39	83 955.38	6 361.65	296.46	1 312.12	579.24	7 915.92	311 536.8

20 世纪 70 年代，猫跳河流域的优势地类为耕地、灌草地和灌木林，三者合占流域面积的 84.97%，其中水田和旱地合占 40.95%，耕地是猫跳河流域最主要的土地覆被类型。到 1990 年，尽管不同的土地覆被类型之间发生了较频繁的转移，但耕地、灌草地和灌木林占优的格局并未发生改变。17 年间，发生增加的地类有旱地、有林地、水域、建设用地、裸岩地，减少的地类为水田、灌木林、其他林地以及灌草地（图 12-14）。所有地类中，增幅最大的是旱地，减幅最大的是灌木林。总体来看，1973 ~ 1990 年，猫跳河流域的土地利用强度加大，土地利用度从 2.40 增至 2.45，期间综合土地利用动态度 26.18%。但流域中各主要地类的变化过程和速率有所不同，分述如下。

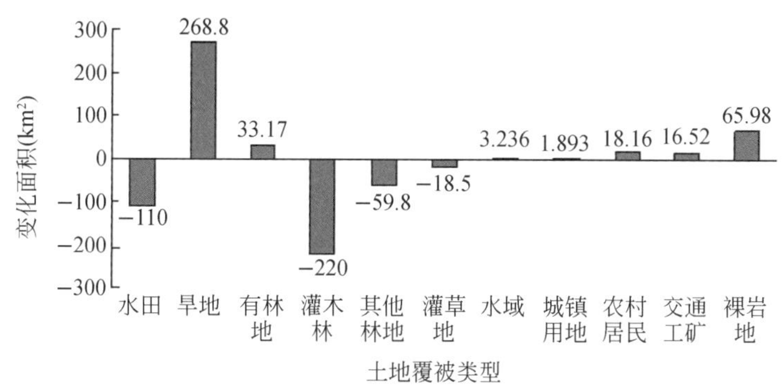

图 12-14　猫跳河流域 1973 ~ 1990 年土地覆被变化

（1）耕地

耕地总量增加，水田旱地相互转化为主。17 年间，猫跳河流域的耕地面积由 127 583.88hm² 增加到 143 493.75 hm²，净增 15 909.87 hm²，增幅达 12.5%，耕地占流域的面积比重也从 40.95% 增加到 46.04%，上升了近 5 个百分点。

水田从 57 772.2 hm² 减少到 46 801.15 hm²，净减少 10 971.05 hm²，年减少速率为 −1.12%。从面积来看，约有 47.52% 的水田转化为其他地类。减少的水田主要是流向了旱地，约有 16 736.8 hm² 转化为旱地；其次为灌草地和灌木林，分别达到 6431.51 hm² 和 1200.52hm²；此外，由于建设占地，约有 1090 hm² 的水田被城镇、农村居民点以及交通工矿用地所占用。与此同时，流域内也存在其他地类转变为水田的情况，期间约有 35.22% 的水田由其他地类转换而来，其中以旱地为主，约有 9100.59 hm²，其次为灌草地，达 4534.61 hm²。

旱地由 1973 年的 69 811.68 hm² 增加到 1990 年的 96 692.6hm²，年平均增加速率为 2.26%。约有 63.66% 的旱地由其他地类转变而来，其中以灌草地为主，共约 29 707.45 hm²，其次为水田，约 16 736.8 hm²，此外，还有相当一部分由有林地、灌木林和其他林地（主要是茶园）转化而来，共约 13 655.51 hm²。17 年间，也有相当一部分旱地（约 47.52%）转为别的地类，其中以灌草地为主，水田次之，分别达到 17 593.18 hm² 和 9100.59 hm²。建设用地占用旱地的数量也比较可观，共有 1535.89 hm² 旱地转化为建设用地。

1973 ~ 1990 年，猫跳河流域的水田和旱地分布的平均海拔有所降低，其中水田从 1283.04m 变为 1281.11m，下降了 1.93m，旱地从 1294.48m 下降为 1294.12m，降低了

0.36m（表 12-6，图 12-15），主要和流域下游的垦荒有关。伴随着分布海拔的下降，耕地分布的坡度也有所下降，其中水田从 6.61°降为 6.33°，旱地从 11.33°降为 10.83°（表 12-7，图 12-16）。

表 12-6 猫跳河流域 1973～2002 年土地覆被类型平均高度变化表

土地利用/覆被类型	平均海拔（m）			变化值（m）	
	1973 年	1990 年	2002 年	1973～1990 年	1990～2002 年
水田	1283.04	1281.11	1285.96	-1.93	4.85
旱地	1294.48	1294.12	1294.71	-0.36	0.59
有林地	1339.34	1366.45	1353.64	27.11	-12.81
灌木林	1307.51	1331.66	1323.4	24.15	-8.26
其他林地	1302.83	1274.76	1291.73	-28.07	16.97
灌草地	1339.15	1317.47	1316.19	-21.68	-1.28
水域	1233.55	1231.22	1236.00	-2.33	4.78
城镇用地	1274.86	1273.59	1273.51	-1.27	-0.08
农村居民点	1281.21	1292.48	1289.83	11.27	-2.65
交通工矿用地	1320.60	1342.53	1333.59	21.93	-8.94
裸岩地	1341.62	1359.34	1350.91	17.72	-8.43

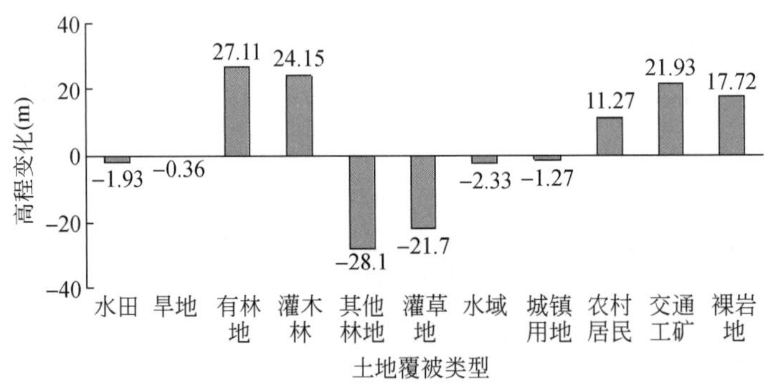

图 12-15 猫跳河流域 1973～1990 年土地覆被分布高程变化图

表 12-7 猫跳河流域 1973～2002 年土地覆被类型平均坡度变化表

土地利用/覆被类型	平均坡度（°）			变化值（°）	
	1973 年	1990 年	2002 年	1973～1990 年	1990～2002 年
水田	6.61	6.33	6.58	-0.28	0.25
旱地	11.33	10.83	10.62	-0.5	-0.21

续表

土地利用/覆被类型	平均坡度（°）			变化值（°）	
	1973 年	1990 年	2002 年	1973～1990 年	1990～2002 年
有林地	16.74	17.48	18.49	0.74	1.01
灌木林	19.29	18.94	17.63	-0.35	-1.31
其他林地	8.01	5.91	6.92	-2.1	1.01
灌草地	14.98	16.23	15.63	1.25	-0.6
水域	3.33	4.5	4.97	1.17	0.47
城镇用地	4.29	4.15	5.3	-0.14	1.15
农村居民点	8.01	8.07	8.14	0.06	0.07
交通工矿用地	8.23	9.53	9.38	1.3	-0.15
裸岩地	25.99	22.6	24.78	-3.39	2.18

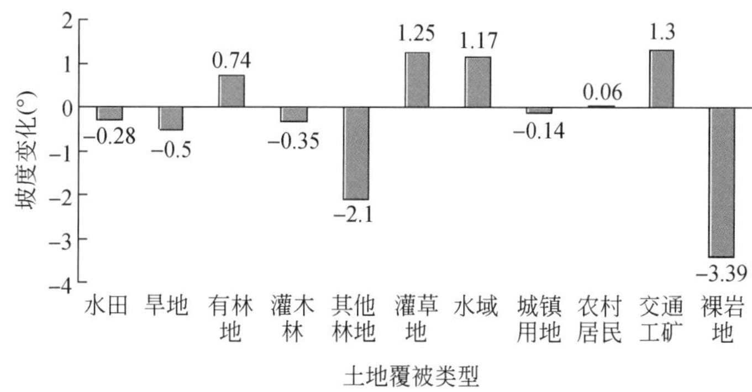

图 12-16　猫跳河流域 1973～1990 年土地覆被平均坡度变化图

（2）林地

林地总面积从 83 532.5hm^{2}减少到 58 897.06hm^2。但有林地、灌木林以及其他林地 3 种类型的变化有较大差异。有林地从 22 897.9hm^{2}增加到 26 214.54 hm^2，净增 3316.62 hm^2，年平均增速 0.85%。66.5%的有林地是由其他地类转化而来，主要是灌木林和灌草地，分别约 9479.16hm^{2}和 5003.63hm^2；其次为耕地，约 2566.71 hm^2。灌木林大幅减少，减幅 21 973.74hm^2，年平均减速-2.43%（表 12-8）。约有 74.12%的灌木林转化为其他地类，主要是灌草地，达 18 680.78hm^2，其次为有林地，约 9479.16hm^2，此外，还有约 8612.28hm^{2}转化为耕地，其中 7666.93hm^{2}为旱地。以茶园为主的其他林地从 1973 年的 7468.39hm^{2}减少为 1492.42 hm^2，年平均减速-4.71%。期间约有 89.52%的茶园转化为别的地类，主要流向了旱地、灌草地和灌木林。

表 12-8　猫跳河流域 1973 ~ 2002 年土地利用动态度

土地利用/覆被类型	单一土地利用动态度		单一土地利用转出率（%）		单一土地利用转入率（%）	
	1973 ~ 1990	1990 ~ 2002	1973 ~ 1990	1990 ~ 2002	1973 ~ 1990	1990 ~ 2002
水田	-1. 12	1. 10	47. 52	17. 00	35. 22	26. 68
旱地	2. 26	-2. 63	49. 66	44. 35	63. 66	18. 63
有林地	0. 85	3. 15	61. 64	6. 77	66. 50	32. 28
灌木林	-2. 43	0. 61	74. 12	46. 10	55. 88	49. 74
其他林地	-4. 71	-0. 02	89. 52	39. 79	47. 56	39. 66
灌草地	-0. 13	1. 05	64. 26	33. 93	63. 45	41. 30
水域	0. 30	1. 84	20. 41	0. 88	24. 26	18. 78
城镇用地	3. 76	14. 83	23. 81	—	53. 50	64. 02
农村居民点	8. 14	7. 04	56. 92	1. 01	81. 93	46. 33
交通工矿用地	16. 78	5. 57	26. 77	5. 45	80. 99	43. 30
裸岩地	4. 90	-2. 60	40. 59	39. 85	67. 60	12. 61

有林地和灌木林分布的平均海拔均明显上升，分别上升了 27. 11m 和 24. 74m；茶园的海拔下降了 28. 1m。有林地的平均分布坡度变大，增加了 0. 74°，而灌木林和茶园的分布坡度变得相对平缓，分别变缓了 0. 35°和 2. 1°。

（3）灌草地

总量略有减少，但流入和流出变化较大。1973 年，猫跳河流域有灌草地共计 83 955. 38hm^2，而到 1990 年，减少为 82 101. 85hm^2，净减仅 1853. 53hm^2，年平均减速 – 0. 13%。有 64. 26% 的灌草地转化为其他地类，同时也有 63. 45% 的其他地类转化为灌草地。灌草地的流向主要是水田和旱地，共计约 34 242. 06hm^2（其中旱地 29 707. 45 hm^2）；其次为林地，约有 12 586. 95hm^2。裸岩地约有 5468. 9hm^2，建设用地 1149. 42 hm^2。在转入方面，以耕地和林地为主，其中林地转变为灌草地的有 25 679. 5 hm^2，耕地转变为灌草地的有 24 024. 69 hm^2。此外，少数由裸岩地转入，约 1651. 65hm^2。

灌草地的平均分布海拔从 1339. 15m 降为 1317. 47m，降低了 21. 7m，说明灌草地向低海拔地区扩张；在分布坡度方面，从 14. 98°上升到 16. 23°，说明灌草地趋向于分布在坡度较陡的地，主要是由中下游峡谷地区灌草地增多所致。

（4）水域

17 年间，猫跳河流域的水体面积呈增大趋势，但增速较慢，年平均增速为 0. 3%。1973 年水域面积为 6361. 65hm^2，到 1990 年增加到 6685. 21hm^2。期间约有 24. 26% 的水域由其他地类转化而来，主要是水田、旱地以及灌草地和灌木林。同时也有 20. 41% 的水域转化为其他地类，主要是水田、旱地和灌草地（多由于水库的淤塞所致）。

水域的平均分布高程有所下降，从 1233.55m 下降到 1231.22m，说明水域的分布更多地倾向于海拔较低的地区。分布的坡度类似于灌草地，从 3.33°增加到 4.55°。

(5) 建设用地

建设用地总体呈增加趋势，增加速度明显快于其他地类，其中以工矿用地增加的速度最快，其次为农村居民点和城镇建设用地，年平均增速分别为 16.78%、8.14% 和 3.76%。1973 年流域建设用地面积仅为 2187.82hm^2，到 1990 年，迅速增加到 5844.96hm^2，增加了 1.67 倍。其中，城镇建设用地从 296.46hm^2增加到 485.73hm^2，农村居民点用地从 1312.12hm^2增加到 3128.06hm^2，而交通工矿建设用地则从 579.24hm^2增加到 2231.17hm^2。增加的建设用地主要由耕地和灌草地转化而来。

在空间上，城镇建设用地的平均分布海拔和坡度都有所下降，降幅分别为 1.27m 和 0.14°。而农村居民点和交通工矿用地的分布海拔和坡度均升高，说明这两种建设用地在 1973 ~ 1990 年，在向高、陡的方向扩张。

(6) 裸岩地

裸岩地是喀斯特地区植被被破坏后，导致下伏基岩裸露地表后形成的一种地类，是生态环境恶化的后果，也是流域内最主要的难利用土地。猫跳河流域的裸岩地在 1973 ~ 1990 年明显扩张，从 7915.92hm^2增加到 14 513.97hm^2，扩展速度达 4.9% 每年。增加的裸岩地主要由灌草地转化而来，约 5468.9hm^2；其次为耕地，约 2149.92hm^2。同时，灌木林也是裸岩地的主要来源之一，17 年间约有 1979.67hm^2转化为裸岩地。此外，流域有 30.59% 的裸岩地转化为其他耕地，约 1100hm^2 的裸岩地转化为耕地，局部地方由于采取了保护措施，裸岩地恢复为灌草地（1651.65hm^2）和灌木林（379.26hm^2）。

裸岩地的平均分布高程从 1341.62m 上升到 1359.34m，说明高海拔地区石漠化的形势在加剧；同时，裸岩地分布的坡度从 25.99°下降到 22.60°，说明一些坡度偏缓的地区开始出现石漠化，整个流域的生态环境状况恶化。

12.2.4 1990 ~ 2002 年土地变化分析

猫跳河流域 1990 ~ 2002 年土地覆被变化的空间格局见图 12-17，土地覆被变化转移矩阵见表 12-9。

这一时期除了原有的耕地、灌草地、灌木林等地类仍占优势外，有林地占流域的面积比重也突破 10%，并超过灌木林成为猫跳河流域除耕地、灌草地以外的第三大优势地类。除了旱地和裸岩地外，其余地类均发生了不同程度的增加（图 12-18）。其中，减幅最大的是旱地，增幅最大的则是灌草地；耕地占流域的面积比重下降，从 1990 年的 46.04% 下降到 2002 年的 38.23%。整体来看，猫跳河流域的土地利用变化速率较前一时期下降，土地利用程度也有所减弱，从 1990 年的 2.45 下降到 2002 年的 2.42，土地利用动态度从 26.18% 下降到 22.54%。

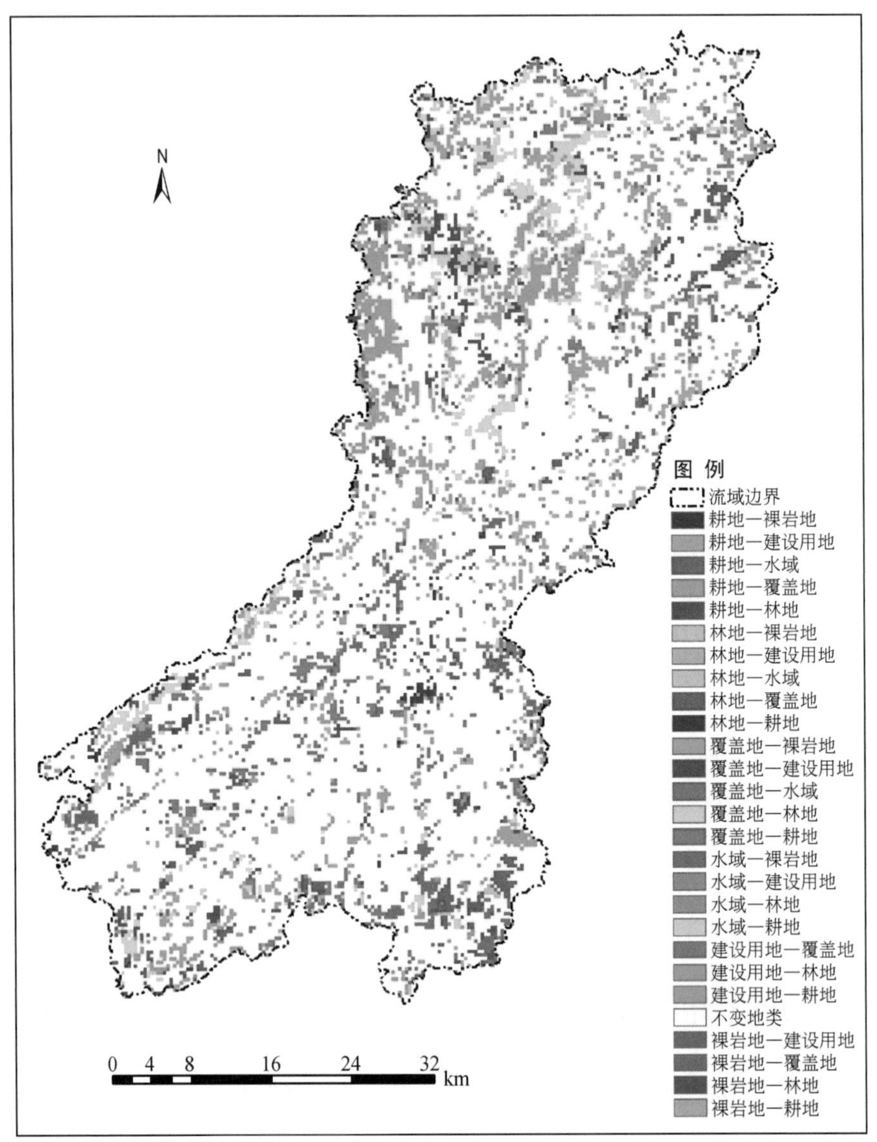

图 12-19　猫跳河流域 1990 ~ 2002 年土地覆被变化图

表 12-9　猫跳河流域 1990 ~ 2002 年土地覆被变化转移矩阵（面积单位：hm^2）

土地覆被类型	水田	旱地	有林地	灌木林	其他林地	灌草地	水域	城镇用地	农村居民点	交通工矿用地	裸岩地	2002 年合计
水田	38 850. 17	10 954. 39	5. 83	195. 25	124. 38	2 772. 48	14. 39	—	0. 03	17. 97	53. 33	52 988. 22
转出率（%）	83. 00	11. 32	0. 02	0. 63	8. 33	3. 38	0. 22	—	—	0. 81	0. 37	—
转入率（%）	73. 32	20. 67	0. 01	0. 37	0. 23	5. 23	0. 03	—	—	0. 03	0. 10	100
旱地	1 211. 88	53 838. 57	3. 92	142. 11	379. 07	10 005. 84	20. 23	—	0. 91	9. 93	550. 61	66 163. 07

续表

土地覆被类型	水田	旱地	有林地	灌木林	其他林地	灌草地	水域	城镇用地	农村居民点	交通工矿用地	裸岩地	2002 年合计
转出率（%）	2.59	55.65	0.01	0.46	25.40	12.18	0.30	—	0.03	0.44	3.79	—
转入率（%）	1.83	81.37	0.01	0.21	0.57	15.12	0.03	—	—	0.02	0.83	100
有林地	110.04	286.95	24 463.50	9 225.20	—	2 032.48	6.17	—	—	—	—	36 124.34
转出率（%）	0.24	0.30	93.23	29.56	—	2.47	0.09	—	—	—	—	—
转入率（%）	0.30	0.79	67.72	25.54	—	5.63	0.02	—	—	—	—	100
灌木林	927.61	3 738.57	932.39	16 823.19	—	10 674.28	4.44	—	0.05	2.07	369.19	33 471.79
转出率（%）	1.98	3.86	3.55	53.90	—	12.99	0.07	—	—	0.09	2.54	—
转入率（%）	2.77	11.17	2.79	50.26	—	31.89	0.01	—	—	0.01	1.10	100
其他林地	42.24	368.49	1.63	0.61	898.67	174.87	0.42	—	2.33	—	—	1 489.26
转出率（%）	0.09	0.38	0.01	—	60.21	0.21	0.01	—	0.07	—	—	—
转入率（%）	2.84	24.74	0.11	0.04	60.34	11.74	0.03	—	0.16	—	—	100
灌草地	3 329.49	24 738.31	786.14	4 378.77	50.70	54 277.36	—	—	—	91.65	4 811.82	92 464.24
转出率（%）	7.11	25.57	3.00	14.03	3.40	66.07	—	—	—	4.11	33.14	—
转入率（%）	3.60	26.75	0.85	4.74	0.05	58.70	—	—	—	0.10	5.20	100
水域	355.01	542.99	—	50.67	—	583.23	6 626.16	—	—	—	—	8 158.06
转出率（%）	0.76	0.56	—	0.16	—	0.71	99.12	—	—	—	—	—
转入率（%）	4.35	6.66	—	0.62	—	7.15	81.22	—	—	—	—	100
城镇用地	624.37	177.14	—	—	—	34.60	—	485.74	28.31	—	—	1 350.16
转出率（%）	1.33	0.18	—	—	—	0.04	—	100.00	0.90	—	—	—
转入率（%）	46.24	13.12	—	—	—	2.56	—	35.98	2.10	—	—	100
农村居民点	923.26	1 172.51	14.34	146.35	31.36	381.21	3.58	—	3 096.91	—	0.62	5 770.14
转出率（%）	1.97	1.21	0.05	0.47	2.10	0.46	0.05	—	98.99	—	—	—
转入率（%）	16.00	20.32	0.25	2.54	0.54	6.61	0.06	—	53.67	—	0.01	100
交通工矿用地	424.59	549.60	31.75	67.83	7.50	529.50	—	—	—	2 109.87	0.70	3 721.34
转出率（%）	0.91	0.57	0.12	0.22	0.50	0.64	—	—	—	94.55	—	—
转入率（%）	11.41	14.77	0.85	1.82	0.20	14.23	—	—	—	56.70	0.02	100
裸岩地	10.01	378.09	—	181.38	0.81	679.67	9.82	—	—	—	8 732.06	9 991.84
转出率（%）	0.02	0.39	—	0.58	0.05	0.83	0.15	—	—	—	60.15	—
转入率（%）	0.10	3.78	—	1.82	0.01	6.80	0.10	—	—	—	87.39	100
1990 年合计	46 808.67	96 745.61	26 239.50	31 211.36	1 492.49	82 145.52	6 685.21	485.74	3 128.54	2 231.49	14 518.33	311 692.5

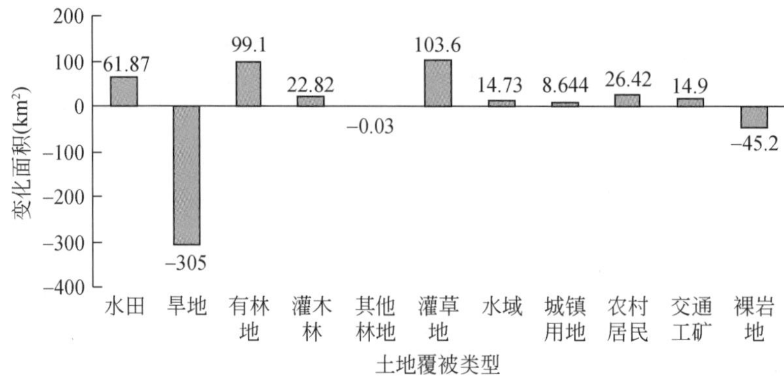

图 12-18　猫跳河流域 1990～2002 年土地覆被面积变化

(1) 耕地

2002 年，全流域有耕地面积 119 151.3 hm^2，比 1990 年减少了 24 403hm^2，减幅达 21.3%。

水田从 46 808.67 hm2 增加到 52 988.22 hm^2，增幅达 13.2%，年平均增速 1.1%；2002 年的水田面积有 26.68% 是由其他地类转化而来，增加的水田主要来自旱地，12 年间，约有 10 954.39hm^2 的旱地转化为水田，其次为灌草地，共计有 2772.48 hm^2；同时，在局部水源条件不好的地方，也存在水田转化为其他地类的情况，12 年间，约有 17% 的水田转化为其他地类，其中转化为灌草地的有 3329.49 hm^2，转化为旱地的有 1211.88 hm^2；此外，建设用地占用 1972.22 hm^2。

旱地从 96 745.61 hm^2 减少到 66 163.07 hm^2，减幅达 32.6%，年平均减速 2.26%。12 年间，猫跳河流域有 44.35% 的旱地转化其他地类，减少的旱地除了相当一部分转化为水田外，主要转化为灌草地，多达 24 738.31hm^2，约有 3738.57 hm^2 转化为灌木林。此外，建设用地占用旱地的数量有也不少，达 1899.25 hm^2。同时，这一时期也存在其他土地利用类型转化为旱地的情况，转入率仅 18.63%，大大小于转出率。转入的旱地主要由水田和灌草地而来。

20 世纪 90 年代以来，耕地平均分布高度有所上升，其中水田从 1281.11m 上升到 1285.96m，旱地从 1294.12 m 上升到 1294.71m，说明耕地的分布有增高趋势（图 12-19）。分布的坡度变化不大，变幅均在 0.4°以内，其中水田有所变陡，而旱地则稍显变缓（图 12-20）。

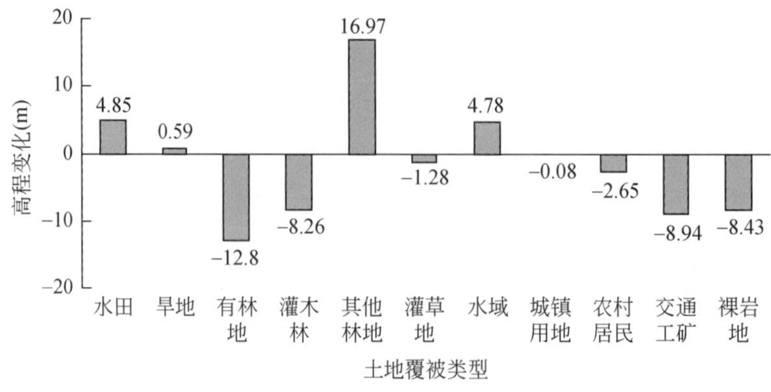

图 12-19　猫跳河流域 1990～2002 年土地覆被分布高程变化图

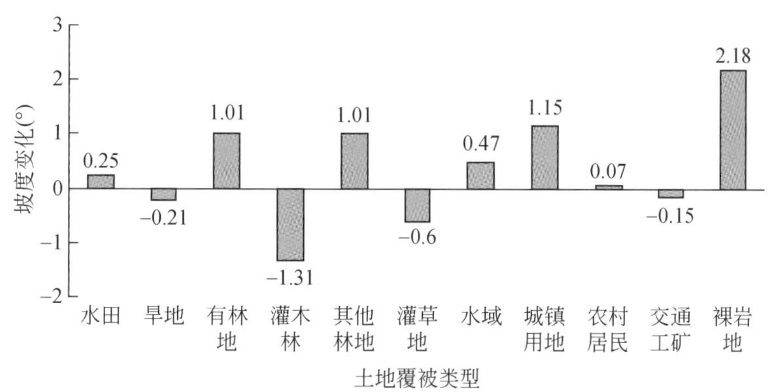

图 12-20　猫跳河流域 1990 ~ 2002 年土地覆被平均坡度变化图

（2）林地

1990 年，猫跳河流域林地面积 58 943. 35 hm^2，至 2002 年，林地面积增加到 71 083. 59 hm^2，增加了 12 140. 24 hm^2，增幅达 20. 6%。其中，有林地面积持续增加，从 1990 年的 26 239. 5 hm^2 增加到 2002 年的 36 124. 34 hm^2，增幅达 37. 7%，年平均增速 3. 15%。增加的林地中 98 225. 2 hm^2 来自于灌木林，其次是灌草地，约 2032. 48 hm^2。同时，有少量有林地转化为其他地类，其中灌木林 932. 39 hm^2，灌草地 786. 14 hm^2。灌木林停止了减少的态势，转而有所增加，12 年间约增加了 2260. 43 hm^2。增加的灌木林主要来自于灌草地、耕地和有林地，分别为 10 674. 28 hm^2、4666. 18 hm^2 和 932. 39 hm^2。其他林地继续减少，但变幅不大。与此同时，灌木林转化为其他地类的情况也较明显，主要是转变为有林地和灌草地，分别达到 9225. 2 hm^2 和 4378. 77 hm^2。园地的总量变化不大，但和耕地之间的转换较明显。12 年间，园地转化为旱地的有 503. 45 hm^2，而旱地转化为园地的约有 410. 73 hm^2。

有林地和灌木林分布的海拔均变低，其他林地分布高程增加。在分布坡度上，有林地和其他林地增加了 1°左右，而灌木林则趋于变缓，平均坡度降低了 1. 31°。

（3）灌草地

灌草地从 1990 年的 82 145. 52 hm^2 增加到 2002 年的 92 464. 24 hm^2，每年平均增速 1. 05%。约有 41. 3% 的灌草地是由其他地类转化而来，增加的灌草地主要来自于旱地；其次为裸岩地，约 4811. 82 hm^2；还有部分来自于灌木林和水田，分别为 4378. 77 hm^2 和 3329. 49 hm^2；少部分来自于有林地，约 786. 14 hm^2。期间，约有 33. 9% 的灌草地发生了变化。其中 10 674. 28 hm^2 转化为灌木林，11 005. 84 hm^2 转化为旱地，水田 2772. 48 hm^2，有林地 2032. 48 hm^2，建设用地 945. 31 hm^2，裸岩地 679. 67 hm^2。

灌草地在这 12 年间，平均分布高程从 1317. 47m 降低到 1316. 19m，平均坡度也从 16. 23°降低为 15. 63°，说明灌草地在这一时期趋于变低变缓。

（4）水域

水域从 1990 年的 6685. 21 hm^2 增加到 2002 年的 8158. 06 hm^2，增加 1472. 85 hm^2，增幅 22%，年平均增速 1. 84%。水域变为其他地类的情况很少，转出率仅为 0. 88%，增加

的水域主要由耕地和灌草地转化而来，分别约 898 hm^2 和 583.23 hm^2。

水域分布的平均海拔增高，从其 1990 年的 1231.22m 增高到 1236m，分布坡度趋于变陡，从 4.5°增加到 4.97°。

(5) 建设用地

建设用地从 1990 年的 5845.77 hm^2 增至 2002 年的 10 841.64 hm^2，增加了 4995.87 hm^2，增幅 85.5%。城镇建设用地、农村居民点和交通工矿建设用地均保持一致性的增长，增幅分别为 178%、84.4% 和 66.8%。城镇建设用地是所有建设用地中增加最快的，年增速高达 14.83%。增加的建设用地主要是通过挤占水田和旱地而来，交通工矿用地的增加除了来自耕地外，还有相当一部分是由灌草地转化而来。

在分布的平均海拔上，3 种建设用地的分布一致地向高海拔地区扩张，城镇建设用地和农村居民点的平均分别坡度有所增加，但交通工矿用地则趋于减缓。

(6) 裸岩地

猫跳河流域的裸岩地发生了显著减少，从 1990 年的 14 518.3 hm^2 减少到 2002 年的 9991.84 hm^2，减少了 4526.46 hm^2，减幅达 31.2%，年平均减速 2.6%。这一期间，约有 39.85% 的裸岩地转化为其他地类。减少的裸岩地主要是转变为灌草地，面积达 4811.82 hm^2，其次为旱地和灌木林，分别为 550.61 hm^2 和 369.19 hm^2。

1990 年，裸岩地的平均分布高度为 1359.34m，到 2002 年降低到 1350.91m；分布坡度趋于变陡，从 22.60°增加到 24.78°。

12.3 土地变化的空间差异

猫跳河流域土地变化存在着较为明显的空间差异，这种差异表现在丘原区和峡谷区之间，也表现在同一区内部不同人类干扰强度地区之间的综合土地利用动态度、土地利用度、土地覆被变化过程等方面。

12.3.1 丘原区与峡谷区的差异

由于猫跳河流域上、中、下游之间存在较为明显的空间异质性，对流域内的土地变化有较大的影响。因此，揭示土地利用/覆被的空间差异性有助于更进一步认识流域土地利用变化的规律，为制定因地制宜的可持续利用决策提供有益的参考。如前所述，可把猫跳河流域划为丘原区和峡谷区两部分（图 12-7）。

从地类变化情况来看，在过去的近 30 年间，有的地类变化过程较为相似，也有的地类变化差异较大（图 12-21、图 12-22）。就耕地而言，丘原区和峡谷区变化过程相似，这种相似性不仅表现在总量上，也表现在水田和旱地的变化上。从 1973 年到 1990 年，丘原区的耕地总量增加，1990 年到 2002 年，发生明显减少。水田和旱地的变化过程不同，先减后增，而旱地刚好相反，是先增后减。丘原区和峡谷区的有林地、灌草地、水域、城镇建设用地、农村居民点、交通工矿用地裸岩地均表现出相似的变化特征。其中有林地、建设用地、水域等均是呈增加趋势，而裸岩地则是先增后减。

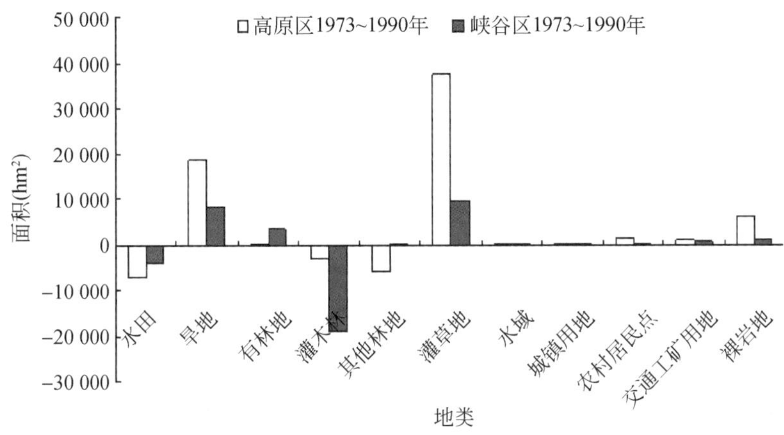

图 12-21　丘原区和峡谷区 1973 ~ 1990 年土地覆被变化图

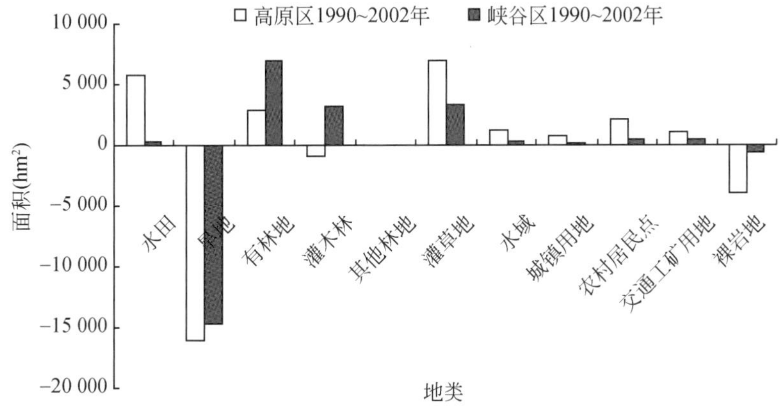

图 12-22　丘原区和峡谷区 1990 ~ 2002 年土地覆被变化图

丘原区和峡谷区差别较大的地类主要是灌木林和其他林地。1973 ~ 1990 年，丘原区和峡谷区的灌木林面积均减少，但峡谷区减少的量远大于丘原区；而在 1990 ~ 2002 年，丘原区和峡谷区的灌木林在变化方向和数量方面均出现较大差异，峡谷区的灌木林增加了约 3300hm^2，而丘原区的则持续减少。其他林地（主要是茶园），丘原区呈持续减少趋势，其中 1973 ~ 1990 年是减速最快的时期，茶园面积从 7462. 58hm^{2}锐减到 1480. 09hm^2，而在 1990 ~ 2002 年，虽有所减少，但变化不大；峡谷区的茶园在 1973 ~ 1990 年有所增加，但由于峡谷区种植面积不大，故总量变化不大，1990 ~ 2002 年几乎没有什么变化。

总体来看，除了少数地类外，丘原区和峡谷区的土地变化在趋势和方向上大体相同，但在变化幅度方面，有林地、灌木林、其他林地、灌草地等有较大差异。丘原区和峡谷区之间的地形地貌差异对流域的土地利用变化空间异质性影响并不是十分巨大，这可能和两者之间的差异度大小有关。猫跳河流域的丘原区并非一般意义上的高原区，而是一个比较崎岖的山原、丘原。而流域下游的峡谷区，由于猫跳河下切的深度多在 500m 左右，属于中度切割。因此猫跳河流域丘原区和峡谷区在土地变化表现出来这种异同性。

12.3.2 不同人类干扰强度地区的差异

选择丘原区人类干扰较强的红枫湖镇和人类干扰相对较弱的羊昌乡、峡谷区人类干扰相对较强的龙场镇和人类干扰相对较弱的谷堡乡为代表，分别研究了他们的土地变化情况，其综合土地利用动态度和土地利用度见表12-10。

表12-10 猫跳河流域内部四个不同典型乡镇综合土地利用动态度和土地利用度

乡镇	综合土地利用动态度（%）		土地利用度		
	1973～1990年	1990～2002年	1973年	1990年	2002年
红枫湖镇	54	25	2.40	2.90	2.59
羊昌乡	48	19	2.39	2.40	2.36
龙场镇	56	30	2.34	2.39	2.34
谷堡乡	74	37	2.32	2.31	2.22

丘原区和峡谷区的土地变化在趋势和方向上大体相同，但在灌木林和其他林地方面变化方向不一致，有林地、灌木林、其他林地、灌草地等在变化幅度方面有较大差异。1973～1990年期间的综合土地利用动态度均高于1990～2002年，说明不论是丘原区还是峡谷区，土地变化幅度在进入20世纪90年代后趋于和缓（图12-23）。其中，丘原区人类干扰较强的红枫湖镇的综合土地利用动态度大于人类干扰相对较弱的羊昌乡；而在峡谷区却刚好相反，在1990年前后的两个时期，人类干扰相对较弱的谷堡乡反而大于人类干扰相对较强的龙场镇，说明人类活动频繁地区的土地利用动态度不一定就大，这可能和干扰的对象和方式有关。

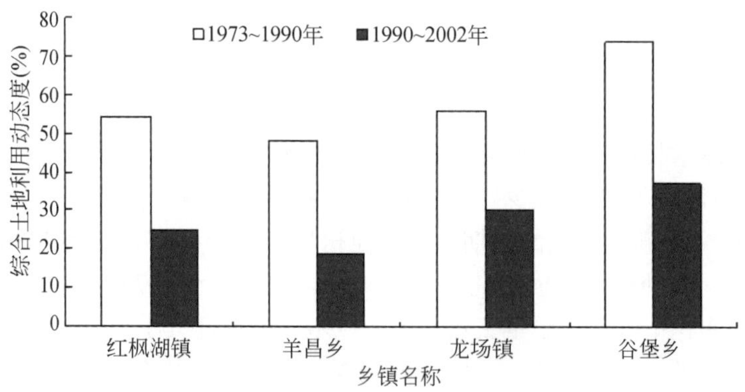

图12-23 典型乡镇1973～2002年综合土地利用动态度

龙场镇是修文的城关镇，社会经济远比谷堡乡发达，相当一部分农业人口并不完全靠农业维持生计，因而人口对土地的依赖性不一定强于谷堡，因而有可能出现人类干扰弱的地区土地利用动态度大于人类干扰强的地区。

土地利用强度方面（图12-24），不论是丘原区或是峡谷区，均表现出人类干扰强烈地区大于人类干扰相对弱的地区。除了峡谷人类干扰薄弱地区的谷堡乡土地利用度持续减小以外，其余乡镇都经历了土地利用度先增加后减弱的过程。其中人类干扰较弱的羊昌乡和谷堡乡在 1973 ~1990 年土地利用度变化较小。土地覆被变化过程方面，随着人类干扰强度的不同，丘原区和峡谷区内部都出现了较大的差异。在丘原区，虽然同样经历了持续减少的过程，但 90 年代红枫湖镇的水田主要为建设用地占用，而羊昌则是转化为灌草地。旱地的流转中，红枫湖镇建设用地是一个主要去向。说明在人类干扰强烈地区，建设用地在土地类型转换中起着十分重要的作用。红枫湖镇的有林地自 1973 年以来，处于持续增加之中，而羊昌则是先减少后增加。红枫湖的灌木林地持续减少，而羊昌则是持续增加。红枫湖的灌草地先减后增，而羊昌则是持续增加。红枫湖的水域持续增加，而羊昌则是减少乃至消亡。红枫湖和羊昌的建设用地均处于持续增加之中，但红枫湖的增速和增幅均明显大于羊昌。裸岩地方面，红枫湖镇经历了先增后减的变化过程，而羊昌则是持续减少。在峡谷区，虽然水田和旱地的变化方向相同，但龙场镇的耕地总量出现先增后减的过程，谷堡则是持续减少。龙场镇的有林地近 30 年来持续增加，谷堡是先减后增。龙场镇的灌草地发生先减后增，而谷堡则是先增后减，截然相反。龙场镇的水域先减后增，而谷堡则是持续增加。裸岩地方面，龙场镇和谷堡乡是均是从无到有，但进入 20 世纪 90 年代以后，龙场镇的裸岩地趋于减少，而谷堡乡则是呈扩张态势。总体来看，这 4 个典型乡镇在过去 30 年间土地变化互不相同，体现了空间异质性的影响。

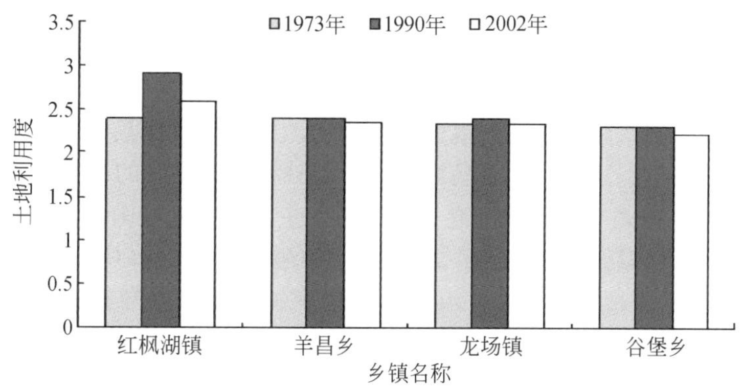

图 12-24　各典型乡镇 1973 ~2002 年土地利用强度

第 13 章　猫跳河流域土地变化驱动力与效应

本章通过定性分析和定量诊断结合的方法，研究猫跳河流域土地变化的驱动力。主要从景观生态格局变化和土壤侵蚀两方面来分析土地变化的生态效应；进而再评价土壤流失的社会经济效应。

13.1　土地变化驱动力分析

13.1.1　数据与方法

(1) 数据

用于猫跳河流域土地变化驱动力分析的数据主要有 3 类。一是分乡镇的统计数据，主要是在 1973 年、1990 年和 2002 年 3 个时间断面上收集，此类数据不全，时间上也不连续，但在空间上比较完备，覆盖整个流域，用做全流域土地变化驱动力的“面”上分析。二是分县的数据，时间上比较连续，数据门类齐全，大多数指标具有从 1973 年至 2002 年的完整序列，但空间上不完备，仅有乌当区和清镇县有比较完好的统计，分县数据主要用于“点”上的分析。三是实地农户问卷调查分析，主要是对流域内涉及的 4 个代表空间差异的典型乡镇——红枫湖镇、羊昌乡、龙场镇、谷堡镇，进行农户调查，以了解在过去的近 30 年间，研究区的土地变化情况，并用于和遥感解译结果以及社会经济统计资料进行对比、印证。

分乡镇统计数据涉及空间维、时间维和因子维。然而，这些统计数据存在较多问题，主要表现在以下几个方面。

1）2002 年的数据比较完整，1990 年次之，1973 年的最差。

2）由于流域涉及的乡镇几乎全为农业乡镇，统计资料偏重农业方面，其他指标尤其是涉及城镇建设和工业发展的指标几乎没有。

3）各乡镇的统计指标不一致，或是统计口径不一致，致使可比较的有效指标减少。

4）由于本研究以自然流域为研究单位，必然产生行政单元和自然流域单元边界不一致的问题。

5）20 世纪 90 年代初，猫跳河流域内的各乡镇先后进行了“撤区并乡”的行政调整，致使新的乡镇和原有的区属统计资料在空间上不能直接对比。

针对上述问题，采取了一些措施，使分乡镇的统计数据指标类型、空间范围以及 3 个时间断面上具有可比性。完善数据的基本方法如下：①零碎区域合并法；②行政单元还原法；③面积比例提取法；④相似区域比较法；⑤增长趋势外推法；⑥缺失数据内插法；⑦相近年份替代法（彭建和蔡运龙，2007）。

（2）方法

采用定性分析和定量诊断结合的方法，研究土地变化的驱动机制。

定量研究采用典型相关分析法来诊断驱动因素。典型相关分析法的实现需要比较完备的统计数据，猫跳河流域涉及 9 个不完整的县、市、区，面积稍大的仅有 4 个，如果以县为单位，将因样本量太少而无法满足统计需要。因此，只能以乡镇为单位进行统计分析。采用定量的典型相关分析法在已有的人口和农业发展指标中诊断出相应的有效驱动因子。对这两大类因素以外的驱动因素，通过定性分析的方法，选取清镇市和乌当区这两县区的分县统计指标来弥补。分县的统计资料指标全、时序长、可靠度好。猫跳河流域是一个面积仅 3116km^2 的流域，流域内不同县、市、区之间的社会经济指标具有较好的一致性，可对驱动机制进行良好的点（县）——面（乡镇）结合分析。

典型相关分析法（canonical correlation analysis）是 Hotelling 于 1936 年提出的研究两组变量之间的相关关系的方法，具有较强的分析能力。和一般的相关模型不同，典型相关模型的相关函数两侧都有不止一个变量。简单相关模型或简单回归模型的相关函数等号两侧都只有一个变量，多元相关模型是一侧有多个变量，另一侧只有一个变量，可视为典型相关分析的特殊形式。

典型相关分析的基本思路如下：设有两组观测变量，通过赋予一定的权数，对每一组观测变量进行加权求和，建立一个线性组合（又称为典型变式，canonical variate）。每一个典型变式的值构成一个新变量，即所谓的典型变量。解出的两个典型变式之间的简单相关就是典型相关（郭志刚，1999）。

在典型相关分析中，由于原始的观测变量经过处理后转化为典型变量，每个典型变量只与另一组的对应典型变量相关，而与本组或另一组的所有其他变量都不相关。典型相关分析建立第一对典型变量的原则，是尽量使所建立的两个典型变量之间的相关系数最大化。也就是先在因变量组中的第一个典型变量中提取一个典型载荷（指典型变量与本组的观测变量之间的两两简单相关系数，典型载荷越大，说明典型变量对观测变量的代表性越好）最大的变量，然后在自变量组中的第一典型变量中也提取出一个典型载荷最大的对应变量，作为解释变量。然后在因变量组中的第二个典型变量中提取典型载荷最大的观测变量，在自变量组中的第二个典型变量中也提取出典型载荷最大的对应变量最为解释变量。这样依次往下进行，直到最后一个典型变量被提取完毕。在土地变化驱动力研究中，可把土地覆被类型作为因变量组，把社会经济驱动因素作为自变量组。

典型相关分析结果的有效性可从两方面来检验，一是典型相关系数检验，二是冗余度检验。借助这两个方面的检验，可以帮助研究者剔除那些不显著的典型变量，使分析结果更加可靠。典型相关系数越高，说明分别来自因变量组和自变量组的两个典型变量之间相关程度越密切，分析结果越可靠。冗余度检验主要是看被解释的标准变量组的相关性被其自身典型相关变量解释的百分比，二是看被解释的标准变量组的相关性被其对立的解释变量组的典型相关变量解释的百分比。将二者进行比较，有助于解释目标变量组被自变量组解释的程度，有助于判定所提取的典型变量的有效数目。

典型相关分析要求自变量组各变量之间不存在多重共线性，如果驱动因素之间存在比较严重的多重共线性，需要采取相应的措施进行剔除，否则会使分析结果失真。其次，每个单一的观测变量应服从正态分布，多变量之间联合分布为多元正态分布，否则会造成相关系数不显著。单一的观测变量是否服从正态分布，可以在 SPSS 统计软件中进行检验。

13. 1. 2 驱动力分析

为了更好地揭示农业经济指标和土地变化之间的内在关系，我们对原始数据进行了处理，即用两个年份（1973 年和 1990 年，或 1990 年和 2002 年）间的指标差值（包括各地类的差值）进行典型相关分析，以揭示土地变化主要是由那些指标的变化引起的。

通过运用上述方法对所收集到的统计数据进行处理后，获得一系列可供统计分析利用的指标，包括总人口（人）、人口密度（人/km^2）、农业人口（人）、（农业）人均耕地（亩/人）、农业产值（不变价，万元）、农业人均产值（元/人）、粮食产量（t）、农业人口人均粮食产量（kg/人）、粮食单产（kg/hm^2）、大牲畜存栏数（头）、肉类产量（t）、化肥施用量（t）、农村用电量（万 kWh）等反映农业生产情况的 13 个指标。其中，部分指标之间存在比较严重的共线性问题，需要进行剔除。借助于 SPSS 统计分析软件，我们去除了共线比较严重的人口密度、农业人均产值、农业人口人均粮食产量等指标，剩下的 10 项指标基本符合正态分布，可以进行典型相关分析。分析结果见表 13-1、表 13-2。

表 13-1 猫跳河流域 1973 ~ 1990 年土地变化典型相关分析

变量名称	典型载荷					
	变量 1	变量 2	变量 3	变量 4	变量 5	变量 6
Y1 耕地	-0. 124	-0. 023	-0. 971	-0. 040	-0. 193	-0. 054
Y2 林地	0. 019	0. 239	0. 436	0. 216	-0. 465	-0. 699
Y3 灌草地	0. 269	0. 051	0. 302	-0. 304	0. 523	0. 684
Y4 水域	-0. 128	0. 309	0. 334	0. 400	-0. 296	0. 727
Y5 建设用地	-0. 971	0. 202	0. 031	0. 024	0. 066	-0. 103
Y6 难利用地	0. 044	0. 260	-0. 145	0. 737	0. 526	-0. 299
X1 总人口	-0. 903	0. 015	-0. 309	0. 090	-0. 069	0. 099
X2 农业人口	-0. 384	-0. 064	-0. 812	-0. 034	0. 151	0. 157
X3 农业人口人均耕地	-0. 368	-0. 087	0. 369	0. 308	0. 060	-0. 274
X4 农业产值	-0. 608	0. 290	0. 361	-0. 231	0. 479	-0. 226
X5 粮食产量	-0. 128	0. 035	-0. 094	-0. 044	0. 411	0. 136
X6 粮食单产	-0. 307	-0. 676	0. 096	-0. 261	-0. 065	-0. 120
X7 大牲畜存栏数	0. 008	-0. 259	-0. 121	0. 310	0. 209	0. 265
X8 肉类产量	-0. 728	0. 039	-0. 067	-0. 331	0. 101	0. 058
X9 化肥施用量	-0. 484	-0. 289	-0. 028	-0. 365	-0. 081	-0. 018
X10 农村用电量	-0. 007	-0. 112	-0. 167	0. 457	0. 494	-0. 337

表 13-2　猫跳河流域 1990 ~ 2002 年土地变化典型相关分析

变量名称	典型载荷					
	变量 1	变量 2	变量 3	变量 4	变量 5	变量 6
Y1 耕地	0. 306	0. 942	−0. 119	0. 018	−0. 025	−0. 055
Y2 林地	−0. 036	−0. 747	−0. 073	0. 117	0. 306	−0. 573
Y3 灌草地	−0. 043	−0. 545	0. 460	−0. 143	−0. 297	0. 618
Y4 水域	−0. 300	0. 197	−0. 331	0. 332	0. 618	0. 518
Y5 建设用地	−0. 884	0. 286	0. 100	0. 340	−0. 064	0. 086
Y6 难利用地	−0. 267	−0. 279	−0. 761	−0. 465	−0. 136	−0. 191
X1 总人口	−0. 677	0. 381	0. 015	0. 341	0. 183	−0. 135
X2 农业人口	−0. 045	0. 278	0. 678	0. 321	−0. 081	−0. 439
X3 农业人口人均耕地	−0. 209	−0. 293	−0. 575	−0. 085	0. 017	−0. 168
X4 农业产值	−0. 678	−0. 087	0. 437	0. 478	−0. 024	−0. 256
X5 粮食产量	−0. 050	−0. 763	0. 300	0. 284	0. 042	−0. 164
X6 粮食单产	0. 004	−0. 659	−0. 018	−0. 224	−0. 011	0. 111
X7 大牲畜存栏数	−0. 435	−0. 252	0. 073	0. 152	0. 527	−0. 407
X8 肉类产量	−0. 414	−0. 273	0. 140	−0. 144	−0. 392	−0. 353
X9 化肥施用量	−0. 169	0. 171	0. 529	0. 323	0. 018	0. 001
X10 农村用电量	−0. 343	0. 414	0. 448	0. 438	−0. 140	−0. 216

从表中可以看出，在 1973 ~ 1990 年和 1990 ~ 2002 年两个时期中，每一个典型变量中都以一个自变量和因变量相对应，意味着这两个变量之间存在驱动关系。但是，在进行驱动机理分析之前，需要对结果进行检验，以确定有效典型变量的数目。检验可以分为两步，首先是看典型相关系数，其次是冗余度分析。

从典型相关系数来看（图 13-1、图 13-2），1973 ~ 1990 年，6 对典型变量之间的相关系数分别为 0. 994、0. 984、0. 934、0. 82、0. 691 和 0. 313，说明除了第 6 个典型变量外，前 5 个典型变量之间存在较高的相关系数。前 3 个典型变量具有较高的解释百分比，分别为 98. 8%、96. 8%、87. 2%，而第 6 个典型变量的解释百分比仅为 9. 8%，很不理想，需要剔除。在冗余度分析中，可以看出因变量组被其自身典型变量解释的百分比和因变量组被自变量组解释的百分比均较高的只有第 1、3 个典型变量，均在 15% 以上，而其他典型变量要么是前者偏高后者偏低，要么是前者偏低后者偏高，解释效果不理想。因此，在 1973 ~ 1990 年的典型相关分析中，有效的典型变量只有第一和第三变量，即猫跳河流域的总人口变化和建设用地之间以及农业人口和耕地之间存在较大的联系。1990 ~ 2002 年，第 1 ~ 6 个典型变量对之间的典型相关系数分别为 0. 989、0. 957、0. 804、0. 766、0. 338、0. 306，前 2 个典型变量具有较高的解释百分比，分别为 97. 8%、91. 6%，最后两个典型变量的解释百分比很低，均不足 10%，解释效果不理想。

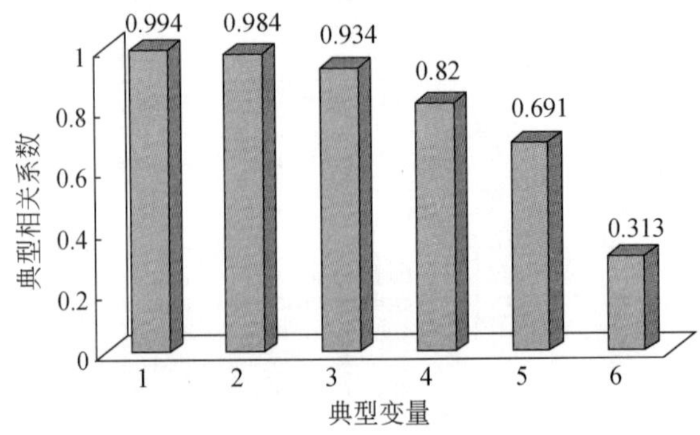

图 13-1 1973～1990 年典型相关系数

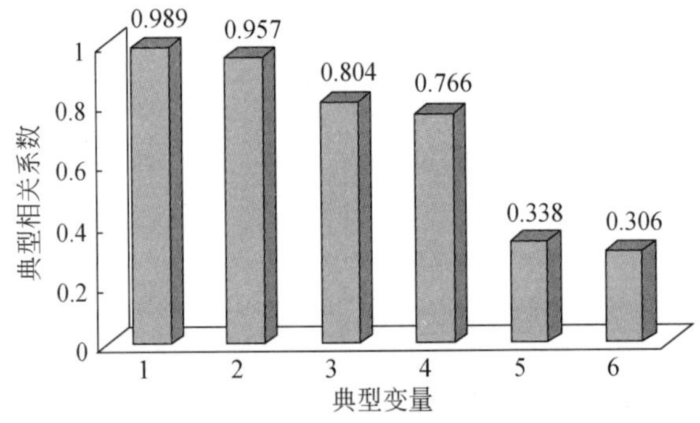

图 13-2 1990～2002 年典型相关系数

从冗余度来看（图 13-3、图 13-4），因变量组被其自身典型变量解释的百分比和因变量组被自变量组解释的百分比均较高（均超过 15%）的也是第 1 个和第 2 个典型变量。因此，有效的典型变量只有第 1 个和第 2 个变量，其余的均不甚理想，按照经验予以剔除。在这一时期，建设用地的变化主要是和农业产值有关，而粮食产量和耕地变化之间有较大联系。

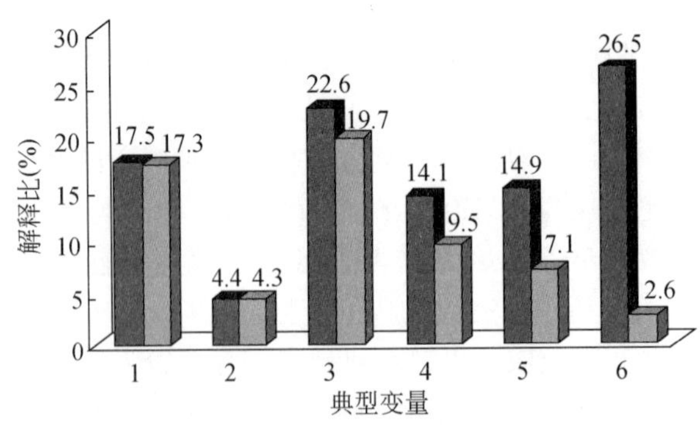

图 13-3 1973～1990 年典型相关冗余度

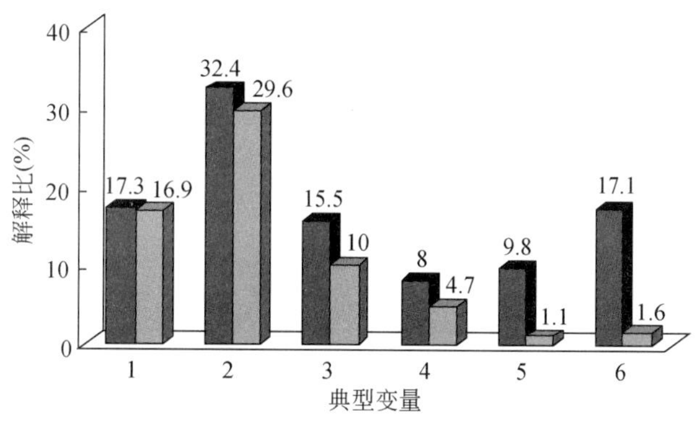

图 13-4　1990 ~ 2002 年典型相关冗余度

需要指出，通过典型相关分析得到的这种结果只是说明在已经列出的农业统计指标中哪些和猫跳河流域的土地变化联系比较紧密，并非驱动土地变化的全部因素。

13.2　土地变化的生态效应评价

利用景观格局指数评价喀斯特地区土地变化过程，有助于从宏观上揭示不同类型生态系统服务价值的变化过程与趋势。以下从宏观角度考察猫跳河流域土地变化的生态效应，包括流域景观生态格局变化和土壤侵蚀状况，然后再研究土壤侵蚀的社会经济效应。

13.2.1　景观生态评价

(1) 数据与方法

研究区 1973 年、1990 年和 2002 年的土地覆被数据见上一章。

景观格局指数是当前区域尺度上进行土地变化生态效应评价的主要方法之一，包括斑块、斑块类型以及景观等 3 个级别共 50 多项指标（卢玲和李新，2001）。本节选取了斑块（patch）类型级别和景观（landscape）级别中生态意义较为明显的部分指标，其中，斑块级别的指标包括斑块类型面积（CA）、斑块数目（NP）、斑块所占景观面积比例（PLAND）、平均斑块大小（AREA-MN）、斑块面积方差（AREA-SD）以及斑块周长面积分维数（PAFRAC）等 6 项；景观级别指标主要是斑块数（NP）、平均斑块大小（AREA-MN）、斑块面积标准差（AREA-SD）、周长面积分维指数（PAFRAC）、Shannon 多样性指数（SHDI）等 5 项，具体计算通过 Fragstats（3. 3 版）实现，结果如表 13-3 ~ 表 13-5 所示。

表 13-3 猫跳河流域 1973 年景观生态评价指标（10m×10m 分辨率）

指数	耕地		林地			草地	水域	建设用地			难利用地
	水田	旱地	有林地	灌木林	其他林地	灌草地	水域	城镇用地	农村居民点	交通工矿用地	裸岩地
CA（hm^2）	57 779	69 840	22 903	53 186	7 475	84 009	6 362	296	1 312	579	7 918
PLAND（%）	18. 54	22. 41	7. 35	17. 07	2. 40	26. 96	2. 04	0. 10	0. 42	0. 19	2. 54
NP（个）	457. 00	695. 00	390. 00	881. 00	144. 00	514. 00	56. 00	6. 00	191. 00	26. 00	78. 00
AREA-MN（hm^2）	126. 43	100. 49	58. 73	60. 37	51. 91	163. 44	113. 60	49. 41	6. 87	22. 28	101. 51
AREA-SD（hm^2）	926. 13	444. 62	286. 80	644. 54	122. 99	530. 17	570. 08	28. 94	4. 39	19. 03	280. 75
PAFRAC	1. 68	1. 52	1. 59	1. 59	1. 45	1. 58	1. 63	—	1. 96	1. 55	1. 54
EVI	655. 2		1 394. 64			458. 32	1 115. 88	0			2. 54

表 13-4 猫跳河流域 1990 年景观生态评价指标（10m×10m 分辨率）

指数	水田	旱地	有林地	灌木林	其他林地	灌草地	水域	城镇用地	农村居民点	交通工矿用地	裸岩地
CA（hm^2）	46 809	96 746	26 240	31 211	1 492	82 146	6 685	486	3 129	2 231	14 518
PLAND（%）	15. 02	31. 04	8. 42	10. 01	0. 48	26. 35	2. 14	0. 16	1. 00	0. 72	4. 66
NP（个）	595. 00	689. 00	250. 00	473. 00	40. 00	935. 00	72. 00	6. 00	347. 00	61. 00	151. 00
AREA-MN（hm^2）	78. 67	140. 41	104. 96	65. 99	37. 31	87. 86	92. 85	80. 96	9. 02	36. 58	96. 15
AREA-SD（hm^2）	430. 52	618. 71	246. 77	150. 33	69. 24	554. 27	428. 16	62. 51	7. 45	73. 51	198. 85
PAFRAC	1. 63	1. 57	1. 50	1. 44	1. 54	1. 55	1. 66	—	1. 92	1. 55	1. 45
EVI	736. 96		983. 32			447. 95	1 170. 58	0			4. 66

表 13-5 猫跳河流域 2002 年景观生态评价指标（10m×10m 分辨率）

指数	水田	旱地	有林地	灌木林	其他林地	灌草地	水域	城镇用地	农村居民点	交通工矿用地	裸岩地
CA（hm^2）	52 988	66 163	36 124	33 472	1 489	92 464	8 158	1 350	5 770	3 721	9 992
PLAND（%）	17. 00	21. 20	11. 59	10. 74	0. 48	29. 69	2. 62	0. 43	1. 85	1. 19	3. 21
NP（个）	560. 00	552. 00	279. 00	435. 00	47. 00	555. 00	94. 00	6. 00	560. 00	90. 00	134. 00
AREA-MN（hm^2）	94. 62	119. 72	129. 48	76. 95	31. 69	166. 74	86. 79	225. 03	10. 30	41. 35	74. 57
AREA-SD（hm^2）	510. 71	406. 04	346. 36	220. 27	35. 51	1 060. 42	474. 54	173. 88	11. 00	81. 72	196. 63
PAFRAC	1. 58	1. 46	1. 50	1. 44	1. 45	1. 49	1. 69	—	1. 73	1. 81	1. 47
EVI	611. 2		1 186. 12			504. 73	1 433. 14	0			3. 21

参照 Costanza 等（1997）和欧阳志云等（1999）关于生态系统服务功能的评价方法，本节构建了生态价值指数（ecological value index，简称 EVI）。EVI 在数值上等于各斑块类型的面积比重乘以其相对生态服务价值指数再求和。为了便于生态价值指数的计算和比较，将生态服务价值较低的荒漠的相对价值视为 1，森林、草地、农田、湿地以及水体的相对价值分别为 52、17、16、146、547。在猫跳河流域案例研究中，城镇建成区因几乎完全被水泥覆盖，生态服务价值忽略不计；裸岩地归入荒漠中，猫跳河流域没有较典型的大面积湿地，故湿地也不计入。计算公式如下：

$$\mathrm{EVI}_i = v_i \times r_i \tag{13-1}$$

$$\mathrm{EVI} = \sum_{i=1}^{m} (v_i \times r_i) \tag{13-2}$$

式中，EVI_i 是地类 i 的生态价值指数；EVI 是整个区域总的生态价值指数；v_i 是某一土地覆被类型的相对生态服务价值指数；r_i 是地类 i 在整个研究区中的面积百分比；m 是地类数量。

（2）1973～1990 年的景观生态变化评价

1）耕地。1973 年至 1990 年，猫跳河流域水田面积从 57 779hm^2减少到 46 809 hm^2，占流域的面积比重从 18.54% 下降到 13.02%（表 13-3、表 13-4）。但水田的斑块数却从 457 个增加到 595 个，说明这一期间较大的水田斑块发生了分离；平均斑块的大小从 126.43hm^2减少到 78.67 hm^2，斑块之间的面积差异从 926.13 hm^2减小到 430.52 hm^2。同时，伴随着斑块数的增多，水田斑块的复杂性下降，分维数从 1.68 降低到 1.63。旱地的变化过程相反，快速增加的人口需要开垦更多的耕地，致使旱地大幅度增加，占全流域的面积比重从 22.41% 提高到 31.04%。而旱地的斑块数却从 695 减少到 689，说明旱地的增加导致了斑块之间的合并，斑块的平均面积变大，大小斑块之间的差异增大，斑块形状变得更加复杂性，分维数从 1.52 上升到 1.57。

2）林地。尽管 20 世纪 70 年代和 80 年代毁林开荒的情况较多，但由于较早就制定了森林法，流域内的乔木林得到较好的保护。有林地面积从 22 903hm^2增加到 26 240 hm^2，虽然增速较慢，但森林保护政策法规的效应还是比较显著。森林覆盖率从 7.35% 提高到 8.42%，斑块数从 390 个变为 250 个，说明有林地在较好的保护下发生了扩大合并，斑块平均面积从 58.73hm^2增加到 104.96hm^2，但斑块之间的面积差别缩小，斑块大小趋于均匀，斑块复杂程度降低，分维数从 1.59 减少到 1.50。这一期间，灌木林由于毁林开荒和砍柴，面积从 53 186 hm^2减少到 31 211hm^2，占流域面积的百分比下降了近 7 个百分点。同时，斑块数从 881 个锐减至 473 个，这主要是一些面积较小的斑块被砍伐，而一些斑块转化为有林地所致，伴随着零碎地块的消失，灌木林斑块的分维数减小，斑块的复杂程度降低。由于价格变化等原因，1973～1990 年，园地面积锐减，从 1973 年的 7475hm^2减少到 1492 hm^2，斑块数也从 144 个减少为 40 个，说明减少的主要是一些面积较小的茶园。同时，一些较大的国营茶场也发生缩小，致使期间茶园的平均斑块大小从 51.91 hm^2减小到 37.31 hm^2，茶园之间的面积差异随之缩减，但茶园的形状并未随着面积和面积的减少而变得简单，而是变得更加的复杂，分维数从 1.45 上升到 1.54。

3）灌草地。面积略有减少，从84 009hm^{2}减为82 146hm^2。减少的灌草地大多被开垦为耕地，同时也有相当一部分林地和耕地转化为灌草地（林地转化为灌草地主要是由于伐木为薪所致，而耕地转化为灌草地则主要是由于那些远离农户、管理不便且地力低下的耕地被弃耕所致）。由于在此期间灌草地的转入和转出变化较大，致使灌草地的斑块数量变化较大，从1973年的514个增加到935个，斑块平均面积减小，说明灌草地由于强烈的人为活动变得更加破碎，斑块的复杂性减低，分维数从1.58变为1.55。

4）水域。在此期间有所增加，占流域面积的百分比从1973年的2.04%上升到1990年的2.14%。同时，斑块数也在同步增加，从1973年仅有的56处增加到72处，说明尽管在此期间降水量减少，但由于对农业水利设施建设重视，山塘水库的数量增加，导致水域面积扩大。水域的平均大小减少，面积标准差也从570.08 hm^{2}降低为428.16hm^2，说明水域斑块之间的大小趋于均一。

5）建设用地。城镇用地、农村居民点以及交通工矿用地等的面积均发生增加。除了城镇用地外，农村居民点和交通工矿用地的斑块数均出现的显著的增加，1973年，全流域有农村居民点（在遥感影像上可辨认的）191处，交通工矿用地26处，到1990年分别增加到347处和61处。平均斑块大小分别从49.41hm^2、6.87hm^2、22.28hm^{2}增加到80.96hm^2、9.02hm^2、36.58hm^2，斑块之间的面积大小差别一致性增大。农村居民点的斑块形状复杂程度有所降低，分维数从1.96降低到1.92。

6）裸岩地。在这15年间发生了显著的扩张，斑块面积从7918hm^{2}增加到14 518hm^2，占流域面积的比重也从2.54%提高到4.66%。斑块数从1973年的78处增加到151处，说明石漠化的面积在空间上蔓延，分布地域更加广泛。斑块的平均大小增加，但斑块之间的差异度减小，斑块的复杂程度随之减小，分维数从1973年的1.54减小到1990年的1.45。

（3）1990～2002年景观生态变化评价

1）耕地。水田的面积增加，2002年全流域的水田面积增加到52 988hm^2，比1990年净增46 809hm^2，占流域面积的比重从15.02%增加到17.00%。1990年水田斑块数有595个，至2002年减少至560个，主要是由于降水量的增加，新出现的水田将原来较小的斑块连接成较大的斑块。斑块的平均面积增大，面积标准差增大，说明这一期间水田斑块间的差异扩大，斑块复杂程度降低，分维数从1.63降至1.58。旱地面积大幅减少，从1973年的96 746 hm^{2}减少到66 163hm^2，占流域面积的比重也随之下降到21.20%。斑块数也从689个减少到552个，说明由于耕地的撂荒使得那些原本较小的旱地斑块转化为别的地类。斑块的平均面积减小，斑块大小趋向均一。分维数从1.57降低到1.46，斑块形状的复杂度降低。

2）林地。有林地增速加快，增幅明显大于前一时期。在严格的森林保护政策和生态保护工程建设力度加大后，2002年，全流域的有林地从26 240 hm^{2}迅速增加到36 124 hm^2，森林覆盖率提高到11.59%。同时，有林地的斑块数也从1990年的250个增加到279处，斑块平均面积增大，斑块之间的大小差别也在扩大。由于农村土地的人口压力相对减小，灌木林得到恢复，面积有所扩大。2002年灌木林面积从31 211 hm^{2}增加到36 124 hm^2，但斑块数从473减少到435个，说明由于灌木林面积的扩大，原本分离的斑块被连到一起，形成更大的斑块，这从这一时期斑块的平均面积和面积标准差变化中可以看出。伴随着茶园的流进流出，其他林地的总面积变化不大，但斑块变得更加破碎，斑块之间的大小差异缩小，斑块复杂程度也发生降低，分维数从 1.54 减小到 1.45。

3）灌草地。面积从 1990 年的 82 146 hm^2增加到 2002 年的 92 464 hm^2，占流域面积的比重也从 26.35% 上升到 29.69%。在面积增加 10 000 余公顷的情况下，灌草地的斑块数却出现了大幅的减少，这主要是大量耕地撂荒后，使得许多面积较小的灌草地相连成片所致。灌草地斑块的平均面积显著增大，1990 年，平均大小为 87.86 hm^2，面积标准差为 554.27，而到 2002 年，分别增加到 166.74 hm^2和 1960.42 hm^2，斑块之间的差异扩大。同时，斑块的复杂程度下降，分维数从 1.55 减小到 1.45。

4）水域。在降水增加和农业水利设施改善的情况下，猫跳河流域的水域面积显著增加。1990 年，水域面积仅为 6685 hm^2，到 2002 年增至 8158 hm^2。同时，斑块数量增加到 94 个，比 1990 年多了 22 处，说明这一期间仍有新的山塘水库等水利设施增加。水域斑块的平均面积减小，但面积标准差却增大，这主要是因为新增加的水域主要是小型的山塘水库。斑块的复杂程度有所增加，分维数从 1.66 上升到 1.69。

5）建设用地。在这一期间的变化和前一时期比较相像，无论是斑块面积还是数量上均出现了明显的增加，但年平均增速显著快于前一时期。2002 年，城镇用地、农村居民点以及交通工矿用地分别从 1990 年的 486 hm^2、3129 hm^2、2231 hm^2增加到 1350 hm^2、5770 hm^2、3721 hm^2。1990 年，全流域的农村居民点有 347 处，至 2002 年增至 560 处；交通工矿用地也从 61 处增至 90 处。斑块的平均面积和标准差均扩大，说明斑块之间的大小差异进一步扩大。从分维数来看，农村居民点从 1.92 降低到 1.73，斑块复杂程度降低；交通工矿用地从 1.55 上升到 1.81，复杂程度上升。

6）裸岩地。由于人口压力减小以及生态环境保护力度加强，猫跳河流域的裸岩地开始缩减。从 1990 年的 14 518 hm^2减少为 2002 年的 9992 hm^2，在流域中的面积份额也随之下降到 3.21%，下降了 1.45 个百分点。同时，斑块的数量也出现了减少，说明一些裸岩地斑块通过生态恢复已转变为草地甚至灌木林等地类。斑块的平均面积显著减小，从 96.15 hm^2减为 74.57 hm^2，但差异度变化不大。斑块的复杂程度有所上升，分维数从 1.45 增加到 1.47。

13.2.2　土地变化与土壤侵蚀

通过采用“3S”技术和 RUSLE 模型，分析近 30 年来猫跳河流域土地变化的时空特征，模拟了不同土地利用空间格局下的土壤侵蚀状况，探讨了土地利用变化对土壤侵蚀的影响。

（1）数据来源

本研究采用的基础数据主要包括流域 1 : 5 万数字高程模型（DEM），流域第二次土壤普查资料及土壤类型图，1980 ~ 2002 年各气象站点逐日降雨数据，3 个时期（1973 年、1990 年、2002 年）的土地覆被图。

在 ArcGIS 8.3 平台下，对土地覆被图进行地图代数运算，获得研究区 1973 ~ 1990 年和 1990 ~ 2002 年的土地覆被转移矩阵，运用 Excel 软件对土地利用变化的属性数据进行统计，分析土地利用的时空变化特征。

（2）土壤侵蚀模型选择

在土壤侵蚀预报模型中，美国修正的通用土壤流失方程（revised universal soil loss equation，RUSLE）是目前应用最方便、使用最广泛的土壤侵蚀模型。研究选用 RUSLE 模型预测研究区年均土壤流失量，其基本形式为

$$A = R \cdot K \cdot LS \cdot C \cdot P \tag{13-3}$$

式中，A 为土壤侵蚀量［t/(hm^2 · a)］；R 为降雨侵蚀力因子［MJ · mm/(hm^2 · h · a)］；K 为土壤可侵蚀性因子［t · h/(MJ · mm)］，LS 为坡长坡度因子（无量纲）；C 为覆盖与管理因子（无量纲）；P 为水土保持措施因子（无量纲）。

（3）模型参数的计算

RUSLE 模型涉及的 5 个参数因子的计算方法如下。

1）降雨侵蚀力因子 R 计算方法（Yu and Rosewell，1998）。

$$E_j = \alpha[1 + \eta\cos(2\pi f_j + \omega)] \sum_{d=1}^{N} R_d^{\beta} \quad (R_d > R_0) \tag{13-4}$$

式中，E_j 为降雨侵蚀力［MJ · mm/（hm^2 · h · a）］；R_d 为日降雨量（mm）；R_0 为产生侵蚀的日降雨强度阈值，一般取值为 12.7mm；N 为某月中日降雨量超过 R_0 的天数；f_j 为频率，f_j =1/12；ω=5π/6；α 、β 、η 为模型参数，通过以下经验公式获得。研究表明（Yu and Rosewell，1996），在年降雨量大于 1050mm 的地方，α 、β 的关系为式（13-5）；在年降雨量 500 ~ 1050mm 的地方，α 、β 关系为式（13-6）；η 和年均降雨量的关系为式（13-7）。

$$\log\alpha = 2.11 - 1.57\beta \tag{13-5}$$

$$\alpha = 0.395\{1 + 0.098^{[3.26(S/P)]}\} \tag{13-6}$$

$$\eta = 0.58 + 0.25P/1000 \tag{13-7}$$

式中，β 取值范围在 1.2 ~ 1.8，本研究取 β 为 1.5；S 为夏半年降雨量；P 为年均降雨量。

2）土壤可侵蚀型因子 K 计算方法（刘宝元等，1999）。

$$K = 7.594\{0.0034 + 0.0405\exp[-1/2((\log D_g + 1.659)/0.7101)^2]\} \tag{13-8}$$

式中，D_g为土壤颗粒的几何平均直径（mm），计算公式如下：

$$D_g = -\exp(0.01\sum f_i \ln m_i) \tag{13-9}$$

式中，m_i为第 i 级粒级下组分限值的平均值（mm）；f_i为第 i 级粒级组分的重量百分比。

3）地形因子 LS 计算方法。

本研究根据 Hickey（2000）和 Van Remortel 等（2001）采用的计算 LS 的方法，从网站 www. cwu. edu/_ rhickey/slope/slope. html 下载计算 LS 的宏语言程序，在 GIS 中的 ARC 模块下输入研究区 DEM 和边界范围图层，运行宏语言程序，得到研究区各像元的 LS 因子值和 LS 图层。

4）植被覆盖因子 C 的确定。

本研究参考蔡崇法等（2000）、杨子生（2002）提出的不同土地利用 C 值，并结合当地土地利用及农事活动情况确定 C 值（表 13-6）。

表 13-6　不同土地利用类型的 C 因子值

土地类型	水田	旱地	林地	疏林地	其他林地	灌草地	水域	建设用地	裸岩
C 值	0.1	0.22	0.006	0.01	0.04	0.04	0	0	0

注：本研究基于以往研究成果和当地农事考察，来确定不同土地利用格局下 RUSLE 中 C 因子值，且同种土地利用类型的 C 因子和 P 因子值在不同时期相同，虽然存在一定系统误差，但能从总体上反映土地利用结构动态变化引起的土壤侵蚀效应变化趋势

5）水土保持措施因子 P 的确定。

本研究参考蔡崇法等（2000）、杨子生（2002）并结合当地土地利用情况确定 P 值（表 13-7）。

表 13-7　不同土地利用类型的 P 因子值

土地类型	水田	旱地	林地	疏林地	其他林地	灌草地	水域	建设用地	裸岩
P 值	0.01	0.4	1	1	0.7	1	0	0	0

注：本研究基于以往研究成果和当地农事考察，来确定不同土地利用格局下 RUSLE 中 C 因子和 P 因子值，且同种土地利用类型的 P 因子值在不同时期相同，虽然存在一定系统误差，但能从总体上反映土地利用结构动态变化引起的土壤侵蚀效应变化趋势

（4）土壤侵蚀模拟

将上述计算的 RUSLE 各因子图层均转化为统一坐标系下像元大小为 25m×25m 的栅格图，在 ArcInfo8.3 软件支持下将各因子图层相乘，得到流域内基于栅格的不同时期土壤侵蚀的空间分布图。根据水利部颁布的《土壤侵蚀分类分级标准》SL190—96 进行土壤侵蚀强度的划分，生成流域不同时期土壤侵蚀强度等级图，并统计土壤侵蚀等级面积。

（5）不同土地利用格局下的土壤侵蚀

近 30 年来，随着流域土地利用格局的剧烈变化，流域土壤侵蚀也经历了趋向严重—减轻的变化过程。流域土壤侵蚀模数 1973 年为 30.88 t/(hm^2 · a)，到 1990 年上升到 35.08 t/(hm^2 · a)，2002 年又下降到 28.16 t/(hm^2 · a)。流域土壤侵蚀总量 1973 年为 960.39 t/a，1990 年上升为 1089.52 t/a，2002 年下降为 875.64 t/a（表 13-8）。

表 13-8　流域土壤侵蚀状况

侵蚀等级	侵蚀模数 [t/(hm^2 · a)]	1973 年		1990 年		2002 年	
		面积（hm^2）	比例（%）	面积（hm^2）	比例（%）	面积（hm^2）	比例（%）
微度	<5	118 234	38.02	112 200.88	36.13	132 993.88	42.78
轻度	5 ~ 25	88 161.8	28.35	80 705	25.98	79 717.94	25.64
中度	25 ~ 50	43 626.8	14.03	45 336.69	14.6	40 841.5	13.14
强度	50 ~ 80	26 311.7	8.46	30 617.13	9.86	25 736.69	8.28
剧烈	80 ~ 150	23 718.9	7.63	28 345.88	9.13	22 261.06	7.15
极剧烈	>150	10 911.1	3.51	13 383.5	4.3	9 358.13	3.01
合计		310 964 *	100	310 589.08 *	100	310 909.2 *	100

* 在计算土壤侵蚀量过程中，由于流域 RUSLE 的各因子图层在生成和转换过程中，其边界范围存在一定误差，导致 3 个时期土壤侵蚀面积和与其 3 个时期土地面积和有所差别，但其误差仅分别为 0.18%、0.3% 和 0.25%，不影响分析结果

1973～1990年，流域微度和轻度侵蚀面积均呈减少趋势，其占流域总面积的比例分别由38.02%、28.35%下降到36.13%和25.98%，而中度以上侵蚀面积均呈增加趋势，尤其是强度和剧烈侵蚀面积增加幅度最大，分别增加1.4%和1.5%。1990～2002年，微度侵蚀面积大幅度增加，由1990年的36.13%增加到2002年的42.78%，增加了6.65%；而轻度以上侵蚀面积均呈减少趋势，其中强度、剧烈和极剧烈侵蚀面积分别减少1.58%、1.97%和1.3%。可见，1973～1990年期间流域土壤侵蚀趋向严重，而1990年以后土壤侵蚀有所减轻。究其原因，这与流域内土地利用/覆被变化具有密切关系。据调查结果表明，20世纪70年代到80年代末，流域内由于农业人口增加，为了满足生存需要，人们盲目陡坡开荒、毁林毁草，导致旱地大幅度增加、灌木林和灌草地大幅度减少，进而导致严重的水土流失，局部石质喀斯特山地出现石漠化，裸岩地面积增加。20世纪90年代以后，由于大量劳动力外出打工，出现相当一部分耕地撂荒现象，人口对土地的压力有所减轻，耕地的开垦和耕作也注重了水土保持措施的加强，同时由于"长江上游水土保持重点治理工程"、"天然林保护工程"以及"退耕还林工程"等系列生态环境保护工程和水土流失治理措施的实施，流域内旱地和裸岩地大幅度减少，林地大幅度增加，水土流失趋向减轻。

(6) 不同土地利用类型的土壤侵蚀

将3个时期的土地类用类型图与相应的土壤侵蚀等级图分别进行叠加统计分析，得到3个时期不同土地利用类型的土壤侵蚀状况见表13-9。可见，近30年来，水田、有林地、灌木林和其他林地以微度侵蚀和轻度侵蚀为主，微度和轻度侵蚀面积二者合计约占水田、有林地、灌木林和其他林地的100%、97%、85%和80%。而旱地和灌草地中微度侵蚀和轻度侵蚀分别约占其地类面积的35%和40%，中度以上侵蚀面积分别约占其地类面积的65%和60%，可见，旱地和灌草地是控制流域土壤侵蚀的主要土地利用类型。

表13-9 不同土地利用类型土壤侵蚀等级面积 (单位：hm^2)

地类	年份	微度	轻度	中度	强度	极强度	剧烈
水田	1973	57 718.13	32.69	0.00	0.00	0.00	0.00
	1990	46 749.06	27.81	0.00	0.00	0.00	0.00
	2002	53 283.06	39.88	0.00	0.00	0.00	0.00
旱地	1973	5 009.69	18 709.56	13 327.69	11 093.44	12 903.56	8 619.50
	1990	6 073.50	26 803.88	19 235.81	16 087.31	17 491.13	10 741.13
	2002	6 887.19	24 493.88	16 831.81	13 383.88	14 041.50	7 752.63
有林地	1973	10 883.13	11 376.50	570.69	14.06	0.19	0.00
	1990	10 727.13	14 483.31	833.38	18.69	0.19	0.00
	2002	17 032.13	21 956.81	1 314.75	35.63	0.81	0.00
灌木林	1973	14 373.50	31 210.38	6 565.38	827.69	89.75	1.00
	1990	8 434.56	18 306.25	3 845.00	386.81	27.88	0.06
	2002	5 139.31	12 561.63	2 959.63	333.88	29.69	0.38

续表

地类	年份	微度	轻度	中度	强度	极强度	剧烈
其他林地	1973	1 722.56	4 097.25	1 180.63	335.38	99.94	5.06
	1990	475.25	807.63	154.19	37.44	13.56	2.38
	2002	236.63	514.44	158.25	58.38	26.81	2.63
灌草地	1973	12 065.13	22 735.38	21 982.38	14 041.13	10 625.44	2 285.56
	1990	12 769.69	20 276.13	21 268.31	14 086.88	10 813.13	2 639.94
	2002	10 090.38	20 151.31	19 577.06	11 924.94	8 162.25	1 602.50

从变化趋势看，水田、有林地的微度侵蚀面积呈现先减小后增大的趋势，旱地的微度侵蚀面积一直呈增加趋势，灌木林和其他林地微度侵蚀面积一直呈减小趋势，而灌草地微度侵蚀面积先增加后减小。旱地的轻度、中度、强度、极强度和剧烈侵蚀均呈现先增大后减小的变化趋势，灌草地的轻度、中度侵蚀面积一直呈减小趋势，而强度、极强度和剧烈侵蚀面积均呈现先增大后减小的变化趋势。由于旱地和灌草地在中度以上侵蚀面积中占有较大比例，因而流域整体土壤侵蚀状况呈现先增强后减弱的变化趋势。

从不同地类的年平均土壤侵蚀模数看（表 13-10），水田的年平均侵蚀模数处于增大趋势，由 1973 年的 0.17 t/(hm^2·a) 增大到 2002 年的 0.49 t/(hm^2·a)；旱地平均侵蚀模数处于减小趋势，从 1973 年的 70.83 t/(hm^2·a) 减小到 2002 年的 61.32 t/(hm^2·a)；有林地和灌草地平均侵蚀模数先增大后减小；灌木林和其他林地平均侵蚀模数先减小后增大。在同一年份不同地类间的年平均土壤侵蚀模数大小顺序为旱地>灌草地>其他林地>灌木林>有林地>水田。由于地形地貌条件影响，流域发展水田规模受到限制，而目前流域内相当一部分旱地未采取水保措施，且分布在陡坡，因此，在裸岩山地、陡坡旱地以及灌草地进行植树造林和植被恢复，扩大林地面积，减小陡坡旱地面积，是进行水土流失治理的有效措施。

表 13-10　不同地类的土壤侵蚀模数　［单位：t/(hm^2·a)］

地类	1973 年	1990 年	2002 年
水田	0.17	0.18	0.49
旱地	70.83	67.91	61.32
有林地	7.50	8.40	8.10
灌木林	13.61	13.38	14.34
其他林地	17.70	13.77	19.72
灌草地	43.41	45.00	41.52
流域	30.88	35.08	28.16

13.3 土壤侵蚀的社会经济效应评价

13.3.1 土壤侵蚀经济损失估算方法

如何用统一的货币形式来对土壤侵蚀的经济损失进行经济评价，一直是水土保持学急需而又未解决的基础理论问题，也是制定水土保持政策所迫切关心的问题。近年来，随着环境经济学的发展，出现了一些估算生态价值和环境破坏的新方法和新理论。运用环境经济学的原理和方法，准确、系统地评估土壤侵蚀经济损失，形象而直观地将土壤侵蚀所造成的巨大损失公布于众，从而提高民众的土壤侵蚀防治意识，并为环境管理决策者提供宏观的科学依据。因此，土壤侵蚀经济损失评估是灾害经济学和水土流失研究的重要内容之一。

在猫跳河流域运用环境经济学理论和方法，分析土壤侵蚀经济损失的内在机制，估算土壤侵蚀经济损失价值，揭示土壤侵蚀经济损失分布的空间格局，为该区域水土流失防治、探索引进基于市场机制的经济管理手段和可持续发展提供科学依据。

结果表明，研究区平均每年土壤侵蚀经济损失为 36 602.44×10^4元，其中土壤养分损失占总损失的 89.46%，土地废弃损失占总损失的 4.64%，土壤水分损失占总损失的 1.05%，泥沙损失占总损失的 4.85%。旱地土壤侵蚀经济损失最大，占土壤侵蚀经济损失的 61.94%。从各县来看，清镇市土壤侵蚀经济损失最大，占总经济损失的 32.87%。研究区平均单位面积经济损失为 1174.86 元/ hm^2，北部地区和西南部地区土壤侵蚀单位面积经济损失价值较大。推进水土流失治理，实行生态补偿制度势在必行（许月卿，2006）。

(1) 土壤侵蚀经济损失机制分析

土壤侵蚀发生的场所是土地，因此，土壤侵蚀的危害首先是场内损失，即土壤中肥料流失，土地生产力下降，土地资源破坏等损失。流失的水、土发生再分配，就会淤积江河、水库，造成场外损失。场内（on-site）损失包括土壤质量下降、土地生产力下降、生物多样性减少、土地资源破坏、农田基础设施破坏、土壤养分、泥沙和水分流失等。场外（off-site）损失颇为复杂，包括淤积水库等水利设施，缩短使用寿命、淤积江河湖泊，增加防洪费用、污染水源，危害人体健康及影响渔业和旅游业发展、恶化生态系统等（杨志新，2004）。场内损失对土地经营者而言，是一种实际物质和价值损失，是生产者的私人成本。场外损失对上游土地经营者来说，不是直接生产损失和成本，但土地资源、江河、湖海属于社会公共物品，所以场外损失对上游土地经营者来说是一种典型的外部成本，是由于上游经营者砍伐森林、陡坡开荒等不合理经济行为对下游人们和社会造成的损失，形成外部不经济。当这种外部成本由政府承担时，就成为一种社会成本。按照环境经济学原则，水土保持管理应将这种外部成本内化，即生产者不合理经营行为造成的外部成本应由生产者自己承担，这是完善市场经济体制下水土保持政策的理论基础。此外，土壤侵蚀从造成当地土地资源破坏到对下游影响过程的长期、反复作用会损害区域的水文循环，从而形成自然、社会、经济的恶性循环。

(2) 土壤侵蚀经济损失估算方法

在分析土壤侵蚀经济损失机制的基础上，构建研究区土壤侵蚀经济损失指标体系。场内损失注重土地废弃损失、泥沙损失、水分损失及养分损失；场外损失注重泥沙滞留损失和泥沙淤积损失。首先计算出土壤侵蚀造成的实物量损失，然后将实物量损失换算成币值；最后将损失价值量从自然单元转换至行政单元并将计算结果和国民经济发展指标进行对比，以反映经济损失的程度（图 13-5）。整个计算包括实物量损失及其货币化两部分。

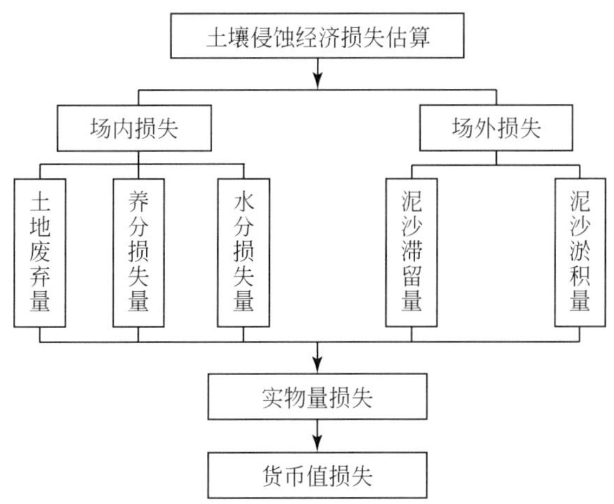

图 13-5　土壤侵蚀经济损失评估指标体系和程序

1）土地废弃价值估算。

利用机会成本法估算因土地废弃而丧失的经济损失价值。其计算公式为

$$S = Z/(h \times \rho) \times 100 \tag{13-10}$$

$$E = S \times B \tag{13-11}$$

式中，S 为土地废弃面积（hm^2）；Z 为土壤年度侵蚀量（t/a）；h 为土层厚度（cm）；ρ 为土壤容重（g/cm^3）；E 为土壤废弃的经济损失价值（元/a）；B 为土地损失的机会成本（元/hm^2）。根据西南喀斯特山区坡度与土层厚度的比例关系（苏维词，2000b），结合研究区不同坡度面积比例进行加权求和计算土层平均厚度为 20cm。根据研究区 20 世纪 80 年代中期第二次土壤普查资料，土壤容重为 1. 15g/cm^3。根据实地农户调查，得到土地损失的机会成本，即每公顷水田年净产值约 12 000 元/hm^2，旱地净产值约 6000 元/hm^2，成熟林地年产值 2250 元/hm^2。

2）土壤养分流失价值估算。

土壤是具有肥力的自然综合体，水土流失必然造成土壤中营养成分的流失。土壤养分大致分为土壤有机质和土壤营养元素两类，其中营养元素主要指氮、磷、钾元素。土壤流失中 N、P、K 的损失价值可用增施化肥的市场价格来估算，其计算公式为

$$M_i = Z \times C_i \tag{13-12}$$

$$E_i = M_i \times S_i \times P_i \tag{13-13}$$

式中，M_i为 N、P、K 及有机质流失量（t）；Z 为土壤年度侵蚀的土壤总量（t/a）；C_i为

N、P、K 及有机质在土壤中的平均含量（%）；E_i 为 N、P、K 养分流失所损失的价值（元）；S_i 为 N、P、K 折算成化肥的系数，本书将 N、P、K 折算成碳酸氢铵、过磷酸钙和氯化钾，其折算系数分别为 5.571、3.373 和 1.667；P_i 为碳酸氢铵、过磷酸钙和氯化钾的市场价格。根据研究区内各县农业生产资料公司 2004 年的数据，碳酸氢铵、过磷酸钙和氯化钾的市场价格分别为 550 元/t、450 元/t 和 1400 元/t。

3）水分流失价值估算。

土壤侵蚀所流失的土壤水分带来的经济损失可以利用影子工程法（shadow engineering technique）来计算。应用影子工程法来计算土壤水分流失的经济损失，就是要计算出能替代流失的土壤水分的补偿工程所需的费用，可用农用水库工程作为替代物。土壤水分流失的经济损失也就是该地所流失的土壤水量与修建每立方米农用水库所需投资费用的乘积，其计算公式为

$$V = Z \times W/\rho \tag{13-14}$$

$$E = V \times P \tag{13-15}$$

式中，V 为水分流失量（m^3 或 t）；Z 同上；W 为土壤水分容积平均含量（%），根据研究区表土采样化验测定，研究区土壤的容积平均水分含量为 33.54%；ρ 为土壤容重（g/cm^3 或 t/m^3，即 1.15 g/cm^3）；E 为土壤水分流失价值（元/a）；P 为修建 $1m^3$ 农用水库所需的投资费用（元，按 2001 年平均水平计为 1.7 元/m^3）。

4）泥沙流失滞留、淤积价值估算。

根据国内已有的研究成果，我国土壤侵蚀总量中滞留泥沙、淤积泥沙和入海泥沙量各约占 33%、24%、37 %（侯秀瑞等，1998）。利用影子工程法来计算滞留和淤积的经济损失，其计算公式如下。

滞留损失价值：

$$E_Z = V_Z \times P_Z \tag{13-16}$$

$$V_z = Z \times 33\%/\rho \tag{13-17}$$

淤积损失价值：

$$E_y = V_y \times P_y \tag{13-18}$$

$$V_y = Z \times 24\%/\rho \tag{13-19}$$

式中，E_Z 和 E_y 分别为泥沙滞留损失价值和泥沙淤积损失价值；Z 同上；ρ 为泥沙容重，为 1.15g/cm^3；P_Z 为挖取泥沙的费用（元），挖取 $1m^3$ 泥沙的费用大约为 6.5 元；P_y 为修建 $1m^3$ 水库的投资费用（元/m^3），单位库容造价为 2 元/m^3（苏维词，2001）。

13.3.2 土壤侵蚀经济损失估算结果

根据以上方法，利用研究区矢量化的土壤侵蚀空间分布图、土壤图、土地利用现状图及县域行政界线图，在 GIS 技术支撑下，进行空间叠加统计分析，得到研究区、各土地利用类型和县域的土壤侵蚀经济损失价值。

研究区平均每年土壤侵蚀造成的总经济损失为 36 602.44×10^4 元，占该区 2002 年农业总产值的 16.5%。其中氮、磷、钾营养元素损失 28 959.82 ×10^4 元，占流域土壤侵蚀总损

失的 79.12%，有机质损失 3783.76×10⁴ 元，占总损失的 10.34%，土壤养分损失共占总损失的 89.46%。土地废弃损失 1696.79×10⁴ 元，占总经济损失的 4.64%，土壤水分损失 385.82×10⁴ 元，占土壤侵蚀总经济损失的 1.05%，泥沙损失 1776.25×10⁴ 元，占总经济损失的 4.85%。可见，土壤侵蚀造成的土壤养分损失最大，约占土壤侵蚀总经济损失的 90%，说明土壤侵蚀最直接、最严重的经济损失是造成土壤肥力降低，进而引起土地生产力下降（图 13-6、表 13-11）。

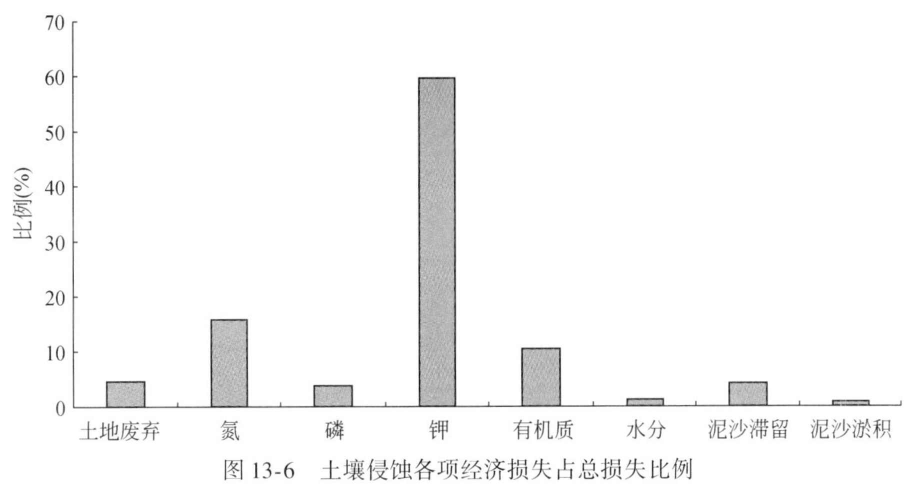

图 13-6　土壤侵蚀各项经济损失占总损失比例

表 13-11　土壤侵蚀经济损失总价值　（经济损失单位：10^4元）

县市区	土地废弃	土壤养分损失				水分	泥沙损失		合计	比例（%）
		氮	磷	钾	有机质		滞留	淤积		
息烽	1.51	4.58	0.43	18.06	2.60	0.29	1.09	0.24	28.81	0.08
修文	347.50	1 074.49	115.88	4 455.71	690.13	79.59	299.41	67.00	7 129.70	19.48
清镇	563.24	1 623.25	410.18	7 482.71	1 215.87	131.42	494.39	110.63	12 031.70	32.87
贵阳	124.08	452.57	45.13	1 563.67	307.49	26.74	100.58	22.51	2 642.76	7.22
平坝	350.30	1 306.32	414.22	4 332.44	821.02	77.68	292.21	65.39	7 659.57	20.93
西秀	244.89	1 015.93	299.46	3 125.19	598.25	54.45	204.84	45.84	5 588.85	15.27
长顺	65.28	262.71	78.19	878.71	148.39	15.66	58.92	13.18	1 521.04	4.16
合计	1 696.79	5 739.86	1 363.48	21 856.48	3 783.76	385.82	1 451.45	324.80	36 602.44	100.00

从土地利用类型来看，旱地土壤侵蚀经济损失最大，土壤侵蚀经济损失的 61.94% 来自旱地，其次来自灌草地。有林地、疏林地和其他林地土壤侵蚀经济损失较小，只占总经济损失的 4.77%，水田土壤侵蚀经济损失最小，仅占土壤侵蚀总经济损失的 0.02%。从单位面积土地利用类型经济损失来看，旱地最大，达 2950.85 元/ hm^2，其次是灌草地，达 1853.0 元/hm^2，水田最小，仅为 1.34 元/hm^2。这一方面与土地利用面积大小有关，更

重要的是与各种土地利用类型的土壤侵蚀量有关（表 13-12、图 13-7）。

表 13-12　土地利用类型土壤侵蚀经济损失　（经济损失单位：10^4元）

地类	土地废弃	氮	磷	钾	有机质	水分	泥沙滞留	泥沙淤积	合计	比例（%）
水田	6.40	0.06	0.09	0.19	0.04	0.00	0.00	0.00	6.78	0.02
旱地	1 334.50	3 593.18	834.98	13 285.58	2 308.67	234.50	882.17	197.41	22 670.98	61.94
有林地	33.05	130.70	30.28	496.39	83.93	8.79	33.06	7.40	823.60	2.25
灌木林	29.73	5.50	39.84	597.63	105.20	10.59	39.82	8.91	837.21	2.29
其他林地	1.94	13.73	3.56	42.92	6.27	0.76	2.85	0.20	72.23	0.20
灌草地	291.17	1 996.69	454.72	7 433.78	1 280.11	131.19	493.53	110.44	12 191.64	33.31
合计	1 696.79	5 739.86	1 363.48	21 856.48	3 784.22	385.82	1 451.43	324.36	36 602.44	100.00

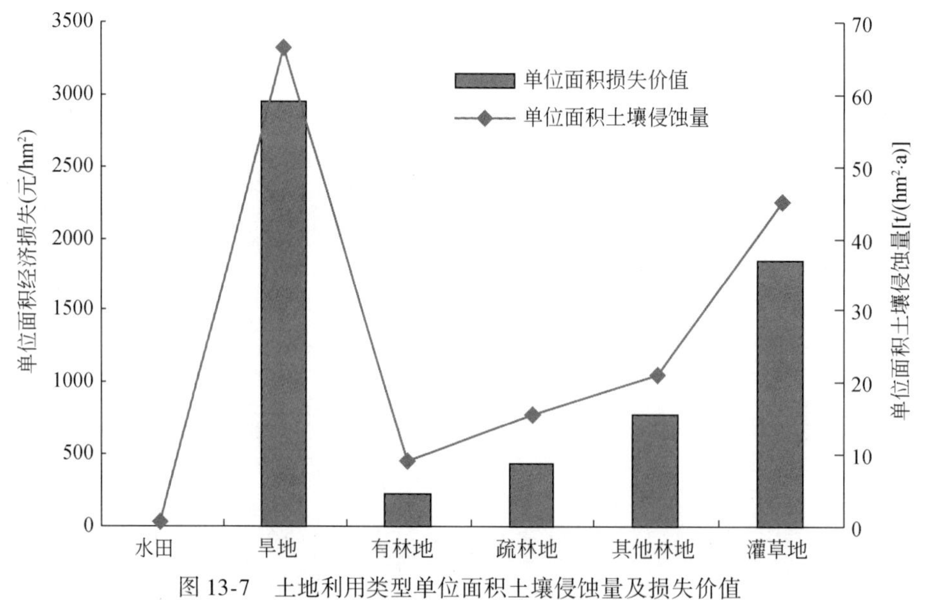

图 13-7　土地利用类型单位面积土壤侵蚀量及损失价值

从各县来看（图 13-8），清镇市土壤侵蚀造成经济损失最大，占流域总经济损失的 32.87%；其次是平坝县和修文县，分别占总经济损失的 20.93% 和 19.48%；息烽县土壤侵蚀经济损失最小，仅占研究区经济损失的 0.08%。这种结果和各行政单元面积比例密切相关。就单位面积土壤侵蚀经济损失来看，息烽县土壤侵蚀经济损失最大，达 1776.35 元/hm^2；其次是修文县和清镇市，单位面积经济损失分别达 1372.32 元/ hm^2 和 1340.7 元/ hm^2。贵阳市单位面积经济损失最小，达 922.54 元/ hm^2。流域平均单位面积经济损失达 1174.86 元/hm^2。这和单位面积土壤侵蚀强度密切相关，土壤侵蚀模数较大的下游地区，单位面积土壤侵蚀经济损失强度也大，是治理的重点区域。

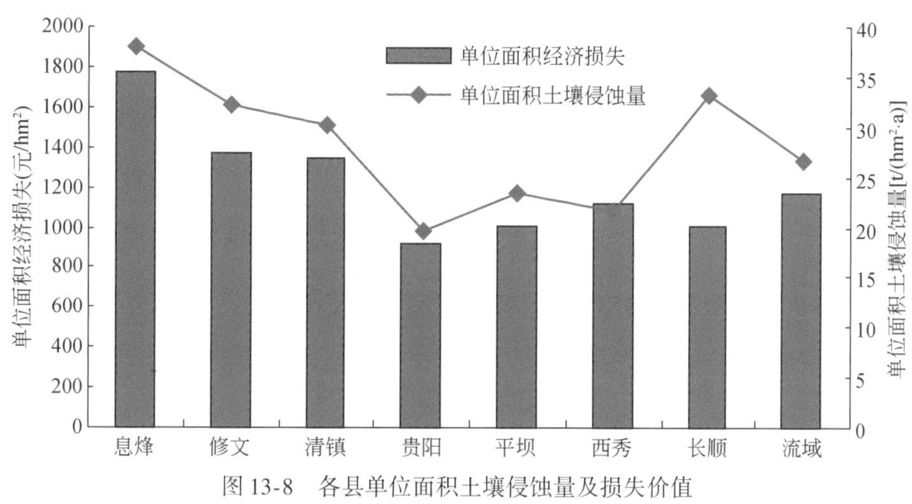

图 13-8　各县单位面积土壤侵蚀量及损失价值

图 13-9 展示了研究区土壤侵蚀经济损失的空间分布格局。研究区单位面积土壤侵蚀经济损失价值范围 0 ~ 58 705. 38 元/hm^2，大部分地区单位面积土壤侵蚀经济损失在 0 ~ 5000 元/hm^2。研究区北部地区和西南地区土壤侵蚀单位面积经济损失价值较大，南部地区土壤侵蚀经济损失价值较小。

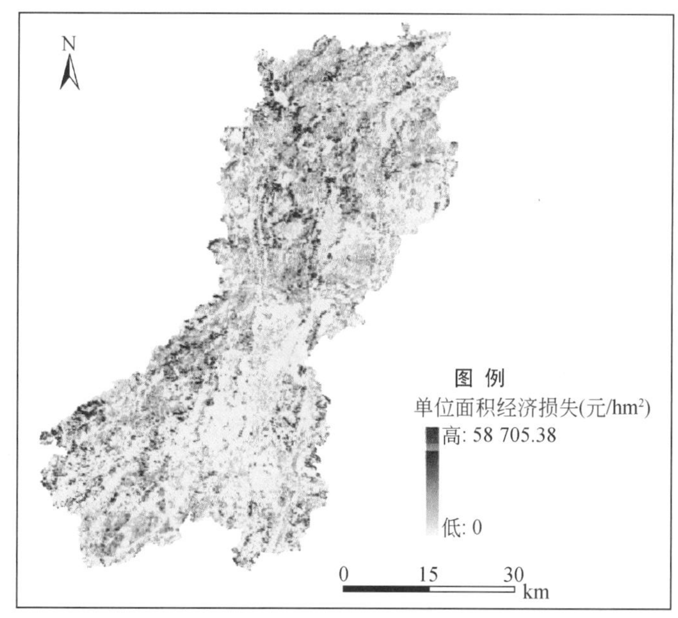

图 13-9　研究区 2002 年土壤侵蚀经济损失空间分布

13. 3. 3　土壤侵蚀与贫困化耦合关系分析

本研究以乡镇为基本单元，应用 GIS 和 ANN 技术模拟区域自然致贫因子和消贫因子的空间分布，计算各乡镇的贫困度，揭示区域贫困的空间分布格局。结果表明：地形、土壤侵蚀等自然要素是主要的致贫因子，而社会经济要素是缓解贫困的因子。贫困度较小的乡镇主要分布在研究区的中部和东部，贫困度较大的乡镇主要分布在研究区的南部和北部边缘（许月卿等，2006）。

(1) 指标选择、数据处理与方法

根据收集到的资料情况，由于各乡镇没有 GDP 和人均纯收入统计数据，研究区属于喀斯特贫困农业区，农业是当地农民家庭生活收入的主要经济来源。因此，研究选用人均农业总产值作为反映研究区贫困程度的指标。

从 2002 年贵州省乡级交通地图册上选取猫跳河流域研究区，在 GIS 软件支持下对之进行数字化，得到研究区乡镇空间分布图。对研究区 1∶5 万地形图的河流、公路等要素进行跟踪数字化，得到研究区公路和河流数字化图。

从研究区数字高程模型（DEM）获得坡度图。在 ArcView 3.2 软件支持下，将研究区土壤侵蚀空间分布图、公路分布图、河流分布图与研究区乡镇分布图叠加，利用 Summarize Zones 命令得到各乡镇平均土壤侵蚀模数、平均坡度、平均海拔高程、公路密度、河流密度、地形破碎度等数据。地形破碎度由各乡镇不同点的高程标准差来代表。

由于研究区属于喀斯特山区，部分地区存在石漠化现象，石漠化是土壤侵蚀的终极状态，是导致贫困的重要影响因素。研究区裸岩石质山地占总面积的 3% 左右，主要分布在流域上游的平坝县中西部、西秀区西部高原面上。所以，本研究选区各乡镇的裸岩面积比例即石漠化率作为反映石漠化程度的指标。在 ArcView 3.2 软件支持下，将研究区土地利用图与行政乡镇分布图叠加，得到各乡镇的裸岩面积比例，即石漠化率。

净第一性生产力（net primary productivity）简称 NPP，表示植物所固定的有机碳中扣除本身呼吸作用消耗的部分，这部分用于植被的生长和生殖，是衡量生态系统生产力最重要的指标。计算 NPP 的模型有统计模型、参数模型和过程模型。本研究采用统计模型中的 Thornthwaite 纪念模型并结合 DEM 计算研究区的 NPP 气候潜力。NPP 的计算公式为（万军，2003）

$$\mathrm{NPP}(E) = 3000 \times (1 - \mathrm{e}^{-0.0009695(E-20)}) \tag{13-20}$$

式中，NPP（E）是植被净第一性生产力 [$\mathrm{g/(m^2 \cdot a)}$]；e 为自然对数底数；E 为年实际蒸发量（mm），可用下面公式确定：

$$E = 1.05 \times P/[1 + (1.05 \times P/L)^2]^{1/2} \tag{13-21}$$

式中，P 为年降水量；L 为年平均最大蒸发量，是温度 T 的函数，L 与 T 的关系为

$$L = 300 + 25 \times T + 0.05 \times T^3 \tag{13-22}$$

当 $P > 0.316L$ 时，式（13-22）成立；若 $P/L < 0.316$，则 $P = E$ 。

利用研究区修文、清镇、平坝、安顺、贵阳气象站 1981 ~ 2001 年多年平均降雨和气温数据，采用 Kriging 插值方法得到研究区的多年平均气温和降雨空间分布情况。研究区地形对生境的影响十分明显，本研究分别利用温度和降雨的地形效应方程式（13-23）、式（13-24）进行修正，得到经过地形修正的降雨和气温空间分布图，根据式（13-20）~ 式（13-22），计算得到研究区的 NPP 空间分布情况，在 ArcView 软件支持下，将 NPP 空间分布图和乡镇行政图叠加，得到各乡镇的 NPP。

温度的地形效应方程为

$$T_t = T_0 - 0.6 \times (H_t - H_0)/100 \tag{13-23}$$

式中，T_t 为 t 点年均温度；T_0 为气象台站点的年均温度；H_t 为 t 点海拔高程；H_0 为气象站点的海拔高程。

降雨的地形效应方程为（徐裕华，1991）

$$P_t = P_0 + 30 \times (H_t - H_0)/100 \tag{13-24}$$

式中，P_t 为 t 点年均温度；P_0 为气象台站点的年均温度；H_t 为 t 点海拔高程；H_0 为气象站点的海拔高程。

生长季节月干燥指数（GFDI）：生长季节月干燥指数为植物生长季节 4 ~ 10 月的月干燥指数平均而成，由基于月平均气温数据计算而得。其计算公式为

$$\text{GFDI} = E_i/P_i \tag{13-25}$$

式中，E_i为月蒸发量，E_i=2.215×T_i，T_i为某月平均气温；P_i为月降水量；GFDI 为生长季节干燥指数，当 GFDI=1 时，表明水分平衡，当 GFDI<1 时，表明水分有盈余，当 GFDI>1 时，表明水分短缺（李双成等，2005）。

利用研究区修文、清镇、平坝、安顺、贵阳气象站 1981 ~ 2001 年多年 4 ~ 10 月平均降雨和气温数据，采用 Kriging 插值方法得到研究区的多年 4 ~ 10 月平均气温和降雨空间分布情况。并分别利用温度和降雨的地形效应方程进行修正，修正方法同上。根据式（13-25）计算得到研究区生长季节月干燥指数空间分布情况，叠加乡镇行政区划图，得到各乡镇生长季节月干燥指数。

从研究区各县市的 2002 年统计年鉴得到各乡镇人均农业总产值、人均粮食、人均耕地面积、粮食单产、人口密度等社会经济指标。

（2）区域贫困影响因素的相关分析

由于各乡镇没有 GDP 统计数据，研究区属于喀斯特贫困农业区，农业是当地农民家庭生活收入的主要经济来源。根据收集到的资料情况，本研究选用 2002 年人均农业总产值作为反映研究区贫困程度的指标。选取土壤侵蚀模数、坡度、海拔高程、公路密度、粮食单产、裸岩面积比例、人均水田、人均旱地、人均耕地等因子，分别与人均农业产值进行相关分析，分析结果见表 13-13。

表 13-13　研究区贫困与影响因素相关分析结果

影响因素	相关系数	重要性	显著性
土壤侵蚀	-0.402 **	0.008	极显著
坡度	-0.096	0.545	不显著
海拔	-0.219	0.164	不显著
破碎度	-0.038	0.811	不显著
裸岩比例	-0.183	0.246	不显著

续表

影响因素	相关系数	重要性	显著性
粮食单产	0.341*	0.027	显著
人均水田	0.263	0.092	不显著
人均旱地	0.367*	0.012	显著
人均耕地	0.285*	0.043	显著
公路密度	0.12	0.448	不显著

** 显著性水平 0.01，* 显著性水平 0.05

由表 13-13 可见，土壤侵蚀模数与人均农业产值呈极显著的负相关关系，粮食单产、人均旱地、人均耕地与人均农业产值呈显著的正相关关系。坡度、海拔、地形破碎度、裸岩比例与人均农业总产值均呈负相关关系，而人均水田、公路密度等社会经济要素与人均农业总产值均呈正相关关系。尽管其相关关系显著性不高，但其分析结果表明了地形、土壤侵蚀等自然要素是主要的致贫因子，而社会经济要素是消贫或缓解贫困的因子。

（3）自然致贫指数

本研究采用 BP 网络模型定量计算各种自然因素的致贫指数和社会经济因素的消贫指数，将自然致贫分级指标和社会经济消贫分级指标作为样本输入，自然致贫指数和社会经济消贫指数作为网络输出，BP 网络通过不断学习修改权重，找出评价指标与评价级别间复杂的内在对应关系，进行自然致贫与社会经济消贫的评价。

1）网络构建及训练数据的准备。选取各乡镇的地形坡度、地形高程、破碎度、植被指数（NDVI）、河流密度、植被生长季节月干燥指数、净第一性生产力（NPP）、裸岩比例等 8 个输入神经元，输出神经元为自然致贫指数，构建 BP 神经网络模型。根据所有样本的数据最大和最小区间，进行线性内插，线性设定影响等级，构建人工神经网络的训练数据（表 13-14）。

表 13-14　自然致贫指数 ANN 模型评价标准

地形坡度	地形高程	地形破碎度	平均 NDVI	河流密度	NPP	干燥指数	裸岩比例	致贫指数
0.324	0.755	0.117	1.000	1.000	1.000	0.751	0.000	1
0.493	0.817	0.337	0.837	0.750	0.979	0.814	0.250	2
0.662	0.878	0.558	0.674	0.500	0.957	0.876	0.500	3
0.831	0.939	0.779	0.511	0.250	0.936	0.938	0.750	4
1	1.000	1	0.347	0.000	0.915	1.000	1.000	5

自然致贫指数为 5 级，1 表示自然致贫程度低、2 表示自然致贫程度较低、3 表示自然致贫程度中等、4 表示自然致贫程度较高、5 表示自然致贫程度高。据此，网络的拓扑结

构为8×5×1，其中隐含层神经元为5个，输出层神经元为1个。网络设计的参数如下：网络初始权值为［0，1］之间的随机数，基本学习速率0.1，动量参数0.4。网络训练的终止参数如下：最大训练批次为100 000次，最大误差为0.01。网络输入数据在输入网络前均进行归一化处理，即每一指标数据除以各自指标中的最大值。

2）评价结果。将各乡镇待分析样本数据进行归一化处理后，输入训练好的网络，网络运行后得出各乡镇自然致贫指数的结果（表13-15）。各乡镇自然致贫指数在4.000～5.339，最小的是平坝市区，最大的是宁谷镇。

表13-15　各乡镇自然致贫指数

乡镇	致贫指数	乡镇	致贫指数	乡镇	致贫指数
平坝	4.000	麦架	4.978	大西桥	5.107
白云	4.010	站街	4.988	东屯	5.109
广顺镇	4.784	麦格	5.000	久长	5.118
清镇	4.821	暗流	5.017	旧州	5.121
红枫湖镇	4.838	修文市区	5.019	乐平	5.130
夏云	4.878	艳山红	5.023	刘官	5.140
六广	4.901	安顺市区	5.023	天龙	5.143
谷堡	4.924	湖潮	5.031	双堡	5.145
沙文	4.943	羊昌	5.038	野鸭	5.158
马场	4.947	黄腊	5.042	七眼桥	5.160
卫城	4.957	百花湖	5.051	扎佐	5.161
凯佐	4.958	犁倭	5.053	蔡官	5.164
朱昌	4.965	轿子山	5.064	王庄	5.181
小箐	4.970	十字	5.077	宁谷	5.339
洒坪	4.977	马路	5.087		
高峰	4.977	金华	5.102		

图13-10展示了研究区自然条件可能诱发贫困的空间分布格局。研究区自然致贫指数较小的乡镇主要分布在平坝市区、白云、广顺、清镇、红枫湖、夏云，其自然致贫指数均小于4.9，占乡镇总数的13%。这里地势平坦、河流众多、植被净第一性生产较大、植被生长季节干燥指数较小，自然条件相对较好。六广、谷堡、沙文、马场、卫城、凯佐、朱昌、小箐、洒坪、高峰、麦架、站街、麦格的自然致贫指数在4.9～5.0，占乡镇总数的28.3%。自然致贫指数在5.0～5.2的有26个乡镇，主要分布在流域的西

南部，占乡镇总数的56.5%。这里处于溶蚀高原面，海拔较高，水资源缺乏，裸岩比例较大，农业生产自然条件较差。自然致贫指数大于5.2的有1个，即宁谷镇，位于流域南部的西秀区。

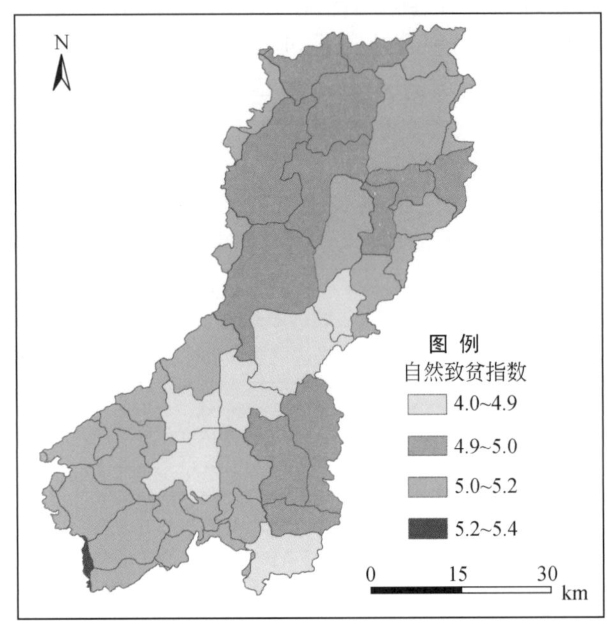

图13-10　研究区自然致贫指数空间分布图

(4) 社会经济消贫指数

1）网络构建及训练数据的准备。研究区是典型的喀斯特农业区，根据收集资料情况，选取各乡镇公路密度、人均水田、人均旱地、人均粮食、人均农业产值、粮食单产等社会经济因素，作为输入神经元，输出神经元为社会消贫指数，构建BP神经网络模型。根据所有样本的数据最大和最小区间，进行线性内插，线性设定影响等级，构建人工神经网络的训练数据（表13-16）。

表13-16　社会经济消贫指数ANN模型评价标准

公路密度	人均水田	人均旱地	人均粮食	人均农业产值	粮食单产	消贫指数
0.000	0.000	0.003	0.175	0.132	0.196	1
0.250	0.250	0.252	0.382	0.349	0.397	2
0.500	0.500	0.501	0.588	0.566	0.598	3
0.750	0.750	0.7505	0.794	0.783	0.799	4
1.000	1.000	1.000	1.000	1.000	1.000	5

社会消贫指数为5级，1表示消贫程度低、2表示消贫程度较低、3表示消贫程度中等、4表示消贫程度较高、5表示消贫程度高。据此，网络的拓扑结构为6×5×1，其中隐

含层神经元为 5 个，输出层神经元为 1 个。网络设计的参数与自然致贫指数计算相同。网络输入数据在输入网络前均进行归一化处理，即每一指标数据除以各自指标中的最大值。

2）评价结果。将各乡镇待分析样本数据进行归一化处理后，输入训练好的网络，网络运行后得出各乡镇社会经济消贫指数的结果（表 13-17）。

表 13-17　各乡镇社会经济消贫指数

乡镇	消贫指数	乡镇	消贫指数	乡镇	消贫指数
扎佐	1.616	七眼桥	2.452	谷堡	2.947
蔡官	1.699	平坝	2.475	金华	3.041
六广	1.763	黄腊	2.502	卫城	3.069
东屯	2.011	野鸭	2.572	朱昌	3.087
马路	2.018	马场	2.619	刘官	3.133
宁谷	2.037	湖潮	2.645	麦架	3.155
暗流	2.061	天龙	2.668	麦格	3.176
小箐	2.069	十字	2.682	百花湖	3.243
乐平	2.132	高峰	2.734	安顺市区	3.263
双堡	2.165	站街	2.739	红枫湖	3.303
久长	2.172	凯佐	2.766	沙文	3.359
轿子山	2.173	羊昌	2.790	夏云	3.679
王庄	2.266	旧州	2.797	清镇	3.943
犁倭	2.280	修文市区	2.834	艳山红	4.294
广顺	2.389	洒坪	2.917		
白云	2.400	大西桥	2.941		

各乡镇社会经济消贫指数在 1.616～4.294，最小的是扎左镇，其社会经济消贫指数为 1.616，最大的是艳山红镇，其社会经济消贫指数是 4.294。图 13-11 展示了研究区社会经济消贫指数的空间分布格局。扎佐、蔡官、六广的社会经济消贫指数最小，均在 2.0 以下，占乡镇总数的 6.5%。社会经济消贫指数在 2.0～2.5 的有 15 个乡镇，占乡镇总数的 32.6%，主要位于流域的南部，如东屯、马路、宁谷、轿子山、乐平等。社会经济消贫指数在 2.5～3.0 的有 15 个乡镇，占乡镇总数的 32.6%。社会经济消贫指数大于 3.0 的有 13 个乡镇，占乡镇总数的 28.3%。可见，社会经济消贫指数较大的乡镇主要分布在研究区的中部和东部，这里紧靠贵阳市，交通方便，农业发达，人均粮食和人均农业社会总产值较大，社会经济的消贫能力较大。

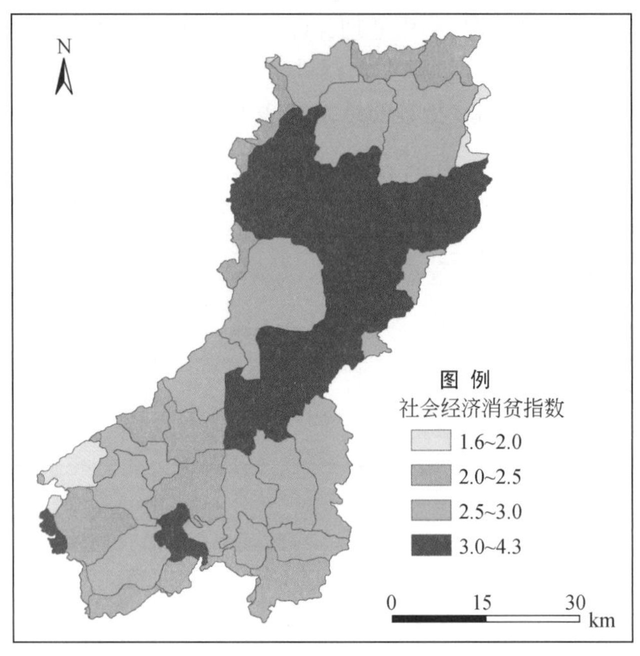

图 13-11　研究区社会经济消贫指数空间分布图

(5) 贫困度

在自然致贫指数和社会经济消贫指数计算的基础上，计算区域贫困度。区域贫困度的计算公式为（李双成等，2005）

$$RDP = NPI - NPI \times a \times EMI \tag{13-26}$$

式中，RDP 为区域贫困度；NPI 为自然致贫指数；a 为社会经济消贫系数；EMI 为社会经济消贫指数。

考虑研究区实际情况，本研究取社会经济消贫系数 a 为 0.1，即 10% 的经济消贫指数用于消除或缓解当地的贫困。根据上述公式通过计算得到研究区各乡镇的贫困度（表 13-18）。图 13-12 反映了研究区贫困度的空间分布格局。贫困度在 2.8 ~ 3.5 的乡镇主要分布在流域的中部和东部地区，包括艳山红镇、清镇市区、平坝市区、白云、夏云、红枫湖镇、沙文、安顺市区、麦架、麦格、百花湖、朱昌、卫城、谷堡，占乡镇总数的 30.4%。这些地区地势较平坦、毗邻贵阳市、交通发达、河流众多、水资源较丰富、水田比例较高、农业发达、粮食产量较高、人均粮食产量和农业总产值较大，因此该区自然致贫指数较低，社会经济消贫指数较大，贫困度较小。贫困度较大的乡镇主要有久长、王庄、双堡、乐平、六广、马路、东屯、宁谷、蔡官、扎佐，主要位于流域的西南部和北部边缘地区。这里交通不便、水资源缺乏、裸岩比例较高、农业欠发达、人均粮食和农业产值较低，因此自然致贫指数较高，社会经济消贫指数较低，贫困度较大。

表 13-18 各乡镇贫困度

乡镇	贫困度	乡镇	贫困度	乡镇	贫困度
艳山红	2.87	金华	3.55	犁倭	3.90
清镇	2.92	凯佐	3.59	小箐	3.94
平坝市区	3.01	修文市区	3.60	轿子山	3.96
白云	3.05	大西桥	3.61	暗流	3.98
夏云	3.08	高峰	3.62	久长	4.01
红枫湖镇	3.24	站街	3.62	王庄	4.01
沙文	3.28	羊昌	3.63	双堡	4.03
安顺市区	3.38	广顺镇	3.64	乐平	4.04
麦架	3.41	马场	3.65	六广	4.04
麦格	3.41	旧州	3.69	马路	4.06
百花湖	3.41	湖潮	3.70	东屯	4.08
朱昌	3.43	十字	3.71	宁谷	4.25
卫城	3.44	天龙	3.77	蔡官	4.29
谷堡	3.47	黄腊	3.78	扎佐	4.33
洒坪	3.52	野鸭	3.83		
刘官	3.53	七眼桥	3.89		

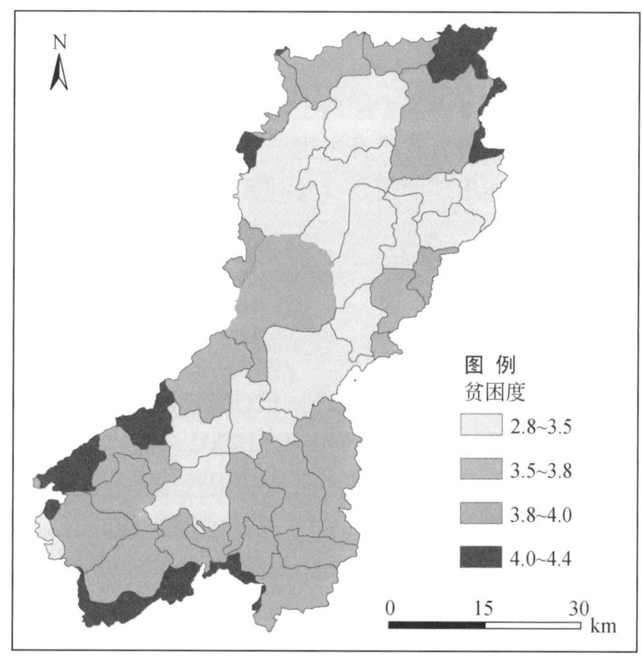

图 13-12 研究区各乡镇贫困度空间分布

第 14 章　猫跳河流域土地变化情景模拟

预估未来土地变化趋势，可为土地管理政策的制定提供科学依据。猫跳河流域作为一个自然地理单元，其边界与所属行政单元不尽一致，难以获得各地类可靠的时间序列数据，无法应用趋势外推法来预测其未来土地变化。即便能获得足够的时间序列数据，由于受种种外在因素（如政策等）的影响，流域土地变化也可能与趋势外推法预测的结果有较大出入。对此，我们应用情景模拟来预估猫跳河流域未来 10 年的土地的数量变化。

土地变化情景模拟基本上可分为非空间格局模拟和空间格局模拟（黄秋昊和蔡运龙，2005b）。非空间格局模拟指进行变化数量的模拟，例如利用马尔可夫链模型、系统动力模型等来模拟预测一定区域未来土地变化的数量。但此类模拟不能反映区域内部差异，因而无法为空间优化配置提供充分依据，所以需要进行空间格局的模拟。空间格局模拟的模型有 CLUE（the conversion of land use and its effects，土地利用变化及其效应转换）模型、ABM（agent-based modeling，多智能体模拟）模型、元胞自动机（cellular automata，CA）模型等，本章分别利用这 3 种模型模拟猫跳河流域的土地变化情景。

14.1　基于 CLUE-S 模型的土地变化情景模拟

本节运用 CLUE-S（the conversion of land use and its effects at small regional extent）模型模拟猫跳河流域在不同情景模式下未来十年内土地的空间变化情况。根据研究区土地结构的现状以及影响土地变化的宏观因素，设计了生态安全目标、粮食安全目标、经济发展目标以及综合发展目标等 4 种可能出现的情景（彭建和蔡运龙，2007）。

14.1.1　数据与方法

(1) 数据来源

CLUE-S 模型的运行至少需要一期的土地利用数据，模型精度的验证至少需要两期土地利用数据。本研究中采用的猫跳河流域 1990 年和 2002 年的土地覆被数据。对于不同土地利用类型空间格局动态变化的模拟，既需要土地利用数据，还需要那些影响土地利用空间分布的因子库，主要包括人口、土壤、气候以及基础设施条件。对于不同的区域而言，影响土地利用/覆被空间分布的因子不完全相同。运用 CLUE-S 模型模拟土地利用变化可能需要的基本数据，主要包括土地利用/覆被、具体作物（播种面积和产量）、畜牧业、人口数据、社会经济数据、管理数据、地理数据、生物物理数据等方面，具体采用哪些数据要视研究区土地利用变化的实际情况以及资料本身的可得性。为了能更加准确地反映研究区的实际情况，社会经济统计数据的行政级别应尽可能的详细，以满足统计需要。

(2) 研究方法

a. 模型简介

土地利用变化及其效应模型（the conversion of land use and its effects，简称 CLUE 模型）是由荷兰瓦格宁根（Wageningen）大学的 Veldcamp 和 Fresco 于 1996 年提出的，用以经验地定量模拟土地利用与其驱动因子之间的关系（Veldcamp and Fresco，1996a）。起初，CLUE 模型主要是用以模拟国家和大洲尺度上的土地利用/覆被变化，并在中美洲、中国、爪哇、印度尼西亚等地区得到了成功应用（Veldcamp and Fresco，1996b；Verburg et al.，1999a，1999b，1999c）。由于空间尺度上较大，模型的分辨率很粗糙，每个网格内的土地利用类型由其相对比例代表。而在面对较小尺度的土地变化研究中，由于分辨率变得更加精细，致使 CLUE 模型不能直接应用于区域尺度。因此在原有模型的基础上，Verburg 等于 2002 年对 CLUE 模型进行了改进，提出了适用于区域尺度土地变化研究 CLUE-S 模型（Verburg et al.，2002）。CLUE-S 模型在区域尺度上获得了比较成功的应用，较好地表达了土地利用变化的空间格局，该模型一经推出后，随即在国际土地变化学界引起广泛关注。近年来，我国一些学者开始尝试运用这一模型来研究我国一些地区的土地变化（陈佑启和 Verburg，2000a；摆万奇，2005）。

b. 模型验证

尽管 CLUE-S 模型在国内外其他地区获得了较成功运用，但在地表比较崎岖破碎的喀斯特山区的模拟效果如何，尚需要进行验证。为此，我们以 1990 年的数据为基础，运用 CLUE-S 模型模拟 2002 年的土地覆被图，并用 2002 年遥感解译的实际土地覆被图进行对照，以评价模拟的效果是否理想。在猫跳河流域，有些地类面积过小，分布也十分有限，为了使模拟效果更好，需要进行合并。将原有的 11 个二级地类合并为 6 个一级地类，其中水田和旱地合并为耕地，有林地、灌木林以及其他林地合并为林地，城镇用地、农村居民点以及交通工矿用地合并为建设用地。

根据模型运行的数据需要，以及猫跳河流域自身的实际情况，我们选择了海拔、坡度、地貌、到最近河流的距离、到最近居民点的距离、到最近公路的距离、人口密度、农业生产水平（用单位面积上的农业产值密度代表）等 8 个因素作为影响流域土地利用/覆被分布格局的因素。模拟得到 2002 年的土地覆被图（图 14-1），然后运用 Erdas 软件下的精度评估模块，以 2002 年的土地覆被图（图 14-2）为标准，计算了模拟结果的 Kappa 指数，发现 Kappa 指数为 0.87，模拟效果比较理想，说明应用 CLUE-S 模型能较好地模拟猫跳河流域土地变化，可以应用于不同情景模式下的土地变化模拟。

14.1.2　情景模拟

预设 4 种情景：生态安全目标、粮食安全目标、经济发展目标、综合发展目标。各情景下的土地利用类型数量见表 14-1。

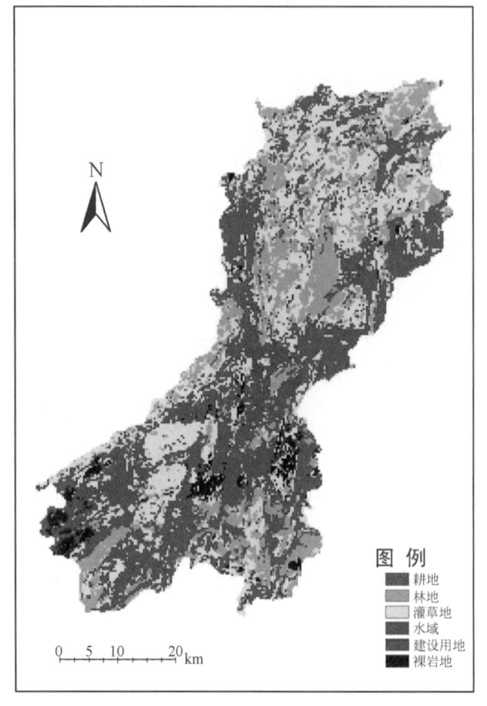

图 14-1　猫跳河流域 2002 年土地覆被模拟图

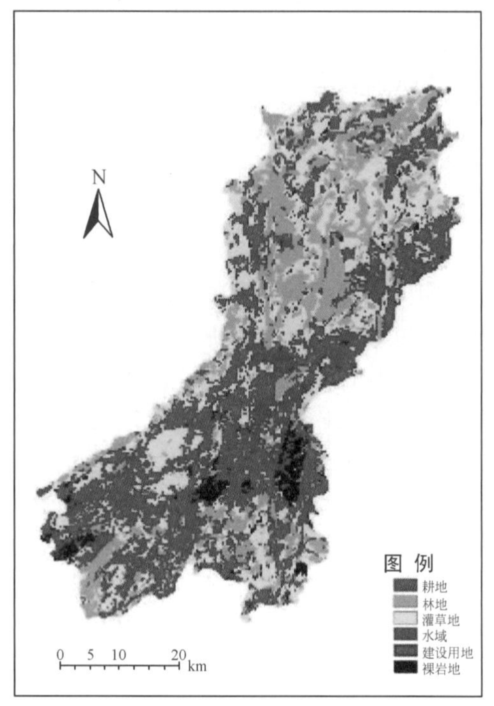

图 14-2　猫跳河流域 2002 年土地覆被图

表 14-1　猫跳河流域 2012 年不同土地利用目标下的用地需求　（单位：hm^2）

项目	耕地	林地	灌草地	水域	建设用地	裸岩地
2002 年土地覆被	112 086	63 153	86 274	7 911	7 290	9 369
生态安全目标	95 086	82 853	88 274	8 111	7 590	4 169
食物安全目标	116 086	63 553	78 074	8 411	7 590	12 369
经济发展目标	108 086	63 553	85 474	8 311	11 790	8 869
综合发展目标	104 086	70 553	89 774	8 211	8 290	5 169

（1）生态安全目标情景分析

即充分保证流域生态安全条件下的土地利用格局。猫跳河流域属典型喀斯特地区，生态环境十分脆弱，石漠化现象比较显著。为了保护并改善喀斯特地区生态环境，除了原有的长江流域防护林工程、天然林保护工程外，贵州已于 2002 年全面启动了退耕还林还草工程。由于这些工程的实施，可以预见在未来 10 年左右的时间内，流域的生态环境将进一步好转，生态安全得到保障。在此模式下，耕地将大幅减少，林地显著上升，灌草地也有明显增加，水域稍有增加，建设用地有所扩张，但幅度不大，而裸岩地将显著减少。

（2）食物安全目标情景分析

即充分保证流域食物需求的土地利用格局。猫跳河流域平地较少，为了满足不断增加的人口的粮食需要，不得不在山区开垦足够的耕地。生态安全模式下的土地利用格局虽可保证流域的生态环境向好的方向发展，到由此导致的耕地减少却会对流域的食物安全造成较大的威胁。因此，需要考虑食物安全目标。流域内耕地面积会有较明显的扩大，而林地因为执行了严格的森林保护措施会有所增加，但幅度不大，由于增加的耕地将主要来自于灌草地，所以灌草地会有所减少。为了生产出更多的粮食，灌溉水源会得到足够的重视，由此水域面积也会有所增加。同时，食物安全模式下经济增长不会停步，因此建设用地也会有所增加，但幅度也不会很大。由于陡坡开荒的蔓延，在严重水土流失的情况下，裸岩地也会出现明显的扩展。

（3）经济发展目标情景分析

即充分保证流域经济增长需要条件下的土地利用格局。经济增长需要建设用地，不可避免占用耕地和其他土地，流域的耕地会明显减少。林地由于远离城镇，加之严格的森林保护措施，植被通过自然恢复将有所增加。灌草地因为建设占用将会有所减少，但因不是主要的占用对象，减幅不大。在经济增长会促进水产养殖业的发展，可能导致流域水域面积出现一定程度的增加。通过大量挤占耕地和灌草地，建设用地将会出现大幅增加，裸岩地因为没有多大利用价值，通过自然恢复，一部分转化为灌草地，导致裸岩地会有所减少。

（4）综合发展目标情景分析

即综合考虑流域生态安全、食物安全以及经济增长的土地利用格局。不论是生态安全目标、食物安全目标还是经济增长目标，都是主要考虑单一目标下的土地利用格局。区域土地利用决策需要综合考虑各种目标。在综合考虑流域生态环境、食物生产以及经济增长对土地需要的情景下，耕地因为退耕还林还草等严格生态保护政策的影响会出现较明显减少（粮食产量的提高主要通过提高土地单产来实现）；林地和灌草地也会因此而增加；水域面积也会出现一定的增加；经济增长对建设用地的需求将会得到满足，但需要集约利用建设用地，因而对耕地占用量将减少到最大限度；裸岩地由于区域生态环境保护政策的实施，将会明显减少，但减幅虽不及生态安全目标下那么大，却比经济增长目标下的显著。

在运用 CLUE-S 模型对上述不同情景进行模拟的过程中，将每种目标下可能的用地需求输入模型，起始模拟年份为 2002 年。先计算出各地类与影响其空间分布的自然、社会经济因素之间的二值 Logistic 回归系数（表 14-2）。与先前的模型验证不同的是，由于道路交通状况、人口密度以及农业产值密度等因素发生了较大的变化，因此在预测中需要将这三个因素的数据更新到 2002 年。从回归结果来看，进入耕地、水域、建设用地以及裸岩地等地类回归方程的因子发生了一些小变化，各大多数回归系数的显著水平有所提高，除了建设用地和裸岩地外，其余地类回归系数的置信度均在 99% 以上。同时，除建设用地外，其余地类的 ROC 曲线下的面积值均有所提高，说明回归方程对预测期内各地类空间分布的解释效果更好。

表 14-2　猫跳河流域 2002 年 CLUES 模型回归系数

分配因子	耕地	林地	灌草地	水域	建设用地	裸岩地
海拔	-0.018	0.018	0.004	-0.069	-0.007	0.027
坡度	-0.156	0.073	0.065	-0.425	-0.073	0.097

续表

分配因子	耕地	林地	灌草地	水域	建设用地	裸岩地
地貌	0.225	-0.203	-0.073	-0.155	0.105	
到河流的距离	-0.094	-0.029	0.089	-1.374	0.137	0.202
到公路的距离	-0.046	0.013	0.017	0.051	-0.044	0.032
到城镇的距离	-0.056	0.062	0.019	0.121	-0.114	-0.115
人口密度		-0.003	0.000	0.004	0.005	
农业产值密度	0.008	0.017	-0.016		-0.019	
常数项	4.945	-5.559	-2.166	13.960	-2.690	-10.708
Chi-square	6 634.860	4 065.690	1 362.630	2 638.510	1 009.680	697.040
Sig.	<0.010	<0.010	<0.010	<0.010	<0.050	<0.050
-2Log likelihood	35 930.750	29 492.240	37 556.630	5 402.700	6 534.540	8 468.580
ROC 值	0.761	0.737	0.640	0.906	0.753	0.744

将回归结果输入模型，并设置好其余相关参数，即可运行模型。结果显示各地类的概率分布图和2002年各自的空间分布格局总体上基本一致，模型的解释效果比较理想。在生态安全目标、食物安全目标、经济发展目标以及综合发展目标下，对预测期内不同土地利用情景做模型运行，大多数地类的迭代变量在经历了上千次迭代后收敛。在ArcGIS平台下，分别把模拟结果转化成Grid格式，并生成土地利用/覆被的情景模拟图（图14-3～图14-6）。

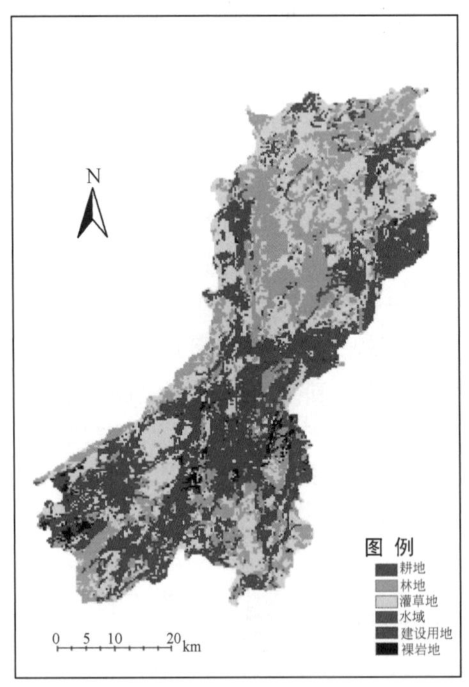

图14-3　猫跳河流域生态安全目标下土地覆被模拟图

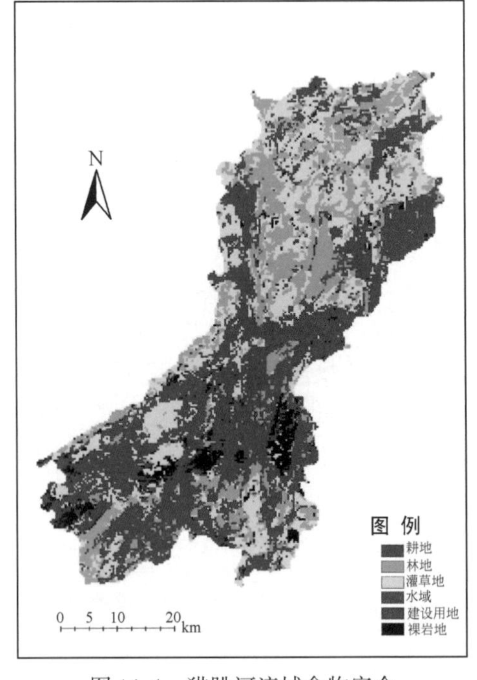

图14-4　猫跳河流域食物安全目标下土地覆被模拟图

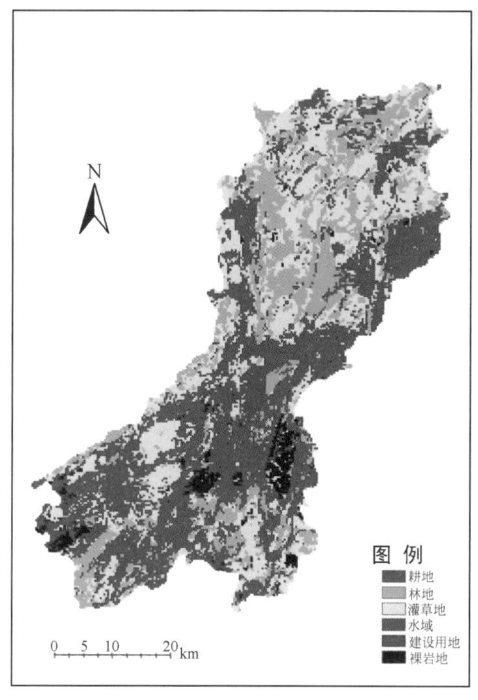

图 14-5　猫跳河流域经济发展目标下土地覆被模拟图

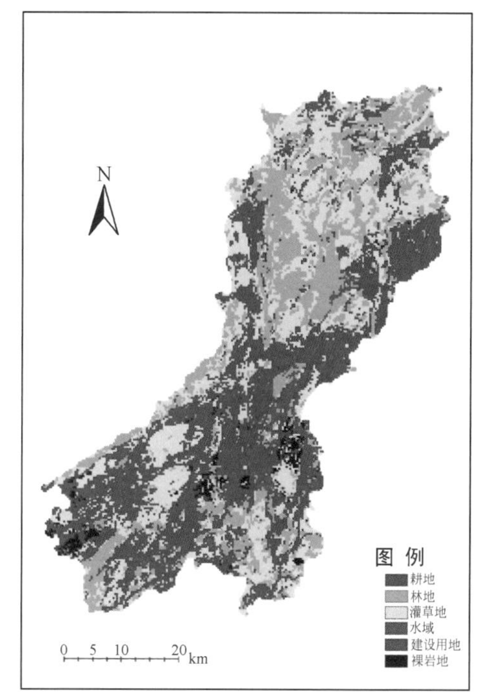

图 14-6　猫跳河流域综合发展目标下土地覆被模拟图

在生态安全模式下（图 14-3），到 2012 年，猫跳河流域的林地和灌草地发生显著扩张，尤其是在流域的中下游地区，这种变化甚为明显。同时，流域的裸岩地分布范围明显缩小，平坝马场和高峰之间的裸岩地以及羊昌和平坝城关镇之间的裸岩地均明显缩小，说明流域的生态环境状况将会得到显著的改善。

而在食物安全模式下（图 14-4），流域的耕地和裸岩地明显扩张，和生态安全模式相比，这种扩展在下游的小菁、久长、洒坪以及谷堡一带比较明显，由于受岩性分布的影响，裸岩地的扩展主要出现在流域上游，同时这里也是人类活动强度较大的地区，说明在食物安全模式下，流域的粮食产量虽可得到保障，但流域的整体生态环境状况将会出现恶化，属于不可持续的土地利用模式。

在经济发展模式下（图 14-5），流域的建设用地显著扩张，这种扩张主要表现为 3 个方面，一是白云区的城镇建设用地会向北显著增加，二是修文和白云区之间的工矿用地（矿山）会进一步扩大，三是全流域的农村居民点会增加，这种增加在平坝和西秀区之间的高速公路两侧最为明显。

在综合发展模式下（图 14-6），与 2002 年相比，裸岩地显著缩小，流域生态环境会趋于变好；耕地因为退耕还林还草而减少，而林地和灌草地会因此明显增加；水域变化不大；建设用地有所增加，但在严格的耕地保护政策下，增幅不大。

14.2 基于ABM模型的土地变化情景模拟

区域尺度的土地变化通常是土地使用者土地利用决策的累积效应，其中农户决策与行为是人类对土地变化最直接的作用。多智能体模拟（agent-based modeling，ABM）是当今国际研究中较常使用的研究和分析个体行为对土地变化作用的较为有效方法（Parker *et al.*，2003；Brown and Page，2005；Matthews *et al.*，2007；Robinson *et al.*，2007）。我国对智能体模型研究起步较晚，已有成果主要针对城市扩展和人口迁移等问题（黄河清等，2010；陈海等，2009；黎夏等，2007）。本节提出一个智能体模拟研究的通用框架，以贵州省猫跳河流域为例，在区域尺度上分析了个体农户的返耕决策对土地变化的影响，并采用ABM模型进行情景模拟。

当退耕还林、还草政策期满，若国家不再发放退耕补贴，农户很可能出现毁林返耕等行为，将显著影响未来土地变化情景。

14.2.1 研究数据与方法

（1）数据

农户调查数据：选取猫跳河流域内具有代表性的村，采用农户问卷调查的方式，深入考查了农户安排生产的意愿和不同生产决策方式，收集到农户尺度的详细数据。

统计数据：由各市县、乡镇收集到的统计数据。

空间数据：土地利用类型、人口密度和坡度数据（图14-7）。土地利用类型数据用作模型模拟的土地利用初始状态，土地利用类型图和人口密度图是初始化时生成农户智能体的主要空间依据。人口密度图基于猫跳河流域的乡镇人口数据，采用GIS空间分析技术与统计学方法，分析人口密度与空间因子的关系；并采用多元回归方法建立了人口密度数据空间化模型，在GIS平台中实现了人口密度的降尺度空间化模拟（王磊和蔡运龙，2011）。使用DEM数据生成坡度图，并界定出坡度大于35°的区域，用做农户返耕行为的自然约束条件。

（2）智能体模拟研究框架

智能体模型是一种模拟思想而不是一个固化的模型，该模拟方法的优点在于模型的建立十分灵活。不同学者和不同研究中建立的模型不尽相同，而建模的质量很大程度上依赖于研究者的设计思想与编程能力。本部分借鉴了Valbuena等（2010a）的设计思路，提出一个多智能体模拟的通用框架，用以模拟个体农户在其内部、外部因子作用下的土地利用决策过程及其对土地变化的影响。

当考查某一决策过程中的农户决策与行为的时候，可以认为农户因子包括能力和意愿。能力是指农户或农民的属性因子，如年龄、家庭成员结构、劳动力、土地大小、土地的空间位置、土地中的土壤质量以及处所地形等（Siebert *et al.*，2006）。能力决定了农户在一定时期内对某一决策过程中所拥有的选择，Wilson（2007）将其定义为“决策廊道”（decision-making corridor）（图14-8）。根据Wilson的理论，决策廊道约束了农户决策范

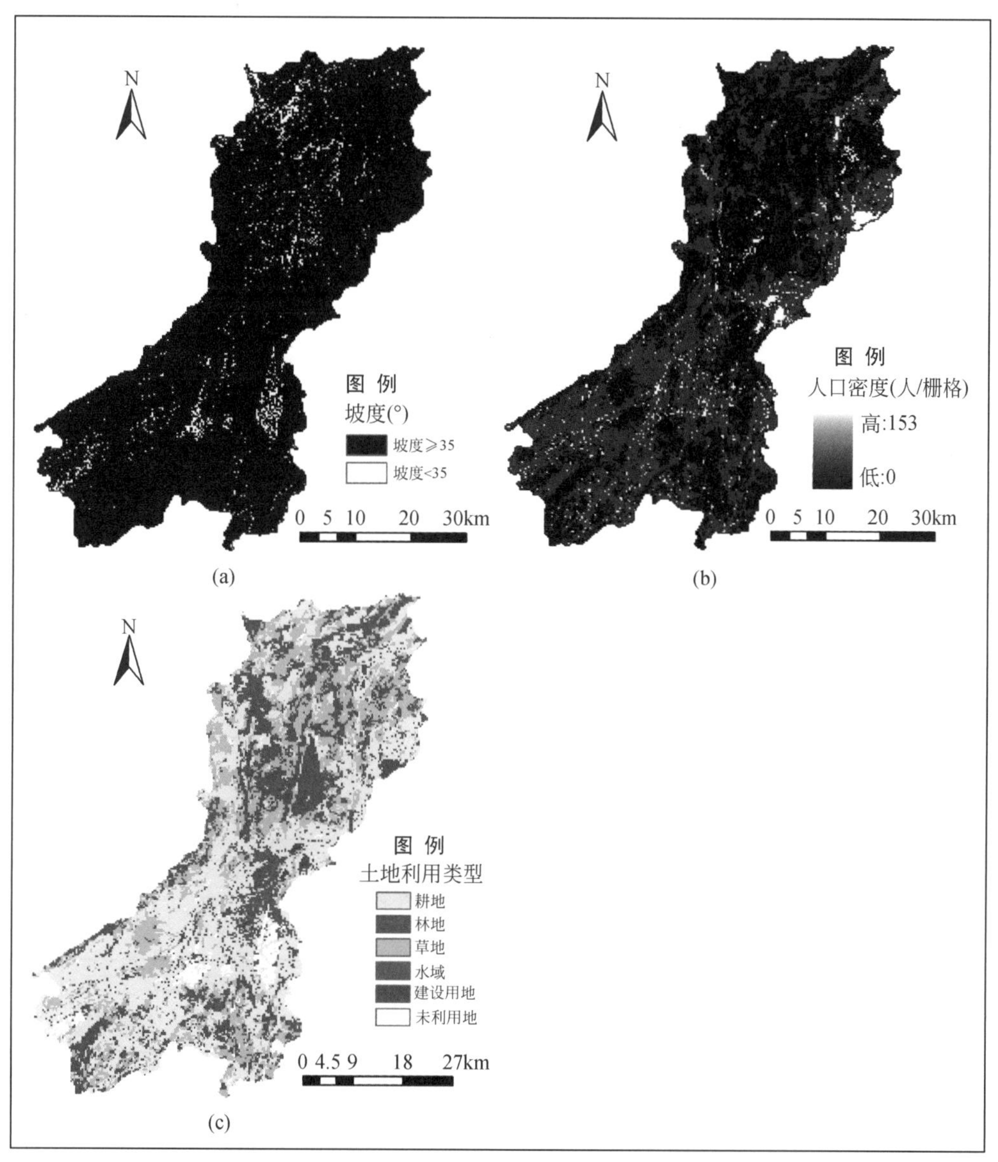

图 14-7　猫跳河流域 ABM 模型中使用的空间数据

围，他们的选择只能在廊道的范围之内。意愿是指农户的价值观和意向（Siebert *et al.*，2006），它定义了农户对某一决策偏好的选择。例如，农户保护环境很大程度上取决于他是否认为环境很重要。因为价值观在一定的时期内变化相对很小，所以可以认为意愿相对稳定。但是，由于一些意外事件会导致农户的决策廊道发生改变（如原土地所有者搬离本地导致土地所有者发生变化），Wilson 将这种情况称作“决策突变”（transitional ruptures）（图 14-8）。其中，能力和意愿是相互联系的。如果农户有意扩大土地规模，但没有能力，那么扩大土地的行为就不能实现；农户也可以根据自身的意愿改变其能力（如借助贷款加大农业投入）。

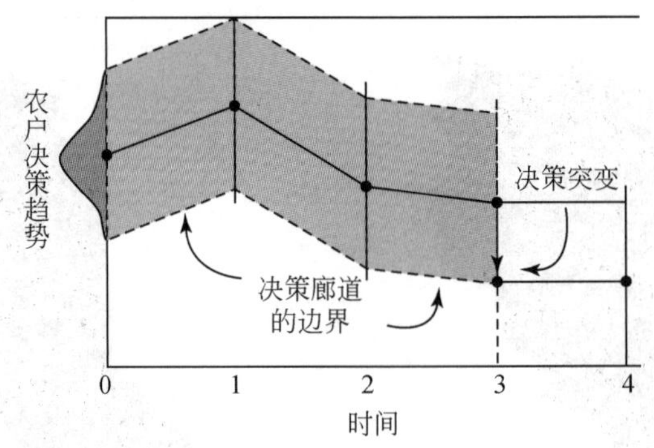

图 14-8　农户的“决策廊道”（修改自 Wilson，2007）

农户决策产生的行为，通过修改其农户因子影响到其未来的能力和意愿（图 14-9）。这是一个内部反馈机制，农户未来拥有的选择和所能作的决策依赖于之前的行为（如路径依赖，path dependency）。例如，一个农户决定通过购买一块土地扩大经营面积，相应的就修改了其能力和未来的选择范围。这种决策过程与选择、决定和行为的关系与 Wooldridge 和 Jennings（1995）提出的决策过程的概念框架是一致的。

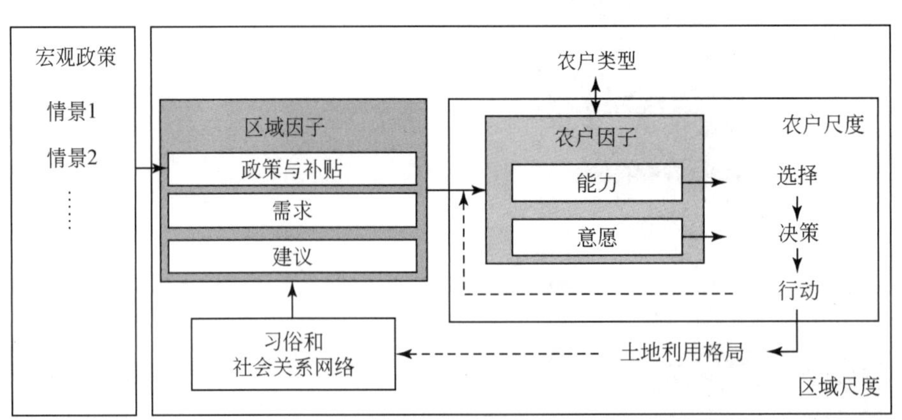

图 14-9　智能体模拟框架（Valbuena，2005）

外部因子也会影响到农户的选择和决策。区域因子，包括强制性和志愿性的因子，如政策、贷款、建议等（Aarts，2000）。这些因子反映了农户、社会网络以及制度之间的相互作用关系（图 14-9）。

农户、社会关系网络与制度的关系可以描述成一些不同的过程。首先，一些农户发展政策、扶持政策会影响农户的能力，进而影响到其选择范围和决策。同样，社会网络通过建议（如朋友的建议和周围人的带头作用）也可以影响到农户对未来决策的意愿。其次，为了避免某些农户行为，政府会制定一些政策。虽然政策可以直接影响到区域的土地利用格局（比如封山育林政策可以保证林地不会向其他土地利用类型转变），但是政府也会通过制定政策措施影响农户的“能力”。

农户、制度与社会网络之间的关系也可以影响到环境。区域尺度上，农户决策的累积效应会改变土地利用格局。

（3）模型设计流程

本节设计的 ABM 模拟，分为 4 个步骤来实现：①通过农户分类，简化农户决策；②设计不同农户类型的决策过程（在农户内部因子作用下）；③定义区域因子对农户的影响；④景观变化与农户行为之间关系的表示。

1）农户分类的目的是为了简化决策。对于某一土地利用决策来说，农户的类型代表了决策廊道的方向和边界，即每个农户的选择范围。在同一个农户类型中的农户们具有相似的意愿，同时，由于他们能力（如社会经济属性、土地属性等）的不同，导致了个体农户决策间的差异性。

2）内部因子作用下的农户决策。这一部分主要是设计农户在其内部因子影响下的决策规则。主要分为两个部分：农户所在类型的群体决策规则与农户个体的决策规则。农户所在类型的群体决策体现了该类型中所有农户的共同特点；而农户的个体决策则具有相对不确定性。因此，本节采用了一种可能性方法（possibility method）（Valbuena，2005）对农户的决策进行表达。

3）区域因子对农户决策的影响。区域因子对农户的影响，主要体现在其能够影响和改变农户的意愿，进而对农户的决策产生影响。考虑到区域尺度上个体农户的决策具有一定的随机性，区域因子的影响可以通过改变农户类型的阈值来表示，也就是说，区域因子决定了农户群体决策的范围。因此，区域因子对农户的影响也可以通过可能性方法来表示。

4）景观表示。景观表示是指建立起农户的决策与空间数据之间关系，如农户的返耕决策可以使土地利用类型从林地或草地转变为耕地；地形因子会对农户的土地利用决策产生影响。

14.2.2 模型的实现与运行

在猫跳河流域研究区，针对农户的在退耕还林、还草政策结束后农户可能采取的返耕行为，采用 ABM 模型对农户返耕决策的对土地利用变化产生的影响进行了模拟和分析。

（1）模型的实现

根据前面提出的模型设计流程，结合研究区的实际情况，完成了 ABM 模型的设计。

a. 农户分类

农户分类的目的是通过对农户的类型进行定义，以简化农户决策，实现农户的个体决策到集体决策的转变。采用二叉树分类法，把研究区的农户总共分成了 5 类。

类型 1 的农户没有参加退耕还林、还草，因此在 ABM 模拟的时候对其不予考虑。

类型 2 和类型 3 农户，退耕补贴占家庭总收入的比例较小，对退耕补贴的依赖性不大。其中，类型 2 农户拥有的耕地面积较小，现在家庭收入的相当一部分来自于打工等非农收入，家中拥有的非农人口数量也大于其他几类农户，所以当面对如何选择时，他们基本不会把返耕作为考虑的因素。类型 3 是典型的以农业生产为主的农户，家中土地退耕的不多，家中的土地基本都用于农业生产，家中的劳动力大部分也从事农业生产，相对其非农经营活动并不活跃。在退耕还林、还草政策结束后，为了增加收入，他们在现有耕地上进行多样化经营的同时，部分家庭还是会选择返耕。

类型4与类型5农户，退耕补贴占家庭总收入的比例较高，对退耕补贴依赖性很大。其中，类型4农户拥有的耕地面积较小，目前家庭收入除了政策的退耕补贴外，主要靠非农活动获得的收入，而耕地是他们口粮的基本保证。在退耕还林、还草政策期满后，他们虽然失去了这部分补贴的收入，但他们选择把林地和草地重新开垦为耕地的可能性相对较小。类型5也是典型以务农为主的农户，农户家庭与类型3农户相似，家中土地面积较大，且家庭成员主要人员农业生产。但不同的是，他们对退耕补贴依赖性较大。在当前的情况下，在退耕还林、还草政策结束后，他们失去了这部分补贴，这对他们是不小的一笔损失。为了弥补这部分，他们采取返耕决策的可能性最大。

总之，类型2、类型3的农户与类型4、类型5的农户相比，其对退耕补贴依赖较小，因此前者的退耕的意愿不及后者强烈。另外，不同类型农户的返耕意愿之间存在着相似性。类型2的农户与类型4相似，类型3的农户与类型5的农户相似。类型2、类型4的农户家庭中耕地面积较小，家庭经济来源主要来自于非农收入，因此其返耕的意愿相对较弱；而类型3、类型5的农户家中耕地面积较大，家庭收入的主要来自于农业经营，因此其返耕的情愿相对较强。

b. 不同农户类型的决策过程（内部因子作用下）

对于农户的决策规则的表示，本研究采用了一种基于农户选择的可能性方法（possibility method），方法见图14-10。

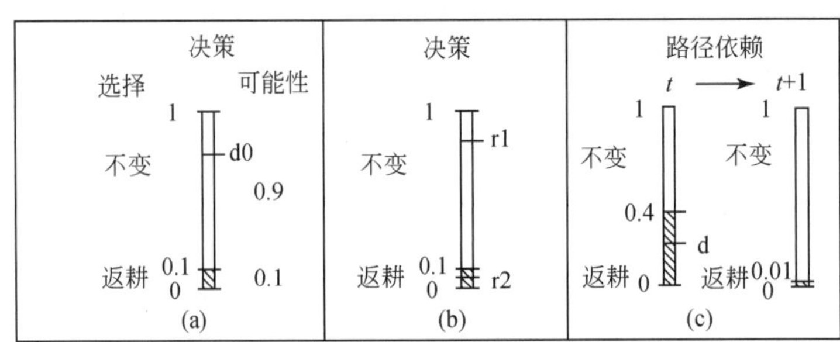

图14-10　个体农户决策的可能方法（修改自 Valbuena *et al.*，2010b）

主要选取农户影响土地利用格局的返耕与打工两个决策。对于每个决策，用0～1表示农户在面对该决策时拥有的所有选择的范围。例如，农户在进行返耕决策时，他面临的选择有返耕与不变［图14-10（a）］。决策中每一个选择的范围取决于农户所在的类型，也就是说，农户类型决定了该类型中每个农户拥有的不同选择的范围，即选择阈值。图14-10（a）中，返耕选择的范围为0～0.1，不变的选择范围是0.1～1。这体现了同一类型内所有农户决策的相似性。阈值选取的依据：主要来源于调查问卷获得的关于农户生产决策的详细数据。主要根据农户问卷数据，计算一个农户类型中采取某种选择的农户数占该类型中农户总数的比例来获得。

对于一个农户，他的每次选择过程通过生成一个0～1的随机数进行表示，如图14-10（a）中的d0。生成随机数的大小决定着农户不同的决策方式。当产生的随机数r1大于农户所在农户类型的返耕阈值0.1，该农户的决策为不变，即不会产生返耕决策；如果产生的随机数 r2<0.1，则产生返耕决策［图 14-10（b）］。

农户当前的行为，会对其未来的决策产生影响，即农户决策方式的“路径依赖”［图 14-10（c）］。例如，一个农户在今年发生了返耕，那么，他在今后若干年内，再次返耕的可能性会大大降低。

对于同一种决策，不同农户类型拥有的选择阈值是不同的［图 14-11（a）］。选择阈值的设计一方面保证了同一类型内农户决策的相似性，另一方面又体现了不同农户类型决策的差异。

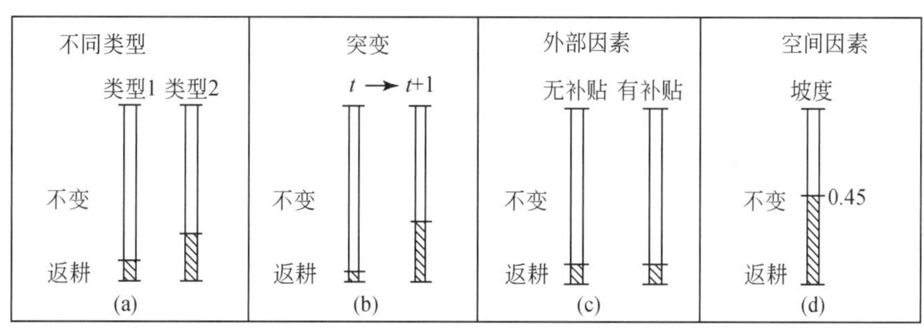

图 14-11　不同因素对农户类型阈值的影响（修改自 Valbuena *et al.*，2010b）

根据 Wilson 的农户决策理论，农户的决策轨迹中会产生突变，即农户可能有时会突然改变其生产策略，如在某一年突然决定不进行返耕。这样用概率方法同样也可以对其进行很好表达［图 14-11（b）］。

农户的决策会受到外部因素的影响，如政策等，这种影响因素也能够以概率的形式影响农户的决策［图 14-11（c）］。

空间因子对农户决策产生影响也可以用可能性方法表示。如坡度大于 45°的土地非常不适宜耕种，农户通常就不会选择在该地块进行返耕［图 14-11（d）］。

模型以年为基本的时间单位进行模拟，即模型运行 1 步等于现实中的 1 年。在每一年中，每个个体农户的决策流程如下（图 14-12）。

每一年的开始，首先判断该农户是否外出打工。如果打工，则今年不会发生返耕。主要考虑农户外出打工以后，家中农业劳动力数量不足使其没有能力进行返耕。如果农户当年在家务农，那么判断其是否有返耕意愿。如果有返耕意愿的话，接下来判断其家中已经返耕的土地面积是否达到家中退耕还林还草面积的最大值。如果不小于该值，说明农户家中已无地可开，则不会发生返耕行为；否则，说明该农户家中仍有地可开，则可以发生返耕行为。在农户返耕以后，在今后的 1～5 年可能不会再发生返耕行为。一方面，返耕需要投入大量的劳动力，比较辛苦。另一方面，由于退耕还林、还草的土地往往是坡度较大，土壤肥力差，水土流失比较严重的地方，返耕以后，随着土地质量的下降，农业产量也会随着降低，因此，在 1～5 年以后，农户为了增加家庭收入会继续返耕新的土地。

c. 区域因子对农户决策的影响

考虑的区域因子主要为政策因子。这一部分的工作主要是针对不同类型农户的土地利用行为特点，以及各自对土地利用变化的影响，设计政策情景假设，以考查政策的预期效果。

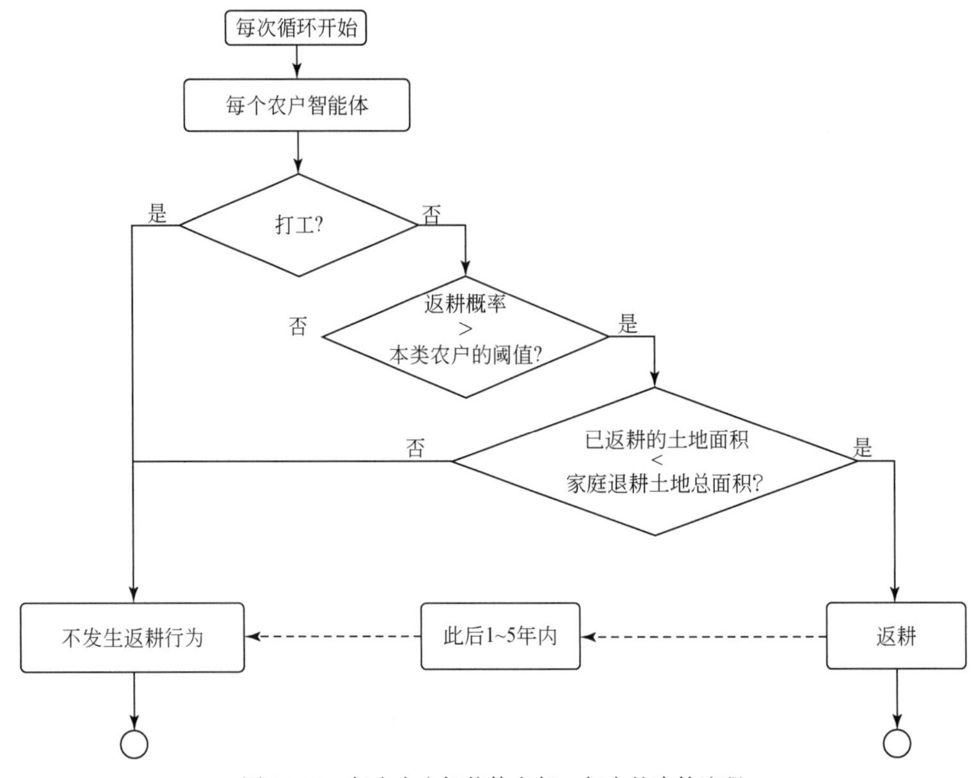

图 14-12　每个农户智能体在每一年中的决策流程

d. 农户决策与景观格局

本研究使用的空间数据有猫跳河人口密度分布图、坡度图和土地利用类型图（图 14-7）。本部分将农户决策与空间数据相结合，以反映个体农户返耕决策与行为的空间变化，以及对土地利用格局的影响。

首先，使用人口密度分布图和土地利用类型图，建立起农户与耕地之间的空间关系。其次，有关于农户返耕时的地块选择。模型假设农户在进行返耕时，选择距离其初始化时所在位置最近的林地或者草地。然后，研究考虑了坡度对农户返耕的限制。如果坡度大于45°，该地块的条件将十分不利于生产，且返耕成本相对较高，农户不会考虑在该土地进行返耕。坡度小于45°的土地将可能发生返耕。最后，在 NetLogo 平台下编程完成该模型的设计。

（2）模型的设计界面与运行

a. 模型的设计界面

本模型的设计界面主要包括模型的运行控制、参数设置、各参数的显示控制、模型输出和显示主窗口等 5 个部分（图 14-13）。

模型的显示主窗口主要负责显示模型的输入数据、监控模型的运行过程、显示模型的运行结果等。

模型的运行控制部分主要负责模型的初始化和运行。初始化过程是导入各空间数据图层，并根据各空间数据、统计数据以及农户调查数据等，在流域范围内生成农户，用以模

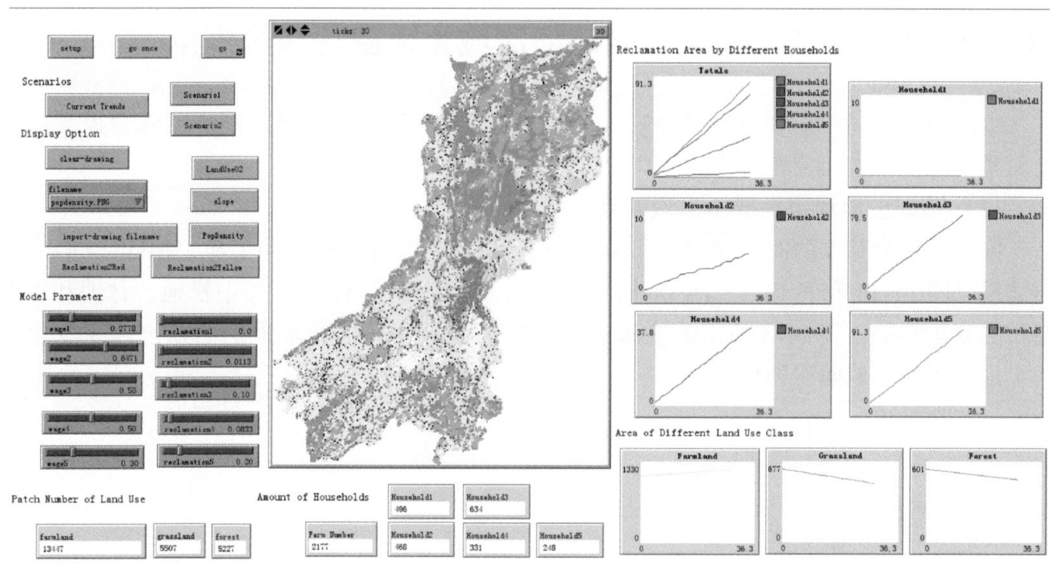

图 14-13　模型界面

拟研究区的现状；运行部分主要是控制模拟的进程。可以根据研究者的需要，选择分步运行或自动循环运行。分步运行是指，使用者每按一次按钮，模型仅运行 1 年；自动运行是指模型将持续运行，直至满足模型中设置的停止条件，如本节中设置最多运行 30 次，即模拟 30 年。

模型的参数设置部分主要负责设置不同类型农户智能体的返耕与打工概率的数值，以及设计情景假设等。

模型的显示控制部分主要包括显示模型中使用的空间数据、显示各土地利用类型的面积、生成各类型农户智能体的数据。

模型的输出部分主要是以曲线的形式动态显示模拟过程中各土地利用类型面积变化情况。在模型运行结束后，支持将模型的运行结果数据进行导出。

b. 模型的模拟过程

模型的模拟主要分为两个部分，模型的初始化和运行。

模型在模拟的时候，首先要进行初始化。初始化过程主要包括导入各空间数据；根据各数据所包含的空间信息，按照模型设计的算法，对各类农户智能体进行空间分布；当全体农户智能体“落地”完毕之后，即可进行模型进行模拟。由于模拟生成的农户智能体数量比较多，初始化需要花费一定的时间。这时候可以通过观察模型显示控制部分的各农户智能体数量，了解初始化的进度。同时，模型显示控制部分得到的各土地利用类型面积也可以作为模型的输出结果。

模型运行前，首先需要对模型参数进行设置。根据农户分类与分析结果，分别设定好不同类型农户的返耕与打工阈值。之后，即可开始运行模型。为了消除模型运行的所带来的随机性，本节运行模型 100 次，取全部运行结果的平均值作为分析数据。

14.2.3　基于ABM模型的猫跳河流域土地变化情景模拟

本部分从不同土地利用类型数量变化、景观格局的演变，以及不同类型农户返耕的土地面积变化3个方面分析农户的生产决策对土地利用变化的影响。

(1) 不同土地利用类型的面积变化

模型以年为基本的时间单位，即模型每运行一步相当于现实的1年。ABM模型的输出结果见图14-14和表14-3。图14-14所示为猫跳河流域在未来30年中耕地、林地和草地面积的变化趋势；表14-3所示为在未来每一年中耕地、林地和草地的面积，以及变化了的土地与当前土地面积的比值。

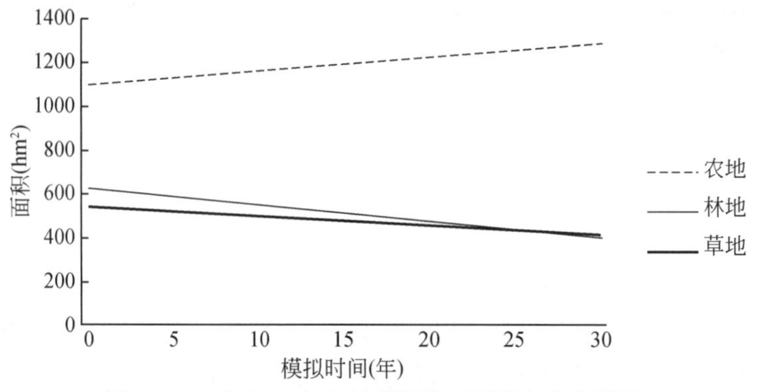

图14-14　未来30年土地利用类型面积变化的模拟

表14-3　不同土地利用类型数量变化的模拟结果

模拟时间（年）	土地利用类型					
	耕地		林地		草地	
	面积（km^2）	变化比例（%）	面积（km^2）	变化比例（%）	面积（km^2）	变化比例（%）
现状	1093.86	0	548.82	0	619.56	0
1	1101.33	0.68	543.06	-1.05	610.29	-1.5
2	1108.53	1.34	537.39	-2.08	602.37	-2.77
3	1115.37	1.97	532.26	-3.02	594.99	-3.97
4	1122.75	2.64	527.76	-3.84	586.62	-5.32
5	1129.32	3.24	521.73	-4.94	580.23	-6.35
6	1135.89	3.84	516.78	-5.84	573.84	-7.38
7	1143.54	4.54	512.37	-6.64	564.84	-8.83
8	1150.2	5.15	508.05	-7.43	557.01	-10.1
9	1155.96	5.68	503.28	-8.3	550.8	-11.1
10	1162.89	6.31	498.15	-9.23	542.52	-12.43
11	1169.37	6.9	493.38	-10.1	534.51	-13.73
12	1176.75	7.58	488.43	-11	526.05	-15.09
13	1184.85	8.32	484.02	-11.81	517.23	-16.52
14	1191.42	8.92	479.07	-12.71	509.67	-17.74

续表

模拟时间（年）	土地利用类型					
	耕地		林地		草地	
	面积（km^2）	变化比例（%）	面积（km^2）	变化比例（%）	面积（km^2）	变化比例（%）
15	1197.36	9.46	475.11	-13.43	501.48	-19.06
16	1204.02	10.07	470.97	-14.18	493.47	-20.35
17	1209.78	10.6	466.74	-14.96	486.27	-21.51
18	1217.25	11.28	461.7	-15.87	478.71	-22.73
19	1223.64	11.86	456.93	-16.74	472.14	-23.79
20	1229.22	12.37	452.25	-17.6	465.57	-24.85
21	1235.43	12.94	447.66	-18.43	459.72	-25.8
22	1240.65	13.42	443.61	-19.17	453.15	-26.86
23	1246.23	13.93	440.01	-19.83	446.04	-28.01
24	1251.99	14.46	436.59	-20.45	440.01	-28.98
25	1257.84	14.99	431.91	-21.3	433.8	-29.98
26	1262.7	15.44	428.49	-21.93	428.76	-30.8
27	1267.65	15.89	423.9	-22.76	423.18	-31.7
28	1273.14	16.39	419.67	-23.53	418.32	-32.48
29	1278.63	16.89	416.52	-24.11	412.38	-33.44
30	1284.84	17.46	412.56	-24.83	405.81	-34.5

注：表中+值为该土地利用类型面积增加，-值为该土地利用类型面积减少

每个农户在每一年的土地利用决策并不相同，而大量农户的土地行为汇总到一起，在区域尺度涌现（emerge）出土地利用变化的宏观结果。由图 14-14 可以看到，在未来 30 年里，林地与草地的面积由于农户的返耕行为而大量减少，相应地，耕地面积大量增加。其中，草地的减少速率要大于林地。每一种土地利用类型的变化曲线均存在一定的波动情况，这是由于大量个体农户智能体土地利用决策的差异性造成的。

从表 14-3 中，可以清楚地看到每一年的不同土地利用类型的面积变化。将模型对未来 30 年的模拟结果与历史数据相对比考查几种土地利用类型的面积变化情况。从历史的土地利用变化情况来看（表 14-4），1973 ~ 1990 年的 17 年间，由于开荒和乱砍滥伐等行为造成林地、草地面积减少，而耕地面积增加。耕地面积增加 159.07km^2，林地面积减少 246.35km^2，草地面积减少 18.54km^2。而在 1990 ~ 2002 年的 12 年间，由于国家提出了一系列保护环境的政策法规，采取了封山育林、植树造林等措施，使得林地和草地面积有所回增，耕地面积也出现了减少。耕地面积减少了 243.42 km^2，林地面积增加了 121.87 km^2，草地面积增加了 103.63 km^2。

表 14-4　研究区历史时期的土地利用变化情况

项目	1973 ~ 1990 年			1990 ~ 2002 年		
	耕地	林地	草地	耕地	林地	草地
变化面积（km^2）	159.07	-246.35	-18.54	-243.42	121.87	103.63
变化比例（%）	12.47	-29.49	-2.21	-16.96	20.69	12.62

将未来 30 年的模拟结果与历史数据相对比，发现以目前的农户返耕意愿，到 30 年后，耕地面积将增加 190.98km^2，面积为 1284.84km^2，接近于 1975 年流域中耕地的总面积，达到历史最大水平；林地面积到 26 年的时候，减少的面积即已经接近了 1990 年退耕还林、还草计划实施前的状态；而草地面积的减少速度最快，到 13 年以后流域中草地的总面积即已经接近 1990 年的水平。可见，农户的返耕行为对草地、林地的影响还是相当大的，在今后的发展中必须要引起重视。

（2）景观空间格局的变化

从模拟结果的未来土地利用图看（图 14-15），研究区每 10 年间的土地利用格局变化都比较明显。总的来看，在农户返耕行为的作用下，流域的土地利用格局变化呈现一定的

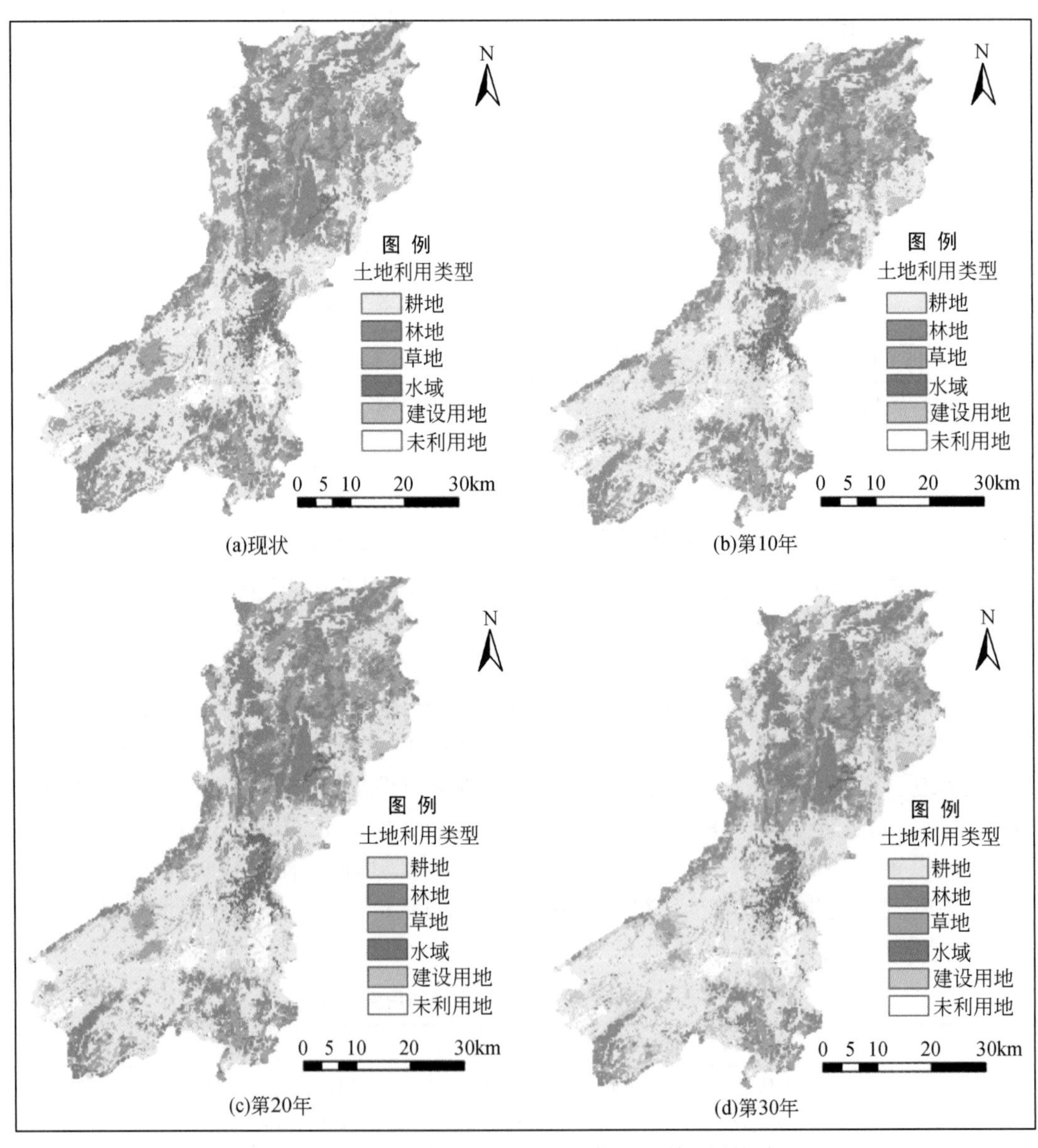

图 14-15　ABM 模型模拟结果与现状土地利用图的对比

地域分异规律。流域的高原丘原地区的耕地面积迅速增加，林地、草地面积相应减少；而在北部峡谷区的耕地面积增加面积相对较少。这一结果与流域的自然和社会条件有关密切的关系。

流域的南部地区为高原丘原区，主要包括红枫湖大坝以上的广大地区。该地区地形相对平坦，平均海拔为 1200 ~ 1300m，主要地貌类型为峰林、缓丘、河谷盆地等，地貌尚未受到峡谷深切的影响。该区域内工农业条件较好，交通便捷，是流域内社会经济较为发达的地区（彭建和蔡运龙，2008）。区域内人口密度大，农业人口相对集中，因此在退耕还林、还草政策期满后，农户的返耕行为导致大量林地、草地转变为耕地。农田中面积较小的林地和草地迅速减少，导致区域内出现大片连续的农田。

流域北部为峡谷区，包括红枫湖大坝以下的猫跳河中下游地区。该区域地貌主要以峡谷和峰丛洼地为主，局部地区有小的河谷分布。地势上从四周向峡谷倾斜，地貌演化受猫跳河正切影响，地形起伏较大。由于地理环境比较差，远离城镇，人口相对稀少，人口密度明显低于丘原区。区域内工业不发达，主要以采掘业（铝土矿）为主，但工业企业的数量和规模远不如丘原区。因此，农户返耕行为导致的土地利用格局变化在该区域不及丘原区明显。

(3) 不同农户类型返耕土地的面积变化

图 14-16 为模型的输出结果，显示了 5 类农户返耕的土地面积变化曲线。为了更清楚地分析不同农户返耕面积的变化情况，我们把图 14-16 中的数据输出整理到 Excel 表格中，

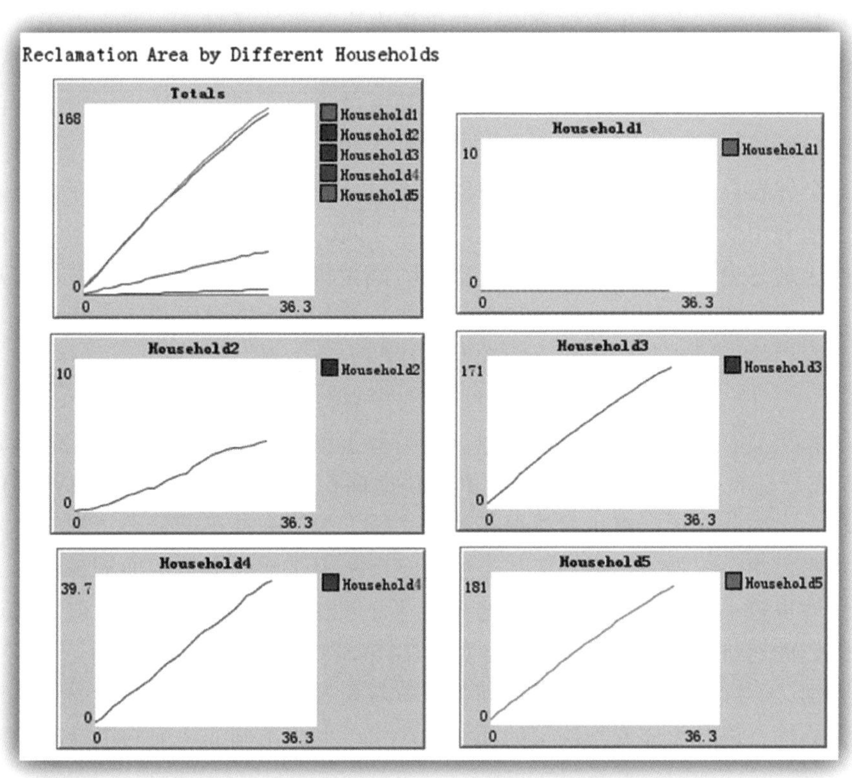

图 14-16　不同农户返耕面积变化的模拟结果截图

制作不同类型农户返耕面积对比图（图 14-17）。图 14-17 清楚地显示了不同类型农户返耕土地面积的变化情况。从整体来看，除类型 1 的农户本模型暂不考虑外，类型 2、类型 3、类型 4、类型 5 农户智能体都会发生返耕行为，其结果是在不同程度上将林地和草地转变为耕地。

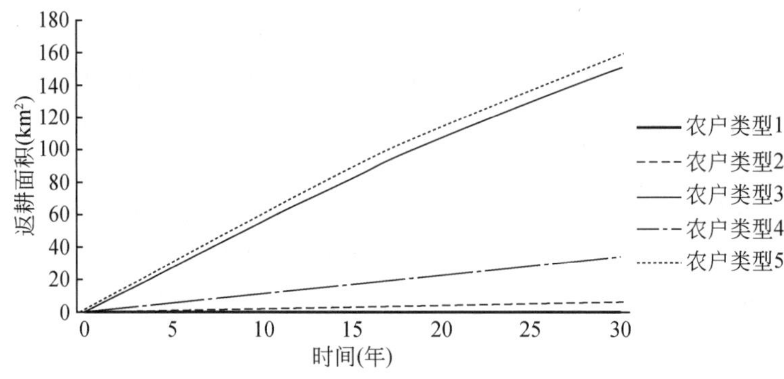

图 14-17　不同类型农户返耕土地面积对比

每类农户的返耕土地面积变化曲线都存在一定的波动，这是由于在同一农户类型内部每个农户的决策并不完全相同，正是这种决策的多样性造成了每类农户返耕面积曲线的波动。这种多样性体现在每个农户智能体所具有的能力和生产意愿等方面的不同：首先，一个农户并不是每一年都会产生返耕意愿。如果该农户当年选择打工，那么由于家中劳动力的不足，他将不会考虑返耕；当一个农户在某一年产生了返耕意愿以后，接下来还要考虑他家中是否有可开垦的土地；当农户在近些年开垦过土地，那么他还要考虑家中的劳动力是否能够满足继续开垦土地的需要。

由大量个体农户决策涌现出来的农户群体决策（农户类型）结果体现了该类农户的返耕行为对土地利用变化的影响。从不同农户类型之间的对比来看，不同类型农户的返耕速率和返耕的土地总量是不同的。从整个模拟的时间范围来看，类型 3、类型 5 农户的返耕面积较大，返耕的速率也较大；而类型 2、类型 4 农户的返耕面积和速率相对较小。总的来说，四类农户的返耕面积与速率之间存在下述的大小关系：

农户类型 5>农户类型 3>农户类型 4>农户类型 2

类型 3 和类型 5 农户的情况比较相似，而类型 2 和类型 4 农户的情况比较接近。类型 3 和类型 5 农户是农业为主的农户，他们家中耕地面积相对较大，且对退耕补助的依赖程度也相对较大，因此在国家停止发放退耕补贴之后，为了弥补这部分经济损失，这两类农户的返耕意愿也相对较强烈。类型 2 和类型 4 农户家中耕地和退耕的面积都较小，对退耕补贴的依赖性也较小，加之家庭中收入的相当部分来源与非农经营活动，所以在退耕政策结束后，他们的返耕意愿不及类型 3、类型 5 农户强烈。

另一方面，不同农户智能体类型之间存在着数量和决策阈值的差异（表 14-5）。这种类型间的差异性，以及个体农户决策的随机性产生了上述不同的土地利用结果。

表 14-5　不同类型农户智能体的数量及其生产决策

农户智能体类型	农户智能体个数	选择返耕农户比例（%）	选择打工农户比例（%）	年均返耕面积（km^2）
1	496	0. 00	27. 78	0
2	468	1. 13	64. 71	0. 18
3	634	17. 39	30. 43	5. 02
4	331	8. 33	50. 00	1. 17
5	248	44. 44	22. 22	5. 30

14. 2. 4　政策因子对农户返耕行为影响的情景模拟

根据 ABM 模型的模拟结果，针对不同农户的特点，制订相应的政策措施，以保证区域土地利用的可持续发展。

（1）对策分析

从模型的模拟结果我们发现，在未来的 30 年里，农户类型 5 和类型 3 的农户返耕的土地面积较大，对流域的土地利用变化造成了比较大的影响。那么，应当针对这两类农户的特点，有的放矢地提出对策和措施，引导农户在合理的土地利用方式下提高经济效益，从而达到土地利用的可持续发展的要求。

类型 5 农户虽然在数量上，在几类农户中最少，但由于其家中退耕面积较大，对退耕补助的依赖较强，在失去退耕补助的情况下，他们返耕的可能性也最大。根据这类农户的特点，要以引导其以改善种植结构、发展养殖业为主，同时鼓励其适当发展非农业生产。

类型 3 农户与类型 5 农户情况相似，同样是以农业生产为主，对退耕补贴依赖较大。两者的差异在于类型 3 农户家中可用耕地较少，这类农户相对更加重视非农收益。根据这类农户的特点，要引导其以发展非农生产和改善种植结构为主，鼓励其发展养殖业。

同时，应当鼓励农户积极有效地利用家中的林地和草地。例如，引导农户在草地上积极发展畜牧养殖业。同时政策应当制订相应的政策以提高农民保护林地、草地的积极性，比如制订合理的木材收购价格，扩展木材的收购渠道等。这样，可以有效减少农户的返耕行为，保护当地的生态环境，有利于实现土地利用的可持续发展。

（2）政策因子对农户返耕行为影响的情景模拟

根据上面的分析，主要针对类型 3 和类型 5 制订情景假设。通过制订相应的政策与措施，使类型 3 农户的打工和改善种植结构的意愿分别提高到 50%，返耕意愿下降到 10%；使类型 5 农户的改善种植结构和发展养殖业的意愿分别提高到 50% 和 40%，返耕意愿下降到 20%（表 14-6）。在其他决策方式阈值不变的情况下，进行情景模拟。

表 14-6　不同类型农户生产决策的情景假设

农户类型	生产决策选择			
	返耕（%）	种植经济作物（%）	养殖（%）	打工（%）
1	0.00	22.22	16.67	27.78
2	1.13	5.88	17.65	64.71
3	10（17.39）	50（30.43）	39.13	50（30.43）
4	8.33	50.00	33.33	50.00
5	20（44.44）	50（33.33）	40（33.33）	30（22.22）

注：括号内为未采取政策之前的原始值

按照这一情景假设，在 ABM 模型的“Scenarios”和“Model Parameters”设置参数后，运行模型，进行情景模拟。模拟结果仍然从 3 个方面考查：不同土地利用类型的面积变化、景观空间格局变化，以及不同类型农户返耕的土地面积变化。模拟结果如下。

a. 政策因子影响下不同土地利用类型的面积变化

由图 14-18 看到，在政策因子的影响下，虽然耕地面积仍有所增加，林地、草地面积相应减少，但林地和草地转化为耕地的数量明显减少。3 种土地利用类型的面积变化量约为不采取政策措施前的一半。与未采用政策措施前的各土地利用类型的面积变化相比，到未来 30 年的时候，耕地面积增加量减少了 6.82%，林地和草地面积的减少量也分别减少了 10.55% 和 14.50%。可见这一情景下，有效防止了林地与草地的流失。

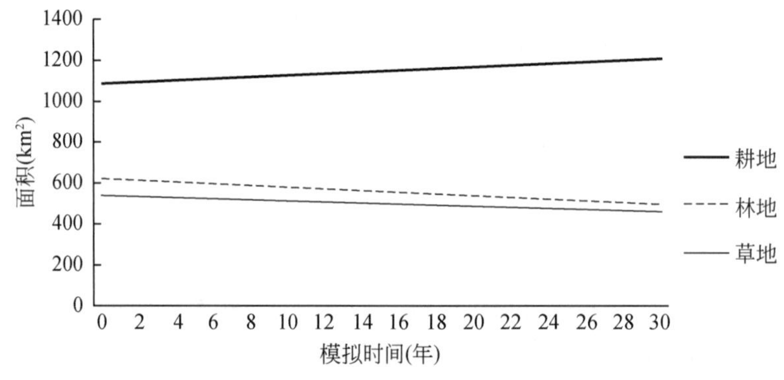

图 14-18　政策影响下的未来不同土地利用类型面积变化的情景模拟

b. 政策因子影响下的景观格局变化

图 14-19 显示的是在政策因子影响下的流域土地利用格局变化。可以看到，在未来 30 年的时候，在南部高原丘原区仍有大片林地和草地转化为耕地，但与没有采取政策措施之前相比，生态环境明显要好一些。在一些人口密集的地区，仍能保留着一些林地与草地。

c. 政策因子影响下不同农户返耕土地的面积变化

从图 14-20 来看，不同农户类型返耕土地的面积变化趋势与未采取政策措施前相似，但类型 3 和 5 的农户返耕土地面积的速率已经大大降低。到未来 30 年的时候，两类农户返耕的土地面积约为未采取政策措施前的一半，说明这一政策情景能够取得一定的效果。如果要进一步减少农户的返耕行为，那么仍需要从政策和措施方面考虑，加强对农户进行引导，通过发展多样化经营的手段，使其返耕意愿降低，达到保护生态环境的目的，实现区域土地利用的可持续发展。

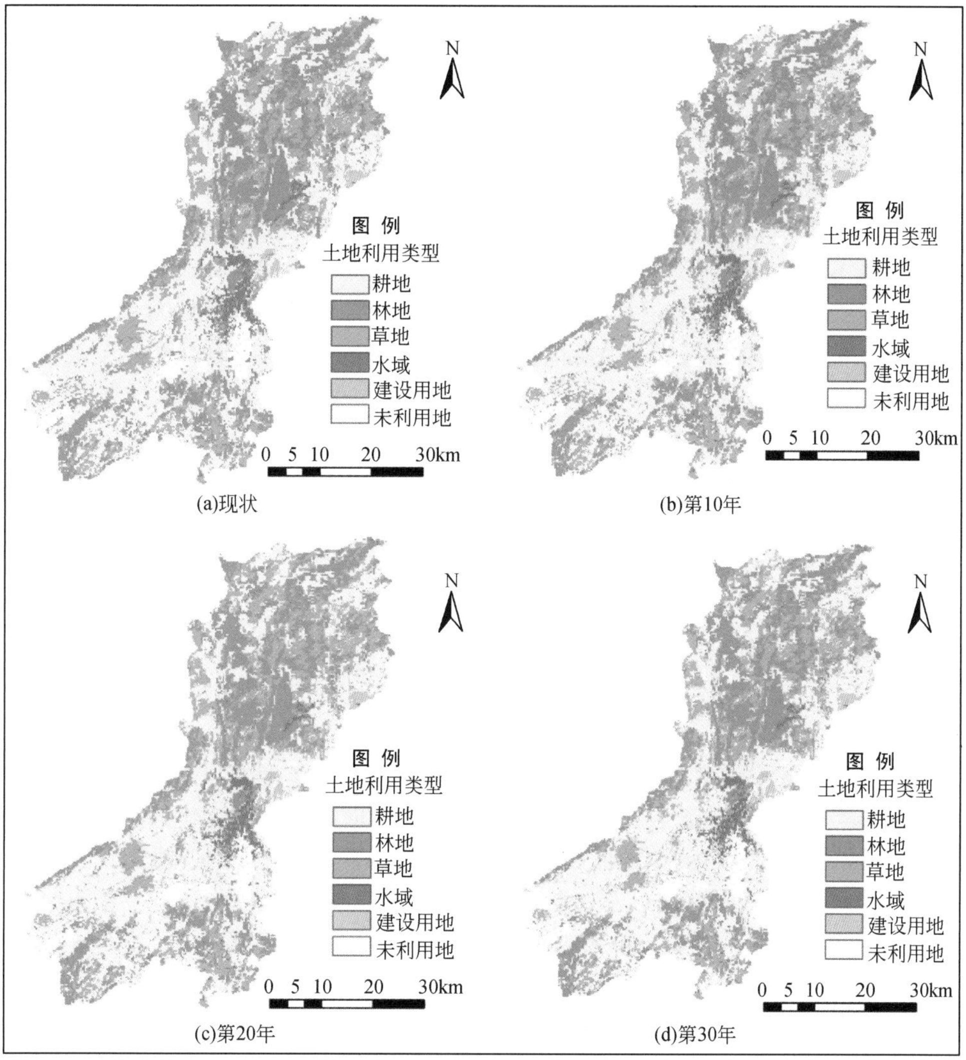

(a)现状　(b)第10年　(c)第20年　(d)第30年

图 14-19　政策因子影响下的土地利用格局变化

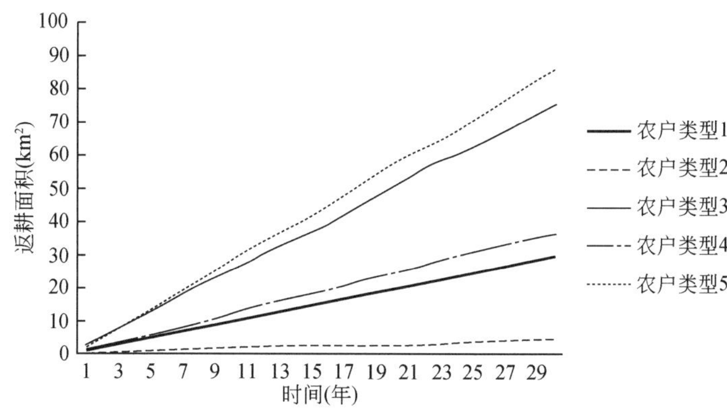

图 14-20　政策因子影响下的同农户类型返耕的土地面积

14.2.5 小结

本节在农户分析与农户分类的基础上，采用多智能体的研究方法，在流域尺度上模拟实现了退耕还林、还草政策期满后，不同类型农户可能出现的返耕行为及其对土地利用变化的影响。研究结果表明：

（1）仅考虑农户在其内部影响因子作用下的区域土地利用变化模拟

首先，从不同土地利用类型的面积变化来看，耕地面积增加，林地和草地的面积相应地减少。将模拟结果与历史数据相对比，到30年后，耕地面积将增加190.98km^2，面积为1284.84km^2，接近于1975年流域中耕地的总面积，数量达到了历史时期最大水平；林地面积到26年的时候，减少的面积即已经接近了1990年退耕还林、还草计划实施前的状态；而草地面积的减少速度最快，到13年以后流域中草地的总面积即已经接近1990年的水平。可见，农户的返耕行为对草地、林地的影响还是相当大的，在今后的发展中必须要引起重视。

其次，从区域尺度的景观格局变化来看，由于南部高原区人口密度大，农业人口相对集中，在退耕还林、还草政策期满后，农户的返耕行为导致大量林地、草地转变为耕地。农田中面积较小的林地和草地迅速减少，高原区出现大片连续的农田。北部峡谷区由于地理条件的限制，人口密度较小。在区域内人口相对集中的地方，林地与草地面积也会出现较大面积的减少。

最后，从不同农户类型返耕土地的面积变化来看，不同类型农户的返耕行为造成的结果是不同的。类型3、类型5农户的每一年返耕的土地面积较大，返耕的速率也较大；而类型2、类型4农户的返耕的土地面积和速率相对较小。4类农户的返耕面积与速率之间存在下述大小关系：农户类型5>农户类型3>农户类型4>农户类型2。这一结果是由不同类型农户的特点造成的。对于返耕土地面积较大的农户类型3和类型5，类型5的农户虽然人数相比其他类型农户最少，但由于其主要从事农业生产且对退耕补贴依赖较大，因此这类农户的返耕意愿十分强烈；而对于农户类型3，他们虽然对退耕补贴依赖不大，但由于其经济来源也主要来源于农业生产，所以他们的返耕意愿也相对较强。更重要的是，类型3的农户数量占总数最大，因此，在区域尺度上看，类型3农户的返耕行为造成的土地利用变化也十分明显。

（2）加入政策因子的情景模拟

针对返耕面积较大的类型3和类型5的农户，提出相应的政策措施。对于类型3的农户，应该以引导其以发展非农生产和改善种植结构为主，鼓励其发展养殖业。对于类型5的农户，引导其以改善种植结构、发展养殖业为主，同时鼓励其适当发展非农业生产。

基于上述政策措施设计进行情景模拟。从模拟结果我们看到，到未来30年的时候，耕地面积增加量跟没有采取政策措施的时候减少了6.82%，林地和草地面积的减少量也分别减少了10.55%和14.50%。从整个流域的景观格局变化来看，虽然返耕行为仍然会造成耕地与林、草地之间类型的转变，但与没有采取政策措施之前相比，生态环境明显要好一些。在一些人口密集的地区，依然会保留着一定数量的林地与草地。从类型3和类型5

的农户返耕情况来看，其返耕土地的面积和速率都已经大大降低。到未来 30 年的时候，两类农户返耕的土地面积约为没有采取政策措施时的一半，说明这一政策情景能够取得一定的效果。

由 ABM 模型的模拟结果来看，农户的返耕行为可能会对流域的土地利用变化造成比较大的影响，应当加以重视。在制定相关的政策措施时，要加强对农户的引导，鼓励和扶植其发展多样化的经营方式以提高经济效率，从而降低其返耕意愿，从而达到保护生态环境的目的，实现区域土地利用的可持续发展。

由于影响农户的土地决策和 LUCC 变化的因素很多，本模型仅仅针对农户的返耕行为及其对林地、草地两种土地利用类型的影响进行了探讨。在今后的研究中，随着更详尽数据的获取，可以将此模型不断丰富和完善，以期对各种土地利用类型的变化进行全面的模拟与分析。

14.3　基于 ANN-CA 模型的流域土地变化情景模拟

本节从土地利用格局变化驱动力的角度，采用 ANN-CA 模型模拟猫跳河流域未来可能的土地变化（王磊等，2012）。

14.3.1　ANN-CA 模型原理及模拟流程

元胞自动机（cellular automata，CA）是空间显示模型的一种。由于 CA 具有强大的空间运算能力，可以有效地模拟复杂的动态系统。但是由于土地系统的高度复杂性，制定 CA 模型所需的元胞转换规则是该模型设计中的最大难点。在实际工作中转换规则的制定往往依赖于专家知识，因此缺乏相对客观的标准。人工神经网络（artificial neural network，ANN）是近 10 年发展十分迅速的信息处理技术。由于其具有独特的非线性处理能力，可以用以解决元胞自动机的设计难点。因此，使用 ANN 与 CA 的耦合模型对土地利用变化进行模拟是一条有效的途径。国内外很多学者尝试使用 ANN 与 CA 相结合方法进行了研究（黎夏和叶嘉安，2002；詹云军等，2009；徐昔保等，2008；井长青等，2010）。但这些研究大部分模拟对象都是城市地区，且主要针对城市扩展问题，对生态环境脆弱、经济落后的喀斯特地区土地利用变化的研究案例很少。

（1）CA 模型原理

元胞自动机模型是一种时间、空间和状态都离散的动力学模型，是描述、认识和模拟复杂系统行为的强有力方法，并逐步演化为认识和理解客观世界的一种新的科学工具（周成虎等，2009）。元胞自动机模型包括元胞、元胞空间、邻域及元胞状态转换规则 4 个基本要素。在土地利用研究中，元胞空间代表所有类型土地的集合，每个元胞有各自的属性（如土地利用类型等），每个元胞在下一时刻的状态是由该元胞当前状态、其邻域内元胞的状态和转换规则决定的。CA 原理表示如下：

$$S^{t+1}=(U^{d},S^{t},N^{t},f) \tag{14-1}$$

式中，S^{t+1} 表示 t+1 时刻元胞状态；U^{d} 表示 d 维的元胞空间，即网格单元；S^{t} 表示 t 时刻元胞的状态；N^t表示t时刻邻居的状态组合；f表示转换规则。在本节中，我们只考虑U^d（$d=2$）的情况，即二维CA（詹云军等，2009）。

（2）人工神经网络模型

人工神经网络（ANN）是在现代神经科学研究基础上发展起来的模拟人脑思维方式的复杂网络系统。与传统的数学方法相比，ANN具有强大的处理非线性关系的能力，被广泛应用于模式信息处理与模式识别、最优化问题计算、复杂控制、信号处理及预测等方面（周成虎等，2009）。本节选取的BP网络是ANN的一种，是最主要的一种前向网络。BP网络除有输入节点p、输出节点a外，还具有一层或多层隐层节点，且同层节点间没有耦合关系。在BP网络中，信号从输入层节点输入经过各隐层节点，最后传到输出节点，其中每一层节点的输出只影响下一层的输出，所以BP网络可以看成一个从输入到输出的非线性映射，其函数表达为F：$Rn\rightarrow Rm$，$f(X)=Y$。BP网络常用的传递函数有Tan2Sigmoid型函数tansig（n），Log2Sigmoid型函数logsig（n）以及纯线性函数pureline（n）（图14-21）。其中，Log2Sigmoid函数可将ANN网络的输出约束在0～1，适合用于表达概率的大小，本节即采用此传递函数。

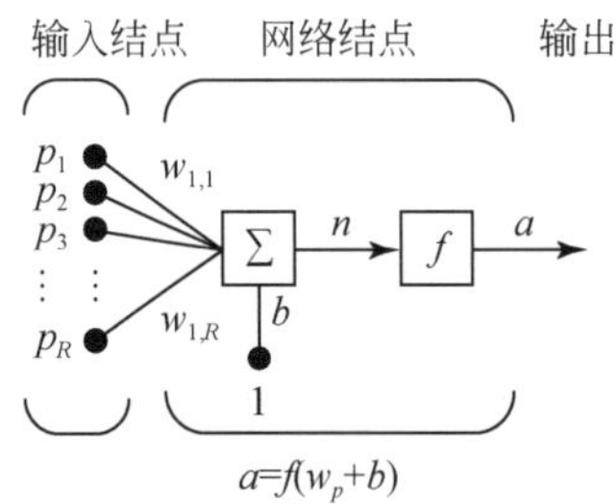

图14-21　BP网络结构

ANN模型的运行需要神经网络结构的设计、训练与模拟3个部分。网络结构的设计主要包括隐藏层的数量和网络输入输出个数。网络训练时，选取一定数量的训练样本和目标样本，将两者分别代入网络的输入端和输出端后，即可运行模型对其进行训练；当网络精度达到要求后训练结束，此时网络的权值已经确定，即已建立起输入与输出数据之间的映射关系。接下来，就可以使用训练好的网络进行模拟。模拟时在模型的输入端代入全部影响因子数据，运行网络后得到的输出即是我们所需的结果。

（3）ANN-CA耦合模型模拟流程

ANN-CA模型结合了ANN处理非线性关系的强大能力与CA的领域分析等特点，为土地利用变化格局与驱动力研究提供了有效手段。本节采用ANN与CA的松散耦合方式，即CA模型的空间分析以及元胞的转换都在GIS平台中进行，ANN只负责提供元胞转换的规则（图14-22）。

a. GIS平台下的空间分析

根据CA的原理，我们选取影响元胞状态转换（即6种土地类型转变）的3类空间因子：自然因子、距离因子和邻域因子（表14-7）。每一个元胞的状态是否发生转变取决于这3类因子在一定规则下的共同作用的结果。其中，自然因子包括海拔、坡度和地貌类

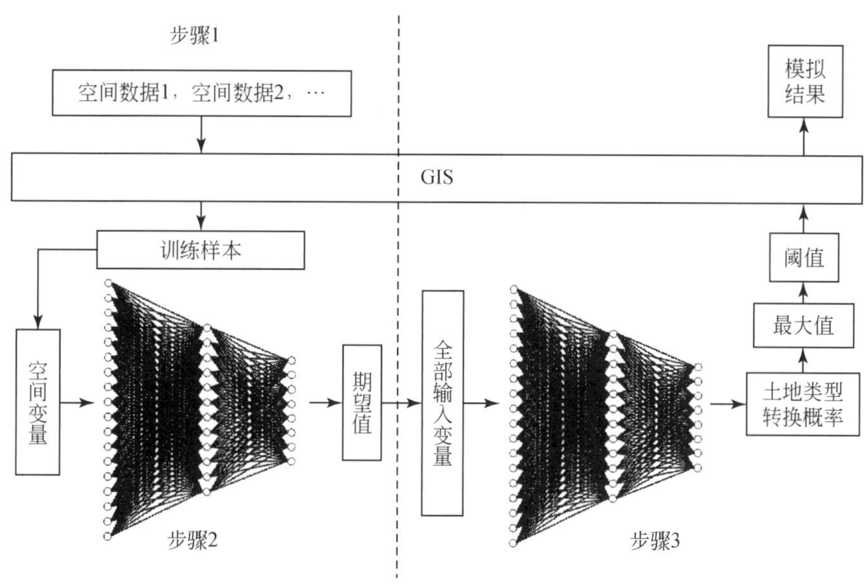

图 14-22　ANN-CA 模型模拟流程

型，它体现了土地利用的自然约束条件；距离因子包括到居民点、道路和河流的距离，它体现了人类活动等对土地利用类型的影响；领域分析是 CA 模型特有的方式，它反映了元胞在发生状态转变时其邻域的贡献程度。所有数据从 GIS 导出后，分别整理成向量的形式，为 ANN 模型运行做准备（图 14-23）。

表 14-7　空间数据及其处理方法

变量类型	变量名称	处理方法
自然因子	海拔	在 DEM 数据的基础上利用 ArcGIS 的表面分析（surface analysis）功能，生成海拔、坡度图
	坡度	
	地貌类型	
距离因子	到道路的距离	使用 ArcGIS 中的距离分析（distance）功能，生成到各自的距离图
	到居民点的距离	
	到河流的距离	
邻域因子	1990 年各地类中元胞自动机的邻域信息	使用 ArcGIS 中的邻域分析（focal）功能，计算每种土地利用类型的 3×3 邻域内包含该种土地利用类型栅格数量的平均值
土地利用类型	土地利用类型（1990 年、2002 年）	在土地利用类型图的基础上，提取出每种土地利用类型，生成单一土地利用类型图

本节中 ANN-CA 模型使用的数据统一重采样成 300×300 的栅格数据。空间数据处理使用的平台是 ArcGIS 9.3，人工神经网络模拟在 MatLab 6.0 下编程实现。

b. ANN 模型提取元胞转换规则

在 ANN-CA 模型中，ANN 的功能就是提取元胞转换规则，即计算元胞由一种土地利

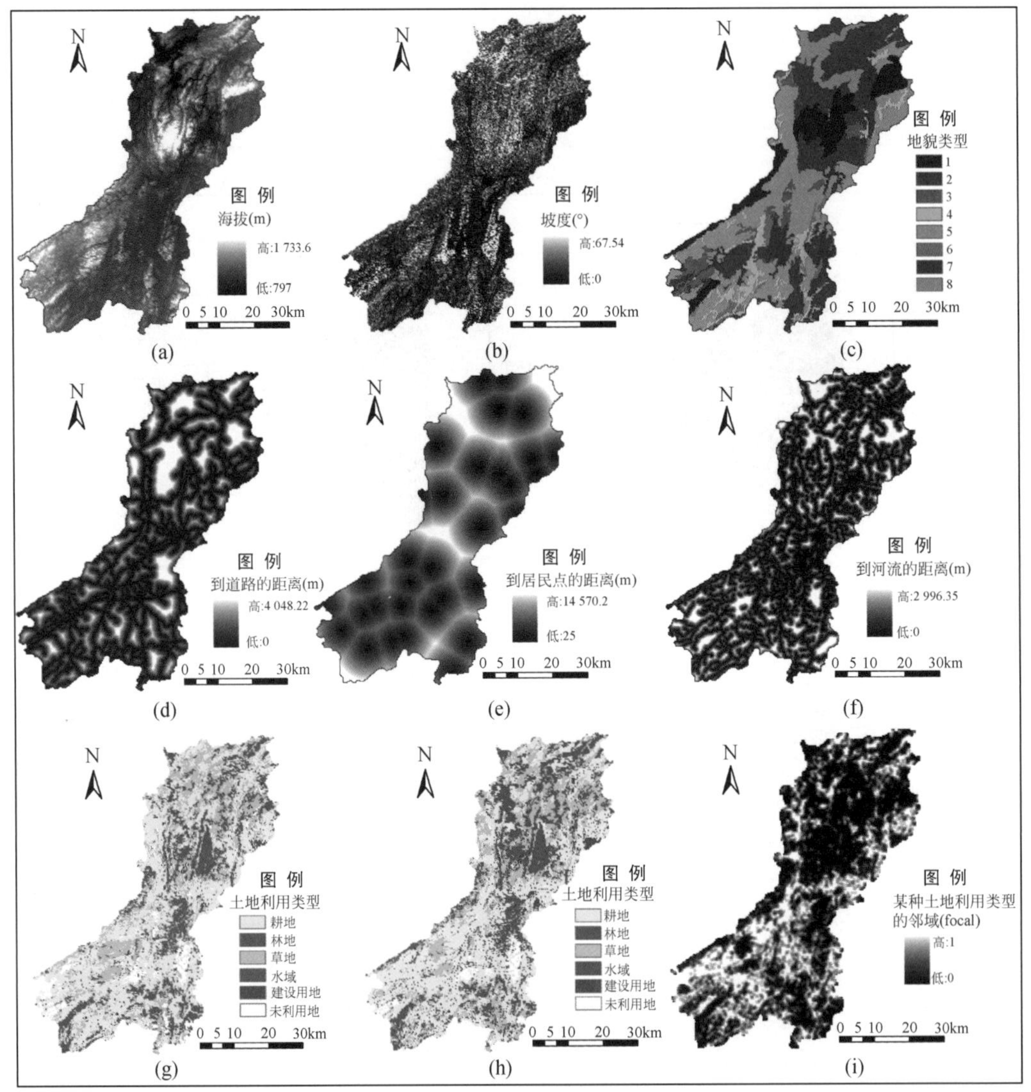

图 14-23 模型使用的空间数据

用类型转变成另一种土地利用类型的概率。据此，ANN 模型在训练时，模型的输入端是 1990 年土地利用类型数据［图 14-23（g）］和影响土地利用类型变化的各空间因子数据，模型的输出端是与输入样本对应的 2002 年土地利用类型数据［图 14-23（h）］。在 ANN 模型模拟时，模型的输入端是全部的 1990 年土地利用类型与各空间因子数据，模型输出即得到元胞转变成每种土地利用类型的概率。

在得到的土地利用类型转换概率数据中，比较每个元胞转变成 6 种土地利用类型的概率的大小，概率值最大者对应的土地利用类型即是该元胞在未来最可能转变成的土地利用类型。事实上，并不是所有元胞都发生了土地类型的转变，因此采用 GIS 空间分析技术，对比前后两期土地利用数据，确定实际发生变化了的元胞的数量即为模型所需的阈值。将所有元胞按发生转变概率的最大值由大至小排序，选取阈值数量的元胞作为模拟过程中发生了转化的元胞。最后，在 GIS 平台中完成 2002 年土地利用模拟结果（图 14-24）。

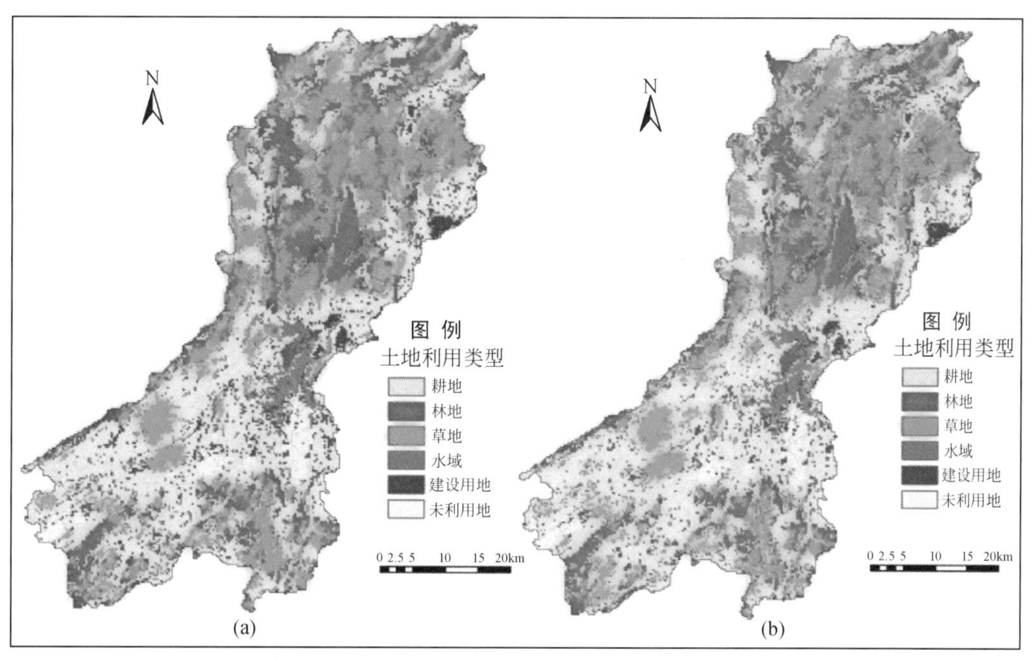

图 14-24　2002 年实际土地利用类型图与 ANN-CA 模拟结果对比

注：左图为实际土地利用类型图，右图为 ANN-CA 模型模拟结果

14.3.2　模拟结果与检验

（1）模拟结果

本节设计的 BP 网络含有 1 个输出层、1 个隐藏层和 1 个输出层。在网络训练时，设置收敛精度为 0.01，运行次数为 10 000 次。模型经训练后达到精度要求即可进行模拟。模型模拟到 2002 年猫跳河流域的土地利用类型模拟图。将模拟结果与实际土地利用图对比，模拟的土地利用类型变化基本上与实际情况相符。为了进一步分析模拟结果的精度，有必要对模拟结果进行定量检验。

（2）模型检验

本节通过对比模拟结果和实际土地利用类型数据对模型进行检验，主要从数量与空间格局两个方面进行。数量方面的检验采取的方法为混淆矩阵（confusion matrix）和性能指数（figure of merit，FM）；而空间格局的检验主要使用景观格局指数将模拟结果与实际土地利用图进行对比研究。

a. 数量检验

混淆矩阵的检验方法是通过对比模拟结果与实际土地利用数据之间的转移矩阵，以考查各类土地利用类型的模拟精度。表 14-8 为 2002 年猫跳河流域实际土地利用图与模拟结果的混淆矩阵。其中，耕地、林地、草地、水域和裸岩地的模拟精度较高，而建设用地模拟效果相对不够理想。这主要由于猫跳河流域是典型的农业区，区内没有规模较大的城市，所以在 1990 ~ 2002 年，建设用地扩展主要是发生在各乡镇居民点附近或道路的沿线，总体来看分布格局较散且扩展规模较小，因此模型在模拟时忽略了一些信息。最后，使用混淆矩阵方法计算得到 6 种土地利用类型的总精度为 87.62%，模拟效果比较理想。

表 14-8　模拟结果与实际土地利用数据的混淆矩阵　（面积单位：km^2）

土地利用类型		模拟结果						精度（%）
		耕地	林地	草地	水域	建设用地	裸岩	
实际情况	耕地	1120.1	13.14	75.87	1.35	1.8	7.83	91.80
	林地	27.63	564.12	30.78	0.72	0.63	1.44	90.21
	草地	83.7	22.41	611.37	0.63	1.17	12.06	83.60
	水域	6.03	1.08	3.51	70.56	0.18	0.09	86.63
	建设用地	38.16	5.76	11.88	0.54	63.18	0.45	52.66
	裸岩	2.43	0.45	2.07	0.09	0.18	77.31	93.68

性能指数是模型模拟的土地利用变化与实际的土地利用变化的交集与并集之比，计算公式如下：

$$FM=B/(A+B+C+D) \tag{14-2}$$

式中，FM 为性能指数；A 表示实际发生变化而模拟没有变化的区域；B 表示实际和模拟都发生变化且变化一致的区域；C 表示实际和模拟都发生变化而变化不一致的区域；D 表示实际没有发生变化而模拟有变化的区域。表 14-9 为模拟结果的性能指数。其中，水域对应的性能指数相对较低。通过对比 1990 年和 2002 年的土地利用图，我们发现区域内的 2 个水库区域水域面积有扩大的趋势。由于地形的影响，水域扩展的格局较为散乱，这一情况导致模拟结果虽然在数量上与实际值相近，但在扩展的空间位置上却与实际有所偏差。

表 14-9　模拟结果的性能指数　（单位：%）

土地利用类型	耕地	林地	草地	水域	建设用地	未利用地	总精度
性能指数	52.70	55.26	63.06	10.00	40.43	58.16	57.36

b. 空间格局的检验

空间格局的检验主要使用不同的景观格局指数，从不同角度考查 ANN-CA 模型模拟结果与实际土地利用情况的关系。选取的 5 个景观指数如下：斑块密度（patch density，PD）、景观形状指数（landscape shape index，LSI）、周长面积分维数（perimeter-area fractal dimension，PAFRAC）、Shannon 多样性指数（Shannon's diversity index，SHDI）和聚集指数（aggregation index，AI）。两者的景观指数对比见表 14-10。总体来看，ANN-CA 模型模拟结果与实际土地利用类型图的景观指数均比较接近，说明模型整体模拟效果比较理想。

表 14-10　模拟结果与实际土地利用图的景观指数对比

景观指数	PD	LSI	PARFAC	SHDI	AI
2002 年土地利用类型图	2. 78	78. 96	1. 48	1. 38	39. 95
2002 年模拟结果	2. 87	79. 67	1. 49	1. 34	39. 13

（3）模型对 2014 年土地利用变化的分析

对未来土地利用变化的预测分析是根据历史时期的土地利用变化趋势，推断未来的土地利用变化情况。前面的工作对 1990 年和 2002 年的土地利用数据成功进行模拟，确定了人工神经网络的结构和权值，此时即建立起 1990 年和 2002 年两期土地利用数据间的非线性关系。在预测分析的时候，将 2002 年的土地利用类型及其各相关数据代入网络的输入端作为预测的初始值，由于网络结构已经确定，直接运行模型得到的输出即为 2014 年土地利用变化的预测分析结果（图 14-25）。

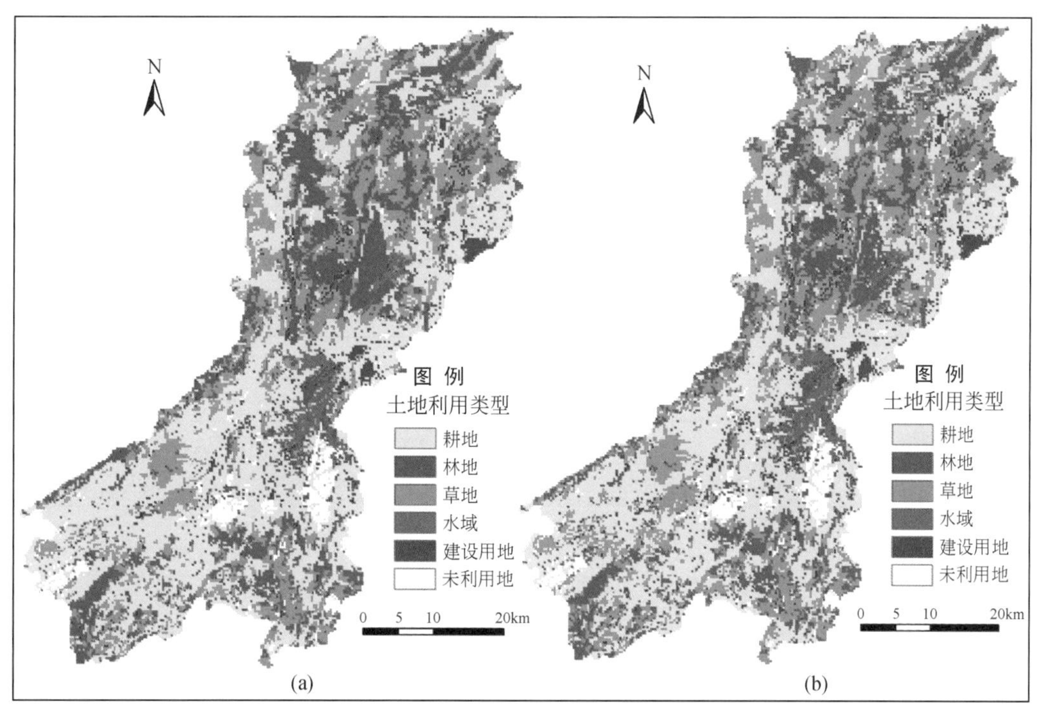

图 14-25　猫跳河流域 2014 年土地利用情况分析

注：左图为 2002 年土地利用图；右图为 2014 年分析

在 GIS 平台中，计算 2002 年与 2014 年土地利用数据之间转移矩阵和各种土地利用类型的变化情况（表 14-11）。

表 14-11　预测结果与 2002 年土地利用图之间的转移矩阵　（单位：km^2）

土地利用类型		2014 年					
		耕地	林地	草地	水域	建设用地	未利用地
2002 年	耕地	1104.39	22.41	93.33	0	0	0
	林地	8.1	2.25	720.99	0	0	0
	草地	9.99	571.5	43.83	0	0	0
	水域	0	0.27	0	81.18	0	0
	建设用地	0	0	0	0	119.97	0
	未利用地	0	0	0	0	0	82.53

由表 14-11 整理得到 2014 年各土地利用类型的变化情况，并与历史数据作对比（表 14-12，表 14-13）。

表 14-12　1990～2002 年土地利用类型转移矩阵　（单位：km^2）

土地利用类型		2002 年					
		耕地	林地	草地	水域	建设用地	未利用地
1990 年	耕地	990.54	51.57	227.34	10.35	48.33	1.62
	林地	15.84	456.66	42.12	0.9	5.22	1.62
	草地	192.69	112.5	425.88	6.12	14.4	1.98
	水域	1.17	0.72	0.45	64.08	0.18	0.18
	建设用地	1.89	0.54	1.62	0	51.3	0.18
	未利用地	18	3.33	33.93	0	0.54	76.95

表 14-13　土地利用类型面积变化的预测与历史对比　（单位：km^2）

土地利用类型	1990～2002 年			2002～2014 年		
	转入	转出	面积变化	转入	转出	面积变化
耕地	229.59	339.48	-109.89	18.09	115.74	-97.65
林地	168.93	65.7	103.23	24.93	53.82	126.81
草地	305.46	327.69	-22.23	137.16	10.35	-28.89
水域	17.37	2.7	14.67	0	0.27	-0.27
建设用地	68.67	4.23	64.44	0	0	0
未利用地	5.58	55.8	-50.22	0	0	0

从表 14-12 来看，1990～2002 年，耕地、草地和裸地的面积有所减少，其中耕地面积减少较多；林地、水域和建设用地面积有所增加。这一变化主要是由于国家采取了退耕还林、还草等生态工程，以保证喀斯特地区自然-社会协调发展。按照这一趋势，2014 年流域内的耕地、草地面积继续减少，而林地面积相应增加。从结果来看，建设用地、未利用地和水域变化几乎没有变化。结合表 14-7 来看，在对 1990～2002 年的模拟中，建设用地的模拟精度相对其他土地利用类型比较低，主要原因是建设用地在流域内所占的面积比重

较小，因此，模型模拟的时候忽略了一些建设用地面积变化的信息，因此，在对未来进行预测的时候，建设用地面积变化未能很好反映出来。

我们注意到，模型的预测是按照土地变化的历史趋势对未来进行推测。模拟结果较好地体现了研究区土地利用变化规律，让我们对研究区未来的土地利用变化有了清晰的认识。然而，本模拟中仅考虑了影响土地变化的空间因子，并没有充分考虑政策规划等因素，其预测结果缺乏充分的解释力。因此，本研究在接下来的工作中，将充分考虑区域发展的自然条件与政策等方面的约束限制，分别采用 SOFM 模型和 MOLP 模型，对研究区进行土地利用综合分区，并对未来的土地利用结构进行优化模拟，作为本部分工作的补充。

14.3.3　小结

本节采用 ANN-CA 耦合模型对猫跳河流域的土地利用变化进行了模拟，主要结论如下。

1）模型结果从变化数量和空间格局两个方面进行精度检验。在数量变化方面，模拟结果与实际土地利用之间的混淆矩阵和性能指数总精度分别达到了 87.62% 和 57.36%；在空间格局的方面，模拟结果的景观格局指数均接近真实值。该结果表明，该模型模拟精度较高，可以作为喀斯特地区土地利用变化研究的有效手段，该模型的成功应用对于土地利用研究和土地可持续利用政策的制订有着重要的参考价值。

2）与传统的 CA 模拟方法相比，ANN-CA 模型中使用 ANN 提取元胞转换规则，可以取得较高的精度，且提供了相对客观统一的标准，有利于模型的推广。同时，本节实现了多种土地利用类型之前的转换，为全面分析土地利用类型变化提供了有力的数据支撑。

3）在土地利用格局变化模拟取得较好效果的基础上，本节对研究区未来的土地利用格局进行了分析。分析结果表明，未来的土地利用变化趋势与模拟时期基本一致。2014 年流域内的耕地、草地面积继续减少，分别减少 97.65km^2 和 28.89km^2，而林地面积相应增加，增加 126.81km^2。建设用地、未利用地和水域面积变化不大。在过去的几十年里，为保证西部地区的生态-经济协调发展，推出了一系列生态保护政策与措施。从对土地利用变化历史时期的模拟和对未来的预测来看，这些举措对提高植被覆盖度、减少水土流失起到了很大的作用，有利于土地利用的可持续发展。

本模型仍旧存在一些不足。首先，模型没有实现土地利用变化驱动力与格局之间的反馈。其次，由于土地利用变化中存在一些不可预测的因素（如突发性和随机性因素等），且很多变量可能是非空间显式变量（李双成和郑度，2003），而本模型主要考虑的是影响土地利用变化的空间因子，所以对于全面解释土地利用变化的驱动力仍不够充分。在今后的研究中，可以结合喀斯特地区的具体情况，对该模型进行改造和完善，以期能够达到更加全面、合理的模拟效果，为西部大开发战略提供充分的科学依据。

第15章 猫跳河流域土地利用综合分区与结构优化

土地利用分区是为了更好地认识区域土地利用的空间差异，探讨土地利用的组成及综合性特征，尤其是其结构和功能特征，分析土地利用动态变化，了解土地利用存在的问题，因地制宜地为土地利用优化提供基础。本章综合考虑猫跳河流域的自然生态与社会经济状况，选取多个影响因子建立区域土地利用综合评价指标体系，并应用自组织特征映射网络（self-organizing feature maps，SOFM）模型作土地利用综合分区，在此基础上进行土地利用结构优化。

15.1 基于SOFM模型的土地利用综合分区

土地利用分区要充分考虑区域自然生态与环境基础、资源条件与利用潜力、经济效益与开发需求，遵循区域相似性、差异性和等级性原则，因地制宜地划分开发与保护空间，缓解经济社会发展与资源环境的矛盾。本节建立猫跳河流域自然生态-社会经济土地利用综合评价指标体系，并采用SOFM模型，对该流域内45个乡（镇）进行了分类，最后根据自然生态-社会经济一致性和区域边界完整性原则，在分类结果的基础上进行土地利用综合分区。

15.1.1 数据来源与SOFM模型原理

（1）数据来源与指标体系

a. 数据来源

所用的数据主要包括由国家基础地理信息数据库获取的行政边界图，由流域1∶5万地形图数字化得到的数字高程模型（DEM）、2002年流域的土地利用/覆被图；土壤数据来自流域20世纪80年代中期第二次土壤普查，利用ArcInfo软件将土壤养分含量等土壤属性与土壤图相匹配，得到流域土壤空间分布图；降雨数据来自流域内各气象站；各种地类收益和化肥等价格主要来自流域实地调查和相关部门。

b. 指标体系

土地利用综合分区的关键是选取能够体现流域自然生态与社会经济特征的指标，并建立土地利用综合评价指标体系。指标的选择既要考虑到指标的代表性，同时又要考虑数据的可获得性。本节根据研究区的特点，从社会经济和自然生态两个方面，选取了能够体现流域的土地利用情况、经济发展水平、交通条件、资源条件、人口数量、地形地貌、气象条件以及河流水文等多个指标（表 15-1），构建土地利用综合评价指标体系。

表 15-1　土地利用综合评价指标体系

<table>
<tr><th colspan="2">指标类型</th><th>指标</th></tr>
<tr><td rowspan="11">社会经济指标</td><td rowspan="4">土地利用情况</td><td>水田比例</td></tr>
<tr><td>旱地比例</td></tr>
<tr><td>土地垦殖率</td></tr>
<tr><td>裸岩面积比例</td></tr>
<tr><td rowspan="2">经济发展水平</td><td>粮食单产</td></tr>
<tr><td>人均农业产值</td></tr>
<tr><td>交通条件</td><td>公路密度</td></tr>
<tr><td rowspan="2">资源条件</td><td>人均耕地</td></tr>
<tr><td>人均粮食</td></tr>
<tr><td rowspan="2">人口数量</td><td>总人口</td></tr>
<tr><td>农业人口</td></tr>
<tr><td rowspan="5">自然生态指标</td><td rowspan="2">地形地貌</td><td>平均坡度</td></tr>
<tr><td>平均海拔</td></tr>
<tr><td rowspan="2">气象条件</td><td>年平均气温</td></tr>
<tr><td>年平均降水</td></tr>
<tr><td>河流水文</td><td>河流密度</td></tr>
</table>

在土地利用综合评价指标中，粮食单产、人均农业产值、人均耕地面积、人均粮食、总人口、农业人口指标数据由乡镇统计年鉴获得。土地垦殖率是指一定区域内耕地面积占土地总面积的比例，即乡镇中水田、旱地的总面积占乡镇面积的比例。本节根据流域的土地利用数据，在 GIS 平台中分别提取每个乡镇中水田、旱地的面积，进而计算得到水田、旱地面积比例与土地垦殖率。平均坡度与平均海拔利用 ArcGIS 中的空间分析模块由 DEM 数据求得。公路与河流密度根据流域的河流与公路分布图，利用 ArcGIS 的 line density 功能求得。

（2）SOFM 模型原理

自组织特征映射网络（SOFM）是人工神经网络的一种。人工神经网络是模拟人脑思维方式的复杂网络，用大量简单的神经元广泛连接而成，它具有分布并行处理、非线性映射、自适应学习和鲁棒容错性等特性（Kohonen，1997），在模式识别、方案决策、控制优化、信息处理等方面具有很强的应用价值（刘纪远，1996）。人工神经网络设计灵活，可以较为逼真地模拟真实社会经济系统，其结构可以认为是真实系统的映射（刘康，2001）。

SOFM 网络由输入层和竞争层组成（Kohonen，1990，1997）。输入层在接受输入样本之后进行竞争学习，随着不断学习，所有权值矢量在输入矢量空间相互分离，在每个获胜的神经元附近形成一个“聚类区”，各自代表输入空间的一类模式，且其形成的分类中心能映射到一个曲面或平面上，并且保持拓扑结构不变。这就是 SOFM 网络的特征自动识别的聚类功能，它通过寻找最优权值矢量对输入模式集合进行分类（Kohonen，1997；凌怡莹和徐建华，2003；闻新等，2001）。

运用 SOFM 网络进行土地利用类型划分，其算法可以概括为 5 个步骤（李双成，2001；李双成等，2002）：①初始化。从 i 个输入神经元到输出神经元的权值都进行随机初始化，赋予较小的初始值。②提供一个新的输入向量模式 X。在样本集中随机选择一个样本 x 作为输入。③在时刻 t 寻找获胜神经元。以欧几里得距离作为不相似性度量，选定具有最大相似性度量（或最小不相似性度量）的单元为获胜输出单元。④修改选定神经元与邻接神经元的连接权值。⑤提供新的输入向量并重复上面的学习过程，直到形成有意义的映射图。通过训练，最终输出层中的获胜神经元及其邻域内的权值向量逼近输入矢量，实现了模式分类。

15.1.2 结果与分析

在设计好 SOFM 模型参数后，即可将各指标体系数据代入模型进行聚类。本节分别设置网络的输出为 3～9，分别将研究区乡镇分成 3～9 类。根据模型区的实际情况考查模型输出分类的效果，最后确定模型的输出为 3 类。

（1）自然生态分类

本节选取的各乡镇的自然生态指标数包括平均坡度、平均海拔、年平均气温、年平均降水和河流密度。将这 5 个指标代入 SOFM 模型，运行模型得到各乡镇的自然生态分类结果见图 15-1。从 SOFM 网络的输出来看，分类结果很好地反映出流域自然地理环境的地域分异规律。各类的自然生态特征见表 15-2。

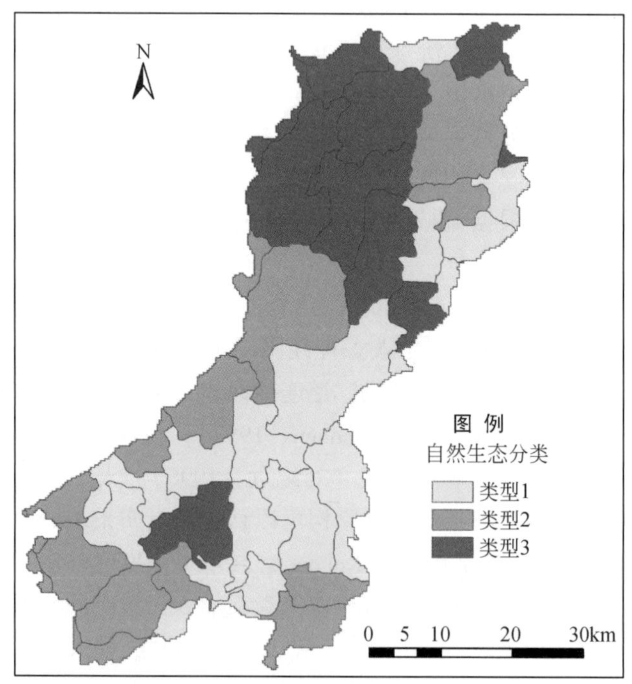

图 15-1　自然生态分类结果

表 15-2　不同分区的自然生态特征

自然生态特征	类型 1	类型 2	类型 3
平均海拔（m）	1296.35	1332.9	1281.47
平均坡度（°）	10.25	12.05	17.23
平均河流密度（km/km^2）	1.03	0.83	0.68
降水（mm）	1177.70	1190.61	1195.23

类型 1 主要包括流域东部地区的 17 个乡镇，即清镇、朱昌、野鸭、艳山红、湖潮、大西桥、东屯、高峰、黄蜡、马场、马路、沙文、天龙、夏云、小箐、羊昌、平坝等。大部分乡镇处在流域的丘原区的中部和东部地区，平均海拔为 1296.35m，平均坡度 10.25°，平均河流密度为 1.03km/km^2。这一类型的乡镇其内部海拔适中，地形平坦，河网密布，自然条件较好。

类型 2 中的乡镇主要包括北部地区的 15 个乡镇，即蔡官、广顺、安顺、旧州、凯佐、乐平、犁倭、刘官、麦架、七眼桥、十字、双堡、修文、野鸭、站街等。这一类型的大部分乡镇位于丘原区的西部地区，主要土地类型为山地，海拔、地势起伏程度和河网密度介于类型 1 和类型 3 之间。

类型 3 的乡镇主要包括北部峡谷区的 11 个乡镇，即暗流、白云、百花湖、谷堡、金华、久长、麦格、洒坪、王庄、卫城、扎佐等。这一类型的大部分乡镇位于猫跳河下游的峡谷区，平均海拔为 1281.47m，平均坡度 17.23°，由于受到河流下切作用的影响，地势起伏较大，自然条件较差。

（2）社会经济分类

社会经济指标包括水田比例、旱地比例、土地垦殖率、裸岩面积比例、粮食单产、人均农业产值、公路密度、人均耕地、人均粮食、总人口总和农业人口共 11 个指标，将社会经济指标数据代入 SOFM 网络，得到研究区各乡镇的社会经济分类结果见图 15-2。从 SOFM 网络的输出结果来看，分类结果与乡镇的社会经济属性有着很好的相关性。各类的社会经济特征见表 15-3。

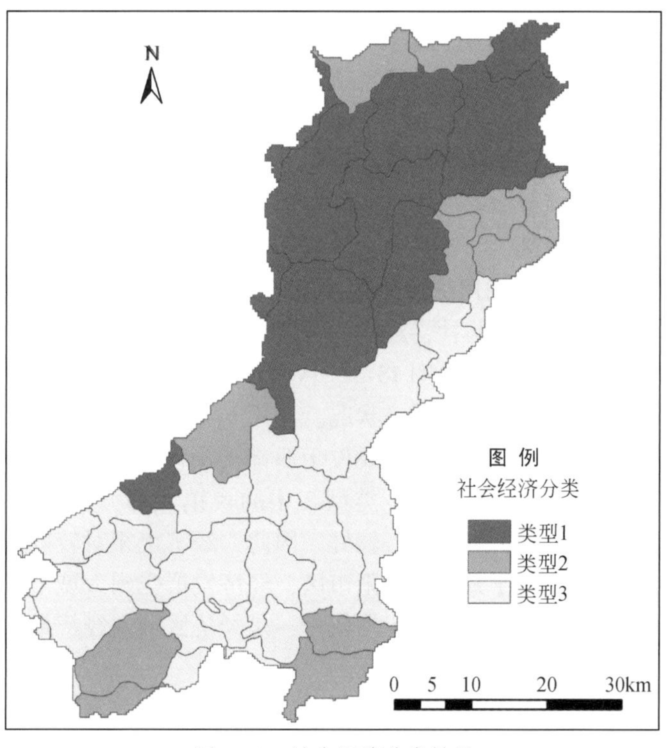

图 15-2　社会经济分类结果

表 15-3　不同分区的社会经济特征

指标	类型 1	类型 2	类型 3
公路密度（km/km^2）	0.460 2	0.567 8	0.802 2
总人口（人）	22 291	32 307	47 831
农业人口（人）	21 022	28 693	36 591
人均耕地（亩/人）	0.81	1.13	1.00
农业人均粮食产量（kg/人）	237.35	212.61	267.29
农业人均产值（元/人）	2 099.91	1 272.97	1 570.67
粮食单产（kg/人）	4 076.00	3 481.26	5 084.32
水田比例（%）	16.68	28.08	8.44
旱地比例（%）	21.16	26.51	14.38
土地垦殖率（%）	22.81	37.84	54.58
裸岩比例（%）	1.48	5.61	31

类型 1 的乡镇主要包括流域西部地区的 12 乡镇，包括久长、暗流、谷堡、修文、扎佐、王庄、卫城、麦格、百花湖、犁倭、站街、乐平。这些乡镇到规模大的城市距离较远，交通不便，公路密度为 0.46km/km^2，为 3 个中最低水平。区域内人口为 22 291 人，农业人口为 21 022 人，少于其他两个类型的乡镇。农业发展水平相对较低。耕地以旱地为主，土地垦殖率较低。植被覆盖度相对较高。

类型 2 的乡镇包括的 12 个乡镇位置比较零散，流域的北、中、南地区都有此类型的乡镇，分别为洒坪、小箐、麦架、沙文、朱昌、艳山红、十字、旧州、双堡、凯佐、广顺。总的来说，这一类型乡镇的社会经济状况介于类型 1 和类型 3 之间。

类型 3 的乡镇主要位于流域东部和南部地区，包括野鸭、金华、湖潮、清镇、夏云、马场、高峰、羊昌、黄蜡、马路、平坝、白云、刘官、东屯、大西桥、蔡官、七眼桥、轿子山，安顺、宁谷。这一地区在地理位置上东邻贵阳市，人口密集，交通发达，为流域内经济发达地区。

（3）土地利用综合分类

将自然生态与社会经济的 16 个指标数据代入 SOFM 网络，得到研究区社会经济-自然生态综合分类结果见图 15-3。从 SOFM 网络的输出来看，综合分类结果较好地体现了各乡镇的自然生态与社会经济状况。

类型 1 包括的乡镇主要位于西部的山区，由于受其所处地理位置与地形地貌的影响，经济发展水平相对落后；类型 3 中的乡镇大部分位于南部高原丘原区，高原地区地势平坦，交通便利，农业发展较好，因此，经济也相对较好。而类型 2 中的乡镇大部分位于流域的东部，由于其邻近贵阳市区，经济发展受到大城市发展的辐射效应的影响；加之这些乡镇的交通、水利等情况均较好，是经济区域内经济最为发达的类型。

（4）土地利用综合分区

由上述分类结果，根据自然生态与社会经济环境的一致性和乡镇边界的完整性原则，特别地，在确定东部地区边界的时候，重点考虑了道路连通性的作用，最后形成了区域土

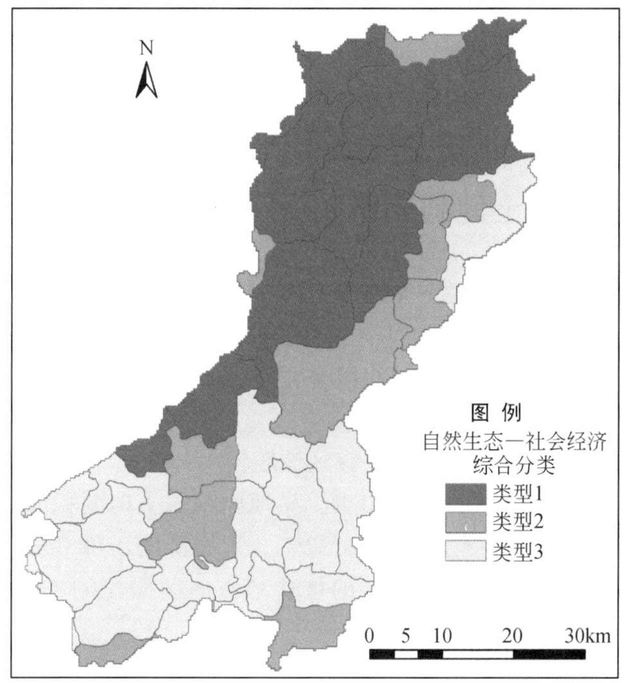

图 15-3　自然生态-社会经济综合分类结果

地利用综合分区。为了对分区结果进行检验，本节将 SOFM 网络的分区结果与传统的因子分析法所得的结果（许月卿，2007）进行比较，区划结果基本一致（图 15-4）。两者的主要差别在于流域东北部的修文的划分。根据本节前面的分析，修文的自然生态与社会经济

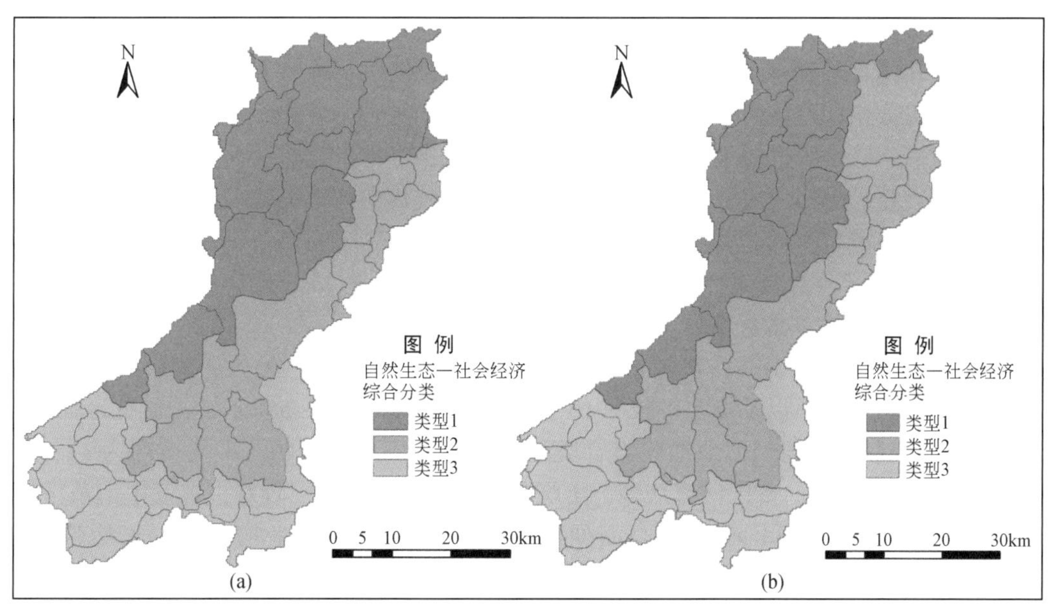

图 15-4　土地利用综合分区结果

注：左图为基于 SOFM 模型的分区结果；右图为基于因子分析-聚类法得到的区划结果

特征均与西部地区的乡镇比较接近，虽然它在区位上邻近东部经济发达地区，但与东部地区的乡镇相比，它们的土地利用综合特征间仍存在较大的差异，因此本节将其划分到西部地区。最终，本节将流域划分为三大区域，即西部山地林业区、畜牧业生产农业区和东部城郊型农业经济示范区。

15.1.3 不同区域的土地利用策略

（1）西部山地林业、畜牧业生产农业区

该区位于研究区的西部，包括洒坪、王庄、暗流、小箐、卫城、麦格、百花湖等17个乡镇，属山地、丘陵、洼地、峡谷地貌组合类型。该区山高谷深，地形较破碎，平均坡度为15.86°，平均海拔为1305.9m，水土流失严重。人均农业产值为1365.45元/人，低于研究区人均农业产值的平均水平。由于该区坡度较大，洼地、落水洞较多，地表水资源极为贫乏，农业生产以旱作为主，土多田少，旱地面积占土地面积的27.44%，水田面积仅占土地面积的8.88%，土地垦殖率为36.32%。人均耕地0.088hm^2/人，低于全区人均耕地水平。该区旱地较多，其中大于25°的坡耕地占本区面积的2.99%，占猫跳河流域25°以上坡耕地面积总和的57%，水土流失较严重。

该区生态系统的恢复和重建应以生物措施和工程措施并重，封山育林，退耕还林还草，最大限度地提高植被覆盖率，降低水土流失强度。建设以林草业为核心的农林牧复合生态系统，变传统的农业单调结构，为农-林-牧三元结构，农林牧相结合，以草促农、促牧、促林。大力发展畜牧业，建立黄牛、生猪、山羊等生产基地，发展肉食品加工业，形成特色经济，建立以农牧产品带动加工业的“种、养、加”一条龙的开放型农业生产新体系。对于35°以上的坡耕地进行一次性退耕还林还草；对25°以上的坡耕地，可根据具体情况分期分批退耕还林还草，林木生长期间可套种农作物，树木成林后再退耕。在山体中部实行乔灌草结合，种植水土保持林—用材林，如华山松、杉木等；在山体下部大力发展适宜性强、见效快的经济树种或药材，如板栗、银杏、杜仲、花椒、核桃、金银花等，以提高农民收入；在山脚进行坡改梯，建设高产稳产农田，推广先进适用技术，增加基本农田单位面积产量，保障农民口粮。大力发展沼气，以气代柴解决能源问题，建立立体农林牧沼复合生态系统，形成“林-果-经”、“林-牧-粮”、“林-果-药”等多种立体生态经济模式。

（2）东部城郊型农业经济示范区

该区位于研究区的东部，包括艳山红、野鸭、金华、麦架、朱昌、清镇市区、红枫湖、夏云、白云、羊昌以及修文市区等16个乡镇，面积为1131.55km^2，占研究区面积的36.18%，属丘陵、洼地、坝地地貌组合类型。该区地势平坦开阔，平均坡度为11.37°，平均海拔为1301.12m。该区河流众多，土层深厚，光热水土匹配较好，农业生产条件好，人均农业产值达2198.33元/人，高于研究区人均农业产值的平均水平。人均耕地为0.14hm^2/人，高于研究区人均耕地平均水平。该区旱地面积占土地面积的26.85%，水田面积占土地面积的18.95%，土地垦殖率为45.8%，高于研究区平均水平。

该区毗邻贵阳市，交通发达，河流湖泊众多，水土资源丰富，光热水土匹配较好，适宜发展种植业及城郊型农业。改变过去单一进行粮油生产的农业结构。开展禽畜、水产养殖、蔬菜、药材、花卉栽培和果树的生产与开发，建立水稻、油菜商品生产基地和城郊型肉、禽、蛋、奶生产基地，逐步形成产业化。区内旅游资源丰富，特色农产品众多，如红枫湖镇有国家4A级风景名胜区——红枫湖和贵州省级风景名胜区——百花湖，应充分发挥当地旅游资源优势，发展旅游业和相应行业。此外，区内乡镇工业较发达，环境污染是威胁当地生态经济系统安全的重要因素。因此，应加大环境污染的投资强度，提高“三废”治理率，加强环境污染监测和预警，以确保生态经济系统安全。

（3）南部溶蚀高原林、粮、经农业区

该区位于研究区的南部，包括马场、凯佐、七眼桥、广顺、旧州等13个乡（镇），面积为729.36km^2，占研究区总面积的23.32%，属于高原溶蚀洼地、丘陵、坝地组合地貌类型。该区地势较平坦，平均坡度为11.05°，平均海拔为1326.78m。洼地、坝地较多，水田面积较大，水田面积占研究区面积的28.16%，旱地面积占24.9%，土地垦殖率达53.06%，高于研究区平均水平。耕地为1.27hm^2/人，高于研究区人均耕地的水平。但中低产田面积大，粮食产量较低。该区植被覆盖率低，仅14.28%。由于地质岩性及人为破坏等原因，裸岩面积比例大，裸岩面积占本区面积的7.88%，高于猫跳河流域裸岩面积的平均水平。

该区进行生态系统恢复和重建应以生物措施、工程措施和耕作管理措施并重，在加强生态环境建设的同时，发展种植业、养殖业和林业，建立以水稻为主的商品粮基地，发展烤烟、油菜、辣椒、茶叶等土特产品基地以及猪、牛、羊畜牧业生产基地。该区森林面积小，裸岩、石质山地面积较多，应对石山、半石山地区进行封山育林，结合人工抚育，增加植被覆盖率，减小裸岩面积；同时，进行农田基本建设，改造中低产田，建立高产稳产田，提高粮食自给率。同时，进行坡改梯工程，增加土层厚度，提高土壤肥力；修建各种水利工程，综合利用和保护水资源，减轻干旱危害；增加有机肥施入量，推广轮作养地、种绿肥等生物措施，逐步改良中低产田的土壤结构。对于大于25°以上的坡耕地逐步进行退耕还林还草，营建水保林和用材林；在土层较厚，立地条件好的地区种植油桐、漆树、板栗、李子、桃、枇杷、柚木等经果林，形成经济林带，增加经济收入。

15.1.4 小结

本节以乡镇为单元，选取了自然生态和社会经济等指标，建立了流域土地利用综合评价指标体系；依据选取的指标，采用SOFM网络对流域内的乡镇进行分类；最后在分类的基础上，根据自然生态一致性和边界完整性的原则，进行了土地利用综合分区。研究结论如下。

1）将SOFM模型与传统的因子分析进行比较，两者的分区结果基本相同，说明SOFM模型可以有效应用于流域尺度的土地利用综合分区研究中。与传统的统计分析方法相比，采用SOFM网络的区划方法具有可操作性强、结果直观等特点，是一种值得推广的方法。

2）采用自然生态指标对流域的乡镇进行分类，结果表明乡镇的类型与区域内的自然地理分异规律有着密切的关系。类型1包括的17个乡镇大部分处在丘原区的中部和东部地区，该类型的乡镇其海拔适中，地形平坦，河网密布，自然条件较好；类型 2 包括的 16 个乡镇大部分西部地区，这一地区主要土地利用类型为山地，海拔、地势起伏程度和河网密度等自然生态指标介于类型 1 和类型 3 之间；类型 3 包括的乡镇大部分乡镇位于猫跳河下游的峡谷区由于受到河流下切作用的影响，地势起伏较大，自然条件最差。

3）采用社会经济指标对流域的乡镇进行分类，结果表明分类结果与各乡镇的社会经济状况有着很好的相关性。类型 1 的乡镇到规模大的城市距离较远，交通不便，公路密度在 3 个类型中最低。农业发展水平相对较低。耕地以旱地为主，土地垦殖率较低。植被覆盖度相对较高；类型 2 包括的 12 个乡镇位置比较零散，流域的北、中、南地区都有此类型乡镇的分布。总的来说，这一类型乡镇的社会经济状况介于类型 1 和类型 3 之间；类型 3 的乡镇主要位于流域东部和南部地区。这一地区在地理位置上东邻贵阳市，人口密集，交通发达，为流域内经济发达地区。

4）采用全部自然生态-社会经济指标对流域的乡镇进行分类，结果表明分类结果基本反映了各乡镇的自然生态与社会经济的综合状况。类型 1 包括的乡镇主要位于西部的山区，由于受其所处地理位置与地形地貌的影响，经济发展水平相对落后；类型 3 中的乡镇大部分位于南部高原丘原区，高原地区地势平坦，交通便利，农业发展较好，因此，经济也相对较好；而类型 2 中的乡镇大部分位于流域的东部，由于其邻近贵阳市区，经济发展受到大城市发展的辐射效应的影响；加之这些乡镇的交通、水利等情况均较好，是经济区域内经济最为发达的类型。

5）在自然生态-社会经济综合分类的基础上，本节根据自然生态与社会经济一致性与区域边界完整性的原则，对研究区进行了土地利用综合分区。结果表明：流域内可分为 3 大区域：西部山地林业、畜牧业生产农业区、东部城郊型农业经济示范区和南部溶蚀高原林、粮、经农业区。针对不同区域的特点提出了区域发展建议。

15.2 基于 MOLP 模型的土地利用结构优化研究

土地资源的有限性及其利用适宜性的空间差异，以及与社会经济发展需求增长无限性之间的矛盾，客观要求对土地利用结构的审度是长期和动态的；随着经济社会的发展，客观上要求对土地利用进行适时的优化配置，目的在于充分发挥各种类型土地资源的优势，实现区域土地利用经济、生态与社会等综合效益最大（龚建周等，2010）。

土地利用优化配置，即相对于不合理的土地利用问题以及人类的期望和目标，对区域土地利用结构进行分层次合理的安排、设计、组合和布局，提高土地利用效率，并维持土地生态系统相对平衡和土地资源的可持续利用（刘彦随，1999）。针对特定地域类型区，如何促使土地利用结构合理以及综合发挥其优势，成为土地利用优化配置的首要任务，也是解决土地利用存在的矛盾的根本途径（Sadeghi et al.，2009）。

土地资源优化配置模型总体上可分为目标规划、多目标规划和基于景观生态学的土地利用景观格局优化模型等基本类型（潘竟虎等，2010）。近年来，不少学者通过与相关模型算法集成，引入了一系列具体优化模型应用到土地结构优化研究中。例如，基于生态承载力、生态支持能力和生态绿当量的生态效益考量方法（郑群英等，2009）、基于遗传算法的土地多目标规划（于苏俊和张继，2006）、基于 CA-MAS-SI 耦合的土地模拟优化系统（黎夏等，2009）、基于系统动力学的优化方法（杨莉等，2009）等。这些模型在很大程度上解决了传统土地资源优化配置非动态、单目标等模型的不足。

多目标线性规划模型（multi-objective linear programming，MOLP）是在线性规划法的基础上改进而来的，是一种非空间明晰模型，即模型的输出结果不会落实在空间上。但 MOLP 模型通过设计不同的发展目标（如经济目标、社会目标和生态目标）和自然生态、社会经济等方面约束条件，让我们对面向不同发展目标的土地利用结构最优化方案有清晰的认识。多目标线性规划模型的结构具有较大的灵活性，特别适用于解决具有不同度量单位和相互冲突目标的多目标决策问题。其重要特点是对各个目标分级加权与逐级优化，这符合人们处理问题要分清轻重缓急、保证重点的思考方式。

本节采用多目标线性规划模型，分别以经济效益、生态效益和经济生态综合效益最大化为目标，对研究区土地利用进行优化求解，以期为土地利用研究与政策的制订提供科学依据。其结果一方面提供了未来发展的土地利用结构优化方案，另一方面能够作为 ANN-CA 模型的补充，使对未来土地利用情景更有全面和深入的了解。

15.2.1　数据来源与研究方法

（1）数据来源

文献数据：社会经济等资料主要源于研究区各县市、乡镇的统计年鉴、领导干部手册，及相应的统计公报；政策法规主要参考贵州省《2006～2020 年土地利用总体规划》。

空间数据：包括研究区的乡镇边界图、土地利用图和由土地利用综合分区图。

（2）研究方法

线性规划法一般可以表示如下：

$$\left\{\begin{array}{l}\text{opti: } Z=f(x)\\ \text{s. t. : } g(x)>0\\ x\geqslant 0\end{array}\right\} \tag{15-1}$$

式中，opti 代表 option，表示目标函数 Z 取最大值或最小值；s. t. 代表 subject to，表示约束条件；$g(x)$ 为约束函数；x 为决策变量。

a. 数学模型的建立

多目标优化的模型设计涉及多个目标的同时优化问题，但各目标之间常存在冲突，一个目标性能的改善，其代价往往是别的目标性能的恶化。不存在可以使得所有目标同时达到最优的解，故在多目标优化问题中往往寻求的是有效解或弱有效解。由于选择的各个土地利用目标的数量级不一样，为了避免绝对量的大小对整体优化目标的影响，本节采取相对值，即目标与现状的比值作为土地利用结构优化的目标函数，模型如下：

$$\left\{\begin{array}{l}\max(Z)=a_1F_1(X)+a_2F_2(X)+\cdots+a_nF_n(X)\\ \text{s. t. : } F(X)\geqslant 0\\ x\geqslant 0\end{array}\right\} \tag{15-2}$$

式中，$F_1(X)$，$F_2(X)$，…，$F_n(X)$ 分别为土地利用目标；a_1，a_2，…，a_n为每个目标

的权重系数。

b. 变量的选择

变量的选取是构建线性规划模型的关键。总体来说，变量的选择和设置应该满足 3 个基本原则：一是土地利用类型的设置在符合全国《土地利用现状分类规程》标准的同时要尽可能的反映研究区域的实际情况；二是各变量在地域上应该相互独立，不能重叠，并具有综合性与典型性，且粗细得当；三是各变量的效益资料容易取得，以便于确定各类用地的效益系数。依据上述 3 个基本原则，根据贵州省《2006 ~ 2020 年土地利用总体规划》和研究区的特点，我们设计 8 个土地类型变量（表 15-4），其中，土地总面积 $S_{总}$ = 农用地（$X_1+X_2+X_3+X_4$）+建设用地（X_5+X_6）+其他用地（X_7+X_8）。

表 15-4　土地利用结构优化配置变量选取

变量	土地类型		2002 年流域总面积（hm^2）	占总面积比例（%）
X_1	农地	耕地	119 151. 29	38. 23
X_2		园地	1 489. 26	0. 77
X_3		林地	69 596. 13	36. 43
X_r		草地	93 464. 24	21. 35
X_5	建设用地	城乡建设用地	7 120. 3	2. 09
X_6		交通工矿用地	3 721. 34	1. 12
X_7	其他用地	水域	8 158. 06	2. 47
X_8		未利用地	9 991. 84	3. 11
合计			311 692. 5	100

15. 2. 2　目标函数与约束条件的设计

为保证区域的可持续发展，在制订发展目标的时候，需要兼顾自然生态与社会经济的协调发展，因此，本节综合考虑生态和经济效益，设计了两个优化目标函数。自然生态环境为区域发展提供了基础空间，同时它作为区域发展的约束；而区域发展离不开当前区域社会经济的发展状况。本节从自然生态和社会经济两个方面，设计了区域发展的约束条件。

（1）目标函数的设计

土地利用结构优化目标函数的建立，应该在维持生态平衡为前提下，发展经济为目标。为了体现经济与生态效益最优化，本节设计了以下几个目标函数，拟定模拟目标年为 2020 年。

a. 经济效益目标函数

各土地利用类型的经济效益目标函数为

$$F_1(X) = \sum_{i=1}^{8} C_i X_i \tag{15-3}$$

式中，C_i 为单位面积上各土地利用类型的产出效益；X_i 为各土地利用类型面积。

对于经济效益目标函数，主要工作是确定各土地利用类型的经济效益系数。由于各种土地利用类型的经济效益不易获取，本研究首先请专家对土地利用类型的经济效益进行打分；然后通过层次分析法（AHP）和经验判断法，计算各土地利用类型的经济效益权重；由统计数据列出的耕地经济效益值，预测得到 2020 年耕地的经济效益；最后，根据 AHP 分析法得到的各土地利用类型的经济效益权重，计算得到 2020 年各土地利用类型的经济效益系数值 C_i。为了模型计算需要，未利用地的经济效益系数取值为 1，对结果不会产生明显的影响。

在 AHP 分析中，考虑到未利用地的经济效益微乎其微，因此未参与专家打分。设计的指标体系见表 15-5。

表 15-5　AHP 分析法

第 1 层	第 2 层	第 3 层
各类用地经济效益	农用地	耕地
		园地
		林地
		草地
	其他用地	水域
	建设用地	城乡建设用地
		交通工矿用地

另外，在各地类两两进行比较时，需要对指标判断尺度进行定义，以明确比较结果的相对数值（表 15-6）。

表 15-6　指标判断尺度定义

判断尺度	定义
1	表示两个要素相比，两者具有同样的重要性
3	表示两个要素相比，前者比后者稍微重要
5	表示两个要素相比，前者比后者明显重要
7	表示两个要素相比，前者比后者强烈重要
9	表示两个要素相比，前者比后者极端重要
2、4、6、8	介于上述两相邻判断尺度的中间
倒数	表示两个要素相比，后者要比前者重要

在明确了有上述定义之后，本节使用 Yaahp 软件完成 AHP 分析。其过程主要依据专家打分，并对部分分值进行适当的调整，以保证模型通过检验。最后得到各种土地利用类型的经济效益系数（表 15-7）。

表 15-7 各土地利用类型的经济效益权重

变量	土地利用类型	权重
X_1	耕地	0. 0502
X_2	园地	0. 0902
X_3	林地	0. 0708
X_4	草地	0. 0573
X_5	城乡建设用地	0. 5048
X_6	交通工矿用地	0. 1882
X_7	水域	0. 0385

从各种土地利用类型的权重来看，城乡建设用地的经济效益权重最高，交通工矿用地和园地次之。

根据耕地的产出效益，采用GM（1，1）模型预测2020年的耕地经济效益。然后，根据林地经济效益系数预测值和权重，计算得到2020年各土地利用类型的经济效益系数。为了模型计算需要，未利用地的经济效益系数取1，不会对结果产生影响（表15-8）。

表 15-8 各地类的经济效益系数

年份	耕地	园地	林地	草地	建设用地	交通工矿用地	水域	未利用地
2002	7 447. 95	13 382. 57	10 504. 28	5 712. 07	8 501. 34	74 894. 89	27 922. 38	0
2020	8 174. 73	14 688. 46	11 529. 30	9 330. 92	82 203. 25	30 647. 09	6 269. 46	0

最后，得到的土地利用经济效益目标函数为

$$F_1(X)=8184.934\times X_1+14\ 706.79\times X_2+11\ 543.69\times X_3+9\ 342.564\times X_4+82\ 305.87\times X_5+30\ 685.35\times X_6+6277.29\times X_7+X_8 \quad (15\text{-}4)$$

b. 生态效益目标函数

生态服务价值目标函数为

$$F_2(X)=\sum_{i=1}^{8}A_iX_i \quad (15\text{-}4)$$

式中，A_i为土地利用类型的生态系统服务功能价值系数；X_i为该土地利用类型的面积。

确定生态服务价值系数。本节参考了Costanza等（1997）、谢高地等（2003）学者的研究成果，确定各地类的生态服务效益系数（表15-9）。

表 15-9 不同地类对应的生态系统价值系数

土地利用类型	耕地	园地	林地	草地	建设用地	交通工矿用地	水域	未利用地
生态价值系数（元/hm^2）	6 114	12 157	18 201	6 405	371	371	371	371

据此，设计生态服务价值目标为

$$F_2(X)=6114\times X_1+12\ 157\times X_2+18\ 201\times X_3+6405\times X_4+371\times(X_5+X_6+X_7+X_8) \quad (15\text{-}6)$$

（2）约束条件的设计

1）土地总面积约束。土地总面积约束，即所有用地面积等于流域的土地面积总量。

2）生态环境约束。包括植被覆盖率约束和生态环境效益约束。植被覆盖率约束是指林地和草地的总面积不应小于现状水平；生态环境效益约束是指未来区域内的生态环境总价值不能低于现状水平。

3）政策与规划指标约束。根据贵州省《2006～2020 年土地利用总体规划》，本节选取了 4 类政策约束条件，分别为耕地保有量约束、建设用地规模约束、新增建设用地规模控制，以及不同地类的发展要求。其中，耕地保有量约束是指为了保证国家的粮食安全，到 2020 年流域耕地总数量的不能小于政策规划值。相应地，建设用地规模和新增建设用地规模约束是为了控制农村城镇发展速率，避免快速城市化带来盲目侵占农户、破坏自然环境等一系列问题，这两者的值不能高于规划值。同时为了发展经济与保护生态环境，规划对其他地类的发展要求是，园地、林地、水域、建设用地和工矿、交通用地的面积都不应低于现状值。

15.2.3　土地利用结构优化结果

（1）西部山地林业区的土地利用结构优化

该区位于研究区的西部，区域内坡度较大，洼地、落水洞较多，地表水资源极为贫乏，水土流失较严重。农业生产以旱作为主，土多田少，人均耕地面积低于流域的人均耕地水平。在本区的综合目标最优化方程中设定经济效益函数系数为 0.6，生态效益函数系数为 0.4。优化结果见表 15-10。

表 15-10　西部地区土地利用优化模型求解

土地利用类型	2002 年面积（hm^2）	目标年（2020 年）					
		经济效益最大化		生态效益最大化		综合目标	
		优化面积（hm^2）	面积变化（%）	优化面积（hm^2）	面积变化（%）	优化面积（hm^2）	面积变化（%）
耕地	42 727.50	40 566.69	-5.06	40 566.69	-5.06	40 566.69	-5.06
园地	124.06	2 716.39	2 089.54	124.06	0.00	124.06	0.00
林地	33 811.63	33 811.63	0.00	36 432.76	7.75	36 403.96	7.67
草地	42 168.50	42 168.50	0.00	42 168.50	0.00	42 168.50	0.00
城乡建设用地	1 932.00	1 960.80	1.49	1 932.00	0.00	1 960.80	1.49
交通工矿用地	1 162.06	1 162.06	0.00	1 162.06	0.00	1 162.06	0.00
水域	680.63	680.63	0.00	680.63	0.00	680.63	0.00
未利用地	460.31	0.00	-100.00	0.00	-100.00	0.00	-100.00
效益合计（元）							
经济效益	1 214 580 168	1 355 881 657		1 345 656 577		1 347 692 069	
生态价值	1 149 809 977	1 167 953 747		1 184 135 287		1 183 621 783	

由表 15-10 土地利用结构优化求解结果来看，当以经济效益最大化为目标的时候，耕

地面积减少5.06%，建设用地增加1.49%，园地面积扩大了2089.54%，其他用地的面积基本不变。其中，园地面积增加了20倍，这是由于建设用地的发展受到规划的约束，经济最优解只有通过扩大园地面积而获得。虽然在这一优化结果下西部地区的经济效益达到了最大，但这一结果显然并不合理。在以生态效益最大化为目标的时候，除了耕地面积减少了5.06%、林地面积增加了7.75%之外，其他类型的土地面积基本没有变化。在这一优化结果下，西部地区的生态效益达到最大。同样，这一优化结果的问题在于忽略了经济的发展。以生态与经济效益共同发展为目标的优化求解，综合考虑了两者的发展，林地和建设用地分别扩大了7.76%和1.49%，这一优化结果相对较为合理。总体来看，西部地区由于自然条件较差，应该以生态恢复目标为主，大力实施退耕还林、还草，最大限度地提高植被覆盖率，降低水土流失强度。

（2）东部城郊型农业经济示范区的土地利用结构优化

该区位于研究区的东部，面积约占研究区面积的36.18%，属丘陵、洼地、坝地地貌组合类型。该区毗邻贵阳市，地势平坦开阔，交通发达，河流众多，土层深厚，光热水土匹配较好，农业生产条件好，乡镇工业较发达。因此，本区的综合目标最优化方程中设定经济效益函数系数为0.6，生态效益函数系数为0.4。优化结果见表15-11。

表15-11 东部地区土地利用优化模型求解

土地利用类型	2002年面积（hm^2）	目标年（2020年）					
		经济效益最大化		生态效益最大化		综合目标	
		优化面积（hm^2）	面积变化（%）	优化面积（hm^2）	面积变化（%）	优化面积（hm^2）	面积变化（%）
耕地	47 076.31	44 695.57	-5.06	44 695.57	-5.06	44 695.57	-5.06
园地	602.31	5 624.62	833.84	602.31	0.00	602.31	0.00
林地	17 309.69	17 309.69	0.00	23 239.24	34.26	22 332.00	29.01
草地	17 763.69	17 763.69	0.00	17 763.69	0.00	17 763.69	0.00
城乡建设用地	4 592.56	5 499.81	19.75	4 592.56	0.00	5 499.81	19.75
交通工矿用地	1 923.56	1 923.56	0.00	1 923.56	0.00	1 923.56	0.00
水域	6 085.75	6 085.75	0.00	6 085.75	0.00	6 085.75	0.00
未利用地	3 548.81	0.00	-100.00	0.00	-100.00	0.00	-100.00

效益合计（元）	2002年	目标年（2020年）		
		经济效益最大化	生态效益最大化	综合目标
经济效益	1 123 955 443	1 362 519 153	1 282 534 465	1 346 652 947
生态价值	729 968 833.4	775 489 181.3	822 020 165.7	805 844 077.6

由表15-11土地利用结构优化求解结果来看，当以经济效益最大化为目标的时候，耕地面积减少了5.06%，建设用地和园地的面积分别增加了19.75%和833.84%。与西部地区的情况类似，由于政策对建设用地发展的约束，此时主要通过增加园地面积以达到经济效益最大化。优化后的面积是原来的9倍多，这一结果并不符合实际。在以生态效益最大

化为优化目标的时候，耕地面积减少了 5.06%，林地面积增加了 34.26%。虽然此优化结果满足了生态效益最大化，经济效益的增幅却相对较小，可见这一优化结果也不理想。综合考虑经济效益和生态效益时，方程的最优解显示耕地面积减少了 5.06%，林地和建设用地增加了 19.75%。此时，该地区的经济效益和生态效益都取得了较好的发展，说明该结果是比较合理的优化方案。因此，在未来的发展中，该区应发展种植业及城郊型农业，适度发展工业。

（3）南部畜牧业生产农业区的土地利用结构优化

该区位于研究区的南部，面积约占研究区总面积的 23.32%，属于高原溶蚀洼地、丘陵、坝地组合地貌类型。该区地势较平坦，洼地、坝地较多。水田面积较大，但中低产田面积大，粮食产量较低。该区植被覆盖率低，裸岩面积比例大。该区在加强生态环境建设的同时，发展种植业、养殖业和林业。因此，在本区的综合目标最优化方程中，设定经济效益函数系数为 0.5，生态效益函数系数为 0.5。优化结果见表 15-12。

表 15-12　南部地区土地利用优化模型求解

土地利用类型	2002 年面积（hm^2）	目标年（2020 年）					
		经济效益最大化		生态效益最大化		综合效益最大化	
		优化面积（hm^2）	面积变化（%）	优化面积（hm^2）	面积变化（%）	优化面积（hm^2）	面积变化（%）
耕地	31 952.88	30 336.96	-5.06	30 336.96	-5.06	30 336.96	-5.06
园地	661.25	8 656.24	1 209.07	661.25	0.00	661.25	0.00
林地	10 352.81	63 076.51	509.27	73 315.81	608.17	71 071.49	586.49
草地	12 903.63	12 903.62	0.00	12 903.62	0.00	12 903.62	0.00
城乡建设用地	2 339.13	2 451.56	4.81	207.25	-91.14	2 451.56	4.81
交通工矿用地	207.25	1 329.38	541.44	1 329.38	541.44	1 329.38	541.44
水域	1 329.38	4 312.44	224.40	4 312.44	224.40	4 312.44	224.40
未利用地	4 312.44	0	-100.00	0	-100.00	0	-100.00

效益合计（元）	2002 年	目标年（2020 年）		
		经济效益最大化	生态效益最大化	综合目标
经济效益	653 848 436.5	1 492 078 182	1 308 206 434	1 466 820 658
生态价值	477 515 787.3	1 524 419 945	1 612 757 736	1 572 741 507

由表 15-12 土地利用结构优化求解结果来看，当以经济效益最大化为目标的时候，除了耕地面积减少 5.06%，园地、林地、建设用地、交通工矿用地和水域面积都有所增加。其中，园地、林地、交通工矿用地和水域增幅都比较大，分别增加了 1209.07%、509.27%、541.44%、224.40%。在以生态效益最大化为目标的时候，耕地和建设地面积有所减少，林地、交通工矿用地和水域面积都有所增加。与西部和东部地区不同的是，为了达到生态效益最大化，这一优化结果出现了建设用地减少的情况。这与本地区植被覆盖率低，裸岩面积比例大，生态效益价值较低有着密切的关系。为了满足区域的生态效益最

大化，应当对建设用地规模进行控制，同时提高森林覆盖度。在以综合效益最大化为目标的时候，耕地面积小幅减少，减少了5.06%；建设用地面积小幅增加，增加了4.81%；林地、交通工矿用地和水域面积增长均比较明显，分别增加了586.49%、541.44%和224.40%。这一优化结果表明，该地区在未来的发展中，要重视提高区域内的森林覆盖面积，同时积极发展交通运输、加强农田水利设施建设，并适当发展对环境影响较小的工业。

(4) 整个流域的土地利用结构优化结果

在分析了不同分区土地利用结构优化方案的基础上，完成猫跳河全流域的土地利用结构优化（表15-13）。

表15-13　整个流域的土地利用优化模型求解

土地利用类型	2002年面积(hm^2)	目标年（2020年）					
		经济效益最大化		生态效益最大化		综合目标	
		优化面积(hm^2)	面积变化(%)	优化面积(hm^2)	面积变化(%)	优化面积(hm^2)	面积变化(%)
耕地	121 756.69	115 599.22	-5.06	115 599.22	-5.06	115 599.22	-5.06
园地	1 387.62	16 997.25	1 124.92	1 387.63	0.00	1 387.63	0.00
林地	61 474.13	114 197.83	85.77	132 987.81	116.33	129 807.45	111.16
草地	72 835.81	72 835.81	0.00	72 835.81	0.00	72 835.81	0.00
城乡建设用地	8 863.69	9 912.17	11.83	6 731.813	-24.05	9 912.17	11.83
交通工矿用地	3 292.88	4 415.00	34.08	4 415.00	34.08	4 415.00	34.08
水域	8 095.75	11 078.81	36.85	11 078.81	36.85	11 078.81	36.85
未利用地	8 321.56	0	-100.00	0	-100.00	0	-100.00

效益合计（元）	2002年	目标年（2020年）		
		经济效益最大化	生态效益最大化	综合目标
经济效益	2 992 383 994	4 210 478 993	3 936 397 476	4 161 165 674
生态价值	2 357 294 580	3 467 862 873	3 618 913 189	3 562 207 368

从土地利用现状和基于多目标规划求解可以看出，在不同效益主导的区域发展目标下，通过配置土地利用结构，获得不同的GDP值和不同的土地利用类型的自然生态效益。

在以经济效益最大化为目标的时候，经济效益达到了42亿元，主要是通过增加园地、林地、建设用地、交通工矿用地和扩大水利设施面积来达到的，各种地类面积分别增加了1124.92%、85.77%、11.83%、34.08%和36.85%。其中，园地面积由现状的1387.625hm^2，增加到2020年的16 997.249 hm^2，增幅达到了1124.92%。这一发展结果忽略了区域的发展能力，因此，虽然在此优化方案下，流域的经济效益达到了最大，但总体来说，并不合理。

在以生态效益最大化的时候，生态效益达到最大，为36亿元。该优化方案主要通过扩大林地面积、交通工矿用地和减小建设用地面积来实现，林地面积和交通工矿用地面积分别增加了 116.33% 和 34.82%，建设用地面积减少了 24.05%。其他土地利用类型没有变化。在这一优化方案下，区域的经济效益相对较低，因此也不够合理。

在以经济和生态综合效益最大化为目标的时候，虽然与前两个目标相比，经济效益与生态效益都没有达到最大值，但就流域的发展来讲，两者达到一个比较好的平衡点-既不能以牺牲环境的代价发展经济，又不会因为一味追求生态环境保护而阻碍了经济发展。

分别从 3 个目标来看，耕地面积都减少到政策规定的基本农田保有量的底限，这说明无论是在发展经济还是发展生态保护，都要牺牲一定的耕地。因此，为了保障我国的粮食安全，加强对耕地保有量，特别是对基本农田的保护是十分必要的。

15.2.4　小结

MOLP 模型是自上而下研究方法的一种。它通过设定自然环境与社会经济等方面的约束条件，可以得到我们所期望的未来发展目标的最优化结果。因此，MOLP 从优化的角度研究土地利用变化，可以作为前面几个模型的补充，使我们对土地利用变化有全面的把握。本节采用 MOLP 模型，分别以经济效益、生态效益和生态-经济效益最大化为发展目标，对研究区在 2020 年的土地利用结构进行了优化模拟。研究结果如下。

1）西部山地林业区。当以经济效益最大化为目标的时候，耕地面积减少 5.06%，建设用地增加 1.49%，园地面积扩大了 2089.54%，其他用地的面积基本不变。虽然这一方案下经济效益达到了最大，但该方案忽略了区域的发展能力，因此不够合理；在以生态效益最大化为目标的时候，除了耕地面积减少了 5.06%、林地面积增加了 7.75% 之外，其他类型的土地面积基本没有变化。在这一优化结果下，西部地区的生态效益达到最大；以生态与经济效益共同发展为目标的优化求解，林地和建设用地分别扩大了 7.76% 和 1.49%，这一优化结果综合考虑了两者的发展相对较为合理。西部地区由于自然条件较差，应该以生态恢复目标为主，大力实施退耕还林、还草，提高植被覆盖率，降低水土流失强度。

2）东部城郊型农业经济示范区。当以经济效益最大化为目标的时候，耕地面积减少了 5.06%，建设用地和园地的面积分别增加了 19.75% 和 833.84%；这一结果并不符合区域发展的实际情况；在以生态效益最大化为优化目标的时候，耕地面积减少了 5.06%，林地面积增加了 34.26%；综合考虑经济效益和生态效益时，方程的最优解显示耕地面积减少了 5.06%，林地和建设用地增加了 19.75%。此时，该地区的经济效益和生态效益都取得了较好的发展，说明该结果是比较合理的优化方案。在未来的发展中，东部地区应以发展种植业及城郊型农业为主，适度发展工业。

3）南部畜牧业生产农业区。当以经济效益最大化为目标的时候，除了耕地面积减少 5.06%，园地、林地、建设用地、交通工矿用地和水域面积都有所增加。其中，园地、林地、交通工矿用地和水域增幅都比较大，分别增加了 1209.07%、509.27%、541.44%、224.40%；在以生态效益最大化为目标的时候，耕地和建设地面积有所减少，林地、交通工矿用地和水域面积都有所增加。与西部和东部地区不同的是，为了达到生态效益最大化，出现了建设用地减少的情况；在以综合效益最大化为目标的时候，耕地面积小幅减少，减少了5.06%；建设用地面积小幅增加，增加了4.81%；林地、交通工矿用地和水域面积增长均比较明显，分别增加了586.49%、541.44%和224.40%。这一优化结果表明，该地区在未来的发展中，要重视提高区域内的森林覆盖面积，同时积极发展交通运输、加强农田水利设施建设，并适当发展对环境影响较小的工业。

4）整个猫跳河流域。在以经济效益最大化为目标的时候，经济效益达到了42亿元，主要是通过增加园地、林地、建设用地、交通工矿用地和扩大水利设施面积来达到的，各种地类面积分别增加了1124.92%、85.77%、11.83%、34.08%和36.85%。其中，园地面积由现状的1387.625hm^2，增加到2020年的16 997.249hm^2，增幅达到了1124.92%。这一发展结果忽略了区域的发展能力，虽然在此优化方案下流域的经济效益达到了最大，但总体来说并不合理；在以生态效益最大化的时候，林地面积增加；在以经济和生态综合效益最大化为目标的时候，在以生态效益最大化的时候，生态效益达到最大，为39亿元。该优化方案主要通过扩大林地面积、交通工矿用地和减小建设用地面积来实现，林地面积和交通工矿用地面积分别增加了116.33%和34.82%，建设用地面积减少了24.05%。其他土地利用类型没有变化。在这一优化方案下，区域的经济效益相对较低，因此也不够合理。在以经济和生态综合效益最大化为目标的时候，虽然与前两个目标相比，经济效益与生态效益都没有达到最大值，但就流域的发展来讲，两者达到一个比较好的平衡点——既不能以牺牲环境的代价发展经济，又不会因为一味地追求生态环境保护而阻碍了经济发展。

第五篇　县域土地变化及其效应

第 16 章　县域土地变化案例研究

土地变化科学可为土地管理提供科学依据，县域是我国土地管理的基本行政单元，县域尺度上的土地变化研究具有重要意义。本章以贵州省关岭县为案例，研究县域土地变化的过去；与该省石阡县为案例，研究县域土地变化的未来。

16.1　关岭县土地变化研究

16.1.1　自然环境特点与社会经济状况

（1）自然环境

关岭县气候跨越南温带、北亚热带和中亚热带，以中亚热带季风湿润气候为主，主要特点如下：①冬无严寒，夏无酷暑，极端最高气温为 35.3℃，极端最低气温为-6.1℃，年均气温 13.8～18.6℃，10℃以上年积温 3420.2～6436.1℃，气温日差较大。②雨水丰富，年均降水 1205.1～1656.8mm。③四季分明，雨热同期，春长、夏早、秋短、冬暖，无霜期 267～354 天。④多雾寡照，全年日照时数 1090.8～1436.8h，只占全年天文可照时数的 24%～32%。

关岭县位于云贵高原东部脊状斜坡南侧向广西丘陵倾斜的斜坡上，大地形格局西北高、东南低，中部为向北延伸的隆起带，西南向北盘江河谷逐级下降，东南向打邦河河谷下降，使得县内地势呈鱼背状。从县内最高点中部的康寨旧屋基大坡（1850m）到北盘江出境口（370m）的最低点，绝对高差 1480m。绝大部分地方高程在 800～1500m。县域山脉属于乌蒙山系，山地面积占全县总面积的 89%，10°以下的平地仅占总面积的 19.3%，约 75% 的土地坡度在 10～35°。全县可分为 4 类地貌组合区：①中中山溶蚀、侵蚀中切割区，包括岗乌镇、沙营乡、永宁镇和普利乡的部分地区，海拔 1400m 以上的山梁地带，总面积约 250km^2，喀斯特地貌面积占 96.6%。②低中山溶蚀、侵蚀、峰林、峰丛类型区，包括坡贡镇、上关镇等部分地区，海拔范围 1000～1400m，面积约 680km^2，喀斯特地貌面积比例为 86%。③喀斯特低山、低中山山原丘陵类区，包括关索镇、顶云乡、上关镇和花江镇的部分地区，面积约 260km^2，以喀斯特地貌为主。④低山河谷、侵蚀、溶蚀、台地类型区，包括东部和南部的白水镇、断桥乡、八德乡、新铺乡和板贵乡的部分地区，打邦河和北盘江沿岸地带，海拔 800m 以下，以喀斯特地貌为主，其中深切割区面积约 184km^2，台地、阶地、洼地等其他地貌类型区面积约 115km^2。

县内土壤类型较多，共 7 个土类、20 个亚种、51 个土属、180 个土种，全省 4 大地带性土壤中，在县内分布有3个，即山地黄棕壤、黄壤、红壤，仅缺乏山地灌丛草甸土。7个主要土类包括山地黄棕壤、黄壤、红壤、石灰土、紫色土、水稻土和潮土等，其中石灰土占全县土壤面积的69.9%。海拔800m以下的河谷洼地，为红壤中的黄红壤分布区；800～1450m的广大地带，为黄壤分布区；海拔1450m以上的山地，为黄棕壤分布区。在水平分布上，地带性土壤之间、非地带性土壤之间以及地带性和非地带性土壤之间都呈明显的镶嵌性，紫色土和潮土则呈星点状分散镶嵌于其他土壤之间，水平地带性规律不明显。

由于土壤钙含量高，保水性差，地下通道发达，干旱，土层薄，喀斯特石灰土上发育的植被具有喜鈣性、旱生性和石生性等特点。由于立地条件恶劣，喀斯特地区植被种类少，生长速度慢，生物量低，破坏后恢复非常困难。

（2）社会发展状况

人口压力大。关岭县属于典型的山区县。地貌类型中，峰林峰丛、高山峡谷占大部分比例，山地多，平地少。相关学者的研究认为峰丛山地土地承载力低，人口密度不宜超过100人/km^2（林均枢，1994）。但研究区2000年人口总数达到31.62万人，人口密度216人/km^2，远远超过人口承载容限，也超过贵州省的平均水平。

农村人口比例高，生活水平低。研究区经济活动以农牧业为主，工商业基础薄弱，城市化速度慢，农村人口比例高，生活水平低。2000年全县农村人口比例为92%，农民年人均生活费总支出780元，其中食品消费支出575元，恩格尔系数为72.72%，离温饱还有相当距离。2001年农村低保对象只有1024人，只占到赤贫人数的3.7%。

贫困人口集中，脱贫难度大。关岭县是贵州省48个国定贫困县之一。经过长期的扶贫开发，关岭县2002年总收入在400元以下的赤贫人口仍有2.56万人。而且这部分贫困人口分布在生存条件更加恶劣的地区，脱贫难度更大，返贫率高。据关岭县扶贫办资料，2002年研究区脱贫人数为6200人，而返贫人数也达3900人。

少数民族人口增长快。关岭县就是一个少数民族聚居的县，少数民族人口比例高。一般分布于边远山区，交通、信息和教育都比较落后，而且少数民族计划生育政策宽松，人口增长更快。1982年人口普查显示，少数民族人口12.3万人，占全县人口总数的50.7%。到2000年，少数民族人口比例达到58.13%，人口自然增长率为22.57‰，比汉族人口增长率高1.7个百分点。

教育水平低。义务教育普及程度低。2001年初中入学率在64.9%。师资力量缺乏，小学师生比为28.5：1，全国平均水平是21.64：1。2001年全国高中在校生人数占总人口比重为2%，而关岭县高中生人数比不到0.6%。接受高等教育的人数低，关岭县截至2002年累计考入大学总人数只有101人。

观念守旧，有待更新。从事农业生产的人口占农村人口的95%以上。在生产活动中，习惯性经营经济效益很低的旱作玉米，对附加值较高的砂仁、花椒等经济作物的种植接受慢，缺乏市场意识和风险意识。守土观念强烈，有75.2%的人行为仅限于本村本乡，行为范围在省和省外的只有5.88%和2.3%。

（3）经济发展水平

长期以来，关岭县工商业薄弱，经济发展依赖第一产业，而第一产业中农业又占据绝对优势（图16-1），经济体系呈简单的单链条结构，产业结构低级。由于农业生产本身效益低下，加上关岭县农业基础设施落后，生产受自然灾害影响程度大，因此研究区经济基础极其薄弱。

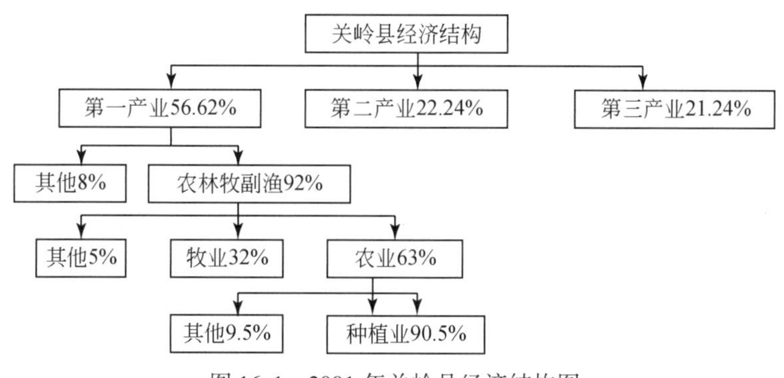

图 16-1　2001 年关岭县经济结构图

农业是关岭县的支柱产业，由于自然条件恶劣，农业生产效率较低。按 2001 年统计数据，关岭县亩均农业产值 415 元，人均农业产值 1464.9 元/人，分别相当全国平均水平的 62% 和 77%。人均 GDP 差距则更加明显，2001 年关岭县人均 GDP 1472 元，相当于全国平均水平的 19.37%。全县人均财政收入 88.7 元，仅相当于全国平均水平的 10%，财政自给率为 34.78%。2001 年全县总投资比 2000 年增长了 180%，达到 30 173 万元，占全国总量的 0.0086%，人均投资仍然只有 954 元/人，占全国人均水平的 32.47%。

16.1.2　土地利用的遥感影像解释

（1）土地利用分类系统

喀斯特地区地表崎岖，地形破碎，地物交错分布。TM 由于影像地面分辨率为 30m，许多像元都是混合地物像元，分类很难精确到 46 个二级类，而且在研究区很多二级土地利用类型没有明显的界定特征，如草地和疏草地，植被覆盖率差异明显，但土地用途则基本相同，没有进一步区分的必要。因此采用 1 建设用地、2 水田、3 旱地、4 针叶林、5 阔叶林、6 灌木林、7 草地、8 水域等的分类体系（表 16-1）。

表 16-1　关岭县土地利用分类系统

编号	类型名称	说明
1	建设用地	包括城镇、道路、居民点等
2	水田	灌溉水田、望天田等有田埂，可以蓄水耕种的耕地
3	旱地	旱作坡耕地，包括梯化旱地、顺坡耕地和零星旱作耕地
4	针叶林	主要为杉树等人工用材林
5	阔叶林	主要为油桐、花椒、石榴等经济林
6	灌木林	主要为喀斯特峰丛峰林地带碱性土灌木林
7	草地	包括草地、疏草地、疏灌丛草地和部分裸岩率很高的草地
8	水域	河流、水库、池塘等水面

关岭县域内，园地面积小，分布极其分散，在遥感影像中没有独特的光谱特征，和其他类型混杂，无法从影像中区分。根据 2000 年关岭县土地利用调查，园地包括果园、菜园和其他园地，总面积 216. 08hm^2，占全县国土面积 0. 147%，对区域土地利用变化及其环境效应效应的贡献都不大，故不单独分为一类。

2000 年全县交通用地总计 675. 87hm^2，占国土面积 0. 46%，比例也很小，其中农村公路比例占 57. 8%，分布在崇山峻岭中，在 30m 地面分辨率的 TM 影像上难以分辨，因此也没有勉强列为一类。

关岭县未利用地主要类型为荒草地、裸岩石砾地和田坎等，2000 年统计总面积为 66 471. 6hm^2，占国土面积 45. 32%。由于分布分散，这些土地类型单个地块的尺度往往小于 TM 影像像元对应的 900m^{2}地面分辨率，难以区分。荒草地和草地区分依据主要是地表植被的覆盖度差异，由于关岭县地形破碎，荒草地和牧草地空间分布很难截然分开，而且关岭县人口压力大，牧业经营分散，牧草地严重超载，纵使草被稀疏，也总有牛羊放牧，不存在完全未利用的荒草地。裸岩石砾地也一样，绝大部分裸岩石砾地分散分布于其他土地利用类型，如旱地、草地和灌木林地中，石头旮旯里种玉米就是一例，水田的田间地头也有分散的裸岩石砾出现。田坎分布的分散性和与其他土地类型的镶嵌性就更是如此。

（2）土地利用类型解释

本节将直接分类比较法、CVA 和多时相直接分类法进行了试验和初步比较，认为在喀斯特复杂地形环境下，采用“多时相直接分类法”可以有效提取土地利用和土地利用变化信息，大幅度减轻工作强度，因此选用后者进行研究区土地利用及其变化的遥感处理分析。Erdas Imagine 软件是美国 Erdas 公司开发的专业遥感影像处理软件和地理信息系统软件，功能强大，操作方便。本节的分类处理工作采用的是北京大学地表过程分析与模拟教育部重点实验室安装的 Erdas8. 4。

采用 1987 年 2 月 17 日 Landsat5 的 7 个波段 TM 影像和 1999 年 12 月 27 日 Landsat7 ETM+的 9 个波段影像，轨道号为 128-42，经过大气辐射校正和初步几何纠正处理，对照 1：50 000 地形图选取控制点，选用 Albers 圆锥等积投影方式，参考 Krasovsky 椭球体，基准经线 105°，基准纬线为 25°和 47°，利用 ENVI3. 5 进行精校正，误差在半个像元以内。通过与关岭县行政边界掩膜（Masking）处理，得到关岭县范围内 2 个时相的遥感影像，像元大小 30×30m^2，行列数 1905×1902，总面积 1468. 61km^2。

利用北京大学开发的 GIS 软件 Citystar，对关岭县 1：5 万地形图进行扫描矢量化，采用与前面影像相同的投影方式，进行配准。利用 Arc Info 建立 DEM，像元大小为 30m×30m，经边界裁剪处理，行列数为 1905×1902。另外对贵州省测绘局和关岭布依族苗族自治县人民政府于 1995 年 7 月发行的《关岭布依族苗族自治县地图》的乡镇边界进行了数字化处理，作为本节研究中的乡镇边界和面积统计来源。乡镇编号及名称为 1 关索镇、2 花江镇、3 永宁镇、4 岗乌镇、5 上关镇、6 坡贡镇、7 白水镇、8 断桥乡、9 八德乡、10 顶云乡、11 普利乡、12 板贵乡、13 新铺乡、14 沙营乡。各乡镇面积和平均高程见表 16-2。

表 16-2　各乡镇面积和平均高程

项目	关索	花江	永宁	岗乌	上关	坡贡	白水	断桥	八德	顶云	普利	板贵	新铺	沙云	全县
面积(km^2)	110. 31	158. 94	111. 97	129. 79	104. 88	61. 29	49. 09	81. 38	88. 11	80. 14	110. 80	137. 09	161. 84	79. 94	1465. 6
高程(m)	1151. 0	1130. 7	1502. 7	1140. 2	1001. 3	1230. 5	1126. 9	868. 7	1033. 7	1351. 3	1292. 7	898. 1	992. 3	1459. 4	1141. 1

由于影像分别在 1987 年 2 月 17 日和 1999 年 12 月 27 日拍摄，太阳高度角稍有差异，故影像记录的地面反射率分布亦有偏差。因此首先对 2 个时段的影像进行直方图匹配（histogram matching），然后将 1987 年影像的 6 个波段（1，2，3，4，5，7）和 1999 年的 6 个波段（1，2，3，4，5，7）进行组合，产生一个具有 12 个波段的多时相新影像 TM_{87-99}。然后采用 Erdas 提供的 ISODATA 方法（iterative orgnizing data analysize technique，迭代自组织数据分析技术）进行非监督分类。具体类别数目的选择上，选用了 30/35/40/45/50/55 等 6 种情景进行尝试，将分类结果对照两期影像的各种彩色合成方案显示、关岭县 1989 年调绘的 1∶5 万土地利用现状图和 1∶5 万地形图进行分析，认为 45 类的分类结果能比较理想的揭示研究区 12 年的土地利用主要类型和土地利用的主要变化情况。将分类结果进行归纳合并，形成 2 个时相土地利用现状初步结果图。

阴影区占了一定的比例，本节中采取“邻域法”处理，即利用和阴影相邻地物类别生长替换，消除阴影类型。河流在分类中受阴影影响大，城镇容易和河滩地混淆，道路在非监督分类中也难以区分，因此本节在处理中对河流与建设用地从监督分类中提取，经人工修正，然后与前面的分类结果合并，尽管如此，还是有许多小城镇与农村居民点无法从影像中区分出来，导致建设用地面积偏小。最后对照各种参照资料进行了图斑修正处理，分别形成 1987 年和 1999 年土地利用状况图（图 16-2）。

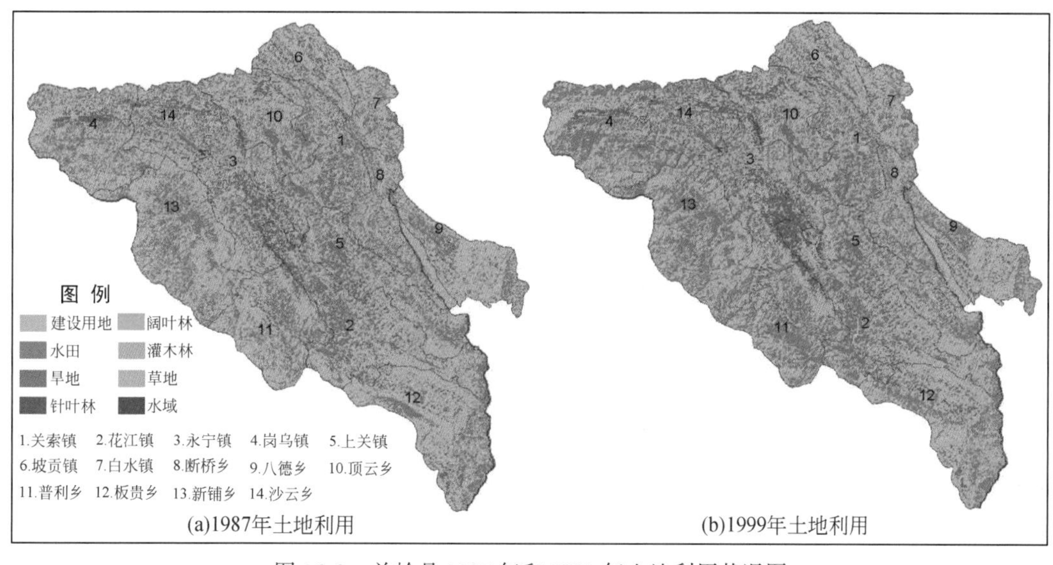

图 16-2　关岭县 1987 年和 1999 年土地利用状况图

将分类结果进行统计和叠加处理，得到研究区 2 个时相的土地利用类型数据（表 16-3）、土地利用变化矩阵（表 16-4）和各乡镇土地利用类型变化数据（表 16-5）。

表 16-3　关岭县 1987 年和 1999 年土地利用现状

年份	项目	1 建设用地	2 水田	3 旱地	4 针叶林	5 阔叶林	6 灌木林	7 草地	8 水域
1987	面积（hm^2）	565.47	9 220.05	31 963.5	8 629.83	4 641.57	29 576.6	61 486	777.96
	比例（%）	0.39	6.28	21.76	5.88	3.16	20.14	41.87	0.53
1999	面积（hm^2）	709.47	9 303.03	38 409.8	9 577.71	4 835.16	33 003.9	50 228.5	793.35
	比例（%）	0.48	6.33	26.15	6.52	3.29	22.47	34.2	0.54

表 16-4　关岭县 1987 年和 1999 年土地利用变化矩阵　（单位：hm^2）

1999 年 \ 1987 年	1 建设用地	2 水田	3 旱地	4 针叶林	5 阔叶林	6 灌木林	7 草地	8 水域
1 建设用地	565.47	64.89	32.94	11.43	1.62	7.83	16.65	8.64
2 水田	—	9 023.76	113.31	—	0.54	—	157.05	8.37
3 旱地	—	127.71	28 453.4	154.26	43.47	85.5	9 545.49	—
4 针叶林	—	—	73.98	5 924.25	1.89	1 815.12	1 762.47	—
5 阔叶林	—	—	188.82	1.17	4 546.17	16.29	82.71	—
6 灌木林	—	—	401.31	1 929.24	39.33	27 165.3	3 468.69	—
7 草地	—	—	2 684.7	609.48	8.55	486.54	46 439.3	—
8 水域	—	3.69	15.03	—	—	—	13.68	760.95

表 16-5　关岭县各乡镇 1987 年和 1999 年土地利用状况　（单位：hm^2）

乡镇	年份	1 建设用地	2 水田	3 旱地	4 针叶林	5 阔叶林	6 灌木林	7 草地	8 水域
1 关索	1987	115.56	1313.01	2830.32	542.52	141.66	1969.47	4126.68	0.00
	1999	176.76	1278.54	2794.23	643.14	138.33	2275.56	3732.66	0.00
2 花江	1987	84.78	1758.24	3067.47	1134.90	316.98	4687.20	4772.61	94.59
	1999	127.62	1801.71	3419.01	1382.22	316.17	4818.87	3952.89	98.28
3 永宁	1987	61.20	192.78	1789.38	2123.28	10.08	2118.15	4904.28	0.00
	1999	68.85	193.68	2213.55	2351.25	9.63	2326.50	4035.69	0.00
4 岗乌	1987	6.21	356.22	3230.73	795.24	607.59	1284.30	6669.63	83.25
	1999	6.21	319.68	5052.51	655.83	612.45	1737.27	4564.08	85.14
5 上关	1987	23.49	1170.09	2398.23	366.93	293.94	3138.12	3037.32	63.00
	1999	23.49	1173.96	2392.11	337.95	294.66	3336.57	2866.14	66.24
6 坡贡	1987	23.94	751.50	658.35	363.69	43.02	1698.75	2584.08	0.00
	1999	23.94	760.50	599.04	430.83	43.56	1879.83	2385.63	0.00
7 白水	1987	12.69	629.46	860.85	69.57	80.64	1513.26	1761.39	3.42
	1999	12.78	635.67	868.86	58.05	82.35	1641.06	1632.51	0.00

续表

乡镇	年份	1 建设用地	2 水田	3 旱地	4 针叶林	5 阔叶林	6 灌木林	7 草地	8 水域
8 断桥	1987	7.56	558.00	1860.75	63.81	678.69	1819.98	2964.69	154.62
	1999	10.53	574.38	1857.69	55.62	682.83	2329.65	2443.86	153.54
9 八德	1987	5.13	445.77	1769.04	266.49	424.08	2313.09	3627.54	34.56
	1999	5.40	464.49	1828.71	322.47	427.59	2527.47	3275.46	34.11
10 顶云	1987	172.26	635.13	1233.09	777.96	1.89	1171.62	3980.16	0.00
	1999	191.16	677.61	1322.46	1029.96	1.89	1332.81	3416.22	0.00
11 普利	1987	28.62	485.19	2828.61	427.59	160.38	1422.81	5790.78	3.60
	1999	33.48	455.67	4276.08	451.08	159.30	1541.43	4223.52	7.02
12 板贵	1987	22.23	153.09	3142.17	329.40	614.16	3835.80	5501.34	200.25
	1999	23.76	173.07	3464.01	579.42	800.64	3950.46	4596.57	210.51
13 新铺	1987	1.20	487.89	4900.59	58.77	1250.01	1614.69	7828.20	105.84
	1999	3.69	490.23	6085.17	37.89	1247.22	2033.82	6245.01	102.96
14 沙营	1987	1.80	283.59	1393.92	1309.68	18.36	989.28	3937.32	34.83
	1999	1.80	303.75	2236.41	1242.00	18.45	1272.51	2858.31	35.55

由于分类结果经过了对照分析和人工修正，简单的利用 Kappa 值来评价分类精度已经没有了实践意义，故本节主要就误差来源进行分析。处理过程中主要的误差来源如下：①土地利用类型的混杂交错分布和 TM 影像分辨率限制的矛盾。②阴影影响和阴影处理的问题。③时相差别的影响。④“同物异谱”和“异物同谱”的问题。⑤机器自动处理和人工修正的矛盾。⑥具体类别数目选择的问题等。

16.1.3　土地变化分析：土地利用动态度

土地利用动态变化包括土地利用的类型、数量和空间分布变化，衡量类型和数量变化的常用指标如土地利用动态指数。

(1) 单一土地利用动态度指数

$$K = \frac{U_b - U_a}{U_a} \cdot \frac{1}{T} \times 100\% \tag{16-1}$$

式中，K 为 T 时段内某种土地利用类型动态度；U_a 和 U_b 分别为研究初期和研究末期某种土地利用类型的数量；T 为研究时段长度，当 T 设为年时，K 为某种土地利用类型的年变化率。这个公式只能体现研究区内各土地利用类型总量的动态变化，对于转入和转出的变化没有分别考虑，因此需要进行如下修正：

$$K = \frac{(U_b - U_c) + (U_a - U_c)}{U_a} \cdot \frac{1}{T} \times 100\% \tag{16-2}$$

式中，U_c 为某类土地利用类型在 T 时间内没有发生变化的面积。

（2）综合土地利用动态指数

$$LCI = \left(\frac{\sum_i \Delta LU_{i-j}}{2\sum_i LU_i} \right) \cdot \frac{1}{T} \times 100\% \tag{16-3}$$

式中，LCI 为综合土地利用动态指数；LU_i 为监测起始时刻第 i 类土地利用类型的面积；ΔLU_{i-j} 为监测时段第 i 类土地利用类型转为第 j 类土地利用类型面积的绝对值；T 为监测时段。

对两期土地利用现状解译结果进行计算，得出土地利用动态指数（表 16-6），评价区域土地利用动态变化。

表 16-6　关岭县土地利用动态变化指数表

指标	1 建设用地	2 水田	3 旱地	4 针叶林	5 阔叶林	6 灌木林	7 草地	8 水域	LCI
土地利用动态指数（%）	1.96	0.40	3.23	5.67	0.64	2.14	2.35	0.49	0.64

各土地利用类型中，针叶林的动态变化幅度最大，这与研究区 20 世纪 90 年代以来大规模的植树造林和生态林防护工程密不可分。同时用材林的采伐量依然很大，2000 年全县竹木采伐量为 1560m^3，相对于研究区的森林覆盖率和喀斯特森林生物量水平，这并不是一个小数目。从表 16-6 也可看出，从 1987 年到 1999 年，针叶林、旱地、灌木林和草地 4 种类型之间相互转换的面积的比例都比较高。

由于特殊的地质、土壤环境，旱地成为研究区所有土地利用类型中最危险、相当不稳定的一种类型。旱地的变化直接反映了人地矛盾发展状况，一方面由于生存的压力，人们不断在不适合开垦的地方进行开垦，以获得粮食，另一方面，大范围的水土流失带走旱地的耕作土层，导致旱地快速石漠化，生产力大幅度下降而耕作难度上升，最后丧失耕作价值而被弃耕。旱地的动态变化指数高达 3.23% 正是研究区内生态系统不稳定、人地矛盾恶化的体现。

利用各乡镇土地利用变化结果，可以根据式（16-3）计算研究区各乡镇综合土地利用动态指数，见图 16-3。

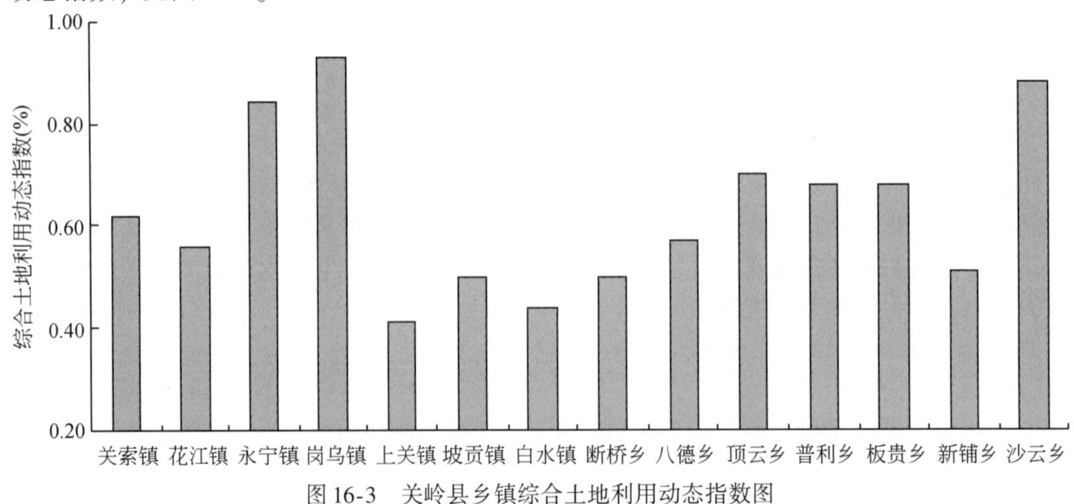

图 16-3　关岭县乡镇综合土地利用动态指数图

从图 16-3 可以看出，研究区各乡镇范围内土地利用的动态变化情况差别很明显，其中变化幅度最大的是永宁镇、岗乌镇和沙云乡等位于较高海拔地带的乡镇，而变化幅度较低的乡镇如上关镇、白水镇和断桥乡等海拔都比较低。将研究区各乡镇综合土地利用动态指数 LCI 和各乡镇平均高程在 SPSS 下进行相关分析，置信度为 0. 99 时，二者的相关系数为 0. 599，说明土地利用变化幅度与海拔有较明显的正相关关系。

位于海拔较高的中山山区地带的乡镇，针叶林和旱地的比例高，其中永宁镇也是研究区国有林场集中分布的地区，林场主要以经营杉树等针叶用材林为主，林场的林木采伐和空隙地造林是导致针叶林林地动态变化幅度大的主要原因。岗乌镇和沙云乡是研究区偏远的山区乡镇，地势高峻、坡度大、经济贫困、粮食短缺，因此坡地开荒普遍、石漠化旱地弃耕也很普遍，故这类乡镇的综合土地利用动态指数值也很高。而上关镇、白水镇和断桥乡，海拔较低，特别是白水镇和断桥乡是研究区内难得的低山河谷地带，生态环境较好，旱地比例较低，土地利用稳定。

16. 1. 4　土地变化分析：土地利用垂直重心变化

土地利用格局变化是指土地利用空间结构及分布状况的改变情况。土地利用格局变化一方面体现在土地利用类型的空间分布变化，另一方面则是关于土地的空间异质性即景观格局变化的探讨。

在一个时间序列里，受驱动和制约因素的综合作用，土地利用类型在空间上往往存在移动的现象和趋势。对土地利用类型移动的幅度和方向进行研究，能较好地把握人类活动的特点和环境变化的趋势，如许多学者（高志强等，1998；包玉海等，1999；王秀兰，1999；乌兰图雅，2000）通过对水平方向上的“耕地重心”进行计算，分析区域土地利用变化和人类活动的空间特点。而本节的研究区关岭县山地面积占 89%，山地环境特征显著，土地利用变化的主要限制因素及其变化方向都体现在垂直方向上，因此本节提出土地利用类型的“垂直重心指数”，分析研究区土地利用的空间变化情况。土地利用垂直重心指数计算公式为

$$H_k = \frac{\sum_{i=1}^{m} \sum_{j=1}^{n} E_{ij}}{A_k} \tag{16-4}$$

式中，H_k为某类土地利用类型垂直重心指数；E_{ij}为该类土地利用类型覆盖区域对应像元的海拔（m）；m、n 为研究区域数据范围行列值；A_k为该类土地利用类型总面积。

土地利用的垂直重心指数可以体现单一土地利用类型的空间变化，但不具备对整个区域土地利用格局变化的指示能力，如某类土地利用类型面积比例很小，小块土地类型在大高程变化幅度的影响下，该类土地利用类型的垂直重心会有很明显的变化，但并没有对整个区域土地利用的空间格局造成相应的重大影响。因此本节还采用了土地利用类型的高程指数 HA_k，即某类土地类型的高程与其面积的乘积，对研究区土地利用的空间变化情况进行分析。HA_k计算公式为

$$HA_k = \sum_{i=1}^{m} \sum_{j=1}^{n} E_{ij} \tag{16-5}$$

式中，E_{ij}为该土地利用类型覆盖区域对应像元的海拔（m）；m、n 为研究区范围内 DEM 行列值；像元大小仍然是 30m×30m^2。

将分类得到的两期土地利用分类图与 DEM 进行叠加，统计得到各土地利用类型的垂直重心、各土地利用类型分布的最大高度和 13 年间垂直重心的变化幅度等参数（表 16-7）。

表 16-7　关岭县各土地利用类型的垂直重心　　（单位：m）

项目	1 建设用地	2 水田	3 旱地	4 针叶林	5 阔叶林	6 灌木林	7 草地	8 水域
1987 年平均值	1044. 376	1076. 223	1019. 669	1348. 062	854. 6636	1128. 342	1206. 418	560. 431
1987 年最大值	1501. 08	1600. 2	1770. 9	1850. 6	1303. 2	1754. 7	1804. 3	1495. 3
1999 年平均值	938. 1169	1091. 476	1090. 061	1375. 216	818. 5562	1110. 054	1190. 309	568. 0561
1999 年最大值	1501. 08	1600. 2	1787. 2	1850. 6	1303. 2	1779. 3	1804. 3	1495. 3
变化幅度	−106. 258	15. 253	71. 392	27. 154	−36. 108	−18. 288	−16. 109	7. 62

从表 16-7 可知，1987～1999 年，各土地利用类型的垂直重心都有较明显的变化，反映了研究区 13 年的社会发展和人类活动的状况。

a. 建设用地重心有较大幅度下降

主要与研究区城镇的发展速度不均衡有关。在山区，海拔是影响城镇发展的一个重要因素，研究区 13 年间低海拔地区的城镇获得更快的发展。从影像解译结果来看，建设用地增长主要分布在断桥乡、上关镇、新铺乡和花江镇等海拔在 1000m 以下的乡镇，而永宁镇、普利乡和沙云乡等海拔 1400m 左右的乡镇城镇发展则缓慢的多。

b. 水田重心略有上升

主要是农田基础设施建设和灾害的结果。水田的分布也与海拔有密切关系，研究区低海拔的平地少，在长期的开发中，基本已经全部开发为水田。新增水田则是投入了大量资源进行农田基本建设、在较高海拔地区扩大灌溉能力的结果。水域的垂直重心升高主要就是在高海拔地区修建塘坝，以供应人畜饮水和农田灌溉。同时由于喀斯特环境的脆弱性，低海拔的水田容易受到泥石流和上部水土流失的侵害，水打沙壅，少部分低海拔的水田被毁坏。

c. 在各种土地利用类型中，旱地的垂直重心上升幅度最为显著

说明旱地类型的稳定性很低，旱地的土地利用动态指数高达 3. 23% 也说明了这点。长期的开发使得低海拔缓坡地带早已被开发为耕地，人口和经济的压力迫使人们在旱地上沿开荒，进行陡坡旱作。由于缺乏水保措施，水土流失严重，许多旱地短时期内土壤流失殆尽，无法继续耕作而被弃耕，需要在更高海拔地带开发旱地来补充。周而复始，使得旱地重心大幅度上升，随着旱地耕作区坡度的上升和耕作难度的增加，研究区内旱地耕作形式将更加严峻。

d. 林地主要分布在海拔高、可达性差的区域

在过去，林地也受到严重的破坏，许多地方退化为草地甚至开发为旱地。20 世纪 90 年代以来，关岭县开展了大规模的“天然林保护工程”和“珠防工程”，促进了森林恢

复。在空间上来看，主要为原来林业用地得到恢复，疏林幼林发展为成林，填补了林地内部的孔隙。高海拔地区受人类活动相对较小，恢复较快，因此垂直重心上升。

e. 阔叶林、灌木林和草地垂直重心都在下降，但原因各异

阔叶林主要为经济林，在 13 年间呈增长趋势，主要原因是产业结构调整，低海拔地区的部分旱地发展为油桐、石榴等经济林，同时相当多的幼林发展为成林，因此垂直重心下降。而灌木林在 13 年间也呈恢复趋势，也与关岭县的森林恢复工作有关，通过禁伐薪柴和封山育林，灌木林发展很快，低海拔的峰林峰丛地带尤其如此，故垂直重心下降。而草地垂直重心下降则是旱地弃耕的结果，缺乏水保措施的旱地耕作是山区水土流失最严重的土地利用方式，研究区土层薄，严重的水土流失很快使得旱地失去耕作价值而被弃耕，形成草地，所以草地的垂直重心也有明显的下降。

从以上分析可知，研究区各土地利用类型中，林业用地状况有改良趋势，说明由国家或集体主导的森林保护和恢复取得明显成效。农牧业用地则处于一个“开发—退化—弃耕”的恶性循环中，从人们放弃草地发展农业来看，这个恶性循环的基本驱动力为粮食需求（也就是生存需求）而不是经济增长的需求。生存需求是人们最基本的需求，这也是整个区域土地利用变化的基本驱动力，任何环境保护政策和生态重建方案的实施都必须考虑到这个因素。

利用式（16-5），计算研究区土地利用类型的高程指数变化情况，面积单位为 10^6 平方米，高程单位为米。结果见表 16-8。

表 16-8　1987 ~ 1999 年研究区土地利用类型的高程指数变化

指数	1 建设用地	2 水田	3 旱地	4 针叶林	5 阔叶林	6 灌木林	7 草地	8 水域
高程指数（10^6）	750	2 312	92 768	15 378	-91	32 635	-143 903	146

采用土地利用类型的面积为权重，计算土地利用类型的高程变化，结果显示研究区草地的分布面积和高度都有大幅度下降，而旱地面积和高度都大幅度上升，表明研究区旱地正向更高海拔的陡坡地段扩张，同时也有更多的旱地被弃耕为草地。针叶林和灌木林的高程指数也有明显上升，表明研究区 13 年间封山育林取得明显的成效，海拔较高地段的草地很多都发展为灌木林或针叶林。

在研究区内部，由于地理条件和人类活动的差异，土地利用的空间格局变化差别也很明显。各土地利用类型中，建设用地比例很小、水田和水域比较稳定，而旱地、针叶林、阔叶林、灌木林和草地 5 种类型占的面积比例较大，变化幅度也比较大，集中反映了区域人类活动和环境变化趋势，因此选择这几类典型土地类型，以乡镇为基本单位，对其变化进行对比分析。对 2 个时期各土地利用类型对应的高程数据集和乡镇多边形数据在 Erdas 下进行 Zonal Attributes 处理，得到各乡镇主要土地利用类型垂直重心变化情况（图 16-4）。

各乡镇主要土地利用类型的垂直重心变化总体特征如下：①旱地垂直重心在大部分乡镇范围内呈明显上升趋势。②针叶林垂直重心有升有降，变化幅度相差较大。③阔叶林垂直重心小幅度变化，略呈下降趋势。④灌木林垂直重心在大部分乡镇范围内表现为下降，幅度较大，少数乡镇表现为上升，幅度也比较明显。⑤草地垂直重心在大部分乡镇内下降，幅度较大，少数乡镇内表现为上升，幅度较小。

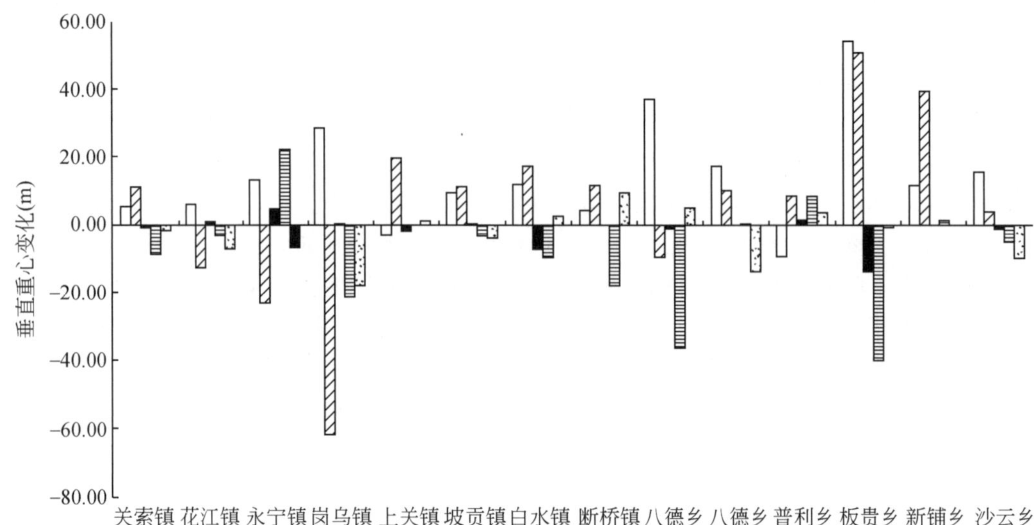

图 16-4　1987 年到 1999 年各乡镇主要土地利用类型的垂直重心变化情况

各土地利用类型垂直重心变化幅度较大的乡镇为岗乌镇、八德乡、板贵乡和新铺乡。岗乌镇的主要特点是旱地垂直重心明显上升，幅度超过 20m，针叶林和灌木林垂直重心都显著下降，下降幅度分别超过 60m 和 20m，草地垂直重心也明显下降，下降幅度也接近 20m。八德乡的主要特点是旱地垂直重心大幅度上升，上升幅度接近 40m，而灌木林垂直重心幅度明显下降，下降幅度也接近 40m。板贵乡也是一个剧烈变化的乡镇，旱地和针叶林垂直重心大幅度上升，上升幅度超过 50m，而灌木林垂直重心明显下降，幅度达到 40m。而新铺乡土地利用垂直变化也有明显的特点，就是针叶林垂直重心显著上升，而且上升幅度达到 40m。

仅采用土地利用类型的垂直重心指数可以很直观的了解研究区各乡镇的土地利用类型的空间变化情况，但分析过程中也可发现这个方法的局限性，如上面分析中就有这样的问题：新铺乡其他土地利用类型的垂直重心下降幅度并不明显，而针叶林的垂直重心则显著上升。究其原因就在于土地利用的垂直重心指数没有考虑面积的权重，结果面积比例小的土地利用类型（如新铺乡的针叶林）空间分布大幅度变化，在垂直重心指数变化上有明显的表现，而大面积土地利用类型（如新铺乡的旱地和草地）垂直分布的小幅度变化则没有显著体现出来，后者却真正代表着区域土地利用空间变化的特点和趋势，因此需要考虑面积权重，才能对研究区土地利用空间变化进行更加全面的掌握，即利用式（16-5）计算土地利用的高程指数，对其变化状况进行进一步的分析（表 16-9）。

表 16-9　研究区各乡镇主要土地利用类型的高程指数变化情况

乡镇	旱地（10^6）	针叶林（10^6）	阔叶林（10^6）	灌木林（10^6）	草地（10^6）
关索镇	-266.08	1 323.87	-34.09	3 337.09	-4 658.20
花江镇	4 098.34	3 060.96	-4.77	1 317.42	-9 513.46

续表

乡镇	旱地（10^6）	针叶林（10^6）	阔叶林（10^6）	灌木林（10^6）	草地（10^6）
永宁镇	6 618.40	2 912.15	-5.82	3 663.92	-13 312.82
岗乌镇	22 609.26	-2 324.77	47.89	4 669.39	-24 605.01
上关镇	-128.69	-278.24	0.52	2 010.73	-1 672.70
坡贡镇	-661.18	895.80	5.82	2 196.83	-2 544.28
白水镇	191.50	-129.45	12.17	1 311.86	-1 416.13
断桥乡	57.70	-81.79	32.31	4 243.61	-4 401.48
八德乡	1 221.09	670.94	23.00	1 443.91	-3 554.62
顶云乡	1 405.43	3 752.23	0.00	2 211.77	-8 161.18
普利乡	18 002.09	408.09	-6.98	1 736.08	-19 778.94
板贵乡	4 354.04	3 035.26	1 160.17	-447.04	-8 388.80
新铺乡	12 501.05	-252.64	-24.92	3 922.10	-16 172.29
沙云乡	12 667.84	-949.48	1.04	4 085.07	-16 100.55

将表 16-9 结果导入 SPSS 进行聚类分析，按照其相关性分为 4 种类型，其所包含乡镇和主要土地利用空间变化特点见表 16-10。

表 16-10　土地利用高程变化分区

类别	乡镇范围	主要特点
Ⅰ	关索镇、坡贡镇	灌木林高程指数明显上升、草地高程指数明显下降，其他类型变化幅度较小，土地利用形势相对而言有所改善
Ⅱ	花江镇、永宁镇、八德乡、顶云乡、板贵乡	基本上只有草地高程指数大幅度下降，其余类型高程指数都明显上升，土地利用变化复杂，形势不稳定
Ⅲ	岗乌镇、普利乡、新铺乡、沙云乡	最大的特点就是旱地高程指数大幅度上升，旱地向陡坡地段快速扩展，土地利用形势正加剧恶化
Ⅳ	上关镇、白水镇、断桥乡	除草地高程指数有一定程度下降外，其他类型高程指数变化不明显，说明该类区域土地利用比较稳定

高程指数及其变化的计算可以较详细的显示研究区各乡镇主要土地利用类型在垂直方向上的变化情况和对生态环境的影响趋势，但 5 个指数不易一目了然的显示各乡镇土地利用空间变化程度，因此本节提出土地利用的“综合垂直重心变化指数”，总体分析各乡镇的土地利用在垂直方向上的变化。

$$H_S = \sum_{k=1}^{n} |\Delta \mathrm{HA}_k| / A \tag{16-6}$$

式中，H_S为土地利用“综合垂直重心变化指数”，(m)；$\Delta \mathrm{HA}_k$为 k 类土地利用类型的高程指数变化值；n 为土地利用类型数；A 为对象区域面积。这个指数的含义是将区域内各类土地利用高程指数变化幅度取绝对值、求和，然后除以该区域的面积，得出与整个区域面积无关的高程变化幅度，故其单位为米。

利用式（16-6），计算各乡镇的“综合垂直重心变化指数”，结果见图 16-5。

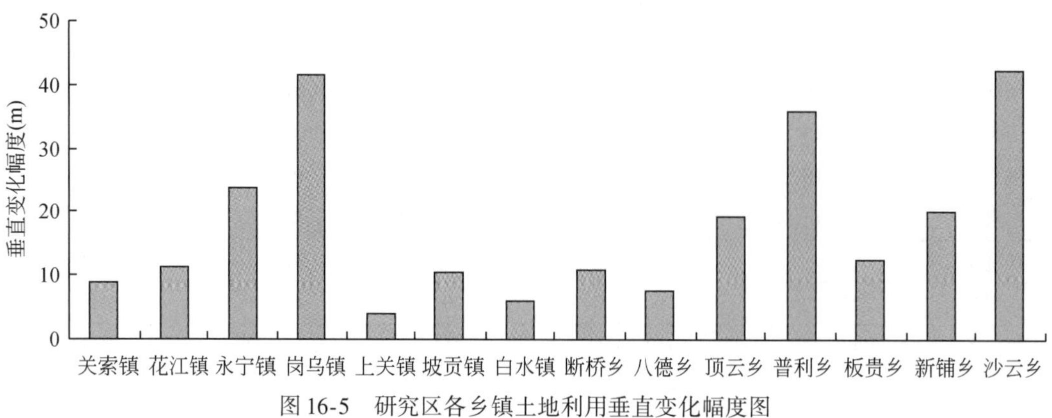

图 16-5　研究区各乡镇土地利用垂直变化幅度图

在垂直方向上，土地利用空间变化幅度最大的是沙云乡（42.29m）、岗乌镇（41.8m）和普利乡（36.04m），而变化幅度最小的乡镇为上关镇（3.9m）、白水镇（6.42m）和八德乡（7.85m）。在 SPSS 下对研究区各乡镇土地利用的垂直变化幅度和该乡镇的平均高程进行相关分析，置信度为 0.99 时，二者相关系数为 0.549，存在比较明显正相关关系，说明海拔越高的乡镇，土地利用的垂直变化幅度越大。

16.1.5　土地变化分析：景观格局变化

利用两个时期的 TM 影像和 ERDAS、Fragstats 等处理软件，对研究区景观的破碎度、多样性、优势度和连通性等格局特征进行分析，试图了解研究区土地利用变化过程中的景观格局及其变化情况。

景观破碎度指数 F 计算公式

$$F = N/A \times 100 \tag{16-7}$$

式中，N 为被测景观中斑块的总数目；A 为被测景观总面积。F 值越大，景观破碎化程度越大。在 Fragstats 中，景观面积单位为公顷，所以 F 的含义为“每 100hm^2 景观面积上斑块的个数”，即斑块密度。

景观多样性 Shannon 指数计算公式

$$\text{SHDI} = -\sum_{i=1}^{m}(P_i \cdot \ln P_i) \tag{16-8}$$

式中，SHDI 为 Shannon 指数；P_i 为景观类型 i 所占面积的比例；m 为景观类型的数目。SHDI≥0，值越大表示景观多样性越大。

景观优势度指数（dominance）Do 计算公式

$$\text{Do} = H_{\max} + \sum_{i=1}^{m} P_i \cdot \ln P_i \tag{16-9}$$

式中，$H_{\max}$ 表示最大多样性指数，$H_{\max} = \ln m$。Do 值小时，表示景观是多个比例大致相等的类型组成的，Do 值大时，表示景观只受一个或少数几个类型所支配，这个指数在完全同质性的景观中（$m=1$）时无用，此时 Do=0。本节研究中，景观类型主要为 8 类，因此 $H_{\max}=2.0744$。

景观类型连通度 CONNECT 计算公式

$$\text{CONNECT}=\left[\frac{\sum_{j\neq k}^{n} C_{ijk}}{\frac{n_i(n_i-1)}{2}}\right](100) \tag{16-10}$$

式中，C_{ijk}为 i 类斑块 j 和斑块 k 之间的连通状况（0 表示没连通，1 表示连通），基于用户自定义距离判断连通与否；n_i为景观中评价景观类别的斑块数目。结果范围为［0，100］，0 表示该类所有斑块两两之间的距离都大于用户定义的距离，100 表示所有斑块都在用户定义的距离内。景观格局分析信息源为 30m×30m 的 TM 影像，处理过程中经过 3×3 的均值滤波处理，同时考虑到研究区地形复杂破碎，地物尺度比较小，所以本节研究中将是否连通的距离范围定义为 90m，即 3 个影像像元大小的距离。

本节研究主要针对研究区景观的结构连通性而开展。在研究区 8 种主要景观类型中，针叶林植被覆盖度高、灌木林是主要的自然植被种子保留地，二者对动物的栖息和物种的保存、迁移具有较高的庇护功能，因此选择针叶林和灌木林分别计算其连通度，评价区域景观在功能和生态过程中的联系能力。

在开发历史悠久、农业开发程度很深的地区，景观破碎度往往是一个和土地经营集约化程度有密切关系的指标。一般而言土地经营的集约化程度越高，则景观破碎度越低。在研究区农业开发历史悠久，但人类经营活动强烈受制于地表环境和人类生存压力，因此研究区景观的破碎度体现了环境限制和人类压力的综合情况。在研究区范围内，景观破碎度越高，则生态环境所受的人类干扰也越高，人类开发利用程度也越大，而环境破坏程度也越高。

研究区内各土地利用类型的破碎化程度各不一样，因此首先利用式（16-7）计算研究区各土地利用类型的破碎度指数，结果见表 16-11。

表 16-11　1987 年和 1999 年关岭县土地利用类型的破碎度

年份	建设用地	水田	旱地	针叶林	阔叶林	灌木林	草地	水域
1987	38.18	22.63	12.02	17.27	27.39	14.81	5.79	9.52
1999	31.30	22.20	12.84	15.37	26.51	14.42	7.53	9.08

各土地利用类型中，建设用地的破碎化程度最高，这与研究区除了主要集镇建设用地集中分布外，其他居民点分布高度分散有关，由于处理过程中许多小的居民点无法提取或被滤波处理消除，因此建设用地的实际破碎度可能更高。阔叶林的破碎度指数也很高，这也与阔叶林的分散分布有关，由于研究区阔叶林的主要类型是经济林，来源主要是 20 世纪 80 年代农业产业结构调整时由旱地转变而来，分散经营的旱地导致阔叶林的经营和分布更加分散，因此破碎度指数也很高。在所有土地利用类型中，草地的破碎化指数属于最低，相对而言草地分布于自然条件更恶劣的地带，山高坡陡，人类相对干扰较小所致。1987～1999 年，除建设用地外（面积比例小，讨论中忽略），各土地利用类型的破碎度指

数变化最明显的是草地和针叶林，其中草地上升了 1.74，而针叶林的破碎度指数下降了 1.9，其他土地利用类型的破碎度指数则变化不大。其主要原因是草地遭到旱地的“蚕食”开发，由于草地所处地段的环境条件相当恶劣，旱地开发进展不均匀，因此导致旱地景观的破碎化进一步发展。而针叶林发展的总体趋势是恢复，许多林间空隙地被林地覆盖，故其破碎程度降低。这一结论也被旱地和灌木林破碎度指数的变化情况所证实。

利用 Frastats 3.3 计算研究区 14 个乡镇及县域范围内两个时期的景观格局参数及其变化情况，见表 16-12。

表 16-12　研究区各乡镇 1987 年和 1999 景观格局特征及变化情况

乡镇	1987 年景观格局特征指数					1999 年景观格局特征指数					1987～1999 年景观格局指数变化				
	破碎度指数	多样性指数	优势度指数	灌木林连通度	针叶林连通度	破碎度指数	多样性指数	优势度指数	灌木林连通度	针叶林连通度	破碎度指数	多样性指数	优势度指数	灌木林连通度	针叶林连通度
关索镇	15.73	1.5292	0.5502	0.1608	0.2551	15.11	1.5763	0.5031	0.1726	0.2299	-0.6149	0.0471	-0.0471	0.0118	-0.0252
花江镇	14.46	1.6065	0.4729	0.1800	0.3066	13.50	1.6448	0.4346	0.2000	0.2487	-0.9623	0.0383	-0.0383	0.0200	-0.0579
永宁镇	14.25	1.3896	0.6898	0.1901	0.2048	13.68	1.4500	0.6294	0.1980	0.2110	-0.5708	0.0604	-0.0604	0.0079	0.0062
岗乌镇	10.86	1.3648	0.7146	0.1413	0.4465	10.78	1.4250	0.6544	0.1528	0.3246	-0.0854	0.0602	-0.0602	0.0115	-0.1219
上关镇	15.27	1.5637	0.5157	0.2477	0.2104	14.27	1.5576	0.5218	0.2754	0.3039	-0.9919	-0.0061	0.0061	0.0277	0.0935
坡贡镇	16.92	1.4412	0.6382	0.3841	0.3808	15.71	1.4599	0.6195	0.4637	0.4417	-1.2078	0.0187	-0.0187	0.0796	0.0609
白水镇	16.33	1.4455	0.6339	0.5773	0.3175	15.40	1.4382	0.5802	0.6412	0.1422	-0.9366	-0.0073	0.0073	0.0639	-0.1753
断桥乡	17.30	1.5530	0.5264	0.2142	1.4493	17.50	1.5713	0.5081	0.3163	0.4926	0.1963	0.0183	-0.0183	0.1021	-0.9567
八德乡	13.36	1.4638	0.6156	0.3688	0.3604	14.25	1.4973	0.5821	0.3138	0.2688	0.8883	0.0335	-0.0335	-0.0550	-0.0916
顶云乡	14.34	1.4308	0.6486	0.2234	0.2983	13.58	1.5255	0.5539	0.2284	0.4111	-0.7610	0.0947	-0.0947	0.0050	0.1128
普利乡	10.91	1.2914	0.7880	0.1910	0.3861	11.20	1.3521	0.7273	0.1908	0.2645	0.2914	0.0607	-0.0607	-0.0002	-0.1216
板贵乡	10.45	1.4088	0.6706	0.3628	0.4012	10.89	1.4992	0.5802	0.3139	0.2463	0.4448	0.0904	-0.0904	-0.0489	-0.1549
新铺乡	10.48	1.2985	0.7809	0.1283	0.3953	10.84	1.3463	0.7331	0.1176	0.2646	0.3587	0.0478	-0.0478	-0.0107	-0.1307
沙云乡	12.62	1.3674	0.7120	0.1754	0.2345	13.06	1.4717	0.6077	0.1753	0.2302	0.4365	0.1043	-0.1043	-0.0001	-0.0043
关岭县	12.20	1.5178	0.5616	0.0183	0.0307	12.00	1.5724	0.5070	0.0188	0.0285	-0.1938	0.0546	-0.0546	0.0005	-0.0022

（1）研究区景观破碎度及变化

1999 年研究区整体破碎度指数为 12.00，平均斑块面积仅为 8.3hm^2，破碎度位于一个较高的水平。在区域内部，破碎度指数最高的是断桥乡（17.50）和坡贡镇（15.71），最低的为岗乌镇（10.78）和新铺乡（10.84）。断桥乡和坡贡镇都是自然条件相对较好的乡镇，草地比例小，而岗乌镇和新铺乡自然条件要差得多，草地比例高，因此前者的景观破碎度高而后者景观破碎度低。13 年期间研究区各乡镇景观破碎度总体趋势小幅度下降，但升高的乡镇也有断桥乡、八德乡、普利乡、板贵乡、新铺乡和沙云乡等 6 个乡镇，原因也是与这些乡镇草地面积大幅度下降直接相关。破碎度指数上升幅度最大的乡镇为八德乡（0.8883），而下降幅度最大的是坡贡镇（-1.2078）。土地利用类型的高程指数变化显示坡贡镇是研究区少数旱地面积下降的乡镇之一，而且草地面积无明显变化，灌木林和针叶林面积上升，因此可以认为坡贡镇景观破碎度下降是退耕还林的结果。

(2) 景观多样性和优势度变化

景观多样性指数评价的是景观类型的丰富程度，而景观优势度则是指各景观类型比例的均匀程度或少数类型对景观格局的支配程度，从数量上看，二者存在互补关系。1999年研究区景观多样性指数都处于较高水平，其中最高者为花江镇（1.6448）和关索镇（1.5763），而最低者为新铺乡（1.3463）和普利乡（1.3521），而优势度指数表现则刚好相反。1987～1999年，研究区景观多样性指数有小幅度上升而优势度小幅度下降，变化幅度为0.0546。景观优势度下降的主要原因是优势景观类型草地的比例下降而旱地等比例上升，使得景观类型的比例区域均匀所致。

(3) 灌木林和针叶林连通度变化

灌木林和针叶林是物种保存和动物栖息的主要景观类型，这两类景观的连通度变化将显著的影响着区域景观的生态保护功能。从数量上看，这两类景观的连通度都处在较低的水平，但针叶林比灌木林要高得多。从区域分布看，针叶林主要分布于研究区中北部的山区，分布比较集中；而灌木林则在研究区各个位置都有比较广泛的分布，分布比较均匀而分散，因此连通度要小得多。1987～1999年，灌木林的连通度表现为小幅度上升而针叶林的连通度小幅度下降。其原因是灌木林由于封山育林进行自然恢复，在空间上表现为自然的蔓延扩展，其斑块之间进行充实，因此连通性表现为升高；而针叶林的变化受采伐和抚育的综合影响，变化趋势难以确定，尽管面积上有所增长，其连通度也可能下降。

16.1.6　小结

1）研究区的土地利用类型可以分为建设用地、水田、旱地、针叶林、阔叶林、灌木林、草地和水域等，其中草地、灌木林和旱地为主要地物，三者比例之和占研究区总面积的80%以上，而水域和建设用地比例则小于1%。1987～1999年研究区旱地面积明显上升，针叶林、阔叶林、灌木林和水田面积比例小幅度上升，而草地面积比例明显下降。土地利用动态变化明显，综合土地利用动态指数为0.64%，其中针叶林、旱地和草地等类型的综合土地利用动态变化幅度最大。区域内土地利用动态变化程度与高程有较明显的正相关关系，海拔越高的乡镇，土地利用动态变化越明显。

2）本节提出的土地利用垂直重心指数可以很好的评价山区土地利用的空间变化情况，13年间研究区旱地垂直重心上升了71.392m，而草地则垂直重心下降了16.109m。其原因笔者认为是人们对粮食的需求导致较高海拔地区的草地被开垦为旱地，而严重的水土流失则导致旱地土壤大量流失，丧失了耕作条件而被弃耕为草地，区域土地利用形势日趋严峻。土地利用类型的垂直重心和面积结合处理，可以更准确的分析山区环境下土地利用的空间变化。在此基础上计算的区域土地利用的空间变化幅度依然与高程有较明显的正相关关系。

3）对研究区景观的破碎度、多样性、优势度和连通度进行了计算。结果显示研究区景观已经相当破碎，草地的开发导致景观破碎度进一步增加，同时导致景观优势度降低。封山育林和植被恢复则导致灌木林和针叶林的破碎度小幅降低，前者的连通度也随之小幅度上升但后者的连通度则表现为下降，原因是前者属于自然恢复而后者属于人类对林场的经营结果。

16.2 石阡县土地变化情景模拟

本节构建基于 GIS 的随机模型并将其应用于贵州省石阡县土地变化情景的模拟。

16.2.1 数据与方法

石阡县位于贵州黔东山地丘陵亚区，面积约 1835 km^2。海拔介于 389～1823 m，地表起伏大。常年湿润季风气候，年均气温 16.9℃（7 月平均最高值为 28℃，1 月平均最低值为 4℃），年降水约为 2500 mm。土地利用类型较单一，主要为耕地、林地及草地，约占 90%，荒地主要是由于土地退化形成的石灰岩（喀斯特）裸露地表。该区域内土地利用变化受自然条件约束较大，社会经济干扰小，因而易于用随机模型模拟其土地利用变化。

（1）数据

本节所用的基础数据如下：1988 年 4 月及 2001 年 9 月的 TM（ETM）遥感影像；比例尺为 1∶25 000 的石阡县地形图以及 30m 分辨率的 DEM。由此基础数据，派生出海拔、坡度、距河流距离、距道路距离以及周围 3×3 栅格内相同土地利用类型的个数。这些因子的分级如下。

海拔：4 级（<600 m，600～850 m，850～1100 m，>1100 m）。

坡度：4 级（<8°，8°～16°，16°～25°，>25°）。

距河流距离：4 级（0～200 m，200～400 m，400～600 m，>600 m）。

距主要道路距离：4 级（0～400 m，400～800 m，800～1200 m，>1200 m）。

周围 3×3 栅格里与中心土地利用类型相同的单元个数：3 级（0～2，3～5，6～8）。

最终数据全转化为 ArcGIS Grid 格式，在统一了坐标系及投影方式后，将空间分辨率重采样，栅格大小调整为 90m。

（2）GIS-随机模型

GIS-随机模型的核心部分是 Markov 转移过程，它可以用式（16-11）表达

$$n_{t+1}=Pn_t \tag{16-11}$$

式中，n_t是第 n 类（共分 m 类）土地利用类型在 t 时刻的数量；n_{t+1}是在 t+1 时刻的数量；P 是该类土地利用在 t 时刻到 t+1 时刻的转移矩阵。该模型用 C++6.0 编写。首先随机选取 22 000 个栅格（约占总栅格数 10%），结合上述自然因子，建立了 1988～2001 年土地利用转移概率。接着在 1988 年土地利用的基础上，运用该土地利用转移概率在模型中模拟 2001 年土地利用，并与实际进行比较。最后根据 2001 年土地利用图，模拟 3 种不同情景下 2014 年土地利用变化的空间格局。模拟时间定为 2014 年，是由 1988～2001 年的 13 年间隔所决定。其中，模拟结果的验证，既检验数量上的差异，同时也检验空间差异。空间差异的对比主要是分析不同因子分级上的拟合情况。因此在考虑数量、空间两方面都准确的情况下，一般来说，模拟精度能达到 90%，就算较为理想的结果。

16.2.2　土地转移概率

根据随机采样的栅格计算出 1988 ~ 2001 年土地利用转移概率（表 16-13）。从表中可以发现，在不同地类的相互转化中，由耕地转移为草地，由林地转化为耕地、草地以及由草地转移为耕地、林地发生的概率较高。进而以林地为例（表 16-14），分析林地在不同因子分级范围内的转移情况（其他土地利用类型，如农地、草地等因篇幅所限文中未列，但分析方法同林地）。

表 16-13　基于栅格随机抽样的石阡县土地利用转移矩阵（1988 ~ 2001 年）（单位:%）

1988 年＼2001 年	耕地	林地	草地	水体	建设用地	荒地
耕地	7. 88	1. 4	6. 31	0. 1	0. 16	0. 79
林地	4. 84	37. 75	10. 57	1. 01	0. 38	1. 46
草地	5. 53	5. 97	6. 28	0. 12	0. 22	1. 73
水体	0. 37	0. 82	0. 04	1. 18	0. 03	0. 01
建设用地	0. 09	0. 03	0. 18	0. 04	0. 31	0. 02
荒地	1. 08	0. 25	2. 59	0. 02	0. 05	0. 39

表 16-14　随机抽样下林地在不同自然要素范围内的转移矩阵（1988 ~ 2001 年）（单位:%）

因子	耕地	林地	草地	水体	建设用地	荒地
海拔（m）						
<600	1. 8	1. 6	1. 9	0. 1	0	0. 1
600 ~ 850	4. 7	23. 9	10. 7	0. 9	0. 1	1. 3
850 ~ 1100	1. 8	31. 1	8. 1	0. 7	0. 6	1
>1100	0. 2	8. 3	0. 9	0. 1	0	0. 1
坡度（°）						
<8	2. 8	8. 4	3. 9	0. 1	0. 1	0. 4
8 ~ 16	3. 4	23. 2	8. 1	0. 5	0. 4	1. 2
16 ~ 25	1. 9	22. 7	6. 1	0. 7	0. 2	0. 7
>25	0. 4	10. 6	3. 4	0. 5	0	0. 2
距河流距离（m）						
<200	3. 8	14. 9	6. 2	0. 5	0. 2	0. 7
200 ~ 400	2. 1	16. 6	4. 1	0. 5	0. 1	0. 5
400 ~ 600	1. 5	12. 3	5. 1	0. 3	0. 2	0. 6
>600	1. 1	21. 1	6. 2	0. 5	0. 2	0. 7

续表

因子	耕地	林地	草地	水体	建设用地	荒地
距道路距离（m）						
<400	0.6	2.4	1	0.2	0	0.2
400～800	0.5	1.9	1	0.1	0	0.3
800～1200	0.5	2.6	1	0.1	0.1	0.1
>1200	6.9	58	18.6	1.4	0.6	1.9
周围相同土地利用栅格数						
0～2	1.9	2.5	2.3	0.3	0.1	0.6
3～5	3.6	13.2	7.6	0.6	0.3	0.7
6～8	3	49.2	11.7	0.9	0.3	1.2

从表16-13可知，林地转化为耕地的地区，多在海拔600～850 m这一范围，坡度多集中在25°以下；与主要河流的距离较近（多在600 m以内），而远离主要交通线，周围的林地栅格数较多，说明是先前该地区主要是林地集中地区。而林地转化为草地的地区，主要集中在海拔600～1100m，坡度多在8～25°，与主要河流的距离差异不明显，但是主要转化地区远离主要道路，且先前主要为林地（周围林地栅格数较多，说明是在林地集中区转化）。此外，还有小部分林地转化成了水体、建设用地和荒地。因数量较少，故在随机模型的转化规则里，给予较小的转化概率。

表16-15是实际与模拟的2001年土地利用数量对比，表中水体的相对差较大(-0.10)，其余的都小于0.1。表16-16是模拟的土地利用的其中一类：林地在不同影响因子下的各级的空间分布对比，总体结果显示较为理想，图16-6（a）～图16-6（b）分别是实际与模拟的2001年土地利用图。

表16-15　石阡县土地利用实际与模拟对比

土地利用类型	实际面积（A_{act}）（km^2）		模拟面积（A_{sim}）（km^2）	相对差异
	1988年	2001年	2001年	
耕地	305（16.6%）	370（20.2%）	328（17.87%）	-0.06
森林	1068（58.2%）	848（46.2%）	975（53.13%）	0.07
草地	325（17.7%）	478（26.0%）	401（21.85%）	-0.09
水体	44（2.4%）	45（2.5%）	37（2.02%）	-0.10
建设用地	13（0.7%）	18（1.0%）	16（0.82%）	-0.09
荒地	80（4.4%）	76（4.1%）	78（4.31%）	0.02

注：括号中为所占比例，下同

表 16-16　90 m 分辨率下林地实际与模拟栅格数在不同自然要素的分布情况

自然要素	林地			相对差异
	实际栅格数（N_{act}）		模拟栅格数（N_{sim}）	
	1988 年	2001 年	2001 年	
海拔（m）				
<600	7 281	4 367	5 892	0. 15
600～850	54 627	36 469	45 627	0. 11
850～1100	57 239	50 740	54 984	0. 04
>1100	12 705	13 114	13 867	0. 03
坡度（°）				
<8	21 360	14 647	18 031	0. 10
8～16	46 790	36 967	42 340	0. 07
16～25	42 909	35 825	37 756	0. 03
>25	20 793	17 251	22 243	0. 13
距河流距离（m）				
<200	34 552	22 620	27 826	0. 10
200～400	31 706	24 126	25 902	0. 04
400～600	25 896	21 060	24 314	0. 07
>600	39 698	36 884	42 328	0. 07
距道路距离（m）				
<400	5 225	3 590	4 795	0. 14
400～800	5 166	3 724	4 834	0. 13
800～1200	5 279	4 013	4 948	0. 10
>1200	116 182	93 363	105 793	0. 06
周围相同土地利用栅格数				
0～2	9 135	12 148	11 640	-0. 02
3～5	34 927	25 352	33 565	0. 14
6～8	87 790	67 190	75 165	0. 06
合计	131 852	104 690	120 370	0. 07

16. 2. 3　土地变化情景模拟

利用经过验证的模型中的转移矩阵，作为预测 2001～2014 年土地利用转移矩阵的基础，并在此基础上添加部分未来可能遇到的情景，形成 3 种不同的转移矩阵，在此基础上模拟 3 种未来不同的变化情景。模拟了 3 种可能出现的土地利用格局，每个情景的限制见表 16-17。对应的土地利用图见图 16-6（c）～图16-6（e）。表 16-18 是模拟的土地利用类型数量比较。

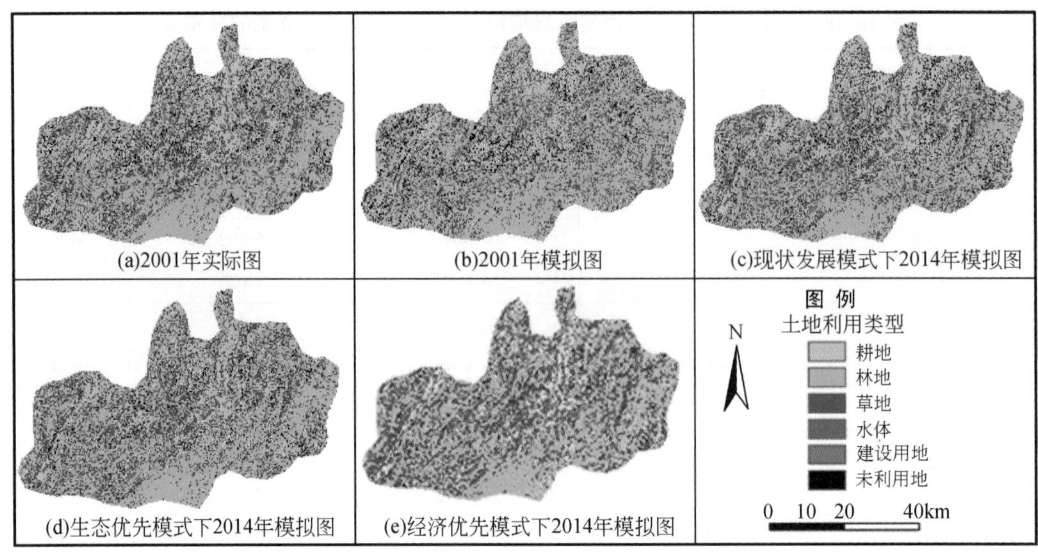

图 16-6 石阡县土地利用格局

表 16-17 不同模拟情景下土地利用变化的限制（部分）

现状发展模式	生态优先模式	经济优先模式
坡度 > 8°的耕地必须转为林地或草地（由周围的土地利用决定）	坡度 >16°的耕地必须转为林地	坡度 < 16° 的荒地极易转化为建设用地
坡度 < 16° 的林地很可能转为耕地或建设用地	耕地完全不能转为建设用地	距道路距离 < 400 m 荒地极易转为建设用地
坡度 >16°的草地退化为荒地的概率很大	距道路距离 < 400 m 的林地不能转化为建设用地	距道路距离< 400 m 的林地极易转为建设用地和耕地
海拔 < 1100 m 的地方土地变化与海拔无关	距道路距离 > 800 m 的水体得到严格保护	距河流距离< 200 m 的草地转化为耕地的概率是保持不变的 2 倍
周围相同土地类型数目较少的会向相同数目较多的转化	坡度 >16°的草地保持不变的概率是退化为荒地的 3 倍	当距道路距离> 800 m 时，道路对土地利用类型变化没有影响

表 16-18 2001 年与 2014 年土地利用数量比较 （单位：km^2）

土地利用	2001 年	2014 年		
	实际	现状发展模式	生态优先模式	经济优先模式
耕地	370（20.2%）	402（21.91%）	345（18.80%）	443（24.14%）
森林	848（46.2%）	783（42.67%）	861（46.92%）	732（39.89%）
草地	478（26.0%）	495（26.98%）	506（27.57%）	454（24.74%）
水体	45（2.5%）	39（2.13%）	48（2.62%）	35（1.91%）
建设用地	18（1.0%）	47（2.56%）	20（1.09%）	83（4.52%）
荒地	76（4.1%）	69（3.76%）	55（3.00%）	88（4.80%）

其中，现状发展模式是指不同地类间的转移规律基本依照过去的变化矩阵发展而得到的土地利用空间格局；生态优先模式则是突出了在保护耕地和林地、防止水土流失和土地退化以及等情景下的土地利用空间格局；经济优先模式则是突出社会经济建设对各地类之间转化的影响，尤其是大量耕地、林地转化为建设用地和林地、草地转为耕地等。

以上模拟尚有一定局限性。我们假设 2001 ~ 2014 年土地利用变化的基本转移概率与 1988 ~ 2001 年的相同，仅是针对 3 种不同情景作了部分调整，但是实际中基本转移概率本身就有很大变化，这是 3 种不同情景模拟所无法预见的。此外，与建设用地变化相关的因子——距道路的距离也被我们以原始数据为准，假设为固定不变，而随着道路建设的发展，变化很大。最后，土地利用变化转移概率是通过遥感影像计算获得，并未涉及当时正在进行的变化过程，使得最初的转移概率就存在一定误差。

第 17 章　县域土地变化的生态效应

土地变化的生态效应直接表现在自然景观、土壤侵蚀和生物净第一性生产力的变化上。本章以关岭县为例，从这 3 个方面的变化探索县域土地变化的生态效应。

17.1　景观退化分析

喀斯特地区景观退化的典型表现是石漠化，呈现触目的岩石裸露景观。但由于这些地区地表破碎、地物空间尺度小、混合像元比例高，常规遥感方法很难全面定量监测，而线性光谱分离技术则具备独到的优势。本节尝试利用线性光谱分离技术对关岭县景观退化状况进行定量研究。

17.1.1　研究方法

（1）线性光谱分离技术

混合像元分离处理必须基于地物光谱混合模型。地物光谱混合模型主要有 5 种：线性模型、概率模型、几何光学模型、随机几何模型和模糊分析模型，其中线性模型是应用最广泛。线性光谱分离技术（linear spectral unmixing）是基于线性模型，认为影像上混合像元值为地物光谱反射值的线性组合，从而可以对混合像元进行分解，得出各类地物丰度，在亚像元尺度上探测区域土地覆被状况的变化。在缺乏地面实测资料的情况下，该技术可以直接确定植被覆盖率，用于 USLE 方程计算水土流失。线性光谱分离技术处理得到的是土地覆被状况的定量结果。

遥感影像像元特征是地表不同地物反射光谱的综合反映，各地物光谱混合过程一般认为是非线性过程。在地物单元面积比较大的情况下，也可以认为到达传感器的光子只与唯一的地物发生作用，这种单一的地物被称为“终端单元”（endmember），其余影像像元值为终端单元光谱反射值的线性组合。具体操作中，消除了大气和其他技术因素的影响后，影像像元值可以认为是裸露的土壤、岩石、水体、植被、植被的阴影等的混合反射，由构成像元的终端单元的光谱亮度值以其所占像元面积比例为系数的线性组合，通过求解线性方程就可以确定每类地物的丰度（图 17-1）。

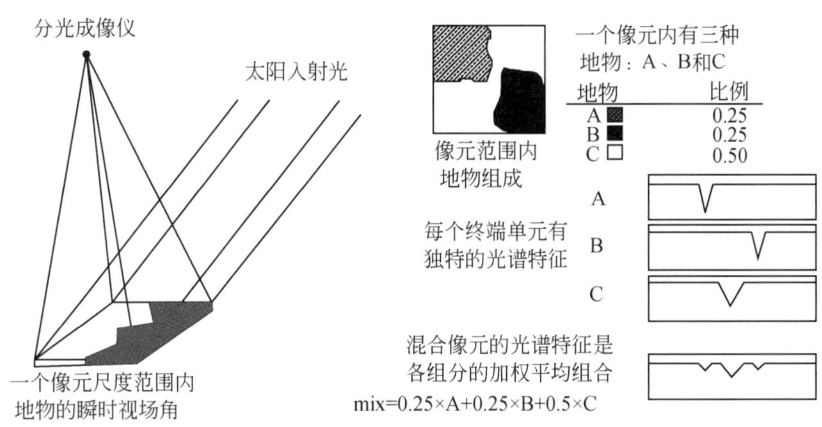

图 17-1　线性光谱混合模型示意图

线性混合模型表达式：

$$R_i = \sum_{j=1}^{n} F_j \cdot \mathrm{RE}_{ij} + \varepsilon_i$$

$$\sum_{j=1}^{n} F_j = 1 \tag{17-1}$$

式中，R_i是混合像元在 i 波段上的反射值；RE_{ij}是地物组分 j 在 i 波段上的反射值；F_j表示 j 地物在混合像元面积中的比例；ε_i表示 i 波段对应的残差值。

终端单元的收集是线性光谱分离的关键步骤，终端单元的来源主要有两种，实验室光谱库提取和影像训练光谱提取。在缺乏野外实测研究的条件下，终端单元必须从影像训练光谱中获得。

（2）影像像元分离

本节涉及的线性光谱分离技术的主要操作都在北京大学地表过程分析与模拟教育部重点实验室安装的 ENVI 3.5 中完成，ENVI 是美国 RSI 公司（Research System Inc.）开发的专业遥感信息处理软件。利用 ENVI 3.5 进行线性光谱分离处理的主要过程包括数据预处理、MNF（minimum noise fraction）变换、PPI（pixel purity index）处理、终端单元的收集、线性光谱分离、结果的检验与校正等，过程见图 17-2。

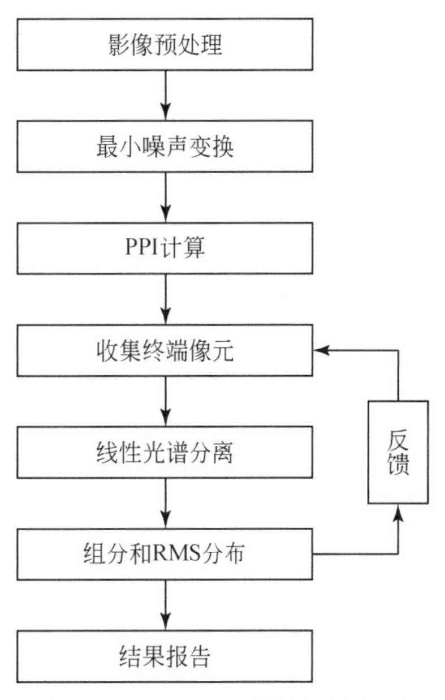

图 17-2　线性光谱分离技术流程图

MNF 被称为“最小噪声分离法”，是主成分变换的一种，由格林等人于 1988 年提出，不仅可以通过去相关处理降低数据量，还可以分离噪声，用于计算数据的有效维数。通过目视比较，筛选出有效成分进入 PPI 处理。

“纯净”像元是指影像像元对应的地表要素为单一类型的像元，PPI 计算结果是像元纯净指数的空间分布图，值越大，表示入选纯净指数的次数越多，也表示该像元在多波段影像空间里表现越独特。

利用PPI结果进行终端单元收集的方法主要有两种，一种是将PPI进入MNF空间进行N维散度分析，在MNF空间旋转变换中，在PPI空间多面体的顶点取得终端单元。另一种方法是显示PPI在两个MNF主成分坐标里的空间分布，在多边形顶点处得到合理的终端单元。

线性光谱分离。利用上面分离出的终端单元，进行线性光谱分离处理，得到各终端单元所代表地物的丰度和RMS（root mean square）空间分布图。

结果检验与校正。理想状态下，线性光谱分离结果要求各地物空间分布值在0和1之间，RMS值主要由噪声组成，在空间上分布应该没有规律，值尽量小。但在实际操作中，由于区域内没有所谓的“纯净像元”，可能会有极少数像元分离值大于1或小于0。按照这个要求对终端单元进行调整甚至重新选取是非常必要的。

两个时相各6个波段TM影像经过预处理后，进行MNF变换，得到6个MNF主成分，经目视检验分析，前3个主成分包含了影像绝大部分信息，后3个主成分主要由噪声组成，选取前者进入像元纯度指数计算（PPI）。利用像元纯度指数在MNF主成分空间的分布结果，选取终端像元。像元纯度指数在多维MNF主成分空间里呈大致的四面体结构，顶点位置分别对应研究区域影像上4种主要地表覆被类型：植被、裸岩、裸土和阴影等，在每个顶点区选择3~7个点作为该类地物的训练区，以其平均值作为该类地物的终端单元，其光谱反射特征均值见图17-3。由于PPI多面体的顶点“圆滑”，因此终端单元的选取方式并不唯一，而且会导致分离结果不完全落入0和1之间。四面体上有个不规则的小突起，对应地物为水体，水体在整个研究区域中总面积比例在1%以下，对整个区域而言，不是一种有效的组分，因而不进入终端单元。

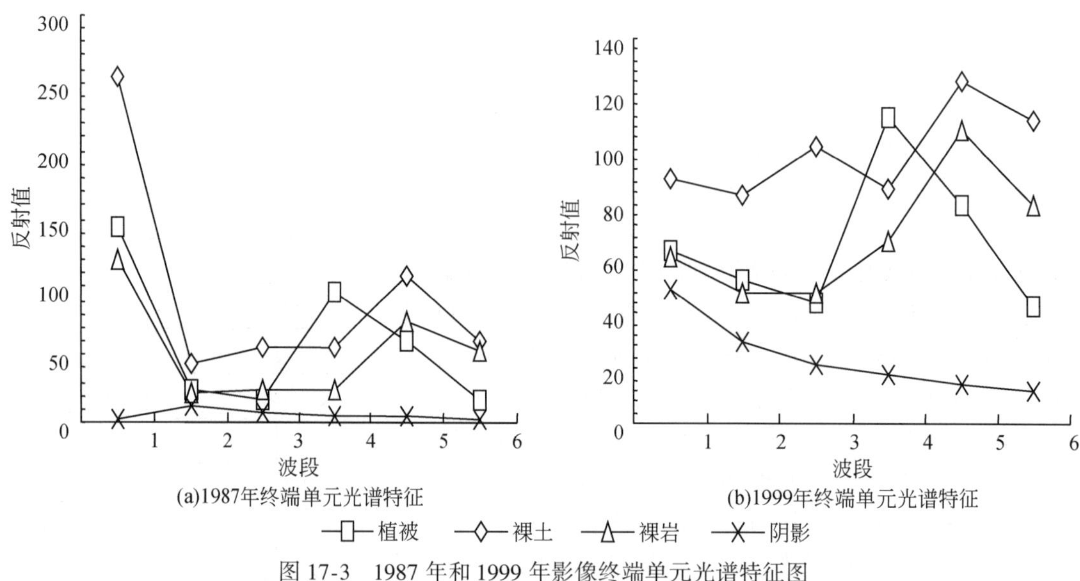

图17-3　1987年和1999年影像终端单元光谱特征图

以上4类终端单元及其组分虽然没有涵盖研究区所有地物类型，但对区域土地覆被研究的最终意义——区域生态环境变化监测来说，这种方法提取了喀斯特地区土地覆被变化监测中至关重要的3个指标：植被覆盖率、裸土覆被率和裸岩覆被率。喀斯特地区土地退化的最主要问题在于水土流失，土壤裸露比例和区域水土流失程度和空间分布密切相关，而裸岩覆被率则直接表示地表石漠化程度。

利用上面收集的终端单元，分别对 1987 年和 1999 年各 6 个波段的 TM 影像进行线性光谱分离，得到各自裸土、裸岩、植被、阴影和 RMS 的数量及空间分布。

表 17-1 数量对比显示：从 1987 年到 1999 年，研究区裸土覆被率大幅度下降，下降幅度达 12.15%；植被和裸岩覆被面积有明显上升，其中裸岩比例上升 4.08%，植被覆盖率增加 5.97%。表明研究区水土流失量在下降，植被恢复效果明显，同时水土流失造成的石漠化面积也在明显增加。

表 17-1　1987 年和 1999 年研究区影响线性光谱分离结果　　（单位：%）

年份	裸露土壤	裸露岩石	植被	阴影	RMS
1987	31.45	22.50	10.70	36.89	-1.54
1999	19.30	26.58	16.63	34.81	2.68

（3）线性光谱分离技术的适用性分析

一般认为，NDVI 和缨帽变换的第二通道结果可以有效探测区域植被覆盖状况。本节将线性光谱分离的植被分量与 NDVI 及缨帽变换的第二通道结果分别进行了比较，可以很容易看出三者具有良好的相关性。在置信度 $\alpha = 0.99$ 的情况下，其相关系数分别为 $r_{\text{Veg\_ NDVI87}} = 0.926$；$r_{\text{Veg\_ TP287}} = 0.806$；$r_{\text{Veg\_ NDVI99}} = 0.812$；$r_{\text{Veg\_ TP299}} = 0.958$。统计回归方程为

$$
\begin{aligned}
C_{\text{Veg87}} &= 1.04 \cdot \text{NDVI}_{87} + 0.030\,24;\; C_{\text{Veg87}} = 0.010\,107 \cdot \text{TP2}_{87} + 0.568 \\
C_{\text{Veg99}} &= 1.322 \cdot \text{NDVI}_{99} + 0.059\,61;\; C_{\text{Veg99}} = 0.0564 \cdot \text{TP2}_{99} + 0.399
\end{aligned}
\tag{17-2}
$$

式中，C_{Veg} 为植被分量；87、99 为年份；NDVI 为归一化植被差异指数；TP2 为缨帽变换第二通道结果。

由于一般方法缺乏有效提取地面裸土和裸岩等方面定量指标手段，而利用线性光谱分离技术可以直接提取土地覆被状况的植被覆盖率、土地裸露率和基岩出露率等关键指标，非常适用于喀斯特地区的土地覆被评价。在缺乏相关地面资料修正的情况下，线性光谱分离技术可以直接确定区域植被覆盖度和土壤裸露程度，还可得出石漠化程度的定量结果。在石漠化问题日益严重而基础研究薄弱的喀斯特地区，利用该技术进行生态环境评价具有明显的优势。

线性光谱分离技术研究区域土地覆被目前难以解决的问题主要有两个：影像阴影的影响和典型地物的选择问题。

研究区阴影主要来源有 3 种：一是高大山体阻隔，背阴坡坡地到山顶仰角大于影像拍摄时的太阳高度角，在影像上形成完全的阴影区，只有周边地区大气漫发射，接受不到太阳直接辐射，没有地物信息；二是背阴坡山坡仰角小于太阳高度角，接受到的光照强度随着二者角度差的接近而减弱，有地物信息但亮度值降低；三是地物阴影，如植被、崎岖的地表产生的局部阴影等。

阴影是困扰遥感影像处理的重大难题，目前没有特别有效的消除方法，“比值法”和“阴阳坡归一化法”可以部分消除阴影的影响，但会造成其他信息的丢失，如湿度信息，

而且两种方法对前面提到的第一类阴影区无能为力。本节研究中，阴影的处理都是将阴影入选为一类终端单元，将难以确定的阴影影响限制在“阴影类型”的变量范围内。这种处理方式最大限度地尊重了遥感影像的客观性，但分离结果与区域阴影区实际状况还是有较大的差异，也给本节后期的相关工作造成了比较明显的影响。

终端单元的选取途径有两类，通过光谱库或通过影像训练获取。由于地物、区域环境和影像质量状况千差万别，普适的光谱库很难实现，实际研究中通常采取通过影像训练提取的办法。影像训练提取的终端单元对应的地物需要在各个波段上有“极端表现”，许多重要地物如城镇则难以入选，造成线性光谱分离技术在都市区或快速城市化地区应用上受到一定限制。

17.1.2 景观退化格局分析

(1) 景观变化总体趋势

将两期土地利用现状图和线性光谱分离处理得到的土地覆被状况图进行叠加处理，统计得出研究区各土地利用类型的覆被变化情况（表 17-2）。

表 17-2 1987 年和 1999 年研究区各土地利用类型的土地覆被变化 （单位:%）

指标	年份	建设用地	水田	旱地	针叶林	阔叶林	灌木林	草地	水域
植被覆盖率	1987	2.81	25.71	11.07	6.88	17.46	8.80	9.34	4.10
	1999	14.91	26.84	17.25	12.73	35.28	14.76	14.55	12.19
土壤裸露率	1987	50.15	36.00	37.79	21.65	42.56	26.68	29.78	58.90
	1999	32.28	34.03	22.09	10.50	18.33	14.26	19.16	31.75
基岩出露率	1987	6.34	6.80	31.20	14.95	26.79	10.50	27.26	0.90
	1999	5.64	6.89	39.55	12.03	37.62	13.54	31.27	1.98

从表 17-2 可以看出研究区 1987 年和 1999 年不同土地利用类型的土地覆被状况的几个变化特点。

1）水土流失与土地裸露程度密切相关，所有土地利用类型中，裸土覆被率都明显下降，说明研究区水土流失总量在减少。植被覆盖率也有较明显的增加，表明进入 20 世纪 90 年代以来，当地植树造林和植被恢复已取得较明显的效果。

2）但在水土流失总量减少的大背景下，基岩出露率也在明显上升，因为许多地段土壤已流失殆尽，即使土壤流失正在减少的地段，也在形成新的裸岩地，石漠化程度加剧。

3）旱地的裸土覆被率高，土层扰动频繁，是水土流失最严重的地方。研究区分离结果显示，13 年间旱地的裸土覆被率明显下降，植被覆盖率上升，基岩出露率从 31.2% 上升到 39.55%。笔者根据实地考察认为，旱地植被覆盖率上升的主要原因是耕作制度的变化，如旱地冬季作物面积的扩大，部分原因则是农田设施建设如“坡改梯”和旱地灌溉。裸土覆被率下降显著一方面的原因是植被覆盖率上升，另一方面则是部分旱地地段土壤流失殆尽，形成新的裸岩地段，分离结果中旱地的基岩覆被率上升也证实了这点。

4）表 17-2 中针叶林植被覆盖率处在较低水平，是因为喀斯特地区林地除了少数“风水林”外，主要分布在地形陡峭、人类耕作不容易达到的地段，土壤瘠薄，立地条件恶劣，故林地的植被盖度比较低。技术上的原因则是地形陡峭的地段，在线性光谱分离处理中，受阴影影响比较大，使植被覆盖度表现偏低。

5）阔叶林主要为经济林，由于产业结构调整，从旱地发展而来，大面积裸露土壤很快流失，石漠化快速发展，同时经济林的成长，植被覆盖率也明显上升。如果林地可以保持，估计石漠化到一定程度将不会进一步发展，但付出的土壤侵蚀代价仍相当沉重。

6）喀斯特地区的草地多位于自然条件恶劣的地带，草被盖度低、产草量低、自然恢复困难，同时受持续的开垦和放牧的影响，石漠化程度日益加剧。

7）在各种土地利用类型中，除阔叶林外，旱地和草地的裸岩覆被率高而且上升明显，说明旱地和草地是喀斯特地区最容易发生石漠化的土地类型，“旱作—水土流失—石漠化”和“过度放牧—草地退化—石漠化”是喀斯特地区最危险的两类土地退化方式。和全国其他地方相比，喀斯特地区土层瘠薄，13 年的水土流失就会导致许多地段土壤全部流失，产生石漠化的灾难性后果。

总而言之，研究区两期 TM 影像线性光谱分离的结果对比显示，喀斯特地区的土地覆被状况呈现一种危险的局面：尽管植被覆盖率在上升，但土壤也在大量流失，石漠化快速发展。虽然土壤侵蚀的总量在减少，其主要原因则是土壤以及流失殆尽而“无土可流”，这是喀斯特地区土壤侵蚀问题更危险的地方。在各土地利用/土地覆被类型中，旱地耕作和经济林仍然是石漠化发展最快的土地利用方式，旱地的水土保持还需加强，退耕还林形成的林地初期，水土流失仍在继续，不容忽视。

（2）景观退化的乡镇分异

将线性光谱分离的植被分量、裸露土壤分量和裸露岩石分量图和行政区划图叠加计算，得出关岭县各乡镇土地覆被状况及其变化结果，见图 17-4 ~ 图 17-7。各乡镇的土地覆被变化有以下特点。

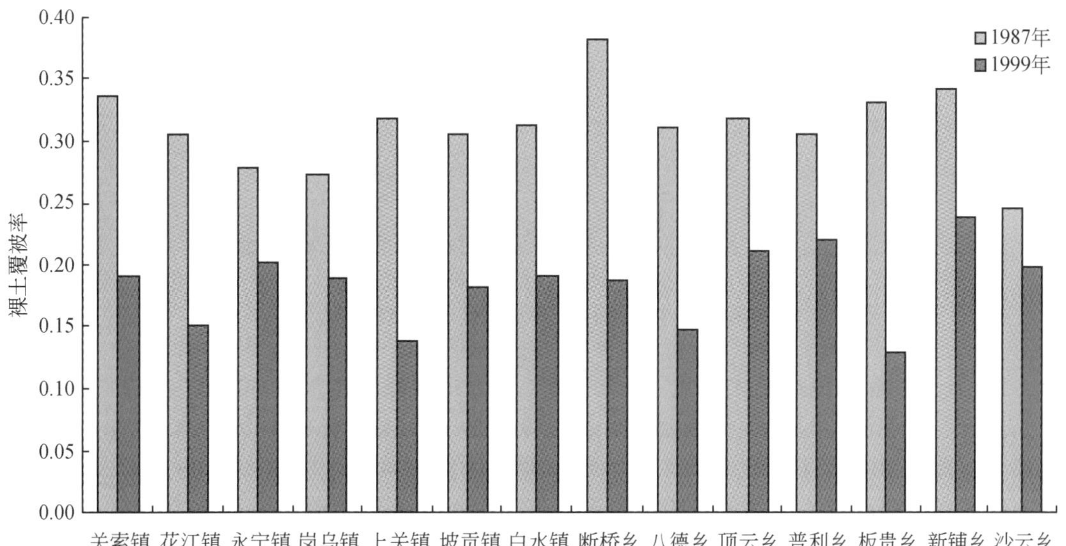

图 17-4　1987 年和 1999 年研究区各乡镇裸土覆被率

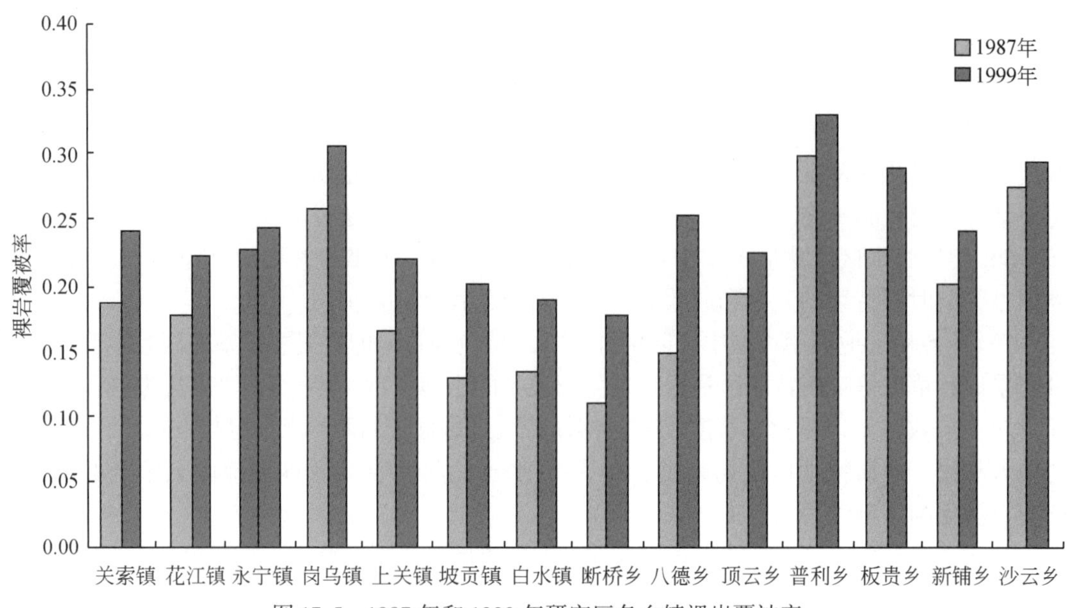

图 17-5 1987 年和 1999 年研究区各乡镇裸岩覆被率

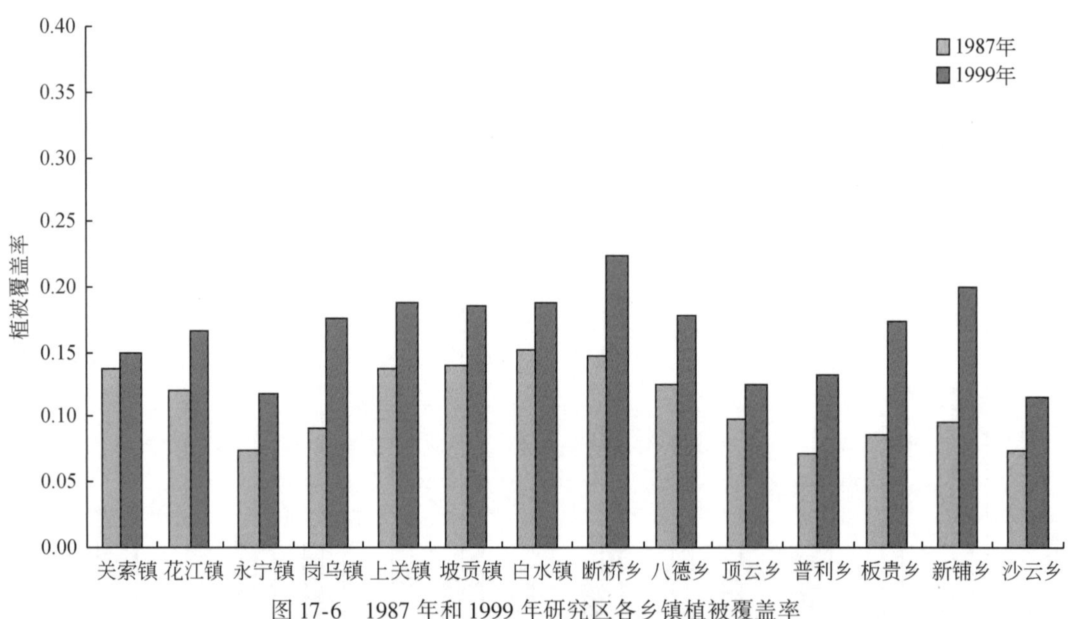

图 17-6 1987 年和 1999 年研究区各乡镇植被覆盖率

1）各乡镇裸土覆被率大幅度下降。1987 年研究区裸土覆被率 30% 以上的乡镇有 11 个，裸土覆被率最高的断桥乡达 38. 1%，最低的沙云乡裸土覆被率也为 24. 5%；而 1999 年裸土覆被率 20% 以上的也只有 4 个乡镇，最高的新铺乡裸土覆被率为 23. 9%。13 年间裸土覆被率下降幅度最大的乡镇为板贵乡，下降了 20. 1%；下降幅度最小的为沙云乡，下降幅度为 4. 06%。

2）各乡镇裸岩覆被率都明显上升。1987 年裸岩覆被率 20% 以下的乡镇数目为 8 个，

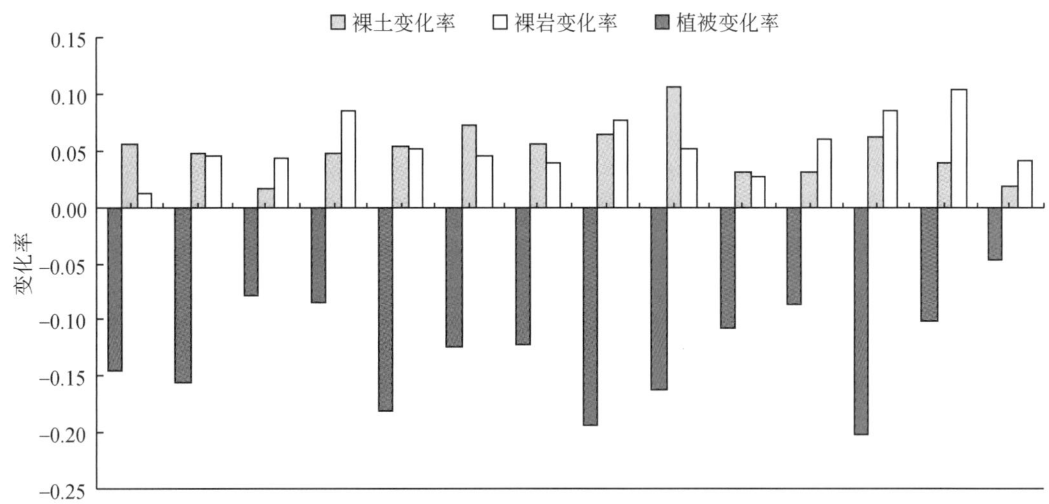

图 17-7　1987 年和 1999 年研究区各乡镇土地覆被状况变化

13 年后裸岩覆被率 20% 以下的乡镇只剩下了 2 个，其余的 12 个乡镇裸岩覆被率都超过了 20%。1987 年和 1999 年裸岩覆被率最高的乡镇都是普利乡，1999 年裸岩覆被率为 32. 9%，比 1987 年上升了 3 个百分点。13 年间裸岩覆被率上升幅度最大的乡镇为八德乡，上升了 10. 5 个百分点，而上升幅度最小的乡镇则是沙云乡，上升幅度为 1. 8 个百分点。

3）各乡镇植被覆盖率也有较明显的上升。1987 年各乡镇植被覆盖率 15% 以上的只有白水镇，植被覆盖率为 15. 1%；而植被覆盖率为 10% 以下的乡镇有 7 个，其中最低的普利乡植被覆盖率仅 7. 2%。1999 年各乡镇的植被覆盖率都有不同程度的上升，植被覆盖率 15% 以上的乡镇上升到了 9 个，最高的断桥乡植被覆盖率达到了 22. 3%，最低的沙云乡植被覆盖率也达到了 11. 5%。13 年间植被覆盖率上升最快的为新铺乡，上升幅度为 10. 4%，而最慢的为关索镇，上升幅度仅 1. 2%。

4）各乡镇土地变化总体趋势相同，具体程度差别显著。研究区各乡镇裸岩覆被率都有明显上升，生态形势日益恶化，但发展的速度有很大的差别。将达到或超过 10%、5% 和 5% 作为裸土覆被率、裸岩覆被率和植被覆盖率变化“显著”的标准，各乡镇可以分为如表 17-3 所示的 6 种类型。

表 17-3　研究区乡镇土地覆被状况变化分区

类型	乡镇范围	土地覆被状况变化的主要特点
Ⅰ	上关镇、断桥乡、八德乡、板贵乡	裸土覆被率显著下降、植被覆盖率显著上升、裸岩覆被率显著上升
Ⅱ	新铺乡	裸土覆被率显著下降、植被覆盖率显著上升
Ⅲ	关索镇、花江镇、白水镇、坡贡镇	裸土覆被率显著下降、裸岩覆被率显著上升
Ⅳ	顶云乡	裸土覆被率显著下降
Ⅴ	普利乡、岗乌镇	植被覆盖率显著上升
Ⅵ	沙云乡、永宁镇	土地覆被变化不显著

17.1.3 小结

1）喀斯特地区地表破碎、地物尺度小、混合像元比例高，土地覆被状况除了一般的植被和土壤外，还有特殊的裸露岩石类型，常规方法很难全面地定量监测喀斯特地区的土地覆被状况，而线性光谱分离技术则具备独到的优势。山区的阴影是困扰遥感处理技术的重大难题，线性光谱分离技术也不例外。由于本节研究更注重研究区土地覆被的“变化”，对同一地区选择同一季相和近似的时间，可以最大限度地减少阴影的影响，“变化”的特征也可得到比较满意的体现。

2）线性光谱分离的结果显示，1999 年研究区裸岩覆被率处于较高水平、裸露土壤次之、植被覆盖率最低。1987 ~ 1999 年 13 年期间，研究区裸土覆被率大幅度下降，植被覆盖率明显上升，同时裸岩覆被率也明显上升，说明研究区尽管在 20 世纪 90 年代以来注重封山育林和植被恢复，石漠化的问题依然在继续恶化，很多地段 13 年间就变成了完全的裸岩地，这也是喀斯特地区土壤侵蚀形势更加危急的表现。

17.2 土地变化的土壤侵蚀效应

土壤侵蚀是地质、地貌、气候、土壤、植被和生物活动等要素综合作用的结果，而人类对土地的利用方式能不同程度地改变这些因子对土壤侵蚀的影响程度（柳长顺等，2001）。相关研究表明，土地利用的方式、结构、强度和管理方式都能对土壤侵蚀产生直接影响（傅伯杰等，1999；郭旭东等，1999）。与土壤侵蚀密切相关的石漠化快速发展，导致喀斯特地区的人类生存基础遭到彻底破坏，生态形势更加危急。因此喀斯特地区土壤侵蚀的评价必须结合石漠化的研究进行，在理论、方法、技术上都必须综合考虑二者的关系。

喀斯特地区土壤侵蚀的基础研究薄弱，相关数据缺乏，因此需要采用其他数据来弥补。遥感资料由于具有实时、客观、覆盖面广、资料易得等方面的优点，成为人们研究区域土地退化的重要信息支持，特别是像喀斯特地区类似的一些基础研究薄弱地区，利用一个时间序列的遥感影像几乎成为人们获取区域生态环境变化信息的唯一来源。本节主要利用两个时段的 TM 影像，根据线性光谱分离的结果，试图分析研究区土地变化的土壤侵蚀/石漠化效应。

17.2.1 研究方法

（1）土壤侵蚀研究方法

a. 常用土壤侵蚀研究方法

喀斯特地区土地退化最显著的特征就是土壤侵蚀和石漠化问题，故确定土壤侵蚀、石漠化的程度、范围及风险是喀斯特地区土地退化研究的重要内容。我国现行的土壤侵蚀标准是 1997 年水利部颁发的《土壤侵蚀分类分级标准》，按其规定，土壤侵蚀强度分级须由年平均土壤侵蚀模数为判别指标，只有在缺乏实测及调查侵蚀模数资料时，才可以在经过分析后，运用有关侵蚀方式（面蚀、沟蚀、重力侵蚀）的指标进行分级。因此土壤侵蚀模数的监测是土壤侵蚀评价的基础。实际工作中，由于土壤侵蚀模数直接测量的工作量很大，难以在大范围内全面进行，因此一般都采用间接方法估算。如果研究区域尺度较大，如全国性的土壤侵蚀遥感调查工作，可根据植被盖度、坡度、地表物质、土地利用等专题资料，确定土壤侵蚀的级别（表 17-4），对应不同范围的土壤侵蚀模数（曾大林和李智广，2000）。在小范围区域，则可以采用模型法，如 ULSE、RUSLE、WEEP 等，根据相关影响因子，直接计算侵蚀模数（符素华和刘宝元，2002）。

表 17-4　国家面蚀分级指标表

<table>
<tr><th colspan="2">地面坡度
地类</th><th>5°~8°</th><th>8°~15°</th><th>15°~25°</th><th>25°~35°</th><th>>35°</th></tr>
<tr><td rowspan="4">非耕地
林地
覆盖度
(%)</td><td>60~75</td><td colspan="3"></td><td></td><td></td></tr>
<tr><td>45~60</td><td colspan="2">轻度</td><td rowspan="2">中度</td><td></td><td>强度</td></tr>
<tr><td>30~45</td><td></td><td></td><td>强度</td><td>极强度</td></tr>
<tr><td><30</td><td></td><td></td><td rowspan="2">强度</td><td rowspan="2">极强度</td><td rowspan="2">剧烈</td></tr>
<tr><td colspan="2">坡耕地</td><td>轻度</td><td>中度</td></tr>
</table>

资料来源：《土壤侵蚀分类分级标准》（SL190–96），中华人民共和国水利部，1997 年 2 月发布

b. 喀斯特地区土壤侵蚀研究现状

喀斯特地区环境问题基础研究比较薄弱，而且区域环境条件复杂，零星小区域的监测工作缺乏全局代表性，土壤侵蚀模数的监测工作在很多地区都是空白。所以现在能看到的土壤侵蚀模数基本上基于间接方法获得。例如，在贵州省或县域范围内，直接利用遥感影像判读，根据坡度、植被覆盖和耕作方式等辅助资料，对照国家土壤面蚀分级指标，确定土壤侵蚀的级别、范围以及石漠化的程度（安裕伦等，1999；周忠发和安裕伦，2000；周忠发和游惠明，2001；周忠发等，2001；吕涛，2002）。在小区域范围内，利用 USLE：$E=R\cdot K\cdot L\cdot S\cdot P\cdot C$，分别计算各因子贡献值，估算喀斯特地区土壤侵蚀模数（周斌等，2000；汪文富，2001）。另外定点监测法也在进行，如贵州师范大学等单位在关岭县花江峡谷建立的研究基地，通过沉沙池或埋桩等方法，监测小流域的土壤侵蚀量（彭建和杨明德，2001）。

c. 关于侵蚀模数的争议

《土壤侵蚀分类分级标准》按照不同的侵蚀模数分为微度［<200 t/(km^2·a)］、轻度［200~2500 t/(km^2·a)］、中度［2500~5000 t/(km^2·a)］、强度［5000~8000 t/(km^2·a)］、极强［8000~15 000 t/(km^2·a)］和剧烈［>15 000 t/(km^2·a)］等 6 级。部分学者（柴宗新，1989；陈晓平，1997；彭建和杨明德，2001）根据坡面或小流域实测的结果认为，喀斯特地区土壤薄，分布不连续，即使土壤流失量较小时，危害也很严重，如果按照国家标准，大部分地区土壤侵蚀都在微度范围内，与喀斯特地区土壤侵蚀的严重态势不符，因而需要修订。他们在小流域或坡面实测的基础上，提出喀斯特地区土壤侵蚀分级标准为微度侵蚀［<46 t/(km^2·a)］，轻度侵蚀［46~230 t/(km^2·a)］，中度侵蚀［230~460 t/

$(km^2 \cdot a)$]，强度侵蚀 [460～700 t/$(km^2 \cdot a)$]，极强度侵蚀 [700～1300 t/$(km^2 \cdot a)$]，剧烈侵蚀 [>1300 t/$(km^2 \cdot a)$]。修订的方案部分体现了喀斯特地区土壤侵蚀的特殊性，能比较合适地评估石漠化严重地区的土壤侵蚀现状和程度，但仍不够完备，主要有如下问题还需要进一步考虑。

1）喀斯特地区的土壤侵蚀模数未必比非喀斯特地区小。一般喀斯特地区可流失的土壤总量远远小于相同条件下的非喀斯特地区，在植被、坡度、土地利用方式等因子条件基本相同的情况下，喀斯特地区土壤侵蚀模数也要远远小于非喀斯特地区；但喀斯特地区也不乏部分土层较厚，分布比较连续的地段，可侵蚀的土壤总量也不低，由于土壤与基岩之间缺乏风化物过渡层，更容易发生土壤侵蚀，侵蚀模数则可能高于其他条件相同的非喀斯特地区。

2）（模型法）地形因素必须重新考虑。而喀斯特山地地区地表极其破碎，石芽石沟发育，土壤多分布于旮旯石缝中，这种条件下，按照国家土壤侵蚀遥感调查方法或USLE、WEEP等模型的地形因子的参数设定显然也不能等同于非喀斯特地区，同时还有土层不连续的问题也需要重新考虑。直接运用遥感调查方法或模型法估算的土壤侵蚀模数及相关风险指数计算的准确性大打折扣。

3）石漠化的问题没有体现。近20年来，喀斯特地区的土壤侵蚀总量在缓慢下降，到底是植被恢复的结果还是石漠化扩展的结果，危害如何，按照以往的评价标准和评价方法难以做出有效的判断。

（2）基于石漠化速度的喀斯特地区土壤侵蚀风险评价方法

由于环境的特殊性，在非喀斯特地区取得很好应用效果的方法和标准在喀斯特地区则需要进行慎重的考虑和修正，如何结合石漠化问题评价喀斯特地区的土壤侵蚀问题还需要进一步研究。在缺乏完备的基础数据库的基础上，任何方法都难以称得上是一种完善的方法，本节只是基于现有的技术基础和数据条件，提出一种基于区域石漠化速度的土壤侵蚀风险评价的方法，用于评价喀斯特地区的土壤侵蚀问题，由于绕过了土壤侵蚀模数的测定和估算，暂且称之为“黑箱法”。

a. 主要思路

“黑箱法”的主要思路如下：线性光谱分离的方法认为分离结果中的植被覆盖区为“纯植被”完全覆盖。例如，某像元植被丰度值为0.3，则表明该像元对应的地表有30%被植被完全覆盖，因此这部分地表的土壤侵蚀可以忽略，所以因土壤侵蚀所导致的土壤面积损失则对应为石漠化的扩展，土壤侵蚀的速度 V_e 在数字上等于石漠化扩展速度 V_r。

$$V_e = V_r \tag{17-3}$$

在两期影像线性光谱分离结果的基础上，可得区域石漠化的扩展速度 V_r：

$$V_r = (R_a - R_b)/T \tag{17-4}$$

式中，R_a 和 R_b 分别为两个时相的石漠化面积比例；T 为间隔时段，一般以“年”为单位。

裸露土壤的抗蚀年限为 T_n：

$$T_n = R_s / V_e \tag{17-5}$$

式中，R_s 为裸露土壤面积比例。

在区域植被完全破坏的情况下，土壤抗蚀年限为 T_m：

$$T_m = (R_s + R_v) / V_e \tag{17-6}$$

式中，R_v为植被覆盖率。

常规方法关注的“土壤侵蚀厚度”和“土层厚度”等参数，从空间上看属于垂直方向上的参数，而本节提出的“黑箱法”关注的主要参数为“土壤面积损失率”、“石漠化扩展速率”，在空间上属于水平方向上的参数，因此可以将“黑箱法”理解为“水平维方法”，而常规方法则是“垂直维方法”，二者具体对比和各参数的含义见表 17-5 和图 17-8。

表 17-5　土壤侵蚀评价的常规方法和“黑箱法”比较

比较项目	常规方法	“黑箱法”
基本方法和技术	定点监测、影像分析和模型计算	影像像元分离
评价的基础	土壤侵蚀模数的监测或估算	石漠化程度的监测
基本指标	侵蚀模数、侵蚀厚度、抗蚀年限	石漠化速率、土壤面积损失速率、抗蚀年限
危险程度指标	抗蚀年限	石漠化程度、抗蚀年限
关注的空间方向	土层厚度的损失（垂直方向）	土壤面积的损失（水平方向）

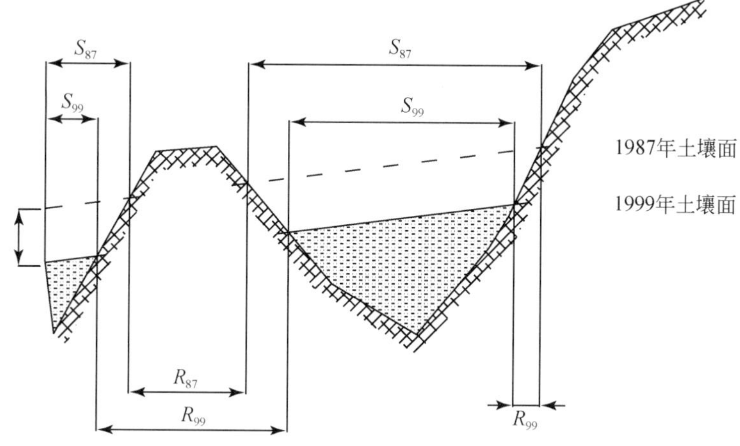

图 17-8　喀斯特地区土壤侵蚀过程示意图（石芽/石沟组合）

在研究区，石芽/石沟和裸岩/土壤的复杂组合广泛分布。喀斯特地区土壤侵蚀在垂直方向上体现为土层变薄；水平方向上则体现为土壤面积减少，裸岩面积上升。在土被覆盖完全的地区，通过“土壤侵蚀厚度”参数的测量，可以估算土壤侵蚀量 E_s：

$$E_s = \rho \cdot \Delta h \cdot 10^6 \tag{17-7}$$

式中，E_s为土壤侵蚀模数，单位为 t/(km^2 · a)；ρ 为土壤密度，单位为 t/m^3；Δh 为年土壤侵蚀厚度，单位为 m。

土壤抗蚀年限 T_n：

$$T_n = H / \Delta h \tag{17-8}$$

式中，H 为土壤厚度，单位为 m。

但喀斯特地区土层覆被不完整，土壤和裸露岩石交错分布，土层厚度分布极端不均，导致土壤侵蚀模数、抗蚀年限的测量及计算都非常困难。“黑箱法”则通过监测石漠化速度和土壤面积损失速率，计算土壤抗蚀年限。选取一个石芽/石沟组合剖面对喀斯特地区土壤侵蚀过程进行分析（图 17-8），图中 S_{87} 和 S_{99} 分别表示 1987 年、1999 年土壤面积，R_{87} 和 R_{99} 分别为 1987 年、1999 年裸露基岩面积，Δh 为 13 年被侵蚀的土层厚度。

13 年间土壤侵蚀速率 V_e：

$$V_e = \left(\sum S_{99} - \sum S_{87}\right)/13 \tag{17-9}$$

同期石漠化速度 V_r：

$$V_r = \left(\sum S_{99} - \sum S_{87}\right)/13 \tag{17-10}$$

从图上也可以看出 V_e 和 V_r 二者在数字上相等。

1999 年土壤抗蚀年限 T_n：

$$T_n = \sum S_{99}/V_r \tag{17-11}$$

b. 优势和问题

主要优势是考虑了石漠化问题和影响，在评价中有充分的体现；根据土壤面积的损失率估算土壤的抗蚀年限，来评价土壤侵蚀的风险，结论比较可靠；避免了侵蚀模数计算的尴尬和争议；在基础数据缺乏的地区，也可作出比较理想的评价。

主要问题在于“黑箱法”毕竟是一种不得已的方法，和常规方法在评价指标上的直接可比性不充分，除了抗蚀年限、侵蚀风险可以直接在数量上比较外，其他侵蚀速度、强度、侵蚀量都难以直接对比。从适用环境来看，本节提出的“黑箱法”主要针对于石漠化问题比较突出的喀斯特环境设计，推广应用中也就受喀斯特环境限制，在非喀斯特地区或石漠化问题不突出的地区，基本不适用。

17.2.2　土壤侵蚀/石漠化和土地变化的相关分析

(1) 土壤侵蚀/石漠化态势

利用两期影像线性光谱分离结果，可以得出土壤侵蚀/石漠化发展的平均速度 V_e = 0.37%，即整个研究区每年有 0.37% 的土壤面积被侵蚀，变成石漠化裸岩地。土壤侵蚀/石漠化速率及面积分布见表 17-6。

表 17-6　关岭县土壤侵蚀/石漠化速度分级表

速率范围（%）	0.35 以下	0.35 ~ 0.4	0.4 ~ 0.45	0.45 ~ 0.5	0.5 ~ 0.6	0.6 以上
面积（km^2）	700.81	264.47	208.26	130.61	114.04	33.46
面积比例（%）	48.28	18.22	14.35	9.00	7.86	2.31

土壤侵蚀分级可以指示区域内的土壤侵蚀严重程度，但不同区域的比较则与具体区域环境状况有关，如土层厚度。在某些土层深厚的地区，尽管土壤侵蚀量很大，但对当地区域的生态系统危害并不显著，而某些土层瘠薄的地区，如喀斯特地区，很低的土壤侵蚀量也可在短时期内酿成严峻的生态问题。土壤抗蚀年限则综合考虑了土壤侵蚀速度和土层厚度，因而可以比较客观地反映区域的土壤侵蚀风险。本节利用“黑箱法”提出的土壤抗蚀年限可以和传统评价方法中的土壤抗蚀年限直接比较，因而也可以和非喀斯特地区的土壤侵蚀风险直接对比。按照水利部 1997 年颁布的水蚀区危险度分级标准，按临界土层的抗

蚀年限（a），将土壤侵蚀危险级别分为无险型（>1000）、轻险型（100～1000）、危险型（20～100）、极险型（<20）和毁坏型（裸岩、明沙、土层不足 10cm）等级别。

研究区水土流失的形势非常严峻。如果按照 1987～1999 年 13 年间的水土流失的平均速度发展，整个区域目前裸露土壤的抗蚀年限平均为 49.3 年；如果植被全部破坏，研究区所有的土壤将在 93.7 年内全部流失。表 17-7 的分级结果显示，约 71.45% 的地区土地侵蚀危险级别为“危险型”，而裸露土壤在 20 年以内完全流失的“极险型”区域土地比例为 12.53%，100 年以上的“轻险型”区域的面积比例仅为 16.02%。若包括植被覆盖下的土壤，“危险型”区域面积比例仍然达 55% 左右，如果考虑植被破坏对水土流失的加速效应，这个比例将更大，总抗蚀年限也将更短。

表 17-7　研究区土壤抗蚀年限/面积分布

抗蚀年限（a）		0～5	5～20	20～35	35～55	55～100	100 以上
裸露土壤	面积（km^2）	27.22	156.86	256.92	353.00	439.29	235.32
	比例（%）	1.85	10.68	17.5	24.04	29.91	16.02
全部土壤	面积（km^2）	0.53	10.42	56.00	178.46	546.88	676.35
	比例（%）	0.04	0.7	3.81	12.15	37.24	46.05

（2）土地利用和土壤侵蚀速度

将研究区土壤侵蚀速度分布图与土地利用现状图进行叠加统计，可以得出各土地利用类型的土壤侵蚀/石漠化发展速率（图 17-9）。

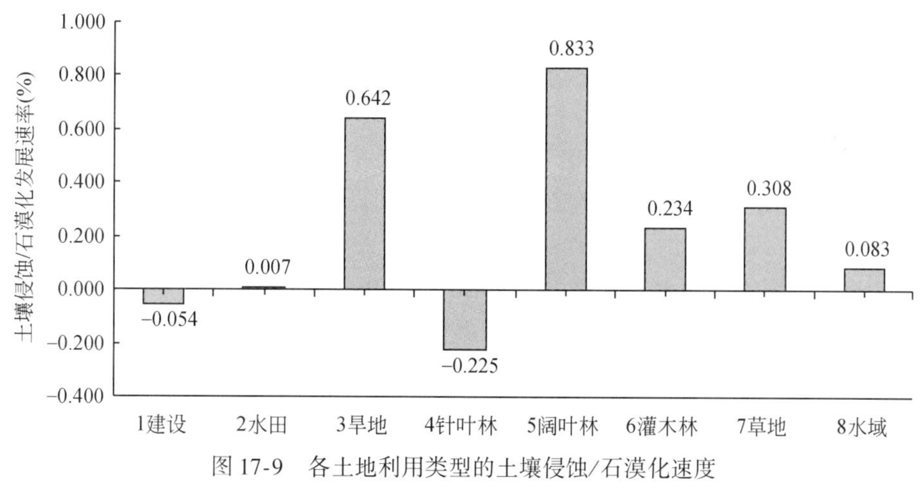

图 17-9　各土地利用类型的土壤侵蚀/石漠化速度

从图 17-9 可以看出，在不同土地利用方式下，土壤侵蚀/石漠化速度差别很大。裸露土壤的侵蚀态势最严峻的是阔叶林地（经济林）/旱地、灌木林地和草地，而针叶林、建设用地和水田等土地利用类型的石漠化程度则基本上没有加深。阔叶林主要为经济林，大部分由旱地转变而来，缺乏水保措施，水土流失比较严重，达到每年石漠化面积增加 0.83% 的惊人速度，是研究区石漠化扩展速度最快的土地利用类型之一。但阔叶林面积比例较小，而且植被恢复也比较迅速，随着时间的推移，水土流失速度将明显下降，对生态环境影响并不显著。灌木林尽管立地条件较差，在封山育林措施下，人类干扰减小，植被覆盖率也在回升，水土流失形势将会好转。草地面积比例大，尽管植被盖度略有回升，畜牧业发展的压力还很大，形势依然非常严峻。而旱地面积比例大而且呈增长趋势，人类干扰程度也最大，目前没有减轻的迹象，水平梯田比例不高，水土流失严重，生态形势正在持续、快速地恶化。针叶林的石漠化速度是-0.225%，主要原因是植被的恢复遮盖了部分裸露岩石。建设用地石漠化程度降低也可认为是植被覆盖度明显上升的结果。

阔叶林石漠化速度最快的原因在于阔叶林主要为经济林，由旱地调整而来，植被覆盖率低，地表裸露程度高，缺乏水土保持措施，而旱地尽管地表状况也差不多，但旱地的水土保持措施不会比经济林差，而且旱地在雨量集中的季节属于作物生长旺盛季节，以玉米为主的旱地作物盖度很高，因此水土流失要比经济林低。

根据1999年裸露土壤面积比例、植被覆盖面积比例和石漠化的扩展速度，估算出各类土地利用类型的土壤抗蚀年限（表17-8），旱地、阔叶林、灌木林和草地依然是土壤侵蚀/石漠化发展最危险的土地利用类型区。

表17-8　各土地利用类型土壤抗蚀年限（单位：a）

项目	1 建设用地	2 水田	3 旱地	4 针叶林	5 阔叶林	6 灌木林	7 草地	8 水域
裸露土壤抗蚀年限	>100	>100	34.3	>100	22.0	61.0	62.1	>100
所有土壤抗蚀年限	>100	>100	61.2	>100	64.4	>100	99.7	>100

如果按照1987~1999年石漠化的平均扩展速度，旱地裸露土壤将在34年左右被全部侵蚀，如果包括旱地植被覆盖下的土壤，旱地区域的所有土壤在61年左右将被全部侵蚀。从土壤抗蚀年限和土壤侵蚀速度的数字上看，阔叶林的土壤侵蚀危险程度甚至比旱地还要严重，但考虑到阔叶林的植被覆盖率在迅速恢复、人类对阔叶林的表层土壤扰动远远小于旱地类型，土壤侵蚀速度将会显著下降，因此土壤抗蚀年限也将明显上升。尽管如此，阔叶林的土壤侵蚀问题的分析还是发现一个值得注意的现象：在“退耕还林”工程大规模展开以后，新增林地的土壤侵蚀依然会在大范围内严重、长期的存在，需要密切关注。

（3）土壤侵蚀/石漠化的乡镇差异

根据1999年各乡镇的土地覆被状况和式（17-9）、式（17-10）、式（17-11）及式（17-6）计算出研究区内各乡镇土壤侵蚀/石漠化速度和裸露土壤及包括植被覆盖下的全部土壤的抗蚀年限（表17-9、图17-10）。

表17-9　研究区各乡镇土壤侵蚀速度与抗蚀年限

项目	01 关索镇	02 花江镇	03 永宁镇	04 岗乌镇	05 上关镇	06 坡贡镇	07 白水镇	08 断桥乡	09 八德乡	10 顶云乡	11 普利乡	12 板贵乡	13 新铺乡	14 沙营乡
侵蚀速度（%）	0.43	0.37	0.12	0.37	0.42	0.56	0.42	0.50	0.80	0.23	0.23	0.46	0.31	0.15
裸土土壤（a）	67.1	47.8	67.7	63.3	43.9	62.4	67.0	58.4	41.6	75.0	69.2	41.0	77.4	73.4
全部土壤（a）	114.3	96.5	108.0	118.5	97.3	119.7	125.7	124.2	87.5	118.3	110.0	90.5	139.8	113.5

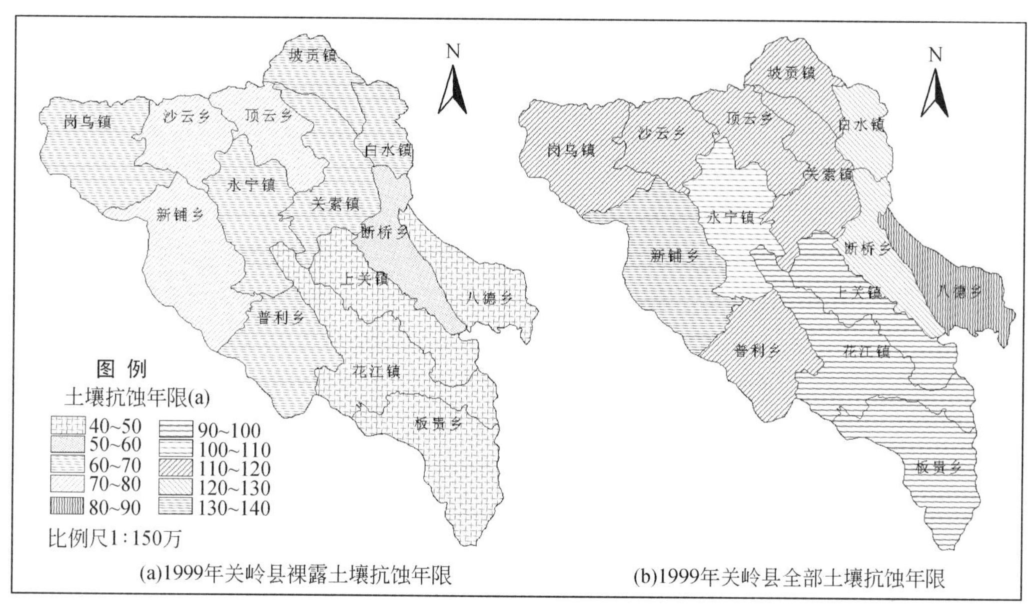

(a)1999年关岭县裸露土壤抗蚀年限　(b)1999年关岭县全部土壤抗蚀年限

图 17-10　研究区土壤侵蚀/石漠化风险分异图

各乡镇土壤侵蚀/石漠化速度差别显著。土壤侵蚀/石漠化速度最大的乡镇是八德乡（0.80%），其次是坡贡镇（0.56%）和断桥乡（0.50%），而石漠化扩展最慢的乡镇是永宁镇（0.12%），其次是沙营乡（0.15%）。八德乡在研究区范围内，自然条件并非最恶劣，但土地利用结构中阔叶林和旱地分布集中，而阔叶林和旱地是石漠化发展最快的两类土地利用类型，因此八德乡的石漠化扩展最为迅速。坡贡镇尽管自然条件较好，旱地比例不高，但灌木林和草地占 69.5%（1999 年）。断桥乡位于低山河谷地带，可以说是全县自然条件最好的区域，而土地利用类型中旱地、灌木林和草地占 81.7%（1999 年）。永宁镇和沙云乡都位于研究区内中山区，地势陡峭高峻，属于关岭县国有林场集中分布的地区，针叶林占较高的比例，故石漠化扩展速度反而较慢。因此笔者认为研究区土壤侵蚀/石漠化速度主要受土地利用方式的影响，自然条件对其影响并不显著。

土壤抗蚀年限的计算结果显示各乡镇土壤侵蚀危险程度都很高。大部分乡镇裸露土壤抗蚀年限在 60～70 年，较好的情况也不过 70～80 年，还有 4 个乡镇（八德乡、上关镇、花江镇和板贵乡）裸露土壤抗蚀年限在 40～50 年。就算包括植被覆盖下的土壤，大部分乡镇土壤抗蚀年限也在 110～120 年，状况最好的乡镇也只有 139.8 年，而且这样的乡镇只有新铺乡 1 个；抗蚀年限 100 年以下的乡镇有 4 个，情况最危险的乡镇全部土壤抗蚀年限只有 87.5 年。

17.2.3　小结

本节在线性光谱分离的基础上，提出基于石漠化速度的喀斯特地区土壤侵蚀风险评价的新方法，对喀斯特地区土壤侵蚀进行了初步评价，得出以下结论。

1）喀斯特地区土壤侵蚀研究必须结合石漠化问题进行，其土壤侵蚀评价标准需要根据喀斯特地区的特殊情况进行修订。在缺乏充分基础研究和完备数据库的条件下，将非喀斯特地区土壤侵蚀评价的方法和标准直接用于喀斯特地区，其结果将出现巨大争议。

2）基于石漠化速度的土壤侵蚀风险评价方法尽管是一种权宜的方法，只能比较有效地应用于石漠化问题突出的喀斯特地区，但由于综合考虑了研究区环境特点和研究基础，可以比较可信地计算出区域的土壤抗蚀年限，对土壤侵蚀/石漠化发展速度和危险程度有比较准确的计算。本节研究结果显示：13 年间研究区石漠化扩展速度为 0.37%，裸露土壤的抗蚀年限为 49.3 年，如果加上植被覆盖下的土壤，所有土壤的抗蚀年限为 93.7 年。按照国家土壤侵蚀危险度分级，研究区土壤侵蚀危险程度是“危险型”。

3）研究区土壤侵蚀/石漠化发展最快的土地利用类型阔叶林（主要为经济林）、旱地、灌木林和草地，通过植被恢复，阔叶林和灌木林土壤侵蚀/石漠化速度将会下降，而旱地和草地，受人类干扰依然强烈，土壤侵蚀/石漠化态势持续恶化。同时这里也发现一个问题，即喀斯特地区在“退耕还林”后，土壤侵蚀问题也远没有结束。

4）各乡镇土壤侵蚀/石漠化的发展速度差别显著，石漠化发展最快的乡镇为八德乡，13 年间年均石漠化扩展 0.8%，最慢的为永宁镇，石漠化速度为 0.12%。土壤侵蚀/石漠化速度差异主要与土地利用方式相关，与自然环境本底状况关系并不显著。

5）按照各乡镇裸露土壤抗蚀年限，全部 14 个乡镇皆属于“危险型”，如果按照包含植被的全部土壤计算土壤抗蚀年限，属于“危险型”的乡镇仍然有 4 个。

该方法主要是针对石漠化快速发展的喀斯特环境设计，在应用中也就受喀斯特环境的限制。在非喀斯特地区或者石漠化发展缓慢的地区，该方法不适用。

17.3 土地变化对净第一性生产力的影响

生物圈的第一性生产力（primary productivity），是指生产者（主要指绿色植物）通过光合作用，将辐射能转变为有机物的速率，而净第一性生产力（net primary productivity，NPP）表示植物所固定的有机碳中扣除本身呼吸作用消耗的部分，表现为植被的生长和生殖，是衡量生态系统生产力最重要的指标。

17.3.1 研究方法

（1）NPP 测量的常用方法和模型

NPP 测量最早的记录是 19 世纪初的 Ebermayer 对巴伐利亚的森林物质生产力的测定。200 多年以来，NPP 的研究有以下趋势和特点：①测量对象从单一生态系统（初期主要是森林）到多种生态系统，包括森林、草原、荒漠、农田、湿地等。②研究区域从局部观测点到区域、大陆乃至全球。③研究方法从最初的“收获测重法”到模型法。④技术手段从定点观测到 RS、GIS 技术的综合运用。⑤测量结果也从散点研究逐渐转变为梯度研究。⑥关注重点从单一的 NPP 测量到碳循环、温室气体及人类活动效应研究等。其中利用 RS 和 GIS 手段，采用模型法估算成为目前 NPP 研究的主导技术。

研究 NPP 的模型方法很多，一般认为可以分为 3 类，即统计模型（statistical model）、参数模型（parameter model）和基于过程的模型（process-based model）。统计模型也称为气候相关模型，直接利用气候因子估算植被净第一性生产力，Miami模型、Thornthwaite纪念模型和Chikugo模型和北京模型等是其典型代表。参数模型主要有两种途径，第一类为分析遥感影像相关波段或各类指数和NPP的线性或非线性关系，建立回归模型进行估算；第二类途径是在利用遥感数据估算植被吸收的光合有效辐射（APAR）的基础上，通过估算光利用效率（ε）即将吸收的PAR转换为有机碳的效率来实现。而基于过程的模型典型代表为TEM模型、CASA模型等，根据植物生长的机理，利用气候、海拔、土壤、植被和水分有效性等因子估算NPP及氮固定等。

在精度要求、处理难度和资料的可得性等条件的约束下，各类模型都有广阔的应用空间。相对而言，统计模型数据可得性强、处理过程简单，一般认为精度可达60%以上，可以适应于大范围区域内粗略的NPP估算需要，具体地域研究中需要考虑植被覆盖度、土地利用方式等因素进行修正。而参数模型和基于过程的模型理论充分，结果相对精确，但对数据要求比较高、参数设置复杂、处理难度较大，选用时也需要慎重考虑。

（2）考虑地形和地表覆被及土地利用方式的NPP估算

植被净第一性生产力的影响因素主要包括气候因素、地表环境因素和土地利用因素等，NPP的大小是这些因素综合作用的结果。本节研究的喀斯特地区，其环境特殊性在于：①在水平距离不过50km的范围内，而垂直高差最大达1480m，地形对气温的影响强烈；②土地石漠化占有相当大的比重，石漠化土地生产力衰竭，对NPP也有很大的影响；③长期的开发过程中，基本上已经没有自然植被，在人类活动很强烈的地区，土地利用方式能大幅度影响NPP变化等。因此，喀斯特地区的NPP计算必须考虑到地形、土地状况和土地利用方式的影响。

由于喀斯特地区基础研究薄弱，相关基础数据难以获得，本节研究采用统计模型中经典的Thornthwaite纪念模型，考虑地形、土地覆被和土地利用方式的影响进行修正，计算研究区的NPP并分析其变化情况。首先利用Thornthwaite纪念模型结合DEM计算出两个时期的NPP气候潜力，然后结合土地利用类型和土地覆被状况进行修正。基本准则为林地、草地、耕地等土地类型具有生产力，裸岩没有生产力。

（3）气候潜力计算模型

Thornthwaite纪念模型的基础是Miami模型。Miami模型是Leith根据全球50个站点可靠的实测NPP和与之对应的气候数据，利用最小二乘法提出的NPP与气温、降水相关模型。Miami模型：

$$\mathrm{NPP}(T) = 3000/(1 + e^{(1.315-0.119\cdot T)}) \tag{17-12}$$

$$\mathrm{NPP}(P) = 3000\cdot(1 - e^{-0.000\,664\cdot P}) \tag{17-13}$$

式（17-12）、式（17-13）中，T为年平均气温（℃）；P为年平均降水量（mm）；e为自然对数的底数；NPP（T）和NPP（P）分别为以温度和降雨量估算的植被干物质产量[$g/(m^2\cdot a)$]，根据Liebig的限制因子定律，选取两者中的最低值作为计算点的生物生产力数据。

Miami模型是典型的统计相关模型，缺乏基础的理论解释。进一步的探索认为植被的NPP实际上是与区域的蒸发量相关，蒸发量是区域环境多个因子综合作用的结果，基于蒸发量计算的 NPP 被认为理论上更有说服力。为此，H. Lieth 采用 Thornthwaite 方法计算的实际蒸发量与 Miami 模型相同的 50 组生产力数据，根据最小二乘法，建立了 Thornthwaite 模型。后改称 C. W. Thornthwaite 纪念模型

$$NPP(E) = 3000 \cdot (1 - e^{-0.0009695(E-20)}) \tag{17-14}$$

式中，NPP（E）是以实际蒸发量计算得到的植被净第一性生产力［$g/(m^2 \cdot a)$］；e 为自然对数底数。式（17-12）、式（17-13）、式（17-14）式中的 3000 是 Lieth 经统计所得的地球自然植物每年每平方米上的最高干物质产量（g）；E 是年实际蒸发量（mm），可以用 Turc 公式确定

$$E = 1.05 \cdot P / [1 + (1.05 \cdot P/L)^2]^{1/2} \tag{17-15}$$

式中，P 为年降水量；L 为年平均最大蒸发量，它是温度 T 的函数。L 与 T 的关系为

$$L = 300 + 25 \cdot T + 0.05 \cdot T^3 \tag{17-16}$$

只有当 $P>0.316L$ 时，式（17-15）才适用，若 $P/L<0.316$，则 $P=E$。

本节采用关岭县气象站监测的数据，以 1987 ~ 1999 年平均气温和降水为参照，对 1987 年和 1999 年的基本气候状况进行距平分析（表 17-10）。

表 17-10　关岭县 1987 年和 1999 年气候状况

项目	1 月	2 月	3 月	4 月	5 月	6 月	7 月	8 月	9 月	10 月	11 月	12 月	全年
平均气温（℃）	7.0	8.9	12.8	17.7	19.9	22.8	23.4	23.5	21.0	17.0	13.2	9.1	16.4
1987 年（%）	39.85	39.57	36.51	2.17	9.72	0.84	0.79	-0.92	-4.62	7.01	0.70	-15.60	6.28
1999 年（%）	-11.53	5.80	1.21	11.20	8.21	1.72	0.79	0.36	1.58	7.60	4.48	7.42	3.58
平均降雨（mm）	27.26	24.79	39.80	61.24	155.73	244.60	303.07	193.47	122.10	89.55	45.68	13.95	1321.24
1987 年（%）	-47.91	-69.35	-91.46	-94.94	9.61	-1.72	19.97	-20.30	1.64	8.31	38.14	-33.31	-5.34
1999 年（%）	10.78	-11.67	-40.70	71.95	-11.32	-31.64	17.50	19.97	-84.44	67.61	-38.70	-0.33	-2.70

资料来源：关岭县气象局

从表 17-10 可以看出，1987 年和 1999 年气温比正常年景偏高，而降雨比正常年景偏低。1987 年冬半年降水不到平常年景一半，而气温偏高，干旱比较严重；而 1999 年相对而言比较正常。反映到遥感影像上，这也是 1999 年植被覆盖状况比 1987 年要好的原因之一。

利用式（17-14）~式(17-16）计算出研究区 1987 年和 1999 年 NPP 分别为 1583.73 $g/(m^2 \cdot a)$ 和 1616.98 $g/(m^2 \cdot a)$，两者相差不大。

（4）地形修正、土地利用和土地覆被修正及阴影修正

关岭县地形对生境的影响十分明显，其中又以对气温影响最显著，本节利用温度的地形效应方程进行修正。

$$T_t = T_{t0} - 0.6 \cdot (A_t - A_0)/100 \tag{17-17}$$

式中，T_t为 t 点年均温度；T_{t0}为测量站点位置年均气温（℃）；A_t为 t 点海拔；A_0为测量站点位置海拔（m）。

关岭县气象站位于东经 105°36′，北纬 25°56′，海拔 1083.2m 处，本节利用关岭县 30×30m^{2}的DEM 对温度进行修正，得到 1987 年和 1999 年两期的年均温度的空间数据。在此基础上计算出关岭县年蒸发量的空间分布数据，对 NPP 进行修正处理，得出 1987 年和 1999 年研究区修正的 NPP 结果分别为 1551.42 g/(m^2 · a) 和 1539.82 g/(m^2 · a)。

植被是 NPP 的基础，其他要素确定的情况下，植被覆盖率和 NPP 呈线性正相关。本节认为，喀斯特地区，裸岩地除了少量苔藓地衣类外，基本上没有可以产生 NPP 的生物群体，其生产力在计算中忽略。裸露土壤是否具有生产能力与土地利用类型有关，各土地利用类型可以分为两大类：A 类，林地（针叶林、阔叶林、灌木林）、草地、建设用地和水域（滩涂和河心沙洲）中，裸露土壤基本上不能产生 NPP；B 类，水田和旱地类型中的裸露土壤，在耕作季节是会被作物覆盖的，对 NPP 有贡献，需要计算在内。因此各类土地生产力方程为

$$\text{A 类用地：} NPP_1 = NPP(t) \cdot C_{veg} \tag{17-18}$$

$$\text{B 类用地：} NPP_2 = NPP(t) \cdot (C_{veg} + C_{baresoil}) \tag{17-19}$$

式中，NPP(t) 为经地形修正的基于气候蒸发量的 NPP；C_{veg}为植被覆盖率；$C_{baresoil}$为土壤裸露率；NPP_1和 NPP_2分别为 A 类和 B 类土地 NPP。

将以上 NPP 计算结果结合两期的土地利用/土地覆被图进行综合修正，得到修正的各类用地及整个区域的 NPP 结果，如表 17-11 所示。

表 17-11　关岭县 1987 年和 1999 年各类土地 NPP 修正结果　[单位：g/(m^2 · a)]

年份	1 建设用地	2 水田	3 旱地	4 针叶林	5 阔叶林	6 灌木林	7 草地	8 水域	全区
1987	35.52	933.94	721.59	95.60	286.64	136.61	150.04	34.75	321.00
1999	179.26	857.14	589.88	185.36	559.10	230.71	232.62	184.97	365.92

经过土地利用/土地覆被状况初步修正的 NPP 结果显示，除了水田和旱地外，研究区各类土地的 NPP 都有显著的上升，这与研究区植被覆盖率的上升是直接相关的。而水田和旱地尽管植被覆盖率在上升，但具有潜在生产能力的土壤受到侵蚀，石漠化快速扩张，因此 NPP 有较明显的下降。

阴影是影响山地环境下遥感技术应用的重大难题，在本节的土地利用分类、土地覆被变化监测中已多处反映。阴影的类型如下：①背阴坡坡度角大于影像拍摄时太阳入射角而在影像上产生的完全阴影区。②背阴坡坡度角小于太阳入射角时产生的部分阴影区，阴影影像强度随两者角度差别减小而增加。③植被和崎岖地表产生的阴影等。其中①、②类阴影占主导地位。整个区域阴影面积在 1/3 左右，各土地利用类型中阴影的比例也各不一样（表 17-12），对 NPP 计算影响明显。

表 17-12　各土地利用类型中阴影覆被的比例　（单位：%）

年份	1 建设用地	2 水田	3 旱地	4 针叶林	5 阔叶林	6 灌木林	7 草地	8 水域
1987	45.95	40.45	20.07	59.69	13.36	58.43	35.63	67.43
1999	54.13	38.69	11.58	61.82	8.53	57.78	34.54	90.38

阴影对各土地类型的影响机理各有差别。

水田类型中阴影的影响主要来源于处理技术的误差上。由于水田一般分布在地势低平的地带，而且冬季作物多以油菜、绿肥等为主，株体矮小，分布均匀，产生的阴影远小于林地类型，影响也可微乎其微，故3类阴影对其影响都基本可以忽略。而实际水田类型分布区域中，阴影占有较大的比例，通过对线性光谱分离技术本身的分析，可以发现水田的阴影分量产生于线性光谱分离技术的限制。在终端单元的选取过程中，阴影和水体的光谱特生有比较大的相似性。处理中一般两者取一或直接设定为“阴影或水体类”。研究区水分较高的地物类型主要为河流、池塘水库和水田。河流和池塘水库都比较好区分，比较容易混淆的其实是水田的水面被归为阴影类型。由于水田基本没有阴影，因此在水田类型中阴影可以认为是水体，可供作物生长，因此对 NPP 也有和裸露土壤一样的贡献。

水体中的阴影覆被可以认为都是水体，对 NPP 无贡献。建设用地的阴影区地表覆被难以确定，但乡镇建设用地规模小，绿地比例低，阴影对区域 NPP 的整体影响不显著，故忽略。

旱地、针叶林、阔叶林、灌木林和草地比例大，皆分布在有一定地形坡度的地区，3类阴影都广泛存在，具体影响略有差别，主要体现在③类阴影中植株体阴影对针叶林和阔叶林影响比其他土地利用类型显著，但土地利用类型所受阴影影响主要还是来自①、②类。首先我们要承认，遥感影像有不可克服的盲区，在盲区的地物在影像上信息反映缺失或弱化，对于这部分的地物类型、比例和分布信息的获取需要我们进行合理的猜测和估计。研究区地貌形态显著的特征就是峰林峰丛广泛分布，但单个个体尺度较小，峰林峰丛阴坡和阳坡生境条件基本相同，和人类活动相关的主要地理分异因素是海拔和坡度，因此可以认为研究区阴阳坡地物的类比和比例基本相同。在这样一个基本认识的基础上，可以认为地形阴影区地物的类型、比例和分布比例等属性和阳坡相同。基于这个假设，可以将这5类土地利用类型区的阴影按照植被、裸土和裸岩的比例进行分配，添加到相应的覆被类型中，近似的估算这些用地类型的 NPP。

17.3.2 土地变化对 NPP 的影响

(1) NPP 估算结果及其与土地变化的关联

基于前面的分析对研究区的 NPP 进行了逐步修正，最终结果见表 17-13。计算结果显示研究区 1987 年和 1999 年区域 NPP 平均水平为 472.00 g/(m^2·a) 和 583.00 g/(m^2·a)，分别占区域当年气候潜力的 30.42%、37.86%，生产力水平都处于比较低的水平但有所提升。1999 年 NPP 比 1987 年高出 111g/(m^2·a)，增长了 23.51%。

表 17-13 1987 年和 1999 年关岭县各类土地 NPP 阴影修正结果 [单位：g/(m^2·a)]

年份	1 建设用地	2 水田	3 旱地	4 针叶林	5 阔叶林	6 灌木林	7 草地	8 水域	全区
1987	35.52	1546.12	902.48	326.84	330.75	270.21	230.58	35.52	472.00
1999	179.26	1539.30	676.47	550.34	611.38	503.92	356.27	179.26	583.00

各土地利用类型的差异明显，生产力最高的是水田，其次是旱地、阔叶林、针叶林、

灌木林和草地等。各主要土地利用类型的 NPP 两个时段对比的变化情况差别也很大，其中水田的 NPP 基本没有明显的变化，旱地下降了 25.04%，针叶林增加了 68.38%，阔叶林增加了 84.85%，灌木林增长了 86.5%，而草地也增加了 54.51%。

1）土地覆被状况变化对区域 NPP 的影响。

研究区 NPP 的显著变化与区域土地利用/土地覆被的相关关系首先体现在土地覆被变化上。其中植被覆盖率上升导致 NPP 增加了 165.591g/(m^2·a)，而石漠化的加剧则导致 NPP 损失了 71.71g/(m^2·a)，裸土覆被率的变化对 NPP 的影响主要体现在旱地上，由于裸土覆被率的下降，旱地对区域 NPP 的贡献减少了 38.64 g/(m^2·a)。水田裸土也具备生产力条件，但水田裸土覆被率变化很小，故影响也就微乎其微。

2）土地利用类型变化对区域 NPP 的影响。

旱地面积尽管增加了 20.2%，但由于石漠化程度大幅度提高，对区域 NPP 贡献绝对值反而减少了 15.5 g/(m^2·a)，对整个区域 NPP 贡献的比例更是从 1987 年的 41.62% 下降到 1999 年的 30.35%。

水田由于面积和生产力变化都很小，不考虑物种改良和经营水平变化的情况下，水田对区域 NPP 变化的影响很小，其影响程度仅使区域 NPP 上升了 0.44 g/(m^2·a)。

草地面积下降了 18.31%，但其植被覆盖率显著上升，其综合结果是使区域 NPP 水平增加了 27.31 g/(m^2·a)。草地的裸土率下降和石漠化程度上升对 NPP 变化不造成直接影响，但破坏了潜在的生产力，增加了生态恢复的难度。

将针叶林、阔叶林和灌木林都归为林地类型综合讨论。面积和生产力水平变化都比较明显，其中林地总面积增加了 10.1%，生产力水平提升也比较显著，使得区域 NPP 增加了 88.12 g/(m^2·a)。其中针叶林对区域 NPP 增加的贡献值为 17.69 g/(m^2·a)，阔叶林为 10.68 g/(m^2·a)，而灌木林为 86.19 g/(m^2·a)。和草地一样，林地裸岩率下降和石漠化程度加剧也不直接影响区域的 NPP，但破坏了潜在生产力。

综上所述，研究区 NPP 的增加主要来源于林地（包括针叶林、阔叶林和灌木林）面积的增加和生产力的提高，而草地尽管面积有所下降，但对区域 NPP 的增加还是起正向作用。而旱地尽管面积在上升，但生产力在下降，对区域 NPP 提高作用为负，主要原因是旱地石漠化程度大幅度上升的结果。整个区域中裸土覆被率下降和石漠化程度加剧对 NPP 的直接影响只体现在水田和旱地类型中，但其他土地利用类型由于石漠化程度加深，导致大量生产潜力丧失，急剧压缩了区域生产力提高的空间，从长远来看，危害严重。

（2）NPP 的空间分布及变化差异

将经过地形、土地利用、土地覆被和阴影修正的区域 NPP 潜力图层与研究区乡镇边界进行叠加处理，统计得到研究区各乡镇两个时期的 NPP 均值数据，见表 17-14 和图 17-11。

表 17-14　1987 年和 1999 年研究区各乡镇 NPP 均值［单位：g/(m^2·a)］

年份	关索镇	花江镇	永宁镇	岗乌镇	上关镇	坡贡镇	白水镇	断桥乡	八德乡	顶云乡	普利乡	板贵乡	新铺乡	沙云乡
1987	592.19	538.86	320.72	419.69	589.98	544.56	619.84	633.67	568.93	438.42	385.81	429.06	533.23	332.36
1999	591.99	633.57	409.51	581.80	702.57	597.03	664.82	803.56	620.41	486.08	494.09	606.07	691.80	413.65
ΔNPP	−0.21	94.71	88.79	162.11	112.59	52.47	44.99	169.90	51.48	47.66	108.28	177.02	158.57	81.29

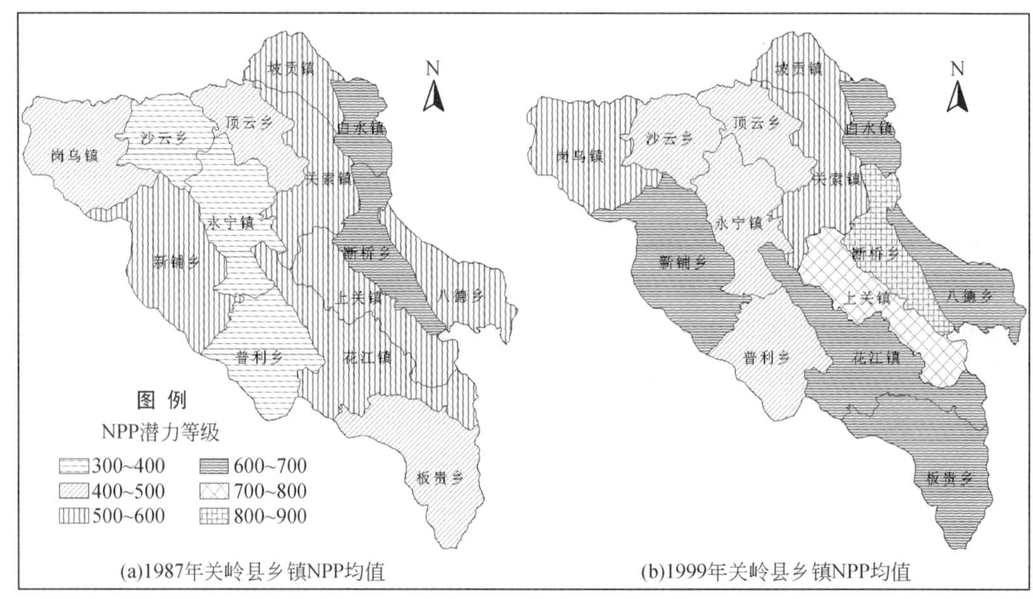

图 17-11　1987 年和 1999 年关岭县各乡镇 NPP 均值图［单位：g/(m^2·a)］

研究区各乡镇 1987 年 NPP 值在 300～700 g/(m^2·a)，最低者为永宁镇［320.72 g/(m^2·a)］，最高者为断桥乡［633.67 g/(m^2·a)］。1999 年各乡镇 NPP 值在 400～900 (g/cm^2·a)，最低值区仍然为永宁镇［409.51g/(m^2·a)］，最高值依然是断桥乡［803.56g/(m^2·a)］。从空间分布上看，NPP 高值乡镇都分布在东部低山河谷区，而高值乡镇都分布在中北部中山区，NPP 值的空间变化与地形地貌条件密切。将各乡镇 NPP 值与乡镇平均高程作相关分析，置信度为 0.99 时，1987 年相关系数为-0.704，1999 年相关系数为-0.908，NPP 与乡镇平均高程呈显著的负相关。

1987～1999 年，区域 NPP 总体变化趋势是明显上升，各乡镇 NPP 值也多呈上升趋势，但乡镇间差别十分显著。根据 NPP 的变化幅度将研究区 14 个乡镇分为 4 组：第一组是 NPP 基本没变化，主要指关索镇，其 NPP 值甚至下降了 0.21 g/(m^2·a)；第二组 NPP 小幅度增长，包括顶云乡、八德乡和坡贡镇等，NPP 增长幅度在 50 g/(m^2·a) 左右；第三组的 NPP 明显上升，上升幅度在 100 g/(m^2·a) 左右，包括花江镇、永宁镇、上关镇、普利乡和沙云乡等；第四组的 NPP 显著上升，包括板贵乡、断桥乡、岗乌镇和新铺乡，NPP 增长幅度都在 160～170 g/(m^2·a)。

从乡镇的土地利用/土地覆被变化情况入手对各乡镇 NPP 的变化差异进行分析。

第一组只有关索镇 1 个乡镇。13 年间，其水田、旱地面积都小幅度下降，而灌木林面积上升，根据前面的分析，水田和旱地是研究区生产力最高的两类土地利用类型，土地利用变化的结果是高生产力的土地利用类型向低生产力的土地利用类型转变，于是导致乡镇生产力总体水平下降。同时对比关索镇两期的土地覆被状况，裸土覆被率下降 14.6%，裸岩覆被率增长 5.6%，而植被覆盖率增长仅 1.2%，植被增长对 NPP 的增加贡献有限，而石漠化造成水田和旱地生产力的损失显著，因此关索镇 NPP 的下降也不意外。

第二组 NPP 增长幅度在 50 g/(m^2·a) 左右。选取顶云乡为代表对其变化原因进行分析。顶云乡位于相对平坦的高原面上，平均海拔 1350.1m。1987～1999 年旱地、针叶林和灌木林小幅度上升，草地面积比例较明显下降，从土地利用类型变化而言，对 NPP 的增长作用为正。顶云乡裸土覆被率下降了 10.7%，裸岩和植被增长率分别为 3.1%、2.7%，顶云乡水田和旱地比重占镇域土地面积 25% 左右，耕地裸土覆被率下降对生产力的损失基本上可以由植被覆盖率上升所补偿，因此顶云乡 NPP 增长主要来源于土地利用方式的变化。

第三组乡镇范围比较广，如花江镇主要位于高原面上，平均高程 1130m，地势相对平坦，而永宁镇则位于中部中山山脊区，地势高峻崎岖，平均海拔 1502m；而上关镇则位于东南低山河谷地带的上缘，海拔 1001.3m，属于研究区平均海拔较低的乡镇之列。永宁镇是研究区平均海拔最高的乡镇，选其为代表对其 NPP 变化原因进行分析。从土地利用变化情况分析，永宁镇旱地、针叶林和灌木林都有较明显的增加，而草地比例下降明显，对 NPP 增长作用为正。1987～1999 年永宁镇裸土覆被率下降了 7.8%，而植被覆盖率上升了 8.6%，植被增加对生产力提升作用显著。因此就永宁镇而言，NPP 的增长是土地利用/土地覆被变化综合促进的结果。

第四组 NPP 增长幅度都很大，而原因差别明显。板贵乡位于研究区南部的高原峡谷和峰林峰丛地带，土地利用变化情况是水田、旱地、针叶林、阔叶林和灌木林都有不同程度的上升，而草地有较明显的下降，总体趋势是从生产力低的土地利用类型向生产力高的土地利用类型转变；土地覆被变化的情况是裸土覆被率下降了 20.1%，裸岩覆被率增加了 6.1%，而植被覆盖率增长了 8.5%，尽管石漠化发展比较迅速，水田和旱地的生产力受到一定的影响，但植被覆盖度的增加更加明显，对生产力增长的促进作用显著，因此综合结果是板贵乡的 NPP 大幅度增长。岗乌镇 NPP 大幅度增加的主要原因是旱地比例的大幅度增加和植被覆盖率的显著提升。而断桥乡则位于研究区自然条件相对优越的低山河谷地带，平均海拔 868m，属于研究区海拔最低的乡镇。土地利用比较稳定，研究区 1987～1999 年土地利用类型变化的主要趋势是灌木林增加而草地减少，其他类型都没有明显变化。而土地覆被变化状况则是裸土覆被率显著下降而植被覆盖率显著上升。土地利用/土地覆被变化对 NPP 的增加都起到正作用。在各乡镇中，断桥乡 1987 年和 1999 年两个时段的 NPP 值都是最高，尽管 NPP 增加的绝对值属于最高水平，但相对变化幅度却和第三组相当。

以上分析表明，NPP 增加的主要来源是低生产力的土地利用类型向高生产力的类型转化和植被覆盖率的显著提升。NPP 的损失主要原因是石漠化快速增长导致耕地生产力的衰退。在非耕地类型中，由于有裸露土壤作为缓冲状态，石漠化对 NPP 的影响没有直接体现，但石漠化对 NPP 潜在生产力损害非常严重。

17.3.3　小结

1）研究区 1987 年和 1999 年气候潜力分别为 1551.42 g/(m^2·a) 和 1539.82 g/(m^2·a)，扣除土地利用、植被覆盖和石漠化等影响后实际 NPP 潜力为 472.00 g/(m^2·a) 和 583.00 g/(m^2·a)，分别占区域当年气候潜力的 30.42%、37.86%，生产力水平都处于比较低的水平但有所增长。

2）区域 NPP 增长的主要来源一方面是土地利用类型从较低生产力类型向较高生产力类型转变；另一方面来源于植被覆盖率的上升。NPP 损失的主要途径是石漠化对耕地 NPP 的负作用。石漠化对 NPP 的直接影响体现在耕地中，在其他土地利用类型中损害土地的 NPP 潜力。空间上 NPP 与自然条件密切相关，自然条件相对优越的断桥乡 NPP 一直属于研究区最高水平。各乡镇 NPP 与平均高程相关系数都在 0.7 以上，呈比较典型的负相关。各乡镇 NPP 变化的差异主要原因是旱地和植被覆盖率增长幅度的差异，石漠化的直接影响不明显。1987 和 1999 年人类通过农业生产直接占用的 NPP 比例分别为 62.17%、47.05%。

3）本节工作在研究方法上受到资料的重大限制，因此只能在比较粗略的 Thornthwaite 纪念模型的基础进行下一步的分析。对具体植被类型和土地利用方式对 NPP 的影响没有考虑，计算结果也缺乏实测数据进行校正。但本节重点在于分析不同的土地利用方式和土地结构对区域生态系统的生产力的影响，在 NPP 的估算过程中充分地考虑了这个问题，结果也比较可信的反映了土地利用/土地覆被变化对区域生产力的重要影响。如果能够实测的基础上，增加对植被类型生产力的考虑，这个工作将能更加完整的实现本节的研究目标。

第 18 章　县域土地变化的系统分析

土地变化是一个联系自然环境和人类活动的复杂系统。土地变化系统的复杂性体现在现象的复杂性、驱动力的复杂性、尺度的复杂性、研究方法和理论的复杂性 5 个方面（蔡运龙，2001a）。“土地利用/土地覆被变化几乎影响到所有的组织水平——从基因到全球”，任何土地变化都与一定的环境后果相联系（Vitousek，1994；史培军等，2000）。面对这样一个复杂的巨系统，需要采取新的综合途径进行分析（蔡运龙，2001a），目前总的趋势是从“机械的自然导向法”向“整体系统分析法”发展（FAO，2001）。采用合适的模型对区域土地变化、驱动力及其影响进行综合研究是土地变化系统分析的典型模式。本章以关岭县为例，对县域土地变化进行系统分析。

18.1　土地变化系统分析模型

土地变化模型是人们研究土地利用/土地覆被变化过程及进行环境管理的有效工具（Verburg，2002）。模型不仅可以分析土地利用/土地覆被变化的因果，还可以在模型分析的基础上为土地利用规划和土地政策的制定提供技术支持。区域土地利用格局和覆被状况变化的社会-经济和自然环境驱动力及作用机制错综复杂，模型则是对这一复杂问题进行抽丝剥茧处理的有效工具。模型还可以对未来状况进行预测和情景分析，利用不同的初始条件、约束和目标，扩充区域实践所不能获取的有用信息（Costanza and Wainger，1993）。

模型的构建和应用过程也是土地变化问题研究的重要分析过程。有关学者（Verburg et al.，2004）提出一个完整的土地变化模型需要有这样 6 个重要构件：层次分析、多尺度动力学、驱动力、空间相互作用和领域影响、时间动力学以及层次综合等。因此，将模型和区域实际情况进行印证和结合过程也就是区域研究的分析过程。

18.1.1　土地变化系统分析常用模型

目前应用于土地变化分析的经典模型主要有 5 类：基于经验统计和 GIS 模型——变化概率模型、最优化模型——线性规划、动力学仿真模型、ABM（agent-based models）和 CA（cellular automata）模型、综合/混合模型（Lambin，2000）。各类模型都具有显著的特点和各自的适用范围。经验统计模型主要依靠多元统计分析方法，探讨土地利用/土地覆被在时空上的变化原因，并在空间上利用变化概率模型对最近一阶段的土地利用/土地覆被变化进行预测，多元回归方法是该模型常用的预测方法。由于该类模型预测结果对数据依靠程度高，导致模型可移植性不强且对数据质量要求苛刻的问题，另外模型各因子的作用权重依靠数据关系提供而不是取决区域系统的实际逻辑关系，结果需要结合专业知识进行检验校正。最优化模型是规划和政策制定中最常用的模型，线性规划是其最常用的方法，该类模型动态模拟的能力较差，而且对非经济因素的考虑比较欠缺。动力学仿真模型依靠庞大的方程组和灵活的参数控制，可以对区域土地利用/土地覆被变化的前因后果进行充分的考虑，而应用上缺点也很明显，要求系统要素考虑全面、过程复杂、计算量大而且对数据要求也比较高。ABM 和 CA 模型是土地变化的第三个重点领域的研究亮点并成为新时期土地变化研究的优先研究的问题（Semeels，2001a）。ABM 的结构一般包括两部分，一是研究土地空间变化的构架，常用的是 CA 模型；另一部分是研究人类活动和土地利用/土地覆被空间变化的交互作用关系。在墨西哥的 Yucatán 半岛地区，人们利用 ABM 模型对区域森林增长进行短期的情景模拟（Manson，2000）。由于土地变化问题的复杂性和人们研究方法、目标的多样性，人们实际研究中应用单一模型进行研究的实例不多，大部分都采用“混合模型”的方法进行系统分析。例如，CLUE、CLUE-S 和 PLM（patuxent landscape model）模型就采用了经验统计模型和系统动力学模型的研究思路（Veldkamp and Fresco，1996；Verburg et al.，1999；Irwin and Geoghegan，2001），IIASA-LUC 模型则采用了综合模型和最优化模型的内核（Fischer and Sun，2001），关于城市扩展的 UGM（urban-growth model）的主要内核是 CA 模型（Clarke and Gaydos，1998a；Candau，2000）以及中国学者以北京市为案例提出的大都市区城市扩展模型（CEM）则是以 CA 模型和经济学 Tietenberg 模型为主要方法（何春阳等，2003）。

18.1.2 基于因果关系的综合模型

一般认为因果关系模型是综合模型的一种，主要特点如下：①将复杂系统分解为一些相对简单的子系统模块，分别分析模块内部和模块之间的关系；②子系统模块之间的关系通常采用多元统计方法进行分析，但非常注意模块之间的实际逻辑关系的定性分析；③模块之间通常存在明显的或者潜在的因果关系等。

和其他模型相比，因果关系模型具有分析功能强、结构简单、适用性广而且综合功能突出等优点，其主要缺点在于空间分析能力差，空间单元分辨率受统计单元大小限制。在分析方法上与基于经验统计模型有很大的相似之处，但因果关系模型十分注重分析系统各部分之间实际逻辑关系，各因子的影响力权重并不完全等同数据分析中显示的相关系数大小，因此比较充分地发挥了数据和统计方法的优势并注意避免了多元统计分析方法容易脱离实际的问题。因果关系模型分析的基础，也可以对区域土地利用优化和生态环境建设最优化设计提供决策支持。近 20 年来，典型的因果关系模型有 FDES（a framework for the development of environment statistics）模型、PSR（pressures-state-responses）模型和 DPSIR（drivers-pressure-states-impact-responses）模型等。

FDES 由联合国统计办公室 1984 年提出的框架，将各作用因素和影响按照“社会经济行为和自然事件、行为和事件的环境效应、环境效应的响应、环境的本地情况”的体系，和环境的各要素进行分类相关分析，将环境变化与社会信息及环境变化对人类的影响进行了综合分析（Shahv，2000）。

PSR 模型，由加拿大统计学家 Anthony Friend 于 1970 年提出，并由 OECD 发展为环境系统分析和评价的概念性模型，获得广泛的应用。在这个基于因果关系的模型中，“压力”表示造成环境或土地变化的各项作用因素，“状态”是指环境或土地的现状和变化情况，而“响应”则包括环境变化对系统和人类的影响以及人类对环境变化作出的反应。1995 年联合国可持续发展委员会（CSD）提出的可持续发展的工作框架里，将 134 个指标按照（DSP）（driving force-state-response）的框架组织，这里的 driving force 是人类影响可持续发展的行为、过程和模式等（UNDPCSD，1996）。另外包括世界银行（WB）、联合国粮农组织（FAO）和联合国环境规划署（UNEP）等组织和机构也利用 PSR 模型构建土地质量指标体系（冷疏影等，1999；陈百明等，2001）。有关学者也采用 PSR 模型建立土地持续利用评价指标体系（戴尔阜等，2002）。

DPSIR 模型是欧盟统计局（EUROSTAT）和欧洲委员会欧洲环境机构（EEA）在有关环境系统分析和环境指标制定工作中，采纳并扩展了 OECD 的方法，建立了一个新的模型，称为“驱动力－压力－状态－影响－响应（DPSIR）模型”（图 18-1）。在最近 EUROSTAT 针对欧盟第 5 个环境行动计划确定的 10 个主要项目，包括空气污染、气候变化、生物多样性的丧失、海洋环境和海岸地区、臭氧层破坏、资源枯竭、有毒物质的扩散、城市环境问题、废物、水污染和水资源，针对每个项目提出一套压力指标，每个项目制定的 6 个指标，它还打算研究将这 60 个指标合成 10 个指数的可能性，每个指数对应一个政策领域，以使其能与 GDP 等经济指数进行更好的比较。DPSIR 模型已成为大多数欧盟成员国用来组织环境信息的最适用手段，许多国家，如英国、法国、荷兰和北欧国家以及美国和加拿大等，正在制订或已经制订适合本国国情的可持续发展指标。总的说来，所有这些工作在各种适用指标的选择和分类方面都利用了 PSR 和 DPISR 思路。

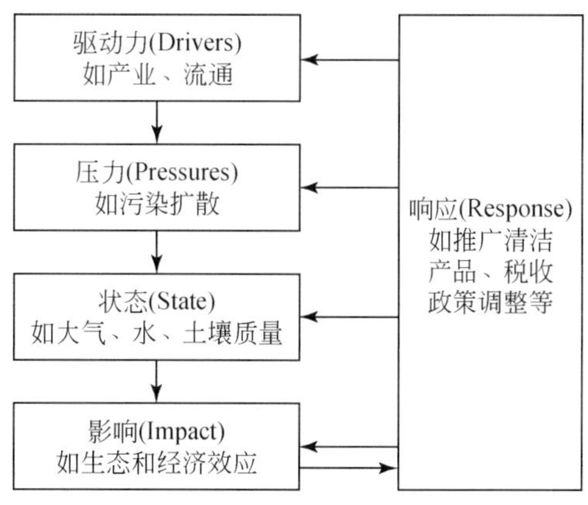

图 18-1　EEA 环境报告的 DPSIR 框架

2000 年由全球环境基金（GEF）、联合国环境署（UNEP）和全球机制（GM）支持，并由联合国粮农组织（FAO）执行的干旱区土地退化评价（LADA）计划中，也采用 DSPIR 模型为主要分析方法，对全球干旱区土地退化进行了系统分析（FAO，2002；Freddy，2002）。在 DPSIR 的框架下，提出近 400 个指标，在统计上分为自然生态、社会经济、政治文化 3 类。其中驱动因子（driving forces）包括宏观经济、政策、土地利用、发展、人口、增长、贫困、土地利用（所有）期限状况、极端气象事件和气候变化、自然灾害、水的压力等；压力因子（pressures forces）包括各部门的需求，农业、城市用地等、废物处理中营养矿物的需求、人口增长、过度农垦、过度放牧、水资源需求等；状态因子（states forces）包括土地生产力下降、土壤退化、土壤污染、土壤侵蚀、土壤盐碱化、植被损失、生物多样性的损失等；效应因子（impact forces）包括土地生产力下降、贫困和移民、土地产品和服务、水循环和质量、固碳能力下降、生境破坏和生物多样性的丧失、对人类本身状况的影响和其他影响等；响应因子（responses forces）包括宏观经济政策、土地政策和政策手段、保护和恢复、预警和报警系统、在国际组织中承担义务、土地和水资源投资等（图 18-2）。

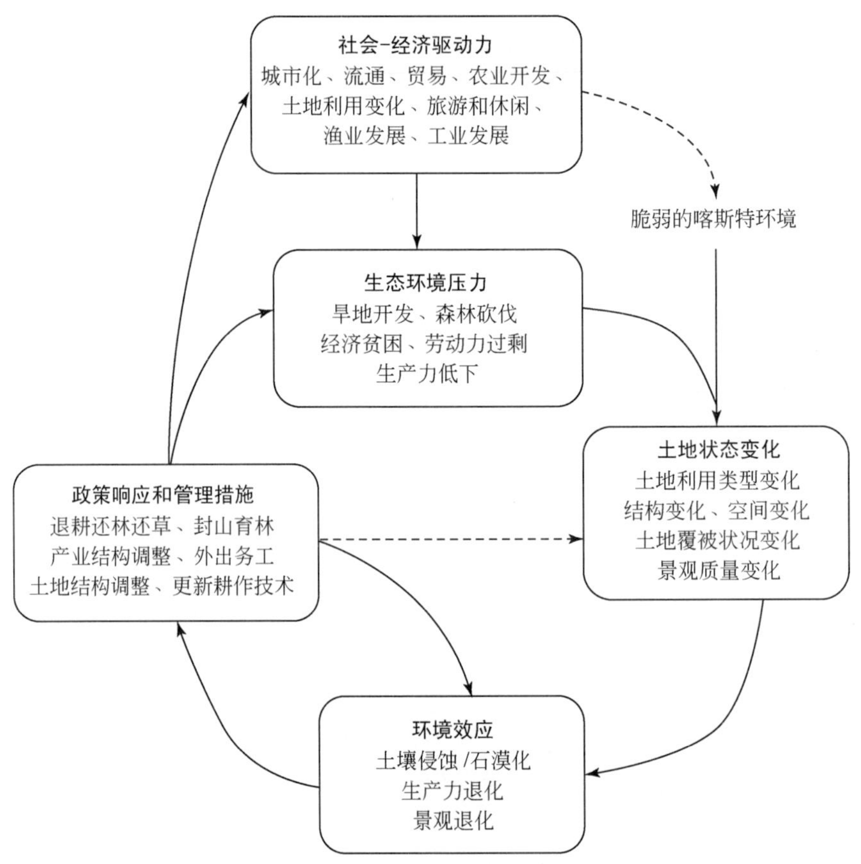

图 18-2　喀斯特地区土地变化分析的 DPDIR 模型

土地利用/土地覆被变化及其环境效应的研究已经从“机械的自然导向方法”向“整体系统分析法”发展（FAO，2001），在这个系统里面，不仅自然环境、社会经济和人类文化得到通盘的考虑，而且也需要足够重视各土地资产的所有者和使用者的利益和素质，当然，没有十全十美的研究评价方法。土地退化是喀斯特地区问题的集中体现和各要素综合作用的结果，其中土地利用是土地退化的直接驱动，土地退化系统研究不仅包括土地退化状态、驱动力和影响，还需要包括有决定性作用的压力和响应分析。本章利用

“DPSIR”的分析程式，对喀斯特地区土地系统变化的动态过程进行定性和定量的分析，试图对喀斯特地区土地退化的系统过程有个完整的把握。

18.2　研究区土地变化及其环境效应的 DSPIR 模型分析

18.2.1　DPSIR 模型框架的构建

根据我国西南喀斯特地区的人类活动和环境变化的特点，构建区域土地利用/土地覆被变化的 DPSIR 模型①。

18.2.2　分析方法——典型相关分析

（1）概述

在土地变化的研究中，多元统计方法已经的应用越来越普遍，其中典型相关分析被认为是判别土地变化驱动力的有效方法（张明，1997）。

典型相关分析法（canonical correlation analysis，CCA）是一种揭示两组多元随机变量之间关系的统计模型方法，由 H. Hotelling 于 1936 年提出（郭志刚，1999）。所分析的是两组变量整体之间的关系而不是一个变量对另外一组变量的相关关系，因此非常适合复杂系统模块之间的作用机制分析。由于涉及大量矩阵计算，在初期受到较大限制，后来随着计算机的普及才得到根本的改观。在地学领域，系统结构复杂，各因子关系错综复杂，典型相关分析法可以有效地进行数据挖掘，分析其隐藏的内在关系，极大地促进了地学研究手段的发展。在气候模型分析（黄茂怡等，2000）、遥感影像分析（廖明生等，2000）、生态系统结构分析（白永飞等，2000）和土地利用变化的动力学机制（张惠远等，1999；龙花楼等，2001；张明等，2001；李正国，2002）等研究领域都获得成功的应用。

（2）应用说明

在 DPSIR 模型的框架下，土地变化内部的动力学机制研究主要就是确定系统各组分之间的作用过程，进行多要素的相关分析。在下面的讨论中，将利用 SPSS11.0 的 CANCORR 子程序，对研究区土地利用/土地覆被变化的驱动力、压力、效应指标进行典型相关分析运算，分析系统各个过程的动力学机制。CANCORR 计算结果如下：①典型相关系数；②典型载荷（系数）；③交叉载荷（系数）；④冗余度分析等。

典型相关分析中将原始变量（如本节下面分析中的土地利用结构指标和驱动力指标）称为观察变量，而各典型载荷下的典型变量称为典型变式，典型变式（量）是观察变量的线性组合，典型变式与本组同类观察变量之间的两两简单相关系数被称为典型载荷系数（canonical loading）或者结构相关系数（structure correlation）。典型相关分析不设置自变量（组）或因变量（组），通常称为第一变量组和第二变量组，但 DPSIR 模型是基于因果关

---

①　部分参照 Pirrone N，et al. 2001. European catchments：catchments change and their impact on the coast（EUROCAT）。

系的综合模型，因此本节将第一变量组设置为因变量组，第二变量组设置为自变量组，着重分析第二变量组对第一变量组的作用关系。典型相关（canonical correlation）系数表示各个典型载荷下两组典型变式之间的相关系数，其平方值（Sq. Cor）表示各组典型变式之间共享方差在两组典型变式各自方差中的比例，亦指示了典型变式之间的相关程度。值越大，表示该组自变量（Di）组合与因变量（LUi）组合之间的关系越密切。交叉载荷即某一组典型变量与另外一组中观察变量之间的两两简单相关关系，这个系数可以将典型变量与观察变量直接联系在一起进行分析，它的平方即表示典型变量与观察变量共享较差方差百分比的形式。冗余度指数（redundency index）是一组观察变量和一组典型变式共享方差中的比例，即一组变量的典型变式对一组观察变量的解释能力。在因果假设关系的分析中，主要考虑两组冗余度指数，其一是自变量组的典型变式和因变量组的观察变量的共享方差比例，其二是自变量组的典型变式与自变量组观察变量的共享方差比例。冗余度分析即对比这两组冗余度指数，评价各典型载荷下自变量组的典型变式对因变量的解释能力。理论上所有典型变式对观察变量组具有完全的解释能力，但相关水平不显著的典型变式在分析中被舍弃，因此典型变式的解释能力受分析选取的典型载荷个数限制。本节的冗余度分析主要讨论相关性为显著水平的典型变式对观察变量组的解释能力。

（3）数据准备

DPSIR 分析包涵状态和过程 2 个层面上的分析。状态分析是选取 1 个时段，研究系统各部分之间的作用关系，强调的是系统各部分空间差异成因。而过程分析则需要选取 1 个时间序列（这里是 2 个时段），分析其变化之间的作用关系，强调的是要素变化程度之间的影响机制。

在数据准备上，前者选取 1999 年，对土地利用结构、土地覆被状况、土地利用格局、景观格局、土壤侵蚀/石漠化格局及生产力格局与社会经济各要素之间的相关分析。而动态作用机制的研究则相对复杂，需要选取各评价指标的变化量（速率），分析其相关关系。由于研究区统计机构不健全，加之 1993 年进行乡镇调整，故收集到的统计数据多为 1994 年和 1999 年 2 个时段，而主要依靠 TM 影像及相关专题地图所提取的指标时段为 1987 年和 1999 年，两者在时段分布上并不直接匹配。本节假定研究区社会经济、土地利用及环境变化在 13 年间都以稳定的速率变化，通过求取各因素的“年均变化率”进行变通处理。数据样本为研究区 14 个乡镇。

18.2.3 作用机制研究

（1）土地变化的驱动力

土地变化的驱动力机制研究主要内容是分析驱动力和土地利用状态之间的作用过程和相关关系。包括土地利用结构、土地覆被及土地利用/土地覆被格局及其变化的驱动机制分析。

A. 土地利用类型及其变化的驱动力分析

a. 驱动力和土地利用类型的指标选取

驱动力是指能对环境变化产生影响的各种社会状况和人类活动，如人口数量、工农业生产、经营、流通、旅游活动等。研究区自然环境恶劣、人口压力大、经济水平低、经济活动以农业生产为主，因此人口和农业相关的因素构成了研究区土地利用/土地覆被状况、格局及变化的主要因素。本节从 31 个社会经济相关的统计项目中综合提取了以下 8 个变量作为驱动力指标。

D1：人均 GDP（元）　　D5：农林牧副渔业劳动力密度（人/km^2）

D2：人均农业总产值（元）　　D6：贫困人口密度（人/km^2）

D3：农牧业产值比重（%）　　D7：人均粮食产量（kg）

D4：人口密度（人/km^2）　　D8：农业现代化水平等

其中，农业现代化水平采用乡镇农村人均用电量与县均值、乡镇亩均化肥、农药、地膜和农用柴油与县均值比值之和除以 5 来衡量，县平均值为 1。另外由于研究区各乡镇的农业产值占 GDP 比重都很高，共线性分析表明 D1 和 D2 相关系数为 0. 995，因此将 D1 舍弃，初步入选的驱动力指标为 D2、D3、D4、D5、D6、D7 和 D8 共 7 个。

按照第 3 章的土地利用类型分类体系，研究区主要土地利用类型有 8 类，包括建设用地、水田、旱地、针叶林、阔叶林、灌木林、草地和水域等。由于乡镇面积有大小，因此采用各类土地利用类型占乡镇总面积的比重来进行分析，前面驱动力的指标确定也考虑到了这点。另外由于建设用地和水域比例小，占研究区土地面积 1% 左右，而且比较稳定，在土地利用类型的评价指标系统中不进入相关分析程序。最后土地利用类型指标如下（单位皆为%）。

LU2：水田　　LU5：阔叶林

LU3：旱地　　LU6：灌木林

LU4：针叶林　　LU7：草地

b. 土地利用状态的影响因子分析

利用 1999 年研究区各乡镇统计数据和根据 TM 影像解译的土地利用现状数据，进行 CCA 处理。本次计算得到的典型相关系数及其平方如表 18-1 所示。

表 18-1　典型变式的相关系数及共享方差比例

维数	Canon Cor.	Sq. Cor.
1	1. 000	1. 000
2	0. 987	0. 974
3	0. 879	0. 773
4	0. 803	0. 645
5	0. 491	0. 241
6	0. 109	0. 012

1）典型变量的选取。

典型变式的典型相关系数分析目的主要是判定典型载荷的有效性。典型相关系数的平方的意义为相应典型变式共享方差的比例，指示着典型变式的相关性大小，通常共享方差比例小于 0. 3 即认为改组典型变式的相关性不显著。表 18-1 的结果表明前 4 个典型变式相关性水平为显著，而第 5、第 6 组典型变式的相关性则不显著。因此研究区土地利用结构的驱动力重点体现在前 4 组典型变式中。

2）驱动力分析。

表 18-2 是两组观察变量的线性载荷系数，观察变量按照典型载荷系数的线性组合即典型变式，各组典型变式的关系即典型相关系数，前面的分析表明前 4 组典型变式具有显著水平的相关性，因此关于土地利用结构空间差异的影响因子的讨论将基于表 18-2 展开。

表 18-2　研究区土地利用结构与驱动力因子的典型载荷系数

变量名称	典型载荷（canonical loading）系数					
	1	2	3	4	5	6
LU2：水田比例（%）	-0.743	0.456	-0.310	-0.205	-0.189	0.259
LU3：旱地比例（%）	0.565	-0.699	-0.373	-0.207	-0.030	-0.096
LU4：针叶林比例（%）	-0.177	0.060	0.071	0.703	0.286	-0.619
LU5：阔叶林比例（%）	0.631	0.016	0.272	-0.685	-0.230	0.076
LU6：灌木林比例（%）	-0.132	0.785	0.134	0.057	-0.393	0.436
LU7：草地比例（%）	-0.229	-0.497	0.414	0.017	0.726	0.037
D2：人均农业产值（元）	0.500	0.160	0.550	-0.598	0.152	-0.114
D3：农牧业产值比重（%）	-0.343	-0.173	-0.324	-0.735	0.193	0.227
D4：人口密度（人/km^2）	-0.808	0.245	-0.294	0.201	0.053	-0.243
D5：农业劳动力密度（人/km^2）	-0.818	0.425	-0.142	0.192	0.086	0.270
D6：贫困人口密度（人/km^2）	-0.473	-0.447	0.123	0.147	0.592	0.354
D7：人均粮食产量（kg）	0.327	0.171	0.480	-0.446	-0.275	-0.065
D8：农业现代化水平	-0.349	0.367	0.480	-0.308	-0.111	0.024

第一组典型载荷系数显示，水田比例与人口密度、农业劳动力密度呈显著的正相关关系，而阔叶林（主要为经济林）比例与两者呈显著的负相关关系。研究区经济活动主要是农业（包括农林牧副渔）生产，水田的生产力高，耕作精细程度远远高于其他土地利用类型，因此能容纳较多的劳动力。阔叶林主要为经济林，是 20 世纪 80 年代以来农村产业结构调整的结果，主要由旱地转化而来，研究区各乡镇粮食产量都在 200 ~ 400kg/人的水平，许多地方还没解决温饱问题，因此放弃旱地发展经济林只能是人口密度较低、粮食压力较小的地方才能实现，阔叶林比例与人口密度和农业劳动力密度负相关的原因就在这里。

第二组典型载荷系数显示，灌木林比例与贫困人口密度负相关、与农业劳动力密度正相关。旱地比例则刚好相反。灌木林在各种土地利用类型中属于经济价值最低的一种，土地覆被最接近自然状态，贫困人口密度高的地区，人们为了生存，势必会对灌木林进行开垦和砍伐，因此贫困人口密度高的地区，灌木林保存一般不多。人与自然经过长期的磨合，自然环境对人类社会的作用已经得到充分发挥，喀斯特地区地势低平的地带，土地承载力较高，因而人口密度与农业人口密度也比较高，而灌木林分布的地段立地条件恶劣，土地生产力低，难以容纳大量的人口，因此灌木林比例与农业劳动力密度呈负相关的道理也就显而易见了。旱地比例与贫困人口密度正相关的道理也很明显，研究区山高坡陡、地势崎岖，适合水田开发的地段比例很小，水田生产满足不了人们的粮食需求，为了获取粮食，人们只好进行旱地开发。贫困人口密度大的地区，粮食缺口也就更大，开发更多的旱地也就不足为怪了。同样的道理，贫困人口多集中分布在自然条件恶劣的地区，土地承载力较低，因此人口密度较小，故农业劳动力密度也比较低。另外的原因可能是水田耕作程序远比旱地耕作复杂，单位面积上需要投入更多的劳动力，而旱地耕作则简单得多，故在空间上显示劳动力密度也低。

第三组典型载荷系数显示草地比例与人均农业产值正相关。草地是畜牧业的基础，研究区的关岭黄牛与秦川、晋南、延边、南阳牛同为我国五大名牛，年外销量在 6000 头以上，关岭黄牛养殖是研究区畜牧业发展的基础，草地分布的地段尽管耕作条件较差，但人口密度也较低，同时黄牛养殖的经济效益明显，因此人均农业产值高的地区反而出现在自然条件并不是最好的草地集中地带。

第四组典型载荷系数显示针叶林比例与农业产值比重和人均农业产值比重均为负相关关系。针叶林比例与农牧业产值比重负相关很好理解，与人均农业产值的关系则需要结合研究区实际情况分析。研究区的针叶林主要为用材林，树种多为杉树，20 世纪 90 年代后期以来，木材价格呈下降趋势，而且 1998 年大洪水后，国务院发布了禁伐令，故尽管针叶林的比重较高，人们的人均农业产值仍然较低。从长远来看，森林保护有助于生态环境的好转，生态系统会得到优化，持续一段时间后，森林比例高的地区人们的经济状况不应该反而贫困。阔叶林的状况则刚好相反，尽管旱地转化为阔叶林减少了粮食生产面积，但从区域背景来看，有能力将旱地转化为经济林的地区，粮食形势应该比较好，因此阔叶林比重高的地区，实际上也是粮食比较充裕，农牧业产值比重高的地区。人均农业产值与阔叶林比重呈正相关关系也是同样的道理。

3）冗余度分析。

6 组典型变式中，进入驱动力分析的是前 4 组。因变量组的前 4 个典型变式和因变量组的共享方差和为 0.792，而自变量组的前四组典型变式与因变量的共享方差和为 0.709。

c. 土地利用结构变化的驱动力分析

土地利用结构和驱动力的指标和上节基本相同，差别在于各个指标都求取其年平均变化速率，农业现代化水平指标采用 1999 年全县平均水平为参照以及“人均农牧业产值”替代“农牧业产值比重”。

各载荷的相关系数为 1.000、0.928、0.887、0.783、0.538、0.330，共享方差比例为 1.000、0.861、0.787、0.613、0.289、0.100。相关性在显著水平上的典型载荷为前 4 个（表 18-3）。

表 18-3 研究区土地利用结构变化与驱动力因子变化的典型载荷系数 （单位：%）

变量名称 （年均变化率）	典型载荷（canonical loading）系数					
	1	2	3	4	5	6
LU2：水田比例变化	-0.159	-0.558	-0.098	-0.362	-0.163	-0.704
LU3：旱地比例变化	0.761	0.534	-0.275	0.032	0.243	0.006
LU4：针叶林比例变化	-0.282	-0.072	0.160	-0.732	-0.594	-0.032
LU5：阔叶林比例变化	0.301	-0.195	0.024	0.275	-0.891	0.023

续表

变量名称（年均变化率）	典型载荷（canonical loading）系数					
	1	2	3	4	5	6
LU6：灌木林比例变化	0.250	−0.680	0.138	0.124	0.628	0.214
LU7：草地比例变化	−0.878	−0.347	0.199	0.127	−0.228	−0.031
D2：人均农业产值变化	0.329	−0.004	−0.611	−0.636	−0.124	0.297
D3：人均农牧业产值变化	0.275	0.073	−0.633	−0.662	−0.077	0.264
D4：人口密度变化	−0.257	0.240	0.822	0.157	0.194	0.363
D5：农业劳动力密度变化	−0.425	0.156	−0.533	0.391	−0.448	−0.269
D6：贫困人口密度变化	0.690	0.409	−0.296	−0.061	−0.395	0.099
D7：人均粮食产量变化	0.418	0.093	−0.382	−0.515	−0.207	−0.309
D8：农业现代化水平变化	−0.417	−0.100	0.387	−0.509	−0.57	0.076

第一组典型变式系数显示，旱地、草地与贫困人口密度、农业劳动力密度、人均粮食的变化具有较高的敏感性，说明从土地利用变化的角度分析，旱地和草地面积的变化决定了区域土地利用结构变化的主要特征，而人类社会方面的贫困人口、人口密度和粮食供给水平是影响区域土地利用变化的主要因素。旱地面积变化与贫困人口密度变化呈显著的正相关，草地面积变化与贫困人口密度变化呈显著的负相关，说明贫困人口始终是导致区域草地开发为旱地的主要驱动力。

第二组典型变式显示水田、灌木林面积变化和贫困人口密度变化呈负相关。水田具有较高的生产力，能承载较多的人口，尽管水田面积变化比例不大，但人们通过努力扩大水田面积还是显著地减少了贫困人口的数量。灌木林的增长属于封山育林、植被恢复的结果，前面也分析过，空间分布上，灌木林和贫困人口存在一定的负相关关系，因此也只有贫困人口显著下降的地区，封山育林才能得到真正的实现。

第四组典型变式中针叶林和人均农业产值、人均农牧业产值、人均粮食产量和农业现代化水平变化都呈显著的正相关关系。从土地利用变化驱动力角度分析，则可认为只有在粮食供给增长、经济水平提高、生产技术改进的地区，针叶林才能得到显著的恢复。而从土地利用管理和规划的角度出发，喀斯特地区为了保障粮食供给、促进经济增长和技术改进，则需要大力植树造林，提高森林覆被率。

因变量组的前 4 组典型变式和因变量组的共享方差比例为 0.629，自变量组的前 4 组典型变式和因变量组的共享方差比例为 0.544。

B. 土地覆被及其变化的驱动力分析

驱动力因子的讨论和选取同上节。土地覆被选取的指标如下。

LC1：裸土覆被率

LC2：裸岩覆被率

LC3：植被覆盖率

a. 土地覆被状况差异的影响因子分析

3 个典型载荷的典型变量相关系数分别为 0.990、0.740、0.480，共享方差为 0.980、0.548、0.230，具有显著相关性的是前两个典型载荷，土地覆被的人类影响机制的分析也针对前两组典型变式展开（表 18-4）。

表 18-4　研究区土地覆被与驱动力因子的典型载荷系数

变量名称	典型载荷（canonical loading）系数		
	1	2	3
LC1：裸土覆被率（%）	0. 336	0. 039	−0. 941
LC2：裸岩覆被率（%）	0. 867	0. 448	0. 220
LC3：植被覆盖率（%）	−0. 151	−0. 971	0. 187
D2：人均农业产值（元）	0. 109	−0. 678	0. 198
D3：农牧业产值比重（%）	0. 135	−0. 452	−0. 538
D4：人口密度（人/km^2）	−0. 588	0. 419	−0. 554
D5：农业劳动力密度（人/km^2）	−0. 716	0. 282	−0. 269
D6：贫困人口密度（人/km^2）	0. 226	0. 448	−0. 371
D7：人均粮食产量（kg）	−0. 076	−0. 517	0. 425
D8：农业现代化水平	−0. 596	−0. 257	−0. 428

第一个典型载荷中，裸岩覆被率和农业劳动力密度、人口密度和农业现代化水平具有较高的敏感性，呈现显著的负相关关系。说明研究区裸岩覆被率高的地区，也就是石漠化程度问题严重的地区，土地生产力低，故环境承载力低，人口密度和农业劳动力也就比较低。环境恶劣，石漠化程度高，单位面积上的投入就比较低，因此农业现代化程度也比较低。反之，从区域的农业现代化程度、人口密度和农业劳动力密度的空间差异也可估计区域的石漠化问题的严重程度。

第二个典型载荷中，植被覆盖率和人均农业产值、人均粮食产量敏感性高，具有显著的正相关关系。人均农业产值较高、人均粮食产量较高的地区，人口对环境的压力较小，自然条件相对优越，因此植被覆盖度也较高。

裸岩覆被率和植被覆盖率都很直接的指示了环境的质量状况，与人类压力和农业活动有比较明确的关系。而裸土覆被率的生态指示意义并不明确，属于一个很不确定的因素，和人类活动的关系密切但不确定。反应到典型相关分析的结果中，尽管从典型变式的系数看，裸土覆被率人口密度、农牧业产值比重有正相关关系，但典型变式的相关性不显著，因此人口密度和农牧业产值比重对裸土覆被率的影响力也难以肯定。

从典型载荷显示的顺序来看，裸岩覆被率是土地覆被评价指标中显著性最高的变量，植被覆盖率次之，而裸土覆盖率最后，说明决定研究区土地覆被质量的决定性的因素是裸岩覆被率，也就是石漠化的问题。三者的转化中，从裸土到植被、植被到裸土和植被到裸岩都很容易，而逆向的转化如裸岩到植被和裸岩到裸土都很难，说明研究区土地覆被变化中最严重的状态就是裸岩覆被，典型相关分析的结果也证明了这一点。

土地覆被状况影响因子分析提取出前两组典型变式，土地覆被状况变量组的前两组典型变式和土地覆被状况变量组的共享方差比例为 0. 677，影响因素变量组的前两组典型变式和土地覆被变量组的共享方差比例为 0. 499。

b. 土地覆被变化的驱动力分析

计算结果显示典型变式之间的相关系数为 0.914、0.605、0.421，共享方差比例为 0.853、0.366、0.177，显著相关的是前两组典型变量。

表 18-5 显示第一组典型变式中，裸土覆被变化率、植被覆盖变化率与人均农业产值变化率、人均农牧业产值变化率呈现比较显著的正相关关系，而裸岩覆被率的变化则与这些驱动力指标呈较明显的负相关关系。植被覆盖率的增加是区域生态环境好转的标志之一，表明经济的增长有助于区域生态环境的好转，而石漠化快速发展的地区，经济发展也比较缓慢。

表 18-5　研究区土地覆被变化与驱动力因子变化的典型载荷系数　（单位：%）

变量名称（年均变化率）	典型载荷（canonical loading）系数		
	1	2	3
LC1：裸土覆被率变化	-0.664	0.044	0.746
LC2：裸岩覆被率变化	0.506	-0.752	-0.422
LC3：植被覆盖率变化	-0.659	-0.150	-0.737
D2：人均农业产值变化	-0.745	-0.030	-0.107
D3：人均农牧业产值变化	-0.744	0.012	-0.036
D4：人口密度变化	0.451	-0.043	0.656
D5：农业劳动力密度变化	0.277	-0.350	-0.521
D6：贫困人口密度变化	-0.699	0.070	-0.085
D7：人均粮食产量变化	-0.544	0.346	-0.582
D8：农业现代化水平变化	0.492	0.300	0.192

第二组典型变式中，裸岩覆被率与农业劳动力密度的变化呈显著的正相关，而与人均粮食的变化量负相关。农业劳动力密度增加直接加大了人类对土地的干扰和压力，在脆弱的喀斯特环境下，导致石漠化程度加剧。而人均粮食的增加则显示着人地矛盾的减弱，因此人均粮食增长快的地区石漠化发展速度相对较慢。

以上分析和计算说明影响研究区土地覆被变化的主要驱动力是经济水平、农业劳动力密度和粮食供给水平。

土地覆被变化变量组的前两组典型变式对土地覆被变化的解释比例为 0.574，而驱动力变量组前两组典型变式对土地覆被变化的解释比例为 0.415。

C. 土地利用格局变化的驱动力分析

本章所讨论的土地利用格局主要是土地利用的空间分布。研究区的山地特征很明显，不同的海拔上的土地利用方式对区域人类-环境系统的影响有明显的差别，因此本章利用第三章中取得的土地利用高程指数的变化，指示区域土地利用格局的变化，对其驱动力机制进行分析。本章计算的高程指数就是区域土地利用类面积和高程乘积，以乡镇为单位进行统计。由于水田高程和水体高程指数变化幅度很小，因此只选取旱地、针叶林、阔叶林、灌木林和草地 5 种类型的高程指数，取其年均变化率进入计算。驱动力的指标同上节。

LP3：旱地高程指数　　　　LP6：灌木林高程指数

LP4：针叶林高程指数　　　　LP7：草地高程指数

LP5：阔叶林高程指数

计算结果显示，各典型载荷下，典型变式的相关系数为 0.999、0.924、0.779、0.567、0.439，共享方差比例为 0.998、0.854、0.609、0.321、0.193，前 4 组典型变式的相关性水平为显著（表 18-6）。

表 18-6　研究区土地格局变化与驱动力因子变化的典型载荷系数　（单位：%）

变量名称（年均变化率）	典型载荷（canonical loading）系数				
	1	2	3	4	5
LP3：旱地高程指数变化	-0.744	-0.615	0.138	0.215	0.06
LP4：针叶林高程指数变化	0.247	0.113	-0.723	-0.57	-0.283
LP5：阔叶林高程指数变化	-0.307	0.146	0.227	-0.862	-0.300
LP6：灌木林高程指数变化	-0.241	0.586	0.038	0.588	0.503
LP7：草地高程指数变化	0.859	0.451	0.062	-0.218	-0.092
D2：人均农业产值变化	-0.381	-0.272	-0.507	-0.194	0.543
D3：人均农牧业产值变化	-0.323	-0.343	-0.531	-0.141	0.553
D4：人口密度变化	0.313	0.077	-0.004	0.236	-0.268
D5：农业劳动力密度变化	0.446	-0.298	0.441	-0.429	-0.097
D6：贫困人口密度变化	-0.652	-0.559	-0.053	-0.426	0.123
D7：人均粮食产量变化	-0.444	-0.281	-0.389	-0.078	-0.165
D8：农业现代化水平变化	0.399	0.206	-0.66	-0.508	-0.16

第一组典型变式显示旱地、草地高程指数变化和贫困人口密度变化具有较高的敏感性，说明旱地和草地高程变化构成了区域土地利用空间格局变化的主要特征，而贫困人口的数目变化则在研究区社会经济变化中占有重要地位。旱地高程变化和贫困人口密度变化呈正相关关系，而草地高程变化和贫困人口密度变化呈典型负相关关系。说明贫困人口的生存压力是导致旱地向更高地段发展的主要驱动力，也是严重退化的旱地弃耕导师草地高程下降的主要原因。

第二组典型变式显示灌木林高程变化和贫困人口密度变化也呈典型的负相关关系，又一次证实了研究区的贫困人口问题是导致区域土地利用格局变化的主要驱动力。由于灌木林分布在海拔较高的地段，其高程指数增加表示高海拔地区灌木林覆被面积的增加，指示着一种生态改良的趋势，与贫困人口密度的下降也是密不可分的。

第三组典型变式针叶林高程变化与人均农牧业产值、农业现代化程度呈显著的正相关关系。针叶林也是分布在海拔较高的地段，其高程指数的增加也是由于面积增加的缘故。研究区 1987～1999 年经济得到发展、技术得到提高的同时，实现了森林的部分恢复，促进了生态、经济的良性发展，如果长期按照这种趋势发展，三者的相关度将会进一步提升。

第四组典型变式显示阔叶林的高程指数和农业现代化水平呈显著的正相关关系，前面也分析过，阔叶林（经济林）增加的区域，大部分是自然条件较好、粮食压力相对较低、经济较发达的区域，因此农业现代化水平显然也比较高。随着农业现代化水平的进一步提高，人们的观念、掌握的信息、技术及生产资料、生产工具都将有所提高，在粮食压力比较缓和的条件下，人们将会选择经营生态、经济效应比较高的经济林。

研究区影响区域土地利用格局的变化典型因素包括经济（农牧业人均产值）、人口（贫困人口密度）和技术（农业现代化水平），其中贫困人口是影响区域土地利用格局的主要作用因素，正如 Ehrlich 曾指出的土地变化主要的人类驱动力辨析必须考虑人口、富裕程度和技术（Ehrlich and Daily，1993）。

土地利用格局参数变量组的前 4 个典型变式和土地利用格局参数变量的共享方差比例为 0.913，而驱动力变化变量组的前 4 个典型变式和土地利用格局变化参数变量的共享方差比例为 0.634。

（2）土地变化的压力

1）压力、土地利用/土地覆被变化指标。

压力因素一般被认为是对土地状况造成不良影响的社会经济状况和人类活动，是驱动力的一部分。受统计数据的限制，选取的压力因素主要有以下指标，计算其年均变化率，进入典型相关分析程序。

P1：人口密度
P2：贫困人口密度
P3：农林牧副渔业劳动力密度
P4：人均粮食产量
P5：牲畜密度
P6：竹木采伐量等

牲畜密度包涵了大牲畜、猪和羊，大牲畜包括如牛、马、驴、骡子等，按照 5 只羊单位等于 1 头牛单位、3 头猪单位等于 1 头牛单位的关系，折算为牛单位计算牲畜密度变化。

土地利用/土地覆被变化指标同上节。经过统计分析，土地利用类型的高程指数变化和面积变化具有较高的相关性，而且前面的分析也显示两者变化趋势有很密切的联系，另外考虑到样本数目，因此最终衡量土地利用/土地覆被变化的入选指标如下。

LU3：旱地面积比例变化率
LU4：针叶林面积比例变化率
LU5：阔叶林面积比例变化率
LU6：灌木林面积比例变化率
LU7：草地面积比例变化率
LC1：裸土覆被变化率
LC2：裸岩覆被变化率
LC3：植被覆被变化

以上指标分别计算其年均变化率，作为研究区各乡镇的土地利用/土地覆被变化评价指标，分析其在人类活动压力下的变化情况。

2）土地利用/土地覆被变化的压力。

计算提取了 6 组典型变式，各组典型变式之间的相关系数为 1.000、0.978、0.829、0.695、0.456、0.330，共享方差比例为 1.000、0.956、0.687、0.483、0.208、0.100，前 4 组典型变式相关性为显著（表 18-7）。

表 18-7　研究区土地利用/土地覆被变化与压力因子变化的典型载荷系数

变量名称	典型载荷（canonical loading）系数					
	1	2	3	4	5	6
LU3：旱地面积比例（%）	0.613	0.348	0.305	−0.389	−0.16	−0.213
LU4：针叶林面积比例（%）	−0.027	0.186	−0.355	−0.002	0.672	0.326
LU5：阔叶林面积比例（%）	0.062	0.218	0.186	−0.238	−0.307	0.258

续表

变量名称	典型载荷（canonical loading）系数					
	1	2	3	4	5	6
LU6：灌木林面积比例（%）	0.229	-0.549	-0.323	0.246	-0.498	-0.345
LU7：草地面积比例（%）	-0.765	-0.282	-0.149	0.373	0.145	0.253
LC1：裸土覆被率（%）	0.418	-0.070	-0.09	-0.592	0.241	-0.064
LC2：裸岩覆被率（%）	-0.367	-0.372	0.519	0.402	-0.102	0.034
LC3：植被覆被率（%）	0.596	0.105	0.366	0.259	-0.555	0.345
P1：人口密度（人/km^2）	-0.414	-0.11	-0.070	-0.094	0.313	-0.84
P2：贫困人口密度（人/km^2）	0.566	0.398	0.388	-0.581	-0.174	0.049
P3：农业劳动力密度（人/km^2）	-0.459	0.221	0.537	0.188	-0.028	0.645
P4：人均粮食产量（kg）	0.662	0.392	0.029	0.272	0.287	0.501
P5：牲畜密度	0.403	-0.516	0.604	-0.159	0.179	-0.387
P6：竹木采伐量	0.093	-0.592	-0.655	-0.093	0.415	0.178

第一组典型变式显示：旱地面积变化、草地面积变化和人均粮食产量变化具有较高的敏感度，说明区域土地利用/土地覆被变化的重点是旱地和草地的变化，而主要的压力因素则是食品需求。人均粮食变化与旱地面积比例变化呈显著的正相关关系，而与草地面积比例呈显著的负相关关系，显示研究区粮食的增长主要来自旱地面积的增加，而旱地增长的来源则是草地的开垦。

第二组典型变式显示灌木林面积变化和牲畜密度、竹木采伐量的变化具有较高的敏感度，二者皆为正相关关系。灌木林比例的明显增长，表明区域生态环境的好转，从而载畜量升高，而较高的牲畜密度也意味着较高的经济密度，经济条件较好的地区，促进灌木林面积增长的“封山育林”才能比较顺利的开展，从而二者表现为显著的正相关关系。大量的竹木采伐会导致区域生态环境的破坏，森林被采伐破坏后，主要演变为灌木林，因此竹木采伐量的变化与灌木林的面积比例变化呈现显著的正相关关系就是必然的结果了。

第三组典型变式中裸岩覆被率变化与牲畜密度、竹木采伐量的变化具有较高的敏感度，其中裸岩覆被变化率与牲畜密度变化呈显著的正相关关系，说明过度放牧仍然是研究区石漠化的主要成因之一。竹木采伐量变化裸岩覆被率的变化负相关关系的原因需要从研究区内部环境差异分析，研究区各乡镇林地分布很不均匀，许多乡镇基本没有成片的森林覆被，因此竹木采伐量很小，而林场集中的乡镇，森林比例高，采伐量也大。竹木采伐量、林地比例和石漠化速度呈现某种马太效应的特征，采伐量大的地区，也是自然环境比较好、林地比例较高、石漠化发展速度慢，但两者不存在确定的因果关系。

第四组典型变式显示了贫困人口密度变化和裸土覆被率变化存在显著的正相关关系，裸土覆被的高低，和人类干扰程度密切相关。贫困人口集中的地区，人们受生存的压力，对土地扰动很大，导致裸露土壤比例高。

土地利用/土地覆被变化变量的前 4 个典型变式和自身变量组的共享方差比例为 0.782，压力变量组的前 4 个典型变式和土地利用/土地覆被变化的共享方差比例为 0.426。

18.2.4 土地变化的效应

效应机制研究区域的土地利用/土地覆被变化和其环境效应之间的关系。研究区土地利用/土地覆被变化的环境效应主要有土壤侵蚀/石漠化效应、生产力变化效应以及景观质量变化效应等。

关于土壤侵蚀/石漠化效应和生产力变化效应，第五章和第六章已经有了专门讨论，而且本章的土壤侵蚀/石漠化及土地生产力的分析，也主要是依靠土地利用/土地覆被状况及其变化计算所得，本身具有很明确的因果关系，因此本节之中，只分析土地利用/土地覆被变化和景观格局变化之间的关系。

（1）指标选取

本节的效应分析指标只选取了景观格局的评价指标，由于景观多样性和景观优势度指标在数值上完全相关，因此只选景观多样性指标进入分析。最终关于区域土地变化效应的部分指标选取如下。

LI5：景观破碎度变化　　LI7：灌木林连通度变化

LI6：景观多样性变化　　LI8：针叶林的连通度变化

本节提取的土地利用/土地覆被变化指标包括土地利用结构变化、土地覆被变化和格局变化 3 类共 19 个指标。其中建设用地和水体的面积比例很小，不进入计算。剩下的 15 个指标以 13 年变化率的形式进入分析。

LU2：水田变化率　　LC3：植被覆盖变化率

LU3：旱地变化率　　LP2：水田高程指数变化率

LU4：针叶林变化率　　LP3：旱地高程指数变化率

LU5：阔叶林变化率　　LP4：针叶林高程指数变化率

LU6：灌木林变化率　　LP5：阔叶林高程指数变化率

LU7：草地变化率　　LP6：灌木林高程指数变化率

LC1：裸土覆被变化率　　LP7：草地高程指数变化率

LC2：裸岩覆被变化率

（2）结果分析

将以上指标分为 2 组，进入典型相关分析。而变量组 2 的相关分析表明，代表格局变化的高程指数变化率和土地利用类型变化率的相关系数都在 0.96 以上，其中旱地、针叶林、阔叶林和草地甚至在 0.999 以上，在处理过程中先予以排除，最后进入典型相关分析的指标只包括土地利用类型和土地覆被类型变化率的相关项目。

典型相关分析得到 4 个典型载荷，各典型载荷的相关系数分别为 1.000、0.989、0.776、0.315，共享方差为 1.000、0.978、0.590、0.100，前 3 组典型变式的相关性在显著水平上。土地变化对景观格局改变的效应驱动关系将主要体现在前 3 组典型变式中（表 18-8）。

表 18-8　研究区土地利用结构与驱动力因子的典型载荷系数　（单位：%）

变量名称	典型载荷（canonical loading）系数			
	1	2	3	4
LI5：景观破碎度指数变化率	0.228	0.340	0.890	0.202
LI6：景观多样性指数变化率	0.952	0.034	0.187	0.238
LI7：灌木林连通度指数变化率	−0.360	0.658	−0.606	−0.264
LI8：针叶林连通度指数变化率	0.080	−0.414	−0.578	0.699
LU2：水田变化率	0.099	0.029	−0.239	0.556
LU3：旱地变化率	0.500	0.131	0.397	0.087
LU4：针叶林变化率	0.348	−0.347	−0.383	0.103
LU5：阔叶林变化率	0.302	−0.064	0.464	−0.359
LU6：灌木林变化率	−0.216	0.828	−0.136	−0.086
LU7：草地变化率	−0.634	−0.300	−0.320	−0.089
LC1：裸土覆被变化率	0.503	−0.108	−0.103	0.223
LC2：裸岩覆被变化率	−0.628	0.045	0.423	0.094
LC3：植被覆被变化率	−0.014	0.318	0.661	−0.224

第一组典型变式中，景观多样性指数变化与草地、裸岩覆被率、裸土覆被率和水田变化率具有显著的相关关系。其中与草地、裸岩覆被变化率呈显著的负相关关系，而与水田、裸土覆被变化率呈显著的正相关关系。在研究区草地斑块面积较大，草地比重大的区域，景观多样性指数低，因此草地变化与景观多样性指数变化呈负相关关系。而裸岩覆被率的变化与景观多样性呈负相关就比较好理解了，快速的石漠化导致区域景观向简单趋势发展，导致景观多样性降低。相同的道理，水田属于比较稳定的土地利用类型，水田集中的地区生态环境都比较优越，因此景观多样性也比较高。前面讨论过，裸土覆被属于一种生态质量指向不确定的土地覆被类型，可以快速发展为裸岩地也可恢复成植被类型，而研究区 1987～1999 年，裸土覆被率大幅度下降，减少部分中将近一半变成了石漠化土地，而另外一半恢复成了植被，体现在景观多样性的变化上，植被恢复则促进景观多样性的增加，因此在典型变式中体现为较显著的正相关关系。

第二组典型变式中，灌木林的连通度变化与灌木林的面积变化呈显著的正相关关系。这个原因非常明显，根据斑块类型连通度的计算公式，斑块密度越大，斑块之间连通的可能也越大，因此斑块类型面积的增加将明显的促进斑块的连通程度的增加。如果将灌木林类型的分析排除，针叶林连通变化的最大影响因子也将是针叶林面积的变化。这也说明在研究区进行生态恢复工作，促进林地覆被类型面积的增长是非常必要也非常有效的措施。

第三组典型变式中，景观破碎度指数变化率与植被覆盖的变化率呈显著的正相关关系，其原因要从研究区土地利用/土地覆被变化过程中寻找。第三章分析过，研究区斑块已经非常破碎，在各景观类型中，唯有草地斑块破碎度程度相对较低。研究区 1987～1999 年景观破碎度的增长来源于草地的开垦，因此区域草地面积的变化与景观破碎度正相关，而植被覆盖率的增长中，草地属于增长较快的类型，于是区域草地面积的变化与植被覆盖率的变化也呈正相关。经过相关传递，最终区域景观破碎度的变化和植被覆盖率的变化在统计上表现出比较显著的正相关关系。而基于自然环境变化的机理分析中，两者变化并不应该存在某种必然的联系，这也是优秀的数学工具也不能完全替代专业的定性分析的一个例证。

景观格局指数变量组的前 3 个典型变式和自身变量组的共享方差比例为 0.836，而土地利用/土地覆被变化变量组的前 3 个典型变式和景观格局变量组的共享方差比率为 0.68。

18.2.5 响应

响应主要是指人类社会对土地利用状况及其变化和由此产生的环境效应的应对措施，如针对陡坡旱地开垦造成严重的土壤侵蚀而制定的“退耕还林”政策、水土保持规划等。在研究区，土地利用的主要问题是林地破坏、植被覆盖率低、陡坡旱地耕作和过度放牧等，引起的最主要的环境问题就是土壤侵蚀/石漠化。针对这些问题，人们采取了多方面的措施来应对，如产业结构调整、退耕还林还草、坡改梯工程、“渴望工程”（解决饮水和灌溉）、各种生态重建工程等，并制定相关法规，强调森林保护和水土保持。

响应措施涉及区域人类社会经济活动的各个方面，形式复杂，除了少数几种措施（如坡改梯面积、退耕还林还草面积等）的范围和力度可以初步定量确定外，其他措施（如水土保持法规的制定、生态环境保护观念的宣传等）尽管对生态环境的变化产生了深远的影响，但影响程度和作用过程都难以定量分析和评价。

18.3 结论和讨论

土地变化研究面对的是一个复杂综合的巨系统，模型分析是研究土地变化问题的有效方法。本章根据 DPSIR 模型的框架和分析思路，将区域的土地利用/土地覆被变化现象、驱动力、环境效应等组建成相对独立的模块，对各模块之间的关系进行初步定性分析；然后利用 SPSS 提供的典型分析子程序，对各模块的代表指标进行定量分析，同时进行了基于地学理论的定性讨论，得到一些有用的结论。

1）土地利用结构的最显著影响因素是人口，具体表现为人口密度决定耕地（水田和旱地）比例，人口压力小的地区经济林比例高，贫困人口密度高的地区灌木林比例低而旱地比例高，草地尽管可以提供较高的经济收益但承载力有限，人口密度高的地区草地比例也很低。

2）土地利用结构变化最显著的特征是草地和旱地的转化，最重要的驱动力也是人口压力，贫困人口、人口密度和人均粮食产量的负向发展都是导致草地被开垦旱地的直接驱动力。只有在人们粮食保障程度较高的地区，才出现植被的恢复和草地/旱地的基本稳定。因此，政策制定者和土地管理者瞄准生态环境改良和经济效益提高的土地利用结构调整措施的成功实施需要一个前提：人们的温饱问题得到解决。

3）土地覆被状况差异最显著的特征体现在裸岩覆被率的差异即石漠化程度的差异上，石漠化程度与人类社会发展密切相关，区域社会经济发展程度越低的地区，石漠化程度越高。植被覆盖率的差异和人类社会影响因素的关系分析则从相反的方面证实了这点。

4）土地覆被变化数量上最显著的特征是裸土覆被率的变化，而实际上具有重要指示意义的则是裸岩覆被率的和植被覆盖率的变化。分析结果表明经济发展和人均粮食增长速度慢的地区石漠化发展速度快而植被覆盖率提高有限。综合结果显示土地覆被变化的主要驱动力是经济水平、农业劳动力密度和粮食供给水平。

5）土地利用格局变化主要特征是草地和旱地的分布高程变化，高密度的贫困人口依然是迫使高海拔陡坡地段草地开发为旱地的主要驱动力。而指示着生态改良的灌木林恢复也与贫困人口密度下降关系最密切。经济增长和社会发展是林地恢复的主要驱动力。

6）贫困人口是导致旱地增长的主要压力因素，粮食压力的缓解来源于旱地面积的增加，而旱地的增长来源于草地的开垦。石漠化发展速度与牲畜密度增长关系显著，过度放牧仍然是研究区石漠化的主要原因之一。

7）土地利用/土地覆被变化对景观格局的影响主要体现在土地利用结构的变化上，旱地的增长和草地的破坏是导致区域景观破碎的主要成因，林地比例的增加则是导致林地连通度提高的直接原因。

在分析过程中也遇到许多困难，其中最典型的问题就是数据问题。数据问题已经被相关专家认为是 IGBP 和 HDP 完成其研究目标的重大障碍（Turner Ⅱ et al.，1995；史培军等，2000）。本章工作中遇到的数据问题主要体现在数据不完备和时空不匹配等方面。本章自然环境数据及土地属性方面的数据以 30m×30m 像元单元为基础，包括地理位置、高程、两个时期的土地利用方式、土地覆被状况（植被覆盖率、裸土覆被率和裸岩覆被率）、土壤侵蚀/石漠化速度、土壤抗蚀年限、NPP 及其变化、行政归属等，基本上满足小尺度空间进行空间分异及转移过程分析的要求。而社会经济方面的数据在统计上以乡镇为基础，乡镇内部的地域差异无从得知，根据木桶原理，自然-环境方面数据所取得的信息在综合分析中被乡镇平均水平替代，内部差异被抹杀而造成信息的损失。“社会化像元”和“像元社会化”的工作任重道远。

第 19 章　县域景观变化及其驱动机制

地表各种土地覆被组合成景观，整体地反映出地表生态和环境状况，景观变化研究是认识和把握土地变化及其环境效应的主要途径。人类活动通过土地利用导致土地覆被变化，从而成为景观变化的根源。本章以贵州省普定、织金、独山、罗甸 4 县为例，研究景观变化及其驱动机制。

19.1　景观变化

“景观”与“土地”都可作为“自然地域综合体”的代称（阿尔曼德，1992；刘南威和郭有立，1997）。但随着景观生态学与地理学的融合与发展，一种“生态化”的景观概念已逐渐为众多领域所接受，其概念的核心是认为景观是地球表层相互作用的生态系统镶嵌体，以类似形式重复出现，是具有高度异质性的空间区域（Forman and Godron，1986）。在更大尺度的区域中，景观是互不重复且对比性强的基本结构单元（Forman，1995a）。这里的“景观”更关注于景观之间以及景观内部的空间组合特征，以及景观作为复杂生命组织整体的生态价值和带给人类的长期效益（Harms and Knaapen，1987）。景观变化研究不仅关注土地利用的变化或各种土地属性（如植被、土壤）的变化，而更重视它们所构成的景观整体的变化。

研究区景观的总体特征是以喀斯特中中山、低中山山地和低中山丘陵，间夹溶蚀洼地和盆地等地貌类型为主，局部地段为高中山山地和低山丘陵。以岩溶丘陵、溶蚀洼地、峰林、峰丛以及干谷等典型喀斯特地貌为主的山地、丘陵平均占到土地面积的 80% 以上，如普定 84%、织金 82%、独山 75%，从而使这些地区与其他大多数喀斯特地区一样，具有地表切割破碎、渗漏严重的特点。该地区的人类活动以农业生产为主，并形成自然景观与农业景观为主的景观类型。

19.1.1　景观格局及变化的度量指标

对于景观格局及其变化的考察，需要从两方面进行，一是区域内各类型景观斑块的数量结构及其变化，包括各类型斑块的个数、面积以及由它们所构成的景观整体数量特征如多样性、优势度、相对丰富度等；二是构成景观的各类型斑块的空间形态和分布特征，即景观的空间格局及其变化，一般采用分维数、集聚度（或蔓延度）、分散度，以及修改分维数等指标进行度量。本节所采用的这两方面主要度量指标的计测公式及其生态意义如下。

1）多样性。景观的多样性是指组成景观的斑块类型的数量，用来表征景观中斑块的复杂性、类型的齐全程度或多样性状况，计算公式为

$$H = -\sum_{i=1}^{m}(P_i \cdot \ln P_i) \tag{19-1}$$

式中，H 为景观多样性指数，其最小值为 0，表明景观仅由一种斑块组成；m 为景观斑块类型数；P_i 为第 i 类斑块所占的面积比例。景观的最大可能多样性为 $H_{max}=\ln m$，在本研究区，$H_{max}=2.197$。

从研究区的气候和地质地貌条件推断，其原始景观应以森林、灌木林以及草地等自然植被为主，按目前景观生态研究通常所采用的以土地覆被类型为依据划分景观单元，结果必然是随农业开发程度的加深，旱地、水田及建设用地等类型斑块日益增多，景观多样性只会有增无减。多样性指标在景观水平上具有重要生态指示含义。

2）优势度。用于测定景观结构组成中主要斑块类型支配景观的程度。一般采用景观多样性和最大多样性之间的偏差来表示：

$$E = H_{max} + \sum_{i=1}^{m} (P_i \cdot \ln P_i) \tag{19-2}$$

式中，E 为优势度，优势度高表明景观只受 1 个或少数几个斑块类型的支配，低优势度值反映景观中各类型斑块占有大致相等的比例。优势度指数是多样性指数的补充，在景观变化研究中主要用来指示景观中占优势地位的单元类型在不同时期、不同景观类型间的变化程度。

3）分散度。指景观中某一类型的各斑块分布的分离程度，分散度越大，表明该类型在景观中的分布越分散。采用如下计量公式。

$$F_i = B_i/A_i$$
$$A_i = S_i/S,\ B_i = \frac{1}{2}\sqrt{\frac{n}{S}} \tag{19-3}$$

式中，F_i 是 i 类斑块分散度；S 是景观样区总面积；S_i 是 i 类斑块面积；n 是 i 类斑块的个数。对于自然植被单元类型，分散度是指示生态连通性 1 个重要指标，一般分散度越大，越不利于景观生态连续性的维持；对于人为干扰单元类型，分散度又是反映人类活动集约程度的主要参数，分散度越大说明集约化程度越低，当然，这仍需要结合该类型斑块面积特征进行分析。

4）形态指数。斑块的形态特征是其功能的重要反映，一般采用分维数、修改分维数以及其他形态指数进行计测。分维数的度量方式如下。

$$L = kS^{D/2},\ D = 2\ln(L/4)/\ln S \tag{19-4}$$

式中，D 为分维数；L 为斑块周长；S 值为斑块面积。本节的格局分析建立在影像像元的基础上，k 值取常数 4。分维数的值域为 1～2。其值越大，说明斑块的自相似性越弱，形状越无规律。一般而言，人为干扰斑块形状较规则，自然斑块的形状较无规律。但在喀斯特山地区，受地形地貌条件的制约，土地开发利用呈星散状分布和蚕食性扩展，反而更有可能导致人为斑块和自然斑块均趋于散乱和不规则。

另外，研究景观的变化不仅要了解景观变化的程度，更有必要了解景观怎样变，即景观变化的方向和发生变化的条件。因此，本节基于生态学中的马尔可夫模型，对各样区从 20 世纪 80 年代中期到 90 年代中期各斑块类型的转移情况进行了度量。马尔可夫模型是一种特殊的随机运动过程，指在一系列特定的时间间隔中，一个亚稳定系统由 t 时刻向 $t+1$ 时刻状态转化的一系列过程，这种转化假设 $t+1$ 时刻状态只与 t 时刻状态有关，而与以前的状态无关。

19.1.2　基于 TM 影像的景观单元分类及统计

为了以较小的工作量实现研究目的，也为了与地方的土地普查和社会经济统计资料相对比和拟合，本研究经过对区域进行充分的考察和分析，基于行政单元在上述区域选择了 3 个代表区域景观特征的样区进行深入研究。它们是位于织金县西南部的熊家场乡和位于普定县东北部的坪上乡，以及独山县南部的黄后乡。其中熊家场样区的景观构成以中中山山地为主，局部为高中山山地和低中山山地；坪上样区的景观构成以低中山山地和低中山丘陵为主；黄后样区的景观则明显体现了由贵州高原向广西丘陵过渡地带的地貌特点，全区以低中山岩溶峰林谷地为主，只在其北部地段分布有中山和低中山山地。

考虑到当地土地普查资料的短缺，本研究以 TM 影像数据作为基本资料来源，分别收集了各景观样区 20 世纪 80 年代中期（1987 年 2 月）和 20 世纪 90 年代中期（1997 年 9 月）两时相共 4 幅 1∶5 万 TM 影像数据。数据来源为中国科学院卫星遥感地面站。通过实验分析，选取 TM4、3、2 三波段假彩色合成影像为基本数据源。

为辅助图像的景观单元分类分析和弥补遥感影像中所存在的“同物异谱”和“同谱异物”等问题，本研究还参照了如下资料：①各样区局部地段 1968 年 10 月和 1987 年 11 月的黑白航片（比例尺分别为 1∶15 000 和 1∶14 500），其覆盖面积达全部样区的 50% 以上；②与航片相对应的研究区 1∶1 万地形图和1∶5地形图；③研究区 1992 年1∶5 万土地利用图及其他土地普查资料。数据来源分别是贵州省测绘局和贵州省织金县、普定县、独山县土地管理局。

本节充分利用了遥感影像对地表植被较为敏感的特点，主要依据地表植被盖度并结合地面调查，对研究区进行图像分类，同时，为反映人类活动的空间分布，也从土地利用角度划分出旱地、水田和建设用地等主要由人类活动所直接形成的地表覆盖类型。分类系统如表 19-1 所示。

表 19-1　景观单元分类系统

类别	特征
林地	指有林地，包括用材林、经济林地和长势较好的灌木林地
灌丛	指以灌木为主的灌丛地、灌草地
水体	指水库及河流
草地	以草本植物为主的灌草地、草地
荒草地	以草本植物为主，覆盖密度较草地少
旱地	无灌溉设施，主要靠天然降水生长作物的耕地，包括坡旱地、梯旱地、茶园等
水田	有灌溉设施和水源保证的耕地，包括水田和望天田
建设用地	包括居住、交通和工矿用地等
裸石、裸土地	基本无植被覆盖的土地

本研究采用非监督分类和目视判别相结合的分类方法。通过初步非监督分类，将图像分为若干小簇，再结合航片和地形图进行目视判别，以尽可能解决“同物异谱”和“同谱异物”等问题。目前基于 TM 影像进行大比例尺土地分类的途径尚不够完善对分类结果进行精度检验仍是必要的一个环节。但由于缺乏具有可比性的和基于较成熟方法得到的相

应土地覆被分类资料进行对比，检验只能通过实地踏勘和与航片、地方土地利用普查结果相对比、从数量统计和空间分布两方面进行。

将各样区 1∶5 万地形图放大，按 1∶2.5 万精度以 50m 为间隔数字化输入计算机，经表面内插生成景观样区的数字高程模型（DEM）（图 19-1）。基于 DEM 图像，按 0～3°、

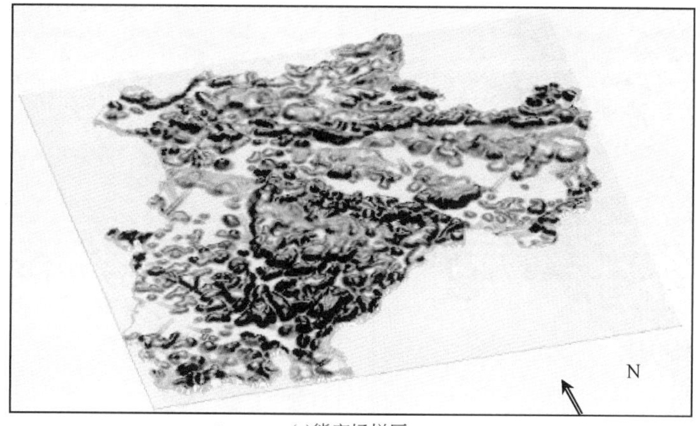

(a)熊家场样区

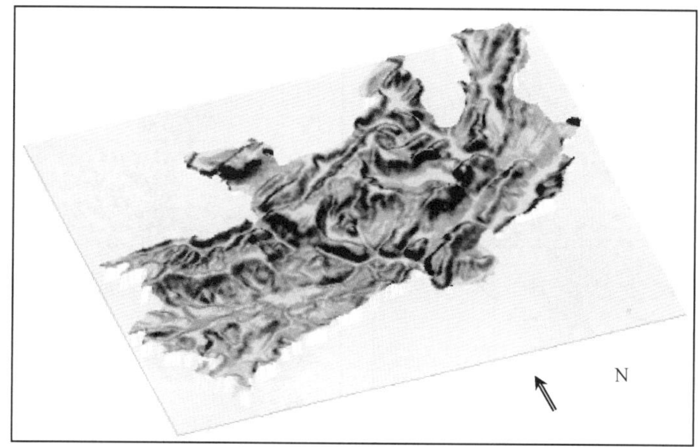

(b)坪上样区

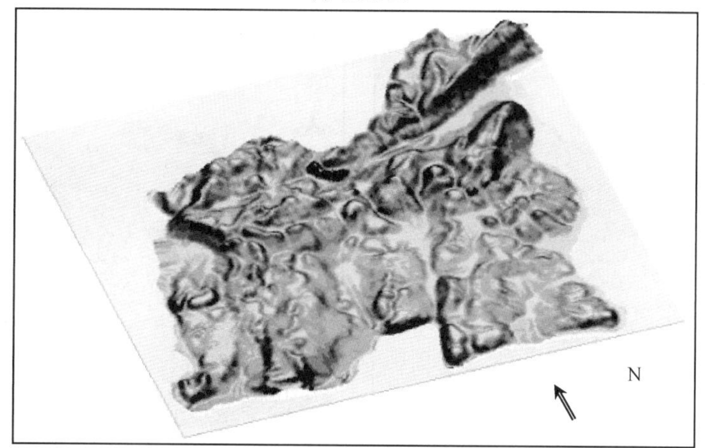

(c)黄后样区

图 19-1　典型景观样区数字高程模型的三维模拟

3°~10°、10°~20°和>20°对样区进行坡度分级并生成坡度分级图。采用最近相邻法将 TM 图像与 DEM 图像进行地理配准，误差均在 1.5 个像元（相当于地面 45m）以下，并用随 DEM 生成的景观样区边界对配准后的 TM 图像进行切割得到景观样区的 TM 图像（图 19-2），分类结果如图 19-3 所示。

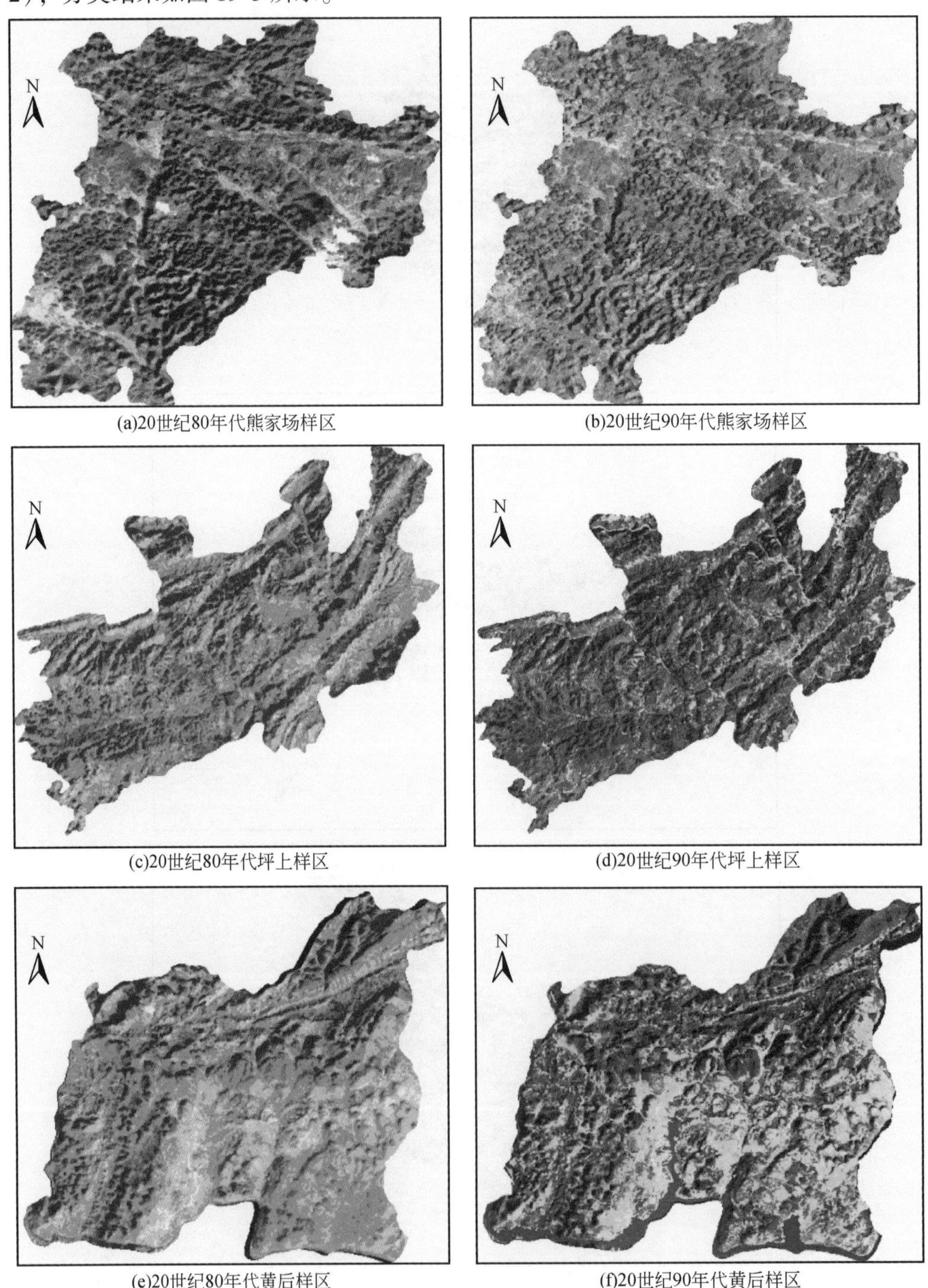

(a)20世纪80年代熊家场样区

(b)20世纪90年代熊家场样区

(c)20世纪80年代坪上样区

(d)20世纪90年代坪上样区

(e)20世纪80年代黄后样区

(f)20世纪90年代黄后样区

图 19-2 典型景观样区的 TM 影像图

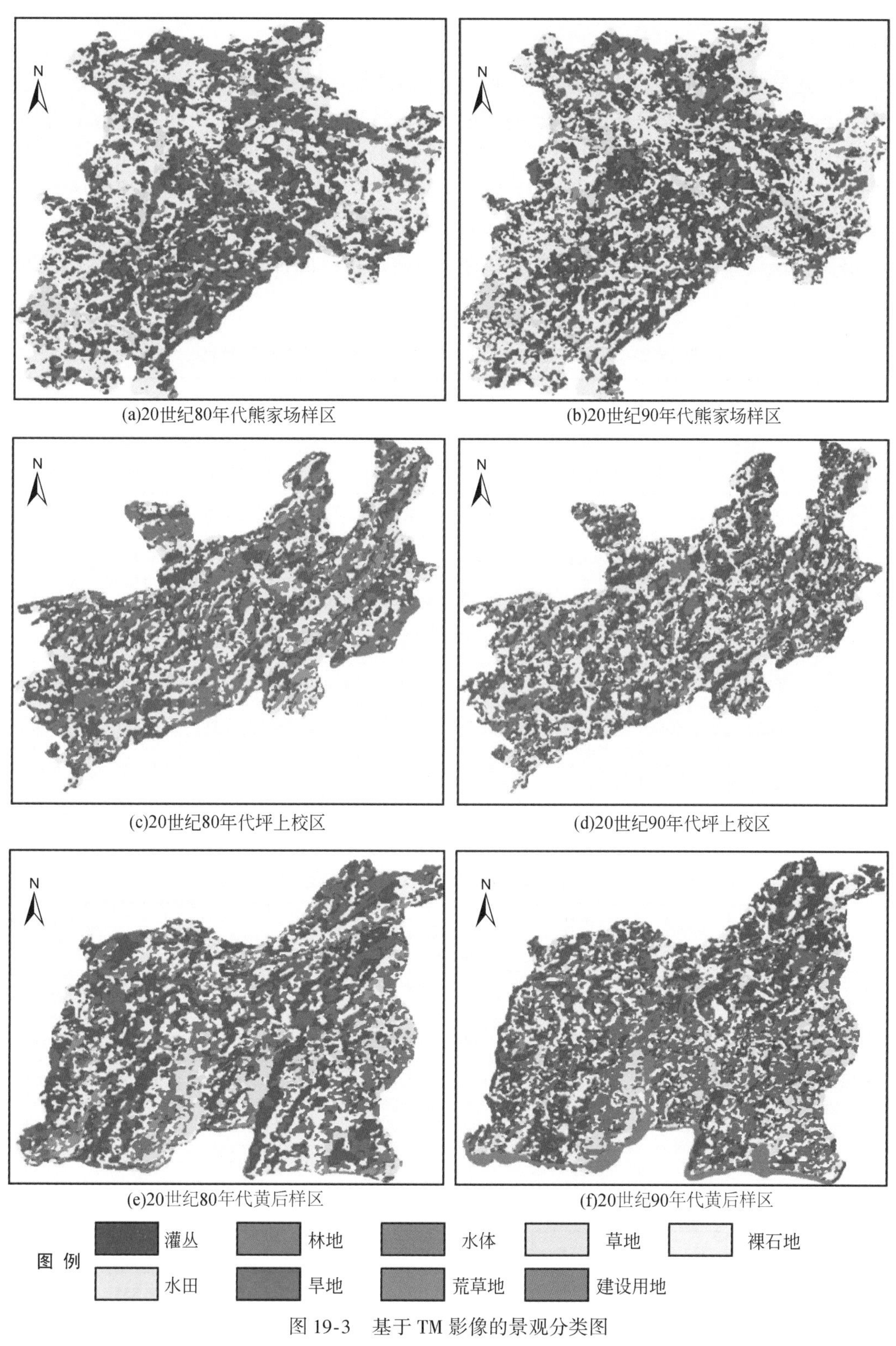

图 19-3　基于 TM 影像的景观分类图

以上工作以及图像分类和分析处理均基于微机版 ARC/INFO、IDRISI 和 CITYSTAR 完成。

对上述分类结果的检验主要通过实地勘察和与航片、地方土地普查结果相对比的途径进行。经过多次检核、修正，最后就不同斑块类型各抽查了 10 ~ 15 个样点进行了野外检验（采样斑块的面积大于 4 个像元），各类型的平均判对率超过 85%。各类型面积与地方土地普查结果也有较好一致性。可以认为，上述图像分类的结果能基本反映研究区的实际土地覆被和土地利用状况。

各类型斑块面积、个数统计和前述中的一些格局指标的计算结果如表 19-2 ~ 表 19-7 所示。

表 19-2　坪上样区 20 世纪 80 年代景观单元基本数量特征

单元类型	斑块数目	总面积（hm^2）	总周长（km）	最大斑块面积（hm^2）	分维数	平均面积（hm^2）	形态指数	分散度	面积比例（%）
灌丛	381	3088.22	616.97	292.87	1.385	8.11	27.75	0.328	28.71
林地	337	1670.55	363.73	179.17	1.373	4.96	22.25	0.570	15.53
水体	18	56.32	19.34	15.46	1.281	3.13	6.44	3.906	0.52
裸石地	175	151.01	69.58	11.73	1.372	0.86	14.16	4.543	1.40
草地	559	2446.23	635.17	224.33	1.408	4.37	32.11	0.501	22.74
旱地	372	1727.53	410.95	107.71	1.385	4.64	24.72	0.579	16.06
水田	172	793.64	173.64	224.25	1.344	4.61	15.41	0.857	7.38
荒草地	365	712.47	240.78	80.2	1.395	1.95	22.55	1.391	6.63
建设用地	66	111.84	39.6	18.45	1.321	1.69	9.36	3.767	1.06

表 19-3　坪上样区 20 世纪 90 年代景观元素基本数量特征

单元类型	斑块数目	总面积（hm^2）	总周长（km）	最大斑块面积（hm^2）	分维数	平均面积（hm^2）	形态指数	分散度	面积比例（%）
灌丛	541	2789.95	654.73	267.94	1.401	5.16	30.99	0.432	25.94
林地	702	1406.09	476.21	68.06	1.420	2.00	31.75	0.977	13.07
水体	21	502.83	62.35	291.72	1.251	23.94	6.95	0.473	4.67
裸石地	480	407.78	195.6	8.09	1.418	0.85	24.22	2.786	3.79
草地	779	1795.98	561.38	69.35	1.419	2.30	33.12	0.806	16.69
旱地	531	2421.8	591.09	177.55	1.400	4.56	30.03	0.493	22.51
水田	369	872.22	253.75	55.03	1.384	2.36	21.48	1.142	8.11
荒草地	345	337.38	152.02	11.98	1.403	0.98	20.69	2.855	3.14
建设用地	141	222.71	78.52	14.57	1.353	1.58	13.15	2.765	2.07

表 19-4　熊家场样区 20 世纪 80 年代景观元素基本数量特征

单元类型	斑块数目	总面积（hm^2）	总周长（km）	最大斑块面积（hm^2）	分维数	平均面积（hm^2）	形态指数	分散度	面积比例（%）
灌丛	472	2862.63	652.67	282.99	1.398	6.06	30.49	0.370	30.10
林地	331	2361.88	465.43	271.22	1.374	7.13	23.94	0.376	24.84
裸石地	138	118.42	56.98	5.1	1.368	0.86	13.09	4.837	1.25
草地	518	2506.21	614.68	110.95	1.402	4.84	30.69	0.443	26.35
旱地	304	880.47	246.13	39.17	1.379	2.89	20.74	0.965	9.26
水田	74	175.45	53.88	8.66	1.323	2.37	10.17	2.391	1.85
荒草地	270	568.69	179.48	26.38	1.377	2.11	18.82	1.409	5.98
建设用地	31	35.53	14.45	3.32	1.282	1.15	6.06	7.641	0.37

表 19-5　熊家场样区 20 世纪 90 年代景观元素基本数量特征

单元类型	斑块数目	总面积（hm^2）	总周长（km）	最大斑块面积（hm^2）	分维数	平均面积（hm^2）	形态指数	分散度	面积比例（%）
灌丛	612	3088.71	757.96	120.175	1.409	5.05	34.09	0.389	32.81
林地	781	2070.06	617.01	61.0182	1.418	2.65	33.90	0.655	21.99
水体	21	24.68	11.04	4.2081	1.276	1.17	5.55	9.007	0.26
裸石地	298	233.47	115.15	5.9076	1.401	0.78	18.84	3.587	2.48
草地	628	2464.03	659.64	172.696	1.412	3.92	33.22	0.493	26.17
旱地	452	807.64	285.27	26.9483	1.405	1.79	25.09	1.277	8.58
水田	214	236.06	101.33	8.9828	1.382	1.10	16.49	3.007	2.51
荒草地	431	437.97	192.65	7.2833	1.410	1.02	23.01	2.300	4.65
建设用地	62	52.44	24.98	5.0983	1.327	0.85	8.62	7.285	0.56

表 19-6　黄后样区 20 世纪 80 年代景观元素基本数量特征

单元类型	斑块数目	总面积（hm^2）	总周长（km）	最大斑块面积（hm^2）	分维数	平均面积（hm^2）	形态指数	分散度	面积比例（%）
灌丛	632	3800.14	824.27	235.31	1.402	6.01	33.43	0.381	28.72
林地	489	3348.66	673.41	309.47	1.389	6.85	29.09	0.380	25.31
水体	1	0.89	0.40	0.89	1.012	0.89	1.05	—	0.01
裸石地	360	458.85	183.79	10.33	1.399	1.27	21.45	2.378	3.47
草地	499	4353.80	846.42	508.39	1.394	8.72	32.07	0.295	32.91
旱地	131	232.49	78.46	11.70	1.348	1.77	12.86	2.831	1.76
水田	91	459.81	104.14	71.17	1.325	5.05	12.14	1.193	3.47
荒草地	302	533.25	178.11	12.83	1.382	1.76	19.28	1.874	4.03
建设用地	29	42.69	16.25	6.78	1.282	1.47	6.22	7.255	0.32

表 19-7　黄后样区 20 世纪 90 年代景观元素基本数量特征

单元类型	斑块数目	总面积 (hm²)	总周长 (km)	最大斑块面积 (hm²)	分维数	平均面积 (hm²)	形态指数	分散度	面积比例 (%)
灌丛	586	3946. 01	834. 35	241. 53	1. 400	6. 73	33. 21	0. 353	29. 84
林地	529	2684. 81	607. 69	160. 91	1. 395	5. 07	29. 32	0. 493	20. 30
水体	1	1. 13	0. 51	1. 13	1. 039	1. 13	1. 20	—	0. 01
裸石地	577	691. 01	284. 81	9. 76	1. 419	1. 20	27. 09	1. 998	5. 22
草地	571	4464. 61	896. 32	604. 26	1. 399	7. 82	33. 54	0. 308	33. 76
旱地	201	269. 45	104. 48	14. 61	1. 374	1. 34	15. 91	3. 025	2. 04
水田	103	500. 97	108. 86	66. 57	1. 324	4. 86	12. 16	1. 165	3. 79
荒草地	396	603. 29	214. 25	17. 19	1. 395	1. 52	21. 81	1. 897	4. 56
建设用地	42	61. 57	23. 18	6. 21	1. 300	1. 47	7. 38	6. 052	0. 46

19. 1. 3　景观单元的动态变化和空间转移分析

(1) 各类型斑块的分布及其变化

从 20 世纪 80 年代到 90 年代，各样区斑块的总数显著增加。例如，坪上样区的斑块总数由 2445 个增加到 3909 个；熊家场样区由 2138 个增加到 3499 个。黄后样区由 2534 个增加到 3006 个。坪上、熊家场两样区中各类型斑块的数目也都有不同程度的增加，其中林地、灌丛和耕地斑块数量的增加起了主导性影响。而黄后样区除灌丛外也都有显著增加。仅从此一个方面，已明显反映出这些年研究区景观的碎裂化程度相当显著。另外，由于熊家场和黄后两样区中连续可见的水体较少，在后面的分析中不予考虑。

研究区不同时期各斑块类型的总面积和面积比例均显示出灌丛、草地和林地占据着景观中的优势地位，表明喀斯特山地具有较好的自然本底。但从 10 年的变化又可以看出，这种自然本底优势正趋于降低，尤其是林地和灌丛明显减少。例如，坪上样区的林地比例由 20 世纪 80 年代的 15. 53% 降到了 90 年代的 13. 07%；黄后样区由 25. 31% 降到 20. 3%；熊家场也由 24. 84% 降到 21. 98%。若以林地+灌丛代表景观的自然植被，则坪上由 44. 23% 降到 39. 01%，黄后由 54. 03% 降到 50. 14%，熊家场降幅较小，仅由 54. 94% 降到 54. 78%。与灌丛、林地相反，以旱地、水田和建设用地为代表的人工干扰斑块虽占有较少比例，但 10 年变化的结果却呈增加态势。其中坪上样区的增加最为显著，旱地和水田面积比例分别增加了 6. 46 个百分点和 0. 73 个百分点，建设用地增加了 1. 03%；黄后样区的 3 种用地分别增加了 0. 28 个百分点、0. 32 个百分点、0. 14 个百分点；熊家场样区旱地增幅虽小，但水田和建设用地分别增加了 0. 66 个百分点和 0. 183 个百分点。另外，与人为干扰有密切关系的裸石、裸土地也都有增加。

各类型斑块中的最大斑块对于该类型的变化往往具有特殊的指示意义。较大自然植被斑块的存在更有利于野生生物的生存，而较大人为干扰斑块的存在则在一定程度上反映人类活动的集约化水平较高。所研究的 3 样区中，前两者自然植被的最大斑块面积的变化都呈普遍减小的特点，如坪上样区灌丛的最大斑块面积由 292. 87hm² 减小到了 267. 94hm²，林地由 179. 17hm^2 减小到 68. 06hm^2；熊家场样区则分别由 282. 99hm^2、271. 22hm^2 减小到 120. 17hm^2、61. 02hm^2；而黄后样区只有林地显著减少（从 309. 47hm^2 减小到 160. 91hm^2），灌丛和草地都呈增加趋势。人为干扰斑块的变化特征不明显。

伴随多样性和碎裂化程度的增加，各类型斑块的形状除水体外也都趋于复杂。如林地的分维数，在坪上样区从 1. 373 增加到了 1. 42，在熊家场样区从 1. 374 增加到 1. 418，黄后样区也从 1. 389 增为 1. 395。相应分维数的增加，斑块形状指数也都有增加，其中坪上样区从 22. 25 增加到 31. 75；熊家场样区由 23. 94 增为 33. 9；黄后样区由 29. 09 增为 29. 32。这种特征表明在山地自然条件的制约下，人为干扰呈蚕食性扩展，导致景观日趋破碎，规模较大、连通度较高的斑块日益被分割为分离的和碎小的斑块，其结果必然导致各斑块类型的分维数增高。

上述景观斑块面积的分配及变化特征均反映出研究区景观碎裂化程度加深、人为干扰加剧、动植物生存环境趋于恶化等景观退化特征。

（2）景观分散度、多样性和优势度变化

景观中各斑块类型的分散度变化是表征景观破碎和连通程度的有效指标。统计结果显示，各斑块类型中，林地、灌丛以及草地等相对而言比较适宜野生动植物栖息和活动的斑块类型分散度均明显增加，如坪上样区，林地和灌丛的分散度分别从 0. 57 和 0. 328 增加到了 0. 977 和 0. 432，草地也由 0. 501 增加到 0. 806；熊家场样区的林地和灌丛分别从 0. 376 和 0. 37 增加到 0. 655 和 0. 389，草地由 0. 443 增加到 0. 493。黄后样区也只有灌丛变化不明显（略有减小），林地和草地的分散度都有明显增加。这一结果进一步证实研究区景观破碎度增高的变化趋势。

由景观多样性指数和优势度的计算结果（表 19-8）来看，研究区具有较高的多样性指数和较低的优势度。而且从 20 世纪 80 年代到 90 年代，各样区的多样性均呈增加趋势，其中坪上样区的增加尤为显著，表明景观中各类型斑块的分配逐渐均匀化。这正是林地、灌丛、草地等优势斑块面积逐渐减少，分布趋于分散和破碎，而耕地、建设用地以及荒地等原劣势斑块逐渐增加所造成的结果。

表 19-8　景观多样性和优势度

样区	20 世纪 80 年代		20 世纪 90 年代	
	多样性指数	优势度	多样性指数	优势度
黄后样区	1. 524	0. 555	1. 574	0. 505
坪上样区	1. 779	0. 418	1. 905	0. 292
熊家场样区	1. 595	0. 484	1. 629	0. 568

优势度的时序变化却反映不同结果，在坪上样区十年少数优势斑块类型的优势地位已逐步为其他类型的斑块所消减，景观呈现更为均匀的类型分配。黄后样区优势度的变化反映相似特征，但变化幅度相对较小。而在熊家场样区，优势度不仅都高于坪上样区，而且这十年呈上升趋势，反映景观中林地、灌丛、草地等类型的主导地位有增无减。

（3）景观单元的空间转移

景观单元转移概率的计算结果如表 19-9 ~ 表 19-11 所示。

表 19-9　坪上样区景观单元转移矩阵　　（单位:%）

单元类型	灌丛	林地	水体	裸石地	草地	旱地	水田	荒草地	建设用地
灌丛	64.98	13.61	2.08	3.48	6.21	7.38	1.60	0.14	0.51
林地	28.88	47.01	1.75	2.06	12.96	4.40	0.63	0.38	0.14
水体	3.47	2.81	89.10	0.82	2.57	1.23	0	0	0
裸石地	19.34	9.93	1.23	39.18	15.06	8.36	1.23	4.61	1.07
草地	7.53	4.46	7.14	4.93	44.35	25.21	1.94	1.72	1.34
旱地	1.24	3.40	3.62	3.29	5.20	65.27	10.98	1.46	2.29
水田	3.09	2.34	9.38	2.25	4.43	8.59	59.91	1.93	7.32
荒草地	6.13	1.05	7.58	3.46	20.76	15.89	6.98	34.98	1.47
建设用地	2.75	2.10	4.50	0.65	7.31	10.49	9.17	1.95	59.69

表 19-10　熊家场样区景观单元转移矩阵　　（单位:%）

单元类型	灌丛	林地	水体	裸石土地	草地	旱地	水田	荒草地	建设用地
灌丛	53.15	17.20	0.49	1.95	19.98	1.72	1.25	2.82	0.34
林地	37.49	48.18	0.22	1.53	11.09	2.71	0.72	1.90	0.31
裸石地	33.88	4.12	0.62	37.92	16.19	3.27	1.37	1.75	0.14
草地	25.19	12.83	0.15	1.74	51.41	3.86	1.49	2.67	0.31
旱地	6.67	7.5	0.10	1.63	13.64	62.48	2.63	3.41	0.82
水田	5.25	4.34	0.09	1.70	4.66	7.76	71.19	3.47	1.02
荒草地	11.26	2.08	0.01	2.07	36.93	5.71	1.62	39.28	0.61
建设用地	8.19	7.06	0	4.63	3.75	8.64	12.52	5.24	49.91

表 19-11　黄后样区景观单元转移矩阵　　（单位:%）

单元类型	灌丛	林地	裸石土地	草地	旱地	水田	荒草地	建设用地
灌丛	57.30	14.55	5.88	16.66	1.06	1.00	3.04	0.08
林地	27.47	54.83	5.11	9.21	0.53	0.55	1.75	0.06
裸石地	11.9	10.11	38.12	29.62	1.55	0.91	6.11	0.05
草地	15.71	11.01	6.46	55.41	1.69	2.57	6.25	0.34
旱地	8.38	3.41	1.32	14.97	52.83	11.57	5.73	1.68
水田	5.37	3.64	1.39	11.12	3.27	69.43	2.89	2.02
荒草地	11.96	7.29	3.77	41.60	1.72	2.71	29.42	0.88
建设用地	6.15	0.73	0	5.49	4.74	10.70	1.09	71.06

表19-9 ~ 表19-11 显示出研究区20 世纪80 年代到90 年代景观单元类型间的转换呈现如下特征。

1）林地退化显著。林地是反映地表植被覆盖状况的主要指标。仅从林地的空间转移来看，各样区分别只有 47.01%、48.18% 和 54.83% 的林地保持稳定，而却分别有 28.88%、33.88% 和 27.47% 的林地都变成了灌丛，转移面积分别为 482.45hm^2、800.2hm^2、919.88hm^2，也有相当一部分变成草地。各斑块类型中转换为林地的类型，只有灌丛较多，分别也只有 13.6%、17.2% 和 14.55%，转移面积分别为 419.99hm^2、

492. 37hm²、552. 92hm²。林地恢复远不如林地的减少。

2）耕地变化存在区域差异。由于水田的变化一般较旱地稳定且不易发生退化（这里主要指石漠化），所以耕地的退化主要表现为旱地的退化，主要反映在向荒草地、裸石、裸土地的转移。同时，随着国家和地方政府所一贯强调的退耕还草、还林政策的贯彻和实施，已有相当部分的耕地转变为草地、灌丛甚至林地，这里也依此为标志揭示研究区退化景观的恢复情况。

坪上样区从 20 世纪 80 年代到 90 年代，除了有近 6% 的旱地被建设用地和水库占用外，有 3. 29% 转为裸石、裸土地；1. 5% 转为荒草地，即有近 5% 的旱地发生显著退化。而与此同时，又有高达 27% 的草地、22% 的荒草地以及相当一部分的裸石、裸土地、灌丛和林地被开垦为旱地和水田。可见，耕地严重退化的同时，扩张也十分可观。另外，仅分别有 1. 24%、3. 39% 和 5. 2% 的旱地转变为灌丛、林地和草地，耕地的保护与恢复工作较为落后。

熊家场样区由于海拔高、坡地多且坡度一般较大，使耕地扩展受到很大程度限制，林、灌、草等主要自然植被转移为旱耕地的概率总和只有 8. 3%。同时，该地退耕还草、还林也颇有成效，10 年间有 13. 6% 的旱地转变为草地，6. 7% 转变为灌丛地。但由于环境条件的脆弱性，却使土地的抗干扰能力十分低下，即使在较低的土地利用状况下（旱地与水田的总和仅占总土地面积的 11. 1%），耕地的退化仍十分严重，退化为荒草地和裸土、裸岩地的旱地达到 5%。

黄后样区旱地的退化亦很严重，10 年间转变为荒草地的旱地达 5. 73%，还有 1. 32% 的旱地转变为裸土、裸岩地。而耕地扩展比较缓慢且分配均匀，尤其是林、灌、草向耕地的转换率普遍较低。同时，退耕还草、还林的成效也很显著，分别有 8. 38% 的旱地转换为灌丛，14. 97% 转移为草地，3. 41% 转变为林地。

3）景观元素变化的稳定性存在较大差异。从整体来看，各样区耕地和灌丛地的变化相对稳定。例如，坪上样区，64. 97% 的灌丛地保持不变，旱地和水田的转移概率分别为 65. 27% 和 59. 91%；熊家场样区的灌丛地有 53. 15% 不变，而旱地和水田则高达 62. 48% 和 71. 19%；黄后样区灌丛的自转移率为 57. 3%，旱地和水田分别为 52. 83%、69. 43%。这一结果也与实际相符，耕地（尤其是旱地）除了由于与其他类型相混淆所造成的分类误差以外，变化应该不大，而就灌丛而言，因为其利用价值低，又往往处于难利用地带，难以转换为其他类型，也应较为稳定。草地、荒草地以及裸石、裸土地，由于对季节变化比较敏感，而且也易于与灌丛或耕地相混淆，从而产生较大的不稳定性。建设用地在坪上和黄后样区相对稳定，而在熊家场样区较低，仅为 49. 9%，这也与熊家场样区属中中山山地、地形起伏较大的景观特征相符，由于研究区的居住地以自然村为主且分布散落，本身就与耕地或其他地类混杂在一起，加上交通用地易为其旁侧耕地或灌丛等地类干扰，使得许多建设用地被其他地类所取代。

(4) 景观变化与坡度的相关分析

为了解喀斯特山地景观斑块的分布、变化与坡度的关系，考虑到喀斯特山地区由于碳酸盐岩发育，土壤多为石灰土，且土层瘠薄，对耕作坡度的要求要较非喀斯特山地区为高的特点，本节按 0 ~3°、3° ~10°、10° ~20°和大于 20° 4 个坡度等级对研究区景观单元的斑块分布进行统计（表 19-12）。

表 19-12　研究区景观单元类型的分配、变化与坡度相关分析表　　(单位:%)

样区	景观单元类型	0～3°		3°～10°		10°～20°		>20°	
		20 世纪 80 年代	20 世纪 90 年代	20 世纪 80 年代	20 世纪 90 年代	20 世纪 80 年代	20 世纪 90 年代	20 世纪 80 年代	20 世纪 90 年代
坪上	灌丛	6.39	7.24	25.75	23.9	39	34.57	28.83	34.26
	林地	5.68	7.32	21.17	25.58	35.15	39.4	37.97	27.67
	水体	4.03	6.55	48.26	54.48	30.01	24.37	17.66	14.54
	裸石地	7.66	10.89	21.22	31.33	43.94	38.91	27.17	18.85
	草地	6.75	7.85	30.33	24.84	38.58	36.93	24.3	30.35
	旱地	12.69	7.44	27.34	30.06	39.55	43.97	20.38	18.63
	水田	11.18	7.34	35.97	24.97	40.05	43.38	12.76	24.28
	荒草地	8.86	7.77	31.23	24.07	36.53	37.34	23.35	30.79
熊家场	灌丛	6.45	6.94	25.12	23.81	37.6	35.47	30.84	33.78
	林地	5.82	5.43	20.74	23.46	33.83	35.94	39.62	35
	裸石地	4.44	7.9	20.83	25.69	34.7	32.93	40.02	33.49
	草地	7.68	7.09	26.39	24.53	34.75	35.92	31.17	32.47
	旱地	7.04	7.75	28.86	26.79	33.05	34.72	31.05	30.75
	水田	11.3	11.27	26.53	27.63	38.19	35.14	23.98	25.96
	荒草地	7.29	5.85	27.39	23.57	32.55	32.12	32.81	38.46
黄后	灌丛	14.68	16.87	16.32	18.35	27.81	28.08	41.21	36.69
	林地	8.67	9.23	17.11	16.75	32.09	31.77	42.13	42.25
	裸石地	13.55	10.07	19.51	16.02	33.01	32.53	33.85	41.37
	草地	24.25	20.00	21.93	20.30	28.40	29.35	25.42	30.35
	旱地	52.68	45.07	21.11	22.15	19.73	19.87	6.47	12.89
	水田	56.72	65.24	21.79	19.15	10.09	10.10	4.86	5.5
	荒草地	20.12	26.01	18.14	18.57	26.71	25.30	35.03	30.12

坪上样区 0～3°的沟谷、洼地和缓坡地中，耕地比例较其他类型高。但 20 世纪 80 年代到 90 年代耕地比例明显减少。3°～10°坡地耕地比例较前者显著增加，但灌丛、林地以及草地等其他单元类型也显著增加。从 20 世纪 80 年代到 90 年代，这一坡度级上的耕地和其他斑块类型都变化不大。10°～20°坡地上耕地继续较前者增加，但增幅不大；灌丛、林地等也有明显增加，水域面积的比例明显下降。时序对比显示，耕地有明显增加。大于 20°的坡地上，耕地和水域比例较前者都有较大幅度下降，灌丛、林地等也有所减少。时序变化上 90 年代的旱地较 80 年代增加，而水田则减少。

熊家场样区 0～3°的土地中，相对其他类型耕地仍占据较高比例，而且时序上变化上保持稳定。3°～10°坡地中，旱地和水田都保持较高比例，仍保持时序稳定。其他类型单元的比例也都有显著增加，增幅基本与耕地一致，而且时序变化不明显。10°～20°坡地的景观单元的分布与前者相似，但都有一定程度的增加；时序变化依然不大。大于 20°的坡地上耕地比例虽较前者有所降低，但仍然保持较高比例，如 20 世纪 80 年代和 90 年代的旱地比例分别为 30.05%、30.75%，水田比例分别为 23.98%、25.96%。景观的如此空间配置，将会引起严重的土壤侵蚀和土地石漠化。

黄后样区耕地主要分布在 0 ~ 3°的缓坡地中，两时相旱地和水田的平均分配比例都在 50% 以上，时序对比旱地略有减少，水田稍有增加。随坡度的增加，耕地的分布呈明显减少趋势，且时序变化不大。但在大于 20°坡地中，从 80 年代到 90 年代，旱地和水田均有明显增加，其中旱地增长更为显著，由 6.47% 增加为 12.89%。3° ~ 10°、10° ~ 20°和大于 20°林地和灌丛的分布随坡度的增加逐渐增多，但不同时相在各坡度级的分配基本稳定。裸石、裸土地由于多处于利用条件差的地带，随坡度的增加而增多。另外，草地、荒草地随坡度的改变无明显变化。

19.2　土地变化的人类驱动机制研究

认识土地利用变化的人类影响因素及其驱动机制，对土地变化过程进行动态模拟和预测，是土地变化研究中的 2 个核心问题，本节在县域尺度上探讨这两个问题。

19.2.1　资料与方法

(1) 资料准备

本节以县级多年的国民经济统计年鉴和其他正式出版发行的有关统计资料作为资料来源。由于资料的缺失和统计口径的变动，本节选择了研究地区织金、普定、罗甸和独山 4 县从 1985 年到 1996 年的逐年统计年鉴作为基本资料来源。这一时期国家和地方经济发展较快，人类给土地施加了更大的压力，人与环境的矛盾也更突出。因此，基于此资料的讨论具有一定的代表性。其中罗甸县的部分资料从 1949 ~ 1993 年，适合作时序分析。

考虑到不同年份间资料的统一性和可靠性，以及贵州喀斯特地区土地问题的特点，选择年末耕地面积和其中的旱地面积反映土地利用结构及其变化；以总人口数量、农业人口数量、粮食总产量、农业总产值、人均收入等反映社会经济状况及其变化。

(2) 研究方法

要把握土地利用/土地覆被变化的人类驱动机制，需要回答的主要问题是如何变和为什么这样变的问题。对于前者，主要研究喀斯特山地区土地利用结构的变化特征；后者主要研究相关社会经济因素的变化特征及它们对土地利用变化的作用机制。本节将建立合适的模型来研究这两个问题。

目前，土地变化的人类驱动模型中采用的主要研究方法如下。

1）对应关系分析，即将一定区域的土地利用和覆盖状况与社会经济因素作对应分析，特别是土地利用和覆盖变化时，社会经济因素的差异，确定影响土地利用和覆盖变化的原因和机制。

2）时间、空间对比分析，比较不同时间、空间的土地利用和土地覆被差异，指出相应这种差异的社会经济原因。现在，前后时期的对比研究开展了一些，但空间的对比研究仍然较少。

3）统计分析，基于土地利用/土地覆被变化和人类影响因素的时间序列，采用多元统计方法，例如，多元回归、因子分析等。

4）系统分析，确定土地、人类经济活动、土地制度等之间的反馈关系，利用系统动力学的方法，建立土地利用/土地覆被与人类社会经济因素的关系。例如，IIASA 的考虑经济利益、市场作用的 LUC 模型。由于土地利用和土地覆被变化问题的性质和人们认识的限制，系统动力学不失为一个较好的工具。

本节将通过由一些基本的指标建立的时间序列，分析其土地利用及其影响因素的变化趋势、阶段性特征和突变点。将通过定性分析与定量统计计算相结合的途径，运用多元分析、相关分析等方法进行分析，建立模型。

由于所用的各县资料序列较短，在讨论土地利用/土地覆被变化的人类驱动机制时，为使结果更好地符合统计检验，对各县的资料时序分别进行标准化处理后，去除各自的方差和均值影响，组成新的序列进行统计分析，这在方法原理上是可行的，而且在许多问题中得到应用。鉴于所选 4 县在土地利用及其社会经济影响因素等方面的相似性，以及本节旨在讨论土地利用变化与其影响因素的对应联系而非它们随时间的演变过程，这里多元分析的结论同样适用于所研究的各县。土地利用变化的时间规律则依据罗甸县逐年的耕地面积资料和这个结论来研究。

19.2.2 人类驱动因素与景观变化的相关分析

(1) 土地利用的人类驱动因素

人类是土地利用的主体，人类为满足自身的需要和发展的社会经济活动是土地利用和土地覆被变化的不可忽视的驱动力。对影响土地利用变化的社会经济因素及其驱动机制的分析，是了解土地利用变化机理，揭示人类对自然界的作用过程的关键。从全球尺度来看，人口、贫富状况和技术是人类驱动力的 3 大方面。但在区域尺度，驱动力的表现有所差异，除了这 3 方面外，还涉及政策和人类对土地和利用土地活动的认识。目前的各研究在以下几方面讨论人类驱动力。

1）人口。可以作为驱动力的指标有，人口总数量、人口密度、人口的迁移、人口的年龄和知识结构。另外城市化、人口的营养需求也被作为指标加以讨论。

2）贫富状况。生活水平决定了人们对土地资源的压力和获取财富的能力，影响到土地利用方式。而利用方式不同，对土地的可持续性有重要影响。例如，能源贫乏地区对林木的不适当利用，直接导致植被退化；放牧方式的改变带来植被盖度和类型的变化。

3）技术。通过影响人类利用土地的方式，影响土地利用类型和土地覆被状况。例如，区域的产业结构变化后旅游业发展，极大地改变了区域的土地利用结构和覆盖。农业的电力、化肥和灌溉投入变化，影响到农业产量，进而影响耕地结构等。

4）政治环境和政策。涉及政局的稳定，国家的土地政策，农业政策。

5）人类的认知。人类的耕作习惯，对作物种类的选择等。本节研究考虑的人类驱动因素主要有人口，以及保障人们生活的粮食和收入状况。

人口数量和农业人口比重是反映人口压力和构成的重要因素。这 10 年各县人口持续增加（图 19-4，表 19-13），增长速度最快的是织金，平均年增长 10 000 人，最慢的罗甸县的平均增长也超过 3000 人。总人口中农业人口比重超过 90%，且各年有波动。

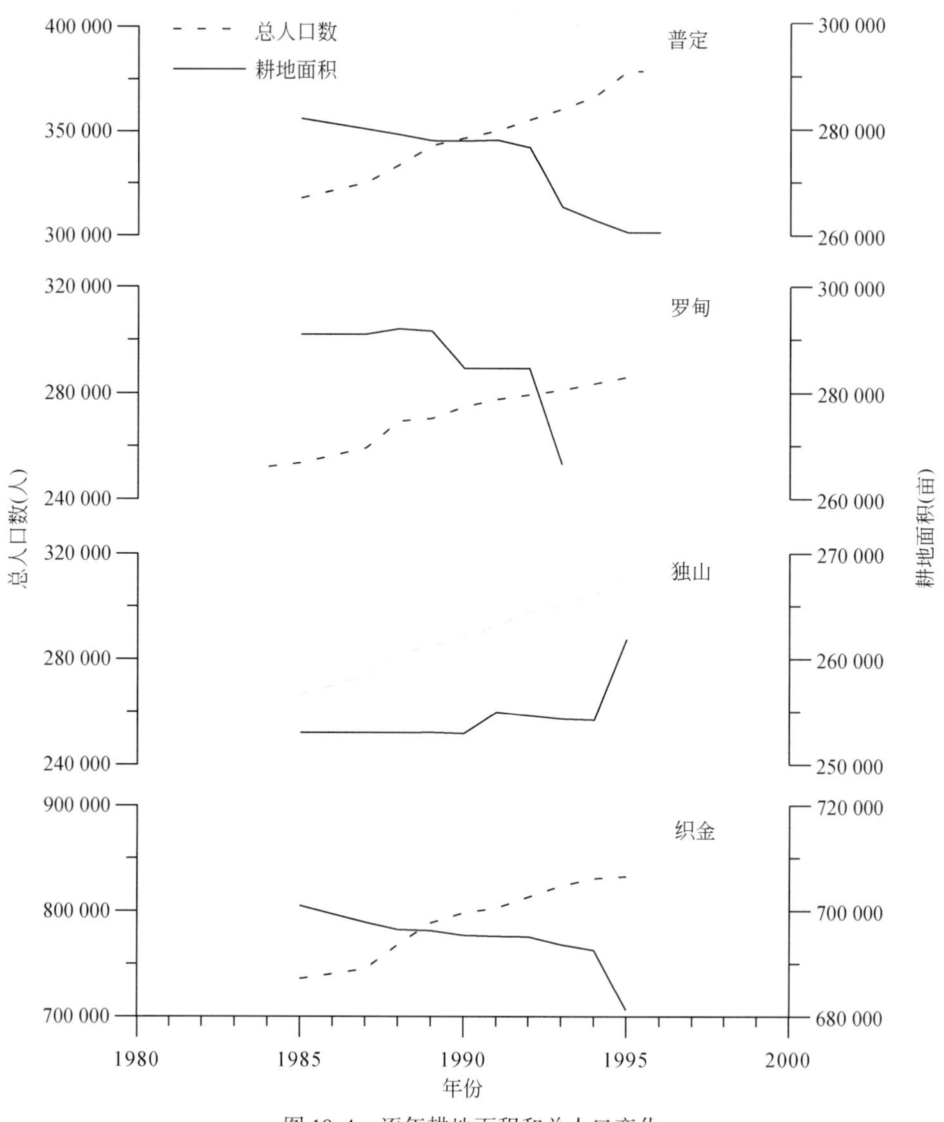

图 19-4　逐年耕地面积和总人口变化

表 19-13　典型县总人口和耕地面积的时间序列

年份	织金县		独山县		罗甸县		普定县	
	总人口（人）	耕地面积（亩）	总人口（人）	耕地面积（亩）	总人口（人）	耕地面积（亩）	总人口（人）	耕地面积（亩）
1985	735 999	701 000	266 667	253 000	253 631	291 000	317 895	282 000
1987	745 227	697 827	273 333	253 000	259 208	291 000	325 263	280 000
1988	768 093	696 459	282 222	253 000	269 474	292 000	333 684	279 000
1989	788 667	696 257	284 444	253 039	270 428	291 575	343 158	277 846
1990	798 000	695 379	288 776	252 930	274 849	284 612	346 730	277 788
1991	802 600	695 208	292 190	254 952	277 600	284 612	350 300	277 972

续表

年份	织金县		独山县		罗甸县		普定县	
	总人口（人）	耕地面积（亩）	总人口（人）	耕地面积（亩）	总人口（人）	耕地面积（亩）	总人口（人）	耕地面积（亩）
1992	813 110	695 111	297 938	254 633	279 350	284 612	355 482	276 564
1993	823 619	693 623	300 500	254 334	281 100	266 531	360 663	265 375
1994	830 538	692 577	304 324	254 225			366 753	262 822
1995	832 542	681 227	309 939	261 870			378 766	260 601
1996							378 766	260 601

粮食产量，以及它的稳定性是另一起关键作用的因素。这10年粮食总产量呈增长的趋势，其中有升降波动，尤其在20世纪90年代前期总产量明显下降，中期又恢复并增加。织金和普定的粮食总产量年际变率大，而独山和罗甸变动平缓。

人均收入反映了人们可能拥有的财富，即人们利用土地的经济能力。4县均处于贫困地区，人均收入较低，20世纪80年代在200元左右，独山和罗甸稍多些，90年代仍不足1000元，尤其是普定还不到500元。

研究地区主要的土地利用类型主要有耕地（包括旱地和水田）、林地、灌丛、草地、城镇用地和难利用地等。限于资料状况，也考虑到研究区的生产活动以种植业为主，而粮食生产又是其中的主导方面，本节主要研究耕地的变化，采用耕地面积，耕地占土地总面积的比例，旱地面积及占耕地的比例等指标来描述。

1985～1996年资料表明，20世纪80年代中期到90年代中期的10年里，所研究的各县的土地利用变化的总体趋势主要表现在以下几方面：①耕地总面积除独山外，都呈减少趋势，且在一定的年份出现明显的转折点。由图12-2可见，罗甸、织金和普定3县的耕地面积都趋于减少，且80年代中期较高，90年代较低。独山直到90年代前期耕地面积变化较少而90年代中期表现出显著的增加；普定在90年代初期到中期经历了一段耕地面积急剧减少时期，中期开始稳定下来，织金和罗甸则仍处于下降期。②旱地占耕地面积的比例变化不大，普定县略有增大。10年平均的织金、罗甸和普定旱地占耕地面积比例均超过50%，分别为76.3%、61.6%和55.7%，而独山旱地面积占耕地的比例仅为20%。

（2）土地利用变化与人类驱动因素的相关分析

基于以上分析，考虑到资料的可得性和可靠性，本节提取以下指标来表征土地利用变化及其人类驱动因素。

1）基本因素指标：是多年统计年鉴中对土地利用变化及其相关因素的直接描述，包括耕地面积，旱地面积，总人口数，农业人口数，粮食总产量，农业总产值，人均收入。

2）组合因素指标：根据问题特点，将基本因素指标加以组合，使之具有新的意义。这包括耕地比例（耕地面积/土地总面积），旱地比例（旱地面积/耕地面积），人均耕地（耕地面积/总人口数），人均粮食产量（粮食总产量/总人口数），人均产值（农业总产值/总人口数），人口密度（总人口数/国土面积），农业人口比（农业人口数/总人口数），单位耕地粮食产量（粮食总产量/耕地面积），单位耕地产值（农业总产值/耕地面积）。

将以上指标分为两组，即表述土地利用变化的指标和表述社会经济影响的指标。第一组包括耕地面积，旱地面积，耕地比例，旱地比例，人均耕地，单位耕地粮食产量，单位耕地产值，其中前 5 个指标反映耕地的数量特征，后二者反映的是耕地的产出能力。第二组指标包括总人口数，农业人口数，粮食总产量，农业总产值，人均粮食产量，人均产值，人口密度，农业人口比，人均收入。基本因素反映了所讨论的问题可能涉及的内容，但是在土地利用与驱动力关系的定量研究中未必是恰当的物理量，所以两组中都既包含基本因素也包含组合因素，通过本节的关系研究揭示各指标在驱动机制研究中的适宜性，为进一步模拟土地利用在人类驱动力作用下的演变过程提供参考。

选择资料年份较长的社会经济影响指标（表 19-14），将其作为分析样本定量研究驱动因素的各项指标与土地利用变动指标的联系和各驱动因素的作用。

表 19-14　典型县各人类驱动因素指标的时间序列

县名	年份	总人口（人）	农业人口（人）	粮食总产量（t）	农业总产值（10^7 元）	人均农业产值（元）	农业人口比例（%）	人均生产粮食（kg）	人口密度（人/km^2）
织金	1985	735 999	699 000	112 870	10.31	140.1	95.0	153.36	17.11
织金	1987	745 227	710 000	125 021	11.07	148.6	95.3	167.76	17.32
织金	1989	788 667	740 000	126 450	11.13	141.0	93.8	160.33	18.33
织金	1992	813 110	766 327	142 950	32.39	398.3	94.2	175.81	18.9
织金	1993	823 619	770 400	159 187	34.10	414.0	93.5	193.28	19.15
织金	1994	830 538	788 787	199 789	37.29	449.1	95.0	240.55	19.31
织金	1995	832 542	793 365	206 875	40.59	487.6	95.3	248.49	19.35
独山	1985	266 667	240 000	61 115	5.323	199.6	90.0	229.18	7.27
独山	1987	273 333	246 000	81 876	6.504	238.0	90.0	299.55	7.45
独山	1988	282 222	254 000	83 646	6.926	245.4	90.0	296.38	7.7
独山	1989	284 444	256 000	86 744	9.090	319.6	90.0	304.96	7.76
独山	1990	288 776	261 111	89 248	16.33	565.5	90.4	309.06	7.87
独山	1995	309 939	275 551	101 439	48.83	1 575.6	88.9	327.29	8.45
罗甸	1985	253 631	243 000	52 100	4.600	181.4	95.8	205.42	5.61
罗甸	1987	259 208	248 424	66 403	5.629	217.2	95.8	256.18	5.74
罗甸	1988	269 474	256 000	61 470	6.014	223.2	95.0	228.11	5.96
罗甸	1989	270 428	259 000	59 836	6.655	246.1	95.8	221.26	5.98
罗甸	1990	274 849	261 107	64 068	7.275	264.7	95.0	233.1	6.08
普定	1985	317 895	302 000	59 990	4.555	143.3	95.0	188.71	19.53
普定	1987	325 263	309 000	63 009	4.674	143.7	95.0	193.72	19.98
普定	1988	333 684	317 000	54 399	4.190	125.6	95.0	163.03	20.5
普定	1989	343 158	326 000	70 889	4.716	137.4	95.0	206.58	21.08
普定	1993	360 663	341 500	86 467	10.53	292.1	94.7	239.74	22.15
普定	1994	366 753	346 687	91 784	11.85	323.1	94.5	250.26	22.53
普定	1995	378 766	352 562	94 872	14.41	380.3	93.1	250.48	23.26
普定	1996	378 766	352 252	54 612	14.84	391.8	93.0	144.18	23.26

土地利用变化各指标与驱动因素指标的相关性，计算其线性相关系数如表 19-15 所示。基于本研究所用的样本数目，当信度为 90% 时，标准相关系数为 0.36，可见，表中

多数相关系数大于此标准相关系数，即通过了检验。

表 19-15　耕地变化指标与驱动因素指标的相关系数

驱动因素 / 耕地指标	总人口	人均粮食产量	农业人口比	人均产值	总产值	粮食总产	人口密度	农业人口数
人均耕地	-0.40	-0.58	0.36	-0.07	-0.13	-0.39	-0.83	-0.84
单位耕地粮食产量	0.39	0.21	0.24	0.34	0.44	0.86	0.45	0.37
单位耕地产值	0.27	0.12	0.15	0.95	0.99	0.46	0.44	0.38
耕地面积	-0.28	-0.64	0.37	-0.18	-0.20	-0.40	-0.64	-0.45
耕地比例	-0.30	-0.63	0.37	-0.17	-0.18	-0.41	-0.63	-0.46

由于5个耕地指标中以组合因素表示的3个涉及驱动因素，所以出现个别相关系数偏大的情况，表中用下划线加以标识。上述结果表明，反映耕地变化的有关指标与各驱动因素的单相关性具有这样的特点：①人均耕地与人口密度和农业人口数的相关性最大，与人均产值和总产值的相关性极小。②单位耕地的粮食产量反映了耕地的质量和人们对耕地的开发程度，它与各驱动因素的相关性未超过0.50，且差异较小。③单位耕地产值除与人均产值相关系数为0.95，与总产值相关系数0.99，与其他因素的相关性不大。④耕地面积和耕地比例与各因素的相关系数基本一致，都是表现为与人均粮食产量和人口密度相关较大。⑤人均产值和总产值与耕地指标的相关性普遍较小，表明农业总产值与耕地变化的联系较为复杂。

将以上8个表征社会经济对土地利用影响的驱动因素，看作一个整体，共同影响耕地的变化。可用因子分析的方法，通过它们在新组合成的主因子中的荷载，评价它们在对耕地变化指标的驱动过程中的权重，即相对重要性。结果表明，前4个主因子的解释方差已达总方差的91%，而且任意将8个因素中的几个去除或添加其他因素，8个因素依荷载大小的排序不变。所以，各驱动因素在前4个主因子中的荷载基本可以完全表明其相对重要性。图19-5为第一主因子荷载和前4个主因子荷载绝对值之和在各驱动因素间的差异。

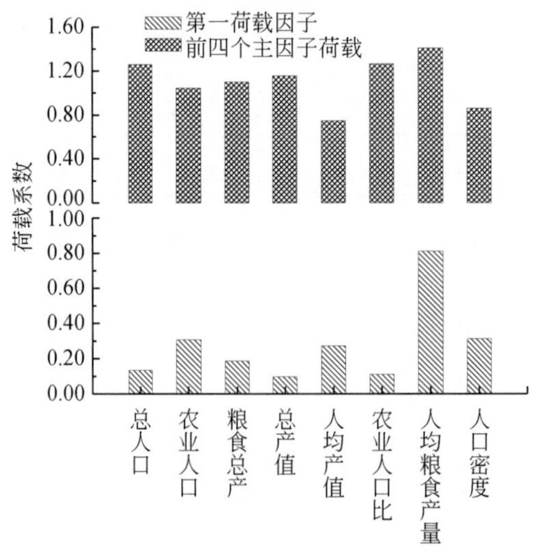

图 19-5　以主因子荷载表示的驱动因素的相对重要性

前 4 个主因子荷载表明 8 个驱动因素对耕地指标变化的影响差别不明显，其相对重要性依次为人均粮食产量、农业人口比、总人口、总产值、粮食总产、农业人口、人口密度和人均产值，而第一主因子荷载则更突出了人均粮食产量的重要影响，其荷载值远大于其他驱动因素。可见，在研究地区，人口和粮食方面的因素是影响耕地变化的主要社会经济因素。

19.2.3　驱动机制分析及土地利用变化过程模拟

通过以上分析，确立了表征土地利用变化的耕地指标和影响它们的社会经济指标，对两组指标单因素相关性进行了讨论。为研究社会经济因素对土地利用的驱动机制，将两组指标分别作为自变量和因变量，建立它们的关系模型，定量讨论影响过程。

（1）关系模型构建

所选的 8 个驱动因素是由基本统计量及其组合构成，有相对独立的物理意义，而且本节旨在对驱动因素的表述进行探索，故将 8 个因素同时考虑进入模型，加之资料所限，选择多元回归分析方法建立两组指标的定量关系。以 5 个耕地指标为因变量分别与 8 个驱动因素指标建立回归方程如下。

$$\boldsymbol{Y}=\boldsymbol{A}\times\boldsymbol{X}+\boldsymbol{B} \tag{19-5}$$

$$\boldsymbol{A}=\begin{pmatrix} -0.17 & 0.77 & 0.30 & -0.30 & 0.19 & -0.13 & -0.40 & -0.67 \\ -0.17 & 0.57 & 0.19 & -0.01 & 0.02 & -0.06 & -0.37 & -0.47 \\ -0.06 & -0.52 & -0.02 & -0.06 & 0.32 & 0.05 & -0.04 & -0.23 \\ 0.00 & -0.17 & -0.00 & 1.18 & -0.20 & 0.02 & 0.00 & 0.17 \\ 0.03 & 0.02 & 0.80 & 0.89 & -0.86 & 0.12 & -0.06 & 0.07 \end{pmatrix} \tag{19-6}$$

$$\boldsymbol{B}=\begin{pmatrix} -0.57 \\ -0.50 \\ 0.01 \\ -0.01 \\ -0.10 \end{pmatrix}$$

式中，$\boldsymbol{A}$ 为回归系数矩阵；$\boldsymbol{B}$ 为方程常数项；$\boldsymbol{Y}=(y_1, y_2, y_3, y_4, y_5)^{-1}$，$y_1$为耕地面积，$y_2$为耕地比例，$y_3$为人均耕地，$y_4$为单位耕地产值，$y_5$为单位耕地粮食产量；$\boldsymbol{X}=(x_1, x_2, x_3, x_4, x_5, x_6, x_7, x_8)$，$x_1$为总人口数，$x_2$为农业人口数，$x_3$为粮食总产，$x_4$为总产值，$x_5$为人均产值，$x_6$为农业人口比，$x_7$为人均粮食产量，$x_8$为人口密度。

拟合方程的复相关系数 $R=(0.84, 0.80, 0.91, 0.98, 0.91)$，而且 F 分布检验表明，回归方程均可通过检验。所以可以认为上述社会经济影响指标对耕地指标的拟合情况较好。

（2）驱动机制分析

多元方程的回归系数表明，从总体来看，耕地变化与农业人口数、粮食总产量、人均产值和农业人口比例成正比，而与总人口、总产值、人均粮食产量和人口密度则成反比关系。同时回归系数的大小表示了土地变化指标对驱动因素的敏感性。由各拟合方程的回归系数表示的敏感度（图 19-6）可见，研究地区的敏感性具有如下特点：耕地面积、耕地比例对农业人口数、人口密度和人均粮食产量更为敏感，人均耕地对各因素的敏感性普遍不大，与农业人口数和人均产值的关系相对较明显，单位耕地的农业总产值对农业人口数、农业总产值、人均产值及人口密度敏感，而与其他 4 个驱动因素关系很小，单位耕地的粮食产量则对粮食总产、农业总产值和人均产值更敏感，与其他因素关系相对不大。总之，表征耕地数量特征的指标对农业人口数和人口密度最为敏感，而表征产出特征的指标对总产值和人均产值更敏感。

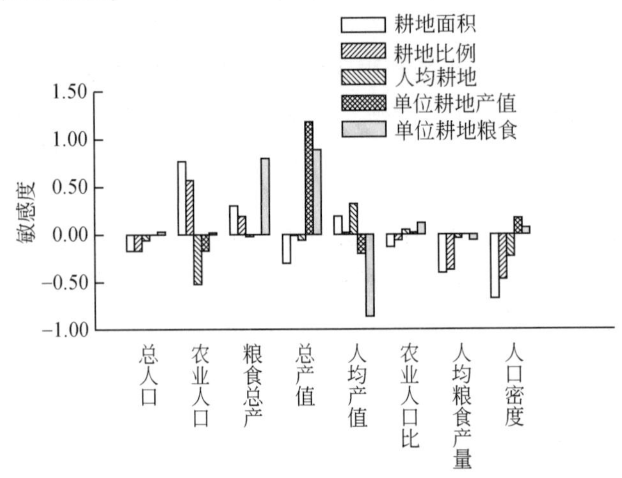

图 19-6　以回归系数表示的土地利用指标对驱动因素的敏感性

回归方程的调整相关系数表明了自变量总体上对因变量的解释方差，即 8 个驱动因素对各个耕地变化指标的解释程度。计算得到 5 个回归方程的调整复相关系数，可知所考虑的驱动因素对耕地面积、耕地占国土面积的比例、人均耕地面积、单位面积耕地的农业总产值及单位面积耕地的粮食产量的解释率分别为 72%、65%、88%、97% 和 88%。由此解释率可以推断喀斯特地区社会经济因素对土地利用变化的影响比较高，其在土地利用变化中的贡献率为 70% ~90%，对某些指标可达 90%，而其他因素的作用在 10% ~30%。

(3) 土地利用变化过程模拟

无论是从理论还是指导实践意义上来看，目前年至十年时间尺度的土地利用变化研究及模拟更为重要，而年际土地利用的变化是其中的一个方面。某一土地利用类型面积的年际变化序列分析可以揭示其演变的规律性，确定发生较大变化的年份。而且可以结合相应时段的驱动因素序列，分析其变化的可能原因，模拟其随时间变化过程和预测未来情形。下面利用罗甸县的逐年耕地面积变化资料，建立耕地面积变化时序模型，对这一问题进行探讨。

由于自然环境特点和人口压力，耕地面积变化是喀斯特地区土地利用的关键。前面对其变化的人类驱动机制研究表明，社会经济因素在县域耕地变化中起很大作用。影响土地利用的人类驱动因素主要表现为人口、粮食产量和农业产值，排在前两位的指标是人均粮食产量和农业人口比例。由于农业产值资料序列较短，而且与耕地面积变化联系较小，故不参加本节模型的建立，只作为参考。现将罗甸县 1949 ~1993 年的耕地面积作为土地利用变化的年际序列，相应时期的总人口数、总农业人口数、粮食总产量、农业人口比例、人均粮食产量和人口密度作为驱动因素序列，模拟耕地面积的年际变化。

耕地面积变化是在总土地面积一定的情况下，各种土地利用类型之间组合的结果，因此它与近似于马尔可夫过程的土地利用结构演变类似，即在一定长的时间后，其面积不再与初始状态有关，而只与前一（几）时刻状态有关。分析罗甸县的耕地面积序列的落后自相关系数，可证明耕地面积变化的这一规律（图 19-7）。

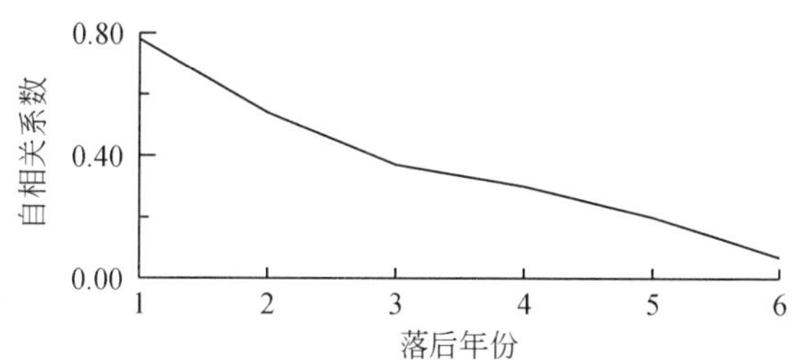

图 19-7　罗甸县耕地面积序列落后 1 ~6 年的自相关系数

因此，由前一年和前二年的耕地面积 $y_{(t-1)}$ 和 $y_{(t-2)}$ 可以对当年的耕地面积 $y_{1(t)}$ 进行部分模拟。即

$$y_{1(t)} \propto y_{(t-1)} + y_{(t-2)} \tag{19-7}$$

为比较耕地面积变化与驱动因素的对应关系，分别计算了耕地面积序列和各驱动因素序列的突变指数。结果表明，在耕地面积突变指数较大，即变化明显的年份驱动因素也有相应的变化。在其前面几年里农业人口比例和人均密度的突变指数也增大，在与其接近的年份，人均粮食产量有明显变化。而人口总数、粮食总产量和农业人口总数的突变指数变化较小。

基于以上分析，耕地面积的变化可以分解为两部分：其在前期量值基础上的演化和社会经济因素的驱动。即

$$y_{(t)} = y_{1(t)} + y_{2(t)} \tag{19-8}$$

式中，$y_{(t)}$ 为 t 年末的耕地面积；$y_{1(t)}$ 为 t 年末由前期值决定的耕地面积；$y_{2(t)}$ 为 t 年末在驱动因素作用下的耕地面积。

于是耕地面积变化可以由式（19-9）模拟，它是前一年和前二年的数值和驱动因素的函数，这里用多元回归估计各变量的系数。

$$y_{(t)} = b_0 + b_1 \times y_{(t-1)} + b_2 \times y_{(t-2)} + C \times X_t \tag{19-9}$$

式中，C 为驱动因素的回归系数向量，$C=(c_1,\ c_2,\ c_3,\ c_4,\ c_5,\ c_6)$；$X_t$ 为驱动因素在 t 年内的值构成的向量，$XMt=(x_{1t},\ x_{2t},\ x_{3t},\ x_{4t},\ x_{5t},\ x_{6t})$，$x_{1t}$、$x_{2t}$、$x_{3t}$、$x_{4t}$、$x_{5t}$、$x_{6t}$ 依次为总人口数、总农业人口数、粮食总产量、农业人口比例、人均粮食产量和人口密度；b_0、b_1、b_2 为系数。

为排除上述 6 个驱动因素之间非线性关系的影响，先对其进行因子分析，以它们组合而成的公因子参加回归模型系数的计算，然后再由公因子中各驱动因素的权重推算式（19-9）中的回归系数 c_1、c_2、c_3、c_4、c_5、c_6。

因子分析的结果表明，前 3 个公因子可以代表原驱动因素信息的 95%，所以选择前 3

个公因子与前两年的耕地面积作为自变量，以耕地面积作为因变量，进行多元回归运算。而且由公因子中各驱动因素的权重知，人均粮食产量和农业人口比例对耕地面积变化影响较大，这是与前面的研究结果一致的。

表 19-16 为耕地面积年际变化模拟方程（19-9）的系数。模拟方程的复相关系数为 0.86，通过了 F 分布检验。

表 19-16　耕地变化模拟方程的回归估计系数

b_0	b_1	b_2	c_1	c_2	c_3	c_4	c_5	c_6
133 879	1. 1086	−0. 5839	−1. 5579	59. 2210	−6. 1023	39. 9365	−25. 2939	36. 3597

罗甸县第 t 年末耕地面积可由下式表示。

$$y_{(t)}=133\ 879+1.1086\times y_{(t-1)}-0.5839\times y_{(t-2)}-1.5579\times x_{1t}+59.2210\times x_{2t}-6.1023\times x_{3t}+39.9365\times x_{4t}-25.2939\times x_{5t}+36.3597\times x_{6t} \qquad (19\text{-}10)$$

应用式（19-10）可以了解各种因素对耕地面积变化的影响，以及在人类驱动因素发生变化时耕地面积的相应变化。特别地，当某项驱动因素的未来变化预知时，由式（19-10）就可知它可能引起的耕地面积变化。

19.3　主要结论与讨论

1）不同喀斯特山地类型的景观变化虽然在个别侧面和变化程度上存在差异，但 10 年的总趋势均反映出人为干扰不断加剧、景观正处于严重退化过程之中。这将对区域生物多样性和生态平衡的维持以及自然资源的可持续利用形成严重的威胁。以不同指标进行分析的结果均显示，各样区耕地的扩展与退化普遍严重，尤其是坡耕地的扩展与退化，从而构成导致景观破碎度增加、自然植被分散度增大的主要人为干扰方式。

2）不同地貌类型景观变化的对比显示，虽然相对脆弱的景观（熊家场样区）受到了相对小的人类干扰，而相对优越的景观（坪上样区）却受到了更为严重的人类侵扰。但前者却承受着更为严重的威胁。另外，研究结果也证实，基于 TM 影像的研究结果与经实地考察和分析的预期结果基本相符，在一定程度上说明了研究手段的可靠性。

3）贵州喀斯特地区以耕地面积变化为表现的土地利用变化，与社会经济状况的变化密切相关，人类因素是土地利用变化的主要驱动力。国民经济统计年鉴是提取土地利用和社会经济状况表述指标、讨论土地利用变化规律、土地利用与人类影响因素的关系、揭示土地利用变化的人类驱动机制的较好数据源。

4）对驱动土地利用变化的各人类驱动因素进行因子分析显示人均粮食产量的影响最大，其次是农业人口比重；驱动因素与土地利用变化指标的多元回归系数，揭示了表征耕地数量特征和产出特征的指标对各驱动因素的敏感度的差异，而回归方程的调整相关系数表明在研究地区人类驱动因素对土地利用变化的贡献率在 70% ~90% 。县域耕地面积年际变化方程模拟了耕地在人类因素驱动下的变化。本项研究为喀斯特地区的土地利用/土地覆被变化研究积累了资料和研究经验，同时也是土地利用变化动态模拟和预测的基础。

由于土地利用变化的影响因素多，涉及自然和社会两方面的内容，抽象其内在机理，建立指标体系描述其变化，是关键而困难的工作。这里用多元分析的方法讨论其驱动因素与变化模拟仅是一种基于现有资料和目前认识的探索。随着关于土地利用变化及其驱动力研究的理论的深入和资料的完备，会有更完满的结果。

第六篇　小流域土地变化及其生态效应

第 20 章　基于湖泊沉积物信息提取的小流域土壤侵蚀研究

土壤侵蚀效应是土地变化及其生态效应的重要研究内容（Ingram et al.，1996）。湖泊（水库）作为一个流域地表物质运移的“汇”，其沉积物可以连续、高分辨率地记录小流域土壤侵蚀的信息，从而为利用沉积物分析来推测区域土壤侵蚀过程的研究提供了可能性。本章介绍湖泊（水库）沉积物分析反映土壤侵蚀的方法及两个研究案例。

20.1　方法原理

20.1.1　湖泊（水库）沉积物与土壤侵蚀

20 世纪 60 年代中期至 70 年代，Mackereth（1965）和 Pennington 等（1972）在苏格兰北部 Lough Neagh 西集水区 Lough Fea 小湖的研究中，发现采集的沉积物柱芯中磁性矿物的百分含量和集水区的侵蚀历史有直接联系。Thompson（1973）在对 Lough Neagh 的研究工作中发现了湖泊柱芯的磁化率曲线与其孢粉组合类型变化相吻合的现象，并在磁化率扫描结果中首次发现了沉积物中矿物磁性变化和集水区土地使用变化之间的相关关系。

湖泊沉积物具有空间覆盖面广、时间连续、蕴含信息量大、分辨率高等特点，成为恢复地球环境不同时间尺度下历史演变的重要指示器（陈敬安等，2003）。湖泊-流域物质输移过程与机理、湖泊与人文影响因素的相互作用和定量区分研究，又是湖泊科学的研究前沿和优先发展领域，因此很多的研究重点都转向短时间尺度上地球气候与环境历史的高分辨率重建（张振克和王苏民，1999；冷疏影等，2003），其中通过湖泊（水库）沉积物分析，推测流域土壤侵蚀就是一个行之有效的研究方法。基于湖泊（水库）沉积物分析基础上的研究，多以短时间尺度、高分辨率为特征，提取沉积物中所包含的环境信息，探索在一定时间尺度上的自然因素和人为影响对环境的作用过程及变化规律，从而揭示土壤侵蚀及其相关的地表过程与机理，评价土壤侵蚀的环境效应，为防治土壤侵蚀、合理利用水土资源、建设良性生态环境提供科学依据。

20.1.2　从湖泊（水库）沉积物中提取土壤侵蚀信息的方法

沉积物分析的技术有很多，具体应用到土壤侵蚀研究，常用的主要包括放射性同位素示踪、环境磁学、粒度分析、元素地球化学分析等。

(1) 沉积物放射性同位素的示踪研究

湖泊（水库）可以较好地记录流域的环境变化信息，因此应用环境放射性同位素作为指示剂，可以确定沉积物的年代，进而通过沉积通量/速率的变化，判断流域土壤的侵蚀强度。常用的放射性同位素主要有^{7}铍（^{7}Be $\tau_{1/2}=53.3$ d）、^{210}铅（^{210}Pb $\tau_{1/2}=22.3$ a）和^{137}Cs（$\tau_{1/2}=30.17$ a）（任天山和徐翠华，1993）。

^{7}Be 的半衰期短，不存在长期累积效应，因而具备季节性微粒示踪的价值。^{7}Be 还可以作为流域侵蚀和湖泊沉积耦合关系的示踪。白占国等（1995）在贵州百花湖通过沉积物与汇水区表土层^{7}Be 的累积值对比，揭示出沉积物中^{7}Be 的累积值高于汇水区表土中的累积值 2～3 倍。表明可能由于流域内含有机质的土壤通过搬运进入到沉积物中，揭示出沉积物中污染物与流域侵蚀的关系。

^{210}Pb 是一种半衰期为 22.3 年，自然界中广泛存在的天然放射性同位素，对示踪百年时间尺度上的流域侵蚀速率、湖泊沉积速率及其耦合关系等极有价值（万国江，1997）。Krishnaswamy 等（1971）曾用^{210}Pb 成功地进行了沉积速率的研究，之后^{210}Pb 在现代沉积速率的研究中得到广泛应用。

^{137}Cs 作为湖泊沉积与流域土壤侵蚀的示踪剂，得到了广泛的应用。Ritchie 和 McHenry（1990）指出，^{137}Cs 可用于推估自 1954 年以来沉积物的沉积速率，为土壤侵蚀研究提供数据。全球范围的^{137}Cs 沉降始于 1952 年年末，到 1954 年累积到第一个峰值；1960～1964 年是另一个重要的沉降期；1986 年 4 月，前苏联切尔诺贝利核电站发生泄漏事故，散落的^{137}Cs也具备辅助计年价值（项亮等，1997）。Royall（2001）的研究表明的 1994 年^{137}Cs的完全枯竭，也可作为一个辅助计年的标志。研究表明，一些地区湖泊（水库）沉积物^{137}Cs 的垂直剖面存在一个与 1974 年对应的，比活度不是很大，但较清晰的次级沉降峰值（万国江等，1985，1990；万国江，1995；Bai and Wan，2002；Wan et al.，2003）。然而，也有学者指出，以湖泊沉积物中^{137}Cs 计年时应在考虑大气沉降的同时，还需考虑来自于侵蚀土壤的部分，建议对湖泊沉积物中 1963 年以后的^{137}Cs 蓄积峰的确定要慎重（张信宝，2005）。

Ionita 等（2000）在罗马尼亚的 Moldavian 高原的研究中，通过湖泊（水库）中沉积物的^{137}Cs 计年，绘制各个时期各个流域的沉积速率图，发现水库沉积物沉积速率的降低与土壤侵蚀速率的模式有关，并将沉积速率的变化与当地《地产法》实行之后的土地利用与土地覆被变化相比较，推测沉积速率的增加可能与流域的土壤侵蚀相关联。Jones 等（2000）在澳大利亚半干旱区的研究中，通过测定沉积速率，总结出集水盆地中沉积物运移和土壤侵蚀的关系，指出不同时期沉积速率的不同，可能与水库的拦水效率下降和土地所有者的管理行为改善所导致的区域侵蚀速率发生变化有关。Yan 等（2002）在青海 Dalian 湖的研究中发现，^{137}Cs 在湖泊沉积物中的垂直剖面显示出 3 个活度峰值和 1 个波谷：主峰对应于 1963 年的^{137}Cs 沉降；2 个次级峰值对应于 1986 年核泄漏事件和 1994 年的^{137}Cs 完全枯竭。波谷对应于 20 世纪 80 年代末和 90 年代初，开垦农田引起的风成沉积。

应用放射性同位素^{210}Pb 和^{137} Cs 对比，可以使湖泊现代沉积速率的计算定量化，两者相互印证，使沉积速率的推测更为准确，从而有效地进行流域土壤侵蚀研究。很多研究结果表明运用^{210}Pb 和^{137} Cs 计算出的沉积速率通常会存在着一定的出入，但在反映沉积速率总体变化趋势上，运用两种方法所得到的结果基本一致（杨洪等，2004a；姚书春等，2006）。孙立广等（2001）在南极阿德雷岛进行了湖泊沉积物^{210}Pb、^{137}Cs 定年，并将 1950 年之后沉积速率突然增大的原因，归结为气候变暖导致的侵蚀速率的增大。

（2）湖泊（水库）沉积物矿物磁性测量

沉积物的磁性特征测量及其结果解译，常用于土壤侵蚀研究。在湖泊（水库）沉积物中，土壤中物质的运移、搬运和分异过程，不同的物源输入和沉积速率的变化，对物质的磁性影响极为明显。Thompson 和 Oldfield（1986）在 *Environmental Magnetism* 一书中指出水土流失是导致沉积物磁性增加的一个主要原因。通过对沉积物磁性的研究，可识别不同时期沉积物的来源及流域物质侵蚀强度的变化，恢复流域土壤侵蚀的自然变化及人为开垦历史。

环境磁学的基本原理就是通过系统的磁性测量，发现不同时空下的环境载体（如沉积物、土壤、大气等）中磁性矿物的类型、含量和晶粒组成特征，从中提取环境载体中所蕴含的丰富环境信息，以探索环境过程和作用机制。环境磁学的研究对象是岩石、土壤、沉积物和大气颗粒物，涉及岩石圈、土壤圈、水圈和大气圈（Thompson et al.，1975）。许多学者通过环境磁学方法进行了相关的研究（Thompson and Morton，1979；Hilton and Lishman，1985；Thompson and Oldfield，1986）。

1）磁性矿物和磁畴。自然界的物质通常可以根据其磁化后所表现出来的效应分为两类。一类能产生较强的磁效应，具有剩磁，还可以显示磁滞特性，这类物质被称铁磁性物质（ferromagnetic）或亚铁磁性物质（ferrimagnetic）。另一类磁化过程中可能会产生微弱的顺磁效应或逆磁效应，一旦外加磁场取消后则磁性消失，这一类则被称为顺磁性物质（paramagnetic）或抗磁性物质（diamagnetic）。天然磁性矿物中的亚铁磁体（ferrimagnet）和不完全的反铁磁体（canted antiferromagnet），实际上都是铁磁体的特殊变体（Thompson，1973；Thompson and Oldfield，1986）。

从磁性性质上来说，亚铁磁性矿物更容易受到外加磁场的影响而显现出剩磁特性，而不完全的反铁磁性矿物则需要更高的外加磁场强度影响才能显现出剩磁特性。不同磁性矿物的这些特点，为环境磁学的研究提供了基本的依据和出发点。

环境物质的磁性除与磁性矿物种类有关之外，还与磁性矿物的颗粒大小有很大的关系。因此，磁畴（domain）的概念就被提了出来。不同大小的磁性颗粒在磁性特征上存在着巨大的差异，根据磁性特征随晶粒大小的变化，可将其分为多畴晶粒（multi-domain，MD）、假单畴晶粒（psuedo single domain，PSD）、稳定单畴晶粒（stable single domain，SSD）、细黏滞性晶粒（fine viscous，FV）和超顺磁晶粒（super paramagnetic grain，SPG）5 种类型。

一般常用的划分方法（Thompson and Oldfield，1986）如下。

粒径在 1 ~ 2 μm 以上为多畴晶粒（MD）；

粒径在 0.05 ~ 1 μm 为假单畴晶粒（PSD）；

粒径在 0.05 μm 上下的晶粒具有单畴晶粒（SSD）的性质；

粒径在 0.02 μm 左右呈细黏滞性晶粒（FV）的特征；

粒径在 0.001 ~ 0.01 μm 以下为超顺磁晶粒（SP）。

目前关于磁性特征随晶粒大小变化的规律主要是根据 Maher 的磁铁矿合成实验和天然磁铁矿测定得到，磁性特征随磁性颗粒的大小呈有规律变化。如图 20-1 所示，饱和等温剩磁（SIRM）随晶粒的变化呈双峰型；超顺磁晶粒（SP）有极低的饱和等温剩磁（SIRM）值；多畴晶粒（MD）呈弱而不稳定的剩磁；稳定单畴晶粒（SSD）有强而稳定的剩磁；非滞后剩磁（ARM）与晶粒大小的变化则呈单峰型，并在稳定单畴晶粒（SSD）的范围时获得最大值（Maher，1985；吕明辉，2007b）。

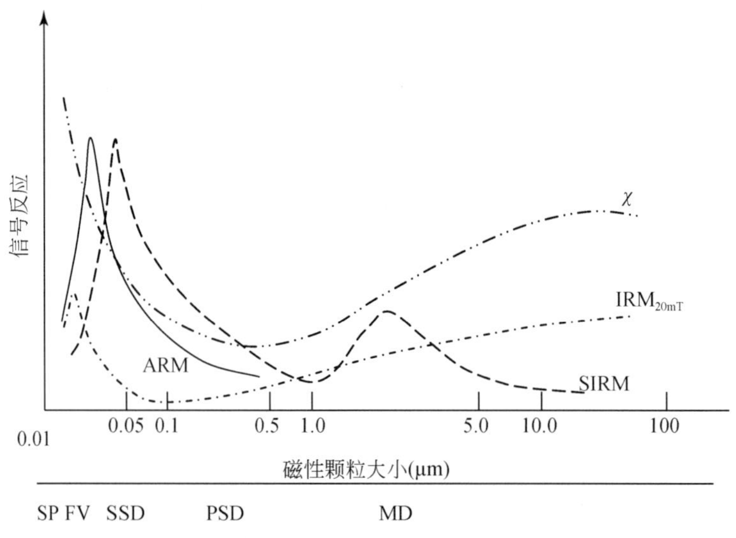

图 20-1　不同晶粒磁性矿物的磁性变化示意图（吕明辉等，2007b）

2）磁性参数。矿物磁性参数是反映物质的磁性质变化（包括磁性矿物含量、粒度和种类变化）的定量标志。表 20-1 列出了几种常用的磁性参数的简要情况。

表 20-1　主要磁参数及其简要含义（俞立中和张卫国，1998）

符号	含义
χ	χ 即质量磁化率（$10^{-8}m^3/kg$），在弱磁场中（0.1 mT），样品的磁化强度与磁场强度之比，常用做亚铁磁性矿物含量的粗略度量
χ_{fd}%	χ_{fd}% 即磁化率频率系数（%），样品在低频（0.47kHz）磁场中和高频（417kHz）磁场中的磁化率值的相对差值，即［（χ_{lf}-χ_{hf}）×χ_{lf}］×100%。它一般指示了细黏滞性晶粒（FV）的存在及其相对含量
SIRM	SIRM 即饱和等温剩磁（$10^{-6}Am^2/kg$），样品能获得的最大剩磁。样品在 1T 磁场中磁化后所保留的剩磁，它既与磁性矿物类型又与其含量有关
SIRM/χ	SIRM/χ 比例（10^2Am^{-1}），该比值用于识别磁性矿物类型，也有助于分辨铁磁晶粒特征。不完整反铁磁性物质具有较大的 SIRM/χ
Soft	Soft 即“软”剩磁（$10^{-6}Am^2/kg$）（IRMs），样品在 20mT 磁场中所获得的剩磁，用来指示铁磁物质，尤其是多畴（MD）和假单畴（PSD）铁磁晶粒的含量（即 IRM_{20mT}）

续表

符号	含义
Hard	Hard 即“硬”剩磁（10^{-6} Am^2/kg），SIRM 与 IRM_{300mT} 的差值，指示不完整反铁磁性物质的含量（即 SIRM-IRM_{300mT}）
F_{300mT}	F_{300mT} 磁化参数（%），样品在 300 mT 磁场中所获得的剩磁占饱和等温剩磁的百分值，指示了不完整反铁磁性物质的相对重要性

3）环境磁学在土地变化研究中的作用。由于磁性矿物所记录的环境信息，常与人类的活动有关，因此在土地利用/土地覆被变化研究中，可以利用环境磁学，根据湖泊沉积物所记录的环境信息，结合自然和社会经济数据，恢复不同历史时期的土地利用和土地覆被的状况和变化和土壤侵蚀情况，追溯土壤侵蚀源等。

1981 年，Dearing 等（1981）就在 Peris 湖的环境磁学研究中，发现由于过度放牧引起的表土流失，并解释了流域土地利用变化的历史过程。他还通过磁性参数研究斜坡耕作所导致的表土侵蚀，并试图通过磁性参数来区分沉积物的物源究竟是来自于表土层还是心土层，构建直接将湖泊沉积物的磁性与流域侵蚀联系在一起的模型（Dearing et al.，1985，1986）。有学者将磁参数研究和短寿命放射性同位素分析结合，计算流域的侵蚀速率。结合测年方法，利用流域的沉积物的磁性测量，建立起沉积物的年代表，分析不同时期的沉积速率和沉积物的输入途径（Eriksson and Sandgren，1999；Royall，2001）。Huang 和 O'Connell（2000）研究 Ballydoo Lough，揭示该区域 200 多年来的人口数量、农业种植结构以及家畜饲养类型等因素对于湖泊沉积物中沉积物质的影响。俞立中和张卫国（1998）通过对美国 Rhode 河口湾和西班牙 Isabal 水库沉积物来源研究为例，探讨了沉积物来源组成定量分析的磁诊断模型，利用磁信息对沉积物来源组成进行定量计算。王红亚等（2006；Wang et al.，2008）在对贵州石板桥水库的沉积物的环境磁学研究，揭示喀斯特地区小流域的石漠化过程。吕明辉（2007c）通过对黔中红枫湖流域土壤和沉积物环境磁学的研究，分析出流域土壤侵蚀不同阶段的差异与特点。

（3）湖泊（水库）沉积物的粒度分析

沉积物的粒度分布主要受搬运介质、搬运方式、沉积环境等因素的控制，因此，通过对沉积物粒度的研究可以用来推测当时的沉积过程和沉积环境。陈敬安等（2003）则通过对洱海和程海的研究指出，粒度变化在指示不同时间尺度的气候变化时，往往存在着相反的含义，应对不同的时间尺度进行区分和判别。在短时间尺度下，沉积物的粒度可能与流域的降水量和土壤侵蚀状况直接有关，降水量的变化通过影响地表径流而影响进入湖泊的陆源颗粒的粗细和多少，而土壤侵蚀的强弱也与沉积物的粒度变化存在直接关系。对沉积物进行粒度分析由来已久，而由于沉积物粒度分布是物质来源、沉积区水动力环境、输移能力和输移路线的综合反映，加上粒度数据的多解性，因此利用沉积物粒度分析所提取出相应的土壤侵蚀信息可能存在着较大的误差。近年来，对粒度分析进行数值模拟的研究趋势越来越明显，根据沉积物在输移过程中的磨损、动力分选和混合作用的定量表达式来进行模拟，如利用分形理论，对沉积物的粒度分形结构计算其分维值，作为沉积物类型判别的参数，以达到分析来源和输移判别等研究目的（柏春广和王建，2003）；借助于人工神经网络模式识别技术，改进粒度分布的表征方法，建立沉积环境识别系统等，都会对应用沉积物分析进行土壤侵蚀研究提供有力的技术支持。

（4）湖泊（水库）沉积物的元素地球化学分析

沉积物中的 TOC、TN 是判断侵蚀状况的重要指标（张兴昌和邵明安，2000a，2000b）。当汇水流域内侵蚀加剧时，进入水体中的陆地植物残体便增多，沉积物的 TOC 和 TN 也相应增高。杨洪等（2004b）在对武汉东湖沉积物的 C、N、P 的垂向分布研究中，发现在暖湿条件下，湖水上涨，湖泊扩张，内源有机质比例相对增大，可能是由于降雨量增大导致陆源物质输入增加。而王苏民等（1990）在岱海也发现存在暴雨导致 C/N 比值突增的现象。此外，杨洪等（2004a）在东湖的 330 a B. P. 、350 a B. P. 时期，沉积物中 TOC 和 C/N 迅速增加，分析与人口激增，大量开垦沿湖荒地，种植粮食，导致区域内陆源物质向湖内大量输入。

沉积物中的元素地球化学的比值，可以用来判断流域内物质的风化程度，再与气候的阶段性变化相结合，就可以识别流域内侵蚀的强度。杨丽原等（2003）在山东南四湖沉积物的元素地球化学研究中，对高分辨率的连续沉积序列（1957～2000）测定其主要元素含量。根据聚类分析和沉积原理与人类活动进程的对比，认为 Cu、V、K、Ni、Be、Cr、Ti、Ba、Mg、Al、Fe、Zn、Na、Co、Ca 和 Sr 等元素的含量变化主要受流域侵蚀物质的变化控制；Hg、Pb、As 和 Mn 则主要来源于人为污染。受流域侵蚀物质来源控制的元素含量变化与南四湖流域气候向干旱方向变化和历史记载资料一致。

20.2 克酬水库流域研究案例

20.2.1 定年研究

（1）研究区和样品采集

克酬水库小流域位于贵州省中部安顺市平坝县马场镇，距离经济较为发达的清镇市仅 10 km，该流域是猫跳河上游后六小河支流（该段也叫做马场河）的子流域之一，地形狭长，面积 2655 hm^2，高程最低值约为 1231 m，最高值约为 1484 m，平均高程是 1306 m，相对高差 253 m。克酬水库及其汇水流域，如图 20-2 所示。

克酬流域以喀斯特地貌为主，地形则以丘陵、山地为主，呈台地、山地、盆地坝子交错分布，由于侵蚀的原因，部分裸岩和石质山地出露。流域内分布碳酸岩类，包括灰岩和白云岩。土壤类型包括黄壤、石灰土和水稻土 3 个土类，9 个亚类，13 个土属，其中石灰土分布面积占整个流域面积的 44%，其次是黄壤，占流域面积 29%，水稻土占流域面积的 24%。流域内土壤接近中性（平均 pH 为 6.3），平均 C/N 为 10，平均容重为 1.07 g/cm^3。

流域内植被覆被状况较差，以次生针叶林、灌丛草坡为主，林种如马尾松、油茶、白杨等。气候为亚热带季风湿润气候，气候温和、雨热同季，适宜作物生长，流域内旱地水田分布均较广泛。年平均气温在 13～14℃，全年日照数在 1147～1296 h，无霜期平均为

273 d，年平均相对湿度为 83%，降雨多年平均在 1298 mm 左右。流域多年平均径流深在 515 ~ 676 mm，由于地表径流受人类活动影响大，多年平均径流深与降水不一致，变差系数较大。

克酬水库坐落在马场镇平寨村，于 1957 年冬开始兴建，1959 年主体大坝建成，开始蓄水，到 1962 年基本建成，后来又经历过一些水利设施的改扩建。克酬水库属于小 Ⅰ 型水库，正常水位 1255.9 m，死水位为 1251 m，总库容 527.8 万 m^3，死库容为 12 万 m^3。

克酬水库沉积物的采样工作使用中国科学院贵阳地球化学研究所研制的 SWB-1 重力型便携式湖泊沉积物-界面水取样器。共采取 K1、K2、K3、K4 这 4 个样点 8 根样柱，采样位置如图 20-3 所示。

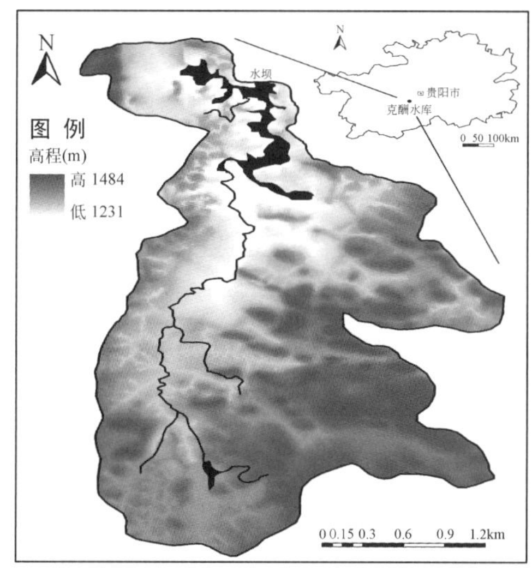

图 20-2　克酬水库及其汇水流域

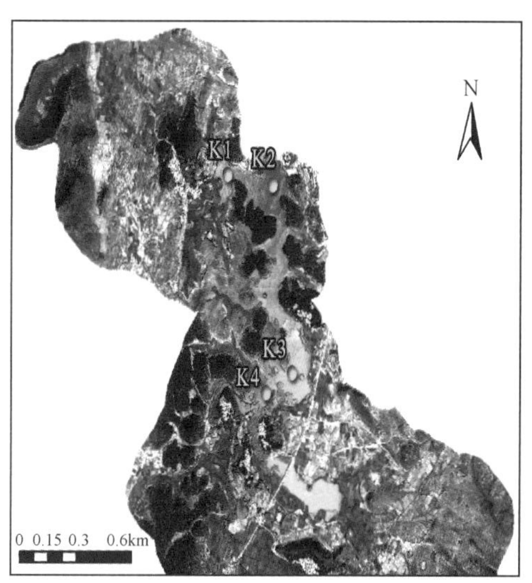

图 20-3　克酬流域沉积物采样点图示

（2）结合粒度和 ^{137}Cs 的沉积物年代划分

图 20-4 显示了采自克酬水库沉积物样品的中值粒径（Md）和平均粒径（Mz）等粒度信息，^{137}Cs 比活度测定结果，以及与之邻近的清镇气象站对应年份的降水数据。

结合气候数据和粒度数据，粒度的峰值和谷值应对应降雨数据的峰值和谷值，沉积物粒度峰值对应样柱深度主要有 6.5 cm、15.5 cm、20.5 cm、25.5cm 和 29.5 cm，谷值主要有 2.5 cm、7.5 cm、11.5 cm、18.5 cm、23.5 ~ 24.5 cm 和 27.8 ~ 28.5 cm。而 ^{137}Cs 活度的峰值则出现在了 9.5 cm、22.5 cm、26.5 cm 和 28.5 cm 处。对应的在 11.5 cm、15.5 cm 和 18.5 cm 出现测不出的低活度以及 23.5 cm 和 27.5cm 出现对应峰值之前的谷值。

除了利用绝对的峰值和谷值来评估可能的侵蚀状况，还需要考虑峰值和谷值之间的联系，如从某一低值达到某一高值的变化。当然影响 ^{137}Cs 比活度变化的因素是多样的，除了大气沉降量、降水量、土壤侵蚀，还有碎屑和黏粒的吸附能力区别等等，各因素的作用强度也不尽相同。因此难以用一个完美的模式去解释某因素如何变化一定引起 ^{137}Cs 比活度的如何变化，更难以用数理统计方法进行确切的分析，本部分只是试图通过该小流域的个例分析，发现这些变化之间可能关系，以此进行年代的划分。

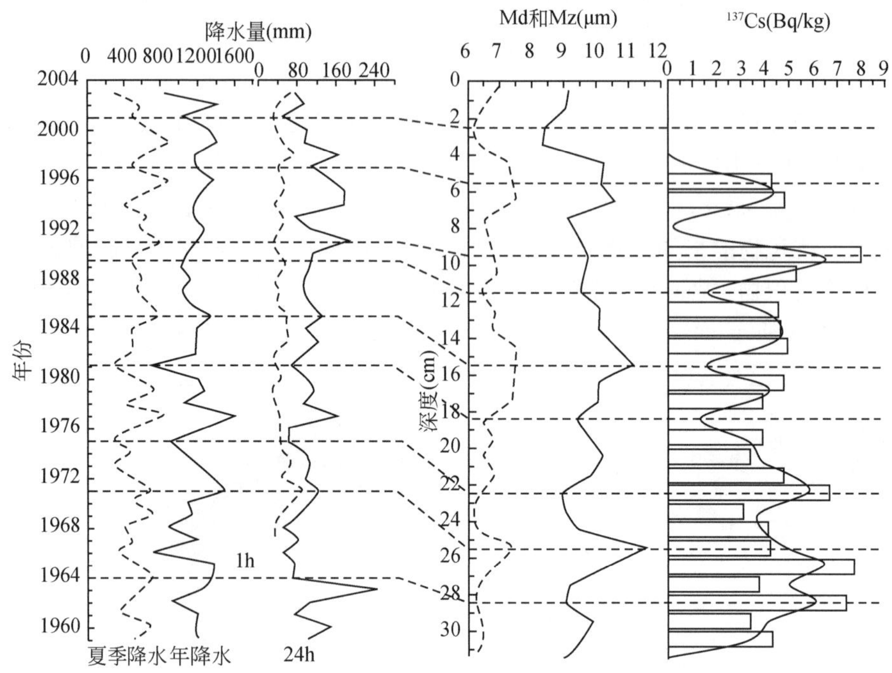

图 20-4 清镇气象站 1959～2003 年降水数据（夏季降水/年降水/1 h 最大暴雨/24 h 最大暴雨）以及克酬水库沉积物 K2-2 孔柱粒度数据（Md 和 Mz）和^{137}Cs 测试数据

综上对沉积物样柱结合粒度和^{137}Cs 数据进行的年代分析基本完成，总结如表 20-2 所示。

表 20-2 克酬沉积物粒度和^{137}Cs 与降水数据分析

深度（cm）	粒度情况	^{137}Cs 情况	降水情况	定年
28.5	28.5 cm 相对 29.5 cm 的谷值	28.5 cm 峰值	24h 暴雨 1964 年相对 1963 年出现谷值	1964 年
25.5	25.5 cm 峰值	继 27.5 cm 低值后 26.5 cm 出现峰值	1967 年相对 1966 年的谷值增加；1971 年达峰值但 1970 年不很低	1971 年
22.5	22.5 cm～23.5 cm 谷值；20.5 cm～21.5 cm 峰值	对应 23.5 cm 低值的 22.5 cm 峰值	1975 年谷值；1977 年峰值	1975 年
18.5	18.5 cm 出现谷值	18.5 cm 检测不到	1981 年谷值；1982～1983 年丰沛	1981 年
15.5	15.5 cm 峰值；14.5 cm～12.5 cm 较 15.5 cm 降低	16.5 cm 较高；15.5 cm 不可测（1981 年以来沉降少）；14.5 cm 开始可测（1986 沉降）	1983 年 24 h 暴雨峰值；1985 年峰值；1986～1989 年平稳居中	1985 年
11.5	11.5 cm 谷值	11.5 cm 不可测	1989～1990 年各指标不高	1989～1990 年

续表

深度（cm）	粒度情况	^{137}Cs 情况	降水情况	定年
9.5	9.5 cm 比邻近层位更高	9.5 cm 峰值	1991 年 24 h 暴雨峰值	1991 年
8.5～7.5	7.5 cm 谷值	8.5 cm～7.5 cm 不可测（沉降少）	1993～1994 年年降水低值；1993 年 24 h 暴雨谷值；1994 年夏季降水和 1 h 暴雨谷值	1992～1994 年
5.5	6.5 cm 较 7.5 cm 增高，出现峰值；5.5 cm 的 Mz 低值	6.5 cm～5.5 cm 可测	1994～1996 年 24 h 降水高值；1997 年夏季和 24 h 降水谷值	1997 年
2.5	2.5 cm 谷值	不可测	2001 年各指标谷值	2001 年

（3）定年结论

根据上述定年的关键时间点绘制图 20-5 表示深度和年代的关系，结果表明，沉积深度和年代基本对应，部分深度有细微差异。图 20-6 则是根据沉积物质量深度和推算年代得到的沉积速率的示意图，从沉积速率情况看从 1960～2004 年沉积速率对应着较高—低—较高—高—较高—较低的变化过程。

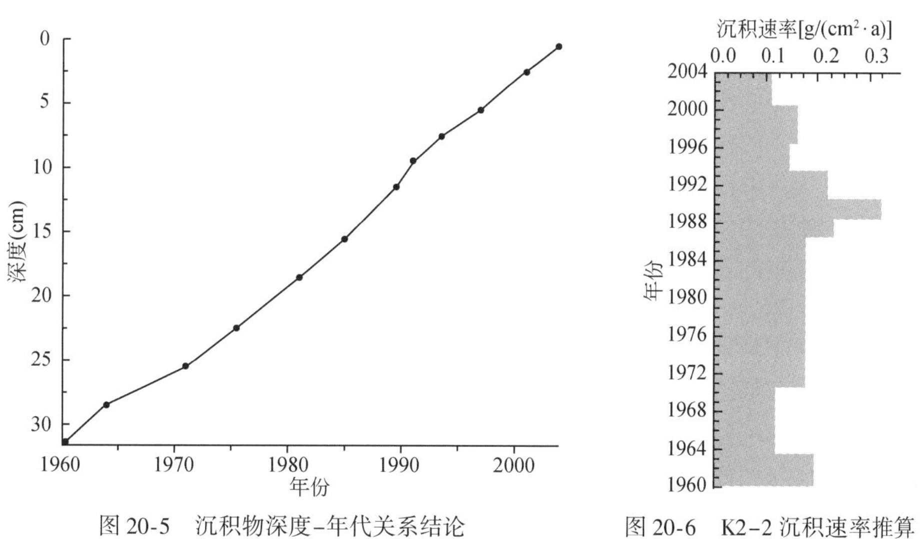

图 20-5　沉积物深度-年代关系结论　　图 20-6　K2-2 沉积速率推算

总之，对于^{137}Cs 比活度绝对数值并不大的小流域水库沉积物来说，决定其^{137}Cs 剖面分布更重要的因素是降雨或其他因素带来的被侵蚀土壤中的^{137}Cs 成分，不应简单的对应沉降峰值定年。结合沉积物样柱剖面粒度分析和^{137}Cs 测定结果，综合降水资料可以更有针对性的对这类沉积物样柱进行年代划分，从而进一步通过沉积速率表达不同年代阶段的土壤侵蚀情况。

20.2.2　样柱分析反映侵蚀强度和环境特征

（1）基于样柱质量深度的侵蚀强度变化

将定年结果和沉积物质量深度信息结合，可以得到基于 4 根样柱的沉积速率推估。从而比较确定地了解沉积物所表现时间段的不同沉积速率，并以此表达流域土壤侵蚀强度。

质量深度是表示沉积物沉积深度的概念，表示一定深度之上单位面积的沉积物质量（g/cm^2）。引入质量深度是由于湖泊的现代沉积物颗粒为松散沉积，颗粒间存在一定空隙，在埋藏过程中，由于静水压力的压实作用，沉积物孔隙度随着埋藏深度的增加而降低，利用质量深度则可以更好的表达沉积物的堆积。更通俗的说，所谓质量深度就是指沉积物样柱单位面积上所担负的上层沉积物的质量。如公式所示：

$$Z_i = Z_{i-1} + h \cdot d \cdot (1-\phi/100)$$

式中，Z_i 为 i 层节上的质量深度（g/cm^2）；h 为第 i 层节的高度（cm）；d 为沉积物干密度（g/cm^3）；ϕ 为孔隙度。

基于沉积物采样 1 cm 等分的沉积物干重、湿重、固定体积样品质量等信息计算了沉积物各样柱各层位的孔隙度和质量深度。然后根据定年结论将沉积物质量深度匹配年份，得到如图 20-7 的沉积速率图。从图中提供的信息看，尽管由于各样柱深度不同，表现的沉积情况细节不同，但各样柱均表现为大体一致的趋势，即 K2-2 和 K3-2 均表现为 1960 ~ 1963 年、1997 ~ 1998 年的高值，1965 ~ 1970 年的低值。所有沉积物均体现了 1971 ~ 1975 年以及 1989 ~ 1990 年的高值。由于样柱沉积速率结论仅和质量有关，不涉及磁性和粒度参数。因此，沉积速率的较好对应也说明了样柱间匹配的准确性。综合梳理各样柱表现的沉积情况，推估土壤侵蚀强度情况大致如下。

1960 ~ 1963 年的侵蚀强度较大，侵蚀量较多；

1964 ~ 1970 年的侵蚀强度减弱，侵蚀量少；

1971 ~ 1975 年的侵蚀强度较大，侵蚀量较多；

1976 ~ 1981 年的侵蚀强度减弱，侵蚀量少；

1982 ~ 1983 年的侵蚀强度略有增强，侵蚀量稍多；

1984 ~ 1988 年的侵蚀强度减弱，侵蚀量少（K2-2 略有升高）；

1989 ~ 1992 年的侵蚀强度较大，侵蚀量较多；

1993 ~ 1996 年的侵蚀强度减弱，侵蚀量少；

1997 ~ 1999 年的侵蚀强度较大，侵蚀量较多；

2000 ~ 2004 年的侵蚀强度减弱，侵蚀量少。

（2）结合年代信息的沉积物环境特征分析

1）沉积物分段和对侵蚀方式的表达。综合沉积物定年和深度匹配结果，将匹配好的柱芯的环境参数表现在对应的沉积年代上，得到如图 20-8 样柱代表的“年份-环境磁学参数”变化图。根据样柱表现，划分不同的分段。沉积物样品各项磁性参数信息是基于“单位质量”和“单位体积”沉积物样品的磁性矿物各种矿物类型和磁畴大小含量的多少、比例和组合。因此可以说，与上述的基于质量深度的侵蚀强度信息不同，基于磁性参数的分析主要探讨土壤侵蚀方式的信息，是土壤侵蚀表层比例多，浅层比例多还是深层比例多，其构成比例大致是怎样的。

这一方面反映土壤侵蚀的严重程度，另一方面也显示了流域被侵蚀土壤侵蚀方式的总体状况。

根据上述分析，将沉积物根据年份分段如下。

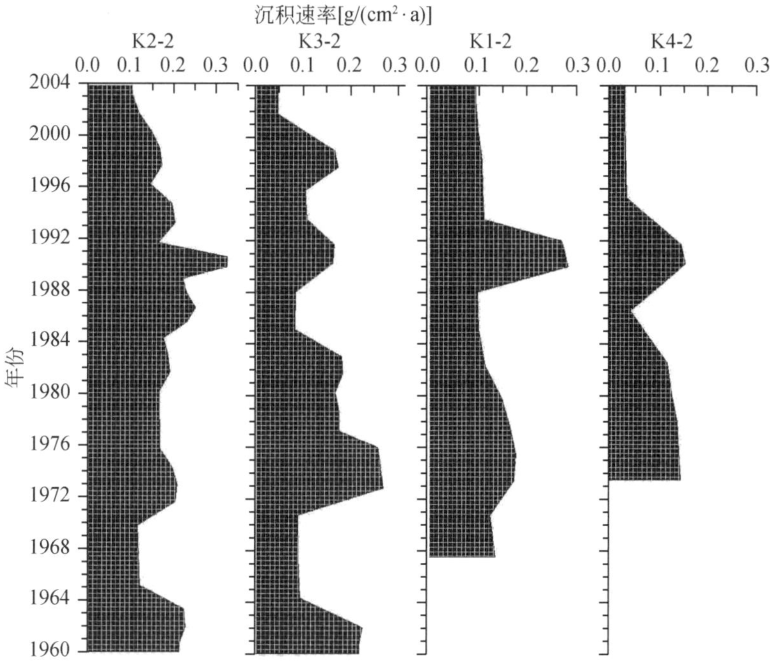

图 20-7　沉积速率推算

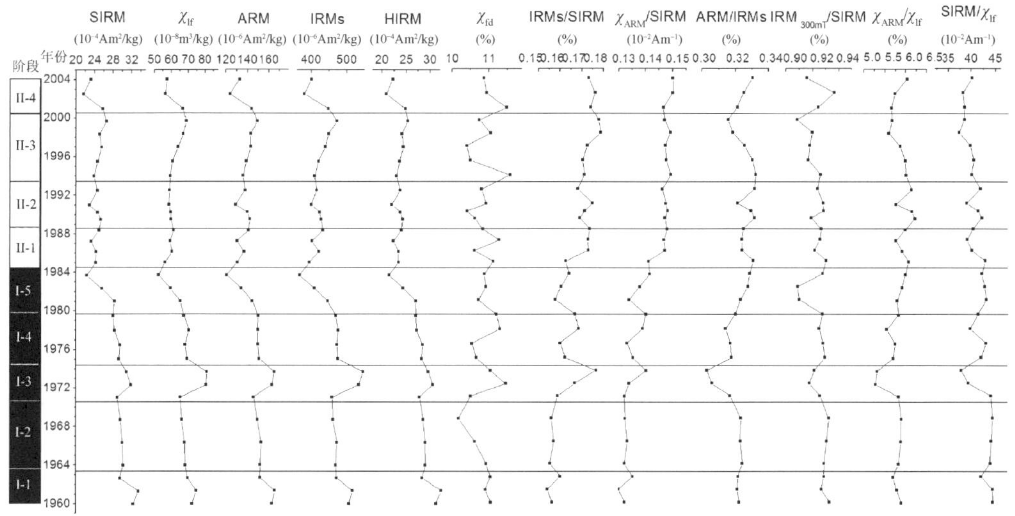

图 20-8　沉积物样柱 K2-2 “年代-环境磁学” 参数图

第Ⅰ阶段：表层侵蚀为主的阶段（1960 ~ 1984 年）。

Ⅰ-1 较强的表层侵蚀和浅层侵蚀（1960 ~ 1963 年）；

Ⅰ-2 较弱的表层侵蚀（1964 ~ 1970 年）；

Ⅰ-3 侵蚀逐步深入到深层（1971 ~ 1974 年）；

Ⅰ-4 较强的表层侵蚀和浅层侵蚀（1975 ~ 1979 年）；

Ⅰ-5 相对平缓的表层侵蚀和侵蚀转向浅层（1980 ~ 1984 年）。

第Ⅱ阶段：浅层侵蚀更为明显，并向深层侵蚀发展（1985～2004 年）。

Ⅱ-1 侵蚀波动阶段（1985～1988 年）；

Ⅱ-2 浅层和深层侵蚀阶段（1989～1993 年）；

Ⅱ-3 深层侵蚀减弱阶段（1994～2000 年）；

Ⅱ-4 侵蚀集中在深部（2001～2004 年）。

2）土壤侵蚀的影响因素分析。根据本章得到的土壤侵蚀强度和方式的历史变化情况，以及第三章分析的土地利用和覆被的总体变化情况，并结合年降水和夏季降水资料，分析可能引起土壤侵蚀强度和方式变化的原因。图 20-9 通过列表的图形方式给出了土壤侵蚀、土地变化研究结论的归纳以及降水的对比，用颜色深浅表示了可能的关系。

侵蚀强度依据质量深度的结果，按照 10 个阶段分为强弱两级，深色表示侵蚀强度较强的时段，浅色表示侵蚀程度较弱的时段。

侵蚀方式依据环境磁学分析按照其特点大致将 9 个阶段分为 4 类，即表层为主（包含波动情况）、表层和浅层、表层转向深层或浅层和深层、深层为主，用由浅到深的颜色标注。

降水情况通过年降水量和夏季降水量对比分析，将每年的情况划分为高、较高、中、低 4 个等级，并由深至浅赋色。

通过土地变化分析，将林地、灌草、旱地和荒地面积情况按照遥感分类所代表的时段划分为 7 个阶段，同时按照各阶段不同地类自身面积的变化情况，分为高、较高、中、低 4 个等级。由于林地、灌草一般被认为对水土保持作用是正效益，因此从高到低颜色由浅到深，而旱地和荒地被认为对水土保持作用是负效应，因此从高到低颜色由深到浅。

综合以上信息，深色到浅色可以大致表示土壤侵蚀强度和方式的由强到弱的等级情况以及可能的降水和土地变化影响因素的情况。

从表中信息看出，无论侵蚀强度还是侵蚀方式都和降水有较好的对应关系，如 1971～1975 年的侵蚀强度较强，以及 1971～1974 年的深层侵蚀方式，对应这一阶段的降水一般是高、较高的情况。再如，1976～1981 年较弱的侵蚀强度，以及 1975～1979 年的表层和浅层侵蚀方式，对应这一阶段的降水中低比例大。可见降水对土壤侵蚀的重要作用。侵蚀强度和降水的对应更为直接和明显，如 2000～2004 年、1993～1996 年、1984～1988 年、1976～1981 年、1964～1970 年等阶段，为较弱的侵蚀，对应的降水情况中，中低等级的降水比例更多。而 1997～1999 年、1989～1992 年、1982～1983 年、1971～1975 年等阶段为较强的侵蚀，其对应的降水在高和较高等级的比例则更多。

可以认为降水情况是影响土壤侵蚀强度的重要条件。而侵蚀方式不仅与降水因素相关，其变化特征和土地变化表现出的变化情况有较好的对应关系。例如，2001～2004 年侵蚀方式上的深部侵蚀与林地灌草面积相对较低，旱地荒地面积相对较大可以较好对应。而 1993～2000 年的深层侵蚀减弱阶段，则主要对应土地变化在 1997～1999 年和 1993～1996 年的两个阶段，这两个阶段林地和灌草的面积为中、较高或者高水平，而旱地和荒地的面积为中、低水平可以较好对应。1989～1992 年侵蚀方式的浅层和深层侵蚀并存的情况，与 1990～1992 年的土地变化阶段可以有所对应。表现为林地的中等面积状态，灌草面积的低水平，以及裸岩荒地的中等和较高水平。

年份	侵蚀强度	侵蚀方式	降水多少	林地面积	灌草面积	旱地面积	荒地面积
2004			低				
2003		深部	中	低	低	高	高
2002	弱		较高				
2001			低	低	较高	较高	中
2000			中				
1999			高				
1998	强		较高	中	高	低	低
1997		深层减弱	中				
1996			中				
1995	弱		较高	较高	中	低	中
1994			中				
1993			低				
1992			较高	中	低	中	较高
1991	强	浅层和深层	较高				
1990			中				
1989			中				
1988			中	中	较高	中	较高
1987		波动	中				
1986	弱		中				
1985			较高				
1984			较高				
1983	强	表层转深层	较高				
1982			中				
1981			低				
1980			中				
1979			较高	高	中	低	较高
1978	弱	表层和浅层	中				
1977			高				
1976			中				
1975			低				
1974			中				
1973	强	深层	较高				
1972			中				
1971			高				
1970			中				
1969			中	无数据			
1968			低				
1967	弱	表层	中				
1966			低				
1965			较高				
1964			较高				
1963			中	无数据			
1962	强	表层和浅层	低				
1961			低				
1960			中				

图 20-9　侵蚀情况和降水土地变化对比

综上所述，根据比较，认为影响小流域土壤侵蚀强度的主要因素是降水变动的情况，而影响流域土壤侵蚀方式的因素除了降水条件外，土地覆被也相当重要，具体表现在林地和灌草的正效应，以及旱地和荒地的负效应。

20.3 小河水库流域研究案例

20.3.1 野外工作和采样

小河水库（106.40°E，26.57°N，高程1237 m）位于贵州省中部（图20-10），属长江流域。该水库是乌江支流猫跳河上游的一个小型水库。这一水库及其汇水流域在行政上属清镇市站街镇，距省会贵阳市30 km、清镇市7 km。1960年黔中最大的水库——红枫湖水库竣工蓄水后，随着水位的上升，小河水库所在地即被淹没，同年，在小河水库所在地建立红枫电力提灌站。1965年冬至1966年夏，为保证农业灌溉，兴建拦河坝，把小河水库从红枫湖中分离出来。小河水库水面高程约1237m，面积约0.28 km^2，长0.7 km，平均宽0.4 km。小河水库北部有流域内唯一一条河流——小河（又称麦包河）自北向南注入。

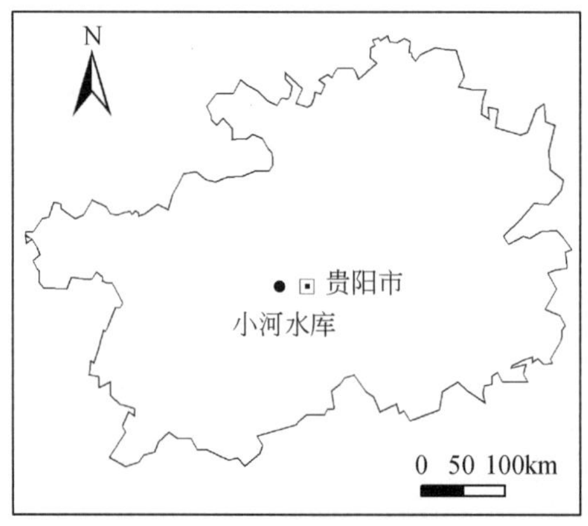

图20-10 小河水库在贵州省的位置

在小河流域内选择不同土地利用方式下的11个土壤剖面（XH-1、XH-2、…、XH-11）作为研究对象，并根据土壤发生层采集相应样品，共计采得土壤样品63个，采样点位置见图20-11。

20.3.2 土壤磁性特征及其与沉积物矿物磁性特征的关系

沉积物（或泥沙）来源的追踪问题一直受国内外学者的关注。本节将根据沉积物与土壤的磁性参数之间的关系，印证土壤与沉积物间的“源”-“汇”关系，探讨不同土壤分层和土壤类型对沉积物的贡献，为建立“土壤-沉积物-侵蚀”演绎模型提供理论依据。

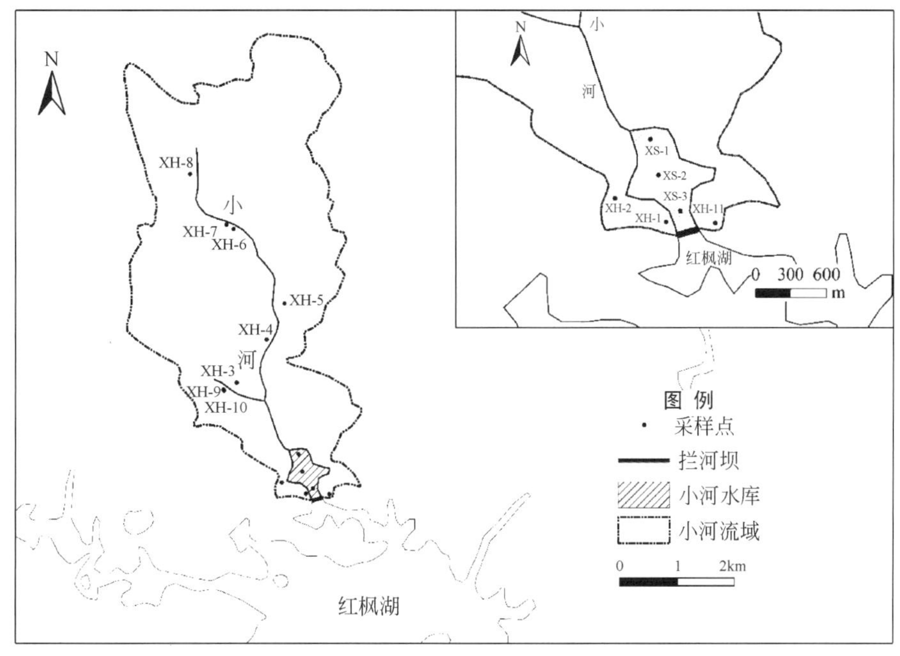

图 20-11 采样点、小河水库及其汇水流域

(1) 湖泊或水库沉积物中磁性矿物的来源

湖泊（或水库）沉积物既可能来源于原地沉积物后的自生作用和成岩作用，也可以来源于流域内部，还可能来源于流域以外更远的源区。尽管湖泊（或水库）沉积物中一部分磁性矿物可能是自生或成岩作用所形成的，但是迄今已研究过的大多数情况来说，在湖泊沉积物中外源磁性矿物占绝对优势，除非什么地方有可靠的反面证据（Hilton and Lishman，1985）。

(2) 土壤与沉积物的“源–汇”关系

对于小河流域而言，除火山灰可以不加考虑外，基岩、土壤、矿物燃烧以及工业过程等都是沉积物磁性矿物的潜在外部物质来源。其中基岩、土壤中磁性矿物进入湖泊沉积物的过程是以土壤侵蚀过程为背景，而矿物燃烧以及工业过程有关的来源可以看成人类活动对湖泊沉积物的干扰。因此研究湖泊沉积物磁性矿物的物质来源，是从湖泊沉积物中获取流域土壤侵蚀变化信息的前提和保证。

国内外很多学者通过“磁性指纹”的方法来解释悬移质、沉积物的来源分析（Caitcheon，1998a；1988b；Eriksson and Sandgren，1999）。χ_{lf}-SIRM 图中磁性矿物，χ_{lf}反映亚铁磁性矿物的含量，SIRM 反映了全部磁性矿物类型的含量。对沉积物来说，小河水库沉积物基本上以黏土颗粒为主，颗粒变化不大。从图 20-12 可以看出，沉积物柱芯 XS-1-1 与 XS-1-2 各散点的变化基本上都落在一条直线上，这说明沉积物的磁性矿物为同一来源。其磁性矿物的类型和相对比例基本上变化不大，其沿趋势线的变化主要反映了各磁性矿物浓度的变化。

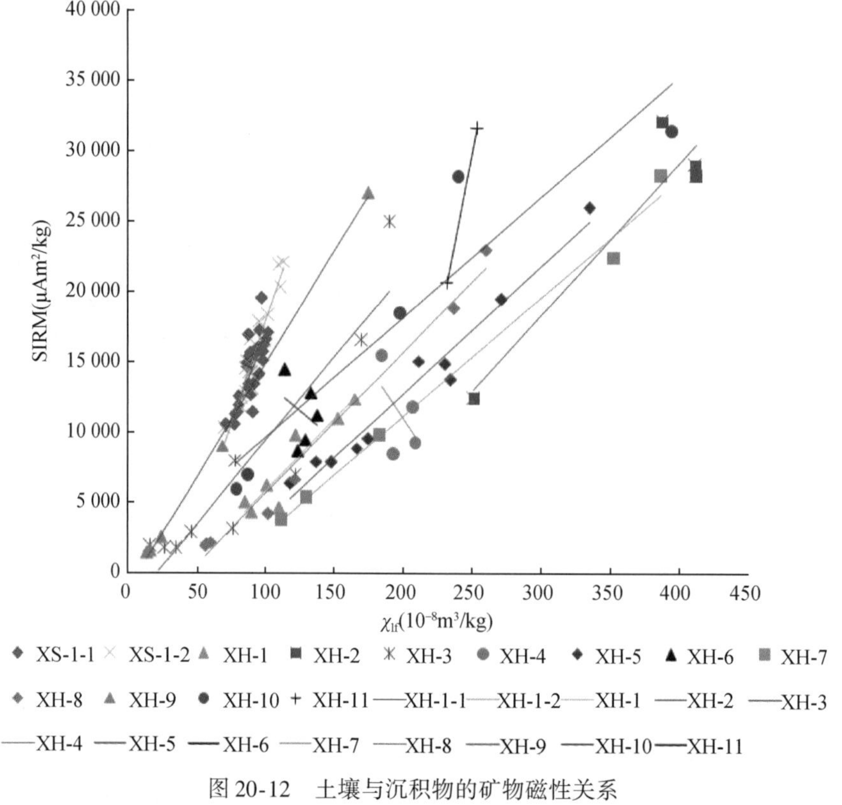

图 20-12 土壤与沉积物的矿物磁性关系

为进一步辨别不同土壤发生层和土壤类型对沉积物来源的贡献，本节按照不同的土壤发生部位，将土壤剖面分为表土（A_0和 A 层）、底土（B 层和 C 层），以及按照不同的土壤类型，分别与沉积物作磁性对比。从图 20-13 ~ 图 20-16 可以看出，表土和黄壤的磁性特征与沉积物更加接近，说明表土和黄壤对沉积物中磁性矿物的贡献更大。

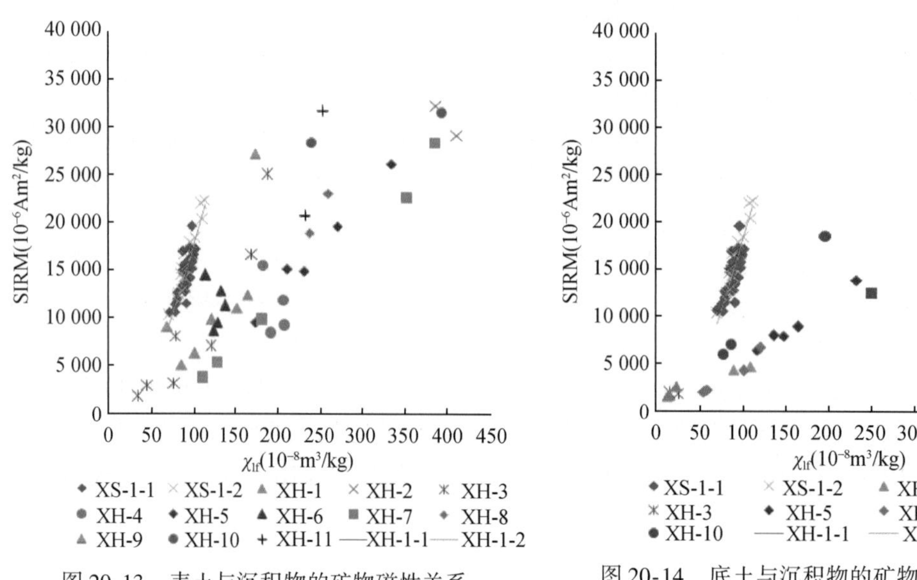

图 20-13 表土与沉积物的矿物磁性关系

图 20-14 底土与沉积物的矿物磁性关系

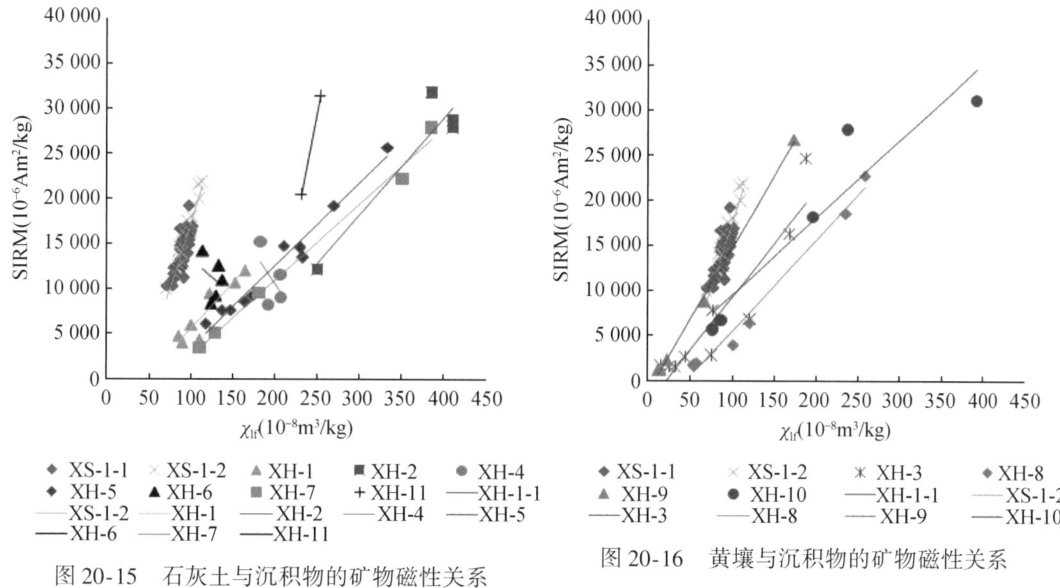

图 20-15　石灰土与沉积物的矿物磁性关系

图 20-16　黄壤与沉积物的矿物磁性关系

(3) 沉积物分析和测量结果的讨论和解译

首先以最长、实验测试最为完整的小河水库沉积物柱芯 XS-1-1 为例，根据已得到的流域内的土壤磁性特征，通过建立基于沉积物提取流域内过去土壤侵蚀变化的理论解译模式，定性地提取了 XS–1–1 柱芯的环境变化信息。并采用磁性地层比对的方法，与另外一根沉积物柱芯 XS–1–2 对比，以确定从 XS–1–1 柱芯获取的土壤侵蚀变化信息是可信的。

a. 沉积物^{137}Cs 分析结果的讨论

^{137}Cs 核素半衰期为 30. 2 年。自然界中不存在天然的^{137}Cs，地球表层环境中的^{137}Cs 主要来自于核试验。核爆炸产生的^{137}Cs 进入大气并散落到全球各处。全球范围的^{137}Cs 沉降始于 1952 年前后，到 1954 年形成^{137}Cs 的第一个峰值，但由于历时已久无法辨认。1960 ~ 1964 年是一个重要的^{137}Cs 沉降期，据北半球英国典型站的测定，1963 年^{137}Cs 的沉降量最大（唐克丽等，2004），可作为一个重要的定年时标。1963 年后，由于核试验禁止条约生效，全球放射性核素的沉降速率已稳定降低，但在 1974 年非核试验禁止条约国家在地上进行的核试验以及在 1986 年前苏联切尔诺贝利核泄漏产生了 2 个^{137}Cs 沉降峰值，在某些地区可以发现，具有辅助记年的价值（万国江等，1990；万国江，1999）。

考虑到经费和测试周期的问题，我们选取了最长的柱芯 XS–1–1 进行沉积物放射性同位素^{137}Cs 的测定。由于研究区流域和水库的面积较小，水库沉积物的沉积速率具有相对一致性。因此该柱芯^{137}Cs 比活度的变化大致可以代表整个水库沉积物中^{137}Cs 含量的变化。

^{137}Cs 比活度结果（图 20-17）表明，XS-1-1 柱芯^{137}Cs 含量与红枫湖沉积物的^{137}Cs 含量相比（万国江等，1990；万国江，1999）普遍较低，这可能与小河水库汇水流域面积很小，吸附有^{137}Cs 的土壤颗粒进入水库的总量较流域面积较大的湖泊（如红枫湖）为小，

以及^{137}Cs衰变作用有关。在XS-1-1柱芯2. 5 cm、14. 5 cm、17. 5 cm、27. 5 cm深度分别出现^{137}Cs含量峰值。对比万国江（1990，1999）在红枫湖沉积物中^{137}Cs计年的研究，推测27. 5 cm、17. 5 cm和14. 5 cm处分别对应1964年、1975年和1986年，2. 5 cm处的^{137}Cs含量峰值可能是一异常值。而水库库区1960年即被淹没，可以认为29 cm处对应1960年，XS-1-1柱芯采于2005年10月，可以认为0 cm处对应2005年。根据这一假设，可以将XS-1-1柱芯分为4段（XS-1-1-Ⅰ、XS-1-1-Ⅱ、XS-1-1-Ⅲ、XS-1-1-Ⅳ），分别计算出各时间段内的沉积速率（表20-3）。

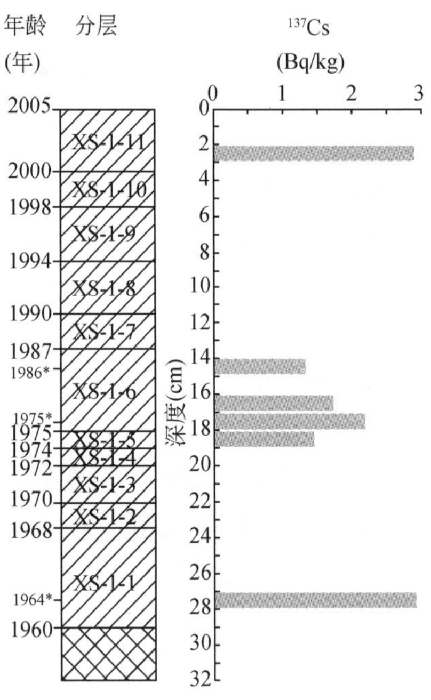

图20-17　小河水库柱芯（XS-1-1）分段、年代、^{137}Cs含量

* 推测值，下同

表20-3　小河水库柱芯（XS-1-1）的分段、年代和沉积速率

分段	深度（cm）	时段	平均沉积速率［g/(cm^2·a)］
XS-1-1-Ⅰ	29. 0 ~ 27. 5	1960 ~ 1964年	0. 117
XS-1-1-Ⅱ	27. 5 ~ 17. 5	1964 ~ 1975年	0. 337
XS-1-1-Ⅲ	17. 5 ~ 14. 5	1975 ~ 1986年	0. 106
XS-1-1-Ⅳ	14. 5 ~ 0. 0	1986 ~ 2005年	0. 245

b. 沉积物粒度分析结果的讨论

沉积物粒度是重建流域内过去环境变化的重要指标之一，并因其测定简单、快速、经济、对气候变化敏感等优点而广泛应用于环境变化研究中。虽然影响沉积物的粒度组成的

因素很多，但在水土流失比较严重的地区，短时间尺度沉积物粒度的变化可以反映流域内高分辨率的土壤侵蚀变化信息。

从长时间尺度来看，湖泊或水库中的沉积物粒度的变化可能反映这些水体的水位变化（Dearing，1997；王红亚等，2006）。沉积物变粗可能表明水位下降，而沉积物变细则可能表明水位上升。在水体的水位未发生明显变化的情况下（Dearing，1997；陈敬安等，2003），尤其是在较短的时期内，沉积物粒度的变化可能反映这些水体所在汇水流域内侵蚀状况的变化。沉积物变粗可能表明流域内侵蚀增强，而沉积物变细则可能表明流域内侵蚀减弱。

小河水库沉积物柱芯 XS-1-1 粒度累积百分比和平均粒径变化（图 20-18）结果表明，在 29 cm 深度以下粒度很粗，进一步说明 XS-1 底部为土壤。在 29 cm 深度以上，沉积物的粒度随深度的减小而趋于增大。

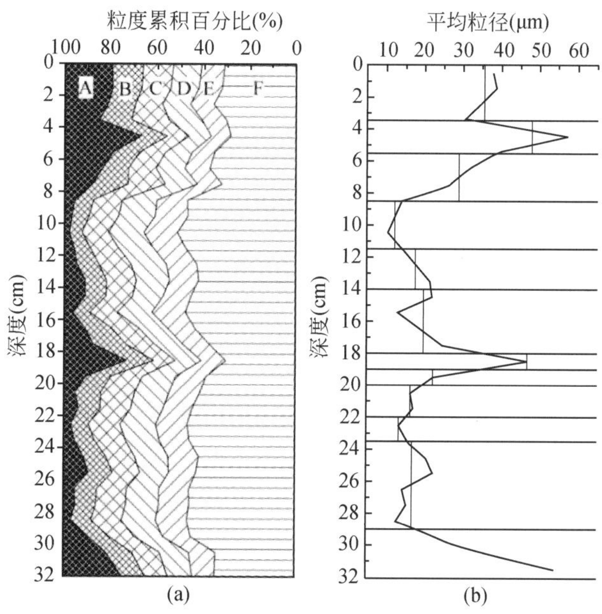

图 20-18　小河水库 XS-1-1 柱芯的粒度累积百分比、平均粒径及分段

注：右图中竖线为每段的平均值

c. 沉积物 TOC 和 C/N 分析结果的讨论

湖泊或水库沉积物的 TOC 和 C/N 是判断流域土壤侵蚀状况的重要指标。沉积物的 TOC 指示了这些沉积物的有机质含量。TOC 愈高，有机质含量愈高；TOC 愈低，有机质含量则愈低。沉积物的 C/N 反映了“外源”（陆地植物）和“内源”（水生生物）对有机质含量的贡献的相对大小。若陆地植物对有机质含量的贡献相对增大或水生生物的贡献相对减小，则 C/N 增高；反之，若陆地植物对有机质含量的贡献相对减小或水生生物的贡献相对增大，则 C/N 减低。当汇水流域内侵蚀加剧时，进入水体中的陆地植物残体便增多，沉积物的 TOC 和 C/N 也相应增高；当汇水流域内侵蚀减缓时，进入水体中的陆地植物残体便减少，TOC 和 C/N 也相应减低（Schmidt et al.，2002；王红亚等，2006）。

沉积物柱芯 XS-1 的 TOC 和 C/N 的分析结果（图 20-19）表明，除去底部土壤后，29 ~ 23.5 cm 深度处 TOC 和 C/N 很高。自 23.5 cm 深度以上，沉积物的 TOC 和 C/N 随深度的减小而趋于升高。

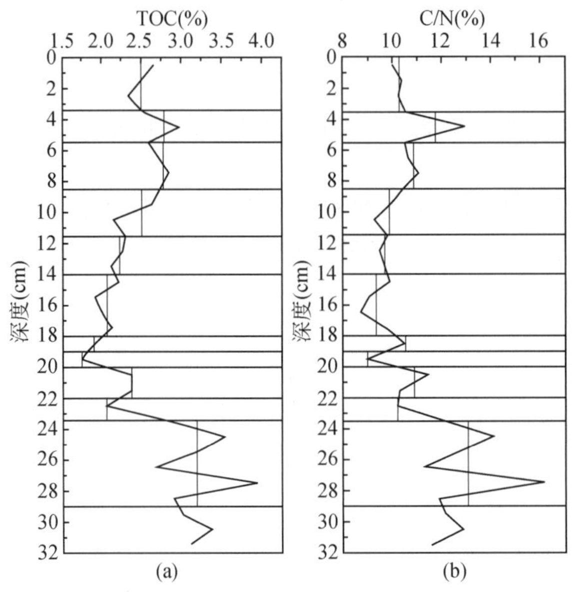

图 20-19　小河水库柱芯（XS-1-1）的 TOC、C/N 及分段

注：图中竖线为每段的平均值

d. 沉积物矿物磁性测量结果的讨论

磁性测量的结果表明（图 20-20），SIRM、χ_{lf}、IRM_{20mT}、HIRM 和 χ_{ARM} 变化趋势十分相似。它们在 29 ~ 23.5 cm 深度均很高，在 23.5 ~ 19 cm 深度均明显降低，在 19 ~ 18 cm 深度均显著升高各自形成一个凸峰，在 18 ~ 14 cm 深度再度降低，在 14 ~ 11.5 cm 深度略有升高，在 11.5 ~ 8.5 cm 深度再次降低，在 8.5 ~ 3.5 cm 深度再度显著升高并在 5.5 ~ 3.5 cm 深度形成一个凸峰，在 0 ~ 3.5 cm 深度又趋于较低。χ_{ARM}/SIRM 与 χ_{lf}、IRM_{20mT}、SIRM 和 HIRM 明显呈负相关。

e. 沉积物分析和测量结果的解译

1）解译模型。天然湖泊沉积物中的磁性矿物主要源于流域内的土壤侵蚀（Schmidt et al.，2002），水库沉积物的情形与此可能十分相似。虽然，“侵蚀—沉积物” 过程是一个复杂的 “黑箱” 过程，但小河流域的土壤具有疏松的质地以及上粗下细的结构特点，满足蓄满产流机制，当侵蚀发生时，土壤剖面往往作为一个整体成为侵蚀搬运的对象。当流域内的土壤侵蚀作用越强烈，进入水体的陆地植物残体、磁性矿物就越多，相应的 TOC、C/N、SIRM、χ_{lf}、HIRM、IRM_{20mT} 和 χ_{ARM} 就越高。而侵蚀作用加强的同时，进入水体的颗粒就会越粗，相应的沉积物的粒度和 IRM_{20mT} 就越高，而 χ_{ARM} 和 χ_{ARM}/SIRM 就越低。由此可以定性地得出：粒度、TOC、C/N、SIRM、χ_{lf}、HIRM、IRM_{20mT} 的高值段，代表流域内土壤侵蚀强烈的时期；χ_{ARM}/SIRM 的高值段，则代表流域内土壤侵蚀较弱的时期；χ_{ARM} 对土壤侵蚀的指示意义则不明确。由此可以建立起 “沉积物-侵蚀” 的集总式概念性解译模型。

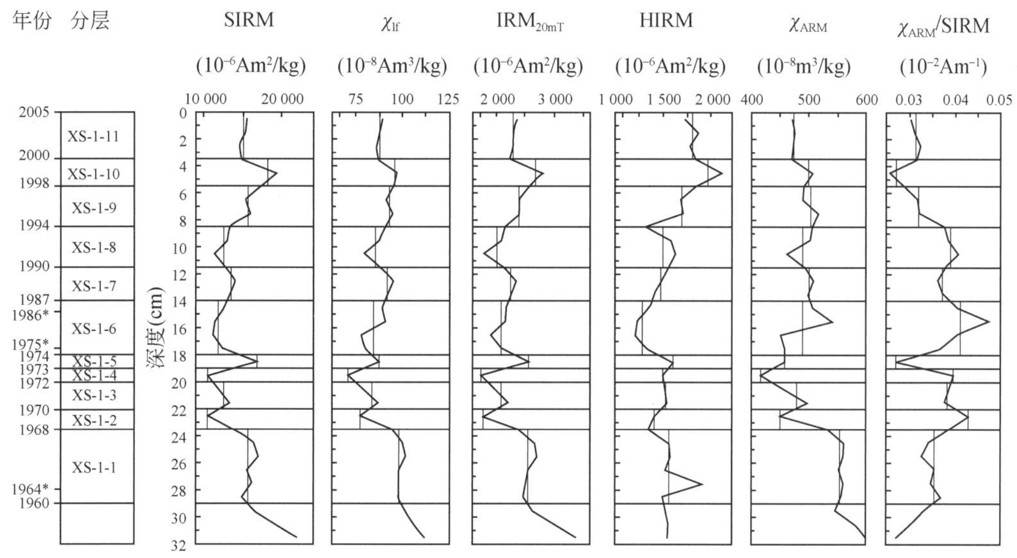

图 20-20　小河水库沉积物 XS-1-1 柱芯的矿物磁性参数及分段

注：图中竖线为每段的平均值

2）沉积物柱芯 XS-1-1 的解译。根据以上定性分析，以 XS-1-1 的矿物磁性特征为依据，并参考粒度、TOC 和 C/N 的变化情况，将 XS-1-1 沉积物部分划分为 11 段（XS-1-1-1，XS-1-1-2，…，XS-1-1-11），并推断沉积物各段的土壤侵蚀状况如下。

以小河水库沉积物柱芯 XS-1-1 的实验结果为中心，并参照其他柱芯，探讨了沉积物所指示的过去土壤侵蚀变化。其中^{137}Cs 的测定建立起了“深度-年代”对应关系，为以后的解译确定了时标。而沉积物粒度、TOC、T/N 以及磁参数的测定则是了解流域内过去土壤侵蚀状况的有效手段，通过这些参数的指示意义，并结合上一章分析的土壤矿物磁性特征及“土壤-沉积物”的“源-汇”关系，建立起了“沉积物-土壤侵蚀”的解译模式，从而推断各个时期的土壤侵蚀状况。

本研究把土壤侵蚀强度划分为“强烈、强、较强、较弱、弱”5 类。通过综合分析沉积物各测量参数分段平均值的变化，以及与全柱芯平均值的比较可以得出：自 1960 年来，小河流域内的土壤侵蚀变化大致经历了“强烈—弱—强—弱—强烈—弱—较强—较弱—强—强烈—较强”11 个阶段。

（4）土壤侵蚀变化过程与影响因素

1）土壤侵蚀变化过程。基于以上对小河流域过去土壤侵蚀变化的定性分析，现通过对沉积物柱芯 XS-1 各测量参数的分段平均值进行主成分分析，提取各时期土壤侵蚀变化过程的定量信息。

首先，在 Excel 中将各段粒度、TOC、C/N 和各磁性参数的平均值标准化（图 20-21），再使用 SPSS 软件提取主成分，从 SPSS 给出的提取的主成分载荷矩阵表（表 20-4）可以看出，第一主成分得分提取了各磁性参数 69.76% 的信息，并且与 SIRM、χ_{lf}、IRM_{20mT}、HIRM 高度正相关，与 χ_{ARM}/SIRM 高度负相关。第二主成分得分提取了各磁性参数 19.60% 的信息，并且与χ_{ARM}呈正相关。结合各磁性参数表征的土壤侵蚀的意义，可以得出各时期平均磁性参数的第一主成分得分越高，则土壤侵蚀就越强。因此，可以用第一主成分得分代表土壤侵蚀的变化，得到各时期土壤侵蚀变化的定量信息。

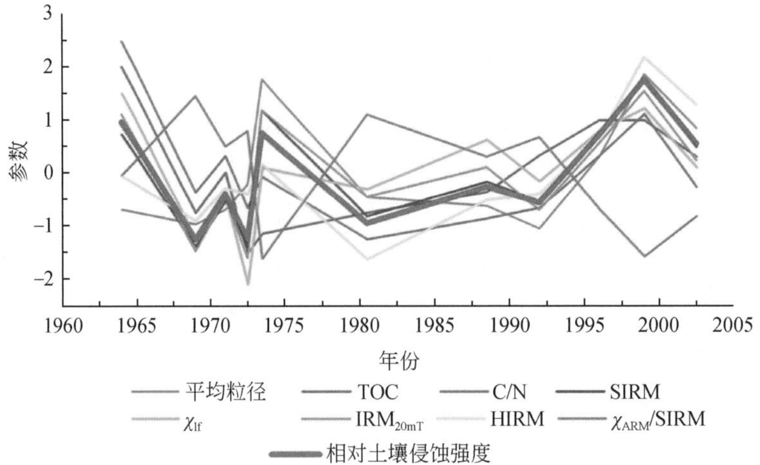

图 20-21　标准化后的平均粒径、TOC、C/N 和各磁性参数以及提取的相对土壤侵蚀强度

表 20-4　SPSS 提取的主成分载荷矩阵

主成分	平均粒径	TOC	C/N	SIRM	χ_{lf}	IRM_{20mT}	HIRM	χ_{ARM}/SIRM
第一主成分	0.72	0.68	0.70	0.99	0.84	0.96	0.83	-0.91
第二主成分	-0.67	0.68	0.52	-0.11	0.38	0.01	-0.24	0.40

2）土壤侵蚀变化的影响因素。土壤侵蚀的发展主要受自然界和人为活动的影响和控制，通常将土壤侵蚀影响因素分为自然因素和人为因素两大类。自然因素主要包括地质、地貌、气候、植被和土壤及其地面组成物质 5 个方面；人为因素是指人类在社会生产活动中对引发或加剧土壤侵蚀的影响，主要包括农林牧生产活动和城镇、工矿建设过程中对自然环境，乃至对土壤侵蚀的影响（唐克丽，2004）。

我们主要是针对小流域、短时间尺度的土壤侵蚀变化过程展开研究，并且受到研究区过去自然和人文资料的记录的限制，因此本研究未考虑地质、地貌、土壤因素对土壤侵蚀变化的影响，主要选择了气候变化、土地利用和土地覆被变化等要素展开研究。

气候变化对土壤侵蚀变化的影响。对于喀斯特地区来说，气候变化对土壤侵蚀的影响主要体现在降水的变化。从图 20-22 可以看出，1960～1968 年无论是年降水、夏季降水、24h 暴雨还是 1h 暴雨都较低，而土壤侵蚀却很强烈。这说明这一时期降水不是造成土壤侵蚀强烈的主要原因。而 1973～1974 年和 1998～2000 年是降水明显偏多和土壤侵蚀都非常强烈的时期。因此，降水可能是这 2 个土壤侵蚀强烈的主要因素。

从 1968～2005 年各时期年降水、夏季降水、24h 暴雨与相对土壤变化的相关系数矩阵表可以看出，夏季降水与土壤侵蚀的变化趋势更为接近（相关系数达 0.72）。说明 1968

年以来，夏季降水是控制土壤侵蚀变化的主要因素。

土地变化对土壤侵蚀的影响。《清镇县志》记载：“县林业部门调查，自 1958 年以来（至 1963 年），全县共毁林 2719 亩，砍伐树木 136 万棵。”而这一时期降雨并未显著增加，这就为 1960～1968 年这一土壤侵蚀强烈的阶段找到了可能的原因，可以推断这一时期的毁林可能是造成土壤侵蚀强烈的主要原因。

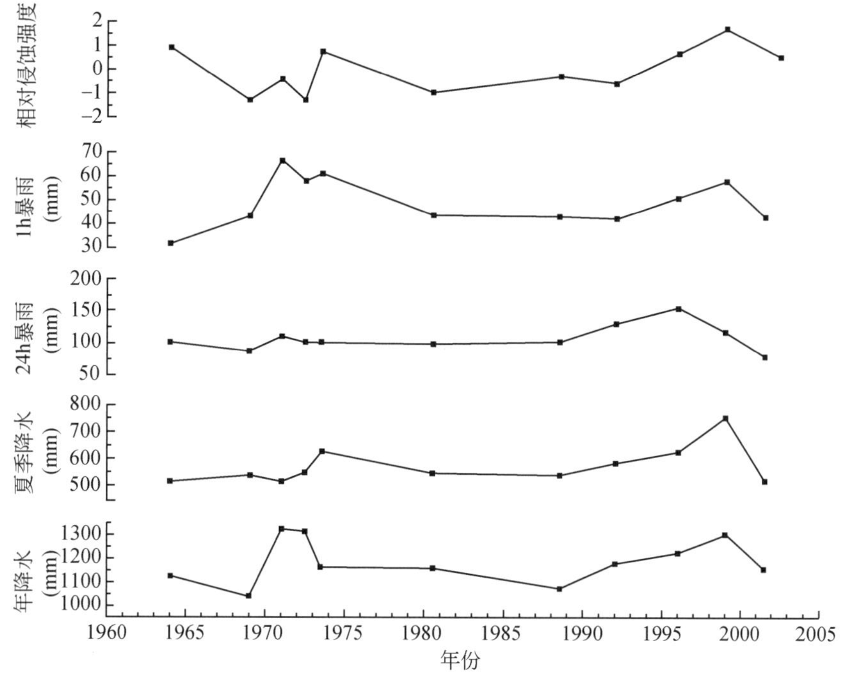

图 20-22　1960～2005 年各时期年降水、夏季降水、24h 暴雨、1h 暴雨和相对土壤侵蚀强度

第 21 章　小流域土地变化及其土壤侵蚀效应

本章结合土地变化的宏观研究与水库沉积物土壤侵蚀信息提取的微观研究，以猫跳河流域内的石板桥水库小流域为案例，研究土地变化及其对土壤侵蚀的影响。

21.1　土地变化

21.1.1　流域概况与土地利用结构

(1) 水库及其流域概况

石板桥水库位于关岭西北部的沙云乡（又称沙营乡）（图 21-1），水库建在一小河的

图 21-1　石板桥水库在关岭县的位置

源头，库体为一狭长的小洼地，小洼地由两个部分组成，分别大致沿东—西向和南南东—北北西向延伸。水库的整个汇水流域面积为 6.00 km^2，上游的汇水面积约为 5.76 km^2，整个汇水流域所在高程为 1425 ~ 1630 m（图 21-2），是猫跳河流域内的一个小流域（图 3-3 中的小流域 1）。水库于 1958 年建成，1960 年开始蓄水。水库主要靠大气降水补给，此外，流域内的数个泉眼也对之供水少许。水库面积占流域面积的 4.15%，水深为 7 ~ 8 m，水面面积约为 0.24 km^2。

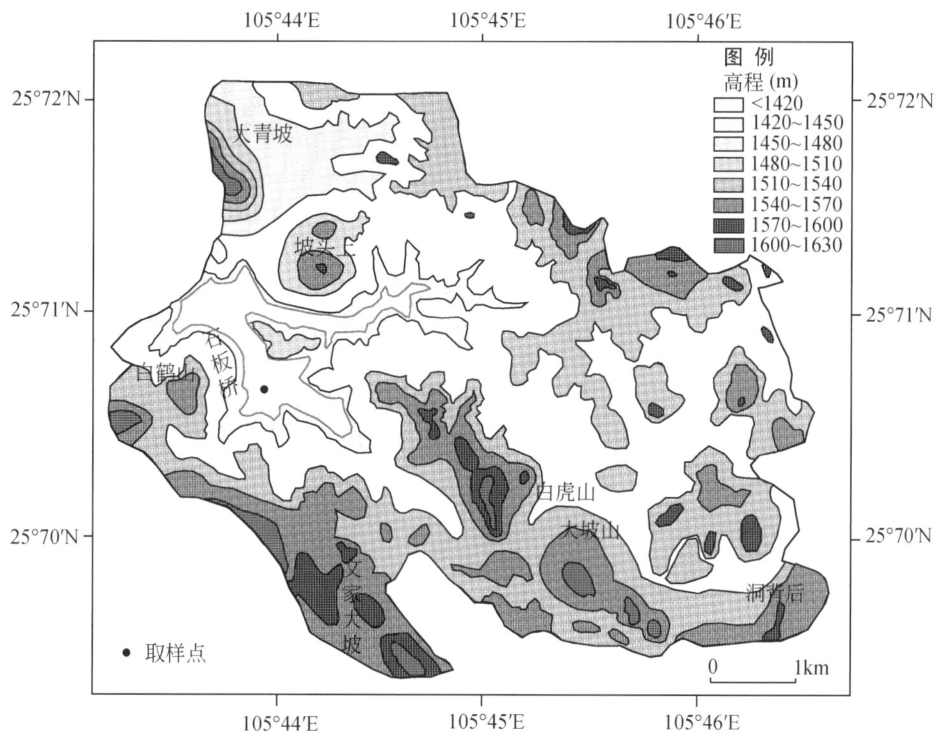

图 21-2　石板桥水库汇水流域及采样点

流域面积的 85% 为白云岩为主的碳酸盐岩覆盖。在这些岩石上，主要发育了黄色石灰土，在地势较低的洼地和坡麓，分布着不连续的、厚度为 0 ~ 80 cm 的黄色、棕黄色残坡积黏土和亚黏土。坡度小于 5°的较为平坦的土地较少，而坡度大于 15°者则占了整个流域面积的 58.30%。

水库及其汇水流域处在亚热带季风湿润气候下。流域内无气象站。根据距水库最近的、位于关索镇（25°56′N，105°36′E）的关岭气象站 40 年（1962 ~ 2001 年）的资料数据，年平均气温为 16.2℃；年平均降水为 1363 mm；降水的季节性明显，夏季（6 月、7 月、8 月）降水占全年降水的 24% ~ 71%，6 月降水占全年降水的 8% ~ 38%。

研究区地带性植被为亚热带常绿阔叶林。然而，天然植被在过去几十年中已在很大程度上被破坏。利用 1960 年拍摄的 1∶50 000 和 1978 年拍摄的 1∶10 000 的航空照片和关岭县国土资源局 1989 年和 2001 年绘制的土地利用类型图，推测了流域内 1960 年以来的土地利用/土地覆被状况（表 21-1）。目前，以水土保持林为主的林地覆盖了流域面积的

3.19%，其余的流域部分则主要为农田（63.47%）和裸地（17.55%）；在农田中，又以旱地为主，占整个流域面积的60.23%，而水田则少得多（图21-3，图21-4）。

表21-1　研究区1960年、1978年、1989年和2001年土地利用结构

类型	1960年		1978年		1989年		2001年	
	面积（hm^2）	比例（%）	面积（hm^2）	比例（%）	面积（hm^2）	比例（%）	面积（hm^2）	比例（%）
农田	366.38	60.99	379.17	63.12	394.31	65.64	381.30	63.47
林地	54.82	9.13	26.78	4.46	18.47	3.07	19.16	3.19
草地	71.33	11.87	58.35	9.68	41.10	6.84	50.61	8.43
水体	8.86	1.47	24.93	4.15	24.93	4.15	24.93	4.15
居民点	16.05	2.67	18.02	3.00	18.82	3.13	19.28	3.21
裸地	83.28	13.86	93.68	15.59	103.12	17.16	105.44	17.55

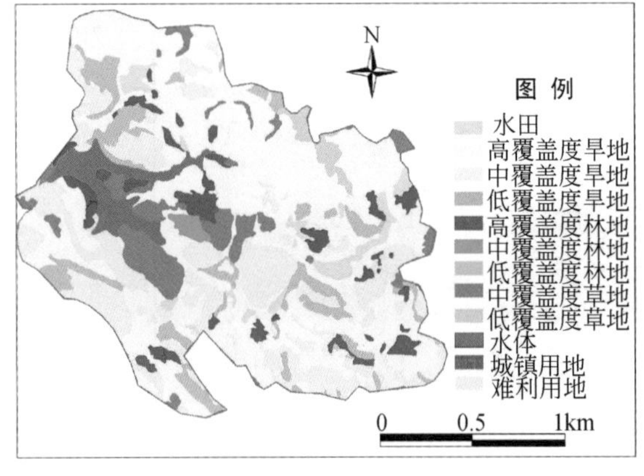

图21-3　石板桥水库小流域2001年土地覆被图

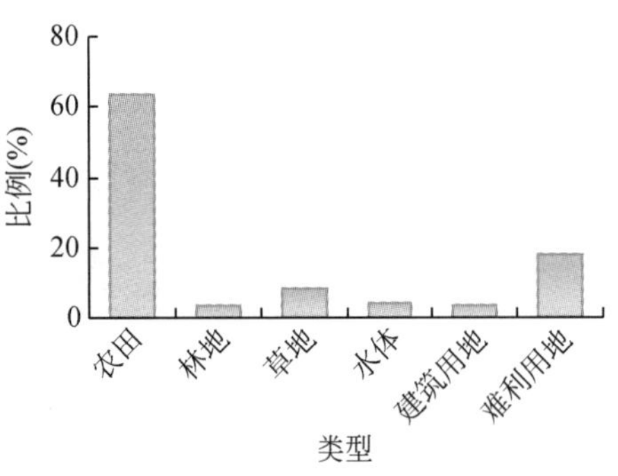

图21-4　研究区土地利用结构

（2）土地利用结构

从研究区1∶1万地形图提取的各坡度级统计图（图21-5）可以看出，流域内6°以下较平坦的土地面积很小，只占流域面积的15.34%，而大于15°以上的坡地占总面积的58.3%。此外，岩溶地区山地土壤多不连片，仅少量存在岩穴、岩缝之中，这种陡峻而破碎的喀斯特地貌格局使得研究区内各种土地类型都非常破碎，少见成片单一的土地利用类型，旱作物、林地和草被多零星分散在岩穴缝隙之中。

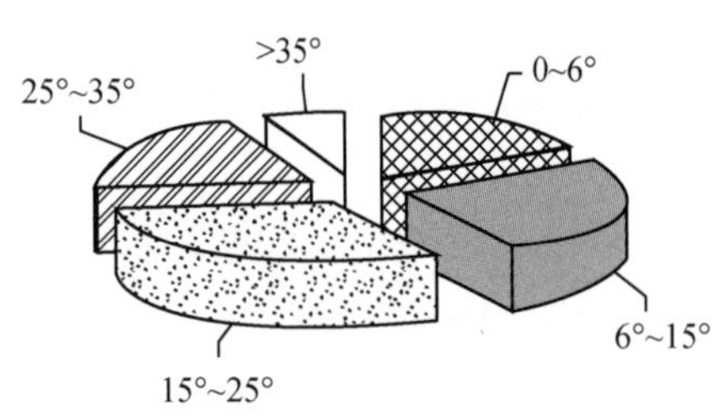

图21-5　研究区坡度分布统计图

a. 耕地

流域内水田和旱地所占比重最大，其中，水田面积19.48 hm^2，旱地面积361.82 hm^2，二者合计占总面积的63.47%，是区内占绝对优势的用地类型（图21-4，表21-1）。旱地中只有19.6%分布在6°以下较和缓地带，而25°以上的坡耕地达46.3%之多。此外，还有

78.2 hm^2的旱地覆盖度在 60% 以下，零星分布在荒草坡和裸岩石砾地中。由于没有把旱地和与之混杂的荒草、疏林和裸岩分开，因此这个数据比当地的统计数据偏高，也使得难利用地面积大大减少。

b. 难利用地

难以利用的裸岩和荒山坡是第二大土地覆被类型，共 105.44 hm^2，占总面积的 17.5%。空间分布相对连片，而零星分布的没有统计在内。区内缺乏高覆盖度草地，只有低或中覆盖度的草坡，面积不足 10%。主要分布在水库附近和半裸露的石山上。

c. 林地

林地所占面积仅 3.19%，成片的、覆盖度较高的林地多分布在水库周围，是水利部门于 20 世纪 80 年代中期种植的水土保持林，用材林和薪炭林则十分缺乏，经济林也很少。林地比例相对当地的统计资料偏低，是因为有相当一部分是宅旁风水林，在分类中归入了居民地。

d. 水域和建筑用地

区内的水体和建筑用地面积都不足总面积的 5%。其中，水体主要指石板桥水库，原来几个有泉点的洼地早已开垦为水田，而洼地中的水通过排洪隧道被引到石板桥水库。建筑用地多为农村居民点、交通用地以及未分开的风水林地。

虽然流域内以山地、丘陵为主，且坡度较大，但土地利用结构总体却是以农田为主，旱地垦殖率高达 60%。难利用地面积仅次于农田面积，草地和林地面积较小。有限的林地多围绕在村镇和水库周围，稀疏的连片分布的草地也相对集中于水库周围，其他一些零星草地分布在水库外围，点缀在其他用地之间。

土地利用结构严重失衡，对区内水土流失有较大的影响，坡地农业的生产与扩大是区内水土流失的主要根源，是土地退化的主要原因。

21.1.2　土地变化过程

土地利用/覆被类型的变化往往受其他土地利用/覆被类型变化的牵动，而其变化本身也会对其他相关的土地变化过程产生影响。因而，进一步了解不同时期各种土地变化及与之相关的其他土地利用/覆被类型的变化过程，及其空间分布对于土地变化的定量研究显得非常重要。

从研究区 1960 ~ 2001 年 40 多年来各阶段各土地利用变化情况，可以清楚地看出，在 1960 ~ 1978 年、1978 ~ 1989 年、1989 ~ 2001 年 3 个不同时段，土地利用总的变化量都在减少，到 20 世纪 90 年代以后，流域的土地利用状况趋于稳定。

(1) 水体变化过程

图 21-6 反映了研究区近 40 多年来水体面积的变化过程。流域内除石板桥水库外无其他的水体，图 21-6 实际上反映了石板桥水库的水面变化过程。相对于 1960 年，水体面积有较大的变化，所占比例从原来的 1.47% 增加到现规模的 4.15%，水面分别向东西两个地势较低的河谷地带延伸并拓宽。

石板桥水库主要靠降水补给，在后两个研究时段内，流域内在气候上没有大的干湿波

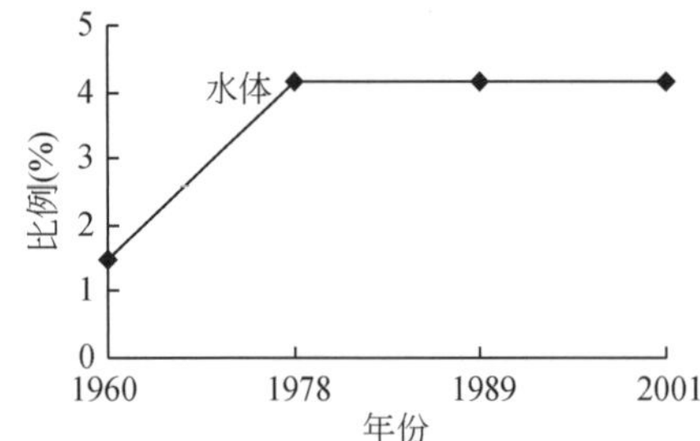

图 21-6 研究区 1960～2001 年水体变化

动，因此，水面变化不大，暂忽略不计。由于水库蓄水占用了分布于平坦的河谷地带的大量优质水田和旱地，而水库在蓄水和扩建完成后水面再无大的变化，因此与水相关的土地变化过程是发生在 1960～1978 年期间单向由其他用地的转入过程。

据 1960～1978 年土地利用图统计，水库蓄水共占地 16.09 hm^2，其中所占的农田面积最大（12.02 hm^2），其次是草地（1.98 hm^2）、难利用地（1.67 hm^2）和林地（0.42 hm^2）。

（2）农田变化过程

如图 21-7～图 21-10，农田在前两个时段的转入转出量都相对较大，这与农田的基数大有关。1960～1978 年及 1978～1989 年期间，农田面积变化表现为净增长，而 1960～1978 年的转变数量又明显高于 1978～1989 年的转变量。1960～1978 年林地的相对转变量最大，其次是草地，这与这一时期的毁林、毁草开荒行为有关。农田增加的同时，也有少量在退耕还林还草，或弃耕还草、石漠化等。1978～1989 年期间农田的转入仍以林地和草地为主，但规模较前期小了很多，由于转出量却较前一时期减少更为剧烈，因此农田面积仍呈净增长。这两个时期农田内部各覆盖度旱地之间的转变较剧烈，其中以中覆盖度旱地进一步开垦成覆盖度高旱地为主，旱地完整性增强。1989～2001 年期间，农田总的转入量减少，转出量增加。林地和草地的转入除个别地区外已基本停止，而以荒山荒坡垦殖为主。同时有一定面积的坡耕地退耕还林还草。农田内部各类型之间变化仍较大，表现为旱地覆盖度降低。

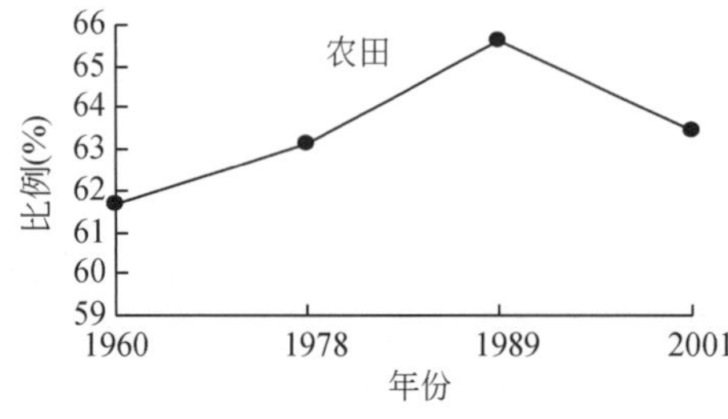

图 21-7 1960～2001 年农田变化

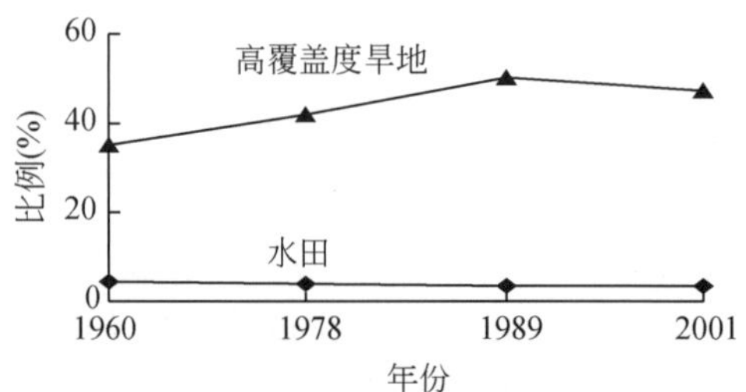

图 21-8 1960～2001 年高覆盖度旱地和水田变化

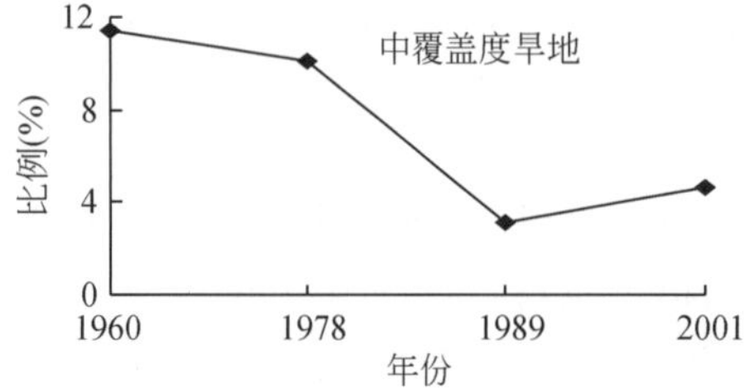

图 21-9 1960～2001 年中覆盖度旱地的变化

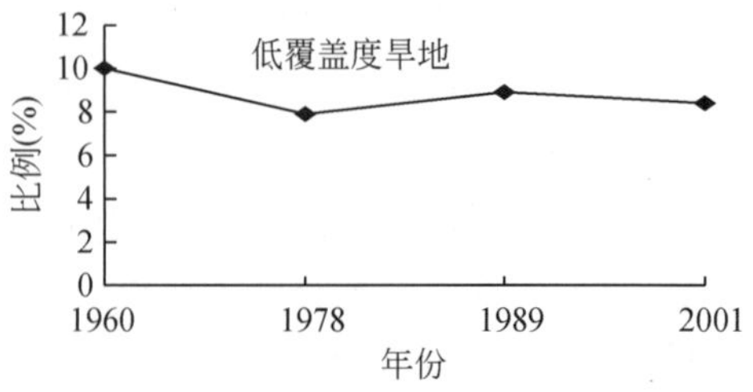

图 21-10 1960～2001 年低覆盖度旱地的变化

(3) 林地变化过程

如图21-11、图21-12，林地在1960～1978年和1978～1989年期间转变为其他土地利用类型的数量明显高于其他土地利用类型向林地转入的总量，林地在此期间净损失了原来的66%，而在1989～2001年期间，林地的转入量大于转出量，净增加量为1989年林地面积的4%。对于林地变化起主要作用的土地利用变化过程是林地与农田之间的转变及数量大小，二者多年面积变化曲线呈负相关。值得提及的一点是，该流域内由于居民点的周围有一定量的风水林，而这部分风水林当时被同划到了建筑用地类型中，因此，各林地总的数量和比例都偏小，但由于这部分风水林变化很小，对土地利用/覆被变化分析结果没有影响，因此未分开作统计。

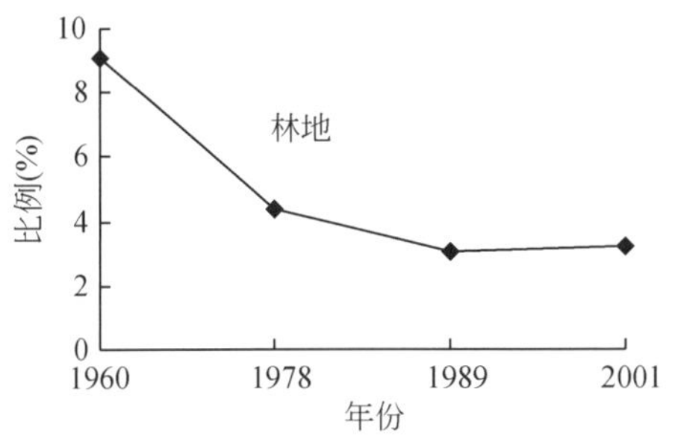

图21-11　1960～2001年林地变化

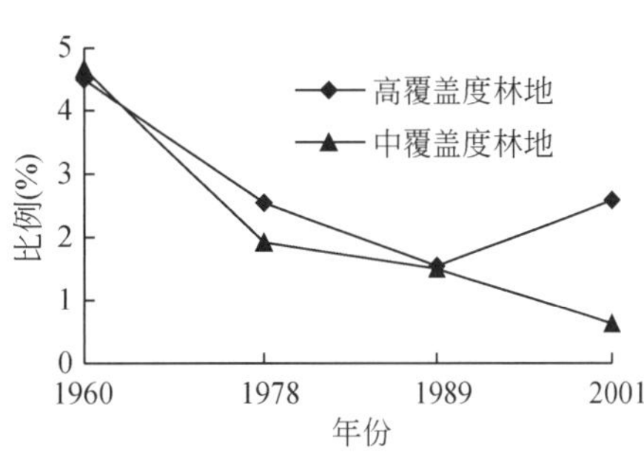

图21-12　1960～2001年各种类型林地变化

(4) 草地变化过程

如图21-13，草地在3个时段的变化趋势与林地类似，都是在前两个时期转出量大于转入量，而在1989～2001年期间转出量大于转入量。其中对草地变化起主要作用的土地利用类型也主要是农田。草地的转出除了被开垦为农田外，就是退化成难利用地，而转入量则以退耕还草、林地退化和荒坡恢复为特征。

(5) 建筑用地变化过程

如图21-14，建筑用地的变化多年来呈增长趋势，但增长幅度非常小，到1989～2001年期间已趋于稳定。建筑用地的增加多以占用农田和林地为主，且多是单向的。只在1989～2001年期间有1处工矿用地被废弃而重新开垦为农田。

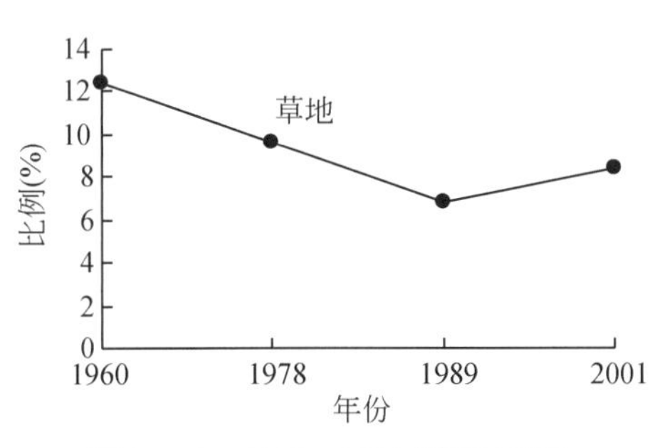

图21-13　1960～2001年草地变化

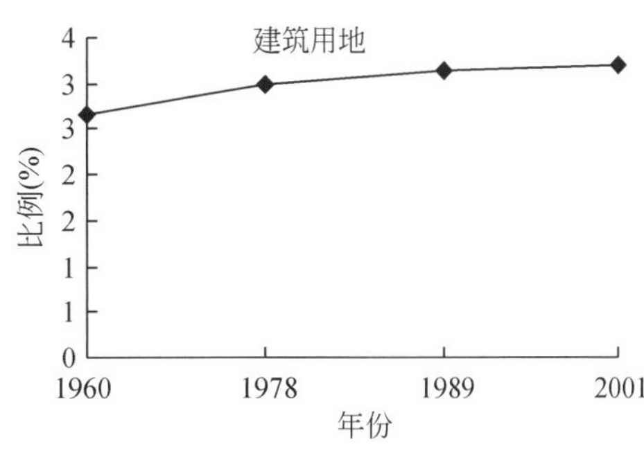

图21-14　1960～2001年建筑用地比例变化

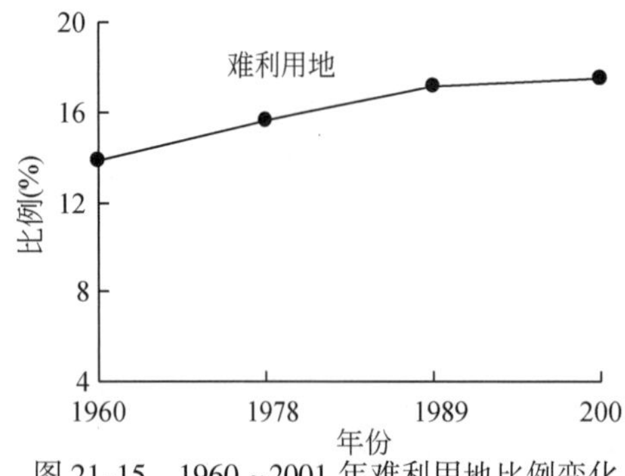

图 21-15　1960～2001 年难利用地比例变化

（6）难利用地的变化过程

如图 21-15，难利用地是本流域除农田外变化最剧烈的土地利用类型。难利用地从 1960 年以来一直处于净增长状态，但增长的幅度越来越慢，且难利用地的增长与农田的退化和林草覆盖度的降低和退化相伴生。

21.1.3　土地变化格局

水土流失区域的发生过程与流域内土地利用的空间分布格局具有密切的相关性，并且，随着尺度的变化，形成的机理有所不同。一个流域内的土地利用/覆被格局在一定程度上是水土流失长期作用的累积结果，土地利用变化对土壤侵蚀过程的影响将直接影响到流域的侵蚀产沙变化过程。因此，以小流域为基本单元，研究土地利用格局和流域内的侵蚀泥沙产生过程是探讨土地利用与水土流失相互关系的主要途径。

在土地利用/覆被格局和侵蚀产沙关系的诸多影响因素中，坡度与土壤侵蚀有密切的关系，不同地貌部位的土壤侵蚀表现出一定的空间分异。此外，侵蚀产生的泥沙从源地到水库的运移距离和难易程度又决定其对水库沉积物的贡献的大小。因此，本研究从石板水库小流域内土地利用/覆被坡度格局、高程和与水库的相对距离 3 个因素来研究人类活动干扰下流域尺度的土地利用/覆被空间格局及其变化与流域土地覆被演化及土壤侵蚀、水库沉积的相互关系。

（1）土地利用/覆被的坡度分异及动态变化

土地利用/覆被类型在不同坡度级上的分布特征将影响到土壤侵蚀发生的敏感性。对于坡耕地来说，如果有更多的坡耕地分布在较陡的地方，发生土壤侵蚀的危险性就会更高，反之土壤侵蚀的危险性较低。

研究中，分别将 1960 年、1978 年、1989 年和 2001 年 4 个时期的土地利用图与坡度图叠加，得出 4 个时期不同土地利用类型在不同坡度范围内的分布比例（图 21-16～图 21-20）。由于研究区 1∶1 万地形图只有 1 个时期，因此，在作动态分析时，没有考虑因自然风化和侵蚀等造成的坡度变化。

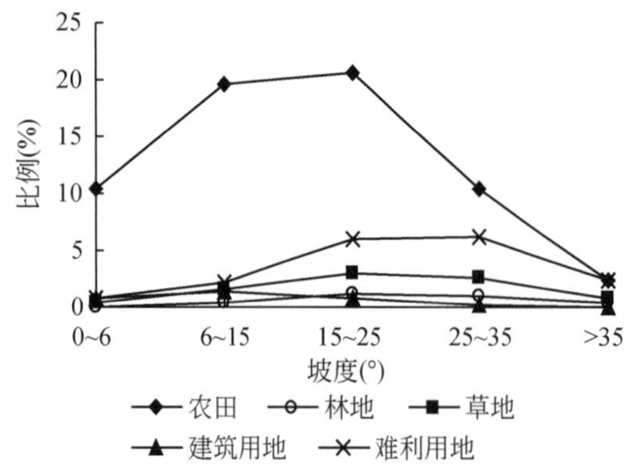

图 21-16　研究区 2001 年土地利用/覆被的坡度分异

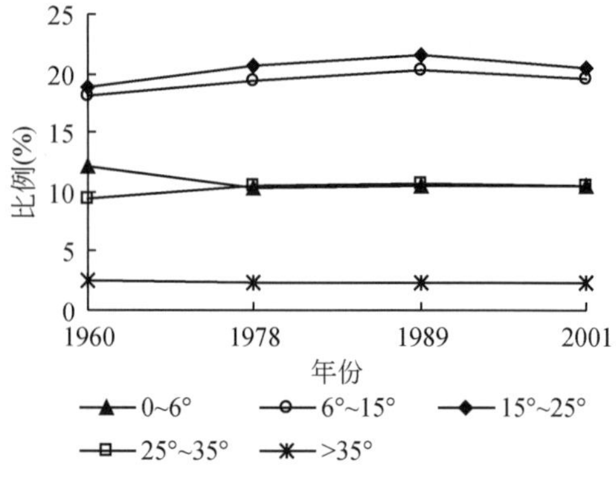

图 21-17　研究区 1960～2001 年农田的坡度分异

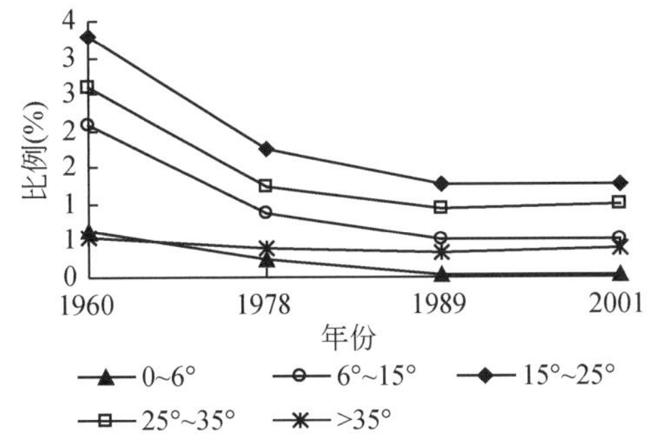

图 21-18　研究区 1960 ~ 2001 年林地的坡度分异

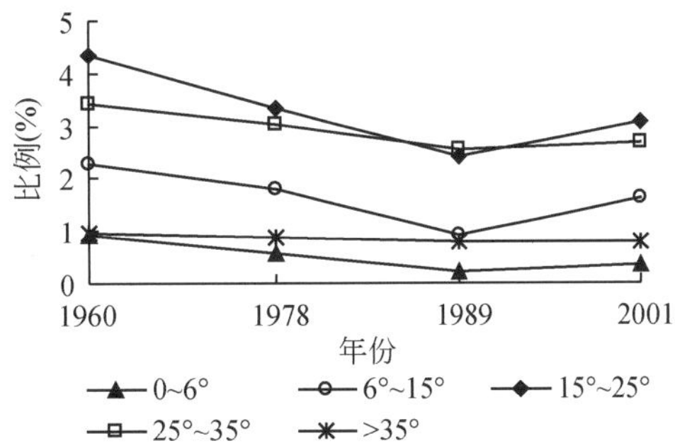

图 21-19　研究区 1960 ~ 2001 年草地的坡度分异

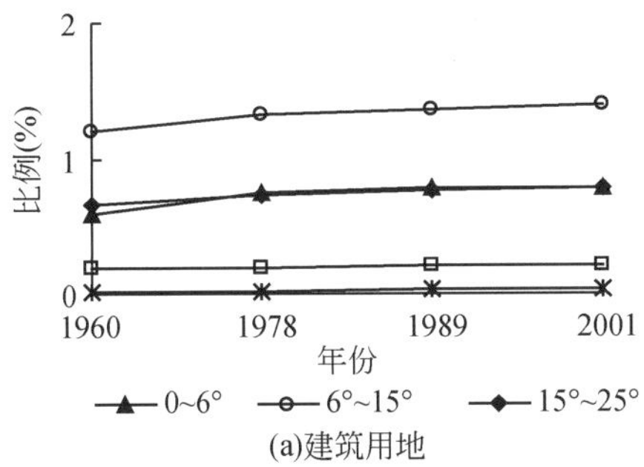

(a)建筑用地

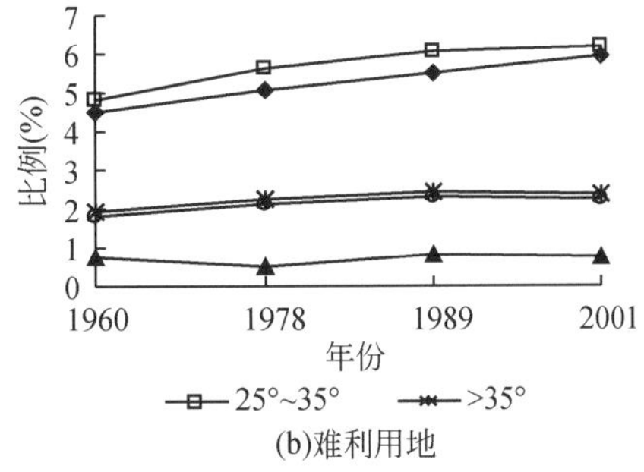

(b)难利用地

图 21-20　研究区 1960 ~ 2001 年建筑用地和难利用地的坡度分异

a. 农田的坡度分异及动态变化

农田在各个坡度级的面积都最大。其中水田主要分布在 0 ~ 6°坡度范围内，此后随着坡度的增加急剧减少，研究时间段内各坡度级分布的面积变化不大。旱地以 6° ~ 35°的坡耕地为主。各坡度级的旱地基本在 1989 年前都随时间呈增长之势，而在 1989 年后略有下降。6°以下坡度范围内的农田面积在 1960 ~ 1978 年下降的比例较大。坡度大于 35°的农田面积多年来变化不大。这反映了低坡农田被水库蓄水侵占，以及和缓地带连续耕作高覆盖度旱田退化后，农田向陡坡的扩展过程。

b. 林地和草地的坡度分异及动态变化

林地和草地的坡度分异和时间序列变化都表现出类似的态势。基本以分布于 6° ~ 35°的 3 个坡度级居多，草地相对林地进一步向陡坡扩展。二者在这个坡度范围内都以 1989 年为分界线，此前逐渐呈减少趋势，此后逐渐增加。只是林地 1989 年后增加的缓慢，而草地相对增加的快。林地在各坡度范围内的减少以 1960 ~ 1978 年期间强于 1978 ~ 1989 年，而草地的减少则以 1978 ~ 1989 年期间高于 1960 ~ 1978 年。林地和草地的减少与农田在相应时期的增加有关，且反映了人类毁林、毁草开荒从低缓坡向高陡坡拓进的变化过程。

c. 其他土地利用/覆被类型的坡度分异及动态变化

受流域内地现有的条件限制，建筑用地也多分布在小于 15°的坡地上，除在 1978 年前略有增加外，多年变化不大。难利用地多年来一直呈持续增长的趋势，但增长的幅度不大，以 15° ~ 25°范围内的增长为主，反映了研究区内严重石漠化以该坡段为主的事实。

（2）土地利用/覆被高程和到水库相对距离分布格局

高程可间接指示各点与水库水面的相对高差；相对距离则指各点到水库水面所经路径的总长度。土地利用/覆被的高程和相对距离分布格局反映了流域内各土地利用/覆被类型在垂直方向和水平方向上相对于水库的空间分布。不同土地利用/覆被类型在空间上与水库水面的相对高差和距离水库的远近，在一定程度上可以反映他们对水库沉积物贡献的大小。距离水库水面的相对高差越小，距离越近，对水库沉积物的影响相应也越大，反之影响就越小。

a. 土壤侵蚀泥沙对水库沉积的贡献与相对距离的关系

从图 21-21 可以看出，流域内并非所有点侵蚀下来的泥沙都能顺利到达水库，喀斯特山区特有的局部洼地等岩溶负形态在小范围内充当了临时的沉积区。从总体上来看，侵蚀产沙点距离水库越远，其在向水库迁移的过程中遇到阻碍的概率就越大，对水库泥沙的贡献就越小。这样，各土地利用/覆被类型侵蚀产沙对水库沉积物的贡献就以水库为中心，向外围近似环状递减。研究区中两个较大的洼地（图 21-21），由于范围较大，已沉积的泥沙很难随洪水等迁移，而只能通过排洪隧道间接迁移到水库。因此，这 2 个洼地内的土地利用侵蚀产沙对水库沉积物的贡献大大降低。

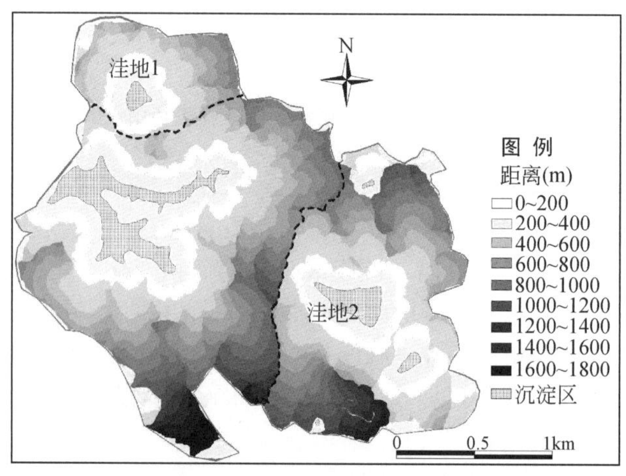

图 21-21　流域中各点侵蚀产沙到相应沉积区的距离

以侵蚀下来的泥沙能否可以直接到达水库的分布范围为界，可将流域分为两大区域（图 21-21）：一大区域是在这个界线以内，该区域内的各个点侵蚀产沙随着距离水库从近到远，对沉积物的贡献从大到小；此范围以外的区域，主要指水库北侧和东侧的两个较大的洼地，由于中间有坡地阻隔，其侵蚀产生的泥沙只能间接到达水库，对水库沉积物的贡献大大减少。

b. 土地利用类型高程和相对距离空间分布规律

1）土地利用类型高程（相对高差）分布规律。通过 2001 年土地利用/覆被图与 DEM（图 21-22）的对比以及土地利用/覆被在相对距离上的分布（图 21-23）可以看出，流域内不同土地利用/覆被类型在高程（相对高差）上的空间分布特征具有一定的地带性规律。表现在：草地多分布在沟谷及缓坡地带，水田多分布在低洼地段，旱田在中低坡段较集中连片分布，而林地则集中分布在高坡段。但也有相当与地带性规律不符的情况，如研究区内大多数的草地和林地出于对水源保护的考虑，都分布在水库周围，而旱地则有向山顶转移的趋势，从山麓到山顶都布满旱地的情况很常见。充分表明了流域内的土地利用已在很大程度上偏离了自然的分布格局。这种偏离自然的土地利用/覆被分布格局，是人为加速侵蚀的主要原因。

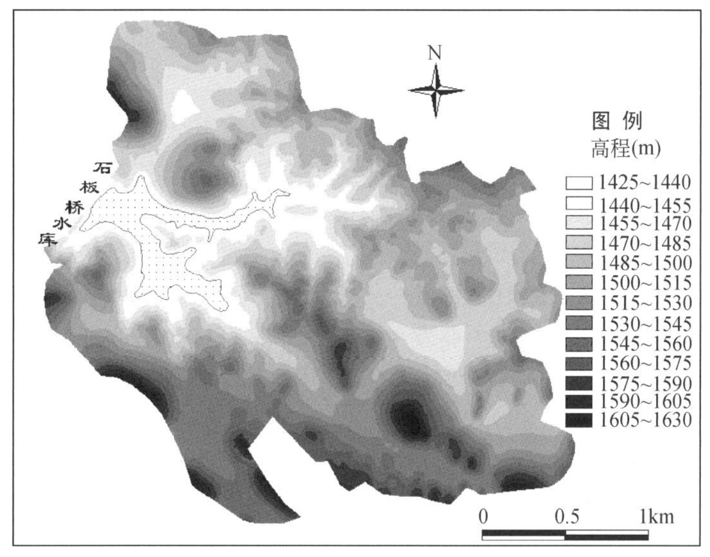

图 21-22　研究区数字高程（DEM）

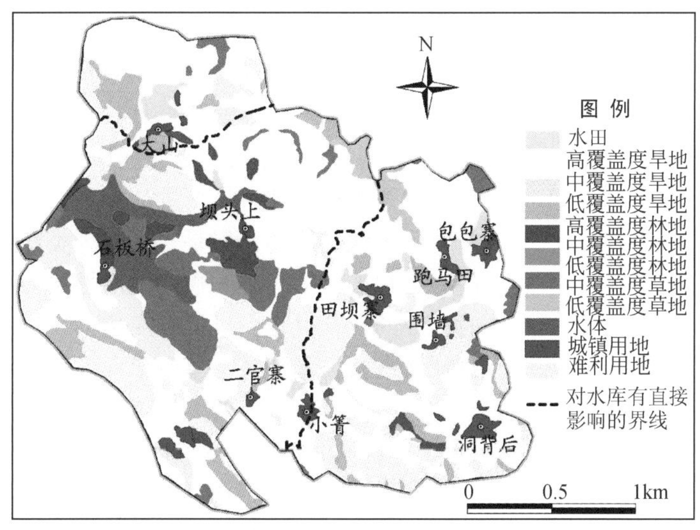

图 21-23　研究区土地利用/覆被与水库相对距离分布

2）土地利用类型相对距离分布规律。从距离水库的远近来看（图 21-23），对水库沉积物有直接影响的范围内，所有的土地利用类型都有分布。其中，旱地分布的面积最大，大多分布在水库周围第二圈层的坡地上，在水库边上也有少量分布。该范围内的旱地几乎都是坡耕地，且基本是农民自行平整的梯田，具有长期的耕作历史，多为两熟到三熟，没有专门的水土流失防护措施，是水库主要的直接沉积物源。

整个流域内绝大部分林地和中覆盖度草地都分布在对水库有直接影响的范围内，且位于距水库最近的圈层，因此其侵蚀产沙特性和 40 多年来的变化对水库沉积物具有直接的影响。目前，水库周围的林地多是在 20 世纪 90 年代中期种植的，现已部分成林，但林地的郁闭度不高，还没有形成垂直层。难利用地和低覆盖度的旱地和草地等多分布在水库的更外一层。这部分用地距离水库较远，其侵蚀产沙在中途停留的可能性也增加，但随着强度大的径流还是能部分迁移到水库。

分布在这个界线以外的两个洼地中的土地利用/覆被类型及其变化只能间接影响到水库沉积物。洼地内最低处多有水田分布，水田周围的坡地上则依然以坡耕地居多，少有零星的林地和草地。建筑用地多集中在这个范围内，人口、聚落集中分布于洼地边缘，从而在空间上留下大片的无人口、无聚落区，形成极为分散的岛状分布格局。

（3）土地利用/覆被变化的时空特点

1）1960～1978 年，土地变化主要发生在对水库有直接影响的区域，主要表现为水库蓄水侵占平坦地带的农田后，相对较和缓地带的林地和草地被开垦，旱地向高海拔、陡坡地带及可以直接到达水库的区域外围扩张，大面积低覆盖度旱地覆盖度下降或退化成荒坡。因此，此时期对水库影响最大的是以开垦为特征的人类活动。

2）1978～1989 年，水库直接影响范围内仍以林地和草地的开垦为主要特征，只是变化幅度显著降低。

3）1989～2001 年，水库直接影响范围内的土地变化则以水库周边的退耕还林、还草为主导。

（4）研究区 40 多年来土地覆被演替

喀斯特土地覆被的发展过程存在两套系列：正向演替和逆向演替。正向演替的主要阶段为石漠化土地—旱生藤刺灌草丛—常绿落叶灌丛—喀斯特森林；逆向演替的主要阶段为喀斯特森林—常绿落叶灌丛—旱生藤刺灌草丛—石漠化土地（熊康宁，2003）。在土地覆被演替过程中，当没有人类干扰时，土地覆被严格地遵循渐进的发展过程，尤其是正向演替，而逆向演替也只是在自然灾变时发生跳跃性演替。但是，在有人类活动的参与下，土地覆被极易发生逆向跳跃性演替，而人类积极活动引起的顺向跳跃性演替规模却很小。石漠化演替是递变性与跳跃性演替同时存在的复杂过程，可见石漠化的发展过程实际上是和特定的土地变化过程密切相关的，是地表覆被类型从林—草—石漠的相互转变，是植被盖度从高—低的相互转变。

石板桥水库小流域 1960～2001 年 3 个时段的土地变化过程，既包括土地覆被的正向演替，也包括土地覆被的逆向演替。40 多年来土地利用/覆被类型的变化也是比较剧烈的，流域总面积近 43% 发生过土地利用/覆被类型的转变，土地利用/覆被变化的方向比较集中，除了水体与各类型之间的变化形式外，其他主要土地利用/覆被转变类型都与农田相关。此外，各覆盖度旱地之间的转变更为突出。

通过对比各种土地利用/覆被类型转变过程中植被类型和覆盖度的变化，以及 40 多年来土地利用/覆被变化的过程和趋势，以土地利用/覆被类型变化和植被覆盖度变化为主要依据，将人类干扰下的土地覆被演替过程分为毁林（草）垦荒型、连续耕作型、自然退化型（表21-2）。3种类型占研究区总面积的20.69%，占所有发生过土地利用/覆被变化的近一半。此外，将多年来植被盖度逐渐增加的土地覆被变化过程单独分为一类：自然恢复型，包括退耕还林、还草的部分面积，占总面积的4.15%，相对退化类型面积要小的多。

表21-2　根据土地变化过程总结的土地覆被演替类型

演替类型		比例(%)	说明	演替模式
逆向演替	毁林、毁草垦荒型	5.68	变化之初为林地、草地或难利用地，变为农田后，农田覆盖度又降低或转变为难利用地	高（中）覆盖度林（草）地—高（中）覆盖度旱地—低覆盖度旱地—难利用地 高（中）覆盖度林（草）地—高（中）覆盖度草地—难利用地 难利用地—高（中、低）覆盖度旱地—难利用地
	连续耕作型	7.27	变化之初为农田，此后覆盖度降低或转变为难利用地	高覆盖度旱地—中覆盖度旱地—低覆盖度旱地—难利用地
	自然退化型	3.59	变化之初为中或低覆盖度林地或草地，此后覆盖度降低或转变为难利用地	高覆盖度林（草）地—中覆盖度林（草）地—低覆盖度林（草）地—难利用地
正向演替	恢复型	4.15	变化之初为中或低覆盖度的林地草地，此后覆盖度增高；退耕还林还草；变化之初为难利用地，此后植被覆盖度增高	高（中、低）覆盖度旱地—高（中、低）覆盖度林（草）地 低覆盖度林（草）地—中覆盖度林地（草）地—高覆盖度林（草）地 难利用地—低（中、高）覆盖度林（草）地

注：①实际发生的土地覆被演替仅为或包括列举模式序列中的某些环节。
②各个类型之间可能有交叉，但受现有土地利用/覆被图时间分辨率的限制，本研究只针对3个时段的土地利用/覆被图的对比进行讨论

1）研究区的土地覆被演替过程总体上“静大于动”，没有明显发生演替的面积占总面积的近4/5。逆向演替与正向演替同时进行，其中以逆向演替为主，逆向演替又以有人类干扰的两种类型为主体，其中农田连续耕作型所占比例最大（1/3），其次为毁林毁草型开荒型（1/4），自然干扰下的自然退化型逆向演替面积不足1/5，人类驱动和自然条件下的恢复类型占1/5。逆向演替在各个时段都有发生，其中以1960～1978年期间更为显著，而正向演替以1989年以后较为突出。

2）毁林（草）开荒型和一部分农田连续耕作型是在人类干扰下、跳跃性的土地覆被逆向演替过程，而其他类型则具有渐次变化的特征。因此，不同的土地覆被演替类型对流域侵蚀/沉积过程及物质来源也存在渐次或突变的影响。区内现有的各种覆盖度的土地利用/覆被类型都分别处于不同的演替过程当中。而具体处于哪一过程中的哪一阶段，应视多年来的土地利用变化过程来定。每种演替过程都不是简单的单向变化，其中都有反复干扰，反复演替的现象。

3）与林地和草地有关的土地覆被演替过程主要发生在水库周围。因此，对水库沉积物的影响较大。其中，与林地有关的逆向演替多发生在1989年以前，正向演替多发生在1989年以后。连续耕作型多距离水库较远，还有一定比例位于不能直接到达水库的两个洼地中。因此，虽然该类型在各个时段都有发生，但对水库沉积物的贡献有所减弱。自然退化型也多发生在水库周围，且主要发生在1978年以后，对水库沉积物也有直接影响。

21.2 水库沉积物测定所反映的土壤侵蚀信息

为了研究多年来土地利用/覆被变化对土壤侵蚀造成的影响，有必要获取与土地利用/覆被变化阶段相对应的土壤侵蚀信息。研究区有关土壤侵蚀方面的基础工作非常薄弱，仅有一期由当地水利部门于 2001 年现场实地勘测完成的土壤侵蚀分布图。在 2000 年以前，基本没有专门关于土壤侵蚀的图件和资料记载。如何获取与土地利用/覆被变化阶段相对应的土壤侵蚀信息成为研究的一个难点。本节将沉积物^{137}Cs 定年与沉积物粒度分析、C/N 比分析及矿物磁性分析相结合，从石板桥水库沉积物中提取与上节分析得到的各阶段土地利用/覆被变化相对应的土壤侵蚀变化信息。

21.2.1 样品采集与预处理

(1) 野外沉积物采样

使用中国科学院贵阳地球化学研究所从奥地利科学院湖沼研究所引进的便携式沉积物采样器，采样点分别布设在坝前深水区（样点 1）、南分支的深水区（样点 2）和北分支的浅水区（样点 3）（图 21-24）。在样点 1 和样点 2 分别采了 3 根沉积物柱芯，样点 3 赋水较浅，只采到了两根沉积物柱芯。

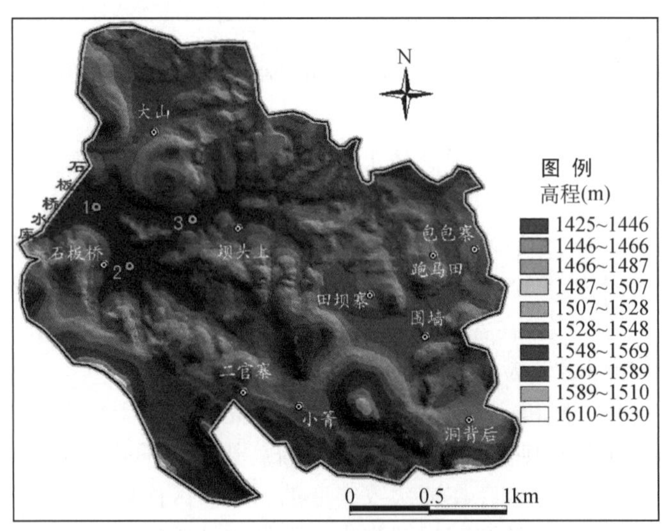

图 21-24 石板桥水库沉积物采样点布设

所采的 8 根沉积物柱芯中都保持完好，没有扰动，界面水清亮透明，柱芯最底端出现大的粗砾物质和陆生植物的根状物，表明已接近沉积物底端。在采样现场，用分样器将沉积物柱芯按 1cm 间距分割，分得的沉积物样品装入样品袋中，现场密封保存，以防损失或污染。

(2) 样品室内预处理

经过^{137}Cs 预测试，选取第 2 个样点中最长的柱芯（编号为 2#）进行沉积物放射性同位素^{137}Cs 的测定，大致可以代表整个水库的平均状况。而在进行其他相关计算时，可用另外两个样点的沉积物柱芯对结果进行修订。根据柱芯的长度和保存状况，分别从另外 2 个样点所采的沉积物柱芯中挑选一个以备后续的实验分析，并分别将其编号为 1#和 3#。

2#沉积物柱芯总长 25 cm，共计 25 个样品，编号为 0 ~ 24。另两个沉积物柱芯总长分别为 22 cm 和 9 cm，分样也都从 0 开始算。其中，由于 3#柱芯所处的位置临近入水处，水比较浅，水动水作用比较强，沉积物不易保存，因此采集到的柱芯比较短。1#柱芯则位于坝前距河岸最远的深水区，因此，采得的柱芯较 2#略短。分好的样品带回实验室用真空冷冻干燥仪干燥后分 3 部分以备不同的测试（图 21-25）。且在干燥前后分别称得沉积物样品的干重和湿重。

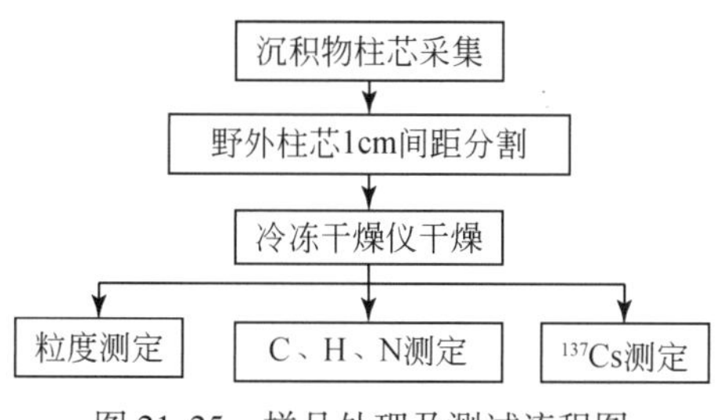

图 21-25　样品处理及测试流程图

21.2.2　沉积物^{137}Cs 计年及陆源侵蚀量计算

(1) 沉积物^{137}Cs 计年及沉积速率计算

本实验中沉积物^{137}Cs 比活度的测定在中国科学院贵阳地球化学研究所的放射性同位素实验室完成，采用 Caberra 公司生产的 S-100 多道能谱仪、GC5019 同轴锗探测器。万国江等将在贵州省红枫湖作的 1960 年以来^{137}Cs 沉积通量的拟合值（图 21-26）和日本东京市 1960 年以来的^{137}Cs 沉降通量（图 21-27）进行对比得出，^{137}Cs 比活度在水库（湖泊）沉积物中的垂直分布与大气沉降模式类似，是一个较为理想的沉积分布。^{137}Cs 在湖泊沉积物中的蓄积效应与散落量分布时序的一致性在许多其他湖泊中也已得到反复证明（Pennington et al.，1973；万国江等，1990；Appleby et al.，1990；项亮等，1995）。

从本研究中测试得到的石板桥水库 2#沉积物样柱剖面中^{137}Cs 随深度的分布图 21-28 及图 21-29 可以看出，放射性同位素^{137}Cs 随着时间的衰变，在沉积物中的含量已减少了很多；加之水库每年向下游放水灌溉，缩短了沉积物在水库中的赋存时间，也使得一部分^{137}Cs 流失。但^{137}Cs在沉积物柱芯剖面上相应层节上的峰值还是比较明显的，该结果与万国江等（1990）在贵州省纬度相近的红枫湖地区得到的^{137}Cs 在沉积物中的实际分布模式基本吻合，与红枫湖的^{137}Cs 沉积通量拟合值（图 21-26）及日本东京市的^{137}Cs 沉降通量的分布模式（图 21-27）也有一定的可比性。因此，可以进一步确定 2#样柱中^{137}Cs 含量的最大峰为 1964 年蓄积峰，1975 年蓄积峰次之，1986 年蓄积峰最小（图 21-28）。沉积物柱芯中 3 个蓄积峰的峰形完好，尤其是 1986 年的次级蓄积峰的峰形保存完好，说明该柱芯的生物和机械扰动很小。^{137}Cs 的分子扩散作用以及动植物对^{137}Cs 的再分配作用不足以改变其在沉积物柱芯剖面中的峰值位置，因此，可以利用^{137}Cs 的 3 个蓄积峰位置分别以深度和质量深度为单位计算石板桥水库沉积物自 1964 年、1975 年及 1986 年以来到 2002 年的平均沉积速率，进而计算出各时标间的沉积速率，计算结果见表 21-3。虽然^{137}Cs 时标法不能给出各层节具体的沉积速率，只能给出一个阶段的平均沉积速率，但根据计算结果仍可知在过去近 40 年以来，石板桥水库经历了一个沉积速率快—慢—更快的变化过程。

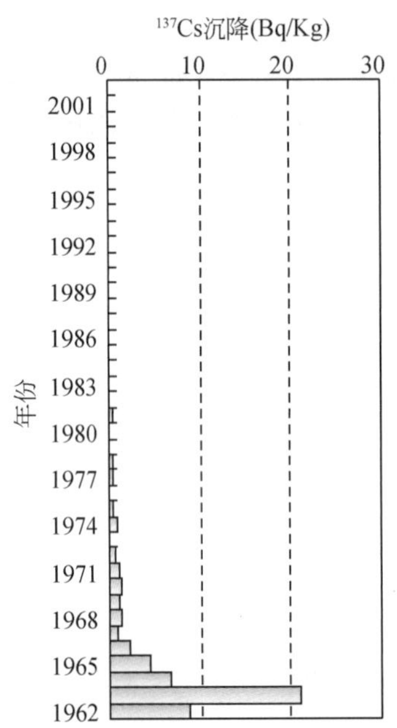

图 21-26　红枫湖沉积物柱^{137}Cs 大气沉降通量拟合

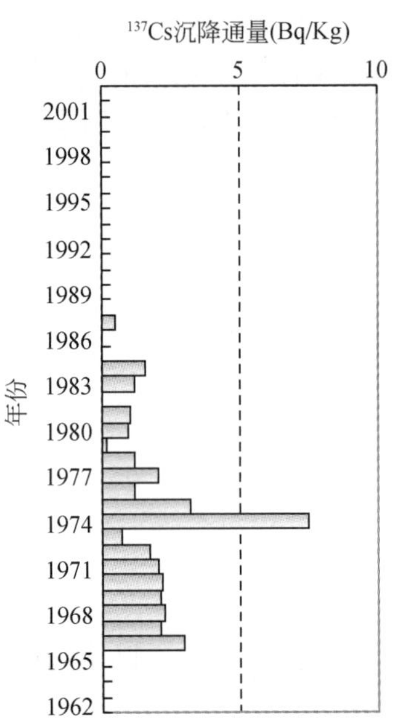

图 21-27　日本东京^{137}Cs 大气沉降通量

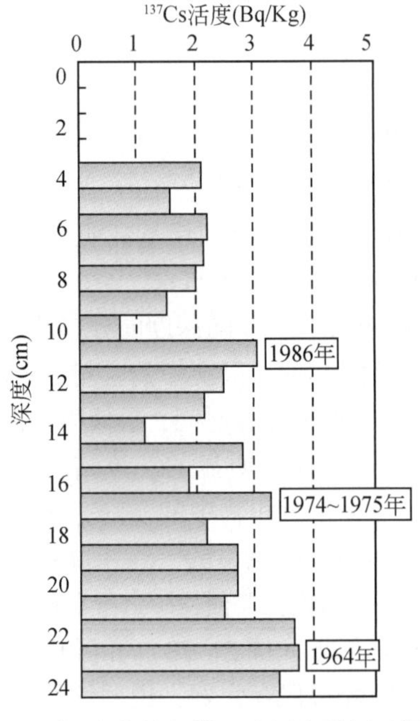

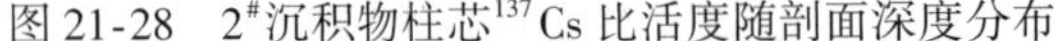
图 21-28　2#沉积物柱芯^{137}Cs 比活度随剖面深度分布

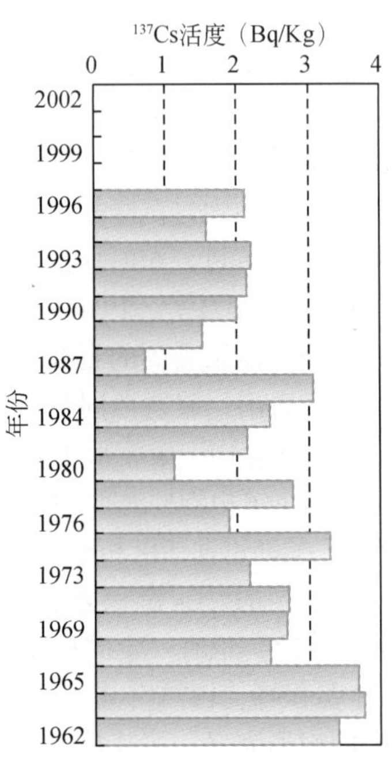

图 21-29　2#沉积物柱芯各个层位的年代估算

表 21-3　沉积物^{137}Cs时标法计算的石板桥水库沉积速率

时标年份	深度(cm)	沉积速率		质量深度(g/cm^2)	沉积速率	
		时段	沉积速率（cm/a）		时段	沉积速率［g/(cm^2·a)］
1964	23	1964～1975 年	0.643	19.80	1964～1975 年	0.5018
1974	17	1975～1986 年	0.55	14.28	1975～1986 年	0.4773
1986	11	1986～2002 年	0.688	9.03	1986～2002 年	0.5644
多年平均			0.625			0.519

沉积速率广泛受物质来源，水动力条件等控制，能客观地反映沉积环境的变化。通常湖泊沉积速率为 0.3～0.5cm/a，在同类研究中，相对于云南的洱海（0.2 cm/a）（张淑荣等，1993）和程海（0.433 cm/a）（胥思勤，2001）、湖南的鄱阳湖（0.32cm/a）（叶崇开等，1991）以及贵州的红枫湖（0.54 cm/a）（万国江等，1990）等的研究结果，石板桥水库的平均沉积速率相对较高，多年平均沉积速率达 0.625 cm/a。对位于石漠化较严重区域的石板桥水库而言，较薄的土层和大面积的裸露石山所能提供的水库沉积的陆源在理论上相对较少，该地较高的沉积速率可以归因于人类干扰条件下较强的土壤侵蚀和较差的土壤抗蚀性。而 3 个时段内沉积速率的变化可能与相应时期人类活动造成的侵蚀物源的变化有关。

通常情况下，在 1986 年的蓄积峰后^{137}Cs在大气中的沉降已检测不出，但从石板桥水库沉积物柱芯剖面的^{137}Cs活度分布上看，沉积物在 1990 年以后仍有一定量的^{137}Cs存在，这是含有^{137}Cs的侵蚀表层土壤补充的结果。该地区 1990 年后较严重的土壤侵蚀在一定程度上掩盖了^{137}Cs在大气中沉降通量随时间的变化。

（2）水库沉积量和陆源侵蚀量的估算

a. 水库沉积量的估算

石板桥水库没有实测的泥沙淤积资料，本章利用在石板桥水库所采的沉积物样柱对水库的沉积物量进行估算，再进一步通过水库运行情况和流域的泥沙输移比求算流域的沉积量和侵蚀量。

参照 Wayne 等（2002）在 Sydney 做的相关工作得到石板桥水库当前沉积量计算公式为

$$C_{总} = M \times D \times H \tag{21-1}$$

式中，$C_{总}$为水库沉积量；M 为水库处于正常水位时水的表面积；H 为水库沉积物的平均深度；D 为水库沉积物的平均干密度。

为避免采样随机性带来的误差，在计算水库沉积物的平均深度和平均干密度时利用了所采的 7 个柱芯的信息（其中样点 2 有一个柱芯预处理时发生泄漏，故未采用）。分别求得 7 个沉积物柱芯平均深度（H）为 18.44 cm，沉积物干样的平均密度为 0.894 g/cm^3。水体的表面积（M）从数字化得到的 1∶1 万地形图和第 4 章得到的三期土地利用图来看，多年变化不大，因此，可采用地形图上的水体表面积作为正常水位时水体的表面积。求算的结果为 24.9 hm^2。

将以上参数代入式（21-1）得到石板桥水库多年沉积物总量为 7.7041 万 t，水库年均沉积物量 1027.07 t/a，换算成体积后为 8.62 万 m^3，与当地水利局利用土壤侵蚀量和泥沙输移比估算出来的结果（9.4 万 m^3）相近。

b. 陆源侵蚀量的估算

水库的沉积物量理论上应比陆源向水库输送的沉积物量低，因水库每年向下游放水，以及水库渗漏等都会使一部分沉积物随水流带出水库，因此水库的沉积量与陆源产出沉积物量之间存在一个比例——水库泥沙拦截率（K），即被截获并保存在水库中的沉积物占流域向水库输送的总沉积物的比例。

本研究区沉积物的拦截率（K）采用 Heinemann（1981）的容量——入流比例公式（K=水库正常水位时的库容/流域多年平均径流）来估算。流域多年平均径流量为417 万 m^3，在实际运算时又从水库正常水位时的库容中减去了死库容及水库年损失的水量，即 K=（水库正常水位时的库容-死库容-渗漏量）/多年平均径流量。最终，求得石板桥水库的沉积物拦截率为 0.533，由此可求得流域每年平均向水库输送的沉积物量为 1926.03 t。

由于沉积物运移比（SDR）的存在，使得陆源侵蚀量通常又比上面求得的沉积物产出量高。研究区地表植被覆盖度差，很多山顶和坡面处于石漠化和半石漠化状态，因此保水和保土能力很弱。从这个角度讲，流域侵蚀和沉积的输移比较大，但由于喀斯特山区地貌形态复杂，多局部的封闭岩溶洼地，石芽、陡坎、石缝等遍布，常成为侵蚀土壤较好的沉积场所，因此，流域的沉积物运移比要远远小于 1。本研究中的流域沉积物运移比根据当地水部门提供的年流失土壤总量和石板桥水库的多年平均输沙量求得。水库多年平均入库输沙量为 0.312 万 t，而流域内的年流失土壤总量 1.1427 万 t，由此求得，每年输入水库的泥沙量只占流域流失土壤总量的 27.3%，即石板桥水库小流域的沉积物运移比只有 0.273。进一步求得流域年均侵蚀量为 7054.09 t/a。

由于前面用 ^{137}Cs 求算的沉积速率是只利用 2#柱芯得到的，因此，计算结果与水库整体有一定的偏差。本研究通过单独利用 2#柱芯求得的水库沉积量和利用 7 个柱芯求得的水库沉积物量进行比较，得到水库整体与 2#柱芯之间的关系系数，用该系数对前面利用 2#柱芯得到的各个时段的平均沉积速率修订，并进一步求得各研究时段内的沉积物量、年均沉积物量及年均土壤侵蚀量（表 21-4）。

表 21-4　流域侵蚀沉积状况和水库沉积物量估算

项目	沉积速率 [g/(cm^2·a)]	水库年均沉积物量 (t/a)	流域年均沉积物量 (t/a)	年均侵蚀量 (t/a)
1964～1975 年	0.3983	993.04	1862.20	6820.31
1975～1986 年	0.3789	944.56	1771.28	6487.31
1986～2002 年	0.4480	1116.92	2094.51	7671.15
多年平均	0.4120	1027.08	1926.03	7054.09
水库泥沙拦截率	0.568			
流域沉积物运移比	0.273			
水库整体与 2#柱芯间的关系系数	0.794			

21.2.3　沉积物的环境信息及解释

（1）沉积物粒度的环境信息及解释

沉积物样品的粒度测定分2部分进行，其中2#柱芯在中国科学院贵阳地球化学所环境室完成，采用德国飞驰公司生产的扫描光电沉淀测定仪“分选系20”（Scanning Photo Sedimentograph“Analysette 20”）进行测定，粒度测量范围为0.5～500 μm。其他两个柱芯粒度的测定在中国科学院地球物理所完成，采用英国产（MALVERN公司）Mastersize 2000型激光粒度仪进行测定。鉴于2#柱芯具有定年信息，因此沉积粒度环境信息的提取也主要以2#为准，其他2个柱芯做参考。

石板桥水库小流域位于亚热带湿润地区，水库相对封闭，主要靠大气降水和地表径流补给。本研究所覆盖的时间内没有大的气候波动以及水位的大幅度变化（图21-30），因此可以认为水库沉积物的粒度变化主要与当地的径流、降水状况及地表物源粒度的变化有关。

a. 从2#柱芯沉积物粒度提取的陆源侵蚀信息

经粗测试，石板桥水库沉积物的粒度大体分布在0～60 μm。据此，本研究采用温氏分级法将沉积物样品粒度分成3个等级：黏粒组分（<2 μm）、细粉砂组分（2～20 μm）和粗粉砂组分（20～60 μm）（图21-31）。从测定结果的统计分析（图21-32）可以看出，沉积物中黏粒组分（<2 μm）占3.8%～15.8%，平均含量9.53%；细粉砂组分（2～20 μm）占62.6%～88.3%，平均含量为79.04%；粗粉砂组分（20～60 μm）占0～32.7%，平均含量为11.428%。由此可以看出，石板桥水库沉积物总体上以细粉砂组分为主，这与本研究区的自然背景比较相符，研究区土壤类型以大黄泥土和沙黄泥土分布面积为主，另有小面积黄色石灰土、黑色石灰土等。这类土壤质地黏重，就石板桥水库小流域所在的永宁镇的土壤而言，小于50 μm的黏粒成分达68%，小于1 μm的黏粒成分达18%①。试验中2#沉积物柱芯3种粒级沉积物的含量随深度均有较大的波动，将粒度特征与多年平均降水量进行对比分析得出：沉积物中的粒径较粗组分的含量峰值与同年降水峰值有着一定的相关性（相关系数为0.43），这一相关性也进一步验证了沉积物的年代信息的准确性。而对细粉砂和黏粒组分而言，其与降水的波动没有明显的相关性。可见本研究中粗粉砂颗粒的输入受搬运过程中水动力条件的制约。

石板桥水库沉积物的粒度组成基本随时间呈“细—粗—更粗”的变化趋势（图21-31），这一点从沉积物算术平均粒径在剖面中的分布（图21-32）也可以看出来。沉积物粒度随时间的变化趋势总体上反映了地表随侵蚀发展的粗骨化过程。沉积物柱芯自底部向表层，粗粉砂含量呈阶段性上升趋势，而黏粒含量到1989年以后呈明显下降趋势。粒度变化的这种阶段性与前期获取的土地利用资料的年代基本吻合，因此，为了分析的方便，也将沉积物粒度分3个阶段进行分析。

---

① 关岭县国土资源局.1986. 贵州省安顺市关岭县土壤普查。

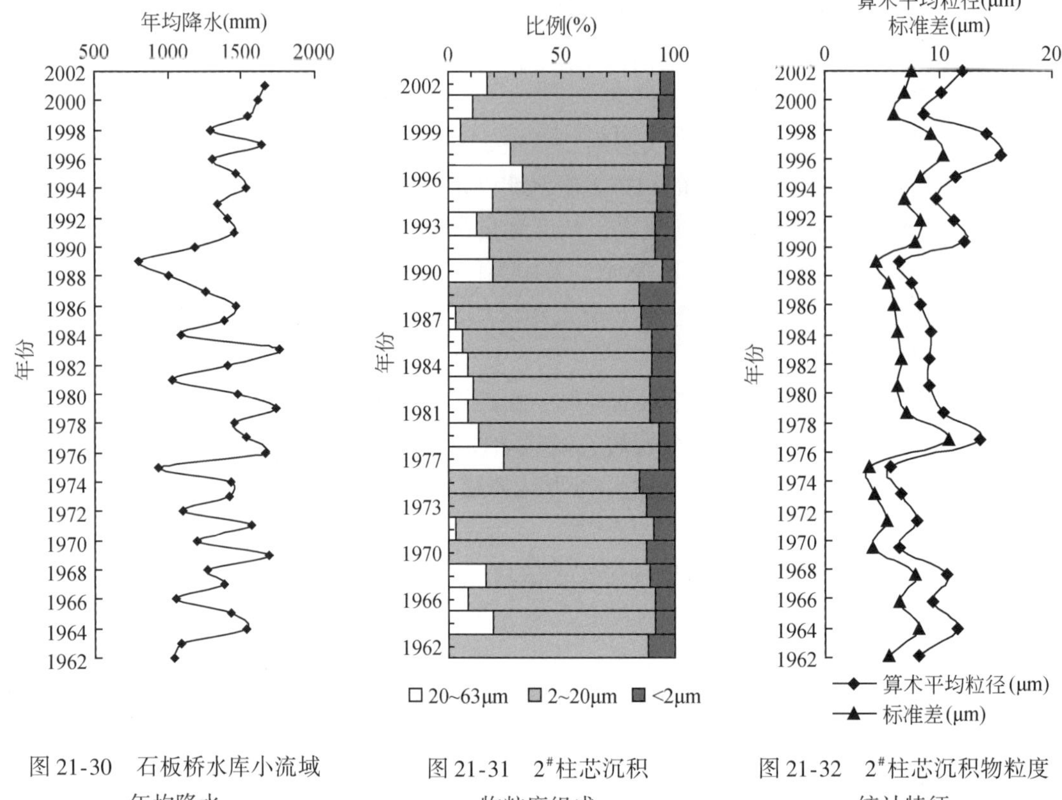

图 21-30　石板桥水库小流域年均降水

图 21-31　2#柱芯沉积物粒度组成

图 21-32　2#柱芯沉积物粒度统计特征

1）1962～1978 年，沉积物中粗粉砂的总体含量最少。平均粒径和粗粒组分与降水表现出极大的相关性（相关系数达 0.53），说明此时期陆地表面遭受侵蚀迁移到水库的多为细粒物质，地表松散物质在侵蚀之初较为丰富，粒度组成受降水的影响显著，这与该时段流域内的人为毁林（草）和开荒所导致的大量裸露地表和疏松颗粒物质有关；而 1968 年以前的粗粒物质的输入量较高与水库蓄水之初水位较浅有一定的关系，1977～1978 年粗粉砂颗粒增加与水库坝程加高工程中水库放水有关。

2）1978～1989 年，沉积物平均粒径和粗粉砂组分虽仍受制于降水，但粗粉砂颗粒的输入比例有所增加，黏粒组分的含量与前一期相比变化不大，细粉砂颗粒有所减少，这使得这一时期的平均粒径也比前一期大。粒度组成的变化一方面与本阶段降水较前一时期强有关，也反映了陆源正在向粗骨化方向发展。从前面估算出来的沉积速率看，1986 年前的沉积速率较 1962～1975 年低，说明随侵蚀的进行，地表可供侵蚀的物源已不如前一时期丰富，侵蚀速率受物源的限制而降低。这与该时期毁林（草）开荒行为较前一期减弱有关。

3）1990～2002 年，沉积物的平均粒径进一步增大。总体来看，平均粒径和粗粉砂颗粒的增加与该时期的降水丰沛有关，但降水因素对逐年的沉积物平均粒径和粗粉砂颗粒含量没有明显的控制作用（平均粒径与降水的相关系数为-0.54）。这一方面说明陆源的进一步粗骨化，也说明该时期有更强烈影响侵蚀因素存在。这一时期的沉积速率为整个研究时段的最高值，指示地表可侵蚀松散物质显著增加。这与该时期水库周围兴起的退耕还林和坡改梯行为有关，植树和坡改梯过程暴露出来底土和心土层夹杂相对较多的碎屑物质，且离水库很近，向水库输送过程中受降水的控制相对减弱。因此，物源的变化在一定程度上掩盖了降水对侵蚀的影响。

本研究还选用了标准差来反映沉积物粒度分布的集中趋势。由图 21-32 可见，水库沉积物标准差在柱芯剖面上的变化与平均粒径正相关，沉积物粒径越大，沉积物标准差也越大，指示沉积物颗粒分选性变差；反之，粒径越小，标准差也越小，沉积物分选性越好。这表明石板桥水库沉积物粒径的增大（减少）主要是由粗颗粒物质增加（减少）引起的。这和上面通过粒度组成得出来的结论一致。也说明，沉积物中粗粉砂组分的输入除受陆源丰富与否的影响外，还受降水等水动力学因素的影响，而黏粒和细粉砂颗粒的输入则主要受陆源影响。

b. 1#和 3#柱芯的比照

1#柱芯和 3#柱芯的粒度分析结果见图 21-33。由于测试时指标选取的不同，这里只列出了与算术平均粒径同样可以反映沉积物颗粒大小的中值粒径作对比分析。从中值粒径随沉积物剖面的分布可以看出，1#柱芯和 3#柱芯的沉积物粒度呈现与 2#柱芯的同步变化趋势，即沉积的早期沉积物的粒度较小，并向上呈逐渐增加的趋势。但总的来讲，1#柱芯沉积物的粒径更细一些，可能与 1#柱芯所处的位置有关。1#柱芯位于坝前水最深处，距离岸边的物源最远，侵蚀的粗颗粒物质相对难以到达，因此颗粒组成偏细。1#柱芯与 2#柱芯的趋势基本一致，也反映了水库不同位置沉积环境的相似性。柱芯 3#则出现较大粒径的砂粒，难以进入粒度仪测量，这与该点位于进水口外的浅水环境有关。由于距岸较近，所受的冲刷力较强，使得细粒物质难以停留，该位置难以反映水库长期的沉积环境。

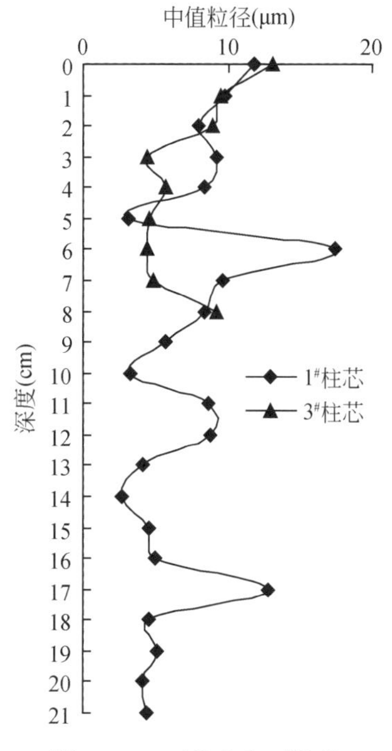

图 21-33　1#柱芯和 3#柱芯沉积物中值粒径分布

（2）有机碳及矿物磁性的环境信息及解释

本研究还进行了沉积物有机碳（TOC 含量、H 含量、C 含量、S 含量和 C/N 比）的测定以及矿物磁性（低频磁化率和频率磁化率）的测定，限于本书篇幅，仅将测试结果显示（图 21-34）。

土壤侵蚀信息的获取并不能单纯地从沉积物粒度指标、TOC 和 C/N 指标和矿物磁性指标的统计意义上实现，而需将各指标的变化与其所代表的环境意义及相应的人类活动联系起来进行综合分析。结合以上 3 种沉积物指标分析结果与各时期水库沉积量和流域侵蚀量，考虑到与土地利用/覆被变化资料的对应，将其综合反映出来的石板桥水库小流域的侵蚀—沉积过程总结性地描述见表 21-5。

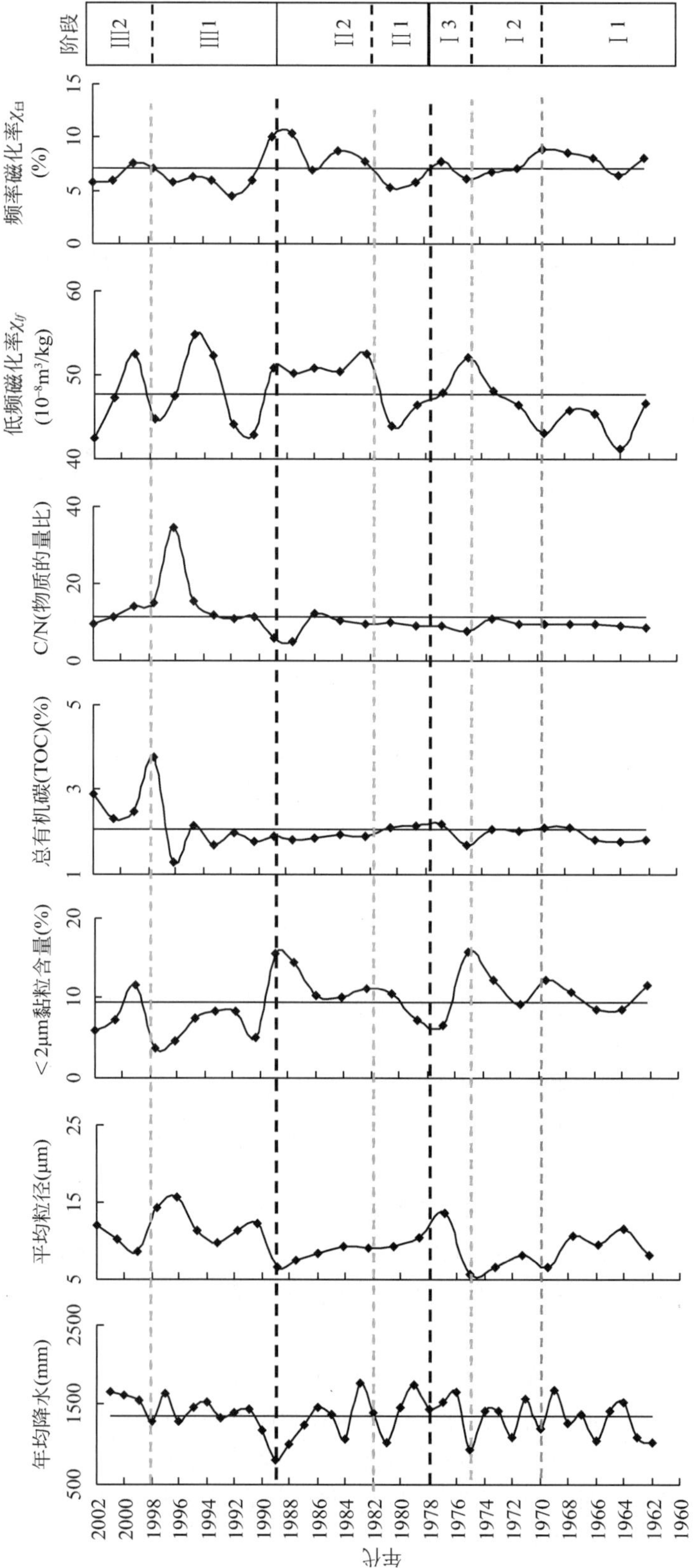

图 21-34　石板桥水库小流域40多年来的降水状况、水库沉积物各项指标测试结果以及相应的侵蚀/沉积阶段划分

表 21-5　从水库沉积物中提取的 40 多年来的石板桥水库小流域土壤侵蚀信息

时段		沉积物特征					侵蚀信息	人类活动及土地利用/土地覆被变化
		亚时段	粒度特征	有机质特征	磁性参数特征	沉积速率		
Ⅲ2	1989 ~ 2002 年（0 ~ 9cm）	1998 ~ 2002 年（0 ~ 3cm）	平均粒径居中，递增，黏粒和细粉砂含量先增后减	高	磁化率中等水平，递减，与黏粒和细粉砂含量同步变化；频率磁化率低，与磁化率同步递减	高（0.688 m/a）	侵蚀高速发展，陆源进一步粗骨化，粗颗粒侵蚀输入受物源变化控制，而降水影响不明显；陆源有机质输入量相对较高	土地利用/覆被总体变化量不大，以水库周边的退耕还林、还草为特征；农田向荒山荒坡转移。石漠化顺向演替明显
Ⅲ1		1989 ~ 1998 年（3 ~ 9cm）	平均粒径最高，粗粉砂比重最高，近似递增	波动	磁化率相对高，先递增后递减；频率磁化率低，递增；频率磁化率与黏粒含量成反比			
Ⅱ2	1978 ~ 1989 年（9 ~ 15cm）	1982 ~ 1989 年（9 ~ 12cm）	平均粒径居中，递减，粗粉砂输入比例较前一时期有所增加	TOC 总体更低，在均值以下	磁化率高，变化不大，频率磁化率高，基本呈递增之势	由低到高（0.55 ~ 0.688 m/a）	流域侵蚀加速进行，以表土侵蚀为主，陆源进一步粗骨化，贫瘠化；受降水影响明显	人类毁林（草）开荒行为继续，但幅度减小，农田内部不同覆盖度旱地之间转变剧烈；石漠化逆向演替大于顺向演替
Ⅱ1		1978 ~ 1982 年（12 ~ 15cm）			磁化率较低，递减，频率磁化率低，基本递减；二者基本正相关，与粗粉砂含量同步变化	低（0.55 cm/a）	侵蚀整体较弱，在 1975 年以前侵蚀加速发展，以后逐渐减弱的自然选择性侵蚀过程，输入颗粒偏细；有机质水平居中，输入变化不大；受降水影响明显	以毁林（草）开荒为特征的人类活动，不同覆盖度旱地之间转变剧烈；石漠化逆向演替明显
Ⅰ3	1962 ~ 1978 年（15 ~ 24cm）	1975 ~ 1978 年（15 ~ 17cm）	平均粒径最低，粗粉砂的含量最低	TOC 低，但在均值以上				
Ⅰ2		1970 ~ 1975 年（17 ~ 20cm）			磁化率较低，递增，频率磁化率低，递减少，二者变化趋势相反；磁化率与黏粒含量呈同步变化	中等（0.64 cm/a）		
Ⅰ1		1962 ~ 1970（20 ~ 24cm）	粒度和黏粒含量处于中等水平，粗粉砂含量居中		磁化率较低，递增；频率磁化率较高（5 ~ 7），二者同步变化，且与黏粒含量同步变化			

21.3 土地变化对土壤侵蚀的影响

21.3.1 土地变化格局对土壤侵蚀的影响

(1) 流域土壤侵蚀现状

石板桥流域内植被差，岩石裸露率高，属于强度水土流失区，已列入“关岭县水土保持生态环境建设规划项目”。据当地水利部门实地调查，流域内水土流失面积达 3.593 km^2，占集水区面积的62%。侵蚀类型以遍布全区的水蚀为主，另有少量分布在库区周围的土坝、河坝两侧的细沟状侵蚀，及石板桥村后山大坡偶发的重力侵蚀。

研究区2000年土壤侵蚀状况见表21-6、图21-35，此次土壤侵蚀调查是当地水利部门在石板桥水库小流域实地调查得到的，土壤侵蚀强度的划分标准参照了我国水利部1997年发布并实施的土壤侵蚀分类分级标准①，并在其基础上取中间值。从表21-6可以看出，轻度侵蚀2.29 km^2（占侵蚀面积的63.63%），中度侵蚀1.16 km^2（32.16%），强度侵蚀1.51 km^2（4.21%）。从调查结果来看，流域土壤侵蚀以轻度侵蚀为主。但由于裸岩和荒山坡占全区17.5%，此类型多为前几年遭受强烈侵蚀，目前呈现无土可流的状况。因此，必须考虑这种情况才能更准确地反映土壤侵蚀状况。

表21-6 研究区2000年土壤侵蚀现状

侵蚀强度	无明显侵蚀	轻度侵蚀	中度侵蚀	强度侵蚀
面积（hm^2）	242.2	228.6	115.6	15.1
比例（%）	40.26	38.01	19.21	2.52
总计（%）	40.26		59.74	

(2) 土地利用/覆被类型与土壤侵蚀产沙的关系

在GIS技术支持下，将土壤侵蚀分布图与2001年土地利用类型图叠加，可以得到不同土地利用类型中土壤侵蚀的状况（表21-7）。由于水田和旱地的侵蚀差异很大，故在作统计时没有将水田与旱地合并。

由表21-7可以看出，不同土地利用类型的侵蚀和产沙效应存在较大差异。旱地发生各级侵蚀的面积都最大；其次是裸地、草地、林地和建筑用地；水田是发生水土流失面积最小的土地利用类型。这种结果，一方面与各种用地类型的面积大小有关，同时也是由土地利用类型本身对土壤侵蚀贡献的特性决定的。由于侵蚀强度分级是以土壤侵蚀模数划分的，所以侵蚀越强，对流域产沙的贡献也越大。因此，可以得出结论：旱地、难利用地及草地发生侵蚀面积占侵蚀总面积90%以上，是水库泥沙来源的主要贡献者。

① 中华人民共和国水利部.1997. 土壤侵蚀分类分级标准。

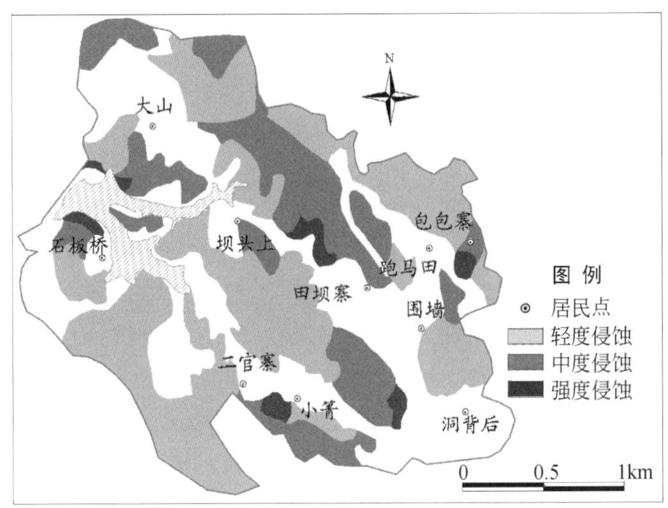

图 21-35　研究区 2000 年侵蚀现状图

表 21-7　研究区 2001 年各土地利用类型侵蚀发生面积占总面积的比例　（单位:%）

侵蚀强度	水田	旱田	林地	草地	建筑用地	难利用地
轻度侵蚀	0. 68	22. 01	1. 15	5. 42	0. 58	7. 79
中度侵蚀	0. 18	14. 47	0. 46	0. 98	0. 42	2. 67
强度侵蚀	0. 03	1. 52	0. 30	0. 01	0. 01	0. 46
侵蚀汇总	0. 89	38. 01	1. 92	6. 41	1. 01	10. 92
无明显侵蚀	2. 35	17. 45	1. 12	1. 57	2. 19	6. 63

从土地利用/覆被类型发生侵蚀面积占该类型总面积的比例来看（表 21-8），总体表现为草地>林地>旱地>难利用地>建筑用地>水田，植被覆盖度较低的难利用地侵蚀发生率反而小于植被覆盖度相对高的林地、草地和旱地。

表 21-8　研究区 2001 年各土地覆被类型内部侵蚀发生的比例　（单位:%）

侵蚀强度	水田	旱地			林地		草地		建筑用地	难利用地
		高覆盖度	中覆盖度	低覆盖度	高覆盖度	高覆盖度	高覆盖度	中覆盖度		
轻度侵蚀	21. 06	34. 17	52. 02	41. 33	26. 58	75. 55	64. 32	64. 88	18. 09	44. 55
中度侵蚀	5. 49	26. 03	13. 16	18. 82	17. 99		13. 42	2. 38	13. 24	15. 27
强度侵蚀	0. 95	2. 84	0. 12	2. 05	11. 84			0. 65	0. 29	2. 65
汇总	27. 50	63. 04	65. 30	62. 20	56. 41	75. 55	77. 74	67. 91	31. 62	62. 47
		63. 51			65. 98		72. 83		31. 62	62. 47

从侵蚀强度来看，林地中发生强度侵蚀的比例最高。从植被覆盖度来看，除了水田外，植被的覆盖度与土壤侵蚀的发生并非呈简单的反比关系，中覆盖度的旱地、林地和草地侵蚀发生的比例都大于高覆盖度的旱地、林地和草地；而当覆盖度降低时，侵蚀发生的比例反而减小。说明，中覆盖度的土地利用/覆被类型发生土壤侵蚀风险最高；而土壤侵蚀强度与植被覆盖度呈近似正比关系。

由此可见，研究内土地覆被类型（植被覆盖度）与土壤侵蚀的关系，与非喀斯特地区在水土保持效果上通常林地>草地>旱地的结论有所不同，也与通用水土流失方程，如USLE 和 WEPP 中根据植被盖度设定方程参数大小不符。这种差异，是喀斯特地区土壤侵蚀的特殊性决定的，喀斯特地区物理风化作用较弱，岩石碎屑较少，土壤是侵蚀物质的直接来源。因此，土壤的存在与否及土层厚度是决定土壤侵蚀发生及强弱的关键。

喀斯特地区的植被类型与覆盖度主要取决于土壤状况，有土壤才发育植被。通常，土层越厚，土被的连续性越好，植被的覆盖度也相应越高。植被覆盖度低的地方，多半是没有可侵蚀物质的裸岩镶嵌其中。因此，植被覆盖度在一定程度上是和土被覆盖度相关的，只有一定植被覆盖度背景下，才有植被覆盖度越高，土壤侵蚀越弱的一般规律。当植被覆盖度低于这个临界值时，土壤侵蚀的发生和土壤侵蚀强度皆因侵蚀源的影响而降低，极端状况就是裸岩上基本没有土壤侵蚀发生。这也进一步印证了前面得出的研究区土壤侵蚀以轻度侵蚀为主是由于受土壤限制的结论。

（3）土地利用坡度格局对土壤侵蚀产沙的影响

坡度是地形因素中影响土壤侵蚀强弱的重要因素，直接影响着径流的冲刷能力。在一定坡度范围内，随着坡度的增加，土壤侵蚀也加剧，当坡度超过某一点时，土壤侵蚀反而随坡度的增加而降低。研究结果表明，坡度与土壤侵蚀的关系，还受土地覆被等下垫面和其他因素的影响。因此，摸清一定地区土地利用/覆被坡度格局下的土壤侵蚀分布规律，对土壤侵蚀规律研究和治理具有指导意义。

本研究借助 GIS 技术和空间分析方法，将研究区 2001 年土壤侵蚀数据与坡度等级数据进行空间叠加和统计（图 21-36，表 21-9），分析在不同坡度级别内土壤侵蚀的发生规律，并结合土地利用/覆被情况，探讨在不同的土地利用/覆被下流域土壤侵蚀的坡度分布特征。

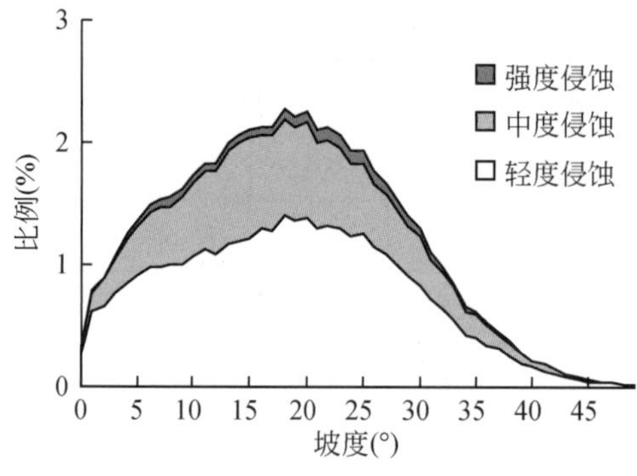

图 21-36　侵蚀类型坡度分布比例累积曲线

表 21-9　研究区各侵蚀类型内部不同坡度级所占的比例

坡度（°）	坡度汇总		无明显侵蚀		轻度侵蚀		中度侵蚀		强度侵蚀	
	面积（hm^2）	比例（%）	面积（hm^2）	比例（%）	面积（hm^2）	比例（%）	面积（hm^2）	比例（%）	面积（hm^2）	比例（%）
0～6	99. 519	16. 55	65. 106	26. 55	8. 944	7. 76	0. 841	5. 99	24. 384	10. 78
6～15	153. 153	25. 46	58. 919	24. 03	32. 750	28. 40	3. 578	25. 49	57. 537	25. 44
15～25	189. 710	31. 54	61. 133	24. 93	44. 457	38. 56	5. 316	37. 88	78. 662	34. 78
25～35	123. 117	20. 47	44. 048	17. 96	23. 691	20. 55	3. 801	27. 08	51. 551	22. 79
>35	35. 985	5. 98	15. 993	6. 52	5. 459	4. 73	0. 500	3. 56	14. 030	6. 20

（4）土地利用/覆被的高程分异对土壤侵蚀的影响

从图 21-36 可以看出，侵蚀发生的比例以 15°～25°为界，在 0～15°，随着坡度的增大侵蚀发生的比例增大，而在 25°以上，侵蚀发生的比例有所下降。另外还看出，轻度、中度和重度侵蚀在 15°～25°区间都显著发生，说明 15°～25°坡度所面临的土壤侵蚀最为严重。这一结论与 15°～25°坡度较易发生侵蚀的草地、林地、农田分布的面积比例最大有关。当坡度继续增大时，如在 25°～35°，侵蚀发生的比例略有降低，是由于草地、林地、农田比重降低，受土壤条件限制的难利用地比重升高的缘故。

在 GIS 支持下，将研究区 2001 年土壤侵蚀数据与高程数据进行空间叠加和统计（图 21-37，表 21-10），进而分析在不同高程带土壤侵蚀的发生规律。

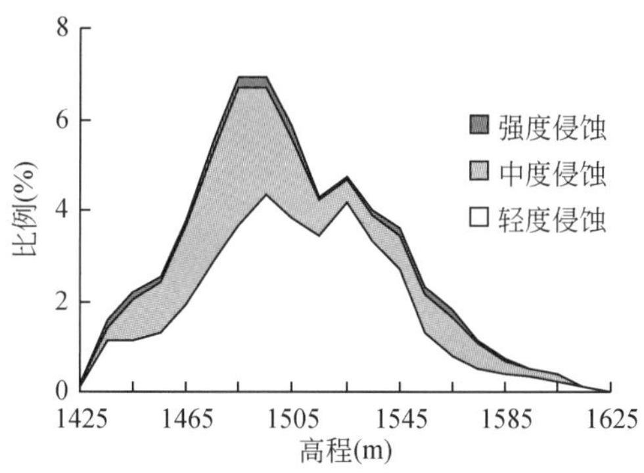

图 21-37　侵蚀类型高程分布比例累积曲线

表 21-10　研究区各侵蚀类型内部不同高程带所占的比例　（单位:%）

类型	1400～1450m	1450～1500m	1500～1550m	1550～1600m	1600～1650m
轻度侵蚀	1. 81	12. 51	18. 15	4. 74	0. 49
中度侵蚀	0. 73	10. 11	4. 95	3. 03	0. 27
强度侵蚀	0. 24	0. 86	0. 76	0. 48	—
无明显侵蚀	6. 61	17. 09	14. 03	2. 97	0. 14

从图 21-37、表 21-10 可以看出，侵蚀主要发生在 1450～1550 m，此海拔范围之外，侵蚀都有所减弱。其中随海拔分布的转折点大体在 1485～1505 m。1450～1550 m 高程区

间基本位于各石灰岩丘陵的相对缓坡地带，绝大部分为旱地，草坡和林地有分布，旱地在 1485 ~ 1505 m 达到顶峰。此高度以上，土壤侵蚀已发展到顶端，逐渐出现了难利用地，从而使土地侵蚀反而下降。因此，分布在石灰岩丘陵缓坡上的旱地是水库的主要沉积物源。

21.3.2 土地变化过程对土壤侵蚀的影响

根据计算出的年均侵蚀量，按研究区土壤侵蚀面积 3.593 km^2 计算，年均侵蚀模数为 1963.08 t/(km^2 · a)。但多年来，侵蚀发生的面积处在动态变化中。因此，本研究以单位面积产沙量代替土壤侵蚀模数，来表征研究区的土壤侵蚀特性。

根据土地利用/覆被变化分析和沉积物信息提取采用的时间分段，也从上面采用的 3 个时段来分析土地变化对土壤侵蚀的影响：1960 ~ 1978 年、1978 ~ 1989 年和 1989 ~ 2001 年。

上面 3 个时段土地利用/覆被信息可直接采用 21.1 节得出的结论，土壤侵蚀信息则采用 21.2 节中根据沉积物各项指标分析提取的结果。水库沉积速率在时间段上与上面提到的 3 个时间段有些不符，整个研究阶段的沉积速率和侵蚀数据见图 21-38 和表 21-11，但考虑到本研究只是从土壤侵蚀速率来分析多年来研究区土壤侵蚀的变化趋势，因此，将沉积速率分析的时段 1975 ~ 1986 年分别划进两个不同时期，结果仍沿用沉积/侵蚀速率原来求得的平均值，并进一步求算出流域单位面积产沙量。

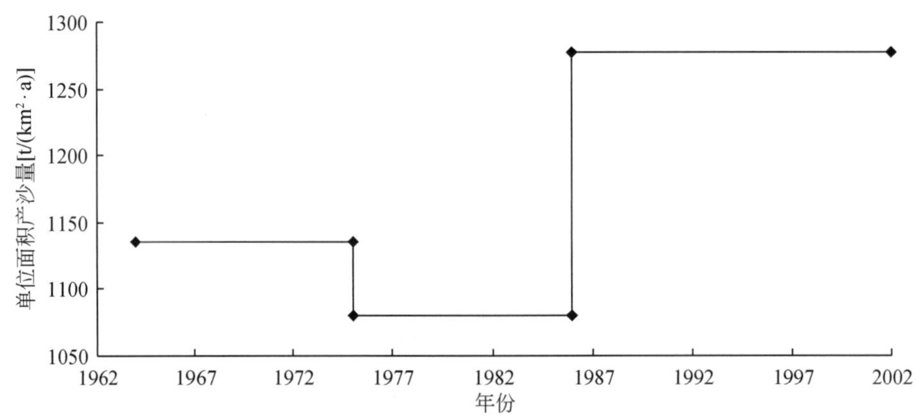

图 21-38 研究区 40 多年来的单位面积产沙量

表 21-11 研究区各时段侵蚀/沉积数据

时段	沉积速率 [g/(cm^2 · a)]	年均侵蚀量 (t/a)	侵蚀模数 [t/(km^2 · a)]	单位面积产沙量 [t/(km^2 · a)]
1964 ~ 1975 年	0.5018	6820.31	1898.02	1135.579
1975 ~ 1986 年	0.4773	6487.31	1805.35	1080.135
1986 ~ 2002 年	0.5644	7671.15	2134.80	1277.244
多年平均	0.5190	7054.09	1963.08	1174.503

土地覆被逆向演替导致的石漠化是喀斯特地区生态环境问题的集中体现，是各要素综合作用的结果，是土壤侵蚀的产物。研究表明，不同土地覆被类型具有不同的水土保持效益，而土地变化既可能加速土壤侵蚀，也可能对其起抑制作用。人类活动、土地变化、土壤侵蚀与土地覆被演替之间存在反馈关系（图 21-39）：人类活动及自然条件是土地变化的驱动力，对土壤侵蚀有直接的作用，如梯田的修建等；人类对土地覆被逆向演替引发的严重生态后果产生响应，又通过土地变化反映出来。而土地变化本身又可以演绎土地覆被的演替过程（包括逆向演替和正向演替）。

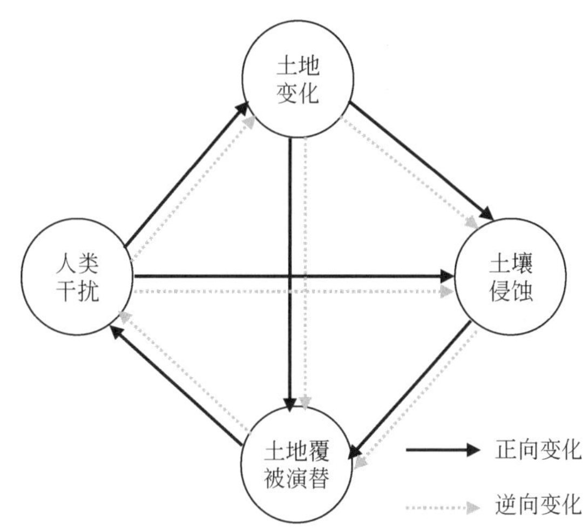

图 21-39　石板桥水库小流域土地变化与土壤侵蚀之间作用机制

本章根据各因子之间构成的反馈环，来分析人类活动影响下 3 个时段土地利用/覆被变化对土壤侵蚀的影响，以期对喀斯特地区土地覆被演替过程有个较为完整的把握。

（1）1960 ~ 1978 年

此阶段为林区毁林、毁草，天然植被破坏，人为加速侵蚀的初期阶段。

a. 人类干扰

森林毁灭性的砍伐实际发生在 1960 年以前。1958 年“大跃进”，成片林木、幼树被毁，所有森林顷刻之间就变成了耕地，大部分地区首次出现“森林赤字”。1958 年后的 9 年间，农民乘机大铲“火土”，在毁灭性砍伐的基础上，还进一步烧光了枯枝、落叶、腐草。从此，植被生长量再也没有超过采伐量的可能，并以前所未有的速度经历大树绝、小树灭、野草稀、水土光、岩石露的典型石漠化过程。

除了“大跃进”时期的毁林、毁草活动外，由于水库蓄水占据生产力较高的农田给农民增加的生存压力，1966 年的“只抓一分田，丢了九分山”，20 世纪 70 年代中期“割资本主义尾巴”等历次运动，都使剩余的森林和草被遭到了严重损失。

从土地利用/覆被变化上（图 21-40）看，1960 年的零星林地和草地大部分被变为荒野和耕地，农田大幅度增加，低、中覆盖度旱田进一步开垦而向高覆盖度旱地转变，土地垦殖率加强。

b. 土壤侵蚀特点

从提取的土壤侵蚀信息来看，此阶段侵蚀速率为3个时段的中间水平，侵蚀以疏松的细粉砂和黏粒物质为主，且随着侵蚀的进行，黏粒物质输入比重有先增加（1975年以前），后减少，较黏粒粗的物质逐渐增加的趋势。粒度组成受降水的影响显著。

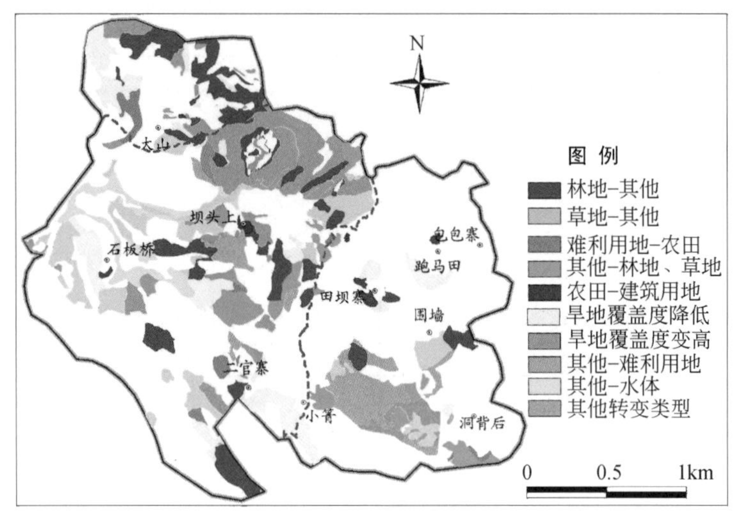

图 21-40 1960～1978年土地变化格局

在毁林毁草的起始时期，由于土地丧失了自然植被的保护屏障，大面积裸露的土地和新开垦的农田提供了相对丰富的松散侵蚀物源。在侵蚀之初，土地仍具有一定的抗蚀性，有机质含量较高。流失的土壤多是自然侵蚀的一种选择性过程，一般先冲蚀地表较疏松的有机物、细泥及其他细颗粒，当降水量较大时，相对粗粒的物质一同被侵蚀，带到水库沉积物中。人类阶段性的干扰则不断地为侵蚀补充疏松的物质来源，侵蚀加速进行（1960～1975年）。当地表相对疏松物质侵蚀达到顶峰后，侵蚀开始减弱（1975年以后），前期自然选择中剩下的粗粒物质侵蚀的比重则开始增加。而由于有机质和磁性矿物多赋存在相对较细的黏粒物质中，因此粗颗粒的输入在一定程度上稀释了沉积物的有机质含量和磁性矿物的浓度。

c. 土地利用变化与土壤侵蚀的内在机制

这一时期，处于20世纪60年代前大规模毁林毁草开荒的后遗症阶段，而1960年左右和1966年后的人类干扰作为土壤侵蚀的驱动力继续加速或延续这种加速侵蚀的发生。随着侵蚀的发生，土地覆被逆向演替，并导致石漠化扩展，其中新出现的裸岩等难利用地达10.39 hm^2；也不断有农田退化、植被覆盖度降低发生；但由于农民的持续开垦行为，低覆盖度农田净增加不多。正向演替表现为人类局部植树造林，及逆向演替迫使农民进行的新一轮垦荒，进一步加强土地垦殖强度等。从此，形成了“人为自然植被破坏—土壤侵蚀加剧—土地覆被逆向演替（石漠化扩展）—人为新的植被破坏、加强垦殖强度”的正反馈和“人为自然植被破坏—土壤侵蚀加剧—土地覆被逆向演替（石漠化扩展）—人为植树造林”的负反馈。而由于正反馈的发展规模远超出负反馈，因此，该时期总体表现为土壤侵蚀加速的正反馈过程。这一时期可以概括为在不断施加的人类驱动力作用下，天然植被遭破坏，人为加速侵蚀，地表粗骨化，土地覆被逆向演替、石漠化加速发展的初期阶段。

（2）1978～1989年

a. 人类干扰

1978年开始，研究区开始推行农地集体经营向以家庭经营为主的变迁，土地的生产力在一定程度上有了很大的提高。但同期人地关系压力增加更快，据农户调查，土地刚承包时，流域内各村（组）人均耕地为0.5～1.3亩，而到1989年，人口却比土地承包时翻了一番。由于流域一直推行“增人不增地，减人不减地”的土地政策。在强大的人口压力下，农民进一步开荒和陡坡耕种，耕地从山麓向山顶推进，旱地也在继续增加，土地的垦殖率进一步增大。由于土地管理部门坚持“谁开发，谁受益”的原则，没有对此加以及时制止，陡坡开荒到20世纪80年代末达到顶峰。垦荒的同时，1981年起，流域内每年都开展植树造林活动，但因技术及其他多方面的原因，成活率很低。

土地利用变化（图21-41）除表现在水库周围和两个洼地内的零星林地和草地被开垦，耕地继续增加并向高处和陡坡处转移外，更多地体现在土地利用强度的增加上，如逐年扩大复种指数和提高旱地的比重等。同期，局部地方有植被自然恢复或植上人工林。

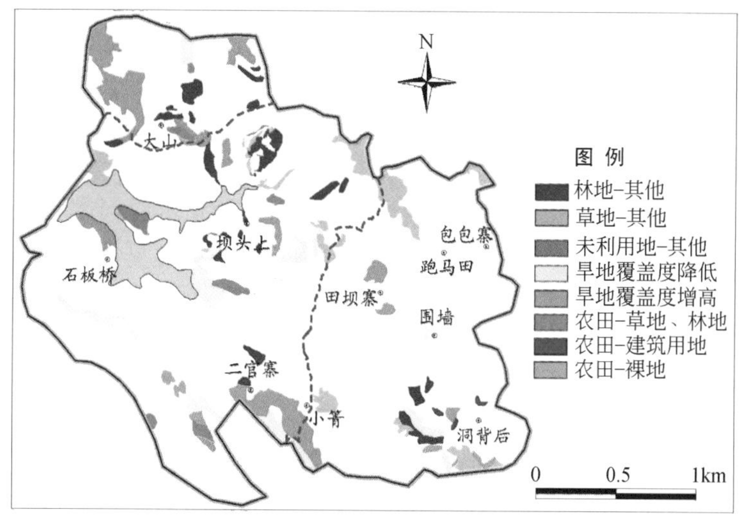

图21-41 1978～1989年土地利用变化格局

b. 土壤侵蚀特点

由于没有前一阶段那样大范围新的裸露土地产生，地表可供侵蚀的疏松物质也不如前一阶段丰富，所以侵蚀速率逐渐降低，并以相对稳定的土地利用类型上的表土侵蚀占绝对优势。侵蚀明显受制于降水。随侵蚀进行，地表进一步粗骨化、贫瘠化。侵蚀造成的农田及草地的覆盖度降低、裸露基岩增加，为侵蚀提供了的粗粒及碎屑物质，但随着裸岩面积的增长及持续的侵蚀，可侵蚀的物源相对减少，因此，侵蚀量和沉积物量都相对不高。

c. 土地利用变化与土壤侵蚀的内在机制

此阶段，由于大部分土地利用类型没有发生改变，因此，物源相对稳定。由于疏松侵蚀物源的大量减少使侵蚀过程的速率减慢，人类偶然的毁林（草）行为、植树造林行为及每年的耕作行为会带来表层松散颗粒的增加。虽然此时期，侵蚀速率相对较低，但作为前面加速侵蚀的继续，土地覆被仍呈逆向演替，严重石漠化土地较前期加速形成，难利用地净增加 9.43 hm^2，旱地由高覆盖度变化低覆盖度的面积净达 8.63 hm^2。但随着多年强烈的土壤侵蚀的发展，很多地方土层已经很薄，总的侵蚀量已大大减少，有的地区已到了“山苍苍，无水流，风吹草低见石头”的境地。因此，物源的大量减少，使得较强的表土侵蚀没有在沉积速率上体现出来。如果不综合分析就会得出土壤侵蚀减弱的错误结论。这一时期，土壤侵蚀经历了一个侵蚀总量上的阈值，石漠化发展达到顶峰。这一时期可概括为“人为破坏植被、连续耕作—表土高速侵蚀—土地覆被逆向演替加速发展—人类进一步垦荒”的正反馈过程和“人为破坏植被、连续耕作—表土高速侵蚀—土地覆被逆向演替加速发展（石漠化加速发展）—人类植树造林”的负反馈过程。由于植树造林面积很少，加上技术等原因，成活率很低，植树行为反而使得大量的表土变得松动，一定程度上扩大了水土流失，成为土壤侵蚀的“善意”驱动力，在植树初期反而形成正反馈。只有当植树造林初具水土保持功能时，才形成负反馈。由于本时期正反馈过程的发展超过了负反馈过程，因此，流域整体上处于土地覆被逆向演替，石漠化土地加速扩展时期。

（3）1989～2001 年

a. 驱动力分析

1989 年后，区内农民无序的毁林（草）行为已基本停止。20 世纪 90 年代初，开始在流域内全面实施石山绿化，退耕还林工程，大力推行以坡土整治为重点的基本农田建设，并于 1997 年 10 月到 1998 年 3 月间完成了坡改梯工程，此后，除农田耕作及局部毁林（草）开荒外的人类干扰基本停止。

土地利用变化（图 21-42）表现为 20 世纪 80 年代初在水库周围栽种的杜仲等阔叶林初具规模，但林分比较单一，没有形成垂直结构，林下没有草被。水库周围林地相对大幅度增加，陡坡退耕还林（草），农田作物覆盖度继续增加，局部毁林开荒行为仍在继续。

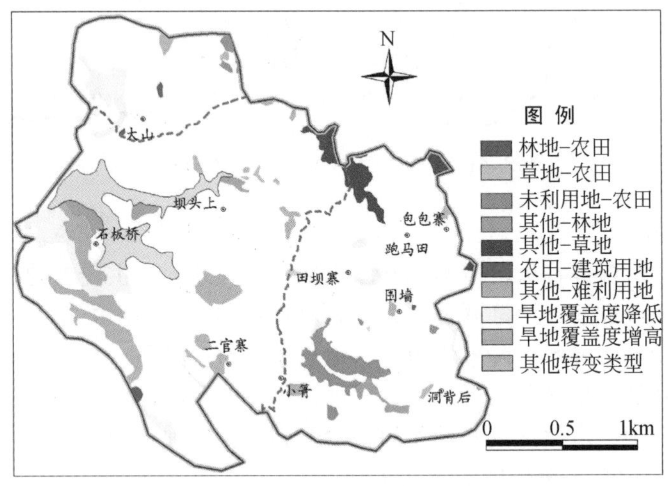

图 21-42　1989～2001 年土地利用变化格局

b. 土壤侵蚀特点

这一时期，由于坡土整治或植树造林都会带来土壤表层以下的大量疏松的底土或心土及随之而来的岩石碎屑物质，侵蚀物源又变得相对丰富。侵蚀总体上仍受降水控制，但由于新增的侵蚀物源大部分位于水库附近，迁移到水库的路径较短，年际侵蚀输入受降水影响不大。

通常，人类大的开发行为后（如 1998 年以前），都伴随着新翻出来的细粒物质和表土的先期加速侵蚀过程；此后，随新增的疏松的细粒物质越来越少，侵蚀减弱，表土侵蚀比重越来越高。而当疏松细粒物质侵蚀殆尽后，粗粒物质开始逐渐加大输入，并带来一定的初级磁性矿物，但由于含量低，对表土磁性矿物造成稀释。1998 年后的磁化率的下降与坡地整治过程中新增的粗粒物质的输入稀释有较好的对应。从 TOC 和 C/N 推断出的 1996 ~ 1998 年沉积物中陆生植物残体出现及陆源有机质增加，也反映了这一时期随退耕还林和坡改梯工程草被残余的流失，以及随林地增加枯枝落叶的输入。但由于此类人为活动的阶段性，因此也就造成了沉积物各项指标，如有机质和矿物磁性参数的波动。

这两次大范围的人类干扰（退耕还林、坡改梯），在原本可侵蚀物源已相对少，且稳定的情况下，又带来了一次侵蚀和沉积量上的高峰。

c. 土地利用变化与土壤侵蚀的内在机制

人类意识到石漠化的严重危害性后，试图扭转这种愈演愈烈的局面，进行退耕还林和全区域推行坡改梯和农田整治工程等。该类人为干扰初期，在一定程度上破坏了土壤表层的植被、结构和肥力特性，且在翻动土层的过程中使大量心土层、底土层和岩石碎屑外露，间接地为水库提供了丰富了沉积物源。大量疏松的粗粒碎屑和心土随径流注入水库，使沉积速率达到了又一个高值。虽然侵蚀速率较高，但由于此时的退耕还林多发生在水库附近的低海拔和低坡度地带，是从水土保持的角度强行从条件相对好的坡耕地退下来的，因此初期的土壤侵蚀并没有立即引起石漠化的明显发展。此时期，新增的裸岩等难利用地面积已很少，土地覆被逆向演替更多地体现在连续耕作的旱地覆盖度的下降上。同时，由于退耕还林、还草使耕地有所减少，农民又不得已进行新的垦荒。

这个时期也存在两个反馈环：“人为退耕还林、还草和坡改梯等工程的早期—土壤侵蚀加剧—土地覆被逆向演替（石漠化缓慢发展）—继续退耕还林、还草”是整个系统的正反馈；而当还林、还草及修建梯田发挥作用后就变成抑制土壤侵蚀的负反馈。从目前情况来看，表现为正反馈大于负反馈。但随着植被的发育，正反馈效应逐渐减弱，负反馈效应逐渐增强，加上原来侵蚀风险较高的地段已到了土地覆被逆向演替的终点——完全石漠化，使得石漠化扩展的速度在减小。

第22章　小流域土地变化及其生态环境效应的对比

土地变化影响土壤侵蚀、沉积过程和生态系统生产力，这种效应在喀斯特地区和非喀斯特地区有不尽相同的表现。本章对猫跳河流域内的鹅项小流域（非喀斯特）和克酬小流域（喀斯特）30年土地变化及其对流域土壤侵蚀、沉积过程和生态系统的生产力的影响进行对比研究。

22.1　小流域土地变化

22.1.1　研究区概况与数据来源

(1) 小流域概况

a. 鹅项小流域概况

鹅项水库位于安顺市西秀区木叶寨村，1958年始建，1961年竣工，属于小Ⅰ型水库。鹅项水库处在猫跳河上游，蓄水以天然降水为主，正常水位为1299.7m，死水位为1292.7m，总库容258万m^3。水库水资源主要是满足农业灌溉需要，兼供下游部分村寨饮水。

鹅项小流域面积2917hm^2，高程1300～1605m，相对高差达305m，平均高程1372m。岩性以碎屑岩类为主，包括页岩、硅页岩夹少量燧石灰岩，基本上属非喀斯特小流域。基岩埋藏较深、土层较厚，流域内植被较为茂盛，多为次生针叶林、针阔混交林、灌丛草坡，林种包括松、杉、银杏、樟、楠木、白杨等，经济作物有茶、油桐、漆树等。

流域所在地区属亚热带季风湿润气候，冬无严寒、夏无酷暑，年平均气温在14℃左右，全年日照时数968～1309h，无霜期平均为270d，年平均风速2.4m/s，年平均相对湿度为81%，降雨多年平均在1300mm左右，径流深550～700mm。

流域内土壤类型包括黄壤、山地黄棕壤、石灰土、沼泽土、水稻土5个土类，14个亚类，23个土属。其中黄壤分布面积最大，占整个流域面积的72%；其次是水稻土，占流域面积15%；石灰土仅占流域面积的5%。流域内土壤多呈微酸性（平均pH为5.9），平均C/N为9.8，平均容重1.05g/cm^3。

流域地处较为偏远的地方，交通不便，经济发展较为落后，土地利用方式单一，主要以农业和林业为主。近年来当地青壮年劳力多外出打工，农地一度出现弃耕的现象。由于土地压力相对宽松，流域内破坏自然植被的现象较少。

b. 克酬小流域概况

见第 20 章 20. 2 节。

c. 两个小流域的对比

表 22-1 对比了两个小流域的地表状况。在本研究中，平地定义为 $0° \leqslant \theta < 5°$（θ 代表坡度，下同）；中坡即 $5° \leqslant \theta < 15°$；陡坡即 $\theta \geqslant 15°$，平地比例是指平地占整个流域面积的百分比，其他类同。

表 22-1　两个小流域地表状况的对比

小流域	总面积（hm^2）	平均高程（m）	相对高差（m）	平均坡度（°）	平地比例（%）	中坡比例（%）	陡坡比例（%）
鹅项小流域	2917	1372	305	18. 5	13. 1	25. 1	61. 8
克酬小流域	2418	1306	240	13. 1	35. 0	28. 6	36. 4

鹅项小流域与克酬小流域之间的主要差异体现在，前者是非喀斯特流域、喀斯特地貌发育不明显，地表更为破碎，但却有较好的植被覆盖；经济发展缓慢，人口对于土地的压力较为缓和；后者是典型喀斯特流域，喀斯特地貌发育显著。

（2）数据来源

a. 气候资料

利用土壤侵蚀预报模型模拟流域土壤侵蚀状况以及利用 CENTURY 模型模拟流域生态系统生产力的变化都需要长时间、高分辨率的气温和降雨资料，为此收集了贵州省贵阳市、安顺市两个基本台站从 1951 年开始到 2001 年结束的逐日平均气温、降雨数据，以及贵州省清镇市一般台站从 1957 年开始到 2003 年结束的逐日平均气温、降雨数据。

b. 实验数据

实验数据包括两部分，第一部分是由湖泊沉积物采样得到的 ^{137}Cs 比活度、粒度数据，第二部分为两个流域以主要土地利用类型为依据测定的土壤数据，包括土壤机械组成、有机质、全氮、全磷、全钾等。

c. 遥感影像数据

包括 1973 年 MSS 数据，1989 年、1994 年、2000 年的 Landsat TM 数据。

d. 其他数据

1∶1 万地形图（共 10 幅），高斯克吕格投影；从 1∶1 万地形图数字化得到 DEM 数据；流域 1980 年代第二次土壤普查数据来自《贵州省土壤》（贵州省土壤普查办公室，1994）、《安顺县土壤志》（贵州省安顺县土壤普查专业组，1984）。

（3）数据处理与遥感影像解释结果

a. DEM 数据的生成

在 Photoshop 8 下分别对两个小流域地形图扫描得到的栅格图像进行拼接，并使拼接误差控制在允许的范围内。在 AutoCAD 2004 环境下对流域地形栅格图像进行等高线的屏幕跟踪扫描数字化，得到 dxf 数据后将该文件转为 ArcGIS 能够读取的 coverage 文件，通过选择一定数量的控制点（6 个）——其真实坐标从 1∶1 万地形图上读取，在 ArcGIS 环境下为等高线数据进行地理配准，使配准精度满足地图制图的要求。得到等高线矢量格式后，利用 ArcGIS 提供的 TIN 功能生成流域所在区域的 TIN 文件，在屏幕上通过寻找鹅项流域和克酬流域的分水岭从而圈定两个小流域的边界，并生成相应的流域边界文件。利用等高线矢量文件生成流域所在区域的 DEM，并利用生成好的流域边界文件将 DEM 裁减成两个小流域最终的 DEM 文件。

b. 遥感影像数据的预处理

遥感影像数据在经过大气辐射校正和初步几何纠正处理后，对照 1 : 1 万地形图选取控制点，选用高斯克吕格投影、中央经线 105o、Krasovsky 参考椭球体，在 ERDAS 环境下进行精纠正，并使误差控制在半个像元内。通过与上一步中得到的流域边界进行掩模处理，得到鹅项流域和克酬流域各 4 期最终遥感影像文件。

c. 遥感影像解译结果

由于 4 个时段遥感影像的时相不尽一致，太阳高度角稍有差异，遥感影像记录的地面反射率分布有所偏差。因此在 ERDAS 环境下，首先对 4 个时段影像进行直方图匹配，随后依据农田、林地、灌草、水体、村镇、公路和阴影 7 个土地利用/覆被类型采用计算机监督分类，并结合 DEM 数据采用目视解译的方法形成两个小流域各 4 期土地覆被图。

22.1.2 土地变化的小流域对比分析

(1) 土地覆被变化

鹅项小流域不同时期土地覆被组成情况见表 22-2。克酬小流域不同时期土地覆被组成情况见表 22-3。

表 22-2 鹅项流域 1973 ~ 2000 年土地覆被组成结构

类型	1973 年		1989 年		1994 年		2000 年	
	面积（hm^2）	比例（%）	面积（hm^2）	比例（%）	面积（hm^2）	比例（%）	面积（hm^2）	比例（%）
林地	542.91	18.60	521.69	17.89	777.24	26.65	976.23	33.48
灌草	1768.76	60.60	1728.31	59.25	1315.62	45.12	1126.98	38.65
农田	557.53	19.10	596.00	20.43	733.59	25.16	764.28	26.21
水体	36.71	1.26	30.38	1.05	32.22	1.10	33.30	1.14
村镇	1.95	0.07	9.19	0.31	9.99	0.34	11.70	0.40
阴影	10.72	0.37	31.19	1.07	47.43	1.63	3.60	0.12

表 22-3 克酬流域 1973 ~ 2000 年土地覆被组成结构

类型	1973 年		1989 年		1994 年		2000 年	
	面积（hm^2）	比例（%）	面积（hm^2）	比例（%）	面积（hm^2）	比例（%）	面积（hm^2）	比例（%）
林地	369.41	15.27	180.88	7.48	225.72	9.33	161.46	6.68
灌草	1197.91	49.52	1260.19	52.12	1017.54	42.08	934.74	38.65

续表

类型	1973 年		1989 年		1994 年		2000 年	
	面积（hm^2）	比例（%）	面积（hm^2）	比例（%）	面积（hm^2）	比例（%）	面积（hm^2）	比例（%）
农田	806.73	33.35	841.25	34.79	1068.48	44.18	1182.42	48.90
水体	25.02	1.03	46.81	1.94	51.21	2.12	58.05	2.40
村镇	6.17	0.26	6.13	0.25	8.55	0.35	12.96	0.54
阴影	13.65	0.56	55.38	2.29	14.04	0.58	35.91	1.48
公路	0.00	0.00	27.25	1.13	32.67	1.35	32.67	1.35

鹅项小流域和克酬小流域农田比例都呈现持续增长的趋势。1973～2000 年，克酬小流域农田增长率为鹅项小流域 2 倍多；1994～2000 年鹅项小流域农田增长率趋缓，而克酬小流域农田增长率加速。鹅项小流域灌草大幅减少的同时，林地有较大增长，到 2000 年农田、林地、灌草三者之间的比例相对接近，自然生态系统在“量”上有所减少，但却在“质”上有所恢复。克酬小流域林地和灌草均有较大程度的减少，至 2000 年形成了以灌草和农田 2 种土地覆被类型为主导的结构特征，自然生态系统处于不断萎缩的状况。

（2）土地覆被类型之间的转化

鹅项小流域和克酬小流域林地与灌草之间的转移要比林地与农田之间的转移显著得多，灌草和农田之间的双向转移也较为明显。对于鹅项小流域而言，灌草以持续转出为主要特征，转出方向为林地和农田；克酬小流域灌草也表现为持续转出，但转出方向基本上是农田。两个小流域农田持续转入，转入过程中存在一定程度的转出（农田撂荒）现象，鹅项小流域表现得更为突出，随着时间的推移，两个小流域农田撂荒现象都在减少。

（3）土地利用强度变化

这里的土地利用强度指土地利用/覆被类型（主要是农田、林地和灌草）随高程、坡度的变化情况。鹅项小流域和克酬小流域林地平均分布坡度均表现为前期减少、后期变大的特点，且都有向更高处集中的趋势，据此认为两个小流域林地土地利用强度都在增大，但却体现出不同的意义。前者是出于林地恢复的目的而得到的主动结果，后者是由于流域人地关系日益紧张而产生的被动后果。鹅项小流域灌草平均分布坡度、平均分布高程以减少趋势为主，灌草的土地利用强度降低了；克酬小流域灌草平均分布坡度、平均分布高程持续增加，灌草的土地利用强度变大。鹅项小流域农田土地利用强度基本不变，但分布于平地的农田已经接近饱和，如果农田再度发生较大数量的增加，将会导致农田土地利用强度明显加大；克酬小流域农田土地利用强度增加明显，且分布于平地的农田已经饱和，未来人地关系将会更加严峻。

（4）景观格局变化

针对土地覆被图（图 22-1，图 22-2），利用共享软件 Fragstats①，得到目前景观格局分

① Fragstats 是一个计算各项景观格局指数的共享工具软件，由 University of Massachusetts Amherst 景观生态学中心开发。网址：http：//www. umass. edu/landeco/research/fragstats/fragstats. html。

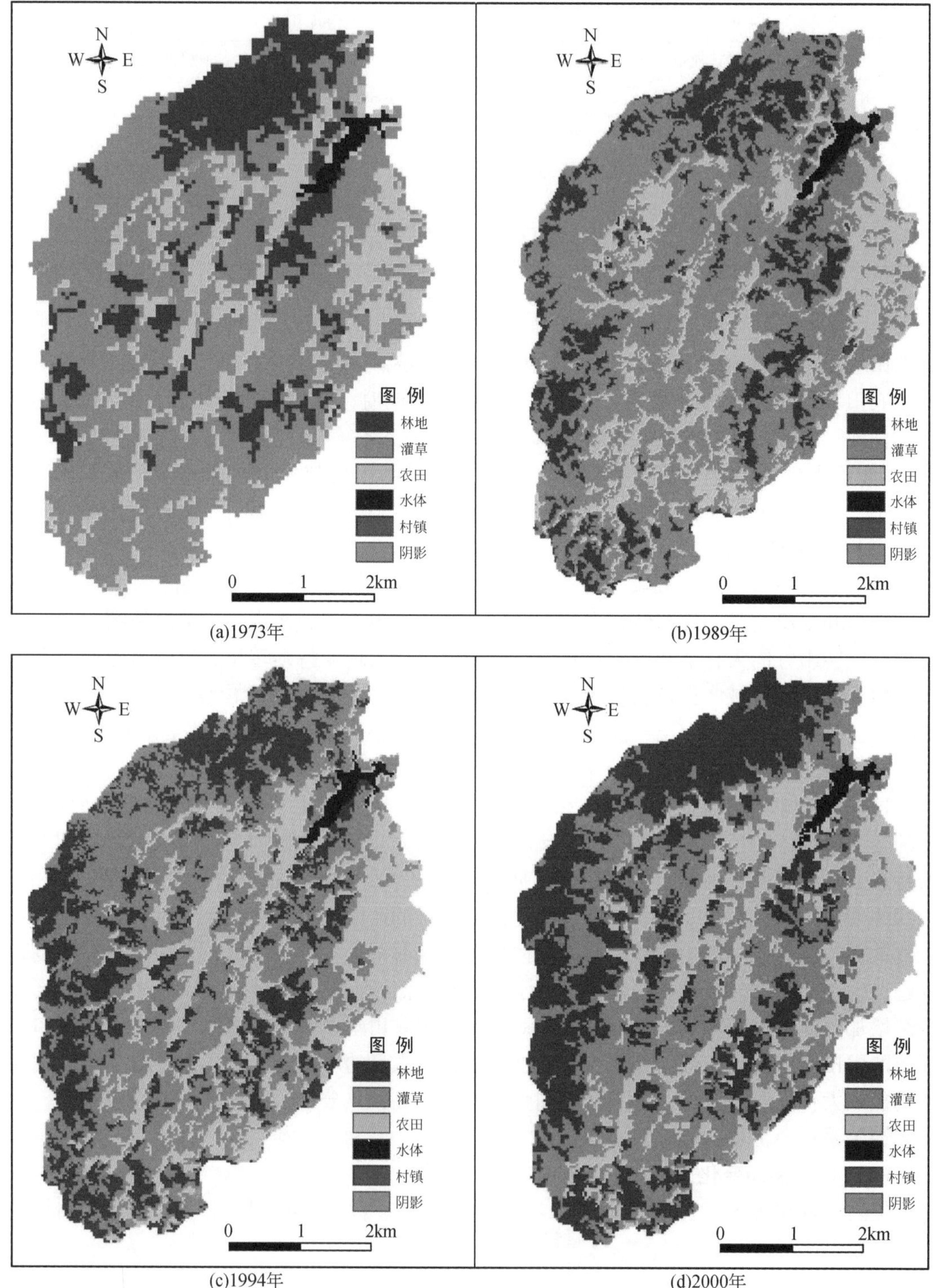

图 22-1　鹅项流域土地覆被状况

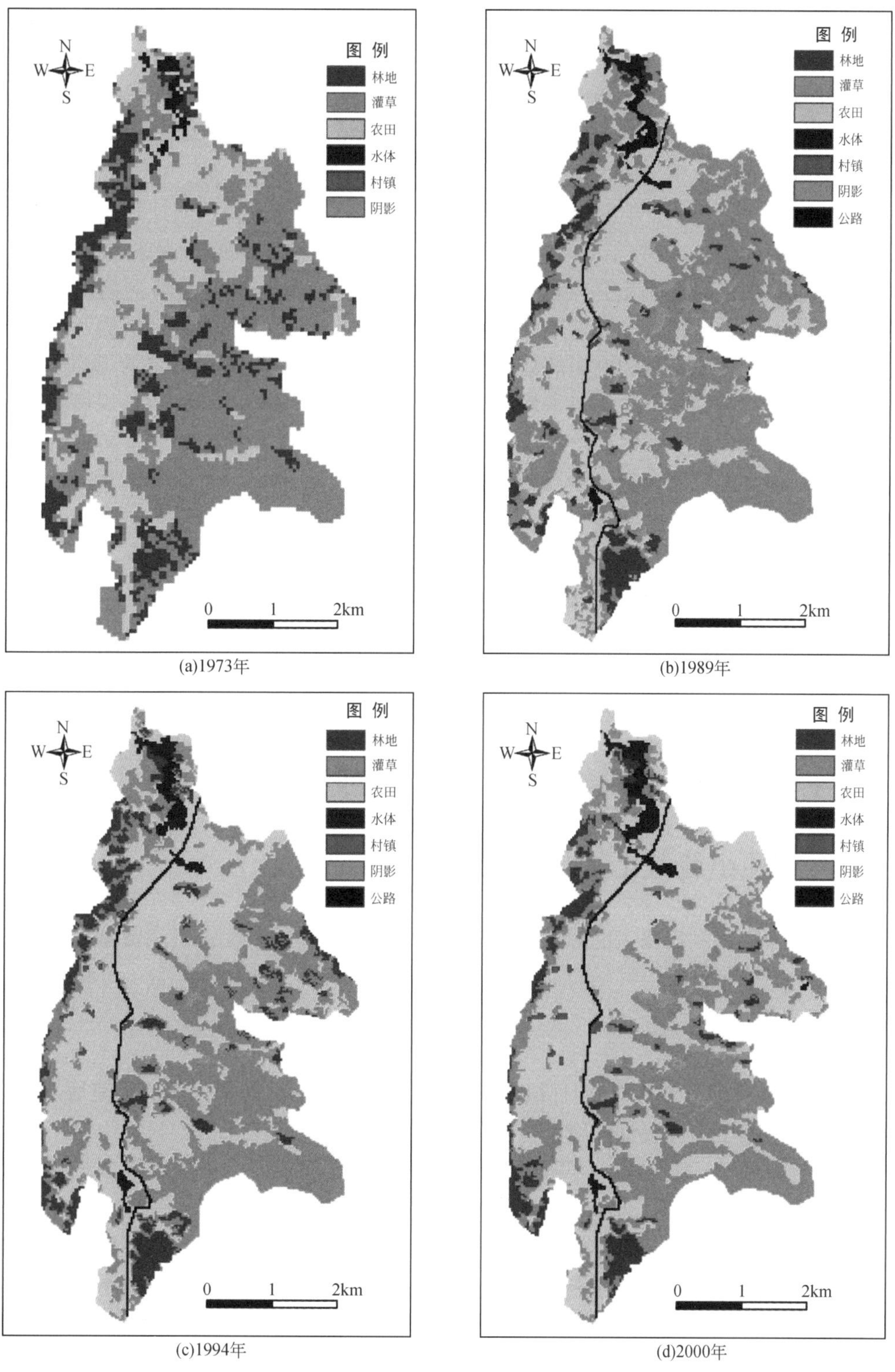

(a)1973年　(b)1989年　(c)1994年　(d)2000年

图 22-2　克酬流域土地覆被状况

析中绝大多数常用的评价指数，如斑块个数、斑块密度、面积周长分维指数、多样性指数、聚集度指数和优势度指数等，研究鹅项小流域和克酬小流域近30年来景观格局变化特征，尤其是景观格局破碎化的发展变化过程及其与流域土地利用变化之间的联系。

1989年两个小流域景观格局破碎化明显增加，1989年以后景观格局破碎化程度又有一定程度的减少。鹅项小流域景观格局破碎化程度要大于克酬小流域，这与两个小流域不同的地表情况有一定联系，但两个小流域不同的景观格局变化过程说明地形条件只是决定景观格局特征的“先天条件”，而人类的土地利用行为是导致景观格局变化的决定因素。虽然2个流域景观格局破碎化总体过程相似，但是在1989年以后景观格局破碎化程度减少的原因却是不同的。鹅项小流域景观均质性增强的区域主要集中在流域西侧和流域中下游地势平坦地区，林地恢复和农田的集中分布是主要原因；而克酬小流域景观均质性增强的区域主要集中在流域中下游地势平坦地区，其原因是由于农业生产集约化规模提高使农田趋向于集中连片分布，从而使该区域破碎化程度减小。两个小流域中、下游地势平坦地区景观格局破碎化的发展变化过程要比流域上游显著得多，这充分说明了人类土地利用活动对于流域景观格局变化的决定作用。

22.2 土地变化影响下的土壤侵蚀

小流域作为实现土壤侵蚀、沉积过程的一个完整地理区域，是研究土地变化、土壤侵蚀和沉积过程之间关系的一个理想地理单元。本节和下一节探讨鹅项小流域和克酬小流域近40年土壤侵蚀和沉积状况，并通过将土壤侵蚀模数和沉积速率的相对动态变化趋势与土地变化过程对应起来，从而在土地变化、侵蚀和沉积之间建立联系。

22.2.1 鹅项小流域土壤侵蚀模拟

土壤侵蚀主要是利用修正的通用土壤流失方程（详见第13章）对小流域不同年份土壤侵蚀情况进行模拟计算，并结合GIS技术和地形数据探讨土壤侵蚀模数的变化。

(1) 因子确定

a. 降雨侵蚀力因子 R

在MATLAB环境下编程对逐日降雨数据进行相关处理，计算得到鹅项小流域逐年降雨侵蚀力因子 R，鹅项小流域年降雨量与年降雨侵蚀力见图22-3和图22-4。

鹅项小流域年降雨侵蚀力与年降雨量之间存在较好的对应关系，二者之间的相关系数为0.85。说明一般情况下，年降雨量高值将导致年降雨侵蚀力也是高值，但也存在一些局部上的变化。1991年和1979年的降雨量为全局最大值和次大值，对应的年降雨侵蚀力也为全局最大值和次大值；1954年降雨量为全局第三高值，但对应年份的降雨侵蚀力为全局中等水平，降雨侵蚀力的全局第三高值发生在1960年，而与之对应的年降雨量从全局上看只是位于中等偏上的水平。在年降雨量和年降雨侵蚀力的全局低值关系上也有类似的情况，最为典型的是1989年的年降雨量为全局最低值，但对应的年降雨侵蚀力只是全局第四低值。总体上看，1951～2001年鹅项小流域年降雨量和年降雨侵蚀力呈现增加的趋势。

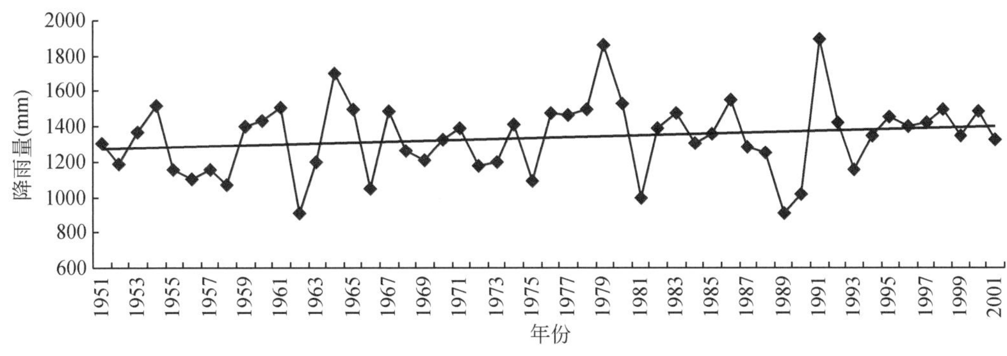

图 22-3　1951～2001 年鹅项小流域年降雨量

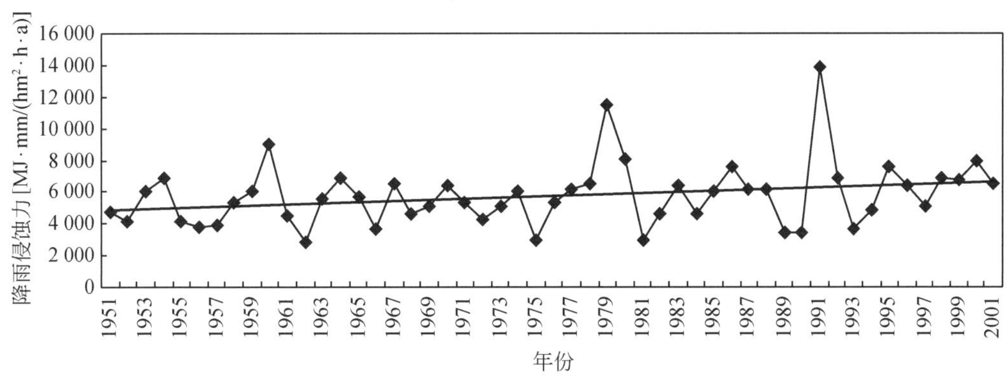

图 22-4　1951～2001 年鹅项小流域年降雨侵蚀力

为了能够反映研究期内鹅项小流域侵蚀发展的变化趋势，参与运算的降雨侵蚀力因子是 1973～1989 年、1989～1994 年和 1994～2000 年的平均值，见表 22-4，这样可以在一定程度上屏蔽降雨的年际差异。表中列出 1964～1973 这一时段则是为与下文沉积研究中的时标对应。表中列出的数据表明整个研究期内的年均降雨侵蚀力持续增加趋势还是非常明显的。

表 22-4　不同研究期鹅项小流域年均降雨侵蚀力　　［单位：MJ · mm/（hm^2 · h · a）］

时段	1964～1973 年	1973～1989 年	1989～1994 年	1994～2000 年
年均降雨侵蚀力	5387	5878	6022	6570

b. 土壤可蚀性因子 K

根据鹅项小流域土壤的机械组成情况，得到鹅项小流域土壤可蚀性因子 K 数值，见表 22-5。

表 22-5　鹅项小流域 K 因子值　　［单位：t · h/（MJ · mm）］

因子	黄壤	山地黄棕壤	石灰土	水稻土	沼泽土
K 因子	0.030 46	0.029 15	0.025 88	0.025 82	0.039 05

c. 坡长坡度因子 *LS*

坡长坡度因子 *LS* 作为中间结果在 IDRISI 软件中计算完成。

d. 覆盖与管理因子 *C* 和水土保持措施因子 *P*

根据其他学者在相近地区的实验工作（杨子生，1999b；于东升等，1998），鹅项小流域覆盖与管理因子 *C* 和水土保持措施因子 *P* 取值如表 22-6 所示。

表 22-6 鹅项小流域 *C* 因子和 *P* 因子值

因子	林地	灌草	农田	水体	居民点	阴影
C 因子	0.01	0.08	0.10	0.00	0.00	0.00
P 因子	0.60	0.80	0.15	0.00	0.00	0.00

林地和灌草的水土保持因子 *P* 之所以不为 1，是因为鹅项小流域存在林场以及 20 世纪 90 年代以后开展的退耕还林工程，对林地和灌草地实施了一定程度的水保措施。农田的 *P* 因子较大是因为流域内旱耕地的比重较大。水体、居民点和阴影在本次研究中设定为不发生侵蚀，*C* 和 *P* 因子均为零。

（2）模拟结果

上述因子确定完毕后，将所有参与运算的因子栅格图像在 IDRISI 环境下进行运算。在运算过程中需要确定几个限定阈值，如指定坡度、坡向、坡长以及最小斑块尺寸阈值等。坡度和坡向阈值用于将地形表面分成均一化的斑块。最大坡长阈值即指水流最终汇集前的坡面流距离（RUSLE 手册中通常建议使用 121.92m，即 400 英尺①）。最小斑块尺寸阈值定义小于该阈值的斑块用来合并成较大的斑块。

利用 RUSLE 模型计算得到了鹅项小流域 4 个时段侵蚀状况图，由该图可以发现不同时段土壤侵蚀的空间分布变化特征，见图 22-5。

研究期内不同时段鹅项小流域平均土壤侵蚀模数如表 22-7 所示。由该表可知鹅项小流域土壤侵蚀模数总体上呈现减少的趋势，仅在 1989 ~ 1994 年略有增加。如果以土壤容重 1.1g/$cm^3$② 进行换算，则对应于上述各时段的年土壤流失厚度分别为 2.93mm、2.97mm、2.81mm、2.56mm。

表 22-7 不同时段鹅项小流域平均土壤侵蚀模数 ［单位：t/（hm^2 · a）］

时段	1973 ~ 1989 年	1989 ~ 1994 年	1994 ~ 2000 年	2000 年以后
平均土壤侵蚀模数	32.18	32.68	30.95	28.14

鹅项小流域不同土地利用/覆被类型的土壤侵蚀状况如表 22-8 所示。由表 22-8 可知，鹅项小流域土壤侵蚀主要来自于灌草，灌草侵蚀总量在研究期内虽然呈现出减少趋势，但其主要原因是由于灌草总面积减少造成的，这可以由灌草的土壤侵蚀模数增加较为明显得到反映。研究期内林地和农田侵蚀总量不断增加是由于林地和农田总面积增加造成的，林

① 1 英尺 =0.3048m。

② 贵州省安顺市土壤普查专业组．1984．安顺县土壤志．安顺：安顺农业局。

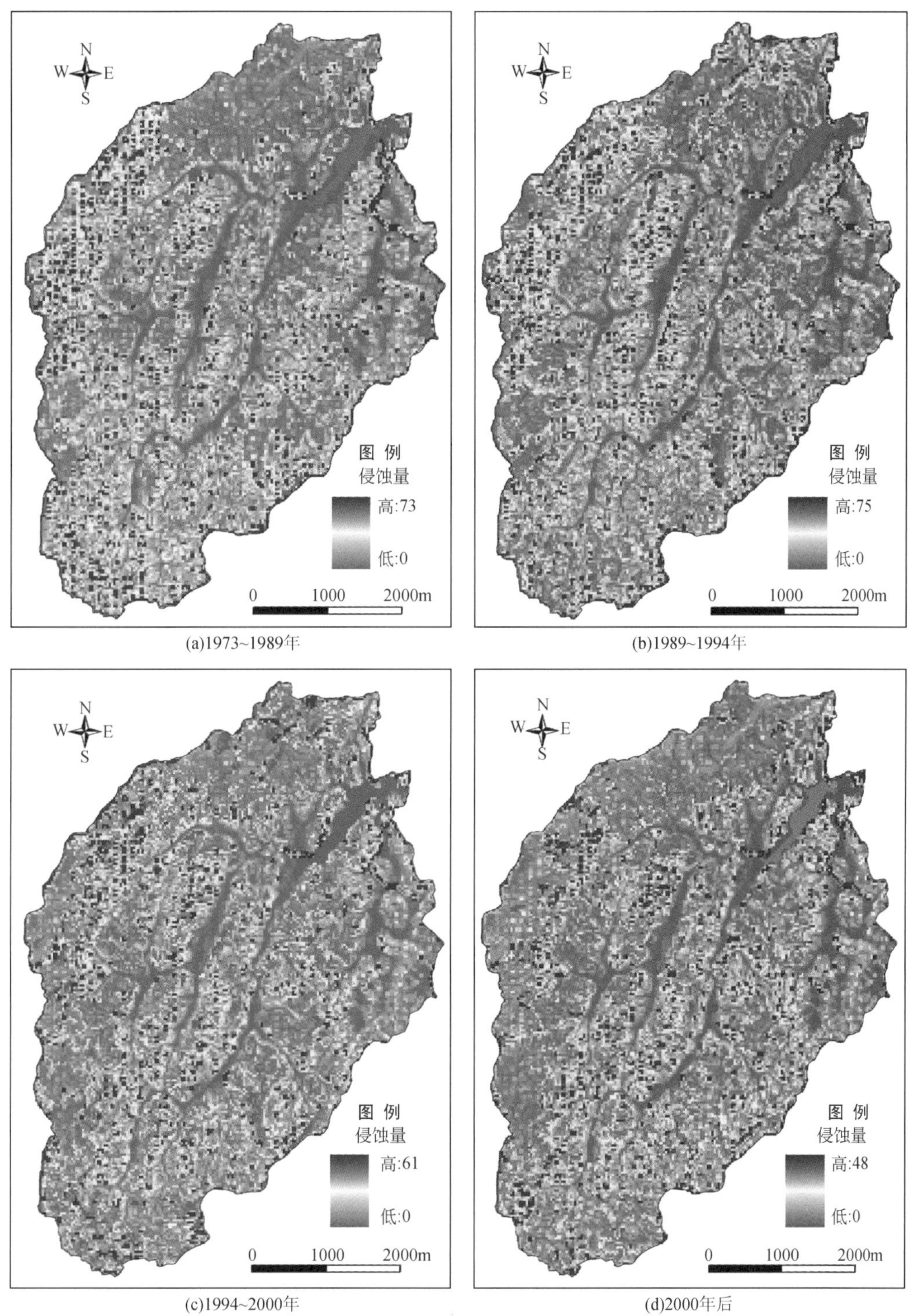

图 22-5　鹅项小流域不同时段侵蚀状况［单位：t/（hm^2·a）］

地和农田的土壤侵蚀模数除了在 1989 ~ 1994 年这一时段增加较为明显外，基本上与 1973 ~ 1989 年土壤侵蚀模数大体相当。由于 1989 ~ 1994 年鹅项小流域土壤侵蚀情况是依据 1989 年的土地利用/覆被情况得到的，因此这一时段林地土壤侵蚀模数增加的原因在于林地有所破坏，这在整个研究期内是林地唯一遭到破坏的一段时期；农田土壤侵蚀模数增加的原因在于这一时段农田分布在中坡和陡坡的比例有所增加。

表 22-8　鹅项小流域不同土地覆被类型土壤侵蚀特征

时段	林地（t/a）	模数［t/(hm² · a)］	灌草（t/a）	模数［t/(hm² · a)］	农田（t/a）	模数［t/(hm² · a)］
1973 ~ 1989 年	7 443. 37	13. 71	75 311. 97	42. 58	10 925. 77	19. 60
1989 ~ 1994 年	9 861. 63	18. 90	72 737. 46	42. 09	12 536. 22	21. 03
1994 ~ 2000 年	10 162. 13	13. 07	65 413. 08	49. 72	14 514. 34	19. 79
2000 年以后	12 893. 97	13. 21	53 781. 99	47. 72	15 235. 79	19. 93

结合表 22-7 和表 22-8 可以发现，土壤侵蚀模数较大的一部分灌草被土壤侵蚀模数较小的林地和农田所取代，是引起整个流域土壤侵蚀模数不断变小的原因所在。鹅项小流域林地和农田土壤侵蚀模数在整个研究期内基本保持不变与流域内土地利用强度变化特征较为一致，因此虽然林地分布坡度和分布高程有所增加，但并没有引起林地土壤侵蚀模数的增加；鹅项小流域农田土地利用强度“基本保持稳定”，相应地农田土壤侵蚀模数也基本未变。

鹅项小流域不同坡度上的土壤侵蚀情况如表 22-9 所示。由表 22-9 可知，鹅项小流域土壤侵蚀主要发生在陡坡和中坡位置上。从土壤侵蚀总量上看，中坡和陡坡持续减少明显，而平地基本保持不变；不同坡度土壤侵蚀比例构成的变化特征表明陡坡土壤侵蚀减少更为明显，这也说明鹅项小流域林地恢复对于流域水土保持的积极作用。

表 22-9　鹅项小流域不同坡度土壤侵蚀特征

时段	平地（t/a）	比例（%）	中坡（t/a）	比例（%）	陡坡（t/a）	比例（%）
1973 ~ 1989 年	2 831. 89	3. 02	29 536. 44	31. 53	61 312. 78	65. 45
1989 ~ 1994 年	2 998. 48	3. 15	28 875. 22	30. 35	63 261. 61	66. 50
1994 ~ 2000 年	2 839. 03	3. 15	28 890. 04	32. 07	58 360. 48	64. 78
2000 年以后	2 838. 01	3. 46	27 515. 07	33. 59	51 558. 67	62. 94

22. 2. 2　克酬小流域土壤侵蚀模拟

（1）各因子的确定

a. 降雨侵蚀力因子 *R*

克酬小流域年降雨量与年降雨侵蚀力如图 22-6 和图 22-7 所示。

克酬小流域年降雨侵蚀力与年降雨量之间也存在较好的对应关系，二者之间的相关系数为 0. 80。1977 年的降雨量为全局最大值，对应的年降雨侵蚀力却仅为全局第三高值；

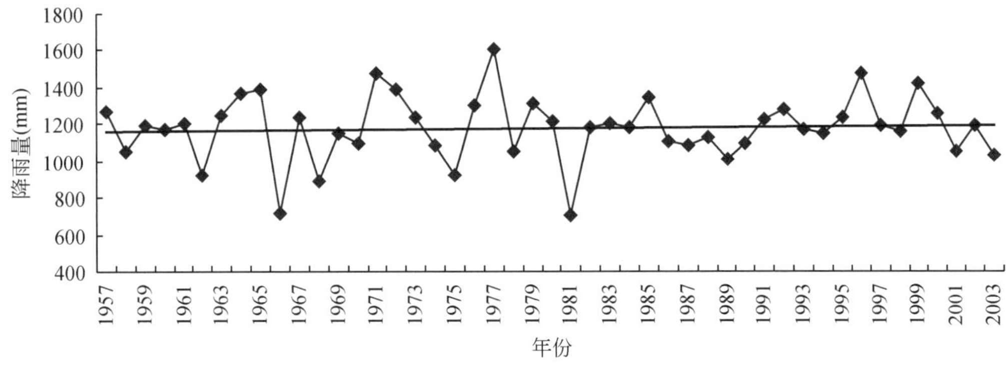

图 22-6　1957～2003 年克酬小流域年降雨量

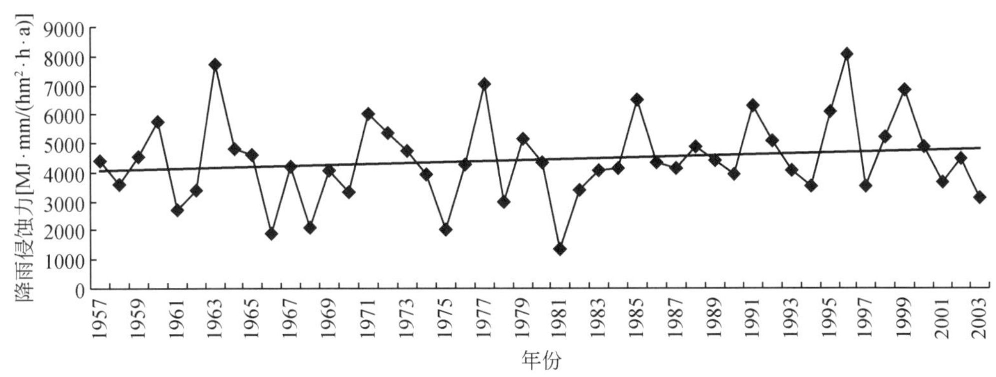

图 22-7　1957～2003 年克酬小流域年降雨侵蚀力

1996 年降雨量为全局第三高值，但对应年份的降雨侵蚀力为全局最大值；降雨侵蚀力的全局第二高值发生在 1963 年，而对应年份的降雨量从全局上看只是位于中等偏上的水平。年降雨量和年降雨侵蚀力的全局低值对应关系较为一致，如 1981 年和 1966 年的年降雨量为全局最低值和次低值，对应年份的降雨侵蚀力也为全局最低值和次低值。总体上看，1957～2003 年克酬小流域年降雨量和年降雨侵蚀力呈现增加的趋势，相比较而言，年降雨侵蚀力的增加趋势更为明显。

与鹅项小流域采用的方法相同，参与 RUSLE 运算的降雨侵蚀力因子是 1973～1989 年、1989～1994 年和 1994～2000 年的平均值，如表 22-10 所示。为了实现与下文沉积研究中的时标对应起来，表 22-10 中列出 1964～1973 年这一时段的年降雨侵蚀力具体数值。数据表明。整个研究期内的年均降雨侵蚀力持续增加，相比 1989～1994 年，1994～2000 年降雨侵蚀力增加幅度非常明显。

表 22-10　不同研究期克酬小流域年均降雨侵蚀力　　[单位：MJ·mm/(hm²·h·a)]

时段	1964～1973 年	1973～1989 年	1989～1994 年	1994～2000 年
年均降雨侵蚀力	4036.619	4203.099	4553.057	5946.11

b. 土壤可蚀性因子 *K*

根据克酬小流域土壤的机械组成情况，克酬小流域土壤可蚀性因子 *K* 的数值如表 22-11 所示。

表 22-11　克酬小流域 *K* 因子值　［单位：t·h/（MJ·mm）］

因子	黄壤	石灰土	水稻土
K 因子	0.030 46	0.025 88	0.025 82

c. 坡长坡度因子 *LS*

坡长坡度因子 *LS* 作为中间结果在 IDRISI 软件中计算完成。

d. 覆盖与管理因子 *C* 和水土保持措施因子 *P*

克酬小流域覆盖与管理因子 *C* 和水土保持措施因子 *P* 取值如表 22-12 所示。

表 22-12　克酬小流域 *C* 因子和 *P* 因子值

因子	林地	灌草	农田	水体	居民点	阴影	公路
C 因子	0.03	0.10	0.10	0.00	0.00	0.00	0.00
P 因子	0.90	0.95	0.10	0.00	0.00	0.00	0.00

克酬小流域林地和灌草的植被覆盖状况均比鹅项小流域要差，加之缺少对植被的有效管理，因此林地和灌草的 *C* 因子和 *P* 因子值均大于鹅项小流域相应数值，克酬小流域农田中水田比例较大，因此农田的 *P* 因子比鹅项小流域要小。水体、居民点、公路和阴影在本次研究中设定为不发生侵蚀，*C* 因子和 *P* 因子均为零。

（2）模拟结果

克酬小流域 4 个时段侵蚀状况如图 22-8 所示。可以看出，整个研究期内克酬小流域土壤侵蚀在空间分布上的变化不明显，土壤侵蚀集中发生在流域中部偏东地区，该区域也是流域内喀斯特地貌集中分布的地区，地形起伏较大也较为破碎。

研究期内不同时段克酬小流域平均土壤侵蚀模数如表 22-13 所示。由该表可知克酬小流域土壤侵蚀模数在 1973～2000 年呈现持续增加的趋势，且在 1994～2000 年年均土壤侵蚀模数增幅非常明显，2000 年以后土壤侵蚀模数基本稳定。如果以土壤容重 1.1g/cm^3 进行换算，则对应于上述各时段的年土壤流失厚度分别为 3.42mm、3.94mm、4.84mm、4.85mm。

表 22-13　不同时段克酬小流域平均土壤侵蚀模数［单位：t/（hm^2·a）］

项目	1973～1989 年	1989～1994 年	1994～2000 年	2000 年以后
平均土壤侵蚀模数	37.67	43.36	53.27	53.59

克酬小流域不同土地利用/覆被类型的土壤侵蚀状况如表 22-14 所示。

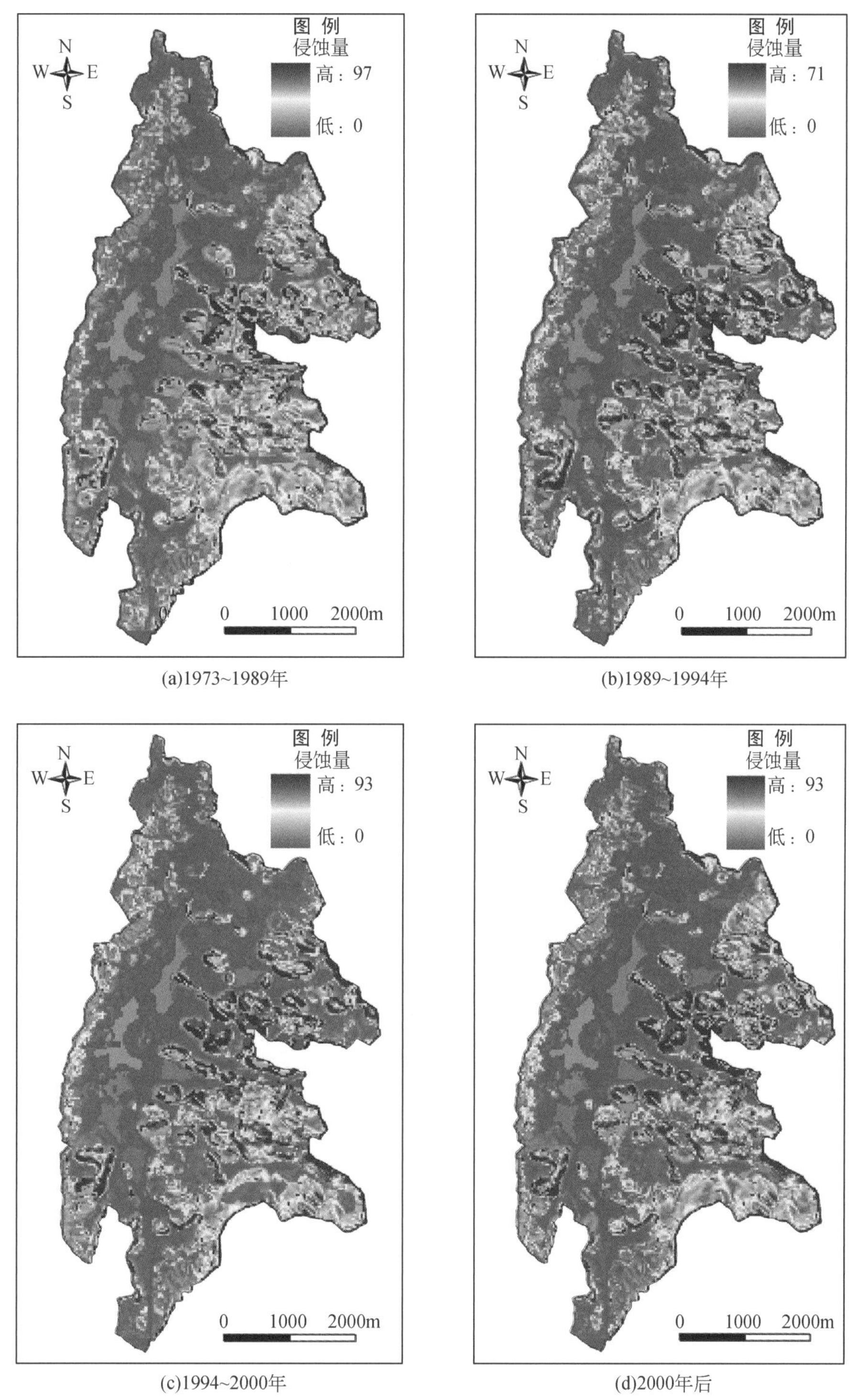

(a)1973~1989年　(b)1989~1994年

(c)1994~2000年　(d)2000年后

图 22-8　克酬小流域不同时段侵蚀状况［单位：t/（hm^2·a)］

表 22-14　克酬小流域不同土地覆被类型土壤侵蚀特征

时段	林地 (t/a)	模数 [t/(hm² · a)]	灌草 (t/a)	模数 [t/(hm² · a)]	农田 (t/a)	模数 [t/(hm² · a)]
1973 ~ 1989 年	11 421. 57	30. 92	71 961. 09	60. 07	7 720. 61	9. 57
1989 ~ 1994 年	5 796. 36	32. 05	87 238. 99	69. 23	11 837. 88	14. 07
1994 ~ 2000 年	11 332. 67	50. 21	97 863. 71	96. 18	19 625. 04	18. 37
2000 年以后	8 573. 03	53. 10	98 862. 47	105. 76	22 152. 51	18. 73

由表 22-14 可知，克酬小流域土壤侵蚀主要来自于灌草。林地侵蚀总量在 1989 ~ 1994 年减少较多，在 1994 ~ 2000 年有明显增加，根据第 3 章土地利用/覆被变化研究得到的有关结论，1989 年克酬小流域林地面积比 1973 年有明显减少，而在 1994 年又有一定程度的恢复。林地土壤侵蚀总量的变化特征主要受林地面积制约，这可以由林地土壤侵蚀模数在研究期内持续增加趋势得到反映。研究期内灌草和农田土壤侵蚀总量和土壤侵蚀模数均表现为持续增加，这一期间相应的土地利用强度也有明显的增加，灌草和农田土壤侵蚀变化趋势和土地利用强度变化趋势之间表现出较好的一致性。农田侵蚀总量的增加有一部分是由于农田面积增加造成的，而灌草在面积减少的同时，侵蚀总量和侵蚀模数均表现为持续显著增加，这说明灌草是决定流域土壤侵蚀变化的最为重要的覆被类型。

由表 22-13 和表 22-14 不难发现，1994 ~ 2000 年整个流域以及林地、灌草、农田土壤侵蚀总量和年均土壤侵蚀模数增幅非常之大，这一方面是由于流域土地利用强度变大，同时对照表 18-8 可知，这一期间降雨侵蚀力增加幅度也较前面各期间显著得多，这也是造成流域土壤侵蚀迅速增加的一个原因。

克酬小流域不同坡度上的土壤侵蚀情况见表 22-15。可知，与鹅项小流域一样，克酬小流域土壤侵蚀也主要发生在陡坡和中坡位置上。从土壤侵蚀总量上看，中坡和陡坡保持持续增加趋势，平地由于高速公路的出现和村镇面积增加，所以 1989 ~ 1994 年土壤侵蚀总量有所下降；不同坡度土壤侵蚀比例构成的变化特征表明陡坡土壤侵蚀增加更为明显，这也说明克酬小流域土地利用强度增大对于土壤侵蚀增加具有促进作用。

表 22-15　克酬小流域不同坡度土壤侵蚀特征

时段	平地 (t/a)	比例 (%)	中坡 (t/a)	比例 (%)	陡坡 (t/a)	比例 (%)
1973 ~ 1989 年	8 333. 15	9. 15	26 236. 57	28. 80	56 533. 55	62. 05
1989 ~ 1994 年	8 116. 73	7. 74	27 959. 93	26. 66	68 796. 57	65. 60
1994 ~ 2000 年	9 133. 14	7. 67	31 334. 77	26. 30	78 681. 00	66. 04
2000 年以后	9 410. 65	7. 26	33 558. 01	25. 90	86 619. 36	66. 84

22. 2. 3　两个小流域的对比

(1) 相同之处

a. 土壤侵蚀与土地利用强度有较为密切的关系

从整体上看，鹅项小流域在研究期内各个时段的土壤侵蚀总量是逐渐减少的，而研究期内鹅项小流域的土地利用强度也基本保持不变；克酬小流域在研究期内各个时段的土壤侵蚀总量是逐渐增加的，同期克酬小流域的土地利用强度也是在逐渐变大。另外克酬小流域土地利用强度要大于鹅项小流域，前者年均土壤侵蚀模数上也要大于后者。

b. 灌草和中坡、陡坡是发生土壤侵蚀最为显著的土地覆被类型

首先根据 RUSLE 模型的计算机制分析，造成这种情况的原因在于 RUSLE 模型对于 LS 因子的变化更为敏感，平地上最小的 LS 因子值与陡坡位置处最大的 LS 因子值相差可以超过一个数量级，而灌草由于覆盖和管理水平低下以及缺乏有效的水保措施，且基本上分布在中坡和陡坡上，所以才会使灌草和陡坡成为发生土壤侵蚀最为显著的覆被类型和区域。就农田而言，在降雨侵蚀力最大的 7 月、8 月农田植被覆盖度良好，绝大部分农田还是分布在坡度条件良好的位置上，而且农田具有一定程度的水保措施，尤其是水田，所以农田和平地土壤侵蚀量较小是合理的。

（2）不同之处

a. 相应土地覆被类型发生土壤侵蚀的变化过程不同

鹅项小流域由于林地和农田面积增加造成相应覆被类型的土壤侵蚀总量逐渐增加，但是其土壤侵蚀模数基本保持不变；克酬小流域林地和农田土壤侵蚀模数却是逐渐增加的。虽然两个小流域灌草均是产生土壤侵蚀量最大的覆被类型，但是鹅项小流域灌草的土壤侵蚀总量逐渐减少，而克酬小流域却是在逐渐增加的。

b. 不同坡度上土壤侵蚀存在差异

从土壤侵蚀量比例构成上看，两个小流域均是陡坡>中坡>平地，但从变化的过程上看，鹅项小流域土壤侵蚀有向中坡集中的趋势，而克酬小流域却是逐渐向陡坡集中，如表 18-7 和 18-13。

c. 两个小流域土壤侵蚀对气候因素有不同的响应过程

研究期内两个小流域降雨侵蚀力均是逐渐增加的，但是土壤侵蚀总量却有不同的变化趋势。鹅项小流域土壤侵蚀总量逐渐减少，克酬小流域土壤侵蚀总量逐渐增加，尤其是在 1994 ~ 2000 年降雨侵蚀力的大幅增加造成了土壤侵蚀总量显著增加，如表 18-8 和 3. 11。由此可以认为合理的土地利用结构、强度和变化过程可以“屏蔽”掉气候因素对土壤侵蚀的不利影响，反之则要受气候因素的强力制约。

（3）RUSLE 模型的适用性

利用 RUSLE 预测土壤侵蚀量，一些研究结果表明相对于绝对预测精度而言，模型对土壤侵蚀相对结果的预测更为可信（Jetten et al.，1999）；RUSLE 模型可用于估计土地利用和水保措施变化而导致的土壤侵蚀的相对变化量（Trimble and Crosson，2000）。在本研究中，RUSLE 模型计算得到的土壤侵蚀绝对数量存在一些不合理的地方，首先是林地和灌草平均土壤侵蚀模数偏大，如果以土壤容重进行换算，那么鹅项小流域灌草土壤每年流失 4mm，而克酬小流域则更高，甚至在 1994 年以后每年流失表层土壤 9mm。对于像克酬小流域这样喀斯特地貌十分典型的地区，灌草和林地土壤厚度较薄，土壤流失殆尽后由于无土可失，无法维持如此高的土壤侵蚀模数，所以土壤侵蚀模数不升反降。这是由于喀斯特地区特殊的地质地貌条件决定的，显然经验型的 RUSLE 模型没有办法模拟出这种变化特征。其次，由于 RUSLE 模型的计算结果对于 LS 因子更为敏

感，坡度较大的位置由于 LS 因子值较大，所以该位置具有较高的土壤侵蚀模数。由于喀斯特地区的特殊性，超过一定坡度后土壤有可能会变得十分瘠薄，因此大坡度不一定导致大的土壤侵蚀模数。究竟在多大坡度上会发生土壤侵蚀模数的逆转，这本身就是一个非常有难度的科学问题，需要进行大量的实验工作才有可能获得满意的答案。正是基于如此考虑，作者在划分中坡和陡坡时以 15°为界，根据在流域的实地考察，这一坡度以下土壤状况良好，这一坡度以上也不会马上出现土层过薄的现象，从而保证中坡和陡坡土壤侵蚀状况的相对正确性。由于缺乏径流小区实验数据的支撑以及历史上的植被覆盖资料，因此林地、灌草和农田的植被覆盖与管理因子 C 和水土保持措施因子 P 在研究期内取值不变，这对土壤侵蚀相对变化趋势的模拟也会产生一定程度的影响，比如因为研究期内鹅项小流域林地逐渐恢复，因此林地的年均土壤侵蚀模数似乎更应该表现出逐渐减少的趋势。

由于 RUSLE 模型模拟土壤侵蚀绝对量时存在不尽如人意的地方，所以论文在分析鹅项小流域和克酬小流域土壤侵蚀状况以及两个小流域土壤侵蚀的对比上，没有过多纠缠于土壤侵蚀的绝对数量，而是侧重分析相对的变化趋势。就两个小流域土壤侵蚀的相对变化过程而言，结论是可信的。

22.3　小流域沉积过程

本节主要利用实验手段，辅助其他多源数据综合分析沉积过程。在安顺市水利部门的配合下，作者分别于2004 年4 月26 日和27 日在鹅项水库和克酬水库进行了沉积物的采样工作。鹅项水库水面形状较复杂，布设了两个采样点，样点 1 布设在主要干流深水区，样点 2 布设在水库坝前深水区，每个样点各采 3 根沉积物孔柱。克酬水库只在水库坝前深水区布设一个样点，也采了 3 根沉积物孔柱。

使用 Caberra 公司生产的 S-100 多道能谱仪、GC5019 同轴锗探测器，经过^{137}Cs 预测试，鹅项水库选取第二个样点中最长的孔柱进行^{137}Cs 比活度测定，编号为 E040426-4，该孔柱总长 28cm，共分得 28 个样品。克酬水库选择样点 1 中最长的孔柱进行^{137}Cs 比活度测定，该孔柱编号为 K040427-1，总长 34cm，共分得 34 个样品。由于采样器装置设计上的原因，采样管拔出水面时需要人工用塞子抵住底端，因此孔柱最下端常会发生扰动，通常孔柱最下端的 1 ~2 个样品不进行^{137}Cs 比活度测试。中国科学院贵阳地球化学研究所测试人员根据多年分析贵州沉积物样品中^{137}Cs 比活度的经验，即 1963 年^{137}Cs 沉降峰值在孔柱中小于 25cm 深度处就会出现，故通常只需对 0 ~25cm 的样品进行分析。

每厘米样品在实验室干燥后分出少许进行粒度测定，采用德国飞驰公司生产的扫描光电沉淀测定仪“分选系 20”（Scanning Photo Sedimentograph“Analysette 20”），且在干燥前后分别对沉积物样品的湿重和干重进行称重。

22.3.1　鹅项小流域沉积过程

根据鹅项水库 E040426-4 孔柱^{137}Cs 比活度分析结果可以绘出^{137}Cs 在孔柱中分布的垂

直剖面，如图 22-9 所示。1～3cm 深度的沉积物样品中^{137}Cs比活度信号强度很低，因此没有进行测定，相应数值在图中也就没有列出。根据图可以看出，虽然由于衰变作用使^{137}Cs在沉积物中的含量已经减少了很多，但图还是很好的再现了^{137}Cs的 3 个沉降峰值，分别位于 8cm、14cm 和 24cm 深度处，由前面的分析可知这 3 个峰值分别对应于 1987 年、1975 年和 1964 年。

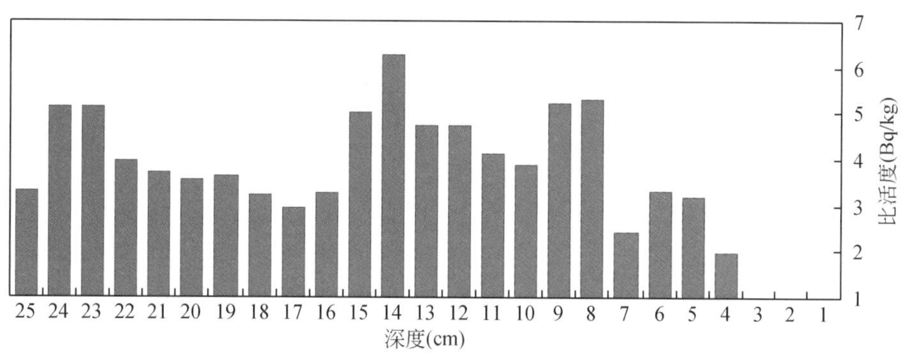

图 22-9　E040426-4 孔柱的^{137}Cs比活度垂直剖面

由于采样时间为 2004 年 4 月，并根据^{137}Cs比活度数据以及 3 个^{137}Cs沉降峰值对应的时标，可以得到鹅项水库几个时段内的沉积速率，如表 22-16 所示。表中反映出的鹅项水库沉积速率要比红枫湖沉积速率（万国江等，1990）大很多，最为可能的原因是红枫湖之上存在若干级电站以及类似鹅项水库、克酬水库这样的小型水库，侵蚀产生的沉积物质首先在这些水库和电站中一级级地不断沉淀，因此只有部分密度较小的沉积物质能够以悬移质的方式随同水流得以进入红枫湖，并最终在红枫湖湖心深处产生沉积。同时由于红枫湖湖面宽广，直接来自于红枫湖岸边密度较大的物质一般在岸边附近的水面下沉积，无法到达湖心最深处。

表 22-16　鹅项水库沉积速率

时标年份	深度（cm）	质量深度（g/cm^2）	沉积状况	
			时段	沉积速率［g/（cm^2·a）］
1964	24	21.80	1964～1975 年	0.867
1975	14	12.26	1975～1987 年	0.484
1987	8	6.45	1987 年以后	0.379

一般而言，水库水底地貌形态并不是均一的，因此往往造成不同地点不同时段的绝对沉积速率具有不同的数值。但另一方面，一个湖区沉积速率又具有相对一致性，这种相对一致性就体现在不同时段沉积速率变化趋势的一致性，即不同采样点也许具有不同的绝对沉积速率，但是每一采样点沉积速率随时间的变化过程应是一致的。E040426-4 孔柱是在鹅项水库最深处采得的，因此能够客观地反映整个库区的沉积变化过程，进而与整个流域的土壤侵蚀状况对应起来。

由表 22-16 可以看出，鹅项小流域沉积速率经历了一个非常明显的下降过程。1964～

1975 年是整个研究期内鹅项水库沉积速率最高的一段时期，因此可以判断这一时期流域内的土壤侵蚀状况也最为严重。1975 年以后沉积速率逐渐变小，且在 1987 年以后减小幅度也较为明显，表明 1975 年以后鹅项小流域内土壤侵蚀也在逐渐减少，这与前文利用 RUSLE 模型计算鹅项小流域土壤侵蚀状况得到的结论具有很好的一致性，同时也证明了利用 RUSLE 模型模拟土壤侵蚀相对变化过程的正确性。

E040426-4 孔柱平均粒径随深度变化的情况如图 22-10 所示。

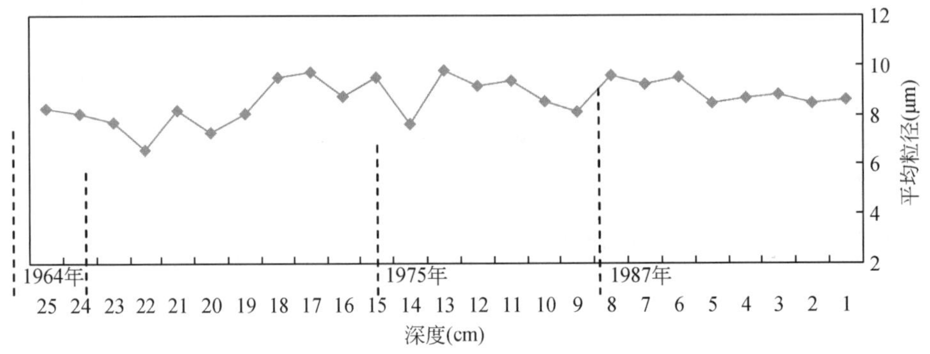

图 22-10　E040426-4 孔柱平均粒径随深度分布

注：竖线由孔柱测年结果，下同

粒度信息通常需要结合气候（尤其是降雨）数据来共同指示一个地区的环境变化状况。由于本节要讨论的是侵蚀和沉积变化状况，因此可以将降雨侵蚀力信息与沉积物粒度信息结合起来一起讨论。为便于观察，将鹅项小流域降雨侵蚀力从 1963 年以来的变化情况重新作图，如图 22-11 所示。由图 22-10 可知，进入 20 世纪 70 年代以后鹅项水库沉积物平均粒径变化不大，其变化过程与降雨侵蚀力变化过程之间在形态上存在一定程度的相似性，只是这种相似程度由于粒径变化幅度不大，所以表现得不太明显。例如，1991 年和 1979 年降雨侵蚀力异常高值（图 22-11）并没有引起沉积物粒径的明显增加（图 22-10），倒是 1966 年和 1975 年降雨侵蚀力的全局低值与沉积物平均粒径全局低值有较好的对应。1964 ~ 1975 年鹅项小流域降雨侵蚀力基本保持稳定，但沉积物粒径却有较为明显的增加。这些通过实验手段得到的结果也证明了前面利用 RUSLE 模型计算鹅项小流域土壤侵蚀时得到的一个结论，即鹅项小流域土壤侵蚀对于气候因素的响应并不明显。

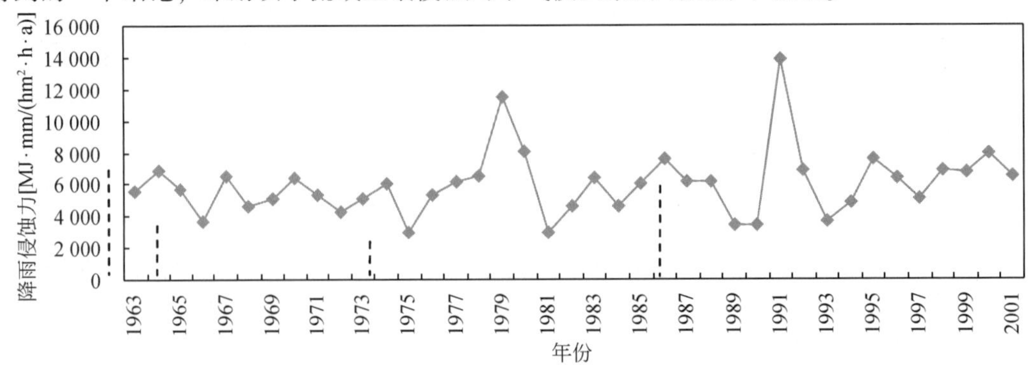

图 22-11　1963 ~ 2001 年鹅项小流域年降雨侵蚀力

现在回头讨论一下鹅项小流域 1964 ~ 1975 年土地变化、侵蚀和沉积之间的对应关系。由于缺少 1973 年以前的土地利用资料，无法用 RUSLE 模型去模拟这一时期的土壤侵蚀状况，所以只能根据实验结论（沉积速率和沉积物粒径变化）和降雨侵蚀力变化情况从宏观上进行定性讨论。由表 22-4 知，这一时期平均降雨侵蚀力在整个研究期内最小，然而此间沉积速率的高值表明这一时期的土壤侵蚀状况非常严重，图 22-10 揭示出沉积物粒径有较为明显的增加，对此合理的解释是由于 1958 年鹅项小流域内出现严重的植被破坏现象（农户访谈证明了这一事实），加之鹅项水库 1958 年开始兴建前并不存在天然的湖泊，水库蓄水导致大量农田被淹，农民被迫在水库正常水位线之上开垦新的农田（这是政府当时采取的解决方案，农户访谈也证实了这一事实），因此，尽管 1964 ~ 1975 年平均降雨侵蚀力在整个研究期内最小，但是这一期间内急剧的土地利用变化还是导致了鹅项小流域发生整个研究期内最为严重的土壤侵蚀现象，随后土壤侵蚀以水库沉积物的方式得以记录。而沉积物平均粒径较为明显的增加也表明了土壤侵蚀发展变化的过程，即由表层的细粒径逐渐扩展到下层较粗的粒径。

22.3.2　克酬小流域沉积过程

根据克酬水库 K040427-1 孔柱^{137}Cs 比活度分析结果可以绘出^{137}Cs 在孔柱中分布的垂直剖面，如图 22-13 所示。

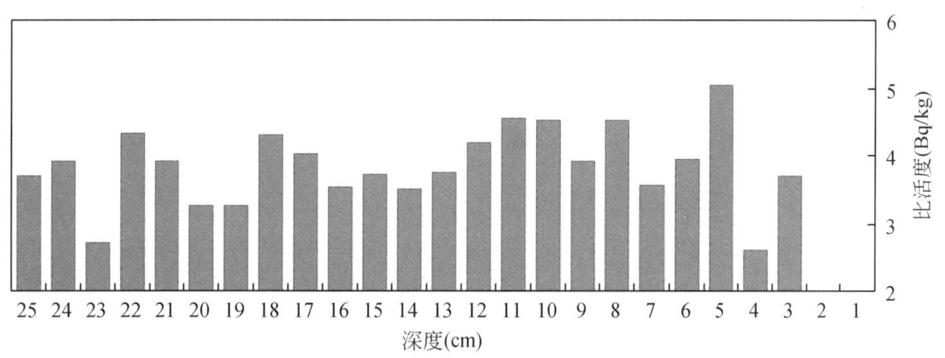

图 22-12　K040427-1 孔柱的^{137}Cs 比活度垂直剖面

因未测定 1 ~ 2cm 深度的^{137}Cs 比活度，故图中没有列出相应数值。与鹅项水库不同的是，克酬水库沉积物垂直剖面上出现了 4 个^{137}Cs 沉降峰值，分别位于 5cm、11cm、18cm 和 22cm 处，其中 5cm 处的^{137}Cs 比活度值为全局最高。根据^{137}Cs 计年原理可知，在 4 个^{137}Cs沉降峰值当中必然存在一个异常值，为了能够实现准确计年，首先需要找出这个异常值。理论上埋藏最深的^{137}Cs 沉降峰值对应的 22cm 处沉积层节应该标示 1964 年，如果按顺序上推，即假定 18cm 处的沉积层节标示 1975 年，11cm 处的沉积层节标示 1987 年，那么 5cm 处的^{137}Cs 沉降峰值就应该为异常值。当然这种排列次序只是一种假设，代表了其中可能存在的一种情况。接下来的工作需要证明这种假设的合理性，为此需要解释 5cm 处^{137}Cs 沉降峰值是如何产生的，以及将这种^{137}Cs 沉降峰值排列次序体现出的时间关系作为沉积物粒度变化的时标，看看沉积物平均粒径的变化与流域年均降雨侵蚀力的变化是否存在一致性，并判断计算得到的沉积速率是否合理。

在利用 RUSLE 模型模拟克酬小流域土壤侵蚀变化过程时曾经得到一个结论，即克酬小流域土壤侵蚀变化与流域降雨（降雨侵蚀力）变化之间存在良好的对应关系。因此在沉积物粒径变化与降雨侵蚀力变化之间也可能存在良好的对应关系，为此将 K040427-1 孔柱各层节的平均粒径垂直分布和1963 年以来的降雨侵蚀力变化情况一并列出，如图 22-13 和图 22-14 所示。

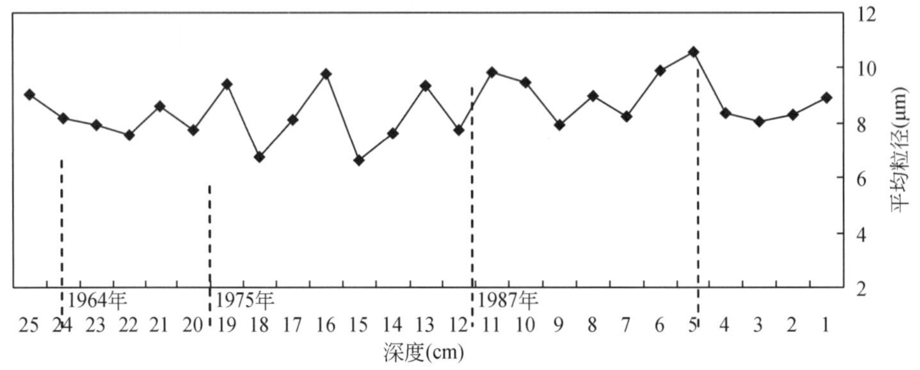

图 22-13　K040427-1 孔柱平均粒径随深度分布

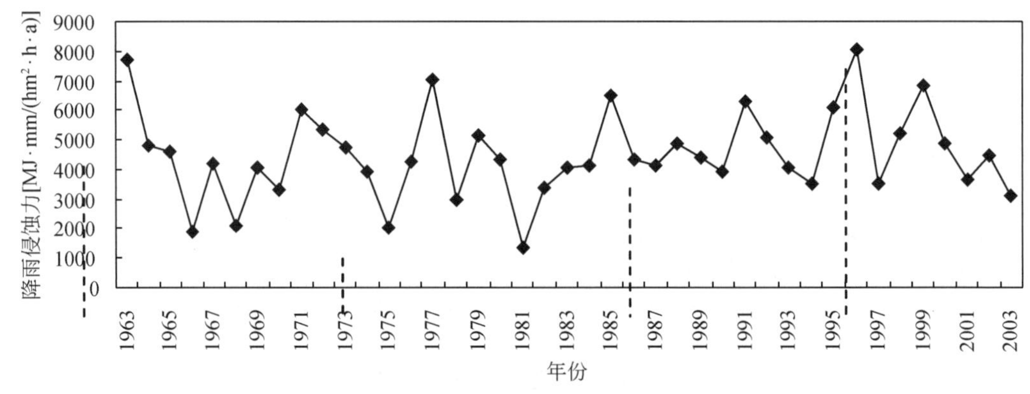

图 22-14　1963-2003 年克酬小流域年降雨侵蚀力

如图 22-12 所示，由于 11cm 处沉积层节对应 1987 年，1cm 处层节对应采样时间 2004 年，之间的过渡层节大约每个层节对应 1.6 年，那么 5cm 处层节沉积时间在 1996 ~ 1997 年。同时在图 22-14 中可以发现，1996 年产生了整个研究期内最大的降雨侵蚀力，由此不难理解为何在 5cm 沉积层节处出现了^{137}Cs 沉降峰值，即克酬小流域 1996 年降雨导致了土壤侵蚀的发生，与以往年份土壤侵蚀不甚相同的是，由于这次土壤侵蚀更为严重，致使部分河道内的下层土壤被翻出，并随同降雨产生的水流流入水库发生沉积。这部分土壤的最初来源多是由于历史年份土壤侵蚀带来的，在没有进入水库前就在河道处滞留，因此土壤中^{137}Cs 的含量要明显高于表层土壤，也使得水库沉积物对应层节的^{137}Cs 比活度呈现高值。

另外一个非常有价值的证据就是沉积物 5cm 处沉积层节的粒径大小，由图 22-13 可以看出，5cm 处沉积层节的粒径为整个孔柱沉积物垂直剖面上的粒径最大值，且也经历了一个明显的增加过程（从 7cm 到 5cm），其变化过程与图 22-14 中降雨侵蚀力变化过程（1994 ~1996 年）极为相似。前文在介绍粒度的环境指示意义中曾提到，大粒径通常对应着较大降雨的发生，这就意味着 5cm 处的沉积物是由于较大的降雨（降雨侵蚀力）造成的。K040427-1 孔柱 5cm 处层节 ^{137}Cs 比活度含量、粒径和对应年份的降雨侵蚀力之间良好的一致性能够保证上述解释的合理性。考虑到 1996 年侵蚀下来的物质沉积完全需要一定的时间，且 ^{137}Cs 在水体中也存在一定的寄宿时间，为与前面的 ^{137}Cs 计年规则保持一致，最终确定 5cm 沉积物层节对应 1997 年。

事实上，K040427-1 孔柱揭示出的沉积物粒径变化与 1963 年以来的降雨侵蚀力变化均有着较好的对应关系，这不仅仅反映在 5cm 沉积层节处。对照图 22-13 和图 22-14 可以发现，18cm 层节（1975 年）的沉积物粒径为全局次小值，而同年的降雨侵蚀力也非常小，为 1963 年以来第三低值，22 ~18cm 层节（1964 ~1975 年）的沉积物粒径变化与 1964 ~1975 年降雨侵蚀力的变化有一定程度的相似性。15cm 层节（大致对应 1981 年）处沉积物粒径为全局最低值，而 1981 年降雨侵蚀力也是 1963 年以来最低的，16cm 层节、11cm 层节（1987 年）沉积物粒径高值与 1977 年和 1985 年的降雨侵蚀力存在一定程度上的联系，18 ~11cm 层节（1975 ~1987 年）沉积物粒径变化与 1975 ~1987 年降雨侵蚀力变化在形态上非常相似。8cm 层节沉积物粒径峰值虽然不甚明显，但可能与 1991 年的降雨侵蚀力高值多少有些联系，同时 8 ~5cm 层节（1987 ~1997 年）沉积物粒径变化形态与 1987 ~1997 年降雨侵蚀力也较为相似。1997 年以后的相似程度稍差，这可能是由于沉积作用还不完全所致。

克酬水库沉积物粒径变化与流域降雨侵蚀力变化之间良好的对应关系，不仅对于解释 5cm 层节处出现 ^{137}Cs 比活度异常值的原因构成支持，而且也间接证实了前面利用 RUSLE 模拟克酬小流域土壤侵蚀变化时得到的一个结论，即克酬小流域土壤侵蚀对于气候因素（降雨侵蚀力）的响应比较明显。

上面的分析解释了 5cm 处沉积层节 ^{137}Cs 比活度异常偏高的原因，然而这一异常值存在的意义远不止于此，更为重要的是它提供了另外一个准确的时标，这将提高克酬水库沉积速率研究的时间分辨率，即可以分别讨论 1987 ~1997 年和 1997 ~2004 年的沉积速率，并能够与基于 RUSLE 模型计算得到的克酬小流域 1989 ~1994 年和 1994 ~2000 年土壤侵蚀对应起来。根据 22cm、18cm、11cm 和 5cm 处沉积物的质量深度以及对应的年份，计算得到了克酬水库不同时间段的沉积速率，如表 22-17 所示。

表 22-17　克酬水库沉积速率

时标年份	深度（cm）	质量深度（g/cm^2）	沉积状况	
			时段	沉积速率[g/(cm^2·a)]
1964	22	18.38	1964 ~1975 年	0.336
1975	18	14.68	1975 ~1987 年	0.486
1987	11	8.85	1987 ~1997 年	0.501
1997	5	3.84	1997 年以后	0.548

表 22-17 表明了 1964 年以来克酬水库沉积速率持续增加，其中 1975 年前后两个时段沉积速率增加明显。1975 年以后，克酬水库沉积速率逐渐增加，说明整个流域土壤侵蚀状况逐渐加剧，这与前文利用 RUSLE 模型计算克酬小流域土壤侵蚀状况得到的结论具有很好的一致性。另外 RUSLE 模型计算结果还表明 1994 年以后平均土壤侵蚀模数较 1989 ~ 1994 年平均土壤侵蚀模数有非常明显的增加，但表 22-17 表明 1997 年以后沉积速率较前一阶段有所增加，但增加幅度并不是很大。这一差异说明了 RUSLE 模型应用在贵州典型喀斯特地貌区的确存在一定的局限性（尤其是已经出现石漠化现象的地区，如克酬小流域），即 RULSE 模型对于 *LS* 因子更为敏感，陡坡植被破坏对于土壤侵蚀的影响显著大于平地上相同程度的植被破坏对于土壤侵蚀造成的影响。然而事实上如果陡坡由于石漠化现象的出现，其土壤侵蚀模数将会变得非常小，而不像 RUSLE 模型计算的那样变得非常大，水库沉积速率的变化与基于 RUSLE 模型计算得到的土壤侵蚀变化之间的差异证实了喀斯特地区存在由于石漠化现象所引起的这种特殊土壤侵蚀规律。尽管存在一定的局限性，但是基于 RUSLE 模型模拟得到的流域土壤侵蚀变化趋势与水库沉积速率总体变化趋势之间的一致性还是证明了 RUSLE 模型总体上的有效性，对土壤侵蚀相对结果的预测更为可信。

同鹅项小流域一样，克酬小流域也是缺少 1973 年以前的土地利用资料，因此无法用 RUSLE 模型去模拟这一时期的土壤侵蚀状况，这里只是依据实验结论（沉积速率和沉积物粒径变化）和降雨侵蚀力变化情况定性讨论一下 1964 ~ 1975 年土地利用变化、土壤侵蚀和沉积之间的对应关系。1964 ~ 1973 年降雨侵蚀力在整个研究期内最小，但绝对数量与 1973 ~ 1989 年的降雨侵蚀力相差不大；沉积速率的变化说明克酬小流域土壤侵蚀在1964 ~ 1975 年最小，在 1975 年以后才有较大的增加。出现这种变化的原因，一方面是因为克酬水库在 1957 年末开始兴建之前就存在一定范围的天然湖泊，水库蓄水并没有造成过多农田被淹没，加之当时人地矛盾远没有现在这么紧张，农民可以在其他一些较远的平坦土地上从事农业生产；另一方面由于克酬小流域地势较为平坦，且又具有良好的区位优势，因此早在 1958 年之前就已经得到了一定程度的开发，换言之即 1975 年以前植被已经有所破坏。以上的内容概括一下，就是这一时期流域内的土地利用强度变化不甚剧烈，再加上研究期内最小的降雨侵蚀力，使 1964 ~ 1975 年流域土壤平均侵蚀模数最小。1975 年以前的沉积物平均粒径增加趋势不明显，这也间接说明这一期间克酬小流域土壤侵蚀并未发生特别明显的变化。1975 ~ 1987 年克酬小流域土壤侵蚀程度比前一期间明显增加，其幅度在整个研究期内最大，沉积物平均粒径也表现增加的趋势，然而这一期间降雨侵蚀力却未较前一期间有大幅增加，这说明此间土壤侵蚀程度的增加主要来自于土地利用变化的贡献。

22.3.3 两个小流域的对比

(1) 沉积速率变化过程

鹅项水库沉积速率总体上是变小的，尤其是 1975 年后沉积速率较之前沉积速率减小的幅度非常明显。研究期内沉积速率持续变小表明流域土壤侵蚀程度在减轻，考虑到研究期各时段平均降雨侵蚀力一直在增加，那么土壤侵蚀程度减轻只能是土地利用（强度）变化带来的结果，尤其是林地在陡坡位置上的恢复对于流域土壤侵蚀的控制作用具有非常重要的意义。鹅项小流域沉积速率变化表明 1964 ~ 1975 年土地利用变化最为显著，1975 年以后土地利用强度变化不大。与鹅项水库恰好相反，研究期内克酬水库沉积速率却是逐渐增加，尤其是 1975 年以后沉积速率较之前有明显增加。克酬水库沉积速率持续增加表明土壤侵蚀程度逐渐变大，这主要来自于降雨侵蚀力和土地利用变化的共同贡献。1964 ~ 1975 年土地利用强度变化不甚剧烈，加上整个研究期内最小的降雨侵蚀力，所以土壤侵蚀程度也是最小的，这与鹅项小流域有着非常明显的区别。1975 年以后克酬小流域降雨侵蚀力增加不大，然而土壤侵蚀程度增加明显，这表明克酬小流域土地利用显著变化是在 1975 年以后才开始的。1997 年以后沉积速率较前一阶段有所增加，但幅度并不如降雨侵蚀力增加幅度那么显著。

(2) 沉积物粒径变化过程

鹅项水库沉积物粒径变化具有两个特点：一是沉积物粒径变化幅度不大，说明总体上鹅项小流域土壤侵蚀对于降雨侵蚀力的响应不明显，尤其是对降雨侵蚀力的极端值响应不明显；另外一个特点是 1964 ~ 1975 年沉积物平均粒径表现出增加的趋势，1975 年以后基本保持稳定，这也能够间接说明鹅项小流域最为显著的土地利用变化发生在 1964 ~ 1975 年。克酬水库沉积物粒径的变化与降雨侵蚀力的变化在形态上较为相似，而且降雨侵蚀力的极端值往往对应着沉积物粒径的极端值，这表明克酬小流域土壤侵蚀对于降雨侵蚀力的响应比较明显。另外，沉积物平均粒径在 1975 年以后才表现出增加趋势，加上 1975 年以后土壤侵蚀速率明显增加，说明克酬小流域显著的土地利用变化是发生在 1975 年以后的。

22.4　土地变化对生态系统生产力的影响

本节利用 CENTURY 模型，研究小流域尺度上生态系统生产力和土壤有机碳在气候变化和人类活动影响下的可能响应。

22.4.1　CENTURY 模型

(1) 模型结构

CENTURY 模型是用于模拟植被—土壤生态系统 C 以及营养元素 N、P、S 等长期动态变化的生物地球化学模型（Parton et al.，1988），最初是从草原生态系统发展起来的，现广泛用于农田、森林、草地和热带草原等生态系统的生物量和生产力动态模拟。该模型是以气候、人类活动（如放牧、火烧等）、土壤性状、植物生产力以及凋落物和土壤有机质分解间的相互关系为基础建立起来的，其特点在于综合考虑温度、降水、土壤养分和水分等环境因素，以及土地利用方式和经营管理活动（耕作、灌溉、施肥、放牧、收割、砍伐等）对生态系统生产力和营养元素生物地球化学循环的影响。CENTURY 模型的结构包括如下几部分。

a. 土壤有机质子模型

土壤有机质子模型模拟土壤的 C、N、P、S 动态，其中土壤有机碳子模型是整个模型最主要的组成部分，其他有机质（N、P、S）的循环都是以碳循环为基础进行，计算模式与之相似。与其他土壤有机质模型相似，CENTURY 模型采用分室思想把土壤有机质分为多个分室，再根据各个分室中土壤有机质的形成和分解速率确定各有机质在各分室的分配。大多数控制土壤—植被系统流量的参数都包含在模型 fix. 100 文件中。

以土壤有机碳子模型为例，根据土壤有机碳循环周转速率的不同，土壤有机碳划分为 3 种基本类型：活性（active）碳库、缓性（slow）碳库和钝性（passive）碳库。活性碳库（约占 SOM 库的 2%）包括土壤微生物及其产物（整个活性土壤有机质库近似等于土壤微生物量的 2 ~ 3 倍），周转速率从几个月到几年；缓性碳库（占 SOM 库的 45% ~ 60%）包括耐腐蚀植物材料，如类木质素成分和保持土壤稳定的植物和微生物，其周转速率 20 ~ 50 年；钝性碳库（占 SOM 库的 45% ~ 50%）是很难分解的土壤有机质，物理化学性质非常稳定，周转速率为 400 ~ 2000 年。不同碳库之间的交换由控制土壤分解速率的水分和温度决定，其中温度作用是月平均土壤表面温度的函数，湿度作用是 0 ~ 30cm 深处贮藏水分的比率及当前月降水与潜在蒸散率之比的函数。另外，土壤有机质分解作用还与土壤机械组成有关，即砂粒含量越大，CO_2释放量越大，土壤碳贮存越少。

植被净生产力 NPP 包括地上和地下活的部分，在自然和人为因素作用下部分转为地上和地下枯死物，成为土壤有机质循环的来源。死亡植物物质根据木质素与 N 的比率（L/N）分别进入结构库和代谢库。高 L/N 部分被分配进入结构库，结构库包含植物体内的全部木质素和纤维素，结构库腐化分解速率与代谢库相比明显慢得多。植物残体和土壤有机质在微生物作用下发生分解，在微生物呼吸作用下释放 CO_2。

b. 土壤水分和温度子模型

CENTURY 利用一个简化的水分平衡模型来计算每月蒸发和蒸腾的水分损失、各个土壤层的含水量、融雪水量、径流量，以及各个土壤层之间的饱和水流。如果平均气温在 0℃以下，降水表现为降雪，积雪发生水分升华和蒸发，其速率等于潜在蒸散速率（potential evaporation，PET）。如果气温超过 0℃，积雪开始溶解，溶解速度是平均气温的线性函数。裸地土壤水分损失是枯死植株和凋落物生物量、降雨量和月潜在蒸散速率的函数。截留水分损失是地上生物量、降雨量和月潜在蒸散速率的函数。月降雨量中减去截留和裸地水分损失部分，剩余部分进入土壤。月潜在蒸散速率是月平均最高和最低气温的函数。

模型中水分来源包括大气降水和灌溉水，随后被分成径流、蒸发、蒸腾、溪流、基流和土壤存储水等几部分，径流量是降雨量和灌溉水量之和的二次函数。CENTURY 使用一个容器模型计算水分在各个土壤层之间的渗透和分配。经截留和裸地土壤蒸发后的有效水分添加到表层土壤（0 ~ 15cm），超过田间持水量的部分渗流到下一层。当水分全部进入土壤中后才发生蒸腾水分损失。水分的损失首先是植物截留降水，其次是裸地的蒸发和蒸腾失水。最大月蒸散水分损失等于潜在蒸散，不同土层的田间持水量和萎蔫点可根据土壤容重、土壤质地和土壤有机质推算。

最高土壤温度是最高气温和冠层生物量的函数，而最低土壤温度是最低气温和冠层生物量的函数。应用于有机质分解和植物生长速率的实际土壤温度是最低和最高土壤温度的平均值。如果不同月份之间气温差在 2℃以上，土壤温度的变化滞后于大气温度的变化。

c. 植物生产量子模型

CENTURY 模型可用于模拟草地、农田、森林和萨瓦纳等生态系统的生产量动态。以草地/农田子模型为例，它能模拟草地/农田生长以及人类活动（如放牧、火烧）对植物生产量的影响。草地/农田参数可从 crop. 100 文件中获得。植物的潜在生产量是土壤温度、有效水分及植物自遮蔽因子的函数：

$$P_p = P_{max} \times T_p \times M_p \times S_p \tag{22-1}$$

式中，P_p是地上部分的潜在生产率［g/（m^2·月）］；P_{max}是最大的地上部分潜在生产率［250g/（m^2·月）］；T_p是土壤温度对植物生长的影响；M_p是水分对植物生长的影响；S_p是遮阴对植物生长的影响。M_p是当前月降水加上前一个月 0～60cm 深土层中储存的水分与潜在蒸发速率的函数。土壤持水量也会通过改变贮存的土壤水分对 M_p产生影响。不同土壤质地的影响也很大，较低持水量的土壤（如沙土）在干旱条件下会有较高的植物产量。植物生长与植物根系温度的关系为 sigmod 形曲线直到最适宜温度，超过最适宜温度，植物生长速率快速下降。遮阴因子导致具有大量立枯物质植物产量的减少。

土壤养分供应也会对植物产量产生影响，根据 Liebig 最小因子定律（Liebig's law of minimum），最受限制的养分抑制植物的生产。同时最大和最小碳元素与其他元素（用 E 表示，即 N、P、S 之一）的比率对于根和活茎是不同的，且各养分浓度不允许超过最小的 C/E 值。其他一些干扰事件也会影响植物生产量，如火烧将增加植物的根部比重以及活茎和根中的碳氮比，另外取走植物地上部分生物量的行为（如放牧）和返回无机养分（如施肥）也会改变植物根茎比并提高活茎和根的氮含量。

（2）模型输入和输出

CENTURY 模型运行需要大量参数（600 多个），其中大部分参数是针对特定生态系统类型的固定参数，另外一部分参数同模拟样地或区域的环境和植物特征有关，即每次模型运行时需要指定的参数，包括如下几类：①地理位置参数：模拟地区的经度、纬度等。②气候参数：至少连续 10 年的月降水量、月平均最高气温和月平均最低气温。③土壤参数：土壤层厚度、质地、容重、pH，初始土壤 C、N、P、S 水平，大气 N 沉降等。④植被参数：植被类型、植物物候（如生长季）、最大总生产力、植物生长最适宜温度和最高温度、植物体中营养元素含量、木质素含量等。

CENTURY 模型输出的模拟结果包括如下几类：①水和温度输出变量：年降水量、月潜在蒸散、月蒸发量、月蒸腾量、平均土壤温度、平均大气温度、溪流量等。②草原/作物 C 输出变量：植物地上、地下、立枯等的生物量和生产力。③森林系统 C 输出变量：森林生产力和生物量，包括树叶、细根、细枝、粗根、粗枝的生产力和生物量。④土壤营养元素输出变量：土壤有机碳、氮、磷等的水平。⑤输出变量：凋落物分解过程中因微生物呼吸产生的地表和土壤 CO_2释放量，大气 CO_2浓度倍增对生态系统生产力、C/E 的影响等。

22.4.2 生态系统生产力模拟

（1）模型参数化

模型参数化主要是确定气候因子、研究地点基本情况、外界营养输入、土壤有机质初始含量、植物有机质初始含量、土壤矿物质初始含量、土壤水分状况等基本驱动参数，并需要按照固定格式生成相应 CENTURY 模型的系统文件，这些系统文件的具体含义如表 22-18 所示。

表 22-18 CENTURY 模型系统文件

系统文件	含义
crop. 100	作物/草地的植被生产力，C、N 等的参数
cult. 100	作物耕种选项
fert. 100	作物施肥选项
fire. 100	火干扰选项
fix. 100	与有机质分解有关的固定参数，通常不修改
graz. 100	放牧强度选项
harv. 100	收获强度选项
irri. 100	灌溉强度选项
omad. 100	施加有机肥选项
tree. 100	种植不同树种选项
trem. 100	植被破坏选项
<site>. 100	样地的立地参数，包括土壤质地、pH、有机质含量等
*. sch	执行计划文件（schedule）
*. wth	立地气候数据文件，包括多年月平均最高气温、最低气温和降水量

执行计划文件（*. sch）实际上包含了选择的植被类型、植物生长季开始和结束时间、各种植被和作物管理措施的影响方式、模型运行起始和终止的年份、结果输出的频率、气候数据的生成方式等大量信息，是 CENTURY 模型运行的核心文件。针对鹅项流域和克酬流域每一种土地覆被类型（林地、灌草和农田）均定义了两份执行计划文件，分别对应 2 种不同的情景模拟 NPP 和土壤有机质的变化情况。

情景 1：按照流域土地利用变化和土壤侵蚀变化的真实情况定义 CENTURY 模型执行计划文件。鹅项流域 1958 ~ 1963 年林地和灌草经历了严重的人为破坏（植被破坏程度定义为皆伐），1958 ~ 1973 年林地、灌草和农田土壤侵蚀最为严重，1973 年以后林地和灌草逐渐恢复，林地、灌草和农田土壤侵蚀逐渐减少。农田在 1980 年以前使用有机肥且施肥量较少，而在 1980 年后使用无机肥且施肥量增加，克酬流域 1958 ~ 1963 年林地和灌草也遭受了较为严重的破坏（植被破坏程度定义为皆伐），1958 ~ 1973 年林地、灌草和农田土壤侵蚀量在研究期内最小，1973 年以后林地、灌草和农田土壤侵蚀量增加幅度较大，且保持逐渐增加的趋势；农田施肥变化过程与鹅项流域一致。由于 RUSLE 模型计算土壤侵蚀模数 [t/ (hm^2 · a)] 绝对数量存在误差，即土壤侵蚀模数预测值偏大，因此本节定义林地、灌草和农田土壤侵蚀速率 [kg/ (m^2 · 月)] 时，首先以 RUSLE 模型计算结果的一半作为正确的土壤侵蚀模数绝对数值，然后将该数值换算成 CENTURY 模型所要求的量纲格式，并使该年份的土壤侵蚀量按照总量平衡原则分布在 6 ~ 10 月，且 7 月、8 月土壤侵蚀速率 [kg/ (m^2 · 月)] 最大。

情景 2：假定鹅项小流域和克酬小流域在 1958 ~ 1963 年均没有出现由于大规模人类活动导致的植被破坏现象，且整个研究期内林地、灌草和农田也没有发生土壤侵蚀，农田施肥情况与情景 1 相同，在这种情况下，两个流域林地和灌草 NPP 和土壤有机质变化过程只与流域气候因素有关。

(2) 鹅项小流域模拟结果

鹅项流域 1951 ~ 2001 年林地 NPP 和土壤有机碳变化情况如图 22-15 和图 22-16 所示。

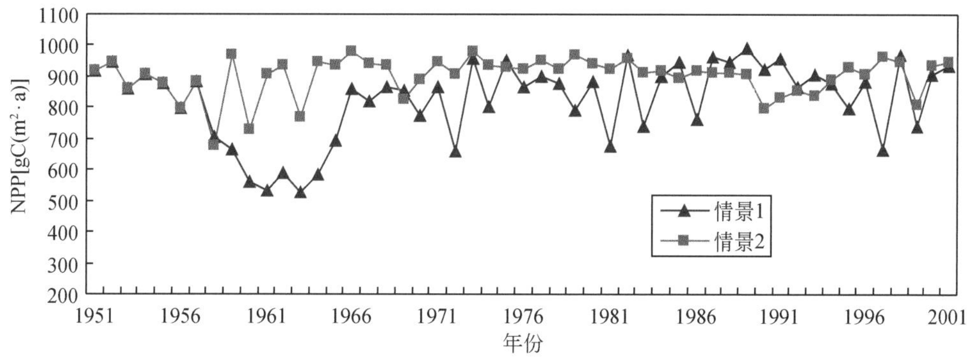

图 22-15　1951 ~ 2001 年林地 NPP 模拟值

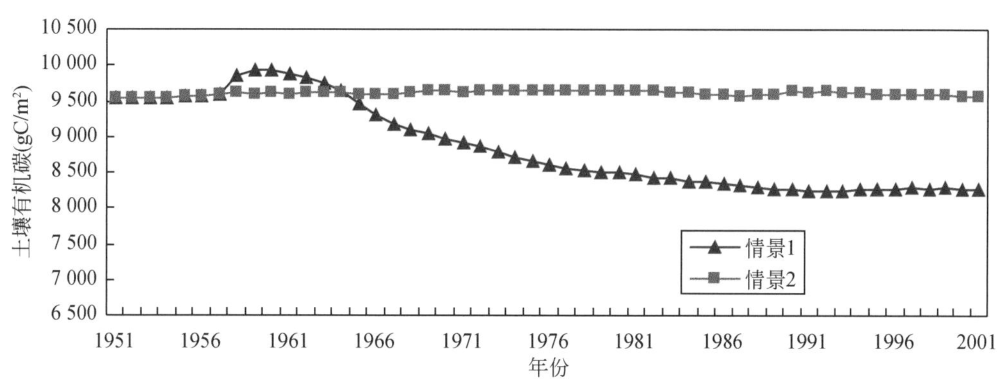

图 22-16　1951 ~ 2001 年林地土壤有机碳模拟值

在情景 1，1951 ~ 2001 年林地 NPP 平均值为 824. 5gC/ (m^2 · a)。在情景 2，1951 ~ 2001 年林地 NPP 平均值为 899. 2gC/ (m^2 · a)。从 NPP 平均值来看，情景 1 和情景 2 差别不大，其原因在于 1958 ~ 1963 年林地经历大量破坏后，林地 NPP 在较短的时间内就得到了较好的恢复，由图 22-15 可见，恢复期大概只需要 5 年左右的时间。虽然存在土壤侵蚀现象，1968 年以后情景 1 的林地 NPP 数值与情景 2 的林地 NPP 数值大体相同，只是前者年际变化较后者略大。从林地土壤有机碳变化过程（图 22-16）看，相对于情景 2 下的林地土壤有机碳在研究期内保持稳定，情景 1 下的林地土壤有机碳在 1958 年开始的林地大规模破坏后经历短暂增加，时间大约为 2 年，随后即开始了长时间非常明显的下降过程，大约在 1990 年后才逐渐稳定。到 2001 年为止，如果以情景 2 为基准，情景 1 林地损失的土壤有机碳相对比例达到 13%。

情景 1 代表林地 NPP 和土壤有机碳的实际变化情况，NPP 的变化表明鹅项流域林地生态系统对于极端土地利用变化具有较好的抵抗力和较快的恢复力。与此同时，土壤有机碳变化过程也说明极端土地利用变化和土壤侵蚀的影响是显著而深远的。因为正常情况下土壤中有机质积累速率变化很小，即土壤有机质在相对较长的时间范围内可以保持稳定状态，所以土壤有机质是反映生态系统缓冲能力最好的因子。林地土壤有机碳的减少正是缓冲外部压力的客观结果，说明林地生态系统在对极端事件和土壤侵蚀的不断适应过程中，逐渐从一个稳定状态滑落到下一个次级稳定状态。

图 22-17 和图 22-18 反映了灌草 NPP 和土壤有机碳的变化情况。

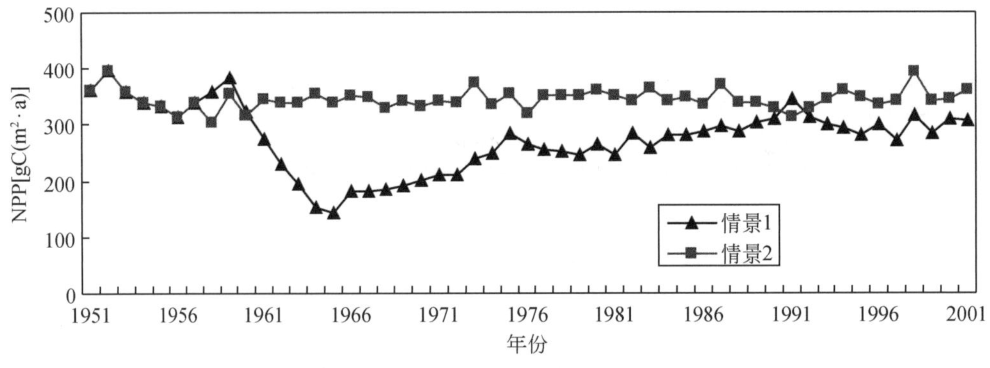

图 22-17　1951 ~ 2001 年灌草 NPP 模拟值

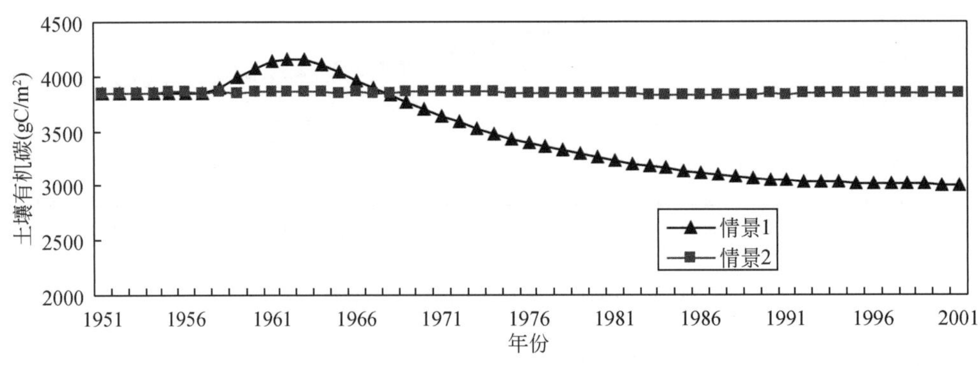

图 22-18　1951 ~ 2001 年灌草土壤有机碳模拟值

如图 22-17，在情景 1 中，灌草平均 NPP 为 277. 1gC/（m^2・a），在情景 2 中，灌草平均

NPP 为 345.8gC/（m^2·a），两者之间的差距在绝对数量上虽然没有林地大，但相对比重达到了20%，其原因在于灌草经历1958～1963年严重破坏后，NPP损失的相对比重要比林地大得多，而且由于灌草土壤侵蚀程度最为严重，随后灌草NPP恢复的过程较为缓慢，1990年以后灌草NPP趋于稳定，但与情景2的NPP存在一个相对明显的差距。如图22-18，情景1下的灌草土壤有机碳和林地土壤有机碳变化过程较为相似，但是前者在下降过程经历的时间和相对幅度都比后者要显著。1990年以后，灌草土壤有机碳表现出趋于稳定的倾向，到2001年为止，以情景2为基准，情景1灌草损失的土壤有机碳相对比例达到21%。以上情况表明鹅项流域土地利用变化和土壤侵蚀对于灌草的影响要比林地大。

对于农田只考虑地上部分NPP的变化，鹅项流域农田地上部分NPP和土壤有机碳变化情况见图22-19和图22-20。

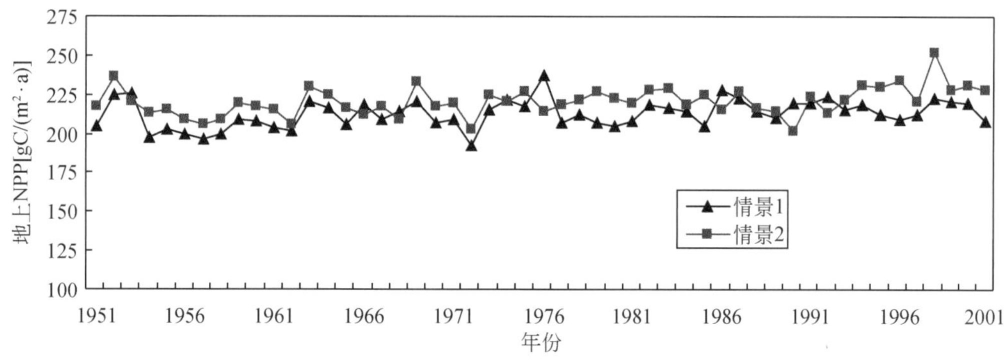

图22-19　1951～2001年农田地上NPP模拟值

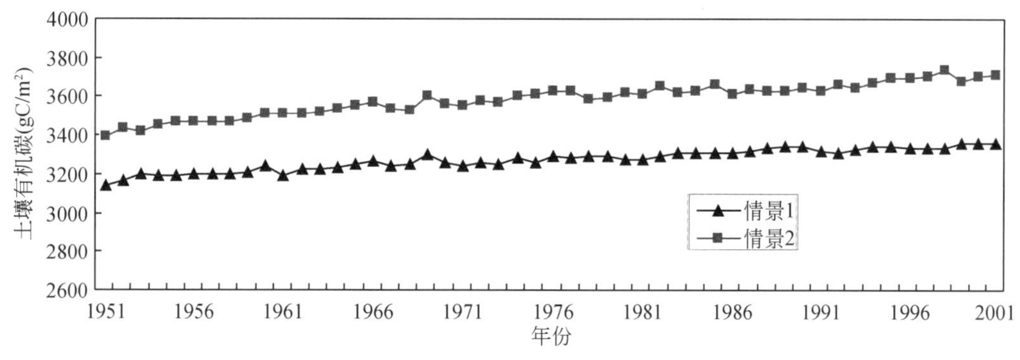

图22-20　1951～2001年农田土壤有机碳模拟值

在情景1，农田平均地上NPP为212.6gC/（m^2·a）；在情景2，农田平均地上NPP为220.5gC/（m^2·a），两者之间的差距不大，但在研究期内始终存在。由于两种情景的气候因素和施肥量完全一致，所以这一差距完全是由于土壤侵蚀引起的，如图22-19所示。对照图22-20，同样是由于土壤侵蚀的原因，情景1和情景2的农田土壤有机碳之间的差距有逐渐扩大的趋势，由此认为土壤侵蚀部分抵消了施肥的正向积极效应，或者可以认为如果不施加肥料，农田土壤侵蚀的存在将导致土壤有机碳的减少。

(3) 克酬流域模拟结果及其与鹅项流域的对比

克酬流域 1951～2001 年林地 NPP 和土壤有机碳变化情况如图 22-21 和图 22-22 所示。

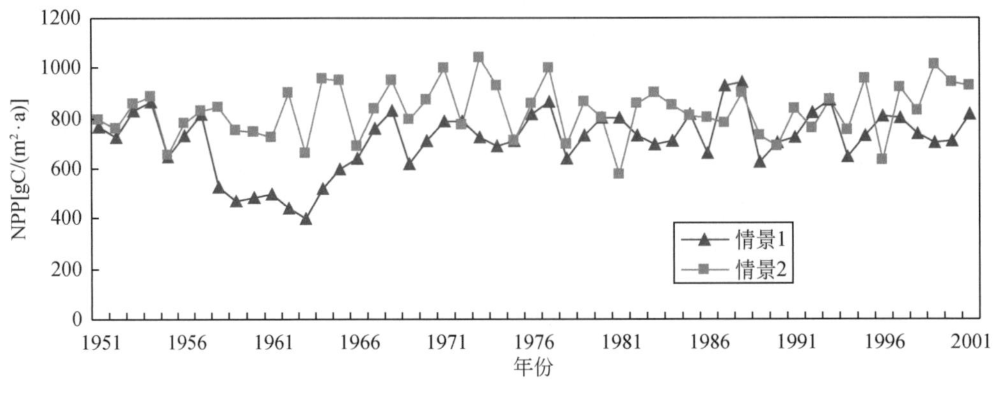

图 22-21　1951～2001 年林地 NPP 模拟值

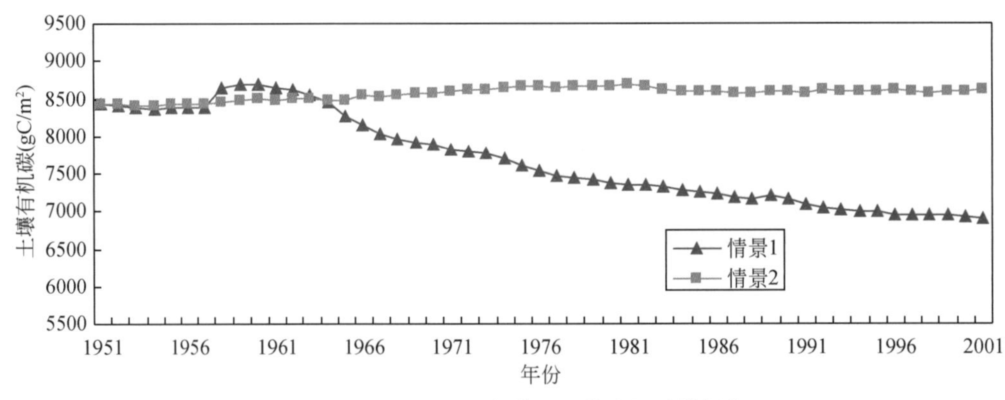

图 22-22　1951～2001 年林地土壤有机碳模拟值

情景 1，林地 1951～2001 年 NPP 平均值为 717.1gC/（m^2·a），在情景 2，1951～2001 年林地 NPP 平均值为 831.4gC/（m^2·a）。在情景 2，克酬小流域林地 NPP 比鹅项小流域稍小，主要是由于初始土壤条件以及气候状况存在一些差异。克酬小流域情景 1 和情景 2 之间林地 NPP 的差距要比鹅项小流域大得多，这说明植被的人为破坏和土壤侵蚀对克酬流域林地的影响更为显著，林地 NPP 恢复效果不如鹅项小流域。另外克酬小流域土壤有机碳变化过程与鹅项小流域也存在差别，首先，无论是情景 1 还是情景 2，克酬小流域林地土壤有机碳在绝对数量上与鹅项流域相差较大；其次，以情景 2 为基准，克酬小流域情景 1 下的林地土壤有机碳损失比例比鹅项小流域大，达到了 19.9%，而且林地土壤有机碳在研究期内始终下降，尽管 1996 年后下降速率逐渐变小，而鹅项小流域林地土壤有机碳在 1990 年以后就基本上保持稳定了。克酬小流域、鹅项小流域林地 NPP 和林地土壤有机碳具有不同的变化过程，其主要原因是由于两个小流域具有不同的土壤侵蚀变化过程，即与鹅项小流域土壤侵蚀模数在研究期内逐渐变小不同，克酬小流域土壤侵蚀模数却是逐渐增大的。可以预期，如果克酬小流域土壤侵蚀程度继续加重，则克酬小流域土壤有机碳

（土壤有机质）继续减少的同时，缓冲外部压力的能力也会继续下降。

鹅项小流域灌草 NPP 和土壤有机碳变化情况如图 22-23 和图 22-24 所示。

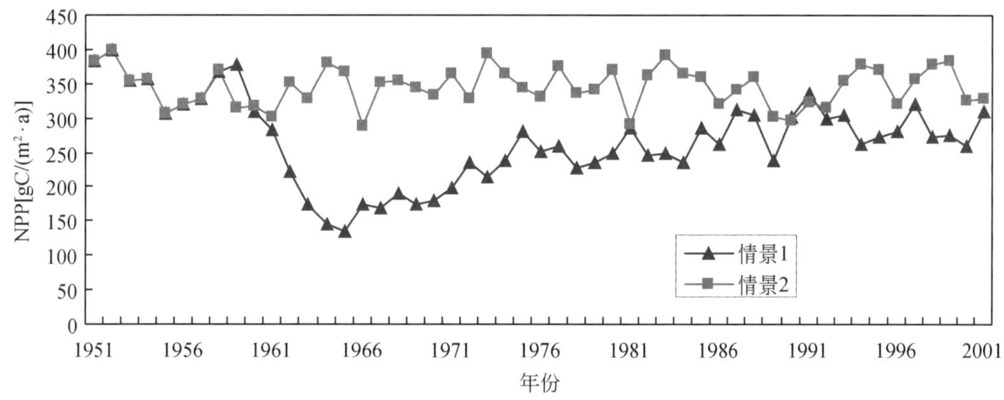

图 22-23　1951～2001 年灌草 NPP 模拟值

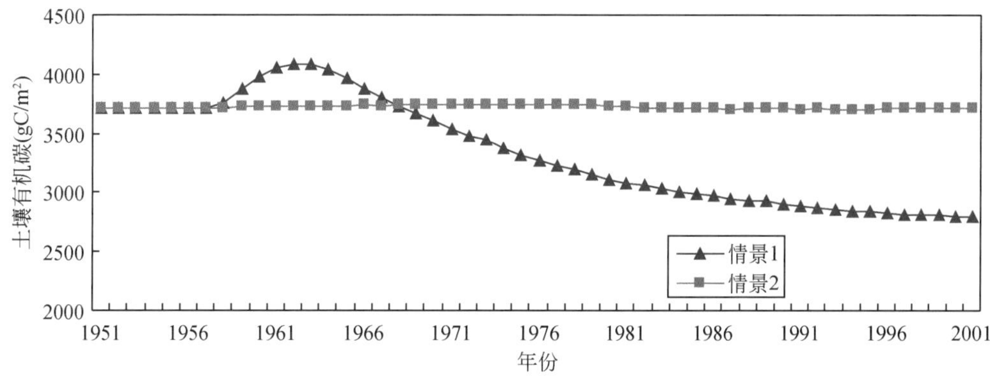

图 22-24　1951～2001 年灌草土壤有机碳模拟值

克酬流域情景 1 和情境 2 下的灌草平均 NPP 为 268.1gC/（m^2·a）、345.7gC/（m^2·a），在 NPP 的绝对数值上与鹅项流域极为接近，另外，克酬小流域灌草 NPP 同样经历了较长的恢复时间，稳定后与情景 2 的 NPP 存在一个相对明显的差距，且变化过程与鹅项小流域也是相似的。克酬流域灌草土壤有机碳的变化过程与鹅项流域有一些区别，首先到 2001 年为止，以情景 2 为基准，情景 1 土壤有机碳数值损失相对比例达到 25%，高于鹅项小流域；其次克酬小流域土壤有机碳在 1990 年以后下降速度有所减少，但并没有像鹅项小流域那样表现稳定的趋向，以上情况说明克酬小流域受外部干扰的程度要大于鹅项小流域，其缓冲外部压力的能力也会继续下降。

克酬小流域农田地上部分 NPP 和土壤有机碳变化情况如图 22-25 和图 22-26 所示。

克酬小流域情景 1 和情景 2 下的农田平均地上 NPP 为 240.2gC/（m^2·a）、246.1gC/（m^2·a），从绝对数量上看比鹅项小流域要高一些，变化过程与鹅项小流域相似。克酬小流域地上有机碳的绝对数量高于鹅项小流域，变化过程也是相似的，即情景 1 和情景 2 的农田土壤有机碳之间的差距有逐渐扩大的趋势。克酬小流域地上 NPP 和

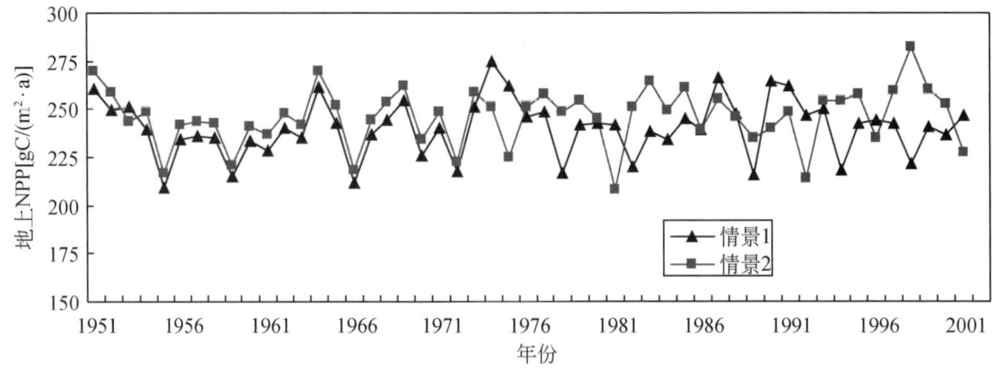

图 22-25　1951 ~ 2001 年农田地上 NPP 模拟值

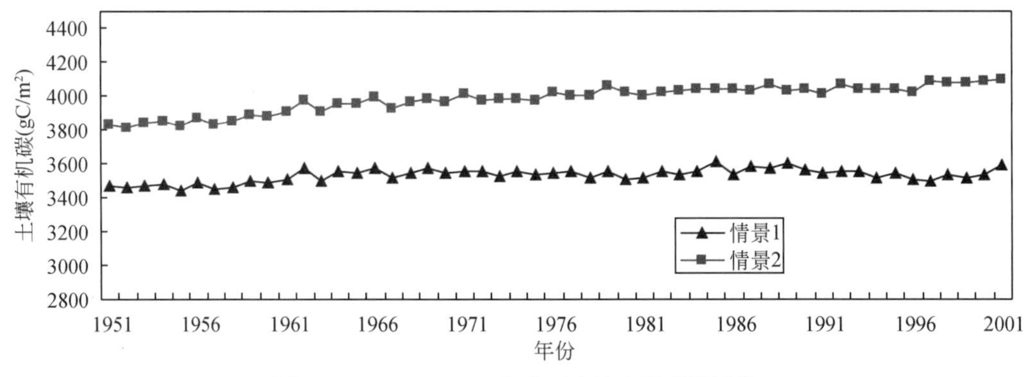

图 22-26　1951 ~ 2001 年农田土壤有机碳模拟值

土壤有机碳均高于鹅项流域，2 个流域农田的施肥状况和土壤侵蚀程度差不多，可能的原因是克酬小流域土壤初始条件较好，更适合耕作，再就是克酬小流域内的水热条件配合比鹅项小流域要好。

（4）模拟结果验证

将 NPP 的模拟结果与其他学者在相近地区的研究结论进行对比。鹅项小流域和克酬小流域林地 NPP 与黄忠良（2000）对华南地区马尾松的模拟结果较为接近，考虑到本研究 NPP 是用碳的年累积速率来表示的，如果按照碳与干物质比例为（0.3 ~ 0.4）：1 关系来换算，则换算后的数值在吴建国和徐德应（2004）总结的暖温带和亚热带森林植被 NPP 数值［14.5 ~ 24.5t/（hm^2 · a）］变化范围内。屠玉麟和杨军（1995）对贵阳和安顺地区喀斯特灌丛群落生物量进行研究后，得到灌丛地上部分 NPP 变化范围为 2.9 ~ 4.3t/（hm^2 · a），则灌丛全部 NPP 变化范围应该在 5 ~ 8t/（hm^2 · a），同样按照碳与干物质比例为（0.3 ~ 0.4）：1 关系来换算，则本章灌草 NPP 换算后的数值也在这一范围内。

根据两个小流域不同覆被类型土壤样品的分析结果，林地土壤有机质介于 39 ~ 70g/kg；灌草土壤有机质变化范围在 19 ~ 29g/kg，农田土壤有机质在 26 ~ 30g/kg。按照土壤有机质和土壤有机碳 1.7：1 的比例关系（布雷迪，1982），土壤容重按照 1.1g/cm^3 计（贵州省土壤普查办公室，1994），并以 CENTURY 模型要求的 0 ~ 20cm 表层土壤进行换算，则林地土壤有机碳变化范围是 5280 ~ 9240gC/m^2，灌草是 2508 ~ 3828gC/m^2，农田是 3432 ~ 3960gC/m^2。CENTURY 模型对两个小流域林地、灌草和农田土壤有机碳的模拟值均位于上述相应范围内，只是林地土壤有机碳的模拟结果稍有点偏高。总体来看，CENTURY 模型的模拟结果还是合理的。

第 23 章 小流域土地利用对土壤质量的影响

喀斯特地区土地利用所导致的土地退化，本质体现为土壤质量退化。本章针对不同的景观类型区和不同的土地利用方式，研究小流域土壤质量的基本特征，以及土地利用对土壤质量退化的影响评价，并从土壤物理结构和土壤地球化学过程变化两个方面探究土壤质量退化的机理。

23.1 土壤质量概念与数据采集

23.1.1 土壤质量概念

土壤兼具内在的和动态的特性与过程（Sojka and Upchurch，1999），在人类时间尺度上土壤资源是一种脆弱性的非再生资源（张桃林等，1997），土壤健康对于全球可持续发展具有重要意义（Doran，2002）。

Warkentin（1997）提出了土壤质量这一概念。他认为土壤质量是“在自然和为人类管理的生态系统界面上发挥功能的，支撑生物生产力，维持环境质量，促进动植物健康的能力”（Herrick，2000）。曹志洪和史学正（2001）认为土壤质量是“土壤支撑粮食生产所需的肥力高低，容纳、吸收、降解和自净各种环境污染物质能力的强弱，以及促进人与动植物健康能力大小的综合量度。”土壤质量被认为是表征土壤状况、保持生产力、维持环境质量、对管理行为的响应、对自然压力和人类利用行为的抵抗能力的敏感性和动态性的概念（Islam and Weil，2000）。

土壤质量不仅依赖于土壤的主要功能、类型和所处的地域，也依赖于外界因素，如土地利用和土壤管理措施、生态系统和环境的互作、社会经济和政治的特点等。从对土壤质量的定义中可以看出，与研究土壤质量最密切相关的是土壤的养分状况与水土保持能力方面的属性特征，前者是保持土壤生产力促进动植物及其人类健康的保证；后者是涵养土壤，维持环境质量的基础。

土壤质量正日益被认为是显示环境质量、食物安全以及经济发育能力的一项综合指标，已为国际性广泛接受，而且成为继大气和水环境质量之后的可持续环境的研究重点和热点领域（张华和张甘霖，2001）。土壤质量研究在喀斯特地区主要始于近几年，所进行的工作多为仅针对某个或某几个指标（李阳兵，2001；龙健等，2002a，2002b，2003；王德炉等，2003），未见系统研究喀斯特地区土壤质量及其与土地利用关系的报道。

23.1.2　样区与数据采集

(1) 样区基本特征

选取猫跳河流域内代表 3 种不同景观类型的采样区：鹅项水库非喀斯特景观黄壤样区，甘棠堡半喀斯特景观石灰土样区，广顺典型喀斯特景观石灰土样区（图 23-1）。

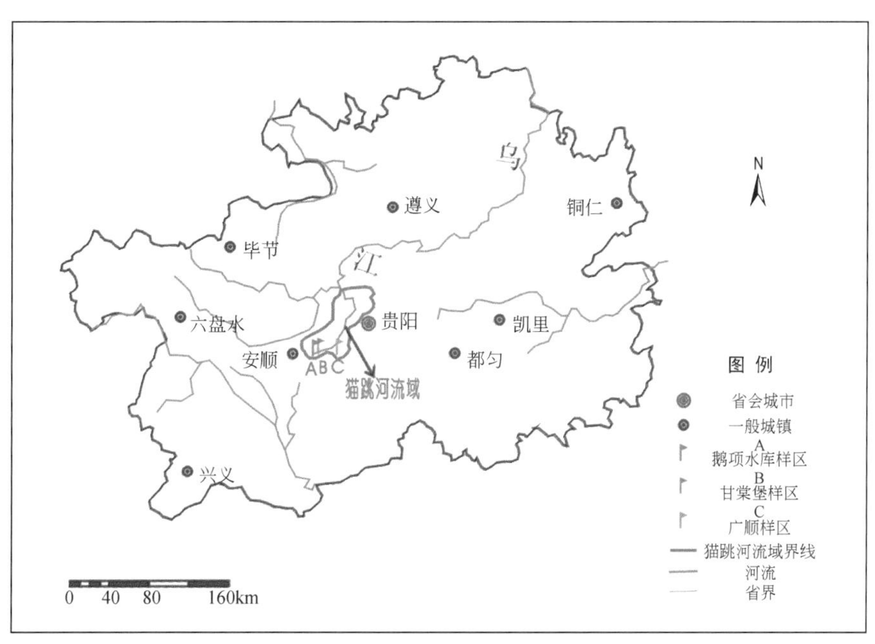

图 23-1　研究样区地理位置

表 23-1 是 3 个研究样区的基本特征。3 个样区的土地利用类型主要为林地、灌丛地、草地、撂荒地和坡耕地 5 种类型。对于林地而言，在鹅项水库非喀斯特景观区，由于土壤发育较好林地类型比较丰富，存在多种生长年限不同的林地类型；但在半喀斯特和典型喀斯特景观区，几乎只有生长年限较长的风水林，虽然近年来这类地区加大了退耕还林力度，但由于其生长年限很短，兼之土层浅薄林木生长缓慢，因而退耕还林地尚表现为撂荒地景观。

表 23-1　3 个景观样区基本特征

样区	基本特征	简称
鹅项水库非喀斯特景观黄壤样区	地处贵州省安顺地区西秀区旧州镇西南部丘峰谷盆轻度流失区；岩性主要是页岩、硅页岩夹少量燧石灰岩，该样区的高山带还有砂页岩夹煤层条带出现；土壤发育良好，土层深厚；土地利用类型多样，主要包括各种不同生长年限的林地、灌丛地、草地、撂荒地、茶场、果园以及坡耕地等	非喀区或非喀斯特区
甘棠堡半喀斯特景观石灰土样区	毗邻鹅项水库样区东侧，岩性主要定碳酸盐岩类的灰岩、泥灰岩，并多为含有砂页岩等岩性夹层的石灰岩等；土壤发育情况较差，土层厚度不均匀，厚处可达数十厘米，薄处基岩几乎地表完全裸露；土地利用类型比较简单，主要有风水林地、灌丛地、草地、撂荒地和耕地	半喀区或半喀斯特区

续表

样区	基本特征	简称
广顺典型喀斯特景观石灰土样区	广顺样区地处黔南州长顺县北部丘原区的广顺镇境内，为峰丛洼地和丘陵宽谷的交错地带；区内出露地层主要为二迭系，岩性多为以白云岩为主的比较纯质的碳酸盐岩类，发育有典型的喀斯特地貌景观；土壤发育状况极差，山地区土壤几乎均为石灰土，土层厚度多在 20cm 之下，兼之地下水位低，抗旱能力弱，致使本地区的石漠化情况非常严重；土地利用类型，丘原地区多为水稻田，而研究的山地地带则多为裸露草山、坡耕地以及撂荒地，林地几乎只有村寨附近的风水林地	典喀区或典型喀斯特区

资料来源：安顺县综合农业区划编写组，1989；长顺县综合农业区划编写组，1988；本研究野外实测

（2）样品采集与测定

样品主要采自于 3 种不同喀斯特景观类型的各自 5 种土地利用类型，沿坡面布设采样点。对于单一土地利用类型坡面，短坡面包括 3 组共 9 个采样点，长坡面则有 5 组 15 个采样点；对于由 2 种土地利用类型组合的坡面，一般包括 2 类 6 组共 18 个样点。对每一处采样点，用 GPS 进行定位，记录采样点位的坡度、坡向、高程、植被信息、土壤特征、石漠化信息等；同时，进行现场农户调查，掌握采样区的土地利用类型年限、施肥、覆被变化等方面的情况，以及社会经济、投入产出等方面的信息。此外，在采样点附近选择醒目之处，用红漆标记，以备第二次采样时寻找对应点位所用。此外还采集和测定了其他样品，包括岩石样和少量水系沉积物。

不同景观区土壤质量的基本特征统计结果见表 23-2。

表 23-2　不同景观区土壤质量基本特征统计表

指标类型	土壤属性指标	非喀斯特区		半喀斯特区		典型喀斯特区	
		均值	标准差	均值	标准差	均值	标准差
基本物理属性	土壤干容重（g/mL）	0.82	0.13	1.03	0.12	1.00	0.18
	土壤孔隙度（%）	68.45	4.93	60.23	4.57	61.61	6.80
	容积含水量（%）	35.75	6.00	36.44	5.52	24.38	5.96
	土壤剪力（km^2）	0.11	0.12	0.14	0.12	0.18	0.13
土壤质地	砂粒（%）	24.92	10.09	18.20	8.04	41.22	11.39
	粉粒（%）	30.67	4.45	40.15	4.71	36.84	9.48
	黏粒（%）	44.40	12.27	41.66	7.44	21.94	8.46
水稳性团聚体	>5mm（%）	15.08	9.65	7.12	3.74	10.55	5.30
	5～2mm（%）	16.14	5.45	14.10	5.20	14.45	6.36
	2～1mm（%）	8.07	2.73	9.13	3.14	7.32	2.56
	1～0.5mm（%）	19.20	4.50	21.02	3.09	18.14	4.83
	0.5～0.25mm（%）	9.18	4.02	10.62	4.91	7.75	4.85
	<0.25mm（%）	32.34	8.56	38.01	10.19	41.78	13.53

续表

指标类型	土壤属性指标	非喀斯特景观区		半喀斯特景观区		典型喀斯特景观区	
		均值	标准差	均值	标准差	均值	标准差
土壤养分	有机质（g/kg）	39.36	18.68	37.72	22.09	48.18	27.38
	全氮（g/kg）	2.28	0.85	2.84	0.98	3.03	1.35
	碱解氮（mg/kg）	206.03	43.47	260.80	83.35	286.13	108.80
	有效磷（mg/kg）	24.84	26.09	16.40	17.31	16.98	21.96
	速效钾（mg/kg）	141.56	40.62	198.65	106.17	73.44	13.60
	全磷（g/kg）	2.23	0.56	1.38	0.72	0.88	0.39
	全钾（g/kg）	12.24	6.17	32.43	10.06	3.96	2.40
矿质元素	SiO_2（%）	52.71	8.52	58.76	3.16	69.65	7.78
	Fe_2O_3（%）	9.21	5.14	7.08	1.24	4.59	1.57
	Al_2O_3（%）	14.76	2.76	13.20	1.11	7.54	2.79
	MnO（%）	0.22	0.26	0.12	0.02	0.08	0.04
	CaO（%）	1.27	0.12	1.75	0.33	2.04	0.48
	MgO（%）	0.44	0.20	0.87	0.12	0.36	0.11
	TiO_2（%）	3.00	0.72	1.52	0.38	1.11	0.30

注：统计原始样本数，非喀斯特区为 93 个，半喀斯特区为 45 个，典型喀斯特区为 51 个

23.2　景观类型、土地利用与土壤质量的关系

23.2.1　不同景观区的土壤质量特征

(1) 土壤基本物理属性特征对比

从研究结果（图 23-2）中可以发现，虽然 3 类土壤发育于大致相同的气候条件，但其土壤基本物理属性特征却表现出较为显著的差异。总体看，发育于半喀区和典喀区的石灰土容重明显要高于发育于非喀区的黄壤；土壤孔隙度情况与容重情况相反，表现为非喀区土壤孔隙度较高，而半喀和典喀区土壤厚重孔隙度较低；土壤含水量典喀区明显低于非喀区和半喀区，说明虽然三者自然背景条件相似，但典型喀斯特地区发育的土壤涵养水分的能力很差；土壤剪力在三者之间差异较大，表现为由非喀—半喀—典喀逐渐增大，说明随着喀斯特景观程度的加深，土壤板结加强，抵抗物理破坏的能力反而有所提高。

(2) 土壤质地特征对比

研究结果（图 23-3）显示，非喀斯特区和半喀斯特区土壤的机械组成相似，表现为黏粒和粉粒含量较高而砂粒含量较低；但在典型景观区则与前二者有显著的不同，突出表现为黏粒含量较低，而砂粒和粉粒含量却较高的特点。砂质土颗粒一般接触紧密，故容重较高。土壤质地的这种特点表明，随着喀斯特景观程度的加深，土壤中砂粒含量上升，黏粒含量却有显著下降趋势；而较低的黏粒和较高的砂粒含量状况，表明土壤质量存在或遭

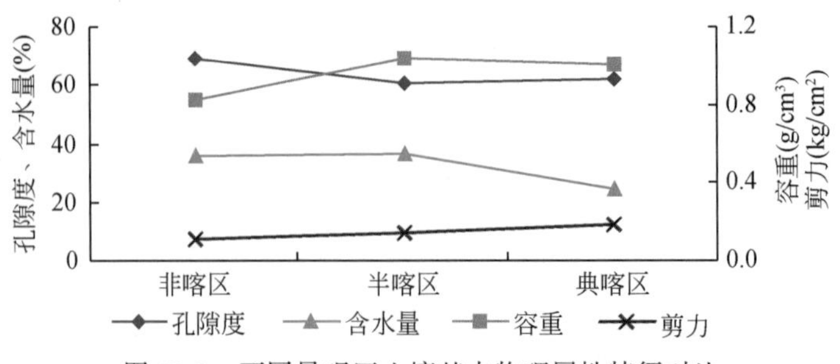

图 23-2 不同景观区土壤基本物理属性特征对比

受过土壤的侵蚀退化。

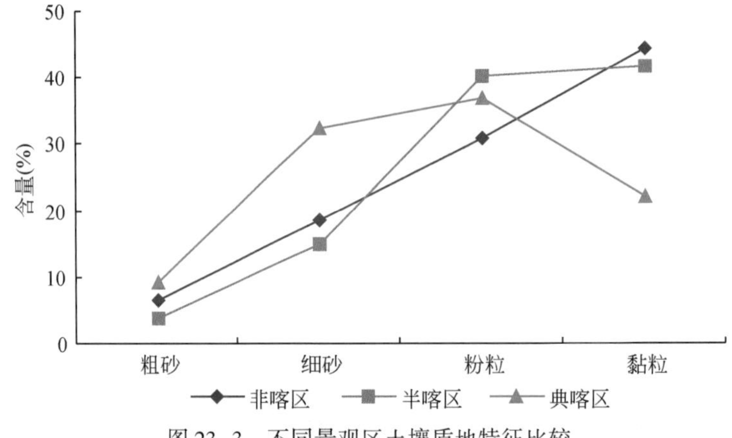

图 23-3 不同景观区土壤质地特征比较

(3）土壤结构特征对比

水稳性团聚体更能反映土壤结构的稳定性，因此得到广泛的运用。本论文若无特别注明，所研究的团聚体均为水稳性团聚体的情况。

水稳性团聚体的测定结果表明（图 23-4），3 种景观区团聚体构成情况总体上类似，主要表现为小团聚体含量相对较高，而大团聚体含量较低。但非喀区中>5mm 和 5～2mm

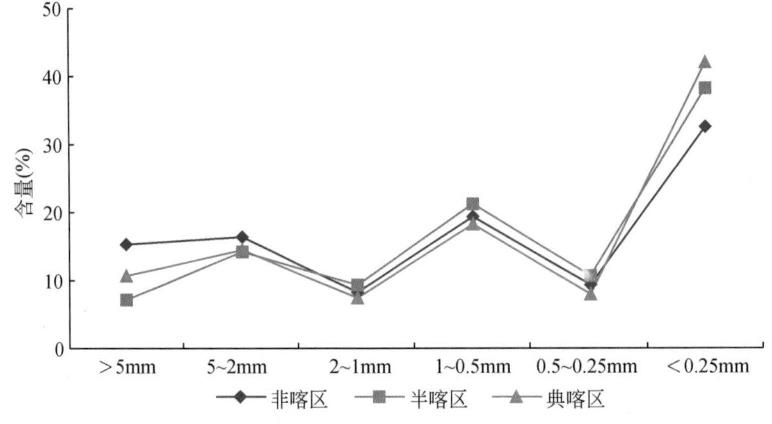

图 23-4 不同景观区土壤水稳性团聚体特征对比

的大团聚体百分含量均高于半喀区和典喀区，而<0.25mm 的小团聚体百分率则低于半喀区和典喀区。从各样区>1mm 大团聚体情况（表 23-3），可以看出非喀区>1mm 的大团聚体数量要显著高于半喀区和典喀区。可见，非喀斯特景观类型区较之于喀斯特景观类型区具有更好的土壤结构状况，更有利于植物的生长和抵抗侵蚀流失。

表 23-3　不同景观区>1mm 的大团聚体含量对比

土壤类型	>1mm 团聚体含量（%）
非喀区	39.28
半喀区	30.35
典喀区	32.32

（4）土壤养分特征对比

研究结果显示（图 23-5），虽然石漠化表现最为强烈的典喀区土壤的全钾、速效钾、全磷和有效磷几乎均为 3 种喀斯特景观类型区中之最低，但是典喀区土壤的有机质、碱解氮和全氮含量却是三者中之最高者。这主要是因为喀斯特具有独特而极其复杂的小生境（如石缝、石坑、小石沟、石槽等负地形），这些负地形受到地表径流的影响不大或雨水淋溶程度低，使得土体得以保存，并维持了较好的土壤结构和较高的养分水平（朱守谦，1993），从而导致有机质等养分的局部积累。非喀区最突出的表现是，有效磷含量在 3 种类型区中相对最高。而在半喀区，土壤全钾和速效钾含量均为 3 种类型区中之最高，这应当与其母岩岩性多为含钾量较高的非纯质碳酸盐岩类性有着密切的关系。

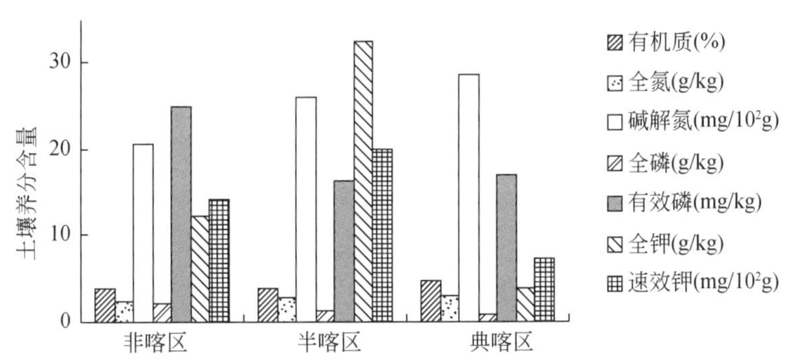

图 23-5　不同景观区土壤养分含量特征对比

（5）土壤矿质元素含量特征

以上分析了硅、铝、铁、镁、钙、锰、钛、钾、磷等元素的氧化物含量（其中钾、磷的情况放在养分分析中讨论），它们的总含量占全部氧化物含量的 85% 以上。因此，对于这 9 个元素的分析，可以很好地反映所研究土壤的矿质元素含量的总体特征。研究结果（图 23-6）显示：氧化硅的含量在典喀区的石灰土中最高，在非喀区黄壤中最低；而氧化铝情况正好相反，这表明典喀区石灰土的发育状况较低，脱硅富铝化程度不如非喀区黄壤强烈；氧化钙含量在典型喀斯特区含量最高，这与该区纯质碳酸盐岩的母岩中钙质含量较高有关；氧化铁、氧化锰和氧化钛的含量均由非喀区—半喀区—典喀区的顺序降低，反映了典喀区所发育的土壤可能经历过比较强烈地球化学迁移作用。

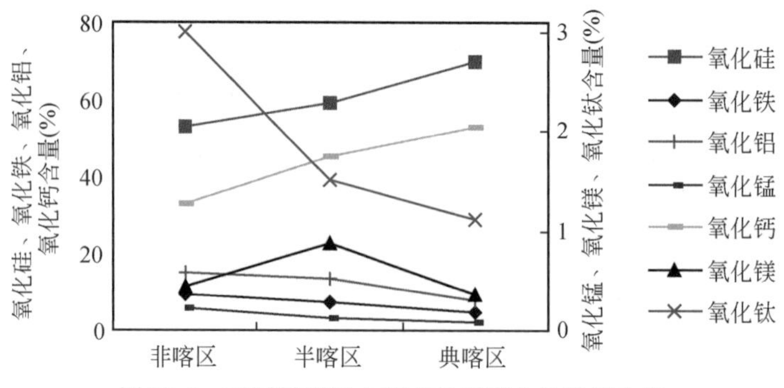

图 23-6　不同景观区土壤矿质元素含量特征比较

23.2.2　不同土地利用下的土壤质量特征

(1) 非喀斯特区不同土地利用下的土壤质量特征

通过对各指标在不同土地利用方式之间的差异显著性分析可知，在非喀斯特区，土壤质量属性指标中粉粒、0.5～0.25mm 水稳性团聚体、碱解氮、全磷、氧化铝、氧化钙、氧化钛等的含量在不同土地利用方式下不存在显著的差异，其他各项指标则均有比较明显的差异。由图 23-7 可知，非喀斯特地区各土地利用类型中，容重和孔隙度的分异现象最为显著，表现为林地的容重显著低于其他各类型，孔隙度的情况则与之相反；土壤剪力，除了在草地中显著高外，其他各土地利用类型间差异不大；土壤含水量除了在灌丛地中略低外，在各土地利用类型中差异不显著。砂粒与黏粒含量特征在各土地利用类型中的表现此消彼长的负相关关系。

在土壤结构的组成中，差异较大的是>5mm 的水稳性大团聚体和<0.25mm 小团聚体，主要表现为林地中的大团聚体含量最高，而草地则以大团聚体含量最低和小团聚体含量较高为特征。结合土壤质地与土壤结构来看，耕地由于耕作熟化，黏粒含量较高，但其结构组成中<1mm 的团聚体比重较大，显示出土壤易于被破坏的特性；草地的情况与耕地有些类似，这是因为非喀斯特样区的草地为 15 年以上较少受到干扰的建群种相对单一（其中草本层的优势种假俭草、芒和野粟三者就占 80% 以上）的草地，因此土粒较细，土壤黏结性强，容重也较大，从而接近于耕地的土壤特征，而且土壤中根系发达，土壤剪力大。在土壤养分方面，碱解氮和速效钾的差异不明显，有机质和有效磷在林地中显著高，全磷和全钾则在草地和撂荒地中含量有比较明显的偏高，全氮除在灌丛地含量稍低外，在其他土地利用类型之间差别不大；而耕地的各项指标均偏低，应与采样期间为收割后播种前，土壤养分已被作物大量吸收有关，这也反映了耕作方式对土壤养分具有较大的影响。在土壤矿质元素含量方面，铁、锰、镁氧化物在林地中的含量显著低于其他各类型，而氧化硅以及惰性元素钛的含量却显著高，表明林地中的化学元素迁移和交换比较活跃；草地中的情况几乎与林地相反，表明草地中元素的化学活动亦比较活跃，但以贫硅富铁、铝、锰和镁为特征；灌丛地以钛含量较低，撂荒地以镁含量较高为特征；耕地在矿质元素含量方面特性不明显。

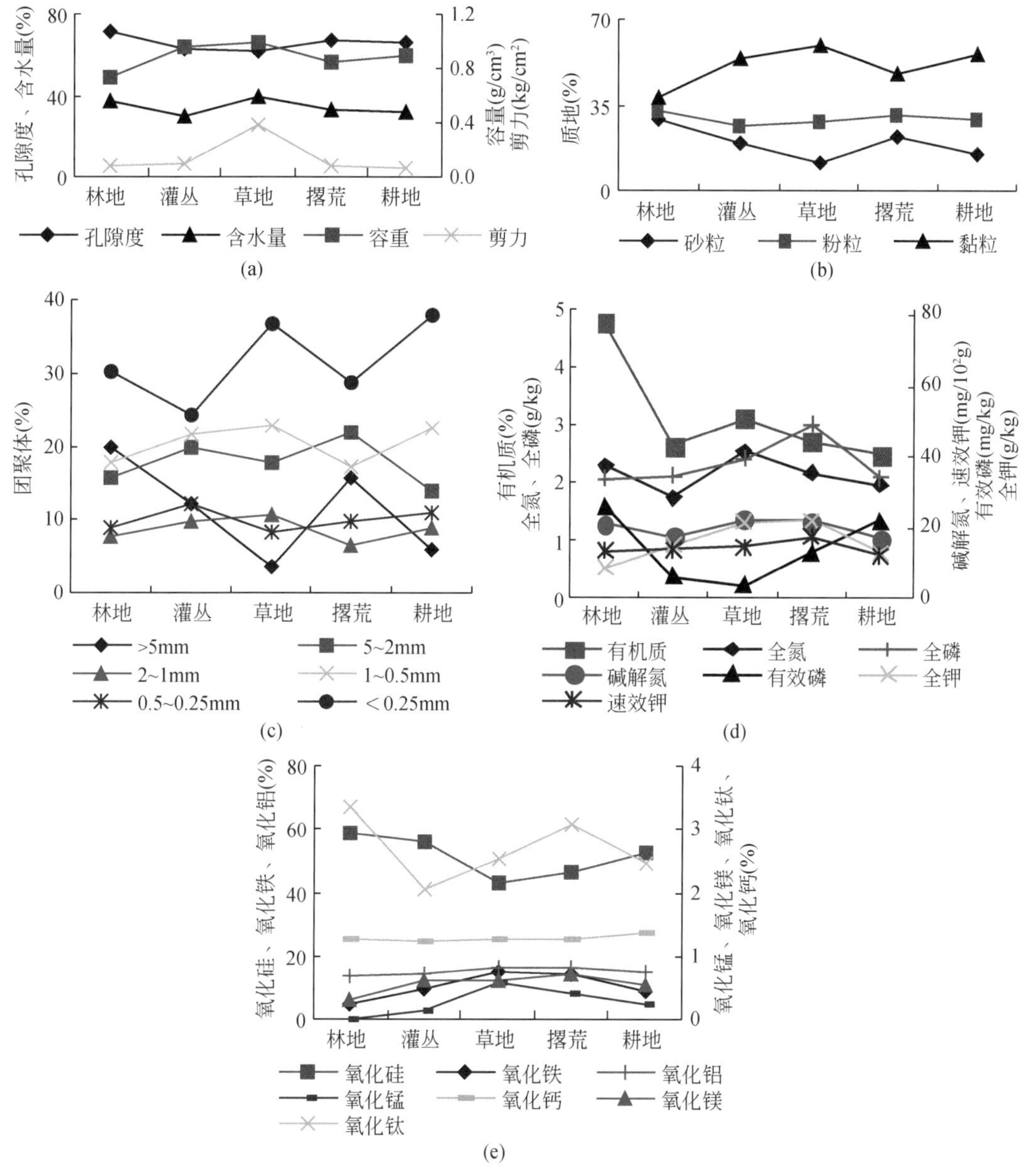

图 23-7　非喀斯特区土壤质量指标的土地利用分异

（2）半喀斯特区不同土地利用下的土壤质量特征

从研究结果（图 23-8）所反映的情况，并结合单因素方差分析结果可知，半喀斯特区的土壤质量指标中，除了 1 ~0. 5mm 的团聚体和矿质元素氧化硅、氧化铝、氧化锰、氧化钛在不同土地利用类型之间的含量差异性不显著之外，其他各项指标均存在比较明显的差异。在土壤的基本物理属性中，除了草地的容重较大和林地的含水量较高外，各项指标在土地利用中的差异性不显著；土壤质地组成在不同土地利用类型之间的差异比较明显，表现为黏粒以林地、砂粒以耕地和灌丛地、粉粒以草地的含量显著高为特征。从不同土地

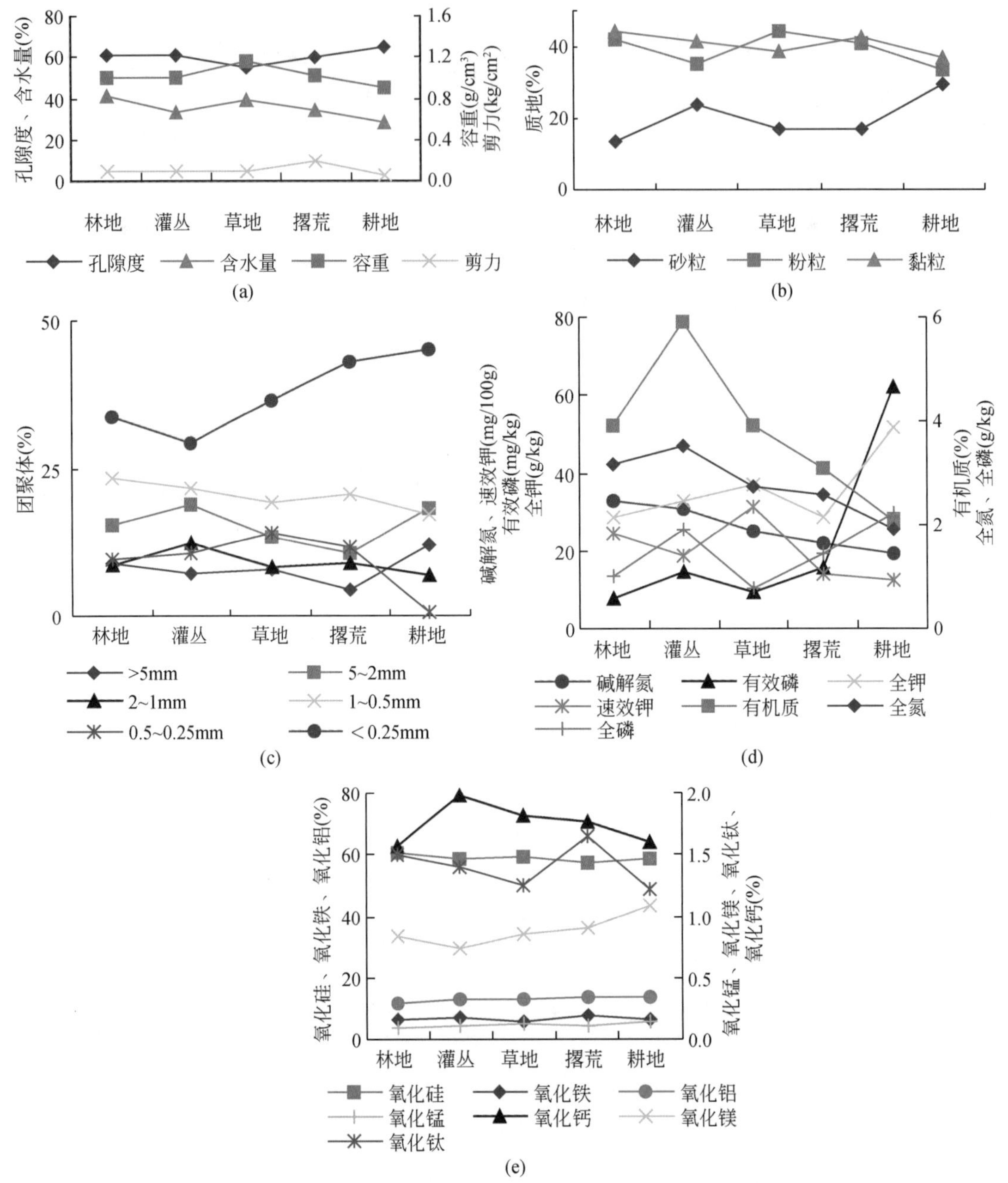

图 23-8　半喀斯特区土壤质量指标的土地利用分异

利用方式下的土壤团聚体组成情况，可以发现，大致以 1 ~ 0.5mm 粒级为界线，林地和灌丛在大于此粒级上的团聚体含量较之于其他土地利用类型要显著高，而草地和撂荒地的情况与之相反，表现为细团聚体的含量较高，耕地的土壤结构组成则为粗细粒各半。在土壤养分中，有效磷和全钾在耕地中显著高，草地中的速效钾、林地中的碱解氮的含量也较为明显地高于其他土地利用类型，有机质、全氮和全磷在各土地利用类型中差异则不是非常明显。土壤矿质元素含量在不同土地利用类型之间的差异并不显著，相对来说，镁在耕地中、铁在撂荒地中较高，铝在林地中、铁在草地中较低，而硅、铝、锰和钛的氧化物含量在不同土地利用类型之间几乎不存在差异。

(3) 典型喀斯特区不同土地利用下的土壤质量特征

根据研究结果（图 23-9）所反映的情况，并结合单因素方差分析结果可知，典型喀斯特区的土壤质量指标中，除了矿质元素铁、铝、钛的氧化物含量在不同土地利用类型之

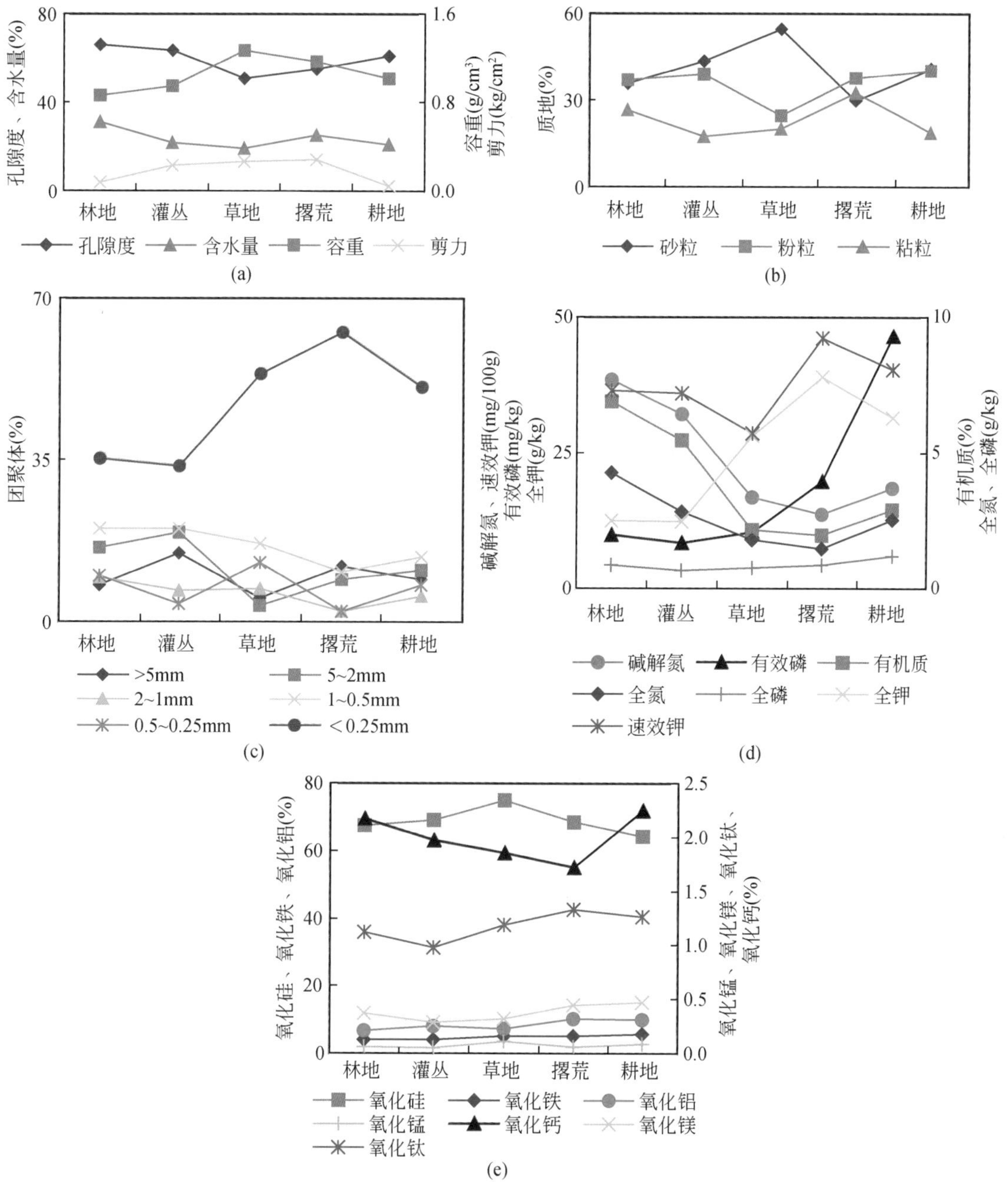

图 23-9　典型喀斯特区土壤质量指标的土地利用分异

间没有显著性差异，全磷、全钾和碱解氮等养分含量的差异较小之外，其他各项指标均在不同土地利用类型之间存在显著差异。土壤基本物理属性方面在土地利用类型之间的差异性比较明显，其中以林地富含水分、具有较低的容重和较小的剪力，草地以容重大、含水量低土壤厚重为特征。土壤质地中，林地和撂荒地的黏粒含量高而砂粒含量较低，灌丛地和耕地的黏粒含量低而粉粒含量高；草地的黏粒含量较低的特征与非喀斯特黄壤恰好相反，这是因为典型喀斯特黄壤的草地形成时间较短，砂粒含量较高。土壤结构组成中，>2mm的团聚体含量以灌丛为高，0.5～2mm 的团聚体含量以林地为高，而草地、撂耕地以及耕地的<0.5mm 粒级的团聚体丰富；反映出典型喀斯特石灰土地区的林地和灌丛地土壤团稳性比较高。土壤养分中，除速效钾外，在不同的土地利用类型之间均存在显著差异，其中林地中的有机质、全氮和碱解氮，以及耕地中的全磷和有效磷均显著高于其他土地利用类型中的情况。土壤矿质元素含量土地利用差异性不是很显著，但草地中的锰和硅的含量还是要显著高于其他土地利用类型，而灌丛地中的镁和钛的含量则低于其他各土地利用类型。

23.3　土地利用对土壤质量退化的影响评价

23.3.1　研究方法

土地利用作用于土壤，致使土壤在发生、形成、迁移、沉积、风化和分解等物理化学过程方面发生差异性变化（Martinez-Mena et al.，1998），并最终造成土壤质量在不同土地利用类型之间的差异性及其退化表现。土壤质量评价必须解决评价指标的甄选和评价方法的确定两个基本问题。反映土壤质量的土壤属性指标众多，从中甄选恰当指标来进行土壤质量综合评价的方法各异（Harris et al.，1996；Sojka and Upchurch，1999；Doran and Zeiss，2000）。Doran and Parkin（1994，1996）提出的构建指标的最小变量数据集（minimum data set of variables，MDS）方法具有较好的应用效果（Clerck et al.，2003）。Andrews 等（2001，2002，2003，2004）提出的基于土壤经营评价框架（soil management assessment framework，SMAF）的土壤质量评价方案颇具代表性，而且其核心思路正是通过最小变量数据集的构建来完成的。

本节借鉴 Andrews 等所提出基于 SMAF 框架构建 MDS 进行土壤质量评价的方法，通过分别对各景观区不同土地利用下的土壤质量评价，来研究土地利用对土壤质量退化的影响。

（1）基于 SMAF 框架构建 MDS 的土壤质量评价方法

第一步，指标选择，即 MDS 构建：从所能获取的包括描述型和数据型在内的各供选指标（suggested indicators）中遴选，构建最小数据集（MDS）。每个入选的 MDS 指标都必须能反映出土壤某方面的特殊功能或者可以满足评价的某些特殊目标，指标个数以 4～8 个为宜。

第二步，指标解释与标准化：解释甄选出来的 MDS 中各个指标进行，阐述它们各自的意义和功能，判断其是否能较好地满足和反映研究要求；之后，对 MDS 中各指标原始数据进行无量纲转换，可以采取非线性转换的方法，也可以通过与设定的理想化的参照标准进行比较并赋值的方法。然后，需要对 MDS 中各指标数值在发生高低或大小变化时的意义进行说明，明确哪些指标数值越高越好，哪些指标越低越佳，哪些指标适中为宜；然后在此基础上，对转换后的无量纲数值进行相应的标准化的处理（一般为分别乘上±1 系数），以求得各个指标的标准化得分值。

第三步，土壤质量指数的求取：对 MDS 中各指标的标准化值按式（23-1）进行计算，最终将多个 MDS 指标整合成一项指数，即土壤质量指数（soil quality index，SQI）。

$$SQI = \left(\frac{\sum_{i=1}^{n} S_i}{n} \right) \times 100 \tag{23-1}$$

式中，S_i 为 MDS 中指标 i 的得分值；n 为 MDS 中的指标个数。

（2）方法运用

a. MDS 的构建

供选指标见表 23-2。按照以下原则，对指标进行相应处理和选择：

对原始指标进行技术性合并（根据土壤质量研究中对土壤指标的常规性处理方法进行指标的合并）与取舍（舍弃研究意义尚不明了的指标）。

对合并后的所有指标进行相关性分析，对相关性好（以显著性水平 95% 的前提下，相关系数>0. 5 为最低要求）的 2 个指标仅选择其中之一。

对同一指标在不同土地利用类型之间进行“双样本异方差 t-检验”，以检查各指标在不同土地利用类型之间的差异显著性，对于差异不显著的指标予以剔除。

根据统计分析的变异系数 CV 值，剔除 CV 值过大的指标；一般来说，CV 值大的指标，其差异显著性也较强，但是太大的 CV 值，表明分析的样本中存在极端性数据，而这种数值容易给评价结果造成干扰，以至引起错误的判断；因此，需要剔除 CV 值过大的指标。

根据专家系统，对所选择的指标进行最后的筛选，选择重要却尚未选中的，或者剔除选中但意义较小的指标。

根据上述原则 1，将土壤质地中的 3 项指标转换为 1 项黏粒率指标［=（粉粒+砂粒）/黏粒］，将土壤团聚体组成的 6 项指标转换为 1 项>1mm 的水稳性大团聚体指标；然后用这 2 个指标分别取代原来的土壤质地指标和土壤团聚体结构指标。同时，构建新的指标 C/N［=（有机质/1. 724）/全氮］；此外，由于当前对土壤中矿质元素之于土壤质量的确切作用尚不甚明朗，因此舍弃土壤矿质全量诸指标。

根据原则 2，相关检验结果（表 23-4）表明：容重与孔隙度负相关，相关系数-1；其他相关性较高的有：有机质与全氮和碱解氮的相关系数分别为 0. 8 和 0. 67，全氮与碱解氮相关性为 0. 76，全钾与速效钾为 0. 63；因此，剔除孔隙度、全氮、碱解氮与全钾指标。

表 23-4 研究区内各指标的相关性系数矩阵表

指标	土壤干容重	土壤孔隙度	容积含水量	土壤剪力	黏粒率	>1mm团聚体	有机质	C/N	全氮	碱解氮	有效磷	速效钾	全磷	全钾
土壤干容重	1.00													
土壤孔隙度	-1.00	1.00												
容积含水量	-0.23	0.23	1.00											
土壤剪力	0.56	-0.56	-0.10	1.00										
黏粒率	0.05	-0.05	-0.59	0.12	1.00									
>1mm 团聚体	-0.59	0.59	0.17	-0.21	0.03	1.00								
有机质	-0.50	0.50	0.06	-0.28	0.38	0.41	1.00							
C/N	-0.50	0.50	0.00	-0.18	0.18	0.52	0.45	1.00						
全氮	-0.24	0.24	0.06	-0.23	0.31	0.14	0.80	-0.13	1.00					
碱解氮	-0.16	0.16	0.00	-0.14	0.31	0.25	0.66	0.04	0.75	1.00				
有效磷	-0.16	0.16	-0.10	-0.22	0.05	-0.01	0.05	0.06	0.06	-0.17	1.00			
速效钾	0.00	0.00	0.52	-0.18	-0.44	0.14	-0.01	-0.23	0.13	0.06	-0.02	1.00		
全磷	-0.42	0.42	0.28	-0.26	-0.42	0.15	0.05	0.14	-0.04	-0.24	0.38	0.08	1.00	
全钾	0.31	-0.31	0.32	-0.03	-0.47	-0.20	-0.22	-0.47	0.03	-0.03	-0.05	0.62	0.13	1.00

根据原则 3，对其余各个土壤指标，分别两两进行不同土地利用类型之间的“双样本异方差 t-检验”，对某项指标而言，只要在任何两种土地利用类型之间存在有显著性差异，该指标即被选入；而剔除的指标，则必须是在任何两两土地利用类型之间均不存在显著性差异。t-检验结果表明，各指标中，除了全磷在各土地利用类型之间无显著差异外，其他各项指标在不同土地利用类型之间均存在显著或者比较显著的差异。因此，剔除全磷指标。

根据原则 4，变异系数的计算结果表明（表 23-5），有效磷的变异系数在 3 种土壤类型中均高达 100% 以上，为所有指标中最高者，土壤剪力的 CV 值在黄壤中也高达 111%，在石灰土达 80%，为所有指标中 CV 值第二高者，而且这 2 个指标的 CV 值均要远高于其他各项指标；因此，剔除有效磷和土壤剪力指标。

根据原则 5，由于土壤表层厚度和土壤 pH 值均属描述型指标，不宜于作为土壤质量退化评价的计算指标，不过可以用于对评价结果的解释和说明，此外，不同喀斯特景观区的划分本身就与不同土层厚度具有密切的关联性，因此剔除土壤表层厚度和 pH 值指标。

至此，所剩下的指标即构成土壤质量评价的最小数据集，这些指标为土壤干容重、水分、黏粒率、>1mm 团聚体、有机质、C/N 和速效钾，共计 7 项指标。

表 23-5　不同喀斯特景观区土壤属性指标的变异系数值

指标	非喀斯特区	半喀斯特区	典型喀斯特区
土壤干容重	15. 31	11. 50	16. 77
土壤孔隙度	7. 01	7. 59	10. 34
容积含水量	16. 23	15. 14	23. 84
土壤剪力	110. 29	90. 58	71. 37
黏粒率	46. 73	31. 20	57. 80
>1mm 团聚体	28. 82	28. 46	31. 45
有机质	47. 47	58. 58	56. 84
C/N	33. 58	22. 06	30. 71
全氮	37. 26	34. 70	44. 63
碱解氮	21. 10	31. 96	38. 02
有效磷	105. 06	105. 55	129. 29
速效钾	28. 69	53. 44	18. 52
全磷	25. 34	52. 12	44. 72
全钾	50. 44	31. 01	60. 58

注：对不同景观区所有地表土壤剖面样品的测试结果分别进行统计分析的结果

b. MDS 指标的解释

MDS 中的 7 项指标可以划分为 3 类，即土壤基本属性指标、土壤结构性指标和土壤养分性指标，解释参见表 23-6。

表 23-6　最小变量数据集指标的解释

指标类型	指标名称	指标解释与类型说明
土壤基本属性指标	容重	容重直接影响土壤通气透水性能，与土壤退化程度有着明显的关系，容重愈大，退化愈重；容重与土壤退化正相关，即 LIB 指标
	水分	水分含量多为随着侵蚀加剧而降低，但是变化性很大；土壤含水量以适中为佳，即 MPO 指标
土壤结构性指标	黏粒率	土壤侵蚀引起土壤粒度粗化，黏粒率与土壤可蚀性成正比，黏粒率越小，土壤越不易被侵蚀；黏粒率与土壤退化正相关，LIB 指标
	>1mm 团聚体	土壤中的大团聚体抗蚀性强，<1mm 的几乎没有抗蚀性，>1mm 的大团聚体能合理调节土壤的通气与持水以及养分的释放与保持之间的矛盾；土壤大团聚体与土壤退化负相关，即 MIB 指标
土壤养分性能指标	速效钾	速效钾含量愈高，土壤养分状况更佳；速效钾与土壤退化负相关，MIB 指标
	有机质	重要的化学退化指标之一，丰富的有机质有利于形成良好的土壤理化性质，随着侵蚀退化程度加大，土壤有机质含量递减；有机质与土壤退化负相关，MIB 指标
	C/N	C/N 反映了土壤能量和物质的涵养和循环能力，当 C/N 在 25 ~ 30 以下范围内时，该值越高，微生物活动越旺盛；C/N 与土壤退化负相关，MIB 指标

c. 指标的标准化

1）本底参照标准的确定与数据的无量纲转换。

喀斯特岩溶地区生态自然演替的逆序列为自然林地—次生林地—灌草坡（人工林）—

撂荒地—（耕地）—半石山—强度石漠化；因此，可将研究区内原生性较强的未受到人为干扰或干扰强度较低的自然林地作为本底参照标准，其他土地利用类型的土壤通过与本底的比较，完成相应土壤属性指标的无量纲转换。表 23-7 是作为本底参照的 3 个自然林地的基本情况介绍；按式（23-2）完成各指标的无量纲化转换，求得无量纲化数值 U_i 。

$$U_i = \frac{(P_i)_a - (P_i)_n}{(P_i)_n} \tag{23-2}$$

式中，i 表示 MDS 中的土壤属性指标；U_i 为指标 i 转换后的无量纲数值；$(P_i)_n$ 为本底林地中土壤指标 i 的原始数值；$(P_i)_a$ 为其他土地利用类型中土壤指标 i 的原始数值。

表 23-7　不同喀斯特景观区本底林地基本特征

本底区	本底特征
鹅项水库非喀斯特景观区	45 年以上未被剧烈干扰的仅偶尔间伐的自然林地
甘棠堡半喀斯特景观区	50 年以上村寨旁边的未受到人为干扰的风水林地
广顺典型喀斯特景观区	50 年以上村寨旁边的未受到人为干扰的风水林地

2）各指标数据标准化分值的计算。

各指标标准化分值 S_i 的计算，根据表 23-6 的解释原则，按照式（23-3）求算。

$$S_i = \begin{cases} U_i \times (+1) & \text{如果是 MIB 指标} \\ U_i \times (-1) & \text{如果是 LIB 指标} \\ |U_i| \times (+1) & \text{如果是 MPO 指标} \end{cases} \tag{23-3}$$

d. 土壤质量退化指数（SQDI）的求取

SQDI 值的求取，根据式（23-4）计算。

$$\text{SQDI} = \frac{\sum_{i=1}^{7} S_i}{7} \times 100\% \tag{23-4}$$

SQDI 值可负可正，负值表示与作为本底的自然林地相比，该土地利用类型导致了土壤质量的退化，正值则表示该土地利用类型不仅没有导致土壤质量的退化，反而使土壤质量得到改善。

23.3.2　评价结果

（1）非喀斯特区土地利用对土壤质量退化的影响评价

鹅项水库非喀斯特样区土壤发育良好，土层较厚，因而土地利用/覆被状况和类型相对于景观区要复杂和丰富一些，尤其是在林地利用类型中存在着各种不同生长年限，这就使得在对非喀斯特样区土地质量的评价时，其土地利用系列可以构建的更为细致一些。研究中选取了 60 年从未遭受剧烈破坏的林地、18 年人工林地、7 年人工林地、灌丛地、草地、撂荒地、耕地，以及自然生长 45 年以上的作为本底的自然林地共 8 种土地利用/覆被类型进行土壤质量退化评价，评价结果如图 23-10 所示。

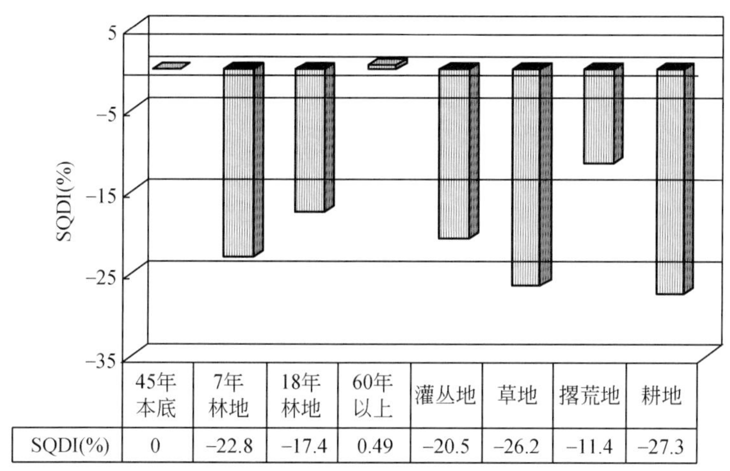

	45年本底	7年林地	18年林地	60年以上	灌丛地	草地	撂荒地	耕地
SQDI(%)	0	−22.8	−17.4	0.49	−20.5	−26.2	−11.4	−27.3

图 23-10　非喀斯特区土壤质量评价结果

总体来看，非喀斯特黄壤地区土地利用类型的土壤质量退化序列为耕地>灌丛地>撂荒地>草地>林地。具体来说，各种土地利用类型的土壤质量退化序列是耕地>灌丛地>撂荒地>草地>18 年林地>7 年林地>45 年林地>60 年以上自然林地；其中，退化最严重的是耕地，SQDI 值为−27. 39%；而自然生长 60 年的林地土壤质量不仅没有退化而且还得到了改进，SQDI 值达到 0. 49%；从不同生长年限的林地情况来看，生长年限越长的林地其土壤质量退化程度越轻。值得注意的是，研究发现，鹅项水库样区灌丛地的土壤质量退化比较严重，这与在喀斯特石灰土地区灌木地土壤质量退化较轻的情况不一致（龙健等，2002）；可见，虽然同处喀斯特岩溶地区，但土地利用方式对其中由非碳酸盐岩母岩发育的非喀斯特黄壤和由碳酸盐岩母岩发育的石灰土的土壤质量的影响却存在着较大的不同。

(2) 半喀斯特区土地利用对土壤质量退化的影响评价

甘棠堡半喀斯特样区由于土层浅薄，植被覆盖少，兼之其脆弱的岩溶环境，不利于树木生长扎根，因而林地生长状况较差，林地较少，广顺样区的情况与之类似。从野外踏勘情况可知，无论是半喀斯特区还是典型喀斯特区，都只有村寨附近的风水林区域表现出林地景观；在半喀斯特区和典型喀斯特区，虽然近年来通过实施退耕还林政策，加大了植树造林的力度，但由于这些幼林的生长年限很短，在地表尚表现为撂荒地或撂耕地景观特征。因此，甘棠堡和广顺样区的土地利用类型比起鹅项水库样区要简单一些；因此，对这两类景观区的研究，选择耕地、撂荒地、草地、灌丛地，以及作为本底的风水林地共 5 种土地利用类型进行土地利用对土壤质量退化的影响评价，评价结果分别见图 23-11 和图 23-12。

图 23-11 表明，半喀斯特区基于土地利用类型的土壤质量退化序列为耕地>撂荒地>草地>风水林地（本底）>灌丛地，其中，耕地、撂荒地和草地发生了比较明显的退化现象，而引人注目的是灌丛地的土壤质量与本底相比不仅没有退化反而得到了改善，其 SQDI 值为正，这与非喀斯特区的情况正好相反。结合野外现场调查情况，研究认为灌丛地土壤质量状况较好的原因有三：其一，喀斯特地区的灌丛地虽然土层较薄，但因人为干扰较少（人为干扰了的话，则转化为坡耕地类型），植被覆盖情况反而较好；其二，喀斯特地区的

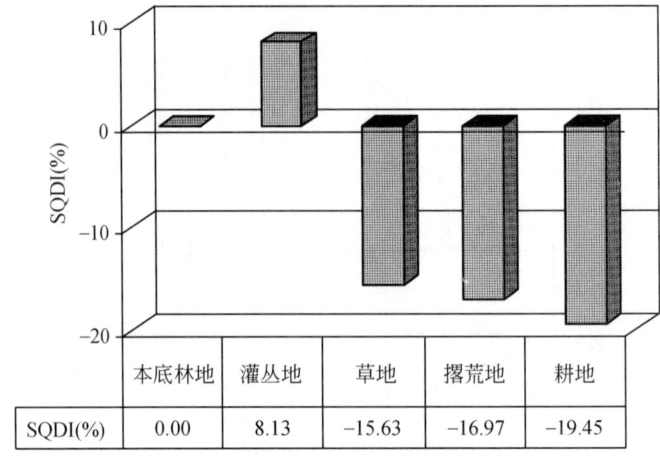

图 23-11　半喀斯特区土壤质量评价结果

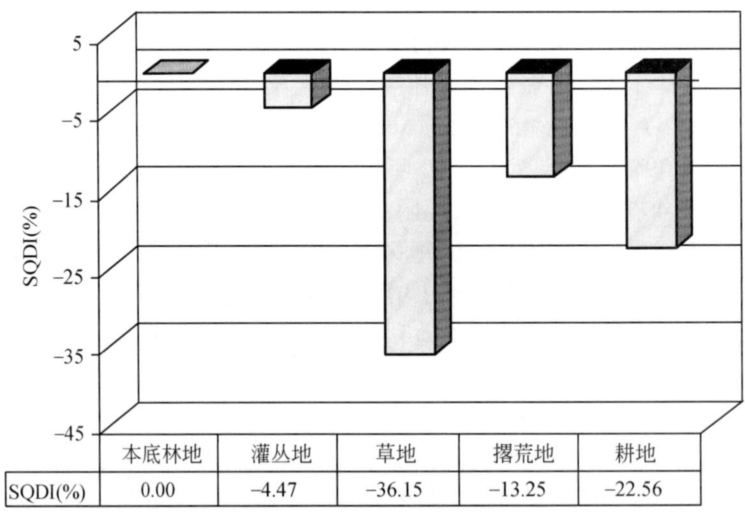

图 23-12　典型喀斯特区土壤质量评价结果

灌丛地多为自然演替的结果，接近于顶极群落的自然林地状况，其中的先锋植物对于养分具有良好的保持作用；其三，喀斯特地区灌丛地的有机质含量较高，其养分方面的标准化得分值明显高于林地之外其他各种土地利用类型（表 23-8）。

表 23-8　甘棠堡样区土壤质量评价的 MDS 指标标准化得分值

类型	土壤干容重	容积含水量	黏粒率	>1mm 团聚体	有机质	C/N	速效钾
本底林地	0	0	0	0	0	0	0
灌丛地	-0.09	-0.004	-0.04	0.09	0.31	0.30	0.00
草地	-0.23	-0.21	-0.07	-0.39	-0.07	0.10	-0.22
撂荒地	-0.10	-0.01	-0.09	-0.38	-0.34	-0.12	-0.15
耕地	0.01	-0.16	-0.25	0.05	-0.53	-0.15	-0.33

从图 23-11 中还可以发现，虽然耕地、撂荒地和草地均造成了土壤质量的显著退化，其 SQDI 值均在 15% 以上，但是三者的退化程度相差不大，也就是说此 3 种土地利用类型对土壤质量所造成的影响差异不明显。主要原因是，甘棠堡样区的草地主要是退耕年限稍长但尚未种植树木的植被覆盖较差的自然草地，而撂荒地则主要是植被覆盖较差的仅 3 年左右的退耕还林地。可见，这一区域的撂荒地和草地几乎均源自耕地，由于退耕时间较短，三者的土壤质量退化情况接近；不过，纵使如此，此 3 种土地利用方式对土壤质量的影响还是表现出耕地的退化>撂荒地>草地的趋势。

（3）典型喀斯特区土地利用对土壤质量退化的影响评价

广顺样区的土地利用状况与甘棠堡类似，亦是针对风水林地、灌丛地、草地、撂荒地和耕地 5 种土地利用类型，进行土壤质量退化研究。由图 23-12 可知，典型喀斯特地区土地利用的土壤质量退化序列为草地>耕地>撂荒地>灌丛地>风水林地（本底）。总体上看，广顺典型喀斯特样区的评价结果与甘棠堡半喀斯特样区的情况相近，但又有所不同。相同的是，灌丛地土壤质量退化轻微，而草地、耕地和撂荒地退化均比较严重。不同的是，典型喀斯特样区的草地土壤质量退化最为严重，这与吴秀芹（2004）在贵州关岭地区、龙健等（2002）在贵州紫云地区的研究结果一致，但是与其他类型地区的草地退化程度相对较轻的情况却不一样（傅伯杰等，2002；骆东奇等，2003）。造成这种情况的原因，除了前述的喀斯特地区草地与耕地的关系较近外，还与喀斯特地区的草地土层浅薄、根系不深、草本覆盖度远不及鹅项水库地区的草地情况，甚至还比不上喀斯特地区灌丛地的覆盖状况有关。可见，在喀斯特地区，草地比起其他土地利用方式更容易造成土壤质量的退化，而这也是喀斯特地区，尤其是典型喀斯特地区，土壤质量退化的显著特点。

（4）土地利用对土壤质量退化影响的总体特征

从土壤质量评价的总体情况来看，半喀斯特和典型喀斯特发育区土壤质量出现明显的分化趋势：林地和灌丛地的土壤质量状况良好，而草地、撂荒地和耕地的土壤质量显著较差；而非喀斯特发育区的土壤中，除了生长年限较长的林地之外，其他各种土地利用类型的土壤质量虽然均有程度不同的退化，但是相互之间的差异性并不显著；这也说明，对于总体上的喀斯特山区来说，不同的土地利用方式对非喀斯特黄壤类型区土壤质量的影响差异不显著，而对于喀斯特发育的石灰土类型区而言，不同土地利用方式对土壤质量的影响存在显著的差异。

23.4　土地利用对土壤结构的影响机理

23.4.1　研究方法

本节选择反映土壤物理结构的能力性指标——土壤结构体破坏率（structure destructive，以 SD 表示）指标，来研究土壤结构的抗侵蚀能力；选择反映土壤结构体的状况性指标——土壤结构湿筛分形维（fractal dimension，以 D 表示）指标，来研究土壤的侵蚀状况；同时根据这两个指标，构建综合反映土壤内外在性能的新指标，即土壤结构稳定度（soil structure stability，以SSS表示）指标，并通过与本底土地利用类型（50年自然生长的林地）的比较，计算各土地利用类型的土壤结构退化指数（soil structure degradation index，以SSDI表示）；然后通过对不同喀斯特景观区土地利用下的SD、D、SSDI特征的综合分析，以系统研究喀斯特山区土地利用对土壤结构退化的影响机理。

（1）土壤结构分形模型与分形维数计算

采用杨培岭等（1993）所推导的分形模型，以土壤粒径的重量分布取代数量分布，然后采用极限法推导出土壤粒径分布的分形维数计算公式：

$$D = 3 - \frac{\log(W_j/W_0)}{\log(\bar{d}_j/\bar{d}_{max})} \tag{23-5}$$

式中，W_j为大于d_j的累积土粒重量，$d_j(d_j > d_{j+1}, j=1, 2, \cdots)$为大于某一粒径的土粒；$W_0$表示土壤各粒级重量的总和；$\bar{d}_j$表示两筛分粒级$d_j$与$d_{j+1}$间粒径的平均值；$\bar{d}_{max}$为最大粒级土粒的平均粒径。

根据式（23-5），分别以$\log(W_j/W_0)$、$\log(\bar{d}_j/\bar{d}_{max})$为纵、横坐标进行回归运算，可以看出，$3-D$是$\log(\bar{d}_j/\bar{d}_{max})$和$\log(W_j/W_0)$的实验直线的斜率，而土壤颗粒分形维数之$D$值即可随之得出。

土壤团聚体分形维数D为无量纲数值，D值一般处在2～3，D值愈大表明土壤受到的侵蚀愈强烈，侵蚀情况愈严重。

（2）土壤结构体破坏率的计算

土壤结构体破坏率（以SD表示）根据下式（杨玉盛等，1999）计算：

$$土壤结构体破坏率\ SD(\%) = \frac{>0.25mm\ 团粒(干筛-湿筛)}{>0.25mm\ 团粒(干筛)} \times 100\% \tag{23-6}$$

土壤结构体破坏率SD值理论上介于0～100%，SD值越大表明土壤抵抗外界侵蚀营力的能力越弱，土壤结构越容易遭到破坏。

（3）数据的统计分析

分别针对每个样品，按上述方法求算其D和SD值；然后，通过分别对各样区所有地表土壤剖面样品的汇总统计，求出不同喀斯特景观区的总体D、SD数据值，通过对各样区不同土地利用类型的相应数据的分别汇总统计，求出不同景观区不同土地利用类型的D、SD数据值；最后，在此基础上进行各项相关研究。所有统计分析，均在SPSS11.0统计软件（SPSS Inc.，2001）上完成。

（4）*D*和SD的地理意义

从表23-9中可以发现，非喀斯特区以>0.5mm、半喀斯特区和典型喀斯特区均以>0.25mm粒径为界，团粒越粗分形维数越小，反之团粒越细分形维数则越大。此外，湿筛分形维与不同粒径团聚体的相关性明显要好于干筛的情况，也就是说，湿筛团聚体的分形维提取了团聚体组成中的大部分信息，比起干筛团聚体能更好地揭示团聚体的组成特征。换言之，湿筛分形维比干筛分形维具有更为显著的研究意义，这在Guber等（2005）的研究中也已经得到了类似结论。因此，本研究中所涉及的土壤团聚体分形维数指标，如果没有特别说明，均指湿筛团聚体的分形维数及其相应的处理结果。

表 23-9　分形维数 D 与土壤团聚体组成的相关系数

团聚体构成	湿筛分维数			干筛分维数		
	非喀区	半喀区	典喀区	非喀区	半喀区	典喀区
>5mm	-0.06	-0.12	-0.15	0.20	-0.02	0.12
5 ~ 2mm	-0.77	-0.60	-0.84	-0.29	0.22	0.20
2 ~ 1mm	-0.56	-0.86	-0.72	-0.26	0.34	0.54
1 ~ 0.5mm	-0.31	-0.76	-0.86	-0.40	0.40	0.11
0.5 ~ 0.25mm	0.08	-0.43	-0.23	-0.01	0.54	0.40
<0.25mm	0.87	0.98	0.97	0.25	-0.54	-0.42

表 23-10 表明，土壤结构体破坏率与土壤湿筛团聚体的相关系数显著高于干筛情况，尤其 3 个研究区的 SD 与>0.25mm 粒级的水稳性团聚体相关系数均在 0.96 以上；据此并结合 SD 的定义可知，>0.25mm 水稳性团聚体在研究土壤侵蚀中具有非常重要的意义，是反映土壤抵抗外界营力尤其是抵抗水力侵蚀能力的重要指标（丁文峰等，2002；秦耀东，2003）；而这对于我国西南湿润多雨的喀斯特地区来说，水力侵蚀是该区重要的侵蚀营力，可见，在喀斯特地区研究 SD 具有更为显著的意义。

表 23-10　土壤结构体破坏率 SD 与干湿团聚体组成的相关性

样区	干筛团聚体范围					湿筛团聚体范围				
	>5mm	>2mm	>1mm	>0.5mm	>0.25mm	>5mm	>2mm	>1mm	>0.5mm	>0.25mm
非喀区	0.06	-0.02	-0.03	-0.02	-0.02	-0.51	-0.72	-0.81	-0.89	-0.96
半喀区	0.12	0.23	0.27	0.42	-0.42	-0.22	-0.52	-0.77	-0.89	-0.99
典喀区	0.16	0.21	0.24	0.32	-0.40	-0.27	-0.68	-0.81	-0.90	-0.98

注：统计样本数非喀区为 31 个、半喀区为 15 个、典喀区为 17 个；统计显著性水平 $\alpha=0.05$

从表 23-11 可以发现，反映土壤侵蚀状况的 *D* 与反映土壤抗蚀性能的 SD 的相关系数较高，表明土壤侵蚀状况与土壤的抗蚀性能有紧密的正相关关系。对于非喀斯特区来说，由于土壤发育状况较好以及土地利用方式多样化等原因，导致 *D* 与 SD 的直接相关性有所下降；而对于土地利用方式比较简单的喀斯特发育区来说，*D* 与 SD 的相关性很高。可见，土壤的抗蚀能力会直接影响到土壤的侵蚀状况。

表 23-11　*D* 与 SD 的相关系数

样区	非喀区	半喀区	典喀区
相关系数	0.82	0.98	0.94

注：统计样本数非喀区为 31 个、半喀区为 15 个、典喀区为 17 个；统计显著性水平 $\alpha=0.05$

综上分析可见，土壤结构湿筛分形维和结构体破坏率分别从土壤的侵蚀状况和土壤的抗蚀能力两个方面反映了土壤的结构状况，两者具有明确的地理研究意义，是研究土壤质量的有效指标。

23.4.2 不同土地利用方式对土壤结构退化的影响机理

（1）不同景观区土地利用与土壤结构的关系

表 23-12 为在对土地利用类型设为亚变量之后再进行相关分析后得出的相关系数矩阵（Hontoria et al.，1999）。由表可见，在半喀区和典喀区，林地和灌丛地与 *D* 和 SD 均呈负相关关系。说明此 2 种土地利用类型下的土壤具有较强的抗侵蚀能力，土壤的侵蚀程度较低，对土壤结构具有较好的保护作用；草地、撂荒地和坡耕地的情况，正好与之相反。说明此 3 种土地利用类型下的土壤抗侵蚀能力较差，土壤侵蚀状况比较剧烈，对土壤结构的破坏性较大。在非喀区，林地、灌丛地、草地和坡耕地的情况与半喀区和典喀区表现相似，但是撂荒地的情况却与之相反，在非喀区，撂荒地与 *D* 和 SD 均为负相关关系，表现为撂荒地对土壤结构的破坏性较弱，说明非喀区发育的土壤由于土层较厚，在撂荒或退耕还林之后，土壤结构的恢复情况要好于喀斯特地区发育的土壤；也就是说，对于非喀区来说，撂荒地的方式是有利于土壤结构改良土地利用方式，而在半喀区和典喀区，撂荒的方式却并非是对土壤结构保护的有益和高效的土地利用方式。可见，不同景观区土地利用对土壤结构的影响并不相同，它们之间存在比较明显的差异。

表 23-12 不同景观区土地利用与 *D* 和 SD 的相关性

土地利用类型	分维数（*D*）			结构体破坏率（SD）		
	非喀区	半喀区	典喀区	非喀区	半喀区	典喀区
林地	-0.10	-0.30	-0.32	-0.17	-0.38	-0.31
灌丛地	-0.26	-0.51	-0.40	-0.22	-0.43	-0.43
草地	0.03	0.29	0.30	0.20	0.24	0.30
撂荒地	-0.15	0.28	0.41	-0.11	0.36	0.45
耕地	0.12	0.28	0.31	0.29	0.21	0.31

注：统计样本数非喀区为 31 个、半喀区为 15 个、典喀区为 17 个；统计显著性水平 $\alpha=0.05$

（2）土地利用对土壤侵蚀状况的影响

由图 23-13 反映的总体情况来看，在非喀斯特区，不同土地利用方式的土壤侵蚀状况接近，*D* 值由林地、灌丛地—撂荒地—林地、草地—耕地的顺序增大，土壤侵蚀状况加剧；对于生长年限不同的林地来说，生长年限越长的林地 *D* 值越小，土壤侵蚀程度越轻，生长期不足 7 年的林地 *D* 值较高，反映了林地在生长的初始几年中土壤侵蚀状况仍比较严重。在半喀斯特区，*D* 值按灌丛地—林地—撂荒地、草地—耕地的顺序增加。而在典型喀斯特区，则按灌丛地—林地—耕地—草地—撂荒地的顺序递增，两者并不一致。这说明，在典型喀斯特区，由于耕地利用中往往会采取地垄或垒石阻挡水土流失的办法，一定程度上缓解了土壤的侵蚀，使得该区的耕地相对于植被较少的撂荒地和草地来说，土壤侵蚀程度反而稍轻。值得注意的是，对于整个研究地区来说，无论是非喀斯特景观区还是喀斯特景观地区，灌丛的 *D* 值均较低，其原因既与灌丛地的地表层植被覆盖比林地要好，也与喀斯特地区的灌丛地与林地演替接近等因素有关。

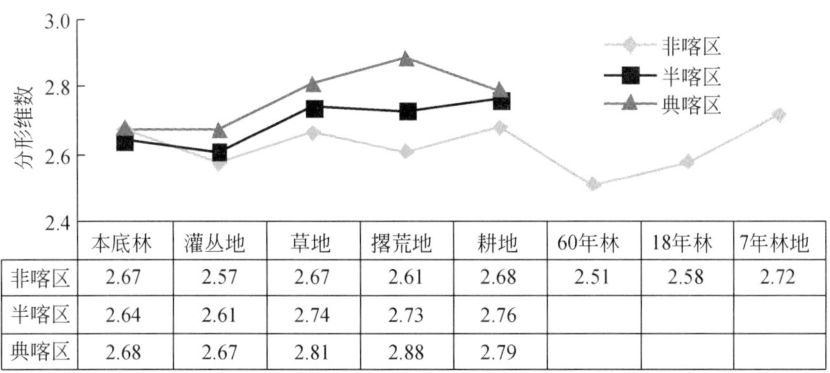

	本底林	灌丛地	草地	撂荒地	耕地	60年林	18年林	7年林地
非喀区	2.67	2.57	2.67	2.61	2.68	2.51	2.58	2.72
半喀区	2.64	2.61	2.74	2.73	2.76			
典喀区	2.68	2.67	2.81	2.88	2.79			

图 23-13　不同景观区不同土地利用类型的土壤结构分形维数

由图 23-13 还可以发现，在半喀区和典喀区，林地和灌丛地与草地、撂荒地和耕地之间 *D* 值存在着显著的增大跃升。对于半喀区来说，先计算出林地和灌丛地两者 *D* 值的平均值为 2.625，草地、撂荒地和耕地三者 *D* 值的平均值为 2.743，再分别求出此 2 个 *D* 值的均值为 2.684。据此，可以大致认为，半喀斯特区以 *D* 值 2.68 为标志，如果研究样本的 *D* 值大于该值则表示土壤遭到了明显的侵蚀；反之，则认为该样本所代表的研究区的土壤没有遭受显著侵蚀。用同样的方法，可以算出典型喀斯特区以 *D* 值 2.75 为标志，如果所测试样品的 *D* 值大于该值表明该样本所代表地区的土壤遭到了比较明显的侵蚀，反之亦然。

(3) 土地利用对土壤抗蚀力的影响

由 SD 所反映的情况（图 23-14）可以看出，不同土地利用方式的土壤抗蚀性能力由大到小的顺序，在非喀斯特区为林地—灌丛地—撂荒地—草地—耕地，而且林地的自然生长年限越长其土壤抗蚀能力越强；在半喀斯特区，土壤的抗蚀能力由大到小的顺序为灌丛地—林地—草地—撂荒地—耕地；在典型喀斯特区，土壤抗蚀能力由大到小的顺序为灌丛地—林地—耕地—草地—撂荒地。总体上，土壤抗蚀性状况与土壤侵蚀状况一致，表明两者的有较好的相关性；然而，两者也存在一些显著的不同。例如，非喀区的本底林地与耕地的土壤侵蚀状况相差不大（*D* 值分别为 2.67 和 2.68），但两者的土壤抗蚀能力却存在很大的差别（SD 值分别为 23.67% 和 33.49%）。可见，耕地行为破坏了土壤的结构，致使

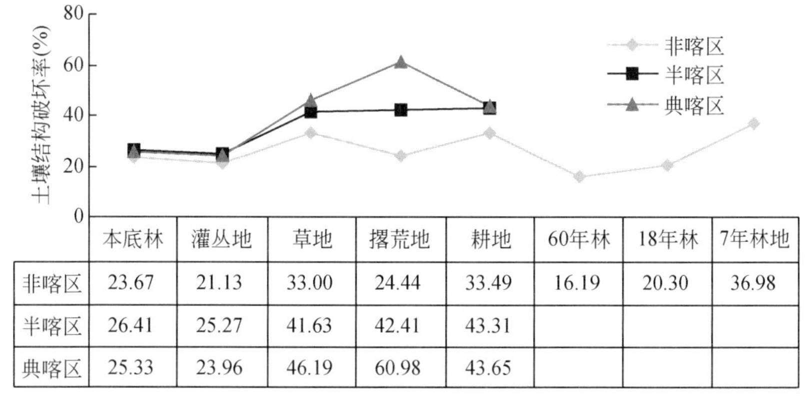

	本底林	灌丛地	草地	撂荒地	耕地	60年林	18年林	7年林地
非喀区	23.67	21.13	33.00	24.44	33.49	16.19	20.30	36.98
半喀区	26.41	25.27	41.63	42.41	43.31			
典喀区	25.33	23.96	46.19	60.98	43.65			

图 23-14　不同喀斯特发育区不同土地利用类型的土壤结构体破坏率

土壤抵抗侵蚀的能力下降。

与 D 值反映的情况类似，在半喀区与典喀区，均表现出 SD 值在林地和灌丛地与草地、撂荒地和耕地之间有明显的跃升。采取上述 D 值处理中的相同办法，可以得出半喀斯特区以 34.41%、典型喀斯特区以 37.46% 为标志，土壤结构体破坏率 SD 值大于该值表明该样本所代表的土壤抗蚀能力较差，土壤易于侵蚀流失；反之，则表明该样本所在区域的土壤结构稳定性好，抵抗水力侵蚀的能力强。

23.5 土地利用对土壤地球化学过程的影响机理

23.5.1 研究方法

(1) 主要指标

土地利用不仅通过对土壤结构的破坏引起土壤质量的退化，同时还会通过对土壤地球化学过程的影响使土壤中元素的迁移发生改变，造成某些元素的富集以及另一些元素的贫化。如果富集的是土壤所需的养分元素将对土壤质量带来好的影响，但是如果富集的是对于土壤的形成和发育不利的组分，而流失的却是土壤形成所需以及土壤养分元素的话，则将导致土壤质量的退化。

本节研究土壤地球化学过程主要涉及 2 类共 4 项指标，即反映土壤发育与化学蚀变状况的硅铝率、硅铝铁率（中国科学院南京土壤研究所，1978）和 CIA 指数（Nesbitt and Young，1982），以及反映土壤元素地球化学迁移能力的迁移系数 T（龚子同，1989），各指标的计算方法如下：

$$\text{硅铝率} = \frac{SiO_2}{Al_2O_3} \times 100\% \tag{23-7}$$

$$\text{硅铝铁率} = \frac{SiO_2}{(Al_2O_3 + Fe_2O_3)} \times 100\% \tag{23-8}$$

$$CIA = \frac{Al_2O_3}{(Al_2O_3 + CaO + Na_2O + K_2O)} \times 100\% \tag{23-9}$$

$$T = \frac{t_1 - \left[t' \times \dfrac{(R_mO_n)_{\text{母岩}}}{(R_mO_n)_{\text{土壤}}}\right]}{t_1} \times 100\% \tag{23-10}$$

上述前 3 个式子中，氧化物均为土壤中含量的物质的量百分比。式（23-9）中，CaO 为去除 $CaCO_3$ 的数值。式（23-10）中，t_1 是母岩中某氧化物的百分含量，$t_1 - \left[t' \times \frac{(R_mO_n)_{\text{母岩}}}{(R_mO_n)_{\text{土壤}}}\right]$ 求出的是 R_mO_n 不变情况下土壤中该氧化物的百分含量；t' 是该氧化物在土壤中百分含量；R_mO_n 中的 R 指的是迁移能力较低、地球化学性质比较稳定的惰性元素。研究中一般选择 Al、Ti 或 Zr 的氧化物。由于方法试验中发现，研究区镁的迁移强烈，为强迁移元素，而 TiO_2 的迁移能力比 Al_2O_3 更差，因此，本研究中在 CIA 值求取中以 MgO 代替 Na_2O，在 T 值求取中假定钛为不移动元素，这样，实际研究中分别按式（23-11）计算 CIA 值、按式（23-12）计

算 T 值：

$$\mathrm{CIA}=\frac{\mathrm{Al_2O_3}}{(\mathrm{Al_2O_3}+\mathrm{CaO}+\mathrm{MgO}+\mathrm{K_2O})}\times 100\% \tag{23-11}$$

$$T=\frac{t_1-\left[t'\times\frac{(\mathrm{TiO_2})_{母岩}}{(\mathrm{TiO_2})_{土壤}}\right]}{t_1}\times 100\% \tag{23-12}$$

在利用上述各式针对各样品进行计算之后，按照此前各章中对研究数据相同的统计方法，求算不同喀斯特景观区、不同土地利用类型的地球化学过程研究的诸指标值。

（2）主要指标的意义

硅铝率或硅铝铁率等指标用来研究土壤的成土作用状况，硅铝率越大，说明土壤发育程度越低；反之，说明土壤矿物风化有较强的脱硅富铝化过程，土壤发育较好（中国科学院南京土壤研究所，1978；黄成敏和龚子同，2000；顾也萍和刘付程，2004）。

土壤化学蚀变指数 CIA，指的是土壤中惰性组分与活动组分的比值，反映了土壤矿物的化学风化强度，该值越大表明发生的化学蚀变作用和成土作用越强。CIA 指数最初用在对岩石地球化学蚀变的研究上（Nesbitt and Young，1982），近年来有学者尝试应用于对岩石—土界面的土壤地球化学蚀变特征的研究（孙承兴等，2002；朱照宇等，2004），本节尝试将其运用于土壤地球化学蚀变的研究。

土壤元素地球化学迁移系数 T，反映的是元素在土壤中的迁移能力，T 值越大，表明元素在土壤中的迁移能力越强（龚子同，1989）。一般来说，$T\geqslant 80\%$ 表示为易迁移元素，T 在 0～80%，表示为一般迁移元素，而 $T\leqslant 0$ 则为弱迁移或为富集元素（赵其国和张桃林，2002）。

23.5.2　不同景观区土壤地球化学过程特征

（1）不同景观区土壤发育的差异

对硅铝率和硅铝铁率的计算结果表明（表 23-13），在土壤的发育与化学蚀变状况方面，非喀斯特样区与半喀斯特样区和典型喀斯特样区之间存在显著差异，尤其在典型喀斯特区的硅铝率和硅铝铁率远高于非喀区和半喀区。整个研究区的硅铝率和硅铝铁率很高，尤其是典型喀斯特区该值分别高达 19.6% 和 13.58%，远高于花岗岩和紫色沉积岩发育的土壤的 2.4% 与 2.0% 的硅铝率和 5.4% 与 4.0% 的硅铝铁率（顾也萍等，2003；顾也萍和刘付程，2004）；半喀斯特区分别为 6.89% 和 5.13%，非喀斯特区也分别达到 6.44% 和 4.81%。可见，整个喀斯特地区的土壤成土程度均较低，土壤尚处在强烈的脱硅时期而尚未达到富铝化阶段的幼年土时期。从土壤化学蚀变指数情况看，整个研究区的 CIA 值处在 85% 之下，体现出喀斯特地区温暖、湿润条件下中等的化学风化程度的特征（Nesbitt and Young，1982）。非喀斯特区化学风化作用强烈，CIA 值为 75.44%，而半喀斯特区和典型喀斯特区 CIA 值接近，均在 60% 左右，化学蚀变状况不如非喀斯特区。可见，虽然同处一个地区，非喀斯特发育区的土壤由于土层较厚，土壤涵养水分能力较强，因而促进了土壤的形成发育；而半喀斯特和典型喀斯特发育区，由于土壤涵养水分能力差，以及喀斯特地区土壤所存在的典型的“二元结构”（杨胜天和朱启疆，1999），导致土壤发育程度降低，地球化学蚀变作用减弱。

表 23-13　不同景观区土壤的硅铝率、硅铝铁率与 CIA 指数对比

样区	硅铝率（%）	硅铝铁率（%）	CIA 指数（%）
鹅项水库非喀区	6.44	4.81	75.44
甘棠堡半喀区	6.89	5.13	60.87
广顺典喀区	19.60	13.58	57.99

此外，由非喀区—半喀区—典喀区，硅铝率和硅铝铁率逐渐增大，而 CIA 值逐渐减少，表明了 CIA 指数具有与硅铝率和硅铝铁率相反的意义，均可以用来研究土壤的发育状况，但对于土壤发育程度较低的喀斯特地区来说，CIA 体现出更好的应用效果。

(2) 不同景观区土壤元素的地球化学迁移能力差异

根据计算结果（图 23-15）可知，3 个研究样区中土壤元素按照迁移系数 *T* 值由大到小的迁移序列如下。

非喀斯特区：Fe>Ca>Si>P>80%>Mg>K>Al>Ti=0>Mn。

半喀斯特区：Ca>Mg>80%>Mn>K>P>Ti=0>Fe>Si>Al。

典型喀斯特区：Ca>Mg>P>Al>80%>K>Mn>Si>Ti=0>Fe。

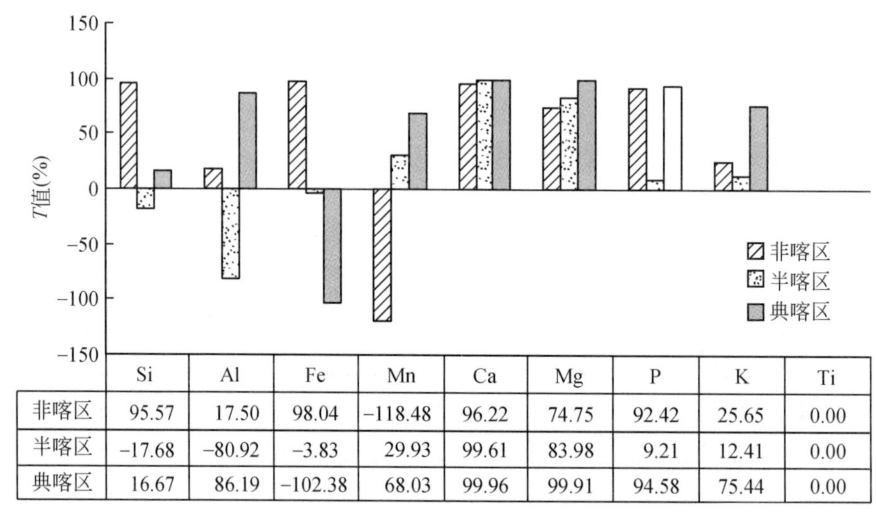

	Si	Al	Fe	Mn	Ca	Mg	P	K	Ti
非喀区	95.57	17.50	98.04	-118.48	96.22	74.75	92.42	25.65	0.00
半喀区	-17.68	-80.92	-3.83	29.93	99.61	83.98	9.21	12.41	0.00
典喀区	16.67	86.19	-102.38	68.03	99.96	99.91	94.58	75.44	0.00

图 23-15　不同景观区土壤元素地球化学迁移系数 T 值的对比

可见，元素在非喀区与半喀区和典喀区之间的迁移能力差异较大，半喀区和典喀区的迁移序列比较接近，而且与蒋忠诚（1997）在广西弄拉岩溶区的研究结论（Ca>Mg>Mn>K>P>Fe>Si>Al）相当一致。根据赵其国（2002）等的研究，$T \geqslant 80\%$ 为易迁移元素，$0<T \leqslant 80\%$ 为一般迁移元素，而 $T \leqslant 0$ 则为弱迁移或为富集元素，可知整个喀斯特地区的 Ca、Mg 迁移均非常强烈，大多数元素的迁移能力较强，养分元素 K、P 也有较强的迁移能力，

仅有较少的元素存在富集；Al 在典型喀斯特发育区具有比较强烈的迁移而不是富集，进一步说明典型喀斯特发育区土壤幼年土特征。

(3) 不同景观区土壤地球化学过程特征的总体分析

土壤地球化学演化从脱盐开始，经历了镁、钙淋失、碳酸盐淋失、脱硅直至铁铝积累过程 4 个阶段（李家熙和吴功建，2000）；对照本研究中土壤元素的迁移以及硅铝率、硅铝铁率和 CIA 指数所反映的情况来看，半喀斯特发育区和典型喀斯特发育区尚处在镁钙大量淋失的第二阶段，而非喀斯特地区也仅仅处在脱硅比较强烈、铁铝积累并不显著的由第三向第四阶段的过渡的地球化学演化阶段。此外，根据 CIA 和 T 与养分的相关性分析结果（表 23-14）可以看出，CIA 和 T 值均体现出与土壤养分中的 K、P 元素具有良好的负相关关系，与有机质也有一定的相关性，但与氮元素的相关程度很低。

表 23-14　CIA 和 T 与养分的相关性分析

样区	养分指标	CIA	地球化学迁移能力系数 T							
			Si	Al	Fe	Mn	Ca	Mg	P	K
非喀区	有机质	0.28	0.11	0.42	0.45	0.41	0.19	0.49	0.24	0.45
	全氮	−0.21	0.05	0.16	−0.03	−0.05	0.00	0.14	0.07	0.01
	碱解氮	0.06	0.10	0.06	0.04	−0.10	0.08	0.09	0.37	0.04
	有效磷	0.29	0.04	0.13	0.25	0.35	0.02	0.34	−0.13	0.31
	速效钾	−0.37	−0.12	−0.14	−0.20	−0.26	−0.14	−0.28	0.03	−0.27
	全磷	−0.17	0.63	0.32	−0.23	0.15	0.49	0.05	−0.67	0.04
	全钾	−0.90	−0.13	−0.54	−0.90	−0.81	−0.36	−0.75	−0.55	−0.89
半喀区	有机质	−0.19	0.06	−0.18	−0.29	0.28	−0.55	0.11	−0.40	−0.05
	全氮	−0.29	0.02	−0.13	−0.22	0.25	−0.49	0.08	−0.31	−0.03
	碱解氮	−0.17	0.03	−0.07	−0.14	0.27	−0.38	0.14	−0.25	0.02
	有效磷	−0.14	−0.54	−0.71	−0.71	−0.44	−0.54	−0.68	−0.67	−0.70
	速效钾	−0.43	−0.17	0.09	0.20	−0.30	0.12	0.09	0.28	−0.04
	全磷	0.02	−0.09	−0.62	−0.79	0.17	−0.73	−0.33	−0.87	−0.43
	全钾	−0.85	−0.84	−0.80	−0.69	−0.77	−0.73	−0.79	−0.58	−0.88
典喀区	有机质	−0.19	0.08	0.12	0.12	0.11	−0.07	0.05	0.06	0.19
	全氮	−0.50	−0.09	0.11	0.04	−0.05	−0.26	−0.14	−0.10	0.04
	碱解氮	−0.15	0.13	0.21	0.22	0.18	0.02	0.14	0.13	0.26
	有效磷	−0.79	−0.90	−0.75	−0.84	−0.89	−0.91	−0.95	−0.91	−0.88
	速效钾	−0.19	−0.38	−0.51	−0.42	−0.36	−0.43	−0.40	−0.39	−0.40
	全磷	−0.83	−0.85	−0.59	−0.76	−0.86	−0.86	−0.86	−0.87	−0.81
	全钾	0.04	−0.33	−0.34	−0.36	−0.39	−0.21	−0.33	−0.35	−0.48

注：统计样本数非喀区为 31 个、半喀区为 15 个、典喀区为 17 个；统计显著性水平 $\alpha=0.05$

综上可见，硅铝率、硅铝铁率和 CIA 指数，以及迁移系数 T 能较好反映出土壤的发育状况及其土壤元素的地球化学迁移能力，是研究土壤地球化学过程的较好指标；与此同时，在对 CIA 和 T 指标的研究中，既要注意该指标的本身意义，还应该认识到两者对土壤养分尤其是对养分元素 K、P 带来的影响。

23.5.3 土地利用对土壤地球化学过程的影响

（1）土地利用对土壤地球化学蚀变的影响

由表 23-15 可以发现，在红壤研究中得以有效运用的硅铝率或硅铝铁率指标，在喀斯特地区不同的土地利用方式下的差异性特征却不甚明了，说明硅铝率和硅铝铁率对于土壤发育程度较高的土壤来说应用效果较好，但在土壤发育程度较低的地区由于脱硅富铝化作用并不强烈，因而应用效果不甚理想。从 CIA 指数所反映的情况总体来看，在非喀斯特区，林地和耕地中的 CIA 值接近均明显高于灌丛地、草地和撂荒地，表明在非喀区林地能增强土壤的化学蚀变作用有利于土壤的形成，而耕地由于耕作熟化作用，亦促进了土壤的化学蚀变过程和土壤的发育；在半喀和典喀区的情况，恰好相反，表现为林地和耕地的 CIA 值小于灌丛地、草地和撂荒地。从土地利用对 CIA 指数的影响情况来看，非喀区的各种土地利用类型的蚀变程度 CIA 值均明显强于半喀区和典喀区的相应值，但在半喀区和典喀区之间的这种差异性不明显。从不同土地利用方式对 CIA 影响的差异来看，地球化学蚀变作用在非喀斯特区各土地利用类型之间差异较小，其 CIA 值均在 70% 左右；但对于半喀斯特区和典型喀斯特区来说，不同土地利用方式对土壤地球化学蚀变具有较为显著的影响，主要表现为林地和耕地的 CIA 值较低，而撂荒地、灌丛地和草地的 CIA 值较高（图 23-16）。

表 23-15 各样区不同土地利用方式的土壤发育指标的比较

指标类型	硅铝率（%）			硅铝铁率（%）			CIA（%）		
样区	非喀区	半喀区	典喀区	非喀区	半喀区	典喀区	非喀区	半喀区	典喀区
林地	5.99	7.21	22.56	4.29	5.42	16.32	74.82	57.71	52.67
灌丛地	6.75	5.98	15.35	4.77	4.42	11.11	71.91	61.63	62.51
草地	4.43	7.17	20.74	2.84	5.36	13.06	72.63	61.38	59.03
撂荒地	5.38	6.90	11.33	3.63	5.06	8.49	70.61	61.65	66.79
耕地	6.32	4.52	28.50	4.64	3.45	18.68	74.08	58.52	50.66

综上，土地利用方式对土壤地球化学蚀变产生了较为明显的影响，对非景观区而言，土地利用方式对土壤地球化学蚀变的影响较大，但相互之间差异性不明显；对于半景观区和典型景观区来说，土地利用对土壤地球化学蚀变的影响作用小于非喀斯特区，但是各土地利用方式之间的影响性差异更为明显；各土地利用方式中，在非喀区，林地和耕地对土壤地球化学蚀变的影响高于灌丛地、草地和撂荒地，而在半喀区和典喀区的情况刚好与之相反。

（2）土地利用对土壤元素地球化学迁移的影响

根据针对不同土地利用方式的地球化学迁移系数 T 的计算结果，可知各样区不同土地

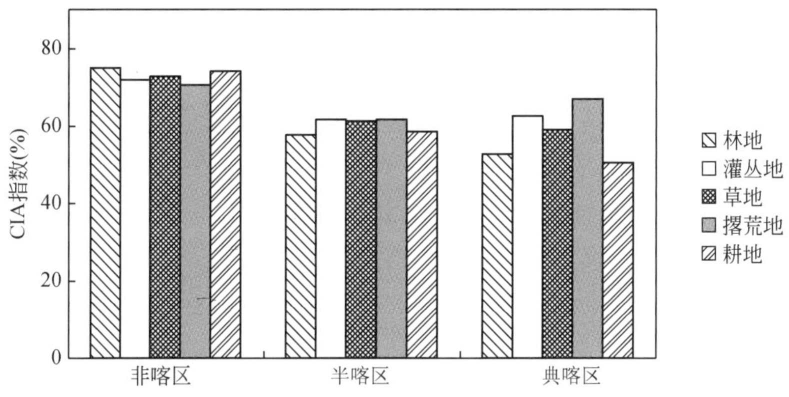

图 23-16　不同喀斯特区土地利用对 CIA 指数的影响比较

利用类型中元素地球化学迁移能力（图 23-17 ~ 图 23-19）。

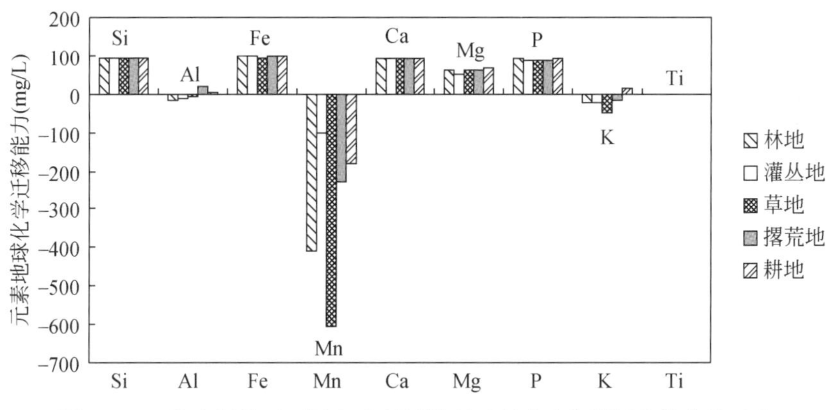

图 23-17　非喀斯特区不同土地利用类型元素地球化学迁移能力的对比

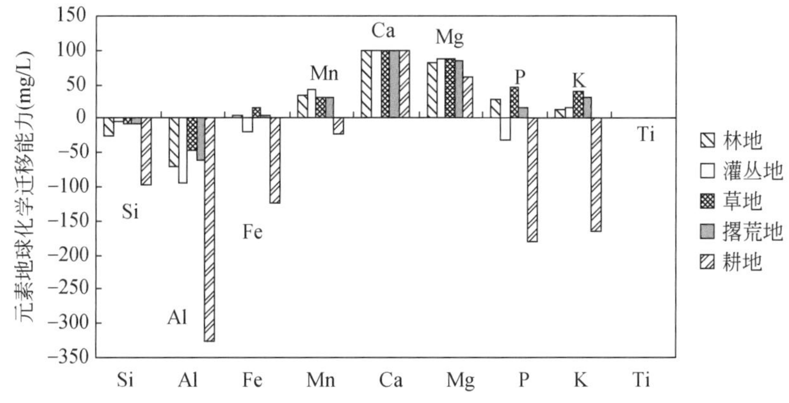

图 23-18　半喀斯特区不同土地利用类型元素地球化学迁移能力的对比

可以看出，由于同处相似的气候条件，各样区不同土地利用方式下的土壤表现出近似的元素地球化学迁移序列；但在迁移能力上，不同土地利用方式之间存在较为明显的差

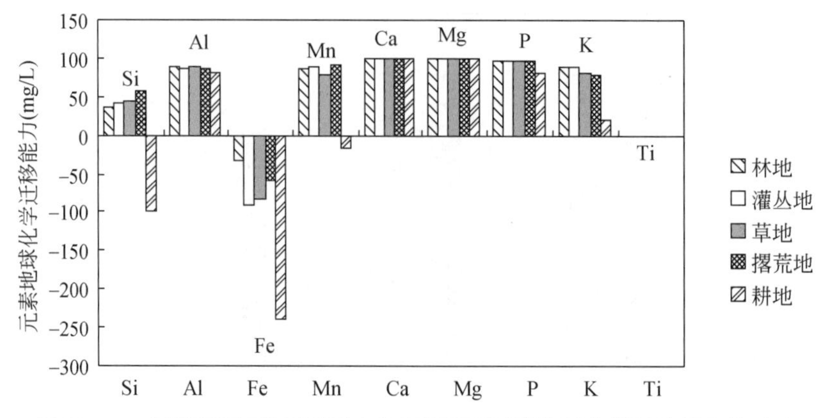

图 23-19　典型喀斯特样区不同土地利用类型元素地球化学迁移能力的对比

别，不同的土地利用方式，会导致该元素的地球化学迁移能力发生强弱变化；比较显著的有非喀斯特区中的 Al 和 K，半喀斯特区的 Fe、Mn、P 和 K，以及典型喀斯特区的 Si、Mn 和 K 等。非喀斯特区中的 Al 在林地、灌丛地和草地中表现为迁移能力差的富集元素，但在撂荒地和耕地中却有较强的迁移能力，说明林、灌和草地有利于土壤的富铝化成土过程，而耕地和撂荒地则相对不利；半喀斯特区中的 P，在林地、草地和撂荒地中表现为可迁移元素，但在灌丛地和耕地中却显示出富集元素的特征；而典型喀斯特区中的 K，在林地、灌丛地和草地中为强迁移能力但在耕地和撂荒地中迁移能力一般，表明典型喀斯特区的林、灌和草地的环境有利于土壤养分钾素的活化迁移，而在耕地和撂荒地中的活性则相对不足。

（3）同一土地利用类型不同耕作方式对土壤地球化学过程的影响

由于地表地球化学环境的敏感性和复杂性，对采样的要求相对较严，而在实际采样工作又难于保证所研究样品的地球化学背景相当一致，这就很可能造成分析结果的规律性不够显著，从而给解释工作带来难度。因此，为了进一步发现土地利用方式对土壤元素地球化学过程的影响规律，本研究根据野外调查实际情况，选取位于非喀区同一山体同为林地只是植树方式不同的相邻 2 个坡面进行采样研究（图 23-20）。

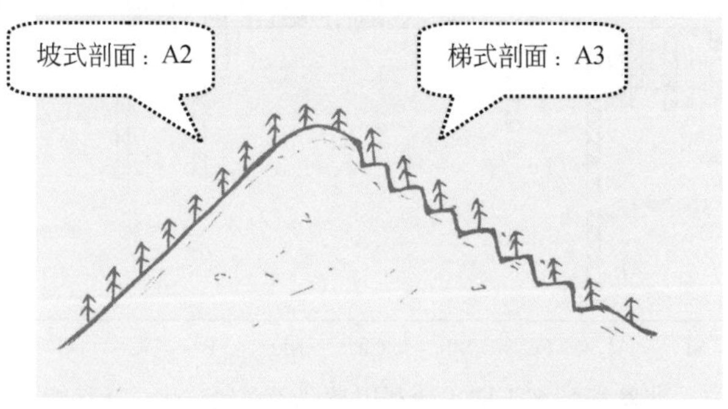

图 23-20　坡式剖面 A2 与梯式剖面 A3 的示意图

该 2 个采样剖面林地的生长期均为 3 年半左右，但是 A2 剖面是沿自然坡植树，A3 剖面则采取在修筑好的梯台上植树的方式，二者所植林木类型均为杉树。样品采集方式如下：对于每个剖面，分别围绕坡中部位的上下多点取样，并按四分法组合成坡中下、坡中和坡中上 3 个样，最后共形成每个剖面的 3 个样品进行化验分析，3 个样品的化验分析结果的平均值即为文中用到的数据值。这一采样设计的目的，就是为了使得样品的地球化学环境研究背景能尽可能高度一致，以期通过对几乎相同环境背景条件仅为林地管理模式不同的土壤地球化学性能指标的差异性研究，揭示土地利用对元素地球化学过程的影响。

图 23-21 表明，梯式林地的土壤发育状况要稍好于坡式林地，而土壤化学蚀变状况差异不大；图 23-22 显示，坡式林地所研究 9 个元素的地球化学迁移系数几乎均高于梯式林地的迁移能力，二者在对地球化学过程的影响方面具有比较明显的差异。研究中还可以看出，即使同为土壤侵蚀流失较弱的非喀斯特区的林地类型，由于林地经营模式的差别，所造成的与土壤元素地球化学迁移密切的养分元素含量也有较为显著的差别，确切地说，梯式林地的养分元素中除了速效钾在二者之间差别不大外，有效磷、全磷、全钾的含量均高于坡式林地（表 23-16）。可见，坡式林地经营方式加大了土壤矿质元素的迁移速度，促

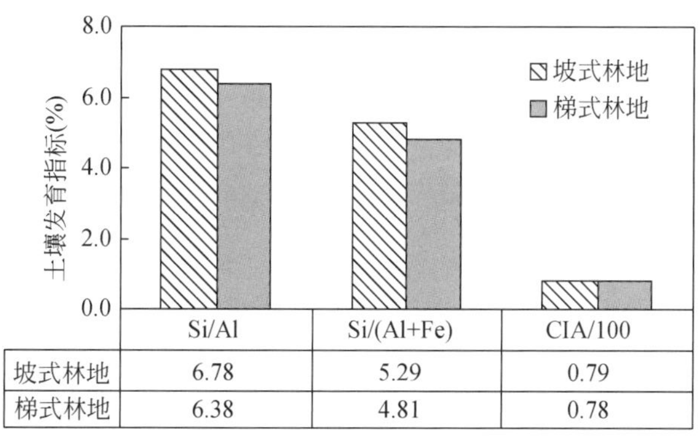

	Si/Al	Si/(Al+Fe)	CIA/100
坡式林地	6.78	5.29	0.79
梯式林地	6.38	4.81	0.78

图 23-21　坡式林地与梯式林地土壤发育指标的比较

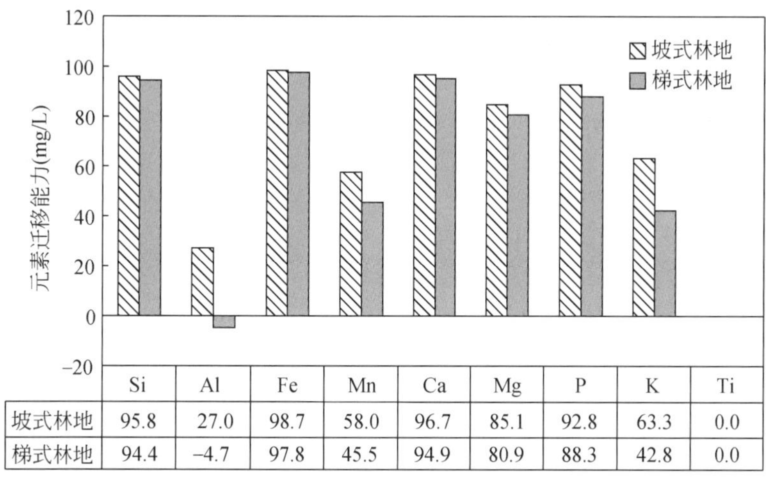

	Si	Al	Fe	Mn	Ca	Mg	P	K	Ti
坡式林地	95.8	27.0	98.7	58.0	96.7	85.1	92.8	63.3	0.0
梯式林地	94.4	−4.7	97.8	45.5	94.9	80.9	88.3	42.8	0.0

图 23-22　坡式林地与梯式林地的元素迁移能力比较

进了土壤养分的迁移流失和土壤发育程度的降低，而同样背景条件下的梯式林地经营方式却能更利于土壤的发育和对养分元素的涵养作用。此外，由于本实验结果非常理想，这说明，如果研究中能使得研究背景条件近乎一致，就将可能得到更为理想的也更容易解释的研究结论。

表 23-16　不同经营模式林地的养分元素含量比较

养分指标	有效磷（mg/kg）	速效钾（mg/kg）	全磷（g/kg）	全钾（g/kg）
坡式林地	19.31	157.5	2.24	6.96
梯式林地	118.07	122.5	2.61	7.74

（4）小结

综合分析土地利用对土壤元素地球化学迁移的影响可知，土地利用对土壤元素的地球化学迁移的序列影响较小，但对元素的地球化学迁移能力影响较大，不同土地利用方式可以加剧或减缓元素地球化学迁移速度。由于地球化学迁移能力变化会影响到土壤养分元素含量，对同为林地类型不同经营模式对比研究进一步表明，土地利用方式通过对土壤地球化学迁移的显著影响，造成相同背景条件下的土壤养分含量的变化。可见，在相同的背景条件下，土地利用方式的变化将会带来土壤元素地球化学迁移能力的相应变化。然而，鉴于迄今对于矿质元素在土壤质量中所起的功能尚不明确，这种变化对于土壤质量究竟是有利还是不利尚只能进行探讨性分析。一般而言，某元素地球化学迁移能力强则易于在土壤中得到溶解和迁移，这将促进土壤中的阳离子交换，也将更利于土壤植物对该元素的吸收。但是，如果该元素在迁移中没有得到有效的交换、被吸附固定、或者发生沉积，而是随着土壤溶液流失的话，则将不利于该元素在土壤中的富集；相应地，如果该元素是对于植物生长有益的营养元素，那么就将导致土壤养分的流失，反之，如果是对于植物的有害元素的流失反而将利于植物的生长。

彼列尔曼（1975）将上述能促使元素在迁移过程中发生交换、吸附或者沉积富集作用变化的元素离子、胶体、机械壁垒，或者突变性的地球化学环境等因素，统称为地球化学障。土壤元素在地球化学迁移过程中，是否能遇到有利的地球化学障，对土壤养分的富集拟化或贫化具有重要的意义。因此，如果某种土地利用方式既能提高养分元素活化迁移能力，又能形成较好的地球化学障的话，则该土地利用方式有利于提高土壤质量。

结合“同一土地利用类型不同耕作方式对土壤地球化学过程的影响”分析，可以看出，梯式林地的“梯”一定程度上起到了让迁移元素沉积富集下来的“障碍”作用，这种“障碍”即为彼列尔曼所定义的地球化学障中的机械障。从实践意义来说，要防止土壤质量退化，就是要尽可能在土地利用中设置和构建能有利于土壤的形成、对土壤结构的保护以及对土壤养分的涵养的有效的“障碍”——这里将之称为“土壤质量退化障”。

土壤质量退化障的建立，需要通过对导致土壤质量退化的各种因素尤其是关键性因子的深入研究，才能有的放矢构建对土壤质量有益的“土壤质量退化障”；现实生活中的生物梯化和植物篱（Hayes et al.，1984；Schellinger and Clausen，1992；Munoz-Carpena et al.，1993；陈旭晖，1998；朱远达等，2003），横垄加埂、横坡梯沟和壕沟（吕甚悟和王世平，1996；Sheng and Liao，1997；李昱和尚治安，2001）等方式均属于此类“土壤质量退化障”。当然，土壤地球化学障的形成既与土壤本身的地球化学环境有关，还与涵养水土抵抗侵蚀的能力等多种因素有关，这里只是提出此概念，尚需进一步的大量和深入的研究工作。

23.6　土壤质量退化机理的综合分析与解释性预测

23.6.1　不同景观区土壤质量退化机理的综合分析

从土地利用对土壤结构的影响与对土壤质量退化的影响的综合比较（图 23-23 ~ 图 23-25）可以发现，尽管非景观区不同的土地利用方式给土壤质量带来了较大的变化，但土地利用并没有对土壤结构造成较大的破坏；也就是说，对于土壤发育状况较好的非喀斯特区而言，土地利用对土壤结构的破坏能力并不强烈，土地利用方式对土壤结构退化的影响差异并不显著。对于景观区来说，土地利用对土壤结构退化的影响结果与土壤质量退化情况相当一致，也就是说，对于土壤发育状况较差的景观区而言，土地利用主要通过对土壤结构的破坏而造成土壤质量的退化；这同时也说明，对于土壤发育状况较差的地区来说，土壤结构是与土壤质量直接相关的重要因子，土壤结构遭到破坏，基本就预示着土壤质量的退化。因此，对于喀斯特地区的土壤质量退化研究来说，关注土地利用对土壤结构的影响是研究的关键。

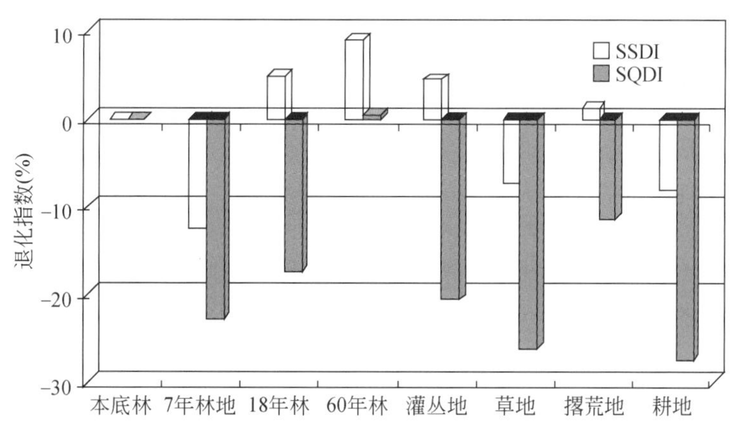

图 23-23　非喀斯特区土壤结构退化指数与土壤质量退化指数评价结果对比

从土地利用对土壤地球化学过程的影响与对土壤质量退化影响的综合比较来看，土地利用通过对土壤地球化学过程的影响，引起土壤发育和地球化学蚀变作用的变化，并改变土壤元素的地球化学迁移能力。由于土壤养分与元素的地球化学迁移能力有着密切的关系，因此，土地利用对土壤地球化学过程的影响最终必然要影响到土壤的养分状况。土壤地球化学指标与土壤质量退化指数的相关性表明（表 23-17），在非喀斯特景观地区，土壤地球化学蚀变和养分元素的地球化学迁移与土壤质量的退化的关系要显著强于半喀区和

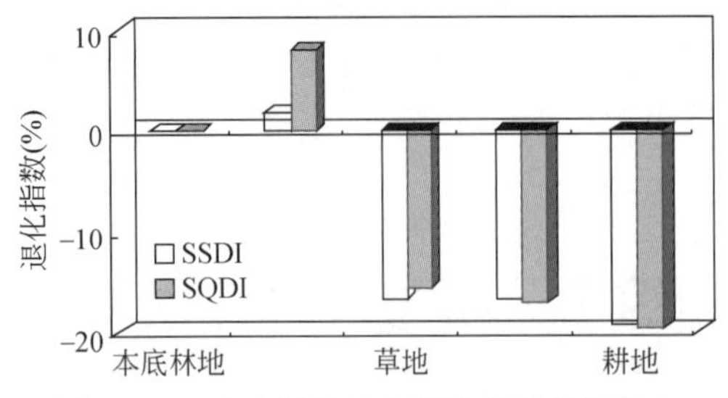

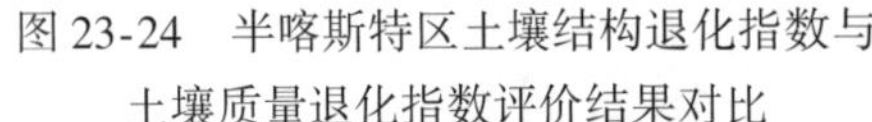
图 23-24 半喀斯特区土壤结构退化指数与土壤质量退化指数评价结果对比

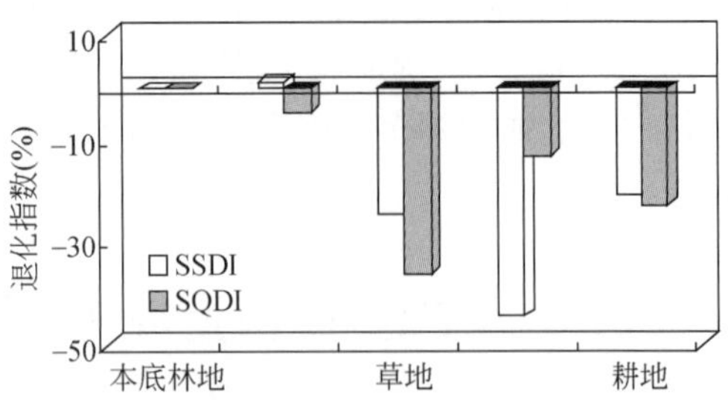

图 23-25 典型喀斯特区土壤结构退化指数与土壤质量退化指数评价结果对比

典喀区。也就是说，对于非喀斯特区而言，土地利用对土壤地球化学过程的影响将很大程度上影响到土壤质量的退化；而对于喀斯特发育区来说，土壤质量的退化与土地利用对土壤地球化学过程影响关系相对较弱。

表 23-17 土壤地球化学指标与土壤质量退化指数的相关性

样区	CIA	全磷	全钾
非喀区 SQDI	−0. 17	0. 66	0. 74
半喀区 SQDI	0. 04	0. 27	0. 39
典喀区 SQDI	0. 12	0. 25	0. 39

注：显著性水平 α=0. 05

从各种不同土地利用方式对土壤质量退化的影响总体情况来看，林地无疑是最好的利用方式，因为该方式对土壤结构的破坏最小，而且林地有利于土壤的发育和地球化学过程的进行，养分元素 K、P 在林地经营模式中迁移能力较强，但由于侵蚀流失不强烈，养分含量较高。可见，分析中必须将土地利用对地球化学过程的影响与对土壤物理结构的影响结合起来才能得到更为中肯的认识。其他土地利用类型中，不同的景观区，土地利用对土壤质量的影响性呈现出比较明显的差别，对非喀斯特区来说，总体土壤质量退化并不强烈，但相对林地情况来说，耕地、草地和灌丛地对土壤质量的影响比较强烈，而撂荒地的影响程度相对较轻；对于半喀斯特区和典型喀斯特区来说，土地利用对土壤质量的退化影响作用比较明显，其中，尤其以耕地、撂荒地和草地形式造成土壤质量的退化强烈，而灌丛地则是有利于喀斯特发育区土壤质量演化的土地利用类型。这其中最主要的原因是由于喀斯特发育区灌丛地对土壤结构的破坏很小，而耕地、撂荒地、草地 3 种方式对土壤结构的破坏相当严重所造成的。

综合土地利用对土壤结构和土壤地球化学过程的影响分析，可知，土壤结构和土壤地球化学过程是与土壤质量密切相关的两个方面，土地利用对任何一个因素的影响，均有可能引起土壤质量的退化。然而，对于不同景观区的土壤而言，两者对土壤质量退化的贡献存在明显的差别。对于非景观区而言，土地利用主要通过对土壤地球化学过程的影响引起土壤质量的改变；而无论是对半景观区还是对典型景观区来说，土地利用对破坏土壤结构的破坏在土壤质量的退化影响方面居于主导地位。

23.6.2　土地利用对土壤质量影响的解释模型与情景预测

(1) 土地利用对土壤质量退化的解释模型

根据前面的研究已知，喀斯特山区土地利用所导致的土壤质量的变化，主要是由于土地利用改变了土壤结构、影响了土壤地球化学过程，及其由此所致的土壤抗蚀能力和养分状况的变化；不同的土地利用方式所造成的这种影响大小和方向并不相同，并因此而引起土壤质量的改良或者退化。可见，土地利用对土壤结构的变化所导致的土壤质量退化作用机理，是由于土地利用方式的变化会引起土壤侵蚀状况和土壤抗蚀性能的相应改变，造成土壤结构的改良或者退化，加剧或减缓土壤物理侵蚀的速率，并进而影响到土壤总体质量的变化。而土地利用对土壤地球化学过程的影响所导致的土壤质量退化作用机理，是由于土地利用方式的变化会改变土壤发育和土壤地球化学蚀变的进程，影响土壤元素的地球化学迁移能力，并由此造成与土壤地球化学过程密切相关的土壤营养元素的富集与贫化，从而最终影响到土壤的质量状况。

显然，土地利用对土壤结构和土壤养分的影响并非孤立的，而是存在密切的关系，尤其，在对于元素的地球化学迁移能力的分析中，必须与土壤抗蚀能力结合起来分析才可以得出较为中肯的判断。对于养分元素来说，如果土地利用方式的改变导致土壤养分元素地球化学迁移能力提高的话，这一方面意味着该元素容易迁移流失，但另一方面说明该元素容易活化而易于被植物吸收利用。所以，如果该土地利用方式促进了养分元素的活化迁移同时又提高了土壤的抗蚀性能的话，那么，该土地利用方式将使得土壤质量发生良性变化；反之，如果土地利用方式的变化虽然促进了养分元素的活化迁移但也使得土壤抗蚀能力下降侵蚀程度加剧的话，则表明这种土地利用方式的变化导致了土壤质量退化产生。

图 23-26 ~ 图 23-28 反映了不同土地利用方式对土壤主要性能指标的相对影响大小情

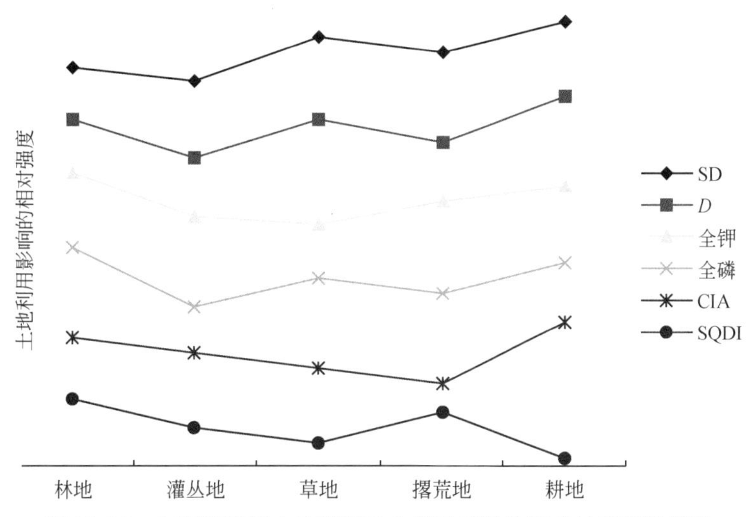

图 23-26　非喀斯特区土地利用对土壤质量退化影响的解释性模型

注：只示意不同土地利用类型对土壤结构破坏率（SD）、土壤团聚体分形维（*D*）、土壤中钾与磷的迁移（全钾与全磷）、土壤化学蚀变指数（CIA）和土壤质量退化指数（SQDI）影响的相对大小，纵坐标无量纲。图 23-27、图 23-28 同此

况，根据图中所反映的情况，我们可以对各种土地利用变化方式可能引起的土壤结构和地球化学方面的性能变化作出大致预测。

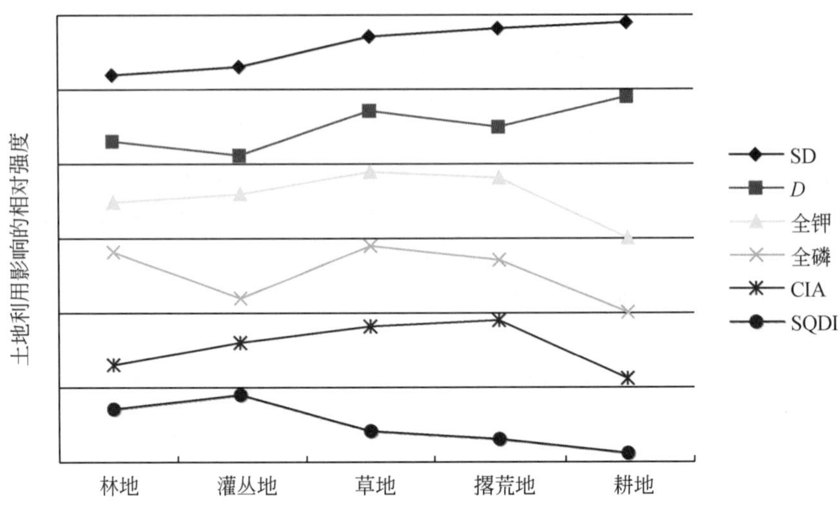

图 23-27　半喀斯特区土地利用对土壤质量退化影响的解释性模型

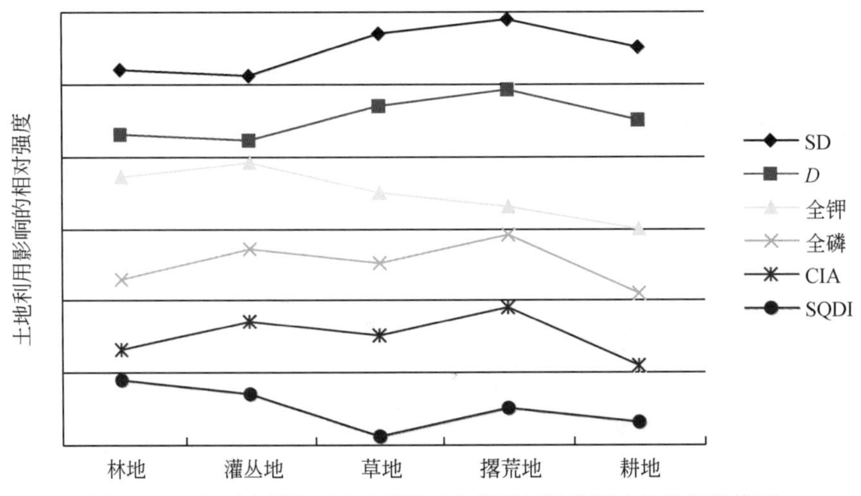

图 23-28　典型喀斯特区土地利用对土壤质量退化影响的解释性模型

(2) 土地变化的土壤质量演化过程

本节通过“以空间换时间”方法来推演“土地利用变化的土壤质量演化过程”，进行土地变化的土壤质量退化情景预测。

植被演替过程是与土地利用/覆被密切相关的，贵州喀斯特山区退化植被的演替序列为“撂荒地→草地→灌丛地→森林”，本节选择典型喀斯特地区按此演替方向尝试构建景观区土地利用变化的土壤质量演化模型（图 23-29）。

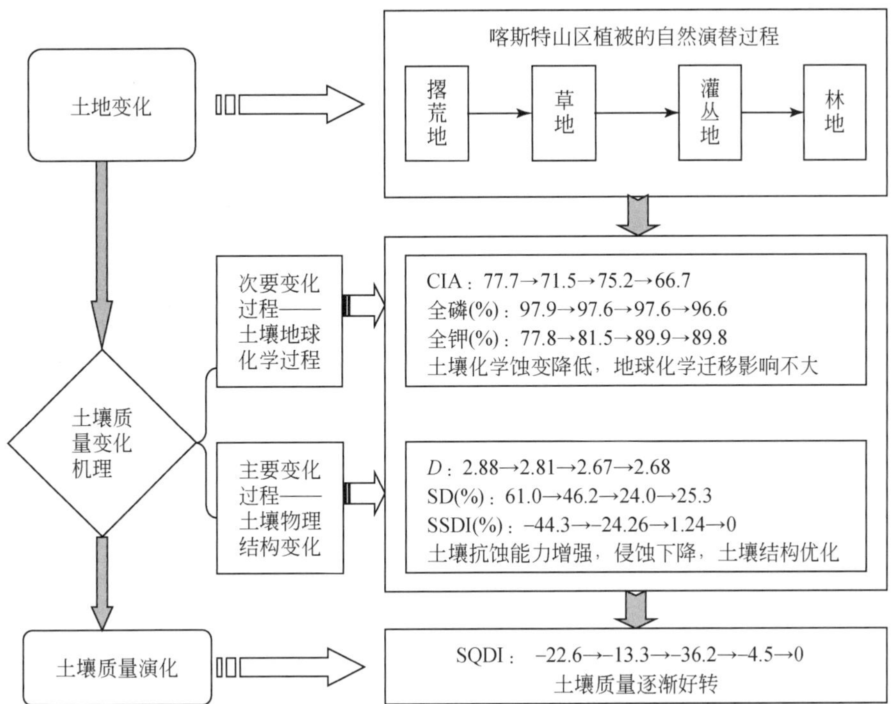

图 23-29　典型景观区土地利用变化的土壤质量演化模型

第 24 章　土地变化对土壤水分性能及植物生态特征的影响

本章从土壤水分入手，通过不同土地利用/覆被类型的土壤-植被系统水分性能研究，认识喀斯特地区退化土地受损过程和受损机理。

24.1　不同土地的土壤水分特征

24.1.1　研究思路与方法

(1) 土地变化与土壤水分

土壤水分特性是土壤重要的物理性质之一，它制约着土壤对水的吸持、储存以及土壤对植物的水分供给。土壤水的保持和运动特征直接或间接影响着土壤其他各种性质状况。从水分循环过程研究生态环境问题已成为一个重要的研究方向。土壤水分是土壤—植被—大气连续体的一个关键因子，是土壤系统养分循环和流动的载体，它不仅直接影响土壤的特性和植物的生长，而且间接影响植物分布，并在一定程度上影响小气候的变化（何其华等，2003）。

a. 水分在植物生命活动中的作用

水是植物正常生长和代谢不可或缺的重要组成部分和调控因子：①水分是细胞和生命有机体的重要组成成分。一般，植物组织含水量占鲜重的 75% ~90%。②水是植物各种代谢过程的反应物质。如果没有水，许多重要的生化过程如光合作用中的放氧反应、呼吸作用中有机物质的水解都不能进行。③水是植物各种生理生化反应和物质运输的介质。如矿质元素等各种营养元素的吸收、运输，气体交换，光合产物的合成、转化和运输以及信号物质的传导等都需以水作为介质。④水可使植物保持固有的姿态。植物细胞含有大量水分，产生的静水压可以维持细胞的紧张度，使枝叶挺立，花朵开放，根系得以伸展，从而有利于植物捕获光能、交换气体、传粉受精以及对水肥的吸收。⑤水具有重要的生态意义。通过水所具有的特殊的理化性质可以调节湿度和温度。例如，植物通过蒸腾散热，调节体温，以减轻烈日的伤害；水温的变化幅度小，在水稻育秧遇到寒潮时可以灌水护秧；高温干旱时，也可通过灌水来调节植物周围的温度和湿度，改善田间小气候；此外可以水调肥，用灌水来促进肥料的释放和利用。因此，水在植物的生态环境中起着特别重要的作用。

b. 土壤水分在土壤-植被系统中的作用

土壤水分是土壤重要组成物质之一，是决定土壤生产力的一个重要因素。水分要素是生态系统重要的功能因子，也是景观单元（生态系统）相互间能量、物质及营养成分变化的 5 个驱动力（风、水、飞行动物、地面动物和人类）之一（傅伯杰等，2003）。土壤水分状况与植被覆盖和土地利用密切相关。一方面土壤水分状况影响植物的生长，另一方面植被覆盖和土地利用反过来也影响着土壤水分的含量和分布，因此，在干旱、半干旱地区，土壤水分是植物生长的主要限制因子，如何保持土壤水分尤为重要（吴钦孝和杨文治，1998）。土壤水分状况与侵蚀过程亦密切相关，不同尺度土壤水分空间变异的定量化及其与径流和侵蚀关系研究也一直是研究的热点（Wastern et al.，1998）。

c. 土地利用变化与土壤水分

由于土壤水分状况与土壤侵蚀过程的关系之密切，对植被生长和对维持生态系统正常功能之重要，不同尺度土壤水分空间变异及其与径流和侵蚀关系研究一直备受学者关注（Wastern et al.，1998）。近年来，随着生态需水概念的提出，生态需水研究尤其是干旱、半干旱地区生态需水研究也已成为生态水文学的研究热点，被认为是生态系统恢复重建的一个关键因素（丰华丽等，2003；郑红星等，2004）。以上研究均是从中宏观尺度研究土地利用变化对水分状况的影响，而从作为土壤的重要物理性质之一的土壤水分特性这一微观角度研究土地利用变化对水分状况的影响的报道较少。傅伯杰等（1999，2001d）和黄成敏等（2001）分别对黄土高原和金沙江干热河谷土地利用变化引起的土壤水分退化进行了一些研究，结果表明，土地利用变化对土壤水分特性有着显著的影响。

西南典型喀斯特地区虽然降水比较丰富，但在时间上分布很不均匀。喀斯特作用又形成了喀斯特地区特有的裂隙、孔洞结构和极为发育的地貌特征，地表、地下各种蚀余和堆积形态组成了复杂的双重孔隙结构，并且裂隙、管道相互沟通，地下河流发达，所以喀斯特山区地表渗透十分强烈，水资源存留能力极差。因此，虽然降雨量充沛，水却是制约喀斯特植被生长的重要因子。李阳兵等（2003b）首次对岩溶山区（北碚观音峡背斜岩溶低山）不同土地利用方式下土壤的持水、供水、吸水和蒸发特征进行了初步研究。结果表明，土地利用方式的不同使低吸力段水分状况持水、供水能力存在明显差异。

（2）样品采集

a. 采样区及样品选择

本研究选择猫跳河流域上游长顺县的广顺典型喀斯特景观石灰土区（见第 23 章）。喀斯特山区的土壤类型主要包括两大类：地带性黄壤和非地带性石灰土。其中，黄壤的成土母质主要为非碳酸盐岩类的砂页岩、页岩、砂岩及少量火成岩等的风化物和残坡积物，主要表现为土壤发育良好、土层深厚、湿润，质地多黏性、结构性差，植被覆盖良好，基本无石漠化现象，对应非喀斯特景观。石灰土的成土母质主要为碳酸盐岩类的石灰岩、白云岩，以及其他钙质岩类的风化物，主要表现为土层一般较薄、土被破碎、多见基岩裸露，又以发育于纯质碳酸盐岩的石灰土土层最为浅薄，岩石裸露情况和石漠化现象最为严重，对应典型喀斯特地貌景观。广顺样区地处黔南州长顺县北部丘原区的广顺镇境内，为峰丛洼地和丘陵宽谷的交错地带；区内出露地层主要为二迭系，岩性多为以白云岩为主的比较纯质的碳酸盐岩类，发育有典型的喀斯特地貌景观；土壤发育状况极差，山地区土壤几乎均为石灰土，土层厚度多在 20cm 以下，兼之地下水位低，抗旱能力弱，致使本地区的石漠化现象非常严重；土地利用类型，丘原地区多为水田，而研究的山地地带则多为裸露草山、坡耕地以及撂荒地，林地只有村寨附近的风水林地。

根据本书第 23 章的研究结果，典型喀斯特地区广顺样区 5 种土地利用类型（林地、灌丛、草地、撂荒地和耕地）中，林地土壤质量指数最高，草地土壤退化最为严重（图 23-12）。本书第 21 章对喀斯特地区的土壤质量研究也发现，喀斯特地区草地是所有土地利用类型中土壤侵蚀和土壤退化较为严重的一种利用方式。在上述研究的基础上，本节选取本底林地（图 24-1）和草地（图 24-2）两种土地利用类型，分析探讨土壤水分退化及其对植被的生理生态效应。林地为大于 50 年的村寨风水林（优势种：贵州青冈+鹅而栎+朴树+油茶+红盖鳞毛厥蕨+沿阶草+苺草），草地 4 年以上的荒山草坡（优势种：鸡眼草+鼠曲草+白花三叶草+蛇莓）。

图 24-1　研究区林地类型景观

b. 样品采集与处理

用铁铲铲去土壤表层的枯落物、杂草等，用 100 cm^3 环刀采集 0 ~ 15cm 处的原状土，每个样点取若干份，三份装入已称重和编号的铝质土壤盒中迅速盖紧盖子，放入防蒸发的密封袋中，用于室内土壤含水量测定；其余装有原状土的环刀两端盖上盖子，用于室内土壤水分特性各指标的测定；同时在每个采样点取环刀处，采集小土样 1 kg。用于盆栽实验的大土样于每个采样点以随机分布布点的方式采集。

带回实验室的铝盒从密封袋中取出，立即称湿重，以防水分损失。采集的 1 kg 小土样和大土样立即均匀摊在牛皮纸上于通风的土壤处理室内让其自然风干。风干后的小土样过 1 mm 筛，备土壤水分特性测定用；大土样过 10 mm 筛，去除植物残体及杂物，筛出的石砾再按一定比例混进土样，以保持土壤原有的结构特征，装入袋中以备盆栽实验之用。

图 24-2　研究区草地类型景观

(3) 土壤水分特性的测定方法

土壤自然含水量、田间持水量、最大吸湿水（吸湿系数）、稳定凋萎含水量（凋萎系数）、土壤渗透性等参数均采用中国科学院南京土壤研究所土壤物理研究室提供的常规测定方法（中国科学院南京土壤研究所土壤物理研究室，1978）。

a. 土壤含水量

采用烘干法。已称湿重的装有野外采集的原状土的铝盒放入烘箱，于（105±2）℃烘干至恒重（6～8h）。取出铝盒于干燥器中冷却至室温，称干重。按下述公式计算土壤自然含水量：

$$W = \frac{g_1 - g_2}{g_2 - g} \times 100 \tag{24-1}$$

式中，W 为土壤含水量（%）；g 为铝盒重（g）；g_1 为铝盒+湿土重（g）；g_2 为铝盒+干土重（g）。

b. 田间持水量

将野外采集的装有野外原状土的环刀于室内放入盛水的盆中饱和一昼夜（水面低于环刀上缘 1～2 mm，防止环刀上面淹水）；同时将在相同土层的风干土过 1 mm 筛，装入环刀（轻拍击实，稍微装满些）将饱和后的环刀底盖打开，连同滤纸一起放在风干的环刀上（为使其接触紧密，用三块砖重量的物体压实）；经 8 h 吸水后，从上面环刀（盛原状土）中用铝盒取土 15～20 g，立即称重（精确至 0.01 g）烘干，测定含水量，此值即接近于土壤的田间持水量。

c. 毛管持水量

将野外采集的装有野外原状土的环刀有孔的一端垫一层滤纸，浸入盛有薄层水（水层深度 2～3 mm）的磁盘中，浸泡 8～12 h（水分通过毛管力的作用沿着土壤毛管孔隙上升）；浸泡后取出环刀，用滤纸吸干环刀上的水分，立即称重。然后将环刀放回水中继续吸水 2～4 h，再次称重，直至恒重。从环刀中心取土样 15～20 g 放入事先已称重的铝盒中，称重（准确至 0.01 g）；铝盒在 105±2℃的烘箱中烘干至恒重，计算土壤含水量，即为毛管持水量。

d. 最大吸湿水（吸湿系数）

风干土样（过 1mm 筛）10～15 g 放入称皿中，于皿底平铺一层；将称皿放入干燥器中有孔的磁板上（置于干燥器四周而不贴近器壁），干燥器下部盛有 3.3 % 的 H_2SO_4或 10 % 的 H_2SO_4（H_2SO_4 与土的比例约为 2mL/g）或饱和 K_2SO_4；干燥器放于温度稳定的地方或保持恒温 20℃；土壤开始吸湿一周左右，将称皿盖上从干燥器中取出，立即称重，然后重新放入干燥器继续吸湿，以后每隔 2～3 天称重一次，并更换一次下部溶液，直至达到恒重（或前后两次之差<0.005g）；将达到恒重的土样于（105±2）℃烘干至恒重，测定土壤含水量，即土壤最大吸湿水（吸湿系数）。

e. 稳定凋萎含水量（凋萎系数）

采用间接法，由 4.1.3 小节测得的最大吸湿水（吸湿系数）乘以系数 1.5 换算得出：

稳定凋萎含水量（凋萎系数）= 最大吸湿水（吸湿系数）×1.5

f. 土壤渗透性

采用室内环刀法。将野外采集的装有野外原状土的环刀于室内浸入水中 24 h，水面与环刀上口齐平，但勿淹到环刀上面；浸泡后的环刀取出，去盖，上面套一个空环刀，接口处先用胶布封好再用熔蜡粘合（以防接口处漏水）；将结合的环刀放到漏斗上；上面空环刀中加水，水面较环刀口低 1 mm（即水深 5 cm）；加水后自漏斗下面滴下第一滴水开始计时，以后每隔 1 min、3 min、5 min……更换漏斗下面的烧杯，并分别测量渗水量 Q_1、Q_2、Q_3、…、Q_n。每更换一次烧杯后将环刀水面加至原来高度，同时记录水温；实验持续到单位时间渗水量相等为止；计算渗透速率：

$$\text{渗透速率 } V(\text{mm/min}) = \frac{Q_n \times 10}{t_n \times S} \tag{24-2}$$

$$\text{渗透系数 } K(\text{mm/min}) = \frac{Q_n \times 10}{t_n \times S} \times \frac{l}{h} \tag{24-3}$$

式中，Q_n为间隔时间内渗水量（灌水量）；t_n为所间隔时间（min）；S 为渗透筒面积（环刀横断面）；h 为水层高度（cm）；l 为发生渗透作用的土层厚度（cm）。由于温度对渗透系数的影响很大，为使不同温度下所测的 K 值便于比较，一般换算为 10℃时的渗透系数 K_{10}：

$$K_{10} = \frac{K_t}{0.7 + 0.03t} \tag{24-4}$$

式中，K_t为温度为 t℃时的渗透系数；t 为渗透测定时的温度。

所有数据利用 SPSS 12.0 进行方差分析（ANOVA）。

24.1.2　结果与分析

(1) 土壤自然含水量

图 24-3 为 2 种不同土地利用类型土壤于 2005 年 5 月 28 ~ 30 日采样的自然含水量分析结果。由图 24-3 可以看出，林地土自然含水量显著高于草地土，分别为 52.2% 和 21.1%，前者是后者的大约 2.5 倍。

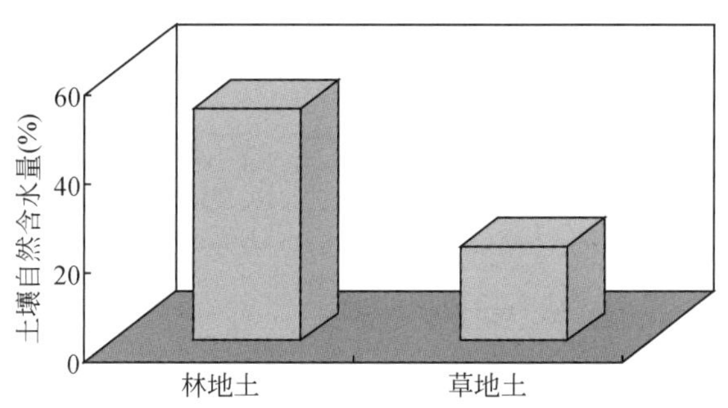

图 24-3　不同土地利用类型土壤自然含水量比较

(2) 土壤持水能力

田间持水量（field capacity，FC）是反映土壤持水能力的一个重要指标，指接近表层的土壤剖面在充分灌溉或降雨后，当其向下排水可以忽略时的含水量，其目的在于提供一个特征指标，即充分灌溉或降雨后，经过 2 天的再分布，接近表层的土壤可以保持多少水分，也称最大悬着毛管含水量（秦耀冬，2003）。长期以来，它被普遍认为是土壤的一项重要物理性质，并得到广泛应用（姚贤良等，1986）。

分析结果显示，林地土壤的田间持水量（43.8 %）明显高于草地土壤的田间持水量（22.1 %）（P<0.001），前者是后者的 2 倍左右（图 24-4）。同时我们还测定了土层在紧接自由水面情况下的毛管持水量，它代表土壤中毛管孔隙几乎全部被水充满时的含水量，林地土的毛管持水量亦远高于草地土（65.1 % vs. 28.5 %）（P<0.001），前者是后者的 2.3 倍。上述结果表明，相对于林地土，草地土土壤的持水能力明显下降。

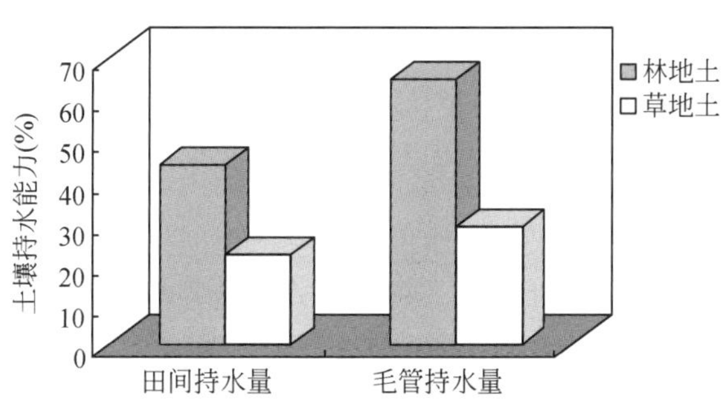

图 24-4　不同土地利用类型土壤持水能力比较

(3) 土壤供水能力

土壤所吸持的水分并非全部对植物有效。一般认为土壤水分在凋萎含水量(permanent wilting point, PWP)与田间持水量之间能为植物吸收利用，称为土壤总有效水含量(雷志栋等，1988)。林地土的总有效含水量(29.8%)显著大于草地土(13.0%)(图24-5)，表明林地土对植物的供水能力高于草地土，退化土壤的供水能力显著下降。

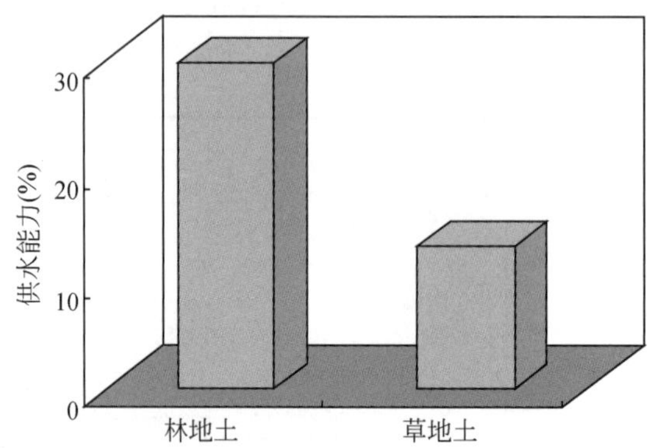

图24-5　不同土地利用类型土壤供水能力比较

(4) 土壤渗透性

土壤渗透性能是土壤导水性能的一个重要指标。在西南喀斯特地区，降雨量丰富且时间集中，良好的土壤渗透性能对于减少地表径流，减少水土流失具有重要意义。图24-6为环刀法对不同利用类型土壤水分渗透性能的测定结果。林地土与草地土150 min饱和渗水量分别为1027.7 mL和307.4 mL，渗透系数K_{10}分别为1.97和0.67，二者渗透速率差异显著($P<0.001$)。分析结果表明，退化的草地土壤的导水性能已明显降低，这可能就是喀斯特地区草地土的土壤侵蚀和水土流失比较严重的原因之一。

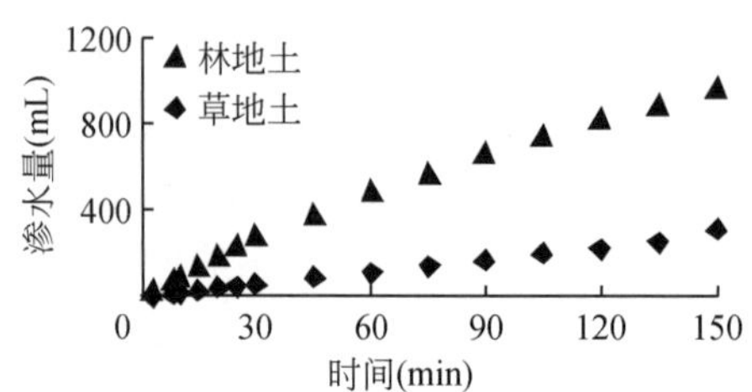

图24-6　不同土地利用类型土壤渗水量累积曲线

(5) 讨论与小结

本实验主要分析了与植被生长和土壤侵蚀关系密切的土壤持水性能、供水性能以及土壤渗透性能等方面的土壤水分特性指标。从以上分析结果可以明显看出，草地土与林地土2种不同土地利用类型土壤的自然含水量、持水性能、供水性能和渗透性能均存在极显著的差异($P<0.001$)，林地土的这些水分特性明显优于草地土。骆伯胜等(1998)对坡地赤红壤不同退化土壤的土壤水分研究表明，与地带性自然植被下的坡地赤红壤相比，次生植被或人工植被下的坡地赤红壤土壤水分性能变劣，表现为导水性降低、持水能力下降

等。李阳兵等（2003b）对重庆市对北碚观音峡背斜岩溶低山不同土地利用方式下土壤的持水、供水、吸水和蒸发特征进行的研究结果也表明，林地土壤系统具有较好的持水能力和供水能力，而荒山草坡土壤持水能力较差，供水能力也差。本实验结果与本书第 23 章在同一研究区的土壤质量研究结果一致；也与第 21 章在贵州关岭县石板桥小流域、龙健等（2002a）在贵州紫云县的研究结果一致。本书第 21 章通过不同土地利用类型土壤侵蚀的研究得出，从石板桥小流域各土地利用类型发生侵蚀面积占该类型总面积的比例来看，各土地利用/覆被类型土壤侵蚀发生率依次为草地>林地>旱地>难利用地>建筑用地>水田，即草地发生土壤侵蚀率最高；龙健等（2002a）通过对不同土地利用类型土壤的理化性质（土壤养分和土壤容重）分析而计算出的土壤退化指数结果表明，草地和退耕蒿草地发生了非常严重的土壤退化。

本实验结果可以认为是对上述研究结果的一个机理解释。土壤退化是一个复杂的综合过程，土壤水分特性与土壤的其他性质如土壤有机质含量、土壤孔隙度、土壤结构团聚体稳定性等有着直接或间接的密切联系，但对不同环境特征的地区而言，对土壤退化过程起主导作用的因素不同。通过上几章的论述我们知道，在喀斯特地区水分是一个限制植被生长的主要调控因素，因此，笔者认为，对喀斯特地区而言，土壤的水分退化是土壤退化的一个关键过程和因素。

上述分析结果表明，与基本无退化或轻微退化的本底林地相比，草地土壤水分性能显著劣化，主要表现为在同样条件下，土壤持水量大大减少；供水能力下降；导水性能降低，150 min 饱和渗透量明显减少。土壤的这些水分性能的变化一方面不利于植被的生长，另一方面加剧了土壤的侵蚀退化强度。

24.2　不同土地利用对植物生长及生态特征的影响

本书通过盆栽模拟实验对不同土地利用方式下土壤的植被生产力及其生态特征进行比较研究。

24.2.1　研究方法

（1）实验方案

风干的林地和草地土样过 10 mm 筛，去除大的植物残体，筛出的石砾再按一定比例混入土壤。混匀的土壤装入套有聚乙烯塑料袋的花盆中，每盆装土 2 kg，放入温室（图 24-7）。实验共 2 个处理，林地土和草地土，每处理 4 个重复。根据测得的 2 种土壤的田间持水量，通过称重法控制土壤含水量分别为各自田间持水量的 100%。

植物材料为多年生黑麦草（*Lolium perenne*）。多年生黑麦草原产于南欧、北欧及亚洲西南，是世界温带降雨量多的地区广泛栽培的重要禾本科牧草。近年来随着畜牧业的发展，又育成了四倍体多年生黑麦草。贵州省先后从丹麦、荷兰、新西兰、德国引进多个品种，生长良好，在贵州大面积建立人工草地中发挥了重要作用。因其建植速度快，分蘖能力强等特性，能够迅速覆盖地面，常作为水土保持混播种中的先锋植物。

图 24-7　不同土地利用类型的土壤中黑麦草植株生长状况

黑麦草种子用 10% 的 H_2O_2 消毒 10 min，用自来水冲洗后催芽，发芽的种子均匀地播在每盆土样上，每盆 40 粒。待幼苗长至 2 ~ 3 cm，进行间苗，每盆保留 20 株。幼苗每 2 ~ 3 天浇水一次，保持土壤含水量为各自田间持水量的 80% ~ 100%。温室维持 25℃ 左右的温度和 14/10 h 的光/暗循环。

（2）测定指标

测定指标包括植物生物量（鲜重、干重）、分蘖数、株高、叶长、叶宽、叶片含水量、叶绿素含量等。叶片长度、叶片宽度的测量以主茎顶端向下第 3 或第 4 片叶为准，测定叶片最宽处为叶片宽度指标。叶片的采样时间都统一在上午 9：00 左右，采样部位都为中上部叶位相同的新鲜叶片，测定重复数皆为 4（$n = 4$）。

a. 叶片含水量测定

叶片自然含水量（组织含水量）（tissue water content，WC）和相对含水量（relative water content，RWC）依据 Schonfeld 等（1988）的方法。取 3 ~ 4 片相同部位（第二或第三片叶）的新鲜叶片，称鲜重（fresh weight，FW），然后放入 100 mL 去离子水中于室温下（约 20℃）浸泡 12 h。浸泡饱和后的叶片取出迅速用吸水纸吸去表面水分，立即称重，为饱和鲜重（turgid weight，TW）。称重后的叶片装入油纸袋中于烘箱中 70℃ 下烘 48 h，冷却后称取叶片干重（dry weight，DW）。计算公式为

$$\text{叶片自然含水量}(\%) = \frac{\text{叶片鲜重} - \text{叶片干重}}{\text{叶片鲜重}} \times 100\% \qquad (24\text{-}5)$$

$$\text{叶片相对含水量}(\%) = \frac{\text{叶片鲜重} - \text{叶片干重}}{\text{叶片饱和鲜重} - \text{叶片干重}} \times 100\% \qquad (24\text{-}6)$$

叶片自然饱和亏缺依据王晶英等（2003）的方法测定。计算公式为

$$\text{自然饱和亏缺}(\%) = \frac{\text{叶片饱和含水量}}{\text{叶片自然含水量}} \times 100\% \qquad (24\text{-}7)$$

b. 叶绿素含量测定

参照李合生（2000）的方法。称取 0. 2 g 新鲜叶片剪碎放于研钵中，加少许石英砂和

3 mL 80% 丙酮，研磨匀浆，用漏斗转入 25 mL 容量瓶，用丙酮洗研钵和漏斗上的滤纸至无绿色为止，最后用丙酮定容至 25 mL，摇匀。于 663 nm、645 nm 处测定吸光值 A。叶绿素总量（C_T）为

$$C_T = 20.29A_{645} + 8.05A_{663} \tag{24-8}$$

所有数据利用 SPSS 12.0 进行方差分析（ANOVA）。

24.2.2　结果与分析

（1）生物量

在各自的 100% 田间持水量供水条件下，2 种土地利用类型土壤上植株生长状况是，草地土植株相对林地土植株，长势较弱，植株矮小。林地土生长的植株地上部和根鲜重均显著大于草地土植株，尤其是地上部鲜重差异更为显著（$P<0.001$）（图 24-8），分别为 49.2g、11.1g。林地土植株地上部、根部和总鲜重分别为草地土植株的 4.4 倍、2.3 倍和 3.3 倍。

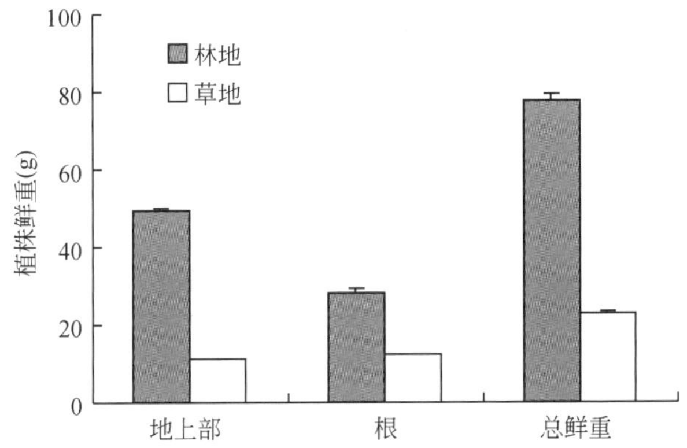

图 24-8　不同土地利用类型土壤生长的黑麦草植株鲜重

两种土壤生长的植株干重如图 24-9 所示。林地土植株地上部、根部及植株总干重亦均大于草地土植株（$P<0.001$），分别为草地土植株的 3.9、2.0 和 2.9 倍。

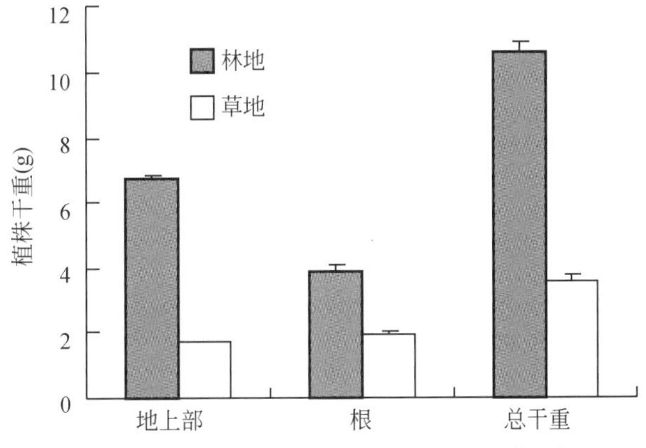

图 24-9　不同土地利用类型土壤生长的黑麦草植株干重

两种土地利用类型土壤植株的鲜重/干重比如图 24-10 所示。林地土植株地上部、根和总植株的鲜重/干重比均高于草地土植株，地上部和总植株鲜重/干重比达到了统计显著水平（$P=0.01$ 和 $P=0.02$）。

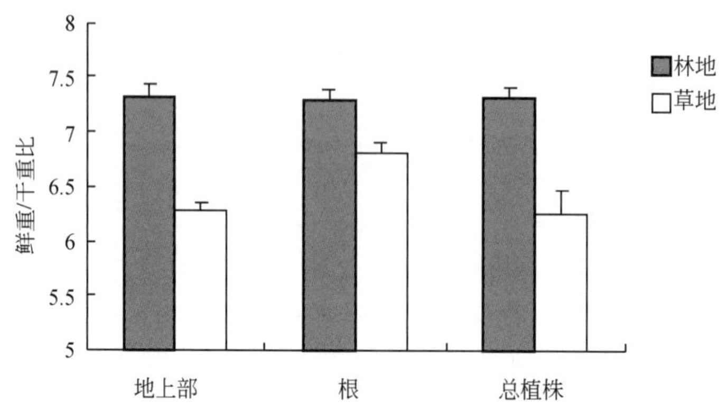

图 24-10 不同土地利用类型土壤生长的植株鲜重/干重比

（2）分蘖数、株高、叶长、叶宽

两种土壤生长的植株分蘖数、株高、叶长、叶宽如表 24-1 所示。林地土和草地土植株分蘖数差异非常显著，林地土是草地土的 2.7 倍，分别为 139.5 和 51.3。林地土植株株高、叶长、叶宽也明显高于草地土植株，分别为 4.9 cm、31.0 cm、3.6 cm 和 3.7 cm、23.7 cm、2.8 cm。

表 24-1 不同土地利用类型土壤生长的植株的分蘖数、株高、叶长和叶宽

土地类型	分蘖数	株高（cm）	叶长（cm）	叶宽（cm）
林地	139.5	4.9	31.0	3.6
草地	51.3	3.7	23.7	2.8

（3）叶片含水量

植物组织的一切生命代谢活动均与植物组织的水分状况密切相关。植物组织含水量反映了植物体内水分状况。随土壤含水量增加，叶片相对含水量亦会逐渐增加。水分饱和亏缺值大小则是反映植物体内水分亏缺程度的重要指标。

本实验测定的叶片含水量指标包括自然含水量、相对含水量、饱和含水量和自然饱和亏缺，测定结果如图 24-11 所示。林地土植株叶片自然含水量、相对含水量、饱和含水量均大于草地土植物，而草地土植物的叶片水分自然饱和亏缺值明显高于林地土植株。

（4）叶绿素含量

叶绿素含量是植物光合能力的一个重要的基本指标，它的含量多少反映了土壤的植被生产力。与叶片含水量结果一致，草地土植株叶片的叶绿素含量亦低于林地土植株（图 24-12），但未达到统计显著水平。

（5）讨论与小结

土壤水分特性不仅直接影响土壤对植物生长的供水能力，同时还通过影响土壤的其他

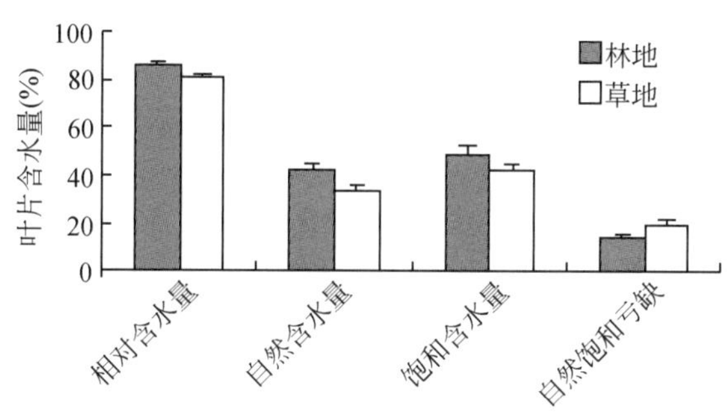

图 24-11　不同土地利用类型土壤生长的植物叶片含水量

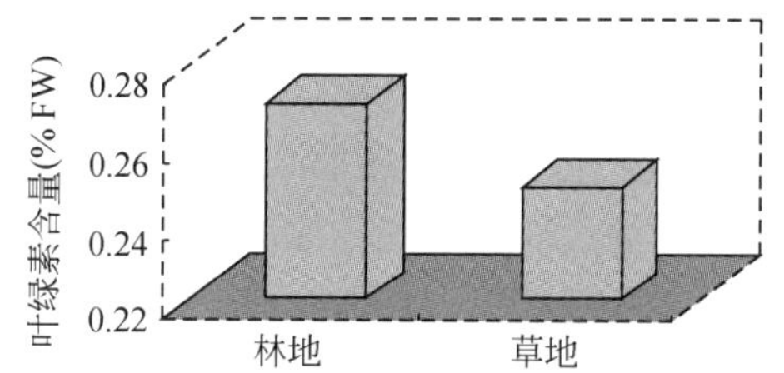

图 24-12　不同土地利用类型土壤生长的植物叶绿素含量

性质影响植物的生长。土壤水分特性的变化必然会导致植被生产力的变化。本实验研究了喀斯特地区林地和草地两种土地利用类型土壤在各自的最大供水能力条件下的植物生长状况及生态特征。结果显示，林地土植物的生物量、分蘖数、株高、叶长等指标均显著大于草地土植株；叶片的各种含水量、叶绿素含量两种土壤之间差异虽不太显著，但均表现相同的趋势，即林地土植株高于草地土，草地土的植株的叶片自然饱和亏缺值明显高于林地土植株，与叶片含水量结果一致。

本实验研究结果与前文对两种土地利用类型的土壤水分特性的分析结果一致。对土壤水分特性的分析结果表明，林地土的土壤持水能力和供水能力均远高于草地土，土壤水分是植物生长的重要调控因子，意味着单从土壤水分条件因素来看，林地土更有利于植物的生长，具有更高的植被生产力和更好的生态学特征。从本实验植物的生长条件来看，除控制了两种土壤的水分条件外，对两种土壤的其他物理化学性质，如土壤养分含量均很难用实验条件来控制，因此，两种土壤生长的植物生物量差异并非完全是由土壤水分所形成，应该还包括其他土壤性质的影响。但对于喀斯特地区而言，土壤水分退化是土壤退化的一个关键过程，其他特性如对植物生长亦有重要影响的土壤养分的退化与土壤水分退化有着密不可分的联系，土壤水分特性的劣化，如持水能力和渗透能力的下降导致水土流失的加剧，进而导致土壤养分退化，二者的综合作用使土壤的植被生产力大大下降。从这个意义上讲，可以认为土壤水分是导致植被生产力差异的主要因素。

与基本无退化的本底林地土相比，草地土的植物的分蘖数、株高、叶长、叶宽等明显减小；生物量显著减少；叶片各种含水量均明显降低，叶片水分自然饱和亏缺增加；叶绿素含量降低。上述结果表明，由于土壤水分性能的退化，退化草地土的植被生产力显著下降，植被的生态学特征劣化。

24.3 不同土地对干旱胁迫的抗性比较：植物的生理生态效应

干旱胁迫经常影响植物的生长发育，对植物的影响非常广泛而深刻，它可以表现在生长发育的各个阶段，同时影响各种生理代谢过程，如光合作用、呼吸代谢、水分和营养元素的吸收运转、各种酶的活性和有机物质的转化、运输和积累等（Pearce et al.，1967；Shackel and Hall，1979；孙广玉和邹琦，1991；李明和王根轩，2002；牟筱玲和鲍啸，2003；Shao et al.，2003；杨方云等，2006），对植物的危害在所有非生物危害中占首位。水资源的短缺和分布不均往往造成植被生长环境的干旱、半干旱或季节性干旱，植物的生长发育也因此受到影响。

植物体受到外界胁迫时，在生长发育等表观状况表现之初，首先受到影响的是植物体内的氧化还原代谢系统，导致植物体内氧化还原代谢失衡，体内活性氧增加，即氧化胁迫。植物体内亦存在着一套清除活性氧的系统，称抗氧化系统，包括专性的抗氧化酶类和非专性的抗氧化剂，其中保护酶防御系统占有重要地位。这些抗氧化剂与抗氧化物酶共同作用清除细胞内过量的活性氧，维持细胞的正常生命活动。

大量研究表明，干旱胁迫使植物体内活性氧增多，直接或间接启动膜脂过氧化链式反应，产生丙二醛（MDA）等，降低膜的稳定性，促进膜的渗漏，造成膜损伤（Tuner，1975；Pauk and Thompson，1980；Dhindsa and Mutoue，1981；Bowler，1992；Fu and Huang，2001）。进而引起一系列生理生化过程的变化，如叶绿素含量降低，光合速率下降。

本实验通过对两种不同土地利用类型土壤在不同干旱胁迫方式下对植物的生理生态效应分析比较研究了两种不同土地利用类型土壤对干旱胁迫的抗性。

24.3.1 实验设计

（1）土壤处理

风干的林地和草地土样过 10 mm 筛，去除大的植物残体，筛出的石砾再按一定比例混入土壤。混匀的土壤装入套有聚乙烯塑料袋的花盆中，每盆装土 2 kg，放入温室。根据 24.1 节测得的两种土壤的田间持水量，分别按各自田间持水量的 100% 含水量浇水，以称重法控制水分。

（2）植物材料与培养

黑麦草种子用10%的 H_2O_2 消毒10min，用自来水冲洗后催芽，发芽的种子均匀地播在每盆土壤中，每盆 50 粒。待幼苗长至 2 ~ 3 cm，进行间苗，每盆保留 20 株。幼苗每 2 ~ 3 天浇一次水，保持土壤含水量为各自田间持水量的 100% 。温室维持 25°C 左右的温度和 14/10 h 的光/暗循环。

（3）水分胁迫处理

黑麦草幼苗生长 45 天后，进行水分胁迫处理。

1）循环胁迫（cyclic stress）：胁迫开始，浇水至土壤含水量为 100% 田间持水量，停止浇水，当土壤含水量降至 15% 田间持水量时，再浇水至 100% 田间持水量，进入下一个新的循环。

2）持续胁迫（sustained stress）：胁迫开始，浇水至土壤含水量为 100% 田间持水量，停止浇水，当土壤含水量降至 45% 田间持水量时，补水维持土壤含水量在 45% 田间持水量。

林地土和草地土分别施以循环胁迫和持续胁迫两种胁迫方式，即林地的循环胁迫（Fcyc）和持续胁迫（Fsus），草地的循环胁迫（Gcyc）和持续胁迫（Gsus）。2005 年 9 月 1 日开始水分胁迫处理，分别在胁迫开始后的第 0、5 天、13 天、23 天、30 天取样。

（4）叶片相对含水量、叶绿素含量的测定

同 24.2.1 节。

（5）游离脯胺酸含量测定

游离脯胺酸含量测定参照 Bates 等（1973）的方法，略有修改。取 0.5g 相同部位的新鲜叶片于研钵中加入 5 mL 磺基水杨酸（3%）研磨匀浆，于 10 000×g 下离心。取上清液 2 mL 转入透明玻璃试管中，加入 2 mL 冰醋酸和 2 mL 水合茚三酮反应液（1.25 g 茚三酮溶于 30 mL 冰醋酸和 20 mL6mol/L 的磷酸混合液中），充分混匀后，于 100℃ 沸水中煮 30 min。自然冷却后，转入通风橱，于混合反应液中加入 6 mL 甲苯，充分混匀，待颜色分层后，取甲苯层于 520 nm 处比色，以甲苯为空白对照。根据制得的脯胺酸标准曲线计算游离脯胺酸含量。

（6）膜脂过氧化-丙二醛（MDA）含量的测定

MDA 含量参照 Heath（1968）的方法测定。称取幼苗鲜样约 1 g 于研钵中，加入 2 mL 溶于 10% 三氯乙酸（TCA）的 0.25% 的硫代巴比妥酸溶液（TBA），研磨匀浆。匀浆液于 95℃ 的水浴中加热 30 min 后，放入冰浴中迅速冷却，然后在 10 000×g 下离心 10 min，上清液分别于 532 nm 和 600 nm 处读取分光光度值，根据 MDA 的吸收系数 $\varepsilon = 155$ mmol/(L · cm) 计算 MDA 含量。

（7）过氧化物酶（POD）活性的测定

参照 Mazhoudi 等（1997）的方法，略有改动。称取 0.5 g 新鲜叶片于研钵中，加入预冷的 50 mmol/L 的磷酸缓冲液（pH7.0）5mL（含 1% 聚乙烯吡咯烷酮），冰浴中研磨匀浆，匀浆液转入离心管 10 000×g 下冷冻（4℃）离心 20 min，上清液即为酶提取液。取 3 mL POD 反应混合液（50 mmol/L 磷酸缓冲液，pH7.0；0.2 mmol/L 愈创木酚；19 mmol/L H_2O_2）于光径 1 cm 的石英比色皿中，加入适量酶提取液后来回倒置两下，立即于 470 nm 处比色，以每分钟每毫克蛋白升高的分光光度值表示酶活性［U/（min · mg protein）］。酶液蛋白质含量用紫外分光光度法测定（李合生，2000）。

（8）统计分析

所有数据利用 SPSS 12.0 进行方差分析（ANOVA）。。

24.3.2　结果与分析

（1）叶片相对含水量

叶片相对含水量（RWC）是反映植物水分状况的重要参数，通常可部分地反应植物受水分胁迫的强弱。图 24-13 为两种不同利用类型土壤分别在两种水分胁迫方式胁迫下植株叶片 RWC 测定结果。随着水分胁迫时间的延长，林地土和草地土植株叶片的 RWC 均随之下降，且下降幅度随时间延长而增大；与林地土植株相比较，草地土植株叶片的 RWC 下降幅度更大，Fcyc、Fsus 和 Gcyc、Gsus 由胁迫起始至胁迫停止分别下降了 2.5 倍、3.3 倍和 4.4 倍、4.6 倍。在水分胁迫处理的整个过程中，林地土植株的叶片 RWC 均高于草地土植株，且差距随着胁迫时间的延长而增大，胁迫起始时约为草地土植株的 2 倍，胁迫结束时则为草地土植株的 3.2 ~ 3.5 倍。表明林草地土较林地土对干旱胁迫的抗性明显较弱。水分胁迫前期，循环胁迫和持续胁迫下林地土和草地土植株的 RWC 无明显差异，但在胁迫后期，两种土壤的植株 RWC 均表现为循环胁迫高于持续胁迫，尤其是林地土更为显著（$P<0.01$）。

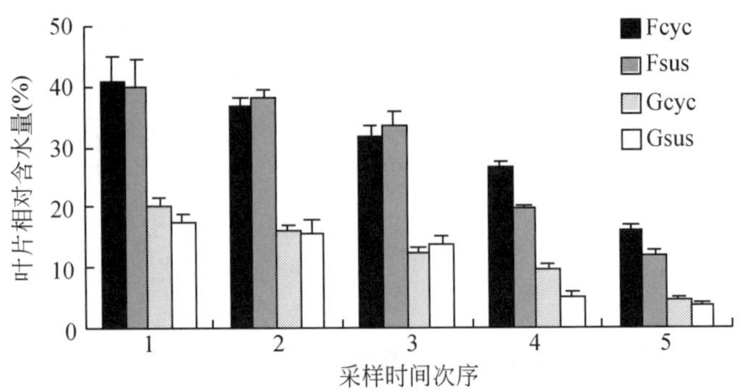

图 24-13　不同水分胁迫下两种不同土地利用类型土壤生长的植株叶片相对含水量

（2）叶绿素含量

叶绿素作为光合色素中重要的色素分子，参与光合作用中光能的吸收、传递和转化，在植物光合作用中占有重要地位，其含量高低决定着植物光合作用的水平，从而影响植被的生产力。叶片组织水分缺乏时，叶绿素形成则会受到抑制，且原有的叶绿素也易遭到破坏，造成叶绿素含量的减少，光合作用受到抑制。

如图 24-14 显示，干旱胁迫前期，各处理的叶绿素含量差异不明显，叶绿素含量降低亦不显著；随着胁迫时间的延长，Gsus 处理的植株叶绿素含量较其他 3 个处理下降幅度较

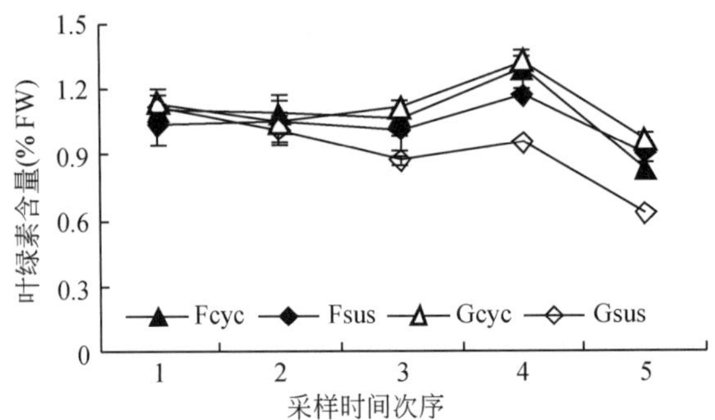

图 24-14　不同水分胁迫下两种不同土地利用类型土壤生长的植株叶绿素含量

大，差异显著（$P<0.001$），由胁迫起始时的 1.11% GW 下降到严重胁迫时的 0.63% GW。Fcyc、Fsus 和 Gcyc 处理的植株叶绿素含量在严重胁迫时亦有大幅下降，但差异不显著。

（3）丙二醛（MDA）含量

丙二醛是膜脂过氧化的主要产物之一，其含量是植物膜脂过氧化的重要指标。因此，通常以 MDA 含量大小来反映膜脂过氧化程度。防止 MDA 大量积累需要植物体内多种保护物质的参与，如保护酶过氧化物酶（POD）、超氧化物歧化酶（SOD）、过氧化氢酶（CAT）和抗氧化物质谷胱甘肽（GSH）、抗坏血酸（AsA）等。如图 24-15 所示，随着胁迫时间的增加，两种胁迫方式下的林地土和草地土植株叶片 MDA 含量均逐渐升高，胁迫前期，4 个处理之间无显著差异，但在严重胁迫的后期，Gsus 处理的叶片 MDA 含量上升幅度最大，显著高于其他 3 个处理，由胁迫起始时的 7.05 nmol/g FW 升至胁迫后期的 14.65 nmol/g FW，为起始时的 2 倍多。该结果表明，持续水分胁迫下的草地土植株膜脂过氧化程度较高，进而可以认为，与其他 3 个处理相比较，草地土在持续干旱胁迫下的抗旱能力最弱。与叶绿素含量测定结果一致。

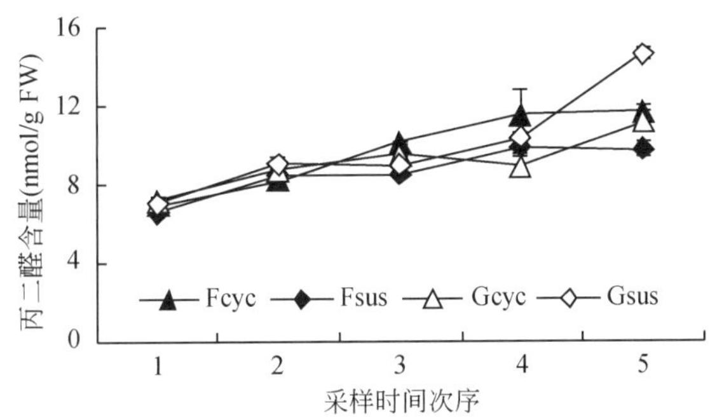

图 24-15　不同水分胁迫下两种不同土地利用类型土壤生长的植株叶片 MDA 含量

（4）游离脯胺酸含量

脯氨酸（proline）作为细胞质渗透调节物质，主要存在于细胞质中，主要起降低细胞水势维持细胞渗透压的作用（Leigh et al.，1981；Morgan，1984）。不同植物的渗透调节物质和调节能力可能也不同。植物体内脯氨酸含量的增加是植物对逆境胁迫的一种生理反应，一是细胞结构和功能遭受伤害的反应，二是植物在逆境下的适应表现，可作为鉴定植物受伤害程度或植物相对抗性的指标。

随着胁迫时间的增加，各处理植株叶片游离脯胺酸含量均呈现先上升后下降的趋势（图 24-16）。林地土较草地土植株变化幅度较大，在第一个循环末达到最高值，随后又开始下降，在胁迫后期，含量低于起始时的含量水平；但循环胁迫和持续胁迫之间无显著差异。草地土植株脯胺酸含量在胁迫期间大多都低于林地土，且随胁迫时间的增加变化较为平缓，前期循环胁迫和持续胁迫之间无明显差异，但在胁迫后期，Gcyc 处理的脯胺酸含量急剧下降，显著低于 Gsus 处理。

（5）过氧化物酶（POD）活性

POD 是清除活性氧的抗氧化系统中的重要保护酶之一，它催化 H_2O_2 分解为水和分子氧的反应，从而清除活性氧 H_2O_2。2 种水分胁迫方式下林地土和草地土植株叶片中 POD

活性在胁迫初期均有所升高，很多研究表明，植物在受到轻度胁迫时，POD 活性升高，在

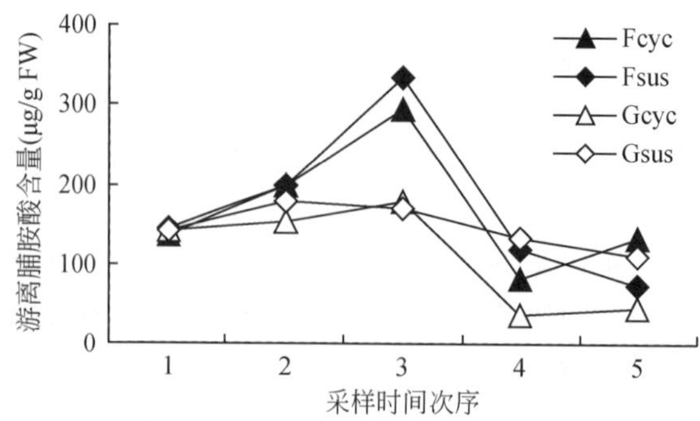

图 24-16 不同水分胁迫下两种不同土地利用类型土壤生长的植株叶片游离脯胺酸含量

防御活性氧伤害中起着重要作用（Schützendübel et al.，2001，2002；Shah et al.，2001；杨方云等，2006）。但随着胁迫时间的增加，POD 活性又逐渐下降，林地土植株叶片的 POD 活性在胁迫结束时下降到起始时的水平，而草地土植株叶片的 POD 活性则降至起始时的水平以下。相对于林地土植株，草地土植株叶片的 POD 活性变化幅度较大，表明草地土植株受胁迫的程度较林地土植株严重。POD 活性在轻度胁迫时会有所升高以调节植物组织内的活性氧水平，但当植物受到严重胁迫时，POD 活性则会受到抑制而下降（刘宁等，2000；Iannelli et al.，2002；谢可军等，2004）。本实验 POD 活性的测定结果（图 24-17）亦证实了这一点。

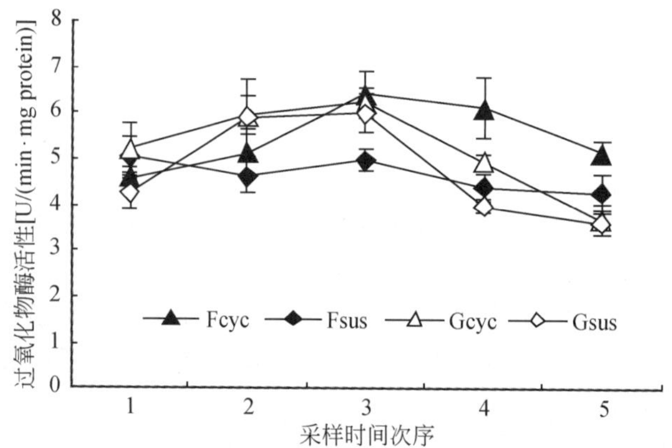

图 24-17 不同水分胁迫下两种不同土地利用类型土壤生长的植株叶片 POD 活性

（6）讨论与小结

喀斯特地区虽降雨丰富，但能为植被生长利用的水资源却不足，尤其是在秋冬季，这在前几章已有详细论述。在干旱季节土壤本身的抗旱能力对植被的生长就显得尤为重要。土壤干旱胁迫不仅表现在植被的生长上，大量的研究表明。植物在受到环境胁迫之初是首先表现为体内的氧化胁迫，进而引起一系列的生理生化反应，因此植物的生理生态特性是土壤干旱胁迫程度较为敏感的指标。本实验研究了两种不同土地利用类型土壤在两种不同形式的干旱胁迫下对植物的生理生态效应。从上述各指标的分析结果我们可以看出，干旱

胁迫尤其是持续干旱胁迫下的草地土植株的叶片受胁迫程度最深，胁迫后期叶绿素和脯胺酸含量的降低、MDA 含量的增加均比林地土植株强烈，POD 活性变化幅度相对于林地土植株较大。这些结果均表明，与林地土壤相比，退化的草地土壤抵抗干旱胁迫的能力大大降低，这与上两章的分析结果是一致的。土壤含水量降低，持水能力下降以及土壤水的有效性下降，必然会导致土壤抗旱能力的减弱。

对林地和草地土分别进行周期性和持续性水分胁迫，同一时间序列取样，结果如下。

1）随着水分胁迫时间的增加，叶片含水量都在逐渐降低，但同期相比，林地土植物的叶片含水量显著高于草地土植株。

2）叶绿素含量在严重水分胁迫下都明显降低，持续胁迫下的草地土植株叶片含水量下降最为显著。

3）随着水分胁迫时间的增加，膜脂过氧化产物丙二醛含量逐渐增加，持续胁迫下的草地土植株在胁迫后期（严重胁迫）增加幅度最为明显。

4）胁迫前期（轻度胁迫）POD 活性与起始时相比较有所升高，但随着胁迫加剧，POD 活性开始受到抑制，呈下降趋势，草地土植株叶片的 POD 活性下降幅度较大，受抑制程度较强。

相对于林地土，草地土对干旱胁迫尤其是持续干旱的抗性较弱。

第七篇　结　　论

第25章　退化土地的生态重建

贵州喀斯特山区多种空间尺度的土地变化研究表明，当前的主要问题是土地退化，典型表现为石漠化，而这与贫困问题相互交织。因此，要真正解决问题，就需要同时在生态和经济-社会上进行重建。本章在总结土地退化因素的基础上提出生态重建的社会工程途径，并根据当地多年的科技实践，总结生态重建的技术途径及其集成模式。

25.1　生态重建的社会工程途径

25.1.1　退化土地生态重建的根本途径

(1) 土地退化并非单纯的生态问题

造成土地退化的直接原因，一方面是退化土地生态系统本身比较脆弱，抗干扰能力、稳定性和自我调节能力差；另一方面是不合理的人类活动，如毁林开荒、陡坡开垦、过度放牧等，而人为因素往往在起主导作用。如果说自然因素是导致喀斯特地区生态系统退化的本底条件的话，那么人为因素就是导致其退化的直接驱动力。与资源承载力不相称的人口增长、不合理的土地利用、相对落后的经济发展水平，对喀斯特生态环境施加了巨大的压力，使其陷入人口增长—过度开垦—土地退化—石漠化扩展—经济贫困—人口增长的恶性循环之中，所涉及的诸多方面及其缠结的相互关系可用图25-1来表示。

因此，土地退化表面上是生态环境问题，但其原因和后果是复杂的。正如Ahmed (1976) 指出："发展中世界的迫切问题由与发达国家极不相同的一系列环境问题构成……发达国家的环境问题起因于消费和生产的那种过分纵容和浪费的模式，而没有考虑环境的负担；而发展中国家的环境问题则是贫穷和欠发达造成的。"

此图还只显示了贫困国家或地区的内部因素，实际上国际、区际关系也大有影响。例如，国际的经济关系、贸易格局、财政援助、债务问题，国内的区域差异和区域政策等等。这就是说，发达国家和地区对土地退化问题也应负责。而且，土地退化的也不仅是只由当地人民吞食的苦果，它也影响全球环境质量，影响发达国家和地区。

(2) 生态重建的根本途径

先民选择居住环境必然遵循择优原理，高人口密度一般可以指示较好的资源条件和生态环境。历史上西南喀斯特地区人口密度高于非喀斯特地区，说明当时的环境还是不错的。事实上，当时的人口数量和生产方式已经在这块土地上持续了好几千年。近代以来发生的严重土地退化，是因为人口增长超过了土地资源的承载能力，导致生态系统的退化和人群的贫困，以致"三农"（农业、农民、农村）问题在这里表现得特别突出。所以，生

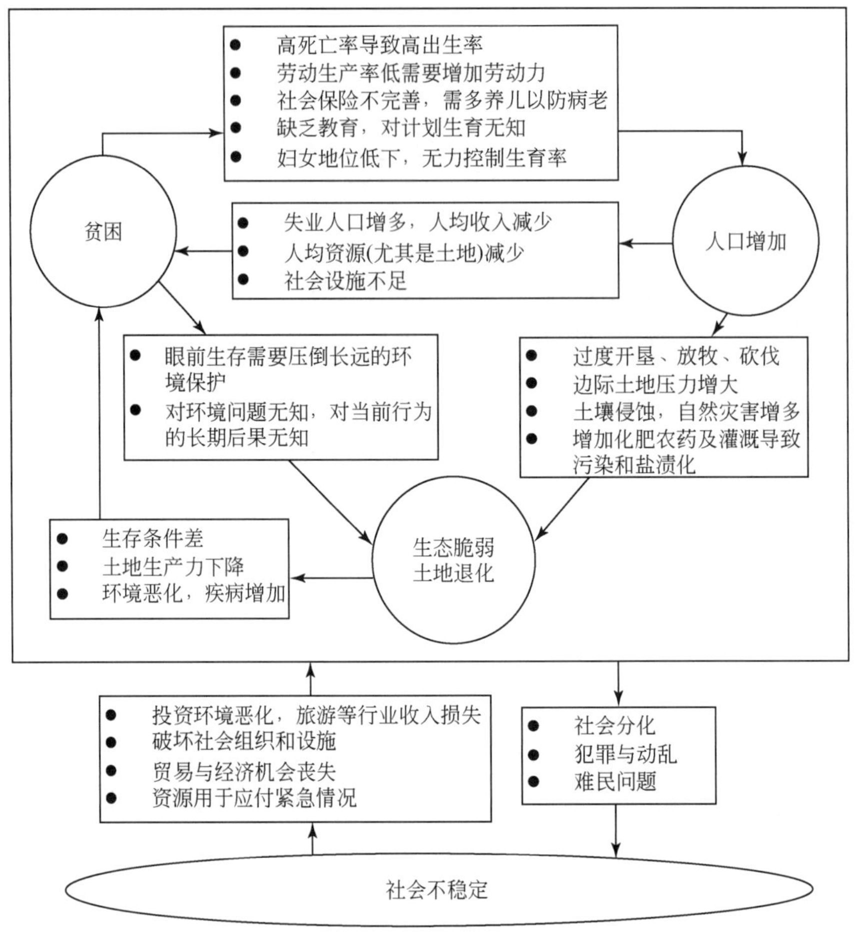

图 25-1　贫困–人口增长–土地退化的恶性循环［参考 Grant（1994）修改补充］

态重建的根本途径在于解除众多人口对土地的依赖，缓解人口对土地的压力。如果不能改变这个地区目前广大农村仍然依赖土地“超薄层垦殖”为生的局面，就不能从根本上恢复生态，不能从根本上使农民脱贫致富，不能从根本上解决“三农”问题。

从长远看，要解除众多人口对土地的依赖，寄希望于城市化和工业化的发展，将农村人口转变为城市人口，将产业结构提升到以二、三产业为主。但西南喀斯特山区目前多为贫困地区，经济比较落后，城市化和工业化还有待时日，在“远水不解近渴”的情况下，必须进行生态重建。生态重建的实质是按照生态规律，加强社会投入，在保证当地人群生存并不断提高生活水平的前提下，阻止生态系统“崩溃”，促进和加快生态系统的恢复。

一般而言，退化土地若能退出高强度的利用，经过一定时期的休养生息后能够恢复。移民是解除人口压力的途径之一，但无论是当地还是全国范围，可以接纳移民的地方有限，因此移民措施并无普遍意义，还得依靠当地的土地求生存。而仅依靠自然恢复过程显然不能满足当地生存与发展的要求。需要通过大规模的社会投入对退化土地进行整治，使得既能迅速提高土地生产力以满足当地人民生存与发展的需要，又能维持相对稳定的生态系统的良性演替过程，并突破在自然过程中某些不可逆的关键环节，在宏观上配置合理的土地利用和景观格局，在微观上创造一定的土地生产力和合适的生态条件，以尽快提高退化土地生态系统的生产力，实现生态系统的稳定性，使土地退化地区摆脱贫困，逐步走上可持续发展的道路。

凡陷入上述“贫困-人口增长-土地退化”恶性循环地区，退化土地的重建必须医治其中的社会-经济病根，必须有社会、经济变革的配合。例如，退化土地重建的一个重要内容——土地利用结构（或产业结构）的调整——既是对景观生态的重组，也是对社会、经济结构的调整。

土地退化的原因和后果都不尽是当地的。富人消耗了过多的地球资源并向环境排放了过多的废物；穷人们为了生存又往往不得不过度砍伐森林、过度放牧和过度开垦。两方面都损害着共同依赖的唯一的生物圈，危害着人类共同的利益，这往往是国家内部和国家间忽视了经济和社会平等的结果。因此，退化土地的生态重建也应该是全社会共同的任务。

（3）退化土地生态重建的社会工程

退化土地的生态重建要从社会经济上根本解决问题，我们称这种途径为退化土地生态重建的社会工程途径。其主要内涵如下。

a. 加快城市化与工业化进程以提供多样化的生存与发展途径

西南喀斯特地区近代以来人口剧增，超过了土地资源的承载能力，导致生态系统的退化和人群的贫困，以致“三农”（农业、农民、农村）问题在这里表现得特别突出。目前西南喀斯特地区农村人口主要依赖农业土地利用生存，今后即使通过各种途径促进农业的发展，在区域范围内提高经济收益的潜力也非常有限，很难从根本上脱贫致富。需要寻求非农业收入的大幅度增长。根本途径是加快城市化和工业化的发展，为农民开辟更多的非农就业岗位，将农村人口转变为城市人口，为他们提供更多样的生存和发展手段。

2005 年全国城市化总体水平已达 42.99%，各省级行政单元中最高的是上海，达 89.09%，东部地区都超过 50%，而贵州只有 26.87%（陈明星等，2010）。目前全国城市化平均水平已超过 50%，东部地区高于全国平均水平，西南喀斯特地区明显低于全国平均水平，而贵州仍不到 30%。贵州城市化水平低，不仅成为经济增长缓慢、人民收入相对较低的一个重要原因，也是农村贫困问题顽固不化的重要原因。因此，要把加快城市化和工业化作为消除贫困和解脱人口对土地压力的一条根本途径。

b. 实施生态补偿以将土地生态价值转变为农民的收入

我国已从全国生态保护战略高度实行了退耕还林（还草、还湖）补贴，这对农村人口解脱对土地的压力有所帮助，但并不能使农民从根本上脱贫致富，还需要通过全面实现土地的价值来增加农民的收入。

土地的价值在于其功能或效用。土地具有经济产出功能、生态服务功能、社会保障功能，甚至还有承载历史文化的功能。迄今土地价值的实现还停留在单纯的或狭义的经济价值上，退耕补贴的测算依据就是如此，而广大农村土地所拥有的生态服务功能、社会保障功能、代际公平等生态价值和社会价值还未得到充分重视和实现。例如，耕地不仅是重要的生产要素，而且是人类生存的根基；耕地利用不仅有经济效益，更有生态效益和社会效益。而生态效益和社会效益现在还体现不到耕地利用者身上，所以种地不挣钱，农民难以靠种地脱贫致富。

要全面实现土地的经济、生态和社会价值，首先要认识和重建土地资源价值评价的指标体系。我们选择广东省潮安县、河南省淮阳县和甘肃省会宁县作为案例，分别代表我国东、中、西部的情况，对耕地的价值作了重新评价。结果表明：重建的耕地价值远大于目前评估的价值（图 25-2），其中生态价值和社会价值占了很大比重（图 25-3）（蔡运龙和霍雅勤，2006）。

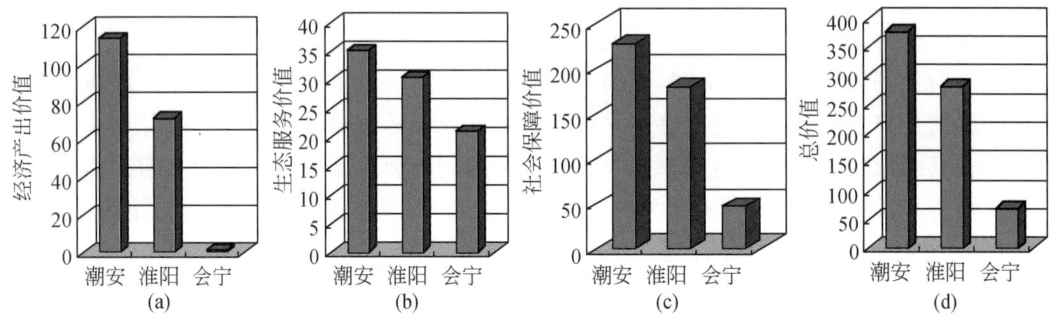

图 25-2 耕地资源价值量的区域差异（单位：万元/hm²）

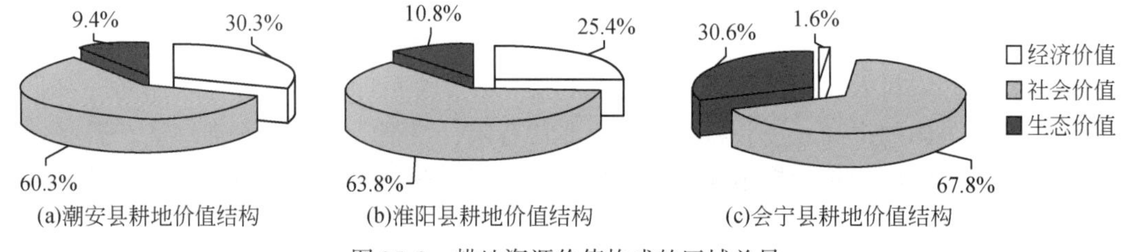

图 25-3 耕地资源价值构成的区域差异

土地资源的价值重建可成为加强农业补贴和生态补偿的一大理由，也是计算补贴量的一种依据。这种补偿的范围还应该扩大。例如，目前实施的退耕补贴就是一种“生态补偿”，按同样的道理，对其他的促进生态恢复的方式。例如限制砍伐薪柴、控制放牧、封山育林等，也应对农民实行生态补偿。如能通过生态补偿实现耕地的生态价值，就可大大提高农民收入，有助于从根本上消除农村贫困。

c. 实现农村农业功能的多样化和产业化以增加农民收入

如上所述，农业和农村的功能不仅是提供粮食生产等农产品，更具有提供许多非商品价值的功能。随着对这些功能的认识不但得到认可，以及对这些功能的需求不断增长，传统农业正在转向新的多功能农业，为农民增收致富提供了一条新途径。

其中农业和农村旅游的潜力最大。在城市化迅速发展的形势下，对农业和农村景观、休闲、户外游憩、野生动物等的需求增加，开发农业和农村旅游产品的前景广阔。西南喀斯特地区具有独特的自然景观和民族风情。从旅游发展的角度看，贫困地区的“穷山恶水”就成了“青山绿水”，“穷乡僻壤”就成了“原生态”和“特色民俗”，山林河谷、行云流水、村寨农田、历史民俗、屯堡古道、特色土产不再是所谓初级产品，不再是被遗忘的角落，而都可能成为高品位、高价值的旅游商品，实现可观的收益。更为重要的是，要真正和持续地实现这些资源的价值，必须保护其原生态、原文化，这就要求转变生产方式。例如，从“砍树”转换为“看树”，从“垦山”变为“观山”，资源利用模式从物质型的掠夺转换为审美型的利用，从而引入了生态环境保护和民族文化保护的经济机制，长期以来保护与开发的两难悖论可由此突破，实现保护与开发双赢的可能性可由此展现，“贫困陷阱”的恶行循环链条可由此打破（蔡运龙，2006a）。

d. 明晰土地产权以保障农民权益并促使改良土地

在我国近年来城市化、工业化必然伴随的农地非农化过程中，由于征地制度和政策的不合理，导致“三无”（无地、无业、无社会保障）农民增多，是“三农”问题的一个突出表现，也是部分农民贫困的重要原因。征地制度和政策不合理的根本原因在于土地产权不明晰，农民对土地的用途转变没有发言权和决策权。古今中外，农民最重要的“钱”和“权”是什么？就是土地，土地是农民最主要的资产，土地所有权是农民最重要的权力。只有土地成为农民的私产，农民才真正有自己的权力，他们就不至于被随便剥夺。在市场经济中，这种私产还会成为一种财富和资产，所有农民都可以利用这种资产去发展，去增值，去完成原始积累。只有依靠这种普遍的（而不是个别暴发户式的）发展，农业和农村才能普遍自立，普遍富裕，根本解决“三农”问题。在城市化、工业化过程中，当土地非农化必然大大增值，其中应有一部分归土地所有者，而土地所有者应该是农民。农民得到土地增值的收益，不仅不会成为“三无”农民，而且可以成为投资者，“三无”农民问题就迎刃而解，也在相当程度上缓解了“三农”问题和贫困问题，还可大大地促进农村城市化和农业工业化的健康发展。此外，耕地产权清晰之后，可以积极发展土地信用，农民可用私有的耕地作为抵押，以此获得进一步发展的资金，缓解当前农业投入不足的困境。再者，私有的农地可以进入市场，从而步入土地兼并过程，为实现农业规模化经营奠定一个基础。而土地被兼并的农民将获得资本，有了这种资本，他们可以到更为广阔的领域去发展，而不是仅仅只有当民工的份。这就产生了一种更带普遍性、更自发、更深层的农村城市化和工业化动力（蔡运龙，2006b）。

另一方面，如前所述，贫困与土地退化互为因果，而土地退化与土地产权有关。土地如果是农民的私产，他们就会自觉保护和改良，提高土地生产力并传承子孙；而如果是公共的甚或集体的，就不可避免发生退化，这个观点被称为“公地的悲剧”（Hardin，1968）。目前农村土地的“集体”所有是一种不明晰的产权，使得农民并未完全当做自己的恒产来负责，不仅很难有改良的积极性，而且很容易导致滥用和退化，目前的“承包制”不能根本解决这个问题。据贵州大学的研究，退化喀斯特生态系统的基本恢复需要 40 年，完全恢复则需要 100 年（周政贤，1987）；而现在的土地承包期为 30 年，这就无法落实生态恢复的“责任制”（蔡运龙，2006c）。将目前农民的土地“使用权”扩展为“所有权”，有助于提高他们改良土地、提高土地生产力从而提高土地收益的积极性。这既是防止“土地退化-贫困”恶性循环之所需，也有助于农民减少生育，控制人口。

e. 加强教育投入以提高农村人口素质

上述各种途径的实现都需要以提高农村人口素质为保障。因此，应该把培育和开发人群能力也作为消除贫困的根本途径，教育尤其是基础教育和农民培训在这里的作用至关重要。但贫困地区教育落后，主要原因之一是教育经费的投入不能保证。自 20 世纪 80 年代初期以来，中央政府已把越来越多的财力放到高等教育的发展上，基础教育的财政和管理权限则逐步下放到地方各级政府。据1994年数据，中央财政预算内教育经费的95%用在高等教育，只有不到1%投入小学和普通中学（中国教育年鉴编委会，1994）。同时，省级财政也把较大部分教育经费投在非义务教育特别是高等教育上，为基础教育筹集资金的责任推给了下级地方政府。这样，农村中、小学的经费支出主要靠县、乡财政负担，其校舍等基建投资也主要由县以下地方政府筹措，小部分由省级财政拨款。西部地区各级财政本来就普遍捉襟见肘，尤其是贫困地区的一些乡镇甚至县几乎没有财政收入，基础教育的经费投入再怎么受重视也只有成为无米之炊。于是，贫困地区儿童无学校可上、有学校的地方校舍危如累卵、拖欠教师工资、学生因家庭经济困难而失学等现象频频见诸媒体，农民培训更是举步艰难。

发展教育，尤其是基础教育和农民培训，是提高人的素质从而消除贫困的根本途径，必须建立提高教育投入的机制（蔡运龙和傅泽强，2002），真正做到“再穷不能穷教育，再苦不能苦孩子”。

f. 奠定可持续发展的基础——“可生存发展”

可持续发展是既满足当代人的需要，又不损害后代人满足其需要之能力的发展，在生存于生态系统所支持的承载力限度内，改善人类生活质量，这里最重要的概念首先是满足生存的需要。土地退化地区最迫切的问题是生存，把环境保护放在高于生存和发展地位的所谓“走出人类中心主义”的倾向（余谋昌，1994）在这里是不相宜的。“可生存发展”（survivable development）（Meadows，1995）的概念符合土地退化地区的实际。首先要重建基本农田及其配套的水利工程，保证当代粮食供给和基本生存需要，也为子孙后代改善生存的基本条件。在此基础上，才有可能使坡地退耕还林，发展经济林，发展畜牧业。这又不仅增加了收入，还逐步控制了水土流失，以肥养田，改善了生态环境和土地质量，为可持续发展奠定了基础。

g. 社会投入的重要性

“重建”与“恢复”的区别就在于要迅速根本改变面貌，满足当地人民的需求，这没有大规模的社会投入是办不到的。社会投入包括资金和劳动的投入，也包括内部和外部的投入。

h. 观念的变革

在很多陷入土地退化-贫困恶性循环的地区，思想观念的封闭和落后是主要障碍因素。例如，一方面劳动力大量闲置；另一方面，一般只需要劳动投入就可以进行的基本农田建设无从开展，其症结就在于“等、靠、要”的思想，以及经济需求的低层次性和满足现状等观念的阻碍。又例如，笔者曾有为贫困地区联系国际援助的经历，此类国际援助机构的原则是“干起来就援助”，但一些地方的干部固执“援助到位再干”的观念，错过了大好机会。所以，要重建土地，必须改变当地干部和群众的思想观念。改变小农自然经济的封闭思想，走出去学习，引进来传经，增强了商品观念，发展了商品生产。

i. 体制政策的调整

退化土地的生态重建与反贫困斗争需要制度创新和政策保证。首先是贫困和土地退化地区的社会经济体制需要改革。其次，反贫困和退化土地重建的政策和管理制度也需要改革。我国反贫困斗争应该由道义性扶贫向制度性扶贫转变，由救济性扶贫向开发性扶贫转变，由单项开发扶贫向综合开发扶贫转变，由扶持贫困地区向扶持贫困人口转变（康晓光，1996）。整个西南喀斯特地区退化土地的生态重建，需要重大的政策变革。中央政府应遵循公平的投资政策，对长期以来人均投资额过低的贫困地区，加大投资力度。中央促进欠发达地区发展的重要途径是实行国际通用的财政转移支付制度，使 GDP 高于全国人均水平的地区的财政收入以转移支付的财政支出方式流向低于全国人均的水平地区。

j. 分近、中、远期制定切实可行的规划

近期目标是满足当地人民的基本生存需求，打破土地退化与贫困恶性循环的关键环节。中期目标除景观生态格局需进一步优化外，还应发展农、林、牧产品的深加工，发展第三产业，改善产业结构，使环境、经济和社会可靠地步入良性循环和快速发展。远期规划要有前瞻性，走上精准农业和可持续发展之路。近期起步的可行性、中期发展的可靠性和远期规划的前瞻性应相协调，以实现当前脱贫致富与长远可持续发展的统一（黄秉维等，1996）。

25.1.2　生态重建中的认识、政策与管理问题

生态重建是个非常复杂的综合性课题，涉及不同的问题层次、不同的空间尺度，也涉及自然与人文诸多要素。因此，需要有明晰的思路和战略框架，否则就会不着边际、不得要领。此类问题需要从观念与认识、体制与政策、科技与管理 3 个层次上解决（蔡运龙，1997）。各层次的问题在国家、地方、基层等不同的空间尺度上有不同的具体表现。本节以问题层次为经，空间尺度为纬，试图建立一个生态重建的战略框架，并结合我国西南喀斯特地区的情况提出一些目前亟待研究的关键问题，以便有针对性地谋求解决之道。

（1）观念与认识

在观念与认识层次上要变革发展观。片面追求 GDP 增长并不符合科学发展观，要“统筹人与自然和谐发展”、“统筹城乡发展”、“统筹区域协调发展”。另一方面，目前国际上很热门的生态伦理（深层生态学或环境伦理）研究也属于这一层次，但生态伦理中有一种所谓“走出人类中心主义”的倾向（于谋昌，1994），是与可持续发展的一个基本内涵——满足人类发展的需要——至少在目前还有矛盾。所以，这种观念不仅在发达国家和地区还难实现，在土地退化、很多人温饱尚未根本解决的欠发达地区更不可接受。按《我们共同的未来》的提法，“可持续发展战略旨在促进人类之间以及人类与自然之间的和谐”（世界环境与发展委员会，1997）。就西南喀斯特地区的生态重建而言，在不同空间尺度上都有一些具体的观念与认识问题尚待引起重视。

1）国家尺度。考虑到西南喀斯特地区生态恶化和贫困问题的紧迫性及其对于整个中国生态安全和缩小区域差距的重要性，国家应该更加重视这个地区的问题。西南喀斯特地区和黄土高原地区同为中国生态恶化和贫困问题最突出的地区，但在生态重建上，国家从“六五”时期甚至更早就对黄土高原进行了投入（尤其是科技投入），对喀斯特以外的几乎所有的生态脆弱区都部署了重大基础研究项目；但对西南喀斯特地区，到“十五”期间

才有实质性的投入，起步晚，很多问题难解决。目前国家重大基础研究计划和科技支撑计划都已陆续设立了与喀斯特地区土地退化的序项目，但其数量和资助力度与西南喀斯特地区复杂、多样的情况还远不相称。此外，科技攻关侧重“治理技术”，但在很多基础科学问题和基础数据都十分缺乏的情况下，“技术”上难以有大的突破，因此基础研究尤其需要加强。

2）地方尺度。中央的重视和支持固然重要，但地方政府自立、自强、自救的观念和决心更为关键。即使中央有了更大的投入，用这些投入来做什么？怎么做？如果没有外来支持怎么办？生态重建是典型的“前人种树，后人乘凉”，而一届政府任期有限，如何看待政绩和认识“为官一任，造福一方”？强调地方生态重建对全国生态安全的贡献而把全部希望寄托在国家支持上，还是更重视生态重建对地方发展和解决“三农”问题的重要性而自立自强？对这一系列的问题，各级地方政府都需要提高认识，触发激情，痛下决心，做好准备。

3）基层尺度。现在的生态重建试点工作注意了提高农民的经济收入以调动生态建设的积极性，但如果农民都依赖政府投入才能开始生态建设，试点就没有推广意义。关键问题在于激发农民的积极性和自觉性。

（2）体制与政策

在体制与政策层次上，要揭示然后克服现行体制中的缺陷，重构一种可以对付资源、环境所施加之限制的经济-社会体制。要重建生态并实现可持续发展，必须改革现行的生产体系、社会体系、政治体系、管理体系及技术体系（世界环境与发展委员会，1997），要制定一系列促进生态建设的政策。这一层次的问题在生态重建和可持续发展研究中最重要，难度也最大，但其重要性在自然科学界乃至决策界都还没有得到充分的重视。

1）国家尺度。为了加快这个地区的城市化和工业化进程，应该如西部开发战略所明确的那样，政策和投资进一步向这里倾斜。这里的生态建设所发挥的功能惠及长江、珠江下游地区，应该加大财政转移支付来支持这里的生态建设。目前实施的退耕补贴其实是一种“生态补贴”，按同样的道理，对其他的促进生态恢复的方式，如停止砍伐薪柴、限制放牧等，也应对农民实行生态补贴。

应该考虑土地产权改革在生态建设中的作用。土地如果是农民的私产，他们就会自觉保护，传承子孙；而如果是公共的甚或集体的，就不可避免发生“公地的悲剧”（Hardin，1968）。土地如果是国有的，也容易管理和控制。但目前农村土地的“集体”所有是一种不明晰的产权，使得国家既不能控制，农民也不负责，很容易导致滥用。即使是“承包”也不能根本解决这个问题，据贵州大学的研究，退化喀斯特生态系统的基本恢复需要40年，完全恢复则需要100年（周政贤，1987）；而现在的土地承包期为30年，这就无法落实生态恢复的“责任制”。

2）地方尺度。国家在生态建设上有多途径的投资和项目，目前基本上按农业、水利、林业、扶贫、交通、环保、乡镇企业、科技等部门分别负责实施，需要在体制上协调涉及生态建设的各个部门，以真正做到“综合”治理。

需要建立领导者和有关管理人员的目标责任制。生态重建是个长期的任务，而目前的干部任期只有4年，要把长期的任务科学地分解为阶段性目标，作为干部政绩考核的重要部分。更要从政策和体制上保证干部的换届不使生态建设脱节甚至无以为继。

需要正确、连续的政策导向。生态重建已经并将继续出现很多模式，对典型模式的树立和宣传要有连续性。政策上的忽左忽右，不仅将使基层无所遵循，而且也将大大削弱外界对生态重建的重视和支持。

生态重建要拓宽思路，在政策上提供更多的机会和可能性，可以通过扶持发展其他产业来解脱农民对土地的依赖，而不一定把有限的投资全放在退化土地上。例如，很多喀斯特地区有独特的旅游资源，开发旅游产业，在资源开发利用方式上把“垦山”变为“观山”，把“砍树”变为“看树”，既有经济收益，也有利于生态恢复。喀斯特山区石材丰富，“奇石”更有价值，不必因为采石破坏了局部地段景观而妄加禁止，可加以引导和扶助，实现其价值，以利增加农民收入，从而减缓大面积土地压力，这可以说是一种“曲线”生态重建方式。

3）基层尺度。农民对政策的响应并不一定符合政策制定者的预期。这里面有农民的感应问题。据笔者在“喀斯特峰丛山地生态综合治理技术与示范”点的调查，农民至今对生态建设的意义并不是很清楚，也非完全认同，有些农户甚至有被摊派的感觉。可见，尚需通过加强和改善政策宣传、通过示范来引导农民，使其认同生态建设的目标，使其感应和行为与这个目标一致。在基层还有执行者的理解和行为问题，基层干部和项目科技人员在执行中不可避免有自己的认识、理解和利益，要特别注意防止与政策不一致。

（3）科技与管理

在科技与管理层次上的技术问题似乎比较清楚，从“八五”期间开始的国家科技攻关重视“脆弱生态区综合治理技术与示范”，在工程措施、生物措施等方面已得到了足够的重视，做了很多工作。但在技术攻关的方向、项目管理和社区管理等方面的问题已日益显现，需要给予充分的重视。

1）国家尺度。如前所述，目前在西喀斯特地区的生态建设项目示范点太少，代表性和推广意义非常有限，需要增加示范点的数量，以代表更多的类型。此外，尚需加强有关基础研究，否则技术攻关只能在低层次重复，难有重要突破。

目前对科技攻关项目规定了考核指标，使项目的实施较为规范和实在。但某些指标过于急功近利，短期见效的措施可能并不一定具有可持续性，甚至可能会危急长远目标。例如，国家“十五”科技攻关在喀斯特地区的两个示范点都在提倡种植金银花，这在很短时期内就有经济收益，也可使裸露岩石尽快“绿化”。但金银花并非西南喀斯特地区生态系统中的优势种和建群种，人为地使物种单一化，会阻碍其他物种的生长和地带性植被的恢复，不利于生态重建。即使金银花本身，其长期表现也尚待观察，广西已发现金银花在更新后生长不良，可能是对土壤肥力消耗过多之故。喀斯特地区的生态恢复是要经过长期努力才能真正实现的，建议在考核指标上多考虑如何促进恢复天然的地带性、多样性生态系统。

2）地方尺度。要加强对经济、社会、生态现状及趋势的研究，才能对症下药。要对不同类型的喀斯特生态系统、经济系统和社会系统进行全面的调查，才能做到“因地制宜”，这就要求作全面系统的“面”上研究。

目前对各种类型的退化过程和退化机理尚若明若暗，要制定生态重建的技术路线和措施就缺乏足够的科学依据；对已采取和正采取的措施（如上面提到的推广金银花）也需要研究其后效，这又要求作“点”上的深入研究。

西南喀斯特地区的生态重建是一个庞大的系统工程，要仔细研究示范点经验的适用条件、适用范围和适用程度，推广前应该有科学的规划，否则会仓促上马，留下后患。

3）基层尺度。民间存在一些恢复植被、保持土壤肥力的“土”办法，这种本土知识对退化土地的生态重建是很有用的，而且易于被农民接受和掌握。目前对此类知识的重视程度和发掘不够，某些“一刀切”的政策规定还排斥农民的智慧。如何在生态建设中将前沿性科学技术与本土知识有机地结合起来？是值得研究的问题。

25.2 生态重建的工程技术途径

石漠化土地主要表现为缺土、缺水、植被覆盖度低、土地生产力水平低下、生态系统失衡的特点。由于喀斯特地区地表崎岖破碎、侵蚀强烈，土层浅薄、土被不连续、成土过程缓慢、土体结构不稳定，对植物生长的限制作用强，因此一旦出现石漠化问题，生态系统往往难以自然恢复，生态条件加速恶化。当前，喀斯特地区生态恢复的目标主要是遏止生态环境恶化的势头和趋势，尽快恢复植被，防治水土流失，提高生态环境质量和农林业生产条件，实现生态经济的可持续发展。根据喀斯特地区土少石多，生态环境十分脆弱的特点，其生态重建的重点就是要将已被破坏的石山植被进行全面的恢复，采取以蓄水、治土、造林、种草为中心，把生物、工程、耕作、社区发展、庭院经济、旅游资源开发在内的多种技术措施，通过技术的组合和科学配置，将生物措施、工程措施、耕作措施、管理措施等农村产业结构的调整和社会经济发展需求相结合，实行山、水、林、田、路综合治理，形成以水土保持和生态恢复为核心，以产业结构调整和社区参与建设为基础的综合治理技术系统，其中包括不同等级石漠化类型区的综合治理模式与技术和农村参与式社区发展与庭园经济模式与技术。退化生态系统恢复的实践中，生态恢复技术的开发、集成与推广应用是关键环节之一。技术是生态恢复必须依赖的基础条件之一，生态恢复必须与相应的工程技术相结合，通过运用生态恢复技术来实现生态恢复框架下的各个目标。

所谓生态恢复技术，就是在生态恢复框架下，运用生态学原理和系统科学的方法，把现代高新技术、传统的方法通过合理的投入和时空的规划组合，使生态系统逐渐恢复并保持良好的物质、能量循环，从而达到人与自然的协调发展的恢复治理技术。生态恢复是一项复杂的系统工程，涉及不同的科学技术领域，是生物学、工程学、农学、地理学、化学、物理学等学科应用技术的有机结合体（图 25-4）。生态恢复更重视一系列技术所组成的体系，而不是某领域单项技术的单独应用或偏重。一般来说，生态恢复技术按照其关键技术环节的所属领域分为以下 3 种。

1）工程技术，即根据工程原理，通过生态保护工程措施来达到为生态恢复创造稳定立地条件的技术体系。

2）农业技术，是指在生态恢复工作中所需要的一系列作物配置、耕作、栽培、管理技术，涉及草地农业、生态农业、畜牧业、渔业、常规农业等领域。

3）生物技术，主要指转基因育种、克隆技术、细胞工程等技术。生物技术在生态恢

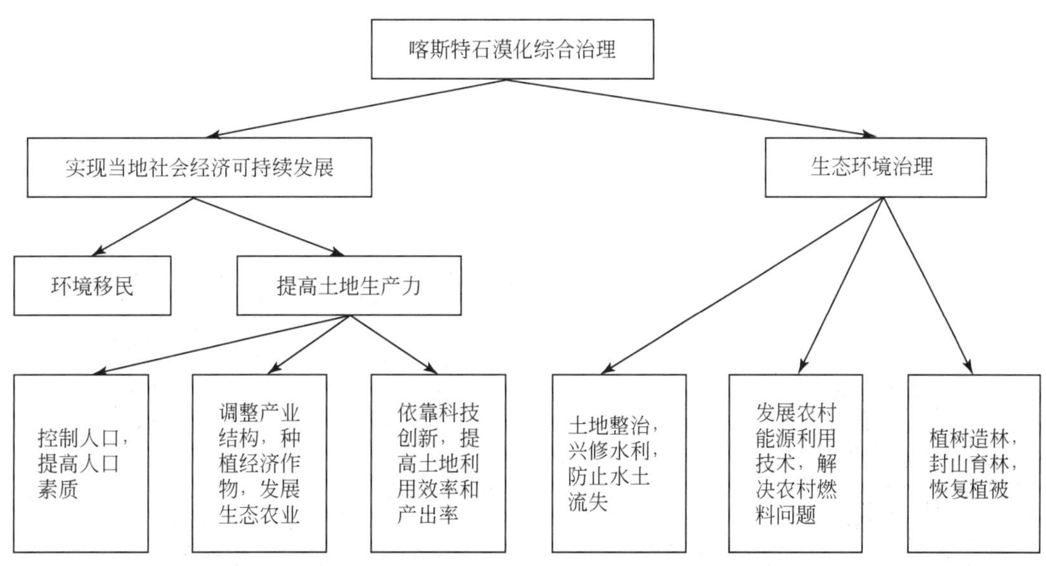

图 25-4　喀斯特退化生态系统重建综合措施的构成

复中的应用主要于生态幅更宽、抗逆性更强的优良品种的获得及所需的恢复繁殖体（幼株）的大量、快速获得两方面。另外，传统生物技术，如封山育林、人工造林等应需优先纳入此列。

在恢复生态学蓬勃发展的几十年中，通过国内外各项生态恢复工程实践的研究和总结，已经形成了许多较为成熟的生态恢复技术。而对于一个具体的生态恢复工程来说，我们需要根据评价问题的角度，可接受的时间期限，能够承受的经济代价以及解决社会需要等方面来规划生态恢复项目的具体技术细节，不仅需要因地制宜地选取和改进现有生态恢复技术，更要根据退化生态系统的特殊情况研发新的生态恢复技术体系，尤其必须开发低价位的、可大规模应用、具有经济上的可行性和社会的可接受性的技术体系。

喀斯特生态退化区的生态恢复是在人地矛盾突出、人民生活贫困、地表崎岖破碎、植被覆盖率低、缺土缺水、土地生产力水平低下的现状下进行的，立地条件差，恢复难度大。其恢复需要解决水土流失严重、植被退化以及提高人民生活水平等多方面的问题，是一项庞大而艰巨的工程，迫切需要相关技术的支持。从 20 世纪 90 年代以来，我国先后在喀斯特生态系统退化严重的西南各省建立了多个生态综合治理示范区，进行小流域尺度上的生态恢复试验，已经取得一定的成效。

在重庆南川、重庆巫山、贵州花江、广西果化等地的生态综合治理示范区所应用的技术基础上，筛选了喀斯特退化生态系统恢复 7 个方面的 12 项关键技术，就每项技术实施的技术要点、适宜地区与地块进行了总结，同时对技术使用的成本效益进行了阐述，并提出技术实施中应注意的问题。

25. 2. 1　水土保持工程技术

水土保持是防治水土流失及土地石漠化的根本措施。水土保持工程技术是根据工程的原理，通过修建防治工程设施来减轻水力侵蚀，保护生草土层，使其为生物生存提供稳定生长发育的基质。

(1) 坡改梯工程技术

陡坡垦殖是喀斯特山区由来已久的问题，坡耕地的水土流失是造成喀斯特石漠化的主要原因之一。坡地的梯化工程是喀斯特地区生态恢复和实现农业自然资源可持续利用的关键。坡改梯工程分坡耕地梯化和荒坡梯化 2 种（图 25-5、图 25-6）。

图 25-5　坡改梯工程（广西果化）

图 25-6　荒坡梯化工程（贵州花江）

a. 技术要点

进行坡耕地梯化时，主要采用水平梯地的修建技术，关键是确定合理的梯面宽度和梯埂坡度。由于喀斯特地区多石块，石埂的稳定性和抗冲性较强，其梯埂坡度可较大，一般在 75°～85°，梯埂高度宜控制在 3m 以内。而在设计梯面宽度时，不仅要考虑坡度，还要考虑坡地土层的厚度，要求修平后表层一般至少有 0. 3m 厚的土层。

对 15°～25°的坡耕地，为保证梯地稳定性，设计梯级间高度差为 1～2 m，梯地宽度分大于 2. 5 m 和小于 2. 5m 两种，可根据地形自然变化设计 2 种宽度的梯地相间排列，地埂沿等高线展布，整理好的梯地可作为药材、林果或牧草等用地；对于梯地宽度小于 2. 5m 的梯地，允许少量较大块的石牙存在。

对 8°～15°的坡耕地，坡度相对较缓，土层相对较厚，主要设计为高效旱作地；设计梯级高差为 1 m 左右，宽度根据地形起伏的大小尽量地拓宽，梯地内的碎石和石牙尽量完全清除，必要时用客土补填。

进行荒坡梯化时，主要采用坡式梯地的修筑技术，地埂的拦蓄量可按当地最大次暴雨径流深、年最大冲刷深与多年冲刷深之和进行计算，地埂间距可按水平梯地的方法进行设计，由于径流冲刷会使坡面逐渐变缓，修好后应适时进行加高。具体操作方法如下：对大于 8°的荒地，在尽量保持原有植被不被破坏的前提下，顺坡向每隔一定间隔沿等高线修建拦水梯埂，梯埂以内的植被和地形都保持原有风貌，并适当补种经济林木或牧草。

b. 适宜地区和地块

总体来说，坡改梯工程在中度以下的石漠化地区的坡地治理中均可以采用，应布设在排灌条件较好的山冲和缓坡上，一般是坡度 8°～25°的地块。其中坡耕地梯化工程适宜于原来具有耕作基础的、位于聚居地附近的地块。

c. 成本–效益分析

坡改梯工程是水土保持措施中永久性的工程措施，由于工程量较大，故需要资金和人力方面的较大投入。据测算，在贵州花江峡谷进行坡改梯改造的造价约为 5000 元/亩。坡改梯工程能明显提高喀斯特山区耕地利用的生态效益、经济效益。一方面通过坡改梯可充分利用宜农荒地并由此增加耕地面积，提高耕地的耕作质量（耕地增加的幅度因坡改梯以前的土地坡度而异，也因原来的植被及土质状况而异，原坡度越大，石砾越多的荒地，坡改梯工程增加的耕地也就越多；一般坡度在 20°以上时可以增加耕地 15% 左右，坡度在 20°以下时可以增加耕地 6% 左右。）另一方面坡改梯工程还可使耕地地块扩大数倍，更便于耕种和灌溉，对于提高灌溉水的利用率和增加土壤肥力十分有利，而坡度的降低和耕种层土壤的增厚，又可以增进土壤对水、肥的涵养能力，并显著减轻水土流失（土壤流失量可比坡地减少 50% 左右）、洪涝和干旱等灾害的发生，较大提高抗灾能力和粮食单产。总的来说，由于坡改梯工程的永久性，及其推广应用面广、价值大等特点，应予以积极推广。

d. 技术实施中应注意的问题

坡改梯的类型和规格应因地制宜；梯地应该尽量等高建设；由于坡耕地和荒坡土层多夹石砾、石块，修建时尽量就地取材修筑为石埂梯地，同时也清理了土层中的石块；采用坡改梯工程时应配合其他技术，如在梯埂种植香根草或其他深根草、结合地头水利设施修建引排水渠道等。

(2) 鱼鳞坑工程技术

鱼鳞坑，是一种在丘陵或山坡上挖成的，形状像鱼鳞一样布设的半圆形或月牙形的坑体，具有一定的含蓄水土容量。坑内植树，既能拦蓄地表径流，保持水土，又有利于林木生长，是山区、丘陵区育林效果极好的水土保持工程措施之一。

a. 技术要点

修建鱼鳞坑首先要确定坑的大小。一般鱼鳞坑的蓄水量采用五年一遇 24 小时暴雨设计，并参考坡地在正常生物植被覆盖下的径流条件及下游蓄水工程的要求适当降低的蓄水标准。坑内土层厚度一般视需要栽种的树种情况而定。一般情况下，喀斯特地区乱石坡的鱼鳞坑坑面大小为 50cm×50cm 左右。

鱼鳞坑的修建技术较为简单。单个鱼鳞坑沿等高线排列，挖坑时，先将表层土壤堆于坑的上方或左右，把心土（即下层风化壳土）堆于坑的下边缘筑埂，围成月牙形或半圆形土埂，土埂的突出方向与山坡水流方向一致。埂高视设计蓄水量和坡度而定，一般在 30cm，筑埂时应将埂踏实，然后将表土还原坑中即可。若坑内表土不足，需要在坑中加上土壤利于树木成活。如山地气候降水强度较大，坡地土壤较黏，土壤渗透能力弱致使鱼鳞坑内水量积存多，时间长，鱼鳞坑的坑底应顺山坡修成 15°～20°坡度，苗木栽种在坑中上部，以免明水浸淹苗木。

就鱼鳞坑的整体排列而言，原则上提倡顺着坡面呈“品字形”排列以最大程度拦蓄坡面流水。但在喀斯特地区，由于土壤不连续，鱼鳞坑的分布以基石间的小块土壤分布为基础。

b. 适宜地区和地块

一般来说，鱼鳞坑工程使用在强度以及极强度石漠化地区的在较陡的梁脊和支离破碎的坡面上，坡度一般5°以上。这些地块土壤已经极度流失，土层薄，呈现小块零星分布的特征；并由于地形条件限制挖水平沟等拦水拦土设施比较困难，可挖鱼鳞坑。其他地块，如中度以下程度的石漠化地区的坡地上一些零星地块需要整地栽树时，也可使用鱼鳞坑。

c. 成本–效益分析

虽然单个鱼鳞坑的建造成本不大，对于大面积荒山荒坡而言，鱼鳞坑集中分布，数量巨大，需要付出极大的人力成本。效益方面，鱼鳞坑有一定的容水深度，有较强的拦蓄地表径流的能力和抗旱效应。据监测，鱼鳞坑育林比无鱼鳞坑育林提高林木增长率12倍，提高拦蓄地表径流能力65%，提高树冠涵水能力3倍；同期、同地段上，鱼鳞坑整地比穴状整地土壤含水量高3%～10%。对于基本郁闭的林地而言，育林时挖鱼鳞坑的基本不产生表土流失，没挖鱼鳞坑育林表土产生微度侵蚀。因此，坡地育林采用这种整地措施，有利于林木的成活和生长。

d. 技术实施中应注意的问题

鱼鳞坑工程一般用于树木种植的整地，因此其修建应密切结合需植树种的生理特性；鱼鳞坑的修建需因地制宜，土埂亦可就地采用小石块与心土混合制成；鱼鳞坑的修建也应结合其他生态恢复技术，如土埂边植草等。

25.2.2 集水工程技术

喀斯特地区虽然降水丰富，但仍面临严峻的水资源短缺问题，喀斯特发育强烈、降雨下渗率大等是喀斯特山区水资源匮乏的根本原因。在喀斯特山区修建地头水柜等集水集雨灌溉工程是改变“工程性缺水”地区现状、改善农业生产条件的有效措施。

(1) 围泉蓄水工程技术

由于石漠化地区水分下渗能力强，降水下渗形成的丰表层喀斯特泉和地下河资源丰富，历来是西南喀斯特地区居民生产和生活的重要水源。引泉蓄水或提水蓄水并通过配套的管、渠自流引用，可解决喀斯特水资源时空分布不均的问题，效果良好。

a. 技术要点

围泉水柜（水窖）可用于家庭人畜用水的蓄积，也可用于地头灌溉用水的积蓄。地头围泉水柜（图25-7）应选择靠近泉水、引水渠、水沟等便于引水拦蓄的地方，应沿山边布置，选择密实的原状土层或完整的基岩做底，避开滑坡体、高边坡和泥石流等危险地段，位置应高于所需灌溉的田地的坡地平台面，便于自流灌溉和应用节水灌溉措施。家庭水柜（图25-8）要选择房屋附近、较居住地高、能保证卫生的位置。

图 25-7　地头围泉水柜（广西果化）

图 25-8　家庭围泉水柜（重庆南川）

水柜（水窖）大小可根据裂隙水源点的出水量和需供水量的大小而定，并根据表层喀斯特泉水的动态变化情况附以一定的调蓄系数。地头水柜的容积还需要考虑其蓄水次数。

在施工技术方面，首先需要选定符合要求的基底。水柜的基础要挖到硬土或岩石上，然后浇灌混凝土。一般水柜的底部需整平，而对于傍坡式水柜，在整平的水柜基础上浇灌混凝土时，应适当向坡内倾斜，倾斜度控制在 2% ~3% 。如选取浆砌石料建设水柜，石料应选择新鲜坚硬的大石块，不允许裂隙发育、风化严重的石料上墙，石块应尽量大块平整，以减少砂浆用量，砌筑要求错缝不通缝，满浆不留空。现浇混凝土或抹面砂浆施工时要严格按照程序进行，现浇混凝土施工尽量一次浇筑完成，如果分几个浇筑面的话一定要认真处理好面与面之间的连接缝。做防水层之前，池壁应打扫干净，把灰缝黏结牢固，做素灰、砂浆防渗后，抹光压光。修建水柜还应配置一些必要的附属设施，一般有过滤池、沉沙池、放水管、护栏等，有条件的还可以设置盖板，减少水柜中水量的蒸发。

除修建围泉水柜以外，对于高洼地底部的示范区内的地下河，可利用竖井、天窗等天然地下河露头修建提水站，采取“提—蓄—引”的方式进行开发，将地下水提高到高处储蓄后自流引用，蓄水柜的修建技术与围泉水柜类似。在谷地地下水浅埋的径流区，可采用开挖大口井的方式进行开发利用。

b. 适宜地区与地块

水柜工程技术适用于不同程度石漠化地区，一般来说，在耕作区以及聚居地附近有表层喀斯特泉或地下水露头、满足建设水柜的地质要求的地块均可以建设。

c. 成本–效益分析

修建水柜的成本视水柜的规模及地形地貌条件而定，主要的支出项为材料费、建造人工费以及水柜使用过程中的维护费用。由于能够解除喀斯特地区的关键限制因子——缺水的限制，修建水柜带来的生态、经济和社会效益是巨大的，应予以大力扶持和推广。

d. 技术实施中应注意的问题

水柜修建过程中应尽量减少不必要的开挖；水柜壁面抹浆时必须注意天气条件，夏季施工要避免烈日高温天气下裂缝的产生；内壁抹浆一层要一次完成，第一层稍干后就进行第二层抹浆。

(2) 集雨工程技术

集雨工程是除围泉工程措施外解决喀斯特地区缺水问题的又一项重要技术，又分为屋面集雨和坡面集水两种。

a. 技术要点

屋面集雨工程主要由屋顶集雨坪、输水管道、水窖及管道输水组成，可利用混凝土房顶面作为集雨坪，并进行防渗处理，在屋下建水窖，通过管道将水窖内贮水输送至屋内，构建简易自来水。在水窖盖板上加盖土层，并定期对水窖中的水应用明矾进行防污防臭处理以保水质。

坡面集流工程主要由沉沙池、过滤池和蓄水池（图 25-9）、集雨坡、拦水沟道（图 25-10）、组成，拦蓄由降水形成的坡面径流，经沉沙、过滤后入蓄水池，水质尚可，供农业灌溉为主，也可建于退耕还林的坡地上，提供林地旱季用水，同时兼顾部分人畜饮水。

图 25-9　集雨蓄水池（重庆南川）

图 25-10　坡面集雨汇流沟（广西果化）

无论是屋面集雨工程还是坡面集雨工程，其技术环节是类似的，下面以坡面集雨工程为例进行技术要点的说明。坡面集雨工程根据小区地形地貌特点及耕地分布情况，利用耕地上坡方向的自然坡面作集雨区，修建集流系统以蓄积雨水。整个集流系统由集流面、截流沟、汇流沟和蓄水池组成。修建坡面集雨设施首先要根据当地降水量、坡面径流、作物需水量等数据确定集水蓄水池的容积和所需集流面的面积。截流沟（拦山沟）布置于耕地上缘的坡面，即在坡底修建一条较大的水平走向浅沟或在坡面上沿等高线方向每隔适当距离修筑浅沟，拦截降水或表层喀斯特泉产生的坡面径流，截流沟断面为梯形断面，可不衬砌，但开挖面应夯实，并种植草皮恢复。截留沟与沿坡向的纵向排水沟相连接，形成坡面集流排水系统，引入汇流沟后进入沉沙池，沉淀过滤后进入蓄水池。蓄水池可布置耕地的上缘，也可分散布置于地块之中。其修建的具体技术细节与水柜类似。蓄水池的底面要高于灌溉地面高程且预设好出水口，以利于自流灌溉，蓄水池的顶部要低于拦山沟引水渠的高度，以利于水流进入，同时在进水口设置拦污栅和沉砂池，以减少入池泥沙和杂物。由于集雨工程的蓄水很大程度上是提供旱季的用水需求，故需要在蓄水池上盖板以减少蒸发损失。

b. 适宜地区与地块

集雨工程适宜地区广泛，特别是屋面集雨，在面临缺水问题的任何喀斯特地区均可采用，而坡面集雨主要用于中度以下石漠化地区中具有集雨条件的上坡下地的坡地地块上。

c. 成本-效益分析

集雨工程的成本不高，它使天然降水就地蓄积，实现了坡地灌溉，改善了旱坡地农业生产条件，生态、经济、社会效果显著。据贵州喀斯特生态综合治理示范区的经验，50 m^2的屋顶集雨工程一次性投入的成本约 2000 元，年拦集雨水总量可达 30 m^3，可基本解决一个农户家庭一年当中最干旱季节（1～3 月）人畜用水问题。建一个蓄水量 40m^3的地头集雨灌溉蓄水池，除劳务自己付出外，需投入资金 2000 元左右，能保障灌溉 1～2 亩农田，有条件将玉米种植改为旱玉米+中稻+中稻轮作，年粮食产量可由 3000kg/ hm^2增加到 6000kg/ hm^2，甚至 10 500kg/ hm^2。总的来说，通过工程集雨措施，天然降水利用率由目前的 30%～40% 提高到 50%～60%，灌溉水利用率由目前的 30% 提高到 50%，自然降水和灌溉水生产效率在原有基础上增加 3kg/（mm · hm^2），农耕区水土流失减少 30% 以上，产生良好的生态效益。

d. 技术实施中应注意的问题

地头蓄水池应合理布局，尽量不要占用耕地资源，为便于人工取水浇地，挑水运距控制在 50m 以内；家庭屋面集雨要做好水质保证工作，有条件的话定期清理水窖。

25.2.3 节水工程技术

喀斯特地区降水丰富，但季节分配不均匀，进行农业生产时需要根据作物的需水特性和降水变化进行适时、适量的灌溉。在集水工程保障了用水来源的基础上，如何实现节约用水成为保证喀斯特地区水资源持续利用的另一方面重要内容。

(1) 节水灌溉工程技术

农业灌溉用水是喀斯特地区用水的第一大户且整体利用效率不高。因此，在农业生产中推广应用节水灌溉技术的节水潜力巨大。节水灌溉是充分有效地利用灌溉水和自然降水，遵循作物生长发育需水机制而进行的适时灌溉，利用尽可能少的水取得尽可能多的农作物产出的一种灌溉技术体系，根本目的是通过采用水利工程、农业、管理等措施，最大限度地减少水从水源通过输水、配水、灌水直至作物耗水过程中的损失，最大限度地提高单位耗水量的作物产量和产值。

a. 技术要点及适宜地块

在喀斯特地区，适用的农业节水灌溉技术主要有简易田间节水灌溉工程、节水播种、作物根际注灌、喷灌和滴灌。

在经济实力较弱、作物需水规律与当地降水季节分布较一致或附件有易得的、有保障的水源的地块，可考虑采取简易的田间节水灌溉技术，即尽量平整土地、将大块田地划小畦块、开挖细流沟灌等。灌溉需紧密配合作物的需水特性。

对于播种时土壤水分不足的地块，可采用节水播种灌溉技术，它是结合播种而实施的一种节水型灌溉技术，特点是在灌水的同时完成播种作业。其具体工序分为开沟、施肥、灌水、播种和覆土等。

对于长时间干旱缺水的地块或其他无水源地区、种植点播作物的地块，适用作物根际注灌技术，具体操作为把多功能追肥枪装在一般的农用喷雾器上，依靠喷雾器的打气压力，通过喷枪嘴将水注入作物根部土壤内，并可根据植株大小和需水量进行控制灌水，即苗较小少灌浅灌，苗较大多灌深灌。特点是简单易行，并可一次完成注水、追肥、根部施药等操作。

喷洒灌溉是利用动力机、水泵、管道等专门的设备把水加压，或利用水的自然落差将有压力水送到喷灌地段，通过喷头将水喷射到空中散成细小的水滴后均匀地洒布在田间的一种灌溉方法。如灌溉蔬菜、药材等产值高、种植密度较高、面积较大的作物地块时，可考虑采用喷灌，而适用与喀斯特地区的是移动带式喷灌水器。喷灌水器可方便地与水箱连接和卸除，在工作水头为0.5～1.5m条件下灌水，每个作业面控制100m^2，完成一个作业面后，人工移动灌水带到下一个作业面即可。这种喷洒灌水技术的特点是操作方便、成本低、用水少。

滴灌也叫滴水灌溉，是指通过安装在毛管上的滴头或滴灌带等滴水器，将水一滴一滴、均匀而又缓慢地滴入作物根区土壤中的灌溉方法，适用于灌溉经济果树、蔬菜、药材等产值高、点播形式种植密度较小的作物地块。一般滴头的流量可在1.5～12L/h范围内调节，滴头的工作水头长7～10m。喀斯特地区应采用集雨滴灌技术，即将雨水集蓄工程和滴灌结合起来，利用雨水集蓄工程收集雨水，采用滴灌这种节水灌溉方法对田地进行补充灌溉，灌水时间间隔可为10天一次。其特点是既开源又节流，是干旱、半干旱地区及其他缺水山丘区解决农田灌溉的一种有效方法。滴灌的成本较高，为了节省投资和运行费，滴灌系统应考虑采用移动式灌水系统，滴灌的管道系统可方便地拆装，一套滴灌系统可供数个集雨蓄水池使用。

b. 成本–效益分析

除简易田间节水灌溉工程外和节水播种技术外，作物根际注灌、喷灌和滴灌均需要采用一定的工具设备，故造成了一定的成本，其中作物根际注灌的器械较简易和普及，成本较低。另外，作物根际注灌、喷灌和滴灌施用的长期人力成本较大。但是节水灌溉措施的效益是十分巨大的，它能有效减少漫灌导致地面径流进入喀斯特裂隙的浪费，并能明显增加0～40cm表层耕作土壤的有效含水量。目前广西示范区灌溉耕地采用的喷灌、滴灌，比一般的地面灌溉节水40%～60%（其中喷灌技术比一般地面灌溉每公顷节水1350m^3），并具有明显的增产效益。

c. 技术实施中应注意的问题

目前可供选择的节水灌溉技术有很多种，但都有一定的适宜范围，必须因地制宜，作好调查研究，进行充分论证和多方案比较，特别要考虑喀斯特地区特殊的地形地貌情况与生产特性，选择最适合本地发展的节水灌溉技术措施。另外，节水灌溉技术必须与集水工程、产业结构调整等措施一并规划，统一实施。同时，节水灌溉技术的实施应积极寻求当地居民的配合，采用当地居民能接受的、能操作形式。

（2）其他节水工程技术

除了节水灌溉工程外，喀斯特地区还可采用地面覆盖、喷施抗旱化学制剂、地下防渗的方式来达到节水的目的。

a. 技术要点及适宜地块

覆盖技术是在耕作地表覆盖一层隔离层以减少表层土壤水量蒸发的措施。常用的有砾石覆盖、塑料膜覆盖（图 25-11）、秸秆覆盖（图 25-12）等。一般来说，砾石覆盖使用较少，主要适用于点播种植的乔木类经济作物的地块上，技术简单，将石块覆盖在树坑上即可，覆盖面积依植株种类和大小而定，一般覆盖一层即可。秸秆覆盖在喀斯特生态退化区具有较广泛的适宜性，一般旱地种植的地块均可采用，具有减少蒸发、保墒蓄水、调节土温、提高土壤肥力、抑制杂草生长等多方面的综合作用；技术简单，将收割的秸秆或野草经适当晾干和切碎后覆于土地上即可。塑料膜覆盖也称地膜覆盖，即将农用地膜覆于作物（一般是在作物幼苗期）上来达到阻挡土壤水分向空气的蒸发的目的。

图 25-11　地膜覆盖（贵州清镇）

图 25-12　秸秆覆盖（广西宜州）

抗旱化学制剂是利用化学手段生产的用于抑制土壤水分蒸发、促进作物根系吸水或降低作物蒸腾强度的化学物质，主要包括保水剂和抗蒸腾剂。使用时喷施于土壤中或作物上即可。一般保水剂在雨季末期施用效果较好，而抗蒸腾剂在旱季使用效果较好。使用受限不大，一般用于种植苗木型栽种的作物或甘蔗等需度过旱季的旱地作物地块上。

地下防渗技术主要是在植物生长土壤层下铺垫一层防渗物质，以减少土壤水分下渗来达到减少土壤水分流失的目的，如薄膜防渗、黏土防渗等。一般在水土保持工程中配合使用，由于需要首先移除植物生长的土壤层，所以一般不在大地块上使用，而使用在小面积坡改梯地块、人工造林的穴装整地或鱼鳞坑修建过程中。

b. 成本-效益分析

如从成本方面考虑，采用秸秆进行地面覆盖是最为经济的方式，具有成本低、就地取材的特点。无论地膜覆盖、喷施抗旱化学制剂、地下防渗的方式均可以达到良好的节水效果。地面覆盖层对太阳辐射的反射较土壤高，减少了土壤的能量，降低了扩散进入大气的水汽传导速率，从而能有效减少土壤蒸发量，充分利用有效水量。通过广西示范区的试验对比，覆草土地上土壤水分含水量比一般裸露耕作地高 2.2% ~11%。

c. 技术实施中应注意的问题

应充分考虑地块的具体情况，尽量避免二次水土流失和二次污染；应与其他集水节水技术和配合使用。

25.2.4　土壤改良技术

土壤在生态系统恢复演替中的作用至关重要，它决定着生态系统的发展过程。因此，土壤恢复是生态恢复的重要组成部分和先决条件。喀斯特生态退化山区的土壤以棕色、碱性或中性、粗骨石灰土为主，土层薄，多在 50 cm 以下，土壤熟化程度和肥力低、全钾、全磷、有效钾、有效磷均严重缺乏，保水保肥性能差、微量元素有效态含量极低等问题，急需进行土壤改良。

（1）技术要点

喀斯特地区土壤改良技术分为耕作技术和施料技术两类。耕作技术较简单，即结合土地整理坡改梯和平整土地工程，利用客土，增加土壤层的有效厚度，深耕增加耕作层的厚度；采用免耕技术、深松技术来解决由于耕作方法不当造成的土壤板结和退化问题。

施料技术即土壤结构改良是通过施用天然土壤改良剂（如腐殖酸类、纤维素类、沼渣等）和人工土壤改良剂（如聚乙烯醇、聚丙烯腈等）来促进土壤团粒的形成，改良土壤结构，提高肥力和固定表土，保护土壤耕层，防止水土流失。土壤结构改良剂是根据团粒结构形成的原理，利用植物残体、泥炭、褐煤等为原料，从中抽取腐殖酸、纤维素、木质素、多糖羧酸类等物质，作为团聚土粒的胶结剂，或模拟天然团粒胶结剂的分子结构和性质所合成的高分子聚合物。前一类制剂为天然土壤结构改良剂，后一类则称为人工（合成）土壤结构改良剂。喀斯特地区可采用秸秆还土、施用农家有机肥料，种植绿肥、施用酸性肥料等改良土壤。

喀斯特地区秸秆还土常用稻草秸秆、玉米秸秆、黄豆秸秆、甘蔗叶片，又分为本地秸秆还土与异地秸秆两种。本地秸秆还土需要把秸秆切碎成 10 ~ 20cm 的小段，就地覆盖在土地上，带播种绿肥前或雨后翻耕整地压入土中。异地秸秆即从附近农业条件好的地区运进秸秆，切碎成 3 ~ 5cm 的小段后堆积肥堆后入土或直接入土。秸秆入土的数量应控制在：土层平均厚度小于 30cm 的梯地 1500kg/亩；土层厚度大于 30cm 的梯地 1000kg/亩；洼地底平旱地 500 ~ 700kg/亩。秸秆还土以直接翻压入土效果好；积制堆肥还土时，因在堆肥半熟化、微生物和有机酸产生的高峰期时还土效果好；泼湿秸秆后或选择阴雨天还土效果好，还土后还应适时浇水；秸秆还土不宜过深，一般入土 10cm 左右，避免分解时与作物争夺氧。

施用农家有机肥料应注意：微生物对有机质的有效分解碳氮比为 25∶1，碳氮比过大，微生物分解过快，因此在石灰土壤改良中，施用有机和无机肥料时，将碳氮比大的有机肥料与碳氮比小的有机肥料或氮肥混合施用，控制碳氮在 25∶1 左右为宜。在利用有机肥料改良土壤时，还必须依据有机肥的特性，将热性肥料和冷性肥料、家畜粪尿与植物残体、厩肥与绿肥、豆科绿肥与禾本科肥料等混合施用，即控制碳氮比，又使土壤具有持续肥力。

绿肥即作为肥料施用的绿色植物体，可在同一地块上、同一季节内按照充分利用光能资源、互不影响的原则将绿肥作物与其他作物相间种植，也可以在休闲地上种植。一般采用两种绿肥种植形式，一是夏季作物收获前 15 ~ 30 天，在作物行间播种夏季短期绿肥作物，作物收获 5 天后将绿肥翻压土中，再播种第二季作物；二是冬季农作物收获后，尽快播种冬季绿肥，待春耕前 20 ~ 30 天犁地将绿肥翻压土中。与秸秆还土类似，绿肥以直接翻压入土发酵为佳，翻压入土不宜过深，并应保持适当的水分。

喀斯特地区还可施用酸性肥料来降低土壤 pH，酸性肥料有糖厂滤泥和硫肥等。其中糖厂滤泥富含各种营养，价格便宜，供应量大，最适宜推广使用。使用时应选择偏酸性的亚法糖厂滤泥，避免采用碳法糖厂滤泥。影响改良效果。使用前需要进行发酵处理，或者在春播之前 1 ~ 2 月埋入土壤发酵，或者混入适量冷性厩肥。综合而言，可以先以当地原料蔗糖滤泥、甘蔗渣、秸秆、沙土、塘泥以及各种有机肥料对土壤进行改良，在此基础上平衡施用化学肥料，增加磷、钾、氮肥的施用量，并配合有机肥混合施用。

施用人工土壤改良剂是土壤改良的另一种方法。使用时，根据土壤和土壤改良剂性质选择适当的用量是非常重要的，超过施用的极限反而不利于团粒的形成。如果将粉剂直接撒施于表土中，由于结构改良剂很难溶解进入土壤溶液，这种施用方法的改土效果很小，在相同情况下，将改良剂溶于水施用，土壤的物理性状明显得到改善。施用前要求把土壤耙细晒干，且土壤愈干、愈细，施用效果愈好。

（2）适宜地区和地块

土壤改良技术的适用范围较广，中度以下石漠化地区的坡耕地、洼地底平地存在严重土壤质量的问题的地块均可以采用。

（3）成本–效益分析

土壤改良技术的成本一般较小，但是增产作用明显，经土壤改良后，玉米可平均增产 66.54%，值得大力推广应用。

（4）技术实施中应注意的问题

应根据各地块的具体情况制定合理的改良计划，并掌握好秸秆还土、绿肥种植的时间；由于秸秆还土、绿肥入土、糖厂滤泥入土时，分解腐化过程可能影响作物生长，可采用“条施旁种”的方式；再次，为提高各种材料入土的改良效果，应遵循碳氮比原则采用混合入土的方式。

25.2.5　植被重建技术

喀斯特地区的石漠化基本属于植被退化型石漠化，山地植被系统的重建成为喀斯特生态综合治理的关键。喀斯特地区植被恢复的主要途径有两种：一是人工造林，二是封山育林。

（1）人工造林技术

目前喀斯特生态退化区内许多地块植被退化情况十分严重，仅仅依靠土壤种子库进行自然恢复是相当困难的。因此，根据封禁区不同立地的植被状况，相应地采取不同的人工造林恢复措施。

a. 技术要点

人工造林的第一个技术环节是树种的选择，根据喀斯特地区的环境特点，因地制宜，选择石生、耐旱、喜钙、根系发达、适应性强的、成活容易、生长迅速、更新能力强、最好生态效益与经济效益能够兼顾的植物物种。树种选择需要以乡土树种为主，首先必须是在石漠化土地造林已经取得成功的树，各树种、灌草要按一定比例进行混交。另外，宜选择落叶少且易腐烂的树种，如柏木、杉木、各种阔叶树种等；而不宜选择落叶丰富且腐烂慢的树种，如马尾松、云南松等。具体选择的物种如下：①阔叶树种，如任豆（图 25-13）、杨树、女贞、泡桐、滇楸、梓木、刺槐、苦楝、喜树、慈竹、楠竹、方竹、桤木等；②针叶树种，如滇柏、柏木、侧柏（图 25-14）、柳杉等；③经济树种，如杜仲、黄柏、花椒、香椿、油桐、柿、梨、桃等；④灌木、藤本、草种，如刺梨、金银花、龙须草等。喀斯特地区现有自然群落，特别是顶极或原生性群落的种类组成，就是树种选择的最好依据，喀斯特地区不同类型小生境及相应生长分布的树种，就是具体地段适地适树的依据。

图 25-13　任豆幼苗（重庆巫山）

图 25-14　侧柏幼林（贵州花江）

第二个环节是苗木培育。首先要严把种子关，应强调选用良种育苗，种子要粒大、饱满、无病虫害，并经消毒处理后才能播种；其次，把好苗木管理关，种子发芽后要精细管理，发现病虫害及时防治，及时调整苗木密度，适时施肥，保证苗木在合适的密度下健康生长。同时，造林前一定要炼苗，以增强苗木抵御恶劣环境的能力，提高造林成活率。确定合适的苗龄与造林成活率关系密切。苗龄太短，苗木弱小，适应性差，造林成活率不高；苗龄太长则水分蒸发量大，要求水量多，在石山区造林也难以成活。一般苗龄以 1 ~ 1.5 年为宜，通常速生树种苗龄应短些，慢生树种苗龄则要长些。在育苗过程中，应尽量培育容器苗，其根系不受损伤，生活力强，成活率高；另外，可在培育过程中采用切根技术（在一年生苗木生长期，一般切去约 1/3 主根长），促进侧根发育、提高根冠比，可提高造林成活率。最后用于上山造林的苗多为一年生 Ⅰ 级苗，已经木质化，顶芽饱满。

造林前需进行整地，整地时间在造林前一个月。造林整地不能炼山，并应尽可能保留石山上的原生植被。一般以局部整地为主，采用穴状和鱼鳞坑整地方式，坡度较大地段尤以大鱼鳞坑整地为宜，整地规格 40 cm×40 cm×30 cm，石旮旯地采取“见缝插针”的方式。必须掌握好造林时机，西南地区降水主要集中在每年的 5 ~ 8 月，但这一阶段气温偏高，影响造林成活率，所以需根据不同树种选择适当的造林或播种季节。春季和冬季气温相对较低、造林易于成活，但缺乏降雨、土壤水分含量低，常绿树种的生长恢复受到影响，必须采取相应的技术措施。另外，一些树种的种子需要随采随播、不宜久藏，如肥牛树、蚬木、苹婆、火龙果、蝴蝶果等优良造林树种，果实成熟期为高温期（6 ~ 8 月），为提高这些树种的出苗率和成活率，播种时可使用种子营养液、抗旱保水剂、拌种包衣剂等。一般选择在无风阴雨天，且定植坑已经湿透时造林。植苗前苗木根部打泥浆，保持根系良好湿润状态可依据区域立地条件的不同而采用点播、撒播、小苗或营养袋苗、切根苗、嫁接苗上山，尽量做到随起随栽。造林密度应控制在 900 ~ 1050 株/hm^2 为宜，且密度不能强求一致，只能采取“见缝插针”的方式。根据石山土壤情况，在土层相对较厚并能保持相当水量的地方，采用裸根苗；在土层较薄保水量少的地段，采用营养袋苗；而在石缝、石隙，采用种子直播。栽植时严格做到“三埋两踩一提苗”、“苗正根舒土踏实”的技术要求，苗木定植后，在定植坑面上盖上杂草、枯枝或小石块，还可配合采用生根粉、保水剂等抗旱造林种草实用技术，以减少土壤水分蒸发，提高造林成活率。

造林当年为了使植被不受较大破坏，施行不动土抚育，割除一些杂草。造林后第 2 年开始每年进行松土除草 1 ~ 2 次，连续 5 年，并加强管护，严禁人畜破坏，实行封山护林，直到幼林郁闭。松土时间以春、夏季为主，秋季除草则应在杂草灌木种子成熟前完成，除草松土时避免损伤植株和根系，松土深度宜浅，不超过 10cm。根据针叶幼树的生长情况，应适时对保留的阔叶树进行修枝，并割灌。透光程度以针叶幼树上方不遮阴为宜。

b. 适宜地区和地块

在强度、中度石漠化地区，植被破坏彻底或深度退化、土壤较少、植物繁殖体不足、自然恢复潜力较小的地段适宜采用人工造林的技术；对坡度较大的退耕还林地也应采用人工造林种草的方式。

c. 成本-效益分析

人工造林技术需要投入大量的人力和物力，成本较大，尤其是在生态条件极度恶化的地区采用客土人工造林时，成本达到 100 000 元/hm^2，需要国家政府的大力投入才能推广实施。而人工造林条件下，植被能够实现短时间恢复，效果明显。

d. 技术实施中应注意的问题

造林过程中要求采用针、阔混交，乔、灌、草立体配置的造林方式，使退耕还林地迅速郁闭成林，并在整地植苗过程中尽量减少开挖，防止新的水土流失发生；人工造林的相关政策必须跟上，允许林农在树种选择上有自己的想法，不能强迫其种植不喜欢的树种，要及时说明，以提高其造林的积极性，保证造林质量；人工造林应该尽量采取就地育苗，并且积极采用先进的生物技术；大部分地区植苗季节在冬季和早春苗木发芽前进行，但是在一些干热河谷地带，需选择在短暂的雨季进行植苗。

（2）封山育林技术

封山育林主要是在具有一定数量母树、伐桩或邻近有天然下种能力的母树，使森林得以重新恢复，并且根据需要采取相应经营措施以提高森林质量的一种经营措施体系。在一些边远山区，坡耕地退耕后，人工林还草较难，但有天然下种更新条件的地区，采取封山育林措施，可逐步恢复林草植被。

a. 技术思路

较人工造林技术而言，封山育林涉及的技术较为简单。选择好封山育林区后，要根据地区的时间情况确定合理的封山方式。封山就是停止一切不利于树木生长发育的人为干扰，使森林自然恢复的潜力充分发挥，形成一个良好的外部条件，又分为全封、半封、轮封3种方式：全封指封山时间内整个封山地段禁止一切不利于林木生长的人为活动；半封指在林木生长季节实行全面封山，其余时间在严格保护目的树种、幼苗幼树的前提下，可以有计划地进行砍柴、割草、采集等活动；轮封指分片区轮流封山。封育方式的确定是协调乡村农民对放牧、割草、采集等与森林植被恢复需求的矛盾，一般情况下，前3～5年封山初期适宜全封，5年后可实行半封；封山涉及区域面积较小时宜全封，在面积较大时可采用轮封。确定封山育林区和封山方式后，首先要对符合退耕还林还草的坡耕地，停止耕作，实行封禁，树立封山育林标志，严禁人畜进入封山区活动。

由于封山育林地段树种种源数量不足，或种子发芽条件不好，幼苗分布不均匀等造成成林速度缓慢，在封山育林地区缺苗少树的地段可配合一定的人工造林技术，进行局部整地、松土，有利于种子发芽，或者补植目的树种，使其尽快成林。

b. 适宜地区和地块

封山育林主要适用于以下3种情况的地块，一是中度石漠化地区退耕后还生态林的坡耕地，由于立地条件尚可，附近有天然树种资源，可采用封山育林让其自然恢复；二是岩石裸露率在70%以上的石漠化严重的地段，这种立地条件属于土层瘠薄且多零星镶嵌分布于石缝中，人工造林极度困难，客土的成本太高，可采用先封禁的方式育草、育灌，培育一定的造林基础；三是在一些边远山区，特别是生态移民后，对植被恢复的时限没有要求，坡耕地退耕后难以实行人工林还草，在有天然下种更新条件的情况下可采用封山育林。

c. 成本-效益分析

喀斯特山区的水热条件较好，有利于植被的自然恢复，封山育林是最经济而又有效的植被恢复途径。对于通过天然更新或人工促进能天然更新的坡耕地，采取封山育林措施，能较快达到提高森林和灌木覆盖率的目的，还可形成良好的森林结构。许多实验表明，在喀斯特山区实行严格的封山育林之后，一般1～2年可恢复为草坡，5年左右可恢复为灌丛，15～30年可恢复为喀斯特森林植被。封山育林3年可提高植被总盖度10%～30%，6年可基本实现郁闭，植被基本恢复，从而达到治理目的。

d. 技术实施中应注意的问题

封山育林的政策必须跟上，积极寻求当地农民的支持，为当地农民开拓一条封山之后的谋生之路；在有条件的地区，封山育林自然恢复到一定程度时可转变为人工造林形式以加快植被恢复进程。

25.2.6　退耕地生态培植技术

喀斯特石漠化的形成和发展很大程度与当地土地资源的不合理利用有关，而土地资源的利用又可归结为农业经济结构的问题。对农业实践活动进行修正，优化产业结构配置，改革耕作制度等成为喀斯特石漠化综合治理的重要方面。

（1）经济作物种植技术

对于石漠化地区退耕林地，在立地条件较好的地段可设计经济林或生态经济林模式，可兼顾植被恢复的生态恢复要求，又可为当地农民带来经济效益。除了采用提高成活率和生长速度的有关技术外，重点采用块状混交技术和复合经营技术，营建模式采取乔灌—草—生物篱防护技术，在岩石坡面采用以藤本为主的岩面植被覆盖技术。

a. 技术要点

经济作物的种植基本技术与人工造林技术具有许多相似处，除了采用提高成活率和生长速度的有关技术外，重点采用块状混交技术和复合经营技术，营建模式采取乔灌—草—生物篱防护技术，在岩石坡面采用以藤本为主的岩面植被覆盖技术。由于经济林更强调林木的经济效益，在树种选择、植苗以及植苗后护理等方面都有专门的要求。

目前，喀斯特地区选种的经济作物主要分为果树和药用植物两大类，树种选择方面，在人工造林选种原则的基础上，一般选择在喀斯特已经成功试种、没有生态威胁的物种即可，如出于发展当地特色农业的要求可选择本地种，其他则无需严格限制。具体品种还要通过植物栽培与环境的营养元素与肥力的对比试验研究来确定。药用植物要选择具有耐阴性且药用价值高的植物种，并且不需耕作以免耕作时产生水土流失。目前各示范区采用的果树包括橄榄（图 25-15）、火龙果（图 25-16）、桂华李、牛心李、南酸枣、无核黄皮、澳洲坚果、酸梅、板栗、核桃、银杏、柠檬、脐橙、柚、枣、柿、桃等，药用植物包括花椒、金银花、药用木瓜、苦丁茶、苏木、板蓝根等。

图 25-15　橄榄育苗（重庆巫山）

图 25-16　立柱火龙果地（广西果化）

经济作物的整地要求更为细致，需将退耕坡底整理形成地势平坦、排水良好和土层较深的梯地，土地较为破碎的坡耕区则可采用大穴整地，若种植地选择于峰丛洼地或谷底洼地，需要做好土地的排水整理种植前深翻土壤，同时每亩施入植物所需要的农家肥与化肥。经济果树林苗木应采用嫁接苗，造林后 2 ~ 3 年能开花挂果，苗木规格视具体品种而定。造林时经济林株距应较窄，行距实较宽，一般为 2m×4m，利于经营管理。种植后合理进行施肥、修枝定型、除草、追肥和灌溉等技术要求。药用植物造林株行距采用株距 1.0 ~ 1.5m，行距 2.0 ~ 3.0m，并在成林后郁闭度控制在 0.5 ~ 0.7，以满足药用植物对光照的需求，并及时进行除草、施肥，如果以采收根为主的多施磷、钾肥，利用枝叶为主的则应施氮肥。经济林还需进行病虫害防治，常见叶面病虫（如蚜虫）害，需根据情况不定期喷洒相关农药。

在人口密集的退耕区，由于经济林之初不产生经济效益，可采用农作物间作的技术以部分解决农民的粮食问题。这是一种过渡性的退耕还林模式。间作以不影响经济林树种正常生长为原则，不宜种植高秆作物和攀援作物，宜选择农作物，有豆科作物、花生、薯类等。

b. 适宜地区或地块

经济林种植适宜于轻度石漠化地区的坡耕退耕地，要求坡度小于 25°，特别是在聚居地周围、立地条件较好的地段，如地势平坦、排水良好和土层较深的洼地或梯地种植地。对于在坡中下部、土层深厚、水肥条件好的退耕地，可采用林粮间作的技术。在一些不强制退耕为生态林的坡度小于 25°的坡地，如原来点播种植玉米的地块，虽然立地条件不够好，也可以在大穴整地、投入更多管理的基础上进行经济林的种植。

c. 成本–效益分析

经济林需要投入一定的苗木成本、肥料成本及管理成本，总体而言较种植生态林的成本高很多。但经济林可产生巨大的经济效益，如广西果化示范区火龙果种植每亩经济效益可达 3000 ~ 4000 元/a，可基本解决当地农民的收入问题。

d. 技术实施中应注意的问题

经济林的种植需要较多的技术支持，当地农林部门需要对农户进行宣传、培训和田间指导；种植经济林过程中也要兼顾林地的生态效应，特别要教育农户保留经济林地的灌草地被覆盖；经济林也要讲究树种的组合和复合经营。

（2）种草养殖业发展技术

利用石漠化山地草的适宜性强、容易取得成功的特点，改牲畜放养为舍养，通过大量种草来发展畜牧业，也可把造林种草与养禽相结合，在林下或草地中养禽（图 25-17、图 25-18）。

a. 技术要点

栽培牧草的选择应考虑畜禽养殖品种、牧草的特点、地理气候条件和牧草的科学搭配几大要素。反刍家畜喜食植株高大、粗纤维含量相对较高的牧草如皇竹草；而猪、鸡、鹅、兔则喜食蛋白质含量较高、叶多且柔嫩的牧草如菊苣、三叶草；紫花苜蓿、多花黑麦草等适用于大多数畜禽。在生产中，若以收获青绿饲料进行青贮或晒制青干草为目的的，应选择生物产量较高的牧草；若以圈地放牧为目的，在考虑牧草产量的同时还应考虑牧草的再生能力和种植密度大小的问题。高海拔寒冷地区可选择种植耐寒的紫花苜蓿、草木樨等；干热河谷等炎热地区可种植苦荬菜、白三叶草等；温暖湿润地区可种植黑麦草、皇竹

图 25-17　杏林下苜蓿地（贵州清镇）

图 25-18　奶牛养殖（贵州清镇）

草等。碱性土壤上可选择紫花苜蓿、披碱草等；酸性土壤宜选择耐酸的白三叶草等。牧草选种还需要考虑牧草品种的搭配，一般采用禾本科和豆科牧草混播，两类牧草根系和叶片分布不同，豆科牧草还可通过根瘤菌为禾本科牧草提供养分，提高牧草产量。

不同牧草种子播种期有所不同，一年生牧草如果土壤条件较好要尽量早种植，多年生牧草如果土壤质量不好，可在雨季到来前播种，但播种期不能晚于 7 月末。一些牧草种子的硬实率较高，需要经过破壳处理才能播种；为促进牧草发芽生根，可在播种前用相应药水浸泡种子。收获型牧草应适度密植，留种收割的适宜稀植，一般留种的播种量为收获型播种量的 2/3，套种、混种时播种量应减少。播种完毕后还应对牧草进行除草、灌溉、施肥和除虫害等日常管理。对于收获型牧草来说，禾本科牧草宜在抽穗期收割，豆科牧草宜在显蕾至初花期收割，晒制过程中要防雨淋、霉变以保证干草质量，同时要减少晒制中牧草叶片的损失。

b. 适宜地区与地块

种草养殖业适宜在中度石漠化的退耕地进行，特别适合聚居地附近的，土壤浅薄的退耕地和土壤不连续的山坡地。

c. 成本-效益分析

种草养殖业需要投入一定的草种成本、肥料成本、畜禽繁育成本及管理成本，总体而言较种植经济林的成本高，并且需要投入的人力成本也较多。但种草养殖与经济林可产生巨大的生态、经济效益，并且具有收益高、见效快的特点。

d. 技术实施中应注意问题

种草养殖，特别是畜禽的养殖需要较多的技术支持，当地农林部门需要对农户进行宣传、培训和指导，并让农户参加农业保险，成立养殖协会统一管理；种草过程中也要兼顾草地的生态效应。

25. 2. 7　农村能源开发利用技术

长期以来，喀斯特地区居民上山砍伐木材做新蔡用的行为也是造成喀斯特森林资源损失乃至退化的主要原因之一，因此，在进行生态综合治理的同时，也应及时推广农村能源利用技术，以保证造林等其他措施的顺利实施。

（1）技术要点与适宜地区与地块

沼气池是目前喀斯特农村地区积极推广使用的一项能源利用技术，可就地采用农村秸秆、厩肥、绿肥等材料通过微生物发酵作用产生沼气可供农村家庭的一般做饭、照明使用，适用于具有丰富发酵原料、便利施工条件的广大农村地区。目前，修建沼气池一般是在专门的技术公司、技术队指导下的农户参与的修建模式。修建沼气池首先要根据家庭人口和饲养禽的数量、种类等情况来确定容积，一般按每人 1.3～1.5m^3池容的比例来预算沼气池的池容，比如：3 口之家选用 4 m^3，5～6 人选用 8 m^3的池容。从事养殖业、发酵原料充足的农户可适当增大池容，然后要根据各种沼气池型的适宜性选择合适的沼气池型。具体的修建步骤分为查看地形、确定沼气池修建的位置，拟定施工方案、绘制施工图纸，准备建池材料，放线、挖土方、支模（外模和内模）、混凝土浇筑或砖砌筑，养护、拆模、回填土，密封层施工，输配气管件、灯、灶具安装，试压，验收等环节。由于沼气池的发酵速度、产气率与温度变化呈正比关系，因此从季节气温的升降看，应选择气温较高的春夏季建池最好；从春夏和秋冬季的降雨和地下水位升降的规律来看，前者雨水较多，地下水位升高，低洼地区建池有一定困难，而秋冬季节恰恰相反，在低洼地区应选择下半年建池较好。另外，修筑过程中可采用预制件施工技术，该方法具有节约成本，主池体各部位厚薄均匀，受力好、抗压抗拉性能好，可分段施工，缩短地下建池时间的优点。

由于喀斯特地区地表破碎，修建沼气池有时会面临一定的地质条件约束，可推广新型高效移动式太阳能沼气罐，容量 1～5000m^3，可满足任何地区、不同规模的产气需要。太阳能沼气罐采用干式发酵技术，产气快，产气量大，彻底改变了传统地下沼气池建设成本高、占地面积大、建设周期长、冬季不产气等诸多难题，投料一次可连续使用 6～8 个月，像液化气一样方便，既干净又环保。

改灶节柴是易于农村地区采用的另一项能源利用技术。节能灶是一种新型增效节能装置，适用于各类燃气灶、燃气燃油热水器、锅炉以及各种需要用火来加热的器具。增效节能灶是在普通的燃气灶上增加一款前面所说的增效节能装置，它独特的设计让少量具有强烈冲击力的空气主动进入燃烧区内部，空气中含有大量氧气，它的进入使燃烧区内部的火焰燃烧更充分，改善了普通灶具燃烧不完全的现象，大大降低了一氧化碳的排放，改善厨房的空气质量；它所产生的火焰温度高且集中有力，火焰直接作用于锅底，使火对锅底的热传递得到极大的提升，加热速度更快；并且在燃烧区的外围有一道气体屏蔽，这道无形的气体屏蔽将大量热量保留在燃烧区内，防止热量的流失，使燃烧区内的温度更高，热能得到更好利用。

（2）成本–效益分析

目前喀斯特地区建造沼气池的成本一般为几千元，因为沼气池属于永续性工程，建造沼气池往往能够得到政府的支助，所以能够为当地居民接受；而移动式沼气罐的成本较低，一般每套生产成本为 350～400 元，使用寿命可达 40 年之久，经济效益显著。

沼气既清洁又卫生，操作简便，使用沼气可减轻上山砍柴的劳动负担，又可保护森林、绿化荒山。同时，沼气渣可以做肥料，一举多得。所以，在喀斯特生态综合治理中应确立“养殖-沼气-种植”三位一体的模式，大力推行沼气的利用。

节能灶体积小，价格便宜，能显著提高燃烧效率，据检测，同样的器具在同等燃料供应的情况下，使用增效节能灶要比不使用效率快35%以上，既节省了加热时间，更是节约了这段时间所需的燃料，也具有很大的推广价值。

（3）技术实施中应注意的问题

沼气池的修建具有严格的工程要求，必须在专业的技术指导下修建，当地相关部门应积极帮助有意向的农户；沼气池使用具有一定的危险性，要着实做好安全使用的教育；相关部门应积极做好沼气池修建后的跟踪服务工作。

25.3　生态重建模式

总结西南喀斯特地区生态重建的实践，一系列通过技术途径进行生态重建的模式主要可归纳为以下几种。

25.3.1　封山育林–生态移民–恢复自然植被模式

（1）综合整治措施

主要针对极强度、强度喀斯特生态环境脆弱区或者强度石漠化地区，由于不能再承受人类的干扰和开发，应采用封山育林、生态移民和恢复自然植被集成的整治模式，通过自然方式恢复植被，减轻人口压力对资源的掠夺，使本土的珍贵稀有物种得到保护。

封山育林是根据群落演替理论，以封禁为基本手段，把长有疏林、灌木灌丛或散生树木的山地围封起来，禁止一切人为干扰活动（如樵采、放牧、火烧、开垦、刈割等），借助林木的天然下种或无性繁殖逐渐培育成森林，对尚存林木及其天然更新能力加以保护，使之得到一定的恢复，最终形成稳定群落。以全封、半封和轮封的形式进行，辅以封禁设施和补植补播、除伐定株、平茬复壮、人工促进天然更新等技术措施。

生态移民用于生存环境恶劣，土地贫瘠，资源匮乏、水土流失严重，人口密度大，人均耕地少，自然灾害频繁，粮食无法自给，生活贫困，不具备现有生产力诸要素合理结合条件，环境容量难以承担超负荷的人口，无法解决人口增长后的资源储备和吸收大量剩余劳动力的地区。生态移民通过对贫困人口的迁移，疏散人口压力，调整资源分配，改变资源环境对经济发展的限制，克服资源环境的主导性限制，选择有条件的迁入地区，使生产要素有机结合，提高劳动力自身素质，进而提高劳动者群体的自我发展能力，使其在摆脱贫困的同时，迁出地的生态环境得到修复。以就地迁移和异地迁移、整体迁移和部分迁移的形式进行。

另外，结合自然、社会经济状况，在喀斯特地貌明显但生态环境退化，或植被保存较为完好的地区，选择原生性、典型性相对较高的珍稀野生动植物原生地及天然林区等特殊功能区，建立各种类型的自然保护区也是此模式倡导的措施之一。

（2）模式空间布局及适宜地区

在基岩裸露率>70%，植被覆盖度<20%，坡度≥40°，土壤极少且土层极薄，并以砂

粒、石粒为主的喀斯特山地、峰林、峰丛、丘陵的中上部和顶部，造林难度大、成本高，但水热条件较好，周围存在植物种源，在生态移民顺利进行的基础上，可实行全面封山育林。

在岩石裸露50%～70%的半石山及部分条件相对较好的石山、白云质砂石山地区，结合生态移民情况，若存在当地群众生产、生活和燃料等有实际困难且移民意愿不足，可实行半封和轮封的封山育林模式。

（3）成本–效益分析

封山育林–生态移民–恢复自然植被模式属于政府的公益性措施，成本主要来自政府的政策性成本和地方财政投入，以及农民由于改变土地利用方式引起的直接经济损失。封山育林的投资项目包括前期规划设计经费，基础设施建设，人工辅助育林如种苗、整地、栽植、育林、管护费用，以及科技推广、检查验收等。例如，表25-1所示贵州省猫跳河流域的封禁治理投资。生态移民的成本有土地、房屋及其他征用财产的成本和丧失收入的赔偿成本；移民安置征地、建房、基础设施建设、搬家运输、过渡期补贴及环境保护等安置成本；项目开发、创造就业、培训等重建成本；移民安置动员、组织、指导等管理成本；区域基础设施损失成本及重建成本。

表25-1　封禁治理投资费用和经济效益

项目	面积（hm^2）	投资金额（万元）									经济效益（万元）
		种苗费	设施设备费	整地费	栽植费	管护费	防火费	宣传费	其他费用	合计	
金额	27 606.44	207.05	517.62	227.75	165.64	1 159.47	207.05	124.23	289.87	2 898.68	1 863.4

由于此整治模式以恢复、保护自然资源，改善生态环境和推动人民致富为目标，因此其效益大多以隐性和非货币的形式存在，并且具有突出的整体效益、间接效益和长远效益，集中表现在生态效益、经济效益和社会效益上。生态效益为提高植被覆盖率，减少自然植被破坏，改良土壤性状，减少土壤侵蚀，提高生物多样性，有效减轻水土流失和石漠化。例如，一般喀斯特石质山地封山育林3～4年后，群落盖度平均增长32.8%。经济效益体现在封山育林形成的天然林活立木木材经济价值、薪材价值、活立木价值，以及投资效益，林农可以通过为封育区工作而增加经济收入。生态移民后农民收入普遍有大幅提高，如广西河池地区通过生态移民贫困户的户年均纯收入达到8750元，人均纯收入1750元，人均有粮260kg。社会效益是可以使贫困地区尽快走上脱贫致富的道路，并且有利于农村社区管理和节省行政开支，提高人居适宜度。

（4）模式推广应用中的注意问题

1）由于封山育林是一项群众性较强的工作，因此要做好宣传工作，使群众明确封山育林的经济意义、生态意义和社会意义，进而接受并遵守。在封育时必须给群众留出放牧、砍柴及其他副业生产的场地，否则，群众的经济利益受到损害，甚至生活受到威胁后，封山育林就难以实现。因此在封山前必须做到周密的规划，照顾到群众的利益。

2）尊重移民意愿，保障移民利益，注意民族、宗教和社区整合等问题。若群众问题处理不当，将带来无数后患。生态移民基本和核心的问题是利益整合。给予移民合理的利益保障是移民成功的关键。在生态移民规划与搬迁、重建时，必须对少数民族的文化、风俗、宗教信仰予以充分考虑。必要的宗教设施建设应予满足，民族传统和习惯应予保留。

3）迁入区环境问题。有资料表明，近 20 年来全球环境移民与环境难民总人数超过 2000 万，由于规模失控、开发方式不当等原因，致使迁入区生态环境遭到破坏，移民再度陷入贫困的现象屡有发生。因此要采取行政和经济的手段协调移入地的资源分配，结合农业产业结构调整，合理利用土地资源，实现生态环境保护和人民生活水平提高的初衷。

4）目前已有不少喀斯特地区建立了多个自然保护区并开展了不同程度的旅游活动，但在喀斯特脆弱生态区建立自然保护区后，需要进行旅游开发时应格外慎重，避免本身已经相当脆弱的生态环境再遭破坏。

25.3.2　退耕还林–蓄水保土–人工造林恢复植被模式

（1）综合整治措施

在喀斯特中度脆弱生态区，这类地区岩石裸露 30%～50%，土层平均厚度较小，坡度较大，耕地垦殖过度，陡坡开垦频繁，水土流失严重，人为活动干扰较大，导致农业结构不合理。同时存在大面积宜林荒山荒地，降水量丰富但可利用性低，缺水少土的状况需要通过退耕还林–蓄水治土–人工造林植被恢复集成模式实现生态环境的全面改善。

退耕还林从保护和改善生态环境出发，将易造成水土流失和土地石漠化的耕地，有计划、有步骤地停止继续耕种。退耕后可人工营造生态林、经济林或果木林，缩短植被的恢复时间，加快顺向演替进程，并辅以苗木培育、整地、抚育、补植等技术。

喀斯特地区雨水丰富，但时空分布不均、垂直分异大、干旱季节明显；坡面径流量大，但时空分布不均且停滞时间短，地下水资源丰富，但深层水因埋藏较深而难以利用，而表层喀斯特水有较大开发价值和潜力。因此通过蓄水节水工程可以有效提高水资源利用率，解决喀斯特地区用水困难的问题，尤其应当发展分散式小微型蓄水工程，如集雨工程、集流工程、提水工程、修建地下水库、溶洼水库（表 25-2）。

表 25-2　蓄水工程实施途径及配套设施

蓄水工程	实施途径	配套设施
集雨工程	屋面集雨：屋面收集雨水→软管导入→水窖储存→管道输出	集雨坪，水窖
	坡面集雨：沟道拦水→引水渠→沉沙池→蓄水池→管网输水或人工挑水	引水渠，沉沙池，蓄水池
集流工程	泉水→引水管（渠）→水池（水窖）→管网输出	水窖，水柜
提水工程	利用天窗修建有一定扬程的泵站，提取地下河水，并在高处修建蓄水池调蓄	泵站，蓄水池
地下水库	在地下河上游段向地表河转化的出口处，以及洞口段狭窄处，可建坝堵洞成库	水坝
溶洼水库	在山坡外侧坡脚的地下河出口的洞内筑坝建库	水坝

保土耕作主要包括通过间作、套种、复种、草田轮作和休闲地种绿肥等增加植被覆盖

度和通过免耕、深耕和深松耕、增施有机肥料、铺压沙田等改良土壤，在提高农作物产量的同时，还有增加土壤渗透性、保蓄水分、减轻径流冲刷的作用。

（2）模式空间布局及适宜地区

根据喀斯特中度脆弱区的不同地貌类型、岩性差异和海拔位置，采取相应的退耕还林、人工造林和蓄水保土措施（表25-3）。

表25-3　中度脆弱区的退耕还林和蓄水措施

地貌类型	岩性	坡度	造林方案	蓄水保土措施
峰丛		陡坡	耐干旱、旱熟、丰产、质优的经济林树种	地下水库
山地		陡坡	耐干旱贫瘠、穿窜岩石缝隙能力强、生长迅速的树种	坡面集雨
丘陵	白云岩	缓坡	耐干旱树种，乔灌草混交	屋面集雨
洼地		缓坡	耐短期水渍、耐干旱的阔叶树种和经济植物	提水工程、溶洼水库
峡谷		平坡	果木林	集流工程

（3）成本效益分析

退耕还林、人工造林的成本主要来自政府的政策性成本有种苗补助费、生活现金补助费、粮食补助、科技支撑费用、种苗基础设施建设费用、制定法规条例、划定退耕区、执行退耕还林政策、监测政策实施等费用。与封山育林相比，前期需投入较多的人力和财力。表25-4为贵州省猫跳河流域的退耕还林投资和收益情况。生态效益主要包括涵养水源效益、水土保持效益（防止土壤侵蚀、固土保肥，减少泥沙淤积）、固碳供氧效益、生态系统恢复效益、调节气候、保护生物多样性等。带来的社会效益包括增加社会安全感，人民生活条件改善，生活质量提高，土地利用结构合理化，产业结构优化和促进社会结构的改进。

表25-4　退耕还林和荒山造林投资总费用

项目	面积（hm^2）	投资（万元）	经济效益（万元）
生态林	4 893.56	367.02	4 251.50
经济林	483.88	136.89	979.84
果树林	616.00	249.48	7 947.87
种草	667.75	100.16	901.46
荒山造林	16 112.94	1 208.47	
退耕补助金		21 242.50	

蓄水工程在喀斯特地区开展由于地形地貌的特殊性而存在相当的困难，因此成本较高，贵州省2002～2006年，全省水利总投入达141.7亿元，但其生态经济社会效益不容忽视，5年来全省累计解决农村507.6万人饮水困难，1673万人饮水得到保障，水利工程

年供水总量由 85.6 亿 m^3 增至 96.7 亿 m^3，水资源开发利用率由 8.3% 提高到 8.82%，还累计治理水土流失面积 4677km^2。

(4) 模式推广应用注意的问题

1）从长远来看，政府和农民的利益是一致的，但在短期内却存在矛盾。农民参与退耕还林的先决条件是能够改变现在的生存状况，经济收益获得提高，因此动员农民进行退耕还林时，首要考虑农民的基本生存需求和切身利益，注意维护农民的直接经济效益，力求获得经济效益和生态效益的双赢。

2）退耕地未来收益不确定，退耕还林还草成果巩固面临“毁林复耕”的潜在威胁。退耕补偿政策是我国退耕还林还草得以顺利推进的重要保障，是退耕后农民每年的基本经济收入来源，对广大退耕地区农民的生活有极其重要的影响。由于国家对补贴期满以后怎么办没有一个明确的政策，因此地方政府和农民对国家补助政策的稳定性产生疑虑，对未来收益缺乏稳定的预期，产生了观望等待的消极心理。

3）造林树种的选择要考虑树种生物学特性和生态学特性，尤其要考虑树种的水分生态特性及其对水分亏缺的适应方式和途径。根据不同的小生境类型选择造林地段，根据喀斯特地区现有自然群落，特别是原生性群落的种类选择树种，还要同时兼顾生态效益和经济效益，合理配比生态林和经济林。

4）物种多样性的恢复与发展是植被恢复的关键，并且植物多样性可能引起动物和微生物种类的多样性，使系统在控制系统病虫害发生方面有明显的作用，从而提高系统的抗性和弹性。人工造林时应避免造成树种选择单纯、植被结构单一、群落结构简化、林下植被发育差、缓冲能力弱、反馈系统的构成简化等问题。

25.3.3 可持续生态农业-庭园经济-资源产业模式

(1) 综合整治措施

轻度或微度脆弱生态区往往是耕地集中分布，人口密集，人地矛盾突出，低产农田面积比重大，生产方式落后，生产力水平低下，应改变高消耗资源粗放型经济发展模式，实行可持续生态农业-庭园经济-资源产业的集成模式，促进生态恢复与区域经济可持续发展相统一。

可持续生态农业通过恰当的措施和环节，在提高人工植物群落的生态效益的基础上进一步加强经济效益，实现农业活动生态经济效益的持续发展，建立主动维持农业生态上输入与输出之间的动态平衡，合理安排生产结构，以求尽可能多的农、林、牧、副、渔产品的同时，又获得生产的发展，生态的保护，资源的再生利用和较高的经济效益等相互统一的综合效果。

庭园经济是以家庭院落和园地为基地的种植、养殖和加工业相结合的家庭小型农业综合形式，具有投资少、见效快、因地制宜、经营灵活等特点，容易被农民接受，发展速度快。充分利用住宅的房前屋后、田间地块周围的空闲用地，按生态农业原理，种植林木、果树、蔬菜等经济作物和进行科学特色养殖，达到美化住区、改善环境、经济增收，形成生态、生产、生活良性循环。例如，贵州花江地区开展的“猪-沼-椒”，“猪-沼-砂仁

(经果林)”，“猪-沼-柑橘、玉米”，“草-鹅-猪-沼-桃、李”等。在其他地区还形成“猪-沼-菜(西红柿)”、“猪-沼-稻”、“猪-沼-鱼”，“鸡、猪-沼-椒”等模式。庭园生态经济设计的主要组成部分包括蓄水池、沼气池、畜禽舍和种植园。

生态产业化是解决生态建设和经济建设之间矛盾的有效途径，要根本解决喀斯特地区人地矛盾突出、区域经济落后的现状，必须对农村产业机构进行优化，充分发挥地区资源优势，从替代产业和产业化经营上寻求突破。首先应大力发展林果牧业，通过农林牧结合、种养加结合、农工贸结合、农科教结合深化农业产业化开发，主动迎合以营养保健、无污染为特点的新的消费需求，大力发展绿色产品加工业，如中药材产业化经营、牛羊肉系列产品开发、经林果产业化生产。此外，喀斯特山区丰富的旅游资源，如洞穴、峡谷、石林等自然风景及多姿多彩的少数民族风情，可进行生态旅游活动。

(2) 模式空间布局及适宜地区

大多数喀斯特农村地区，具有光热资源丰富，耕地少，土质差，非耕地资源丰富，水土流失严重，人口文化素质低，文化、卫生、交通条件较为落后，以传统农业为主，经济结构单一，生活贫困突出，社会经济发展水平低等共同特点，可持续生态农业-庭园经济-资源产业集成模式都可推广使用。

在喀斯特山地下部和河谷地区，坡度相对较为缓和，土层也相对深厚，有较大的生产潜力，可实施农林复合经营，从林、农、牧、草、药等多方向、多层次结构的角度，种植地方特色的经济植物。

在宜耕地面积较广、土层较厚、土质较好并有水源条件的地段，则加强农田基本建设，对宜耕地资源进行适当开发利用，改变传统的种植方式，改善农业生产的水土条件。并利用旱地节水技术、土壤培肥技术，提高耕地生产率和粮食产量，实现中低产田土变高产的目标，解决粮食问题。

在农民庭院中修建沼气池，作为基本能源，沼肥用于果树和其他农作物，减少化学肥料使用，沼液用于鱼塘和饲料添加剂喂养家畜和家禽。在果园种植适合的经济果林外，套种蔬菜和饲料作物，提高土地利用率，提供畜禽的养殖饲料。山坡种植的特色经济树种和药材、果园的经济果树和牧草、庭院养殖的禽畜、农田中的粮食作物以及鱼塘等都可通过生产加工，从而形成当地的资源产业，有效增加农民收入。

(3) 成本效益分析

种植业成本：种子、种苗、化肥、农药等直接材料费，机械作业费、灌溉费；建立沼气池的材料费、装置费、管理维修费；养殖业中购买幼畜、饲料、动物疾病防治等的费用。

生态效益：沼气作为燃料，减少矿物能源的消耗，有利于减少碳排放，缓解温室效应，还可有效保护森林资源。沼气发酵残留物既是优质的有机肥料和农作物病虫害的防治、抑制剂，又是良好的土壤改良剂。沼气发酵残留物用于农田，减少了农药化肥的使用量，从而减少了环境污染，长期施用，还可提高土壤中有机质含量0.17%～0.6%，全氮增加0.003%～0.005%，全磷增加0.01%～0.03%，增加土壤空隙度，降低土壤容重，活化土壤养分，促进土壤团粒结构的形成，农作物的生长环境得到改善。

经济效益：使用沼气作为农村的生活燃料，使用沼肥、沼液、沼渣等降低种植养殖成本，加上种植、养殖的收益，可使农民得到可观的经济收入。例如，贵州花江顶坛片区实行“猪-沼-椒”生态农业模式，农户年人均纯收入为 1100 ~ 2500 元，年递增 100 元以上，个别农户家庭年均总收入已超过 6 万元。

社会效益：沼气发酵为农户提供了优质、清洁、高效的生活燃料，缓解当前的能源危机，减少疾病传播，为农民健康提供保障，农村儿童入学率均有所提高。

(4) 模式推广应用

可持续生态农业-庭园经济-资源产业集成模式在推广应用中应注意以下问题。

1) 喀斯特小流域是一个最基本的地域单元或地域系统，因此以小流域为单元进行整治更符合自然规律，有利于防护体系的合理配量和水土资源的合理开发利用和生态景观设计，以及建设符合山区特点的农、林、牧复合农业生产体系。

2) 庭园生态系统是人工生态系统，存在生物种群简单、食物链关系单一等弊端，而且又要同时考虑工程设计的投入产出，为了保证人工生态系统的稳定和提高系统的效益，必须投入大量的物质和能量控制维持。

3) 生态农业和庭园经济形成的资源产业是以商品生产为目的，以商品为输出形式，因此必须遵循市场规律，充分考虑产品的市场需求与潜在的市场前景，尤其在设计种植业和畜牧业生态工程时，就更需要慎重地考虑产品的数量、质量与市场需求的协同问题。

25.3.4 进一步的问题

喀斯特脆弱生态区虽然具有较高的异质性，但也具有一定的共同特征，在对本底环境充分调查的基础上，实施相应的整治模式，可以加速退化生态系统的恢复。

在现有的研究基础上，实行整治模式时，还存在以下问题。

1) 对于脆弱度 (fragile degree) 的划分标准及影响因子不够明确，缺乏统一的评价指标体系，所作的定性定量评价实践不够。

2) 从 3 套整治模式的成本效益分析情况来看，当前投资成本主要来源于政府，应将市场化和企业化带入治理中，形成可持续的“生态-产业”链。

3) 应用本研究所优化集成的整治模式时，要因地制宜，根据实际情况的脆弱程度、地貌岩性坡度、人为干扰等情况进行调整和修正，使其发挥最大效用。

4) 针对不同尺度，生态重建的目标及重建手段存在差异（表 25-5）（何刚等，2003）。

表 25-5 生态重建模式的尺度特征

尺度	地段	地链	地方	地区
目标	修复植物群落，提高土地生产力；生态效益结合经济效益	建立合理的土地利用方式和植物群落结构；经济效益结合生态效益	优化利用资源，恢复生态系统；以经济、生态效益为主，考虑社会效益	全面脱贫致富，生态良性循环，经济、社会、生态效益三者的统一

续表

尺度		地段	地链	地方	地区
重建手段	技术层面	具体技术 植被恢复 生物/工程措施	技术组合 土地整理 土地利用方式	模式 产品/服务 土地利用结构	模式推广 产业化 产业结构调整
	管理层面	农户个体/科研单位 地段设计	农户联合/科研单位 地链整理	农户联合/科研单位 企业 地方整治	农户联合/科研 单位/企业/政府 地区规划

尺度视角是地理学的重要思想维度之一，也是对生态环境问题进行系统思考的典型方法。不同尺度的关键问题和解决方法可能存在很大的不同，生态重建可以在不同空间尺度上进行。在地段、地链、地方、地区不同尺度上的生态重建，在目标及重建手段等方面存在差异。进行生态重建时，既要考虑各个尺度上的具体模式，又要整合不同尺度下的模式。一个尺度上的生态重建行为是上级尺度上生态重建工作的组成部分，同时又是下级尺度上生态重建的系统综合。

参考文献

阿尔曼德 Д Л. 1992. 景观科学：理论基础和逻辑数理方法．北京：商务印书馆．

安和平．1996. 贵州省水土流失现状及防治对策．水土保持通报，16（5）：57-64.

安和平．2006. 贵州省退耕还林紧迫性地域分级与退耕策略．水土保持通报，26（3）：113-116.

安顺地区综合农业区划编写组．1989. 安顺地区综合农业区划．贵阳：贵州人民出版社．

安裕伦．1994. 喀斯特人地关系地域系统的结构与功能刍议——以贵州民族地区为例．中国岩溶，13（2）：153-159.

安裕伦，蔡广鹏，熊书益．1999. 贵州高原水土流失及其影响因素研究．水土保持通报，19（3）：47-52.

奥德姆．1982. 生态学基础．北京：人民教育出版社．

巴洛维．1989. 土地资源经济学——不动产经济学．谷树忠等译．北京：北京农业大学出版社．

巴雅尔．2005. 内蒙古土地利用与土地覆被多尺度动态研究．呼和浩特：内蒙古人民出版社．

白晓永，王世杰，陈起伟等．2009. 贵州土地石漠化类型时空演变过程及其评价．地理学报，64（5）：609-618.

白永飞，李凌浩，王其兵等．2000. 锡林河流域草原群落植物多样性和初级生产力沿水热梯度变化的样带研究．植物生态学报，24（6）：667-673.

白占国，万国江．1998. 贵州碳酸盐岩区域的侵蚀速率及环境效应研究．土壤侵蚀与水土保持学报，4（1）：1-7.

白占国，万国江．2002. 滇西和黔中表土中^{7}Be，^{137}Cs分布特征对比研究．地理科学，22（1）：43-48.

白占国，万曦．1997. 岩溶山区表土中^{7}Be、^{137}Cs、^{226}Ra和^{228}Ra的地区化学相分配及其侵蚀示踪意义．环境科学学报，17（4）：407-411.

白占国，吴丰昌，万曦．1995. 百花湖季节性水质恶化机理研究．重庆环境科学，17（3）：10-14.

柏春广，王建．2003. 一种新的粒度指标：沉积物粒度分维值及其环境意义．沉积学报，21（2）：234-239.

摆万奇．2000. 深圳市土地利用动态趋势分析．自然资源学报，15（2）：112-116.

摆万奇．2005. 大渡河上游地区土地利用动态模拟分析．地理研究，2：206-214.

摆万奇，赵士洞．1997. 土地利用和土地覆盖变化研究模型综述．自然资源学报，12（2）：169-175.

摆万奇，赵士洞．2001. 土地利用变化驱动力系统分析．资源科学，23（3）：39-41.

包为民，陈耀庭．1994. 中大流域水沙耦合模拟物理概念模型．水科学进展，5（4）：287-292.

包晓斌．1997. 流域生态经济区划的应用研究．自然资源，5：8-13.

包玉海，乌兰图雅，香宝．1998. 内蒙古耕地重心移动及其驱动因子分析．地理科学进展，17（4）：47-54.

鲍巍，姜杉，李斌．2007. 资源价值评估方法浅谈．环境保护，（4）：34-37.

贝塔朗菲．1987. 一般系统论．秋同，袁嘉新译．北京：社会科学文献出版社．

彼列尔曼．1975. 后生地球化学．龚子同译．北京：科学出版社．

卞正富，张国良，胡喜宽．1998. 矿区水土流失及其控制研究．土壤侵蚀与水土保持学报，4（4）：31-36.

卜兆宏，董勤瑞，周伏建．1992. 降雨侵蚀力因子新算法的初步研究．土壤学报，29（4）：408-417.

卜兆宏，赵宏夫，刘绍清．1993. 用于土壤流失量遥感监测的植被因子算式的初步研究．遥感技术与应用，8（4）：16-22.

布雷迪 N C. 1982. 土壤的本质与性状．南京农学院土化系等译．北京：科学出版社．

蔡崇法，丁树文，史志华等 . 2000. 应用 USLE 模型与地理信息系统 IDRISI 预测小流域土壤侵蚀量的研究 . 水土保持学报，14（2）：19-24.
蔡强国 . 1996. 流域侵蚀产沙过程模拟 . 地理学报，51（2）：108- 116.
蔡强国，刘纪根 . 2003. 关于我国土壤侵蚀模型研究进展 . 地理科学进展，22（3）：242-250.
蔡强国，陆兆熊，王贵平 . 1996. 黄土丘陵沟壑区典型小流域侵蚀产沙过程模型 . 地理学报，51（2）：108-117.
蔡强国，王贵平，陈永宗 . 1998. 黄土高原小流域侵蚀产沙过程与模拟 . 北京：科学出版社 .
蔡秋，陈梅琳 . 2001. 贵州喀斯特山区环境特征与生态系统的恢复和重建 . 农业系统科学与综合研究，17（1）：49-53.
蔡艺惠 . 2002. 漳州市耕地变化及驱动力研究 . 福建地理，17（2）：54-58.
蔡玉梅，刘彦随，宇振荣等 . 2004. 土地利用变化空间模拟的进展——CLUE-S 模型及其应用 . 地理科学进展，23（4）：63-70.
蔡运龙 . 1986a. 南方山地城郊农业发展方针 . 自然资源，（1）：64-70.
蔡运龙 . 1986b. 贵阳市土地类型和自然区划 . 地理学报，41（3）：210-223.
蔡运龙 . 1990a. 地理学的实证主义方法论——评《地理学中的解释》. 地理研究，9（3）：95-104.
蔡运龙 . 1990b. 贵州省自然区划与区域开发 . 地理学报，45（1）：41-55.
蔡运龙 . 1990c. 贵州省地域结构与资源开发 . 北京：海洋出版社 .
蔡运龙 . 1991. 贵州省土地资源开发的优势、问题与对策 . 自然资源，（4）：21-31.
蔡运龙 . 1992. 土地结构分析的方法及应用 . 地理学报，47（2）：146-156.
蔡运龙 . 1994a. 中国西南喀斯特地区消除贫困与持续发展示范研究//北京大学中国可持续发展研究中心 . 可持续发展之路 . 北京：北京大学出版社 .
蔡运龙 . 1994b. 论可持续农业//北京大学中国可持续发展研究中心 . 可持续发展之路 . 北京：北京大学出版社 .
蔡运龙 . 1994c. 区域持续发展与反贫困斗争：以贵州省岩溶地区典型贫困县为例//中国地理学会自然地理专业委员会 . 区域开发理论与实践 . 北京：中国商业出版社 .
蔡运龙 . 1994d. 土地类型系列制图的几个理论问题 . 地理研究，13（1）：76-83.
蔡运龙 . 1994e. 持续发展研究：地理学的挑战与机会 . 地理学报，49（2）：103-104.
蔡运龙 . 1995. 持续发展——人地系统优化的新思路 . 应用生态学报，6（3）：329-333.
蔡运龙 . 1996. 中国西南岩溶石山贫困地区的生态重建 . 地球科学进展，11（6）：602-606.
蔡运龙 . 1997. 持续发展的概念需要在三个层次上展开和深入 . 北京大学学报（哲学社会科学版），（3）：58.
蔡运龙 . 1998a. 在深化可持续发展研究中发展地理学 . 地理研究，17（1）：17-22.
蔡运龙 . 1998b. 人地关系研究范型：地域系统实证 . 人文地理，13（2）：7-13.
蔡运龙 . 1999a. 中国西南喀斯特山区的生态重建与农林牧业发展：研究现状与趋势 . 资源科学，21（5）：37-41.
蔡运龙 . 1999b. 农业与农村可持续发展的地理学研究 . 地球科学进展，14（6）：602-606.
蔡运龙 . 2000a. 中国经济高速发展中的耕地问题 . 资源科学，22（3）：24-29.
蔡运龙 . 2000b. 自然地理学的创新视角 . 北京大学学报（自然科学版），26（4）：576-582.
蔡运龙 . 2001a. 土地利用/土地覆被变化研究：寻求新的综合途径 . 地理研究，20（6）：645-652.
蔡运龙 . 2001b. 中国农村转型与耕地保护机制 . 地理科学，21（1）：1-6.
蔡运龙 . 2005. 土地管理如何贯彻科学发展观 . 中国土地，（6）：15-16.
蔡运龙 . 2006a. 生态旅游：西南喀斯特山区摆脱“贫困陷阱”之路 . 中国人口资源与环境，16（1）：

113-116.
蔡运龙 . 2006b. 基于科学发展观的土地资源管理战略//刘彦随 . 中国土地资源战略与区域协调发展 . 北京：气象出版社 .
蔡运龙 . 2006c. 生态建设的观念、政策与管理：对西南喀斯特地区的思考//中国地理学会自然地理专业委员会 . 土地变化科学与生态建设 . 北京：商务印书馆 .
蔡运龙 . 2006d. 中国的耕地问题//北大讲座编委会 . 北大讲座 · 第十二辑 . 北京：北京大学出版社 .
蔡运龙 . 2007a. 全球土地研究计划：中国应走在前 . 中国土地，(4)：19-21.
蔡运龙 . 2007b. 自然资源学原理（第二版）. 北京：科学出版社 .
蔡运龙 . 2009. 贵州喀斯特高原土地系统变化空间尺度综合的一个研究方案 . 地球科学进展，24（12）：1301-1308.
蔡运龙，傅泽强 . 2002. 西部开发以人为本 . 西北农林科技大学学报，2（1）：17-21.
蔡运龙，何国琦 . 2000. 人与土地 . 沈阳：辽宁人民出版社 .
蔡运龙，霍雅勤 . 2002. 耕地非农化的供给驱动 . 中国土地，(7)：20-22.
蔡运龙，霍雅勤 . 2006. 中国耕地价值重建方法与案例研究 . 地理学报，61（10）：1084-1092.
蔡运龙，李军 . 2003. 土地利用可持续性的度量：一种显示过程的综合方法 . 地理学报，58（2）：305-313.
蔡运龙，蒙吉军 . 1999. 退化土地的生态重建：社会工程途径 . 地理科学，19（3）：198-204.
蔡运龙，Smit B. 1995. 持续农业及其中国态势 . 地理学报，50（2）：97-106.
蔡运龙，Smit B. 1996. 全球气候变化下中国农业的脆弱性与适应对策 . 地理学报，51（3）：202-212.
蔡运龙，俞奉庆 . 2004. 中国耕地问题的症结与治本之策 . 中国土地科学，18（3）：13-17.
蔡运龙，傅泽强，戴尔阜 . 2002. 区域最小人均耕地面积与耕地资源调控 . 地理学报，57（2）：127-134.
蔡运龙，陆大道，周一星 . 2004. 中国地理科学的国家需求与发展战略 . 地理学报，59（6）：811-819.
蔡运龙，刘卫东，方创琳 . 2007. 中国地理多样性与可持续发展 . 北京：科学出版社 .
蔡运龙，李双成，方修琦 . 2009. 自然地理学研究前沿 . 地理学报，64（11）：1363-1374.
曹凤中，周国梅 . 2001. 对中国环境污染损失估算的评估与建议 . 环境科学与技术，(4)：1-4.
曹慧，杨浩，唐翔宇等 . 2001. ^{137}Cs 技术对长江三角洲丘陵区小流域土壤侵蚀初步估算 . 水土保持学报，15（1）：13-15.
曹慧，孙辉，杨浩等 . 2003. 土壤酶活性及其对土壤质量的指示研究进展 . 应用与环境生物学报，9（1）：105-109.
曹建华，袁道先，潘根兴等 . 2001. 岩溶动力系统中的生物作用机理初探 . 地学前缘，8（1）：203-209.
曹建华，袁道先，潘根兴 . 2003. 岩溶生态系统中的土壤 . 地球科学进展，18（1）：37-44.
曹建廷，王苏民，沈吉 . 2000. 近千年来内蒙古岱海气候环境演变的湖泊沉积记录 . 地理科学，20（5）：391-396.
曹利军 . 1997. 可持续发展模式及其世界观和价值观 . 科技导报，(1)：50-53.
曹明德 . 2004. 对建立我国生态补偿制度的思考 . 法学，(3)：40-43.
曹明奎，李克让 . 2000. 陆地生态系统与气候相互作用的研究进展 . 地球科学进展，5（4）：446-452.
曹新向 . 2004. 区域土地资源持续利用的生态安全研究 . 水土保持学报，18（2）：192-195.
曹学章，左伟，申文明 . 2001. 三峡库区土地覆被动态变化遥感分析 . 农村生态环境，7（4）：6-11.
曹银真 . 1983. 黄土地区梁坡的坡地特征与土壤侵蚀 . 地理研究，2（3）：19- 29.
曹瑜，杨志峰，袁宝印 . 2003. 基于 GIS 黄土高原土壤侵蚀因子的厘定 . 水土保持学报，17（2）：93-96.
曹月华，赵士洞 . 1997. 世界环境与生态系统监测和研究网络 . 北京：科学出版社 .
曹志洪，史学正 . 2001. 提高土壤质量是实现我国粮食安全保障的基础 . 科学新闻周刊，46：9-10.

查小春，唐克丽 . 2002. 黄土丘陵林地开垦土壤侵蚀与生态环境变化的相互效应关系 . 中国水土保持，(7)：22.
柴立和 . 2005. 多尺度科学的研究进展 . 化学进展，17（2）：186-191.
柴宗新 . 1989. 试论广西岩溶区土壤侵蚀 . 山地研究，7（4）：255-259.
长江流域水土保持综合考察队 . 1986. 长江流域土壤侵蚀区划报告//中国科学院西北水土保持研究所集刊编辑委员会 . 中国科学院西北水土保持研究所集刊 . 第 4 集 . 西安：陕西科学技术出版社 .
长顺县综合农业区划编写组 . 1988. 长顺县综合农业区划 . 贵阳：贵州人民出版社 .
常茂德 . 1986. 陇东黄土高原沟道小流域的土壤侵蚀 . 水土保持通报，6（3）：44-49.
陈百明 . 1997. 试论中国土地利用和覆被变化及其人类驱动力研究 . 自然资源，19（2）：31-36.
陈百明，张凤荣 . 2001. 中国土地可持续利用评价指标体系的理论和方法 . 自然资源学报，16（3）：197-203.
陈百明，刘新卫，杨红 . 2003. LUCC 研究的最新进展评述 . 地理科学进展，22（1）：22-29.
陈楚群 . 1991. 土壤侵蚀量多因子灰色模型的建立与应用 . 水土保持学报，5（5）：27-31.
陈德荫 . 1991. 土地科学几个问题浅见 . 中国土地科学，5（4）：32-34.
陈端宁，王少平，俞立中 . 2001. 环境磁学及其在地理环境研究中的应用 . 云南地理环境研究，13（1）：12-19.
陈法扬，王志明 . 1992. 通用土壤流失方程式在小良水土保持试验站的应用 . 水土保持通报，12（1）：23-41.
陈斐，杜道生 . 2002. 空间统计分析与 GIS 在区域经济分析中的应用 . 武汉大学学报（信息科学版），27（4）：391-396.
陈浮 . 2001. 城市边缘区土地利用变化及人文驱动力机制研究 . 自然资源学报，16（4）：204-230.
陈伏生 . 2003. 不同土地利用方式下沙地土壤水分空间变异规律 . 生态学杂志，22（6）：43-48.
陈国阶 . 2002. 论生态安全 . 重庆环境科学，24（3）：1-4.
陈国南 . 1987. 用迈阿密模型测算我国生物生产量的初步尝试 . 自然资源学报，2（3）：270-278.
陈海，王涛，梁小英等 . 2009. 基于 MAS 的农户土地利用模型构建与模拟——以陕西省米脂县孟岔村为例 . 地理学报，64（12）：1448-1456.
陈浩 . 2000. 黄土丘陵沟壑区流域系统侵蚀与产沙的关系 . 地理学报，55（3）：354-363.
陈建庚 . 1994. 贵州地理环境与资源开发 . 贵阳：贵州教育出版社 .
陈晋，何春阳，史培军 . 2001a. 基于变化向量分析（CVA）的土地利用/土地覆盖变化动态监测（I）——变化阈值的确定方法 . 遥感学报，5（4）：259-267.
陈晋，何春阳，卓莉 . 2001b. 基于变化向量分析（CVA）的土地利用/土地覆盖变化动态监测（II）——变化类型的确定方法 . 遥感学报，5（5）：346-353.
陈敬安，万国江 . 2000. 云南程海现代沉积物环境记录研究 . 矿物学报，20（2）：112-115.
陈敬安，万国江，唐德贵 . 2000a. 洱海近代气候变化的沉积物粒度与同位素记录 . 自然科学进展，10（3）：253-259.
陈敬安，万国江，徐经意 . 2000b. 洱海沉积物粒度纪录与气候干湿变迁 . 沉积学报，18（3）：341-345.
陈敬安，万国江，汪福顺 . 2002. 湖泊现代沉积物碳环境记录研究 . 中国科学（D 辑），32（1）：73-80.
陈敬安，万国江，张峰 . 2003. 不同时间尺度下的湖泊沉积物环境记录——以沉积物粒度为例 . 中国科学（D 辑），33（6）：563-568.
陈静生，蔡运龙，王学军 . 2001. 人类-环境系统及其可持续性 . 北京：商务印书馆 .
陈利顶 . 1996. 我国近年来耕地资源动态变化的区域特征及对策分析 . 自然资源，17（5）：1-8.
陈利顶，傅伯杰，Ingmar M. 2001. 黄土丘陵沟壑区典型小流域土地持续利用案例研究 . 地理研究，20

（6）：713-722.
陈利顶，吕一河，傅伯杰. 2006. 基于模式识别的景观格局分析与尺度转换研究框架，生态学报，26（3）：663-670.
陈利军，刘高焕，冯险峰. 2002a. 遥感在植被净第一性生产力研究中的应用. 生态学杂志，21（2）：53-57.
陈利军，刘高焕，励惠国. 2002b. 中国植被净第一性生产力遥感动态监测. 遥感学报，6（2）：129-135.
陈满荣，王少平，俞立中. 2001. 环境磁学及其在地理环境研究中的应用. 云南地理环境研究，13（11）：11-19.
陈明星，陆大道，刘慧. 2010. 中国城市化与经济发展水平关系的省际格局. 地理学报，65（12）：1443-1453.
陈奇伯，齐实，孙立达. 2000. 土壤容许流失量研究的进展与趋势. 水土保持通报，20（1）：9-13.
陈启伟. 1994. 现代西方哲学论著选读. 北京：北京大学出版社.
陈睿山，蔡运龙. 2010. 土地变化科学中的尺度问题与解决途径. 地理研究，29（7）：1244-1256.
陈睿山，蔡运龙，严祥等. 2011. 土地系统功能及其可持续性评价. 中国土地科学，25（1）：8-16.
陈四清. 2002. 基于遥感和 GIS 的内蒙古锡林河流域土地利用/土地覆盖变化和碳循环研究. 北京：中国科学院遥感应用研究所.
陈松林. 2000. 基于 GIS 的土壤侵蚀与土地利用关系研究. 福建师范大学学报（自然科学版），16（1）：106-109.
陈文贵. 1999. 贵州省喀斯特地区解决小流域粮食问题途径. 水土保持通报，19（1）：52-56.
陈新汉. 1992. 关于评价活动的认识论机制. 哲学研究，（2）：28-34.
陈晓平. 1997. 喀斯特山区环境土壤侵蚀特性的分析研究. 土壤侵蚀与水土保持学报，3（4）：31-36.
陈欣，王兆骞，杨武德等. 2000. 红壤小流域坡地不同利用方式对土壤磷素流失的影响. 生态学报，20（3）：374-377.
陈旭晖. 1998. 生物梯化的水土保持措施效应研究. 水土保持研究，5（2）：163-167.
陈循谦. 1990. 长江上游（云南境内）的土壤侵蚀. 水土保持学报，4（3）：71-79.
陈宜瑜. 1999. 中国全球变化的研究方向. 地球科学进展，14（4）：319-323.
陈彦光. 1995. 城镇体系随机聚集的分形研究. 科技通报，11（2）：98-101.
陈颖，吴柏清，邹卓阳等. 2010. 基于 GIS 的土地适宜性评价——以四川省马尔康县为例. 水土保持研究，17（4）：100-103.
陈永宗. 1976. 黄河中游黄土丘陵地区坡地的发育. 地理集刊，第 10 集：35- 51.
陈永宗. 1987. 黄土高原土壤侵蚀规律研究工作回顾. 地理研究，6（1）：76-83.
陈佑启. 1998. 从可持续发展看我国农民土地利用行为的影响因素. 农业现代化研究，19（3）：162-165.
陈佑启. 2000. 试论城乡交错带土地利用的形成演变机制. 中国农业资源与区划，21（5）：22-25.
陈佑启，何英彬. 2005. 论土地利用/覆盖变化研究中的尺度问题. 经济地理，25（2）：152-155.
陈佑启，Verburg P. 2000a. 基于 GIS 的中国土地利用变化及其影响模型. 生态科学，19（3）：1-7.
陈佑启，Verburg P. 2000b. 中国土地利用变化及其影响的空间建模分析. 地理科学进展，19（2）：116-127.
陈佑启，Verburg P. 2000c. 中国土地利用/覆被的多尺度空间分布特征分析. 地理科学，20（3）：197-202.
陈佑启，杨鹏. 2001. 国际上土地利用/土地覆被变化研究的新进展. 经济地理，21（1）：95-100.
陈镇东，罗建育. 1998. 深锁在大鬼湖中的秘密（1）——古气候. 科学月刊：339.
陈仲新，张新时. 2000. 中国生态系统效益的价值. 科学通报，45（1）：17-22.

成都地质学院陕北队．1978．沉积岩（物）粒度分析及其应用．北京：地质出版社．
程久苗．2003．安徽省小城镇发展中的土地利用问题及对策．地理科学，23（1）：122-128.
程水英，李团胜．2004．土地退化的研究进展．干旱区资源与环境，18（3）：38-43.
崔骁勇，陈佐忠，杜占池．2001．半干旱草原主要植物光能和水分利用特征研究．草业学报，10（2）：14-21.
大卫·皮尔斯．1996．绿色经济的蓝图．何晓军译．北京：北京师范大学出版社．
戴建伟，欧东衡．2004．贵阳经济技术开发区十年城建概述．贵阳文史，（4）：4-8.
戴尔阜，蔡运龙，傅泽强．2002．土地可持续利用的系统特征与评价．北京大学学报（自然科学版），38（2）：230-237.
戴尔阜，吴绍洪，李双成等．2006．纵向岭谷区植被特征参数的空间变异．科学通报，51（S）：1-7.
戴绍良．1999．团结奋斗共创贵州水电建设新局面．贵州水力发电，13（1）：3-5.
邓成龙，袁宝印，胡守云．2000．环境磁学某些研究进展评述．海洋地质与第四纪地质，20（2）：93-101.
邓慧平，李秀彬．2003．流域土地覆被变化水文效应的模拟——以长江上游源头区梭磨河为例．地理学报，58（1）：53-62.
邓培雁，屠玉麟，陈桂珠．2003．贵州省水土流失中土壤侵蚀经济损失估值．农村生态环境，19（2）：1-5.
邓祥征，刘纪远．2004．区域土地利用变化的多情景分析——以内蒙古自治区太仆寺旗为例．地球信息科学，6（1）：81-89.
迪克逊，斯库拉，卡朋特等．2001．环境影响的经济分析．何雪炀等译．北京：中国环境科学出版社．
丁光伟，李世顺．1997．我国农用土地资源变化的驱动力分析．国土开发与整治，7（3）：31-34.
丁文峰，丁登山．2002．黄土高原植被破坏前后土壤团粒结构的分形特征．地理研究，21（6）：700-706.
丁一汇，孙颖．2006．国际气候变化研究进展．气候变化研究进展，2（4）：161-167.
董璐．2004．谁受益谁补偿．中国经济导报，（3）：13.
董瑞斌．2000．土壤和沉积物的磁参数及其在环境科学中的应用．科技通报，16（6）：479-483.
杜华强，汤孟平，周国模，等．2007．天目山物种多样性尺度依赖及其与空间格局关系的多重分形．生态学报，27（12）：5038-5049.
杜文渊，杨丽．2004．我国生态经济功能区划研究进展．环境科学与技术，27（6）：96-98.
段建南，李保国，石元春．1998．应用于土壤变化的坡面土壤侵蚀过程模拟．土壤侵蚀与水土保持学报，4（1）：47-53.
段义孚．2006．人文主义地理学之我见．志丞等译．地理科学进展，25（2）：3-9.
段增强，Verburg P H，张凤荣等．2004．土地利用动态模拟模型及其应用——以北京市海淀区为例．地理学报，59（6）：1037-1047.
樊杰．2004．地理学的综合性与区域发展的集成研究．地理学报，59（增刊）：33-40.
樊杰，许豫东，邵阳．2003．土地利用变化研究的人文地理视角与新命题．地理科学进展，22（1）：1-10.
范楚林，马良军，彭占宗．1997．黑泉库区土地生态评价定量系统模型研究．水土保持通报，17（7）：8-13.
范瑞瑜．1985．黄河中游地区小流域土壤流失量计算方程的研究．中国水土保持，（2）：12-18.
方彬，陈波，张元．2007．生物多样性遥感监测尺度选择及制图研究．地理与地理信息科学，23（6）：78-81.
方精云．2000．全球生态学：气候变化与生态响应．北京：高等教育出版社．
方精云，柯金虎，唐志尧．2001．生物生产力的“4P”概念、估算及其相互关系．植物生态学报，25（4）：414-419.

方精云，朴世龙，贺金生等.2003. 近二十年来中国植被活动在增强. 中国科学（C辑），33（6）：554-565.

房金福，林均枢，李鉅章.1993. 喀斯特区现代溶蚀强度与环境研究. 地理学报，2：122-130.

封志明，张蓬涛，宋玉.2002. 粮食安全：西北地区退耕对粮食生产的可能影响. 自然资源学报，17（3）：299-306.

封志明，张蓬涛，杨艳昭.2003. 西北地区的退耕规模、粮食响应及政策建议. 地理研究，22（1）：105-113.

丰华丽，夏军，占车生.2003. 生态环境需水研究现状和展望. 地理科学进展，22（6）：591-598.

冯连君，储雪蕾，张启锐等.2003. 化学蚀变指数（CIA）及其在新元古代碎屑岩中的应用. 地学前缘，10（4）：539-544.

符素华，刘宝元.2002. 土壤侵蚀量预报模型研究进展. 地球科学进展，17（1）：78-84.

傅伯杰.1995. 景观多样性分析及其制图研究. 生态学报，15（4）：345-350.

傅伯杰，陈利顶.1996. 景观多样性的类型及其生态意义. 地理学报，51（5）：454-461.

傅伯杰，汪西林.1994. DEM在研究黄土丘陵沟壑区土壤侵蚀类型和过程中的应用. 水土保持学报，8（3）：17-21.

傅伯杰，王军.1999. 黄土丘陵区土地利用对土壤水分的影响. 中国科学基金，（4）：225-227.

傅伯杰，陈利顶，马诚.1997. 土地持续利用评价的指标体系与方法. 自然资源学报，12（2）：112-118.

傅伯杰，马克明，周华峰.1998. 黄土丘陵区土地利用结构对土壤养分分布的影响. 科学通报，43（22）：2444-2447.

傅伯杰，陈利顶，马克明.1999. 黄土丘陵区小流域土地利用变化对生态环境的影响——以延安市羊圈沟流域为例. 地理学报，54（3）：241-246.

傅伯杰，陈利顶，马克明等.2001a. 景观生态学原理及应用. 北京：科学出版社.

傅伯杰，郭旭东，陈利顶.2001b. 土地利用变化与土壤养分的变化——以河北省遵化县为例. 生态学报，21（6）：926-931.

傅伯杰，刘世梁，马克明.2001c. 生态系统综合评价的内容与方法. 生态学报，21（11）：1885-1892.

傅伯杰，杨志坚，王仰麟等.2001d. 黄土丘陵坡地土壤水分空间分别数学模型. 中国科学（D辑），31（3）：185-191.

傅伯杰，陈利顶，邱扬等.2002a. 黄土丘陵沟壑区土地利用结构与生态过程. 北京：商务印书馆.

傅伯杰，邱扬，王军.2002b. 黄土丘陵小流域土地利用变化对水土流失的影响. 地理学报，57（6）：717-722.

傅伯杰，陈利顶，王军等.2003. 土地利用结构与生态过程. 第四纪研究，23（3）：247-255.

傅伯杰，陈利顶，蔡运龙等.2004. 环渤海地区土地利用变化及可持续利用研究. 北京：科学出版社.

傅伯杰，赵文武，陈利顶，等.2006. 多尺度土壤侵蚀评价指数. 科学通报，51（16）：1936-1943.

甘露，陈刚才，万国江.2001. 贵州岩溶地区农业发展中的水资源问题及其可持续利用. 农业现代化研究，22（2）：87-91.

甘露，万国江，梁小兵等.2002. 贵州岩溶荒漠化成因及其防治. 中国沙漠，22（1）：68-74.

高长波，陈新庚，韦朝海.2006. 区域生态安全：概念及评价理论基础. 生态环境，15（1）：169-174.

高贵龙，邓自民，熊康宁.2003. 喀斯特的呼唤与希望——贵州喀斯特生态环境建设与可持续发展. 贵州：贵州科技出版社.

高桂芹，韩美.2005. 区域土地资源生态安全评价——以山东省枣庄市中区为例. 水土保持研究，12（5）：271-273.

高华端，李锐.2006. 区域土壤侵蚀过程的地形因子效应. 亚热带水土保持，18（2）：6-9.

高华中 . 2001. 土地利用结构变化及驱动机制研究 . 农业与技术，21（5）：19-22.
高吉喜 . 2001. 可持续发展理论探索：可持续生态承载理论、方法与应用 . 北京：科学出版社 .
高江波，蔡运龙 . 2010. 区域景观破碎化的多尺度空间变异研究——以贵州省乌江流域为例 . 地理科学，30（5）：742-747.
高江波，蔡运龙 . 2011. 土地利用/土地覆被变化研究范式的转变 . 中国人口资源与环境，21（10）：114-120.
高江波，赵志强，李双成 . 2008. 基于地理信息系统的青藏铁路穿越区生态系统恢复力评价 . 应用生态学报，19（11）：2473-2479.
高群，毛汉英 . 2003. 基于 GIS 的三峡库区云阳县生态经济区划 . 生态学报，23（1）：74-81.
高啸峰，王树德，宫阿都等 . 2009. 基于主成分分析法的土地利用/覆被变化驱动力研究 . 地理与地理信息科学，25（1）：36-39.
高维森，王佑民 . 1991. 黄土丘陵区柠条林地土壤抗蚀性研究 . 西北林学院学报，6（3）：12-17.
高志强，刘纪远，庄大方 . 1998. 我国耕地面积重心及耕地生态背景质量的动态变化 . 自然资源学报，13（1）：92-96.
高志强，刘纪远，庄大方 . 1999. 基于遥感和 GIS 的中国土地利用/土地覆盖的现状研究 . 遥感学报，3（2）：134-138.
葛全胜，陈泮勤，张雪芹 . 2000. 全球变化的集成研究 . 地球科学进展，15（4）：461-466.
葛志琦 . 1992. 江苏太湖地区水污染损失估算 . 环境科学，13（2）：68-72.
宫阿都，何毓蓉 . 2001. 金沙江干热河谷区退化土壤结构的分形特征研究 . 水土保持学报，15（3）：112-115.
宫鹏，史培军，郭华东 . 1997. 对地观测技术与地球系统科学 . 北京：科学出版社 .
龚建周，夏北成，郭泺 . 2006a. 广州市土地覆被格局异质性的尺度与等级特征 . 地理学报，61（8）：873-881.
龚建周，夏北成，郭泺 . 2006b. 城市生态安全评价与预测模型研究 . 中山大学学报（自然科学版），45（1）：107-111.
龚建周，刘彦随，张灵 . 2010. 广州市土地利用结构优化配置及其潜力 . 地理学报，65（11）：1391-1400.
龚时炀 . 1988. 黄河流域黄土高原土壤侵蚀的特点 . 中国水土保持，（9）：2-9.
龚晓宽 . 2004. 论贵州省农业结构的战略性调整 . 贵州大学学报（社会科学版），22（1）：37-43.
龚子同 . 1989. 土壤圈生命元素的空间分异及其生态效应//中国科学院南京土壤研究所土壤圈物质循环开放研究实验室 . 土壤圈物质循环研究导向会论文集 . 南京：中国科学院南京土壤研究所 .
顾朝林 . 1999. 北京市土地利用/覆被变化机制研究 . 自然资源学报，14（4）：307-312.
顾世祥，何大明，崔远来等 . 2007. 纵向岭谷区灌溉需水空间变异性及其与“通道-阻隔”作用的关系 . 科学通报，52（增刊Ⅱ）：29-36.
顾也萍，刘付程 . 2004. 安徽南部盆地紫色岩系上土壤的发生特性 . 地理科学，24（3）：298-304.
顾也萍，刘必融，汪根法 . 2003. 皖南山地土壤系统分类研究 . 土壤学报，40（1）：10-21.
关岭布依族苗族自治县综合农业区划编写组 . 1990. 关岭布依族苗族自治县综合农业区划 . 贵阳：贵州人民出版社 .
贵州省地方志编撰委员会 . 1997. 贵州水利志 . 北京：方志出版社 .
贵州省计划委员会 . 1992. 贵州省国土总体规划 . 北京：中国计划出版社 .
贵州省林业区划编写组 . 1989. 贵州省林业区划 . 贵阳：贵州人民出版社 .
贵州省林业厅 . 1996. 贵州省喀斯特石漠化地区生态重建工程建设的探讨 . 贵州林业科技，26（4）：1-6.
贵州省农业地貌区划编写组 . 1989. 贵州省农业地貌区划 . 贵阳：贵州人民出版社 .

贵州省清镇县地方志编撰委员会. 1991. 清镇县志. 贵阳：贵州人民出版社.
贵州省人民政府. 2006. 贵州年鉴. 贵阳：贵州人民出版社 .
贵州省人民政府. 2010. 贵州年鉴. 贵阳：贵州人民出版社.
贵州省统计局. 1999. 贵州统计年鉴. 贵阳：贵州省统计出版社.
贵州省统计局. 2000. 贵州统计年鉴. 贵阳：贵州省统计出版社.
贵州省统计局. 2001. 贵州统计年鉴. 贵阳：贵州省统计出版社.
贵州省土壤普查办公室. 1994. 贵州省土壤. 贵阳：贵州科技出版社.
贵州省植被区划编写组. 1990. 贵州省植被区划. 贵阳：贵州人民出版社.
贵州师范大学地理系. 1984. 贵州省地理. 贵阳：贵州人民出版社.
贵州五十年编委会. 1999. 贵州五十年（1949-1999）. 北京：中国统计出版社.
郭凤芝. 2004. 土地资源安全评价的几个理论问题. 山西财经大学学报，26（3）：61-65.
郭杰，欧名豪，刘琼等. 2009. 江苏省耕地资源动态变化及驱动力研究. 长江流域资源与环境，18（2）：139-145.
郭来喜，何大明. 1992. 贫困——人类面临的难题. 北京：中国科学技术出版社.
郭来喜，姜德华. 1995. 中国贫困地区环境类型研究. 地理研究，14（2）：2-6.
郭泺，夏北成. 2006. 森林景观格局研究中的尺度效应. 应用与环境生物学报，12（3）：304-307.
郭旭东，陈利顶，傅伯杰. 1999. 土地利用/土地覆被变化对区域生态环境的影响. 环境科学进展，7（6）：66-75.
郭旭东，傅伯杰，陈利顶. 2001. 低山丘陵区土地利用方式对土壤质量的影响——以河北省遵化市为例. 地理学报，56（4）：447-455.
郭跃. 1995. 试论农业耕作对土地侵蚀的影响. 水土保持学报，9（4）：94-99.
郭志刚. 1999. 社会统计分析方法——SPSS软件应用. 北京：中国人民大学出版社.
郭志华，彭少麟，王伯荪. 2001. 基于GIS和RS的广东陆地植被生产力及其时空格局. 生态学报，21（9）：1444-1450.
国际原子能机构. 2002. 年度报告. 奥地利：国际原子能机构.
国家林业局. 2005-06-15. 中国荒漠化和沙化状况公告. 中国绿色时报，第2版.
国家林业局. 2006-06-23. 岩溶地区石漠化状况公报. 中国绿色时报，第2版.
国家环境保护局自然保护司. 1999. 中国生态问题报告. 北京：中国环境科学出版社.
国家计划委员会，国家科学技术委员会. 1994. 中国21世纪议程——中国21世纪人口、环境与发展白皮书. 北京：中国环境科学出版社.
国家计委国土开发与地区经济研究所，国家计委国土地区司. 1996. 中国人口资源环境报告. 北京：中国环境科学出版社.
国家技术前瞻研究组. 2004. 国家技术前瞻研究. http：//www. foresight. org. cn［2012-04-20］.
国家气象局. 1993. 农业气象观测规范. 北京：气象出版社.
过孝民，张慧勤. 1990. 公元2000年中国环境预测与对策研究. 北京：清华大学出版社.
韩湘玲，曲曼丽. 1991. 作物生态学. 北京：气象出版社.
汉尼根. 2009. 环境社会学. 洪大用等译. 北京：中国人民大学出版社.
何春阳，史培军. 2001. 北京地区土地利用覆盖变化研究. 地理研究，20（6）：679-688.
何春阳，史培军. 2005. 基于系统动力学模型和元胞自动机模型的土地利用情景模型研究. 中国科学（D辑），35（5）：464-473.
何春阳，陈晋，史培军. 2003. 大都市区域扩展模型——以北京市扩展模型为例. 地理学报，52（2）：294-304.

何春阳，史培军，李景刚 . 2004. 中国北方未来土地利用变化情景模拟 . 地理学报，59（4）：599-607.
何春阳，李景刚，陈晋等 . 2005. 基于夜间灯光数据的环渤海地区城市化过程 . 地理学报，60（3）：409-417.
何敦煌 . 2001. 谈生态价值及相关问题 . 未来与发展，（4）：29-33.
何钢，蔡运龙 . 2006. 不同比例尺下中国水系分维数关系研究 . 地理科学，26（4）：461-465.
何钢，蔡运龙，万军 . 2003. 生态重建模式的尺度视角——以我国西南喀斯特地区为例 . 水土保持研究，10（3）：83-86.
何念鹏，周道玮，吴泠等 . 2003. 人为干扰强度对村级景观破碎度的影响 . 应用生态学报，23（11）：2424-2435.
何其华，何永华，包维楷 . 2003. 干旱半干旱区山地土壤水分动态变化 . 山地学报，21（2）：149-156.
何师意，冉景丞，袁道先等 . 2001. 不同岩溶环境系统的水文和生态效应研究 . 地球学报，22（3）：265-270.
何书金，李秀彬 . 2002. 环渤海地区耕地变化及动因分析 . 自然资源学报，17（3）：345-352.
何腾兵 . 1995. 贵州山区土壤物理性质对土壤侵蚀影响的研究 . 土壤侵蚀与水土保持学报，1（1）：85-95.
何腾兵 . 2000. 贵州喀斯特山区水土流失状况及生态农业建设途径探讨 . 水土保持学报，14（5）：28-34.
何腾兵，解德蕴 . 2002. 贵州旱坡地水土流失状况及其整治 . 贵州大学学报（农业与生物科学版），21（4）：280-286.
何英彬，陈佑启 . 2004. 土地利用/覆盖变化研究综述 . 中国农业资源与区划，25（2）：58-62.
何毓蓉，黄成敏，宫阿都等 . 2001. 金沙江干热河谷典型区（云南）土壤退化机理研究——母质特性对土壤退化的影响 . 西南农业学报，14（增刊）：9-13.
何子平，蒋忠诚，吕维莉等 . 2001. 岩溶动力系统对典型石灰岩土肥力特征的影响 . 中国岩溶，20（3）：231-235.
洪伟，吴承祯 . 1997. 闽东南土壤流失人工神经网络预报研究 . 土壤侵蚀与水土保持学报，3（3）：52-57.
侯秀瑞，许云龙，毕绪岱 . 1998. 河北省山地森林保土生态效益计量研究 . 水土保持通报，18（1）：17-21.
侯英雨，何延波 . 2001. 利用 TM 数据监测岩溶山区城市土地利用变化 . 地理学与国土研究，17（3）：4- 7.
后立胜，蔡运龙 . 2004. 土地利用/覆被变化研究的实质分析与进展评述 . 地理科学进展，23（6）：96-104.
扈中平 . 2003. 教育研究必须坚持科学人文主义的方法论 . 教育研究，（3）：14-17.
胡鞍钢 . 1995. "贵州现象" 的思考 . 中国贫困地区，（2）：8-11.
胡鞍钢，王绍光，康晓光 . 1995. 中国地区差距报告 . 沈阳：辽宁人民出版社 .
胡良军，邵明安 . 2001. 区域水土流失研究综述 . 山地学报，19（1）：69-74.
胡良军，李锐，杨勤科 . 2001. 基于 GIS 的区域水土流失评价研究 . 土壤学报，38（2）：169- 174.
胡守云，王苏民，Appel E. 1998. 呼伦湖湖泊沉积物磁化率变化的环境磁学机制 . 中国科学（D 辑），28（4）：334-339.
胡守云，邓成龙，Appel E. 2001. 湖泊沉积物磁学性质的环境意义 . 科学通报，46（17）：1491-1494.
黄秉维 . 1953. 陕甘黄土地区土壤侵蚀的因素与方式 . 科学通报，（9）：37- 41.
黄秉维 . 1955. 编制黄河中游流域土壤侵蚀分区图的经验教训 . 科学通报，（12）：15- 24.
黄秉维 . 1996. 论地球系统科学与可持续发展战略科学基础 . 地理学报，51（4）：350-357.
黄秉维，陈传康，蔡运龙 . 1996. 区域持续发展的理论基础——陆地科学系统 . 地理学报，51（5）：445-453.

黄昌勇 . 2000. 土壤学 . 北京：中国农业出版社 .
黄成敏，龚子同 . 2000. 土壤发生和发育过程定量研究进展 . 土壤，32（3）：145-150.
黄成敏，何毓蓉，张丹等 . 2001. 金沙江干热河谷典型区（云南省）土壤退化机理研究——土壤水分与土壤退化 . 长江流域资源与环境，10（6）：578-584.
黄鼎成，王毅，康晓光 . 1997. 人与自然关系导论 . 武汉：湖北科学技术出版社 .
黄广宇 . 2002. 城市边缘带农地流转驱动因素及耕地保护对策 . 福建地理，17（1）：6-10.
黄河清，潘理虎，王强等 . 2010. 基于农户行为的土地利用人工社会模型的构造与应用 . 自然资源学报，25（3）：353-367.
黄嘉佑 . 1995. 北京地面气温可预报性及缺测资料恢复研究 . 气象学报，53（2）：211-216.
黄茂怡，黄嘉佑 . 2000. CCA 对中国下降降水场的预报试验和诊断结果 . 应用气象学报，11：31-40.
黄宁生 . 1999. 广东省耕地面积变化的宏观驱动机制研究 . 地球科学——中国地质大学学报，24（4）：259-362.
黄秋昊，蔡运龙 . 2005a. 基于 RBFN 模型的贵州省石漠化危险度评价 . 地理学报，60（5）：771-778.
黄秋昊，蔡运龙 . 2005b. 国内几种土地利用变化模型述评 . 中国土地科学，19（5）：25-30.
黄秋昊，蔡运龙，王秀春 . 2007. 我国西南喀斯特地区石漠化研究进展 . 自然灾害学报，16（2）：106-111.
黄秋昊，蔡运龙，邢小士 . 2008. 中国西南喀斯特山区石漠化治理与区域可持续发展 . AMBIO，37（5）：372-374.
黄秋华，张新长，张文江 . 2007. 土地利用数据在不同空间尺度下的精度损失分析 . 测绘通报，（2）：44-47.
黄瑞雄 . 2006. 科学人文主义在中国的演进及其意义 . 自然辩证法研究，22（6）：101-104.
黄欣荣 . 2009. 复杂性范式的兴起与科学世界观的变革 . 河北师范大学学报（哲学社会科学版），32（3）：52-27.
黄欣荣，吴彤 . 2005. 从简单到复杂——复杂性范式的历史嬗变 . 江西财经大学学报，（5）：80-85.
黄炎和，卢程隆，付勤 . 1993. 闽东南土壤流失预报研究 . 水土保持学报，7（4）：13-18.
黄志强，丘兆逸 . 2007. 论劳动力空间配置粘性与喀斯特区农地石漠化——以广西都安瑶族自治县为例 . 学术论坛，（5）：117-120.
黄忠良 . 2000. 运用 CENTURY 模型模拟管理对鼎湖山森林生产力的影响 . 植物生态学报，24（2）：175-179.
吉磊 . 1995. 中国过去 2000 年湖泊沉积记录的高分辨率研究现状与问题 . 地球科学进展，10（2）：169-175.
贾恒义，雍绍萍，田积莹 . 1996. 土垫旱耕人为土地地球化学特征 . 土壤，（5）：267-273.
贾华 . 1999. 土地利用变化研究中的细胞自动机与灰色局势决策 . 武汉测绘科技大学学报，24（2）：166-169.
贾亚男 . 2004. 土地利用对埋藏型岩溶区岩溶水质的影响——以涪陵丛林岩溶槽谷区为例 . 自然资源学报，19（4）：455- 451.
贾亚男，袁道先 . 2003. 土地利用变化对水城盆地岩溶水水质的影响 . 地理学报，58（6）：831- 838.
江忠善，刘志 . 1989. 降雨因素和坡度对溅蚀影响的研究 . 水土保持学报，3（2）：29-35.
江忠善，宋文经 . 1980. 黄河中游黄土丘陵沟壑区小流域产沙量计算——第一次河流泥沙国际学术讨论会文集 . 北京：光华出版社 .
江忠善，王志强，刘志 . 1996. 黄土丘陵区小流域土壤侵蚀空间变化定量研究 . 土壤侵蚀与水土保持学报，1（2）：1-9.

姜德华 . 1989. 中国的贫困地区类型及开发 . 北京：旅游教育出版社 .

姜琦刚 . 2003. 中国新疆且末绿洲土地利用变化及驱动力分析 . 吉林大学学报（地球科学版），33（1）：83-86.

姜万勤，张新华 . 1997. 川中丘陵区荒坡利用方式对水土流失影响的研究 . 自然资源学报，12（1）：17-19.

姜文来 . 2004. 自然资源资产折补研究 . 中国人口资源与环境，14（5）：8-11.

蒋琳 . 2001. "入世" 对土地利用的影响及政策调整 . 现代经济探讨，（5）：27-29.

蒋树芳 . 2004. 广西都安喀斯特石漠化的分布特征及其与岩性的空间相关性 . 大地构造与成矿学，28（2）：214- 219.

蒋勇先 . 2004. 岩溶流域土地利用变化对地下水水质的影响——以云南小江流域为例 . 自然资源学报，19（6）：707- 715.

蒋延玲，周广胜 . 2001. 兴安落叶松林碳平衡和全球变化影响研究 . 应用生态学报，12（4）：481-484.

蒋忠诚 . 1997. 广西弄拉白云岩环境元素的岩溶地球化学迁移 . 中国岩溶，16（4）：304-312.

金争平，赵焕勋，和泰等 . 1991. 皇甫川区小流域土壤侵蚀量预报方程研究 . 水土保持学报，5（1）：8-18.

井长青，张永福，杨晓东 . 2010. 耦合神经网络与元胞自动机的城市土地利用动态演化模型 . 干旱区研究，27（6）：854-860.

景可 . 2002. 长江上游泥沙输移比初探 . 泥沙研究，（1）：53-59.

景可，陈永宗 . 1990. 我国土壤侵蚀与地理环境的关系 . 地理研究，9（2）：29-38.

晋秀龙 . 2000. 城市边缘区土地利用类型及空间扩展模式 . 资源开发与市场，16（6）：351-353.

康建成，穆德芬 . 1998. 甘肃临夏北塬黄土剖面地球化学特征 . 兰州大学学报（自然科学版），34（2）：119-125.

康文星 . 2005. 森林生态系统服务功能价值评估方法研究综述 . 中南林学院学报，25（6）：128-131.

康晓光 . 1995. 中国贫困与反贫困理论 . 南宁：广西人民出版社 .

康晓光 . 1996-05-06. 90 年代：中国的反贫困战略 . 经济日报，第 7 版 .

孔正红，张新时，周广胜，2002. 可持续农业及其指示因子研究进展，生态学报，22（4）：577-585.

莱斯特 . 1984. 建设一个持续发展的社会 . 祝友三等译 . 北京：科学技术文献出版社 .

赖彦斌 . 2002. NSTEC 不同自然带土地利用覆盖格局分析 . 地球科学进展，17（2）：215-220.

蓝安军，熊康宁，安裕伦 . 2001. 喀斯特石漠化的驱动因子分析——以贵州省为例 . 水土保持通报，21（6）：19-24.

蓝安军，张百平，熊康宁等 . 2003. 黔西南脆弱喀斯特生态环境空间格局 . 地理研究，22（6）：732-740.

梁美霞 . 2007. 福州市土地利用的景观破碎化分析 . 泉州师范学院学报（自然科学），25（4）：69-72.

冷疏影 . 2004. 土壤侵蚀与水土保持科学重点研究领域与问题 . 水土保持学报，18（1）：1-6.

冷疏影，李秀彬 . 1999. 土地质量指标体系国际研究的新进展 . 地理学报，54（2）：177-185.

冷疏影，刘燕华 . 1999. 中国脆弱生态区可持续发展指标体系框架设计 . 中国人口资源与环境，9（2）：40-45.

冷疏影，宋长青 . 2005. 陆地表层系统地理过程研究回顾与展望 . 地球科学进展，20（6）：600-606.

冷疏影，宋长青，赵楚年等 . 2000. 关于地理学科 "十五" 重点项目的思考 . 地理学报，55（6）：751-754.

冷疏影，杨桂山，刘正文等 . 2003. 湖泊及流域科学重点发展领域与方向 . 中国科学基金，2：82-85.

冷疏影，冯仁国，李锐等 . 2004. 土壤侵蚀与水土保持科学重点研究领域与问题 . 水土保持学报，18（1）：1-6.

黎廷宇 . 2001. 贵州省岩溶洼地洪涝灾害加重的原因分析 . 水土保持通报，21（3）：1-4.

黎夏，叶嘉安 . 1999. 约束性单元自动演化 CA 模型及可持续城市发展形态的模拟 . 地理学报，54（4）：289-298.

黎夏，叶嘉安 . 2002. 基于神经网络的单元自动机 CA 及真实和优化的城市模拟 . 地理学报，57（2）：159-166.

黎夏，叶嘉安，刘小平等 . 2007. 地理模拟系统：元胞自动机与多智能体 . 北京：科学出版社 .

黎夏，刘小平，何晋强等 . 2009. 基于耦合的地理模拟优化系统 . 地理学报，64（8）：1009-1018.

李保国，龚元石，左强 . 2000. 农田土壤水的动态模型及应用 . 北京：科学出版社 .

李兵 . 2004. 解释学研究范式及对教育研究方法论的启示 . 重庆邮电学院学报（社会科学版），64（6）：123-125.

李壁成 . 1995. 小流域水土流失与综合治理遥感监测 . 北京：科学出版社 .

李昌来 . 2004. 贵州石漠化的治理及可持续发展 . 贵州师范大学学报（自然科学版），22（1）：47-51.

李德，王厚俊 . 2006. 贵州城镇化发展的制度分析 . 小城镇建设，（2）：72-74.

李贵才 . 2004. 基于 MODIS 数据和光能利用率模型的中国陆地净初级生产力估算研究 . 北京：中国科学院遥感应用研究所 .

李昊，蔡运龙，陈睿山等 . 2011. 基于植被遥感的西南喀斯特退耕工程效果评价——以贵州省毕节地区为例 . 生态学报，31（12）：3255-3264.

李洪勋 . 2005. 土壤侵蚀与降雨关系研究 . 青海农林科技，（2）：6-8.

李后强，艾南山 . 1996. 关于城市演化的非线性动力学问题 . 经济地理，16（1）：65-70.

李家熙，吴功建 . 2000. 区域地球化学与农业和健康 . 北京：人民卫生出版社 .

李建牢，刘世德 . 1989. 罗玉沟流域坡面土壤侵蚀量的计算 . 中国水土保持，（3）：28-31.

李金昌 . 1990. 自然资源核算初探 . 北京：中国环境科学出版社 .

李金昌 . 1999. 生态价值论 . 重庆：重庆大学出版社 .

李瑾，安树青，程小莉 . 2001. 生态系统健康评价的研究进展 . 植物生态学报，25（6）：641-647.

李景刚 . 2004. 近 20 年中国北方 13 省的耕地变化与驱动力 . 地理学报，59（2）：674-682.

李矩章，景可，李凤新 . 1999. 黄土高原多沙区侵蚀模型探讨 . 地理科学进展，18（1）：46- 53.

李军，蔡运龙 . 2005. 脆弱生态区综合治理模式研究 . 水土保持研究，12（4）：124-127.

李克让，陈育峰，黄玫等 . 2000. 气候变化对土地覆被变化的影及其反馈模型 . 地理学报，55（s1）：57-63.

李林立，况明生，蒋勇军 . 2003. 我国西南岩溶地区土地石漠化研究 . 地域研究与开发，22（3）：71-74.

李凌浩 . 1998. 土地利用变化对草原生态系统土壤碳贮量的影响 . 植物生态学报，22（4）：300-302.

李梦先 . 2006. 我国西南岩溶地区石漠化发展趋势 . 中南林业调查规划，25（3）：19-22.

李明，王根轩 . 2002. 干旱胁迫对甘草幼苗保护酶活性及脂质过氧化作用的影响 . 生态学报，22（4）：503-507.

李平，李秀彬，刘学军 . 2001. 我国现阶段土地利用变化驱动力的宏观分析 . 地理研究，20（2）：129-138.

李清河，李昌哲，孙保平等 . 1999. 土壤侵蚀与非点源污染预测控制 . 水土保持通报，19（4）：54-57.

李仁东 . 2003. 江汉平原土地利用的时空变化及其驱动因素分析 . 地理研究，22（4）：423-431.

李仁东，刘纪远 . 2001. 应用 Landsat ETM 数据估算波阳湖湿生植被生物量 . 地理学报，56（5）：532-540.

李锐，杨勤科 . 2002. 区域土地利用变化环境效应研究综述 . 水土保持通报，22（2）：65-70.

李锐，杨勤科，赵永安等 . 1998a. 现代空间信息技术在水土保持中的应用 . 水土保持通报，18（5）：

1-5.
李锐，杨勤科，赵永安等.1998b. 中国水土保持管理信息系统总体设计方案. 水土保持通报，18（5）：40-43.
李瑞玲，王世杰.2004. 喀斯特石漠化评价指标体系探讨——以贵州为例. 热带地理，24（12）：145-149.
李瑞玲，王世杰，周德全.2003. 贵州岩溶地区岩性与土地石漠化的相关性分析. 地理学报，58（2）：314-320.
李双成.2001. 中国可持续发展水平区域差异的人工神经网络判定. 经济地理，21（5）：523-526.
李双成，蔡运龙.2002. 基于能值分析的土地可持续利用态势研究. 经济地理，22（3）：346-350.
李双成，蔡运龙.2005. 地理尺度转换若干问题的初步探讨. 地理研究，24（1）：11-18.
李双成，郑度.2003. 人工神经网络模型在地学研究中的应用进展. 地球科学进展，18（1）：68-76.
李双成，郑度，张镱锂.2002. 青藏高原生态资产地域划分中的SOFM网络技术. 自然资源学报，17（6）：750-756.
李双成，许月卿，傅小峰.2005. 基于GIS和ANN的中国区域贫困空间模拟. 资源科学，27（4）：76-81.
李双成，高伟明，周巧富等.2006. 基于小波变换的NDVI与地形因子多尺度空间相关分析. 生态学报，26（12）：4198-4203.
李双成，刘逢媛，高江波.2008. 基于L-Z算法的NDVI变化复杂性的空间格局及其成因——以北京周边为例. 自然科学进展，18（1）：68-74.
李双成，王羊，蔡运龙.2010. 复杂性科学视角下的地理学研究范式转型. 地理学报，65（11）：1315-1324.
李文辉，余德清.2002. 岩溶石山地区石漠化遥感调查技术方法研究. 国土资源遥感，（1）：34-37.
李文银，王治国，蔡继清.1996. 工矿区水土保持. 北京：科学出版社.
李先琨.1995. 广西岩溶地区“神山”的社会经济效益. 植物资源与环境，4（3）：38-44.
李香云.2004. 西北干旱区土地荒漠化中人类活动作用及其指标选择. 地理科学，24（1）：68-75.
李小健，刘钢军，钱乐祥.2001. 中尺度流域土地利用/土地覆盖变化评估——以伊洛河中部地区为例. 地理科学，21（4）：289-296.
李晓，龙昱，申燕萍.2002. 武汉东湖现代沉积物磁组构特征及意义. 世界地质，21（3）：223-227.
李晓兵.1999. 国际土地利用/土地覆被变化的环境影响研究. 地球科学进展，14（4）：395-399.
李晓文，方创琳，黄金川.2003. 西北干旱区城市土地利用变化及其区域生态环境效应——以甘肃河西地区为例. 第四纪研究，23（3）：280-290.
李新爱，肖和艾，吴金水.2006. 喀斯特地区不同土地利用方式对土壤有机碳、全氮以及微生物生物量碳和氮的影响. 应用生态学报，17（10）：1827-1831.
李秀彬.1996a. 全球环境变化研究的核心领域——土地利用/土地覆被变化的国际研究动向. 地理学报，51（6）：553-558.
李秀彬.1996b.“欧洲和北亚土地利用/土地覆盖变化模拟”项目简介. 地理科学进展，15（3）：40-42.
李秀彬.1999. 中国近20年来耕地面积的变化及其政策启示. 自然资源学报，14（4）：329-333.
李秀彬.2002. 土地利用变化的解释. 地理科学进展，21（3）：195-203.
李阳兵.2001. 不同土地利用方式对岩溶山地土壤团粒结构的影响. 水土保持学报，15（4）：122-125.
李阳兵，侯建筠，谢德体.2002a. 中国西南岩溶生态研究进展. 地理科学，22（3）：365-370.
李阳兵，谢德体，魏朝富.2002b. 利用方式对岩溶山地土壤团粒结构的影响研究. 长江流域资源与环境，11（5）：451-455.
李阳兵，王世杰，容丽.2003a. 关于中国西南石漠化的若干问题. 长江流域资源与环境，12（6）：593-598.

李阳兵，高明，魏朝富等．2003b. 岩溶山地不同土地利用土壤的水分特性差异．水土保持学报，17（5）：63-66.
李阳兵，高明，魏朝富等．2003c. 土地利用对岩溶山地土壤质量性状的影响．山地学报，21（1）：41-49.
李阳兵，谢德体，魏朝富．2004a. 岩溶生态系统土壤及表生植被某些特性变异与石漠化的相关性．土壤学报，41（2）：196-202.
李阳兵，王世杰，李瑞玲．2004b. 不同地质背景下岩溶生态系统的自然特征差异——以茂兰和花江为例．地球与环境，3（1）：9-16.
李阳兵，王世杰，魏朝富．2006a. 贵州省碳酸盐岩地区土壤允许流失量的空间分布．地球与环境，34（4）：36-40.
李阳兵，白晓永，周国富等．2006b. 中国典型石漠化地区土地利用与石漠化的关系．地理学报，61（6）：624-632.
李阳兵，邵景安，周国富等．2007. 喀斯特山区石漠化成因的差异性定量研究——以贵州省盘县典型石漠化地区为例．地理科学，27（6）：785-790.
李昱，尚治安．2001. 集土梯田效益研究．水土保持学报，15（5）：37-40.
李正魁，濮培民，胡维平等．2001. 红枫湖水环境的局部恢复技术——固定化氮循环细菌对水生态系统的修复．江苏农业科学，（6）：70-72.
李智广，曹炜，刘秉正等．2008. 中国水土流失状况与发展趋势研究．中国水土保持科学，6（1）：57-62.
李周．2000. 资源、环境与贫困关系的研究．云南民族学院学报（哲学社会科学版），17（5）：8-14.
李周，孙若梅．1994. 生态敏感地带与贫困地区的相关性研究．农村经济与社会，（5）：49-56.
连米钧．2001. 水土流失概念及水土流失强度分级标准．水土保持科技情报，（1）：25-27.
摭卿，罗格平．2005. LUCC 驱动力模型研究综述．地理科学进展，24（5）：79-87.
联合国．2002. 关于在发生严重干旱和/或荒漠化的国家特别是在非洲防治荒漠化的公约//国家林业局国际合作司．林业国际公约和国际组织文书汇编．北京：中国林业出版社．
梁虹，王剑．1991. 喀斯特地区流域岩性差异与洪、枯水特征值相关分析．中国岩溶，10（1）：51-62.
梁留科，张运生，方明．2005. 我国土地生态安全理论研究初探．云南农业大学学报，20（6）：829-834.
梁其春，薛顺康，黄建胜．2003. 黄河流域水土保持治沟骨干工程 15 年建设成就及发展前景．水利发展研究，（1）：44-47.
梁小洁，张明时，王爱民．1999. 红枫湖、百花湖水源、污染源主要营养元素及污染物调查．贵州师范大学学报，17（2）：37-39.
凌怡莹，徐建华．2003. 基于分形理论和 Kohonen 网络的城镇体系的非线性研究——以长江三角洲地区为例．地球科学进展，18（4）：521-526.
辽宁省地质局．1977. 矿物 X 射线鉴定表．北京：地质出版社．
廖赤眉．2004. 喀斯特土地石漠化的图谱分析与生态重建．农业工程学报，20（6）：266- 271.
廖赤眉，李澜，严志强．2004. 农村居民点土地整理模式及其在广西的应用．广西师范学院学报（哲学社会科学版），25（1）：7-11.
廖明生，朱攀，龚建雅．2000. 基于典型相关分析的多元变化检测．遥感学报，4（3）：197-202.
林昌虎，朱安．1999. 贵州喀斯特山区土壤侵蚀与防治．水土保持研究，6（2）：109-113.
林昌虎，张西蒙，张鹤林．2002. 贵州山区旱坡地分布现状研究．水土保持学报，16（5）：90-107.
林钧枢．1994. 论喀斯特地区人地关系调控//谢云鹤，杨明德．人类活动与岩溶环境．北京：北京科学技术出版社．
林培．1996. 土地资源学（第二版）．北京：中国农业大学出版社．
林彰平．2002 基于 GIS 的东北农牧交错带土地利用变化的生态环境效应安全分析．地域研究与开发，21

(4)：51-55.
令狐昌仁．1994. 贵州省人口地图集．北京：中国地图出版社．
刘宝元，史培军．1998. WEPP 水蚀预报流域模型．水土保持通报，18（5）：6-12.
刘宝元，唐克丽，焦菊英等．1993. 黄河水沙时空图谱．北京：科学出版社．
刘宝元，张科利，焦菊英．1999. 土壤可蚀性及其在侵蚀预报中的应用．自然资源学报，4（4）：345-350.
刘秉正，吴发启．1996. 土壤侵蚀．西安：陕西人民出版社．
刘昌明．1988. 土壤水的资源评价//刘昌明，任鸿遵．水量转换——实验与计算分析．北京：科学出版社．
刘东生．2002. 全球变化和可持续发展科学．地学前缘，9（1）：1-9.
刘方，罗海波，刘元生．2007. 喀斯特石漠化地区农业土地利用对浅层地下水质量的影响．中国农业科学，40（6）：1224-1221.
刘付程，史学正，潘贤章等．2003. 太湖流域典型地区土壤磷素含量的空间变异特征．地理科学，23（1）：77-81.
刘国华，傅伯杰，陈利顶．2000. 中国生态退化的主要类型、特征及分布．生态学报，20（1）：13-19.
刘慧．1995. 我国土地退化类型与特点及防治对策．自然资源，17（4）：26-32.
刘济明．1997. 黔中喀斯特植被土壤种子库的初步研究//朱守谦．喀斯特森林生态研究（Ⅱ）．贵阳：贵州科技出版社．
刘继生，陈彦光．1999. 交通网络空间结构的分形维数及其测算方法探讨．地理学报，54（5）：471-478.
刘纪远．1996. 中国资源环境遥感宏观调查与动态研究．北京：中国科学技术出版社．
刘纪远，布和敖斯尔．2000. 中国土地利用变化现代过程时空特征的研究——基于卫星遥感数据．第四纪研究，20（3）：229-239.
刘纪远，王绍强，陈镜明等．2000. 1990-2000 年中国土壤碳氮蓄积量与土地利用变化．地理学报，59（4）：483-496.
刘纪远，刘明亮，庄大方等．2002. 中国近期土地利用变化的空间格局分析．中国科学（D 辑），32（12）：10313-10343.
刘纪远，张增祥，庄大方等．2003. 20 世纪 90 年代中国土地利用变化时空特征及其成因分析．地理研究，22（1）：1-12.
刘纪远，张增祥，庄大方等．2005. 20 世纪 90 年代中国土地利用变化的遥感时空信息研究．北京：科学出版社．
刘康．2001. 土地利用可持续性评价的系统概念模型．中国土地科学，15（6）：19-23.
刘黎明，林培．1993. 黄土丘陵沟壑区土壤侵蚀定量方法与模型的研究．水土保持学报，7（3）：73-79.
刘良梧．1995. 全球土壤退化评价．自然资源，（1）：10-14.
刘良梧，茅昂江，胡雪峰．2001. 磁化率——沉积、成土作用环境的指示剂．土壤，33（2）：98-101.
刘南威，郭有立．1997. 综合自然地理学．北京：科学出版社．
刘宁，高玉葆，贾彩霞等．2000. 渗透胁迫下多花黑麦草叶内过氧化物酶活性和脯氨酸含量以及质膜相对透性的变化．植物生理学通讯，36（1）：11-14.
刘茜茜．2000. 简析贵州自然地理环境特征及其对农业生产的影响．黔东南民族师专学报，18（3）：34-36.
刘善建．1953. 天水水土流失测验的初步分析．科学通报，（12）：59-65.
刘盛和．2000. 基于 GIS 的北京城市土地利用扩展模式．地理学报，55（4）：407-416.
刘盛和，何书金．2002. 土地利用动态变化的空间分析测算模型．自然资源学报，17（5）：533-540.
刘世梁，郭旭东．2007. 黄土高原典型脆弱区生态安全多尺度评价．应用生态学报，18（7）：1554-1559.

刘世梁，傅伯杰，吕一河等. 2003. 坡面土地利用方式与景观位置对土壤质量的影响. 生态学报，23（3）：414-420.

刘世荣，郭泉水，王兵. 1998. 中国森林生产力对气候变化相应的预测研究. 生态学报，18（5）：478-483.

刘文兆. 2000. 小流域水分行为、生态效应及其优化调控研究方面的若干问题. 地球科学进展，15（5）：541-544.

刘湘南，许红梅，黄方. 2002. 土地利用空间格局及其变化的图形信息特征分析. 地理科学，22（1）：79-84.

刘秀华. 2003. 重庆不同经济区土地利用与覆盖变化及社会驱动力研究. 重庆大学学报（社会科学版），19（2）：17-20.

刘彦随. 1999. 区域土地利用优化配置. 北京：学苑出版社.

刘彦随，陈百明. 2002. 中国可持续发展问题与土地利用/覆被变化研究. 地理研究，21（3）：2-7.

刘彦随，樊杰. 2001. 面向国土管理决策的土地利用/土地覆被变化研究. 中国土地科学，15（4）：31-34.

刘燕华，李秀彬. 2001. 脆弱生态环境与可持续发展. 北京：商务印书馆.

刘燕华，王强. 2001. 中国适宜人口分布研究——从人口的相对分布看各省区可持续性. 中国人口资源与环境，11（1）：34-37.

刘玉，李林立，赵柯. 2004. 岩溶山地石漠化地区不同土地利用方式下的土壤物理性状分析. 水土保持学报，18（5）：142-145.

刘玉平. 1996. 干旱区土地退化生态系统的评价方法. 干旱区研究，13（1）：72-75.

刘肇军. 2007. 农业经济转型与喀斯特山区石漠化防治. 福建师范大学学报（哲学社会科学版），4：75-78.

柳长顺，齐实，史明昌. 2001. 土地利用变化与土壤侵蚀关系的研究进展. 水土保持学报，15（5）：10-17.

龙花楼. 2002a. 安徽省土地利用变化及其驱动力分析. 长江流域资源与环境，11（6）：526-530.

龙花楼. 2002b. 区域土地利用转型分析——以长江沿线样带为例. 自然资源学报，17（2）：144-149.

龙花楼，李秀彬. 2001a. 长江沿线样带土地利用变化时空模拟及其对策. 地理研究，20（6）：660-668.

龙花楼，李秀彬. 2001b. 长江沿线样带土地利用格局及其影响因子分析. 地理学报，56（4）：417-425.

龙健，黄昌勇，李娟. 2002a. 喀斯特山区土地利用方式对土壤质量演变的影响. 水土保持学报，16（1）：76-79.

龙健，李娟，黄昌勇. 2002b. 我国西南地区的喀斯特环境与土壤退化及其恢复. 水土保持学报，16（15）：5-8.

龙健，李娟，滕应等. 2003. 贵州高原喀斯特环境退化过程土壤质量的生物学特性研究，水土保持学报，17（2）：47-50.

龙健，江新荣，邓启琼等. 2005. 贵州喀斯特地区土壤石漠化的本质特征研究. 土壤学报，42（3）：419-427.

龙明忠，杨洁，吴克华. 2006. 喀斯特峡谷区不同等级石漠化土壤侵蚀对比研究——以贵州花江示范区为例. 贵州师范大学学报，24（1）：25-30.

龙忠富，唐成斌，莫本田等. 2000. 贵州草业在喀斯特山区水土流失治理中的作用. 贵州农业科学，28（1）：57-58.

楼惠新. 2001. 青藏高原人口、土地与粮食三者关系的研究. 柴达木盆地研究，（5）：4-10.

卢玲，李新. 2001. 黑河流域景观结构分析. 生态学报，21（8）：1217-1224.

卢琦. 2000. 中国沙情. 北京：开明出版社.

卢琦，吴波 . 2002. 中国荒漠化灾害评估及其经济价值核算 . 中国人口・资源与环境，45（4）：430-440.
卢升高 . 2000a. 土壤频率磁化率与矿物粒度的关系及其环境意义 . 应用基础与工程科学学报，18（1）：9-14.
卢升高 . 2000b. 亚热带富铁土的磁学性质及其磁性矿物学 . 地球物理学报，43（4）：498-504.
卢升高 . 2003. 中国土壤磁性与环境 . 北京：高等教育出版社 .
卢升高，俞劲炎，章明奎 . 2000. 长江中下游第四纪沉积物发育土壤磁性增强的环境磁学机制 . 沉积学报，18（9）：336-340.
卢耀如，张凤娥，阎葆瑞等 . 2002. 硫酸盐岩岩溶发育机理与有关地质环境效应 . 地球学报，23（1）：1-6.
路云阁，蔡运龙 . 2007. 基于空间连续数据的小流域景观格局破碎化研究 . 国土资源遥感，（2）：60-64.
路云阁，许月卿，蔡运龙 . 2005. 基于遥感技术和 GIS 的小流域土地利用/覆被变化分析 . 地理科学进展，24（1）：79-86.
路云阁，蔡运龙，许月卿 . 2006. 走向土地变化科学——土地利用/覆被变化研究的新进展 . 中国土地科学，20（1）：55-61.
罗蒂 . 2003. 哲学和自然之镜 . 李幼蒸译 . 北京：商务印书馆 .
罗格平 . 2003. 干旱区绿洲土地利用与覆被变化过程 . 地理学报，58（1）：63-72.
罗格平，张爱娟，尹昌应等 . 2009. 土地变化多尺度研究进展与展望 . 干旱区研究，26（2）：187-193.
罗建育，陈镇东 . 1997. 高山湖泊沉积记录的近 4000 年气候与环境变化，中国科学（D 辑），27（4）：366-372.
罗湘华 . 2000. 土地利用/土地覆盖变化研究进展 . 应用基础与工程科学学报，18（3）：262-272.
罗晓云，王萍 . 2005. GIS 与 RS 在荒漠化调查评价的应用 . 西部探矿工程，12：286-287.
罗跃初，周忠轩，孙铁等 . 2003. 流域生态系统健康评价方法 . 生态学报，23（8）：1606-1614.
骆伯胜，钟继洪，谭军等 . 1998. 坡地赤红壤物理退化及其机理研究Ⅱ：土壤水分性能退化特征 . 热带亚热带土壤科学，7（2）：161-165.
骆东奇，侯春霞，魏朝富等 . 2003. 不同母质发育紫色土团粒结构的分形特征研究 . 水土保持学报，17（1）：131-133.
吕厚远，韩家懋，吴乃琴等 . 1994. 中国现代土壤磁化率分析及其古气候意义 . 中国科学（B 辑），24（12）：1290-1297.
吕明辉，王红亚，蔡运龙 . 2007a. 西南喀斯特地区土壤侵蚀研究综述 . 地理科学进展，26（2）：87-96.
吕明辉，王红亚，蔡运龙 . 2007b. 基于湖泊（水库）沉积物分析的土壤侵蚀研究进展 . 水土保持通报，27（3）：36-41.
吕明辉，后立胜，王红亚等 . 2007c. 黔中喀斯特山区不同土地利用方式下土壤的矿物磁性特征研究 . 水土保持研究，14（3）：195-199.
吕明辉，王红亚，蔡运龙等 . 2008. 贵州红枫湖 HF1-2 孔沉积物的磁性特征及其土壤侵蚀意义 . 湖泊科学，20（3）：298-305.
吕甚悟，王世平 . 1996. 紫色土坡耕地耕作方法对土壤侵蚀影响的试验研究 . 中国水土保持，（2）：38-42.
吕涛 . 2002. 3S 技术在贵州喀斯特山区土地石漠化现状调查中的应用 . 中国水土保持，（6）：26-27.
吕一河，傅伯杰 . 2001. 生态学中的尺度及尺度转换方法 . 生态学报，21（12）：2096-2105.
吕贻忠，李子忠，黄昌勇 . 2003. 土壤学多媒体教程 . 北京：中国农业出版社 .
吕左 . 2000. 贵州人口五十年——兼论人口与可持续发展的关系 . 贵州大学学报（社会科学版），18（1）：44-47.
麻朝晖 . 2003. 我国的贫困分布与生态环境脆弱相关度之分析 . 绍兴文理学院学报，23（1）：92-95.

马超飞，马建文，布和敖斯尔．2001a. RUSLE 模型中植被覆盖因子的遥感数据定量估算．水土保持通报，21（4）：6-9.

马超飞，马建文，哈斯巴干等．2001b. 基于 RS 和 GIS 的岷江流域退耕还林还草的初步研究．水土保持学报，15（4）：20-24.

马海艳，王根绪，程国栋等．2005. 黑河中游山前平原区土地利用变化对土壤侵蚀的影响．水土保持学报，19（3）：88-92.

马克明，孔红梅，关文彬等．2001. 生态系统健康评价：方法与方向．生态学报，21（12）：2106-2116.

马克平．1993. 试论生物多样性的概念．生物多样性，1（1）：20-22.

马礼，唐毅，牛东宇．2008. 北方农牧交错带耕地面积变化驱动力研究——以沽源县近 15 年为例．人文地理，23（5）：17-21.

马力．杨新民，吴照柏等．2003. 不同土地利用模式下土壤侵蚀空间演化模拟．水土保持通报，23（1）：49-52.

马其芳，邓良基，王芳．2003. 社会经济驱动力对土地利用覆盖变化 LUCC 的影响研究．华中农业大学学报（社会科学版），49（3）：80-83.

马荣华，胡孟春，毛端谦等．2000. 基于 RS 与 GIS 的海南西部土地沙化/土地退化动态趋势研究．生态科学，19（2）：19-23.

马荣华，黄杏元，朱传耿．2002. 用 ESDA 技术从 GIS 数据库中发现知识．遥感学报，6（2）：102-108.

马世骏，王如松．1984. 社会—经济—自然复合生态系统．生态学报，4（1）：1-9.

马晓东，马荣华，徐建刚．2004. 基于 ESDA-GIS 的城镇群体空间结构．地理学报，59（6）：1048-1057.

马志尊．1989. 应用卫星影像估算通用土壤流失方程各因子值方法的探讨．中国水土保持，（3）：24-27.

马祖陆．1995. 模式识别技术在贵州岩溶山区土地利用现状调查中的应用．国土资源遥感，（4）：5- 13.

梅再美，熊康宁．2000. 贵州喀斯特山区生态重建的基本模式及其环境效益．贵州师范大学学报（自然科学版），18（4）：9-17.

梅再美，熊康宁．2003. 喀斯特地区水土流失动态特征及生态效益评价——以贵州清镇退耕还林（草）示范区为例．中国岩溶，22（2）：136-143.

门宝辉，梁川．2002. 物元模型在土地生态系统定量评价中的应用．水土保持学报，16（6）：62-65.

蒙吉军．2003. 河西走廊土地利用格局及影响因子研究——以张掖绿洲为例．北京大学学报（自然科学版），39（2）：236-243.

蒙吉军，李正国．2003a. 河西走廊张掖绿洲 LUCC 的驱动力分析．地理科学，23（4）：464-471.

蒙吉军，李正国．2003b. 河西走廊土地利用格局及影响因子研究——以张掖绿洲为例．北京大学学报（自然科学版），39（2）：236-243.

蒙吉军，李正国．2004. 河西走廊景观类型变化的社会经济驱动力研究．中国沙漠，24（1）：56-62.

蒙吉军，王钧．2007. 20 世纪 80 年代以来西南喀斯特地区植被变化对气候变化的响应．地理研究，26（5）：867-865.

孟春林，俞庆国，华朝郎等．2001. 卫星 TM 影像阴影消除的方法探讨．地球信息科学，（4）：66-70.

莫宏伟，任志远．2005. 农牧交错区土地利用动态与生态效应变化——以榆阳区为例．干旱区地理，28（3）：352-356.

牟金泽．1983. 雨滴速度计算公式．中国水土保持，（3）：40- 41.

牟金泽，孟庆枚．1983a. 降雨侵蚀土壤流失预报方程的初步研究．中国水土保持，（6）：12-18.

牟金泽，孟庆枚．1983b. 陕北部分中小流域输沙量计算．人民黄河，（4）：35- 37.

牟筱玲，鲍啸．2003. 土壤水分胁迫对棉花叶片水分状况及光合作用的影响．中国棉花，30（9）：9-10.

南京大学地质学系矿物岩石学教研室．1980. 粉晶 X 射线物相分析．北京：地质出版社．

倪建 . 1996. 中国亚热带常绿阔叶林净第一生产力的估算 . 生态学杂志，15（6）：1-8.
倪绍祥 . 1999. 土地类型与土地评价概论（第二版）. 北京：高等教育出版社 .
倪绍祥 . 2002. 论全球变化背景下的自然地理学研究 . 地学前缘，9（1）：35-40.
倪绍祥 . 2003. 地理学综合研究的新进展 . 地理科学进展，22（4）：335-341.
倪绍祥，刘彦随 . 1999. 区域土地资源优化配置及其可持续利用 . 农村生态环境，15（2）：8-12.
聂跃平 . 1994. 碳酸盐岩性因素控制下喀斯特发育特征——以黔中南为例 . 中国岩溶，13（1）：31-36.
宁丽丹，石辉 . 2003. 利用日降雨资料估算西南地区的降雨侵蚀力 . 水土保持研究，10（4）：183-186.
牛文元 . 1995. 持续发展导论 . 北京：科学出版社 .
牛志明，解明曙，孙阁等 . 2001. ANSWER2000 在小流域土壤侵蚀过程模拟中的应用研究 . 水土保持学报，15（3）：56-60.
欧阳志云，王如松，赵景柱 . 1999. 生态系统服务功能及其生态经济价值评价 . 应用生态学报，10（5）：635-640.
欧阳志云，赵同谦，赵景柱 . 2004. 海南岛生态系统生态调节功能及其生态经济价值研究 . 应用生态学报，15（8）：1395-1402.
潘竟虎，石培基，赵锐锋 . 2010. 基于 LP-MCDM-CA 模型的土地利用结构优化研究——以天水市为例 . 山地学报，28（4）：407-414.
潘文灿，殷卫平 . 2003. 西部地区土地资源开发利用规划研究 . 北京：中国大地出版社 .
潘耀忠，陈志军，聂娟等 . 2002. 基于多源遥感的土地利用动态变化信息综合检测方法研究 . 地球科学进展，2（17）：182-187.
彭滨 . 2001-03-31. 不要再让石漠化吞噬我们的家园 . 中国环境报，第 3 版 .
彭建，蔡运龙 . 2005. 复杂性视角下的土地利用/覆被变化 . 地理与地理信息科学，21（1）：100-103.
彭建，蔡运龙 . 2006. LUCC 框架下喀斯特地区土地利用/覆被变化研究现状与展望 . 中国土地科学，20（5）：48-53.
彭建，蔡运龙 . 2007. 喀斯特生态脆弱区土地利用/覆被变化：贵州猫跳河流域案例 . 北京：科学出版社 .
彭建，杨明德 . 2001. 贵州花江喀斯特峡谷水土流失状态分析 . 山地学报，19（6）：511-515.
彭建，蔡运龙，王尚彦等 . 2005. 喀斯特石林发育的土壤学视角 . 水土保持研究，12（4）：49-52.
彭建，王仰麟，吴健生 . 2006. 区域可持续发展生态评估的物质流分析研究进展与展望 . 资源科学，28（6）：189-195.
彭建，蔡运龙，Verburg P H. 2007a. 喀斯特山区土地利用/覆被变化情景模拟 . 农业工程学报，23（7）：64-70.
彭建，蔡运龙，何钢等 . 2007b. 喀斯特生态脆弱区猫跳河流域土地利用/覆被变化研究 . 山地学报，25（5）：566-576.
彭建，蔡运龙，王秀春 . 2007c. 基于景观生态学的喀斯特生态脆弱区土地利用/覆被变化评价——以贵州猫跳河流域为例 . 中国岩溶，26（2）：137-143.
彭奎，欧阳华，朱波 . 2005. 农林复合生态系统氮素生物地球化学循环及其环境影响研究 . 中国生态农业学报，13（1）：111-115.
彭少麟，郭志华，王伯荪 . 1999. RS 和 GIS 在植被生态学重的应用及其前景 . 生态学杂志，18（5）：52-64.
彭志忠 . 1982. X 射线分析简明教程 . 北京：地质出版社 .
濮励杰 . 2002. 长江三角洲地区县域耕地变化驱动要素研究——以原锡山市为例 . 南京大学学报（自然科学版），38（6）：779-785.
朴世龙，方精云，郭庆华 . 2001a. 1982-1999 年我国植被净第一性生产力及其时空变化 . 北京大学学报，

37（4）：563-569.
朴世龙，方精云，郭庆华.2001b. 利用CASA模型估算我国植被净第一性生产力. 植物生态学报，25（5）：603-608.
祁元，王一谋，王建华等.2003. 基于遥感和GIS技术的荒漠化动态分析——以宁夏盐池为例. 中国沙漠，23（3）：275-279.
齐矗华.1991. 黄土高原侵蚀地貌与水土流失关系研究. 西安：陕西教育出版社.
齐伟，张凤荣，牛振国等.2003. 土壤质量时空变化一体化评价方法及其应用. 土壤通报，34（1）：1-5.
秦明周，赵杰.2000. 城乡结合部土壤质量变化特点与可持续利用对策. 地理学报，55（5）：545-553.
秦明周，朱连奇，陈云增等.2001. 引用黄河泥沙对下游平原土地质量及其演变的影响. 水土保持学报，15（4）：107-109.
秦其明.1989. 晋西与晋西北土地演替研究. 自然资源，11（3）：22-28.
秦耀东.2003. 土壤物理学. 北京：高等教育出版社.
邱扬.2000. 黄土丘陵小流域土壤水分时空分异与环境关系的数量分析. 生态学报，20（5）：741-747.
邱扬，傅伯杰，王军等.2001. 黄土丘陵小流域土壤水分的空间异质性及其形成机制. 应用生态学报，12（5）：715-720.
邱扬，傅伯杰，王军等.2002. 黄土丘陵小流域土壤物理性质的空间变异. 地理学报，57（5）：587-594.
邱炳文，王钦敏，陈崇成等.2007. 福建省土地利用多尺度空间自相关分析. 自然资源学报，22（2）：311-322.
仇荣亮，李贞.1995. 小流域森林生态系统土壤发生与元素地球化学特性. 热带亚热带土壤科学，4（3）：134-140.
曲格平.2002. 关注生态安全之一：生态安全问题已成为国家安全的热门话题. 环境保护，（5）：3-5.
任海，邬建国，彭少麟.2000. 生态系统管理的概念及其要素. 应用生态学报，11（3）：455-458.
任明达，王乃梁.1981. 现代沉积环境概论. 北京：科学出版社.
任天山，徐翠华.1993. ^{210}Pb和^{137}Cs计年在湖泊沉降物年代学研究中的应用. 原子能科学技术，27（6）：504-511.
任勇，孟晓棠，毕华兴.1997. 水土流失经济损失估算及环境经济学思考. 中国水土保持，（8）：48-51.
任振球.2002. 全球变化研究的新思维. 地学前缘，9（1）：27-33.
任志远.2003. 生态系统服务经济价值评价的前沿问题. 西北大学学报（自然科学版），33（1）：103-106.
阮成江，李代琼.2002. 安塞人工沙棘林地上部生物量和净初级生产量. 植物资源与环境学报，10（2）：38-41.
阮天健，朱有光.1985. 地球化学找矿. 北京：地质出版社.
萨顿.1989. 科学史和新人文主义. 陈恒六等译. 北京：华夏出版社.
邵景安，倪九派.2009. 中国西南岩溶山区土地利用的基底效应研究. 自然资源学报，24（5）：763-771.
邵景安，李阳兵，王世杰等.2007. 岩溶山区不同岩性和地貌类型下景观斑块分布与多样性分析. 自然资源学报，22（3）：478-485.
邵景安，陈兰，李阳兵等.2008. 未来区域土地利用驱动力研究的重要命题：尺度依赖. 资源科学，30（1）：58-63.
邵敬恒.1997. 贵州岩溶地区消除贫困的可持续发展问题思考. 云南大学学报（自然科学版），19（增刊）：46-48.
邵晓梅.2001. 山东省耕地变化趋势及驱动力研究. 地理研究，20（3）：298-306.
申双和，欧阳海.1992. 运用信息熵理论建立土壤剖面雨水分配模型的探讨. 南京气象学院学报，15

(3)：305-314.
申卫军，邬建国，任海等.2003a. 空间幅度变化对景观格局分析的影响. 生态学报，23（11）：2219-2231.
申卫军，邬建国，林永标等.2003b. 空间粒度变化对景观格局分析的影响. 生态学报，23（12）：2506-2519.
申卫军，彭少麟，邬建国等.2003c. 南亚热带鹤山主要人工林生态系统 C、N 累积及分配格局的模拟研究. 植物生态学报，27（5）：690-699.
盛学斌.2002. 坝上地区土地利用与覆被变化对土壤养分的影响. 农村生态环境，18（4）：10-14.
施能，陈家其，屠其璞.1995. 中国近 100 年来 4 个年代际的气候变化特征. 气象学报，53（4）：431-439.
施晓清，赵景柱，欧阳志云.2005. 城市生态安全及其动态评价方法. 应用生态学报，12（2）：3237-3243.
石敏敏.2004. 库恩的"范式"和解释学的"前结构"——论现代西方科学主义和人文主义的共同基础. 自然辩证法研究，20（3）：59-62，76.
石瑞香.2000. NECT 上农牧交错区耕地变化及其驱动力分析. 北京师范大学学报（自然科学版），36（5）：700-705.
史德明.1999. 长江流域水土流失与洪涝灾害关系分析. 土壤侵蚀与水土保持学报，5（1）：1-7.
史德明，韦启潘，梁音等.2000. 中国南方侵蚀土壤退化指标体系研究. 水土保持学报，14（3）：1-9.
史纪安，陈利顶.2003. 榆林地区土地利用覆被变化区域特征及其驱动机制分析. 地理科学，23（4）：493-498.
史培军.1997. 人地系统动力学研究的现状与展望. 地学前缘，4（1-2）：201-211.
史培军，宋长青.2002. 加强我国土地利用覆盖变化及其对生态环境安全影响的研究——从荷兰"全球变化开放科学会议"看人地系统动力学研究的发展趋势. 地球科学进展，17（2）：161-168.
史培军，叶涛.2006. 第 5 届亚洲土地利用/覆盖变化与环境问题国际研讨会. 地球科学进展，21（2）：142.
史培军，潘耀忠，陈晋.1999a. 深圳市土地利用/覆盖变化与生态环境安全分析. 自然资源学报，14（4）：293-299.
史培军，苏筠，周武光.1999b. 土地利用变化对农业自然灾害灾情的影响机理——基于实地调查与统计资料的分析. 自然灾害学报，8（1）：1-8.
史培军，周武光，方伟华等.1999c. 土地利用变化对农业自然灾害灾情的影响机理（二）——基于家户调查、实地考察与测量、空间定位系统的分析. 自然灾害学报，8（3）：22-29.
史培军，陈晋，潘耀忠.2000a. 深圳市土地利用变化机制分析. 地理学报，55（2）：151-160.
史培军，宫鹏，李晓兵.2000b. 土地利用/覆盖变化研究的方法与实践. 北京：科学出版社.
史培军，袁艺，陈晋.2001. 深圳市土地利用变化对流域径流的影响. 生态学报，21（7）：1041-1050.
史学正，于东升，吕喜玺.1995. 用人工模拟降雨仪研究我国亚热带土壤的可蚀性. 水土保持学报，9（3）：399-405.
史志华，蔡崇法，丁树文等.2002. 基于 GIS 和 RUSLE 的小流域农地水土保持规划研究. 农业工程学报，18（4）：172-175.
世界环境与发展委员会.1997. 我们共同的未来. 长春：吉林人民出版社.
世界银行.1990. 1990 年世界发展报告. 北京：中国财政经济出版社.
水建国，柴锡周.2001. 红壤坡地不同生态模式水土流失规律的研究. 水土保持学报，15（2）：33-36.
宋长青，冷疏影.2005. 21 世纪中国地理学综合研究的主要领域. 地理学报，60（4）：546-552.

宋林飞 . 1997. 西方社会学理论 . 南京：南京大学出版社 .
宋先花，蔡运龙 . 2003. 西南喀斯特石漠化地区生态建设产业化初探 . 水土保持研究，10（3）：87-89，133.
苏维词 . 2000a. 贵州喀斯特山区生态环境脆弱性及其整治 . 中国环境科学，20（6）：547-551.
苏维词 . 2000b. 贵州喀斯特山区生态脆弱性分析 . 山地学报，18（5）：429-434.
苏维词 . 2001. 贵州喀斯特山区的土壤侵蚀性退化及防治 . 中国岩溶，20（3）：217-223.
苏维词 . 2002. 中国西南岩溶山区石漠化的现状成因及治理的优化模式 . 水土保持学报，16（2）：29-33.
苏维词 . 2005. 喀斯特山区生态城市的景观建设模式初探 . 水土保持研究，12（6）：264-267.
苏维词，周济祚 . 1995. 贵州喀斯特山地的“石漠化”及防治对策 . 长江流域资源与环境，4（2）：177-182.
苏维词，朱文孝 . 2000a. 贵州喀斯特地区生态农业发展模式与对策 . 农业系统科学与综合研究，10（9）：40-44.
苏维词，朱文孝 . 2000b. 贵州喀斯特生态脆弱区的农业可持续发展 . 农业现代化研究，21（4）：201-204.
苏维词，张中可，滕建珍等 . 2003. 发展生态农业是贵州喀斯特（石漠化）山区退耕还林的基本途径 . 贵州科学，21（1-2）：123-127.
苏维词，朱文孝，滕建珍 . 2004. 喀斯特峡谷石漠化地区生态重建模式及其效应 . 生态环境，13（1）：57-60.
苏维词，杨华，李晴等 . 2006. 我国西南喀斯特山区土地石漠化成因及防治 . 土壤通报，37（3）：447-451.
孙波，赵其国 . 1999. 红壤退化中的土壤质量评价指标及评价方法 . 地理科学进展，18（2）：118-128.
孙成权 . 1996. 国际全球变化研究核心计划（三）. 北京：气象出版社 .
孙承兴，王世杰，周德全 . 2002. 碳酸盐差异性风化成土特征及其对石漠化形成的影响 . 矿物学报，22（4）：308-314.
孙繁文 . 1994. 森林环境资源核算与政策 . 北京：中国环境科学出版社 .
孙广玉，邹琦 . 1991. 大豆光合速率和气孔导度对水分胁迫的响应 . 植物学报，33（1）：43-49.
孙红雨，王长耀，牛铮等 . 1998. 中国地表植被覆盖变化及其与气候因子关系 . 遥感学报，2（3）：204-210.
孙虎，甘枝茂 . 1998. 城市周边地区侵蚀景观特征分析 . 土壤侵蚀与水土保持学报，4（4）：37- 43.
孙华，张桃林，王兴祥 . 2001. 土地退化及其评价方法研究概述 . 农业环境保护，20（4）：283-285.
孙立广，谢周清，赵俊琳 . 2001. 南极阿德雷岛湖泊沉积^{210}Pb、^{137}Cs 定年及其环境意义 . 湖泊科学，13（1）：93-96.
孙千里，周杰，肖举乐 . 2001. 岱海沉积物粒度特征及其古环境意义 . 海洋地质与第四纪地质，21（1）：93-95.
孙儒泳，李庆分，牛脆娟 . 2002. 基础生态学 . 北京：高等教育出版社 .
孙睿，朱启疆 . 1998. 植被净第一性生产力模型及中国净第一性生产力的分布 . 北京师范大学学报（自然科学版），34（增刊）：132-137.
孙睿，朱启疆 . 1999. 陆地植被净第一性生产力的研究 . 应用生态学报，10（6）：757-760.
孙睿，朱启疆 . 2000. 中国陆地植被净第一性生产力及季节变化研究 . 地理学报，5（1）：36-44.
孙武，李森 . 2000. 土地退化评价与监测技术路线的研究 . 地理科学，20（1）：92-96.
孙向彤，何锦林，谭红 . 2001. 红枫湖水面挥发性汞释放通量的测定 . 贵州科学，19（2）：6-11.
孙永传，李惠生 . 1986. 碎屑岩沉积相和沉积环境 . 北京：地质出版社 .
谈明洪 . 2003. 我国城市用地扩张的驱动力分析 . 经济地理，23（5）：634-638.

汤洁，朱云峰，李昭阳 . 2006. 东北农牧交错带土地生态环境安全指标体系的建立与综合评价——以镇赉县为例 . 干旱区资源与环境，20（1）：119-124.

汤君友 . 2003. 试论元胞自动机模型与 LUCC 时空模拟 . 土壤，35（6）：456-460.

汤立群 . 1996. 流域产沙模型的研究 . 水科学进展，7（1）：47-53.

唐华俊，吴文斌 . 2009. 土地利用/土地覆被变化（LUCC）模型研究进展 . 地理学报，64（4）：456-468.

唐华俊，陈佑启，伊・范朗斯特 . 2000. 中国土地资源可持续利用的理论与实践 . 北京：中国农业科技出版社 .

唐克丽，王斌科，郑粉莉 . 1994. 黄土高原人类加速侵蚀与生态环境演变 . 人民黄河，（2）：13-16.

唐克丽，张科利，雷阿林 . 1998. 黄土丘陵区退耕上限坡度的研究论证 . 科学通报，40（2）：200- 203.

唐克丽，史立人，史德明 . 2004. 中国水土保持 . 北京：科学出版社 .

唐绍祥，汪浩瀚 . 2002. 范式转化与超越——复杂性理论对主流经济学的挑战 . 数量经济技术经济研究，（6）：126-129.

唐涛，蔡庆华，刘建康 . 2002. 河流生态系统健康及其评价 . 应用生态学报，13（9）：1191-1194.

唐翔宇，杨浩，李仁英 . 2001. ^{7}Be 在土壤侵蚀示踪中的应用研究进展 . 地球科学进展，16（4）：520-525.

唐翔宇，杨浩，赵其国 . 2002. 红砂岩母质红壤侵蚀作用的^{137}Cs 初步研究 . 水土保持研究，9（1）：121-125.

田汉勤 . 2000. 陆地生物圈动态模式：生态系统模拟的发展趋势 . 地理学报，55（2）：129-139.

田庆久，闵祥军 . 1998. 植被指数研究进展 . 地球科学进展，13（4）：327-333.

童立强，丁富海 . 2003. 西南岩溶石山地区石漠化遥感调查研究//中国地质调查局 . 中国岩溶地下水与石漠化研究论文集 . 南宁：广西科技出版社 .

童庆禧，丁志，郑兰芬 . 1986. 应用 NOAA 卫星图像资料估算草场生物量方法的初步研究 . 自然资源学报，1（2）：87-95.

童星，林闵钢 . 1993. 我国农村贫困标准线研究 . 中国社会科学，（3）：35-38.

屠玉麟 . 1988. 论贵州喀斯特农业生态环境的特征//贵州省环境科学学会 . 贵州喀斯特环境研究 . 贵阳：贵州人民出版社 .

屠玉麟 . 1996. 贵州土地石漠化现状及原因分析 . 贵阳：贵州人民出版社 .

屠玉麟，杨军 . 1995. 贵州中部喀斯特灌丛群落生物量研究 . 中国岩溶，14（3）：199-208.

万国江 . 1988. 环境质量的地球化学原理 . 北京：中国环境科学出版社 .

万国江 . 1995. ^{137}Cs 及^{210}Pbex 方法湖泊沉积计年研究新进展 . 地球科学进展，10（2）：188-192.

万国江 . 1997. 现代沉积的^{210}Pb 计年 . 第四纪研究，17（3）：230-239.

万国江 . 1999. 现代沉积年分辨的^{137}Cs 计年——以云南洱海和贵州红枫湖为例 . 第四纪研究，19（1）：73-80.

万国江，白占国 . 1998. 论碳酸盐侵蚀与环境变化——以黔中地区为例 . 第四纪研究，18（3）：279.

万国江，Santschi P，Farrenkothen K 等 . 1985. 瑞士 Greifen 湖新近沉积物中的^{137}Cs 分布及其计年 . 环境科学学报，5（3）：360-364.

万国江，Santschi P H，Sturn M. 1986. 放射性核素和纹理计年对比研究瑞士格莱芬湖近代沉积速率 . 地球化学，15（3）：259-269.

万国江，林文祝，黄荣贵 . 1990. 红枫湖沉积物^{137}Cs 垂直剖面的计年特征及侵蚀示踪 . 科学通报，35（19）：1487-1490.

万国江，白占国，刘东生等 . 2001. ^{137}Cs 在滇西与黔中地区散落的差异——青藏隆起对滇西地区全球性扩散大气污染物散落屏蔽效应的推断 . 第四纪研究，21（5）：407-415.

万军 . 2003. 贵州省喀斯特地区土地退化与生态重建研究进展 . 地球科学进展，18（3）：447-453.

万军，蔡运龙 . 2003a. 喀斯特生态脆弱区的土地退化与生态重建 . 中国人口资源与环境，13（2）：52-56.

万军，蔡运龙 . 2003b. 应用线性光谱分离技术研究喀斯特地区土地覆被变化——以贵州省关岭县为例 . 地理研究，22（4）：439-446.

万军，蔡运龙，路云阁等 . 2003. 喀斯特地区土壤侵蚀风险评价——以贵州省关岭布依族苗族自治县为例 . 水土保持研究，10（3）：148-153.

万军，蔡运龙，张惠远等 . 2004. 贵州省关岭县土地利用/土地覆被变化及土壤侵蚀效应研究 . 地理科学，24（5）：573-578.

汪东川，卢玉东 . 2004. 国外土壤侵蚀模型发展概述 . 中国水土保持科学，2（2）：35-40.

汪俊三，蔡信德，张更生 . 1996. 中国典型生态区生态破坏经济损失分析和分区 . 环境科学，17（6）：5-8.

汪文富 . 2001. 贵州普定后寨河流域土壤侵蚀模型与应用研究 . 贵州地质，18（2）：99-106.

汪业勖，赵士洞 . 1998. 陆地碳循环研究中的模型方法 . 应用生态学报，9（6）：658-664.

王宝德 . 2000. 农业地球化学与我国农业结构调整 . 石家庄经济学院学报，23（4）：423-428.

王冰，杨胜天 . 2006. 基于 NOAA/AVHRR 的贵州喀斯特地区植被覆盖变化研究 . 中国岩溶，25（2）：157-162.

王波，唐志刚 . 2001. 区域土地利用动态变化及人文驱动力初步研究——以无锡马山区为例 . 土壤，33（2）：86-91.

王德炉，朱守谦，黄宝龙 . 2003. 石漠化过程中土壤理化性质变化的初步研究 . 山地农业生物学报，22（3）：204-207.

王根绪，程国栋，钱鞠 . 2003. 生态安全评价研究中的若干问题 . 应用生态学报，9（14）：1151-1156.

王广成，李中才 . 2007. 基于时空尺度及利益关系的生态服务功能 . 生态学报，27（11）：4758-4765.

王国友 . 2006. 新疆于田绿洲-荒漠交错带土地利用变化的社会驱动力研究 . 中国沙漠，（2）：17-21.

王红，宫鹏 . 2006. 黄河三角洲多尺度土壤盐分的空间分异 . 地理研究，25（4）：649-658.

王红亚，霍豫英，吴秀芹等 . 2006. 贵州石板桥水库的矿物磁性特征及其土壤侵蚀意义 . 地理研究，25（5）：865-876 .

王洪杰 . 2003. 不同土地利用方式下土壤养分的分布及其与土壤颗粒组成关系 . 水土保持学报，17（2）：44-47.

王厚俊 . 1998. 贵州反贫困难点及对策研究 . 新疆农垦经济，（4）：57-60.

王济川，郭志刚 . 2001. Logistic 回归模型——方法与应用 . 北京：高等教育出版社 .

王建，刘泽纯，姜文英 . 1996. 磁化率与粒度、矿物关系及其古环境意义 . 地理学报，51（2）：155-163.

王金亮 . 2000. 三江并流区少数民族社区土地利用变化驱动力分析 . 地域开发与研究，15（4）：62-64.

王金乐，林昌虎，何腾兵 . 2006. 贵州喀斯特山区石漠化生态环境背景与生态重建 . 水土保持研究，13（5）：148-153.

王金南 . 1993. 环境经济学 . 北京：清华大学出版社 .

王静爱 . 1999. 中国北方农牧交错带土地利用与人口负荷研究 . 资源科学，21（5）：19-25.

王静爱 . 2002. 北京城乡过滤区土地利用变化驱动力分析 . 地球科学进展，17（2）：201-209.

王军，傅伯杰 . 2000. 黄土丘陵小流域土地利用结构对土壤水分时空分布的影响 . 地理学报，55（1）：84-91.

王君波，朱立平 . 2002. 藏南沉错沉积物的粒度特征及其古环境意义 . 地理科学进展，21（5）：459-467.

王钧，蒙吉军 . 2007. 西南喀斯特地区近 45 年来气候变化特征及趋势 . 北京大学学报（自然科学版），43（2）：223-229.

王俊生 . 2007. 在科学与人文之间：科学人文主义范式与中国国际关系学 . 人文杂志，（1）：170-176.

王乐，蔡运龙 . 2009. 近 60 年贵州省清镇市耕地变化研究 . 安徽农业科学，37（7）：3155-3157.
王磊，蔡运龙 . 2011. 人口密度的空间降尺度分析与模拟——以贵州猫跳河流域为例 . 地理科学进展，30（5）：635-640.
王磊，王羊，蔡运龙 . 2012. 土地利用变化的 ANN-CA 模拟研究——以西南喀斯特地区猫跳河流域为例 . 北京大学学报（自然科学版），48（1）：116-122.
王礼先 . 1997. 全球土地退化现状与防治对策——第九届国际水土保持组织会议综述 . 中国水土保持，（5）：8-10.
王礼先 . 2004. 中国水利百科全书 · 水土保持分册 . 北京：北京水利水电出版社 .
王礼先，吴长文 . 1994. 陡坡林地坡面保土作用的机理 . 北京林业大学学报，16（4）：1-7.
王丽明 . 1999. 系统动力学方法在喀斯特地区人口环境容量研究中的应用——以贵州省紫云县为例 . 中国岩溶，18（2）：183-190.
王利文，胡志全 . 2003. 黄土丘陵区水土流失的环境经济学分析 . 国土与自然资源研究，（3）：27-29.
王良建 . 1999. 梧州市土地利用变化的驱动力研究 . 经济地理，19（4）：74-79.
王孟楼，张仁 . 1990. 陕北岔巴沟流域次暴雨产沙模型的研究 . 水土保持学报，4（11）：11-18.
王萍萍，方湖柳，李兴平 . 2006. 中国贫困标准与国际贫困标准的比较 . 中国农村经济，（12）：62-68.
王庆 . 2007. 安顺经济技术开发区概述 . 当代贵州，（1）：2-7.
王秋贤，孙根年，任志远 . 2002. 渭北高原植被保土保肥生态效益的计量研究 . 资源科学，24（5）：58-63.
王荣，蔡运龙 . 2010. 西南喀斯特地区退化生态系统整治模式 . 应用生态学报，21（4）：1070-1080.
王世杰 . 2002. 喀斯特石漠化概念演绎及其科学内涵的探讨 . 中国岩溶，21（2）：101-105.
王世杰，季红兵，欧阳自远 . 1999. 碳酸岩风化成土的作用研究 . 中国科学（D 辑），29（5）：441-449.
王世杰，李阳兵，李瑞玲 . 2003. 喀斯特石漠化的形成背景、演化与治理 . 第四纪研究，23（6）：657-666.
王思远，王光谦，陈志祥 . 2005. 黄河流域土地利用与土壤侵蚀的耦合关系 . 自然灾害学报，14（1）：32-37.
王苏民，余源盛，吴瑞金 . 1990. 岱海——湖泊环境与气候变化 . 合肥：中国科学技术大学出版社 .
王涛 . 2004a. 我国沙漠化研究的若干问题——沙漠化研究和防治的重点区域 . 中国沙漠，24（1）：1-9.
王涛 . 2004b. 近 50 年来中国北方沙漠化土地的时空变化 . 地理学报，59（2）：203-212.
王涛，吴薇 . 1999. 我国北方的土地利用与沙漠化 . 自然资源学报，14（4）：355-358.
王万中，焦菊英 . 1996. 中国的土壤侵蚀因子定量评价研究 . 水土保持通报，16（5）：1-20.
王万中，焦菊英，郝小品 . 1995. 中国降雨侵蚀力 R 值的计算与分布（I）. 水土保持学报，9（4）：5-18.
王万中，焦菊英，郝小品 . 1996. 中国降雨侵蚀力 R 值的计算与分布（II）. 土壤侵蚀与水土保持学报，2（1）：29-39.
王文博，蔡运龙，王红亚 . 2008. 结合粒度和 ^{137}Cs 对小流域水库沉积物的定年研究——以黔中喀斯特地区克酬水库为例 . 湖泊科学，20（3）：306-314.
王宪礼，布仁仓，胡远满等 . 1996. 辽河三角洲湿地的景观破碎化分析 . 应用生态学报，7（3）：299-304.
王小强，白南风 . 1986. 富饶的贫困 . 成都：四川人民出版社 .
王晓燕，李立青，杨明义 . 2003. 小流域不同土地利用方式土壤侵蚀分异的 ^{137}Cs 示踪研究 . 水土保持学报，17（2）：74-76.
王效举，龚子同 . 1997. 红壤丘陵小区域水平上不同时段土壤质量变化的评价和分析 . 地理科学，17（2）：141-149.
王星宇 . 1987. 黄土地区流域产沙数学模型 . 泥沙研究，（3）：55- 60.

王兴中 . 1998. 中国内陆大城市土地利用与社会权力因素的关系——以西安为例 . 地理学报，53（增刊）：175-185.
王秀春，黄秋昊，蔡运龙等 . 2007. 贵州省猫跳河流域耕地空间分布格局模拟 . 地理科学，27（2）：188-192.
王秀春，黄秋昊，蔡运龙 . 2008. 贵州省石阡县土地利用变化格局模拟 . 资源科学，30（4）：604-608.
王秀兰 . 1999. 基于遥感的呼伦贝尔盟农牧业土地利用变化及其对地区农业可持续发展的影响的研究 . 地理科学进展，19（4）：322-329.
王秀兰 . 2000. 土地利用/覆被变化中的人口因素分析 . 资源科学，（3）：39-43.
王秀兰，包玉海 . 1999. 土地利用变化研究方法探讨 . 地理科学进展，18（1）：81-87.
王艳慧，李小娟 . 2006. 地理要素多尺度表达的基本问题 . 中国科学（E 辑：技术科学），36（增刊）：38-44.
王仰麟 . 1996. 景观生态分类的理论方法 . 应用生态学报，6（7）：121-126.
王仰麟，赵一斌，韩荡 . 1999. 景观生态系统的空间结构：概念、指标与案例 . 地球科学进展，14（3）：235-241.
王佑民，郭培才，高维森 . 1994. 黄土高原土壤抗蚀性研究 . 水土保持学报，8（4）：11-16.
王雨春，马梅，万国江等 . 2004. 贵州红枫湖沉积物磷赋存形态及沉积历史 . 湖泊科学，16（1）：21-27.
王占礼，邵明安，常庆瑞 . 1998. 黄土高原降雨因素对土壤侵蚀的影响 . 西北农业大学学报，26（4）：101-105.
王宗明，梁银丽 . 2002. 植被净第一性生产力模型研究进展 . 西北林学院学报，17（2）：22-25.
王孜昌，王宏艳 . 2002. 贵州省气候特点与植被分布规律简介 . 贵州林业科技，30（4）：46-50.
韦启蟠 . 1992. 热带亚热带喀斯特地区土壤退化与对策//龚子同 . 土壤环境变化 . 北京：中国科学技术出版社 .
魏凤英 . 2006. 气候统计诊断与预测方法研究进展参考文献——纪念中国气象科学研究院成立 50 周年 . 应用气象学报，17（6）：736-742.
魏文薪，潘军 . 2006. 遥感数据与化探数据尺度转换及融合应用研究 . 吉林大学学报（地球科学版），36（专辑）：196-199.
文安邦，刘淑珍，范建容 . 2000. 雅鲁藏布江中游地区土壤侵蚀的^{137}Cs 示踪法研究 . 水土保持通报，14（4）：47-50.
闻新，周露，王丹力等 . 2001. MATLAB 神经网络设计 . 北京：科学出版社 .
翁金桃 . 1995. 碳酸盐岩在全球碳循环过程中的作用 . 地球科学进展，10（2）：154-158.
翁金桃，罗贵荣 . 1986. 桂林阳朔一带峰林石山的形态类型及其岩性控制 . 中国岩溶，6（2）：141-146.
乌兰图雅 . 2000. 科尔沁沙地近 50 年的垦殖与土地利用变化 . 地理科学进展，19（3）：273-278.
邬建国 . 1996. 生态学范式变迁综论 . 生态学报，16（5）：449-460.
邬建国 . 2000. 景观生态学——格局、过程、尺度与等级 . 北京：高等教育出版社 .
邬建国 . 2007. 景观生态学——格局、过程、尺度与等级（第二版）. 北京：高等教育出版社 .
吴承祯，洪伟 . 1999. 不同经营模式土壤团粒结构的分形特征研究 . 土壤学报，36（2）：162-167.
吴次芳 . 2004. 土地资源安全研究的理论与方法 . 北京：气象出版社 .
吴次芳，谭永忠 . 2004. 内在基础与外部条件——土地政策作为宏观调控工具的初步分析 . 中国土地，（5）：8-9.
吴次芳，徐保根 . 2003. 土地生态学 . 北京：中国大地出版社 .
吴次芳，竺锡城 . 1990. 浙江省玄武岩母质发育的土壤的地球化学特征及其资源生态学意义 . 应用生态学报，1（1）：85-89.

吴丹丹，蔡运龙．2009．中国生态恢复效果评价研究综述．地理科学进展，28（4）：622-628．
吴国宝．1996．对中国扶贫战略的简评．中国农村经济，（8）：26-30．
吴建国，徐德应．2004．土地利用变化对土壤有机碳的影响——理论、方法和实践．北京：中国林业出版社．
吴礼福．1996．黄土高原土壤侵蚀模型及其应用．水土保持通报，16（5）：29-35．
吴钦孝，杨文治．1989．黄土高原植被建设与持续发展．北京：科学出版社．
吴绍洪，郑度，杨勤业．2001．我国西部地区生态地理区域系统与生态建设战略初步研究．地理科学进展，20（1）：10-20．
吴士章，朱文孝，苏维词．2005．喀斯特地区土壤侵蚀及养分流是定位试验研究——以贵阳市修文县久长镇为例．中国岩溶，24（3）：202-205．
吴素业．1994．安徽大别山区降雨侵蚀力简化算法与时空分布规律．中国水土保持，（4）：12-13．
吴晓青，洪尚群，段昌群．2003．区域生态机制是区域间协调发展的关键．长江流域资源与环境，12（1）：13-16．
吴秀芹，蔡运龙．2003．土地利用/土地覆被变化与土壤侵蚀关系研究进展．地理科学进展，22（6）：576-584．
吴秀芹，蔡运龙．2006．我国亚热带喀斯特生态环境演变研究进展．自然科学进展，16（3）：267-272．
吴秀芹，蔡运龙，蒙吉军．2005．喀斯特山区土壤侵蚀与土地利用关系研究——以贵州省关岭县石板桥流域为例．水土保持研究，12（4）：46-48，77．
吴永红，寇权．1997．陇东黄土高原沟壑区土壤侵蚀的^{137}Cs法研究．水土保持通报，17（5）：7-10．
伍光和，蔡运龙．2004．综合自然地理学（第二版）．北京：高等教育出版社．
夏敦胜，魏海涛，马剑英．2006．中亚地区现代表土磁学特征及其古环境意义．第四纪研究，26（6）：937-946．
夏建国，胡萃，刘芸．2006．川西低山区土壤侵蚀经济损失及其评估模式——以名山县蒙山为例．生态学报，26（11）：3696-3703．
夏明忠．1990．土壤流失给美国造成的经济损失．世界农业，（6）：29-31．
香宝，刘纪远．2002．东亚土地覆盖动态与季风气候年际变化的关系．地理学报，57（1）：39-46．
项亮，夏威岚，王苏民．1995．黄河源区希门错湖泊沉积孔柱放射性核素分布及时标信息辨析//青藏项目专家委员会．青藏高原形成、演化、环境变迁与生态系统研究学术论文年刊．北京：科学出版社．
项亮，吴瑞金，吉磊．1996．^{137}Cs 和^{241}Am 在滇池、剑湖沉积孔柱中的蓄积分布及时标意义．湖泊科学，8（1）：27-34．
项亮，王苏民，薛滨．1997．切尔诺贝利核事故泄漏^{137}Cs 在苏皖地区湖泊沉积物中的蓄积及时标意义．海洋与湖沼，27（2）：132-137．
肖笃宁．1999．景观生态学与区域可持续发展//肖笃宁．景观生态学研究进展．长沙：湖南科学技术出版社．
肖笃宁．2006．土地变化研究中的景观生态学方法//中国地理学会自然地理专业委员会．土地变化科学与生态建设．北京：商务印书馆．
肖笃宁，陈文波，郭福良．2002．论生态安全的基本概念与研究内容．应用生态学报，13（3）：354-358．
肖笃宁，李秀珍，高峻等．2003．景观生态学．北京：科学出版社．
肖捷颖．2003．基于 GIS 的石家庄市城市土地利用扩展分析．地理研究，22（6）：789-798．
肖进原．1996a．贵州岩溶植被的卫片影像特征及分布解译．贵州地质，49（4）：350- 356．
肖进原．1996b．贵州喀斯特高原自然灾害分析．贵州师范大学学报（自然科学版），14（1）：70-74．
肖乾广，陈维英，盛永伟．1996．用 NOAA 气象卫星的 AVHRR 遥感资料估算中国的第一性生产力．植物学报，38（1）：35-39.

肖向明，王义凤，陈佐忠 . 1996. 内蒙古锡林河流域典型草原初级生产力和土壤有机质动态变化及其对气候变化的反应 . 植物学报，38（1）：45-52.

肖永全，王恒善 . 1990. 黄土丘陵沟壑区的水土流失及其经验计算模型 . 水土保持通报，10（5）：10-17.

谢炳庚 . 2000. 长株潭经济区土地利用现状与战略研究 . 经济地理，20（6）：88-91.

谢高地，张钇锂，鲁春霞等 . 2001. 中国自然草地生态系统服务价值 . 自然资源学报，16（1）：48-53.

谢高地，鲁春霞，冷允法 . 2003. 青藏高原生态资产的价值评估 . 自然资源学报，18（2）：189-196.

谢红霞，张卫国，顾成军等 . 2006. 巢湖沉积物磁性特征及其沉积动力的响应 . 湖泊科学，18（1）：43-48.

谢可军，赵素芬，苗香雯等 . 2004. 富营养化废水胁迫对多年生黑麦草的影响 . 农业环境科学学报，23（3）：437-440.

谢花林，李波 . 2008. 基于 logistic 回归模型的农牧交错区土地利用变化驱动力分析——以内蒙古翁牛特旗为例 . 地理研究，27（2）：296-306.

谢家庸 . 2000. 西南石漠化及生态重建 . 贵阳：贵州人民出版社 .

谢江波，刘彤 . 2007. 小波分析方法在心叶驼绒藜空间格局尺度推绎研究中的应用 . 生态学报，27（7）：2704-2714.

谢俊奇 . 1999. 可持续土地利用系统研究 . 中国土地科学，13（4）：35-47.

谢树楠，王孟楼，张仁 . 1990. 黄河中游黄土沟壑区暴雨产沙模型的研究 . 北京：清华大学出版社 .

辛树帜，蒋德麒 . 1982. 中国水土保持概论 . 北京：农业出版社 .

熊惠波 . 2002. 扎鲁特旗土地利用变化及其驱动力分析 . 农村生态环境，18（3）：5-10.

熊康宁，黄费灯 . 1996. 贵州峰丛喀斯特区民族心理意思、人地观与扶贫战略思考//李菁，何才华，刘学洙 . 石灰岩地区开发与治理 . 贵阳：贵州人民出版社 .

熊康宁，蓝安军 . 2003. 喀斯特石漠化过程、演化特征与人地矛盾分析//高贵龙，熊康宁，苏孝良 . 中国西南（贵州）喀斯特生态环境治理与可持续发展咨询会议论文集 . 贵阳：贵州人民出版社 .

熊康宁，黎平，周忠发等 . 2002. 喀斯特石漠化的遥感—GIS 典型研究——以贵州省为例 . 北京：地质出版社 .

熊康宁，白利妮，彭贤伟 . 2005. 不同尺度喀斯特地区土地利用变化研究 . 中国岩溶，24（1）：41-47.

修文县综合农业区划编写组 . 1991. 修文县综合农业区划 . 贵阳：贵州人民出版社 .

胥思勤，万国江 . 2001. 云南省程海现代沉积物中 ^{137}Cs、^{210}Pb 的分布及计年研究 . 地质地球化学，29（4）：28-32.

徐建华 . 1994. 现代地理学中的数学方法 . 北京：高等教育出版社 .

徐经意，万国江，王长生 . 1999. 云南省泸沽湖、洱海现代沉积物中 ^{210}Pb，^{137}Cs 的垂直分布及其计年 . 湖泊科学，11（2）：110-116.

徐丽萍，杨改河，张笑培 . 2005. 西部小城镇建设的生态环境影响因素分析 . 西北农林科技大学学报（社会科学版），5（2）：92-96.

徐琳，王红亚，蔡运龙 . 2007. 黔中喀斯特丘原区小河水库沉积物的矿物磁性特征及其土壤侵蚀意义 . 第四纪研究，27（3）：408-416.

徐嵩龄 . 1998. 中国环境破坏的经济损失计量实例与理论研究 . 北京：中国环境科学出版社 .

徐小黎，史培军，杨明川 . 2003. 我国土地政策对耕地可持续利用的影响 . 北京师范大学学报（社会科学版），17（6）：115-123.

徐昔保，杨桂山，张建明 . 2008. 基于神经网络 CA 的兰州城市土地利用变化情景模拟 . 地理与地理信息科学，24（6）：80-83.

徐燕，龙健. 2005. 贵州喀斯特山区土壤物理性质对土壤侵蚀的影响. 水土保持学报，19（1）：157-159.
徐瑶，陈涛，夏明友等. 2006. 南充市土壤侵蚀经济损失估值研究. 水土保持通报，26（5）：36-38.
徐裕华. 1991. 西南气象. 北京：气象出版社.
徐中民，程国栋，王根绪. 1999. 生态环境损失价值计算初步研究——以张掖地区为例. 地理科学进展，14（5）：498-504.
许炳南. 1999. 贵州大气降水与水资源的可持续利用//贵州省科学技术协会. 贵州喀斯特地区生态环境建设与经济协调发展学术研讨会论文集. 贵阳：贵州喀斯特地区生态环境建设与经济协调发展学术研讨会.
许峰，郭索彦，张增祥. 2003. 20世纪末中国土壤侵蚀的空间分布特征. 地理学报，58（1）：139-146.
许学工. 1996. 黄河三角洲土地结构分析. 地理学报，52（1）：18-26.
许学工，陈晓玲，郭洪梅等. 2001. 黄河三角洲土地利用与土地覆被的质量变化. 地理学报，56（6）：640-648.
许月卿. 2005. 基于中国经济发展水平的人工神经网络判定. 资源科学，27（1）：70-73.
许月卿. 2007. 喀斯特山区生态经济区划及生态建设研究. 中国农业资源与区划，28（6）：31-34.
许月卿，蔡运龙. 2006a. 土壤侵蚀经济损失分析及价值估算——以贵州省猫跳河流域为例. 长江流域资源与环境，15（4）：470-474.
许月卿，蔡运龙. 2006b. 贵州省猫跳河流域土壤侵蚀量计算及其背景空间分析. 农业工程学报，22（5）：50-54.
许月卿，蔡运龙. 2006c. 喀斯特山区土壤侵蚀影响因素相关分析//刘彦随. 中国土地资源战略与区域协调发展. 北京：气象出版社.
许月卿，李秀彬. 2001. 河北省耕地数量动态变化及驱动因子分析. 资源科学，23（5）：28-32.
许月卿，邵晓梅. 2006. 基于GIS和RUSLE的土壤侵蚀量计算：以贵州省猫跳河流域为例. 北京林业大学学报，28（4）：67-71.
许月卿，周巧富，李双成. 2005. 贵州省降雨侵蚀力时空分布规律分析. 水土保持通报，24（4）：11-14.
许月卿，李双城，蔡运龙. 2006. 基于GIS和人工神经网络的区域贫困化空间模拟分析——以贵州省猫跳河流域为例. 地理科学进展，25（3）：79-85.
许月卿，蔡运龙，彭建. 2008. 土地利用变化的土壤侵蚀效应评价：西南喀斯特山区的一个研究案例. 北京：科学出版社.
许志信，赵萌丽. 2001. 过度放牧对草原土壤侵蚀的影响. 中国草地，23（6）：59-63.
闫小培，毛蒋兴，普军. 2006. 巨型城市区域土地利用变化的人文因素分析——以珠江三角洲地区为例. 地理学报，61（6）：613-623.
严海涛，刘学录，罗智恒. 2009. 兰州市土地利用结构优化研究. 广东农业科学，（2）：31-38.
严茂超，Odum H T. 1998. 西藏生态经济系统的能值分析与可持续发展研究. 自然资源学报，13（2）：116-125.
严平，董光荣，张信宝. 2000. ^{137}Cs法初步测定青藏高原土壤风蚀的初步结果. 科学通报，45（2）：199-204.
严祥，蔡运龙，陈睿山等. 2010. 土地变化驱动力研究的尺度问题. 地理科学进展，29（11）：1408-1413.
杨成华，安和平. 1996. 贵州南、北盘江流域植被类型的解译与制图. 贵州林业科技，24（1）：55-59.
杨帆，章光新，尹雄锐等. 2009. 松嫩平原西部土壤盐碱化空间变异与微地形关系研究. 地理科学，29（6）：869-873.
杨方云，魏朝富，刘英. 2006. 干旱胁迫下甜橙叶片保护酶体系的变化研究. 植物营养与肥料学报，12

（1）：119-124.
杨桄 . 2002. 松嫩沙地土地利用变化的社会经济驱动机制分析——以吉林省前郭县为例 . 东北师大学报（自然科学版），34（1）：111-116.
杨耕 . 1994. 社会科学方法的发生、范式及其历史性转换 . 中国社会科学，（1）：135-145.
杨桂山 . 2001. 长江三角洲近 50 年耕地数量变化的过程与驱动机制研究 . 自然资源学报，16（2）：121-127.
杨桂山 . 2002. 长江三角洲耕地数量变化趋势及总量动态平衡前景分析 . 自然资源学报，17（5）：525-532.
杨桂山 . 2004. 土地利用/覆被变化与区域经济发展——长江三角洲近 50 年耕地数量变化研究的启示 . 地理学报，59（增刊 1）：41-46.
杨汉奎 . 1994. 论喀斯特环境质量变异//谢云鹤，杨明德 . 人类活动与岩溶环境 . 北京：北京科学技术出版社 .
杨汉奎，朱文孝，李坡等 . 1994. 喀斯特环境质量变异 . 贵阳：贵州科技出版社 .
杨洪，易朝路，邢阳平等 . 2004a. ^{210}Pb 和 ^{137}Cs 法对比研究武汉东湖现代沉积速率 . 华中师范大学学报（自然科学版），38（1）：109-113.
杨洪，易朝路，邢阳平等 . 2004b. 武汉东湖沉积物碳氮磷垂向分布研究 . 地球化学，33（5）：507-514.
杨家栋 . 2005. 扬州融入苏南板块的实现机制 . 扬州大学学报（人文社会科学版），9（1）：3-9.
杨劲松，姚荣江 . 2007. 黄河三角洲地区土壤水盐空间变异特征研究 . 地理科学，27（3）：348-353.
杨京平，卢剑波 . 2002. 生态安全的系统分析 . 北京：化学工业出版社 .
杨景成，韩兴国，黄建辉 . 2003. 土地利用变化对陆地生态系统碳贮量的影响 . 应用生态学报，14（8）：1385-1390.
杨军昌，杨益华，丁仁船 . 2002. 略论贵州农村的贫困与反贫困问题 . 农村经济，（10）：27-31.
杨莉，何腾兵，林昌虎等 . 2009. 基于系统动力学的黔西县土地利用结构优化研究 . 山地农业生物学报，28（1）：24-27.
杨丽原，沈吉，张祖陆等 . 2003. 近四十年来山东南四湖环境演化的元素地球化学记录 . 地球化学，32（5）：453-460.
杨明德 . 1988. 贵州喀斯特环境与经济发展的初步探讨 . 贵阳：贵州人民出版社 .
杨明德 . 1990. 论喀斯特环境的脆弱性 . 云南地理环境研究，2（1）：21-29.
杨明德 . 1993. 论喀斯特环境的农业生态综合效应//贵州喀斯特区农业发展讨论会 . 贵州喀斯特区农业发展讨论会论文集 . 贵阳：贵州人民出版社 .
杨明义，田均良，刘普灵 . 1999. ^{137}Cs 测定法研究不同坡面土壤侵蚀空间的分布特征 . 核农学报，13（6）：368-372.
杨培岭，罗远培，石元春 . 1993. 用粒径的重量分布表征的土壤分形特征 . 科学通报，38（20）：1896-1899.
杨胜天，田雷 . 2005. 喀斯特地区土壤水分层均衡模型应用研究 . 中国岩溶，24（3）：186-191.
杨胜天，朱启疆 . 1999. 论喀斯特环境中土壤退化的研究 . 中国岩溶，18（2）：169-175.
杨胜天，朱启疆 . 2000. 贵州典型喀斯特环境退化与自然恢复速率 . 地理学报，55（4）：460-466.
杨胜天，王冰，王玉娟 . 2007. 喀斯特地区水土流失遥感监测现状与发展趋势 . 水土保持通报，27（1）：62-66.
杨伟光，付怡 . 1999. 农业生态环境质量的指标体系与评价方法 . 环境保护，（2）：26-27.
杨文治，邵明安 . 2000. 黄土高原土壤水分 . 北京：科学出版社 .
杨晓燕，袁仁茂 . 2001. 全新世时期古水土流失与古人类活动相互影响分析 . 水土保持通报，21（1）：

11-14.
杨艳生 . 1998. 土壤退化指标体系研究 . 土壤侵蚀与水土保持通报，4（4）：44- 46.
杨友孝 . 2002. 中国农村可持续发展区域评价与对策研究 . 北京：中国财政经济出版社 .
杨友孝，蔡运龙 . 2000. 中国农村资源、环境与发展的可持续性评估：SEEA 方法及其应用 . 地理学报，55（5）：596-606.
杨友孝，蔡运龙，傅泽强 . 2000. 西部贫困山区的产业开发与项目选择：以贵州省紫云县为例 . 地理学与国土研究，16（3）：12-17.
杨玉盛，何宗明，陈光水 . 1999. 不同生物治理措施对赤红壤抗蚀性影响的研究 . 土壤学报，36（4）：528-536.
杨志新，郑大玮，李永贵 . 2004. 北京市土壤侵蚀经济损失分析及价值估算 . 水土保持学报，18（3）：175-178.
杨子生 . 1999a. 滇东北山区坡耕地水土流失直接经济损失评估 . 山地学报，17（增刊）：32-35.
杨子生 . 1999b. 滇东北山区坡耕地土壤流失方程研究 . 水土保持通报，19（1）：1-9.
杨子生 . 2000. 试论土地生态学 . 中国土地科学，14（2）：38-43.
杨子生 . 2002. 云南省金沙江流域土壤流失方程研究 . 山地学报，20（增刊）：1-9.
姚昌恬 . 1998. 加快山区综合开发，促进农村经济发展 . 林业经济，（2）：26-30.
姚长宏 . 2001. 贵州省岩溶地区石漠化的形成及其生态治理 . 地质科技情报，20（2）：75-79.
姚书春，李世杰，刘吉峰等 . 2006. 太湖 THS 孔现代沉积物^{137}Cs 和^{210} Pb 的分布及计年 . 海洋地质与第四纪地质，26（2）：79-83.
姚永慧，张百平，周成虎等 . 2003. 贵州森林的空间格局及组成结构 . 地理学报，58（1）：126-132.
叶宝莹 . 2002. 土地利用/覆被变化的驱动力模型研究——以嫩江中上游地区为例 . 东北师大学报（自然科学版），34（1）：100-104.
叶成福 . 2001. 来势汹汹的石漠化 . 中学地理教学参考，（10）：15.
叶崇开，张怀真，王秀玉 . 1991. 鄱阳湖近期沉积速率的研究 . 海洋与湖沼，22（3）：272-278.
叶亚平，刘鲁军 . 2000. 中国省域生态环境质量评价指标体系研究 . 环境科学研究，13（3）：33-36.
易嫦，潘耀忠，张锦水 . 2007. 基于多尺度空间 ANN-CA 模型的遥感影像超分辨率制图方法研究 . 地理与地理信息科学，23（3）：42-46.
易顺民，孙云志 . 1997. 泥石流的分形特征及其意义 . 地理科学，17（1）：24-31.
殷红梅 . 1999. 贵州喀斯特地区旅游资源的变异与可持续利用 . 中国人口资源与环境，9（2）：68-72.
尹国康，陈钦峦 . 1989. 黄土高原小流域特性指标与产沙统计模式 . 地理学报，44（1）：31- 45.
游松财，李文卿 . 1999. GIS 支持下的土壤侵蚀量估算——以江西省泰和县灌溪乡为例 . 自然资源学报，14（1）：62-68.
游泳，周毅，杨小怡等 . 2003. 利用经验正交函数方法（EOF）浅析中国夏季降水时空分布特征 . 四川气象，23（5）：22-23.
于东升，史学正，吕喜玺 . 1998. 低丘红壤区不同土地利用方式的 C 值及可持续性评价 . 土壤侵蚀与水土保持学报，4（1）：71-76.
于贵瑞 . 2001. 生态系统管理学的概念框架及其生态学基础 . 应用生态学报，12（5）：787-794.
于苏俊，张继 . 2006. 遗传算法在多目标土地利用规划中的应用 . 中国人口 · 资源与环境，16（5）：62-66.
于伟 . 2001. 土地退化及其防治的社会经济理论体系初探 . 水土保持通报，21（1）：46-48.
于兴修，杨桂山 . 2002. 中国土地利用/覆被变化研究的现状与问题 . 地理科学进展，21（1）：51-57.
于兴修，杨桂山，王瑶 . 2004. 土地利用/覆被变化的环境效应研究进展与动向 . 地理科学，24（5）：

627-633.
于秀林，任雪松 . 1999. 多元统计分析 . 北京：中国统计出版社 .
余谋昌 . 1994. 走出人类中心主义 . 自然辩证法研究，10（7）：8-14.
俞海，任勇 . 2007. 流域生态补偿机制的关键问题分析——以南水北调中线水源涵养区为例 . 资源科学，29（2）：28-33.
俞立中，张卫国 . 1998. 沉积物来源组成定量分析的磁诊断模型 . 科学通报，43（19）：2034-2041.
俞立中，许羽，许世远 . 1995a. 太湖沉积物的磁性特征及其环境意义 . 湖泊科学，7（2）：141-150.
俞立中，许羽，张卫国 . 1995b. 湖泊沉积物的矿物磁性测量及其环境应用 . 地球物理学进展，10（1）：11-22.
俞勇军 . 2002. 江阴市耕地变化驱动因素及耕地利用效率定量研究 . 经济地理，22（4）：440-444.
喻理飞 . 1998. 退化喀斯特群落自然恢复过程研究——自然恢复演替系列 . 山地农业生物学报，17（2）：71-77.
喻权刚 . 1998. 遥感信息研究黄土丘陵区土地利用与水土流失//黄河水利委员会黄河上中游管理局 . 黄土高原水土保持实践与研究（二）. 郑州：黄河水利出版社 .
宇振荣，邱建军，王建武 . 1998. 土地利用系统分析方法及实践 . 北京：中国农业科技出版社 .
袁道先 . 1991. 中国岩溶 . 北京：地质出版社 .
袁道先 . 1992. 中国西南部的喀斯特及其与华北喀斯特的对比 . 第四纪研究，12（4）：352-361.
袁道先 . 1995. 岩溶与全球变化研究 . 地球科学进展，10（5）：471-474.
袁道先 . 1997a. 我国西南岩溶石山的环境地质问题 . 世界科技研究与发展，（5）：93-97.
袁道先 . 1997b. 现代岩溶学和全球变化研究 . 地学前缘，4（1-2）：17-25.
袁道先 . 1998. 论喀斯特环境系统 . 中国岩溶，7（3）：179-186.
袁道先 . 1999. "岩溶作用与碳循环" 研究进展 . 地球科学进展，14（5）：425-432.
袁道先 . 2001. 全球岩溶生他系统对比：科学目标与执行计划 . 地球科学进展，16（4）：461- 466.
袁道先，蔡桂鸿 . 1988. 岩溶环境学 . 重庆：重庆出版社 .
袁道先，蒋忠诚 . 2000. IGCP379——岩溶作用与碳循环在中国的研究进展 . 水文地质工程地质，（1）：49-51.
袁菊，刘元生，何腾兵 . 2004. 贵州喀斯特生态脆弱区土壤质量退化分析 . 山地农业生物学报，23（3）：230-233.
袁艺，史培军 . 2003. 快速城市化过程中土地覆盖格局研究——以深圳市为例 . 生态学报，23（9）：1833-1841.
曾北危，唐可诗 . 1985. 湘江流域环境污染经济损失计算方法探讨 . 环境污染与防治，（3）：15-20.
曾伯庆 . 1980. 晋西黄土丘陵沟壑区水土流失规律及治理效益 . 人民黄河，（2）：20-24.
曾大林，李智广 . 2000. 第二次全国土壤侵蚀遥感调查工作的做法与思考 . 中国水土保持，（1）：28-31.
曾辉，刘国军 . 1999. 基于景观结构的区域生态风险评价 . 中国环境科学，19（5）：454-457.
詹云军，黄解军，吴艳艳 . 2009. 基于神经网络与元胞自动机的城市扩展模拟 . 武汉理工大学学报，31（1）：86-90.
张百平 . 2003. 贵州省森林资源动态变化 . 地理研究，22（6）：725-732.
张百平，姚永慧，朱运海 . 2005. 区域生态安全研究的科学基础及初步框架 . 地理科学进展，24（6）：1-7.
张保华，张二勋 . 2005. 农业生态安全评估指标体系研究 . 河南农业科学，（12）：5.
张春来，邹学勇，董光荣 . 2002. 干草原地区土壤^{137}Cs 沉积特征 . 科学通报，47（3）：221-225.
张殿发，欧阳自远，王世杰 . 2001a. 中国西南喀斯特地区人口、资源、环境与可持续发展 . 中国人口资源与环境，11（1）：34-42．
张殿发，王世杰，周德全．2001b. 贵州省喀斯特地区土地石漠化的内动力作用机制．水土保持通报，21（4）：1-5.
张殿发，王世杰，李瑞玲．2002a. 贵州省喀斯特山区生态环境脆弱性研究．地理学与国土研究，18（1）：77-79.
张殿发，王世杰，周德全．2002b. 土地石漠化的生态地质环境背景及其驱动机制——以贵州省喀斯特山区为例．农村生态环境，18（6）：6-10.
张凤荣．1996. 持续土地管理的理论与实践．北京：北京大学出版社．
张国平．2003. 近10年来中国耕地资源的时空变化分析．地理学报，58（3）：323-332.
张海林．2002. 土壤质量与土壤可持续管理．水土保持学报，16（6）：119-122.
张汉雄．1983. 黄土高原的暴雨特性及其分布规律．地理学报，39（4）：416- 425.
张华．2003. 干旱地区土地利用/土地覆盖变化研究——以黑河流域为例．干旱区资源与环境，17（2）：49-54.
张华，张甘霖．2001. 土壤质量指标和评价方法．土壤，33（6）：326-330.
张惠远，蔡运龙．2000. 喀斯特贫困山区的生态重建：区域范型．资源科学，22（5）：21-26.
张惠远，赵昕奕，蔡运龙等．1999a. 喀斯特山区土地利用变化的人类驱动机制研究——以贵州省为例．地理研究，18（2）：136-142.
张惠远，蔡运龙，赵昕奕．1999b. 环境重建——中国贫困地区可持续发展的根本途径．资源科学，21（3）：63-67.
张惠远，蔡运龙．万军．2000. 基于TM影像的喀斯特山地景观变化研究．山地学报，18（1）：18-25.
张佳华，徐永福，徐祥德．2003. 利用生物地球化学模型研究草地生态系统土地变化对生态环境的影响．水土保持学报，17（1）：165-170.
张建平．1990. 西南石灰岩山地区土地资源、土地利用的特点、问题及对策//周性和．中国西南部石灰岩山区资源开发研究．成都：四川科学技术出版社．
张建新，邢旭东，刘小娥．2002. 湖南土地资源可持续利用的生态安全评价．湖南地质，21（2）：119-121.
张军岩．2003. 石家庄城市化进程中的耕地变化．地理学报，58（4）：620-628.
张明．1997. 土地利用结构及其驱动因子的统计分析——以榆林地区为例．地理科学进展，16（4）：19-26.
张明，朱会义，何书金．2001. 典型相关分析在土地利用结构研究中的应用——以环渤海地区为例．地理研究，20（6）：761-767.
张娜．2006. 生态学中的尺度问题：内涵与分析方法．生态学报，26（7）：2340-2355.
张娜．2007. 生态学中的尺度问题——尺度上推．生态学报，27（10）：4252-4266.
张宁，张振兴，郭怀成．2001. 新疆和墨洛地区贫困与生态环境关系分析．中国人口资源与环境，11（52）：57-59.
张秋娈．2000. 邯郸市域土地利用结构与经济结构关系分析．河北师范大学学报（自然科学版），24（1）：129-132.
张世秋．1996. 可持续发展环境指标体系的初步探讨．世界环境，（3）：8-9.
张淑蓉，徐翠华，钟志兆等．1993. 用^{210}Pb和^{137}Cs法测定洱海沉积物的年代和沉积速率．辐射防护，13（6）：453-457.
张树夫，肖家仪．1991. 沉积物矿物磁性测量在古环境研究中的应用．地理科学，11（2）：182-194.
张桃林．1999. 中国红壤退化机制与防治．北京：中国农业出版社．

张桃林，王兴豫 . 2000. 土壤退化的研究进展与趋向 . 自然资源学报，15（3）：280- 284.
张桃林，鲁如坤，李忠佩 . 1998. 红壤丘陵区土壤养分退化与养分库重建 . 长江流域资源与环境，7（1）：18-24.
张桃林，潘剑君，赵其国 . 1999. 土壤质量研究进展与方向 . 土壤，31（1）：1-7.
张卫国，俞立中，许羽 . 1995. 环境磁学研究的简介 . 地球物理学进展，10（3）：95-105.
张蔚榛，沈荣开 . 1996. 地下水与土壤水动力学 . 北京：中国水利水电出版社 .
张文忠 . 2003. 珠江三角洲土地利用变化与工业化和城市化的耦合关系 . 地理学报，58（5）：677-685.
张熙川，赵英时 . 1999. 应用线性光谱混合模型快速评价土地退化的方法研究 . 中国科学院研究生院学报，16（12）：169-176.
张希彪，周天林，上官周平等 . 2006. 黄土高原耕地变化趋势及驱动力研究——以甘肃陇东地区为例 . 干旱区地理，29（05）：731-735.
张显峰，崔伟宏 . 2001. 集成 GIS 和细胞自动机模型进行地球时空过程模拟与预测的新方法 . 测绘学报，30（2）：148-155.
张宪奎 . 1992. 黑龙江省土壤流失方程的研究 . 水土保持通报，12（4）：1-3.
张宪奎，许靖华，卢秀琴 . 1992. 黑龙江省土壤流失方程的研究 . 水土保持通报，12（4）：1-9.
张宪洲 . 1993. 我国自然植被净第一性生产力的估算与分布 . 自然资源，（1）：15-21.
张新长，黄秋华，杨剑 . 2007. 土地利用数据在不同尺度下的精度损失模型研究 . 中山大学学报（自然科学版），46（3）：103-106.
张新时，杨奠安 . 1995. 中国全球变化样带的设置与研究 . 第四纪研究，15（1）：43-54.
张信宝 . 2005. 有关湖泊沉积^{137}Cs 深度分布资料解译的探讨 . 山地学报，23（3）：294-299.
张信宝，李少龙，王成华 . 1989. 黄土高原小流域泥沙来源的^{137}Cs 法研究 . 科学通报，43（3）：210-213.
张兴昌，邵明安 . 2000a. 侵蚀条件下土壤氮素流失对土壤和环境的影响 . 土壤和环境，9（3）：249-252.
张兴昌，邵明安 . 2000b. 黄土丘陵区小流域土壤氮素流失规律 . 地理学报，55（5）：617-626.
张雅梅，熊康宁，安裕伦等 . 2003a. 应用 TM 影像进行大比例尺土地利用类型划分探讨——以花江喀斯特峡谷示范区为例 . 中国岩溶，22（2）：150-155.
张雅梅，熊康宁，安裕伦等 . 2003b. 花江喀斯特峡谷示范区土壤侵蚀调查 . 水土保持通报，23（2）：19-22.
张艳芳，任志远 . 2006. 基于生态过程与景观生态背景值的区域生态压力研究 . 水土保持学报，20（5）：166-170.
张燕 . 2003. 不同土地利用方式下农地土壤侵蚀与养分流失 . 水土保持通报，23（1）：23-27.
张燕，彭补拙，高翔 . 2002a. 人类干扰对土壤侵蚀及土壤质量的影响——以苏南宜兴低山丘陵区为例 . 地理科学，22（3）：336-341.
张燕，张洪，杨浩 . 2002b. 用^{137}Cs 法探讨苏南坡地的土壤侵蚀 . 水土保持学报，16（2）：53-56.
张燕，彭补拙，陈捷 . 2005. 借助^{137}Cs 估算滇池沉积量 . 地理学报，60（1）：71-78.
张耀光 . 1995. 西南喀斯特山区的地生态环境效应 . 中国岩溶，14（1）：71-77.
张一平，张惠映，马友鑫等 . 1997. 西双版纳热带地区不同植被覆盖地域径流特征 . 土壤侵蚀与水土保持学报，3（4）：25-30.
张镱锂，张纬 . 2006. 行政单元与自然地理单元之间的数据耦合方法初探——以青藏高原人口统计数据为例//中国地理学会自然地理专业委员会 . 土地变化科学与生态建设 . 北京：商务印书馆 .
张镱锂，李秀彬，傅小锋等 . 2000. 拉萨城市用地变化分析 . 地理学报，55（4）：395-406.
张镱锂，阎建忠，刘林山 . 2002. 青藏公路对区域土地利用和景观格局的影响——以格尔木至唐古拉山段为例 . 地理学报，57（3）：253-266.

张茵.2001. 喀斯特石漠化山区生态重建研究——以贵州省罗甸县大关村为例. 水土保持研究，8（2）：80-84.

张银辉，罗毅.2005. 内蒙古河套灌区土地利用变化及其景观生态效应. 资源科学，27（2）：141-146.

张永民，赵士洞，Verburg P H. 2003. CLUE-S 模型及其在奈曼旗土地利用时空动态变化模拟中的应用. 自然资源学报，18（3）：310-318.

张永民，赵士洞，Verburg P H. 2004. 科尔沁沙地及其周围地区土地利用变化的情景分析. 自然资源学报，19（1）：29-38.

张友静，樊恒通.2007. 城市植被尺度鉴别与分类研究. 地理与地理信息科学，23（6）：54-57.

张羽琴.2001. 消除贫困是贵州尽快实现可持续发展的关键. 贵州大学学报（社会科学版），19（4）：47-50.

张振克，王苏民.1999. 中国湖泊沉积记录的环境演变：研究进展与展望. 地球科学进展，14（4）：417-422.

张振克，吴瑞金，王苏民.1998. 岱海湖泊沉积物频率磁化率对历史时期环境变化的反映. 地理研究，17（3）：297-302.

张振克，吴瑞金，朱育新.2000a. 云南洱海流域人类活动的湖泊沉积记录分析. 地理学报，55（1）：65-74.

张振克，吴瑞金，沈吉.2000b. 近 1800 年来云南洱海流域气候变化与人类活动的湖泊沉积记录. 湖泊科学，12（4）：297-303.

张振克，吴瑞金，沈吉.2001. 近 2000 年来云南洱海沉积记录的气候变化. 海洋地质与第四纪地质，21（2）：31-34.

张志强，王盛萍，孙阁等.2006. 流域径流泥沙对多尺度植被变化响应研究进展. 生态学报，26（7）：2356-2364.

张竹如，黄建国，张敏.2006. 贵州省矿业生产诱发喀斯特石漠化的机理与治理对策探讨. 地球与环境，34（1）：29-34.

张子玉，卢升高，陈美华.1994. 广西主要土壤的磁化率剖面初探. 广西农业大学学报，13（2）：134-140.

章程，袁道先.2004. 典型岩溶地下河流域水质变化与土地利用的关系——以贵州普定后寨地下河流域为例. 水土保持学报，18（5）：134-138.

章家恩，刘文高，胡刚.2002. 不同土地利用方式下土壤微生物数量与土壤肥力的关系. 土壤与环境，11（2）：140-143.

章文波，付金生.2003. 不同类型雨量资料估算降雨侵蚀力. 资源科学，25（1）：35-41.

章文波，谢云，刘宝元.2003. 中国降雨侵蚀力空间变化特征. 山地学报，21（1）：33-40.

兆宏.1993. 关于土壤流失量遥感监测的植被因子算式的初步研究. 遥感技术与应用，8（4）：16-22.

赵翠薇，濮励杰.2005. 贵州省 50 年来耕地资源数量变化特征及其与粮食产量的关系研究. 南京大学学报（自然科学），41（1）：105-112.

赵冬缓，兰徐民.1994. 我国测贫指标体系及其量化研究. 中国农村经济，（3）：45-49.

赵凤琴，汤洁，王晨野.2005. 生态脆弱地区土地生态环境安全初探. 水土保持通报，25（1）：100-103.

赵庚星，李强，王玉环.2001. GIS 支持下的马尔柯夫链模型模拟垦利县土地利用空间格局变化. 山东农业大学学报，30（4）：67-69.

赵吉发.1995. 红枫湖流域面源污染调查研究. 环保科技，（1）：1-9.

赵金，陈曦.2007. 土地利用监测适宜尺度选择方法研究——以塔里木河流域为例. 地理学报，62（6）：659-668.

赵景柱，肖寒，吴刚．2000．生态系统服务的物质量与价值量评价方法的比较分析．应用生态学报，11（2）：290-292．

赵米金，徐涛．2005．土地利用/土地覆被变化环境效应研究．水土保持研究，12（1）：43-46．

赵名茶．1995．脆弱生境与贫困——桂西北喀斯特山区研究//赵桂久等．生态环境综合整治和恢复技术研究．北京：北京科学技术出版社．

赵齐阳，邓良基，张世熔．2002．四川省土地退化的现状及防治对策．四川农业大学学报，20（4）：357-361．

赵其国．2002．红壤物质循环及其调控．北京：科学出版社．

赵其国，张桃林，2002．中国东部红壤地区土壤退化的时空变化、机理及调控．北京：商务印书馆．

赵其国，孙波，张桃林．1997．土壤质量与持续环境（Ⅰ）：土壤质量的定义及评价方法．土壤，29（3）：113-120．

赵善伦，尹民，孙希华．2002．山东省水土流失与生态价值损失评估．经济地理，22（5）：616-619．

赵士洞．2001．新千年生态系统评估——背景、任务和建议．第四纪研究，21（4）：330-336．

赵士洞，汪业勖．1997．生态系统管理的基本问题．生态学杂志，16（4）：35-38．

赵卫国．2008．从范式理论的发展和困境看科学主义与人文主义的合流．河南大学学报（社会科学版），48（3）：49-53．

赵文武，傅伯杰，陈利顶．2002．尺度推演中的几点基本问题．地球科学进展，17（6）：905-911．

赵昕奕，蔡运龙．2003．区域土地生产潜力对全球气候变化的响应评价——以中国北方农牧交错带中段为例．地理学报，58（4）：584-590．

赵英时．2001．美国中西部沙山地区环境变化的遥感研究．地理研究，20（2）：213-219．

赵跃龙，刘燕华．1996．中国生态脆弱环境分布及其与贫困的关系．人文地理，11（2）：1-7．

赵中秋，后立胜，蔡运龙．2006．西南喀斯特地区土壤退化过程与机理探讨．地学前缘，13（3）：189-195．

赵中秋，蔡运龙，白中科等．2007．典型喀斯特地区不同土地利用类型土壤水分性能对植物生长及其生态特征的影响．水土保持研究，14（6）：37-40．

赵中秋，蔡运龙，付梅臣等．2008．典型喀斯特地区土壤退化机理探讨：不同土地利用类型土壤水分性能比较．生态环境，17（1）：393-396．

郑度．1999．自然地理综合研究的主要进展与前沿领域．中国地理学会月刊，（6）：7-9．

郑度．2002．21 世纪人地关系研究前瞻．地理研究，21（1）：9-13．

郑粉莉，刘峰，杨勤科．2001．土壤侵蚀预报模型研究进展．水土保持通报，21（6）：16-18．

郑粉莉，王占礼，杨勤科．2004．土壤侵蚀学科发展战略．水土保持研究，11（4）：1-10．

郑海金，华珞，欧立业．2003．中国土地利用/土地覆盖变化研究综述．首都师范大学学报（自然科学版），24（3）：89-95．

郑晗，许锡文．2009．GIS 在土地适宜性评价中的应用．城市勘测，（2）：62-64．

郑红星，刘昌明，丰华丽．2004．生态需水的理论内涵探讨．水科学进展，15（5）：626-633．

郑明国，蔡强国．2007．黄土丘陵沟壑区植被对不同空间尺度水沙关系的影响．生态学报，27（9）：3572-3585．

郑平建，蔡运龙．2001．中国西部农业综合开发的理性思考．农业经济问题，（3）：15-18．

郑群英，周生路，任奎．2009．土地利用结构优化生态效益考量方法研究．资源科学，31（4）：634-640．

郑永春，王世杰．2002a．贵州山区石灰土侵蚀及石漠化的地质原因分析．长江流域资源与环境，11（5）：461-465．

郑永春，王世杰．2002b．^{137}Cs 的土壤地球化学及其侵蚀示踪意义．水土保持学报，16（2）：58-60．

郑永春，王世杰，欧阳自远 . 2002. 地球化学示踪在现代土壤侵蚀研究中的应用 . 地理科学进展，21（5）：507-515.
郑元润，周广胜 . 2000. 基于 NDVI 的中国天然森林植被净第一性生产力模型 . 植物生态学报，24（1）：9-12.
郑昭佩，刘作新 . 2003. 土壤质量及其评价 . 应用生态学报，14（1）：131-134.
郑振源 . 1985. 土地评价 . 中国土地，（4）：20-30.
中国 21 世纪议程管理中心 . 1994. 中国 21 世纪议程 . 北京：中国环境科学出版社 .
中国科学院南京土壤研究所 . 1978. 土壤理化分析 . 上海：上海科学技术出版社 .
中国科学院学部 . 2003. 关于推进西南岩溶地区石漠化综合治理的若干建议 . 地球科学进展，18（4）：489-492.
中国教育年鉴编委会 . 1994. 中国教育年鉴 · 1994. 北京：人民教育出版社 .
中国农业百科全书编辑委员会 . 1996. 中国农业百科全书 · 土壤卷 . 北京：农业出版社 .
中国土壤学会 . 2000. 土壤农业化学分析方法 . 北京：中国农业科技出版社 .
中华人民共和国国务院 . 2005. 国家中长期科学和技术发展规划纲要（2006-2020 年）. 北京：人民出版社 .
中华人民共和国水利部水土保持司 . 1997. 土壤侵蚀分类分级标准（SL190-96）. 北京：中国水利水电出版社 .
钟铭，王逸 . 1999. 两极鸿沟：当代中国的贫富阶层 . 北京：中国经济出版社 .
周斌 . 2000. 针对土地覆被变化的多时相遥感探测方法 . 矿物学报，20（2）：165-171.
周斌，杨柏林，洪业汤 . 2000. 基于 GIS 的岩溶地区水土流失遥感定量监测研究——以贵州省（原）安顺市为例 . 矿物学报，20（1）：13-21.
周成虎，欧阳，马廷等 . 2009. 地理系统模拟的 CA 模型理论探讨 . 地理科学进展，28（6）：833-838.
周德全，王世杰，张殿发 . 2003. 关于喀斯特石漠化研究问题的探讨 . 矿物岩石地球化学通报，22（2）：127-132.
周后福，陈晓红 . 2006. 基于 EOF 和 REOF 分析江淮梅雨量的时空分布 . 安徽师范大学学报（自然科学版），29（1）：79-82.
周建玮，王咏青 . 2007. 区域气候模式 RegCM3 应用研究综述 . 气象科学，27（6）：702-708.
周伏建，陈明华，林福兴 . 1995. 福建省土壤流失预报研究 . 水土保持学报，9（1）：25-30.
周广胜，王玉辉 . 1999. 土地利用/覆盖变化对气候的反馈作用 . 自然资源学报，14（4）：318-322.
周广胜，张新时 . 1995. 自然植被净第一性生产力模型初探 . 植物生态学报，19（3）：193-200.
周广胜，郑远润，陈四清 . 1998. 自然植被净第一性生产力模型及其应用 . 林业科学，34（5）：2-11.
周国富 . 1994. 贵州喀斯特峰丛洼地系统土地利用与人口聚落分布 . 贵州师范大学学报（自然科学版），12（3）：16-21.
周红 . 1996. 林业是生态环境建设的主体//贵州省科学技术协会 . 贵州省喀斯特地区生态环境建设与经济协调发展学术研讨会论文集 . 贵阳：贵州人民出版社 .
周佩华，王占礼 . 1987. 黄土高原土壤侵蚀标准 . 水土保持通报，7（1）：38- 44.
周佩华，窦葆璋，孙清芳 . 1981. 降雨能量试验研究初报 . 水土保持通报，1（1）：51- 60.
周佩华，李银锄，黄义端 . 1988. 2000 年中国水土流失趋势预测及其防治对策//中国科学院西北水土保持研究所集刊编辑委员会 . 中国科学院西北水土保持研究所集刊 . 第 7 集 . 西安：陕西科学技术出版社 .
周青，黄贤金 . 2004. 快速城镇化农村区域土地利用变化及驱动机制研究——以江苏省原锡山市为例 . 资源科学，26（1）：22-30.
周世英，朱德洁，劳文科 . 1988. 桂林岩溶峰丛区溶蚀速度计算及探讨 . 中国岩溶，7（1）：73-79.

周怡 . 2000. 社会结构：由“形构”到“解构”——结构功能主义、结构主义和后结构主义理论之走向 . 社会学研究，(3)：55-66.
周性和，温琰茂 . 1990. 中国西南部石灰岩山区资源开发研究 . 成都：四川科学技术出版社 .
周游游，霍建光，刘德深 . 2000. 岩溶化山地土地退化的等级划分与植被恢复初步研究 . 中国岩溶，19 (3)：268-273.
周游游，时坚，刘德深 . 2001. 峰丛洼地的基岩物质组成与土地退化差异分析 . 中国岩溶，20 (1)：35-39.
周政贤 . 1987. 茂兰喀斯特森林科学考察集 . 贵阳：贵州人民出版社 .
周忠发，安裕伦 . 2000. 贵州省水土流失遥感现状调查及空间变化分析 . 水土保持通报，20 (6)：23-26.
周忠发，黄路迦 . 2003. 喀斯特地区石漠化与地层岩性关系分析——以贵州高原清镇市为例 . 水土保持通报，23 (1)：19-22.
周忠发，游惠明 . 2001. 贵州纳雍县土壤侵蚀遥感调查与 GIS 空间数据分析 . 水土保持研究，8 (1)：93-98.
周忠发，黄路伽，肖丹 . 2001. 贵州高原喀斯特石漠化遥感调查研究——以贵州省清镇市为例 . 贵州地质，18 (2)：93-98.
朱安国 . 1986. 水土流失与水土保持 . 贵阳：贵州人民出版社 .
朱安国 . 1990. 贵州西部山区土壤侵蚀研究 . 水土保持通报，10 (3)：1-7.
朱安国，林昌虎，杨宏民 . 1994. 贵州山区水土流失影响因素综合评价研究 . 水土保持学报，8 (4)：17-24.
朱诚，于世永 . 1996. 分形方法在庐山第四纪沉积环境中的应用 . 地理研究，15 (3)：64-69.
朱鹤健，何宜庚 . 2000. 土壤地理学 . 北京：高等教育出版社 .
朱会义，李秀彬 . 2001. 环渤海地区土地利用的时空变化分析 . 地理学报，56 (3)：253-260.
朱会义，李秀彬 . 2003. 关于区域土地利用变化指数模型方法的讨论 . 地理学报，58 (5)：643-650.
朱济成 . 1983. 论环境经济 . 江苏：江苏科学出版社 .
朱立军，李景阳 . 2004. 硅酸盐岩风化成土作用及其环境效应 . 北京：地质出版社 .
朱立军，傅平秋，万国江 . 1997. 贵州硅酸盐岩发育土壤磁学机制及其发生机理 . 土壤学报，34 (2)：212-219.
朱连奇 . 2003. 山区土地利用覆被变化对土壤侵蚀的影响 . 地理研究，22 (4)：432-438.
朱玲，蒋中 . 1995. 以工代赈缓解贫困 . 上海：上海人民出版社 .
朱启贵 . 1999. 可持续发展评估 . 上海：上海财经大学出版社 .
朱启疆，帅艳民，陈雪 . 2002. 土壤侵蚀信息熵：单元地表可蚀性的综合度量指标 . 水土保持学报，16 (1)：50-53.
朱守谦 . 1993. 喀斯特森林小生境特征初步研究//朱守谦 . 喀斯特森林生态研究（Ⅰ）. 贵阳：贵州科技出版社 .
朱守谦，陈正仁，魏鲁明 . 2003. 退化喀斯特森林自然恢复的过程和格局//朱守谦 . 喀斯特森林生态研究（Ⅲ）. 贵阳：贵州科技出版社 .
朱文孝，李坡，贺卫 . 2003. 西南岩溶山区可持续发展战略面临的科技问题与对策 . 贵州科学，21 (1-2)：119-134.
朱显谟 . 1956. 黄土区土壤侵蚀的分类 . 土壤学报，4 (2)：99-116.
朱晓华 . 2007. 地理空间信息的分形与分维 . 北京：测绘出版社 .
朱晓华，蔡运龙 . 2005. 中国土地利用空间分形结构及其机制 . 地理科学，25 (6)：671-677.
朱晓华，李加林，杨秀春等 . 2007. 土地空间分形结构的尺度转换特征 . 地理科学，27 (1)：58-62.

朱远达，蔡强国，张光远等.2003. 植物篱对土壤养分流失的控制机理研究. 长江流域资源与环境，12 (4)：345-351.

朱照宇，谢久兵，王彦华等.2004. 华南沿海地表红土地球化学特性变异的自然因素与人类活动干预. 第四纪研究，24 (4)：402-408.

朱震达，陈广庭.1994. 中国土地沙质荒漠化. 北京：科学出版社.

朱志辉.1993. 自然植被净第一性生产力估计模型. 科学通报，38 (15)：1422-1426.

邹亚荣，张增祥，周全斌.2002. 基于 GIS 的土壤侵蚀与土地利用关系分析. 水土保持研究，9 (1)：67-69.

邹亚荣，张增祥，周全斌.2003. 中国农牧交错区土地利用变化空间格局与驱动力分析. 自然资源学报，18 (2)：222-227.

左伟，王桥，王文杰等.2002. 区域生态安全评价指标与标准研究. 地理学与国土研究，18 (1)：67-70.

左伟，周慧珍，王桥.2003. 区域生态安全评价指标体系选取的概念框架研究. 土壤，35 (1)：2-7.

Colacicco D. 1990. 土壤侵蚀造成的经济损失. 黄宝林译. 水土保持科技情报，(2)：6-9.

Gunatilake H M，Vieth G R. 2001. 侵蚀区内土壤侵蚀经济损失的估算-置换法与生产力变更法之比较. 水土保持科技情报，(2)：23-26.

Warkentin B P. 1997. 土壤质量的新概念. 水土保持科技情报，4：25-27.

Adams J B，Smith M O，Johnson P E. 1986. Spectral mixture modeling：a new analysis of rock and soil types at the Viking Lander I Site. Geophysics Research，91：8098-8112.

Aerts J C J H，Heuvelink G B M. 2002. Using simulated annealing for resource allocation. International Journal of Geographical Information Science，16 (6)：571-587.

Aguilar B J. 1999. Applications of ecosystem health for the sustainability of managed systems in Costa Rica. Ecosystem Health，5 (1)：36-48.

Ahmed J. 1976. Environmental aspects of international income distribution. //Walter I. Studies in International Environmental Economics. New York：Wiley.

Alcamo J，Bennett E. 2003. Ecosystems and Human Well-being：A Framework for Assessment. Washington D. C.：Island Press.

Alcamo J，Leemans R，Kreileman E. 1998. Global Change Scenarios of the 21st Century. Results from the IMAGE 2. 1 Model. Amsterdam：Elsevier.

Alexander M. 2004. Progress of IGU-LUCC. IGU Commission on Land Use/Cover Change Newsletter，(7)：1-8.

Alexander S A，Palmer C. 1999. Forest health monitoring in the United States：first four years. Environmental Monitoring and Assessment，55：267-277.

Allen J C，Barnes D F. 1985. The cause of deforestation in developing countries. Association of American Geographers，75：163-184.

Allen T F H，Starr T B. 1982. Hierarchy：Perspectives for Ecological Complexity. Chicago：University of Chicago Press.

Anderson L E. 1996. The causes of deforestation in Brazilian Amazon. Journal of Environment and Development，5：309-328.

Andrews S S，Carrol C R. 2001. Designing a decision tool for sustainable agroecosystem managemeng：soil quality assessment of a poultry litter management case stude. Ecology. 11：1573-1585.

Andrews S S，Karlen D L，Mitchell J P. 2002. Acomparison of soil quality indexing methods for vegetable production systems in northern California. Agriculture，Ecosystem and Environment，90：25-45.

Andrews S S，Flora C B，Mitchell J P，et al. 2003. Farmers' perceptions and acceptance of soil quality indices. Geoderma, 114: 187-213.

Andrews S S, Karlen D L, Cambardella C A. 2004. The soil management assessment framework: a quantitative soil ouality evaluation method. Soil Science Society of America Journal, 68 (6): 1945-1962.

Angima S D, Stott D E, O'Neill M K, et al. 2003. Soil erosion prediction using ERSLE for central Kenyan highland conditions. Agriculture, Ecosystems and Environment, 97: 295-308.

Anthony G O Y, Li X. 1998. Sustainable land development model for rapid growth area using GIS. Int. J. Geographical Information Science, 12 (2): 169-189.

Appleby P G, Richardson N, Nolan P J, et al.. 1990. Radiometric dating of the United Kingdom SWAP sites. Philosophical Transaction of the Royal Society, (B327): 233-238.

Armulf G. 1995. Technology in Land Use and Land Cover Change: A Global Perspective. Cambridge: Cambridge University Press.

Armsworth P R, Roughgarden J E. 2001. An invitation to ecological economics. Trends in Ecology, 16 (5): 229-234.

Arnold J G, Allen P M. 1996. Estimating hydrologic bud-gets for three Illinois watersheds. Journal of Hydrology, 176 (1-4): 57-77.

Aarts N W. 2000. Communication in nature management policy making//Rientjes S. Communicating Nature Conservation. Tilburg: European Centre for Nature Conservation.

Arya L M, Paris J F. 1981. A physicoempirical model to predic the soil moisture characteristric from particle-size distribution and bulk density data. Soil Science Society of America Journal, 45: 1023-1031.

Aspinall R. 2004. Modeling land use change with generalized linear models—a multi-model analysis of change between 1860 and 2000 in Gallatin Valley, Montana. Journal of Environmental Management, 72: 91-103.

Bai Z G, Wan G J. 2002. A comparison on the accumulation characteristics of ^{7}Be and ^{137}Cs in Lake sediment and surface soils in western Yunnan and central Guizhou, China. Catena, 49: 253-270.

Banerjee S K, King J, Marvin J. 1981. A rapid method for magnetic granulometry with applications to environmental studies. Geophysics Research Letter, 8: 333-336.

Barbier E B. 2000. The economic linkages between rural poverty and land degradation: some evidence from Africa. Agriculture, Ecosystems and Environment, 82: 355-370.

Barbier E B, Bishop J T. 1995. Economic values and incentives affecting soil and water conservation in developing countries. Journal of Soil and Water Concervation, 50: 133-137.

Barraclough S L, Ghimire K B. 2000. Agricultural Expansion and Tropical Deforestation: Poverty, International Trade and Land Use . London: Earthscan Publications Ltd.

Barredo J I, Kasanko M, McCormick N, et al. 2003. Modelling dynamic spatial processes: simulation of urban future scenarios through cellular automata. Landscape Urban Planning, 64: 145-160.

Barrow C J. 1991. Land Degradation Development and Breakdown of Terrestrial Environments. Cambridge: Cambridge University Press.

Bastian O. 2001. Landscape ecology - towards a unified discipline. Landscape Ecology, 16: 757-766.

Bates S, Waldren R P, Teare I D. 1973. Rapid determination of the free proline in water stress studies. Plant Soil, 39: 205-208.

Becu N, Perez P, Walker A, et al. 2003. Agent based simulation of a small catchment water management in northern Thailand: description of the CATCHSCAPE model. Ecological Modeling, 170: 319-331.

Belaoussoff S, Kevan P G. 1998. Toward an ecological approach for assessment of ecosystem health. Ecosystem Health, 4 (1): 4-8.

Bennett H H. 1938. Soil Conservation. New York: Department of Agriculture.

Beyer H L. 2004. Hawth's analysis tools for ArcGIS. http: //www. spatialecology. com/htool/ [2013-03-20] .

Bian L, West E. 1997. GIS modelling of elk calving habitat in a prairie environment with statistics. Photogrammeteric Engineering & Remote Sensing, 63: 161-167.

Bjorklund J, Limburg K, Rydberg T. 1999. Impact of production intensity on the ability of the agricultural landscape to generate ecosystem services: an example from Sweden. Ecological Economics, 29: 269-291.

Blaike P, Brookfield H. 1987. Land Degradation and Society. London: Methuen.

Blaikie P. 1985. The Political Economy of Soil Erosion in Developing Countries. New York: Longman.

Bockstael N E. 1996. Modeling economics and ecology: the importance of a spatial perspective . American Journal of Agricultural Economics, 78: 1168-1180.

Bolund P, Hunhammar S. 1999. Ecosystem services in urban areas. Ecological Economics, 29: 293-301.

Bokviken B, Stokke P K, Feder J, et al. 1992. The fractal nature of geochemical landscape. Journal of Geochemical Exploration, 43: 91-109.

Bouyoucos G J. 1935. The clay ratio as a criterion of susceptibility of soil to erosion. Journal of American Society of Agronomy, 27: 738-741.

Bowler C, VanMontage M, Inze Q. 1992. Superoxide dismutase and stress tolerance. Annual Review of Plant Biology, 43: 83-116.

Braunack M V, Dexter A R. 1989. Soil aggregation in the seedbed. Soil and Tillage Research, 14: 259-279.

Brenner M, Peplow A J, Schelske C L. 1994. Disequilibrium between ^{226}Ra and supported ^{210}Pb in a sediment core from a shallow Florida Lake, Limnol. Oceanogr, 39: 1222-1227.

Brogaard S, Prieler S. 1998. Land cover in the horqin grasslands, north China. Detecting changes between 1975 and 1990 by means of remote sensing. IIASA Interim Report IR-98-0 44. Laxenburg: IIASA.

Brown B J. 1987. Global sustainability: towards definition. Environmental Management, 11: 713-719.

Brown D G. 2000. Modeling the relationships between land use and land cover on private lands in the Upper Midwest, USA. Journal of Environmental Management, 59: 247-263.

Brown D G, Page S E. 2005. Path dependence and the validation of agent-based spatial models of land use. International Journal of Geographical Information Science, Special Issue on Land Use Dynamics, 19 (2): 153-174.

Brubaker S C, Jones A J, Lewis D T, et al. 1993. Soil properties associated with landscape position. Soil Science Society of America Journal, 57: 235- 239.

Bryant R. 1997. Beyond the impasse: the power of political ecology in third world environmental research. Area, 29 (1): 5-19.

Bryant R. 1998. Power, knowledge and political ecology in the third world: a review. Progress in Physical Geography, 22 (1): 79.

Budde M E, Tappan G, Rowland J, et al. 2004. Assessing land cover performance in Senegal, West Africa using 1-km integrated NDVI and local variance analysis. Journal of Arid Environments, 59: 481-498.

Burt T. 2003. Scale: upscaling and downscaling in physical environments//Holloway S L, Stephen P R, Valentine G. Key Concept in Geography. London: SAGE Publications.

Cai Y L. 1990. Land use and management in PR China. Land Use Policy, 4: 337-350.

Cai Y L. 1996a. Sustainability in agricultural land use: the challenge and hope for China. Proceedings of Sino-British Land Management Conference. Beijing: Sino-British Land Management Conference.

Cai Y L. 1996b. Sustainability of Chinese agriculture in environmental changes. A keynote address on The Tsukuba

International Conference on the Sustainability of Rural Systems// Hiroshi S. Geographical Perspectives on Sustainable Rural Systems. Tokyo: Kaisei Publications.

Cai Y L. 1997a. Ecological and socio- economic rehabilitation in the karst of Southwest China. The Journal of Chinese Geography, 7 (2): 24-32.

Cai Y L. 1997b. Vulnerability and adaptation of Chinese agriculture to global climate change. Chinese Geographical Science, 7 (4): 289-301.

Cai Y L. 1998. Land degradation in China: status quo, impacts and countermeasures. A keynote address on the Symposium on Sustainable Regional Development of China and International Cooperation of Japan. UNCRD (United Nations Centre for Regional Development) Proceedings Series No. 38 Tokyo: Symposium on Sustainable Regional Development of China and International Cooperation of Japan.

Cai Y L, Jiang T. 2001. Farmland changes in China: driving forces and conservation mechanisms// Kim K, Bowler I and Bryant C. Developing Sustainable Rural Systems. Pusan: Pusan National University Press.

Cai Y L, Smit B. 1994a. Sustainability in Chinese agriculture: challenge and hope. Agriculture, Ecosystems & Environment, 7 (3): 279-288.

Cai Y L, Smit B. 1994b. Sustainability in agriculture: a general review. Agriculture, Ecosystems & Environment, 7 (3): 299-307.

Cai Y L, Long H L, Meng J J. 2000. Ecological reconstruction of degraded land: a social approach// Pierce J T. Reshaping of Ecologies, Economies and Communities. Vancouver: Simon Fraser University Press.

Cai Y L, Dai E F, Fu Z Q, et al. 2001. Systematic analysis and evaluation on sustainable land use patter. Proceedings of International Conference on Land Use/Cover Chang Dynamics. Beijing: International Conference on Land Use/Cover Chang Dynamics.

Cai Y L, Fu Z Q, Xu Y Q, et al. 2007. Equilibrating the conflict of land demands between industrialization-urbanization and grain security in China//Sorensen T. Progress in Sustainable Rural Development. Chapter 5. Australia: University of New England.

Cain D H, Riitters K, Orvis K. 1997. A multi- scale analysis of landscape statistics. Landscape Ecology, 12: 199-212.

Caitcheon G G. 1998a. The significance of various sediment magnetic mineral fractions for tracing sediment sources in Killimicat Creek. Catena, 32: 131-142.

Caitcheon G G. 1998b. The application of environmental magnetism to sediment source tracing: a new approach. Unpubl. CSIRO Land and Water Technical Report No. 21. Dickson: CSIRO.

Calow P. 2000. Critics of ecosystem health misrepresented . Ecosystem Health, 6 (1): 3-4.

Calver M C. 2000. Lessons from preventive medicine for the precautionary principle and ecosystem health. Ecosystem Health, 6 (2): 99-107.

Cambray R S, Playford K, Lewis N J. 1984. Radioactive fallout in air and rain: results to the end of 1984, U. K. Atomic energy authority Rep. AERE-R-11915. Harwell U. K: U. K. AERE.

Candau J. 2000. Calibrating a cellular automaton model of urban growth in a timely manner//Parks B O, Clarke K M, Crane M P Proceedings of the 4th International Conference on Integrating Geographic Information Systems and Environmental Modeling: Problems, Prospects, and Needs for Research Boulder: University of Colorado.

Carter M R, Parton W J, Rowland I C. 1993. Simulation of soil organic carbon and nitrogen changes in cereal and pasture systems of Southern Australia . Australian Journal of Soil Research, 31: 481-491.

CCSP (Climate Change Science Program) . 2003. Strategic Plan for the U. S. Climate Change Science Program and the Subcommittee for Global Change Research. Washington D. C. : CCSP.

Chameides W L, Kasibhatla P S, Yienger J, et al. 1994. Growth of continental-scale metro-agro-plexes, regional ozone pollution and world food production . Science, 264: 74-77.

Charles I, Karnieli A. 1996. A review of mixture modeling techniques for sub-pixel land cover estimation. Remote Sensing Review, 13: 161-186.

Chase T N, Pielke R N, Kittle T G F. 1999. Simulated impacts of historical land cover changes on global climate in north winter. Climate Dynamics, 16: 93-105.

Chen P Y, Srinivasan R, Fedosejevs G, et al. 2003. Evaluating different NDVI composite techniques using NOAA-14 AVHRR data. International Journal of Remote Sensing, 24 (17): 3403-3412.

Chondhury B J, Tucker C J. 1987. Monitoring global vegetation using Nimbus-737GHz data: some empirical relations. Int J Remote Sensing, 8 (7): 1085-1090.

Clarke K C, Gaydos L J. 1998. Loose-coupling a cellular automaton model and GIS: long-term urban growth prediction for San Francisco and Washington/Baltimore. International Journal of Geographical Information Science, 12: 699-714.

Clem Tisdell. 1996. Economic indicators to assess the sustainability of conversation farming projects: an evaluation. Agriculture, Ecosystems and Environment, 57: 2-3.

Clerck F D, Singe M I J, Lindert P. 2003. A 60-year history of California soil quality using paired samples. Geoderma, 114: 215-230.

Collins A L, Walling D E, Sichingabula H M, et al. 2001. Using ^{137}Cs measurements to quantify soil erosion and redistribution rates for areas under different land use in the Upper Kaleya River Basin, southern Zambia. Geoderma, 104: 299-323.

Colwell J E, Weber F P. 1981. Forest change detection. Proceedings of the 15th International Symposium on Remote Sensing of Environment . Ann Arbor, Michigan: Environmental Research Institute of Michigan.

Conway G R. 1985. Agroecosystem analysis. Agricultural Administration, 20: 31-55.

Conway G R. 1987. The properties of agroecosystems. Agricultural Systems, 24: 95-117.

Costanza R. 2003. Social goals and the valuation of natural capital. Environmental Monitoring and Assessment, 86: 19-28.

Costanza R, Jørgensen S E. 2002. Understanding and Solving Environmental Problems in the 21st Century. Boulevard, Oxford: Elsevier Science.

Costanza R, Wainger L A. 1993. Modeling complex ecological economic systems. Bioscience, 43: 545-556.

Costanza R, Arge R, de Groot R, 1997. The value of the world's ecosystem services and natural capital. Nature, 387: 253-260.

Costanza R, Mageau M, Norton B, et al. 1998. Predictors of ecosystem health//Rapport D. Ecosystem Health. Malden: Blackwell Science.

Croissant C. 2004. Landscape pattern and parcel boundaries: an analysis of composition and configuration of land use and land cover in south-central Indiana . Agriculture, Ecosystems and Environment, 101: 219-234.

D'Antonio C M, Vitousek P M. 1992. Biological invasions by exotic grasses, the grass/fire cycle, and global change. Annual Review of Ecology and Systematics, 23: 63-87.

Daily G C. 1997. Nature's Services: Societal Dependence on Natural Ecosystems. Washington D. C. : Island Press.

Dan R. 2001. Use of mineral magnetic measurements to investigate soil erosion and sediment delivery in a small agricultural catchment in limestone terrain. Catena, 46: 15-34.

Danalatos N G. 1992. Quantified analysis of selected land use system in the Larissa region, Greece. Doctoral thesis. Wageningen: Wageningen Agricultural University.

Dark S J, Bram D. 2007. The modifiable areal unit problem (MAUP) in physical geography. Progress in Physical Geography, 31 (5): 471-479.

Dassonville F, Godon J J, Renault P, et al. 2004. Microbial dynamics in an anaerobic soil slurry amended with glucose, and their dependence on geochemical processes. Soil Biology & Biochemistry, 36 (9): 1417-1430.

David J S, Edwin E H, Harold W K. 1988. Ecosystem eealth: measureing ecosystem health. Environmental Management, 12: 445-455.

Dearing J A. 1997. Sedimentary indicators of lake- level changes in the humid temperate zone: a critical review. Journal of Paleolimnology, 18: 1-14.

Dearing J A, Elner J K, Happey-Wood C M. 1981. Recent sediment influx and erosional processes in a Welsh upland lake-catchment based on magnetic susceptibility measurements. Quaternary Research, 16: 356-372.

Dearing J A, Maher B A, Oldfield F. 1985. Geomorphological linkages between soils and sediments: the role of magnetic measurements//Richards K S, Arnett R R, Ellis S. Geomorphology and Soils . Boston: Allen and Unwin.

Dearing J A, Morton R, Price T W, et al. 1986. Tracing movements of topsoil by magnetic measurements: two case studies. Physics of the Earth and Planetary Interiors, 42: 93-104.

Dearing J A, Boyle J F, Appleby P G, et al. 1998. Magnetic properties of recent sediments in lake baikal, Siberia. Journal of Paleolimnology, 20 (2): 163-173.

De Groot R W M, Boumans R. 2002. A typology for the classification, description and valuation of ecosystem functions, goods and services. Ecological economics, 41 (3): 393-408.

De Jong R, Cameron D R. 1979. Computer simulation model for predicting soil water content profiles. Soil Science, 128 (1): 41-48.

De Koning G H J, Veldkamp A, Verburg P H, et al. 1997. CLUE: a tool for spatially explicit and scale sensitive exploration of land use changes//Stoorvogel J J, Bouma J, Bowen W T. Information Technology as A Tool to Assess Land Use Options in Space and Time. Lima, Peru: International Workshop on Quantitative Approaches in Systems Analysis.

De Koning G H J, Verburg P H, Veldkamp A, et al. 1999. Multi-scale modelling of land use change dynamics in Ecuador. Agricultural Systems, 61: 77-93.

Denis J G. 1993. Using Landsat-5 Thematic mapper and digital elevation data to determine the net radiation field of a moun-lain glacier. Remote Sensing of Environment, 43: 315-331.

Dercon G, Deckers J, Govers G, et al. 2003. Spatial variability in soil properties on slow-forming terraces in the Andes region of Ecuador. Soil & Tillage Research, 72: 31-41.

Desmet P J J, Govers G A. 1996. GIS procedure for automatically calculating the USLE LS factor on topographically complex landscape units. Journal of Soil and Water Conservation, 51 (5): 427-433.

Deutsch C V, Journel A G. 1998. GSLIB, Geostatistical Software Library and User's Guide. second edition. New York: Oxford University Press.

Dhindsa A S, Mutoue W. 1981. Drought tolerance in two mosses: correlated with enzymatic defense against lipid peroxidation. Joural of Experimeatal Botang, (32): 79-91.

Diekkruger B, Arning M. 1995. Simulation of water fluxes using different methods for estimating soil parameters. Ecological Modeling, 81: 83-97.

Dirzo R, Fellous J L. 1998. Strengthening the regional emphasis of IGBP. Global Change News Letter, 36: 5-7.

Doing H. 1997. The landscape as an ecosystem. Agriculture, Ecosystems and Environment, 63: 221-225.

Dokmeci V F G. 1993. Multi-obective land use planning model. Journal of Urban Planning and Development, 119

(1): 15-22.

Donald E, Sabol J, Alan R, et al. 2002. Structural stage in pacific northwest forests estimated using simple mixing models of multispectral images. Remote Sensing of Environment, 80: 1-16.

Döös B R. 2002. Population growth and loss of arable land. Global Environment Change, 12 : 303-311.

Doran J W. 2002. Soil health and global sustainability: translating science into practice. Agriculture, Ecosystems and Environment, 88: 119-127.

Doran J W, Parkin T B. 1994. Defining and assessing soil quality//Doran J W. Defining Soil Quality for A Sustainable Environment. SSSA Spec. Publ. 35. Madison, WI: SSSA and ASA.

Doran J W, Parkin T B. 1996. Quantitative indicators of soil quality: a minimum data set. Methods for Assessing Soil Quality. Madison, WI: Soil Science Society of America Special Publication.

Doran J W, Zeiss M R. 2000. Soil health and sustainability: managing the biotic component of soil quality. Applied Soil Ecology, 15: 3-11.

Douglas L K, Craig A D, Susan S A. 2003. Soil quality: why and how? Geoderma , 114: 145-156.

Dow K. 1992. Exploring differences in our common futures: the meaning of vulnerability to global environmental change. Geoforum, 23: 417-436.

Dubroeucq D. 2004. Land cover and land use changes in relation to social evolution—a case study from Northern Chile. Journal of Arid Environments, 56: 193-211.

Dungan J L, Perry J N, Dale M R T, et al. 2002. A balanced view of scale in spatial statistical analysis. Ecography, 25 (5): 626-640.

Duguay C R. 1992. Estimating surface reference and albedo from Landsat- 5 Thematic Mapper over rugge terrain. PE&RS, 58: 551-558.

Dumanski J, Pieri C. 2000. Land quality indicators: research plan. Agriculture, Ecosystems & Environment, 81: 93-102.

Dunjó G, Pardini G, Gispert M. 2004. The role of land use-land cover on runoff generation and sediment yield at a microplot scale, in a small Mediterranean catchment. Environments Journal of Arid Environments, 57: 99-116.

Eastman J R. 2003. IDRISI Users huide to GIS and Image Processing. Massachusetts: Clark University.

Eghball B, Mielke L N, Calvo G A, et al. 1993. Fractal description of soil fragmentation for various tillage methods and crop sequences. Soil Science Society of America Journal, 57: 1337-1341.

Ehrlich P R, Daily G C. 1993. Population extinction and saving biodiversity. Ambio, 22: 64-68.

Eles C W O, Blackie J R. 1993. Land-use changes in the Balquhidder catchments simulated by a daily stream flow model. Journal of hydrology, 145: 315-336.

Engelen G, White R. 1995. Using cellular automata for integrated modeling for socio-environmental systems. Environmental Monitoring and Assessment, 34: 203-214.

Eriksson M G, Sandgren P. 1999. Mineral magnetic analyses of sediment cores recording recent soil erosion history in central Tanzania. Palaeogeography, Palaeoclimatology, Palaeoecology, 152: 365-383.

Erskine W D, Saynor M J. 1996. Success of soil conservation works in reducing soil erosion rates and sediment yields in central eastern Australia. Association of Hydrological Science Publication. 236: 523-530.

European Environment Agency (EEA) and United Nations Environment Programme (UNEP) . 2000. Down to Earth: Soil Degradation and Sustainable Development in Europe-A Challenge for the 21st Century. Environmental issue series No. 16. Copenhagen: EEA.

Evan T, Kelley H. 2004. Multi-scale analysis of a household level agent-based model of land cover change. Journal of Environmental Management, 72: 57-72.

Fang J Y, Chen A P, Peng C H, et al. 2001a. Changes in Forest Biomass Carbon Storage in China Between 1949 and 1998. Science, 292: 2320-2322.

Fang J Y, Piao S L, Tang Z Y, et al. 2001b. Interannual variability in net primary production and precipitation. Science, 293: 1723.

FAO. 1971. Land Degradation. Soils Bulletin, No. 13. Rome: FAO.

FAO. 1976. A Framework for Land Evaluation. Soils Bulletin, No. 32. Rome: FAO.

FAO. 1993. FESLM: An International Framework for Evaluating Sustainable Land Management. World Resources Report 73. Rome: FAO.

FAO. 1994. Integrated approach to the planning and management of land resources. Draft report of the UN Secretary-general on the implementation of Chapter 10 of Agenda 21 (UNCED) to the Commission on Sustainable Development. Rome: FAO.

FAO. 1995. Land and water integration and river basin management. Proceeding of an informal workshop, 31 Jan - 2 Feb 1993. Land and Water Bulletin. Rome: FAO.

FAO. 2001. Report on the Interntational Workshop on the Land Degradation Assessment in Drylands Initiative (LADA) . Rome: FAO.

FAO. 2002. Land Degradation- Assessment in Drylands (LADA) —Approach and Development of A Methodological Framework. Rome: FAO.

Farina A. 1998. Principles and Method' s in Landscape Ecology: Towards a Science of the Landscape. London: Chapman & Hall.

Field C B, Randerson J T, Malmstrom C M. 1995. Global net primary production: combining ecology and remote sensing. Remote Sensing of Environment, 51: 74-80.

Filgueira R R, Fournier L L, Sarli G O, et al. 1999. Sensitivity of fractal parameters of soil aggregates to different management practices in a Phaeozem in central Argentina. Soil & Tillage Research, 52 (3-4): 217-222.

Fink L. 1996. Landschaftsökologie. Braunschweig.

Fischer G, Sun L. 2001. Model based analysis of future land- use development in China. Agriculture, Ecosystems and Environment, 85: 163-176.

Fischer G, Frohberg K, Keyzer M A, et al. 1988. Linked National Models: A Tool for International Policy Analysis. The Netherlands: Kluwer Academic Publishers.

Flanagan D C, Nearing M A. 1995. USDA water erosion prediction project: hill slope profile and watershed model documentation. News Letter Report No. 10. West lafayette: USDA-ARS National Soil Erosion Research Laboratory.

Flores L A, Martínez L I. 2000. Land cover estimation in small areas using ground survey and remote sensing. Remot Sensing Environment, 74: 240-248.

Forman R T T. 1983. Corridors in a landscape: their ecological structure and function. Ecology, 2: 375-387.

Forman R T T. 1995a. Land Mosaics: the Ecology of Landscape and Regions. Cambridge: Cambridge University Press.

Forman R T T. 1995b. Some general principles of landscape and regional ecology. Landscape Ecology, 10: 133-141.

Forman R T T, Godron M. 1986. Landscape Ecology. New York: John Wiley & Sons.

Foster D L, Richards R P, Baker D B, et al. 2000. Blue EPIC modeling of the effects of farming practice changes on water quality in two lake Erie watersheds. Journal of Soil and Water Conservation, 55 (1): 85-90.

Foster G R, Lane L J. 1987. User requirements, USDA- Water Erosion Prediction Project (WEPP) . NSERL

Report No. 1. West Lafayette: USDA-ARS National Soil Erosion Research Laboratory.

Foster I D L, Owens P N, Walling D E. 1996. Sediment yields and sediment delivery in the catchments of Slapton Lower Ley, South Devon, UK . Field Studies, 8: 629-661.

Fotheringham A S. 1989. Scale- independent spatial analysis//Goodchild M, Gopal S. Accuracy of Spatial Databases. London: Taylor and Fracis.

Fox J, Rindfuss R R, Walsh S J, et al. 2002. People and the Environment: Approaches for Linking Household and Community Surveys to Remote Sensing and GIS. Boston, Dordrecht: Kluwer Academic Publishers.

Franklin J F, Forman R T T. 1987. Creating landscape pattern by forest consequences and principles. Landscape Ecology, 1: 5-18.

Freddy N. 2002. Land Degradation Assessment in Drylands (LADA Project) . Rome: FAO.

Frédéric A. 2001. Forest cover monitoring in the humid tropics. LUCC Newletters, 6: 27-28.

Fresco L, Leemans R, Turner B L Ⅱ, et al. 1997. Land Use and Cover Change (LUCC) open science meeting proceedings. Amsterdam, The Netherlands: Institut Cartografic de Catalunya.

Fu B, Chen L. 2000. Agricultural landscape spatial pattern analysis in the semi-arid hill area of the Loess Plateau, China. Journal of Arid Environments, 44 (3): 291-303.

Fu B, Gulinck H. 1994. Land evaluation in area of severe erosion: the Loess Plateau of China. Land Degradation & Rehabilitation, 5 (1): 33-40.

Fu B, Chen L, Ma K, et al. 2000. The relationship between land use and soil condition in the hilly area of the Loess Plateau in northern Shannxi, China. Catena, 39 (1): 69-78.

Fu J, Huang B. 2001. Involvement of antioxidants and lipid peroxidation in the adaptation of two cool- season grasses to localized drought stress. Environmental and Experimental Botany, 45: 105-114.

Gao J B, Li S H, Zhao Z Q, et al. 2012. Investigating spatial variation in the relationships between NDVI and environmental factors at multi- scales: a case study of Guizhou Karst Plateau, China. International Journal of Remote Sensing, 33 (7): 2112-2129.

Gehlke C E, Biehl K. 1934. Certain effects of grouping upon the size of the correlation coefficient in census tract material. Journal of the American Statistical Association, 29 (185): 169-170.

Geist H. 2002. Growing populations, changing landscapes: studies from India, China, and the United States. Land Use Policy, 19: 188-189.

Geist H, Lambin E F. 2001. What drives tropical deforestation? A meta- analysis of proximate causes and underlying sources of deforestation based on sub- national scale case study evidence. LUCC Report Series No. 4. Louvain-la-Neuve: LUCC International Project Office.

Gibson C C, Ostrom E, Anh T K. 2000. The concept of scale and the human dimensions of global change: a survey. Ecological Economics, 32: 217-239.

Gilg A. 2009. Perceptions about land use. Land Use Policy, 26 (S): S76-S82.

Giménez D, Allmaras R R, Huggins D R, et al. 1998. Mass, surface, and fragmentation fractal dimensions of soil fragments produced by tillage. Geoderma, 86 (3-4): 261-278.

Giri C, Shrestha S. 1996. Land cover mapping and monitoring from NOAA AVHRR data in Bangladesh. International Journal of Remote Sensing, 17 (14): 2749-2759.

Givertz E H, Thorne J H, Berry A M. 2008. Integration of landscape fragmentation analysis into regional planning: a statewide multi-scale case study from California, USA. Landscape and Urban Planning, 86: 205-218.

Glasod. 1990. Global Assessment of Soil Degradation. World maps. Wageningen (Netherlands): ISRIC and PUNE.

GLP (Global Land Project) . 2005. Global Land Project: Science Plan and Implementation Strategy. IGBP Report

No. 53/IHDP Report No. 19. Stockholm: IGBP Secretariat.

Goel A K, Kumar R. 2005. Economic analysis of water harvesting in a mountainous watershed in India. Agricultural Water Management, 71: 257-266.

Goetz S J, Prince S D. 1996. Remote sensing of net primary production in boreal forest stands. Agricultural and Forest Meteorology, 78: 149-179.

Goldewijk K K, Ramankutty N. 2004. Land cover change over the last three centuries due to human activities: the availability of new global data sets. GeoJournal, 61 (4): 335-344.

Gorham E, Vitousek P M, Reiners W A. 1978. The regulation of chemical budgets over the course of terrestrial ecosystem succession. Annual Review of Ecology and Systematics, 10: 53-84.

Goryachkin S V, Sharina E V. 1997. Evolution and dynamics of soil-geomorphic system in karst landscapes of the European north. Eurasian Soil Science, 30 (10): 1045-1055.

Gotts N, Pollihill J. 2002. FEARLUS- W: an agent- based model of river basin land use and water management. http: //www. macaulay. ac. uk/fearlus/ [2012-08-07] .

Grant J P. 1994. The State of the World' s Children 1994. New York: Unicef/Oxford University Presss.

Grassberger P. 1983. On efficient box counting algorithms. International Journal of Modern Physics C, 4 (3): 515-523.

Gray L C. 1999. Is land being degraded? A multi-scale investigation of landscape change in southwestern Burkina faso. Land Degradation & Development, 10: 329-343.

Gregorich E G, Carter M R, Angers D A. 1991. Towards a minimum data set to assess soil organic matter quality in agricultural soils. Canadian Journal of Soil Science, 74: 367-385.

Grepperud S. 1996. Population pressure and land degradation: the case of ethiopia. Journal of Environmental Economics and Management, 30: 18-33.

Groombridge B, Jenkins M D. 2000. Global Biodiversity: Earth' s Living Resources in the 21st Century. UK: World Conservation Monitoring Centre.

Grumbine R E. 1994. What is ecosystem management? Conservation Biology, 8 (1): 27-38.

Guber A K, Pachepsky Y A, Levkovsky E V. 2005. Fractal mass-size scaling of wetting soil aggregates. Ecological Modeling, 182 (3-4): 317-322.

Gunn J, Sarah C, Michelle G, et al. 1991. Human impact on the Cuilcagh karst, Ireland//Sauro U, Bondesan A, Meneghel M. Proceedings of the International Conference on Environmental Changes in Karst Areas. Italy: Universita di Padova.

Gutman G, Janetos A C, Justice C O. 2004. Land Change Science: Observing, Monitoring and Understanding Trajectories of Change on the Earth's Surface. Dordrecht: Kluwer Academic Publishers.

Guy B, Berrien M I I I. 2002. The new and evolving IGBP. IGBP Newsletter, (50): 1-3.

Habermas J. 1978. Knowledge and Human Interests. London: Heinemann.

Hadley R F, Schumm S A. 1961. Sediment sources and drainage basin characteristics in upper Cheyenne River basin. U. S. Geological Survey Water-Supply Paper, 1531-B: 137-196.

Haeuber R, Franklin J. 1996. Perspectives on ecosystem management. Ecological Applications, 6 (3): 692-693.

Hardin G. 1968. The tragedy of commons. Science, 162: 1243-1248.

Harms W B, Knaapen J P. 1987. Landscape Planning and Ecological Infrastructure: The Randstad Study. Proceedings of the 2nd International Seminar of the IALE. Switzerland: IALE.

Harris R F, Karlen D L, Mulla D J. 1996. A conceptual framework for assessment and management of soil quality and health//Doran J W, Jones A J Methods for Assessing Soil Quality. SSSA Spec. Publ. No. 49. Madison, WI:

SSSA.

Hay G J, Marceau D J, Dubén P, et al. 2001. A multiscale framework for landscape analysis: object-specific analysis and upscaling. Landscape Ecology, 16 (6): 471-490.

Hayes J C, Bafield B J, Barnhisel R I. 1984. Performance of grass filters under laboratory and field conditions. Transactions of the ASAE, 27 (5): 1321-1331.

Hayes J M, Popp B N, Takigiku R, et al. 1989. An isotopic study of biogeochemical relationships between carbonates and organic carbon in the Greenhorn Formation. Geochem Cosmochim Acta, 53: 2961-2972.

Heath R L, Packer L. 1968. Photoperoxidation in isolated chloroplasts: I. Kinetics and Stoichiometry of fatty acid peroxidation. Arch Biochem Biophys, 125: 189-198.

Heinemann H G. 1981. A new sediment trap efficiency curve for small reservoirs. Water Resour. Bull. 17: 825- 830.

Helmut G. 2001. An overview of research projects, 1997-2001. LUCC Newsletter, 6: 1-3.

Herrmann S, Anyamba A, Tucker C. 2005. Recent trends in vegetation dynamics in the African Sahel and their relationship to climate. Global Environmental Change, 15: 394-404.

Herrick J E. 2000. Soil quality: an indicator of sustainable land management? Applied Soil Ecology, 15: 75-83.

Hickey R. 2000. Slope angle and slope length solutions for GIS. Cartography, 29: 1-8.

Hietala-Koivu R. 1999. Agricultural landscape change: a case study in Yläne, southwest Finland. Landscape and Urban Planning, 46: 103-108.

Hijmans R J, Cameron S E, Parra J L, et al. 2005. Very high resolution interpolated climate surfaces for global land areas. International Journal of Climatology, 25: 1965-1978.

Hill J, Hostert P, Tsiourlis G, et al. 1998. Monitoring 20 years of increased grazing impact on the Greek island of Crete with earth observation satellites. Journal of Arid Environments, 39: 165-178.

Hilton J, Lishman J P. 1985. The effect of the magnetic susceptibility of sediments from a seasonally anoxic lake. Limnology and Oceanography, 30: 907-909.

Hobbs T J. 1993. Effects of landscape fragmentation on ecosystem processes in the western Australian wheat belt. Bilogical Conservation, 64 (3): 193-201.

Holben B N. 1986. Characteristics of maximum-value composite images for temporal AVHRR data. International Journal of Remote Sensing, 7 (11): 1435-1445.

Hollander D J, Mckenzie J A. 1991. CO_2 control on carbon-isotope fractionation during aqueous photosynthesis: a paleop CO_2 baromemter. Geology, 19: 929-932.

Holling C S. 1992. Cross-scale morphology, geometry, and dynamics of ecosystems. Ecological Monographs, 62: 447-502.

Holm A M, Cridland S W, Roderick M L. 2003. The use of time-integrated NOAA NDVI data and rainfall to assess landscape degradation in the arid shrubland of Western Australia. Remote Sensing of Environment, 85: 145-158.

Holmund C, Hammer M. 1999. Ecosystem services generated by fish populations. Ecological Economics, 29: 253-268.

Holt R D, Montgomery D R, Anastas P, et al. 2010. 2020 visions. Nature, 463 (7277): 26-32.

Hontoria C, Rodriguez-Murillo J C, Saa A. 1999. Relationship between soil organic carbon and site characteristics in Peninsular Spain. Soil Science Society of America Journal, 63: 614-621.

Hoshino S. 2001. Multilevel modeling on farmland distribution in Japan. Land Use Policy, 18: 75-90.

Houghton R A. 1994. The worldwide extent of land-use change. Bioscience, 44 (5): 305-313.

Houghton R A, Hackler J L, Lawrence K T. 1999. The U. S. carbon budget: contribution from land- use change. Science, 285: 574-578.

Howarth J P, Wichware G M. 1981. Procedure for change detection using Landsat digital data. International Journal of Remote Sensing, 2: 277-291.

Hu W. 1997. Household land tenure reform in China: its impact on farming land use and agro-environment. Land Use Policy, 14 (3): 175-186.

Huang C C, O'Connell M. 2000. Recent land-use and soil-erosion history within a small catchment in Connemara, Western Ireland: evidence from lake sediments and documentary sources. Catena, 41: 293-335.

Huang G H. 1996. An interval parameter water quality management model. Engineering Optimization, 26: 79-103.

Huang G H. 1998. A hybrid inexact-stochastic water management model. Operational Research, 107: 137-158.

Huang G H, Baetz B W, Patry G G. 1992. A grey linear programming approach for municipal solid waste management planning under uncertainty. Civil Engineering Systems, 9: 319-335.

Huang G H, Brain W, Baetz G, et al. 1995. Theory and methodology grey integer programming: an application to waste management planning under uncertainty. European Journal of Operational Research, 83: 594-620.

Huang Q H, Cai Y L. 2006. Assessment of karst rocky desertification using the radial basis function network model and GIS technique: a case study of Guizhou Province, China. Environmental Geology, 49 (8): 1173-1179.

Huang Q H, Cai Y L. 2007a. Simulation of land use change using GIS-based stochastic model: the case study of Shiqian County, Southwestern China. Stochastic Environmental Research & Risk Assessment, 21 (4): 419-426 .

Huang Q H, Cai Y L. 2007b. Spatial pattern of Karst rock desertification in the Middle of Guizhou Province, Southwestern China. Environmental Geology, 52 (7): 1325-1330.

Huang Q H, Cai Y L. 2009. Mapping Karst Rock in Southwest China. Mountain Research and Development, 29 (1): 14-20.

Huang Q H, Cai Y L, Peng J. 2007. Modeling the spatial pattern of farmland using GIS and multiple logistic regressions: a case study of Maotiao River Basin, Guizhou Province, China. Environmental Modeling & Assessment, 12 (1): 55-61.

Huang Q H, Cai Y L, Xing X S. 2008. Rocky desertification, antidesertification, and sustainable development in the Karst Mountain Region of Southwest China. Ambio, 37 (5): 390-392.

Hubacek K. 2001. A scenario analysis of China's land use and land cover change: incorporating biophysical information into input-output modeling. Structural Change and Economic Dynamics, 12 : 367-397.

Hudak A T, Wessman C A. 2000. Deforestation in Mwanza District, Malawi, from 1981 to 1992, as determined from Landsat MSS imagery. Applied Geography, 20: 155-175.

Hudson N W. 1995. Soil Conservation. Iowa: Iowa State University Press.

Huff D. 1973. How to Lie With Statistics. Middlesex: Penguin Books.

Huigen M. 2004. First principles of the MameLuke multi-actor modeling framework for land-use change, illustrated with a Philippine case study. Journal of Environmental Management, 72: 5-21.

IAEA. 2001. Assessment of Soil Erosion through the Use of ^{137}Cs and Related Techniques as A Basis for Soil Conservation, Sustainable Agricultural Production and Environmental Protection (D1-50. 05) . Final Report of the FAO/IAEA Co-ordinated Research Project. Vienna, Austria: IAEA.

Iannelli M A, Pietrini F, Fiore L, et al. 2002. Antioxidant response to cadmium in Phragmites australis plants. Plant Physiol Biochem, 40: 977-982.

IGBP. 1996. Natural Disturbances and Human Land Use in Dynamic Global Vegetation Models, IGBP Report No. 38. Stockholm: IGBP Secretariat.

IGBP/IHDP. 1993. Relating Land Use and Global Land- cover Change. IGBP Report No. 24/IHDP Report No. 5. Stockholm: IGBP Secretariat.

IGBP/IHDP. 1995. Land-use and Land- cover Change Science/Research Plan. IGBP Report No. 35/IHDP Report No. 7. Stockholm: IGBP Secretariat.

IGBP, IHDP, WRCP. 2001. Abstract of Global Change Open Conference. Amsterdam, the Netherland: Congress Holland BV.

IGU. 2004. Progress of TGU-LUCC: Entering A New Phase. International Geographical Union Commission on Land Use/Cover Change. News Letter, ISSN 1345-4196. Cape Town: South Africa.

Imeson A C, Cammeraat L H, Prinsen H A. 1998. Conceptual approach for evaluating the storage and release of contaminants derived from process based land degradation studies: an example from the Guadalentín basin, Southeast Spain. Agriculture, Ecosystems and Environment, 67: 223-237.

Ingram J, Lee J, Valentin C. 1996. The GCTE soil erosion network: a multi- participatory research program. Journal of Soil and Water Conservation, 51 (5): 377-380.

Inter-American Institute for Global Change Research (IAI) . 1994. Report of the IAI Workshop on the Study of the Impacts of Climate Change on Biodiversity. Guadelajara, Mexico: IAI.

Ionita I, Margineanu R M, Hurjui C. 2000. Assessment of the reservoir sedimentation rates from ^{137}Cs measurements in the Moldavian Plateau. Acta Geologica Hispanica, 35 (3-4): 357-367.

Irons J R, Ranson K L. 1988. Estimating big blueetem elbedo from disectional reflectance measurements. Remote Sensing of Environment, 25: 185-199.

Irwin E, Geoghegan J. 2000. Theory, data, methods: developing spatially- explicit economic models of land use change. Agriculture, Ecosystems and Environment, 85: 7-24.

Islam K R, Weil R R. 2000. Land use effects on soil quality in a tropical forest ecosystem of Bangladesh. Agriculture, Ecosystems and Environment, 79: 9-16.

Jaeger J A G. 2000. Landscape division, splitting index, and effective mesh size: new measures of landscape fragmentation. Landscape Ecology, 15: 115-130.

Jakubauskas M E. 1996. Thematic mapper characterization of lodgepole pine serial stages in Yellowstone National Park . Remote Sensing of Environment, 56: 118-132.

Jansen L J M, Gregorio A D. 2002. Parametric land cover and land-use change as tools for environmental change detection. Agriculture, Ecosystems and Environment, 91: 89-100.

Janvry A. 2001. Access to Land, Rural Poverty and Public Action. Oxford: Oxford University Press.

Jarvis N. 1994. The MACRO Model—Technical Description and Sample Simulations. Reports and Dissertations No. 19. Uppsala: Department of Soil Sciences.

Jayne T S. 2003. Smallholder income and land distribution in Africa: implications for poverty reduction strategies. Food Policy, 28: 253-275.

Jeanne K, Kasperson R E, Turner B L. 1995. Regions at Risk- comparisons of Threatened Environment. Tokyo, New York, Paris: United Nations University Press.

Jelinski D E, Wu J G. 1996. The modifiable areal unit problem and implications for landscape ecology. Landscape Ecology, 11 (3): 129-140.

Jenkins M. 2003. Prospects for biodiversity. Science, 302: 1175-1178.

Jetten V, DeRoo A P J, Favis- Mortlock D T. 1999. Evaluating of field- scale and catchment- scale soil erosion models. Catena, 37: 521-541.

Jiang H, Apps M J, Zhang Y L. 1999. Modeling the spatial pattern of net primary productivity in Chinese forests.

Ecological Modeling, 12 (2): 275-278.

Jiang Z C. 1985. The Structure of Karst Ecological System. The Research Report for the Project Supported by the Ministry of Geology and Mineral Resources.

Johnson G D, Patil G P. 1998. Quantitative multiresolution characterization of landscape patterns for assessing the status of ecosystem health in watershed. Ecosystem Health, 4 (3): 177-187.

Johnson G D, Myers W L, Patil G P, et al. 2001. Characterizing watershed-delineated landscapes in Pennsylvania using conditional entropy profiles. Landscape Ecology, 16: 597-610.

Johnson R D, Kasischke E S. 1998. Change vector analysis: a technique for the multispectral monitoring for land cover and condition. International Journal of Remote Sensing, 19 (3): 411-426.

Johnston G A. 1988. Geographical information systems for cumulative impact assessment. Photogrammetric Engineering and Remote Sensing, 54 (11): 1909-1915.

Jonathan A F, Ruth D, Gregory P A, et al. 2005. Global consequences of land use. Science, 309: 570-574.

Jones P A, Loughran R J, Elliott G L. 2000. Sedimentation in semi-arid zone reservoir in Australia determined by ^{137}Cs. Acta Geologica Hispanica, 35 (3-4): 329-338.

Jose A, Martnez- Casasnovasa M, Concepcion R, et al. 2005. On- site effects of concentrated flow erosion in vineyard fields: some economic implications. Catena, 60: 129-146.

Justice C, Townshend J. 2002. Special issue on the Moderate Resolution Imaging Spectroradiometer (MODIS): a new generation of land surface monitoring. Remote Sensing of Environment, 83: 1-2.

Justice C O, Vermote E, Townshend J, et al. 1998. The Moderate Resolution Imaging Spectroradiometer (MODIS): land remote sensing for global change research. IEEE Transactions on Geoscience and Remote Sensing, 36 (4): 1228-1249.

Kates R W, Wilbanks T J. 2003. A Grand Query: How Scale Matters in Global Change Research. Cambridge: Cambridge University Press.

Kates R W, Clark W C, Corell R, et al. 2001. Sustainability science. Science, 292: 641-642.

Kaiser J. 2004. Wounding earth's fragile skin. Science, 304: 1616-1618.

Kalnay E, Cai M. 2003. Impact of urbanization and land-use change on climate. Nature, 423: 528-531.

Kareiva P. 1990. Population dynamics in spatially complex environments: theory and data [and discussion]. Philosophical Transactions of the Royal Society B, 330: 175-190.

Karlen D L, Andrew S S, Doran J W, et al. 2003. Soil quality-humankind's foundation for survival. Journal of Sol and Water Conservation, 58: 171-179.

Kates R W, Clark W C, Corell R, et al. 2001. Sustainability science. Science, 292: 641-642.

Kaufmann G, Braun J. 2001. Modelling karst denudation on a synthetic landscape. Terra Nova, 13 (5): 313-320.

Kaushal S, Binford M W. 1999. Relationship between C : N ratio of lake sediments, organic matter sources, and historical deforestation in Lake Pleasant, Massachusetts, USA. Journal of Paleolimnology, 22: 439-442.

Kay B D, Angers D A. 2000. Soil structure//Sumner M E. Handbook of Soil Science. Boca Raton: CRC Press.

Keenleyside C, Baldock D, Hjerp P, et al. 2009. International perspectives on future land use. Land Use Policy, 26 (S): S14-S29.

Kemp P R, Reyolds J F, Pachepsky Y, et al. 1997. A comparative modeling study of soil water dynamics in a desert ecosystem. Water Resources Research, 33 (1): 73-90.

Kevin J E, Graeme W. 2001. Lake sediments, erosion and landscape change during the Holocene in Britain and Ireland. Catena, 42: 143-173.

Kitchin R, Tate N. 2000. Conducting research in human geography: theory, methodology and practice. UK: Benjamin-Cummings Publishing Corporation.

Kiker C, Lynne G. 1986. An economic model of soil conservation: comment. American Journal of Agricultural Economics, 68 (3): 739-742.

King J, Banerjee S K, Marvin J, et al. 1982. A comparison of different magnetic methods for determining the relative grain size of magnetite in natural materials: some results from lake sediments. Earth and Planetary Science Letter. , 59: 404-419.

Knisel W G. 1980. CREAMS-a field scale for chemicals, runoff and erosion from agricultural management systems. Conversion Research Report No. 26. Washington D. C. : U. S. Department of Agriculture.

Knops J M H, Tilman D. 2000. Dynamics of soil nitrogen and carbon accumulation for 61 years after agricultural abandonment. Ecology, 81 (1): 88-98.

Kohonen T. 1990. The self-organizing map. Proceedings of IEEE, 78 (9): 1464-1480.

Kohonen T. 1997. Self Organizing Maps (2nd ed.). Berlin: Springer.

Kok K. 2001. A method and application of multi- scale validation in spatial land use models. Agriculture, Ecosystems and Environment, 85: 223-238.

Kok K, Veldkamp A. 2001. Evaluating impact of spatial scales on land use pattern analysis in Central America. Agriculture, Ecosystems & Environment, 85 (1-3): 205-221.

Kolasa J, Pickett S T A. 1992. Ecosystem stress and health: an expansion of the conceptual basis. Journal of Aquatic Ecosystem Health, 1: 7-13.

Koning G H J. 1999. Exploring changes in Ecuadorian land use for food production and their effects on natural resources. Journal of Environmental Management, 57: 221-237.

Kravchenko A, Zhang R D. 1998. Estimating the soil water retention from particle- size distribution: a fractal approach. Soil Science Society of America Journal, 62 (3): 171-179.

Krishnaswamy S, Lal D, Martin J M, et al. 1971. Geochronology of lake sediments. Earth and Planetary Science Letters, 11: 407-414.

Kristin S. 1994. Ecosystem health: a new paradigm for ecological assessment? Trends in Ecology & Evolution, 9: 456-457.

Kuhn T. 1962. The Structure of Science Revolution. Chicago: University of Chicago Press.

Kumar D, Ahmed S, Krishnamurthy N S, et al. 2007. Reducing ambiguities in vertical electrical sounding interpretations: a geostatistical application. Journal of Applied Geophysics, 62: 16-32.

Kummer D M, Turner B L Ⅱ. 1994. The human causes of deforestation in Southeast Asia. Bioscience, 44 (5): 323-328.

Kuyvenhoven A. 1998. Technology, market policies and institutional reform for sustainable land use in southern Mali. Agricultural Economics, 19: 53-62.

Laflen J M, Lwonard J L, Foster G R. 1991. WEPP a new generation of erosion prediction techmology. Journal of Soil and Water Conservation, 46 (1): 34-38.

Lal R. 1987. Effects of soil erosion on crop productivity. Science, 5: 303-367.

Lal R. 1998. Soil Quality and Sustainability. Methods for Assessment of Soil Degradation. USA: CRC Press LLC.

Lal R. 2000. Physical management of soils of the tropics: priorities for the 21st century. Soil Science, 165: 191-207.

Lambin E F. 1994. Modelling Deforestation Processes: A Review. TREES Series B. Research Reports No. 1. Brussels: European Commission.

Lambin E F, Geist H J. 2001. Global land-use and land-cover change: what have we learned so far? Global Change News Letter, (46): 27-30.

Lambin E F, Meyfroidt P. 2011. Global land use change, economic globalization, and the looming land scarcity. Proceedings of the National Academy of Sciences, 108 (9): 3465-3472.

Lambin E F, Baulies X, Bockstael N. 1999. Land-use and Land-cover Change (LUCC): Implementation Strategy. IGBP Report No. 48 and IHDP Report No. 10. Stochkholm: IGBP.

Lambin E F, Rounsevell M D A, Geist H J. 2000. Are agricultural land-use models able to predict changes in land-use intensity? Agriculture, Ecosystems and Environment, 82: 321-331.

Lambin E F, Turner Ⅱ B L, Geist H, et al. 2001. Our emerging understanding of the causes of land-use/cover change: moving beyond the myths. Global Environmental Change, 11 (4): 261-269.

Lamoreaux P E, Powell W J, LeGrand H E. 1997. Environmental and legal aspects of karst areas. Environmental Geology, 29 (1-2): 23-36.

Lanly J P. 1982. Tropical Forest Resources. Rome: Food and Agricultural Organization of the United Nations.

Larcher W. 1995. Physiological Plant Ecology (Third edition). Berlin: Springer-Verlag.

LeGrand H E. 1973. Hydrological and ecological problems of Karst regions. Science, 179 (4076): 859-864.

Leigh R V, Ahmad N, Gareth R, et al. 1981. Assessment of glycinebetaine and proline compartmentation by analysis of isolated beet vacuoles. Planta, 153: 34-41.

Lesschen J, Verburg P, Staal S. 2005. Statistical Methods for Analysing the Spatial Dimension of Changes in Land Use and Farming Systems. LUCC Report Series No. 7. Nairobi & Wageningen: International Livestock Research Institute, Department of Environmental Sciences.

Li J, Lewis J, Rowland J, Tappan G, et al. 2004. Evaluation of land performance in Senegal using multi-temporal NDVI and rainfall series. Journal of Arid Environments, 59: 463-480.

Li S C, Chang Q, Peng J, et al. 2009. Indicating landscape fragmentation using L-Z complexity. Ecological Indicator, 9: 780-790.

Li X B, Sun L. 1997. Driving Forces of Arable Land Conversion in China. IIASA Report IR-97-096. Laxenburg: IIASA.

Li Y, Poesen J, Yang J C, et al. 2003. Evaluating gully erosion using ^{137}Cs and $^{210}Pb/^{137}Cs$ ratio in a reservoir catchment. Soil & Tillage Research, 69: 107-115.

Li Y P, Huang G H, Nie S L, et al. 2007. ITCLP: an inexact two-stage chance-constrained program for planning waste management systems. Resources, Conservation and Recycling, 49: 284-307.

Lieth H, Whittaker R H. 1975. Primary Productivity of the Biosphere. New York: Springer-Verlag.

Ligtenberg A, Bregt A K, Lammeren R. 2001. Multi-actor-based land use modeling: spatial planning using agents. Landscape and Urban Planning, 56: 21-33.

Ligtenberg A, Wachowicz M, Bregt A K, et al. 2004. A design and application of a multi-agent system for simulation of multi-actor spatial planning. Journal of Environmental Management, 72: 43-55.

Lindeijer E. 2000. Biodiversity and life support impacts of land use in LCA. Journal of Cleaner Production, 8: 313-319.

Liu J, Chen J M, Cihlar J. 1997. A process-based boreal ecosystem productivity simulator using remote sensing inputs. Remote Sensing of Environment, 62 (2): 158-175.

Liu S, Kairé M, Wood E. 2004. Impacts of land use and climate change on carbon dynamics in south-central Senegal. Journal of Arid Environments, 59: 583-604.

Liverman D, Moran E F, Rindfuss R R, et al. 1998. People and Pixels: Linking Remote Sensing and Social

Science. Washington D. C.: National Academy Press.

Lobo A, Moloney K, Chic O. 1998. Analysis of fine-scale spatial pattern of a grassland from remotely-sensed imagery and field collected data. Landscape Ecology, 13: 111-131.

Long H L, Heilig G K, Wang J, et al. 2006. Land use and soil erosion in the upper reaches of the Yangtze River: some socio-economic considerations on China's Grain-for-green Programme. Land Degradation & Development, 17 (6): 589-603.

Long H L, Heilig G K, Li X B, et al. 2007a. Socio-economic development and land-use change: analysis of rural housing land transition in the Transect of the Yangtse River, China. Land Use Policy, 24 (1): 141-153.

Long H L, Tang G, Li X B, et al. 2007b. Socio-economic driving forces of land-use change in Kunshan, the Yangtze River Delta Economic Area of China. Journal of Environmental Management, 83 (3): 351-364.

Loughran R J. 1990. The measurement of soil erosion. Progress in Physical Geography, 13: 216-233.

Loveland T R, Belward A S. 1997. The IGBP-DIS Global 1km Land Cover DataSet, DISCover: First Results. International Journal of Remote Sensing, 18 (15): 3289-3295.

Loveland T R, Merchant J W, Brown J F, et al. 1995. Seasonal land-cover regions of the united states. Annals of the Association of American Geographers, 85 (2): 1453-1463.

Lowery B, Swan J, Schumacher T, et al. 1995. Physical properties of selected soils by erosion class. Soil Water Conservation, 50: 306-311.

Lu H, Raupach M R, McVicar T R, et al. 2003. Decomposition of vegetation cover into woody and herbaceous components using AVHRR NDVI time series. Remote Sensing of Environment, 86: 1-18.

Lubchenco J, Olson A, Brubaker L, et al. 1991. The sustainable biosphere initiative: an ecological research agenda. Ecology, 72 (2): 371-412.

Lucas N S, Shanmugam S, Barnsley M. 2002. Sub-pixel habitat mapping of a costal dune ecosystem. Applied Geography, 22: 253-270.

Luckman P G. 1995. Integrated economic-biophysical modelling to support land use decision-making in eroding New Zealand hill lands. Mathematics and Computer in Simulation, 39: 233-238.

Ludeke A, Maggio R, Reid L. 1990. An analysis of anthropogenic deforestation using logistic regression and GIS. Journal of Environmental Management, 31: 247-259.

Luque S S. 2000. The challenge to manage the biological integrity of nature reserves: a landscape ecology perspective . International Journal of Remote Sensing, 21 (13-14): 2613-2643.

Luützow M V, Leifeld J, Kainz M, et al. 2002. Indications for soil organic matter quality in soils under different management. Geoderma, 105: 243-258.

Mackereth F J H. 1965. Chemical investigation of lake sediments and their interpretation. Proceedings of the Royal Society of London, 161: 295-309.

Mageau M T, Costanza R, Ulanowica R E. 1995. The development and initial testing of a quantitative assessment of ecosystem health. Ecosystem Health, 1: 201-213.

Maher B A. 1985. Charcterisation of soils mineral magnetic measurements. Physics of the Earth and Planetary Interiors, 42: 76-85.

Maier L, Shobayashi M. 2001. Multi-functionality: Towards An Analytical Framework. Paris: Organization for Economic Co-operation and Development.

Mandelbrot B B. 1967. How long is the coast of Britain? Statistical self-similarity and fractional dimension. Science, 156 (3775): 636-638.

Mandelbrot B B. 1982. The Fractal Geometry of Nature. San Francisco: W. H. Freeman and Company.

Mandelbrot B B, Van Ness J W. 1968. Fractional brownian motion, fractional noise and application. SIAM (Society for Industrial and Applied Mathematics) Review, 10: 422-437.

Mander U È, Kull A, Tamm V. 1999. Impact of climatic fluctuations and land use change on runoff and nutrient losses in rural landscapes. Landscape and Urban Planning, 42 (6): 801-806.

Manson S M. 2000. Agent-based dynamic spatial simulation of land-use/cover change in the Yucatán peninsula, Mexico//Parks B O, Clarke K M, Crane M P. Proceedings of 4th International Conference on Integrating GIS and Environmental Modeling (GIS/EM4): Problems, Prospects and Research Needs. Boulder: University of Colorado.

Marceau D J. 1992. The Problem of Scale and Spatial Aggregation in Remote Sensing: An Empirical Investigation Using Forestry Data. Doctor Dissertation. Waterloo: Department of Geography, University of Waterloo.

Marceau D J, Hay G J. 1999. Remote sensing contributions to the scale issue. Canadian Journal of Remote Sensing, 25 (4): 357-366.

Mariano H, Scott N M, David C G. et al. 2000. Modeling runoff response to land cover and rainfall spatial variability in semi-arid watersheds. Environmental Monitoring and Assessment, 64: 285-298.

Marili B, Mario V. 1993. Erosion rate in badlands of central Italy: estimation by radiocaesiun istope ratio from Chemobyl nuclear accident. Applied ceochemistry, 8 (5): 437-445.

Martínez-Mena M, Deeks L K, Williams A G. 1999. An evaluation of a fragmentation fractal dimension technique to determine soil erodibility. Geoderma, 90 (1-2): 87-98.

Maselli F, Chiesi M. 2006. Integration of multi- source NDVI data for the estimation of Mediterranean forest productivity. International Journal of Remote Sensing, 27 (1): 55-72.

Matson P A, Parton W J, Power A G. 1997. Agriculture intensification and ecosystem properties . Science, 277: 504-509.

Matthews K B, Craw S, MacKenzie I. 1999. Applying genetic algorithms to land use planning. Proceedings of the 18th Workshop of the UK Planning and Scheduling Special Interest Group. UK: University of Salford.

Matthews R, Gilbert N, Roach A, et al. 2007. Agent-based land-use models: a review of applications. Landscape Ecology, 22: 1447-1459.

Mazhoudi S, Chaoui A, Ghorbal M H, et al. 1997. Response of antioxidant enzymes to excess copper in tomato (Lycopersicon esculentum Mill.) Plaut Science, 127: 129-137.

McConnell W J. 2001a. Agent- based Models of Land- use and Land- cover Change. LUCC Report Series No. 6. Louvain-la-Neuve: LUCC International Project Office.

McConnell W J. 2001b. FAO Africover project and land cover classification system endorsed. LUCC Newletters, 6: 16.

McConnell W J, Sweeney S P, Mulley B. 2004. Physical and social access to land: spatio-temporal patterns of agricultural expansion in Madagascar. Agriculture, Ecosystems and Environment, 101: 171-184.

McGarigal K, Marks B J. 1995. Fragstats: Spatial Pattern Analysis Program for Quantifying Landscape Structure. USDA Forest Service General Technical Report PNW-GTR-351. Washington D. C. : USDA.

McLennan S M. 1993. Weathering and global denudation. The Journal of Geology, 101: 295-303.

McMahon G, Benjamin S P, Clarke K, et al. 2005. Geography for A Changing World - A Science Strategy for the Geographic Research of the U. S. Geological Survey, 2005-2015. Sioux Falls, SD: U. S. Geological Survey Circular.

McMichael A J, Kovats R S. 2000. Global environmental changes and health: approaches to assessing risks. Ecosystem Health, 6 (1): 59-66.

Meadows D L. 1995. It is too late to achieve sustainable development, now let us strive for survivable development. Journal of Global Environment Engineering, (1): 1-14.

Meertens H C C. 1996. Farming systems dynamics: impact of increasing population density and the availability of land resources on changes in agricultural systems. The case of Sukumaland, Tanzania. Agriculture, Ecosystem and Environment, 56: 203-215.

Mendoza G A. 1987. A mathematical model for generating land-use allocation alternatives for agroforestry systems. Agroforestry Systems, 5: 443-453.

Meneghel M, Aldino B. 1991. World inventory of Karst researchers: preliminary report//Sauro U, Bondesan A, Meneghel M. Proceedings of the International Conference on Environmental Changes in Karst Areas. Italy: Universita di Padova.

Mermut A R, Eswaran H. 2001. Some major developments in soil science since the mid-1960s. Geoderma, 100: 403-426.

Mertens B, Lambin E. 2000. A spatial model of land-cover change trajectories in a frontier region in southern Cameroon. Annals of the Association of America Geographers, 90 (3): 467-494.

Mertens B, Sunderlin W, Ndoye O. 2000. Impact of macro-economic change on deforestation in South Cameroon: integration of household survey and remotely-sensed data. World Development, 28: 983-999.

Mertens B, Poccard-Chapuis R, Piketty M G, et al. 2002. Crossing spatial analyses and livestock economics to understand deforestation processes in the Brazilian Amazon: the case of São Félix do Xingú in South Pará. Agricultural Economics, 27: 269-294.

Mertensl B T, Lambin E. 1999. Modelling land cover dynamics: integration of fine-scale land cover data with landscape attributes. International Journal of Applied Earth Observation and Geoinformation, 1 (1): 48-52.

Metternicht G, Fermont A. 1998. Estimating erosion surface features by linear mixture modeling. Remote Sensing of Environment, 64: 254-265.

Meyer L D. 1984. Evaluation of the universal soil loss equation. Journal of Soil and Water Conservation, 39: 99-104.

Meyer W B, Turner Ⅱ B L. 1992. Human population growth and global land use/cover change. Annual Review of Ecology & Systematics, 23: 39-61.

Meyer W B, Turner Ⅱ B L. 1994. Change in Land Use and Land Cover: A Global Perspective. London: Cambridge University Press.

Millán H, Orellana R. 2001. Mass fractal dimensions of soil aggregates from different depths of a compacted vertisol. Geoderma, 101 (3-4): 65-76.

Millennium Ecosystem Assessment Board. 2003. Ecosystems and Human Well-being: A Framework for Assessment. Washington D. C.: Island Press.

Miller M F. 1926. Waste through soil erosion. Journal of American Society of Agronomy, 18: 153-160.

Millikil C S, Bledsoe C S. 1999. Biomass and distribution of fine and coarse roots from blue oak (*Quercusc couglasi*) trees in the northern Sierra Nevada foothills of California. Plant Soil, 214: 27-38.

Millington A. 1999. Population dynamics, socioeconomic change and land colonization in northern Jordan, with special reference to the Badia Research and Development Project area. Applied Geography, 19: 363-384.

Mitasova H, Hofierka J, Zlocha M. 1996. Modelling topographic potential for erosion and deposition using GIS. International Journal of Geographical Information Systems, 10 (5): 629-641.

Monteith J L. 1972. Solar radiation and productivity in tropical ecosystem. Applied Ecology, 9: 747-766.

Moody J, Darken C. 1989. Fast learning in networks of locally tuned processing units. Neural Computation, 4:

740-747.

Moore I D, Gessler P E, Nielsen G A, et al. 1993. Soil attribute predictions using terrain analysis. Soil Science Society of America Journal, 57 (2): 443-452.

Mooreb M. 2000. International Geosphere Bioshphere Programme: a study of global change, some reflections. IGBP News Letter, 40: 1-3.

Moran E F. 2001. The Center for the Study of Institutions, Population and Environmental Change (CIPEC). LUCC Newsletter, 6: 8-9.

Moran E F. 2003. News on the land project. Global Change Newsletter Issue, 54: 19-21.

Morgan J M. 1984. Osmoregulation and water stress in higher plants. Annual Review of Plant Physiology, 35: 299-319.

Morris S J, Boerner R E J. 1998. Landscape patterns of nitrogen mineralization and nitrification in southern Ohio hardwood forests. Landscape Ecology, 13: 215-224.

Moser S C. 1996. A partial instructional module on global and regional land use/cover change: assessing the data and searching for general relationships. Geo-journal, 39 (3): 241-283.

MÜcher S, Vente O. 2001. Establishment of a 1- km pan- European land cover database for environmental monitoring. LUCC Newletters, 6: 21-22.

Mueller D. 2001. Case study for Vietnam-development of an information system to assess land use change in upland watersheds. LUCC Newletters, 6: 10.

Munoz-Carpena R, Parsons J E, Gilliam J W. 1993. Numerical approach to the overland flow process in vegetative filter strip. Transactions of the ASAE, 36 (3): 761-770.

Munoz-Reinoso J C. 2001. Vegetation changes and groundwater abstraction in SW Donana, Spain. Journal of Hydrology, 242: 197-209.

Myneni R B, Keeling C, Tucker C J, et al. 1997. Increase plant growth in the north high latitudes from 1981 to 1991. Nature, 386: 698-702.

Nagendra H, Munroe D K, Southworth J. 2004. From pattern to process: landscape fragmentation and the analysis of land use/land cover change. Agriculture, Ecosystems and Environment, 101: 111-115.

Nancy D. 2001. Research and Assessment Systems for Sustainability Program. Vulnerability and Resilience for Coupled Human- environment Systems: Report of the Research and Assessment Systems for Sustainability Program 2001 Summer Study. Cambridge, MA: Environment and Natural Resources Program, Belfer Center for Science and International Affairs, Kennedy School of Government, Harvard University.

Narumalani S, Jensen J, Althausen J, et al. 1997. Aquatic macrophyte modelling using GIS and multiple logistic regression. Photogrammeteric Engineering & Remote Sensing, 63: 41-49.

National Research Council. 2010. Understanding the Changing Planet: Strategic Directions for the Geographical Sciences. Washington D. C., The National Academies Press.

Nearing M A, Foster G R, Lane L J. 1989. A process-based soil erosion model for USDA-water erosion prediction project technology. Trans of ASAE, 32 (5): 1587-1593.

Neil D T, Fogarty P. 1991. Land use and sediment yield on the Southern Tablelands of New South Wales. Australian Journal of Soil Water Conservation, 4 (2): 33-39.

Neil D T, Galloway R W. 1989. Estimation of sediment yields from catchments farm dam. Australian Journal of Soil Water Conservation, 2 (1): 46-51.

Nelson A. 2001. Analysing data across geographic scales: detecting levels of organisation within systems. Agriculture, Ecosystems & Environment, 85 (1-3): 107-131.

Nelson R F. 1983. Detecting forest canopy change due to insect activity using Landsat MSS. Photogrammetric Engineering and Remote Sensing, 49: 1303-1314.

Nemani R R, Keeling C D, Hashimoto H. et al. 2003. Climate- driven increases in global terrestrial net primary production from 1982 to 1999 . Science, 300: 1560-1563.

Nesbitt H W, Young G M. 1982. Early Proterozoic climates and plate motion inferred from major element chemistry of lutites. Nature, 299: 715-717.

Nesbitt H W, Young G M. 1989. Formation and diagenesis of weathering profiles. Journal of Geology, 97: 129-147.

Nightingale A. 2003. A feminist in the forest: situated knowledge and mixing methods in natural resource management. ACME, 2 (1): 77-90.

Noy M I. 1973. Desert ecosystem: environment and producers. Annual Review of Ecology and Systematic, 4: 25-51.

Nunes C, Augé J I. 1999. Land- use and Land- cover Change (LUCC): Implementation Strategy. IGBP Report No. 48/IHDP Report No. 10. Stockholm: IGBP.

Odum H. 1996. Environmental Accounting: Emergy and Environmental Decision Making. Now York: John Wiley & Sons Inc.

Ojima D S, Galvin K A, Turner B L. 1994. The global impact of land-use change. Bioscience. 44 (5); 300-304.

Ojima D S, Lavorel S, Graumich L, et al. 2002. Terrestrial human- environment systems: the future of land research in IGBP. Global Change Newsletter Issue, 50: 31-34.

Ojima D S, Moran E F, McConnell W, et al. 2005. Global Land Project: Science Plan and Implementation Strategy. IGBP Report No. 53/IHDP Report No. 19. Stockholm: IGBP Secretariat.

Ola H, Geoffrey J H, André B, et al. 2004. Detecting dominant landscape objects through multiple scales: an integration of object-specific methods and watershed segmentation. Landscape Ecology, 19: 59-76.

Oldfield F. 1977. Lakes and their drainage basins as units of sediment-based ecological study. Progress in Physical Geography, 1: 460-504.

Oldfield F. 1991. Environmental magnetism- a personal perspective. Quaternary Science Reviews, 10: 73-85.

Oldfield F, Yu L. 1994. The influence of particles size variations on the magnetic properties of sediments from the northeastern Irish Sea. Sedimentology, 41: 1093-1108.

Oldfield F, Rummery T A, Thompson R, et al. 1979. Identification of suspended sediment sources by means of magnetic measurements: some preliminary results. Water Resources Research, 15 (2): 211-218.

Oldfield F, Barnosky C, Leopold E B, et al. 1986. Mineral magnetic studies of lake sediments . Hydrobiologia, 103: 37-44.

O'Neill R V, Hunsaker C T, Jones K B. 1997. Monitoring environmental quality at the landscape scale. Bioscience, 47 (8): 513-519.

O'Neill R V, Riitters K H, Wickham J D, et al. 1999. Landscape pattern metrics and regional assessment. Ecosystem Health, 5 (4): 225-233.

Oost K V, Govers G, Desmet P. 2000. Evaluating the effects of changes in landscape structure on soil erosion by water and tillage. Landscape Ecology, 15: 577-589.

Openshaw S. 1977. A geographical solution to scale and aggregation problems in region-building, partitioning and spatial modelling. Institute of British Geographers, Transactions, New Series, 2: 459-472.

Openshaw S. 1978. An empirical study of some zone-design criteria. Environment and Planning A, 10: 781-794.

Openshaw S. 1979. A million of so correlation coefficients: three experiments on the modifiable areal unit problem//

Wrigley N. Statistical Applications in the Spatial Sciences. London: Pion.

Openshaw S. 1984. Ecological fallacies and the analysis of areal census data. Environment and Planning A, 16: 17-31.

Openshaw S, Taylor P J. 1981. The modifiable areal unit problem, in quantitative geography: a British view// Bennett R J. Quantitative Geography. London: Routledge and Kegan Paul.

Opdam P, Foppen R, Vos C. 2002. Bridging the gap between ecology and spatial planning in landscape ecology. Landscape Ecology, 16: 767-779.

Osborne R A, Branagan D F. 1991. Karst management issues in New South Wales, Australia//Sauro U, Bondesan A, Meneghel M. Proceedings of the International Conference on Environmental Changes in Karst Areas. Italy: Universita di Padova.

Ostwald M, Wibeck V, Stridbeck P. 2009. Proximate causes and underlying driving forces of land- use change among small- scale farmers- illustrations from the Loess Plateau, China. Journal of Land Use Science, 4 (3): 157-171.

Overmars K P, de Koning G H J, Veldkamp A. 2003. Spatial autocorrelation in multi- scale land use models. Ecological Modelling, 164 (2-3): 257-270.

Owens L B, Malone R W, Hothem D L, et al. 2002. Sediment carbon concentration and transport from small watersheds under various conservation tillage practices. Soil & Tillage Research, 67: 65-73.

Park J, Sandberg I W. 1991. Universal approximation using radial basis function network. Neural Computation, 3: 246-257.

Parker D C, Manson S M, Janssen M A, et al. 2001. Multi-agent systems for the simulation of land-use and land-cover change: a review. CIPEC Working Paper CW-01-05. Bloomington: CIPEC.

Parker D C, Manson S M, Janssen M A, et al. 2003. Multi- agent system models for the simulation of Land- use and Land-cover Change: a review. Annals of the Association of American Geographers, 93 (2): 314-337.

Parsons T. 1951. Social System. New York: Free Press.

Parton W J, Stewart J W B, Cole C V. 1988. Dynamics of C, N, P, and S in grassland soils: a model. Biogeochemistry, 5: 109-131.

Patil G P, Brooks R P, Myers B W. 2001. Ecosystem health and its measurement at landscape scale: toward the next generation of quantitative assessments. Ecosystem Health, 7 (4): 307-316.

Pauk K P, Thompson J E. 1980. Invitro simulation of senescence-related membrane damage by ozone-induced lipid peroxidation. Nature, 28 (3): 504-506.

Paul H J H. 1998. Information strategies for Geographical Information Systems. International Journal of Geographical Information Science, 12 (6): 621-639.

Pearce R B, Brown R H, Blazer R E. 1967. Photosynthesis in plant communities as influenced by leaf angle. Crop Scieuce, 7: 321-324.

Pearson D M. 2002. The application of local measures of spatial autocorrelation for describing pattern in north Australian landscape. Journal of Environmental Management, 64: 85-95.

Peng C, Apps M J. 1999. Modeling the response of net primary productivity (NPP) of boreal forest ecosystems to changes in climate and fire disturbance regimes. Ecological Modeling, 122: 175-193.

Peng J, Cai Y L, Yang M D, et al. 2007. Relating aerial erosion, soil erosion and sub- soil erosion to the evolution of Lunan Stone Forest, China. Earth Surface Processes and Landforms, 32 (2): 260-268.

Peng J, Xu Y Q, Cai Y L, et al. 2011a. The role of policies in land use/cover change since the 1970s in ecologically fragile karst areas of Southwest China: a case study on the Maotiaohe watershed. Environmental

Science & Policy, 14 (4): 408-418.

Peng J, Xu Y Q, Cai Y L, et al. 2011b. Climatic and anthropogenic drivers of land use/cover change in fragile karst areas of Southwest China since the early 1970s: a case study on the Maotiaohe watershed. Environmetal Earth Scieuce, 64: 2107-2118.

Penning de Vries F M T. 1982. Simulation of Plant Growth and Crop Production. Simulation Monographs. Wageningen: Pudoc.

Pennington W, Haworth E Y, Bonny A P, et al. 1972. Lake sediments in Northen Scotland. Philosophical Transaction of the Royal Society, B264: 191-194.

Pennington W, Cambray R S, Fisher E M. 1973. Observation on lake sediments using fallout ^{137}Cs as a tracer, Nature, 242: 324-326.

Pereira J, Itami R. 1991. GIS- based habitat modeling using logistic multiple regression: a study of the Mt. Grahamred squirrel. Photogrammetric Engineering and Remote Sensing, 57: 1475-1486.

Peterson D, Parker V T. 1998. Ecological Scale: Theory and Application. New York: Columbia University Press.

Pietro F D. 2001. Assessing ecologically sustainable agricultural land-use in the Central Pyrénées at the field and landscape level. Agriculture, Ecosystem and Environment, 86: 93-103.

Pilon P G, Howarth P J, Bullock R A. 1988. An enhanced classification approach to change detection in semiarid environment. Photogrammetric Engineering and Renote Sensing, 54: 1709-1716.

Pimentel D, Harvey C, Resosudarmo P. 1995. Environmental and economic costs of soil erosion and conservation benefits. Science, 267: 1117-1123.

Pirmoradian N, Sepaskhah A R, Hajabbasi M A. 2005. Application of fractal theory to quantify soil aggregate stability as influenced by tillage treatments. Biosystems Engineering, 90 (2): 227-234.

Place F, Otsuka K. 2001. Population, tenure, and natural resource management: the case of customary land area in Malawi. Journal of Environmental Economics and Management, 41: 13-32.

Pontius R G, Cornell J D, Hall C A S. 2001a. Modeling the spatial pattern of land-use change with GEOMOD2: application and validation for Costa Rica. Agriculture, Ecosystems & Environment, 85 (1-3): 191-203.

Pontius R G, Cornell J D, Hall C A S, et al. 2001b. Land-cover change model validation by an ROC method for the Ipswich watershed, Massachusetts, USA. Agriculture, Ecosystems and Environment, 85: 239-248.

Potter C S, Randerson J T Field C B, et al. 1993. Terrestrial ecosystem production: a process model based on global satellite and surface data. Global Biogeochemical Cycles, 7 (4): 811-841.

Prato T. 1999. Multiple attribute decision analysis for ecosystem management. Ecological Economics, 30: 207-222.

Priess J A, de Koning G H J, Veldkamp A. 2001. Assessment of interactions between land use change and carbon and nutrient fluxes in Ecuador. Agriculture, Ecosystems and Environment, 85: 269-279.

Prince S D, Goward S N. 1995. Global primary production: a remote sensing approach. Journal of Biogeography, 22: 815-835.

Prince S D, Tucker C J. 1986. Satellite remote sensing of rangelands in Botswana: 2. NOAA AVHRR and herbaceous vegetation. International Journal of Remote Sensing, 7 (11): 1555-1570.

Prince S D, Gietz S J, Goward S N. 1995. Monitoring primary production from earth observing satellites. Water, Air and Soil Pollution, 82: 509-522.

Pungetti G. 1995. Anthropological approaches to agricultural landscape history in Sardinin. Landscape and Urban Planning, 31 (1): 47-56.

Queralt I, Zapata F, Garia E, et al. 2000. Assessment of soil erosion and sedimentation through the use of the ^{137}Cs and related techniques. Acta Geologica Hispanica, 35 (3-4): 195-196.

Ranson K J, Irons J R, Daughthy C S T. 1991. Surface albedo from bidirectional reflectance. Remote Sensing of Environment, 35: 201-211.

Rapport D J, Costanza R, McMichael A J. 1998. Assessing ecosystem health. Trends in Ecology & Evolution, 13: 397-402.

Rapport D J, Böhm G, Buckingham D, et al. 1999a. Ecosystem health: the concept, the ISEH, and the important tasks ahead. Ecosystem Health, 5: 82-90.

Rapport D J, McMichael A J, Costanza R. 1999b. Assessing ecosystem health: a reply to Wilkings. Trends in Ecology & Evolution, 14 (2): 69.

Rapport D J, Böhm G, Buckingham D, et al. 2000. Reply to Calow: critics of ecosystem health misrepresented. Ecosystem Health, 6 (1): 5-6.

Rediscovery Geography Committee. 1997. Rediscovering Geography: New Relevance for Science and Society. Washington D. C. : National Academy Press.

Rees W. 1992. Ecological footprints and appropriated carrying capacity: what urban economics leaves out. Environment and Urbanization, 4 (2): 137.

Reid W. 2006. Bridging Scales and Knowledge Systems: Concepts and Applications in Ecosystem Assessment. Washington D. C. : Island Press.

Reid R S, Krushka R L, Muthui N. 2000. Land-use and land-cover dynamics in response to changes in climatic, biological and socio-political forces: the case of southwestern Ethiopia. Landscape Ecology, 15: 339-355.

Reis E J, Margulis S. 1990. Economic perspectives on deforestation in Brazilian Amazon. The Phillipines, Manila: Project Ling Conference.

Renard K G, Freimund J R. 1994. Using monthly precipitation data to estimate the R- factor in the revised USLE. Journal of Hydrology, 157: 287-306.

Renard K G, Foster G R, Weesies G A. 1991. RUSLE- revised universal soil loss equation. Journal of Soil and Water Conservation, 46 (1): 30-35.

Renard K G, Foster G R, Weesies G A. 1997. Predicting Soil Erosion by Water: A Guide to Conservation Planning with the Revised Universal Soil Loss Equation (RUSLE) . Washington D. C. : National Technical Information Service, United States Department of Agriculture.

Reynolds J F, Kemp P R, John D, et al. 2000. Effect of long-term rainfall variability on evapotranspiration and soil water distribution in the Chihuahuan Desert: a modeling analysis. Plant Ecology, 150: 145-159.

Reynolds W D, Bowman B T, Drury C F, et al. 2002. Indicators of good soil physical quality: density and storage parameters. Geoderma, 110: 131-146.

Reynolds J, Smith D, Lambin E, et al. 2007. Global desertification: building a science for dryland development. Science, 316 (5826): 847-851.

Richardson C W, Foster G R, Wright D A. 1983. Estimation of erosion index from daily rainfall amount. Transactions of the ASAE, 26 (1): 153-156.

Riebsame W E, Meyer W B, Turner Ⅱ B L. 1994. Modelling land use and cover as part of global environmental change. Climatic Change, 28: 45-64.

Rind D. 1999. Complexity and climate. Science, 284: 105-106.

Rindfuss R R, Walsh S J, Turner Ⅱ B L, et al. 2004. Developing a science of land change: challenges and methodological issues. Proceedings of the National Academy of Sciences, 101: 13976-13981.

Rindfuss R R, Entwisle B, Walsh S J, et al. 2007. Frontier land use change: synthesis, challenges, and next steps. Annals of the Association of American Geographers, 97 (4): 739-754.

Ringrose S, Vanderpost C, Matheson W. 1996. The use of integrated remotely sensed and GIS data to determine causes of vegetation cover change in southern Botswana. Applied Geography, 16: 225-242.

Ritchie J C, McHenry J R. 1990. Application of radioactive fallout Ritchie ^{137}Cs for measuring soil erosion and sediment accumulation rates and patterns: a review. Journal of Environmental Quality, 19: 215-233.

Ritchie J T, Hanks J. 1991. Modeling plants and soil system. Madison, WI: ASA-CSSA-SSSA.

Roberts D A, Smith M O, Adams J B. 1993. Green vegetation, nonphotosynthetic vegetation, and soils in AVIRIS data. Remote Sensing of Environment, 44: 255-269.

Robinson D T, Brown D G, Parker D C, et al. 2007. Comparison of empirical methods for building agent-based models in land use science. Journal of Land Use Science. 2: 31-55.

Robinson W S. 1950. Ecological Correlations and the behavior of individuals. American Sociological Review, 15 (3): 351-357.

Rocheleau D. 1995. Maps, numbers, text, and context: mixing methods in feminist political ecology. The Professional Geographer, 47 (4): 458-466.

Rogowski A S, Tamura T. 1965. Movement of cesium-137 by run off, erosion and infiltration on the alluvial captina silt loam. Health Physics, 11: 133-134.

Rojstaczer S, Sterling S, Moore N. 2001. Human appropriation of photosynthesis products. Science, 294 (5551): 2549-2552.

Roland E S. 2000. Modeling hydrological responses to land use and climate change: a southern African perspective. AMBIO, 29 (1): 12-22.

Roland G, Mohammad I. 2004. Assessment of rangeland degradation and development of a strategy for rehabilitation. Remote Sensing of Environment, 90: 490-504.

Rounsevell M D A. 2001. The IMPEL Project modelling agricultural land use at the regional scale. LUCC Newletters, 6, 19-20.

Rounsevell M D A. 2003. Modelling the spatial distribution of agricultural land use at the regional scale. Agriculture, Ecosystems and Environment, 95: 465-479.

Royall D. 2001. Use of mineral magnetic measurements to investigate soil erosion and sediment delivery in a small agricultural catchment in limestone terrain. Catena, 46: 15-34.

Rozanov B G, Targulian V, Orlov D S. 1990. Soils//Meyer W B, Changes in Land Use and Land Cover—A Global Perspective. Cambridge: Cambridge University Press.

Ruimy A, Saugier B. 1994. Methodology for the estimation of terrestrial net primary production from remotely sensed data. Journal of Geophysical Resources, 99 (D3): 5263-5283.

Running S W, Coughlan J C. 1988. A general model of forest ecosystem process for regional applications: I. Hydrologic balance, canopy gas exchange and primary production process. Ecological Modelling, 42: 125-154.

Running S W, Hunt Jr E R. 1993. Generalization of a forest ecosystem process model for other biomes, BIOME-BGC, and an application for global-scale models//Ehleringer J R, Field C. Scaling Processes Between Leaf and Landscape Levels. San Diego: Academic Press.

Running S W, Nemani R R, Peterson D. 1989. Mapping regional forest evapotranspiration and photosynthesis by coupling satellite data with ecosystem simulation. Ecology, 70 (4): 1090-1101.

Runnstrom M C. 2003. Rangeland development of the MU US sandy land in semiarid China: an analysis using Landsat and NOAA remote sensing data. Land Degradation & Development, 14: 189-202.

Runyon J, Waring R H, Goward S N. 1994. Environmental limits on net primary production and light-use efficiency across the Oregon transects. Ecological Applications, 4: 226-237.

Sadeghi S H R, Jalili K, Nikkamib D. 2009. Land use optimization in watershed scale. Land Use Policy, 26: 186-193.

Sahagian D, Schellnhuber J. 2002. GAIM in 2002 and beyond: a benchmark in the continuing evolution of global change research. Global Change Newsletter Issue, 50: 7-10.

Sala O E, Chapin F S, Armesto J J, et al. 2000. Biodiversity: global biodiversity scenarios for the year 2100. Science, 287: 1770-1774.

Samuel P E. 1999. SWBCM: a soil water balance capacity model for environmental application in the UK. Ecological Modeling, 121: 17-49.

Sanchez P A. 1994. Tropical Soil Fertility Research: Towards the Second Paradigm. Acapulco, Mexica: Transactions of the 15th World Congress of Soil Science.

Sanford R L, Parton W J, Ojima D S, et al. 1991. Hurricane effects on soil organic matter dynamics and forest production in the Luquillo Experimental Forest, Puerto Rico: results of simulation modeling . Biotropica, 23: 364-372.

Santschl P H, Bollhalder S, Zingg S, et al. 1990. The self-cleaning capacity of surface waters after radioactive fallout evidence from European waters after Chernobyl, 1986-1988. Environmental Science & Technology, 24: 519-527.

Saunders S C, Mislivets M R, Chen J, et al. 2002. Effects of roads on landscape structure within nested ecological units of the Northern Great Lakes Region, USA. Biological Conservation, 103: 209-225.

Savadogo K. 1998. Adoption of improved land use technologies to increase food security in Burkina Faso: relating animal traction, productivity, and non-farm income. Agricultural Systems, 58 (3): 441-464.

Schaldach R, Priess J A. 2008. Integrated models of the land system: a review of modeling approaches on the regional to global scale. Living Reviews in Landscape Research. http://www.livingreviews.org/lrlr-2008-1 [2011-11-17].

Schellinger G R, Clausen J C. 1992. Vegetative filter treatment of dairy barnyard runoff in cold regions. Journal of Environmental Quality, 21 (1): 40-45.

Schimel D, Braswell B H, McKeown R, et al. 1996. Climate and nitrogen controls on the geography and timescales of terrestrial biogeochemical cycling. Global Biogeochemical Cycles, 10: 677-692.

Schloter M, Dilly O, Munch J C. 2003. Indicators for evaluating soil quality. Agriculture, Ecosystems and Environment, 98: 255-262.

Schmidt R, Koinig K A, Thompson R. 2002. A multi proxv core study of the last 7000 years of climate and alpine land-use impacts on an Austrian mountain lake (Unterer Landschitzsee, Niedere Tauern). Palaeogeography, Palaeoclimatology, Palaeoecology, 187: 101-120.

Schoenholtz S H, Miegroet H V, Burger J A. 2000. A review of chemical and physical properties as indicators of forest soil quality: challenges and opportunities. Forest Ecology and Management, 138: 335-356.

Schoorl J M. 2001. Linking land use and landscape process modelling: a case study for the Álora region (south Spain). Agriculture, Ecosystems and Environment, 85: 281-292.

Schützendübel A, Schwanz P, Teichmann T, et al. 2001. Cadmium-induced changes in antioxidant systems, hydrogen peroxide content, and differentiation in scots pine roots. Plant Physiol, 127: 887-898.

Schützendübel A, Nikolova P, Rudolf C, et al. 2002. Cadmium and H_2O_2-induced oxidative stress in Populus × canescens roots. Plant Physiol Biochem, 40: 577-584.

Seaquist J W, Olsson L, Ardö J, et al. 2003. A remote sensing-based primary production model for grassland biomes. Ecological Modelling, 169: 131-155.

Siebert R, Toogood M, Knierim A. 2006. Factors affecting european farmers' participation in biodiversity policies. Sociologia Ruralis, 46: 318-340.

Sellers P J, Los S O, Tucker C J, et al. 1996. A revised land surface parameterization (SiB2) for atmospheric GCMs (Ⅱ): the generation of global fields of terrestrial biophysical parameters from satellite data. Climate, 9: 706-737.

Serneels S. 2001a. Drivers and impacts of land-use change in the Serengeti-Mara ecosystem. LUCC Newletters, 6: 12.

Serneels S. 2001b. Priority questions for land-use/cover change research in the next couple of years. LUCC newsletter, 7: 1-9.

Serneels S, Lambin E F. 2001. Proximate causes of land use change in Narok District, Kenya: a spatial statistical model. Agriculture, Ecosystems & Environment, 85 (1-3): 65-81.

Shackel K A, Hall A E. 1979. Reversible leaf movements in relation to drought adaptation of cowpeas [*Vigna unguicalata* (L.) Walp.]. Functional Plant Bidogy, 6: 265-276.

Shah K, Kumar R G, Verma S, et al. 2001. Effects of cadmium on lipid peroxidation, superoxide anion generation and activities of antioxidant enzymes in growing rice seedlings. Plant Science, 161: 1135-1144.

Shahv R. 2000. International Frameworks of Environmental Statistics. Smarkand Uzbekistan: Inception Workshop on the Institutional Strengthening and Collection of Environment Statistics.

Shannon C, Weaver W. 1949. The mathematical theory of communication. Urbana: University of Illinois Press.

Shao H B, Liang Z S, Shao M A, et al 2005. Changes of anti-oxidative enzymes and membrane peroxidation for soil water deficits among 10 wheat genotypes at seedling stage. Colloids and Surfaces B: Biointerfaces, 42: 107-113.

Sheng J, Liao A Z. 1997. Erosion control in South China. Catena, 29: 211-221.

Sherwood S, Uphoff N. 2000. Soil health: research, practice and policy for a more regenerative agriculture. Applied Soil Ecology, 15: 85-97.

Simic A, Chen J M. 2004. Spatial scaling of net primary productivity using subpixel information. Remote Sensing of Environment, 93: 246-258.

Skole D, Tucker C. 1993. Tropical deforestation and habitat fragmentation in the Amazon: satellite data from 1978 to 1988. Science, 260: 1905-1910.

Skole D L, Chomentowski W H, Salas W A, et al. 1994. Physical and human dimensions of deforestation in Amazonia. Bioscience, 44 (5): 314-322.

Slattery M C, Burt T P. 1997. Particle size characteristics of suspended sediment in hillslope runoff and stream flow. Earth Surfaces Processes and Landforms, 22: 705-719.

Sliva L, Williams D D. 2001. Buffer zone versus whole catchment approaches to studying land use impact on river water quality. Water Research, 35 (4): 3462-3472.

Smil V. 1996. Environmental Problems in China: Estimates of Economic Costs. Special Report NO. 5. Honolulu, HI: East-West Center.

Smit B, Cai Y L. 1996. Climate change and agriculture in China. Global Environmental Change, 6 (3): 205-214.

Smith D D. 1941. Interpretation of soil conservation data for field use. Agricultural Engineering, 22: 173-175.

Smith J B, Ragland S E, Pitts G J. 1996. A process for evaluating anticipatory adaptation measures for climate change. Water, Air, and Soil Pollution, 92: 229-238.

Snowball I, Thompson R. 1990. A mineral magnetic study of Holocene sedimentation in Lough Catherine, Northern Ireland. Boreas, 19: 127-146.

Sojka R E, Upchurch D R. 1999. Reservations regarding the soil quality concept. Soil Scieuce Society of America Journal, 63: 1039-1054.

Solomon D, Lehmann J, Zech W. 2000. Land use effects on soil organic matter properties of chromic luvisols in semi- arid northern Tanzania: carbon, nitrogen, lignin and carbohydrates. Agriculture, Ecosystems and Environment, 78: 203-213.

Southworth J, Munroe D, Nagendra H. 2004. Landcover change and landscape fragmentation - comparing the utility of continuous and discrete analysis for a western Honduras region. Agriculture, Ecosystems and Environment, 101: 185-205.

Staal S J. 2002. Location and uptake: integrated household and GIS analysis of technology adoption and land use, with application to smallholder dairy farms in Kenya . Agricultural Economics, 27: 295-315.

Stephen C, Costanza R, Matthew A. 2002. Economic and ecological concepts for valuing ecosystem services. Ecological Economics, 41: 375-392.

Stern P, Young O, Druckman D. 1992. Global Environmental Change: Understanding the Human Dimensions. Washington D. C. : National Academy Press.

Steven M. 2008. North American landchange: decision making in couple human- environment systems. GLP News, (3): 10-11.

Steven S. 1995. Political- economic Institution in Change in Land Use and Land Cover: A Global Perspective. Cambridge: Cambridge University Press.

Stone J R, Gilliam J W, Cassel D K. 1985. Effects of erosion and landscape position on the productivity of piedmont soils. Soil Sciene Society of America Journal , 49: 987- 991.

Stott E E, Mohtar R H, Steinhardt G C, et al. 1999. Multiscale Simulation of Land Use Impact on Soil Erosion and Deposition Patterns. The 10th International Soil Conservation Organization Meeting. West Lafayette: Purdue University and the USDA-ARS National Soil Erosion Research Laboratory.

Sutton P C. 2003. A scale-adjusted measure of "urban sprawl" using nighttime satellite imagery. Remote Sensing of Environment, 86: 353-369.

Swanwick C. 2009. Society's attitudes to and preferences for land and landscape. Land Use Policy, 26 (S): S62-S75.

Sweeting M M. 1993. Reflections on the development of karst geomorphology in Europe and a comparison with its development in China. Zeitschrift fur Geomorphologie, 37: 127-138.

Syphard A D, Clarke K C, Franklin J. 2005. Using a cellular automaton model to forecast the effects of urban growth on habitat pattern in southern California. Ecological Complexity, 2 (2): 185-203.

Tarnavsky E, Garrigues S, Brown M E. 2008. Multiscale geostatistical analysis of AVHRR, SPOT- VGT, and MODIS global NDVI products. Remote Sensing Environment, 112: 535-549.

Thiam A K. 2003. The causes and spatial pattern of land degradation risk in southern Mauritania using multitemporal AVHRR-NDVI imagery and field data. Land Degradation & Development, 14: 133-142.

Thomas A D, Walsh R P D, Shakedby R A. 1999. Nutrient losses in eroded sediment after fire in eucalyptus and pine forests in the wet Mediterranean environment of northern Portugal. Catena, 36 (4): 283-302.

Thompson R. 1973. Palaeolimnology and palaeomagnetism. Nature, 242: 182-184.

Thompson R. 1986. Modelling magnetization data using simplex. Physics of the Earth and Planetary Interiors, 42: 113-127.

Thompson R, Morton D J. 1979. Magnetic susceptibility and particle- size distribution in recent sediments of the Loch Lomond drainage basin, Scotland Journal of Sedimental Research, 49: 801-812.

Thompson R, Oldfield F. 1986. Environmental Magnetism. London: Allen & Unwin.

Thompson R, Battarbee R W, O'Sullivan P E, et al. 1975. Magnetic susceptibility of lake sediments. Limnology and Oceanography, 20: 667-698.

Tilman D, Fargione J, Wolff B, et al. 2001a. Forecasting agriculturally driven global environmental change. Science, 292: 281-284.

Tilman D, Reich P B, Knops J, et al. 2001b. Diversity and productivity in long- term grassland experiment. Science, 294: 843.

Timmerman P. 1981. Vulnerability, Resilience and the Collapse of Society. Environmental Monograph 1. Toronto: Institute for Environmental Studies.

Tinker D B, Resor C A C, Beauvais G P, et al. 1998. Watershed analysis of forest fragmentation by clearcuts and roads in Wyoming forest. Landscape Ecology, 13: 149-165.

Tischendorf L. 2001. Can landscape indices predict ecological processes consistently? Landscape Ecology, 16: 235-254.

Tobler W. 1989. Frame independent spatial analysis//Goodchild M, Gopal S. Accuracy of Spatial Databases. London: Taylor and Fracis.

Townshend J R G, Justice C O. 1986. Analysis of the dynamics of African vegetation using the normalized difference vegetation index. International Journal of Remote Sensing, 7 (11): 1435-1445.

Trenberth K E. 2004. Rural land-use change and climate . Nature, 427: 213.

Trimble S W, Crosson P U S. 2000. Soil erosion rates-myth and reality. Science, 289: 248-250.

Tucker C J. 1979. Red and photographic infrared linear combination for monitoring vegetation . Remote Sensing of Environment, 8: 127.

Tucker C J, Slayback D A, Pinzon J E, et al. 2001. Higher northern latitude NDVI and growing season trends from 1982 to 1999. International Journal of Biometeorology, 45: 184-190.

Turcotte D L. 1986. Fractal and fragmentation. Journal of Geophysical Research: Solid Earth, 91 (12): 1921-1926.

Turner Ⅱ B L. 1991. Thoughts on linking the physical and human sciences in the study of global environmental change. Research and Exploration, 7: 133-135.

Turner Ⅱ B L. 1997. The sustainability principle in global agendas: implication for understanding land use/ land cover change. The Geographical Journal, 163 (2): 133-140.

Turner Ⅱ B L. 2002. Contested identities: human- environment geography and disciplinary implications in a restructuring academy. Annals of the Association of American Geographers, 92 (1): 52-74.

Turner Ⅱ B L. 2009. Sustainability and forest transitions in the southern Yucatan: the land architecture approach. Land Use Policy, 27 (2): 170-180.

Turner Ⅱ B L, Robbins P. 2008. Land- change science and political ecology: similarities, differences, and implications for sustainability science. Annual Review of Environwent and Resources, 33: 295-316.

Turner Ⅱ B L, Clark W C, Kates R W, et al. 1990. The earth as transformed by human action- global and regional changes in the biosphere over the past 300 years. Cambridge, New York, Port Chester, Melbourne, Sidney: Cambridge University Press, Clark University.

Turner Ⅱ B L, Moss R, Skole D. 1993. Relating land use and global land-cover change: a proposal for an IGBP-IHDP core project. IGBP Report No. 24 and IHDP Report No. 5. Stockholm: IGBP.

Turner Ⅱ B L, Meyer W B, Skole D L. 1994. Global land use/land cover change: towards an integrated study. AMBIO, 23 (1): 91-95.

Turner Ⅱ B L, Skole D L, Sanderson S, et al. 1995. Land- use and land- cover change. Science Research Plan. IGBP Report No. 35 and IHDP report No. 7. Stockholm and Geneva: IGBP.

Turner Ⅱ B L, Lambin E F, Reenberg A. 2007. The emergence of land change science for global environmental change and sustainability. Proceedins of the National Academy of Sciences of the United States of America, 104 (52): 20666 - 20671.

Turner M G. 1989. Landscape ecology: the effect of pattern on process. Annual Review of Ecology and Systematics, 20: 171-197.

Turner W, Specto S, Gardiner N, et al. 2003. Remote sensing for biodiversity science and conservation. Trends in Ecology & Evolution, 18 (6): 306-314.

Tuner N. 1975. Concurrent comparison of stomatal behavior, water status, and evaporation of maize in soil at high or low water potential. Plant Physiology, 55: 932-936.

Tuyet D. 2001. Characteristics of karst ecosystems of Vietnam and their vulnerability to human impact. Acta Geologica, 75 (3): 325-329.

Uchijima Z, Seino H. 1985. Agroclimatic evaluation of net primary productivity of nature vegetation: (1) Chikugo model for evaluating primary productivity. Journal of Agricultural Meteorology, 40: 343-352.

UNDPCSD. 1996. Indicators of Sustainable Development Framework and Methodologies. New York: UN Department for Policy Coordination and Sustainable Development.

UNEP. 2002. Global Environment Outlook 3. Landon: UNEP.

United Nations. 1994. United Nations Convention to Combat Desertification in Those Countries Experiencing Serious Drought and/or Desertification Particularly in Africa. New York: United Nations.

US- SGCR/CENR. 1996. Our Changing Plant, the FY 1996 U. S. Global Change Research Program. Washington D. C. : US- GCRIO.

Valbuena D, Verburg P H, Bregt A K, et al. 2010a. An agent- based approach to model land- use change at a regional scale. Landscape Ecology. , 25: 185-199.

Valbuena D, Verburg P H, Veldkamp A, et al. 2010b. Effects of farmers' decisions on the landscape structure of a Dutch rural region. Landscape and Urban Planning, 97 (2): 98-110.

Valiente J A, Nunez M. 1995. Narrow-band to broad-band conversion for meteosat-visiable channel and broadband albedo using both AVHRR-1 and -2 channels. International Journal of Remote Sensing, 16 (6): 1147-1166.

Van Remortel R, Hamilton M, Hickey R. 2001. Estimating the LS factor for RUSLE through iterative slope length processing of digital elevation data within ArcInfo grid. Cartography, 30: 27-35.

Vanda P. 2001. Land cover changes in coastal zones. LUCC Newletters, 6: 17.

Vasseur L, Rapport D J, Hounsell J. 2002. Ecosystem health and human health//Costanza R, Jørgensen S E. Understanding and Solving Environmental Problems in the 21st Century. Boulevard, Oxford: Elsevier Science.

Vega G C, Woodard P, Titus S. 1995. A logit model for predicting the daily occurrence of human caused forest fires. International Journal of Wild Fire, 5: 101-111.

Veldkamp A, Fresco L O. 1996a. CLUE- CR: an integrated multi- scale model to simulate land use change scenarios in Costa Rica . Ecological Modeling, 91: 231-248.

Veldkamp A, Fresco L O. 1996b. CLUE: a conceptual model to study the conversion of land use and its effects. Ecological Modelling, 85: 253-270.

Veldkamp A, Fresco L O. 1997. Reconstructing land use drivers and their spatial scale dependence for Costa Rica.

Agricultural Systems, 55: 19-43.

Veldkamp A, Lambin E F. 2001. Prediction land-use change. Agriculture Ecosystems & Environment. 85: 1-6.

Veni G. 1999. A geomorphological strategy for conducting environmental impact assessments in karst areas. Geomorphology, 31 (1-4): 151-180.

Verburg P H, Chen Y Q. 2000. Multi-scale characterization of land use patterns in China. Ecosystems, 3 (4): 369-385.

Verburg P H, Veldkamp A. 2001. The role of spatially explicit models in land-use change research: a case study for cropping patterns in China. Agriculture, Ecosystems and Environment, 85: 177-190.

Verburg P H, de Koning G H J, Kok K, et al 1999a. A spatial explicit allocation procedure for modeling the pattern of land use change based upon actual land use. Ecological Modeling, 116 (1): 45-61.

Verburg P H, Veldkamp A, Bouma J. 1999b. Land use change under conditions of high population pressure: the case of Java. Global Environment Change, 9: 303-312.

Verburg P H, Veldkamp A, Fresco L O. 1999c. Simulation of changes in the spatial pattern of land use in China. Applied Geography, 19: 211-233.

Verburg P H, Chen Y Q, Veldkamp A. 2000. Spatial explorations of land use change and grain production in China. Agriculture, Ecosystems and Environment, 82: 333-354.

Verburg P H, Soepboer W, Limpiada R, et al. 2002a. Land use change modeling at the regional scale: the CLUE-S model. Environmental Management, 30: 391-405.

Verburg P H, Welmoed S, Veldkamp A, et al. 2002b. Modeling the spatial dynamics of regional land use: the CLUE-S model. Environmental Management, 30 (3): 391-405.

Verburg PH, Schot P, Dijst M, et al. 2004. Land use change modeling: current practice and research priorities. GeoJournal, 61 (4): 309-324.

Verburg P H, van de Steeg J, Veldkamp A, et al. 2009. From land cover change to land function dynamics: a major challenge to improve land characterization. Journal of Environmental Management, 90 (3): 1327-1335.

Verstraeten G, Poesen J. 2000. Estimating trap efficiency of small reservoirs and ponds: methods and implications for the assessment of sediment yield. Progress in Physical Geography, 24: 219- 251.

Viglizzo E F, Pordomingo A J, Castro M G, et al. 2004. Scale-dependant controls on ecological functions in agro-ecosystems of Argentina. Agriculture, Ecosystems and Environment, 101: 39-51.

Vitousek P M. 1994. Beyond global warming: ecology and global change. Ecology, 75 (7): 1861-1876.

Vitousek P M, Ehrlich P, Ehrlich A, et al. 1986. Human appropriation of the products of photosynthesis. BioScience, 36 (6): 368-373.

Vitousek P M, Mooney H A, Lubchenco J, et al. 1997. Human domination of earth's ecosystems. Science, 277: 494-499.

Volchok H L, Chieco N A. 1986. Compendium of the Environmental Measurements Laboratory's Research Projects Related to the Chernobyl Nuclear Accident. USDOE REP. EML-460. New York: EML.

Vos C C, Verboom J, Opdam P, et al. 2001. Towards ecologically scaled landscape indices. American Naturalist, 157: 24-51.

Vose R S, Karl T R, Easterling D R, et al. 2004. Impact of land-use change on climate. Nature, 427: 213-214.

Waggoner P E. 1995. How much land can ten billion people spare for nature? Does technology make a difference? Technology in Society, 17 (1): 17-34.

Wairiu M, Lal R. 2003. Soil organic carbon in relation to cultivation and topsoil removal on sloping lands of Kolombangara, Solomon Islands. Soil & Tillage Research, 70: 19-27.

Walker B H, Langride J L. 1996. Modeling plant and soil water dynamics in semi-arid ecosystems with limited site data . Ecological Modeling, 87, 153-167.

Walker R. 1996. Land use and land cover dynamics in the Brazilian Amazon: an overview. Ecological Economics, 18: 67-80.

Walling D E. 1983. The sediment delivery problem. Hydrol, 65: 209- 237.

Walling D E, Peart M R, Oldfield F, et al. 1979. Suspended sediment sources identified by magnetic measurements. Nature, 281 (13): 1102-1113.

Walsh S, Crews- Meyer K A. 2002. Linking People, Place, and Policy: A GIScience Approach. Boston, Dordrecht, London: Kluwer Academic Publishers.

Walsh S, Evans T P, Welsh W F, et al. 1999. Scale-dependent relationships between population and environment in northeastern Thailand. Photogrammeteric Engineering & Remote Sensing, 65 (1): 97-105.

Walsh S, Crawford T W, Welsh W F, et al. 2001. A multiscale analysis of LUCC and NDVI variation in Nang Rong district, northeast Thailand. Agriculture, Ecosystems & Environment, 85: 47-64.

Walsh S J, Evans T P, Welsh W F, et al. 1999. Scale dependent relationships between population and environment in northeastern Thailand. Photogrammetric Engineering & Remote Sensing, 65 (1): 97-105.

Wan G J, Santschi P H, Sturm M, et al. 1987. Natural (^{210}Pb, ^{7}Be) and fallout (^{137}Cs, ^{239,240}Pu, ^{90}Sr) radionuclides as geochemical tracers of sedimentation in Greifensee, Switzerland. Chemical Geology, 63 (1/2): 181-196.

Wan G J, Bai J G, Qing H, et al. 2003. Geochemical records in recent sediments of Lake Erhai: implication for environmental changes in a low latitude-high altitude lake in southwest China. Journal of Asian Earth Sciences, 21: 489-502.

Wandahwa P, Ranst E. 1996. Qualitative land suitability assessment for pyrethrum cultivation in west Kenya based upon computer-captured expert knowledge and GIS. Agriculture, Ecosystems and Environment, 56: 187-202.

Wang H, Liu H, Cui H, et al. 2004. Mineral magnetism of lacustrine sediments and holocene palaeoenvironmental changes in Dali Nor area, southeast Inner Mongolia Plateau, China. Palaeogeography, Palaeoclimatology, Palaeoecology, 208: 175-193.

Wang H Y, Huo Y Y, Zeng L Y, et al. 2008. A 42- yr soil erosion record inferred from mineral magnetism of reservoir sediments in a small carbonate- rock catchment, Guizhou Plateau, southwest China. Journal of Paleolimnology, 40: 897-921.

Wang J, Fu B, Qiu Y, et al. 2003. Analysis on soil nutrient characteristics for sustainable land use in Danangou catchment of the Loess Plateau, China. Catena, 54: 17-29.

Wang J, Meng J J, Cai Y L. 2008. Assessing vegetation dynamics impacted by climate change in the southwestern karst region of China with AVHRR NDVI and AVHRR NPP time- series. Environmental Geology, 54: 1185-1195.

Wang S, Li L. 2004. How types of carbonate rock assemblages constrain the distribution of karst rocky desertification land in Guizhou Province, PR China: phenomena and mechanisms. Land Degradation & Development, 15 (2): 123-131.

Wang S, Liu Q. 2004. Karst rocky desertification in southwestern China: geomorphology, land use, impact and rehabilitation. Land Degradation & Development, 15 (2): 115-121.

Wang S, Zhang D, Li R. 2002. Mechanism of rocky desertification in the karst mountain areas of Guizhou Province, southwest China. International Review of Environmental Strategies, 3 (1): 123-135.

Wang X H, Yu S, Huang G H. 2004. Land allocation based on integrated GIS- optimization modeling at a watershed level. Landscape and Urban Planning, 66: 61-74.

Warterloos E. 2004. Land reform in Zimbabwe: challenges and opportunities for poverty reduction among commercial farm workers. World Development, 32 (3): 537-553.

Wasson R J. 1996. Land use and climate impacts on fluvial system during the period of agriculture. PAGES Workshop Report, Series 1996-2. Bern: PAGES.

Western A W, Günter B, Rodger B G. 1998. Geostatistical characterization of soil moisture patterns in the Tarrawarra catchment. Journal of Hydrology, 205: 20-37.

Wayne D E, Mahmoudzadeh A, Myers C, et al. 2002. Land use effects on sediment yields and soil loss rates in small basins of Triassic sandstone near Sydney, NSW, Australia. Catena, 49: 271-287.

Wessels K J, Prince S D, Frost P E, et al. 2004. Assessing the effects of human-induced land degradation in the former homelands of northern South Africa with a 1 km AVHRR NDVI time- series. Remote Sensing of Environment, 91: 47-67.

White A F. 1996. Global environment: water, air, and geochemical cycles. Geochimica et Cosmochimica Acta, 60 (24): 5157-5158.

Wiegand T, Milton S J, Wissel C. 1995. A simulation model for a shrub ecosystem in the semiarid Karoo, South Africa. Ecology, 76: 2205-2221.

Willkins D A. 1999. Assessing ecosystem health. Trends in Ecology & Evolution, 14 (2): 69.

Wilson G A. 2007. Multifunctional Agriculture: A Transition Theory Perspective. Trowbridge: Cromwell Press.

Wischmeier W H, Smith D D. 1965. Predicting Rainfall Erosion Losses from Cropland East of the Rocky Mountains. USDA Agriculture Handbook. No. 282. Washington D. C. : USDA.

Wischmeier W H, Smith D D. 1978. Predicting Rainfall Erosion Losses—A Guide to Conservation Planning. USDA Agriculture Handbook No. 537. Washington D. C. : USDA.

Wischmeier W H, Johnson C B, Cross B V. 1971. A soil erodibility nomograph for farmland and construction sites. Journal of Soil and Water Conservation, 26 (5): 189-193.

Wooldridge M, Jennings N. 1995. Intelligent agents: theory and practice. The Knowledge Engineering Review, 10 (2): 115-152.

World Commission on Environment and Development. 1987. Our Common Future. Oxford : Oxford University Press.

Wu J. 1993. Effects of patch connectivity and arrangement on animal metapopulation dynamics: a simulation study. Ecological Modeling, 65: 221-254.

Wu J G. 2006. Scaling and Uncertainty Analysis in Ecology: Methods and Applications. Netherland: Springer.

Wu F. 1998. Simulating urban encroachment on rural land with fuzzy- logic- controlled cellular automata in a geographical information system. Journal of Environmental Management, 53: 293-308.

Wulder M, Boots B. 1998. Local spatial autocorrelation characteristics of remotely sensed imagery assessed with the Getis statistic. International Journal of Remote Sensing, 19 (11): 2223-2231.

Xiao J F, Moody A. 2004. Trends in vegetation activity and their climatic correlates: China 1982 to 1998. International Journal of Remote Sensing, 25 (24): 5669-5689.

Xu Z. 1995. A study of the vegetation and floristic affinity of the limestone forests in southern and southwest China. Annals of the Missouri Botanical Garden, 82 (4): 567-580.

Yan P, Shi P, Gao S, et al. 2002. ^{137}Cs dating of lacustrine sediments and human impacts on Dalian Lake, Qinghai Province, China . Catena, 47: 91-99.

Yang S T, Tian L, Wang B. 2004a. The research on the ecological feature of thermal radiant in Gui yang, China, using remote sensing. IGARSS, 4: 3161-3164.

Yang S T, Wang B, Chen H G, et al. 2004b. The vegetation cover over last 20 years in karst region of Guizhou Province using AVHRR data. IGARSS, 4: 3456-3459.

Yang Q, Fu B J, Jun Wang J, et al. 2001. Spatial variability of soil moisture content and its relation to environmental indices in a semi-arid gully catchment of the Loess PlateaumChina. Journal of Arid Environments, 49: 723-750.

Yin Z Y, Cai Y L, Zhao X Y, et al. 2009. An analysis of the spatial pattern of summer persistent moderate-to-heavy rainfall regime in Guizhou Province of Southwest China and the control factors. Theoretical and Applied Climatology, 97: 205-218.

Young T A. 1990. Soil changes under agro-forestry. SCUFA. ICRAF, 124. Nairobi: ICRAF.

Yu B. 1998. Rainfall erosivity and its estimation for Australia's tropics. Australian Journal of Soil Research, 36: 143-165.

Yu B, Rosewell C J. 1996. A robust estimator of the R-factor for the Universal Soil Loss Equation. Transaction Society of Agriculture Engineers, 39: 559-56.

Yu B, Hashim G M, Eusof Z. 2001. Estimating the R-factor with limited rainfall data: a case study from peninsular Malaysia. Journal of Soil and Water Conservation, 56: 101-105.

Yu L, Oldfield F. 1989. A multivariate mixing model for identifying sediment source from magnetic measurements. Quaternary Research, 32: 168-181.

Yu L, Oldfield F. 1993. Quantitative sediment source ascription using magnetic measurements in a reservoir-catchment system near Nijar, S. E. Spain. Earth Surface Process and Landforms, 18: 441-454.

Yuan D X. 1997. Rock desertification in the subtropical karst of south China. Z. Geomorph. N. F. , 108: 81-90.

Yule G U, Kendall M G. 1950. An Introduction to the Theory of Statistics. Griffin: Nabu Press.

Zanoni V M, Goward S N. 2003. A new direction in earth observations from space: IKONOS. Remote Sensing of Environment, 88: 1-2.

Zhang C, Yuan D X. 2001. New development of IGCP 448 world correlation of karst ecosystem (2000-2004). Episodes,24 (4): 279-280.

Zhang H Y, Zhao X Y, Cai Y L, et al. 2000. Human driving mechanism of regional land use change: a case study of karst mountain areas of Southwestern China. Chinese Geographical Science, 10 (4): 289-295.

Zhao Z Q, Cai Y L, Zhu Y G, et al. 2005. Cadmium-induced oxidative stress and protection by L-Galactono-1, 4-lactone in winter wheat (*Triticum aestivum* L.). Journal of Plant Nutrition and Soil Science, 168: 759-763.

Zhao Z Q, Cai Y L, Fu M C, et al. 2008. Response of the soils of different land use types to drought: eco-physiological characteristics of plants grown on the soils by pot experiment. Ecological Engineering, 34: 215-222.

Zhu Z X, Arp P A, Meng F. 2003. A forest nutrient cycling and biomass model (For NBM) based on year-round, monthly weather conditions (I): assumption, structure and processing. Ecological Modeling, 169: 347-360.

Zingg A W. 1940. Degree and length of land slope as it affects soil loss in run off. Agricultural Engineering, 21: 59-64.

Zonneveld I. 1996. Land Ecology: An Introduction to Landscape as a Base for Land Evaluation, Lland Management and conservation. Amsterdam: SPB Academic Publishing.

Zuidema G, van den Born G J, Alcamo J, et al. 1994. Simulating changes in global land cover as affected by economic and climatic factors. Water, Air and Soil Pollution, 76: 163-198.